# 電力系統分析

Power systems analysis, 2nd ed.

Arthur R. Bergen・Vijay Vittal　著

李清吟、卓明遠、陳鴻誠、李俊良　譯

東華書局

**PEARSON** 台灣培生教育出版股份有限公司
Pearson Education Taiwan Ltd.

國家圖書館出版品預行編目資料

電力系統分析 / Arthur R. Bergen, Vijay Vittal 原著;
　李清吟等譯. -- 初版. -- 臺北市:臺灣東華,民 90
　728 面; 17X23 公分
　參考書目:面
　含索引
　譯自:Power systems analysis, 2nd ed.
　ISBN 978-957-483-088-6(平裝)

　1.電力系統 2.系統分析

448.1　　　　　　　　　　　　　　90002644

# 電力系統分析
## Power systems analysis, 2nd ed.

| 原　　　著 | Arthur R. Bergen, Vijay Vittal |
|---|---|
| 譯　　　者 | 李清吟、卓明遠、陳鴻誠、李俊良 |
| 出　版　者 | 台灣培生教育出版股份有限公司 |
|  | 地址／台北市重慶南路一段 147 號 5 樓 |
|  | 電話／ 02-2370-8168 |
|  | 傳真／ 02-2370-8169 |
|  | 網址／ www.Pearson.com.tw |
|  | E-mail／ Hed.srv.TW@Pearson.com |
|  | 台灣東華書局股份有限公司 |
|  | 地址／台北市重慶南路一段 147 號 3 樓 |
|  | 電話／ 02-2311-4027 |
|  | 傳真／ 02-2311-6515 |
|  | 網址／ www.tunghua.com.tw |
|  | E-mail／ service@tunghua.com.tw |
| 總　經　銷 | 台灣東華書局股份有限公司 |
| 出 版 日 期 | 2012 年 4 月初版一刷 |
| Ｉ Ｓ Ｂ Ｎ | 978-957-483-088-6 |
| 定　　　價 | 790 元 |

## 版權所有・翻印必究

Authorized Translation from the English language edition, entitled POWER SYSTEMS ANALYSIS, 2nd Edition 9780136919902 by BERGEN, ARTHUR R.; VITTAL, VIJAY, published by Pearson Education, Inc., publishing as Prentice Hall, Copyright © 2000 by Pearson Education, Inc.

All rights reserved. No part of this book may be reproduced or transmitted in any form or by any means, electronic or mechanical, including photocopying, recording or by any information storage retrieval system, without permission from Pearson Education, Inc.

CHINESE TRADITIONAL language edition published by PEARSON EDUCATION TAIWAN and TUNG HUA BOOK COMPANY LTD, Copyright © 2012.

# PREFACE

# 第二版

本書第一版自 1986 年發行以來已有許多改變，而美國聯邦的電力工業公司在其結構和運轉實務也已歷經重大改變。在本國許多地區內，獨占性和管制性的垂直整合公用電業系統正被取代成（部分的）自由化多層次系統以開放其他市場的競爭力。本書第二版所含題材亦反映這些變更，並討論有關新環境的各種課題。

此外，本書也納入曾用過第一版的教授和學生們所提供許多值得深思的建議。雖然本書仍舊著重於基本原理，但多少總會更加強調產業實務和計算機的應用。

本書第二版所含的許多變更列之如下：各章皆已重新整理以提供更有系統性的開發題材，例如第 3 章引入一新的小節介紹如何由製商目錄來決定輸電線參數。且在同一章內，對具有接地回路輸電線的輸電線阻抗參數也已提供更為完整和精確的說明。第 9 章則係為有關網路矩陣的全新章節，其中包含的主題是在矩陣分解及其應用至反矩陣，同時也包含只須決定阻抗矩陣元素的現代方法。第 10 章將詳細說明功率潮流解答在遇到實際限制時，其所需做的修正。第 11 章標題為「自動發電控制及新市場環境」將介紹目前使用於電力系統運轉與控制的一些觀念。第 12 章在不平衡系統運轉和故障分析已有大幅度的校正，並包含新的題材用以說明工業實務。

本書第二版之一顯著特色係在設計習題的作業，此將在第 3 章首先予以介紹，而後繼續在每一接連章節提出中肯的新觀念。由於設計問題係為電腦導向，所以學生可使用有效的軟體，或利用 MATLAB® 來開發軟體。這些設計例題皆係不易處理，理論上適合作為團隊計畫。

由本書教材含新增之處看來，顯然兩個學期應可涵蓋必要題材；然而若無太多教學時間可用，則另有各種替代方案來教完本書。第 7、8 和 11 章可予以省略而不會嚴重影響到其餘教材的前後一貫性。對學生在能量轉換和電機機械具有若干背景者，第 1、2 章，第 5 章前面部分和第 6 章皆可將之排除在外。若時間緊迫，則第 10 章及第 11、12、13 和 14 章最後的許多題材皆可省略而不致影響連貫性。

在更新方面，對於就近網站有關電力系統分析和電力發行刊物，以及附加資源的各種資訊，請訪問網站 *http://www.prenhall.com/bergen/vittal*。

本人願意對下列評閱者所提供寶貴意見和提議表達感激的謝意：德州 A&M 大學的 Ali Abur 教授、喬治亞理工學院的 Miroslav Begovic 教授、愛達華大學的 Brian K. Johnson 教授以及維吉尼亞科技學院暨州立大學的 Arun G. Phadke 教授。

還有許多人對本書有貢獻者，本人也願一併致謝。尤其要感謝的是我的同事 M. A. Pai, S. S. Venkata, G. B. Shablé, K. C. Kruempel 和 J. D. McCalley 諸位教授提供珍貴的建議和意見。本人還要感謝我的學生們幫忙研發書中一些新的例題。

最後，本人願意表達真心的謝意給 Sunanda Vittal，感謝她對本書細心的校對。

# 目 錄

## 第 1 章 背 景 *1*

1.0 簡　介 ……………………………………… 1
1.1 電　能 ……………………………………… 1
1.2 石化燃料電廠 ……………………………… 5
1.3 核能電廠 …………………………………… 10
1.4 水力電廠 …………………………………… 11
1.5 其他能源 …………………………………… 13
1.6 輸電與配電系統 …………………………… 14
1.7 自由化電力工業 …………………………… 19

## 第 2 章 基本原理 *23*

2.0 簡　介 ……………………………………… 23
2.1 相量表示法 ………………………………… 23
2.2 複數功率供給至單埠網路 ………………… 25
2.3 複數功率之守恆 …………………………… 33
2.4 平衡三相 …………………………………… 39
2.5 每相分析 …………………………………… 48
2.6 平衡的三相功率 …………………………… 51
2.7 總　結 ……………………………………… 52
　　習　題 ……………………………………… 53

# 第 3 章　輸電線參數　59

- 3.0　簡　介 ………………………………………………… 59
- 3.1　磁場複習 ……………………………………………… 60
- 3.2　無限長導線之磁通鏈 ………………………………… 63
- 3.3　磁通鏈：許多導體的情況 …………………………… 66
- 3.4　成束導體 ……………………………………………… 71
- 3.5　換　位 ………………………………………………… 75
- 3.6　含接地回路的三相輸電線阻抗 ……………………… 79
- 3.7　電場複習 ……………………………………………… 83
- 3.8　輸電線電容 …………………………………………… 85
- 3.9　利用查表決定輸電線參數 …………………………… 90
- 3.10　典型參數值 …………………………………………… 93
- 3.11　總　結 ………………………………………………… 95
- 　　　習　題 ………………………………………………… 96

# 第 4 章　輸電線模型　101

- 4.0　簡　介 ………………………………………………… 101
- 4.1　端點 $V$、$I$ 關係的推導 ……………………………… 101
- 4.2　輸電線的波動 ………………………………………… 109
- 4.3　傳輸矩陣 ……………………………………………… 110
- 4.4　等效集總電路 ………………………………………… 111
- 4.5　簡化模型 ……………………………………………… 115
- 4.6　複數功率傳輸 (短程線) ……………………………… 117
- 4.7　複數功率傳輸 (短程輻射線) ………………………… 124
- 4.8　複數功率傳輸 (長程或中程線) ……………………… 127
- 4.9　輸電線的功率處理能力 ……………………………… 129
- 4.10　總　結 ………………………………………………… 132
- 　　　習　題 ………………………………………………… 132

## 第 5 章　輸電線模型　*145*

- 5.0　簡　介 …………………………………………… 145
- 5.1　單相變壓器模型 …………………………………… 145
- 5.2　三相變壓器連接 …………………………………… 155
- 5.3　每相分析 …………………………………………… 162
- 5.4　正規系統 …………………………………………… 172
- 5.5　標么正規化 ………………………………………… 179
- 5.6　三相標么值 ………………………………………… 183
- 5.7　基值變換 …………………………………………… 185
- 5.8　正常系統的標么分析 ……………………………… 186
- 5.9　以調節變壓器作電壓和相角控制 ………………… 194
- 5.10　自耦變壓器 ………………………………………… 199
- 5.11　輸電線和變壓器 …………………………………… 201
- 5.12　總　結 ……………………………………………… 204
- 　　　習　題 ……………………………………………… 204

## 第 6 章　發電機模型 I（電機觀點）　*213*

- 6.0　簡　介 ……………………………………………… 213
- 6.1　傳統的電機描述 …………………………………… 213
- 6.2　電壓產生 …………………………………………… 215
- 6.3　開路電壓 …………………………………………… 216
- 6.4　電樞反應 …………………………………………… 220
- 6.5　端電壓 ……………………………………………… 224
- 6.6　發電機供給的功率 ………………………………… 234
- 6.7　將發電機同步到一個無限匯流排 ………………… 237
- 6.8　同步電容器 ………………………………………… 240
- 6.9　同步電機激磁在控制無效功率扮演的角色 ……… 241
- 6.10　總　結 ……………………………………………… 242
- 　　　習　題 ……………………………………………… 242

# 第 7 章　發電機模型 II（電路觀點）　*245*

| 7.0 | 簡　介 | 245 |
| --- | --- | --- |
| 7.1 | 能量轉換 | 245 |
| 7.2 | 對同步電機的應用 | 252 |
| 7.3 | 派克轉換 | 257 |
| 7.4 | 派克電壓方程式 | 261 |
| 7.5 | 派克機械方程式 | 264 |
| 7.6 | 電路模型 | 265 |
| 7.7 | 瞬間輸出功率 | 268 |
| 7.8 | 應　用 | 268 |
| 7.9 | 同步運轉 | 286 |
| 7.10 | 穩態模型 | 291 |
| 7.11 | 簡化的動態模型 | 293 |
| 7.12 | 連接到無限匯流排的發電機（線性模型） | 304 |
| 7.13 | 總　結 | 308 |
|  | 習　題 | 309 |

# 第 8 章　發電機電壓控制　*315*

| 8.0 | 簡　介 | 315 |
| --- | --- | --- |
| 8.1 | 激磁系統的方塊圖 | 317 |
| 8.2 | 發電機模型 | 320 |
| 8.3 | 激磁系統的穩定度 | 323 |
| 8.4 | 電壓調整 | 324 |
| 8.5 | 連接到無限匯流排的發電機 | 328 |
| 8.6 | 總　結 | 337 |
|  | 習　題 | 337 |

## 第 9 章　網路矩陣　*339*

9.0　簡　介 ………………………………………… 339
9.1　匯流排導納矩陣 ……………………………… 339
9.2　網路解 ………………………………………… 348
9.3　網路簡化 (KRON 簡化) ……………………… 355
9.4　$Y_{bus}$ 構造和運算 ……………………………… 357
9.5　匯流排阻抗矩陣 ……………………………… 358
9.6　反向原理來決定 $Z_{bus}$ 的行 …………………… 365
9.7　總　結 ………………………………………… 367
　　　習　題 ………………………………………… 367

## 第 10 章　電力潮流分析　*371*

10.0　簡　介 ………………………………………… 371
10.1　電力潮流方程式 ……………………………… 373
10.2　電力潮流問題 ………………………………… 375
10.3　利用高斯疊代法求解 ………………………… 380
10.4　更一般化的疊代方法 ………………………… 387
10.5　牛頓-拉福森疊代 …………………………… 391
10.6　對電力潮流方程式的應用 …………………… 396
10.7　去耦合電力潮流 ……………………………… 407
10.8　控制的牽連 …………………………………… 412
10.9　電力潮流分析中的調整變壓器 ……………… 417
10.10　大型電力系統的電力潮流解 ………………… 421
10.11　總　結 ………………………………………… 424
　　　習　題 ………………………………………… 425

## 第 11 章　自動發電控制與新市場環境　*433*

11.0　簡　介 ………………………………………… 433
11.1　電力控制系統模式化 ………………………… 435

| 11.2 | 單機-無限匯流排系統的應用 | 442 |
| --- | --- | --- |
| 11.3 | 功率控制系統簡化分析 | 444 |
| 11.4 | 功率控制，多發電機例子 | 446 |
| 11.5 | 特殊情形：兩部發電機組 | 450 |
| 11.6 | 電力系統分割成控制區域 | 454 |
| 11.7 | 經濟調度問題的模式建立 | 460 |
| 11.8 | 傳統經濟調度（忽略線路損失） | 465 |
| 11.9 | 包含發電機限制 | 473 |
| 11.10 | 考慮線路損失 | 478 |
| 11.11 | 罰點因數的計算 | 485 |
| 11.12 | 經濟問題與新市場環境下的機制 | 495 |
| 11.13 | 傳輸問題與新市場環境的影響 | 499 |
| 11.14 | 總結 | 507 |
|  | 習題 | 508 |

# 第 12 章 不平衡系統運轉　　513

| 12.0 | 簡介 | 513 |
| --- | --- | --- |
| 12.1 | 對稱成分 | 514 |
| 12.2 | 對稱成分應用於故障分析 | 520 |
| 12.3 | 不同故障型式的序網路連接 | 525 |
| 12.4 | 較普遍的故障分析 | 531 |
| 12.5 | 從序變數求功率 | 532 |
| 12.6 | Y 連接與 Δ 連接的序網路 | 534 |
| 12.7 | 發電機模型的序網路 | 537 |
| 12.8 | 變壓器模型的序網路 | 540 |
| 12.9 | 輸電線的序網路表示 | 544 |
| 12.10 | 序網路的組合 | 546 |
| 12.11 | 實際電力系統模型故障分析 | 549 |
| 12.12 | 矩陣方法 | 555 |
| 12.13 | 總結 | 560 |
|  | 習題 | 560 |

# 第 13 章　系統保護　*571*

13.0　簡　介 ……………………………………… 571
13.1　輻射系統的保護 ……………………………… 574
13.2　有兩個電源的系統 …………………………… 581
13.3　阻抗（距離）電驛 …………………………… 585
13.4　修正阻抗電驛 ………………………………… 590
13.5　發電機的差動保護 …………………………… 592
13.6　變壓器的差動保護 …………………………… 594
13.7　匯流排和線路的差動保護 …………………… 597
13.8　保護的重疊區 ………………………………… 598
13.9　向序濾波器 …………………………………… 599
13.10　計算機電驛 …………………………………… 601
13.11　總　結 ………………………………………… 606
　　　習　題 ………………………………………… 606

# 第 14 章　電力系統穩定度　*609*

14.0　簡　介 ………………………………………… 609
14.1　模　型 ………………………………………… 610
14.2　能量平衡 ……………………………………… 614
14-3　搖擺方程式的線性化 ………………………… 619
14.4　非線性搖擺方程式的解 ……………………… 621
14.5　其他的應用 …………………………………… 634
14.6　推廣到兩電機的情形 ………………………… 639
14.7　多電機應用 …………………………………… 642
14.8　多機穩定度研究 ……………………………… 650
14.9　總　結 ………………………………………… 662
　　　習　題 ………………………………………… 663

# 附 錄 *669*

附錄 1　磁　阻 …………………………………… 669
附錄 2　螺管線圈產生的力 ……………..………… 671
附錄 3　LAGRANGE 乘數法 ……………………… 673
附錄 4　根軌跡法 ………………………………… 676
附錄 5　同步電機的負和零序阻抗 ……………… 684
附錄 6　反矩陣公式 ……………………………… 691
附錄 7　阻抗矩陣的修正 ………………………… 693
附錄 8　輸電線參數資料 ……………..…………… 699

# 精選書目 *705*

# 索　引 *707*

# CHAPTER 1

# 背 景

## 1.0 簡 介

在本章中,我們對電力系統作一簡單的描述。一般來說,電力系統包括了電力來源,即**發電廠**或**發電機**,終端用戶,即**負載**,以及連接發電機與用戶之輸電與配電網路,又稱電力網路。通常發電廠是將石化燃料或核燃料或水位落差所獲得的能量轉換為電能。

## 1.1 電 能

電只是在工業、家庭、商業與運輸業中所使用多種能源之一。它具有許多特徵;站在使用的立場,它是潔淨、方便的,而且具高度彈性;站在能量傳送的觀點,它從電源端供應至用戶端非常容易。在某些場合中,它是不可取代的能源。

圖 1.1 為 1996 年美國聯邦政府電力能源以及傳送至終端用戶的流程摘要。圖中所示左邊為基本的能源類別。使用電力的終端用戶類別則示於圖之右邊。只有三分之一的原始能源被轉換成電能,大約有三分之二是以"廢熱"的型態損失掉。在某些場合中,這些熱可加以利用來暖屋,暖辦公室或利用到某些工業的製程。

在圖 1.1 中,T 和 D 損失分別代表輸電與配電損失 (幾乎佔總淨發電量之 10%)。同時在圖下邊顯示在 1996 年非公用電業產生電能的總量。政府能源政策的改變助長了它的成長,在 1990 年至 1995 年間非公用電業電力成長率達 47%。

圖 1.2 更詳細的提供了公用電業產生電能的來源以及相關的發展趨勢。從圖中可看出大部分的電力產出都在傳統的蒸汽電廠中。所謂傳統的蒸汽電廠就是指藉燒煤,石油或瓦斯來產生蒸汽的電廠。在 1996 年大約有 3000 十億仟瓦小時 (1 度電 = 1 仟瓦小時) 被產出,其中煤大約佔 56%,油佔 2%,天然氣佔 8%,以上傳統蒸汽總計 66%,另外尚有水力發電佔 11%,核能發電佔 22% 及其他 (包括汽渦輪) 約 2%。值得一提的是核能電廠與地熱電廠也是靠蒸汽發電,但他們的蒸汽並不是靠燃燒石化燃料得來的。

在圖 1.1 使用的單位為千兆 Btu ($10^{15}$ 或 quads),但圖 1.2 中使用單位為 10 億仟瓦小時 (或 $10^9$ 瓦小時或 giga 瓦小時)。為了讓圖 1.1 與圖 1.2 相一致較容易對照,我們利用轉換係數:1 瓦特 = 3.413 Btu/hr。

從圖 1.2 可看出在 1973 年以前公用電業所產出的電能其成長率是指

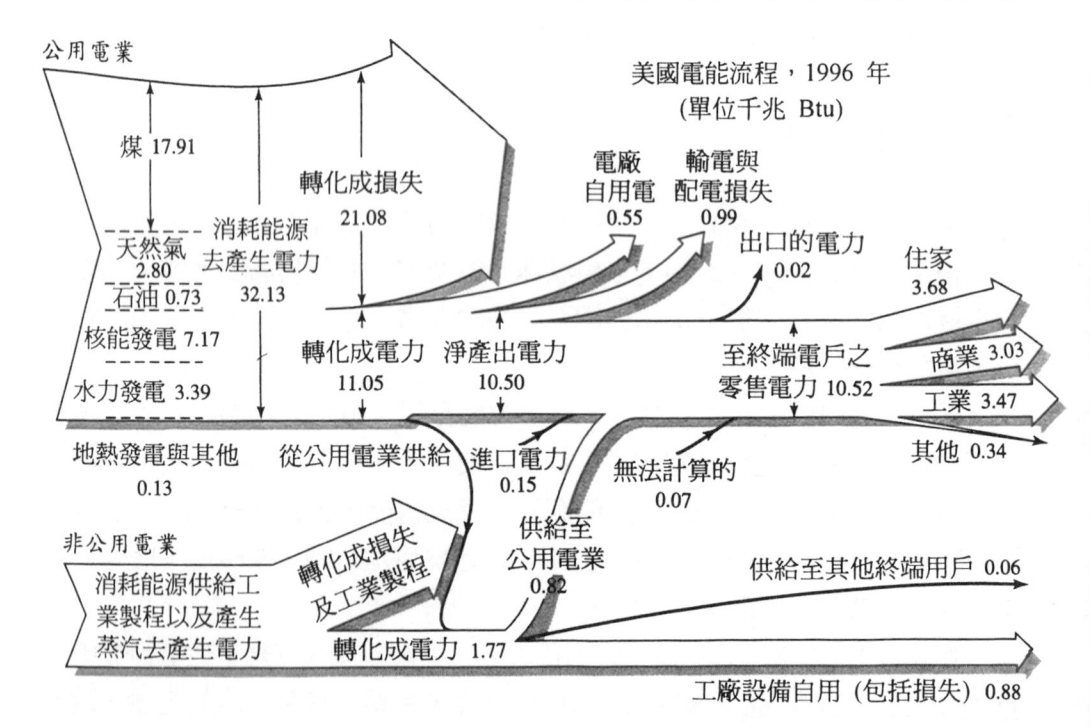

圖 1.1 美國電力的供應與需求 (摘錄自美國能源部 1996 年度能源報告)。

第1章 背景

十億仟瓦小時
(十億度)

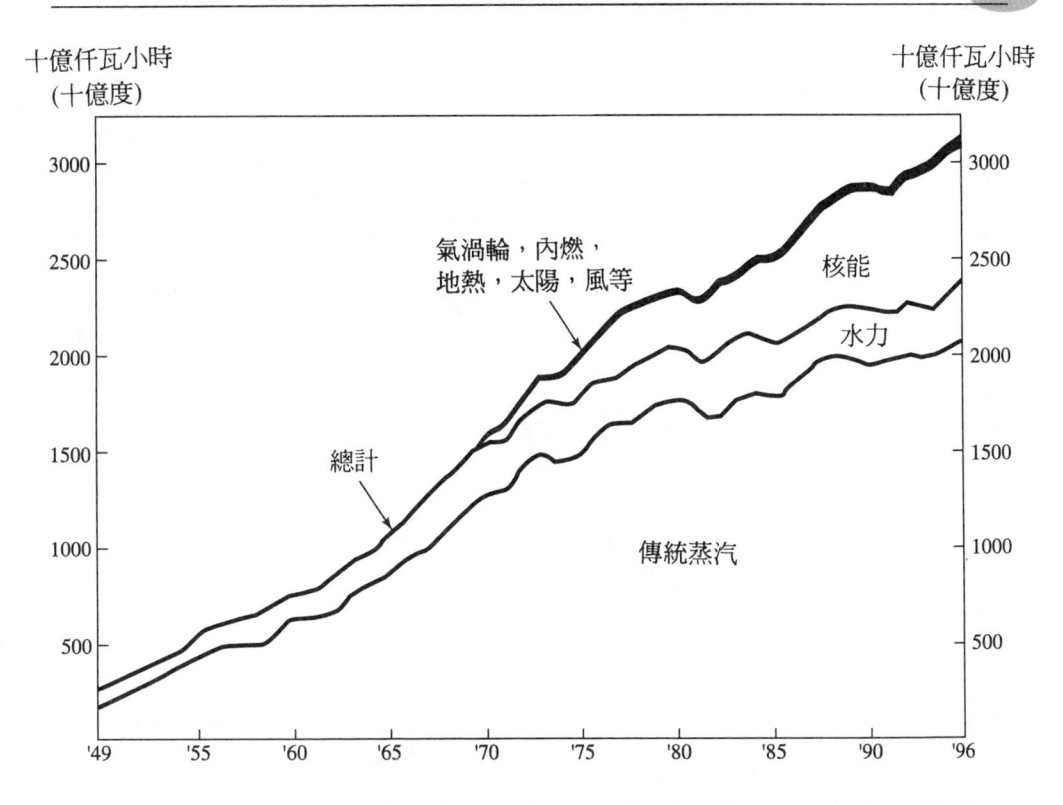

氣渦輪，內燃，
地熱，太陽，風等

核能

水力

總計

傳統蒸汽

'49  '55  '60  '65  '70  '75  '80  '85  '90  '96

**圖 1.2** 美國公用電業電能產出情形。(資料取自美國能源部 1996 年度能源報告)

數函數，電能使用量每隔 10 年就增加一倍。自 1973 年後電能產出成長率反而衰退，肇因於 1973 年石油危機引起全世界經濟成長衰退，亦因此使得我們更加重視能源轉換之成本效益問題。

圖 1.3 所示為美國公用電業發電機總裝置容量的成長情形。在 1996 年全部裝置容量約為 710 百萬仟瓦，其中 63% 為傳統 (石化燃料) 蒸汽，14% 為水力發電，14% 為核能，8% 為氣渦輪，其他總計約 1%。比較這些前面所給的生產圖，我們可以發現各種能源的利用率有很大的不同。核能電力的利用率最高，氣渦輪機與內燃引擎的利用率是最低的，我們稍後將討論其理由。

首先讓我們計算 1996 年的**整體利用率** (overall utilization factor)，假設 710 百萬仟瓦容量完全使用，則發電廠將可產生 $710 \times 10^9 \times 8760 = 6220 \times 10^{12}$ 瓦小時的電能，而實際上只生產了 $3078 \times 10^{12}$ 瓦小時的電能。

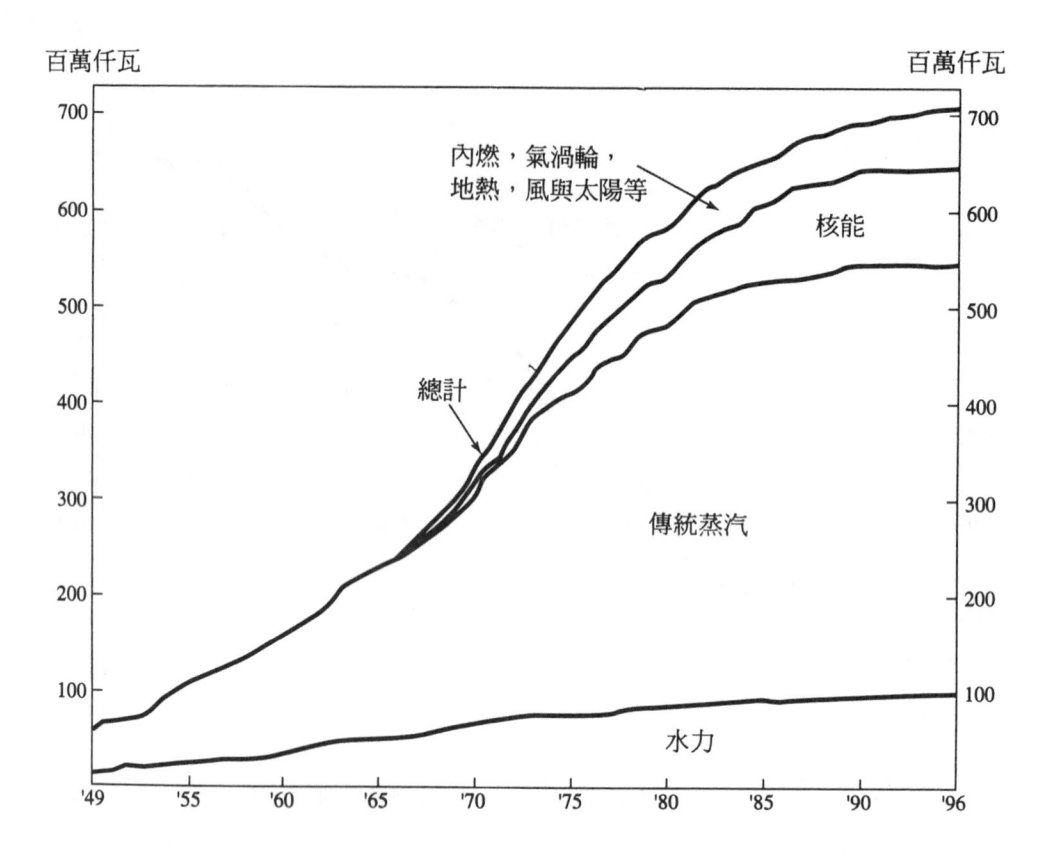

圖 1.3　美國夏季公用電業發電機裝置。(取自 1996 年美國能源部年度能源報告)

因此年度容量因數或負載因數為 3078/6220 = 0.49 或 49%，為何這個數值不能再高一點呢？

主要原因有兩個：第一為所有發電機並不是一直都是在運轉，因為維修或排程需要而停止發電，或因為設備損壞導致被迫停機。石化燃料蒸汽渦輪機的機組之利用率約為 80% 至 92%。

第二個原因則涵蓋負載的特性，發電機組的發電量必須滿足尖峰負載的需求。負載是隨時改變的，隨著每日、每週、每月都有不同的變化，所以其平均值比較低。每日負載的變化可說是呈週期性的，其最小值 (即基本負載) 會比尖峰值的一半還少。圖 1.4 所示為某電力公司典型的每日負載曲線圖，此電力公司的 (每週) 容量因數約為 65%。

在滿足變動負載的需求及經濟因素的考量下，電廠應儘量避免使用高

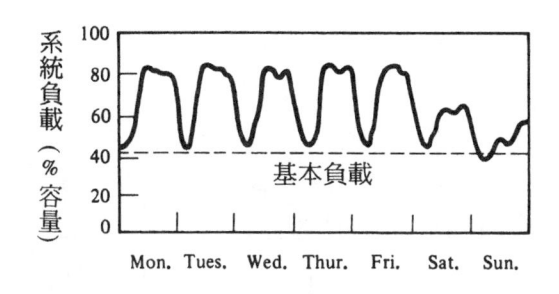

圖 1.4 典型一週七天的每日負載曲線圖。

燃料成本之機組,而充分使用低燃料成本之機組。這也是為什麼核能電廠運轉在基本負載,而氣渦輪機只在尖峰負載時才運轉的部分原因。這些能源使用率的差別先前已經提過。

最後,我們以人類使用電力來說明能量產出與裝置容量,以減少巨大數量的描述。在 1996 年美國大約有 265 百萬人口,因此,平均每人需要有 710/268 = 2.68 kW 之發電機裝置容量,若以 0.49 為容量 (或負載) 因數,換算後平均每人能量使用率為 1.3 kW。後項的數字不但易記而且是美國電能消耗率的一個指標。

在往後幾節,我們將介紹一些不同能源的典型電廠:石化燃料蒸汽電廠、核能電廠與水力電廠。因為篇幅問題無法作太詳細的描述。若有需要更詳細的資料,請讀者自行參閱 *McGraw-Hill Encyclopedia of Energy*。在網際網路中,網頁 www.powerlearn.ee.iastate.edu 中有提供各種電力設備的圖片。如果你能好好整理它們,絕不亞於你去參觀一所電廠。

## 1.2 石化燃料電廠

在石化燃料 (或稱火力) 電廠裡,將煤、油或天然氣置於爐內燃燒,產生熱水汽化為蒸汽,由蒸汽驅動與發電機連接之渦輪機。圖 1.5 所示為典型的燃煤電廠示意圖。簡言之,電廠之運轉過程如下:首先從儲煤場將煤取出,送至粉碎機 (或稱粉煤機),再和預熱過的蒸汽混合吹入爐中燃燒。

爐內含有一組複雜的管路與稱之為鍋爐的鼓狀物,管路的水是用泵打進去的,水的溫度會升高直到完全汽化為蒸汽為止。蒸汽進入渦輪機,而燃燒後的廢氣須先經過機械與靜電集塵器的處理,以除去 99% 的固體粒子

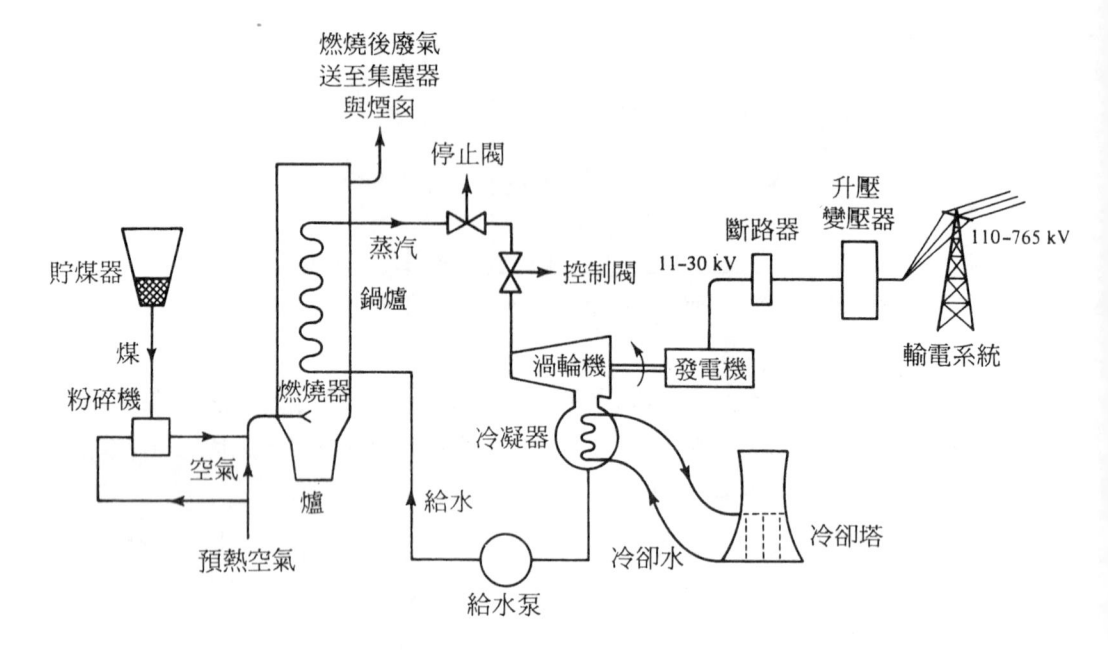

圖 1.5 燃煤電廠（示意圖）。

(煤灰)，再由煙囪排放剩餘之廢氣。

剛才所描述的，利用粉碎的煤、空氣與水作為輸入，以蒸汽作為輸出，有各種不同的名稱，如蒸汽機組或爐或鍋爐等。若考慮燃燒過程時，常使用爐這個名詞，但當考慮水-蒸汽週期時，鍋爐這個名詞被使用的頻率就更高了。蒸汽（其壓力典型值為 3500 psi，溫度典型值為 1050°F）經過控制閥與停止閥進入渦輪機。控制閥的作用是藉調整蒸汽流量去改變渦輪發電機組的輸出。停止閥具有保護的功能，它在正常運轉時是全開的，但當斷路器跳脫，電力輸出突然下降，將造成渦輪機組超速運轉，若控制閥未能及時關閉時，停止閥有立即切斷的功能。

圖 1.5 所示為單級渦輪機，在實際的系統中會使用較複雜且多級安排的渦輪機以達到較高的熱效率。圖 1.6 為多級安排的渦輪機示意圖。圖中有四個渦輪機以機械耦合方式前後排列且其蒸汽循環也較複雜。簡言之，高壓蒸汽從鍋爐（超熱器）進入高壓渦輪機，當離開時，蒸汽被回送至鍋爐的一段（再熱器）再導入中壓渦輪機。當蒸汽離開中壓渦輪機時是處於低壓且膨脹狀態，隨之被導入兩個低壓渦輪機。從低壓渦輪機排出之廢棄蒸汽

第 1 章　背　景

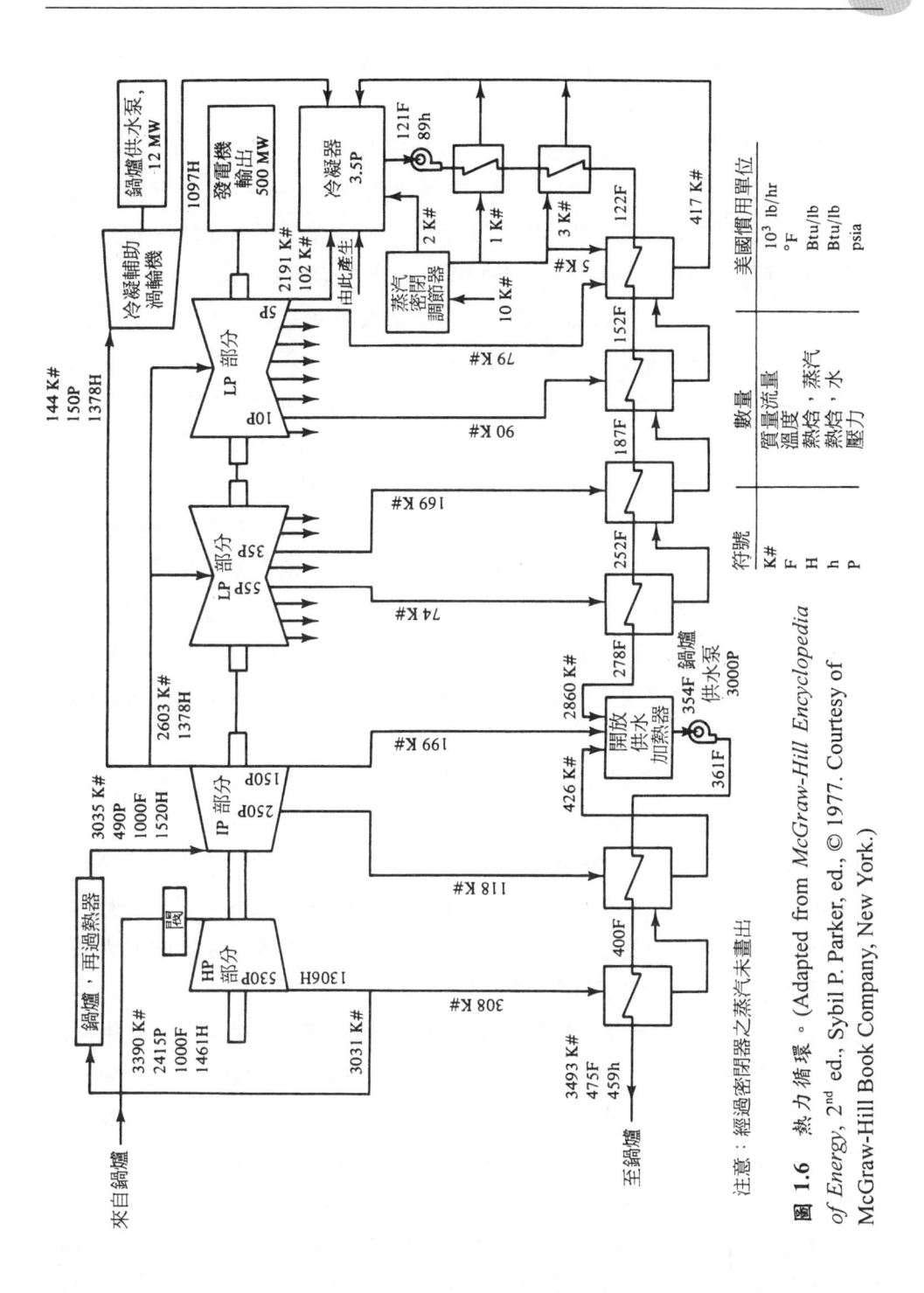

圖 1.6　熱力循環。(Adapted from *McGraw-Hill Encyclopedia of Energy*, 2nd ed., Sybil P. Parker, ed., © 1977. Courtesy of McGraw-Hill Book Company, New York.)

注意：經過密閉器之蒸汽未畫出

經由冷凝器的熱交換加以冷卻，變成給水，然後利用渦輪機提供的蒸汽再加熱，利用泵送回鍋爐。

最後，我們來探討發電機本身。渦輪機帶動發電機轉子轉動，因發電機定子佈有三相繞組，因此從渦輪機來的機械功率就轉換成三相交流電流。在美國發電機之線電壓等級為 11 到 30 kV，頻率為 60 Hz。這個電壓通常經變壓器升壓以提升輸電效率將電力送至遠端負載中心。

如圖 1.7 所示為發電機 (亦有人稱交流發電機或同步發電機) 之側面圖，其橫切面近似圓形。轉子被稱為圓筒式或平滑式。蒸汽驅動的渦輪發電機經常是二極或四極在 60 Hz 時，轉速分別為 3600 rpm 與 1800 rpm。這麼高的速率只要是為得到高蒸汽渦輪機效率。在這些旋轉率下離心力很大，因此限制了轉子的半徑，二極式大約 3.5 ft，四極式大約 7 ft。

自從 1960 年起，渦輪發電機的平均功率額定大約從 300 MW 增加至 600 MW，而最大可到 1300 MW。增加額定值相伴隨著增加轉子與定子的尺寸，但轉子的半徑又受限於離心力，因此導致轉子的長度便要增加。通常在較大的機組時，轉子的長度可能是半徑的 5 至 6 倍左右。這種修長的轉子運轉在比額定速率低的臨界速率時會產生共振現象，因此，運轉時要避免在此速率下持續太久。

接著我們討論燃煤電廠有效的整體效率。以田納西流域管理局的 Paradise 發電廠為例，它的容量為 1150 MW。根據經驗顯示它的淨效率為 39% (即煤之化學能有 39% 轉換成電能)。這個數字比起一般工業界平均效率 30% 來講算高的。儘管進步的科技能使效率高過 39%，但基於熱動力學的考慮，渦輪機的能量轉換過程有先天理論上的限制。在考慮最大效率時受限於**卡諾** (Carnot) 循環效率 $(T_1 - T_2)/T_1$ 有它的上限，其中 $T_1$ 為有效熱源 (在本例中為超熱蒸汽) 對應至理想熱引擎 (在常溫下) 的絕對溫度，$T_2$ 為吸收熱能地方的溫度 (本例為冷凝器中冷卻水的溫度)。在 Paradise 發電廠這些溫度大約分別為 812°K (1003°F) 與 311°K (100°F)，因此卡諾效率約為 62%。事實上，所有渦輪機甚至高壓渦輪機的葉片無法始終承受這麼高的溫度。因為這個理由與其他理由使得理論效率降為 53%。若再將實際非理想情況併入計算，則真實的渦輪機效率降為理論值的 89%，因此變為 47%。接下來考慮典型鍋爐效率為 88% (對化學能轉換成熱能) 與發

第 1 章 背 景

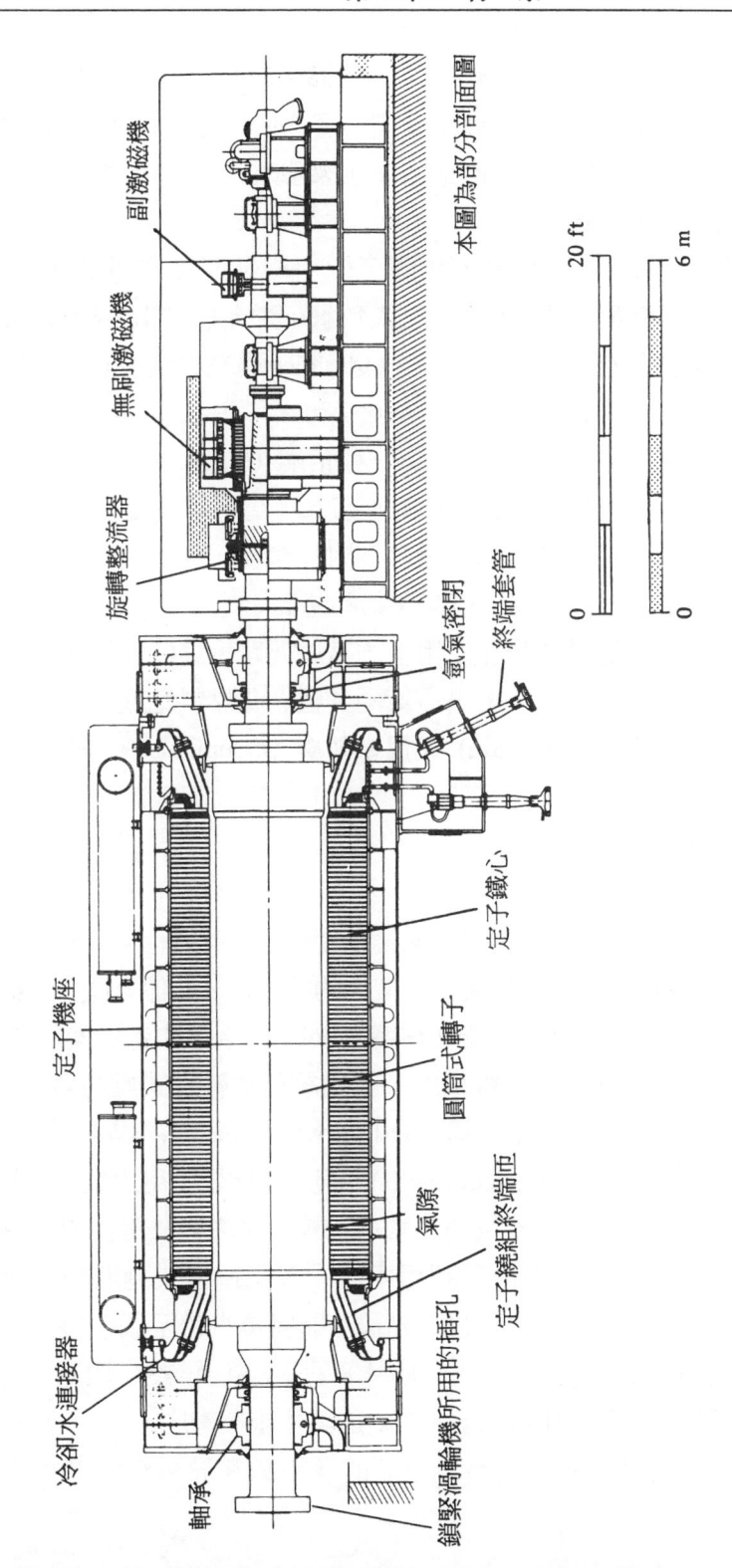

圖 1.7 一部 1800MVA，四極（運轉速度 1800 rpm）同步發電機。它具有水冷式定子與轉子繞組，與無刷激磁設備。(Courtesy Utility Power Corporation.)

電機效率 99%，因此整體效率為 $\eta = 0.47 \times 0.88 \times 0.99 = 0.41$，此約略的計算值與實驗值 0.39 相去不遠。從此處我們注意一個事實，即有 61% 的石化燃料化學能被轉換成廢熱。我們期待增加熱動力學效率去提升蒸汽溫度，但在此我們遇到了實際困難。

處理發電時產生的巨量廢熱，我們可使用一種叫做**汽電共生** (Co-generation) 系統，即發電的同時將蒸汽 (或熱水) 供給工業用途或空調暖氣來節省燃料。汽電共生存在國內外已有一段時間，現在再度引起人們的興趣，因為這種系統宣稱效率可達到 60 至 65%。

汽電共生系統有許多不同的型態。有一種**頂端** (topping) 系統，電能是在循環的頭端釋出，而廢熱是一有用的附加產品。另一種**底端** (bottoming) 系統，循環的頭端是一種工業過程而廢熱為附加產品，利用這個廢熱驅動渦輪發電機。這兩種系統的基本結構存在某些差異。

最後，我們要注意燃煤電廠在使用上的某些問題。煤的開採與運輸存在著安全問題與其他社會成本。燃煤電廠同其他石化燃料電廠一樣，都有環保問題，這些包括**酸雨** (acid rain) 與**溫室效應** (greenhouse effect)。

## 1.3 核能電廠

被控制的核分裂是核能電廠的能量來源。在核分裂的過程中，產生的熱被流經反應器的冷卻劑吸收。水是最常被使用的冷卻劑，其他氣體、**有機化合物** (organic compounds)、液態金屬與**熔鹽** (molten salts) 也都被使用過。

在美國最常用的兩種核能電廠型態，我們統稱為**輕水式反應器** (light water reactors)，分別為**沸水式反應器** (boiling-water reacter, BWR) 與**壓水式反應器** (pressurized-water, reacteor, PWR)，而這兩種皆使用水為冷卻劑。

在 BWR 式中，水被允許在反應器爐心沸騰，蒸汽再被導入渦輪機。在 PWR 式中，則是藉著熱交換器利用兩個或多個循環或迴路彼此鏈結著，但其他部分則互相隔離。除了最後階段 (即將蒸汽帶至渦輪機的第二級) 之外水都被加壓以防止蒸汽產生。圖 1.8 所示為一單熱交換器 (稱為蒸汽產生器) 之雙迴路系統的概略圖，其中加熱器未被畫出。

儘管表面上核能電廠與石化燃料電廠的差異只在於蒸汽的產生方式

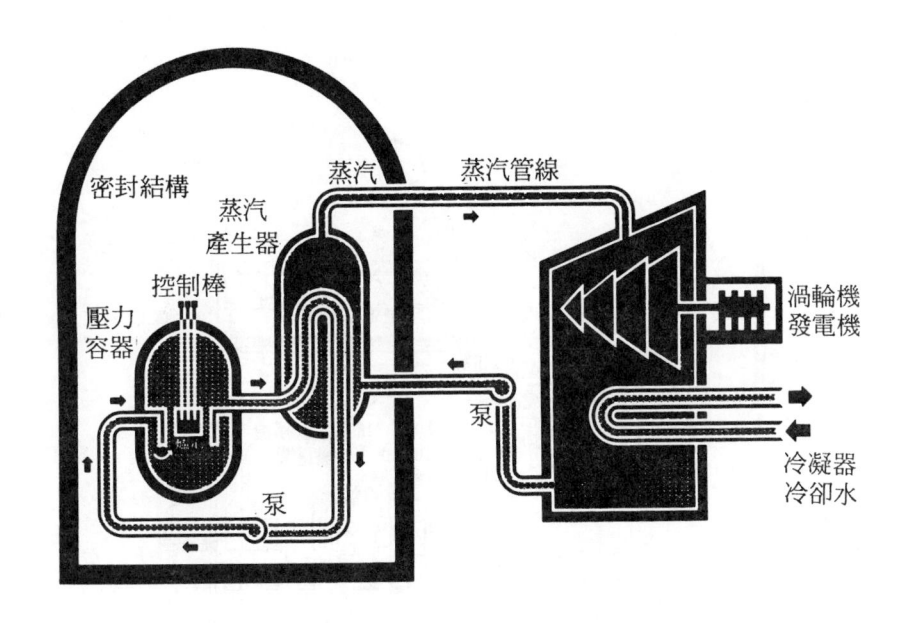

**圖 1.8** 壓水式反應爐。

(即核反應器/蒸汽產生器取代鍋爐產生蒸汽)，其實尚有許多不同處，例如核能蒸汽產生器的溫度被限制在 600°F (但石化燃料電廠可至 1000°F)，這對渦輪機的蒸汽熱效率 (從 40% 降至 30%) 與渦輪機中的蒸汽條件有負面的影響。當然，燃料循環 (供應與棄置) 與電廠安全的要求也是主要的差異。

## 1.4 水力電廠

水力發電在美國是一種很重要的電力來源，在 1996 年統計資料顯示：裝置容量約佔 14%，而發電量約佔 11%。水力電廠分為**高落差** (high head) (超過 100 ft) 與**低落差** (low head) 兩大類。所謂落差係指位於渦輪機上方的蓄水庫與位於渦輪機下方的尾水渠或放水點之間垂直的距離。對於非常高落差 (600 至 6000 ft) 者，我們使用**貝爾頓** (Pelton) 水輪機或衝擊式水輪機，它們是由一個或多個指向外圍的噴嘴組成的桶狀轉子。對中高度落差 (120 至 1600 ft) 者，佛蘭氏水輪機被使用。它是以直立方式旋

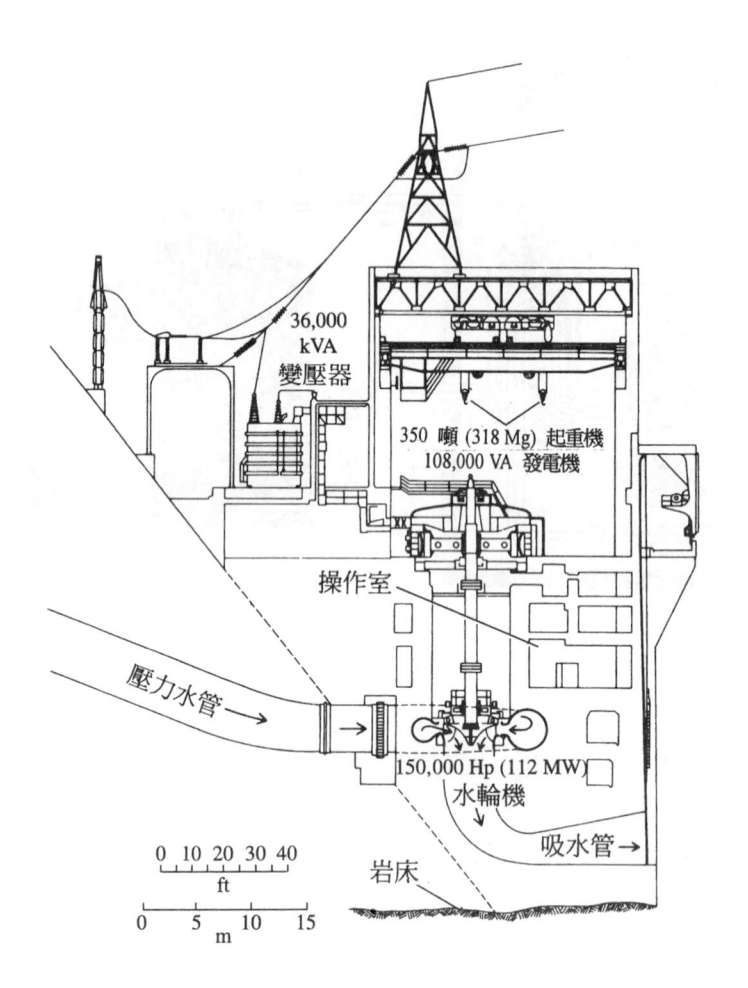

圖 1.9 水力發電廠與水壩之剖面圖（克卜蘭渦輪機）。
(From *McGraw-Hill Encyclopedia of Energy*, 2nd ed., Sybil P. Parker, ed., © 1977. Courtesy of McGraw-Hill Book Company, New York.)

轉，即水經過一個螺旋式管渠後，再流經可調節的閘（即閥）到一個固定葉片的動輪（即水輪機的轉輪）。在低落差時，我們使用克卜蘭水輪機，它與佛蘭氏水輪機有類似的構造，但它在動輪上的葉片是可調整的。這些水輪機的效率相當高，當運轉在最佳效率點時可達 88 至 93%。

圖 1.9 所示為使用克卜蘭水輪機發電廠之截面圖。有些發電機的特性值得注意：(1) 旋轉軸是直立的，(2) 為產生 60 Hz 的電，在轉速為 144 rpm

第 1 章　背　景

時需有 50 個極，(3) 這些極被安裝在所謂**輻射輪**的輪周上。極與極之間留有空間以便安裝繞組，(4) 這個轉子被稱為**凸極式轉子**。

　　水力電廠有一極令人滿意的特性，它從啟動、帶動、連接電力網路與承擔負載，這個程序只需在 5 分鐘內完成，比起一些火力電廠需要數小時才能完成成為強烈的對比，其工作也更簡單並且更適合於遙控。因此水力發電廠可以容易的隨著調度人員的指令，做適當的併聯或解聯以滿足電力需求的改變。當水量供應較短缺時，將這些有限的位能節省使用，尚能在短時間內供應尖峰負載需求。當水量豐沛到需要洩洪時，則可做為基載發電。

　　在沒有適當水流時，一種有效滿足尖峰需求的水力電廠，稱為**抽蓄電廠** (pumped storage)。它在離峰時 (通常在晚上) 將較低蓄水池中的水抽至較高的蓄水池中，然後在尖載時段讓水流下，以傳統的水力發電模式發電。在離峰時，把發電機當作電動機使用，反向帶動渦輪機來抽水。整體效率約為 65 至 70%，若將火力機組一併考慮經濟性時，這個方法是整個系統中較為經濟的。其理由如下：在夜間關掉最大機組與最佳效率的火力機組是不切實際的，因此它們仍維持在運轉狀態供應小 (燈光) 負載。當運轉在這個時候，抽水所需之電力是以較低的增量成本供應。在另一方面來看，相當於尖峰負載時，抽蓄發電提供了本來要由較低效率或老舊電廠發的電。換句話說，站在系統的火力部分來看，抽蓄方式將自負載曲線中的尖峰部分削平了，也將離峰時凹溝部分填平了。

## 1.5　其他能源

　　還有一些能源現在正被使用或開發來發電。這些包括：氣渦輪機、**生質能** (biomass)、地熱、光電伏打、太陽熱、風力、垃圾燃料、潮汐、**海洋熱能轉換** (OTEC)，**磁流體** (magnetohydrodynamic) 發電、柴油機發電、燃料電池、海浪、核融合以及**滋生** (breeder) 反應器。

　　這些新能源中，某部分存在於自然界 (例如光電伏打與風力)，他們能提供的發電量不多而且分佈很廣。為了獲得後備電力的利益與充分利用區域內的所有發電量，並減少昂貴的區域蓄電裝置，如果可以的話，這些小能源最好整合到整個電力網路中。

## 1.6 輸電與配電系統

在前面幾節所描述的電力來源，通常都以輸電系統或配電網路互連方式將電力分配到各種負載點或負載中心。圖 1.10 所示為一小部分輸電系統互連情況之單線圖。每種符號如發電機、變壓器、斷路器、負載、連接的點（節點）稱為匯流排都被表示於圖中。圖 1.11 所示為一個三百個匯流排系統的一部分。這個部分有 69 個匯流排和 15 部發電機，而斷路器

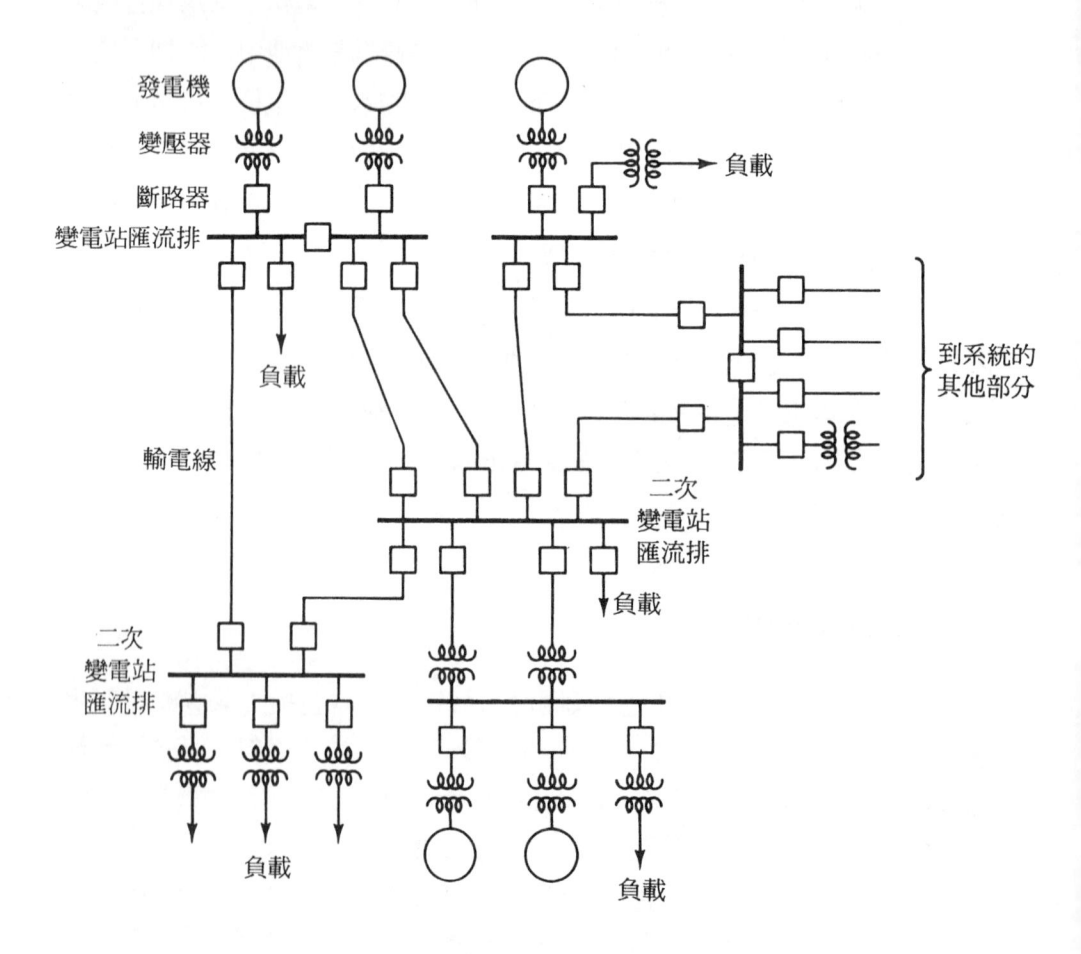

圖 1.10 單線圖。

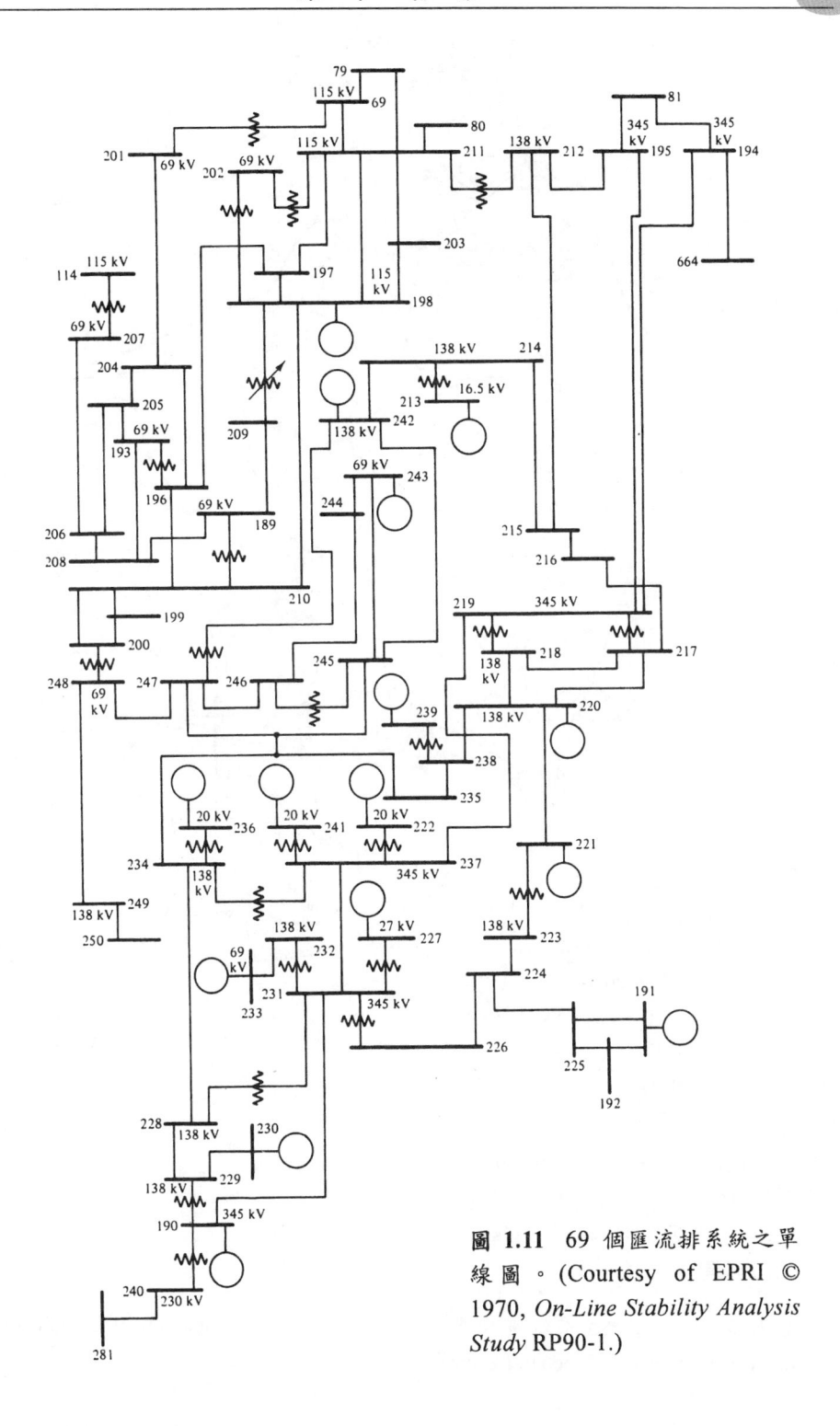

圖 **1.11** 69 個匯流排系統之單線圖。(Courtesy of EPRI © 1970, *On-Line Stability Analysis Study* RP90-1.)

# 電力系統分析

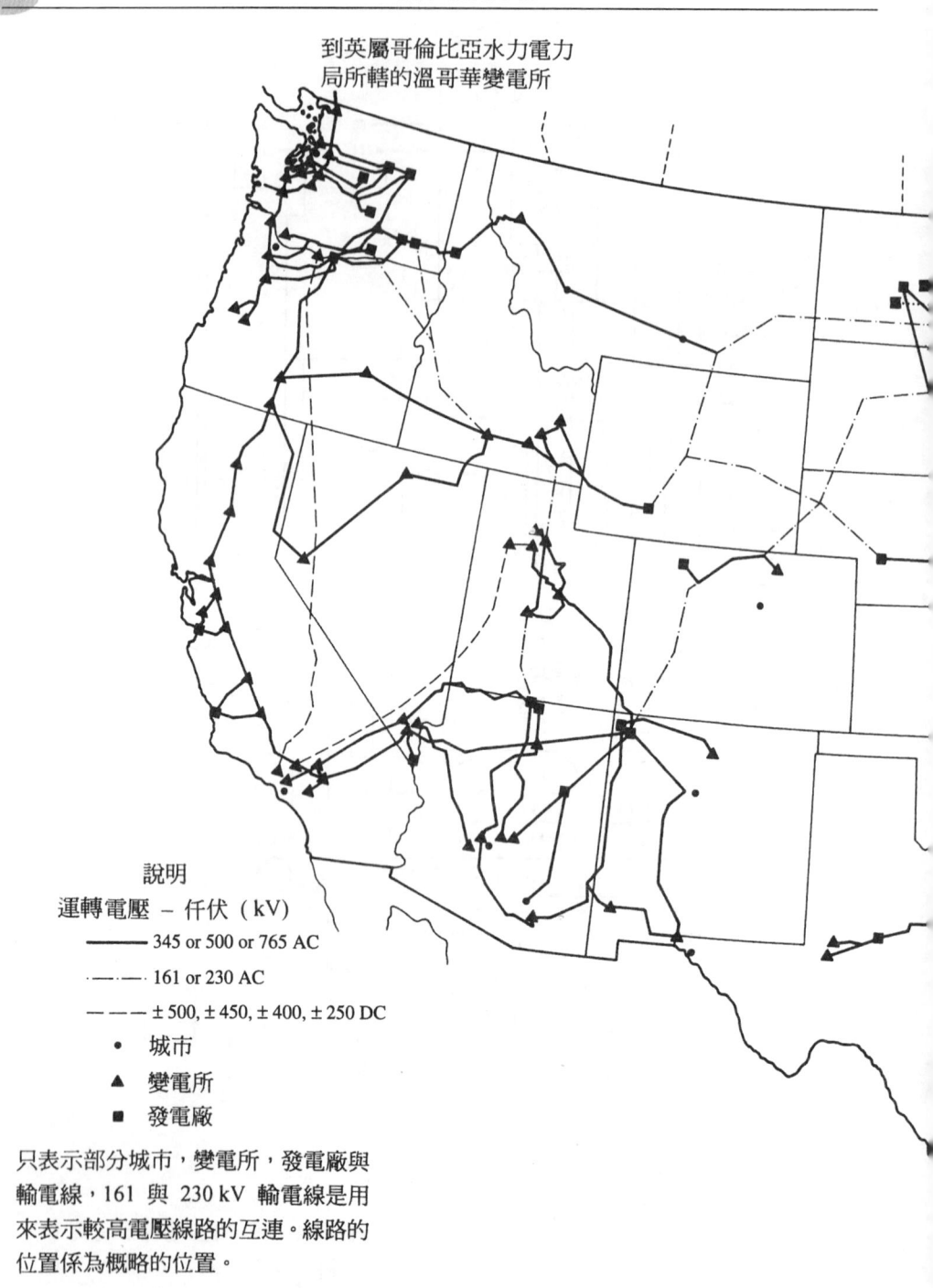

到英屬哥倫比亞水力電力
局所轄的溫哥華變電所

說明
運轉電壓 — 仟伏（kV）
——— 345 or 500 or 765 AC
—·—· 161 or 230 AC
— — — ±500, ±450, ±400, ±250 DC
• 城市
▲ 變電所
■ 發電廠

只表示部分城市，變電所，發電廠與
輸電線，161 與 230 kV 輸電線是用
來表示較高電壓線路的互連。線路的
位置係為概略的位置。

圖 **1.12** 服役中之主要輸電設施。(Courtesy of the Department of Energy and the North American Electric Reliability Council.)

# 第1章 背景

到魁北克水力發電委員會所屬的 Beauharnois 變電所

Adapted from
Department of Energy map

Energy
Information Administration

DOE/EIA-0165(78)

Major extra high voltage
transmission lines

December 31, 1978
and updated from the
North American Electric
Reliability Council (NERC)
Transmission Lines Map
January 1, 1997

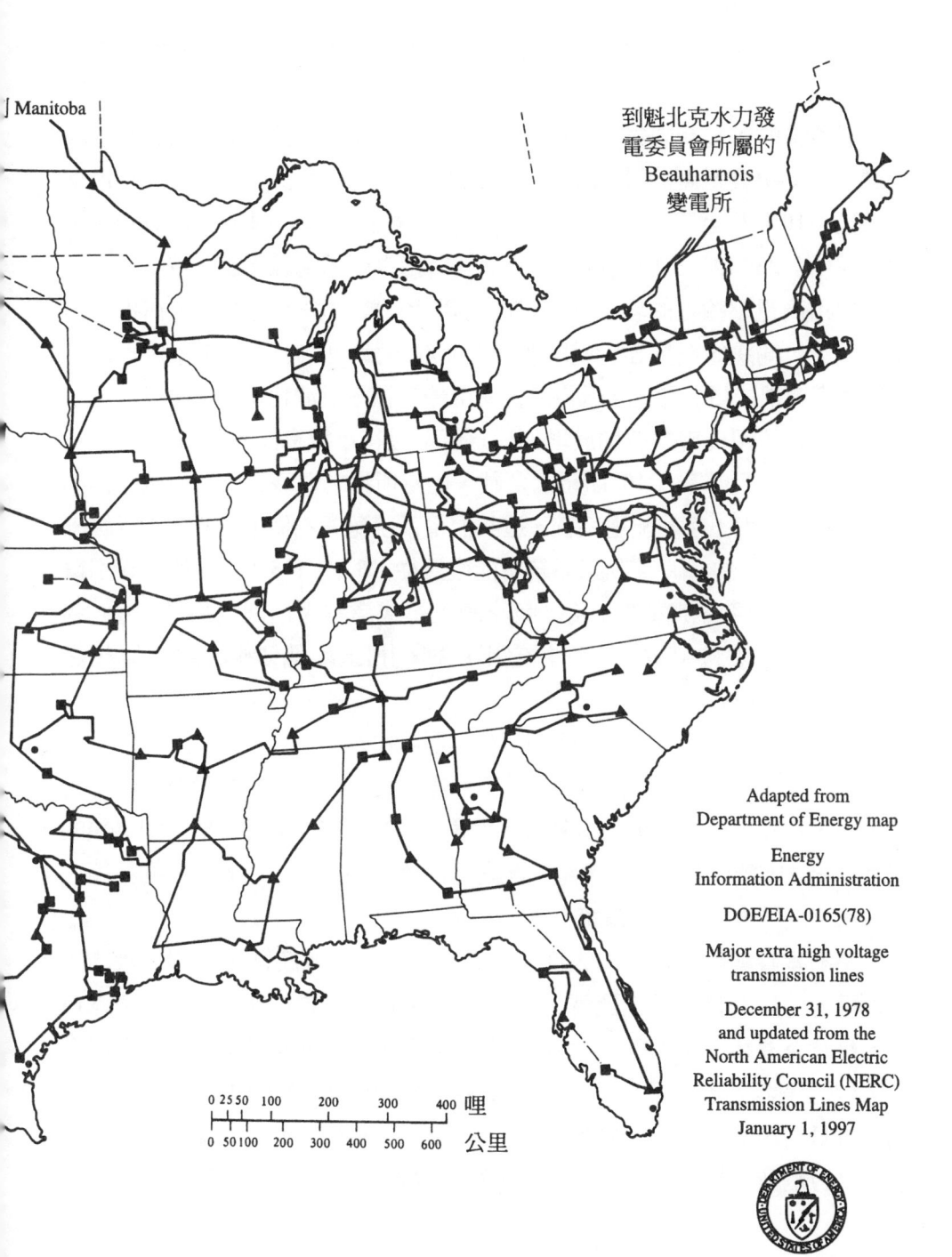

圖 1.12 （續）

與負載則沒被顯示於圖中。在圖 1.11 中使用之變壓器符號與圖 1.10 不同。在不同的比例下，圖 1.12 顯示了美國主要輸電線所交織而成的網路。

發電機的電壓範圍為 11 到 30 kV，因為發電機定子內窄小空間的絕緣問題，使得更高電壓的發電機不易得到。因而利用變壓器將發電機端電壓升壓至 110 kV 至 765 kV。在加州，三相輸電系統之骨幹係由 500 kV、345 kV 與 230 kV 三種組合而成。這裡所指電壓係為線至線電壓。

使用高電壓輸電的理由之一是改善電能傳輸效率。基本上，在指定功率因數下，輸送的電量等於電壓與線電流之乘積。因此，在電量不變下，電壓愈高會造成電流愈低。低電流會使得輸電線電阻消耗 ($I^2R$) 變得更低。另一理由是使用高電壓有助於增加穩定度，這在以後章節會被討論。

接著依序說明圖 1.10 所示之負載，此處所指之負載為大型負載，例如鄉鎮、都市或大工廠的配電系統。這些配電系統藉著各種不同的電壓等級來提供電力。大工業用戶或軌道系統可能直接從 23 到 138 kV 電壓處接引電力，然後自行降壓供內部所用。較小的工業或商業用戶則大都從 4.16 到 34.5 kV 電壓處接引電力，而住宅用戶則從桿上配電變壓器接引單相之 120/240 V 電壓。

雖然輸電與配電系統在實際上為一互相連接的系統，但為方便起見，將輸電系統分離，就如同圖 1.10 所示。若用大變電所取代發電機當作電力的來源，及利用較低層級的負載取代大負載，則圖 1.10 便成為一個另類的配電系統。因此，我們站在輸電系統階層討論電力系統，而大部分的技術，我們都可直接應用於配電系統上。

美國本身與附近地區的大部分電力公司的輸電系統都是互相連接的，並以電力池的一員作系統運轉。例如美國西部與加拿大電力公司同屬於**西部系統統合會議** (WSCC)。此外，電力池與電力池間也彼此互連成一個系統，如北美電力系統互連。互連的首要目的為改善服務的可靠度，一個區域發電量的短缺可由另一區域電力公司備用容量來補充。根據前面討論的水、火力電廠互相連接的優點，亦可知系統經濟性將獲得改善。

## 1.7 自由化電力工業

　　第 1.2 到 1.6 節所提供者係爲電力工業主要成分的概論，這些成分包括發電系統、輸電系統和配電等子系統。大約於 1992 年以前，在一特定地理區域內的單獨電力公司得以擁有並運轉此系統的所有附屬成分。此類公司具有垂直整合獨占性質，故當時須受州立公用電業委員會或其他適合的管制當局之約束，且公司亦有義務供電給所有客戶。客戶則受限於當地的公司，而電費率係由每一州的管制單位所制定。這些費率包含發電運轉成本，此部分的組成有燃料和維護成本。另外，建築物成本、運轉成本，以及輸電系統和配電系統的維護成本也都包含在客戶費率內。在此環境下，大客戶還有一些議價能力，但小型公司和住家用戶被迫承擔費率之後，對較低費率的唯一選擇是訴諸各管制單位。

　　在 1992 年，一項重要的聯邦立法已根本完全改變此一現象。爲促進電力供應自由市場的成長和刺激競爭力，美國參議院通過一項內容豐富的**國家能源政策條例** (National Energy Policy Act, NEPA)。此項新能源政策之要素及其衝擊力的簡要說明如下所述。

　　在此條例所包含的 30 個標題中，標題 1 和標題 7 係爲最重要。能源效率刊物皆將焦點集中於此條例的標題 1，因而促成**整合資源計畫** (integrated resource planning, IRP) 和**需求側管理** (demand-side management, DSM)。此條例也引入費率制定標準的新辦法，並規定州立公用電業委員會在提出費率制定標準時，必須評估對大量電力交易的經濟衝擊。在此極爲強調的是發電、輸電和配電設備因效率改善而降低的成本。

　　在標題 7 內，**免稅批售發電機** (exempt wholesale generators, EWG) 係定義爲任何公司得以擁有、運轉全部或部分合格設備，並以批發成本出售電力。各事業公司在州立委員會管轄範圍內，允許向加盟 EWG 購買電力。再者，**聯邦能源管制委員會** (Federal Energy Regulatory Commission, FERC) 被授權委託簽署合約，但是這些合約必須符合公共利益。這是朝向必須開放輸電網路的第一步。

　　政策改變的主要焦點是在替換條例朝向競爭以達成經濟效益。此種改變交易事業的基本原理對現存電力系統在結構、規劃和運轉上會產生許多變更。在 1993 年，FERC 發佈電力工業重建的**提議法則制訂的注意事項** (notice of proposed rulemaking, NOPR)。此項 NOPR 提出電力事業公司垂直整合結構的解制機能可分成三部分：

- **發電公司** (generation company, GENCO)　發電公司應依照合約連同必要輔助或稱附隨服務來負責供應 (出售) 所產生的電力，並加強電力傳送至客戶或輸電網的可靠度及品質。
- **輸電公司** (transmission company, TRANSCO)　輸電公司應依照預定時程連同任何必要輔助或附隨服務來負責維護所有輸電設備，以促進電力經由輸電網的輸送。
- **配電公司** (distribution company, DISTCO)　配電公司負責供應實用電線系統來將使用者 (客戶) 端連接至大型輸電系統。

由此可料想到這三個公司將會水平整合，且必為新競爭環境的市場比賽者。同時也須中央協調者，或稱**獨立合約管理者** (independent contract administrator, ICA) 來負責協調。規範的 ICA 係擔任生產者和客戶之間的代理人，其職責為處理能源出售與購買的金融交易，再從此類操作獲得薄利的報酬。ICA 也負責協論輸電網路的運轉，且 ICA 得以接受規範費率的回報而被獨立佔有，或作為所有競賽者的聯合投機 (一種交易)。其次，生產者和客戶皆係出資 (出售與購買) 給 ICA，而 ICA 則依照所有運轉限制條件來支配資金。所以 ICA 也有責任來確保支配資金所產生的能源交易不會負載過重，或使電力輸電系統變成不安全。輸電公司和配電公司則只將價格協調結果傳達給中央協調者。

ICA 制度的實施有兩種不同方式，在加州係為電力交易所 (此為競爭性批發現貨的電力市場) 和**獨立系統操作者** (independent system operator, ISO) 共同並存；而在美國所有地區內，目前可以料想到的是**地區輸電集團** (regional transmission group, RTG) 將為協調系統規劃的機構，而 ICA 則負責維護系統的安全性和可靠性。故 ICA 必須監督並適當回應以維持電力系統極限和輸電容量在範圍內，而輸電公司和配電公司則需和 ICA 合作以維護系統的可靠性，並於投標過程期間提供重要的發電機運轉參數給 ICA 必

第1章 背 景

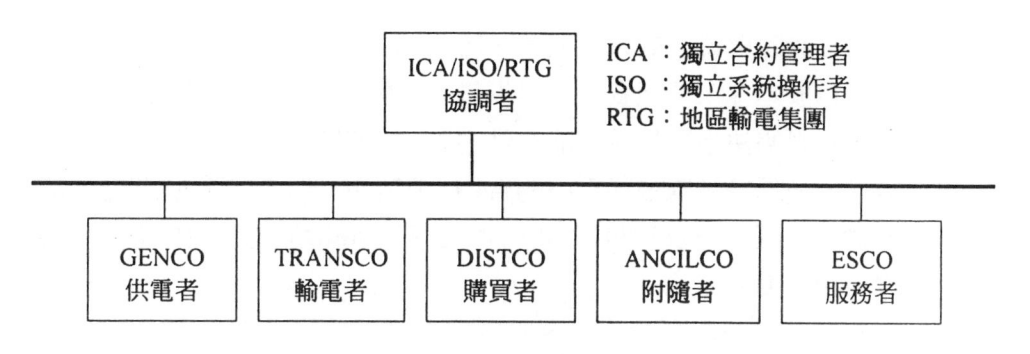

```
                    ┌─────────────┐   ICA：獨立合約管理者
                    │ ICA/ISO/RTG │   ISO：獨立系統操作者
                    │   協調者    │   RTG：地區輸電集團
                    └──────┬──────┘
        ┌────────┬─────────┼─────────┬────────┐
    ┌───┴──┐ ┌──┴────┐ ┌──┴───┐ ┌───┴────┐ ┌─┴────┐
    │GENCO │ │TRANSCO│ │DISTCO│ │ANCILCO │ │ ESCO │
    │供電者│ │ 輸電者│ │購買者│ │ 附隨者 │ │服務者│
    └──────┘ └───────┘ └──────┘ └────────┘ └──────┘
```

**圖 1.13** 自由化環境下的電力公司工業結構。

然是此一合作的一部分。

前述的結構尚在發展中，最後施行起來應可改變此結構。在 1995 年 3 月，FERC 發佈 NOPR 的輔助服務法用以表達此法的解放與價格政策。在此一 NOPR 下，輔助服務可由 ISO 來取得。又輔助或支援亦可由第三團體來提供，並將之稱為**輔助服務公司** (ancillary services company, ANCILCO)。輔助服務的供應者將受到管制，且服務成本亦由州立公用電業委員會或其他適合的管制當局來制定。在此一新環境脫穎而出的競賽者皆係**能源服務公司** (energy services companies, ESCO)，這些公司可能是大型工業客戶或合夥客戶。當客戶需用電時，這些公司會以最少成本向輸電公司購買電力。能源供應公司也要和配電公司簽約以獲得配電路徑來供電給客戶。圖 1.13 顯示此一體系。

重建電力工業的結果可簡述如下：發電、輸電和配電可由私人公司所擁有，而大客戶和小客戶皆可向任何發電公司購買電力能源。發電公司須按時依據競爭市場環境來制定電力價格，輸電系統在特定地理區域內則仍係為獨占，因為發電公司須向合法的輸電公司或各公司支付傳送電能的費用。

傳輸能量的費率係由州立公用電業委員會或其他適合的管制當局來制定。配電系統也可由個別公司 (通常為原來的公司) 所擁有，且亦可收取傳送費用，而傳送費率仍由州立公用電業委員會或其他管制當局來制定。發電公司的目標係以增加售量和服務來獲取最大利潤，並使運轉和維護成本保持最小。輸電和配電公司也須試著使成本為最小，這是由於此二公司皆須受管制，且亦須替傳輸費用辯護。再者，客戶會仔細評估電力供應者之競爭出價來按時瞭解最小的電能成本。於是此一新環境會增加發電公司的競爭力，發電成本在市場競賽中將提供最大的彈性，而此一彈性則由燃料合約和勞力市場來決定。另外，能源供應公司之間的競爭也會增加以吸引更多的客戶，並給予發電公司更好的合約。因此，競爭市場環境將導致能源價格和當地管制經銷處無關，而且發電公司之間增加競爭也會造成降低價格給客戶的結果。

此種市場結構變更對電力系統運轉和規劃會有重大的衝擊。在傳統上，垂直整合公司已具有極為強調可靠性和供電品質的地位。此外，**北美電力可靠度審議會** (North American Electric Reliability Council, NERC) 也制定了嚴格的可靠度和適當的準則。結果所謂的輔助服務（係指維護或改善可靠度及傳輸電力的品質）變成提供服務的主要部分。在競爭市場環境中，發電公司將只有依契約載明條款來供電的義務。在此場合，輔助服務通常也須訂在契約中。客戶可選擇接受較差的可靠性供電，或電壓和頻率較差者，甚至接受較差的純粹弦波波形以換取較低的價格。因此，電力系統運轉所引起的限制條件和變數必然增加得非常快。若服務係向不同的公司購買，則所需的儀表計量也會顯著增加。這些題目的若干部分在以後各章內將再提出討論。

# CHAPTER 2

# 基本原理

## 2.0 簡 介

大部分電力系統的電壓與電流,在穩態時都是以同樣的頻率隨著時間呈正弦函數變化,因此我們對利用相量、阻抗、導納與複數功率等表示之正弦穩態分析非常感興趣。在往後的章節中,我們將可看到某些正弦穩態之關係會延伸到一個很重要的課題——暫態。

我們假設讀者已熟悉電路理論的基本概念,因此在本章中我們直接複習相量表示法與複數功率,進而介紹複數功率的守恆定理,最後介紹三相電路、平衡三相電路與單相分析。

## 2.1 相量表示法

在電力系統中,節點的電壓與線路上的電流常被假設成固定頻率的正弦波形。本書中處理正弦電壓波形與正弦電流波形時,分別利用 $V$ 與 $I$ 代表電壓相量與電流相量。而 $|V|$ 與 $|I|$ 分別代表電壓相量與電流相量的大小, $\theta_V$ 與 $\theta_I$ 分別代表電壓相量與電流相量的角度。

相量為複數,它表示某特定頻率下之正弦波形之振幅與相位角。相量的概念可以指數函數或三角函數說明,從尤拉等式可知

$$e^{\pm j\theta} = \cos\theta \pm j\sin\theta \tag{2.1}$$

(2.1) 式中應用餘弦與正弦函數提供不同的表示法。式中餘弦函數可代表指數函數的實數部分，而正弦函數可代表指數函數的虛數部分，即

$$\cos\theta = \text{Re}\{e^{j\theta}\} \tag{2.2}$$

與

$$\sin\theta = \text{Im}\{e^{j\theta}\} \tag{2.3}$$

式中 Re 表實部，Im 表虛部。

一個弦波電壓函數（在弦波穩態分析裡傳統使用餘弦函數）可被寫成如式 (2.2) 的型：

$$\begin{aligned} v(t) &= V_{\max}\cos(\omega t + \theta_V) \\ &= V_{\max}\text{Re}\{e^{j(\omega t + \theta_V)}\} \\ &= V_{\max}\text{Re}\{e^{j\omega t}e^{j\theta_V}\} \end{aligned} \tag{2.4}$$

我們可將係數 $V_{\max}$ 移入大括弧內，並且互調兩指數函數之位置而不會改變其結果：

$$v(t) = \text{Re}\{V_{\max}e^{j\theta_V}e^{j\omega t}\} \tag{2.5}$$

在 (2.5) 式中，$V_{\max}e^{j\theta_V}$ 為複數，它代表弦波函數的振幅與相位角，在傳統的電路理論中習慣以此表示，俗稱相量表示法。將它應用在電力系統中經過小幅修正後照樣可用。我們定義有效相量表示法，即

$$V = \frac{V_{\max}e^{j\theta_V}}{\sqrt{2}} \tag{2.6}$$

有效相量表示與傳統相量表示主要差異在於因子 $\sqrt{2}$。為何選擇有效相量表示的理由在下節中即可揭曉。在往後之課文中，當我們提到相量時就是代表「有效的相量」。

(2.6) 式為相量的極座標型式，我們也可將它轉成直角座標型式如

第 2 章　基本原理

$$V = \frac{V_{max}\cos\theta_V + jV_{max}\sin\theta_V}{\sqrt{2}}$$
$$= |V|\cos\theta_V + j|V|\sin\theta_V \tag{2.7}$$

## 2.2　複數功率供給至單埠網路

我們繼續複習基本電路理論的另外一些電氣量,如圖 2.1 所示,根據圖中所示之參考方向,供給至單埠網路 $N$ 的瞬時功率 $p(t) = v(t)\,i(t)$,我們假設電壓與電流都是角頻率為 $\omega$ 之正弦波,

$$v(t) = V_{max}\cos(\omega t + \theta_V) \tag{2.8}$$

$$i(t) = I_{max}\cos(\omega t + \theta_I) \tag{2.9}$$

$V_{max}$ 與 $I_{max}$ 為實數量稱為振幅,$\theta_V$ 與 $\theta_I$ 分別為電壓與電流之相位。有時為了方便會使用 $\angle V$ 表 $\theta_V$,$\angle I$ 表 $\theta_I$。現在我們利用三角恆等式計算 $p(t)$。

$$\begin{aligned}p(t) &= V_{max}I_{max}\cos(\omega t + \theta_V)\cos(\omega t + \theta_I)\\ &= \tfrac{1}{2}V_{max}I_{max}[\cos(\theta_V - \theta_I) + \cos(2\omega t + \theta_V + \theta_I)]\end{aligned} \tag{2.10}$$

吾人可看到 $p(t)$ 由兩部分所組成:分別為一固定(常數)分量及一頻率為 $2\omega$ 之正弦波分量。從圖 2.2 中可說明 $p$,$v$ 與 $i$ 之關係。從圖中可發現只要 $v(t)$ 或 $i(t)$ 其中有一為零,則 $p(t)$ 就等於零,因此,除非

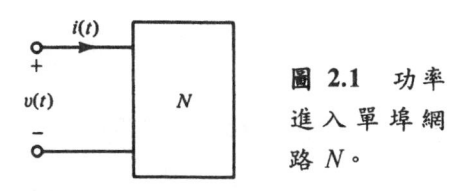

圖 2.1　功率進入單埠網路 $N$。

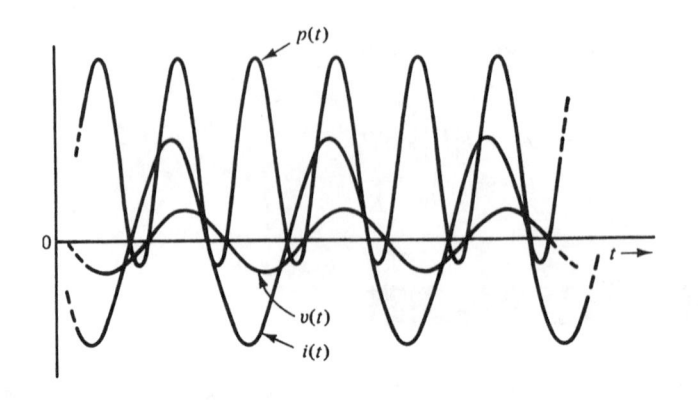

圖 2.2 瞬時功率。

$v(t)$ 與 $i(t)$ 為同相位（或正巧相位差 180°），否則 $p(t)$ 在每週期就有三次與 $v(t)$ 或 $i(t)$ 零交越。這個現象亦可從 (2.10) 式中之 $2\omega$ 正弦分量中明顯看出。圖 2.2 所示之情況，其平均功率為正。事實上，一般之平均功率是可能為正，為負及為零三種情況。接著我們定義功率因數角：

$$\phi \triangleq \theta_V - \theta_I \tag{2.11}$$

及在週期 $T = 2\pi/\omega$ 下之平均功率 $P$。從 (2.10) 中我們得到

$$\begin{aligned} P &= \frac{1}{T}\int_0^T p(t)\,dt \\ &= \tfrac{1}{2}V_{\max}I_{\max}\cos\phi \end{aligned} \tag{2.12}$$

在應用上，平均功率 $P$ 比瞬時功率 $p(t)$ 較為人所重視。

利用 $v(t)$ 與 $i(t)$ 之相量表示式可以很方便計算平均功率 $P$。從上節提到之有效相量：

$$v(t) = V_{\max}\cos(\omega t + \theta_V) \Leftrightarrow V = \frac{V_{\max}}{\sqrt{2}}e^{j\theta_V} \tag{2.13}$$

因此

$$v(t) = \mathrm{Re}\,\sqrt{2}Ve^{j\omega t} \tag{2.14}$$

我們注意 $|V| = V_{\max}/\sqrt{2}$ 是 $v(t)$ 的均方根值（rms），也是我們從交流電表讀

取的值。假想我們現在欲計算有一電阻 $R$ 連接到其有效電壓為 $V$ 之正弦電壓源後所消耗之平均功率則

$$P = \frac{1}{T}\int_0^T p(t)\,dt = \frac{1}{T}\int_0^T \frac{v^2(t)}{R}\,dt = \frac{|V|^2}{R}$$

此式與直流公式相同。因此有效電壓為 120 V 時，電阻器所消耗之熱能就如同直流電壓 120 V 時一樣。這也是我們為何用"有效"這個專門術語的緣故。有一類似的推論也是成立的，即流經電阻 $R$ 之有效電流造成之電阻消耗平均功率為

$$P = |I|^2 R = \frac{|V|^2}{R} = |V||I|$$

這些簡化可推廣應用到更一般化情形。舉例而言，將有效相量代入 (2.12) 式可得到：

$$\begin{aligned}P &= \tfrac{1}{2}V_{\max}I_{\max}\cos\phi = |V||I|\cos\phi \\ &= \operatorname{Re}|V|e^{j\angle V}|I|e^{-j\angle I} = \operatorname{Re} VI^*\end{aligned} \tag{2.15}$$

式中 * 表共軛複數。如我們所看到的，因子 "$\tfrac{1}{2}$" 在 (2.15) 式已經消去了。因為 "功率" 這個電氣名詞被廣泛應用於電力系統分析中，因此這個簡化是蠻值得的。

出現在 (2.15) 式中的 $\cos\phi$，即為人所熟知的**功率因數** (PF)

$$\mathrm{PF} \triangleq \cos\phi \tag{2.16}$$

與直流電路不一樣，電壓與電流的乘積不再是功率，若要求得功率必須是將電壓與電流的乘積再乘以功率因數。

電力工程師常用**落後功因**或**超前功因**等術語來描述問題，例如 "有一負載在落後功因 0.707 下消耗 200 kW"，其中**落後**為電流落後電壓之意。據此我們推論 $\phi = 45°$。

在 (2.15) 式中，我們看到 $P = \operatorname{Re} VI^*$，此式讓我們引起探究 $\operatorname{Im} VI^*$ 與 $VI^*$ 意義的興趣。事實上，它們如 $P$ 一樣是很重要的。首先讓我們定

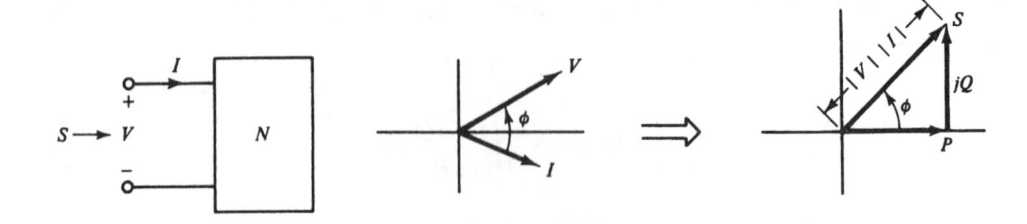

**圖 2.3** 複數功率進入 N 網路。

義複數功率 $S$ 與無效功率 $Q$：

$$S \triangleq VI^*$$
$$Q \triangleq \text{Im}\, VI^* \tag{2.17}$$

故

$$S = VI^* = |V||I|e^{j\phi} = P + jQ \tag{2.18}$$

在 (2.18) 式中 $S$ 被表示成極座標型與直角座標型，其中 $\angle S = \phi$，它有助於整理圖 2.3 所示之結果。從圖中所給的 $V$ 與 $I$ 的參考方向，$S$ 是流入 $N$ 的複數功率。如果 $V$ 超前 $I$，則送到 $N$ 的 $P$ 與 $Q$ 皆為正的。

什麼是 $Q$ 的實際意義呢？也許以下的例題可以讓我們得到合適的解說。首先從網路 $N$ 為電感器著手。

---

**例題 2.1**

對 $Z = j\omega L$
(a) 計算 $Q$。
(b) 計算進入 $L$ 之瞬時功率。
(c) 比較。

**解** (a) 利用 (2.18) 式，我們得到

$$S = VI^* = ZII^* = Z|I|^2 = j\omega L|I|^2$$
$$Q = \text{Im}\, S = \omega L|I|^2$$

**(b)** 假設已知電流為 $i(t)=\sqrt{2}|I|\cos(\omega t+\theta)$；則

$$v(t) = L\frac{di}{dt} = -\sqrt{2}\omega L|I|\sin(\omega t+\theta)$$

$$p(t) = v(t)i(t) = -2\omega L|I|^2\sin(\omega t+\theta)\cos(\omega t+\theta)$$

$$= -\omega L|I|^2 \sin 2(\omega t+\theta)$$

**(c)** 比較 (a) 與 (b) 之結果，我們發現

$$p(t) = -Q\sin 2(\omega t+\theta)$$

因此，$Q$ 為進入 $N$ 之瞬時功率之振幅或最大值。

在這個例子裡，我們看到雖然供應給電感器的平均功率為零，但仍有最大值為 $Q$ 的瞬時功率供應到電感器，以維持磁場中的能量交換。

---

**練習 1.**

重複例題 2.1，將電感器置換為電容器（亦即 $Z=1/j\omega C$）。

---

接著，我們考慮更一般的例題。

**例題 2.2**

考慮一網路，其驅動點阻抗為 $Z$。求
**(a)** $P$ 與 $Q$ 之表示式。
**(b)** 利用 $P$ 與 $Q$ 表示瞬時功率 $p(t)$。
**(c)** 假設此網路為串聯 $RLC$，說明 (b) 之結果。

**解 (a)** $S = VI^* = ZII^* = \operatorname{Re} Z|I|^2 + j\operatorname{Im} Z|I|^2 = P+jQ$，故

$$P = \operatorname{Re} Z|I|^2 = |Z||I|^2 \cos\angle Z$$

$$Q = \operatorname{Im} Z|I|^2 = |Z||I|^2 \sin\angle Z$$

**(b)** 為方便起見，選擇 $i(t) = \sqrt{2}|I|\cos\omega t$；則 $v(t) = \sqrt{2}|Z||I|\cos(\omega t + \angle Z)$，利用三角恆等式，我們得到

$$p(t) = v(t)\,i(t) = |Z||I|^2 \cos(\omega t + \angle Z)\cos\omega t$$
$$= |Z||I|^2 (\cos\angle Z + \cos(2\omega t + \angle Z))$$
$$= |Z||I|^2 (\cos\angle Z + \cos 2\omega t \cos\angle Z - \sin 2\omega t \sin\angle Z)$$
$$= P(1 + \cos 2\omega t) - Q\sin 2\omega t$$

**(c)** 在此例題中 $Z = R + j\omega L + 1/j\omega C$，從 (a) 我們發現 $P = R|I|^2$ 與 $Q = Q_L + Q_C$，其中 $Q_L \triangleq \omega L|I|^2$ 與 $Q_C \triangleq -(1/\omega C)|I|^2$ 為分別進入 $L$ 與 $C$ 之無效功率。因此，我們可寫為

$$p(t) = P(1 + \cos 2\omega t) - Q_L \sin 2\omega t - Q_C \sin 2\omega t$$

第一項為進入 $R$ 之瞬時功率 (其平均值為 $P$)。第二項與第三項分別為進入 $L$ 與 $C$ 之瞬時功率。令人感興趣的是若 $\omega^2 LC = 1$ 時，$Q = Q_L + Q_C = 0$ (亦即此時之電感抗與電容抗互消)。

假設有一 RLC 網路，如例題 2.2 (c) 顯示，我們可發現進入網路端點之複數功率等於網路中個別元件消耗之複數功率之和。這個觀念的推廣將在 2.3 節繼續討論。

接著探討 $Q$ 的重要性，與 $P$ 一樣，電力系統規劃者與運轉者感興趣 $Q$ 的產生與潮流。用戶負載中的無效功率與平均功率一樣需要被供應，且供應量多寡關係到成本多寡。從圖 2.3，我們發現對一固定 $|V|$ 與 $P$ 而言，$|I|$ 隨著 $|Q|$ 增加。增加 $|I|$ 意即增加發電機變壓器與輸電線之熱損失，相對的，為了供應更多的電流必須增加設備容量，因而使成本跟著增加。另外，有時為了維持輸電線端點之電壓在可接受的範圍內，必須供應大量的 $|Q|$，這也與成本息息相關，這個題材在第 4 章將再討論。

除了在電力系統的規劃與運轉之重要性外，變數 $Q$ 在電力系統分析上亦是不可或缺。在電路上，我們首要處理的常是 $V$ 與 $I$ 兩個複數量，但在電力系統裡，它們的功能是在可接受的電壓值下傳送功率，因此，我們

第 2 章　基本原理

表 2.1　專業術語與描述單位

| 數量 | 專業術語 | 描述單位 |
|---|---|---|
| $S$ | 複數功率 | 伏特安培：VA, kVA, MVA |
| $\|S\|$ | 視在功率 | 伏特安培：VA, kVA, MVA |
| $P$ | 平均功率或實功率或有效功率 | 瓦特：W, kW, MW |
| $Q$ | 無效功率 | 無效的伏特安培：VAr, kVAr, MVAr |

較喜歡用 $V$ 與 $S$ 兩個複數量加以取代。

最後我們介紹專業術語與描述單位（表 2.1）。值得注意的是，嚴格來說這些單位在每個例子中都是瓦特。可是為了避免混淆與方便起見，我們使用這些描述的單位去指出這些數量。舉例而言，我們說供應 10 kW 或 15 MVA 之負載，也就是 $P = 10$ kW 或 $|S| = 15$ MVA。注意這個表示式 "一個負載流入或吸收 200 kW 在功率因數為 0.707 落後時"，它已經很完整指出 $S$，因為我們追溯 $P = 200$ kW 與 $\phi = 45°$，便可得到 $S = 200 + j200$ kVA。

"負載" 這個名詞亦可被表示成所連接的裝置，例如我們說一部馬達負載或一個負載 $Z = 1.0 + j2.0$。

(2.18) 式有許多有用的變化。這些變化係利用負載阻抗 $Z$ 之各種表示。在電力系統分析中，我們常將負載表示成有效功率與無效功率兩部分或利用阻抗來表示。為了證明這些變化，首先我們用等效阻抗 $Z$ 替代圖 2.3 中之網路，所以

$$V = ZI \qquad (2.19)$$

將 (2.19) 式代入 (2.18) 式得

$$\begin{aligned} S &= ZII^* \\ &= |I|^2 Z \\ &= |I|^2 (R + jX) \\ &= |I|^2 R + j|I|^2 X = P + jQ \end{aligned} \qquad (2.20)$$

從式中知道

$$P = |I|^2 R \tag{2.21}$$

和

$$Q = |I|^2 X \tag{2.22}$$

在 (2.22) 式，$X$ 可能為等效電感的電抗值，也可能為等效電容的電抗值，如果是電感性電路則為正，若為電容性電路則為負的。

(2.18) 式另一種表示，係利用電壓除以阻抗來取代電流：

$$S = V \left( \frac{V}{Z} \right)^* = \frac{|V|^2}{Z^*} = P + jQ \tag{2.23}$$

若 $Z$ 是純電阻元件，則

$$P = \frac{|V|^2}{R} \tag{2.24}$$

若 $Z$ 是純無效的元件，則

$$Q = \frac{|V|^2}{X} \tag{2.25}$$

在 (2.25) 式中，若無效元件為電感器則 $X$ 為正，若無效元件為電容器則 $X$ 為負。

---

**例題 2.3**

如圖 E2.3 所示，有三個並聯的負載由 480 V (rms) 的線路所供應。其中負載 1 吸收 12 kW 與 6.667 kVAr，負載 2 在超前功因 0.96 下吸收 4 kVA，負載 3 在單位功因下吸收 15 kW。求這三個並聯負載之等效負載。

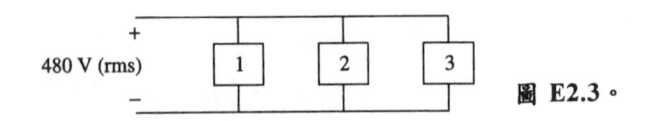

圖 E2.3。

**解**

$$S_1 = 12 + j6.667 \text{ kVA}$$
$$S_2 = 4(0.96) - j4(\sin(\cos^{-1}(0.96))) \text{ kVA} = 3.84 - j1.12 \text{ kVA}$$
$$S_3 = 15 + j0 \text{ kVA}$$
$$S_{\text{Total}} = S_1 + S_2 + S_3 = 30.84 + j5.547 \text{ kVA}$$

這等效負載可被表示成 $R$ 與 $X$ 之串聯組合或 $R$ 與 $X$ 之並聯組合。

$R$ 與 $X$ 串聯組合之阻抗 $Z$

從 (2.23) 式,

$$Z^* = \frac{(480)^2 \times 10^{-3}}{30.84 + j5.547}$$
$$= 7.237 - j1.3016 \text{ }\Omega$$

所以 $Z = 7.237 - j1.3016 \text{ }\Omega$。

$R$ 與 $X$ 並聯組合之阻抗 $Z$

$$R = \frac{(480)^2}{30840} = 7.4708 \text{ }\Omega$$
$$X = \frac{(480)^2}{5547} = 41.535 \text{ }\Omega$$
$$Z = 7.4708 \| j41.535 \text{ }\Omega$$

## 2.3 複數功率之守恆

在處理複數功率時,我們常會使用到複數功率守恆定理。定理描述如下:

**複數功率的守恆定理** 在相同頻率下,某網路被許多獨立電源所供應,每個獨立電源供應的複數功率總和等於網路中所有其它分支所吸收到的複數功率總和。

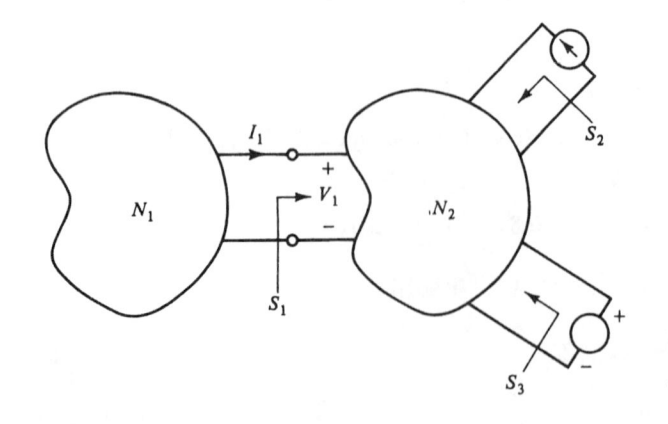

圖 2.4 複數功率守恆的應用。

上述隱含所有電壓與電流為正弦的假設。

對於單獨電源，若元件為串聯，證明此定理可用克希荷夫電壓定律 (KVL) 若元件為並聯，則可用克希荷夫電流定律 (KCL)。在一般的網路中，則大部分利用特立勤定理加以證明，此定理可從電路理論的教科書查到。我們強調的是無效功率的守恆與有效功率的守恆是一樣的。

在應用此定理時，我們常發現它很方便藉由一個等效獨立電源置換網路的某部分。以圖 2.4 為例，除了端點以外，$N_1$ 與 $N_2$ 並無任何耦合，因此我們可利用一電源來取代 $N_1$，這電源可為 $V_1$ 或為 $I_1$ 在端點介面上。那麼，應用此定理到 $N_2$，我們得到

$$S_1 + S_2 + S_3 = \sum_i S_i \tag{2.26}$$

在 (2.26) 式的右側，我們將送到 $N_2$ 內每個分支的複數功率全部加總。

將某個網路或分支的壓降或電流利用相對等的電壓源或電流源加以取代在物理上是非常合理的 (在某些條件假設下)。一般在電路理論的教科書中，此種取代方式我們稱之為**置換定理**，從它的名稱亦很容易瞭解它的涵義。

---

**例題 2.4**

圖 E2.4 所示之電路，求利用 $S_1$，$C$ 與 $V$ 所表示之 $S_2$。

第 2 章　基本原理

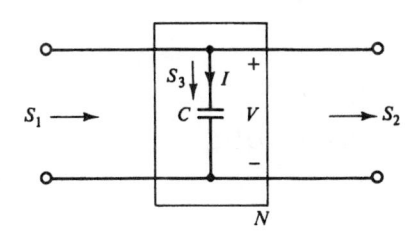

圖 E2.4。

**解**　利用複數功率守恆定理，我們得到

$$S_1 - S_2 = S_3$$

其中

$$S_3 = VI^* = VY^*V^* = -j\omega C|V|^2$$

因此

$$S_2 = S_1 + j\omega C|V|^2$$
$$P_2 = P_1$$
$$Q_2 = Q_1 + \omega C|V|^2$$

值得注意的是 $Q_2 > Q_1$，這是很合理的，因為電容 $C$ 被視為無效功率源。

## 例題 2.5

圖 E2.5 所示電路中，若假設 $|V_2|=|V_1|$，證明 $S_2 = -S_1^*$。

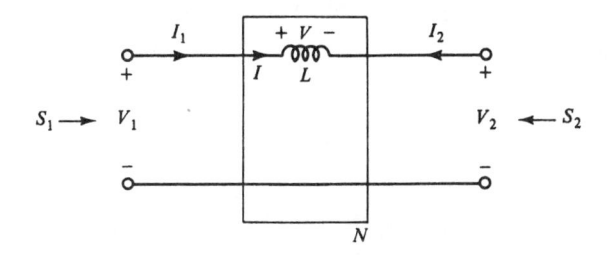

圖 E2.5。

**解**　利用複數功率的守恆定理，得到進入電感的複數功率為

$$S_1 + S_2 = VI^* = j\omega L|I|^2$$

因此
$$P_1 + P_2 = 0$$
$$Q_1 + Q_2 = \omega L |I|^2$$

利用 $|V_2| = |V_1|$，我們得到

$$\left. \begin{array}{l} S_1 = V_1 I^* \\ S_2 = -V_2 I^* \end{array} \right\} \Rightarrow |S_1| = |S_2| \Rightarrow P_1^2 + Q_1^2 = P_2^2 + Q_2^2$$

因為 $|P_2| = |P_1|$，故 $|Q_2| = |Q_1|$。因此 $Q_1 = Q_2 = \frac{1}{2}\omega L |I|^2$，最後得證

$$\left. \begin{array}{l} P_2 = -P_1 \\ Q_2 = Q_1 \end{array} \right\} \Rightarrow S_2 = -S_1^*$$

## 練習 2.

在例題 2.5 中，若將電感器 $L$ 置換成更通用之兩端點主動元件，試問其結果還是正確嗎？

在下個例題中，我們顯示一種單線圖，圖中包含有發電機、負載、輸電線與相互連接的節點 (我們稱之為匯流排)。除了某些複數功率已被指定外，其餘是待求的。我們利用雙下標符號 $S_{ij}$ 表示複數功率離開匯流排 $i$ 經由輸電線進入匯流排 $j$。$S_{Gi}$ 和 $S_{Di}$ 分別為第 $i$ 部發電機產出的複數功率與第 $i$ 個負載之複數功率。

## 例題 2.6

圖 E2.6 中，假設 $S_{ij} = -S_{ji}^*$。此例使用之輸電線模型與例題 2.5 中之電感器是相同的。求 $S_{13}$，$S_{31}$，$S_{23}$，$S_{32}$ 和 $S_{G3}$。

**解** 視每個匯流排為一個無內部分支的網路，我們在每個匯流排上得到複數功率平衡。意即在每個匯流排上其複數功率滿足 KCL。因此

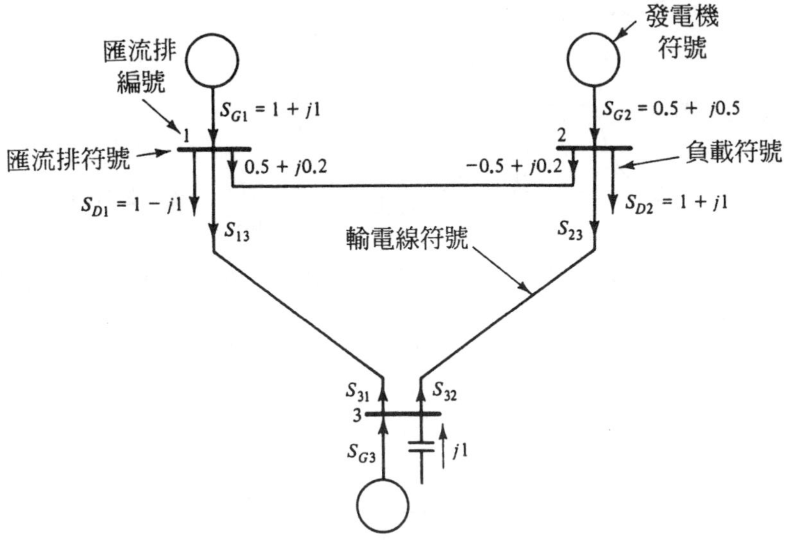
發電機
符號
匯流排
編號
$S_{G1}=1+j1$
$S_{G2}=0.5+j0.5$
1
2
匯流排符號
0.5 + j0.2
−0.5 + j0.2
負載符號
$S_{D1}=1-j1$
$S_{D2}=1+j1$
$S_{13}$
$S_{23}$
輸電線符號
$S_{31}$
$S_{32}$
3
$S_{G3}$
j1

**圖 E2.6。**

$$S_{13}=(1+j1)-(1-j1)-(0.5+j0.2)=-0.5+j1.8$$

$$S_{31}=-S_{13}^{*}=0.5+j1.8$$

同理

$$S_{23}=(0.5+j0.5)-(1+j1-(-0.5+j0.2)=-j0.7$$

$$S_{32}=-j0.7$$

最後得到

$$S_{G3}=(0.5+j1.8)-j0.7-j1=0.5+j0.1$$

**例題 2.7**

在圖 E2.7(a) 所示網路中，假設兩網路間之耦合只靠網路的外在端點，求從 $N_1$ 轉移至 $N_2$ 之複數功率 $S$。

**解**　在 $N_2$ 任選一個參考節點，而且令所有的電壓 $V_i$ 均對應至此參考節點。依

38　　　　　　　　　　　電力系統分析

圖 E2.7(a)。

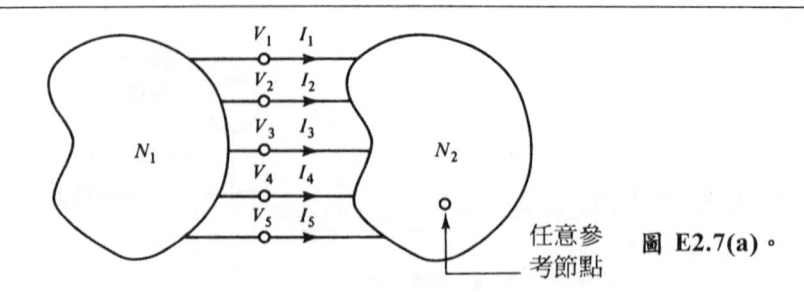

置換定理的內涵，將 $N_1$ 之各個端點變換成圖 E2.7(b)。利用複數功率的守恆定理，很明顯地

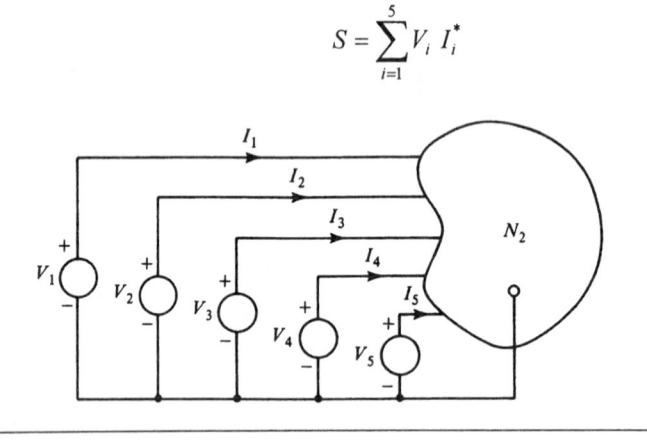

$$S = \sum_{i=1}^{5} V_i I_i^*$$

圖 E2.7(b)。

## 例題 2.8

在圖 E2.8 中，求傳送到 $N_2$ 之複數功率之表示式。

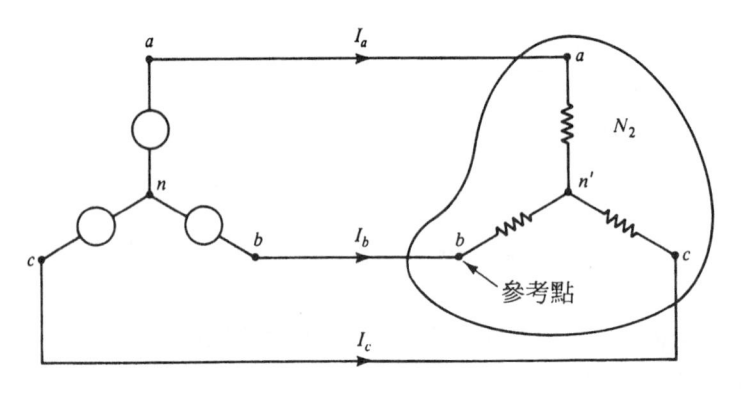

圖 E2.8。

**解** 在 $N_2$ 中找任何一個節點當參考點。若我們選擇 $n'$ 為參考節點，那麼利用例題 2.7 之結果，我們可得到

$$S = V_{an'}I_a^* + V_{bn'}I_b^* + V_{cn'}I_c^*$$

另一方面，如果選擇 $b$ 為參考點，我們得到

$$S = V_{ab}I_a^* + V_{bb}I_b^* + V_{cb}I_c^* = V_{ab}I_a^* + V_{cb}I_c^*$$

後者之表示式是以兩瓦特計法為基礎，它照樣可以讀取三相功率。讀者可檢查兩種表示式之結果是一樣的。

## 2.4 平衡三相

一般電力之供應係由三相發電機送出，除了在配電系統的最低電壓層級是以單相功率供應外，它的轉供與調度都是以三相功率的形式表示。

圖 E2.8 闡述了一個三相 ($3\phi$) 電路。如果此電路三相的阻抗都一樣，而且三相的電壓源大小相同，相與相之間互差 120° 的話，我們稱之為平衡三相。

有很多理由支持平衡三相供電比單相供電較受人喜愛。在此我們發現在處理相同之總功率容量時，三相設備比單相設備具有較高效率，且能使得材料 (導體與鐵) 作更有效的利用，也因而降低成本。以節省導體材料為例，一個三相的輸電線與三個單相組合成的三相輸電線作比較，圖 2.5 所示為三個單相組合成三相的電路。圖中需要六根導體承載電流。現假設 $V_{aa'}$、$V_{bb'}$ 與 $V_{cc'}$ 形成一平衡三相電源，因而 $I_a$、$I_b$ 與 $I_c$ 也將為三相平衡電流，因此 $I_a + I_b + I_c = 0$，故可以消去所有回來的導線。我們連接 $a'$、$b'$ 與 $c'$ 點 (變成一個 "中性" 點 $n$)，這樣電源被稱為 Y 型連接。同樣地，負載也是連接成 Y 型。這些回來的導線相互並排且流過的電流為 $I_a + I_b + I_c = 0$，因為它們無電流流過，故可謂多餘，因此可移走。由此可得，承載同樣電流容量的三相輸電線，與三個單相輸電線結構，它僅需一半的導體數。值得一提的是，它也減少了線路的損失 $I^2R$。另外還有其他優點，我們留待 2.6 節再說明。

接下來讓我們考慮更通用之平衡三相系統。為簡化起見，我們考慮只有

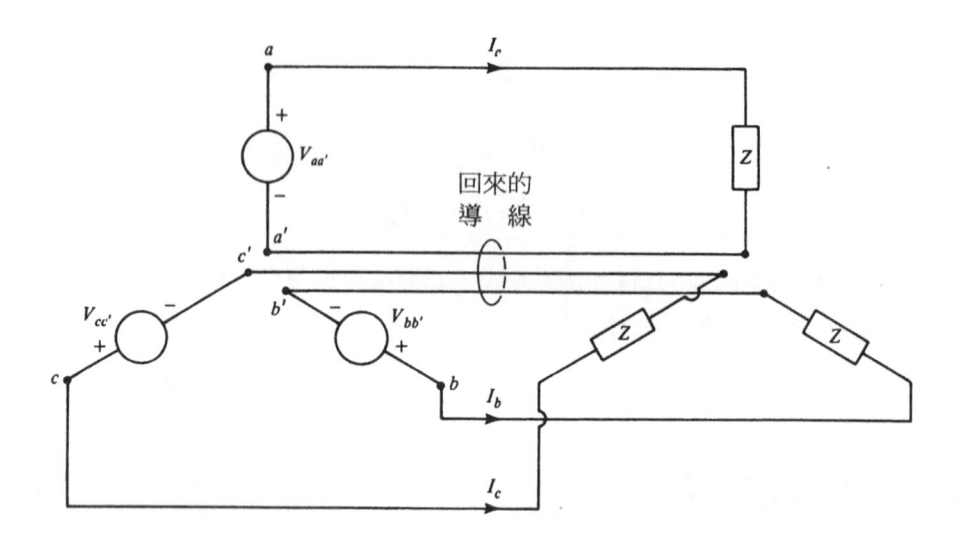

圖 2.5 比較平衡的三相與單相。

理想電源與阻抗所組成的三相模型。一個平衡的三相系統是由相同相序的平衡三相電源和對稱的三相網路所構成。如果一個三相電源是由三個單獨電源以 Y 或 Δ 型式所組成，且電源（電壓或電流）大小相同，但各相間之相位差各為 120° 的話，我們就稱為平衡三相電源。舉例而言，圖 2.6 中之情況 I，線至中性點電壓 $E_{an}=1\angle 0°$，$E_{bn}=1\angle -120°$，與 $E_{cn}=1\angle 120°$ 即為平衡三相電源。在情況 II 中，線至線電壓 $E_{ab}=100\angle 10°$，$E_{bc}=100\angle -110°$，與 $E_{ca}=100\angle 130°$ 也是為平衡三相電源。

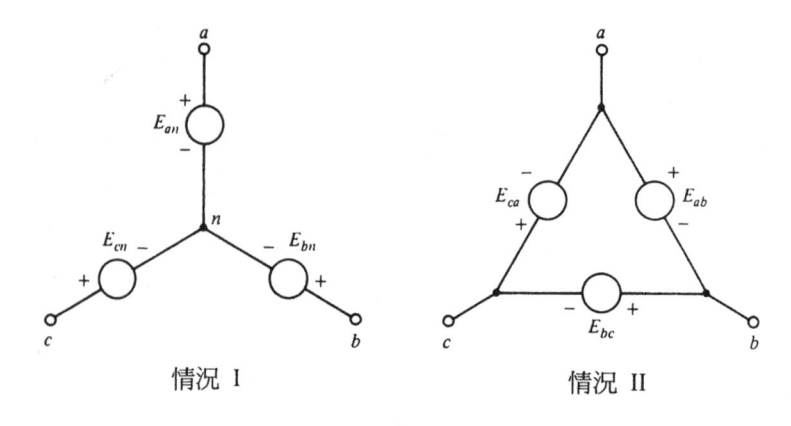

圖 2.6 Y 接與 Δ 接電壓源。

## 第 2 章　基本原理

　　注意，若我們觀察線至中性點之瞬時電壓波形之相位，在情況 I 中如我們選定的相量關係，電壓將以 abc 之順序先後達到它們波形峰值；在情況 II 中，線至線 $e_{ab}(t)$、$e_{bc}(t)$ 與 $e_{ca}(t)$ 亦將以 abc 順序先後達到它們的波形峰值。在此種情況下，我們稱為 abc 相序或正相序。

　　在平衡的電壓源裡可能出現另一種相序，稱為 acb 相序或負相序。舉例說明，在情況 I 中，若我們變更電壓為 $E_{an}=1\angle 0°$，$E_{bn}=1\angle 120°$，與 $E_{cn}=1\angle -120°$ 即為負相序電壓源。值得注意的是，所有接到同一網路之所有電源必須要有相同的相序，尤其要特別留意的是當一個新的電源要連接到舊有的網路，一定要配合舊有網路的相序。

　　對一實際系統，不管 abc 相序或 acb 相序均依據導線之標示。為了避免混淆，除了有特別的標示，否則我們一般均假設為正相序的三相平衡。

　　我們要指出在圖 2.6 中情況 II 之三個理想電源連接，除非它們是平衡三相，即 $E_{ab}+E_{bc}+E_{ca}=0$，否則是不適當的。因為它們的串聯電阻為零(如圖所示)，只要稍微不平衡，即會造成循環電流為無限大。當 $E_{ab}+E_{bc}+E_{ca}=0$ 時，儘管循環電流未定 (即 0/0)，我們仍然假設它為 0。

　　一個對稱的三相網路如圖 2.7 所示，我們標有 a 相、b 相與 c 相，因為其為對稱，因此標示是任意的。圖中有一重要特性即 a、b、c 三相的每相元件阻抗值皆相等。

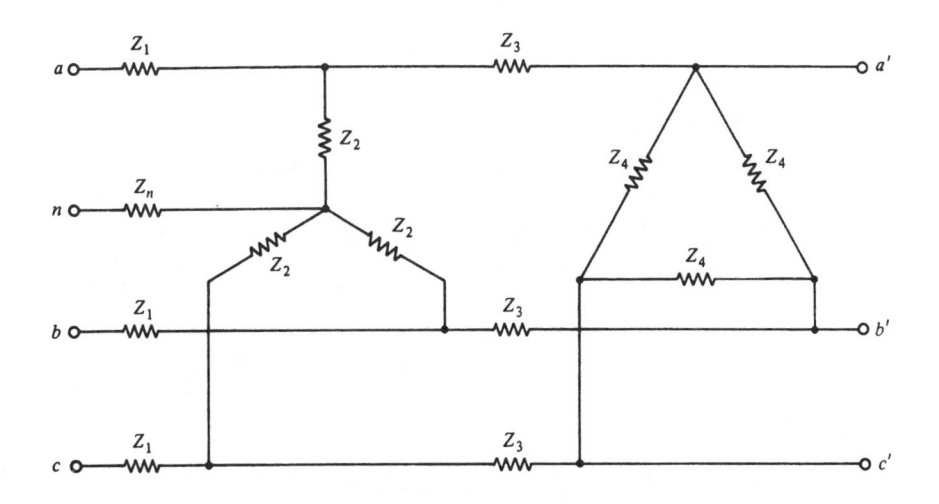

圖 2.7　對稱三相網路。

從分析的觀點看，平衡的三相有個受人歡迎的特性：它可簡化成單相分析，如此元件可從原始電路中簡化為三分之一或更少。

在正式介紹單相分析前，我們預做暖身，考慮例題 2.9。

---

**例題 2.9**　計算中性點至中性點電壓。

如圖 E2.9 所示之平衡電路，求 $V_{n'n}$。

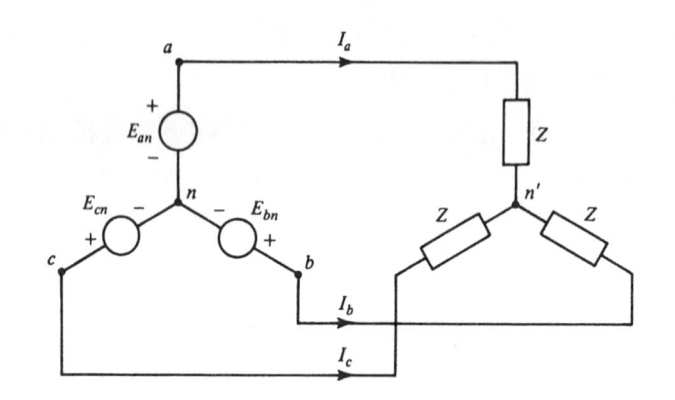

圖 E2.9。

**解**　利用導納 $Y = I/Z$，我們得到

$$I_a = Y(E_{an} - V_{n'n})$$
$$I_b = Y(E_{bn} - V_{n'n})$$
$$I_c = Y(E_{cn} - V_{n'n})$$

將上述方程式相加後，得

$$I_a + I_b + I_c = Y(E_{an} + E_{bn} + E_{cn}) - 3YV_{n'n}$$

現在針對節點 $n$ 或 $n'$，應用 KCL，我們得到 $I_a + I_b + I_c = 0$。因為 $E_{an}$、$E_{bn}$ 與 $E_{cn}$ 為一平衡之三相電源，故它們的和為零，所以得到 $3YV_{n'n} = 0$，故 $V_{n'n} = 0$。

注意 1：$E_{an} + E_{bn} + E_{cn} = 0$ 之條件可比我們的假設寬鬆（即不必一定要 $E_{an}$、$E_{bn}$ 與 $E_{cn}$ 為平衡）。

注意 2：因為 $V_{n'n} = 0$ 的關係，因此我們可以將每相完全分離的去計算 $I_a = YE_{an}$，$I_b = YE_{bn}$ 與 $I_c = YE_{cn}$。

# 第 2 章　基本原理

## 例題 2.10

重複例題 2.9，在中性點 $n$ 與中性點 $n'$ 之間連接一個阻抗 $Z_n$。假設 $Z_n + Z/3 \neq 0$。

**解** 若 $Z_n = 0$，那麼很明顯地 $V_{n'n} = 0$。若 $Z_n \neq 0$，我們計算 $Y_n + 1/Z_n$，然後重複例題 2.9 之計算如下：

$$I_a = Y(E_{an} - V_{n'n})$$
$$I_b = Y(E_{bn} - V_{n'n})$$
$$I_c = Y(E_{cn} - V_{n'n})$$
$$I_{nn'} = -Y_n V_{n'n}$$

其中 $I_{nn'}$ 為流入節點 $n'$ 之電流。將上述四方程式相加並應用 KCL 到 $n'$ 節點，得到

$$0 = -(3Y + Y_n)V_{n'n}$$

又因為 $3Y + Y_n \neq 0$，$V_{n'n} = 0$ 與 $I_{nn'} = 0$。注意：因為 $Z_n = \infty$ 或 $Z_n = 0$ 都可得相同結果，因此我們可用開路或短路來取代 $Z_n$。通常，我們喜歡用短路表示，因為它明白表示 $V_{n'n} = 0$。

---

對一個更複雜的平衡三相網路，以圖 2.8 所示網路為例，它仍然擁有相同的結果，即所有的中性點都是相同電位，沒有中性電流流通，我們可用短路取代 $Z_n$ 與 $Z_{n'}$。我們不再利用例題 2.9 與 2.10 的直接算法，我們用別的方法證明。在圖 2.8 中，假設

1. $E_1 + E_2 + E_3 = 0$。
2. 網路為三相對稱。

我們現在就來證明 $V_{n'n} = V_{n''n} = 0$ (即所有中性點都同電位)。

證明：圖 2.8 所示之電路，令 $E_{an} = E_1$，$E_{bn} = E_2$ 與 $E_{cn} = E_3$，假設在這三個電源輸入下所計算得到之 $V_{n'n} = V_0$。接著轉移電源 $E_1$，$E_2$ 與 $E_3$，使得 $E_{bn} = E_1$，$E_{cn} = E_2$ 與 $E_{an} = E_3$。在這新的三相電源輸入後，並且根

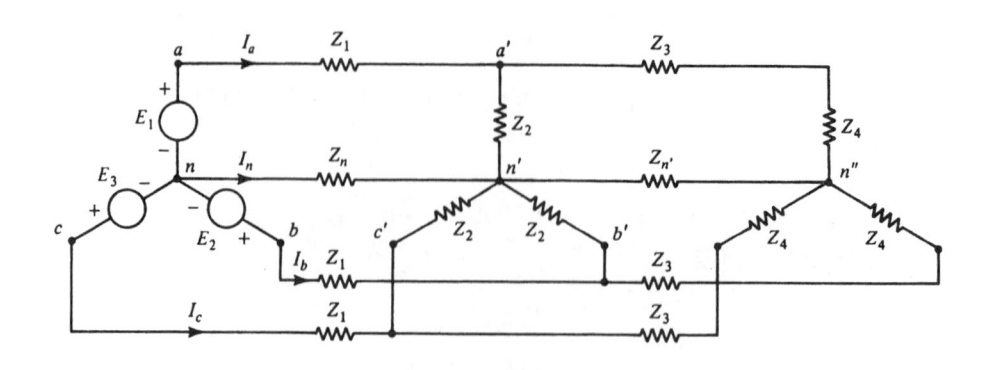

圖 2.8 平衡的三相網路。

據三相網路的對稱特性，我們得到的結果是：除了因為電源相位的轉移而使得電壓與電流之相位跟著轉移外，網路內的電壓與電流之值（大小）都與前步驟都相同，而且中性點電壓絲毫未變仍舊 $V_{n'n} = V_0$。第三步驟再轉移電壓源使得 $E_{cn} = E_1$，$E_{an} = E_2$，$E_{bn} = E_3$，同樣地再一次得到 $V_{n'n} = V_0$ 最後，讓我們計算每相之輸入和為 $E_{an} = E_{bn} = E_{cn} = E_1 + E_2 + E_3$，由假設 1 可知為零。考慮前述之結果，利用重疊定理我們得到 $V_{n'n} = 3V_0$。因為每相之輸入和為零，所以 $V_{n'n} = 0$。因此 $V_0 = 0$，由此可知，對一給定的一組電源 $V_{n'n} = V_0 = 0$。明顯地，相同的論點可證明 $V_{n''n} = 0$。

由此可知，若網路之所有中性點的電位都相同，則求解網路就可大幅的簡化了。舉例而言，在圖 2.8 中，若要求 $I_a$ 僅考慮 $a$ 相即可，如圖 2.9 所示。同理求 $I_b$ 和 $I_c$ 僅分別利用 $b$ 相與 $c$ 相網路即可。這三個電路可說是完全獨立（去耦合）。在三個電路中唯一剩下有連接的就是中性點而已，而 $a$、$b$、$c$ 每相之中性點電流和恰等於零。因此，我們只要知道 $I_a$ 便能很快有效的算出 $I_b$ 與 $I_c$。而且若 $E_1$、$E_2$ 與 $E_3$ 為正相序，那麼 $I_a$、$I_b$ 與 $I_c$ 必為正相序。

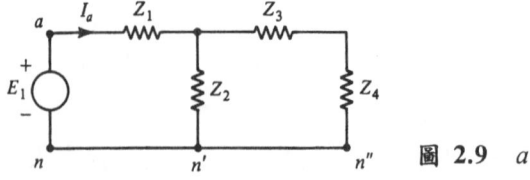

圖 2.9 $a$ 相電路。

# 第 2 章 基本原理

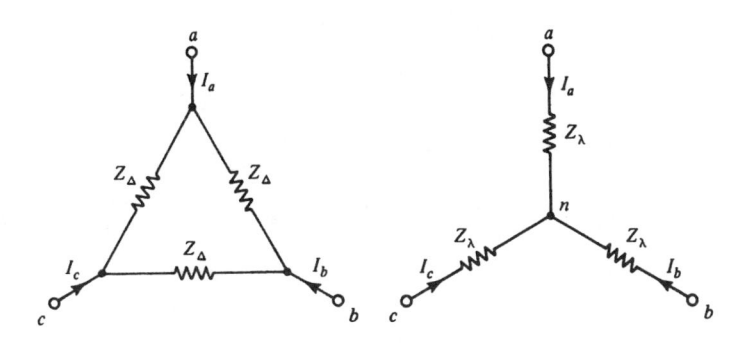

**圖 2.10** Δ-Y 轉換。

值得注意的是在圖 2.8 中所有電源與負載為 Y 連接,如果 $Z_4$ 之負載改成 Δ 連接,則 $n$ 與 $n'$ 仍有相同之電位,但圖 2.9 之去耦合情況已不可能了。若電源改成 Δ 連接,一樣會產生同樣的問題。

幸運的是我們可用等效 Y 來取代 Δ。首先考慮負載的 Y-Δ 轉換,即在不改變端點行為下,以等效方式將 Δ 改成 Y。

**Δ-Y 負載轉換 (對稱情況)** 對一已知 Δ 接之負載阻抗 $Z_\Delta$,在相同之端點行為下,可用 Y 接負載阻抗 $Z_\lambda = Z_\Delta/3$ 取代。

證明:參考圖 2.10,由其對稱性足以證明利用 $V_{ab}$ 與 $V_{ac}$ 所表示之 $I_a$ 的等效關係。對 Δ 接而言,

$$I_a = \frac{V_{ab}}{Z_\Delta} + \frac{V_{ac}}{Z_\Delta} = \frac{V_{ab} + V_{ac}}{Z_\Delta} \tag{2.27}$$

對 Y 而言,

$$V_{ab} = Z_\lambda(I_a - I_b)$$
$$V_{ac} = Z_\lambda(I_a - I_c)$$
$$V_{ab} + V_{ac} = Z_\lambda(2I_a - (I_b + I_c))$$

但 KCL 在節點 $n$ 時,$I_a = -(I_b + I_c)$,故

$$V_{ab} + V_{ac} = 3Z_\lambda I_a \tag{2.28}$$

比較式子 (2.27) 與 (2.28)，我們得到 $Z_\lambda = Z_\Delta/3$。

**注意 1**：Δ 與 Y 之等效只對 $a$、$b$ 與 $c$ 端點外部才成立。若要考慮端點內部之電路行為時，則必須回到 Δ 電路內加以完整計算。

**注意 2**：我們強調 $Z_\lambda = Z_\Delta/3$ 之關係只適用在對稱三相時。現在我們立刻討論。

接著我們來推導平衡系統中，線至中性點與線至線電壓（即相電壓與線電壓）間之關係，以便使用等效 Y 接電源（相電源）取代 Δ 接電源（線電源）。因為這結果可應用至一般電壓（沒有限制一定要電壓源），所以用符號 $V$ 而不用 $E$ 符號。

**Δ-Y 電源轉換**　從相電壓與線電壓之一般關係開始，我們有

$$\begin{aligned} V_{ab} &= V_{an} - V_{bn} \\ V_{bc} &= V_{bn} - V_{an} \\ V_{ca} &= V_{cn} - V_{an} \end{aligned} \quad (2.29)$$

若 $V_{an}$，$V_{bn}$ 與 $V_{cn}$ 是正相序組合，則它們將有下列關係：對任意 $V_{an}$，$V_{bn} = V_{an}e^{-j2\pi/3}$ 與 $V_{cn} = V_{an}e^{j2\pi/3}$。將此代入 (2.29) 式，我們發現 $V_{ab}$，$V_{bc}$ 與 $V_{ca}$ 也是一個正相序組合。在此導出 $V_{ab}$ 對 $V_{an}$ 之超前關係，

$$V_{ab} = (1 - e^{-j2\pi/3})V_{an} = \sqrt{3}\, e^{j\pi/6}V_{an} \quad (2.30)$$

這個轉換亦可反過來推導，若 $V_{ab}$，$V_{bc}$ 與 $V_{ca}$ 為正相序，則 $V_{an}$ 與 $V_{ab}$ 之關係如下：

$$V_{an} = \frac{1}{\sqrt{3}} e^{-j\pi/6}V_{ab} \quad (2.31)$$

於是我們可求得等效 Y 的電壓。

(2.29) 式至 (2.31) 式之關係亦可用圖形來表示。如圖 2.11 所示，畫等邊三角形分別表示 $V_{ab}$、$V_{bc}$ 與 $V_{ca}$ 線電壓相量。標示頂點 $a$、$b$ 與 $c$，找出三角形中心點並標示為 $n$，則相電壓 $V_{an}$、$V_{bn}$ 與 $V_{cn}$ 就可畫出。

第 2 章　基本原理

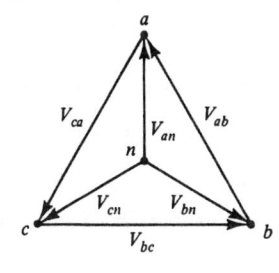

圖 2.11　以線電壓表示之相電壓。

若電壓為負相序組合，則線電壓與相電壓之關係變為

$$V_{ab} = \sqrt{3}\, e^{-j\pi/6} V_{an} \tag{2.32}$$

與

$$V_{an} = \frac{1}{\sqrt{3}} e^{j\pi/6} V_{ab} \tag{2.33}$$

**注意 1**：無論是正相序或負相序，線至線電壓大小一定是線至中性點電壓大小的 $\sqrt{3}$ 倍。

**注意 2**：一般上，線至線電壓被簡稱為線電壓，線至中性點電壓被簡稱為相電壓。

---

**例題 2.11**

假設有一組平衡的正相序電壓組合，其線電壓 $V_{ab} = 1\angle 0°$，求 $V_{an}$，$V_{bn}$ 與 $V_{cn}$。

**解**　由圖 2.11 所示之平衡線電壓與相電壓之關係可看出

$$V_{an} = \frac{1}{\sqrt{3}} \angle -30°$$

$$V_{bn} = \frac{1}{\sqrt{3}} \angle -150°$$

$$V_{cn} = \frac{1}{\sqrt{3}} \angle 90°$$

**練習 3.**

假設 (2.29) 式中 $V_{ab}$、$V_{bc}$ 與 $V_{ca}$ 為一平衡的正相序組合，現若我們試著在不限制 $V_{an}$、$V_{bn}$ 與 $V_{cn}$ 也是平衡的正相序組合下求解各相電壓值，則在數學上會發生什麼錯誤？在物理上又如何去解釋這些困難？

## 2.5 每相分析

本節準備介紹一強而有力之方法，即每相分析法。這個方法可直接用下列的定理加以證明：

**平衡的三相定理** 假設有一個

1. 平衡的三相系統，
2. 全部負載與電源都是 Y 連接，
3. 系統的電路模型，相與相之間無互感存在。

故

 (a) 所有的中性點都是同一電位，
 (b) 相與相之間完全解離，
 (c) 所有對應的網路變數在平衡系統，具有與電源相同的相序組合。

**證明要點**：根據圖 2.8 所討論的事實，所有中性點都在同一電位及各相間是完全解離的。從重疊定理的認知，電源的數目是可隨意的。從相與相之間無互感存在且為平衡正相序電源組合可了解 $b$ 相與 $c$ 相的響應分別落後 $a$ 相的響應 120° 與 240°，此一結果說明了在平衡正相序組合下，電路的響應亦呈平衡的正相序組合。相同的觀念亦可應用於負相序的電源。

**方法：每相分析** 接下來讓我們探討每相分析法。假設有一平衡三相網路，其相與相之間無互感存在。

 1. 轉換全部 Δ 接電源與負載至等效 Y 接。

第 2 章　基本原理

2. 連接所有的中性點，利用 $a$ 相電路求解欲知之 $a$ 相變數。
3. $b$ 相與 $c$ 相的變數可用檢視法求得，若是正相序電源，則在步驟 2 所求得之相位角分別減去 120° 與 240°；若是負相序電源，則分別加上 120° 與 240° 即可。
4. 如有需要，則回到原電路求得線至線變數或 Δ 接之內部變數。

**註解**：在每相分析時，我們常將中性點當基準點，因此使用較簡化的單下標符號為相電壓，如利用 $V_a$ 取代 $V_{an}$ 等。

**例題 2.12**

已知某平衡三相系統，如圖 E2.12(a) 所示。求 $v_1(t)$ 與 $i_2(t)$。

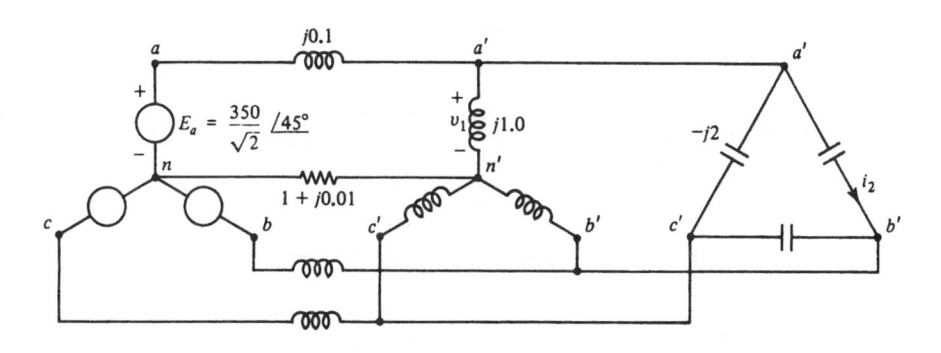

圖 E2.12(a)。

**解**　利用等效 Y 取代 Δ，得 $Z_\lambda = -j2/3$。利用每相分析法，考慮 $a$ 相電路，如圖 E2.12(b)。注意 $V_1$ 出現在每相電路內，而 $I_2$ 已經在 Δ-Y 轉換過程中被隱藏起來。欲求 $V_1$ 我們首先並聯 $a'$ 與 $n'$ 間之阻抗 $-j2$，然後利用分壓定律，

$$V_1 = \frac{-j2}{-j2 + j0.1} E_a = 1.05 E_a = \frac{368}{\sqrt{2}} \angle 45°$$

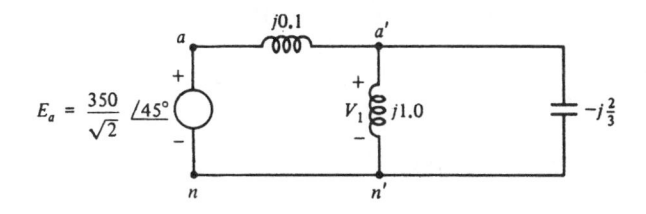

圖 E2.12(b)。

相量 $V_1$ 表示成弦波函數為 $v_1(t) = 368\cos(\omega t + 45°)$。從原電路可知,欲求 $i_2(t)$,我們必須先求出 $V_{a'b'}$。因此

$$V_{a'b'} = V_{a'n'} - V_{b'n'} = \sqrt{3}\, e^{j\pi/6} V_{a'n'}$$

$$= \frac{638}{\sqrt{2}} \angle 75°$$

接著利用電容器的阻抗,我們得到

$$I_{a'b'} = \frac{319}{\sqrt{2}} \angle 165°$$

而它所對應之弦波函數為

$$i_2(t) = 319\cos(\omega t + 165°)$$

接下來的例題,我們考慮某平衡三相系統,其中三相負載之一為阻抗形式,之二為複數功率形式。

## 例題 2.13

某三相饋電線其阻抗為 $0.6 + j3.0$ Ω/相,這些饋電線,供應三個以並聯方式連接的平衡三相負載。第一個負載為吸收型負載,其有效功率為 156 kW,無效功率為 117 kVAr;第二個負載為 Δ 接,每相阻抗為 $144 - j42$ Ω/相;第三個負載其視在功率 115 kVA,功因 0.6 超前。在負載端之線至中性點電壓為 2600 V。試求在電源側之線電壓大小?

**解**

$$S_{1\phi} = 52 + j39 \text{ kVA}$$

$$I_1 = \frac{52{,}000 - j39{,}000}{2600} = 20 - j15 \text{ A}$$

轉換 Δ 負載至等效 Y 接負載,

$$Z_{2Y\phi} = \frac{1}{3}(144 - j42) = 48 - j14 \text{ Ω}$$

第 2 章　基本原理

$$I_2 = \frac{2600\angle 0°}{48 - j14} = 49.92 + j14.56 \text{ A}$$

$$S_{3\phi} = \frac{1}{3}[115 \times 0.6 - j115 \sin(\cos^{-1}(0.6))] = 23 - j30.667 \text{ kVA}$$

注意負號代表超前功因之意。

$$I_3 = \frac{23,000 - j30,667}{2600} = 8.846 - j11.795 \text{ A}$$

流至三個三相負載之全部電流為

$$I_\ell = I_1 + I_2 + I_3 = 78.766 - j12.235 \text{ A}$$

在送電端之線至中性點電壓為

$$V_{an} = 2600\angle 0° + (78.766 - j12.235)(0.6 + j3.0)$$
$$= 2683.96 + j228.95 = 2693.71\angle 4.87° \text{ V}$$

在送電端之線至線電壓（線電壓）為

$$|V_{ab}| = \sqrt{3}(2693.71) = 4665.64 \text{ V}$$

## 2.6　平衡的三相功率

平衡的三相運轉有眾多優點，其中之一為可將瞬時功率供應至負載變成常數功率。我們可證明如下：首先參考例題 2.8，將中性點當作基準點，採用單下標符號，我們可得到

$$S_{3\phi} = V_a I_a^* + V_b I_b^* + V_c I_c^* \tag{2.34}$$

因為我們假設 $V_a$，$V_b$，$V_c$ 與 $I_a$，$I_b$，$I_c$ 是平衡組合，在正相序組合情況下，

$$S_{3\phi} = V_a I_a^* + V_a e^{-j2\pi/3} I_a^* e^{j2\pi/3} + V_a e^{j2\pi/3} I_a^* e^{-j2\pi/3} \tag{2.35}$$

$$S_{3\phi} = 3V_a I_a^* = 3S \tag{2.36}$$

其中 $S$ 為每相之複數功率。若為負相序組合照樣可得到相同結果。因此在計算三相總功率時，我們利用由每相分析法求得之 $a$ 相功率再乘以 3 即可獲得。接著，我們利用 (2.10) 與 (2.11) 式來計算三相之瞬時功率。

$$\begin{aligned} p_{3\phi}(t) &= v_a(t)i_a(t) + v_b(t)i_b(t) + v_c(t)i_c(t) \\ &= |V||I|[\cos\phi + \cos(2\omega t + \angle V + \angle I)] \\ &\quad + |V||I|\left[\cos\phi + \cos\left(2\omega t + \angle V + \angle I - \frac{4\pi}{3}\right)\right] \\ &\quad + |V||I|\left[\cos\phi + \cos\left(2\omega t + \angle V + \angle I + \frac{4\pi}{3}\right)\right] \\ &= 3|V||I|\cos\phi \\ &= 3P \end{aligned} \tag{2.37}$$

利用相量相加亦可輕易的證明兩倍頻率項已不復存在了。

　　供應至負載的瞬時功率變成常數功率與圖 2.2 所闡述的單相功率顯然不同。利用常數功率供給三相交流電動機的優點是符合交流電動機的定轉速與定轉矩的特性要求。若是單相交流電動機，則會因脈動功率伴隨產生脈動轉矩，進而造成某些應用上的困擾。這也是為何工業界喜用三相電源之原因之一。事實上，三相電源供應比單相電源供應之優點不僅於此。

## 2.7　總　結

　　本章基本目的是讓讀者能夠瞭解複數功率是一個變數，同時發展一些必備的分析工具。本章提供的題材包括：瞬時功率、複數功率、有效與無效功率的定義，同時介紹它們之間的關係。介紹相量表示法易於計算複數功率。無效功率的物理解釋係進入無效元件的峰值瞬時功率。複數功率守恆定理已利用某些應用例加以說明。電容器可視為無效功率電源，釋放至 $n$ 埠網路的複數功率表示式也已被推導出來。

　　平衡三相電力系統被定義，同時使用它們的諸多優點也被指出。每相

# 第 2 章　基本原理

分析法應用在平衡三相系統為一重要的簡化計算工具。最後，平衡三相電源與對稱負載下，Δ 接與 Y 接的轉換被推導出來。

## 習　題

**2.1.** 在圖 2.1 中，$v(t) = \sqrt{2} \times 120 \cos(\omega t + 30°)$，$i(t) = \sqrt{2} \times 10 \cos(\omega t - 30°)$，
(a) 求流入網路之 $p(t)$，$S$，$P$ 與 $Q$。
(b) 找出一簡單二元件串聯電路來等效已知之端點行為。

**2.2.** 當 $|V| = 100$ V，假設流入網路 $N$ 的瞬時功率有一最大值 1707 W 與一最小值 $-293$ W，
(a) 求利用 $RL$ 電路來等效 $N$。
(b) 求進入 $N$ 之 $S = P + jQ$。
(c) 求流入 $L$ 的最大瞬時功率，並與 $Q$ 作比較。

**2.3.** 某單相負載在功率因數 0.7 落後情況下吸收 5 MW，現欲使功率因數提升至 0.9 落後，試問須外加並聯電容提供多少無效功率。

**2.4.** 某三相負載在功率因數 0.707 落後情況下，從 440 V 的輸電線吸收 200 kW。現並聯三相電容器組提供 50 kVAr，求在並聯組合後之功率因數和電流為多少？

**2.5.** 某單相負載，在電壓 416 V 與功率因數 0.9 落後下吸收 10 kW，
(a) 求 $S = P + jQ$。
(b) 求 $|I|$。
(c) 假設 $\angle I = 0$，求 $p(t)$。

**2.6.** 圖 P2.6 所示為正相序平衡系統，其

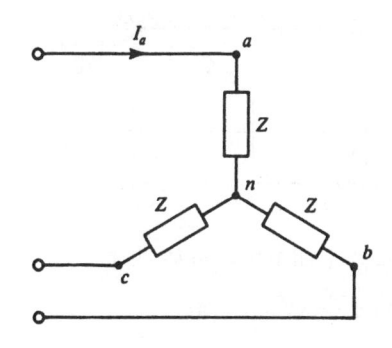

**圖 P2.6**。

$$Z = 10\angle -15°$$
$$V_{ca} = 208\angle -120°$$

求 $V_{ab}$，$V_{bc}$，$V_{an}$，$V_{bn}$，$V_{cn}$，$I_a$，$I_b$，$I_c$ 與 $S_{3\phi}$。

2.7. 圖 P2.7 所示中
$$Z_C = -j0.2$$
$$Z_L = j0.1$$
$$R = 10$$

求釋放至負載之總複數功率。

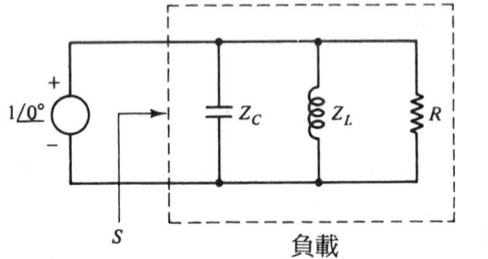

圖 P2.7。

2.8. 圖 P2.8 所示中，若
(a) $Z_a = Z_b = j1.0$，$Z_c = j0.9$
(b) $Z_a = Z_b = Z_c = j1.0$

求 $I_a$，$I_b$ 與 $I_c$。(提示：在 (b) 子題中可利用每相分析)

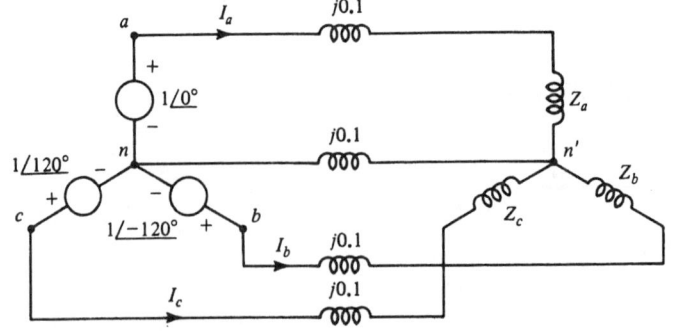

圖 P2.8。

2.9. 圖 P2.9 所示為四相平衡系統。利用每相分析求 $I_a$，$I_b$，$I_c$ 與 $I_d$。注意：我們必須先找出一組等效的星狀組合電壓。

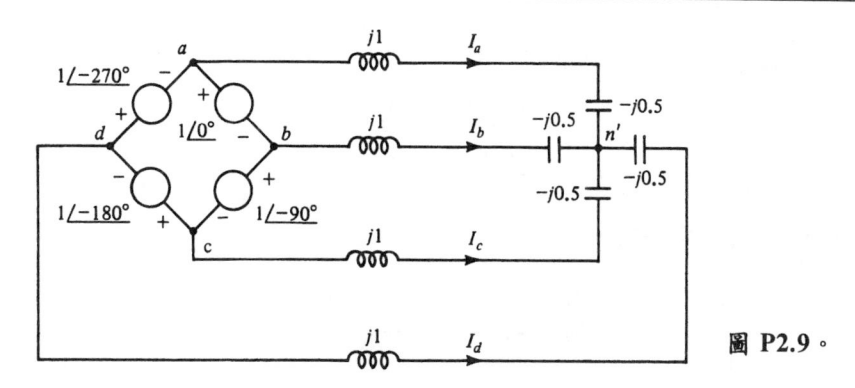

圖 P2.9。

**2.10.** 圖 P2.10 所示為一平衡系統，其中

$$C = 10^{-3} \, F$$
$$R = 1 \, \Omega$$
$$|V_{ab}| = 240 \, V$$
$$\omega = 2\pi \cdot 60$$

求 $|V_{a'b'}|$，$|I_b|$ 與 $S_{\text{load}}^{3\phi}$。(提示：利用每相分析)

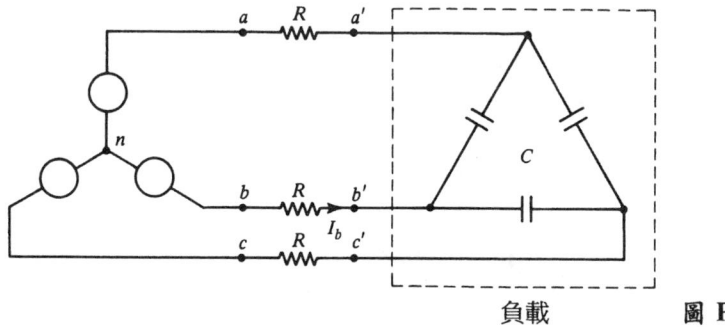

圖 P2.10。

**2.11.** 圖 P2.11 所示為一平衡系統，求 $V_{a'n}$，$V_{b'n}$，$V_{c'n}$ 與 $V_{a'b'}$。

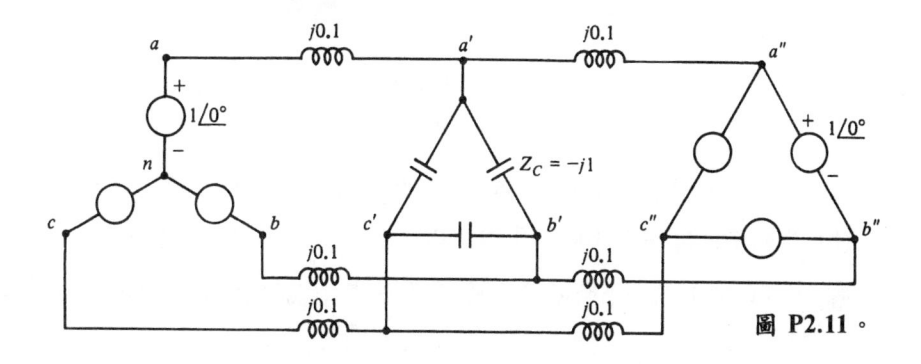

圖 P2.11。

**2.12.** 圖 P2.12 所示為一平衡系統，其中

$$負載電感 \quad Z_L = j10$$
$$負載電容 \quad Z_C = -j10$$

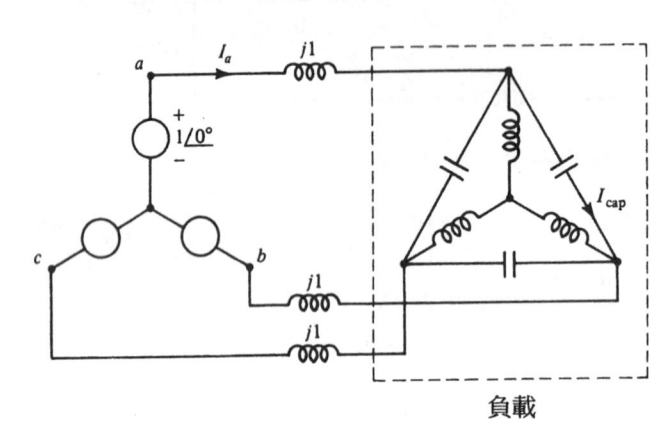

求 $I_a$，$I_{cap}$ 與 $S_{load}^{3\phi}$。

圖 P2.12。

**2.13.** 參考圖 P2.13，假設

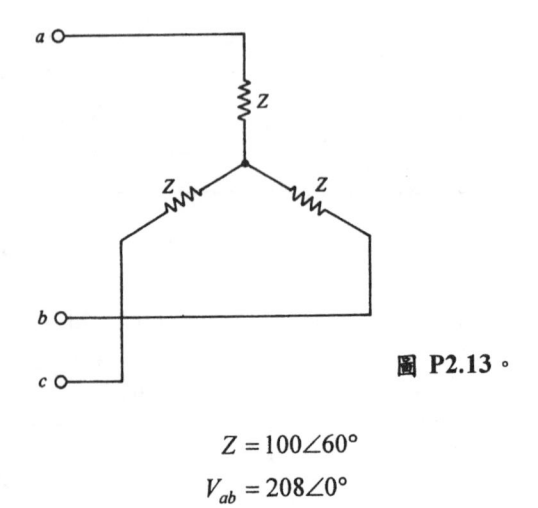

圖 P2.13。

$$Z = 100 \angle 60°$$
$$V_{ab} = 208 \angle 0°$$

(a) 若電路為正相序 (abc) 平衡，求 $V_{bc}$，$V_{ca}$，$I_a$，$I_b$ 與 $I_c$。
(b) 若電路為負相序 (acb) 平衡，求 $V_{bc}$，$V_{ca}$，$I_a$，$I_b$ 與 $I_c$。

**2.14.** 圖 P2.14 所示為一平衡系統，試求 $Z$ 使得 $|V_{a'b'}| > |V_{ab}|$。(提示：利用每相

第 2 章　基本原理

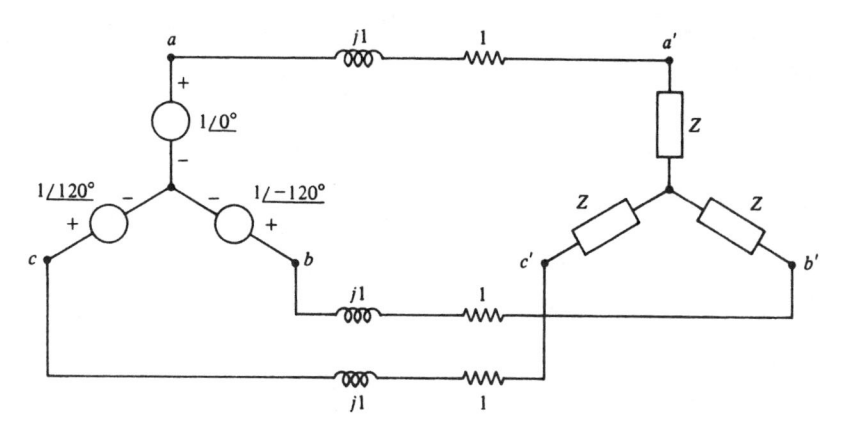

**圖 P2.14。**

分析，並嘗試令 $Z$ 為電阻、電感抗或電容抗之情況)

2.15. 圖 P2.15 中，

$$E_a = \sqrt{2}\angle 45°$$
$$E_b = 1\angle -90°$$
$$E_c = 1\angle 180°$$
$$I_a = 1\angle -10°$$

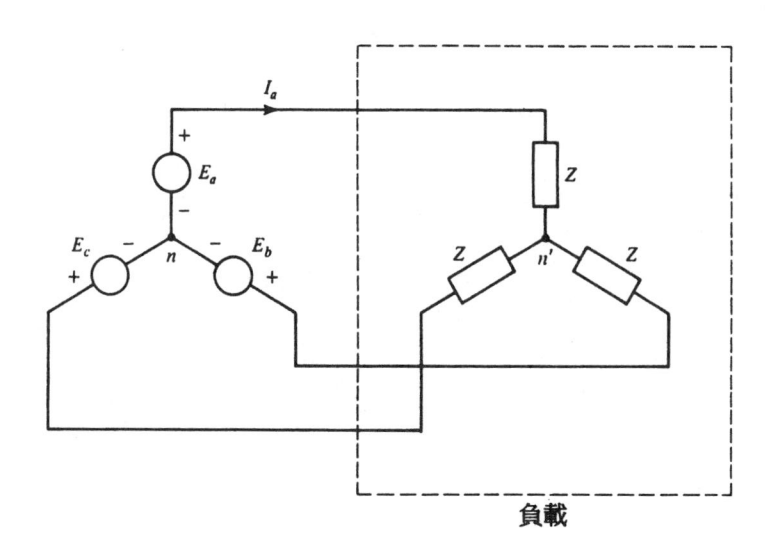

負載

**圖 P2.15。**

已知負載為對稱但未知 $Z$ 之大小與相角。雖然三相電源不平衡，但 $E_a + E_b + E_c = 0$ 求 $S_{\text{load}}^{3\phi}$。

# CHAPTER 3

# 輸電線參數

## 3.0 簡 介

　　在第 3 章與第 4 章我們考慮將輸電線模型化，並發展成有用的集總電路模型。輸電線的模型將藉由四個分佈參數：串聯電阻、串聯電感抗、並聯電導與並聯電容抗加以特性化。串聯電感抗與並聯電容抗分別代表導體周圍的磁場與電場效應。並聯電導則表示沿著礙子串及空氣中的游離路徑的洩漏電流量所造成的損失。因為洩漏電流效應很小，所以經常被省略。除此之外，在電力系統的研究中，其他三種參數有必要被用來發展成輸電線模型。

　　我們感興趣的問題有兩類：第一類是參數大小如何決定，尤其是電感抗與電容抗，這個關係到導線結構 (即輸電線的尺寸與配置)。系統設計者對導線結構可以有幾種選擇，每個選擇對系統特性都會造成不同的影響。因此我們感興趣的是導線結構如何影響電感抗與電容抗。

　　第二個問題是關於模型。在第 2 章我們已強調在平衡三相電路裡每相分析的優點，我們亦期待這個有用的工具能夠應用到實際的系統，包括三相輸電線。這也意謂著電路模型中，相與相之間沒有互感存在。可是在真實的三相輸電線中確實有磁場耦合存在相與相間，那麼又該如何擺脫模型中的互感抗？並聯電容亦有類似的問題存在。

　　一般讀者鮮少從場的觀點研究輸電線，而且我們採用的電路近似是假設輸電線為無損失的。若在低頻率下運轉且輸電線的損失很小時，上述的電路近似是可完整的得到驗證。

　　在接下來的章節中，我們將考慮以導線結構來推導三相輸電線的電感與電容。

## 3.1 磁場複習

我們從物理的幾個事實開始。

**安培磁路定律** (Ampere's circuital law)

$$F = \oint_\Gamma \mathbf{H} \cdot d\mathbf{l} = i_e \tag{3.1}$$

其中

$F =$ **磁動勢** (magnetomotive force, mmf)，安培-匝

$\mathbf{H} =$ **磁場強度** (magnetic field intensity)，安培-匝/公尺

$d\mathbf{l} =$ **微分路徑長度** (differential path length)，公尺

$i_e =$ 封閉路徑 $\Gamma$ 內之總瞬時電流

$\mathbf{H}$ 與 $d\mathbf{l}$ 為空間向量。在 (3.1) 式中我們用點乘積取代：

$$\mathbf{H} \cdot d\mathbf{l} = H \, dl \cos\theta \tag{3.2}$$

其中 $\theta$ 是 $\mathbf{H}$ 和 $d\mathbf{l}$ 的夾角，因此我們把向量式變為純量式。而根據右手定則 $i_e$ 的方向則取決於 $\Gamma$ 的方向。

(3.1) 式說明了 $\mathbf{H}$ 沿著封閉路徑 $\Gamma$ 的線積分是等於 $\Gamma$ 所圍繞的總電流，這個總電流量可由流經封閉路徑 $\Gamma$ 所圍繞的截面的電流代數和或積分計算得到，這個截面我們稱之為**高斯面** (Gaussian surface)。

儘管 (3.1) 式中，$\mathbf{H}$ 為一隱含關係，但它在計算對稱結構的特例中是蠻有用的。它在 3.2 節將被使用。比爾-沙瓦定律提供 $\mathbf{H}$ 一個明確的表示式，它表示了在任何所給定的點，$\mathbf{H}$ 是電路內所有微分電流元件的*線性函數*，因此我們可利用重疊定理求 $\mathbf{H}$。

**磁通量** $\phi$　若磁場強度與磁通密度之間存在有線性關係，則

$$\mathbf{B} = \mu\mathbf{H} \tag{3.3}$$

其中

# 第 3 章　輸電線參數

$\mathbf{B}$ = 磁通密度，韋伯/公尺$^2$

$\mu$ = 介質的導磁係數

則通過一個表面積為 $A$ 的全部磁通量為 $\mathbf{B}$ 的正交分量的面積分，即

$$\phi = \int_A \mathbf{B} \cdot d\mathbf{a} \tag{3.4}$$

其中 $d\mathbf{a}$ 為一向量，其方向正交於表面元件 $da$，而大小等於 $da$。如果 $\mathbf{B}$ 是均勻分佈且垂直一個面，其面積為 $A$，則 (3.4) 式簡化為

$$\phi = BA \tag{3.5}$$

其中 $B$ 與 $A$ 均為純量。

**磁通鏈 $\lambda$**　電機工程師經常善用磁通鏈。法拉第定律提供了一個迴路內所產生的電動勢與磁通鏈的時間變化率的關係。磁通鏈直覺的概念是很簡單的，它可利用圖 3.1 加以解釋。某些磁通交鏈所有的匝數，像 $\psi_2$ 即是例子，而有些被稱為**漏磁通** (leakage flux)，這些磁通僅交鏈線圈的某些匝數，像 $\psi_1$ 與 $\psi_3$ 即為漏磁通的例子。

如果磁通 $\phi$ 交鏈線圈的所有匝數 $N$，則

$$\lambda = N\phi \tag{3.6}$$

其中 $\lambda$ 為磁通鏈，單位為韋伯匝數。若線圈中有漏磁通存在，如圖 3.1 所示，則計算磁通鏈應以逐匝的方式處理，即

$$\lambda = \sum_{i=1}^{N} \phi_i \tag{3.7}$$

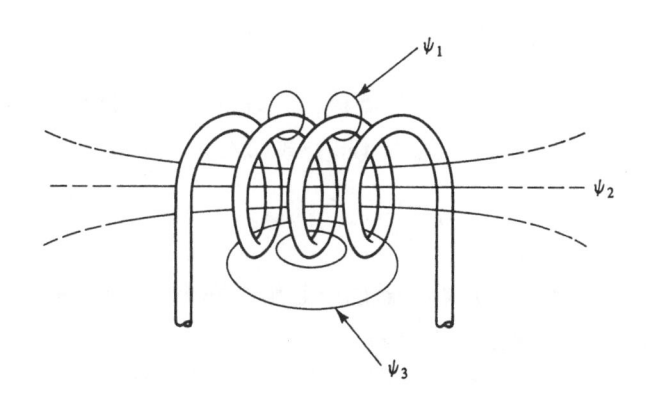

圖 3.1　磁通鏈。

其中 $\phi_i$ 表線圈中第 $i$ 匝的磁通鏈。

**電感** 若 (3.3) 式是正確的，則磁通鏈與電流間之關係是線性的，而其間之比例常數，我們稱之為**電感** (inductance)，亦即

$$\lambda = Li \tag{3.8}$$

---

**例題 3.1**

如圖 E3.1 所示，計算緊密圍繞在圓環鐵心的線圈電感量。假設

1. 圓環鐵心之截面積很小。
2. 全部磁通交鏈全部匝數。

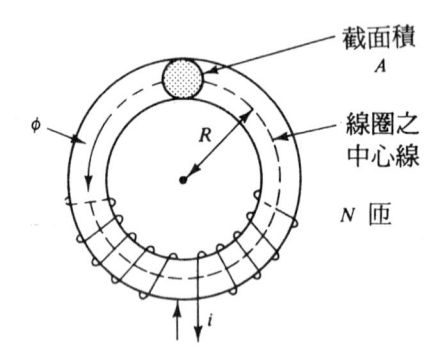

圖 E3.1。

**解** 這是個典型的例子，讀者可從物理學回顧。若假設磁通量在鐵心內，其磁力線形成很多同心圓。利用右手定則和選擇圖示電流方向，我們發現磁通量（或磁力線）方向是逆時針方向。沿著半徑 $r$ 的磁力線，取一條逆時針方向的路徑 $\Gamma$，利用安培磁路定律 (3.1) 式，我們得到

$$F = H\ell = Ni$$

其中 $\ell = 2\pi r$ 為路徑 $\Gamma$ 的長度。因為 $\Gamma$ 所圍繞的高斯面被多匝繞組交越 $N$ 次，所以磁動勢 (mmf) 為 $N$ 乘上 $i$。利用 (3.3) 式代入上式得

$$B = \mu H = \mu \frac{Ni}{\ell}$$

從這個表示式與假設 1，我們發現 $B$ 經過截面積並無太多改變，因此使用對應到 $\ell = 2\pi R$ 之 $B$ 值是個很好的近似值，故

第 3 章　　輸電線參數

$$\phi = BA = \frac{\mu A}{\ell} Ni = \frac{Ni}{\ell/\mu A}$$

值得注意 $\phi$ 是正比於 $F = Ni$ 而反比於 $\ell/\mu A$。$\ell/\mu A$ 稱為**磁阻** (reluctance) 與鐵心的幾何形狀與材質有關。在附錄 1 讀者將可發現有簡短介紹磁阻更一般化的應用。

最後利用假設 2，即全部磁通交鏈全部匝數，我們計算電感值。

$$L = \frac{\lambda}{i} = \frac{N\phi}{i} = \frac{\mu A N^2}{\ell} = \frac{\mu A N^2}{2\pi R}$$

## 3.2　無限長導線之磁通鏈

輸電線的模型化是我們極感興趣的課題。首先討論無限長導線的磁通鏈。為求一合理長度導線的常數值，利用無限長導線加以近似，也方便計算。我們應該了解一條無限長導線並不是實際輸電線的近似，但它對於我們利用重疊定理去找出實際多導體輸電線的電感參數，是非常重要的步驟。

我們需要一些論證來支持單一直導線磁通鏈的概念。一般而言，我們對一個線圈所定義的磁通鏈是指與線圈匝數互相交鏈的磁通量，其中磁通或磁力線較易意會，但無限長導線的磁力線如何從導線離開可就不易想像了，儘管它們磁通的互相交鏈是相當明確的。換句話時，磁通鏈的概念是一致的。我們可以想像無限長導線在負無限遠處 ($-\infty$) 與正無限遠處 ($+\infty$) 是會合的，故它也是一個單匝線圈。

接著假設

1. 無限長直導線的半徑 $r$。
2. 在無限長直導線內的電流密度是均勻的，其總電流為 $i$。

在直流或低頻交流，假設 2 在實際系統可得到印證。

從基本物理學上我們得知磁力線形成同心圓，而 **H** 在圓的切線上。假設導線的電流方向是流出紙面，則磁力線 (或磁通) 的方向如圖 3.2 所示。由於磁通角度的對稱關係，故考慮 $H(x)$ 已足夠。

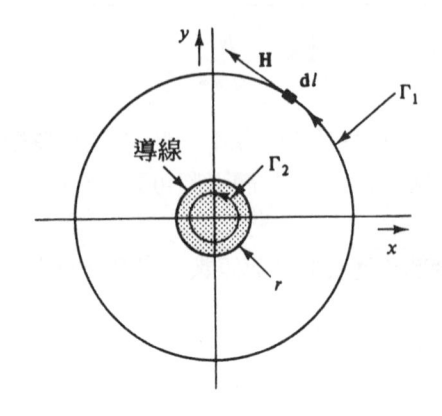

圖 3.2 導線載有電流 $i$。

情況 1：假設 $x > r$ (即 $x$ 點在導體外部)。應用安培磁路定律到封閉路徑 $\Gamma_1$ 得到，

$$\oint_{\Gamma_1} \mathbf{H} \cdot d\mathbf{l} = H \cdot 2\pi x = i$$

$$H = \frac{i}{2\pi x}$$

(3.9a)

注意：對一流出紙面的電流，在正 $x$ 時，**H** 方向是朝上的。

情況 2：假設 $x \leq r$ (即 $x$ 點在導體內部)。應用安培磁路定律到封閉路徑 $\Gamma_2$ 得到

$$H \cdot 2\pi x = i_e = \frac{\pi x^2}{\pi r^2} i$$

其中我們假設電流密度是均勻的。故

$$H = \frac{x}{2\pi r^2} i \qquad (3.9b)$$

我們應用 (3.3) 式，並令 $\mu = \mu_r \mu_0$ 計算磁通密度。在 SI 單位系統裡，$\mu_0 = 4\pi \times 10^{-7}$ 為自由空間的導磁係數，$\mu_r$ 為相對導磁係數。因此

$$B = \mu_r \mu_0 H \qquad (3.10)$$

在導體外部，即空氣中，$\mu_r \approx 1$，若在導體內部，導體材質為非磁性的，如銅或鋁，則 $\mu_r \approx 1$，但在大部分情況，導體材質為了強度都帶有鋼股，因此 $\mu_r > 1$。

# 第3章 輸電線參數

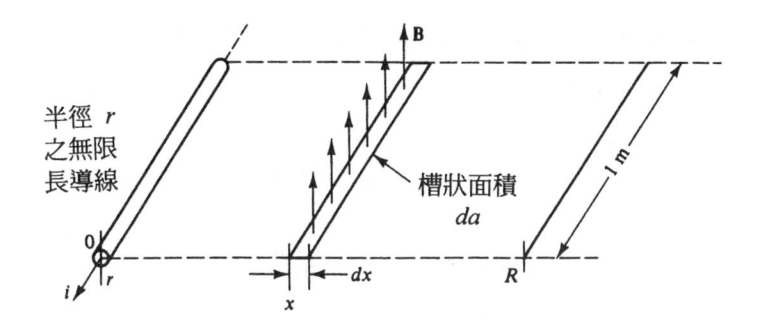

**圖 3.3** 磁通通過長方形。

接著我們討論無限長導線之磁通鏈。很明顯的，無限長導線的磁通鏈亦是無限的，因此我們只考慮每單位長度（公尺）的磁通鏈及有限半徑 $R$ 之磁通。為了計算這些磁通鏈，我們參考圖 3.3，在導線外半徑 $R$ 處每公尺圍繞的磁通等於通過長方形 1 公尺 × $R$ 公尺的磁通。為方便起見我們將長方形攤在水平面上。

磁通鏈有兩個分量，這兩個量分別是由導線外部磁通的交鏈部分與導線內部磁通的交鏈部分所組成。我們先分別討論後再將結果相加。

1. **導線外部的磁通鏈**：因為每一磁力線僅交鏈導線一次，因此全部磁通鏈在數值上等於通過圖 3.3 所示，從 $r$ 到 $R$ 之距離乘以 1 公尺之長方形的全部磁通量。利用下標 1 表外部磁通之貢獻，則

$$\lambda_1 = \phi_1 = \int_A \mathbf{B} \cdot d\mathbf{a} = \int_r^R B(x)\,dx = \mu_0 \int_r^R \frac{i}{2\pi x}\,dx = \frac{\mu_0 i}{2\pi}\ln\frac{R}{r} \qquad (3.11)$$

這裡我們採用的 $B = \mu_0 H$，並對圖 3.3 所示微分面積 $da = 1 \cdot dx$ 完成積分。

2. **導線內部的磁通鏈**：計算此部分的磁通鏈，我們只計算磁通交鏈到部分，而不是用導體內的總電流（即全部權數）。根據能量觀點分析驗證，每一磁通量對磁通鏈的貢獻端視總電流交鏈的比例程度而言。這個結論直覺是合理的但不很明確。故利用 (3.9b) 與 (3.10) 式，並假設電流密度均勻分佈，然後對導體內部長方形作積分可得

$$\lambda_2 = \mu_r \mu_0 \int_0^r \frac{x}{2\pi r^2}\frac{\pi x^2}{\pi r^2} i\,dx = \frac{\mu_r \mu_0 i}{8\pi} \qquad (3.12)$$

這個結果與導體之半徑 $r$ 無關。將 (3.11) 和 (3.12) 兩式相加，每公尺的全部磁通鏈為

$$\lambda = \lambda_1 + \lambda_2 = \frac{\mu_0 i}{2\pi}\left(\frac{\mu_r}{4} + \ln\frac{R}{r}\right)$$
$$= 2\times 10^{-7} i \left(\frac{\mu_r}{4} + \ln\frac{R}{r}\right) \tag{3.13}$$

上式中第二行，我們已代入 $\mu_0$ 之數值以得到更有利於計算的公式。我們可將兩種表示式自由更換，惟在理論推導上較喜用第一種型式。注意 (3.13) 式，當 $R$ 趨近於無限遠時，$\lambda$ 的增加亦會毫無限制，這個難點在我們考慮實際多導體情況時，我們將可處理掉。

## 3.3 磁通鏈：許多導體的情況

現在我們討論實際狀況，取代單導體，假設有 $n$ 條圓形導體如圖 3.4 所示。這些導體中有些是"往"方向的導體，有些是"返"方向的導體，我們可想像這些往方向的導體在無窮遠處都有它的返路徑，如同在前一節所述。嚴格說來，本來每條導體之電流密度均勻分佈之假設需要再一次利用場與電流相互作用來驗證，但若這些導體之距離遠比它們的半徑大時，此假設可方便用重疊定理加以證明。

我們感興趣的仍是計算導體 1 從原點至半徑 $R_1$ 的磁通鏈，只是利用

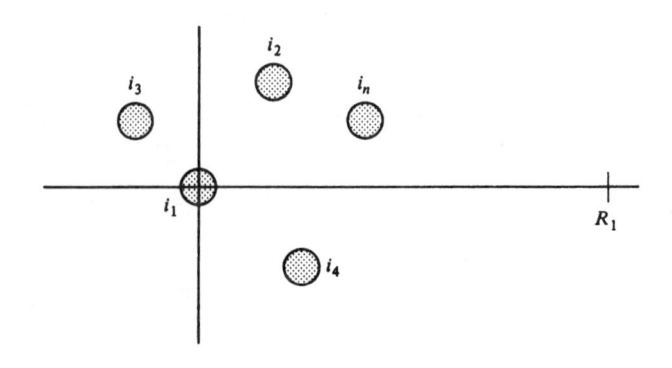

圖 3.4　許多導體。

# 第 3 章　輸電線參數

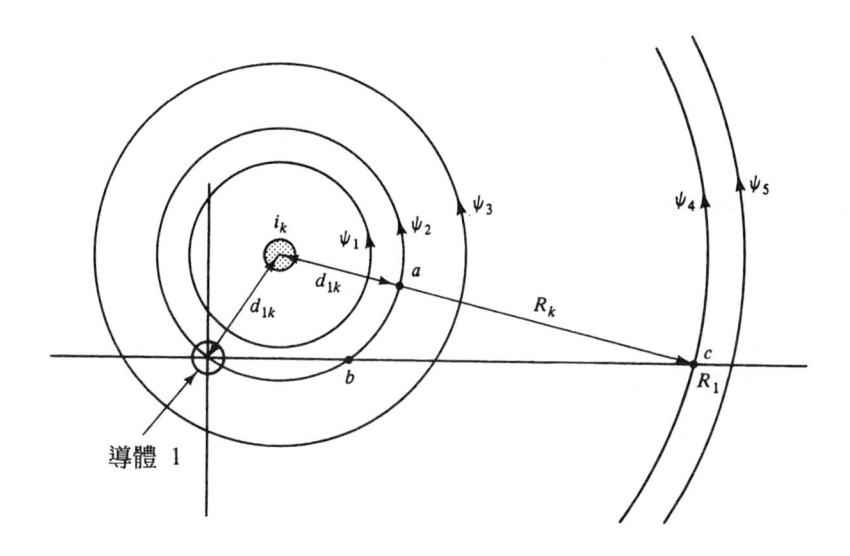

**圖 3.5**　$i_k$ 的貢獻。

重疊定理將導體 $2, 3, \ldots, n$ 的貢獻加起來。由圖 3.5 中我們考慮第 $k$ 條導體電流的貢獻。假設全部其他的電流是零，則 $i_k$ 造成的磁力線為同心圓如圖 3.5 所示。磁力線 $\psi_1$ 沒有交鏈到導體 1，磁力線 $\psi_3$ 有交鏈到導體 1，磁力線 $\psi_5$ 有交鏈到導體 1，但在半徑 $R_1$ 之外，所以我們不考慮。因此在 $\psi_2$ 與 $\psi_4$ 之間的區域我們稱為有效區。即對導體 1 而言，我們感興趣的是由 $i_k$ 所產生的磁力線落在 $x$ 軸上的 $b$ 點與 $c$ 點間的部分。由於磁通量與面是垂直的，因此計算通過 $a$ 點與 $c$ 點所定義的面的磁通量是很簡單的。吾人定義第 $k$ 根導體的中心到 $c$ 點的距離為 $R_k$，則欲求之磁通量為介於 $d_{1k}$ 與 $R_k$ 間之磁通量。這個計算已經在先前做過，(3.11) 式之結果可直接應用到現有的半徑。我們得到 $i_k$ 對導體 1 磁通鏈的貢獻。

$$\lambda_{1k} = \frac{\mu_0 i_k}{2\pi} \ln \frac{R_k}{d_{1k}} \tag{3.14}$$

在計算的過程中，我們針對導體 1 的部分磁通鏈作了合理的近似。

我們將其餘導體的貢獻亦相加起來，得到線圈 1 從導體 1 到半徑 $R_1$ 全部磁通鏈為

$$\lambda_1 = \frac{\mu_0}{2\pi}\left[i_1\left(\frac{\mu_r}{4}+\ln\frac{R_1}{r_1}\right)+i_2\ln\frac{R_2}{d_{12}}+\cdots+i_n\ln\frac{R_n}{d_{1n}}\right] \quad (3.15)$$

值得注意的是當 $R_1 \to \infty$ 時，$\lambda_1 \to \infty$，但在實際的情況下，我們可假設在各導線中之瞬時電流總和為零，即

$$i_1+i_2+\cdots+i_n=0 \quad (3.16)$$

如此一來，我們證明了當 $R_1 \to \infty$ 時，(3.15) 式不會再無限大了。(3.16) 式之假設在正常運轉情況下的輸電線是合理的。這對系統的設計者也是相當明確的，他們知道所有的電流都應該在輸電線內流動。在不正常情況下運轉我們先不考慮，等到 3.6 節我們再討論。

在 (3.16) 式之假設下，我們重寫 (3.15) 式

$$\begin{aligned}\lambda_1 &= \frac{\mu_0}{2\pi}\left[i_1\left(\frac{\mu_r}{4}+\ln\frac{1}{r_1}\right)+i_2\ln\frac{1}{d_{12}}+\cdots+i_n\ln\frac{1}{d_{1n}}\right] \\ &\quad +\frac{\mu_0}{2\pi}(i_1\ln R_1+i_2\ln R_2+\cdots+i_n\ln R_n)\end{aligned} \quad (3.17)$$

在 (3.17) 式的第二部分加上

$$-\frac{\mu_0}{2\pi}(i_1\ln R_1+i_2\ln R_1+\cdots+i_n\ln R_1)$$

這是合理的，由 (3.16) 式可知，我們加上零。因此 (3.17) 式的第二部分變成

$$\frac{\mu_0}{2\pi}\left(i_1\ln\frac{R_1}{R_1}+i_2\ln\frac{R_2}{R_1}+\cdots+i_n\ln\frac{R_n}{R_1}\right)$$

式中第一項為零，而且當 $R_1$ 趨近無限大，每個其他項 $R_k/R_1$ 亦趨向等於 1，因此每個對數項都趨近於零。故當 $R_1 \to \infty$ 時，(3.17) 式減化為

$$\lambda_1=\frac{\mu_0}{2\pi}\left[i_1\left(\frac{\mu_r}{4}+\ln\frac{1}{r_1}\right)+\cdots+i_n\ln\frac{1}{d_{1n}}\right] \quad (3.18)$$

將 (3.18) 式改變成更具對稱的符號，採用相同意義的式子

# 第 3 章　輸電線參數

$$\frac{\mu_r}{4} = \ln e^{\mu_r/4} \tag{3.19}$$

如此

$$\frac{\mu_r}{4} + \ln \frac{1}{r_1} = \ln e^{\mu_r/4} + \ln \frac{1}{r_1} = \ln \frac{1}{r_1} e^{\mu_r/4} = \ln \frac{1}{r_1'} \tag{3.20}$$

其中

$$r_1' \triangleq r_1 \, e^{-\mu_r/4}$$

則 (3.18) 式變為

$$\lambda_1 = \frac{\mu_0}{2\pi} \left( i_1 \ln \frac{1}{r_1'} + i_2 \ln \frac{1}{d_{12}} + \cdots + i_n \ln \frac{1}{d_{1n}} \right) \tag{3.21}$$

對一非磁導線而言，$\mu_r = 1$，而且 $r_1' = r_1 \, e^{-1/4} = 0.7788 \, r_1 \approx 0.78 \, r_1$。物理上的解釋：$r_1'$ 如同一條中空導體的等效半徑，而這條中空導體的磁通鏈等於半徑為 $r_1$ 之實心導體的磁通鏈。安培磁路定律明確證明中空導體是無內部磁通的。但因 $r_1'$ 小於 $r_1$，故外部磁通被增加去補償這部分的不足。

注意導體 1 之磁通鏈根據所有電流 $i_1$，$i_2$，$\ldots$，$i_n$ 而定。因此方程式被寫成 $\lambda_1 = l_{11} i_1 + l_{12} i_2 + \ldots + l_{1n} i_n$，其中電感常數 $l_{1j}$ 依據幾何形狀而定。同理，第 $k$ 條導體的每公尺磁通鏈可寫成如下通式

$$\lambda_k = \frac{\mu_0}{2\pi} \left( i_1 \ln \frac{1}{d_{k1}} + \cdots + i_k \ln \frac{1}{r_k'} + \cdots + i_n \ln \frac{1}{d_{kn}} \right) \tag{3.22}$$

式中 $\lambda_k = l_{k1} i_1 + l_{k2} i_2 + \ldots + l_{kn} i_n$。從此亦可清楚有互感存在電路中。

---

**例題 3.2**

計算圖 E3.2 所示之三組輸電線之每相每公尺電感量。假設

1. 導體等距離分佈，間隔為 $D$，半徑相同為 $r$。
2. $i_a + i_b + i_c = 0$。

圖 E3.2。

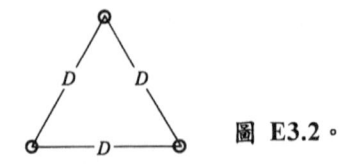

**解** 利用 (3.21) 式求 $a$ 相得到

$$\lambda_a = \frac{\mu_0}{2\pi}\left(i_a \ln\frac{1}{r'} + i_b \ln\frac{1}{D} + i_c \ln\frac{1}{D}\right)$$

$$= \frac{\mu_0}{2\pi}\left(i_a \ln\frac{1}{r'} - i_a \ln\frac{1}{D}\right)$$

$$= \frac{\mu_0}{2\pi} i_a \ln\frac{D}{r'}$$

故

$$l_a = \frac{\lambda_a}{i_a} = \frac{\mu_0}{2\pi}\ln\frac{D}{r'} = 2\times 10^{-7}\ln\frac{D}{r'} \tag{3.23}$$

推導過程已經使用等間距與 $i_a = -(i_b + i_c)$。由於對稱關係，因此 $\lambda_b$ 與 $\lambda_c$ 將有相同結果。也因此我們得到自感 $l_a = l_b = l_c = (\mu_0/2\pi)\ln(D/r')$ H/m。由式中亦可發現 $\lambda_a$ 僅與 $i_a$ 有關 (在這式中沒有互感項出現)。同理，在 $b$ 相與 $c$ 相有同樣之事實。

上個例題說明幾個重點：

1. 雖然實際上每相間存在有互感，若 $i_a + i_b + i_c = 0$ 與等間距佈置，我們能僅利用自感來模擬磁效應。這些自感都相同，因此可用每相分析法處理。

2. 欲減少每公尺電感量，我們可嘗試減少間隔距離和增加它們的半徑。但減少間距應在**電壓閃絡** (voltage flashover) 之顧慮下而有所限制。另一方面，採用增加實心導體半徑伴隨而來的成本、重量的問題，與中空導體在彈性與易於處理在成本上的相互比較問題等，在下節中討論的成束導體中會有很好的解答。

## 3.4 成束導體

假設每相一根導體用 $b$ 根導體加以替代，$b$ 根導體間距遠小於每相間距離，這些組合導體稱為成束導體。成束導體在每隔一段距離都會靠傳導架支撐，如圖 3.6 所示，故這些導體彼此都保持平行。圖中之每相導體係由四根組成之成束導體，導體與導體間為等距離。典型的成束導體是由兩根、三根或四根組合而成。

我們針對圖 3.6 之結構更詳盡的討論，假設 $D$ 表相與相之成束導體間中心點對中心點之距離，這個距離遠大於成束導體中導體與導體間之距離。另外，假設所有導體都有相同的半徑 $r$。

考慮 $a$ 相成束導體中的導體 1 的磁通鏈，為簡化起見，假設在每相中之電流是平均分配於並聯之成束導體中，因此我們可用 (3.1) 式得到導體 1 之磁通鏈。

$$\begin{aligned}\lambda_1 &= \frac{\mu_0}{2\pi}\left[\frac{i_a}{4}\left(\ln\frac{1}{r'} + \ln\frac{1}{d_{12}} + \ln\frac{1}{d_{13}} + \ln\frac{1}{d_{14}}\right)\right.\\&\quad + \frac{i_b}{4}\left(\ln\frac{1}{d_{15}} + \ln\frac{1}{d_{16}} + \ln\frac{1}{d_{17}} + \ln\frac{1}{d_{18}}\right)\\&\quad \left.+ \frac{i_c}{4}\left(\ln\frac{1}{d_{19}} + \ln\frac{1}{d_{1,10}} + \ln\frac{1}{d_{1,11}} + \ln\frac{1}{d_{1,12}}\right)\right]\\&= \frac{\mu_0}{2\pi}\left(i_a\ln\frac{1}{(r'd_{12}d_{13}d_{14})^{1/4}} + i_b\ln\frac{1}{(d_{15}d_{16}d_{17}d_{18})^{1/4}} + i_c\ln\frac{1}{(d_{19}d_{1,10}d_{1,11}d_{1,12})^{1/4}}\right)\\&= \frac{\mu_0}{2\pi}\left(i_a\ln\frac{1}{R_b} + i_b\ln\frac{1}{D_{1b}} + i_c\ln\frac{1}{D_{1c}}\right)\end{aligned} \quad (3.24)$$

其中我們使用下列定義：

$$R_b \triangleq (r'd_{12}d_{13}d_{14})^{1/4}$$
　　= 成束導體之幾何平均半徑 (GMR)

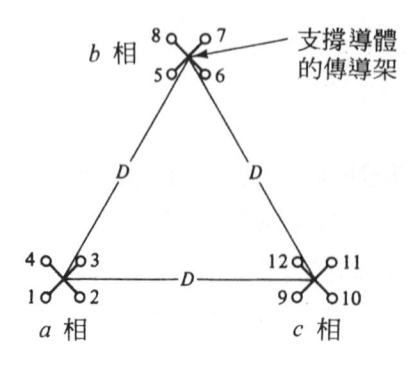

圖 3.6 成束導體。

$D_{1b} \triangleq (d_{15} d_{16} d_{17} d_{18})^{1/4}$
  =從導體 1 到 b 相之幾何平均距離 (GMD)
$D_{1c} \triangleq (d_{19} d_{1,10} d_{1,11} d_{1,12})^{1/4}$
  =從導體 1 到 c 相之 GMD

令 $D_{1b} \approx D_{1c} \approx D$，且 $i_a + i_b + i_c = 0$，則我們下列近似式：

$$\lambda_1 = \frac{\mu_0}{2\pi} i_a \ln \frac{D}{R_b} \tag{3.25}$$

比較 (3.25) 式與 (3.23) 式，我們發現僅有的差異在於 $r'$ 被成束導體的幾何平均半徑 $R_b$ 所取代。

在計算 a 相之每公尺電感時，我們直覺的首先計算導體 1 之每公尺電感量。值得注意的是導體 1 中之電流為 $i_a/4$，故我們有

$$l_1 = \frac{\lambda_1}{i_a/4} = 4\left(\frac{\mu_0}{2\pi}\right) \ln \frac{D}{R_b} \tag{3.26}$$

接著計算 $\lambda_2$，我們發現 $R_b$ 與前面一樣，這是因為導體間距是對稱之關係。從導體 2 到 b 相及 c 相之 GMD 的計算中，由於相間距離很大，故發現 $D_{2b} \approx D_{2c} \approx D$，如此一來 $l_2 \approx l_1$。同理我們得到 $l_1 \approx l_2 \approx l_3 \approx l_4$。因為我們有四個相同的電感並聯，故

$$l_a \approx \frac{l_1}{4} = \frac{\mu_0}{2\pi} \ln \frac{D}{R_b} = 2 \times 10^{-7} \ln \frac{D}{R_b} \tag{3.27}$$

檢查計算過程中各個步驟，我們照樣可發現 $l_a = l_b = l_c$。

# 第 3 章　輸電線參數

我們已經考慮每相具有四個導體的成束導體的例子，讀者應可判斷 (3.27) 式對任何其他結構的成束導體皆適用，只要是成束導體的位置是沿著一個圓周做對稱分佈，並且相間距離相等且遠大於成束導體的間距即可。無疑的，GMR 必須適當的定義，對 $b$ 根導體之成束導體而言，

$$R_b \triangleq (r'd_{12}, \ldots, d_{1b})^{1/b} \qquad b \geq 2 \tag{3.28}$$

注意：我們亦能定義 $R_b = r'$ 若 $b = 1$ (即無成束之意) 的話，如此 (3.27) 式就能含蓋 (3.23) 式。

---

**例題 3.3**

試求三個對稱空間分佈之導體之 GMR，如圖 E3.3 所示。假設 $r = 2\,\text{cm}$，其 $r' = 2e^{-1/4} = 1.56\,\text{cm}$。

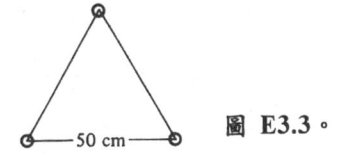

圖 E3.3。

**解**

$$R_b = (1.56 \times 50 \times 50)^{1/3} = 15.7\,\text{cm}$$

---

**例題 3.4**

試求四個對稱空間分佈之導體之 GMR，如圖 E3.4 所示。假設 $r = 2\,\text{cm}$，其 $r' = 1.56\,\text{cm}$。

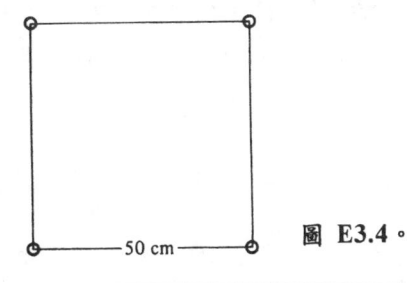

圖 E3.4。

**解**

$$R_b = (1.56 \times 50 \times 50 \times 50\sqrt{2})^{1/4} = 22.9 \text{ cm}$$

在例題 3.4 中，若成束導體的輸電線電感與同半徑的單導體電感比較時，可發現少了 2.69 倍，同樣的，在相同材料量下，成束導體的電感值比單導體的電感值少了 1.44 倍。

有關成束導體尚有三點說明：

1. 若我們看待成束導體為一中空導體時，藉此增加導體"半徑"的理由就夠清楚了。
2. 增加導體"半徑"可解決某些問題。在高於 230 kV 以上的高壓輸電線，其電場強度將大到足以使空氣游離化，此種現象我們稱之為**電暈** (corona)，它將伴隨著線路損失，無線電干擾和可聽得到的雜音。如果在其他條件都相等下，增加導體半徑將可降低導體表面的電場強度，這是成束導體之另一優點。
3. 在同樣之導線截面積下，比較成束導體與單導體可發現，成束導體擁有較大的表面接觸空氣，有助於冷卻。因此成束導體可承載較高電流而不會超過它的熱極限。關於此項優點，後文將再說明。

**練習 1.**

為了驗證說明 1 之敘述，考慮 $b$ 根導體對稱分佈在半徑為 1 之圓周上 (圖 EX1)。當 $b \to \infty$，導體之間距將會趨近於零，這結構恰似半徑為 1 的中空導體。由此例得到 $l = (\mu_0/2\pi) \ln(D/1)$ 並且可預期 $R_b = 1$。你相信嗎？你可驗證 $r = 0.1$，$b = 31$ 的例子，由圖形求出 $d_{ij}$ 再計算 $R_b$。注意當 $b = 31$ 時已經近似為中空導體了。

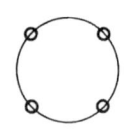

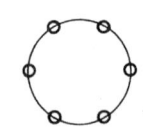

圖 EX1。

# 第 3 章　輸電線參數

例題 3.2 的簡單結果已經給我們一個方向,即每相多根導體取代單導體,我們利用 GMR,$R_b$ 代替 $r'$。3.5 節我們將這結果推展至另一方向。

## 3.5　換　位

在前兩節提到的各相間以等距離排列在實際應用上是很不方便的。若將各相排列成水平或垂直結構通常是較方便的。

但若如此三相間之對稱結構就失去了。想要重新得到對稱與平衡條件只有一途,即是輸電線的換位,如圖 3.7 所闡釋。

我們可以想像當我們從上方俯瞰時,三條線是在同一水平面上。同樣的,我們亦可想像,當我們從側面看時,三條線是同一垂直面上,甚至不在同一平面上。為了瞭解換位,讓我們想像整組線路都在一個任意但固定結構中的極或鐵塔上的礙子上做轉換,其中每個極均已標示 1,2,3。當線路經過礙子時,將沿著極的順序調整每相的位置而形成另組線路排列。例如,一開始 $a$ 相在位置 1,接著轉到位置 2,再轉到位置 3,然後再重複這循環。

利用這種安排,線路結構似乎有足夠理由可說每一相的平均電感值都相等。現在我們希望求出這個電感值。

假設

1. 就輸電線總長度而言,每相輸電線在每個位置都佔有相同比例。
2. 每相都由單導體 (非成束) 組成,半徑為 $r$。
3. $i_a + i_b + i_c = 0$。

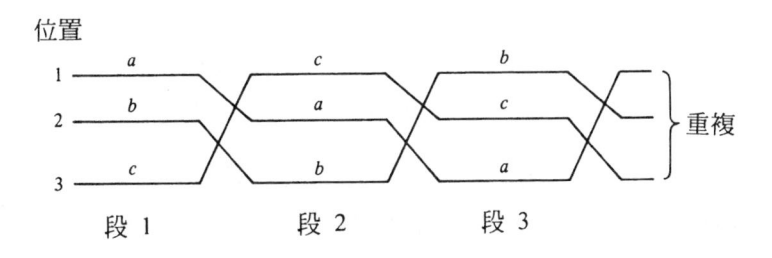

圖 3.7　換位的輸電線。

接著，計算 $a$ 相每公尺的平均磁通鏈，即

$$\bar{\lambda}_a = \tfrac{1}{3}(\lambda_a^{(1)} + \lambda_a^{(2)} + \lambda_a^{(3)}) \tag{3.29}$$

其中 $\lambda_a^{(i)}$ 表示在第 $i$ 段的磁通鏈，$i=1, 2, 3$。將 (3.21) 式代入 (3.29) 式，並利用圖 3.7 的換位循環，我們得到

$$\begin{aligned}\bar{\lambda}_a = \tfrac{1}{3} \times \frac{\mu_0}{2\pi} &\left( i_a \ln \frac{1}{r'} + i_b \ln \frac{1}{d_{12}} + i_c \ln \frac{1}{d_{13}} \right. \\ &\left. + i_a \ln \frac{1}{r'} + i_b \ln \frac{1}{d_{23}} + i_c \ln \frac{1}{d_{12}} + i_a \ln \frac{1}{r'} + i_b \ln \frac{1}{d_{13}} + i_c \ln \frac{1}{d_{23}} \right)\end{aligned} \tag{3.30}$$

(3.30) 式中之每一項都是 (3.21) 式在位置 1，2 與 3 對導體 $a$ 的應用。我們整理後如下：

$$\bar{\lambda}_a = \frac{\mu_0}{2\pi} \left( i_a \ln \frac{1}{r'} + i_b \ln \frac{1}{D_m} + i_c \ln \frac{1}{D_m} \right) = \frac{\mu_0}{2\pi} i_a \ln \frac{D_m}{r'} \tag{3.31}$$

其中 $D_m \triangleq (d_{12} d_{23} d_{13})^{1/3}$ = 位置 1，2，3 的幾何平均距離。因此我們得到每米平均電感：

$$\bar{l}_a = \frac{\mu_0}{2\pi} \ln \frac{D_m}{r'} \tag{3.32}$$

這個公式以 $D_m$ 取代 $D$ 之外，與 (3.23) 式相同。顯然地因為換位的關係因此 $\bar{l}_a = \bar{l}_b = \bar{l}_c$。這個結果支持我們使用每相分析法。

若我們使用成束導體取代單圓導體，則 (3.32) 式會受到什麼影響呢？比較 (3.27) 式與 (3.23) 式，我們猜測結果可能為

$$\bar{l}_a = \bar{l}_b = \bar{l}_c = \bar{l} = \frac{\mu_0}{2\pi} \ln \frac{D_m}{R_b} = 2 \times 10^{-7} \ln \frac{D_m}{R_b} \tag{3.33}$$

事實上這結果是正確的。它可驗證如後：若我們考慮換位輸電線的段 1 (使用適用符號並修正 (3.24) 式來容納相與相間不等距離問題)，我們得到導體 1 磁通鏈之近似公式：

### 第 3 章　輸電線參數

$$\lambda_{1a}^{(1)} = \frac{\mu_0}{2\pi}\left(i_a \ln \frac{1}{R_b} + i_b \ln \frac{1}{d_{ab}^{(1)}} + i_c \ln \frac{1}{d_{ac}^{(1)}}\right) \tag{3.34}$$

其中 $d_{ab}^{(1)}$ 與 $d_{ac}^{(1)}$ 分別為段 1 $a$ 相與 $b$ 相，以及 $a$ 相與 $c$ 相之距離。(3.34) 式對應至 (3.24) 式，可得 $d_{ab}^{(1)} \approx D_{1b}$ 與 $d_{ac}^{(1)} \approx D_{1c}$ 之近似關係。接著計算

$$\overline{\lambda}_{1a}^{(1)} = \tfrac{1}{3}[\lambda_{1a}^{(1)} + \lambda_{1a}^{(2)} + \lambda_{1a}^{(3)}]$$

得到

$$\begin{aligned}\overline{\lambda}_{1a} = \frac{1}{3} \times \frac{\mu_0}{2\pi}\Bigg(&i_a \ln \frac{1}{R_b} + i_b \ln \frac{1}{d_{ab}^{(1)}} + i_c \ln \frac{1}{d_{ac}^{(1)}} + i_a \ln \frac{1}{R_b} \\ &+ i_b \ln \frac{1}{d_{ab}^{(2)}} + i_c \ln \frac{1}{d_{ac}^{(2)}} + i_a \ln \frac{1}{R_b} + i_b \ln \frac{1}{d_{ab}^{(3)}} + i_c \ln \frac{1}{d_{ac}^{(3)}}\Bigg)\end{aligned} \tag{3.35}$$

(3.35) 式對應至 (3.30) 式可發現是符號的適當改變。重組這些項目可得

$$\overline{\lambda}_{1a} = \frac{\mu_0}{2\pi}\left(i_a \ln \frac{1}{R_b} + i_b \ln \frac{1}{D_m} + i_c \ln \frac{1}{D_m}\right) = \frac{\mu_0}{2\pi} i_a \ln \frac{D_m}{R_b} \tag{3.36}$$

其中 $D_m \triangleq [d_{ab}^{(1)} d_{ab}^{(2)} d_{ab}^{(3)}]^{1/3} = [d_{ac}^{(1)} d_{ac}^{(2)} d_{ac}^{(3)}]^{1/3}$。雖然括號內之符號不相同，但因為相間換位關係，因此讀者可檢查出來它們是相等的。藉著 (3.25) 式到 (3.27) 式相同的技巧，我們推導 (3.36) 式得到 (3.33) 式。顯然地再次證明 $\overline{l}_a = \overline{l}_b = \overline{l}_c$。

我們注意在實際上即使輸電線未充分完整換位，亦可視為換位線路來計算電感，產生之誤差不大。另外，(3.33) 式適用所有組合情況，若 $b = 1$，則 $R_b = r'$。

---

### 例題 3.5

求圖 E3.5 所示之三相輸電線之每公尺電感抗。設導體材質為鋁（$\mu_r = 1$），其半徑為 $r = 0.5$ in.。

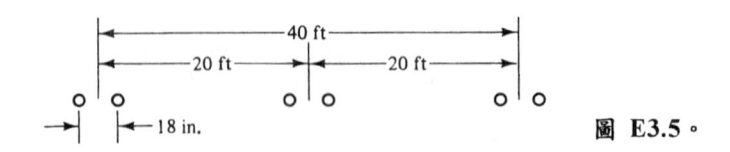

**解** 儘管對問題的描述簡化,但我們應有共識,即要求的平均電感抗是經過換位的。因此

$$D_m = (20\,\text{ft} \times 20\,\text{ft} \times 40\,\text{ft})^{1/3} = 25.2\,\text{ft}$$

$$R_b = (0.78 \times 0.5 \times 18)^{1/2} = 2.65\,\text{in.} = 0.22\,\text{ft}$$

$$\bar{l}_a = \frac{\mu_0}{2\pi} \ln \frac{D_m}{R_b} = 2 \times 10^{-7} \ln \frac{25.2}{0.22} = 9.47 \times 10^{-7}\,\text{H/m}$$

注意:雖然線路長度是呎,但計算結果我們仍用到 $\mu_0 = 4\pi \times 10^{-7}$,故最後單位是 H/m。

在推導計算電感抗時,我們已經藉某些合理的假設與近似達到簡化問題的目的。在大部分的例子中,我們能擴大分析並且得到精確結果而不必付出額外的勞力。**計算絞線** (stranded conductors) 之幾何平均半徑 (GMR) 即為一例。這是非常重要且實際的例子,因為大部分都採用絞線取代實心線。計算絞線的 GMR 可利用計算成束導體 GMR 的方法。舉例而言,對標示**松鴉** (Bluejay) 的鋼心鋁絞線,含有 7 股鋼 (中心) 與 45 股的鋁絞線,外徑為 1.259 in.,其 GMR 為 0.4992 in.*。對絞線而言,我們代入導體的 GMR 取代 $r'$ 的話,我們可得到較準確的結果。不過,若我們忽略它是絞線,計算出來的結果依然蠻準確的。以松鴉導體為例,若我們忽略絞線與有鐵心存在的事實,而假設它為一根同外徑的實心的鋁導體,我們得到 $r' = 0.7788 \times 1.259/2 = 0.4903$ in.,以此值比較 GMR = 0.4992,對 ACSR 導體而言,這小誤差是可接受的。

有一個類似的推論計算相與相間正確的幾何平均距離 (GMD) 來代替這裡使用的近似法。有關此部分詳細的計算方法,讀者可參考 Anderson 編著之第 4 章與 Grainger 與 Stevenson 合著之第 4 章。

---

* 參閱附錄 8 之表 A8.1。

## 3.6 含接地回路的三相輸電線阻抗

在某些情況下，我們無法假設平衡運轉，這可能是因為缺少輸電線換位或負載平衡。更為極端的不平衡案例將於第 12 章內討論之，此時須分析電力系統在故障狀況期間的穩態性能。例如：考慮單相至接地間的故障，則流過中性導體（如果有的話）和接地（或大地）回路的電流將與輸電線導體 $a$、$b$ 和 $c$ 相相同。其結果是須作出輸電線阻抗對大地和中性回路產生效應和模型。

在本節內，我們將提供此一方法的重要特色。在 1923 年的一篇指標論文內，J. R. Carson 發展一套作法可用來詳述架空導體及一接地回路的阻抗。此篇論文經稍微修正後，已可用來作為輸電線阻抗在類似情況的計算基礎。矩陣方程式 (3.37) 式可用來作出每一導線由一端至導線另一端之間的電壓降關係式，並以導線和中性電流表示之。此模型亦假設有一單一的隔離中性導體。故

$$\begin{bmatrix} V_a \\ V_b \\ V_c \\ V_n \end{bmatrix} = \begin{bmatrix} Z_{aa} & Z_{ab} & Z_{ac} & Z_{an} \\ Z_{ba} & Z_{bb} & Z_{bc} & Z_{bn} \\ Z_{ca} & Z_{cb} & Z_{cc} & Z_{cn} \\ Z_{na} & Z_{nb} & Z_{nc} & Z_{nn} \end{bmatrix} \begin{bmatrix} I_a \\ I_b \\ I_c \\ I_n \end{bmatrix} \quad (3.37)$$

其中

$V_i$ = 第 $i$ 相的相電壓降，$i = a, b, c, n$

$I_i$ = 流過第 $i$ 相的相電流

$Z_{ii}$ = 導體 $i$ 包含接地回路效應的自阻抗

　　$= z_{ii} \times \ell$

$\ell$ = 輸電線的長度，單位為公尺

$z_{ii} = (r_i + r_d) + j\omega 2 \times 10^{-7} \ln \dfrac{D_e}{GMR_i} \ \Omega/m$

$r_i$ = 第 $i$ 相的電阻，單位為 $\Omega/m$

$r_d = 9.869 \times 10^{-7} f$ 為大地電阻，其單位為 $\Omega/m$

$f$ = 操作頻率，單位為 Hz

$$D_e = 658.368\sqrt{\frac{\rho}{f}}\text{ m}$$

$\rho$ = 大地的電阻係數，單位為 $\Omega\text{-m}$

$\text{GMR}_i$ = 導體 $i$ 的幾何平均距離，單位為 m

$Z_{ij} = z_{ii} \times \ell$ 係為導體 $i$ 和導體 $j$ 之間包含接地回路效應的互阻抗

$$z_{ii} = r_d + j\omega 2 \times 10^{-7} \ln\frac{D_e}{d_{ij}}\ \Omega/\text{m}$$

$d_{ij}$ = 導體 $i$ 和 $j$ 之間的距離，單位為 m

在此附註數個要點如下：

**1.** Carson 所決定的大地電阻 $r_d$ 係為頻率的函數，並導出給予的經驗公式。

**2.** 在 $D_e$ 的公式內，若真實的大地電阻為未知，則通常可假設 $\rho$ 為 100 $\Omega\text{-m}$。

**3.** $D_e$，$\text{GMR}_i$ 和 $d_{ij}$ 皆係只包含於 $Z_{ii}$ 和 $Z_{ij}$ 公式的比值內。只要單位相符，任何單位為 ft 或 m 者皆可使用。

**4.** 有關自阻抗和互阻抗的更進一步細節，請見 Anderson 第 4 章的第 78-83 頁。

在 (3.37) 式內，中性導體的效應業已計入。然而若 $I_n = 0$ (亦即中性導體開路)，或 $V_n = 0$ (例如，中性導體的阻抗為零)，則 (3.37) 式可予以簡化。考慮 $I_n = 0$ 情況，此時可解出 $V_a$，$V_b$，$V_c$ 只和 $I_a$，$I_b$，$I_c$ 有關。以矩陣觀點來說，我們可消去 (3.37) 式所給 Z 矩陣內的最右之行和最底之列。

其次，考慮 $V_n = 0$ 情況，則

$$V_n = 0 = Z_{na}I_a + Z_{nb}I_b + Z_{nc}I_c + Z_{nn}I_n \tag{3.38}$$

此意謂

$$I_n = -\left(\frac{Z_{na}I_a + Z_{nb}I_b + Z_{nc}I_c}{Z_{nn}}\right) \tag{3.39}$$

## 第 3 章　輸電線參數

將 (3.39) 式代入 (3.37) 式的前三個方程式內，得

$$\begin{bmatrix} V_a \\ V_b \\ V_c \end{bmatrix} = \begin{bmatrix} Z'_{aa} & Z'_{ab} & Z'_{ac} \\ Z'_{ba} & Z'_{bb} & Z'_{bc} \\ Z'_{ca} & Z'_{cb} & Z'_{cc} \end{bmatrix} \begin{bmatrix} I_a \\ I_b \\ I_c \end{bmatrix} \qquad (3.40)$$

其中

$$Z'_{ii} = Z_{ii} - \frac{Z_{in}Z_{ni}}{Z_{nn}}; \qquad i = a, b, c \qquad (3.41)$$

$$Z'_{ij} = Z_{ij} - \frac{Z_{in}Z_{nj}}{Z_{nn}}; \qquad i, j = a, b, c \qquad (3.42)$$

在附帶假設條件下，(3.40) 式含有一特殊情況就是有一平衡和完全換位輸電線係連接至一對稱負載。此時 (3.40) 式可化簡成給予的 (3.33) 式，詳情請見 Anderson 所著的第 4 章。

---

**例題 3.6**

試計算圖 E3.6 所示 161 kV 輸電線的自阻抗和互阻抗。其中的導體名爲「老鷹」(Hawk) ACSR26/7 [†]，且其電阻爲 0.1931 Ω/mi，而 GMR 爲 0.0289 ft。假設頻率爲 60 Hz ($\omega = 377$)，並設中性線電流爲零 (亦即接地線開路)，且各相導線具有圖 E3.6 所示配置係爲導線的整個長度。再假設大地的電阻係數 $\rho$ 爲 100 Ω-m，且輸電線的長度爲 60 mi。

**解**

$$r_a = r_b = r_c = 0.1931 \ \Omega/\text{mi}$$

$$\text{GMR}_a = \text{GMR}_b = \text{GMR}_c = 0.0289 \ \text{ft}$$

$$D_e = 2160\sqrt{\frac{\rho}{f}} \ \text{ft} = 2160\sqrt{\frac{100}{60}} = 2790 \ \text{ft}$$

在 60 Hz 時，$r_d = 9.869 \times 10^{-7} f \ \Omega/\text{m} = 592.1 \times 10^{-7} \ \Omega/\text{m}$。

利用換算因數 1 mi = 1.609 km，得

---

[†] 請見附錄 8 的表 A8.1。

圖 E3.6。

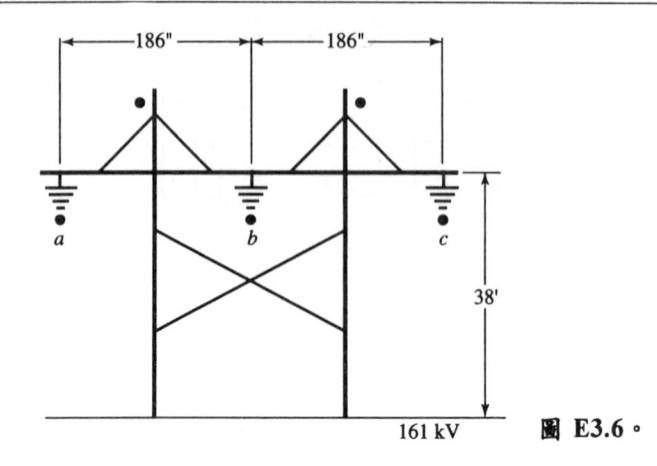

$$r_d = 0.09528 \; \Omega/\text{mi}$$

於是

$$z_{aa} = z_{bb} = z_{cc} = r_a + r_d + j\omega 2 \times 10^{-7} \ln \frac{D_e}{\text{GMR}_i} \; \Omega/\text{m}$$

$$= (0.1931 + 0.09528) + j(377 \times 2 \times 10^{-7}) \ln \frac{2790}{0.0289} \times 1.609 \times 10^3 \; \Omega/\text{mi}$$

$$= 0.2884 + j1.3927 \; \Omega/\text{mi}$$

至於互阻抗的計算則如下所列：

$$z_{ab} = r_d + j\omega 2 \times 10^{-7} \ln \frac{D_e}{d_{ab}}$$

$$= 0.09528 + j(377 \times 2 \times 10^{-7}) \ln \frac{2790}{186/12} \times 1.609 \times 10^{-3}$$

$$= 0.09528 + j0.6301 \; \Omega/\text{mi}$$

特別要注意的是先前已建議在計算自然對數時，必須將導體 $a$ 和 $b$ 的間距換算成 ft。因此，

$$z_{bc} = z_{ab} = 0.09528 + j0.6301 \; \Omega/\text{mi}$$

最後來計算 $z_{ac}$，所有量除了 $d_{ac}$ 外，其餘皆係相同，而 $d_{ac} = 372$ in. $= 31$ ft，故

$$z_{ac} = 0.09528 + j0.546 \; \Omega/\text{mi}$$

就 60 mi 輸電線而言，我們在上述各數值皆乘以 60 即可用矩陣符號寫出

第 3 章　輸電線參數

$$Z_{abc} = \begin{bmatrix} (17.304 + j83.562) & (5.717 + j37.81) & (5.717 + j32.76) \\ (5.717 + j37.81) & (17.304 + j83.562) & (5.717 + j37.81) \\ (5.717 + j32.76) & (5.717 + j37.81) & (17.304 + j83.562) \end{bmatrix} \Omega$$

至目前為止，我們在 3.1 到 3.5 節內已考慮磁場效應、輸電線電感，並在 3.6 節內考慮過串聯阻抗 (串聯電阻和串聯電感性電抗)。接下來轉向(並聯) 電容的計算，此亦為輸電線的另一重要參數。

## 3.7　電場複習

首先從物理的一些基本事實來著手。

**高斯定律**　高斯定律是說

$$\int_A \mathbf{D} \cdot d\mathbf{a} = q_e \tag{3.43}$$

其中

　　$\mathbf{D}$ = 電通密度向量，單位為庫倫 $/m^2$
　　$d\mathbf{a}$ = 方向與表面垂直的微小面積 $da$，單位為 $m^2$
　　$A$ = 閉合面的總面積，單位為 $m^2$
　　$q_e$ = 包圍在 $A$ 內所有電荷的代數和，單位為庫倫

如同安培磁路定律情況，高斯定律隱含 $\mathbf{D}$ 係為重要的變數。但其特別有用之處僅在有對稱性存在時，此正如下列例題所示：

---

**例題 3.7**

試求電荷均勻分佈之無限長直線導線周圍的電場。

**解**　首先畫出與導線同心的圓柱形高斯曲面，且其長度為 $h$ 公尺 (如圖 E3.7，其中導線的單位長度電荷為 $q$ c/m)。再考慮對稱性得知 $\mathbf{D}$ 為輻射狀，且其在圓

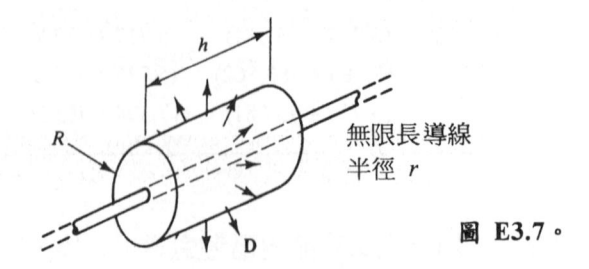

柱曲面部分的大小係為常數（但在兩個圓蓋端則為零）。因此，利用高斯定律，得

$$\int_A \mathbf{D} \cdot d\mathbf{a} = D 2\pi R h = qh$$

於是

$$D = \frac{q}{2\pi R} \qquad R \geq r \tag{3.44}$$

其中 $D$ 為 $\mathbf{D}$ 的純量形式。由於已知 $\mathbf{D}$ 所指方向係為輻射狀，故有

$$\mathbf{D} = \mathbf{a}_r \frac{q}{2\pi R} \qquad R \geq r \tag{3.45}$$

其中 $\mathbf{a}_r$ 為輻射狀指向的單位向量。

圖 E3.7。

**電場 E** 在一均勻介質的電場強度 $\mathbf{E}$ 與 $\mathbf{D}$ 的關係為

$$\mathbf{D} = \epsilon \mathbf{E} \tag{3.46}$$

其中 $\mathbf{E}$ 的單位是每公尺伏特。且在自由空間中，以 SI 系統為單位的 $\epsilon = \epsilon_0 = 8.854 \times 10^{-12}$ 每公尺法拉。而在其他介質中，則可寫出 $\epsilon = \epsilon_r \epsilon_0$，其中 $\epsilon_r$ 稱為相對介電係數。對於乾燥空氣，其相對介電係數可忽略誤差而取為 1.0。

**電位差** 其次來求出任二點 $P_\alpha$ 和 $P_\beta$ 之間的電位差，此可沿著連結此二點的任何路徑來積分 $\mathbf{E}$（單位為每公尺伏特）而求得之。依據物理學，則

$$v_{\beta\alpha} \triangleq v_{P\beta} - v_{P\alpha} = -\int_{P_\alpha}^{P_\beta} \mathbf{E} \cdot d\mathbf{l} \tag{3.47}$$

第 3 章　輸電線參數

現將應用例題 3.7 的結果來求出輸電線電容的表示式。

## 3.8 輸電線電容

大略說來，電容是電荷對電壓的關係，所以接下來考慮電位差自會聯想到例題 3.7 的無限長線電荷。由於電場係為輻射狀，故欲得出 $P_\alpha$ 到 $P_\beta$ 之一路徑的想法是首先導線以平行方式移動，而後在一固定半徑直到再以純輻射路徑抵達 $P_\beta$。於是 (3.47) 式內的積分函數對前二線段將為零，而對第三線段則為

$$v_{\beta\alpha} \triangleq v_{P\beta} - v_{P\alpha} = -\int_{R_\alpha}^{R_\beta} \frac{q}{2\pi\epsilon R} dR = \frac{q}{2\pi\epsilon} \ln \frac{R_\alpha}{R_\beta} \tag{3.48}$$

其中 $R_\alpha$ 為 $P_\alpha$ 至導線的（輻射）距離，而 $R_\beta$ 則為 $P_\beta$ 至導線的（輻射）距離。注意若 $q$ 為正電荷，且 $P_\beta$ 比 $P_\alpha$ 更接近導線，則其電位將高於 $P_\alpha$。再注意目前尚未考慮導線的「電壓」。為完成此事，我們可令 $P_\beta$ 為導線上的一個點，並令 $P_\alpha$ 為參考點（亦即此點的電壓為根據點或參考電壓）。一引人注意的參考點是在半徑無限遠處之點。不幸的是在 $R_\alpha \to \infty$ 情況中，從 (3.48) 式可看出電壓會發散。此一困難類似於 3.2 節所討論有關磁通鏈的情形一樣，其解決方式亦相同。在合理的假設下，多數導體的線對根據電壓皆係定義良好，即使根據點在無窮遠處亦然。

其次考慮圖 3.8 所示多重導體情況，圖中顯示一含有 $n$ 導體之無限長導線的橫截面，以及這些導體的每公尺電荷量和計算 $P_\beta$ 相對於 $P_\alpha$ 電位的可能積分路徑。由於導體半徑和導體間距相比皆係很小，故可假設不同導體間的電荷交互效應得以忽略。此時可利用重疊性來計算 (3.47) 式，故依此導出 (3.48) 式的多重導體形式為

$$v_{\beta\alpha} = v_{P\beta} - v_{P\alpha} = \frac{1}{2\pi\epsilon} \sum_{i=1}^{n} q_i \ln \frac{R_{\alpha i}}{R_{\beta i}} \tag{3.49}$$

接下來對有關導線任何橫截面內的瞬時電荷密度作一重要假設，也就是假設

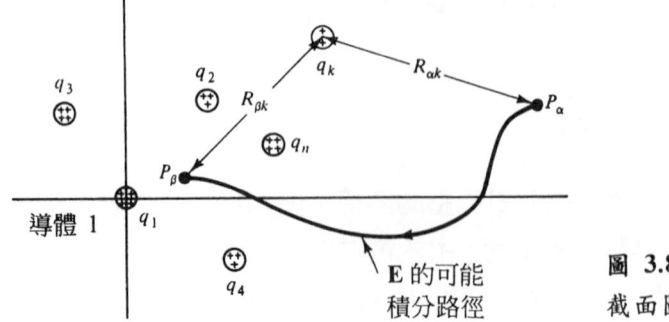

圖 3.8 導體橫截面圖。

$$q_1 + q_2 + \cdots + q_n = 0 \tag{3.50}$$

此式類似於 (3.16) 式。仿照發展 (3.16) 式的作法，則可將 (3.49) 式以更容易引入 (3.50) 式的方式來重寫成

$$v_{\beta\alpha} = \frac{1}{2\pi\epsilon} \sum_{i=1}^{n} q_i \ln \frac{1}{R_{\beta i}} + \frac{1}{2\pi\epsilon} \sum_{i=1}^{n} q_i \ln R_{\alpha i} \tag{3.51}$$

對 (3.51) 式的第二部分加入如下之項：

$$-\frac{1}{2\pi\epsilon} \sum_{i=1}^{n} q_i \ln R_{\alpha 1} \tag{3.52}$$

則由 (3.50) 式得知所加入者係為零。另一方面，(3.51) 式的第二部分現可變成

$$\frac{1}{2\pi\epsilon} \sum_{i=1}^{n} q_i \ln \frac{R_{\alpha i}}{R_{\alpha 1}} \tag{3.53}$$

此時可以選取點 $P_\alpha$ 作為參考點，並將之搬到無窮遠處。在完成此式時，所有比值 $R_{\alpha i}/R_{\alpha 1} \to 1$，且每一對數項會個別趨近於零，故 (3.53) 式的極限變成零。於是可用符號 $v_\beta$ 表示任何點 $P_\beta$ 對於參考點的電壓為

$$v_\beta = \frac{1}{2\pi\epsilon} \sum_{i=1}^{n} q_i \ln \frac{1}{R_{\beta i}} \tag{3.54}$$

注意此公式對任意點 $P_\beta$ 只要不在導線內部皆係成立。再者，$R_{\beta i}$ 為（其

他方面的) 任意點 $P_\beta$ 和第 $i$ 個導體中心間的距離。若點 $\beta$ 在第 $i$ 個導體的表面上,則 $R_{\beta i}$ 為第 $i$ 個導體與其中心之間的距離,亦即簡化成導體半徑。

(3.54) 式的主要應用係在作出輸電線電壓和電荷的關係。例如,我們可求得圖 3.8 在導體 1 表面上任一點的電壓為

$$v_1 = \frac{1}{2\pi\epsilon}\left(q_1 \ln \frac{1}{R_{11}} + q_2 \ln \frac{1}{R_{12}} + \cdots + q_n \ln \frac{1}{R_{1n}}\right) \tag{3.55}$$

其中 $R_{11}$ 為導體半徑,$R_{12}$ 為該點至導體 2 中心的距離,其餘依此類推。雖然物理上的理由指出導體 1 的表面為一等位面,但 (3.55) 式的應用對表面點的不同選擇將會給出稍微相異的結果。此一差異性按照推導過程所作近似係理所當然。若更詳細研究電位場,則可指出 $R_{ij}$ 應取代為導體中心間距 $d_{ij}$。這是因為很小的半徑和導體間的距離相比,所有差異皆係不重要。

於是有

$$v_1 = \frac{1}{2\pi\epsilon}\left(q_1 \ln \frac{1}{r_1} + q_2 \ln \frac{1}{d_{12}} + \cdots + q_n \ln \frac{1}{d_{1n}}\right) \tag{3.56}$$

對上式做單純的修正,則第 $k$ 個導體的電壓為

$$v_k = \frac{1}{2\pi\epsilon}\left(q_1 \ln \frac{1}{d_{k1}} + \cdots + q_k \ln \frac{1}{r_k} + \cdots + q_n \ln \frac{1}{d_{kn}}\right) \tag{3.57}$$

以矩陣符號表示,則

$$\mathbf{v} = \mathbf{Fq} \tag{3.58}$$

其中 $\mathbf{v}$ 為 $n$ 維向量具有分量 $v_1$,$v_2$,$\cdots$,$v_n$,而 $\mathbf{q}$ 為 $n$ 維向量具有分量 $q_1$,$q_2$,$\cdots$,$q_n$,且 $\mathbf{F}$ 為 $n \times n$ 階矩陣具有典型元素 $f_{ij} = (1/2\pi\epsilon)\ln(1/d_{ij})$。為求得電容參數,我們須作出可逆關係式

$$\mathbf{q} = \mathbf{Cv} \tag{3.59}$$

其中 $\mathbf{C} = \mathbf{F}^{-1}$。

注意導體間通常有互電容，也就是說，所有電壓皆和電荷有關，反之亦然。不過在重要的特殊場合，我們可以只用自電容作模型。

**例題 3.8**

試計算一三相輸電線 [圖 E3.8(a)] 每公尺電容的表示式，假設

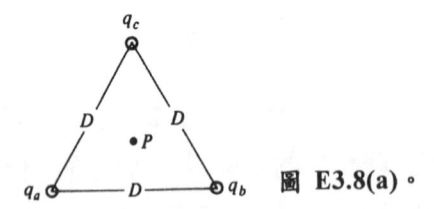

圖 E3.8(a)。

1. 導體皆有相同間距 $D$，且具有相同半徑 $r$。
2. $q_a + q_b + q_c = 0$。

**解** 利用 $a, b, c$ 符號代替 $1, 2, 3$，則利用 (3.56) 式可得 $v_a$ 為

$$v_a = \frac{1}{2\pi\epsilon}\left(q_a \ln\frac{1}{r} + q_b \ln\frac{1}{D} + q_c \ln\frac{1}{D}\right) \\ = \frac{q_a}{2\pi\epsilon}\ln\frac{D}{r} \tag{3.60}$$

其中曾使用 $q_a + q_b + q_c = 0$ 的假設。再用同樣的方法即可求出 $v_b$ 和 $q_b$ 之間以及 $v_c$ 和 $q_c$ 之間亦有相同關係。現雖可準備計算三個電容值，然而為解釋物理上的結果，我們先暫時脫離主題。考慮一點 $p$ 的電位，且該點與導體 $a$，$b$ 和 $c$ 等距，則利用 (3.54) 式可給出

$$v_p = \frac{1}{2\pi\epsilon}\left(q_a \ln\frac{1}{R_{pa}} + q_b \ln\frac{1}{R_{pb}} + q_c \ln\frac{1}{R_{pc}}\right) = 0$$

故點 $p$ 和無窮遠點具有相同電位，且可將之取為根據點。事實上，若作出一通過點 $P$ 的虛擬幾何線平行各導體，則在此線上的每一點皆係為根據電位。此點亦可選為中性電位而得出相至中性點和相電荷之間的關係，故其所使用的三個相至中性點（分佈）電容為

$$c_a = c_b = c_c = c = \frac{2\pi\epsilon}{\ln(D/r)} \quad \text{F/m 對中性點} \tag{3.61}$$

# 第 3 章 輸電線參數

且可將之排列成如圖 E3.8(b) 所示。此對稱電路亦可作為輸電線實際橫截面的表徵。

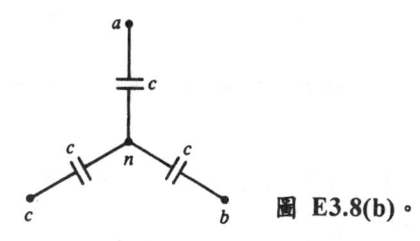

圖 E3.8(b)。

更一般的情況是具有不等相間距離和 3.4 節所述的成束子導體，我們可假設輸電線皆係換位而得出

$$\bar{c}_a = \bar{c}_b = \bar{c}_c = \bar{c} = \frac{2\pi\epsilon}{\ln(D_m/R_b^c)} \quad \text{F/m 對中性點} \qquad (3.62)$$

其中 $D_m$ 為各相之間的幾何平均距離，且

$$R_b^c \triangleq (rd_{12}\cdots d_{1b})^{1/b} \quad b \geq 2 \qquad (3.63)$$

注意 (3.63) 和 (3.28) 式唯一不同之處僅在 $r$ 被用來代替 $r'$。若 $b = 1$，則可便利的定義出 $R_b^c = r$ 而使得 (3.62) 式可適用至非成束情況。

## 例題 3.9

試求三相輸電線的相至中性點電容和每哩的容抗值，其 $D_m = 35.3\,\text{ft}$，且導體直徑 $= 1.25\,\text{in.}$。

**解** 在空氣中，$\epsilon = \epsilon_r \epsilon_0 = 1.0\,\epsilon_0 = 8.854\times 10^{-12}$。將此值代入 (3.62) 式內，則

$$\bar{c} = \frac{2\pi\epsilon}{\ln(D_m/r)} = \frac{2\pi\times 8.854\times 10^{-12}}{\ln[(35.3\times 12)/(1.25/2)]} = 8.53\times 10^{-12}\ \text{F/m}$$

其次計算電納，得

$$B_c = \omega\bar{c} = 2\pi\times 60\times 8.53\times 10^{-12} = 3.216\times 10^{-9}\ \text{mho/m}$$
$$= 3.216\times 10^{-9}\times 1609.34 = 5.175\times 10^{-6}\ \text{mho/mi}$$

最後，以 $\Omega\text{-mi}$ 為單位的相至中性點電抗為

$$|X_c| = \frac{1}{B_c} = \frac{1}{5.175 \times 10^{-6}} = 0.193 \text{ M}\Omega\text{-mi}$$

**練習 2.**

比較 (3.33) 式的 $\bar{l}$ 和 (3.62) 式的 $\bar{c}$，則可看出有一近似的可逆關係。假設 $b=2$，$\mu_r=1$，$D_m/R_b=15$，試證 $\bar{l}\bar{c} \approx \mu_0 \epsilon_0$。注意 $(\mu_0 \epsilon_0)^{-1/2} = 2.998 \times 10^8$ m/sec 係為真空中的光速（亦即為一宇宙常數）。

在離開輸電線電容的主題之前，應該要注意此處對輸電線下的大地(導電)效應已予忽略。由於大地會感應電荷，所以這些對電容的計算值具有少許效應。欲更進一步研究此效應者，請見 Anderson（第 5 章）以及 Grainger 和 Stevenson（第 5 章）。對具有適當高度之輸電線在正常無故障狀況下運轉時，此效應通常係非常小。

## 3.9 利用查表決定輸電線參數

對非成束絞線導體使用製造商提供的表格來查出幾何平均半徑 GMR 之值係為一重要的事情，附錄 8 所給各列表亦可提供電感電抗值、並聯電容電抗和電阻值。這些表格一直使用呎和哩的單位在北美電力工業公司係基於慣例。

在許多分析用到輸電線參數時，都是使用感抗和並聯容抗值，而非電感值或電容值。

利用 (3.32) 式，則半徑為 $r$ 之單芯導體的每相感抗可給為

$$\begin{aligned} X_L &= 2\pi f l = 4\pi f \times 10^{-7} \ln \frac{D_m}{r'} \ \Omega/\text{m} \\ &= 2.022 \times 10^{-3} \times f \ln \frac{D_m}{r'} \ \Omega/\text{mi} \end{aligned} \quad (3.64)$$

## 第 3 章　輸電線參數

其中 $r' = re^{-\mu_r/4}$。至於絞線導體，則應使用幾何平均半徑 GMR，而非 $r'$。即使例題 3.5 後面指出使用 $r'$ 亦可對 GMR 提供良好的近似，但仍應使用幾何平均半徑。利用 GMR，而非 $r'$，則得

$$X_L = 2.022 \times 10^{-3} \times f \ln \frac{D_m}{\text{GMR}} \quad \Omega/\text{mi} \tag{3.65}$$

使用附錄 8 的表 A8.1 可找出 GMR，而利用 (3.65) 式則可解出 $X_L$。求得 $X_L$ 的另一方法是直接從附錄 8 查表。基於對數的性質，(3.65) 式可被取代如下：

$$X_L = \underbrace{2.022 \times 10^{-3} \times f \ln \frac{1}{\text{GMR}}}_{X_a} + \underbrace{2.022 \times 10^{-3} \times f \ln D_m}_{X_d} \quad \Omega/\text{mi} \tag{3.66}$$

若 GMR 和 $D_m$ 的單位皆係為 ft，則 (3.66) 式第一項表示輸電線導體間距 1ft 的每相感抗。故此一 $X_a$ 項可稱為 1ft 間距的感抗，且其為頻率和 GMR 的函數。(3.66) 式內的第二項 $X_d$ 稱為感抗間隔因數，此項係與導體型式無關，但為頻率和導體間距的函數。$X_a$ 的值已給於表 A8.1 內，而 $X_d$ 的值則給於表 A8.2 內 (兩者都在附錄 8 內)。

再以同樣方式，我們亦可使用查表來得出並聯容抗至中性點的值。

將 (3.62) 式應用至非成束情況，則可計算出並聯容抗至中性點係為

$$X_C = \frac{1}{2\pi f C} \quad \Omega\text{-m 至中性點} \tag{3.67}$$

其中

$$C = \frac{2\pi \epsilon}{\ln \frac{D_m}{r}}$$

結果是

$$X_C = \frac{1}{f} \times 1.779 \times 10^6 \ln \frac{D_m}{r} \quad \Omega\text{-mi 至中性點} \tag{3.68}$$

仿照感抗案例所用的作法，則可重寫 (3.68) 式具有如下形式：

$$X_C = \underbrace{\frac{1}{f} \times 1.779 \times 10^6 \ln\left(\frac{1}{r}\right)}_{X'_a} + \underbrace{\frac{1}{f} \times 1.779 \times 10^6 \ln(D_m)}_{X'_d} \quad \Omega/\text{mi 至中性點} \quad (3.69)$$

對每相皆為絞線導體的輸電線來說，$X'_a$ 和 $X'_d$ 可分別從表 A8.1 和表 A8.3 直接找出來。

## 例題 3.10

設一三相輸電線具有三個呈等邊間距的 ACSR 鴿子 (Dove) 導體，且各導體皆分隔 10 ft，操作頻率則為 60 Hz。試求此輸電線每相感抗的每哩歐姆值，以及容抗至中性點的歐姆-哩值。

**解** 我們將使用本章對半徑 $r$ 之單芯導體所推導的近似公式來解此例題，並使用本節所述的查表方法。

鴿子導體：GMR = 0.0313 ft, $D$ = 10 ft, $r$ = 0.4635 in.

$$r = \frac{0.4635}{12} = 0.0386 \text{ ft}$$

感抗計算 從 (3.65) 式得

$$X_L = 2.022 \times 10^{-3} \times f \ln \frac{D}{\text{GMR}} \quad \Omega/\text{mi}$$

$$= 2.022 \times 10^{-3} \times 60 \ln\left(\frac{10}{0.0314}\right) = 0.6992 \ \Omega/\text{mi}$$

從表 A8.1，對鴿子導體查得

$$X_a = 0.420 \ \Omega/\text{mi}$$

且由表 A8.2 對 10 ft 間距可查出

$$X_d = 0.2794 \ \Omega/\text{mi}$$

根據 (3.65) 式，$X_L = X_a + X_d = 0.420 + 0.2794 = 0.6994 \ \Omega/\text{mi}$，此值係非常接近上述以公式對一半徑 $r$ 之單芯導體所求得之值。

並聯容抗計算

第 3 章　輸電線參數

從 (3.68) 式得

$$X_C = \frac{1}{f} \times 1.779 \times 10^6 \ln\left(\frac{D_m}{r}\right)$$

$$= \frac{1}{f} \times 1.779 \times 10^6 \ln\left(\frac{10}{0.0386}\right) = 0.1648 \text{ M}\Omega\text{-mi 至中性點}$$

從表 A8.1 可查出鴿子導體具有

$$X'_a = 0.0965 \text{ M}\Omega\text{-mi}$$

再從表 A8.1 可對 10 ft 間距查出

$$X'_d = 0.0683 \text{ M}\Omega\text{-mi}$$

由 (3.68) 式，$X_C = X'_a + X'_d = 0.0965 + 0.0683 = 0.1648 \text{ M}\Omega\text{-mi}$，此值與利用公式對一單芯導體所求之值係相同。

## 3.10　典型參數值

在本節內，我們將對高壓電線提供一些參數值。考慮圖 3.9 內的三相輸電線，有關此線的一些典型資料已給於表 3.1 內。茲對表列數值給予數點說明如下：

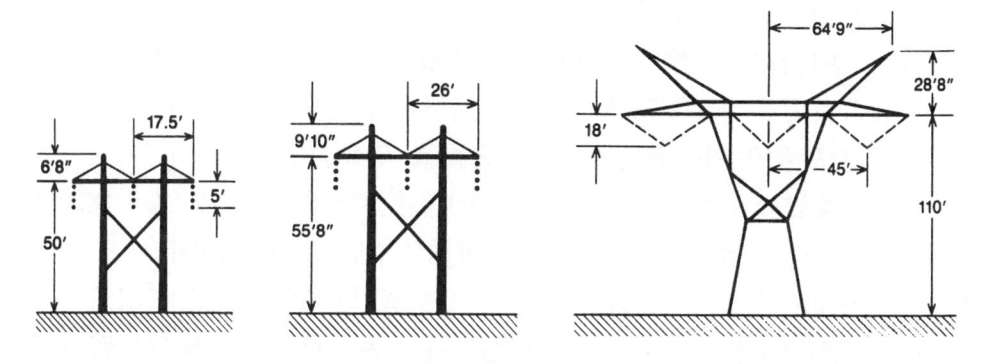

圖 3.9　典型的高壓輸電線。版權取自 1977 年，Electric Power Research Institute. EPRI-EM-285, Synthetic Electric Utility Systems for Evaluating Advances Technologies. 再版經過同意。

### 表 3.1 輸電線資料

| | 線電壓 (kV) | | |
|---|---|---|---|
| | 138 | 345 | 765 |
| 每相導體數 (間距 18 in.) | 1 | 2 | 4 |
| 鋁/鋼絞線股數 | 54/7 | 45/7 | 54/19 |
| 直徑 (in.) | 0.977 | 1.165 | 1.424 |
| 導體幾何平均距離 (ft) | 0.0329 | 0.0386 | 0.0479 |
| 每導體載流容量 (A) | 770 | 1010 | 1250 |
| 成束導體的 GMR-$R_b$ (ft) | 0.0329 | 0.2406 | 0.6916 |
| 平面相距 (ft) | 17.5 | 26.0 | 45.0 |
| GMD 相距 (ft) | 22.05 | 32.76 | 56.70 |
| 電感 (H/m × $10^{-7}$) | 13.02 | 9.83 | 8.81 |
| $X_L$ (Ω/mi) | 0.789 | 0.596 | 0.535 |
| 電容 (F/m × $10^{-12}$) | 8.84 | 11.59 | 12.78 |
| $|X_C|$ (MΩ-mi 至中性點) | 0.186 | 0.142 | 0.129 |
| 電阻 (Ω/mi)，直流，50°C | 0.1618 | 0.0539 | 0.0190 |
| 電阻 (Ω/mi)，60 Hz，50°C | 0.1688 | 0.0564 | 0.0201 |
| 突波阻抗負載 (MVA) | 50 | 415 | 2268 |

1. 相間距離會隨電壓額定而增加，然而若增加每束的導體數，則電感實際上會隨電壓額定而減少。

2. 輸電線電阻會隨溫度和頻率而增加。表 3.1 所示輸電線電阻係針對直流和 60 Hz。在直流時，通過每一導體橫截面的電流分佈係為均勻。由於電感效應，電流分佈會隨頻率增加而改變，尤其在導體表面會有更高的電流密度。雖然通過橫截面的平均電流仍保持相同，但 $I^2R$ 損失卻會增加，故可將之視為 $R$ 增加的原因。

   檢查此表可看出 60 Hz 的電阻值比直流時只高出 5%，這證明電流分佈只稍微偏離均勻的假設可用於電感計算的過程中。

3. 電阻值與感抗值相比係非常小，故在計算功率潮流、電壓和電流時，電阻和感抗相比只有很小的影響。在某些計算上，這些電阻皆可予以省略。然而在其他計算方面，這些電阻亦極重要。例如：第 4 章考慮之輸電線熱極限的計算，以及第 11 章考慮的經濟運轉問題。

第 3 章　輸電線參數

4. 為供以後參考，我們在表中列出三相輸電線的突波阻抗負載，這是第 4 章所考慮輸電線功率處理能力的一種度量。
5. 在圖 3.9 內的每一輸電塔，讀者可能已注意到水平十字交叉處的上方有兩個三角形結構物。這些結構物係用來支持地線，亦即這些結構物係以電力連接至地面或每一電塔而藉以接地。再者，這些地線的目的是用來屏蔽在雷擊情形下的相導體，而在相至接地故障情況下，亦可提供一低阻抗路徑。

在第 4 章內，我們將考慮使用本章所述的分佈參數來作出輸電線的模型。

## 3.11　總　結

對一具有換位和成束的三相輸電線而言，其平均每相電感量可給為

$$l = \frac{\mu_0}{2\pi} \ln \frac{D_m}{R_b} = 2\times 10^{-7} \ln \frac{D_m}{R_b} = \text{H/m} \tag{3.33}$$

其中為方便起見，我們已略掉 $\bar{l}$ 符號。又 $D_m$ 係為相間幾何平均距離 [亦即 $D_m = (d_{ab}d_{bc}d_{ca})^{1/3}$ ]，而 $R_b$ 則為成束導體每一相的幾何平均半徑，並可給為 $R_b = (r'd_{12}\cdots d_{1b})^{1/b}$，其中 $r' = r\exp(-\mu_r/4)$，且 $d_{ij}$ 為導體 $i$ 和 $j$ 之間的距離。我們也假設成束導體的每一相皆有相同的對稱排列，且全都具有相同的半徑 $r$。若沒有成束，則 $R_b = r'$。又若 (絞線) 導體的幾何平均半徑 GMR 為已知，則應將之用來代替公式中的 $r'$。

平均電容至中性點的公式係為

$$c = \frac{2\pi\epsilon}{\ln(D_m/R_b^c)} \quad \text{F/m 至中性點} \tag{3.62}$$

其中空氣的 $\epsilon = \epsilon_r\epsilon_0 = 1.0\,\epsilon_0 = 8.854\times 10^{-12}$，且 $D_m$ 前已定義。又 $R_b^c = (rd_{12}\cdots d_{1b})^{1/b}$ 係和 $R_b$ 相同，但需用 $r$ 取代 $r'$。我們同樣也假設成束子導體有一對稱排列，且都具有相同的半徑 $r$。若無成束，則 $R_b^c = r$。

由 (3.33) 和 (3.62) 式作出 $l$ 和 $c$ 的幾何相關性係十分容易明白。在

此關係中，$l$ 和 $c$ 的近似可逆關係式應注意。

在本章內，我們也已提供串聯阻抗的描述，同時也包含接地回路效應所使用的 Carson 古典方法。此外，也給出另一利用查表方法來計算感抗和並聯容抗。

## 關於題組的附註

由於電力系統分析使用數位計算機的急速擴張，計算輸電線參數所使用的式子可直接並方便的寫成程式。為得出此一結果，在以後各節習題內將有特別的設計練習，並可使用 MATLAB 來開發程式以計算輸電線參數。

只要考慮到不同的題目時，此一設計練習將持續遍及本書各章內。

## 習 題

**3.1.** 設一 60 Hz 單相電力導線與一開線式電話線互相並聯，且在同一水平面內。令電力導線間距為 5 ft，電話線間距為 12 ft，且此二線最近導體皆係分隔 20 ft。若電力導線的電流為 100 A，試求每哩電話線感應「迴路」或 **"來回旅行"** (round-trip) 電壓的大小。提示：仿照 (3.11) 式的方法，先求一對電話線因電力導線電流所引起的磁通鏈，再利用法拉第定律來求迴路電壓，並假設電話線的半徑係為可忽略。

**3.2.** 試重作習題 3.1，但假設電話線垂直位移 10 ft [亦即二線最近導體現在分隔 $(20^2 + 10^2)^{1/2}$ ft]。

**3.3.** 試重作習題 3.1，但此時假設三相電力導線各相之間的平面水平距離為 5 ft，且電力導線平衡三相的每一電流大小皆為 100 A。提示：利用相量來加入磁通提供之物。

**3.4.** 假設習題 3.1 內的電話線以每隔 1000 ft 來換位，試計算電話線每一哩長度的感應迴路電壓。

**3.5.** 設一單相輸電線由半徑 $r$ 圓形導線以中心分隔距離 $D$ 來製成，試驗證其來回旅行電感符合公式 $l = 4 \times 10^{-7} \ln(D/r')$ 每公尺亨利。為簡化起見，假設 $D \gg r$，再做合理的化簡。注意 "每導體" 的電感係相同於三相輸電線的每相電感，但因有兩個導體，故電感量要加倍。

## 第 3 章　輸電線參數

**3.6.** 再考慮例題 3.2，但假設每一導體皆係中空。試求此時電感 $l$ 的表示式。

**3.7.** 再考慮例題 3.2，但假設每一導體之半徑 $r$ 中心導線皆以相同半徑的六股絞線圍繞而成。若 $D \gg r$，試驗證下列近似公式

$$l = 2 \times 10^{-7} \ln \frac{D}{R_s}$$

其中

$$R_s = [(d_{11}d_{12}\cdots d_{17})^{1/7}(d_{21}d_{22}\cdots d_{27})^{1/7}\cdots(d_{71}d_{72}\cdots d_{77})^{1/7}]^{1/7}$$

且其中 $d_{ij} \triangleq r'$，而 $d_{ij}$ 則為第 $i$ 股和第 $j$ 股絞線的中心間距。又 $R_s$ 稱為絞線導體的幾何平均半徑 (GMR)。提示：注意此與圖 3.6 相似，再以類似 (3.27) 式的推導繼續進行。唯一不同之處係在七個電感 $l_1, l_2, \cdots, l_7$ 皆不完全相等，故需使用更一般的法則來組合並聯電感，也就是 $l^{-1} = l_1^{-1} + l_2^{-1} + \cdots + l_7^{-1}$。

**3.8.** 給予一全鋁 52,620 圓密爾導體係由七股絞線組成，且每一絞線直徑皆為 0.0867 in.，而外徑則為 0.2601 in.。試以習題 3.7 內的公式求出 $R_s$，GMR，並與製造商數字 0.00787 ft 互作比較。

**3.9.** 試計算 3.10 節所述 765 kV 輸電線的 (每單位公尺) 每相電感。注意各相之間的平面水平距離為 45 ft，並假設每束四根導體皆置於一正方形 (具有 18 in. 邊長) 的四個角落，再利用特定的 GMR 值代替 $r'$。

**3.10.** 試重作習題 3.9，但忽略絞線效應，並使用指定的 (外部) 直徑 1.424 in. 視作每一個別導體像是實心全鋁。試問此結果與例題 3.9 相比的百分誤差為何？

**3.11.** 試計算例題 3.5 輸電線每相感抗的每哩歐姆值。

**3.12.** 試對 3.10 節內的 345 kV 輸電線重作習題 3.9。

**3.13.** 試重作習題 3.12，並忽略絞線效應 (亦即使用 $r'$ 代替 GMR)。

**3.14.** 試計算習題 3.12 輸電線每相感抗的每哩歐姆值。

**3.15.** 試對 3.10 節所述 765 kV 輸電線計算每公尺的相至中性點之電容值。

**3.16.** 試計算習題 3.15 輸電線以百萬歐姆-哩為單位的容抗值。提示：首先計算每哩的電納，而後再取倒數來求 $|X_c|$。

**3.17.** 試對 3.10 節所述 345 kV 輸電線計算每公尺的相至中性點之電容值。

**3.18.** 試計算習題 3.17 輸電線以百萬歐姆-哩為單位的容抗值。

**3.19.** 試計算習題 3.9 和 3.15 對 765 kV 輸電線所求得電感和電容值的乘積，並與 $\mu_0 \epsilon_0$ 值互作比較。

**3.20.** 試對 345 kV 輸電線重作習題 3.19，並使用習題 3.12 和 3.17 的結果。

**3.21.** 試對圖 P3.21 所述輸電線計算其相阻抗矩陣 $Z_{abc}$。假設輸電線長度為 30 哩，所用導體為鳴鳥 (Grosbeak)，且此一導體的各參數值已給於表 A8.1 內。

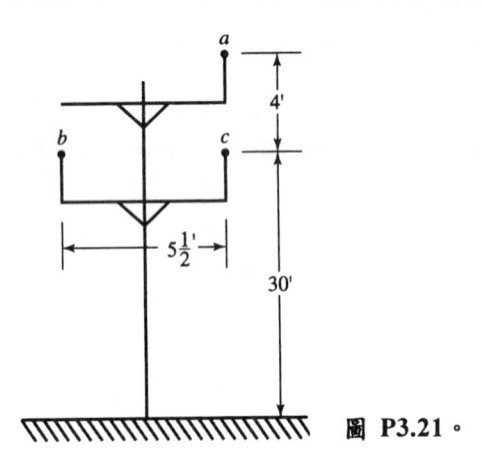

圖 P3.21。

**3.22.** 試對圖 P3.22 所述輸電線計算其相阻抗 $Z_{abc}$。假設輸電線長度為 40 哩，所用導體為鴕鳥 (Ostrich)，且此一導體的各參數值已給於表 A8.1 內。

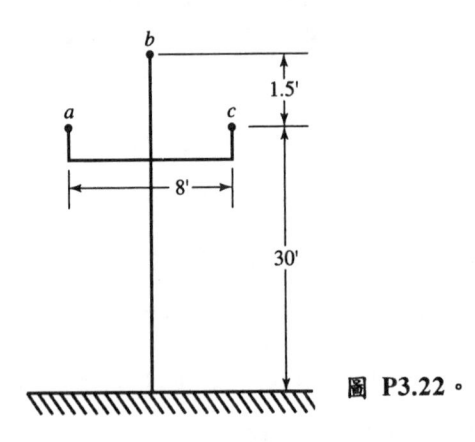

圖 P3.22。

## D3.1　設計練習

試開發一 MATLAB 程式來決定給予輸電線配置在一適當組件中的每相串聯阻抗和並聯電容,假設此程式的輸入係由下列組成:

- 導體的半徑或直徑,且有合適的單位
- 成束導體的捆綁資料
- 以距離 $d_{ab}$、$d_{ac}$ 和 $d_{ba}$ 表示導體配置
- 導體單位長度的電阻值

# CHAPTER 4

# 輸電線模型

## 4.0 簡　介

在第 3 章內得知一輸電線每相分佈電感和電容係與導線結構有關，且分佈串聯電抗、串聯電阻和並聯（電容性）電抗的典型值亦已給出。這些元件皆可用於三相輸電線在平衡狀況操作時的每相等效電路，本章將利用此一每相電路模型來推導輸電線各端點間的電壓和電流關係。

## 4.1 端點 $V$、$I$ 關係的推導

考慮一輸電線處於弦波穩態，故可應用相量和阻抗來分析。假設

$$z = r + j\omega l = \text{每公尺的串聯阻抗}$$

$$y = g + j\omega c = \text{對中性點的每公尺並聯導納}$$

此處係以小寫字母代表分佈參數，而大寫字母則留作為代表集中（集總）阻抗和導納。圖 4.1 所示為輸電線的每相電路，其中每相的端電壓和電流是以左端的 $V_1$ 與 $I_1$ 及右端的 $V_2$ 與 $I_2$ 標示之。若以所給電流的參考方向為準，則可將左端（第 1 端）視為送電端，而右端（第 2 端）則視為受電端。

圖 4.1 示出一輸電線典型的微分小段長度為 $dx$，故此一微分小段的串聯阻抗為 $z\,dx$，而並聯導納則為 $y\,dx$，且此結果與微分小段的位置無關。

図 4.1 輸電線。

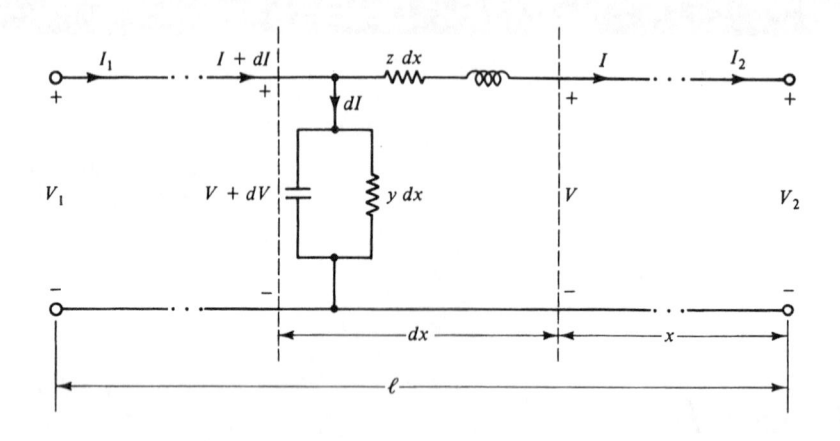

注意受電端係位於 $x=0$，而送電端則位於 $x=\ell$。

應用**克希荷夫電壓定律** (KVL) 和**克希荷夫電流定律** (KCL) 於此一小段，可得

$$dV = I z \, dx$$
$$dI = (V + dV) y \, dx \approx V y \, dx \tag{4.1}$$

其中微分量的乘積業已忽略，故可得出兩個一階線性微分方程式為

$$\frac{dV}{dx} = zI$$
$$\frac{dI}{dx} = yV \tag{4.2}$$

或得出一個二階線性微分方程式為

$$\frac{d^2 V}{dx^2} = yzV = \gamma^2 V \tag{4.3}$$

且

$$\frac{d^2 I}{dx^2} = yzV = \gamma^2 I \tag{4.4}$$

## 第 4 章　輸電線模型

其中 $\gamma \triangleq \sqrt{yz}$ 稱為**傳播常數** (propagation constant)。若無電阻（亦即 $z = j\omega l$，且 $y = j\omega c$），則 $\gamma = \sqrt{-\omega^2 lc} = j\omega\sqrt{lc}$ 為一純虛數。反之，若含有電阻，則 $\gamma$ 為一複數，且具有 $\gamma = \alpha + j\beta$ 的形式。由於在任何情況下，$\gamma$ 皆為複數，故無法期盼 (4.3) 和 (4.4) 式能有實數解。

利用線性常微分方程式的標準解法，則可決定出特性方程式為 $s^2 - \gamma^2 = 0$，且其特性根為 $s_1$，$s_2 = \pm\gamma$。於是 $V$ 的通解為

$$\begin{aligned} V &= k_1 e^{\gamma x} + k_2 e^{-\gamma x} \\ &= (k_1 + k_2)\frac{e^{\gamma x} + e^{-\gamma x}}{2} + (k_1 - k_2)\frac{e^{\gamma x} - e^{-\gamma x}}{2} \end{aligned} \quad \text{(4.5)}$$

$$= K_1 \cosh\gamma x + K_2 \sinh\gamma x \quad \text{(4.6)}$$

其中 $K_1 = k_1 + k_2$，$K_2 = k_1 - k_2$，又 (4.6) 式的寫法係有利於引入邊界條件。注意 (4.4) 式對 $I$ 的解答亦具有 (4.5) 或 (4.6) 式的形式。

從圖 4.1 可看出 $x = 0$ 時，$V = V_2$，此意謂 $K_1 = V_2$。此外，$x = 0$ 時，$I = I_2$，故由 (4.2) 式可得

$$\frac{dV(0)}{dx} = z I_2 \quad \text{(4.7)}$$

其中符號 $dV(0)/dx$ 表示 $dV(x)/dx$ 在 $x = 0$ 的計算值。再由 (4.6) 式可得

$$\frac{dV}{dx} = -K_1 \gamma \sinh\gamma x + K_2 \gamma \cosh\gamma x \quad \text{(4.8)}$$

將 (4.7) 式用於 (4.8) 式，並根據 $\gamma$ 的定義，則有

$$K_2 = \frac{z}{\gamma} I_2 = \frac{z}{\sqrt{zy}} I_2 = \sqrt{\frac{z}{y}} I_2 = Z_c I_2$$

其中 $Z_c \triangleq \sqrt{z/y}$ 稱為輸電線的**特性阻抗** (characteristic impedance)。現可除去 (4.6) 式內的 $K_1$ 和 $K_2$，而對 $I$ 的解答留給讀者作類似推導後，則可得出一對方程式為

$$V = V_2 \cosh \gamma x + Z_c I_2 \sinh \gamma x$$
$$I = I_2 \cosh \gamma x + \frac{V_2}{Z_c} \sinh \gamma x \qquad (4.9)$$

此時特別有興趣的是端點條件 (亦即 $V$ 和 $I$ 在 $x=\ell$ 時的值)，在此情況下，得

$$V_1 = V_2 \cosh \gamma \ell + Z_c I_2 \sinh \gamma \ell$$
$$I_1 = I_2 \cosh \gamma \ell + \frac{V_2}{Z_c} \sinh \gamma \ell \qquad (4.10)$$

(4.10) 式係為輸電線兩端間之每相電壓和電流的必要關係式，此關係式係以串聯阻抗 $z$ 和並聯導納 $y$ 組合成傳播常數 $\gamma = \sqrt{zy}$ 和特性阻抗 $Z_c = \sqrt{z/y}$ 的結果表示之。

至此，讀者可能懷疑的問題是 (4.10) 式所給 $V_1$ 和 $I_1$ 為何是以 $V_2$ 和 $I_2$ 來表示，而非以其他方式得出此結果。此原因可用輻射輸電線的情況來明確說明之：基本上，若給出負載的電壓和複數功率，則所欲求者是計算供電側變數必須滿足的負載條件。此一觀念的另一想法是電力系統在正常運轉情況時，皆係以負載所需功率來"驅動"。然而在特別場合若須以 $V_2$ 和 $I_2$ 表示 $V_1$ 和 $I_1$，其相反關係式也是容易求出的。

---

**例題 4.1**

設一 60 Hz、138 kV、三相輸電線的長度為 225 mi，且其導線分佈參數為

$r = 0.169 \ \Omega/\text{mi}$ $\quad l = 2.093 \ \text{mH/mi} \quad c = 0.01427 \ \mu\text{F/mi} \quad g = 0$

若此輸電線以落後功率因數 95% 傳送 40 MV 至 132 kV 受電端，試求送電端的電壓和電流，並求輸電線的效率。

**解** 首先求出 $z$ 和 $y$ 在 $\omega = 2\pi \cdot 60$ 之值：

$$z = 0.169 + j0.789 = 0.807 \angle 77.9° \ \Omega/\text{mi}$$
$$y = j5.38 \times 10^{-6} = 5.38 \times 10^{-6} \angle 90° \ \text{mho/mi}$$

## 第 4 章　輸電線模型

然後可計算得 $Z_c$ 和 $\gamma\ell$ 為

$$Z_c = \sqrt{\frac{z}{y}} 387.3 \angle -6.05° \,\Omega$$

$$\gamma\ell = 225\sqrt{zy} = 0.4688 \angle 83.95° = 0.0494 + j0.466$$

在 (4.10) 式內須用到 $\sinh\gamma\ell$ 和 $\cosh\gamma\ell$，故接下來就計算這些數值。

$$2\sinh\gamma\ell \triangleq e^{\gamma\ell} - e^{-\gamma\ell} = e^{0.0494} e^{j0.466} - e^{-0.0494} e^{-j0.466}$$
$$= 1.051\angle 0.466 \text{ rad} - 0.952 \angle -0.466 \text{ rad}$$

因此，

$$\sinh\gamma\ell = 0.452 \angle 84.4°$$

在上述的計算過程中，特別要注意的是公式 $e^{j\theta} = \cos\theta + j\sin\theta = 1\angle\theta$ 中的 $\theta$ 係以弳度為單位。因此，$e^{j0.466} = 1\angle 0.466$ 弳。若再繼續計算下去，則得

$$2\cosh\gamma\ell = e^{\gamma\ell} + e^{-\gamma\ell} = 1.790 \angle 1.42°$$
$$\cosh\gamma\ell = 0.8950 \angle 1.42°$$

現已求出 (4.10) 式內需要的所有輸電線數值，剩下來的是求出 $V_2$ 和 $I_2$。由於題目所給數值是以三相和線對線量作為參考，故

$$|V_2| = 132 \times 10^3 / \sqrt{3} = 76.2 \text{ kV}$$

為方便起見，若選取 $\angle V_2 = 0$，則可得出 $V_2 = 76.2 \angle 0°$ kV。再者，亦可求出供電至負載的每相功率為

$$P_{\text{load}} = \frac{40}{3} = 13.33 \text{ MW}$$

因為已給出功率因數 (0.95 落後)，故可求得 $I_2$。由於

$$P_{\text{load}} = 0.95 |V_2||I_2|$$

故 $|I_2| = 184.1$。又因 $I_2$ 落後 $V_2$ 的角度為 $\cos^{-1} 0.95 = 18.195°$，所以

$$I_2 = 184.1 \angle -18.195°$$

最後，將這些數值全部代入 (4.10) 式內，得

$$V_1 = V_2 \cosh \gamma \ell + Z_c I_2 \sinh \gamma \ell$$
$$= 76.2 \times 10^3 \times 0.8950 \angle 1.42° + 387.3 \angle -6.05°$$
$$\times 184.1 \angle -18.195° + 0.452 \angle 84.4°$$
$$= 68.20 \times 10^3 \angle 1.42° + 32.23 \times 10^3 \angle 60.155°$$
$$= 89.28 \angle 19.39° \text{ kV}$$

再乘以 $\sqrt{3}$，即可求出送電端線對線電壓的大小為 154.64 kV。其次，應用 (4.10) 式可求得 $I_1$ 為

$$I_1 = I_2 \cosh \gamma \ell + \frac{V_2}{Z_c} \sinh \gamma \ell$$
$$= 162.42 \angle 14.76°$$

因此，送電端電流的大小為 162.42 A。現來計算輸電線的效率。由於每相的輸出功率為 13.33 MW，所以對應的輸入功率為

$$P_{12} = \text{Re } V_1 I_1^* = 89.28 \times 10^3 \times 162.42 \cos(19.39° - 14.76°)$$
$$= 14.45 \text{ MW}$$

故得

$$\eta = \frac{13.33}{14.45} = 0.92$$

也就是說，輸電效率為 92%。

---

**例題 4.2**

設一輻射輸電線以其特性阻抗 $Z_c$ 為端阻抗，試求驅動點阻抗 $V_1/I_1$、電壓"增益" $|V_2|/|V_1|$、電流增益 $|I_2|/|I_1|$、複數功率增益 $-S_{21}/S_{12}$ 和實數功率效率 $-P_{21}/P_{12}$。

**解** 若輸電線的端阻抗為 $Z_c$，則 $V_2 = Z_c I_2$，且 (4.10) 式變成

$$V_1 = V_2(\cosh \gamma \ell + \sinh \gamma \ell) = V_2 e^{\gamma \ell} = V_2 e^{\alpha \ell} e^{j\beta \ell}$$
$$I_1 = I_2(\cosh \gamma \ell + \sinh \gamma \ell) = I_2 e^{\gamma \ell} = I_2 e^{\alpha \ell} e^{j\beta \ell}$$

故

$$\frac{V_1}{I_1} = \frac{V_2}{I_2} = Z_c$$

並可看出驅動點阻抗為 $Z_c$。從第一式可計算出

$$|V_1| = |V_2| e^{\alpha \ell} \Rightarrow \frac{|V_2|}{|V_1|} = e^{-\alpha \ell}$$

再從第二式來求出

$$\frac{|I_2|}{|I_1|} = e^{-\alpha \ell}$$

注意 $I_2$ 的參考方向，則複數功率增益可計算如下：

$$-S_{21} = V_2 I_2^* = V_1 e^{-\alpha \ell} e^{-\beta \ell} I_1^* e^{-\alpha \ell} e^{-j\beta \ell}$$
$$= S_{12} e^{-2\alpha \ell}$$

因此，

$$\frac{-S_{21}}{S_{12}} = e^{-2\alpha \ell}$$

另外，我們可看出

$$V_1 = Z_c I_1 \Rightarrow V_1 I_1^* = Z_c |I_1|^2$$

由於

$$V_2 I_2^* = Z_c |I_2|^2$$

所以

$$\frac{-S_{21}}{S_{12}} = \frac{|I_2|^2}{|I_1|^2} = e^{-2\alpha \ell}$$

最後，因 $\alpha$ 為實數，故得

$$\eta = \frac{-P_{21}}{P_{12}} = e^{-2\alpha \ell}$$

### 例題 4.3

試重作例題 4.2，但情況改為無損輸電線。此外，試再求出 $Z_c$，$\gamma$ 和 $P_{12}$。

**解** 因無損輸電線的 $r = g = 0$，故可得出

$$Z_c = \sqrt{\frac{z}{y}} = \sqrt{\frac{j\omega l}{j\omega c}} = \sqrt{\frac{l}{c}} = \sqrt{\frac{L}{C}}$$

其中

$\quad L = \ell l =$ 輸電線的總電感
$\quad C = \ell c =$ 輸電線的總電容

且 $Z_c$ 可視為實數。其次，可再求得

$$\gamma = \sqrt{zy} = \sqrt{j\omega l\, j\omega c} = j\omega\sqrt{lc}$$

此為一純虛數。由定義 $\gamma = \alpha + j\beta$ 得知 $\alpha = 0$，且 $\beta = \omega\sqrt{lc}$。因為 $\alpha = 0$，故例題 4.2 內計算的所有比值全部皆係為一。因此，

$$\frac{|V_2|}{|V_1|} = \frac{|I_2|}{|I_1|} = \frac{-S_{21}}{S_{12}} = \frac{-P_{21}}{P_{12}} = \eta = 1$$

最後，$P_{12} = \operatorname{Re} V_1 I_1^* = \operatorname{Re} Z_c |I_1|^2 = Z_c |I_1|^2$，這是因 $Z_c$ 在此情況為純實數。另外，如下所列者係以 $I_1 = V_1/Z_c$ 為根據而得之表示式亦常用到：

$$P_{12} = \frac{|V_1|^2}{Z_c}$$

---

茲對例題 4.3 的最後結果作一說明如下：對無損輸電線而言，通常是以術語**突波阻抗** (surge impedance) 用作 $Z_c$ 來取代特性阻抗。一無損輸電線若以其標稱電壓操作，且以突波阻抗 $Z_c$ 為其端阻抗，則稱之為**突波阻抗負載** (SIL)，在此情況所傳送的每相功率可記為 $P_{\text{SIL}}$。利用此一記號，得知在突波阻抗負載情況下所傳送的每相功率為

第 4 章　　輸電線模型

$$P_{\text{SIL}} = \frac{|V_1|^2}{Z_c} \tag{4.11}$$

若乘以 3，則可用類似表示式給出對應的三相功率為 $P_{\text{SIL}}^{3\phi} = |V_1^{11}|^2/Z_c$，其中 $|V_1^{11}|$ 為線對線電壓的大小。

## 4.2　輸電線的波動

利用傳播常數和特性阻抗來描述輸電線入射波和反射波係為一非常有用的表示法，此一觀念的引入可藉由觀察 (4.5) 式內的二電壓分量 $k_1 e^{\gamma x}$ 和 $k_2 e^{-\gamma x}$ 而得之，式中相量 $V$ 的和係從輸電線右端 $x$ 公尺處來計算。下列解釋此二電壓分量的意義如下：第一項是描述一電壓波行進至右端（入射波），而第二項則用來描述一電壓波行進至左端（反射波）。此點可由定義 $\gamma \triangleq \alpha + j\beta$ 而得知，其中 $\alpha \geq 0$，並稱之為**衰減常數** (attenuation constant)，而 $\beta$ 則稱為**相位常數** (phase constant)。將 $\gamma$ 代入 (4.5) 式，則可求得以 $t$ 和 $x$ 為函數之瞬時電壓為

$$\begin{aligned} v(t,\,x) &= \sqrt{2}\,\text{Re}\, k_1 e^{\alpha x} e^{j(\omega t + \beta x)} + \sqrt{2}\,\text{Re}\, k_2 e^{-\alpha x} e^{j(\omega t - \beta x)} \\ &= v_1(t,\,x) + v_2(t,\,x) \end{aligned} \tag{4.12}$$

現若忽略 $\alpha$（在任何情況都很小），並只考慮 $v_2(t,\,x)$，則可看出 $x$ 固定時，$v_2$ 為 $t$ 的弦波函數；而對固定的 $t$ 而言，$v_2$ 則為 $x$ 的弦波函數。

若 $t$ 增加時，則可看出電壓 $v_2$ 在點 $x$ 也會增加方能符合公式

$$\omega t - \beta x = 常數$$

在此情況下，$v_2$ 會保持常數。故由此可看出一固定點的電壓波行進至左端的速度為

$$\frac{dx}{dt} = \frac{\omega}{\beta} = \frac{\omega}{\text{Im}\sqrt{zy}}$$

從圖 4.1 可得知電壓波會行進至左端的理由，因為 $x$ 增加代表波係由右端

移動到左端。當波移至左端時，忽略 $e^{-\alpha x}$ 項的效應將會使波衰減，故稱此波為**反射波** (reflected wave)。

同樣的解釋亦成立於 $v_1(x)$ 以入射波行進至右端。故由 (4.12) 式可推論出若輸電線為無限長，且 $\alpha > 0$，則將沒有反射波。對一無限長的輸電線來說，從 (4.10) 式可驗證此輸電線的驅動點阻抗為 $Z_c$，故由此推論得一無限長輸電線以 $Z_c$ 為端阻抗者亦具有驅動點阻抗 $Z_c$，且將不會有反射波。

以入射波和反射波來解釋 (4.5) 式的重要性係在於可將之應用至雷擊和開關所造成的電磁暫態現象。雖然此情況比穩態情況更複雜（因必須以偏微分方程式來處理，而非以常微分方程式），但是這些結果仍可表示成入射波和反射波來解釋。

現舉一例說明此類情況的處理。設一雷擊電壓的入射脈波（突波）在輸電線上行進時，遇到該線的開路端（或一開路開關），則將會產生一反射波，使得在此輸電線端點的電壓約為原電壓的兩倍。故在設計輸電線及其連接設備（例如變壓器）時，將此兩倍電壓列入計算是極為重要的。

## 4.3 傳輸矩陣

4.2 節所述已偏離我們主要感興趣之端電壓和電流關係的主題，現考慮 (4.10) 式，則可注意此式具有如下形式：

$$\begin{aligned} V_1 &= AV_2 + BI_2 \\ I_1 &= CV_2 + DI_2 \end{aligned} \quad \textbf{(4.13)}$$

其中

$$\begin{aligned} A &= \cosh\gamma\ell & B &= Z_c\sinh\gamma\ell \\ C &= \frac{1}{Z_c}\sinh\gamma\ell & D &= \cosh\gamma\ell \end{aligned} \quad \textbf{(4.14)}$$

注意：若 $\gamma$ 為複數，則 $A$、$B$、$C$ 和 $D$ 亦皆為複數。

$A$、$B$、$C$、$D$ 參數可合稱為**傳輸參數** (transmission parameters)，而矩陣

第 4 章　輸電線模型

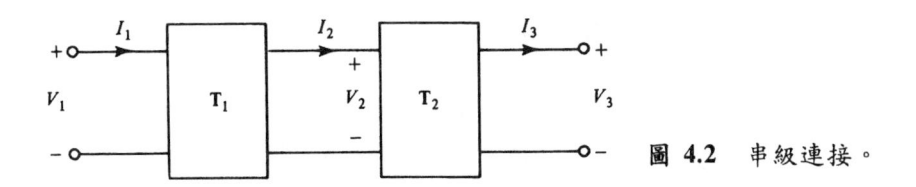

$$\mathbf{T} = \begin{bmatrix} A & B \\ C & D \end{bmatrix} \tag{4.15}$$

則稱為**傳輸矩陣** (transmission matrix) 或**鏈鎖矩陣** (chain matrix)。利用直接計算行列式 $\det \mathbf{T} = AD - BC = \cosh^2 \gamma \ell - \sinh^2 \gamma \ell = 1$，得知其反矩陣存在，且事實上係為

$$\mathbf{T}^{-1} = \begin{bmatrix} D & -B \\ -C & A \end{bmatrix} \tag{4.16}$$

以傳輸矩陣描述的優點在於一串級雙埠的 $\mathbf{T}$ 矩陣係等於個別 $\mathbf{T}$ 矩陣的乘積。例如：在圖 4.2 內可求得

$$\begin{bmatrix} V_1 \\ I_1 \end{bmatrix} = \mathbf{T}_1 \begin{bmatrix} V_2 \\ I_2 \end{bmatrix} = \mathbf{T}_1 \mathbf{T}_2 \begin{bmatrix} V_3 \\ I_3 \end{bmatrix}$$

此式指出串級的正確傳輸矩陣為

$$\mathbf{T} = \mathbf{T}_1 \mathbf{T}_2 \tag{4.17}$$

$\det \mathbf{T} = 1$ 的結果對一般由線性非時變電阻、電容、電感、耦合電感和變壓器組成的雙埠網路亦成立，這對分析或數值作業可提供一有用的驗算。

## 4.4　等效集總電路

我們接下來是希望能推導出輸電線的等效集總電路，且將求得一 $\Pi$-等效電路具有和輸電線相同的 $A$、$B$、$C$、$D$ 參數 [也就是 (4.14) 式所給的 $A$、$B$、$C$、$D$ 參數]，同時注意也可由此推導出 $T$ 等效電路。此二者之任

**圖 4.3** Π-等效電路。

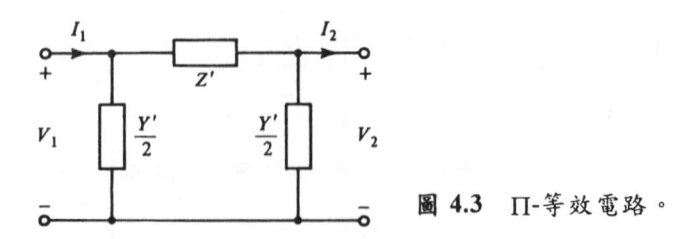

一等效電路對電機工程師作電路表示皆有很多優點，其中之一是對輸電線的物理行為具有較佳觀念。

現欲求出圖 4.3 電路內的 $Z'$ 和 $Y'$，使其具有與 (4.15) 式相同的 T 矩陣。為得出此電路的 T 矩陣，我們可寫出 KVL 和 KCL 方程式來得到 $V_1$ 和 $I_1$ 對 $V_2$ 和 $I_2$ 的最終關係式，此結果可用下列計算說明之：

$$V_1 = V_2 + Z'\left(I_2 + \frac{Y'}{2}V_2\right)$$
$$= \left(1 + \frac{Z'Y'}{2}\right)V_2 + Z'I_2 \tag{4.18}$$

$$I_1 = \frac{Y'}{2}V_1 + \frac{Y'}{2}V_2 + I_2$$
$$= Y'\left(1 + \frac{Z'Y'}{4}\right)V_2 + \left(1 + \frac{Z'Y'}{4}\right)I_2 \tag{4.19}$$

在 (4.19) 式內曾用到 (4.18) 式來消去 $V_1$，再從 (4.18) 和 (4.19) 式可看出電路的 $A$、$B$、$C$ 和 $D$ 參數為

$$A = 1 + \frac{Z'Y'}{2} \qquad B = Z'$$
$$C = Y'\left(1 + \frac{Z'Y'}{4}\right) \qquad D = 1 + \frac{Z'Y'}{2} \tag{4.20}$$

令 (4.20) 和 (4.14) 式內的 $B$ 參數係為相等，則再做一些代換後，即得

$$Z' = Z_c \sinh \gamma\ell = \sqrt{\frac{z}{y}} \sinh \gamma\ell = z\ell \frac{\sinh \gamma\ell}{\gamma\ell} = Z \frac{\sinh \gamma\ell}{\gamma\ell} \tag{4.21}$$

## 第 4 章　輸電線模型

其中 $Z \triangleq z\ell$ 為輸電線的總串聯阻抗。注意電力輸電線通常具有 $|\gamma\ell| << 1$ 的條件，故 $(\sinh \gamma\ell)/\gamma\ell \approx 1$。此外，將 $(\sinh \gamma\ell)/\gamma\ell$ 視為修正因數來乘以輸電線的總串聯阻抗亦有助於給出正確的 $Z'$；而若不需正確值，則可使用 $Z' \approx Z$。

令 (4.20) 和 (4.14) 式內的 $A$ 參數相等，則有

$$1 + \frac{Z'Y'}{2} = \cosh \gamma\ell \tag{4.22}$$

利用 (4.21) 式，再解出 $Y'/2$，得

$$\frac{Y'}{2} = \frac{\cosh \gamma\ell - 1}{Z_c \sinh \gamma\ell} = \frac{1}{Z_c} \tanh \frac{\gamma\ell}{2} \tag{4.23}$$

(4.23) 式內的三角恆等式可驗算如下：

$$\frac{\cosh \gamma\ell - 1}{\sinh \gamma\ell} = \frac{e^{\gamma\ell} + e^{-\gamma\ell} - 2}{e^{\gamma\ell} - e^{-\gamma\ell}} = \frac{(e^{\gamma\ell/2} - e^{-\gamma\ell/2})^2}{(e^{\gamma\ell/2} + e^{-\gamma\ell/2})(e^{\gamma\ell/2} - e^{-\gamma\ell/2})}$$

$$= \frac{e^{\gamma\ell/2} - e^{-\gamma\ell/2}}{e^{\gamma\ell/2} + e^{-\gamma\ell/2}} = \tanh \frac{\gamma\ell}{2}$$

(4.23) 式的另一表示式亦可推導如下：

$$\frac{1}{Z_c} = \frac{1}{\sqrt{z/y}} = \frac{y}{\sqrt{zy}} = \frac{y\ell}{\gamma\ell} = \frac{Y}{\gamma\ell} \tag{4.24}$$

其中 $Y \triangleq y\ell$ 為輸電線的線對中性點總導納。故

$$\frac{Y'}{2} = \frac{Y}{2} \frac{\tanh(\gamma\ell/2)}{\gamma\ell/2} \tag{4.25}$$

注意若 $|\gamma\ell| << 1$，則 $(\tanh \gamma\ell/2)/(\gamma\ell/2) \approx 1 \Rightarrow Y'/2 \approx Y/2$。如同 (4.21) 式情況，將 $(\tanh \gamma\ell/2)/(\gamma\ell/2)$ 視作修正因數（接近於 1）來乘以輸電線的線對中性點總導納亦有助於得出正確的 $Y'$ 值，且 $Y' = Y$。

現因 $Z$ 和 $Y$ 皆已定義，故若注意下列 $Z_c$ 和 $\gamma\ell$ 的另一表示法亦係有益：

$$Z_c = \sqrt{\frac{z}{y}} = \sqrt{\frac{z\ell}{y\ell}} = \sqrt{\frac{Z}{Y}} \qquad (4.26)$$

且

$$\gamma\ell = \sqrt{zy}\,\ell = \sqrt{z\ell\,y\ell} = \sqrt{ZY} \qquad (4.27)$$

---

**例題 4.4**

試求例題 4.1 所描述輸電線的 Π-等效電路。

**解** 在例題 4.1 內已計算出 $Z_c$ 和 $\sinh \gamma\ell$，故由 (4.21) 式可得

$$Z' = Z_c \sinh \gamma\ell = 387.3 \angle -6.04° \times 0.452 \angle 84.4° = 175.06 \angle 78.35°$$

為強調關於修正因數的重點，我們也可用另一計算法求之如下：

$$Z' = Z\frac{\sinh \gamma\ell}{\gamma\ell} = 181.57 \angle 77.9° \times 0.9642 \angle 0.45° = 175.07 \angle 78.35°$$

此處的修正因數為 $0.9642 \angle 0.45°$，亦確係適當的趨近於 1。同樣的，利用 (4.23) 式則得

$$\frac{Y'}{2} = 614.57 \times 10^{-6} \angle 89.8° \text{ mho}$$

為了比較，注意

$$\frac{Y}{2} = 605.25 \times 10^{-6} \angle 90° \text{ mho}$$

且亦以良好的合理方式近似於 $Y'/2$。現因 $Z'$ 和 $Y'/2$ 皆已計算出，故 Π-等效電路即可決定之。

---

例題 4.4 指出以 $Z$ 取代 $Z'$ 和 $Y/2$ 取代 $Y'/2$ 來簡化輸電線模型的可能性，此問題將於下一節內考慮之。

## 4.5　簡化模型

　　圖 4.3 電路係等效於 (4.10) 式所給方程式，有時以一勝過其他的表示法雖更便利，但任一表示法皆須能用來給出輸電線端電壓和電流之間的正確關係式。現已得出**長程輸電線**所用的正確電路及/或方程式，然而對**中程輸電線**而言，其電路和方程式將證明可再大為簡化。因此，從 (4.21) 和 (4.25) 式可看出若 $|\gamma\ell| \ll 1$，則可取代 $Z'$ 為 $Z$，且 $Y'$ 取代為 $Y$。在此情況下，圖 4.3 內的電路元件即可求得而不須計算修正因數。而對所謂的**短程輸電線**來說，其 $Y$ 值很小，我們甚至可移走並聯元件，於是得一非常簡化的模型。

　　經驗指出下列對輸電線的分類係為合理：

**長程輸電線**（$\ell > 150 \text{ mi}$）：使用的 $\Pi$-等效電路含有 (4.21) 和 (4.23) 式所給之 $Z'$ 和 $Y'/2$。當然，亦可使用 (4.10) 式來取代電路模型。

**中程輸電線**（$50 < \ell < 150 \text{ mi}$）：使用的電路模型以 $Z$ 和 $Y/2$ 分別取代 $Z'$ 和 $Y'/2$，其中 $Z = z\ell$，且 $Y = y\ell$。此模型又稱為**標稱 $\Pi$-等效電路**，其意義表示 $Z = R + j\omega L =$ 輸電線的總串聯阻抗，又 $R =$ 輸電線的每相總電阻，且 $L =$ 輸電線的每相總電感，而其計算所須用的方程式在第 3 章內已有推導。再者，$Y = -j\omega C =$ 輸電線的總並聯導納，其中 $C =$ 輸電線對中性點的每相總並聯電容，且其計算所用的方程式在第 3 章內業已推導。此一 $\Pi$-等效電路的每一端皆由半倍並聯導納 $Y/2$ 組成，且串聯阻抗 $Z$ 係在中間。

**短程輸電線**（$\ell < 50 \text{ mi}$）：如同中程輸電線，例外的是 $Y/2$ 可忽略。

---

**例題 4.5**

　　試考慮一開路無損輸電線的受電端電壓，並以三種模型比較各結果，其中 $V_1$ 為固定電壓。

**解**　依"開路"之意為 $I_2 = 0$，再依"無損"之義得知 $\alpha = 0$，亦即 $\gamma = j\beta$。

　　模型 1：長程線模型

最簡單的是應用 (4.10) 式，而非電路模型，故可求出

$$V_1 = V_2 \cosh \gamma \ell = V_2 \cos \beta \ell$$

**模型 2：中程線模型**

利用標稱 Π-等效電路，得

$$V_1 = \left[1 + \frac{ZY}{2}\right]V_2 = \left[1 + \frac{(\gamma \ell)^2}{2}\right]V_2 = \left[1 - \frac{(\beta \ell)^2}{2}\right]V_2$$

式中括弧內的項可視為 $\cos \beta \ell$ 級數展開式的前兩項。

**模型 3：短程線模型**

我們可得

$$V_1 = V_2$$

因此，上式顯示只保留 $\cos \beta \ell$ 級數展開式的第一項，即已完全失去前二模型所能觀察的性質——亦即對數值小的 $\beta \ell$ 而言，在 (開路) 受電端的電壓係遠大於送電端。

茲以估測不同長度輸電線的 $V_2$ 值來比較這些模型，若以特性為 $\beta = 0.002$ rad/mi 來代表一 60 Hz 開路輸電線，則對長度為 50 mi 的輸電線，其 $\beta \ell \approx 0.1$ rad，故得

模型 $1 \Rightarrow V_1 = 0.995004 V_2$
模型 $2 \Rightarrow V_1 = 0.995000 V_2$
模型 $3 \Rightarrow V_1 = V_2$

因此，使用更簡化模型來計算 $V_2$，其誤差確係可忽略。

但若考慮 200 mi 輸電線，則其 $\beta \ell \approx 0.4$，故

模型 $1 \Rightarrow V_1 = 0.921 V_2$
模型 $2 \Rightarrow V_2 = 0.920 V_2$
模型 $3 \Rightarrow V_3 = V_2$

模型 1 和模型 2 之間的差異雖仍可忽略，但與使用短程線模型約有 8% 的誤差。

最後，考慮 600 mi 輸電線，其 $\beta \ell \approx 1.2$，故

模型 $1 \Rightarrow V_1 = 0.362 V_2$

第 4 章　輸電線模型

$$模型\ 2 \Rightarrow V_1 = 0.280\, V_2$$
$$模型\ 3 \Rightarrow V_1 = V_2$$

顯然正確模型（長程線）與標稱 Π-等效電路之間的差異相當大，而短程線模型則完全不正確。

## 4.6　複數功率傳輸（短程線）

在本節內，我們將以短程線模型來考慮複數功率傳輸的問題，就本節所知，複數功率表示式的推導包含第 2 章介紹每相分析方法的應用，此可考慮圖 4.4 所示的簡單三相平衡系統。

現欲只考慮輸電線的功率轉移，故設匯流排 1 和 2 的發電機確係維持三相電壓，且皆為已知。在分析時，可用電源取代這些電壓。然後再以串聯 RL 電路作為短程輸電線的每相模型，則可導出圖 4.5 的電路模型。由於系統已平衡，故可應用每相分析方法。圖 4.6 示出每相電路，且亦標示所欲求的一些物理量。為簡化符號，$a$ 相的下標將予省略。又 $S_{12}$ 為匯流排 1 經由輸電線連接至匯流排 2 的（$a$ 相）複數功率，且同樣的定義對 $S_{21}$ 亦成立。注意對應的三相物理量只需簡單的乘以 3 即可得之。其次，若欲求得 $S_{12}$ 和 $S_{21}$ 以 $V_1$、$V_2$ 和 $Z = R + j\omega L$ 表示的關係式，則可假設下列符號：

$$\begin{aligned} V_1 &= |V_1|e^{j\theta_1} & V_2 &= |V_2|e^{j\theta_2} \\ Z &= |Z|e^{j\angle Z} & \theta_{12} &\triangleq \theta_1 - \theta_2 \end{aligned} \tag{4.28}$$

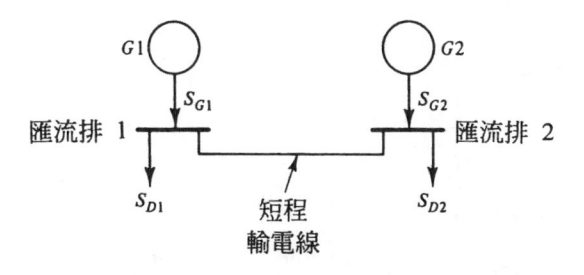

圖 4.4　單線圖。

**圖 4.5** 電路模型。

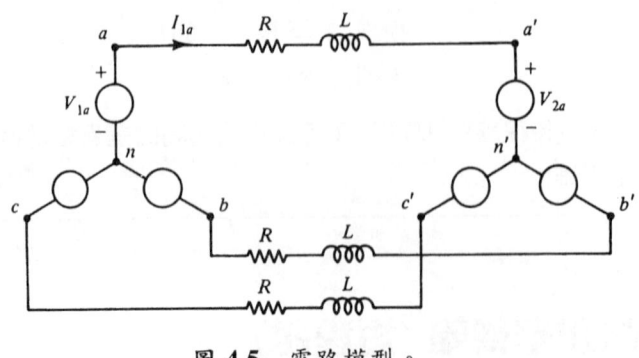

其中 $\theta_{12}$ 稱為**功率角** (power angle)。利用 (2.18) 式，得

$$S_{12} = V_1 I_1^* = V_1 \left( \frac{V_1 - V_2}{Z} \right)^* = \frac{|V_1|^2}{Z^*} - \frac{V_1 V_2^*}{Z^*}$$

$$= \frac{|V_1|^2}{|Z|} e^{j\angle Z} - \frac{|V_1||V_2|}{|Z|} e^{j\angle Z} e^{-j\theta_{12}} \tag{4.29}$$

且

$$S_{21} = \frac{|V_2|^2}{|Z|} e^{j\angle Z} - \frac{|V_2||V_1|}{|Z|} e^{j\angle Z} e^{-j\theta_{12}} \tag{4.30}$$

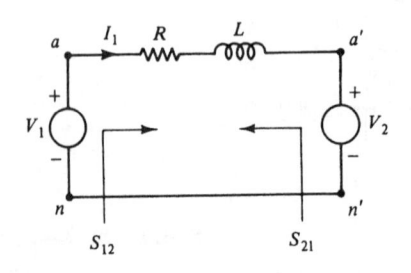

(4.29) 和 (4.30) 式之間雖然完全對稱，但卻有助於用來描述匯流排 1 係傳送功率至匯流排 2。由 $V_1$ (或匯流排 1) 傳送的功率在 (4.29) 式已給出，而由 $V_2$ (或匯流排 2) 的接受功率則可給為

$$-S_{21} = -\frac{|V_2|^2}{|Z|} e^{j\angle Z} + \frac{|V_2||V_1|}{|Z|} e^{j\angle Z} e^{-j\theta_{12}} \tag{4.31}$$

**圖 4.6** 每相電路。

對一給予的輸電線（$Z$ 為固定），其傳送或接受的功率與 $|V_1|$、$|V_2|$ 和 $\theta_{12}$ 有關。從控制的觀點來說，$|V_1|$ 大部分直接受發電機 1 的場電流所影響，而 $|V_2|$ 則受發電機 2 之場電流的影響，且 $\theta_{12}$ 影響者係為二發電機輸入的機械功率之差。為增加 $\theta_{12}$，此可增加輸入至發電機 1 的機械功率，而減少輸入至發電機 2 的機械功率。

在正常情況下，當 $\theta_{12}$ 適當變化時，發電機匯流排的 $|V_1|$ 和 $|V_2|$ 皆會保持在非常嚴格的限制範圍內。因此，現在所感興趣者是考慮 (4.29) 和 (4.31) 式為 $\theta_{12}$ 的函數，並將與 $|V_1|$、$|V_2|$ 和 $Z$ 視為固定的參數。根據此一目標，得知 (4.29) 和 (4.31) 式具有如下形式：

$$S_{21} = C_1 - Be^{j\theta_{12}} \tag{4.32}$$

$$-S_{21} = C_2 + Be^{-j\theta_{12}} \tag{4.33}$$

其中

$$C_1 = -\frac{|V_1|^2}{|Z|}e^{j\angle Z} \qquad C_2 = -\frac{|V_2|^2}{|Z|}e^{j\angle Z} \qquad B = \frac{|V_1\|V_2|}{|Z|}e^{j\angle Z}$$

畫出 $S_{12}$ 和 $-S_{21}$ 關於 $\theta_{12}$ 的圖形是有用的，因當 $\theta_{12}$ 變化時，(4.32) 和 (4.33) 式顯示 $S_{12}$ 和 $-S_{21}$ 皆會在複數平面上描出圓形軌跡。這些 $S_{12}$ 和 $-S_{21}$ 圓分別稱為**送電端圓** (sending-end circles) 和**受電端圓** (receiving-end circles)，其中送電端圓的圓心為 $C_1$，而受電端圓則為 $C_2$，且此二圓皆具有相同的半徑 $|B|$。若 $\theta_{12} = 0$，則在複數平面上，$C_1$、$C_2$ 和 $B$ 皆係共線。根據這些考慮，則可作出圖 4.7 所示的構圖。關於這些圖形，我們給予數點註解如下：

**1.** 若 $|V_1| \ne |V_2|$，則此二圓不相交。

**2.** 當 $\theta_{12}$ 從零開始增加時，傳送和接受的主動功率皆會增加。（傳送的主動功率會遠大於輸電線所接收的損失量。）從圖形的幾何來看，注意主動功率的接收有一極端界限發生於 $\theta_{12} = \angle Z$，且同樣的界限對主動功率的傳送則係發生在 $\theta_{12} = 180° - \angle Z$。這些極端的主動功率和 $Z$、$|V_1|$ 及 $|V_2|$ 有關。事實上，在 4.9 節內將可看出更嚴格的界限在正常運轉情況係為普遍。

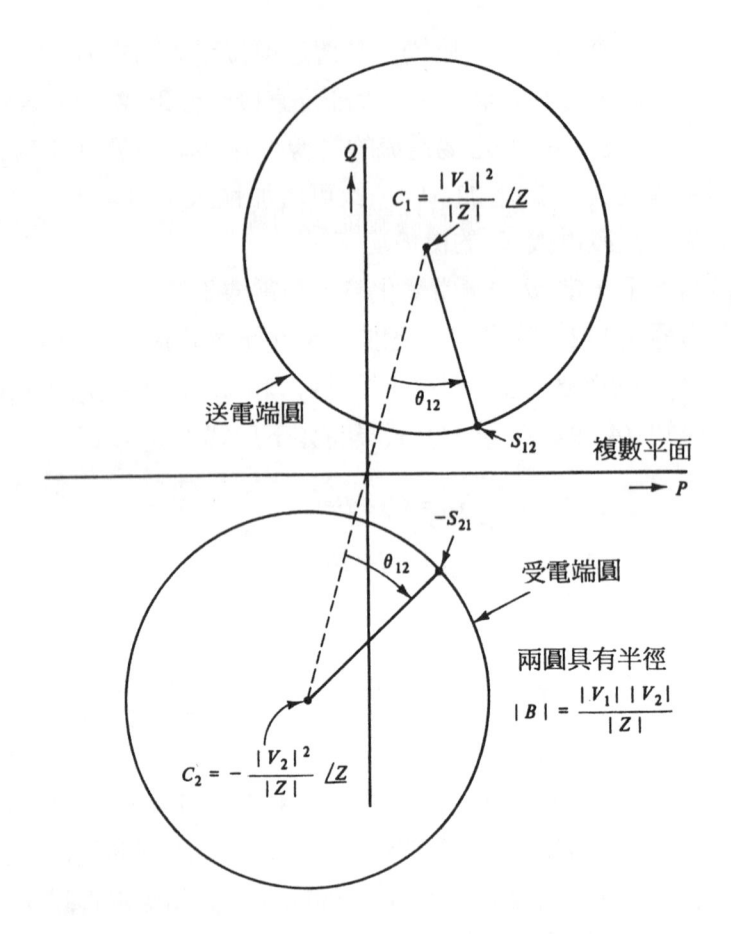

圖 4.7 功率圓圖。

3. 對大多數的輸電線來說，其電阻值與電感值相比係非常小，故若依此作一近似假設，則 $R=0$，且 $Z=jX$。在此種情況，輸電線將無損失，且傳送的主動功率等於接受的主動功率。事實上，從 (4.29)、(4.30) 式或圖 4.7 可得

$$P_{12} = -P_{21} = \frac{|V_1||V_2|}{X}\sin\theta_{12} \tag{4.34}$$

$$Q_{12} = \frac{|V_1|^2}{X} - \frac{|V_1||V_2|}{X}\cos\theta_{12} \tag{4.35}$$

# 第 4 章　　輸電線模型

$$Q_{21} = \frac{|V_2|^2}{X} - \frac{|V_2||V_1|}{X}\cos\theta_{12} \qquad (4.36)$$

此時傳輸能力的極值為 $|V_1||V_2|/X$。

4. 若企圖以增加 $\theta_{12}$ 來超過傳輸能力的極值，則此二發電機之間的"同步"將會消失，此一現象將於第 14 章內再討論之。若二發電機失去同步或"跌下步調"，則產生的電壓不再具有相同的頻率。雖然發電機實質上係以輸電線連接，但有效的功率交換則會停止。例題 4.6 內將考慮此一情況。

5. 如何增加傳輸能力極值來加強連結於匯流排 1 和 2 之間的成果？此答案可由 (4.34) 式推論得知應增加電壓位準（亦即 $|V_1|$ 和 $|V_2|$）及減少 $X$。在第 3 章內，我們考慮的方法是以細心的線路設計來減少輸電線電感。另一方法則是以加入串聯電容來減少串聯電抗，後者的作法稱為**串聯補償** (series compensation)。

6. 對高壓輸電線在正常操作情況下，其 $|V_1| \approx |V_2|$，$\angle Z \approx 90°$，且 $\theta_{12}$ 係很小，典型值約小於 $10°$。此時在主動功率對電抗功率之間的潮流控制會有適當的良好耦合，其中主動功率潮流和 $\theta_{12}$ 會有強烈耦合，而電抗功率潮流則和 $|V_1|-|V_2|$ 有強烈耦合。瞭解此一論點的最簡單方法是利用 (4.34) 至 (4.36) 式做靈敏度分析，亦即計算各種關於 $\theta_{12}$ 和 $|V_1|$、$|V_2|$ 的偏導數來驗證上述結果。

---

**練習 1.**

假設圖 4.4 內匯流排 2 的電壓因三相短路故障而變成零，試以功率圓圖求出 $S_{12}$，並試問其結果在實質上是否有意義？

---

**練習 2.**

試證註解 1 內所給的命題係成立。**提示**：若 $|V_1| \neq |V_2|$，則 $(|V_1|-|V_2|)^2 > 0$。

## 例題 4.6

設圖 4.5 內的兩個三相發電機皆失去同步，並設匯流排 1 和 2 的電壓係與 $a$ 相電壓平衡，且可給為

$$v_1(t) = \sqrt{2}\,|V_1|\cos(\omega_1 t + \theta_1^0)$$
$$v_2(t) = \sqrt{2}\,|V_2|\cos(\omega_0 t + \theta_2^0)$$

若 $\omega_1 \approx \omega_0$，試求主動功率傳送至近似無損輸電線的表示式。

**解** 因 $\omega_1 \approx \omega_0$，故可用來寫出

$$v_1(t) = \sqrt{2}\,|V_1|\cos[\omega_0 t + \theta_1^0 + (\omega_1 - \omega_0)t]$$

且所考慮的 $v_1(t)$ 係為一頻率 $\omega_0$ 之弦波，其相位 $\theta_1^0 + (\omega_1 - \omega_0)t$ 的變化緩慢。若相位的變化足夠慢，則仍可用弦波穩態分析來近似，且相位可視作參數來處理。當相位變化時，我們可沿穩態數值解的聯集來移動，此即為所謂的假穩態分析之例。將之應用至本例題，並利用 (4.34) 式，且 $\theta_{12} = \theta_1 - \theta_2 = \theta_1^0 + (\omega_1 - \omega_0)t - \theta_2^0$，則可得出隨時間改變的短期主動功率為

$$P_{12} = -P_{21} = \frac{|V_2||V_1|}{X}\sin[(\omega_1 - \omega_0)t + \theta_{12}^0]$$

注意主動功率的長期平均值係為零。此種操作模式不僅無效，而且是非常不受歡迎的，這是因為伴隨的線電流非常大。實際上，保護裝置應可移除失去同步的發電機。

## 例題 4.7

設一平衡三相輸電線具有 $Z = 1\angle 85°$，$\theta_{12} = 10°$，試求如下所列情況的 $S_{12}$ 和 $-S_{21}$：

(a) $|V_1| = |V_2| = 1.0$
(b) $|V_1| = 1.1$，$|V_2| = 0.9$

注意電壓所用的 1.0、1.1 或 0.9 諸數值係事先予以正規化或標度化，此將於第 5 章內討論之。

**解** 欲得到數值結果，應用 (4.29) 和 (4.31) 式通常比較容易，而非功率圓圖。

利用這些公式，則可求出下列結果：

**(a)** 當 $|V_1| = |V_2| = 1$，

$$S_{12} = 1\angle 85° - 1\angle 95° = 0.1743$$
$$-S_{21} = -1\angle 85° + 1\angle 75° = 0.1717 - j0.0303$$

特別要注意的是 $Q_{12} = 0$，且 $-Q_{21} = -0.0303$。

**(b)** 當 $|V_1| = 1.1$，$|V_2| = 0.9$，

$$S_{12} = 1.21\angle 85° - 0.99\angle 95° = 0.1917 + j0.2192$$
$$-S_{21} = -0.81\angle 85° + 0.99\angle 75° = 0.1856 - j0.1493$$

注意 $P_{12}$ 並未改變太多，但是 $Q_{12}$ 和 $-Q_{21}$ 對 (a) 小題的數值則有相當大的改變。

## 例題 4.8

設圖 E4.8(a) 所示系統的全部數值皆係每相值。

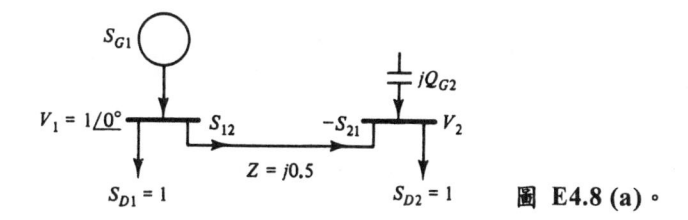

圖 E4.8 (a)。

**(a)** 試求 $Q_{G2}$ 可使得 $|V_1| = 1$ 之值。
**(b)** 在此情況下，$\angle V_2$ 值為何？
**(c)** 若 $Q_{G2} = 0$，試問是否可供應負載 $S_{D2}$？
**(d)** 若為是，則 $V_2$ 值為何？

**解** 在 (a) 和 (b) 小題內，(4.34) 到 (4.36) 式可予以應用之；或應用圖 4.7 所示功率圓圖，在此將使用方程式法。因 $S_{D2} = 1$ 為實數係僅當 $Q_{G2}$ 為純虛數時，故顯然 $P_{12} = -P_{21} = 1$。利用 (4.34) 式，得

$$P_{12} = \frac{|V_2||V_1|}{X}\sin\theta_{12} = 2\sin\theta_{12} = 1$$

所以 $\theta_{12} = 30°$，且 $\angle V_2 = -30°$。再用 (4.36) 式，則得

$$Q_{G2} = Q_{21} = \frac{|V_2|^2}{X} - \frac{|V_2||V_1|}{X} \cos\theta_{12} = 2 - 2\cos 30° = 0.268$$

注意 $Q_{G2} > 0$ 係為符合電容源的必要條件。

對 (c) 和 (d) 小題，圖 4.7 可提供一些勝於使用方程式法的優點。若 $Q_{G2} = 0$，則 $-S_{21} = S_{D2} = 1$。現在的問題是可否找到 $|V_2|$ 值使得功率圓在複數平面對某些 $\theta_{12}$ 值皆可通過點 $-S_{21} = 1$？圖 E4.8(b) 顯示有關幾何方面所需的必要條件，由此圖可看出，若

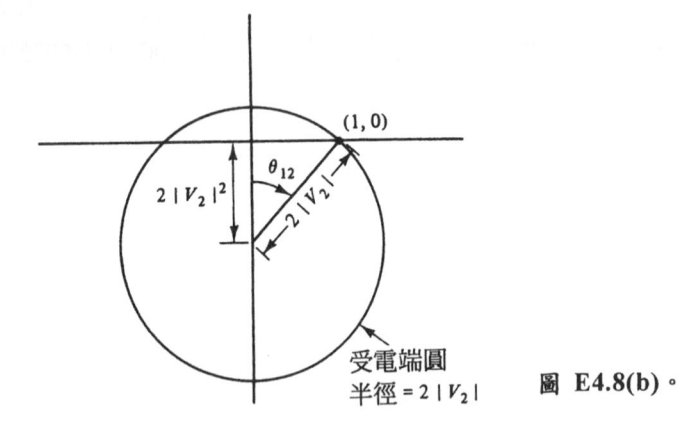

$$(2|V_2|^2)^2 + 1^2 = (2|V_2|)^2$$

則 $|V_2|$ 必有一實數解。令 $x = |V_2|^2$，則 $4x^2 - 4x + 1 = 0$ 有一實數解在 $x = 1/2$，故 $|V_2| = 1/\sqrt{2}$。再從幾何圖形亦可發現到 $\theta_{12} = 45°$，故可供應負載於電壓 $V_2 = 0.707 \angle -45°$。

注意 (a) 小題對 (c) 具有改善電壓幅度,此可歸因於匯流排 2 係以電容源注入電抗功率。事實上，電容時常會被用來提升電壓。

圖 E4.8(b)。

## 4.7 複數功率傳輸（短程輻射線）

在 4.6 節內,我們已考慮輸電線兩端具有發電機的情形。在此條件下,

## 第 4 章　輸電線模型

我們可假設兩端的電壓皆係可維持或 "支持"。現將考慮輻射輸電線案例，其近端有電壓支持，而輸電線遠端則有一複數功率負載，但並無發電機或電容組合來幫助電壓的維持。我們想研究的是輸電線遠端的電壓如何隨負載改變，此時所欲考慮的每相圖已示於圖 4.8 內。

假設功率因數固定時，負載會 "抽出" 複數功率。則在此場合，可便利的將 $S_D$ 表示如下：

$$\begin{aligned} S_D &= V_2 I^* = |V_2||I|e^{j\theta} \\ &= |V_2||I|(\cos\phi + j\sin\phi) \\ &= P_D(1 + j\beta) \end{aligned} \quad (4.37)$$

其中 $\phi = \angle V_2 - \angle I$，$\beta = \tan\phi$ 且 $PF = \cos\phi$。因此，當負載變化時，$P_D$ 亦將隨之改變，而 $\beta$ 則為參數。

其次，利用 (4.34) 和 (4.36) 式，則有

$$P_D = P_{12} = \frac{|V_1||V_2|}{X}\sin\theta_{12} \quad (4.38)$$

$$Q_D = -Q_{21} = -\frac{|V_2|^2}{X} + \frac{|V_2||V_1|}{X}\cos\theta_{12} \quad (4.39)$$

接下來再利用 $\cos^2\theta_{12} + \sin^2\theta_{12} = 1$ 即可消去 $\theta_{12}$，並得

$$\left(\beta P_D + \frac{|V_2|^2}{X}\right)^2 = \left(\frac{|V_2||V_1|}{X}\right)^2 - P_D^2 \quad (4.40)$$

重新整理後，則可給出 $|V_2|^2$ 的二次方程式為

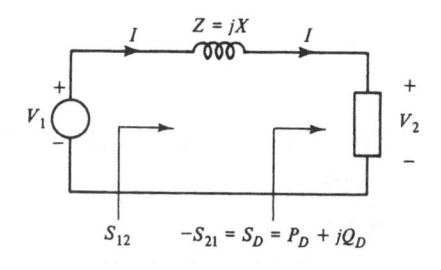

圖 4.8　每相電路。

$$|V_2|^4 + (2\beta P_D X - |V_1|^2)|V_2|^2 + (1+\beta^2)P_D^2 X^2 = 0 \qquad (4.41)$$

且其解答可給成

$$|V_2|^2 = \frac{|V_1|^2}{2} - \beta P_D X \pm \left[\frac{|V_1|^4}{4} - P_D X(P_D X + \beta |V_1|^2)\right]^{1/2} \qquad (4.42)$$

注意其中係存在多重解。

**例題 4.9**

設圖 4.8 系統的 $|V_1|=1$,且 $X=0.5$,試應用 (4.42) 式求出 $|V_2|$ 以 $P_D$ 表示的函數,而負載功率因數則分別為 1.0、0.97 超前和 0.97 落後。

**解** 利用所給數值,得

$$|V_2|^2 = \frac{1 - \beta P_D \pm [1 - P_D(P_D + 2\beta)]^{1/2}}{2}$$

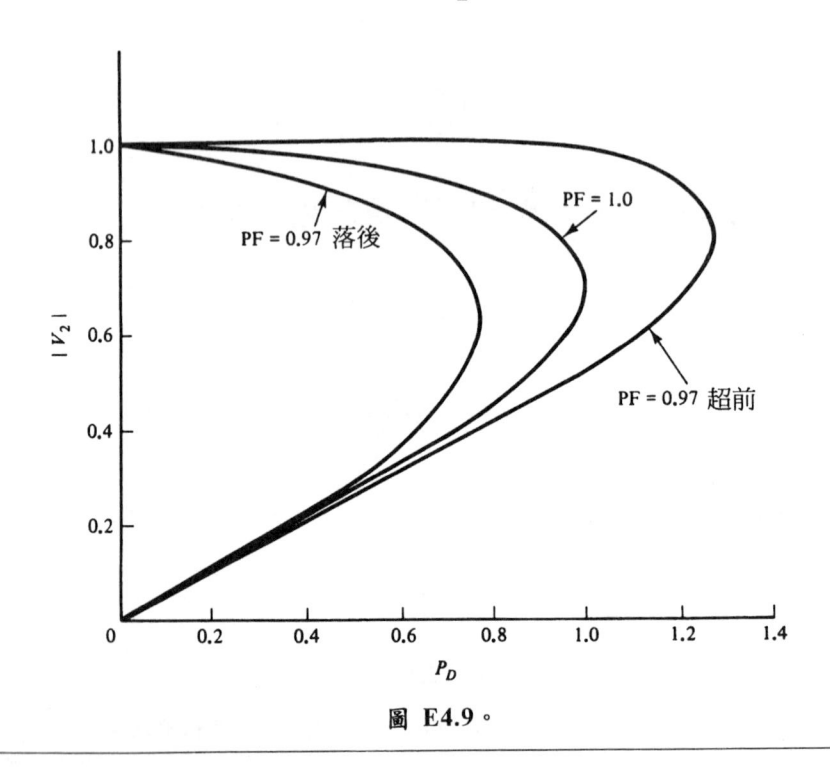

圖 E4.9。

第 4 章　輸電線模型　　**127**

> 當 $PF = 1$，則 $\phi = 0$，$\beta = \tan\phi = 0$。若 $PF = 0.97$ 超前，則 $\phi = -14.07°$，$\beta = -0.25$。若 $PF = 0.97$ 落後，則 $\phi = 14.07°$，$\beta = 0.25$。依此三功率因數所得 $|V_2|$ 對 $P_D$ 的圖形已給予圖 E4.9 內，注意超前功率因數負載對電壓維持係具有益效應。然而在所有情況內，都會在某一點發生電壓"崩潰"。以落後功率因數負載來說，此將發生於功率位準在輸電線正常運轉界限的範圍內。

例題 4.9 強調的是提供電抗功率至客戶端的重要性，且勿企圖想從遠距來供應。

## 4.8　複數功率傳輸（長程或中程線）

在 4.6 節內，我們利用短程線模型來考慮複數功率傳輸的問題；此處將以 4.5 節的長程和中程輸電線模型來瞭解其分析需作何種修正。現考慮圖 4.9 內的 Π-等效電路。

欲求 $S_{12}$ 的最容易方法是根據功率守恆來觀察下列事實：送電端功率 $S_{12}$ 係等於消耗在 $Y'/2$ 的功率加上經由端點 $a'n$ 供應至其餘網路的功率。因後者功率和端點 $a'n$ 的電壓及電流有關，故亦與 $V_1$、$V_2$ 和 $Z'$ 有關。事實上，在 4.6 節內已考慮此情況，且應用 (4.29) 式只需以 $Z'$ 取代 $Z$ 即可。因此，若再加以化簡，則得

$$S_{12} = \frac{Y'^*}{X}|V_1|^2 + \frac{|V_2|^2}{Z'^*} - \frac{|V_2||V_1|}{Z'^*}e^{j\theta_{12}} \tag{4.43}$$

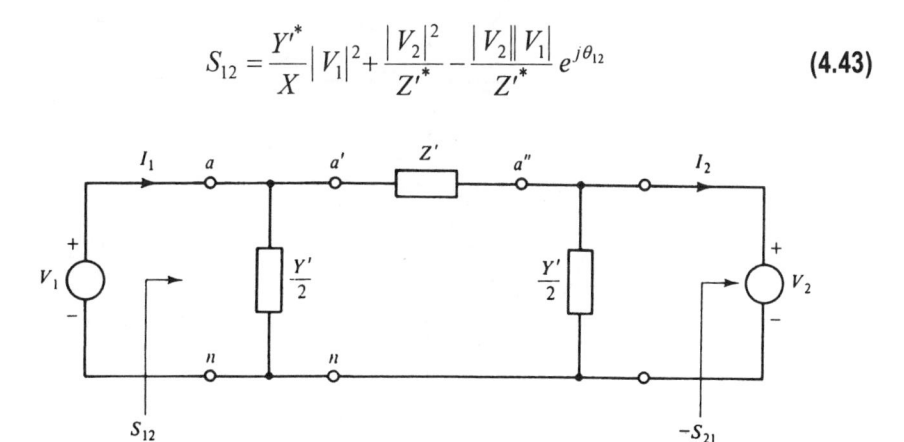

**圖 4.9**　複數功率傳輸。

式中第一項為消耗於 $Y'/2$ 的功率,而最後兩項係由 (4.29) 式而來。再以相同方法將可得出受電功率 $-S_{21}$ 會等於網路經由端點 $a''n$ 所接收的功率減去消耗於 (右側) $Y'/2$ 的功率。然後利用 (4.31) 式即可得出受電功率為

$$-S_{21} = -\frac{Y'^*}{X}|V_1|^2 - \frac{|V_2|^2}{Z'^*} + \frac{|V_2||V_1|}{Z'^*}e^{-j\theta_{12}} \tag{4.44}$$

由此得知除了附加的常數項外,(4.43) 式和 (4.29) 式具有相同形式,而 (4.44) 式則與 (4.31) 式具有相同形式。此外,附加的常數項與之相比,通常係相對的小。

因此,功率圓圖的外觀通常只須些微改變。此一新的功率圓圖已示於圖 4.10 內,圖中顯示主要的改變係在圓心將會移位。**注意**:因 $Y'$ 大致上為純虛數,故移位近似垂直,且主動功率的轉移不受影響,此結論亦和實際裝置相符。雖然我們可預期會有一些數值上的差異,但依簡化模型而得之一般結論看起來係仍然有效。

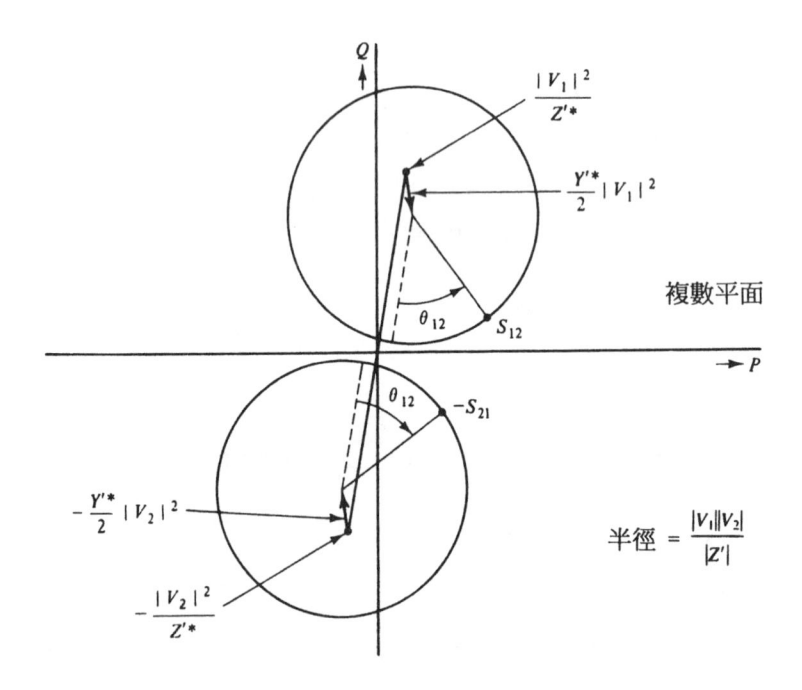

圖 4.10 功率圓圖。

**練習 3.**

試以短程輸電線近似來證明是否若 $|V_2| \neq |V_1|$，則功率圓不會相交。試問在本例內，此結論是否亦屬實？

## 4.9 輸電線的功率處理能力

輸電線傳送功率之能力係有限制，其中兩個最重要的限制可由考慮熱效應和穩定度來瞭解。

當電流通過電感器時，則有 $I^2R$ 損失，且會產生熱。此種功率損失亦會減少傳輸效率，其中之一因素將於第 11 章內再予考慮，現所討論係為比該因素更重要者是輸電線的損失也會導致溫度上升。由於架空線的溫度必須維持在安全界限內以防止輸電塔間的線垂過大（最小接地間隙必須維持），且亦可防止非可逆應變（在 100°C 左右)，這對輸電線所能載運的最大安全電流會再課以限制。顯然地，此一限制和線路設計有關（導體尺寸和結構、塔間距離等），且亦與操作條件有關（周圍溫度、風速等）。在第 3 章內所討論成束技術除可用來減少導線電感和靜電應力的方法外，在此亦具有益效果。其一是子導體的間距較大，且亦可增加表面積來幫助散熱，隨之亦可改善容許的安全電流位準。

注意電纜有更為嚴格的熱界限，此係因熱轉換有較多的可能性限制。若電纜變得太熱，則絕緣會開始變質，最後可能會失效。

任一考慮熱情況皆會對給予之輸電線賦加電流處理的限制，因輸電線皆有其電流額定以提供安全的操作；超過輸電線額定（尤其是超過一段期間）係不值得推薦的。

我們亦可發現導線皆係被設計在一給予的電壓位準操作，且導體尺寸和結構的選擇、相間距離及絕緣的選擇皆須適合於所欲的電壓作準。此外，輸電系統的操作也要維持輸電線電壓須非常接近標稱值，這是因為客戶端電壓保持在合理範圍內係有其必要性（且亦為法定條件）。

有了最大電流和電壓的限制，就有一對應的 MVA 限制方可安全輸電，且對 MW 限制亦然。因此，我們可能有一 345 kV 輸電線（線對線為 345 kV），其熱額定為 1600 MVA（三相）。則在功率因數為 100% 時，亦將輸電 1600 MW；而在其他功率因數則會減少 MW 能力，故 1600 MW 特性值可代表主動功率傳輸的固定限制。最後要指出的是終端設備（例如變壓器）的熱限制可能比相關線路本身更為嚴格。

讀者可回想 4.6 節所討論功率處理能力的另一限制。對短程無損輸電線在兩端具有電壓支持情況下，我們可發現輸電能力極值係對應在功率角 $\theta_{12} = 90°$。事實上，為維持同步（亦即穩定度）具有合理的可能性，$\theta_{12}$ 的最大值應更為嚴格的限制在 40° 到 50° 附近。在此情況下，穩定度界限可能在輸電能力極值的 65 到 75% 之間。這證明短程輸電線的功率處理能力係由熱限制來設定，而非穩定度極限。

對長程輸電線而言，上列所述正好相反。現在就考慮長程輸電線的穩定度界限，為簡化起見，假設無損輸電線每一端的電壓幅度皆相等。則在無損情況下，正如例題 4.3 所示，$Z_c = \sqrt{L/C}$ 為一實數，且 $\gamma = \alpha + j\beta = j\beta$ 為一純虛數。我們亦可計算出此情況的 $Y'$ 和 $Z'$ 為

$$Y' = Y \frac{\tanh(\gamma\ell/2)}{\gamma\ell/2} = j\omega C \frac{\tan\beta\ell/2}{\beta\ell/2} \qquad (4.45)$$

$$Z' = Z_c \sinh\gamma\ell = jZ_c \sin\beta\ell \qquad (4.46)$$

因此，我們可看出 $Y'$ 為純電容性導納，而 $Z'$ 為純電感性阻抗。此結論是合理的，因為輸電線係假設為無損。

其次來計算主動功率傳輸。由 (4.43) 和 (4.44) 式，我們可求得 $P_{12} = -P_{21}$，且

$$P_{12} = \frac{|V_1|^2 \sin\theta_{12}}{Z_c \sin\beta\ell} \qquad (4.47)$$

其中曾用到 $Y'$ 和 $Z'$ 為純虛數的事實。

將 (4.11) 式定義的 $P_{\text{SIL}}$ 應用於 (4.47) 式內，得

$$P_{12} = P_{\text{SIL}} \frac{\sin\theta_{12}}{\sin\beta\ell} \qquad (4.48)$$

## 第 4 章　輸電線模型

注意 $\theta_{12}$ 固定時，當輸電線長度增加，$\beta\ell$ 會增加，而 $P_{12}$ 則將減少。且有一特別嚴格限制會發生於 $\beta\ell = \pi/2$ 的甚為長程輸電線上，此時即使以 $\theta_{12} = \pi/2$ 來求得最大主動功率潮流也無法超過 $P_{12} = P_{\text{SIL}}$。在實際上，若 $\theta_{12}$ 維持在安全界限內，則只有部分的 $P_{\text{SIL}}$ 值可實現。讀者現應能夠解釋 3.10 節內表 3.1 最後一行所給的 $P_{\text{SIL}}^{3\phi}$ 度量值。

最後，注意例題 4.3 指出無損輸電線的 $\beta = \omega\sqrt{lc}$。此正如 3.8 節練習 2 說明其所考慮之 (開線) 輸電線的 $lc$ 乘積實際上係為常數。因此，對 (4.48) 式內固定的 $\theta_{12}$ 而言，$P_{12}/P_{\text{SIL}}$ 會隨著長度 $l$ 逐漸減少，這在實際上對所有輸電線 (開線式) 都是相同的。

---

**例題 4.10**

設 $\beta = 0.002$ rad/mi，且 $\theta_{12} = 45°$，試求 $P_{12}/P_{\text{SIL}}$ 以輸電線長度表示的函數。

**解** 在 (4.48) 式內，$\beta\ell$ 的單位為弳度。此處須將之轉換成角度，所以 $\beta\ell = 0.002\ell$ rad $= 0.1146\ell°$，且

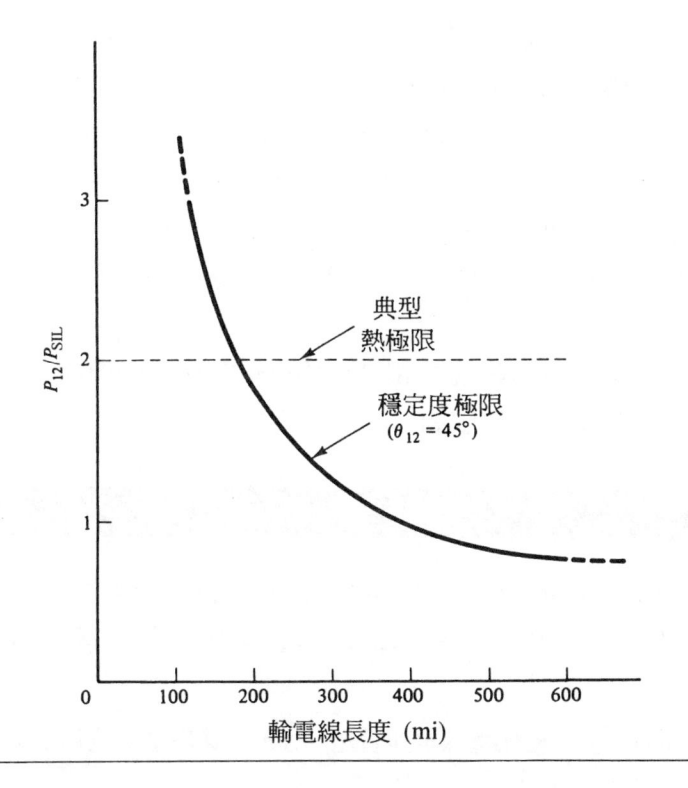

圖 E4.10。

$$\frac{P_{12}}{P_{SIL}} = 0.707 \frac{1}{\sin 0.1146\ell}$$

圖 E4.10 所示為穩度度極限，為比較起見，其中亦出示一典型的熱極限。我們可看出短程輸電線係由熱極限支配，而長程輸電線則由穩定極限所主宰。

## 4.10 總　結

我們可藉三個 Π-等效電路來總結分析的結果。在處理輸電線長度約大於 150 mi (長程) 時，建議使用含有元件 $Z'$ 和 $Y'/2$ 的最精確電路，其中 $Z'$ 給於 (4.21) 式內，而 $Y'/2$ 則給於 (4.25) 式內。對長度範圍約在 50 到 150 mi 的中程輸電線，則可用更簡單的標稱 Π-等效電路來取代。此時 $Z'$ 和 $Y'/2$ 分別以 $Z$ 和 $Y/2$ 取代之，其中 $Z$ 為總串聯阻抗 ($Z = z\ell$)，且 $Y$ 為總並聯導納 ($Y = y\ell$)。對長度約在 50 mi 以下的短程輸電線，則可忽略並聯元件而使電路更為簡化，此時引人注意的是分析所得最後結果會非常簡單。雖然我們以一含有分佈參數 (三相輸電線) 的複雜電路作開頭，但還是能使用三個非常簡單之 Π-等效集總電路中的一個來作為每相分析之模型。

另外，方程式亦可使用之，特別是長程輸電線方程式 (4.10) 式會時常被用到。在分析串級網路時，含有 ABCD 參數 (或傳輸矩陣) 的矩陣係非常有用。

最後，注意熱效應會限制短程和長程輸電線的功率處理能力，而穩定度要件則會對長程輸電線加以限制。

## 習　題

**4.1.** 給予一 138 kV、三相輸電線，其串聯阻抗 $z = 0.17 + j0.79$ Ω/mi，且並聯導納 $y = j5.4 \times 10^{-6}$ mho/mi，試求特性阻抗 $Z_c$、傳播常數 $\gamma$、衰減常數 $\alpha$ 和相位常數 $\beta$。

**4.2.** 試對一 765 kV、三相輸電線重作習題 4.1，但其串聯阻抗為 $0.02 + j0.54$

第 4 章　輸電線模型　　　　　　　　　　　　　　　　　　133

$\Omega$/mi，且並聯導納 $y = j7.8 \times 10^{-6}$ mho/mi。試再與習題 4.1 所求數值互作比較。

4.3. 給予一輸電線如 (4.10) 式所述，設其二項試驗所得結果如下：

**1.** 開路試驗（$I_2 = 0$）：

$$Z_{oc} = \frac{V_1}{I_1} = 800 \angle -89°$$

**2.** 短路試驗（$V_2 = 0$）：

$$Z_{sc} = \frac{V_1}{I_1} = 200 \angle 77°$$

試求特性阻抗 $Z_c$，並求 $\gamma\ell$。

4.4. 設傑克和吉爾量測習題 4.3 的 $Z_{oc}$ 和 $Z_{sc}$。吉爾說：「利用這些資料，現在我們可對任何端點計算出以 $V_2$ 和 $I_2$ 表示的 $V_1$ 和 $I_1$。」試問你是否同意吉爾所言，並給出你的理由。

4.5. 給予一輸電線，設其總串聯阻抗 $Z = z\ell = 20 + j80$，且總並聯導納 $Y = y\ell = j5 \times 10^{-4}$，試求 $Z_c$，$\gamma\ell$，$e^{\gamma\ell}$，$\sinh\gamma\ell$ 和 $\cosh\gamma\ell$。

4.6. 設習題 4.5 所給輸電線的終端阻抗為其特性阻抗（亦即 $V_2/I_2 = Z_c$），試求此情況的傳輸效率（亦即求出 $\eta = -P_{21}/P_{12}$）。

4.7. 試證一無限長輸電線的驅動點阻抗為 $Z_c$，且與終端阻抗 $Z_D$ 無關。假設 $r$，$l$，$g$，$c > 0$。注意：此結果在較弱條件 $r$，$l$，$c > 0$，$g = 0$ 下亦成立。

4.8. 設習題 4.1 所給 138 kV、$3\phi$ 輸電線的長度為 150 mi，並以 100% 功率因數傳送 15 MW 至 132 kV 端。試求送電端電壓和電流、功率角 $\theta_{12}$（亦即 $\angle V_{1a} - \angle V_{2a}$）及傳輸效率，並使用長程線模型。

4.9. 試畫出對應於習題 4.8 所給輸電線的 $\Pi$-等效電路。

4.10. 試重作習題 4.8，但功率因數改為 90% 落後。

4.11. 設習題 4.8 內的負載移走時，送電端電壓的大小維持固定在該題所求之值。試求新的受電端電壓，再求新的送電端電流。

4.12. 試以標稱 $\Pi$-等效電路（亦即中程輸電線模型）重作習題 4.8。

**4.13.** 試利用短程輸電線模型重作習題 4.8。

**4.14.** 給予一長度為 200 mi 輸電線，設其 $r = 0.1$ Ω/mi，$l = 2.0$ mH/mi，$c = 0.01$ μF/mi，且 $g = 0$，試以下列模型求 Π-等效電路：(a) 長程線模型 (b) 中程線 (標稱 Π) 模型；(c) 短程線模型。

**4.15.** 設習題 4.2 所給 765 kV、三相輸電線的長度為 400 mi，且以落後功率因數 95% 傳送 100 MW 至 750 kV 端。試求送電端電壓和電流及傳輸效率，並使用長程線模型。

**4.16.** 設習題 4.15 內的負載移走時，送電端電壓的大小維持定值，試求受電端電壓和送電端電流及注入輸電線的複數功率。

**4.17.** 試利用標稱 Π-等效電路重作習題 4.15。

**4.18.** 試求習題 4.8 內 150 mi 輸電線的 *ABCD* 常數。

**4.19.** 試求一 150 mi 輸電線與另一相同的 150 mi 輸電線串接後之 *ABCD* 常數，並使用 150 mi 輸電線的傳輸矩陣。

**4.20.** 試利用標稱 Π-等效電路求出每相所消耗複數功率的表示式，並以輸電線的 $V_1$、$V_2$、$Y$ 和 $Z$ 表示之。

**4.21.** 為維持安全的穩定度界限，系統設計者定出一特殊輸電線的功率角 $\theta_{12}$ 不可大於 45°。若欲以 300 mi 輸電線傳送 500 MW，則需選好輸電線的電壓位準。設所考慮者為 138、345 和 765 kV 輸電線，則何者電壓位準較為適合？在作近似時，可假設 $|V_1| = |V_2|$，且輸電線為無損。而後對所有三種情況皆可假設 $\beta = 0.002$ rad/mi。

**4.22.** 若忽略 $g$，試證 $r \ll \omega l$ 時，相位常數 $\beta \approx \omega\sqrt{lc}$。此結果可用來說明不同結構的輸電線，其 $\beta$ 值係相當固定。

**4.23.** 在圖 E4.23 內，設

$$|V_1| = |V_2| = 1$$

$$Z_{\text{line}} = 0.1 \angle 85°$$

(a) 對何者非零 $\theta_{12}$ 值，$S_{12}$ 為純實數？
(b) $V_2$ 端所能接受 $-P_{21}$ 的最大功率為何？此時的 $\theta_{12}$ 值為何？
(c) 當 $\theta_{12} = 85°$ 時，輸電線的主動功率損失為何？
(d) 在 $\theta_{12}$ 為何值時，$-P_{21} = 1$？

第 4 章　輸電線模型

圖 P4.23。

**4.24.** 設習題 4.23 內的輸電線須加入串聯電容來作補償，其目的是為了增加功率傳輸能力的極值。若 $Z_c = -j0.05 \ \Omega$，試重作習題 4.23(b)，並比較其結果。

**4.25.** 設習題 4.23 內的輸電線因過度補償而使得總串聯電抗變為負 (電容性)。為明白此點，令 $Z_c = -j0.2$。
- (a) 試畫出此情況的功率圓圖，並詳細標示之。
- (b) 當 $\theta_{12}$ 為何值時，受電端功率 $-P_{21} = 1$？
- (c) 試與習題 4.23(d) 所得結果相比較，並以定性方式說明如何解釋二者之差異。

**4.26.** 試畫出在 $|V_1| = 1.05$，$|V_2| = 0.95$，$Z_{\text{line}} = 0.1 \angle 85°$ 條件下的功率圓圖，並求
- (a) $P_{12\,\text{max}}$
- (b) $\theta_{12}$ 在何值可得 $P_{12\,\text{max}}$
- (c) $-P_{21\,\text{max}}$
- (d) $\theta_{12}$ 在何值可得 $-P_{21\,\text{max}}$
- (e) 輸電線在 $\theta_{12} = 10°$ 時的主動功率損失。

**4.27.** 在圖 P4.27 內，設

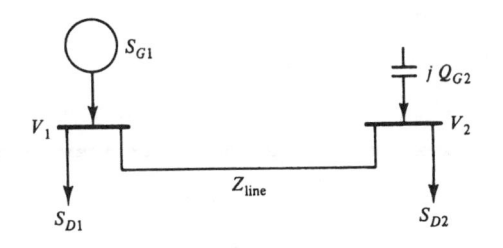

圖 P4.27。

$$V_1 = 1 \angle 0°$$
$$Z_{\text{line}} = 0.01 + j0.1$$
$$S_{D1} = 0.5 + j0.5$$
$$S_{D2} = 0.5 + j0.5$$

若選取 $Q_{G2}$ 可使得 $|V_2| = 1$，試求此時的 $Q_{G2}$、$S_{G1}$ 和 $\angle V_2$ 各為何？

4.28. 試重作習題 4.9，但其條件改為 $|V_1|=1$，負載功率因數 $=1.0$，且 $X=0.4$。並求 $|V_2|$ 對 $P_D$ 之關係。

4.29. 設圖 4.8 所述負載為一阻抗 $Z_L$，其大小 $|Z_L|$ 可變，但 $\angle Z_L$ 為固定；換句話說，此可變負載具有固定的功率因數。例如，電氣照明的切換即屬此類負載。在此感興趣的是 $|Z_L|$ 改變時，$|V_2|$ 的行為將如何。設 $|V_1|=1$，$X=0.1$，且 $Z_L=(1/\mu)Z_L^0$，而 $0 \leq \mu \leq 1$，試對下列三種情況畫出 $|V_2|$ 對 $\mu$ 的圖形：
   (a) $Z_L^0 = j1.0$ （電感性負載）
   (b) $Z_L^0 = -j1.0$ （電容性負載）
   (c) $Z_L^0 = 1.0$ （電阻性負載）
   若欲將負載電壓維持在狹窄的界限內，則可變的電抗性負載是否會造成問題？

4.30. 設一 $3\phi$ 輸電線連接匯流排 1 和 2，其模型如圖 4.5 所示，但 $R=0$。又匯流排 1 終端的量測值示出此輸電線運送 500 MW 主動功率和 50 MVA 電抗功率，且二匯流排的電壓大小（線對線）皆為 500 kV。若匯流排 1 的 $V_{1a} = 500/\sqrt{3}$ kV（亦即相角為零），試求
   (a) $I_{1a}$ 的大小和相位（參照圖 4.5）。
   (b) $V_{1a}$ 和 $V_{2a}$ 之間的相位差。
   (c) 輸電線的每相電抗。
   (d) 由匯流排 1 注入輸電線的每相（$a$ 相）瞬時功率。
   (e) 由匯流排 2 注入輸電線的每相（$a$ 相）瞬時功率。
   (f) 由匯流排 1 注入輸電線的三相總瞬時功率。

## D4.1 設計練習

在此介紹的設計練習問題將於本書各章逐步發展出來，本章介紹的基本問題係由一業已存在的輸電系統組成，其中包括 161 kV 和 69 kV 輸電線穿過都市和鄉村的公共設施區域。此系統各匯流排的現存負載皆有記錄，且系統內現有輸電線的參數也可提供。在此提出的問題是設計一輸電系統能供電給新增軋鋼機負載，同時解決目前輸電系統需升級到足以處理現有負載的 30% 成長率。在設計的第一階段，唯一的要求是選出適合之導體和二電壓位準的導體間距，並決定出對應輸電線的阻抗參數。處理此問題的便利方法是利用設計問題 D3.1 所開發的

# 第 4 章　輸電線模型

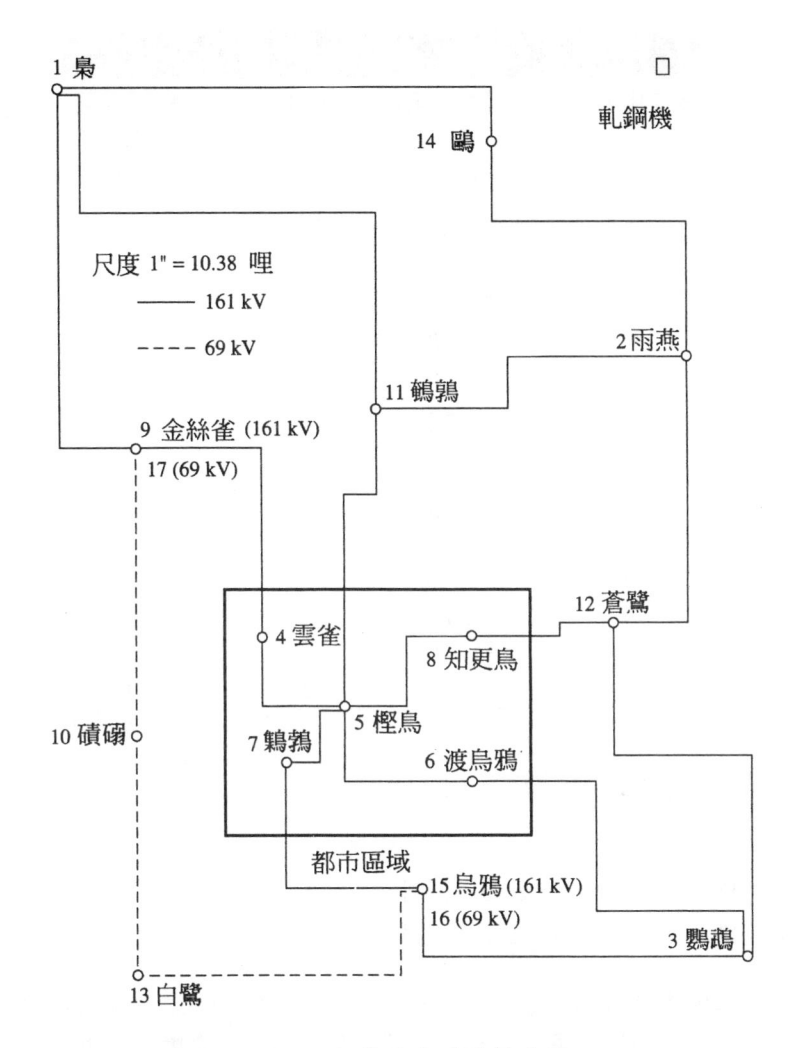

圖 D4.1.1　老鷹電力系統輸電圖。

MATLAB 程式。由於眼前設計問題含有成本分析,所以學生及其指導者接洽當地電力公司以獲得適當輸電線規格和成本資訊是應多加鼓勵的。本問題的說明內亦將提供一些輸電線配置和成本實例。

圖 D4.1.1 所示為老鷹電力系統的負載中心和大電力電源,圖中以距離為準的尺度已給於表 D4.1.2 內。注意此系統的都市區域,且其中假設所有道路的通往皆係由北到南或由東到西。

表 D4.1.1　各匯流排現有負載

| 匯流排編號 | 匯流排名稱 | MW 負載 | MVAr 負載 |
|---|---|---|---|
| 1 | 梟 | | |
| 2 | 雨燕 | | |
| 3 | 鸚鵡 | | |
| 4 | 雲雀 | 60 | 10 |
| 5 | 樫鳥 | 100 | 30 |
| 6 | 渡烏鴉 | 80 | 15 |
| 7 | 鶺鴒 | 90 | 20 |
| 8 | 知更鳥 | 40 | 5 |
| 9 | 金絲雀 | 10 | 5 |
| 10 | 磧䳭 | 15 | 10 |
| 11 | 鶴鶉 | 75 | 15 |
| 12 | 蒼鷺 | 40 | 15 |
| 13 | 白鷺 | 30 | 10 |
| 14 | 鷗 | 35 | 10 |
| 15 | 烏鴉 | 10 | 0 |
| | | 585 | 145 |

## 系統匯流排名稱和負載

匯流排 1-3　皆為 161 kV 大電力電源
匯流排 4-8　皆為都市負載匯流排
匯流排 9-15 皆為鄉村負載匯流排

　　負載在 30 MVA 以下的匯流排應由 69 kV 供電，而匯流排具有超過 50 MVA 的負載則應由 161 kV 供電，其他匯流排可用二者任一電壓來供電。至此一基本實例系統業已提供，其細節如下所述：

　　在金絲雀和烏鴉匯流排皆有 69 kV-161 kV、60 MVA 變壓器，且每一匯流排可分成兩部分。在金絲雀處，高壓側匯流排的編號為 9，而低壓側匯流排的編號則為 17。在烏鴉處，高壓側之匯流排編號為 15，而低壓側之匯流排編號為 16。為供以後參考，我們指定 161 kV 側變壓器之漏電抗的參考值為 34.56 Ω。

## 作　業

　　現若要求你改善此一基本系統設計，試依下列規格得出一最小輸電系統來供電給負載和發電機：

## 第 4 章　輸電線模型

### 表 D4.1.2　現有輸電線參數

| 匯流排編號 | 匯流排編號 | 匯流排名稱 | 匯流排名稱 | 哩數 | 導體 | $R$-$\Omega$ | $X$-$\Omega$ | BMVA[1] |
|---|---|---|---|---|---|---|---|---|
| 1 | 9 | 梟 161 | 金絲雀 161 | 24.0 | 雄鴨 | 3.085 | 17.47 | 3.629 |
| 1 | 11 | 梟 161 | 鷸鶉 161 | 36.7 | 雄鴨 | 4.718 | 26.70 | 5.550 |
| 1 | 14 | 梟 161 | 鷗 161 | 28.2 | 雄鴨 | 3.629 | 20.53 | 4.264 |
| 2 | 11 | 雨燕 161 | 鷸鶉 161 | 21.5 | 雄鴨 | 2.774 | 15.66 | 3.251 |
| 2 | 12 | 雨燕 161 | 蒼鷺 161 | 20.3 | 雄鴨 | 2.618 | 14.78 | 3.070 |
| 2 | 14 | 雨燕 161 | 鷗 161 | 24.0 | 雄鴨 | 3.085 | 17.47 | 3.629 |
| 3 | 6 | 鸚鵡 161 | 渡烏鴉 161 | 27.6 | 雄鴨 | 3.551 | 20.09 | 4.174 |
| 3 | 12 | 鸚鵡 161 | 蒼鷺 161 | 27.6 | 雄鴨 | 3.551 | 20.09 | 4.174 |
| 3 | 15 | 鸚鵡 161 | 烏鴉 161 | 23.6 | 雄鴨 | 3.033 | 17.16 | 3.569 |
| 4 | 5 | 雲雀 161 | 樫鳥 161 | 8.4 | 鴿子 | 1.529 | 6.30 | 1.232 |
| 4 | 9 | 雲雀 161 | 金絲雀 161 | 18.8 | 雄鴨 | 2.411 | 13.69 | 2.843 |
| 5 | 6 | 樫鳥 161 | 渡烏鴉 161 | 10.8 | 鴿子 | 1.970 | 8.09 | 1.584 |
| 5 | 7 | 樫鳥 161 | 鷸鶉 161 | 6.0 | 鴿子 | 1.089 | 4.48 | .880 |
| 5 | 8 | 樫鳥 161 | 知更鳥 161 | 10.9 | 鴿子 | 1.996 | 8.17 | 1.599 |
| 7 | 15 | 鷸鶉 161 | 烏鴉 161 | 14.6 | 雄鴨 | 1.866 | 10.63 | 2.208 |
| 8 | 12 | 知更鳥 161 | 蒼鷺 161 | 9.8 | 雄鴨 | 1.270 | 7.13 | 1.482 |
| 5 | 11 | 樫鳥 161 | 鷸鶉 161 | 19.5 | 雄鴨 | 2.514 | 14.18 | 2.949 |
| 10 | 13 | 磺砷 69 | 白鷺 69 | 14.3 | 夜鷹 | 3.033 | 10.15 | .408 |
| 10 | 17 | 磺砷 69 | 金絲雀 69 | 16.2 | 夜鷹 | 3.433 | 11.49 | .462 |
| 13 | 16 | 白鷺 69 | 烏鴉 69 | 21.9 | 夜鷹 | 4.642 | 15.54 | .624 |

[1] BMVA 係由輸電線充電電容在額定電壓對應之總電納所產生的伏安電抗虛功率。

a. 輸電線和變壓器對現有負載 30% 成長率能提供足夠容量。
b. 新增軋鋼機的預估負載在么功率因數為 40 MV，其位置已示於圖 D4.1.1 內。試設計一合適的輸電配置足以供電至此新增負載。
c. 傳輸電壓 161 kV 或 69 kV 能夠使用，但束導體在這些電壓則不可使用。
d. 在輸電線、變壓器或電力電源單一故障的情形下，系統應能繼續供電到所有負載。
e. 試應用 D3.1 節所開發程式來計算全部新增輸電線的阻抗，而輸電線電阻應計算於 50°C。常見的一些功率潮流程式所描述之導線電容係以表 D4.1.2 所示總電容或電納在額定電壓產生的百萬乏 (MVAr) 表示之，故對所有新增輸電線皆應計算此數值。

**f.** 每一電力電源（發電機）至少要用三條 161 kV 輸電線連接至系統其餘部分，因即使有一條輸電線故障，其餘兩條皆應能夠送電至所需負載。

**g.** 試尋求最少成本設計，且勿使用過大導體而不加以驗證。

**h.** 可用變壓器的最多個數為六。

**i.** 經證明得知 161 kV 和 69 kV 端皆欲使用相同導體是不可能的。

**j.** 電線的路線應依輸電線的線路規則實施（道路通行權）。

在執行上列步驟時，學生須驗證輸電線和變壓器即使在各種故障情況下，也都會有足夠電流來運送容量。此可利用第 10 章所介紹的功率潮流計算程式來確實完成，現所需者為決定估計值，故在此就考慮做出這些估計值的準則。

由於每一匯流排現有電壓和負載皆為已知，故可易於求得對應的負載電流。若負載增加 30%，則電流應依比例增加。在一特定匯流排電流決定後，接下來的問題是每一輸電線連接至匯流排所供應電流需為多少。

茲以直覺方式處理此問題。比如說，若匯流排 11 較靠近發電機匯流排 1，而遠離發電機匯流排 3，則可預期從匯流排 1 而來的電流會比匯流排 3 更多。當然，從接近性來說，這是指電力接近性（低阻抗），而非地理接近性，儘管此二者係為相關。

為量化此觀念，考慮一特定匯流排。設以匯流排 11 為例，我們可對匯流排 11 和發電機匯流排 1 之間所有可能傳輸路徑計算其阻抗。故會有路徑 (1-11)、(1-14-2-11)、(1-9-4-5-11) 等，然後可找出最低阻抗路徑。實際上，一些路徑（含有許多線段者）皆可很快將之去除。若最後得一相當低的阻抗，則可稱匯流排 11 係接近發電機匯流排 1。同理，亦可找出發電機匯流排 2 至匯流排 11 及發電機匯流排 3 至匯流排 11 的最低阻抗路徑。大略來說，假設流至匯流排 11 的電流只通過這三個最低阻抗路徑，且可按照並聯電流法則將之分流，則路徑阻抗愈低，流過該路徑的部分總負載電流就愈大。此結果至少在定性上看起來係為合理。

若對所有負載匯流排皆以此法來做，則可證明一特定輸電線，比如說 (1-11)，亦為一最低阻抗路徑（例如，從發電機匯流排 1 到匯流排 5）的線段。在此情況下，我們可加入兩個數值（皆為純量）來求得輸電線 (1-11) 的總電流。

# 資 料

**A.** 可用導體：如下所列導體是從附錄 8 表 A8.1 而來：山鶉鶉、夜鷹、鴿子、雄鴨、蠟嘴鳥。

**B.** 輸電線成本（包含導體、通行權、建築物、屏蔽電線等）以 $/mi 表示。

# 第 4 章　輸電線模型

|  導體尺寸  | 161 kV 城市 | 161 kV 鄉村 | 69 kV 城市 | 69 kV 鄉村 |
|---|---|---|---|---|
| 山鷸鶉 |  |  | 109,000 | 75,000 |
| 夜　鷹 |  |  | 113,000 | 83,000 |
| 鴿　子 | 243,000 | 106,000 | 115,000 | 85,000 |
| 雄　鴨 | 257,000 | 115,000 | 126,000 | 92,000 |
| 蠟嘴鳥 | 264,000 | 120,000 |  |  |

C. 變電所成本：可假設每一匯流排 1-15 皆存在基本變電所用地。若加入一變電所，則必須在成本內加入新增變電所的基本用地費用。切勿對匯流排 1-15 加入用地成本。

基本用地成本：土地、圍籬、整地、建築物等費用為 $300,000 元。

每一線路斷器及其端點：在輸電線的每一端皆需有電路斷路器。

　　　　161 kV　每個三相斷路器為 $95,000 元
　　　　 69 kV　每個三相斷路器為 $48,000 元

變壓器及其含有 161/69 kV 電路斷路器的相關設備：

　　　　 60 MVA　$900,000 元
　　　　120 MVA　$1,000,000 元
　　　　180 MVA　$1,100,000 元

D. 電容器成本：

　　　　安裝、相關設備　　每一組合為 $60,000 元
　　　　電容器　　　　　　$300/100 kVAr

E. 每一電力電源的額定為 490 MW，且其最小伏安電抗虛功率界限為 –100 MVAr，而最大伏安電抗虛功率界限為 250 MVAr。

F. 可用導體（請見項目 A）的最大電流運送容量（或安培容量）如下：

　　　　山鷸鶉——475A、夜　鷹——659A、鴿　子——726A、
　　　　雄　鴨——907A、蠟嘴鳥——996A

一些典型 161 kV 和 69 kV 位準的輸電線配置已給於圖 D4.1.2 內。在此所提

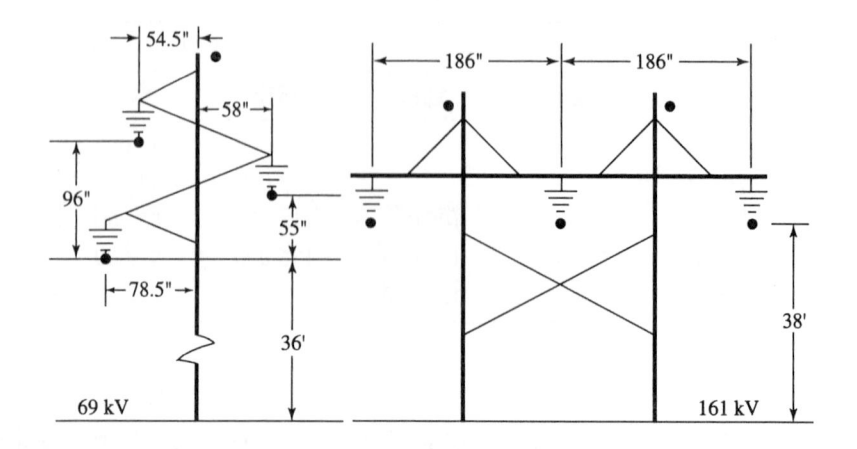

圖 D4.1.2　典型的輸電塔結構（69 kV 和 161 kV）。

供者僅為代表性資料，學生及其指導者應有勇氣與其當地電力事業公司獲取輸電線配置的資料。

## 報告要求

a. 執行摘要：關於計畫執行的重要資訊必須能理解而不須讀完整份報告，其中應包含每一電壓位準的輸電線總數、每一電壓位準的輸電線總哩數和成本、變壓器總數及其成本、新增變電所總數及其成本，以及總計畫成本。再加入原本系統變更設計的簡潔摘要，並製作一份有別於主報告的執行摘要文件，其中包含計畫標題和團隊所有人員的姓名。
b. 加入頁數和目錄標題。
c. 系統輸電圖的變更應標示輸電線路線和電壓。
d. 系統單線圖須標示匯流排、導線、變壓器和連接負載。
e. 典型輸電系統結構的規格對每一電壓位準的導體間距和阻抗修正皆可用於修正的輸電系統結構，故可引用相關結構的資訊來源。
f. 系統每一導線的規格：二匯流排間的連接、電壓、長度、導體尺寸、成本估計、串聯阻抗和並聯電容性電納，以及百萬伏安和電流額定。對供電新增軋鋼機負載所附加之輸電線應於附錄內標示阻抗和電納計算的樣例。
g. 系統內每一變壓器的規格：位置、尺寸、成本。
h. 每一新增變電所的規格：位置、成本。
i. 所有圖形的編號和標題。

j. 所有表格的編號和標題。
k. 記錄原來系統設計已做的所有變更。
l. 現值成本估計的規格應包含所有系統變更。
m. 列出參考文獻。

# CHAPTER 5

# 變壓器模型和標么系統

## 5.0 簡 介

　　大型發電廠產生的電力，其線電壓的典型值多在 11 到 30 kV 範圍內。但是有效率且有效果的長距離輸電需要更高的電壓，典型的線電壓為 138、230 或 345 kV，而對真正長距離輸電則有朝向更高壓 (765 kV) 發展的趨勢。在電力配電方面，取而代之的是更低的電壓，其典型值在 2400 或 4160 V，且此一電壓通常會再進一步降壓成 440 V 以供典型工業使用，或降壓成 240/120 V 以供商業或住家使用。

　　電力變壓器可提供一沒有麻煩且有效率的方法將一電壓位準變換至另一位準。對此種應用，正常變壓器皆有一固定電壓比。再者，變壓器也可用來控制不同操作狀況下的電壓及/或功率。此種應用的變壓器具有一電壓比可依命令做微小增量的變化，故此類變壓器稱為**調節變壓器** (regulating transformer)。

　　在本章內，我們考慮將變壓器模式化以適用作系統研究。然後再考慮系統變數的正規化以大幅簡化具有許多電壓位準的大型系統。此一正規化稱為**標么** (per unit, p.u.) 正規化，或稱轉換至標么系統。我們就開始考慮單相變壓器的線性模型。

## 5.1 單相變壓器模型

　　一含二繞組變壓器的概要圖如圖 5.1 所示，此圖打算用來說明變壓器

- 145 -

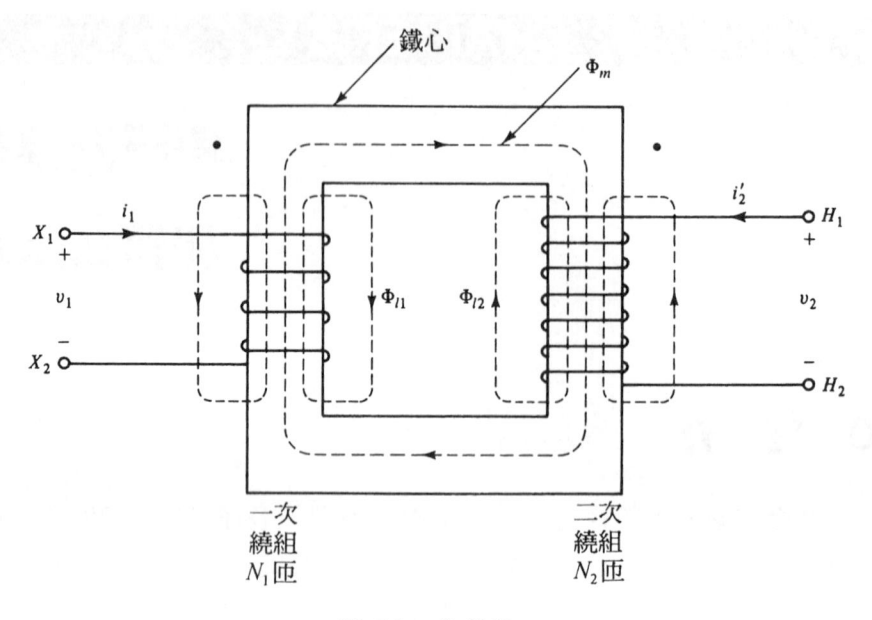

圖 5.1 變壓器。

的工作原理。在實質設計中，這些步驟是用來增加一次側（初級側）和二次側（次級側）線圈之間的磁耦合，而繞組可繞成集中式，也可用分區或交插方式來繞。

假設磁通量可分成三個不同分量，其一為互磁通 $\Phi_m$ 係包含在磁性鐵心內，此磁通為一次和二次繞組所有匝數的交鏈。次者為漏磁通 $\Phi_{l1}$ 係假設只和一次電路的交鏈。同理，第三者為二次漏磁通 $\Phi_{l2}$。這些磁通已概要的示於圖 5.1 內。

若任意選取 $i_1$ 的參考方向，則可指定 $i_2'$ 參考方向使得 $i_1$ 和 $i_2'$ 同具正的合成互磁通傾向於增加。在常見的方法中，互磁通 $\Phi_m$ 以及漏磁通 $\Phi_{l1}$ 和 $\Phi_{l2}$ 的參考方向皆可用右手法則求得之。至於電壓的參考方向則如圖 5.1 所示，圖中係利用黑點符號標示端點（在此情況為多餘），同時也顯出電力變壓器的標準標記是以 $X_1$ 和 $X_2$ 代表低壓繞組，而 $H_1$ 和 $H_2$ 則代表高壓繞組。

在此要提醒讀者的是黑點符號可指出電流 $i_1$ 和 $i_2'$ 所引起的互磁通分量若趨向增加時，則此二電流必同時流入（或離開）黑點端。讀者可利用右手法則檢查黑點係正確的置於圖 5.1 內。

若欲變壓器的數學模型較為便利，則可將圖 5.1 變形為一所謂的**理想**

**變壓器** (ideal transformer) 來描述模型。稍後亦將以此理想變壓器作為關鍵元件,再加上少數串聯和並聯元件來得出實際變壓器的更為真實模型。

一理想變壓器具有下列物理特性:

**1.** 沒有損失。
**2.** 沒有漏磁通。
**3.** 磁性鐵心具有無限大的導磁係數。

從模型的觀點來說,一實際變壓器若是合理接近理想變壓器,則其損失的數量級為 0.5% (變壓器的功率額定),且漏磁通的數量級為互磁通之 5%,並使用高導磁係數的合金鋼材料。

無損失的假設意謂圖 5.1 對應的電路模型沒有電阻,而假設沒有漏磁通 $\Phi_{l1}$ 和 $\Phi_{l2}$ 係意指一次和二次繞組交鏈的磁通 $\Phi_m$ 皆相同。因此,一次和二次電路的漏磁通分別具有 $\lambda_1 = N_1\Phi_m$ 和 $\lambda_2 = N_2\Phi_m$,故端電壓可給為

$$v_1 = \frac{d\lambda_1}{dt} = N_1 \frac{d\Phi_m}{dt}$$
$$v_2 = \frac{d\lambda_2}{dt} = N_2 \frac{d\Phi_m}{dt} \tag{5.1}$$

且電壓增益為

$$\frac{v_2}{v_1} = \frac{N_2}{N_1} = n \tag{5.2}$$

其中 $n$ 為二次匝數對一次匝數的比值。但通常較為便利的是使用 $n$ 的倒數,故稱之為**變壓器匝數比** (transformer turns ratio),並將之記為 $a = N_1/N_2 = 1/n$。

接著再繼續討論理想變壓器,注意若電流的參考方向係為假設如圖 5.1 所示,則一次和二次**磁動勢** (magntomotive forces, mmf) 會趨向增加,且總磁動勢為

$$F = N_1 i_1 + N_2 i_2' = R\Phi_m \tag{5.3}$$

其中 $R$ 為鐵心的磁阻。由於假設鐵心具有無限大的導磁係數,故其磁阻為零。於是

圖 5.2 理想變壓器。

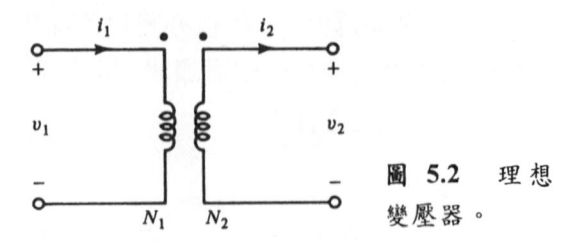

$$F = N_1 i_1 + N i_2' = 0 \tag{5.4}$$

上式結果係從 (5.3) 式而來。又

$$\frac{i_2'}{i_1} = -\frac{N_1}{N_2} = -\frac{1}{n} = -a \tag{5.5}$$

為消除負號，若定義 $i_1 = -i_2'$，則將較為便利，且依此可得一電路模型及其參考方向如圖 5.2 所示，故 (5.5) 式可取代成

$$\frac{i_2'}{i_1} = \frac{N_1}{N_2} = \frac{1}{n} = a \tag{5.6}$$

此式的優點在於所得之電流增益必為正。

其次，考慮以一例題來說明理想變壓器的阻抗轉換性質。

**例題 5.1**

考慮圖 E5.1 所示電路，試找出 $Z_1$ (以 $Z_2$ 表示) 可使得此二電路的端點行為完全相同。假設變壓器匝數比 $a = N_1/N_2$ 在此二電路皆相同。

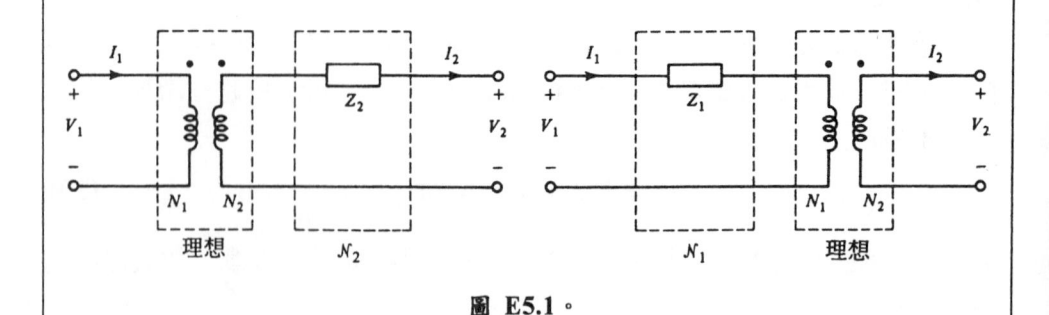

圖 E5.1。

**解** 端點行為若欲相同，則此二電路需有相同的雙埠參數，故第 4 章所介紹的傳輸矩陣在此即可方便的拿來使用。利用 (4.13) 式定義的 $ABCD$ 參數，則有

$$\mathbf{T}_{\text{理想}} = \begin{bmatrix} a & 0 \\ 0 & \dfrac{1}{a} \end{bmatrix} \quad \mathbf{T}_{N_1} = \begin{bmatrix} 1 & Z_1 \\ 0 & 1 \end{bmatrix} \quad \mathbf{T}_{N_2} = \begin{bmatrix} 1 & Z_2 \\ 0 & 1 \end{bmatrix}$$

其中三矩陣係分別為理想變壓器、網路 $N_1$ 和網路 $N_2$ 的傳輸矩陣。為使端點行為等效，利用 (4.17) 式即知所需條件為

$$\mathbf{T} = \begin{bmatrix} a & 0 \\ 0 & \dfrac{1}{a} \end{bmatrix} \begin{bmatrix} 1 & Z_2 \\ 0 & 1 \end{bmatrix} = \begin{bmatrix} 1 & Z_1 \\ 0 & 1 \end{bmatrix} \begin{bmatrix} a & 0 \\ 0 & \dfrac{1}{a} \end{bmatrix}$$

執行矩陣乘法運算後，得

$$\mathbf{T} = \begin{bmatrix} a & aZ_2 \\ 0 & \dfrac{1}{a} \end{bmatrix} = \begin{bmatrix} a & \dfrac{Z_1}{a} \\ 0 & \dfrac{1}{a} \end{bmatrix}$$

故若 $Z_1 = a^2 Z_2$，則此二電路的端點行為必會完全相同。

**注意 1**：將理想變器二次側的 $Z_2$ 用來取代一次側的 $Z_1 = a^2 Z_2$，有時稱之為參考 $Z_2$ 到一次側。

**注意 2**：我們也可同樣地參考一次側阻抗到二次側，亦即一次側的 $Z_1$ 在二次側內可用 $Z_2 = n^2 Z_1$ 取代之。

---

**練習 1.**

(a) 試證例題 5.1 的結果仍然正確，但串聯阻抗改成並聯阻抗（亦即二次側並聯阻抗 $Z_2$ 可用於取代等效一次側並聯阻抗 $Z_1 = a^2 Z_2$。）

(b) 現欲證若參考一階梯網路（在二次側）到一次側，則只需簡單的對每一阻抗乘以 $a^2$ 即可。提示：逐步地來做，一次只轉換一個元件。

(c) 若將任何雙埠（不只是階梯網路）參考到一次側係以每一阻抗皆乘上 $a^2$，試問這是否屬實？

接下來考慮一更爲真實的模型可適用於實際變壓器。由於有漏磁通出現，所以 $\lambda_1 = N_1\Phi_m$，$\lambda_2 = N_2\Phi_m$ 需改成

$$\lambda_1 = \lambda_{l1} + N_1\Phi_m \\ \lambda_2 = \lambda_{l2} + N_2\Phi_m \tag{5.7}$$

式中 $\Phi_m$ 係爲一次和二次線圈所有匝數交鏈的互磁通，$\lambda_{l1}$ 和 $\lambda_{l2}$ 爲磁通 $\Phi_{l1}$ 和 $\Phi_{l2}$ 的磁通鏈（包含部分磁通鏈），且係分別代表一次側和二次側的交鏈。如圖 5.1 所示，磁通鏈的路徑因大部分爲空氣而具有高磁阻，所以漏磁通（和磁通鏈）在大小上係相對的小。

設磁性鐵心爲線性，則 $\lambda_{l1} = L_{l1}i_1$，且 $\lambda_{l2} = L_{l2}i_2'$。若將串聯電阻的效應包含在內，則可得出

$$v_1 = r_1 i_1 + \frac{d\lambda_1}{dt} = r_1 i_1 + L_{l1}\frac{di_1}{dt} + N_1\frac{d\Phi_m}{dt} \\ v_2 = r_2 i_2' + \frac{d\lambda_2}{dt} = r_2 i_2' + L_{l2}\frac{di_2'}{dt} + N_2\frac{d\Phi_m}{dt} \tag{5.8}$$

讀者應比較 (5.8) 和 (5.1) 式，並注意若加入適當的串聯電阻和漏電感至理想變壓器的一次和二次電路，則 (5.8) 式內的電壓關係將會成立。

其次考慮無限大導磁係數的效應。在導磁係數無限大時，鐵心的磁動勢不再爲零，所以 (5.4) 式的 $i_1$ 和 $i_2'$ 關係就不可使用。然而若忽略小量磁通鏈，則 (5.3) 式仍可使用。首先考慮 (5.3) 式的應用如下：設 $i_2' = 0$（亦即變壓器的二次側開路），則在此情況的理想變壓器一次電流係爲零；但在更實際的情況中，現所考慮的電流仍有一些會流過以維持磁場。此電流 $i_m$ 稱爲**一次磁化電流** (primary magnetization current)，且其值可從 (5.3) 式得知爲

$$i_m = \frac{R\Phi_m}{N_1} \tag{5.9}$$

因此，$N_1 i_m = R\Phi_m$，並可將之引用於 (5.3) 式內。若除以 $N_1$，則得

$$i_1 = i_m - \frac{N_2}{N_1}i_2' = i_m + \frac{N_2}{N_1}i_2 \tag{5.10}$$

# 第 5 章　變壓器模型和標么系統

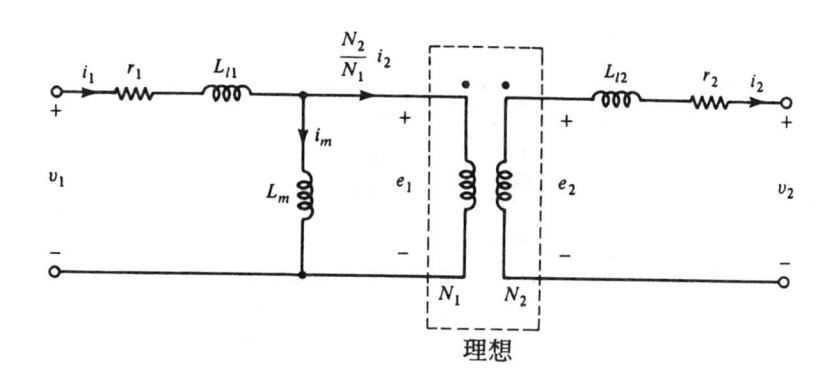

**圖 5.3**　變壓器等效電路。

最後，利用 (5.9) 式可將電壓 $e_1 \triangleq N_1(d\Phi_m/dt)$ 取代成

$$e_1 \triangleq N_1 \frac{d\Phi_m}{dt} = L_m \frac{di_m}{dt} \tag{5.11}$$

其中 $L_m \triangleq N_1^2/R$。利用 (5.8)、(5.10) 和 (5.11) 式，則可得出圖 5.3 的電路模型。在此模型中，我們係以 $i_2'$ (參考方向朝內) 的負電流取代成電流 $i_2$ (參考方向朝外)。

　　圖 5.3 電路模型具有所欲特性者係在其元件密切匹配實際模型，此有助於對此模型的瞭解和改善。例如，$L_m$ 代表互磁通 $\Phi_m$ 和鐵心磁動勢的線性關係 (已假設)。若欲得一更精確的非線性模型，則可用非線性電感器取代之。同時在此模型中，(銅) 導體損失雖已計算在內 (利用 $r_1$ 和 $r_2$)，但鐵心損失則未算入。讀者可回想磁滯和渦流的物理現象，從而得知鐵心內循環磁通的變量環境正是形成這些鐵心損失的原因。這些損失在電路模型中可用 $L_m$ 並聯一電阻來計算，然而我們將不著手改善剛才所說的模型。當然，這對變壓器設計師確需此一改善模型，但對我們使用於考慮的大型系統而言，圖 5.3 內的簡單模型通常足以適用。

　　事實上，我們現將考慮再予簡化。如例題 5.1 所述理想變壓器，若將其二次側元件參考到一次側，則可得一稱為 T 等效電路於一次側。在實際上，這類元件值 (串聯為低阻抗，並聯為高阻抗) 事實上皆係激磁電抗，且所參考的二次阻抗皆可交換，故可得一電路模型如圖 5.4 所示。

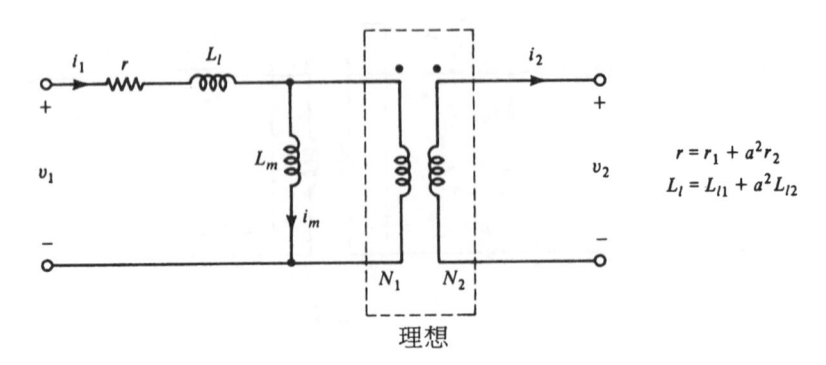

圖 5.4　簡化的等效電路。

$r = r_1 + a^2 r_2$
$L_l = L_{l1} + a^2 L_{l2}$

對大部分的系統研究，此模型甚至可再進一步簡化。由於串聯電阻 $r$ 遠小於漏電抗 $X_l = \omega L_l$，故通常可將之省略 (亦即短路掉)。又並聯激磁電感 $L_m$ 遠大於 $L_l$，故通常可將之省略 (亦即開路)。

圖 5.4 模型可使變壓器行為以物理參數來討論會變得十分簡單。為簡化起見，假設 $r$ 在下列的討論係可忽略。由於 $L_m$ 事實上確係很大，且 $L_l$ 很小，這使得電力變壓器的操作依據圖 5.4 就可完全瞭解。例如，假設變壓器供電至一落後負載 (電流落後電壓)，並設電壓增益 $n = N_1/N_2 = 1$，則從圖 5.4 可得各相量之間的關係類似於如圖 5.5 所示。在此圖中，我們可任意選定 $V_2$ 和 $I_2$，再回過頭來求 $V_1$ 和 $I_1$。更明確的說，我們是從 $V_2$ 和 $I_2$ 著手來求出 $I_m = V_2/jX_m$，而後是 $I_1 = I_m + I_2$，最後則是 $V_1 = V_2 + jX_l I_1$。

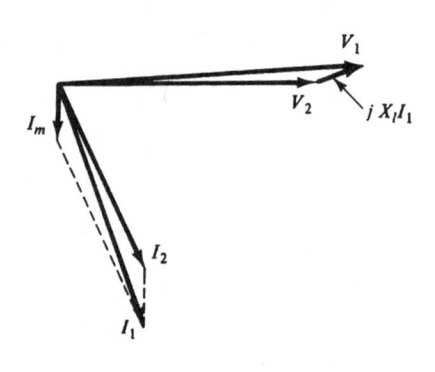

圖 5.5　變壓器的相量圖。

# 第 5 章 變壓器模型和標么系統

注意若 $I_m$ 很小（$X_m$ 很大），則 $I_1 \approx I_2$。若 $X_l$ 很小，則 $V_2 \approx V_1$。同時注意若電源電壓 $|V_1|$ 為固定，則增加 $|I_2|$（維持落後負載功因時）的結果會導致 $|V_2|$ 下降。若忽略並聯激磁電感（也就是將之開路），則 $I_1 = I_2$。又若忽略串聯漏電感（也就是將之短路），則 $V_1 = V_2$。

上述模型的另一優點是 $L_l$、$I_m$ 和 $N_2/N_1$ 皆可根據試驗直接來決定，此點可用下列例題說明之：

## 例題 5.2

設一單相變壓器具有下述額定：200 MVA、200/400 kV。並設其一次電壓為 200 kV（而二次電壓為 400 kV），且已完成兩項試驗：開路試驗和短路試驗。在開路試驗中，二次側保留開路，而一次側則外加其額定電壓，此導致 10 A 流入一次側。在短路試驗中，二次端點係相連接（短路），並將一減低電壓外加至一次側，直到有額定一次電流通過，此時發現所需電壓為 21.0 kV。若忽略電阻，試求此變壓器的等效電路。

**解** 額定一次電流 $= (200 \times 10^6) / (200 \times 10^3) = 1000$ A。由圖 5.4 可注意到短路試驗中，$L_m$ 實際上係為短路，而只留下 $L_l$ 在電路內。因此，

$$X_l = \frac{21 \times 10^3}{1000} = 21 \; \Omega$$

在開路試驗中，由一次端點看到的總電抗為

$$X_l + X_m = \frac{200 \times 10^3}{10} = 20{,}000 \; \Omega$$

於是

$$X_m = 20{,}000 - 21 = 19{,}979 \approx 20{,}000 \; \Omega$$

接下來是要找出 $N_2/N_1$ 可使得開路電壓具有比值 400:200。嚴格說來，我們所應使用的公式為（根據分壓定律）

$$\frac{V_2}{V_1} = \frac{N_2}{N_1} \frac{X_m}{X_m + X_l} \tag{5.12}$$

但因 $X_m \gg X_l$ 係為屬實，故可取

$$\frac{N_2}{N_1} = \frac{V_2}{V_1} = \frac{400}{200}$$

於是得一電路如圖 E5.2 所示。

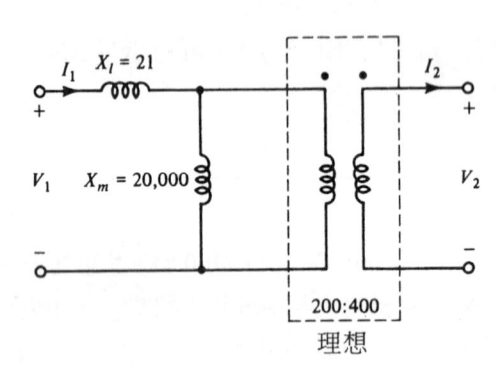

圖 E5.2。

**注意**：若變壓器在額定條件 ($|I_1| = 1000$ A，$|I_2| = 200$ kV) 下操作，則 $X_l$ 的電壓降為 21 kV。此值約為額定電壓的 10%，故由此得知 $X_l$ 的重要性。同樣地，流經 $X_m$ 的電流約為 200 kV/20 kΩ = 10 A，此值只約額定電流的 1%，故得以將之視為完全可忽略電流。基於此一理由，在大多數系統應用中，我們可忽略 $X_m$ (亦即可用開路取代之)。

現所關心者是從平常的電路理論來比較圖 5.4 模型和 $L_1$、$L_2$、$M$ 模型，此將於下一例題予以簡要考慮之。

**例題 5.3**

試對例題 5.2 變壓器的 $L_1$、$L_2$、$M$ 模型求出 $X_1 = \omega L_1$，$X_2 = \omega L_2$ 和 $X_m = \omega M$。

**解** 利用電路理論熟悉的方程式

$$\begin{aligned} V_1 &= jX_1 I_1 + jX_m I_2' \\ V_2 &= jX_m I_1 + jX_2 I_2' \end{aligned} \tag{5.13}$$

再根據試驗資料即可容易求得 $X_1$、$X_2$ 和 $X_m$。例如，在開路試驗中，可得

$|V_1| = X_1|I_1| \Rightarrow X_1 = 200 \times 10^3/10 = 20{,}000$，而其他值則為 $X_2 \approx 80{,}000$，且 $X_m = 40{,}000$。雖然此一計算確實有用，但這些參數給出的變壓器物理行為在理解上並不如圖 5.4 模型那樣好。

## 5.2 三相變壓器連接

基本上，有四種不同方法可將單相變壓器連接成一所謂的三相組合，亦即連接成如圖 5.6 所示的 Y-Y、Δ-Δ、Y-Δ 或 Δ-Y。圖中所有連接都是以一次側（低壓側）在左邊，而二次側（高壓側）在右邊來表示。

特別有利的連接是Δ-Y，且 Y 接在高壓側，此種連接含有下列優點：在高壓側有一中性點可將之接地，此一接地效應將於第 12 章考慮短路時再予討論之。其次，依此連接正好有一 $\sqrt{3}$ 的電壓增益。此外，尚有一電壓增益係由個別單相變壓器的匝數比所引起。再者，Δ 接在一次側對不平衡操作及/或存在非弦波電流或電壓波形亦提供一有用功能。

現考慮某些其他連接：Δ-Δ 連接在緊急情況至少須移走一（單相）變壓器時，仍可提供運轉的可能性，此時將之稱為**開-Δ連接** (open-delta connection)。Y-Y 連接則很少使用，此係因其具有不平衡操作和諧波問題。各種連接的優點和缺點在變壓器標準文獻內皆有充分討論，在此將只認識所有四種型式的連接，並考慮相關模型。注意三相變壓器亦有三組相線圈共用同一鐵心材料者，其中的兩種型式如圖 5.7 所示。

三相變壓器有一優點是尚可節省鐵心材料而得一既便宜又更具效率的變壓器，此正如三相輸電線對三條單相輸電線可節省導線和能量相類似。然而亦有一些實用上的缺點，例如，變壓器任一相故障通常需從供電處移除整個元件，而同樣的故障在單相變壓器只需取代元件即可。此外，大機組的搬運也有一些困難存在。在任何場合，三相變壓器的理論事實上係與單相元件組成的三相組合相同，故在此將不予以分開考慮之。

與其如圖 5.6 詳細畫出接線圖，不如以圖 5.8 概要說明 Y-Y 連接情形來得更為便利。圖中相同單相變壓器的一次和二次繞組係以平行方向畫出各線圈，故黑點表示 $V_{a'n'}$ 和 $V_{an}$ 皆為（近似地）同相。我們有時也使用

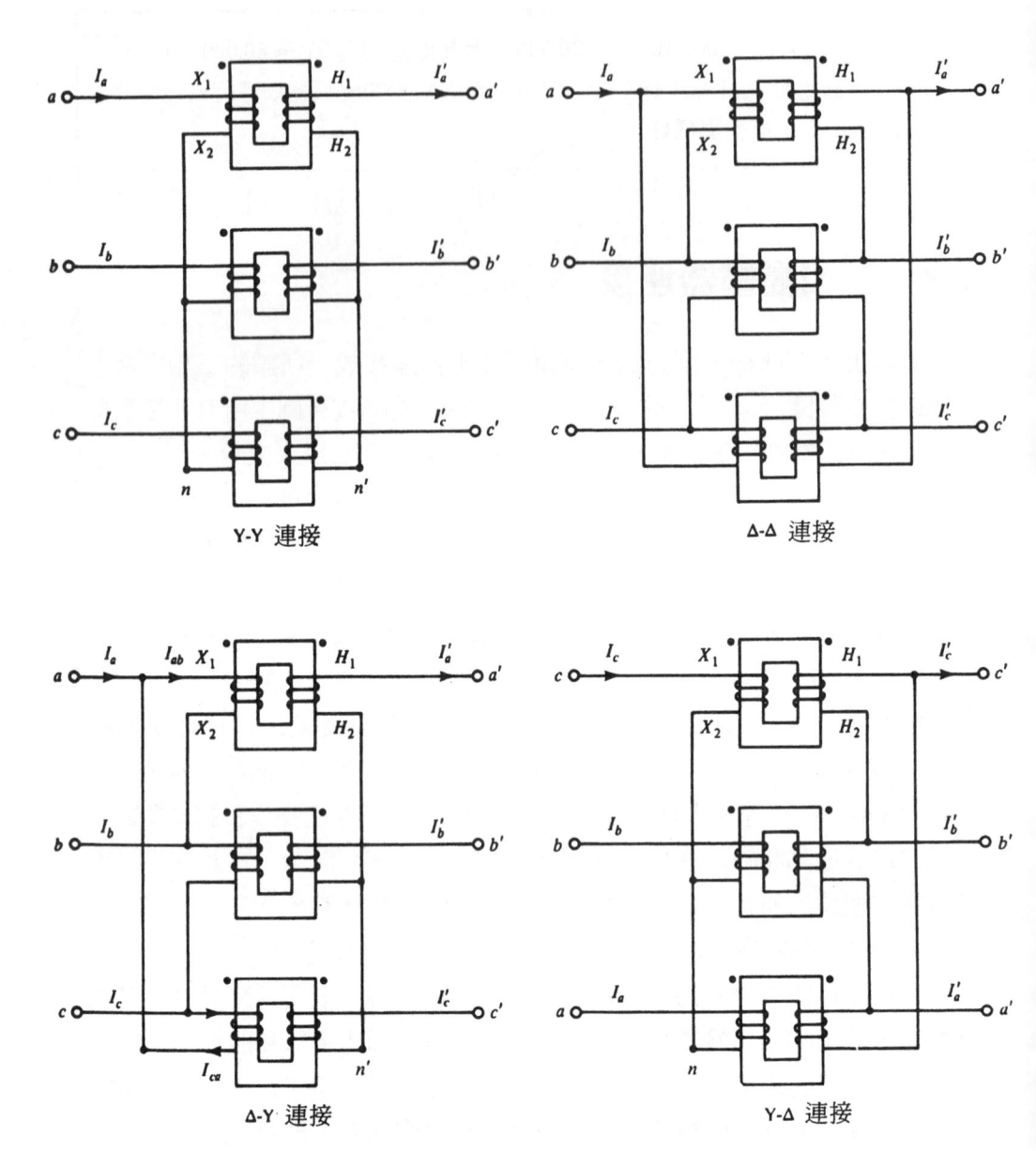

圖 5.6　標準的三相變壓器連接。

# 第 5 章 變壓器模型和標么系統

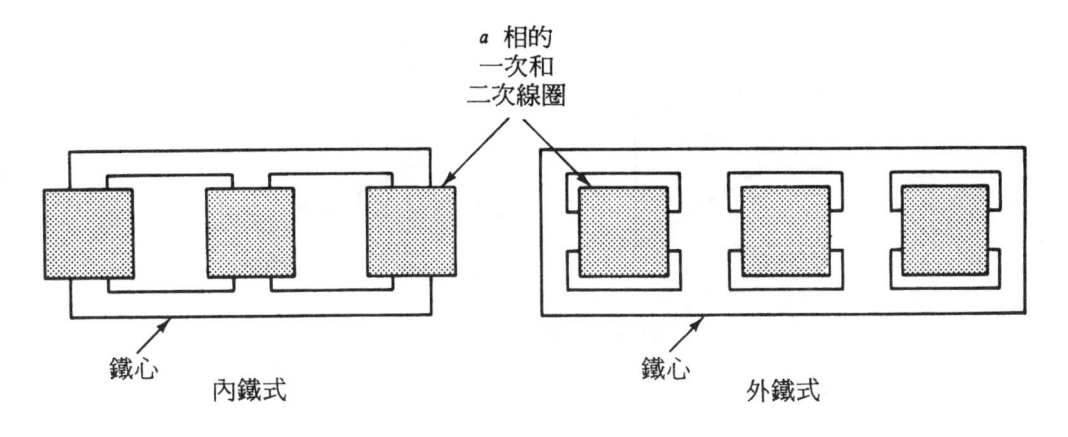

圖 5.7 三相變壓器。

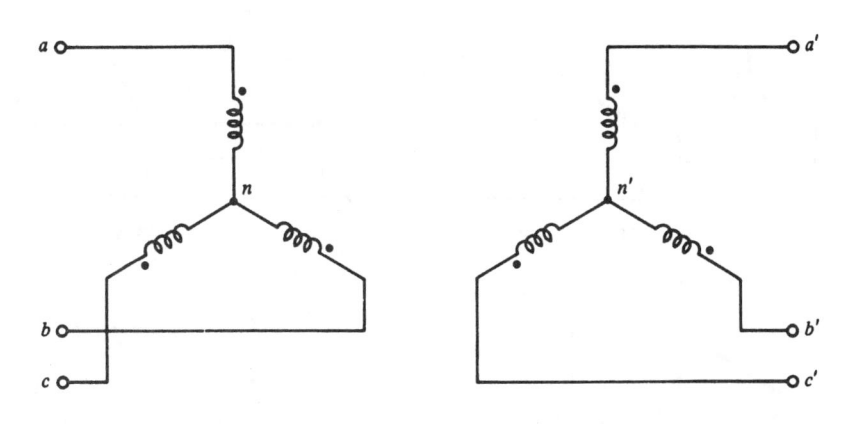

圖 5.8 概要連接圖。

圖 5.9 所畫 Δ-Y 連接的更為簡單概要圖。在此圖中,變壓器的繞組皆以粗線表示之,而平行線則指出對應的一次和二次繞組。雖然黑點極性未明顯示出,但可設其處於對應線的相同端點。因此,$V_{a'n'}$ 和 $V_{ab}$ 係近似同相。利用此種表示法,我們可取代圖 5.6 為圖 5.10。

我們亦常使用單線圖來指示變壓器的連接,如圖 5.11 即為圖 5.9 變壓器連接的單線圖表示法。當然,Y-Y 或 Δ-Δ 連接亦可用類似方式表示之。

在下一節內,我們將簡化這些三相變壓器的描述。對平衡系統情況,則介紹其每相表示法。在開始時,我們所欲考慮三相變壓器的近似行為係

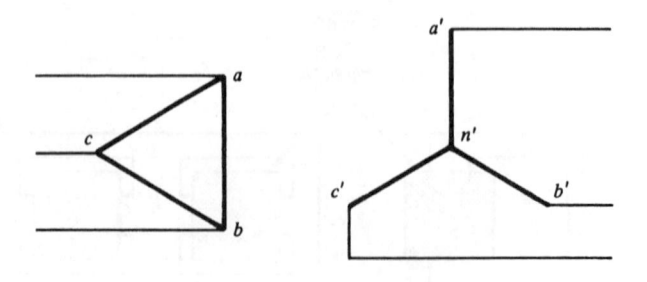

**圖 5.9** 概要連接圖。

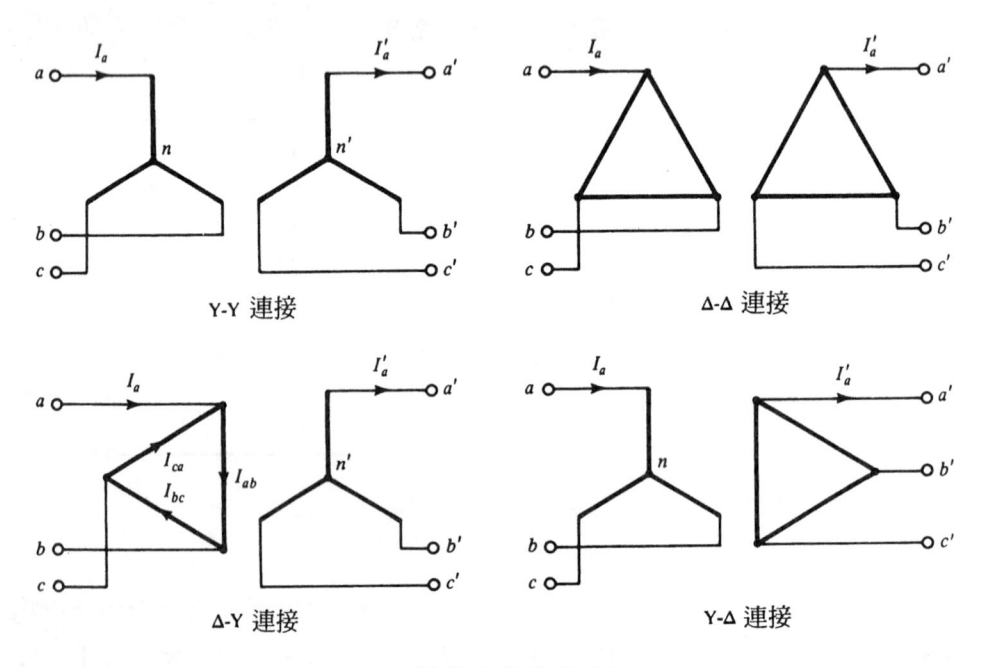

Y-Y 連接　　　　　　Δ-Δ 連接

Δ-Y 連接　　　　　　Y-Δ 連接

**圖 5.10** 標準的變壓器連接。

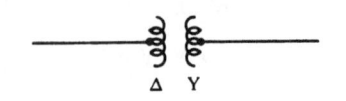

Δ　Y

**圖 5.11** 單線圖。

## 第 5 章 變壓器模型和標么系統

皆有每一單相變壓器均為理想之假設。

就 Y-Y 和 Δ-Δ 變壓器而論，我們可發現只有電壓和電流位準會改變。例如，在圖 5.10 內，$V_{a'b'} = nV_{ab}$ 且 $I'_a = I_a/n$，其中 $n$ 為單相變壓器的電壓增益。至於 Y-Δ 連接，若比較其線對線或相對中性點電壓，則會有一相位移，且電壓和電流位準皆會改變。例如，圖 5.10 所示 Δ-Y 連接，設正相序電壓為 $V_{an}$、$V_{bn}$ 和 $V_{cn}$，則得 $V_{a'n'} = nV_{ab} = n(V_{an} - V_{bn}) = \sqrt{3}\, ne^{j\pi/6} V_{an}$，故 $V_{a'n'}$ 和 $V_{an}$ 的關係具有複數增益 $K_1 \triangleq \sqrt{3}\, ne^{j\pi/6}$。由於在其他相亦可得出相同關係，故有

$$V_{a'n'} = K_1 V_{an} \qquad V_{b'n'} = K_1 V_{bn} \qquad V_{c'n'} = K_1 V_{cn} \tag{5.14}$$

且相同關係對線電壓亦成立。因此，二次電壓和對應的一次電壓具有電壓 (大小) 增益 $\sqrt{3}\, n$ 和相位超前 (或領先) 30° 之關係。注意 $\sqrt{3}$ 升壓比係超過單相變壓器的升壓比。現若對相同連接 (請見圖 5.10) 考慮其電流關係，並再假設具有正相序，則得

$$\begin{aligned} I_a &= I_{ab} - I_{ca} = n(I'_a - I'_c) \\ &= \sqrt{3}\, ne^{-j\pi/6} I'_a \\ &= K_1^* I'_a \end{aligned} \tag{5.15}$$

其中 $K_1^*$ 為 $K_1$ 的共軛複數。又類似結果對 $b$ 和 $c$ 相亦成立，故

$$I'_a = \frac{I_a}{K_1^*} \qquad I'_b = \frac{I_b}{K_1^*} \qquad I'_c = \frac{I_c}{K_1^*} \tag{5.16}$$

因此，二次側電流和對應的一次側電流具有電流 (大小) 增益 $(\sqrt{3}\, n)^{-1}$ 和相位超前 30° 的關係。

注意變壓器的每相複數功率增益係為一，此點可由下述得知：令 $S'$ 和 $S$ 分別為每相的輸出和輸入複數功率，則利用 (5.14) 和 (5.16) 式，得

$$S' = V_{a'n'}(I'_a)^* = K_1 V_{an} \left(\frac{I_a}{K_1^*}\right)^* = V_{an} I_a^* = S \tag{5.17}$$

此完全符合理想變壓器模型係為一既不儲存，也不消耗任何能量的裝置。事

## 練習 2.

若設 $V_{an}$、$V_{bn}$ 和 $V_{cn}$ 為一負相序組，試證 (5.14) 和 (5.16) 式仍然成立，但增益變成 $K = K_2 \triangleq \sqrt{3}\, n e^{-j\pi/6}$。注意 $K_2 = K_1^*$。

## 練習 3.

試證若設有正相序電壓，並考慮圖 5.10 的 Y-Δ 連接 (仍具有理想變壓器)，則 (5.14) 和 (5.16) 式依然成立，但 $K = K_3 \triangleq (n/\sqrt{3})e^{j\pi/6}$。若 $V_{an}$、$V_{bn}$ 和 $V_{cn}$ 為一負相序組，試問其增益為何？

## 練習 4.

試證通常若正相序電壓增益為 $K$，則負相序增益必為其複數共軛 $K^*$。
提示：注意在取複數共軛會將一正相序組轉換成負相序組。

在我們考慮過的所有情況都指出一次和二次電壓以及一次和二次電流之間的關係皆十分類似於理想變壓器，故將理想變壓器的觀念延伸至此情況所涵蓋範圍應屬便利。若定義**複數理想變壓器** (complex ideal transformer) 具有複數電壓增益 $K$ 和複數電流增益 $1/K^*$，則其複數功率增益為 $K(1/K^*)^* = 1$。至於阻抗轉換性質則如下：若端點為一對稱 Y 接負載時，則於一次側之每相驅動點阻抗為

$$\frac{V_{an}}{I_a} = \frac{V_{a'n'}/K}{K_1^* I_a'} = \frac{1}{|K|^2} Z_L \tag{5.18}$$

其中 $Z_L$ 為二次側的負載阻抗。

這些性質已總結於表 5.1 內，並與理想變壓器各性質互作比較。我們可看出此二型式變壓器有許多性質皆係相同，尤其是要注意複數功率增

## 第 5 章　變壓器模型和標么系統

**表 5.1　變壓器性質**

|  | 複數理想變壓器 | 理想變壓器 |
|---|---|---|
| 電壓增益 | $K = \|K\| \angle K$ | $n$ |
| 電流增益 | $\dfrac{1}{K^*} = \dfrac{1}{\|K\|} \angle K$ | $\dfrac{1}{n}$ |
| 複數功率增益 | 1 | 1 |
| 二次阻抗 $Z_L$ 參考至一次側 | $\dfrac{1}{\|K\|^2} Z_L$ | $\dfrac{1}{n^2} Z_L$ |

益、阻抗轉換性質、以及二次對一次電壓大小和電流大小的比值皆與相角 $\angle K$ 無關，而對 $|K|$ 和 $n$ 有關者皆係相同。注意若其中包含 $\angle K$，則從一次側運轉到二次側之電壓和電流相角皆具有相同位移量。

雖然我們已考慮標準的三相變壓器連接，但仍有許多其他的可能連接方式。例如，在 Δ-Y 中，我們可改變導體 $a'$、$b'$、$c'$ 的標示為 $c'$、$a'$、$b'$，則將發現(正相序)電壓增益變成 $K = -j\sqrt{3}\,n$。或者，在 Y-Y 場合，我們可改變導體 $a'$、$b'$、$c'$ 的標示為 $b'$、$c'$、$a'$，則將發現(正相序)電壓增益 $K = ne^{j2\pi/3}$。在這些非標準情況，表 5.1 內的所有性質仍然成立。

我們將依照工業慣例，並假設使用的標準連接如圖 5.10 所示，除非另有相反的說明[†]。為方便起見，標準連接的各種增益皆列於表 5.2 內。注意 Δ-Y 和 Y-Δ 連接，兩者之二次(高壓側)電壓(和電流)領先對應的一次(低壓側)電壓(和電流)皆係 30°。

最後，注意複數理想變壓器雖然可將之視為理想變壓器的推廣，但需記住其使用情況僅限於平衡的三相弦波，而理想變壓器則對任何波形皆有效。

在此結束對三相理想變壓器連接的討論，其次將轉向單相變壓器模型有洩漏和激磁電抗的實際情形。

---

[†] 美國 ANSI/IEEE 標準詳細記載各相至中性點的電壓由低壓側進行到高壓側之超前相位需為 30°。此對 Δ-Y 和 Y-Δ 連接係全屬實。

表 5.2　複數理想變壓器的電壓增益 K

| 標準連接 | 正相序增益 | 負相序增益 |
| --- | --- | --- |
| Δ-Y | $\sqrt{3}\, n e^{j\pi/6}$ | $\sqrt{3}\, n e^{-j\pi/6}$ |
| Y-Δ | $\dfrac{n}{\sqrt{3}} e^{j\pi/6}$ | $\dfrac{n}{\sqrt{3}} e^{-j\pi/6}$ |

$n$ 為理想變壓器在單相變壓器的電壓增益。

## 5.3　每相分析

雖然網路內有變壓器，但電力系統網路的簡化模型可能是不連接（導通）的。在此情況似乎沒有任何理由來假設隔離部分的中性點皆係同電位。事實上，在所考慮的更完全模型含有中性點接地及/或接地電容時，一具有平衡輸入的對稱網路將呈現所有中性點皆係同電位，且所有電流和電壓亦將產生於三相平衡系統內。在這些情況下，例如圖 5.12 內，我們可假設 $n'$ 和 $n$ 係在同電位。

以下將會時常給出中性點係皆同電位的假設（在平衡情況下），並在每相圖內的中性點間以一連接線表示之。

現考慮 5.2 節所給變壓器四種連接型式的每相模型。為簡化起見，我們可先忽略電阻，而後再將其和洩漏電抗 $L_l$ 串聯以導入模型中。

### 每相圖 [Y-Y]

利用圖 5.4 所示每一單相變壓器的等效電路，即得下列所述之三相連

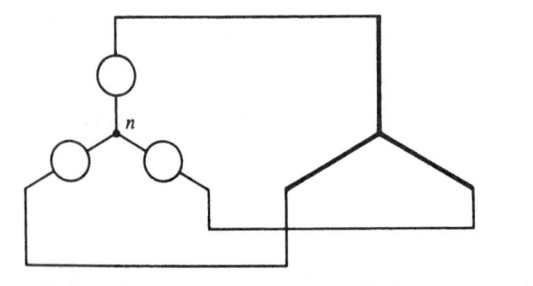

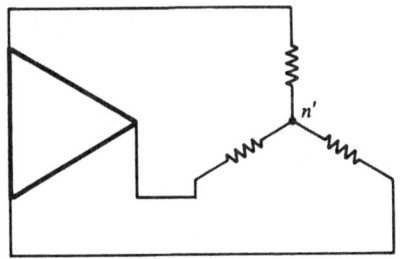

圖 5.12　圖示隔離部分。

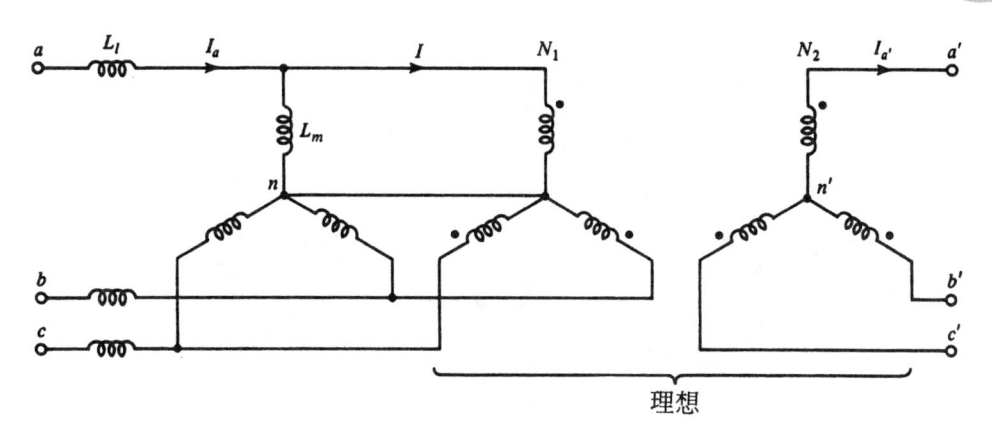

第 5 章 變壓器模型和標么系統　　163

**圖 5.13**　三相 Y-Y 連接。

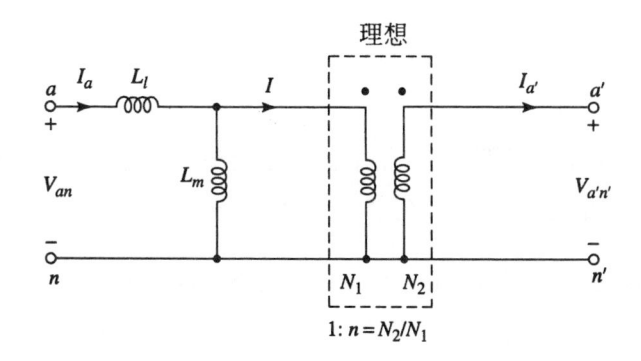

**圖 5.14**　每相等效電路[Y-Y]。

接：在圖 5.13 中，我們可觀察出一由 $L_l$ 和 $L_m$ 組成的對稱網路係和 Y-Y 連接的理想變壓器串接。若設其處於平衡狀況下，則可得出每相電路如圖 5.14 所示，其中以明顯方式給出 $n'$ 和 $n$ 皆係同電位的假設。若試比較圖 5.14 和 5.4 將更有益。

## 每相圖 [Δ-Δ]

設一三相電路如圖 5.15 所示，其中理想變壓器的各一次和二次繞組係以黑點識別之，且一次側有 $N_1$ 匝，而二次側則為 $N_2$ 匝。

現將證明若於平衡狀況下，則圖 5.15 電路係等效於圖 5.16。此一等效性雖可藉寫出每一電路的方程式來證明，但此法和開路及短路條件下的

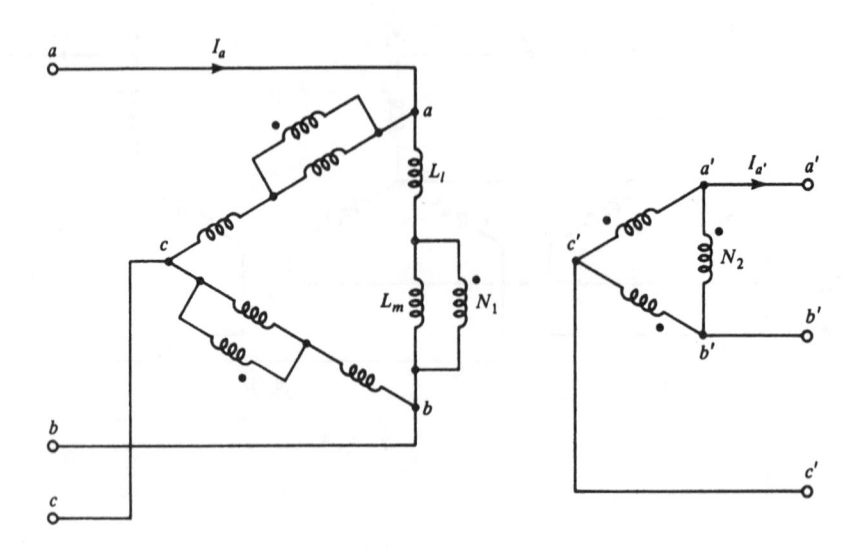

**圖 5.15** 三相 Δ-Δ 連接。

行為相比，顯係稍嫌單調。我們將以有效方式證明此二電路具有相同的 ABCD 參數 (對每相雙埠)，故得證二者確為等效。

**各二次側開路** 在此情況下，理想變壓器內沒有電流。由圖 5.15 的一次側可看出一 Δ 接的每一分支為 $L_l + L_m$；而在圖 5.16 內，則可看出一等效 Y 接的每一分支為 $(L_l + L_m)/3$。因此，在 (平衡的) 輸入電壓下，此二

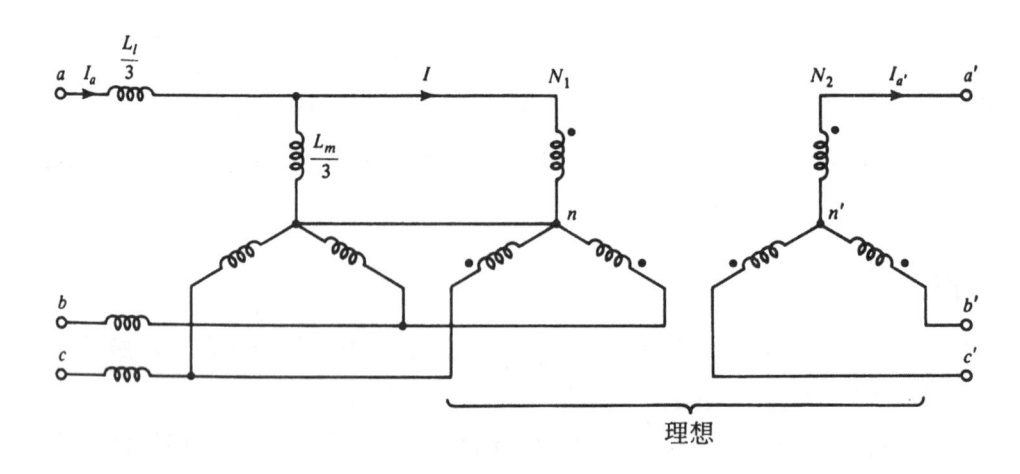

**圖 5.16** 等效於圖 5.15 的電路。

## 第 5 章　變壓器模型和標么系統　　165

者皆可得出相同的輸入電流。若比較輸出電壓,則相同的分壓比值保證此二者亦係相同。

**各二次側短路**　在此場合,理想變壓器的各二次電壓均為零,故一次電壓亦皆為零。實際上,圖 5.15 內的 $L_m$ 和圖 5.16 內的 $L_m/3$ 因皆被短路,故流經此二者的電流皆為零。從各一次側,我們可看出 $L_l$ 的 Δ 接和 $L_l/3$ 的 Y 接。因此,給予一組 (平衡的) 輸入電壓,則輸入電流均會相同。再檢驗輸出電流,則在圖 5.15 情況可得理想變壓器的電流增益 $1/n$ 將轉成線電流增益 $1/n$,而對圖 5.16 情形亦可得出相同的結果。

根據圖 5.15 和圖 5.16 的等效性,現可使用圖 5.17 的每相等效電路。此電路應與圖 5.14 相比較,其唯一差異處僅在於單相變壓器的 $L_l$ 和 $L_m$ 皆需除以 3。

## 每相圖 [Δ-Y]

若重複剛才結束的計算,但情況改成圖 5.15 內的二次側連接成 Y 形 (如圖 5.10 所示),則可發現各一次側之驅動點阻抗對開路和短路二次側皆係相同,但開路電壓增益和短路電流增益則會改變。在開路時,對正相序輸入的電壓增益為 $K_1 L_m/(L_l + L_m)$,其中 $K_1$ 為理想變壓器 Δ-Y 連接的複數電壓增益,且此與 Δ-Δ 連接具有 $nL_m/(L_l + L_m)$ 增益相反。在短路情況,線電流增益係為 $1/K_1^*$,而非 $1/n$。故由此呈現一相當於圖 5.17 的等效電路,且複數增益 $K_1$ 須用來取代 $n$。其次,我們亦可導出圖 5.18 所

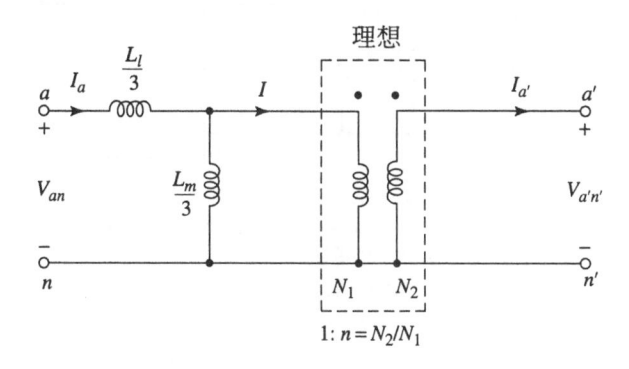

圖 5.17　每相等效電路 [Δ-Δ]。

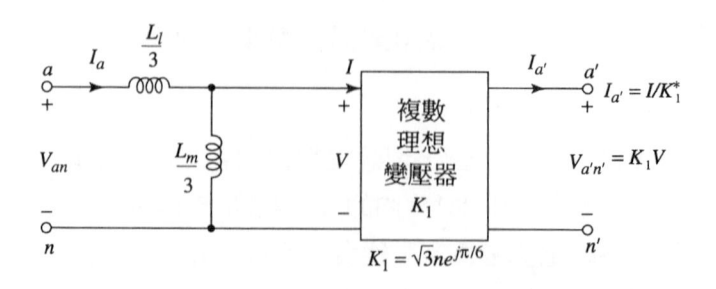

**圖 5.18** 每相等效電路 [Δ-Y]。

示的等效電路。將之與圖 5.17 相比較，則可看出改變的是複數理想變壓器，而此一複數理想變壓器則以方塊圖來表示。利用標準的方塊圖慣例，箭頭方向朝著方塊係指定為輸入端。因此，$V$ 和 $I$ 皆為輸入，而 $V_{a'n'} = K_1 V$ 和 $I'_a = I/K_1^*$ 則均為輸出。

有時也可便利的將複數理想變壓器表示得更為明白，於是圖 5.18 可取代成圖 5.19。在圖 5.19 中，$n$ 為三相組合中之每一單相變壓器的電壓增益。注意圖 5.19 已將之串接成一傳統理想變壓器 (具有電壓增益 $\sqrt{3}\,n$) 和一相位移器 (其相角超前 30°)。故可方便的將電壓增益稱為 "感應關係電壓增益"，並將相位移稱為 "感應關係相位移"。又相位移器是以方塊圖形式來表示，且其箭頭指向輸入側。

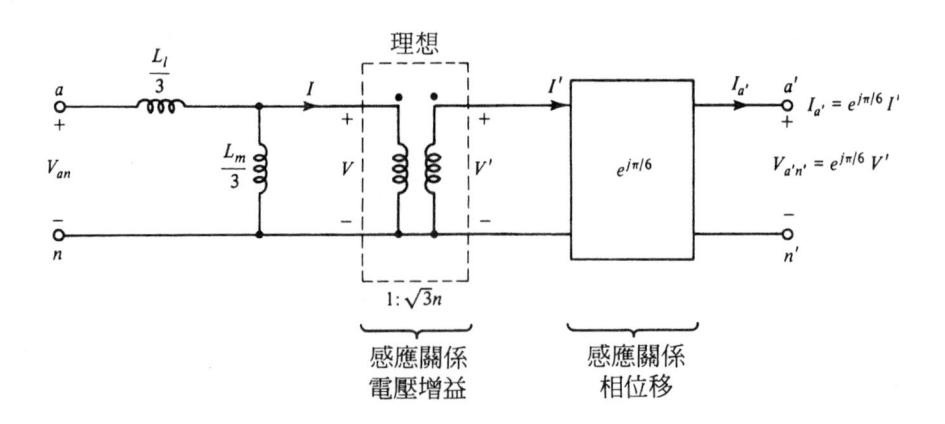

**圖 5.19** 交流電路 [Δ-Y]。

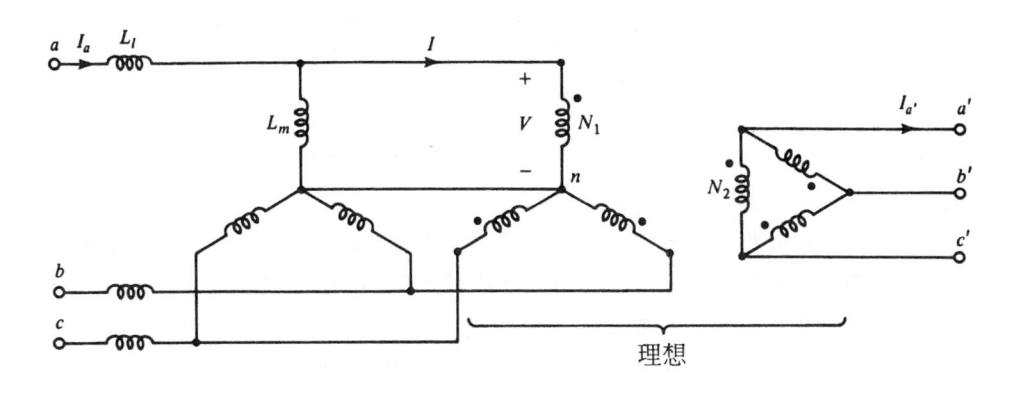

圖 5.20 三相 Y-Δ 連接。

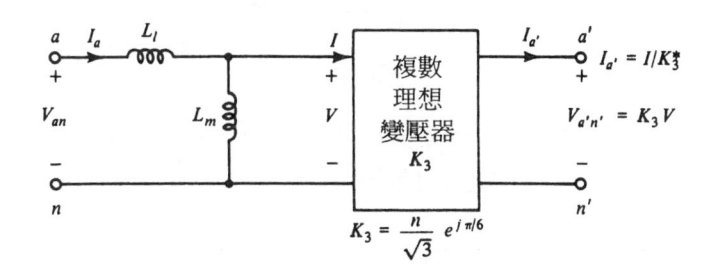

圖 5.21 每相等效電路 [Y-Δ]。

## 每相圖 [Y-Δ]

最後，我們考慮圖 5.10 所示的 Y-Δ 連接。利用每一單相變壓器的等效電路可得圖 5.20，其中係以 $L_l$ 和 $L_m$ 的對稱電路串接一 Y-Δ 互聯的理想變壓器。如同表 5.2 所述，若具正相序變數，則理想變壓器組合的增益係為 $K_3 \triangleq (n/\sqrt{3})e^{j\pi/6}$。一每相等效電路已示於圖 5.21 內，其中複數理想變壓器雖亦可用類似於圖 5.19 的更明白電路取代之，但感應關係電壓增益需等於 $n/\sqrt{3}$。

所有每相等效電路皆係相似，都是以一（分壓）網路和一理想或複數理想變壓器串接而成。此一相似性在即將介紹之 5.4 節內會再作進一步的加強與發展。

最後，注意所有這些模型的串聯電阻 $r$ 皆可被包含在內。對 Y 接一次側，我們可加入 $r$ 與 $L_l$ 串聯；而對 Δ 接一次側，我們則可加入 $r/3$ 與 $L_l/3$ 串聯。茲以二例題結束此節：

**例題 5.4**

給予一含有升壓變壓器之系統的單線圖如圖 E5.4(a) 所示，其中變壓器組合係由相同的單相變壓器組成，且每一者皆可指定 $X_l = 0.21\ \Omega$，$n = N_2/N_1 = 10$。設發電機每一相皆可用戴維寧等效電路作模型，且變壓器組合以 0.9 落後功因傳送 100 MW 至匯流排電壓為 230 kV 的變電所。

圖 E5.4(a)。

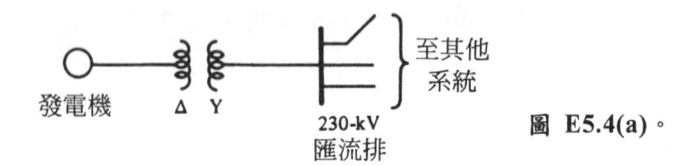

(a) 試求一次電流、一次電壓 (線對線) 和發電機供應的三相複數功率。
(b) 試求一次和二次電壓之間的相位移。

**解** 設於正相序運轉，且以標準的 Δ-Y 連接，則可使用圖 5.19 [請見圖 E5.4(b)]。由於電阻和激磁電抗皆未給出，故將之設為可忽略。

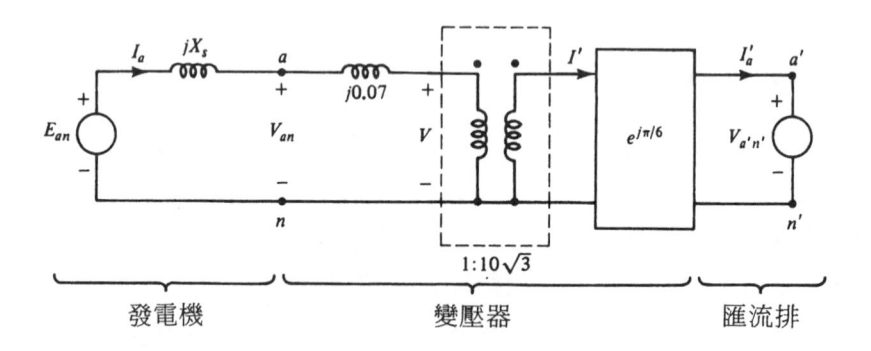

圖 E5.4(b)。

(a) 從給予資料，可得 $|V_{a'n'}| = 230\ \text{kV}/\sqrt{3} = 132.8\ \text{kV}$。然而相角並未給出，為計算方便，可將之選為 $\angle V_{a'n'} = 0$，於是 $V_{a'n'} = 132.8 \angle 0°\ \text{kV}$。因為傳送至匯流排的三相功率已指定，所以可計算得流入匯流排的每相複數功率為

$$S' = \frac{100 \times 10^6}{0.9 \times 3} \angle 25.84° = 37.04 \angle 25.84° \text{ MVA}$$

其次，$I_a'$ 的計算可由

$$I_a'^* = \frac{S'}{V_{a'n'}} = \frac{37.04 \times 10^6 \angle 25.84°}{132.8 \times 10^3} = 278.9 \angle 25.84° \text{ A}$$

而得 $I_a' = 278.9 \angle -25.84°$ A。接著可求出 $I_a$ 為

$$I_a = 10\sqrt{3}\, e^{-j\pi/6} I_a' = 4830.6 \angle -55.84° \text{ A}$$

記住 $V_{a'n'}$ 的相角並未給予（角度為零係任意選取），故只有一次電流的大小可被決定出。在此例中，我們指定 "試求一次電流" 意謂 "試求一次電流的大小"，而此大小為 4830.6 A。

我們現在可計算 $V_{an}$ 得

$$V_{an} = V + j0.071 I_a$$
$$= \frac{1}{10\sqrt{3}} 132.8 \times 10^3 \angle -30° + j0.07 \times 4830.6 \angle -55.84°$$
$$= 7667.2 \angle -30° + 338.1 \angle 34.16°$$
$$= 7820.5 \angle -27.77° \text{ V}$$

正如剛才的電流 $I_a$ 情況，只有電壓大小可被決定出，故得一次電壓（線對線）為 $\sqrt{3} \times 7820.5 = 13.55$ kV。

再者，我們可計算出流入變壓器的每相複數功率為

$$S = V_{an} I_a^* = 7820.5 \angle -27.77° \times 4830.6 \angle 55.84°$$
$$= 37.778 \angle 28.07° \text{ MVA}$$

為求得發電機的三相功率，將之乘以 3，得

$$S^{3\phi} = 3S = 113.33 \angle 28.07° \text{ MVA}$$

由於複數功率和 $V_{an}$ 與 $I_a$ 之間的相角差有關（並非和二者之個別值有關），所以任意選取 $V_{a'n'}$ 的相角係不重要，於是完成 (a) 小題部分。

(b) 一次和二次電壓（相至中性點或線對線）之間的相位移現可決定之，故二次側領先一次側之相位為 $0° - (-27.77°) = 27.77°$。

170　電力系統分析

茲對例題 5.4 給予數點評論如下：

1. 若變壓器為理想，則 (b) 小題計算所得之角度差應為 30°，而非 27.77°。此外，變壓器的輸入和輸出複數功率亦會相同。
2. 在 (b) 小題中，複數理想變壓器的相位移對電路模型係為重要；然而在 (a) 小題中，相位移即使被省略也不會影響電壓大小、電流大小和複數功率的計算。

---

**例題 5.5**

設給予一系統的單線圖如圖 E5.5(a) 所示，其中的串接元件依次為：電源、升壓變壓器組合（一次側在左）、輸電線、降壓變壓器組合（一次側在右）和一阻抗負載，且變壓器組合和例題 5.4 相同。設發電機的端電壓為 13.8 kV，試求發電機電流、輸電線電流、負載電流、負載電壓和傳送至負載的複數功率。

$T_1$　　$Z_{\text{line}} = j100$　　$T_2$　　$Z_{\text{load}} = 4 + j1$

△　Y　　　　　　　　　　Y　△　　　　　圖 E5.5(a)。

**解** 利用圖 5.19，則得一電路圖如圖 E5.5(b) 所示。依據題目說明，故有 $|V_1| = 13.8\,\text{kV}/\sqrt{3} = 7.97\,\text{kV}$。為方便起見，我們可選取 $V_1 = 7.97\angle 0°\,\text{kV}$。計算發電機電流 $I_1$ 的最簡單方法是求出由電壓 $V_1$ 右端所看到的驅動點阻抗。

從負載開始，得 $Z_3 \triangleq Z_{\text{load}} + j0.07 = 4 + j1.07\,\Omega$。將此阻抗參考至理想複數變壓器的二次側，則有 $(10\sqrt{3})^2 Z_3 = 1200 + j321\,\Omega$。然後加入 $Z_{\text{line}}$，即得 $Z_2 \triangleq Z_{\text{line}} + 1200 + j321 = 1200 + j421\,\Omega$。再將之參考到 $T_1$ 的一次側，則 $Z_2/(10\sqrt{3})^2 = 4.00 + j1.4033$。最後，我們得到驅動點阻抗 $Z_1 \triangleq 4.00 + j1.4733 = 4.263\angle 20.22°$。於是得出

$$I_1 = \frac{V_1}{Z_1} = 1869.1\angle -20.22°\,\text{A}$$

其次計算 $I_2$、$I_3$、$V_3$ 和 $S_{\text{load}}$：

$$I_2 = \frac{1}{10\sqrt{3}} e^{j\pi/6} I_1 = 107.9\angle 9.78°\,\text{A}$$

# 第 5 章 變壓器模型和標么系統

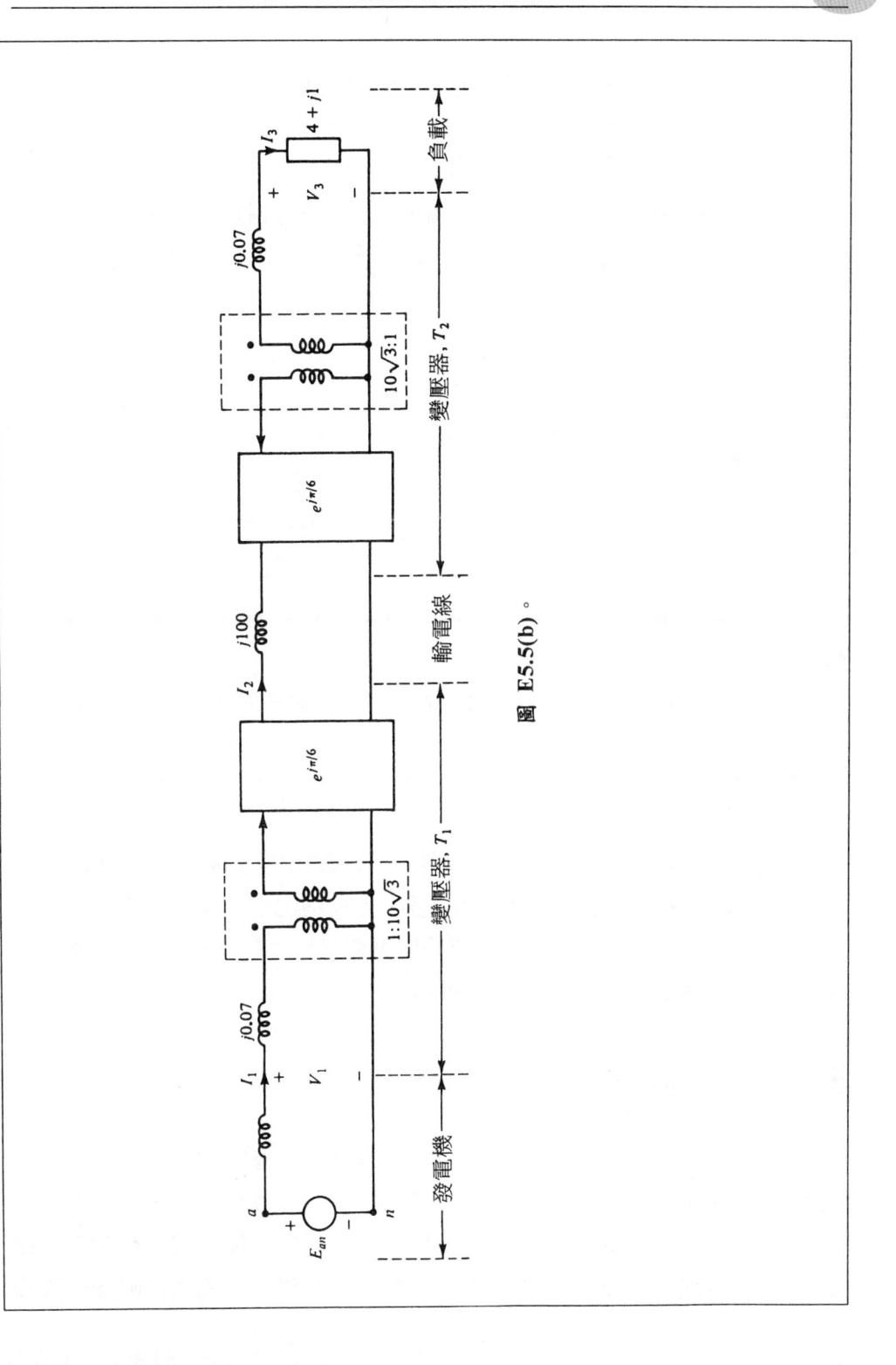

圖 E5.5(b)。

$$I_3 = 10\sqrt{3}e^{-j\pi/6}I_2 = 1869.1 \angle -20.22° \text{ A}$$
$$V_3 = Z_{\text{load}}I_3 = 7.71 \angle -6.18° \text{ kV}$$
$$S_{\text{load}} = V_3 I_3^* = Z_{\text{load}}|I_3|^2 = 14.4 \angle 14.0° \text{ MVA}$$

雖然電壓和電流的相對相角係屬重要，但如同例題 5.4 一樣，個別值係完全和 (任意) 選取的 $\angle V_1$ 有關。因此，我們只能定出電壓和電流的大小。故有

$$\text{發電機電流} = |I_1| = 1869.1 \text{ A}$$
$$\text{輸電線電流} = |I_2| = 107.9 \text{ A}$$
$$\text{負載電流} = |I_3| = 1869.1 \text{ A}$$
$$\text{負載電壓(線對線)} = \sqrt{3}\,|V_3| = 13.35 \text{ kV}$$
$$\text{三相複數功率} = 3S_{\text{load}} = 43.21 \angle 14.0° \text{ MVA}$$

**練習 5.**

試證若將 30° 相位移予以忽略，則所有結果關於電壓和電流大小以及複數功率皆可求得。

**注意**：在例題 5.4 和 5.5 內，我們有一所謂的**輻射系統** (radial system)，亦即其中沒有輸電線及/或變壓器相並聯。在此情況中，我們得知三相 Δ-Y 或 Y-Δ 變壓器組合的感應關係相位移皆可忽略。此點在下述將要討論的某些狀況下仍屬可能，即使含有並聯導線亦可。

## 5.4 正規系統

典型的電力傳輸系統皆係充分互聯，故在單線圖內含有許多迴路和並聯路徑，此種配置從可靠度和運轉彈性的觀點來看係有許多優點。現暫時不談此一理論基礎，因其中亦有歷史因素。這是由於輸電線電壓和電力處理能力在經過數年後皆會增加，而現代化裝置又係以重疊方式附加在既存

# 第 5 章　變壓器模型和標么系統　　173

網路上，於是形成迴路或含有變壓器的並聯路徑。此時在系統設計須特別留意的是避免大量"循環"電流產生。茲以下述例題說明此問題的本質：

---

**例題 5.6**

給予一單線圖含有並聯的二變壓器組合 [圖 E5.6(a)]，其中單相變壓器在此二組合的規格如下：

$$Y\text{-}Y \text{ 組合：} \quad n = 10, \ X_l = 0.05$$
$$Y\text{-}\Delta \text{ 組合：} \quad n = \sqrt{3} \times 10, \ X_l = 0.05$$

設匯流排 1 的線對中性點之大小為 8 kV，且負載於匯流排 2 係為 Y 接，其每一阻抗 $Z_{\text{load}} = 100\angle 0°$，試求 $|I_1'|$、$|I_2'|$ 和 $|I_{\text{load}}|$。

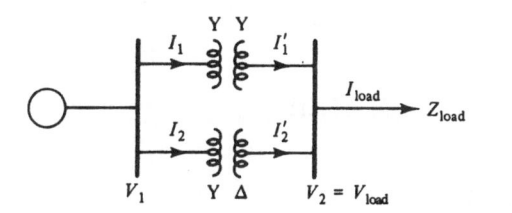

圖 E5.6(a)。

**解**　利用圖 5.14 和 5.21，並設 $V_1$ 的相位為零，則得每相等效電路如圖 E5.6 (b) 所示。若對 $I_1$ 迴路寫出 KVL 方程式，則

$$V_1 = j0.05I_1 + V$$
$$= j0.05I_1 + \frac{1}{10} \times 100(I_1' + I_2')$$

將 $I_1$ 以 $10I_1'$ 取代之，得

$$V_1 = (10 + j0.5)I_1' + 10I_2' = 8000 \tag{1}$$

同樣地，若對 $I_2$ 迴路寫出 KVL 方程式，則

$$V_1 = j0.05I_2 + \frac{1}{10}e^{-j\pi/6} \times 100(I_1' + I_2')$$

再將 $I_2$ 以 $10I_2'e^{-j\pi/6}$ 取代之，得

$$V_1 = 10I_1'e^{-j\pi/6} + (10 + j0.5)I_2'e^{-j\pi/6}$$

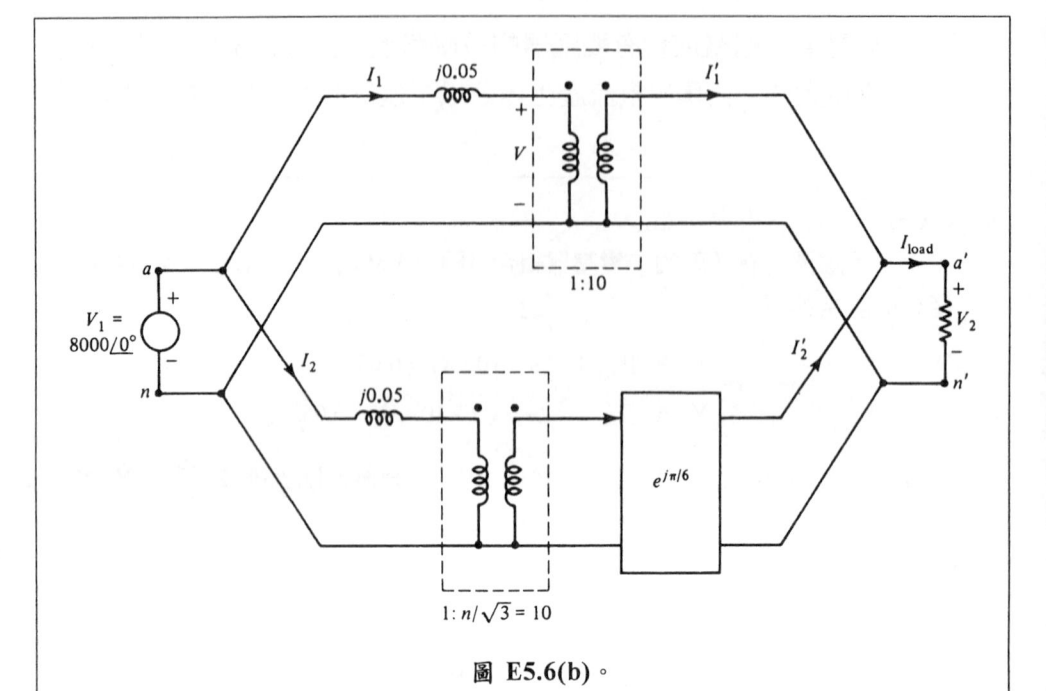

圖 E5.6(b)。

同乘以 $e^{j\pi/6}$，即可化簡得

$$10I_1' + (10 + j0.5)I_2' = 8000\angle 30° \tag{2}$$

解 (1) 和 (2) 式的 $I_1'$ 和 $I_2'$，則有

$$I_1' = 3755.0 \angle -164.85° \text{ A}$$
$$I_2' = 4527.2 \angle 14.88° \text{ A}$$
$$I_{\text{load}} = I_1' + I_2' = 772.5 \angle 13.57° \text{ A}$$

注意 $|I_1'|$ 和 $|I_2'|$ 皆係遠大於 $|I_{\text{load}}|$，其物理意義表示有一大量電流從變壓器組合循環至他處，但卻不流入負載。此循環電流不僅沒有實用效果，實際上反而有害。此一電流除了浪費能量外，並有可能造成變壓器過熱。

注意：即使 $Z_{\text{load}}$ 被移除，且 $I_{\text{load}} = 0$，則仍會有大量循環電流。此一基本問題是因二並聯變壓器組合的感應關係相位移皆係相異而來。在實際上，我們不應並聯這些變壓器。

## 例題 5.7

試重作例題 5.6，但以 Y-Y 變壓器組合取代 Y-Δ 變壓器組合，且 $n = 20$。

**解** 在此例中，二變壓器組合皆有相同的感應關係相位移 (均為零)，但二次側開路電壓則相異。對照例題 5.6 的步驟，得

$$(10 + j0.5)I_1' + 10I_2' = 8000 \tag{1}$$

$$5I_1' + (5 + jI)I_2' = 8000 \tag{2}$$

解 $I_1'$ 和 $I_2'$，則

$$I_1' = 3{,}260.76 \angle 76.40° \text{ A}$$

$$I_2' = 3{,}213.39 \angle -86.58° \text{ A}$$

$$I_{\text{load}} = I_1' + I_2' = 959.23 \angle -2.29°$$

再一次地，如同例題 5.6 得出一非常大的循環電流，但此例的問題係因變壓器匝數比不匹配所引起。在正常作法上，我們不該並聯這些變壓器。

## 例題 5.8

試重作例題 5.7，但改成二變壓器組合皆為 $n = 10$。

**解** 依對稱性得知 $I_2' = I_1'$，且

$$(20 + j0.5)I_1' = 8000$$

於是

$$I_1' = I_2' = 399.9 \angle -1.43°$$

$$I_{\text{load}} = I_1' + I_2' = 799.8 \angle -1.43°$$

在此例中的負載部分係與前例相同，但可看出其中並無循環電流。

上述例題說明變壓器的並聯須特別留意，正常的安排是將所欲並聯之變壓器組合皆應使其具有相同的 (感應關係) 相位移，並具相同的開路升壓或降壓比值。我們務需避免因*疏忽*而導致的 (感應關係) 相位移和電壓比值

不匹配，此一相同觀念亦可延伸至更一般的並聯路徑。然而要注意的是有時我們也會故意引入反常的相位移及/或匝數比來做複數功率潮流控制，稍後將考慮此方面之例。若將這些情況視為例外，則將有助於定義「正常」系統如下：

**定義** 一系統謂之**正常** (normal) 係意指若其每相等效電路內，環繞一真正迴路的 (複數) 理想變壓器增益乘積係為 1；換言之，在剛才所述條件下，每一對並聯路徑皆有相同的 (複數) 理想變壓器增益乘積。

關於後者條件，注意可將之分成兩部分，亦即每一並聯路徑皆有

1. 理想變壓器增益大小的乘積係相同。
2. 理想變壓器相位移之和亦相同。

注意三相變壓器的各開路線電壓大小通常會記載於變壓器的額定值內，依此可計算出電壓大小的比值 (例如，一次側到二次側)。若此值參照於前述的理想變壓器增益大小係無法區別，則可將之作為檢驗條件 1 的便利方法。

現考慮圖 5.22 所給正常系統之例，其中三相變壓器組合的 (開路) 線對線電壓大小皆為已知。因此，頂端路徑可用因數 10 來升壓，且亦可用相同因數來降壓，故電壓增益的乘積為 $10 \times 0.1 = 1$。同樣地，對底端路徑則得 $(230/11.2) \times (11.2 \times 230) = 1$。此處亦假設 $T_3$ 和 $T_4$ 係已接線成一次側對二次側皆有相同的超前相位移 (比如說 30°)，故感應關係相位移沿著底端路徑者皆可抵消之。至於系統的其他部分因無並聯路徑 (亦即為 "輻射" 狀)，故不需考慮此種連接。

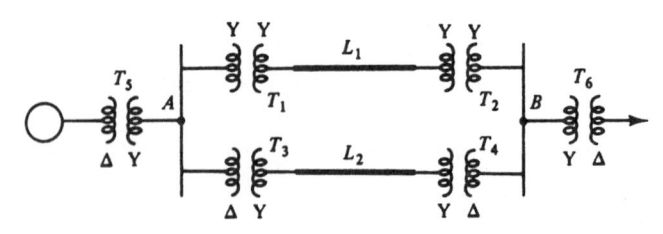

$T_1$: 13.2Y − 132Y kV
$T_2$: 13.8Y − 138Y kV
$T_3$, $T_4$: 11.2Δ − 230Y kV

$L_1$ 和 $L_2$ 皆為輸電線

**圖 5.22** 正常系統。

# 第 5 章 變壓器模型和標么系統

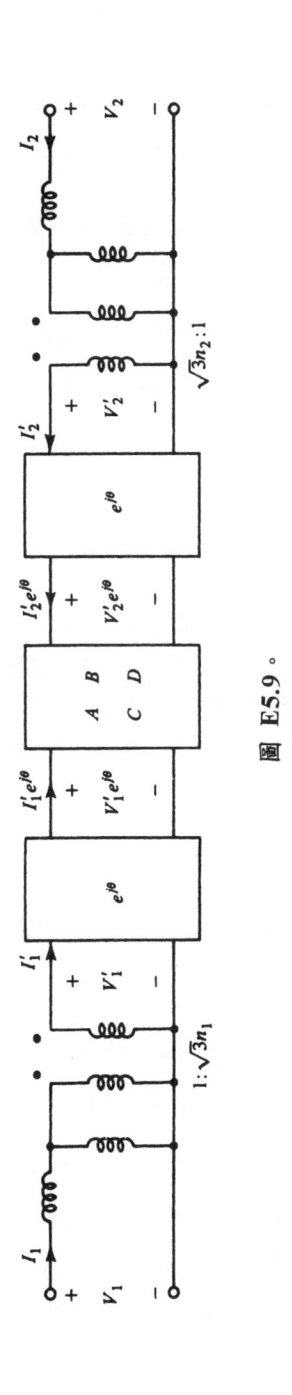

圖 E5.9。

**例題 5.9**

設圖 5.22 內之 Δ-Y 組合的接線係為固定,且超前相位 $\theta$ 是從一次側到二次側。試證此一由 $T_3$、$L_2$ 和 $T_4$ 組成的傳輸鏈在每相等效電路內,若從端點行為來考慮,則 $\theta$ 相位移全可抵消 (且可省略之)。

**解** 若以圖 5.19 表示 Δ-Y 組合,並以 $ABCD$ 參數表示輸電線,則得一電路如圖 E5.9 所示。利用 $ABCD$ 參數,則

$$V_1' e^{j\theta} = AV_2' e^{j\theta} - BI_2' e^{j\theta}$$
$$I_1' e^{j\theta} = CV_2' e^{j\theta} - DI_2' e^{j\theta}$$

同乘以 $e^{-j\theta}$,得

$$V_1' = AV_2' - BI_2'$$
$$I_1' = CV_2' - DI_2'$$

因此,只要感應關係相位移正如所設係皆相等 (從一次側到二次側),則將不會進入 $V_1'$,$I_1'$ 及 $V_2'$,$I_2'$ 之間的關係式中。根據此點得知若作出 $V_1$,$I_1$ 及 $V_2$,$I_2$ 的關係式,則可省略相位移方塊。

注意:在求出 $V_1'$,$I_1'$,$V_2'$,$I_2'$ 後,則可求得各輸電線電流和電壓的超前相位皆係為 $\theta$。

由於省略每相圖中的相位移方塊係為一值得去做的簡化,故此圖自然可命名如下:

**術語 簡化每相圖** (simplified per phase diagram) 係為所有感應關係相位移 (亦即相位移器) 皆予省略的每相圖。

假設我們有一正常系統,則對常見的電力系統問題 (其中電壓源的相位皆不指定) 都可利用簡化每相圖來求出複數功率潮流以及電壓和電流的大小。雖然我們將不對此提出證明,但引人注意的是例題 5.4、5.5、5.7 和 5.9 及例題後之相關註解的結果。故從分析觀點來說,正常系統之一優點係在可使用簡化每相圖。

現從分析觀點轉向正常系統的第二優點是在可明確導引一有用的正規化謂之**標么正規化** (per unit normalization)。

## 5.5 標么正規化

在電力系統計算一變數的正規化而稱之標么正規化係幾乎時常會用到，尤其方便的是在含有許多變壓器和電壓位準時。

此觀念是選取諸如電壓、電流、阻抗、功率等類的數值作為基值，而後即可定義標么值如下：

$$標么值 = \frac{真實值}{基值}$$

式中有一重點是基值變數的選取必須和真實變數滿足相同種類的關係式。例如，對應至真實變數 (複數) 間的等式

$$V = ZI \tag{5.19}$$

對基值 (實數) 則有等式

$$V_B = Z_B I_B \tag{5.20}$$

將 (5.19) 式除以 (5.20) 式，得

$$\frac{V}{V_B} = \frac{Z}{Z_B} \frac{I}{I_B} \tag{5.21}$$

或

$$V_{p.u.} = Z_{p.u.} I_{p.u.}$$

(5.21) 式和 (5.19) 式具有相同形式，此意謂利用 (5.21) 式做電路分析正如同 (5.19) 式，其中下標 p.u. 係指標么值，並將之讀為 "per unit"。

---

**例題 5.10**

給予一電路如圖 E5.10(a) 所示，若選取 $V_B = 100$，且 $Z_B = 0.01$，試求 $I_B$、$V_{p.u.}$、$Z_{p.u.}$、$I_{p.u.}$ 和 $I$。

圖 E5.10(a)。　　　　圖 E5.10(b)。

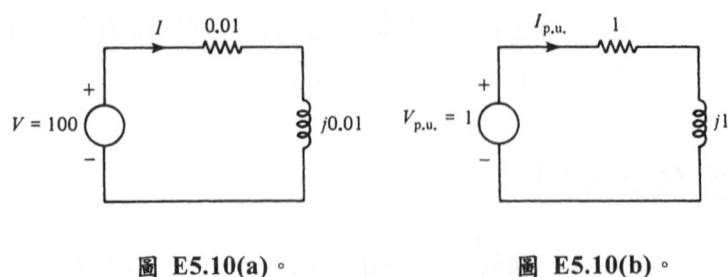

**解** $I_B = V_B/Z_B = 10^4$，故

$$V_{p.u.} = \frac{100}{100} = 1$$

$$Z_{p.u.} = \frac{0.01 + j0.01}{0.01} = 1 + j1$$

$$I_{p.u.} = \frac{V_{p.u.}}{Z_{p.u.}} = \frac{1}{1+j1} = 0.707 \angle -45°$$

$$I = I_{p.u.} \times I_B = (0.707 \angle -45°) \times 10^{-4} = 7070 \angle -45°$$

注意：在解 $I_{p.u.}$ 時，亦可使用原來電路所有量取代成標么值來求之，此正如圖 E5.10(b) 所示。

利用歐姆定律所能完成者，在功率計算場合亦可處理之。例如，對應於

$$S = VI^* \tag{5.22}$$

則有

$$S_B = V_B I_B \tag{5.23}$$

且

$$S_{p.u.} = V_{p.u.} I_{p.u.}^* \tag{5.24}$$

注意 (5.20) 和 (5.23) 式因含有四個基值 $V_B$、$I_B$、$Z_B$ 和 $S_B$，故若指定任二基值為已知，則可解出其餘二基值。例如，若選取 $V_B$、$S_B$ 為已知，則可解得 $I_B = S_B/V_B$ 和 $Z_B = V_B/I_B = V_B^2/S_B$。

# 第 5 章 變壓器模型和標么系統

再者,延伸至其他相關變數係為既定程序。例如

$$S_{\text{p.u.}} = P_{\text{p.u.}} + Q_{\text{p.u.}}$$

其中

$$P_{\text{p.u.}} = \frac{P}{S_B} \qquad Q_{\text{p.u.}} = \frac{Q}{S_B}$$

在阻抗情況,則有

$$Z_{\text{p.u.}} = R_{\text{p.u.}} + jX_{\text{p.u.}}$$

其中

$$R_{\text{p.u.}} = \frac{R}{Z_B} \qquad X_{\text{p.u.}} = \frac{X}{Z_B}$$

注意

$$Y_B \triangleq \frac{I_B}{V_B} = \frac{1}{Z_B}$$

若網路含有變壓器,則其一優點是可對變壓器兩側選用不同的基值。設欲使電壓基值的比值等於每相等效電路之感應關係電壓比,或所欲等效者係三相組合之二次和一次 (開路) 電壓額定的比值,則可令兩側的 $S_B$ 皆相同。例如,考慮一變壓器組合連接成 Y-Y,然後利用圖 5.14 在符號上稍作改變,即得圖 5.23。若對第 1 側選用便利的基值 $V_{1B}$、$S_B$、$I_{1B}$ 和 $Z_{1B}$,則對第 2 側可得對應的數值為

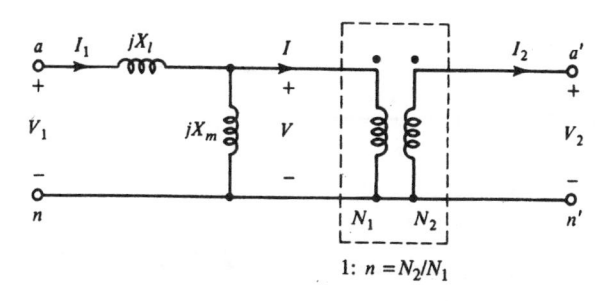

**圖 5.23** 每相等效電路 [Y-Y]。

$$V_{2B} = nV_{1B}, \quad S_B, \quad I_{2B} = \frac{1}{n}I_{1B}, \quad Z_{2B} = n^2 Z_{1B}$$

所有在左側之數值現若欲對下標 1 的基值做正規化,而右側所欲者係對下標 2 的基值,則可分別得出

$$V_{2\text{p.u.}} = \frac{V_2}{V_{2B}} = \frac{nV}{nV_{1B}} = V_{\text{p.u.}} \tag{5.25}$$

且

$$I_{2\text{p.u.}} = \frac{I_2}{I_{2B}} = \frac{(1/n)I}{(1/n)I_{1B}} = I_{\text{p.u.}} \tag{5.26}$$

考慮 (5.25) 和 (5.26) 式,則可將圖 5.23 重畫成以標么值表示各變數間的關係而不需使用理想變壓器。

其次考慮 Y-Δ 變壓器組合之情形。設系統為正常,且可使用簡化每相圖,則圖 5.21 在此狀況可放棄 30° 相位移。若作出如同前述的基值關係(但 $|K_3| = n/\sqrt{3}$),則可再得到圖 5.24。

接下來考慮圖 5.17 所給 Δ-Δ 實例,若再次以 $n$ 作出基值關係,則可得出圖 5.24,但 $X_{l\text{p.u.}} = \frac{1}{3}(X_l/Z_B)$,且 $X_{m\text{p.u.}} = \frac{1}{3}(X_m/Z_B)$。再者,若對 Δ-Y 情況使用簡化每相圖,並以 $|K_1| = \sqrt{3}n$ 作出基值關係,則亦可得圖 5.24,且其 $X_{l\text{p.u.}}$ 和 $X_{m\text{p.u.}}$ 係與 Δ-Δ 情形相同。

一正常每相系統特別引人關心的結果是可使用簡化每相圖和標么正規化,這使我們可省去所有的理想變壓器和所有的相位移器。此一簡化每相標么圖亦稱之為**阻抗圖** (impedance diagram)。

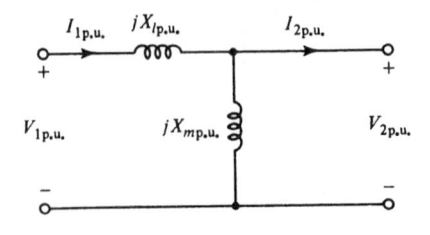

圖 5.24 變壓器阻抗圖。

## 5.6 三相標么值

三相數值亦可藉由選用適當三相基值來正規化，所以在很自然方式下可定義出

$$S_B^{3\phi} \triangleq 3S_B \tag{5.27}$$

$$V_{iB}^{\text{ll}} \triangleq \sqrt{3}V_{iB} \tag{5.28}$$

其中 $S_B$ 和 $V_{iB}$ 皆為先前所討論的每相值，而 $V_{iB}^{\text{ll}}$ 則表示線對線電壓，由於

$$S_{\text{p.u.}}^{3\phi} = \frac{S^{3\phi}}{S_B^{3\phi}} = \frac{3S}{3S_B} = S_{\text{p.u.}} \tag{5.29}$$

且

$$\left|V_{i\text{p.u.}}^{\text{ll}}\right| = \frac{\left|V_i^{\text{ll}}\right|}{V_{iB}^{\text{ll}}} = \frac{\sqrt{3}\,|V_i|}{\sqrt{3}\,V_{iB}} = \left|V_{i\text{p.u.}}\right| \tag{5.30}$$

故從數值上來看，每相值和三相值在表示成標么值後，其間的差異可視為不重要。因此，電力工程師有時不需指明標么電壓是否為線對線或線對中性點。例如，假定電壓（大小）為 1 p.u. 的話，則意謂線對線電壓（大小）為 1 p.u.（亦即等於其基值），同時也意謂線對中性點電壓（大小）亦為 1 p.u.（亦即等於其基值）。此一類似的模糊關係對三相和單相功率亦無妨。同樣地，若考慮 $Z_B$ 的公式，則可利用單相或三相值來算出 $Z_B$ 為

$$Z_{iB} = \frac{V_{iB}^2}{S_B} = \frac{(\sqrt{3}\,V_{iB})^2}{3S_B} = \frac{(V_{iB}^{\text{ll}})^2}{S_B^{3\phi}} \tag{5.31}$$

---

**例題 5.11**

給予三個單相變壓器具有下述的銘牌額定，試求 Y-Y、Y-Δ、Δ-Δ 和 Δ-Y 連接的阻抗圖，且三相組合選用的電壓和功率基值係由銘牌額定"推理"而得，其中"推理"之意可從本例明白之。

銘牌額定（單相變壓器）1000 kVA
13.2 – 66 kV
$X_l = 0.1$ p.u.
$X_m = 100$ p.u.

**解** 標么電抗值記載於銘牌額定的重要性將於此例後面說明之。因製造商選用阻抗基值係依照銘牌的伏安和電壓額定，故對單相變壓器會有

$$\tilde{Z}_{1B} = \frac{\tilde{V}_{1B}^2}{\tilde{S}_B} = \frac{(13.2 \times 10^3)^2}{1000 \times 10^3} = 174\,\Omega$$

$$\tilde{Z}_{2B} = \frac{\tilde{V}_{2B}^2}{\tilde{S}_B} = \frac{(66 \times 10^3)^2}{1000 \times 10^3} = 4356\,\Omega$$

其中波形符號代表銘牌額定。由於使用模型中的電抗皆係在一次側，故可得出「真實」電抗值（參考一次側）為

$$X_l = 0.1 \times 174 = 17.4\,\Omega\ (真實值)$$
$$X_m = 100 \times 174 = 17,400\,\Omega\ (真實值)$$

現考慮單相變壓器的三相互聯。若各一次側連成 Y 接（二次側可為 Y 接或 Δ 接），並選用依銘牌額定推理的 $S_B^{3\phi}$ 和 $V_{1B}^{ll}$ 為基值，則得 $S_B^{3\phi} \times 1000$ kVA，且 $V_{1B}^{ll} = \sqrt{3}\,13.2$ kV（故線電壓對應至變壓器一次側之額定電壓為 1 p.u.）。然後利用 (5.31) 式，即可求出 $Z_{1B} = 174\,\Omega$。因此，

$$X_{l\,\text{p.u.}} = \frac{17.4}{174} = 0.1\ \text{p.u.}$$

$$X_{m\,\text{p.u.}} = \frac{17,400}{174} = 100\ \text{p.u.}$$

當然，這些值正好是製造商供應的標么值。

若單相變壓器各一次側連成 Δ 接，並選取 $S_B^{3\phi} \times 1000$ kVA，且 $V_{1B}^{ll} = 13.2$ kV（故線電壓對應至變壓器一次側之額定電壓為 1 p.u.），則 $Z_{1B} = (13.2 \times 10^3)^2 / (3 \times 1000 \times 10^3) = 174/3 = \tilde{Z}_B/3$。在 Δ-Δ 和 Δ-Y 連接的簡化電路圖中，我們可發現各標么電抗為 $X_l/3Z_{1B}$ 和 $X_m/3Z_{1B}$，於是

$$X_{l\,\text{p.u.}} = \frac{X_l}{3\tilde{Z}_B/3} = \frac{X_l}{\tilde{Z}_B} = 0.1\ \text{p.u.}$$

$$X_{m\,\text{p.u.}} = 100\ \text{p.u.}$$

# 第 5 章　變壓器模型和標么系統

故在每一案例中，所得之 $X_l$ 和 $X_m$ 的標么值皆和單相變壓器情形相同，且全部四個案例皆有如圖 E5.11 所示的阻抗圖。由於阻抗圖係被解讀為標么圖，故可捨棄其中擾人的 p.u. 符號。

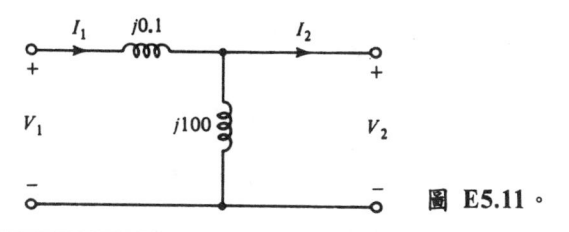

圖 E5.11。

例題 5.1 令人感興趣的結果是假若使用依銘牌額定推理的基值，則在 Y-Y，Y-Δ，Δ-Y 及 Δ-Δ 連接之標么電抗皆和單相情況具有相同的數值。

---

**例題 5.12**

設一三相變壓器組合之額定為 5000 kVA，13.8 Δ – 138Y kV，且 $X_l$ = 0.1 p.u.，試求參考至低壓側 (亦即 Δ 接) 的 $X_l$ (真實值)。

**解**　由於三相設備的功率和電壓額定通常是以三相、線對線名目給出，故利用 (5.31) 式，得

$$Z_{1B} = \frac{(13.8 \times 10^3)^2}{5000 \times 10^3} = 38.09 \; \Omega$$

然後參考至低壓側，則

$$X_l = X_{l\,\text{p.u.}} \times Z_{1B} = 3.809 \; \Omega \text{ (真實值)}$$

---

## 5.7　基值變換

由於設備的各自項目有其不同額定值，所以選出的基值通常不可能總是和銘牌額定相同。因此就需以新的基值來重新計算標么值，其重要觀念是 $Z_{\text{p.u.}}$ 雖和 $Z_B$ 有關，但必然和 $Z_{\text{actual}}$ 無關。注意新值和舊值之間的關係為

$$Z_{\text{actual}} = Z_{\text{p.u.}}^{\text{old}} Z_B^{\text{old}} = Z_{\text{p.u.}}^{\text{new}} Z_B^{\text{new}} \tag{5.32}$$

於是

$$\begin{aligned} Z_{\text{p.u.}}^{\text{new}} &= Z_{\text{p.u.}}^{\text{old}} \frac{Z_B^{\text{old}}}{Z_B^{\text{new}}} \\ &= Z_{\text{p.u.}}^{\text{old}} \left[ \frac{V_B^{\text{old}}}{V_B^{\text{new}}} \right]^2 \frac{S_B^{\text{new}}}{S_B^{\text{old}}} \end{aligned} \tag{5.33}$$

注意：在應用 (5.33) 式時，我們可代入三相及/或線對線值。

---

**例題 5.13**

設一三相發電機的戴維寧輸出電抗 $X = 0.2$ p.u. 係以發電機銘牌額定 13.2 kV、30,000 kVA 為基值而來，若新的基值為 13.8 kV，50,000 kVA，試求 $X$ 新的 p.u. 值。

**解** 利用 (5.33) 式和三相數值，得

$$X_{\text{p.u.}}^{\text{new}} = 0.2 \left( \frac{13.2}{13.8} \right)^2 \frac{50,000}{30,000} = 0.305 \text{ p.u.}$$

---

## 5.8 正常系統的標么分析

若有一正常系統，則常見於電力系統問題的求解可用阻抗圖來使之大為簡化。其理論根據已詳述於 5.5 節內，茲總結作法如下：

**標么分析的作法**

1. 對整個系統選一伏安基值。
2. 任選一電壓基值，再以每一變壓器組合之開路線電壓大小的比值關連所有其他電壓基值。
3. 求出不同分段內的各阻抗基值，並示出所有阻抗相容的標么關係。

# 第 5 章　變壓器模型和標么系統

4. 畫出整個系統的阻抗圖,再解出所有的標么值。
5. 若有需要,則轉換回真實值。

在步驟 1 內,我們可方便的選取一發電機或變壓器組合之三相伏安額定作為基值。在步驟 2 內,則可便利的以步驟 1 所選元件之額定電壓作為基值電壓。此情況在步驟 3 內,若有製造商規格的阻抗標么值,則可直接使用之。若無此規格,則步驟 3 須使用 (5.33) 式。在步驟 4 內,注意阻抗圖內不會有相位移器或理想變壓器。最後,注意步驟 2 所述作法對一正常系統係為可行,因為我們可得一組相容的電壓基值。

此一作法在下列的二例題內將予說明之。

## 例題 5.14

考慮一系統具有圖 E5.14(a) 所示的單線圖,其中三相變壓器的銘牌額定皆已列出,而變壓器電抗皆給以百分值 10% = 0.1 p.u.。若輸電線和負載皆係真實歐姆值,且發電機端電壓 (大小) 為 13.2 kV (線對線),試求發電機電流、輸電線電流、負載電流、負載電壓和傳送至負載的功率。

13.2 kV
$Z_L = 10 + j100$
$Z_{load} = 300$

5 MVA
13.2Δ − 132Y kV
$X_{t1} = 10\%$

10 MVA
138Y − 69Δ kV
$X_{t2} = 8\%$

**圖 E5.14(a)。**

**解**　因系統為正常,故可忽略變壓器感應相位移。現欲導出阻抗圖,注意在圖 E5.14(a) 中,有 3 個分段 (1,2 和 3) 皆係相同。我們將對此三分段選取適合的基值。

步驟 1:對整個系統選一共同 $S_B^{3\phi}$ 基值。例如,選取 $S_B^{3\phi} = 10$ MVA。

步驟 2:選一電壓基值:例如,$V_{2B}^{\text{II}} = 138$ kV。再以各變壓器 (線對線) 電壓額定的比值關連其他電壓基值,故 $V_{1B}^{\text{II}} = 13.8$ kV,$V_{3B}^{\text{II}} = 69$ kV,此處

的下標係參照分段標號 1，2 和 3。

**步驟 3**：利用 (5.31) 式對此三分段求出阻抗基值，並計算輸電線和負載阻抗的標么值。於是

$$Z_{3B} = \frac{(69 \times 10^3)^2}{10 \times 10^6} = 476 \Rightarrow Z_{\text{load}} = \frac{300}{476} = 0.63 \text{ p.u.}$$

$$Z_{2B} = \frac{(138 \times 10^3)^2}{10 \times 10^6} = 1904 \Rightarrow Z_{\text{line}} = 5.25 \times 10^{-3}(1+j10) \text{ p.u.}$$

利用 (5.33) 式，則可表示 $X_{l1}$ 相對於新基值的標么值為

$$X_{l1}^{\text{new}} = 0.1 \left(\frac{13.2}{13.8}\right)^2 \left(\frac{10}{5}\right) = 0.183 \text{ p.u.}$$

我們不須重新計算 $X_{l2}$，因其基值和銘牌值皆相同，故

$$X_{l2} = 0.08 \text{ p.u.}$$

最後，電源（線對線）電壓的標么值可表示成

$$|E_s| = \frac{13.2}{13.8} = 0.96 \text{ p.u.}$$

為做出電路分析，雖可方便地選用 $E_s = 0.96 \angle 0° \text{ p.u.}$，但因此一選擇係為任意，故由分析所得之絕對相位值並不具重要性。

**步驟 4**：現可畫出阻抗圖 [圖 E5.14(b)]，其中標示 KLMN 的點皆對應於單線圖上同樣標示的點，且阻抗圖中所列元件值係以標么值表示之。其次以電路分析可求得 $I_{\text{p.u.}}$ 為

$$I_{\text{p.u.}} = \frac{0.96}{Z_{\text{total}}} = \frac{0.96}{0.709 \angle 26.4°} = 1.35 \angle -26.4°$$

注意同一 $I_{\text{p.u.}}$ 值代表分段 1，2 和 3 內有不同的電流真實值。接下來計算負載電壓，得

$$V_{3\text{p.u.}} = 0.63 I_{\text{p.u.}} = 0.8505 \angle -26.4°$$

且負載功率為

$$S_{L\text{p.u.}} = V_{3\text{p.u.}} I_{\text{p.u.}}^* = Z_{L\text{p.u.}} |I_{\text{p.u.}}|^2 = 0.63 \times 1.35^2 = 1.148$$

第 5 章　變壓器模型和標么系統　　189

步驟 5：依次求出 $I_{1B}$、$I_{2B}$、$I_{3B}$，再來是電流大小的真實值。

$$I_{1B} = \frac{S_B}{V_{1B}} = \frac{10 \times 10^6}{3} \times \frac{\sqrt{3}}{13.8 \times 10^3} = 418.4$$

$$I_{2B} = \frac{13.2}{132} \times 418.4 = 41.84$$

$$I_{3B} = \frac{138}{69} \times 418.4 = 83.67$$

於是

$$發電機電流 = |I_1| = 1.35 \times 418.4 = 564.8 \text{ A}$$

$$輸電線電流 = |I_2| = 1.35 \times 41.84 = 56.48 \text{ A}$$

$$負載電流 = |I_3| = 1.35 \times 83.67 = 112.95 \text{ A}$$

我們可利用 $V_{3\text{p.u.}}$ 和 $V_{3B}^{\text{II}}$ 計算出負載電壓的真實值為

$$負載電壓 = |V_3^{\text{II}}| = 0.8505 \times 69 \text{ kV} = 58.68 \text{ kV}$$

利用 $S_{L\text{p.u.}}$ 和 $S_B^{3\phi}$，則可求得負載功率的真實值為

$$負載功率 = S_{L\text{p.u.}} S_B^{3\phi} = 1.148 \times 10 \text{ MVA} = 11.48 \text{ MVA}$$

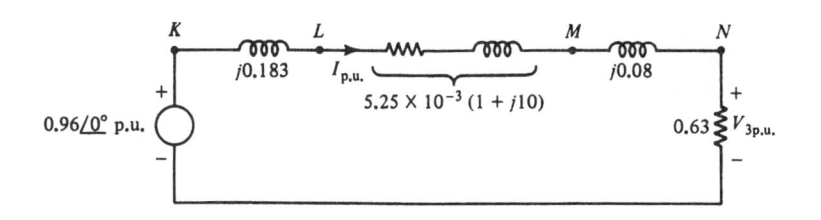

圖 E5.14(b)。

---

**例題 5.15**

考慮如同例題 5.14 內的同樣基本系統，但有些許改變。其中發電機電壓和負載阻抗皆不指定，取而代之的是給予下列資料：負載側之電壓（大小）為 63 kV，且三相負載功率在 0.9 落後功因係為 5.0 MW。試求負載電流、發電機

電壓和發電機功率。

**解** 利用例題 5.14 對基值的相同選法，則有

$$|V_{3p.u.}| = \frac{63}{69} = 0.913$$

故可選取 $V_{3p.u.} = 0.913 \angle 0°$，且亦有

$$P_{D3p.u.} = \frac{5}{10} = 0.5$$

若考慮功因，則

$$P_{D3p.u.} = |V_{3p.u.}||I_{p.u.}| \times 0.9$$

於是可求解 $I_{p.u.}$。其作法是首先得出 $|I_{p.u.}| = 0.608$，其次因 PF = 0.9 落後意謂電流落後電壓 25.84°，所以事實上的 $|I_{p.u.}| = 0.608 \angle -25.84°$。再變更例題 5.14 內的阻抗圖以符合目前情況，則得一電路如圖 E5.15 所示，此時可輕易求出 $E_{sp.u.}$ 為

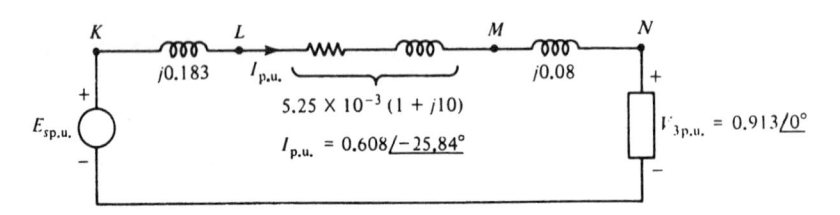

**圖 E5.15**。

$$\begin{aligned} E_{sp.u.} &= V_{3p.u.} + Z_{total}I_{p.u.} \\ &= 0.913 + 0.709 \angle 26.4° \times 0.608 \angle -25.84° \\ &= 1.34 \angle 0.18° \end{aligned}$$

此外，發電機功率為

$$\begin{aligned} S_{Gp.u.} &= E_{sp.u.}I_{p.u.}^* \\ &= 1.34 \angle 0.18° \times 0.608 \angle 25.84° \\ &= 0.8147 \angle 26.02° \end{aligned}$$

第 5 章　變壓器模型和標么系統　　191

現可由標么值乘以適當基值來計算真實值,故得

$$負載電流 = |I_3| = 0.608 \times 83.67 = 50.87 \text{ A}$$

$$發電機電壓 = |E_s^{II}| = 1.34 \times 13.8 \text{ kV} = 18.49 \text{ kV}$$

$$發電機電壓 = S_G^{3\phi} = 0.8147 \angle 26.02° \times 10 \text{ MVA} = 8.147 \angle 26.02 \text{ MVA}$$

例題 5.14 和 5.15 求解問題的簡易性顯然和例題 5.5 所給類似問題的更複雜解法形成對比。

接著再作一例題。

**例題 5.16**

給予一系統的每相圖如圖 E5.16(a) 所示,其中所有阻抗擬以輸電線電路的額定 100 MV,132 kV 為基值來表示其標么值。本例題所需資料如下:

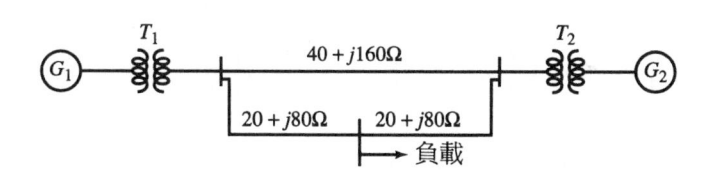

圖 E5.16(a)。

$G_1$ : 50 MVA, 12.2 kV, $X = 0.15$ p.u.

$G_2$ : 20 MVA, 13.8 kV, $X = 0.15$ p.u.

$T_1$ : 80 MVA, 12.2/161 kV, $X = 0.10$ p.u.

$T_2$ : 40 MVA, 13.8/161 kV, $X = 0.10$ p.u.

負載:50 MVA,0.80 功因落後,工作於 154 kV

試對下列情況求出負載的標么阻抗:

**a.** 負載模型為一電阻和電感的串聯組合
**b.** 負載模型為一電阻和電感的並聯組合

**解** 本例旨在說明導出系統標么表示法的各種步驟。注意所給資料的標么值係由每一組件指定的基值而來，此資料理應由製造者提供。在下列分析中，這些數值將全部轉換至一共同系統基值，而該基值已由輸電線電路指定之。

$$\text{輸電線的 kV 基值} = 132\text{kV}$$
$$\text{發電機電路 } G_1 \text{ 的 kV 基值} = 132 \times 12.2/161 = 10.002 \text{ kV}$$
$$\text{發電機電路 } G_2 \text{ 的 kV 基值} = 132 \times 13.8/161 = 11.31 \text{ kV}$$

注意：一旦基值電壓由輸電線電路指定，則其他電路的基值可依所連接電路之一適當變壓器的開路線電壓大小的比值來求出，此係為前述步驟 2 的作法。

現要進行的是依指定的共同基值將所有參數值轉換成標么值，故得

$$G_1 : X = 0.15 \times \frac{100}{50} \times \left(\frac{12.2}{10.002}\right)^2 = 0.4463 \text{ p.u.}$$

$$G_2 : X = 0.15 \times \frac{100}{20} \times \left(\frac{13.8}{11.31}\right)^2 = 1.1166 \text{ p.u.}$$

$$T_1 : X = 0.1 \times \frac{100}{80} \times \left(\frac{12.2}{10.002}\right)^2 = 0.1 \times \frac{100}{80} \times \left(\frac{161}{132}\right)^2 = 0.18596 \text{ p.u.}$$

$$G_2 : X = 0.1 \times \frac{100}{40} \times \left(\frac{13.8}{11.31}\right)^2 = 0.1 \times \frac{100}{40} \times \left(\frac{161}{132}\right)^2 = 0.3719 \text{ p.u.}$$

輸電線電路的基值阻抗 $= (132)^2/100 = 174.24 \; \Omega$，於是

$$Z_{輸電線} = \frac{40 + j160}{174.24} = 0.2296 + j0.9183 \text{ p.u.}$$

再者，從負載匯流排連接至各高壓匯流排之輸電線的標么阻抗皆可給為

$$Z = \frac{20 + j80}{174.24} = 0.1148 + j0.4591 \text{ p.u.}$$

因負載電路的基值阻抗和輸電線電路的基值阻抗相同，故可指定負載的複數功率為

$$50(0.8 + j0.6) = 40 + j30 \text{ MVA}$$

**(a)** 電阻和電感的串聯組合：由 (2.23) 式，得

$$Z_{\text{Load}}^{\text{Series*}} = \frac{(154)^2}{40 + j30} = 379.456 - j284.592 \; \Omega$$

## 第 5 章　變壓器模型和標么系統

$$Z_{\text{Load}}^{\text{Series}} = 379.456 + j284.592 \text{ p.u.}$$

$$Z_{\text{Load}}^{\text{Series}} = \frac{379.456 + j284.592}{174.24} = 2.18 + j1.63 \text{ p.u.}$$

**(b)** 電阻和電感的並聯組合

從例題 2.3 得

$$R_{\text{Load}}^{\text{Parallel}} = \frac{(154)^2}{40} = 592.9 \, \Omega = \frac{592.9}{174.24} = 3.402 \text{ p.u.}$$

$$R_{\text{Load}}^{\text{Parallel}} = \frac{(154)^2}{30} = 790.53 \, \Omega = \frac{790.53}{174.24} = 4.537 \text{ p.u.}$$

圖 E5.16(b) 所示阻抗圖中，所有參數的標么值係依個案選定的基值而來，其中負載是以 R 和 L 的並聯組合表示之。

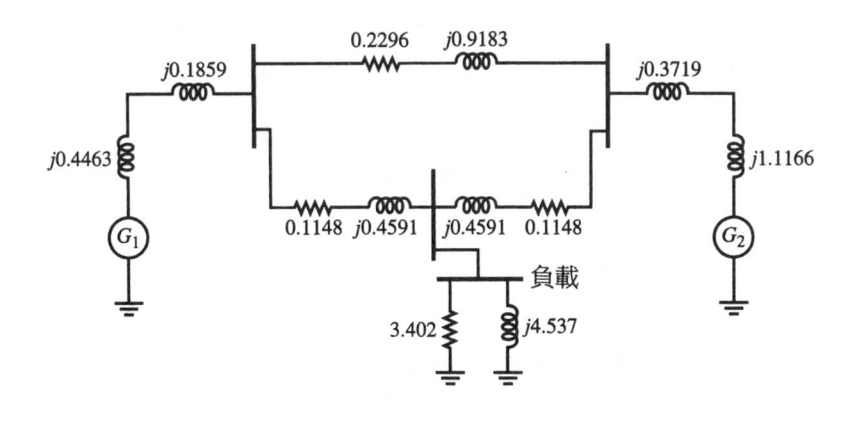

**圖 E5.16(b)**　具標么值表示的阻抗圖。

茲以總結標么系統分析的數項優點來結束本節：

**1.** 系統可藉由消除每相圖中的變壓器而得以簡化。

**2.** 常數更為一致。不同大小（額定）設備的真實歐姆值雖可相差很大，但以標么值表示則相當固定。這使得預估未知的標么阻抗值及/或辨認明顯的資料錯誤係有可能。

**3.** 分析所得數字更容易做物理上的解釋。例如，設有一導線的壓降為

50 V (真實值)，則此數值對其本身並無重大意義。若與 50 kV 基值相比雖可將之忽略，但對 500 V 基值則顯係過量，故表示成標么值可看出相對的大小值。

最後，注意在簡化方面，正常系統的標么正規化作法雖已詳述，然而正規化可應用得更為普遍。在此情形雖然不可能消除所有的理想變壓器及/或相位移器，但標么正規化仍可提供許多優點。

## 5.9 以調節變壓器作電壓和相角控制

首先簡要說明如何使用所謂的調節變壓器來調整電壓大小及/或相位，這些變壓器皆可加入典型值小於 0.1 p.u. 的小量電壓到線或相電壓。至於電壓大小控制則可使用類似於圖 5.25 的裝置，其中電壓 $V_{an}$ 的可調整部分是由串聯變壓器的一次側饋入，且其二次側係與 $a$ 相串聯。

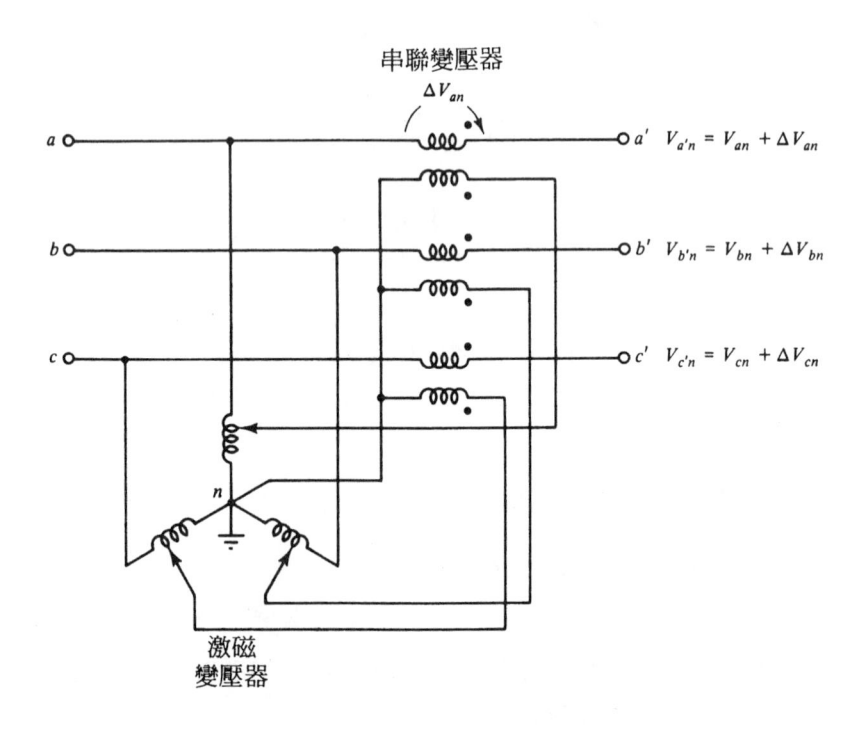

圖 5.25 調節變壓器作電壓控制。

# 第 5 章 變壓器模型和標么系統

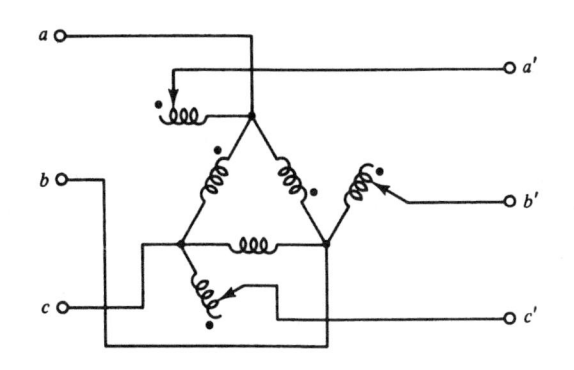

**圖 5.26** 調節變壓器作相角控制。

同樣地，我們也可加入電壓至 $V_{bn}$ 和 $V_{cn}$。假設變壓器為理想，則可易於瞭解基本的升壓機構。此裝置係用來自動維持輻射饋電線在變動負載情況下的電壓；而在迴路系統中，亦可將之用來控制無效功率潮流。

注意電壓大小亦可用所謂的分接頭切換變壓器來控制，其所得到之數段二次電壓可在 ±10% 標稱二次電壓的變動範圍內。

至於電壓相角則可用圖 5.26 的系統來調整，其中所示繞組係由相同變壓器的一次和二次側並聯而成。若欲對操作有最佳的瞭解，則可假設變壓器為理想。於是 $V_{cc'}=\rho V_{ab}$，$V_{aa'}=\rho V_{bc}$，$V_{bb'}=\rho V_{ca}$，其中 $\rho$ 係為一小的正數。注意

$$V_{a'a'} = V_{a'a} + V_{ab} + V_{bb'}$$
$$= V_{ab} + \rho(V_{ca} - V_{bc})$$

且設電壓 $V_{ab}$，$V_{bc}$ 和 $V_{ca}$ 為一正相序組，則可求出

$$V_{a'a'} = V_{ab} + \rho(e^{j2\pi/3} - e^{-j2\pi/3})V_{ab}$$
$$= V_{ab}(1 + j\rho\sqrt{3})$$

故 $V_{a'a'}$ 領先 $V_{ab}$。再者，其餘電壓的相位亦皆同樣超前。由調整 $\rho$ (亦即各二次側的分接頭)，則相位超前亦為可調整。對小的 $\rho$ 值而言，電壓大小比較不受影響。

其次考慮應用方面。設有二傳輸鏈相並聯，且其電抗皆相同，則二者分擔的傳送功率會相同，此係因其皆具有相同的功率角。另一方面，此二

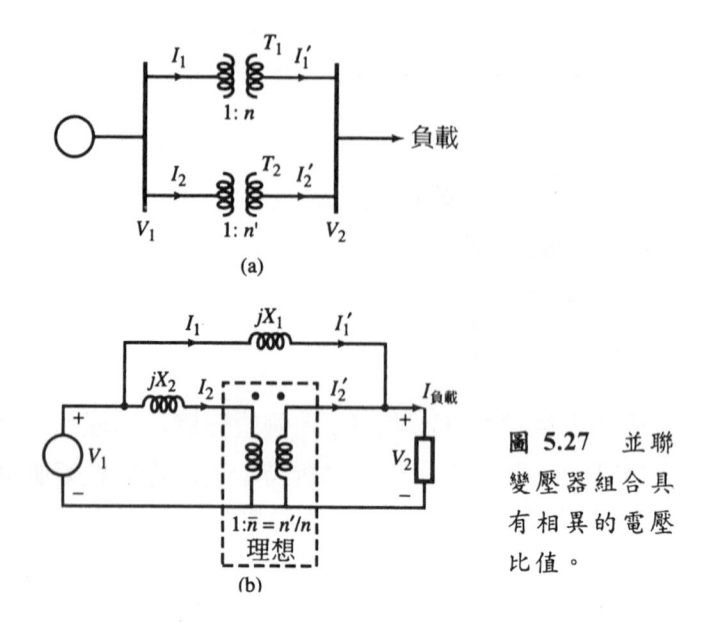

圖 5.27 並聯變壓器組合具有相異的電壓比值。

者之熱界限可為相異，故可分別將之載入。此處所述的相角控制可有效地用來增加較高熱界限之傳輸鏈的相角。

注意，若已使用調節變壓器，則系統通常不為正常。這是因為即使標么正規化後，阻抗圖內仍有實數或複數理想變壓器。

現將藉由例題來說明調節變壓器的功能。圖 5.27(a) 所示為二變壓器組合的並聯，此一配置雖與例題 5.6 類似，但在此例則有不匹配的匝數比(而非感應關係相位移)。假設第一個變壓器組合 ($T_1$) 的開路電壓比為 $n$，且和跨於變壓器組合的基值電壓比相同，則在標么正規化後，理想變壓器在每相變壓器模型內將會消失，而只留下標么串聯電抗 $X_1$。

若設第二個變壓器組合 ($T_2$) 具有開路電壓比值 $n'$，則此變壓器的標么正規化 (此時的基值電壓比為 $n$) 將會發生何事？為明瞭有何發生，茲考慮將理想變壓器 (具電壓比值 $n'$) 置換成一等效連接係由一具有電壓比值 $n$ 的理想變壓器和另一具有電壓比值 $\bar{n} = n'/n$ 的理想變壓器串接而成。在標么正規化後，電壓比值為 $n$ 的變壓器將消失，而只留下電壓比值 $\bar{n} = n'/n$ 的理想變壓器和標么電抗 $X_2$ 相串聯，此正如圖 5.27(b) 所示。注意：圖 5.27(b) 亦可視為一模型含有二輸電線並聯，而其中一線上有調節變壓器。

接下來考慮以更詳細的兩個例題來說明調節變壓器的作用。

## 第 5 章 變壓器模型和標么系統

**例題 5.17**

設有匯流排 1 和 2 之間係經由 $X_1 = j0.2$ 的變壓器 $T_1$ 並聯另一具有 $X_2 = j0.4$ 之 $T_2$ 來相連接,且匯流排 2 為負載匯流排,並供應電流 $I_{load} = 1.05\angle -45°$。若 $V_2 = 1\angle 0°$,試求經由每一變壓器傳送至負載的複數功率,但調節變壓器 $T_2$ 可提供 5% 的升壓大小(亦即 $\bar{n} = 1.05$)。

**解** 將各指定值放入圖 5.27(b) 內,可得圖 E5.17。

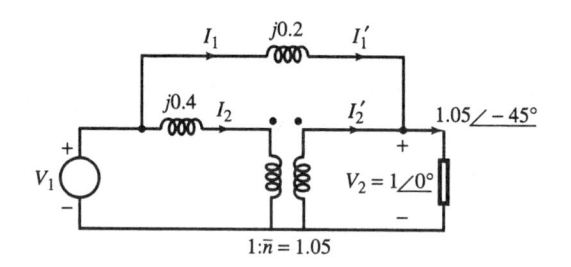

圖 E5.17 例題 5.17 的等效電路。

利用 KCL 和 KVL,得

$$I_1' + I_2' = 1.05 \angle -45° \tag{1}$$

$$V_1 = 1\angle 0° + j0.2 I_1' = \frac{1}{1.05}\angle 0° + j0.4 \times 1.05\, I_2' \tag{2}$$

化簡第二式,則

$$-j0.2 I_1' + j0.42 I_2' = 0.0476 \tag{3}$$

解 (1) 和 (3) 式,得

$$I_1' = 0.5030 - j0.4262 \tag{4}$$

$$I_2' = 0.2395 - j0.3163 \tag{5}$$

因為 $V_2 = 1\angle 0°$,故可易於給出每一變壓器組合所供應的功率為

$$S_{T_1} = V_2 I_1'^* = 0.5030 + j0.4262 \tag{6}$$

$$S_{T_2} = V_2 I_2'^* = 0.2395 + j0.3163 \tag{7}$$

設二變壓器皆有相同的匝數比 $n$,則 $\bar{n}=1$,且經由簡單計算後,得

$$S_{T_1} = 0.4950 + j0.4950 \tag{8}$$

$$S_{T_2} = 0.2475 + j0.2475 \tag{9}$$

將 (6) 和 (7) 式對 (8) 和 (9) 式互作比較,則可發現調節變壓器在升壓情況時,傳送至負載的無效功率和沒有升壓情況大為不同,而有效功率則無顯著改變。此例說明調節變壓器所影響之電壓大小可用電力系統的無效功率潮流來控制。以不同方式來說,我們觀察出電壓大小的改變和無效功率潮流之間確有密切 "耦合",此一結果將於第 10 章內再予提出。

在下一例題中,我們將考慮相位移調節變壓器的作用,並檢驗相位移在複數功率潮流的效應。

## 例題 5.18

考慮一類似於例題 5.17 的裝置,但此時不用變壓器 $T_2$ 的升壓大小,而是以 3° 超前相位代替之,並保留電壓增益為一。假設 $V_1$ 的調整可使得 $V_2$ 保持固定值為 $V_2 = 1\angle 0°$,且如同例題 5.17 內,負載電流為 $1.05\angle -45°$。圖 E5.17 於本例題內的修正,在此保留給讀者。(唯一改變之處只需將理想變壓器取代成相位移超前電壓的相角為 3°)

**解** 我們有

$$I_1' + I_2' = 1.05\angle -45° \tag{1}$$

$$V_1 = 1\angle 0° + j0.21 I_1' = 1\angle -3° + j0.4 I_2' \angle -3° \tag{2}$$

化簡 (2) 式,得

$$I_1' - j2.0 I_2' \angle -3° = -0.2617 + j0.0069 \tag{3}$$

解 (1) 和 (3) 式,則

$$I_1' = 0.3991 - j0.5044 \tag{4}$$

$$I_2' = 0.3434 - j0.2381 \tag{5}$$

且每一變壓器供應的功率為

$$S_{T_1} = V_2 I_1'^* = 0.3991 + j0.5044 \tag{6}$$

第 5 章　變壓器模型和標么系統　　　　　　　　**199**

$$S_{T_2} = V_2 I_2^{'*} = 0.3434 + j0.2381 \tag{7}$$

假設沒有 3° 超前相位 (亦即電壓調節器 $T_2$ 的超前相位為 0°) (且匝數比仍為 $n$)，則可輕易計算出此情況下 $I_1'$ 和 $I_2'$。事實上，此一結果在例題 5.17 的結尾業已得之，在此重覆列出其結果為

$$S_{T_1} = 0.4950 + j0.4950 \tag{8}$$

$$S_{T_2} = 0.2475 + j0.2475 \tag{9}$$

將 (6) 和 (7) 式對 (8) 和 (9) 式相互比較，則可看出調節器相位移對經由變壓器的有效功率潮流具有重大影響，但無效功率潮流則保持比較沒有改變。此結果指出相位移變壓器可用來控制有效功率潮流。換個方式來說，此例說明相角改變和有效功率潮流之間係密切耦合，此一結果將於第 10 章內再予提出。

## 5.10　自耦變壓器

　　自耦變壓器是平常變壓器以特殊方式連接而成，其一次和二次繞組在電路上係連接在一起，且亦互相耦合。此種連接型式的結果是低成本、尺寸和重量較小、改善電壓調節及效率較高。此類裝置的性能可用傳統二繞組理想變壓器來探討。圖 5.28(a) 所示為一理想變壓器，而圖 5.28 (b) 所示則為理想變壓器之二繞組連接於同一電路所形成的自耦變壓器，其中所

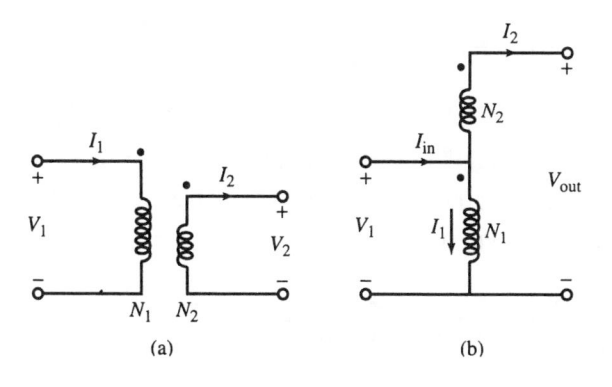

圖 5.28　(a) 二繞組變壓器和 (b) 自耦變壓器的比較。

示連接的二繞組電壓係為相加。再者，此二繞組亦可連接成電壓互為相減。

---

**例題 5.19**

設以額定為 2400/240 V 之 60 kVA 單相變壓器連接成如圖 5.28(b) 所示的自耦變壓器，其額定電壓 $|V_1| = 2400$ V 係施加在變壓器的高壓側繞組。

(a) 試計算高壓側之電壓額定 $V_{out}$，此時變壓器是連接成自耦變壓器。
(b) 試計算自耦變壓器的 kVA 額定值。
(c) 若繞組損失在額定負載可給為 1004 W，試求自耦變壓器在 0.80 功率因數的滿載效率。

**解**

(a) 
$$|I_1| = \frac{60,000}{2400} = 25 \text{ A}$$

$$|I_2| = \frac{60,000}{240} = 250 \text{ A}$$

$$|V_{out}| = 240 + 2400 = 2640 \text{ V}$$

(b) 輸入電流為

$$|I_{in}| = |I_1| + |I_2| = 25 + 250 = 275 \text{ A}$$

輸入 kVA 額定為

$$|I_{in}| \times |V_1| = 275 \times 2400 = 660 \text{ kVA}$$

輸出 kVA 額定為

$$|I_2| \times |I_{out}| = 250 \times 2640 = 660 \text{ kVA}$$

(c) 當自耦變壓器連接成如圖 5.28(b) 所示時，注意流經二繞組變壓器之個別繞組的電流係和流經自耦變壓器繞組的電流相同。因此，損失亦和二繞組變壓器相同，故可給出 1004 W。自耦變壓器在 0.80 功率因數的輸出為 (0.80)(660,000) = 528,000 W，故得效率為

$$\eta = \frac{\text{輸出}}{\text{輸出} + \text{損失}} = \frac{528,000}{528,000 + 1004} = 0.9981$$

仟伏安額定可從 60 kVA 增加到 660 kVA，且輸出電壓可從 240 V 增加到 2640 V，此二者明示出自耦變壓器的優點。同時注意自耦變壓器的效率非常高是因為同 60 kVA 變壓器的損失。

三相自耦變壓器 Y-Y 接的運轉可利用三個單相變壓器連接成如 5.2 節所述來製造，且亦可用三相組件來構成。這些變壓器都可用來連接輸電線在不同電壓位準下操作。若以例題 5.19 所用三個單相變壓器來製造出三相 Y-Y 接自耦變壓器，則其額定可為 1.98 MVA，4175/4572 V。

## 5.11 輸電線和變壓器

我們將以連結第 4 章所發展的輸電線模型和變壓器模型來結束本章。考慮一特定傳輸鏈連接至二匯流排如圖 5.29 所示。

設此系統為正常，則其每相、標么分析可使用圖 5.24 所給變壓器簡化電路圖和圖 4.3 的輸電線電路。更詳細的說法是所得電路如圖 5.30 所示，其中亦包含變壓器電阻。

在幾乎所有情況內，此電路可再予以簡化。其中變壓器電阻和磁化電抗通常係可忽略之；而對短程輸電線，其他的並聯元件亦皆可忽略。此時的結果是可用一非常簡單的串聯 RL 電路來連接匯流排 1 和 2。

在任何場合，我們通常只關心端點 (雙埠) 行為，且所欲的任一雙埠參數皆可從圖 5.30 計算出。在第 9 章內，我們感興趣的雙埠導納參數可對圖 5.30 做電路分析而將之計算出。下列例題說明其一方法即可達成此目的。

圖 5.29(a)　傳輸鏈。

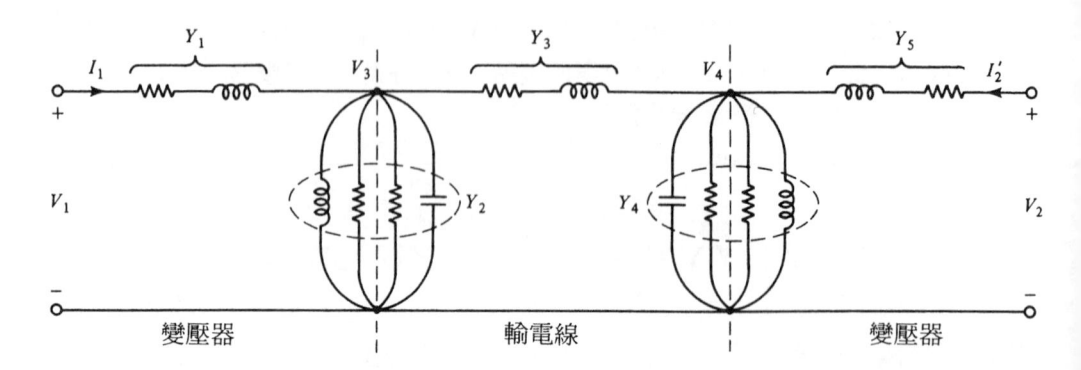

圖 5.30 輸電線分段的阻抗圖。

**例題 5.20**

給予圖 5.30 電路,試求雙埠導納參數的表示式。

**解** 利用節點分析,得

$$\begin{bmatrix} I_1 \\ I_2' \\ 0 \\ 0 \end{bmatrix} = \begin{bmatrix} Y_1 & 0 & -Y_1 & 0 \\ 0 & Y_5 & 0 & -Y_5 \\ -Y_1 & 0 & Y_1+Y_2+Y_3 & -Y_3 \\ 0 & -Y_5 & -Y_3 & Y_3+Y_4+Y_5 \end{bmatrix} \begin{bmatrix} V_1 \\ V_2 \\ V_3 \\ V_4 \end{bmatrix}$$

其次消去 $V_3$ 和 $V_4$,此可便利的以矩陣代數來完成。上述方程式的矩陣形式為

$$\begin{bmatrix} \mathbf{I} \\ \mathbf{0} \end{bmatrix} = \begin{bmatrix} \mathbf{A}_{11} & \mathbf{A}_{12} \\ \mathbf{A}_{21} & \mathbf{A}_{22} \end{bmatrix} \begin{bmatrix} \mathbf{V} \\ \mathbf{V}' \end{bmatrix}$$

其中 **I** 和 **V** 皆為所欲的端點變量,但擬打算消去 **V**′。因此可得二矩陣方程式為

$$\mathbf{I} = \mathbf{A}_{11}\mathbf{V} + \mathbf{A}_{12}\mathbf{V}'$$
$$\mathbf{I} = \mathbf{A}_{21}\mathbf{V} + \mathbf{A}_{22}\mathbf{V}'$$

利用第二方程式可解出 **V**′ 來表示 **V**′,然後再代入第一方程式內,則其結果為

$$\mathbf{I} = [\mathbf{A}_{11} - \mathbf{A}_{12}\mathbf{A}_{22}^{-1}\mathbf{A}_{21}]\mathbf{V} = \mathbf{Y}\mathbf{V}$$

其中 **Y** 為雙埠導納參數所欲的 $2\times 2$ 矩陣,並假設 $\mathbf{A}_{22}$ 必為可逆。

## 第 5 章　變壓器模型和標么系統

**例題 5.21**

設圖 5.30 電路內的電阻係為可忽略，並設 $Z_1 = Z_3 = Z_5 = j0.1$，且 $Y_2 = Y_4 = j0.01$。亦即此時所假設的電路係只含電感性串聯元件和（淨）電容性並聯元件。

**(a)** 試求雙埠導納參數。

**(b)** 試求一 Π-等效電路具有同樣的雙埠導納參數。

**解 (a)** 利用例題 5.20 的結果，則有 $\mathbf{A}_{11} = -j10 \times \mathbf{1}$ 和 $\mathbf{A}_{12} = \mathbf{A}_{21} = j10 \times \mathbf{1}$，其中 $\mathbf{1}$ 為 $2 \times 2$ 單位矩陣。此外，

$$\mathbf{A}_{22} = j \begin{bmatrix} -19.99 & 10 \\ 10 & -19.99 \end{bmatrix}$$

且其逆矩陣為

$$\mathbf{A}_{22}^{-1} = \frac{1}{j299.6} \begin{bmatrix} -19.99 & -10 \\ -10 & -19.99 \end{bmatrix}$$

做完所示矩陣運算後，可得雙埠導納矩陣為

$$\mathbf{Y} = \mathbf{A}_{11} - \mathbf{A}_{12}\mathbf{A}_{22}^{-1}\mathbf{A}_{21} = \begin{bmatrix} -j3.328 & j3.328 \\ j3.328 & -j3.328 \end{bmatrix}$$

此完成 (a) 小題。

**(b)** 讀者應驗算圖 E5.21 所示 Π-等效電路係有相同的雙埠導納矩陣。注意 $Y = Y_2 = Y_4 = j0.01$，且 $Z \approx Z_1 + Z_3 + Z_5 = j0.3000$，此於推導 Π-等效電路可提供一些簡化。

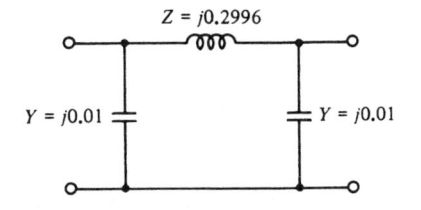

圖 E5.21。

在任何情況，一正常系統對一傳輸鏈、給予的雙埠導納參數必可求得 Π-等效電路。依此方式，一傳輸鏈可用三元件組成的非常簡單電路來作為模型。

現所完成的系統模型足以用來考慮一非常基本且重要的問題，也就是所謂的功率（或負載）潮流分析問題，此將於第 10 章內處理之。

## 5.12 總　結

在本章內，我們已推導單相變壓器互聯所組成三相組合之四種最常見型式的每相模型。此模型的組成係為一電抗網路串接一傳統理想變壓器（就 Y-Y 或 Δ-Δ 連接而論）或一複數理想變壓器（就 Δ-Y 或 Y-Δ 而論）。對傳統理想變壓器來說，由一次側前進到二次側的電壓增益為 $n$，電流增益為 $1/n$，（複數）功率增益則為 1，且任何二次側阻抗參考到一次側皆需乘以 $1/n^2$。至於複數理想變壓器，其對應前述各項係分別為 $K$、$1/K^*$、1 和 $1/|K|^2$，而其中的 $K$ 為複數，且取決於單相變壓器的匝數比、互聯型式和是否操作於正或負相序模式而定。

標么正規化的引入具有簡化和其他優點。在此情況，常見型式的分析問題含有正常系統時，所有理想和複數理想變壓器皆可從電路圖中消除之。

若一傳輸鏈係由輸電線及其兩端各三相變壓器組合所組成，則其阻抗圖可再進一步簡化。若利用電路分析，則可得一僅含三個阻抗的 Π-等效電路。

## 習　題

**5.1.** 設一理想單相變壓器的電壓增益為 10，且其二次側端點的負載阻抗 $Z_L = 30 + j40\ \Omega$。
  (a) 試求（一次側）驅動點阻抗。
  (b) 若一次側電壓為 120 V，試求一次側電流、二次側電流、進入負載的功率和進入變壓器一次側之複數功率。

**5.2.** 設圖 P5.2 內的變壓器為理想，試求該電路在下列各別情況的（一次側）驅動點阻抗（在端點 $a$–$n$）：
  (a) 如圖所示。
  (b) $n$ 和 $n'$ 實線連接。
    提示：在 (b) 小題內，假設 $V_{an} = 1\text{V}$，則可求得電流 $I_a$。

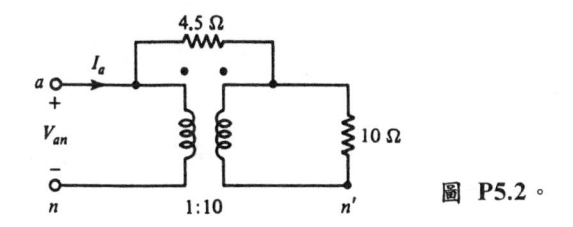

第 5 章　變壓器模型和標么系統　　205

圖 P5.2。

5.3. 若以一 120/240 V、單相變壓器連接成"自耦變壓器"(圖 P5.3)，設 $V_1 = 120\angle 0°$，且變壓器為理想，試求 $V_2$、$I_2$ 和 $I_1$。

額定：一次側，120 V
　　　二次側，240 V

自耦變壓器連接

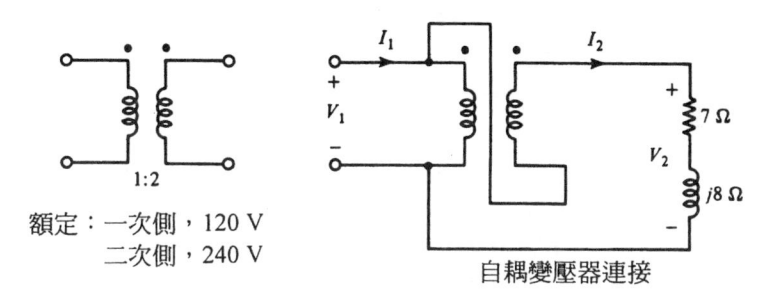

圖 P5.3。

5.4. 設一單相變壓器具有下列額定：10 kVA、240/2400 V。其開路試驗在額定一次電壓 (240 V) 時，測得一次電流為 0.85 A，且二次電壓為 2400 V。而短路試驗係執行如下：首先將一次側短路，再外加降低的二次側電壓，則當二次電路達到額定時的外加二次電壓為 121 V。若忽略電阻，試求 $X_l$、$X_m$ 和 $n = N_2/N_1$ 亦即圖 5.4 內的電路元件)。

5.5. 設一 24 kV 饋電器 (線) 經由一降壓變壓器提供至單相負載，此饋電器阻抗為 $50 + j400\ \Omega$，變壓器電壓額定為 24/2.4 kV，且 (串聯) 阻抗參考到低壓側係為 $0.2 + j1.0\ \Omega$。若饋電器送電端電壓 $|V_s|$ 可整到得以滿載 200 kW、功因 0.9 落後供應至電壓 $|V_L|_{\text{full load}} = 2300\ V$ 的負載。
(a) 試求 $|V_s|$。
(b) 試求饋電器負電端電壓 $|V_R|$。
(c) 試求全體傳輸效率 [亦即 $\eta = P_{\text{load}}/(P_{\text{load}} + P_{\text{losses}})$]。
(d) 設移走負載時，$|V_s|$ 仍維持固定在 (a) 小題所得之值，而後發現 $|V_L|_{\text{no load}} = 0.1|V_s|$，試求「百分電壓調節率」，其中

$$\text{百分電壓調節率} = \frac{|V_L|_{\text{no load}} - |V_L|_{\text{full load}}}{|V_L|_{\text{full load}}} \times 100$$

5.6. 為明瞭功率因數改變對效率和電壓調節率的效果，試以 $PF = 0.7$ 落後重作習題 5.5 的 (a)、和 (d) 小題。並試問調節率是否較好，還是更壞？而所謂較好意指無載和滿載電壓之間的大小變化不大。又試問效率是好，還是壞？

5.7. 在圖 P5.7 內，電壓在 $a$、$b$ 和 $c$ 係為平衡三相。若變壓器為理想，且具有相同匝數比，試求電壓 $V_{a'b'}$、$V_{b'c'}$ 和 $V_{c'a'}$，並以 $V_{ab}$、$V_{bc}$ 和 $V_{ca}$ 表示之。
   (a) 試問此三者是否平衡三相？
   (b) 如果不是，則應如何重新連接變壓器以得到平衡三相？

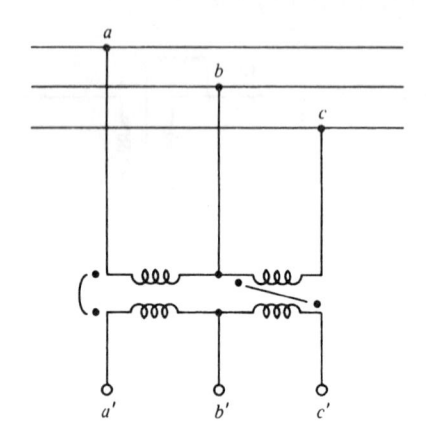

圖 P5.7。

5.8. 圖 P5.8 所示變壓器係以非標準方式標示之，設單相變壓器均為理想（每一皆具電壓增益 $n$），試求 $V_{a'n'}$ 關於 $V_{an}$ 的正相序每相等效電路。

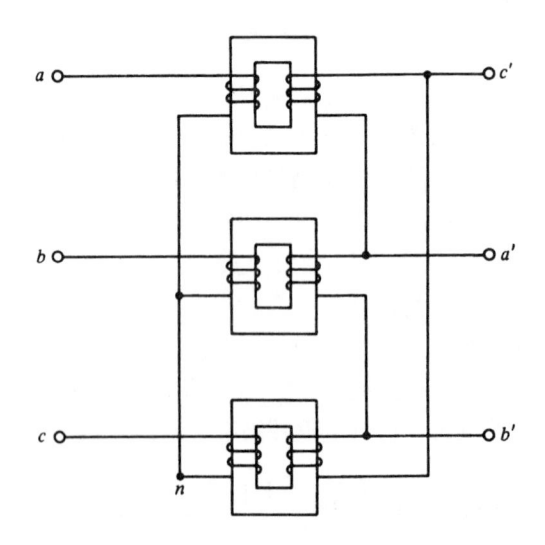

圖 P5.8。

## 第 5 章 變壓器模型和標么系統    207

**5.9.** 給予圖 P5.9 所示單相變壓器的奇異連接，設 $E_a = E_b = E_c = 1\angle 0°$，試求 $I_a$。

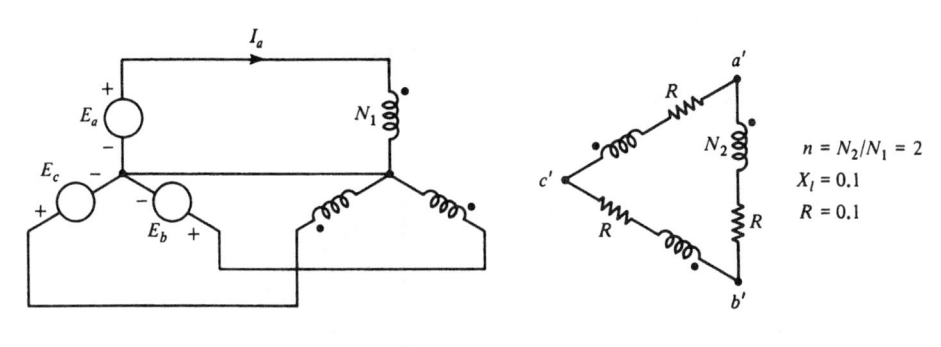

圖 P5.9。

$n = N_2/N_1 = 2$
$X_l = 0.1$
$R = 0.1$

**5.10.** 設一 10 MVA 三相負載係由（線對線）電壓為 13.8 kV 的 三相變壓器組合所供電，且電源側（線對線）電壓為 138 kV。設倉庫內有各種單相變壓器皆可使用，但全部都是具有繞組電壓額定在 100 kV 以下，且電流額定在 250 A 以下。

 (a) 試問是否可能只使用三個單相變壓器供電至負載？
 (b) 如果可以，試給出三相連接以及單相變壓器的低壓和高壓額定。

**5.11.** 給予單相變壓器的連接如圖 P5.11 所示，其中各一次側皆係在左方。設每一單相變壓器皆具 $n=1$，$X_l = 150$ Ω，且電壓源為正相序，又 $V_{an} = V_{a'n'} = 8.0$ kV $\angle 0°$。試利用圖 5.18 的每相電路求出 $I_a$ 和 $I_a'$。

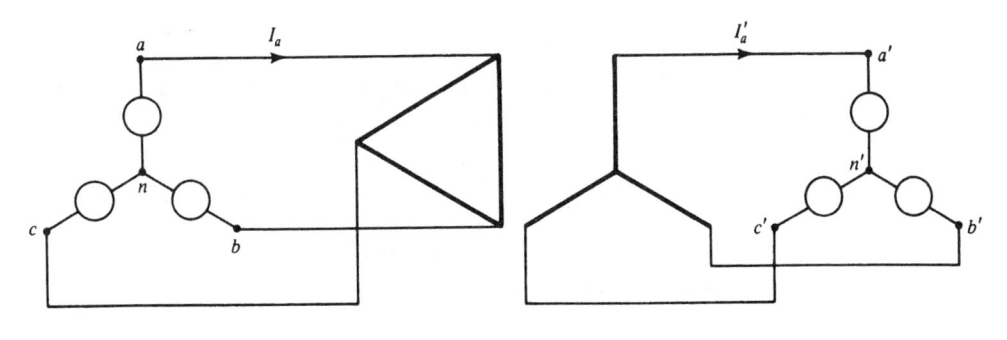

圖 P5.11。

**5.12.** 給予圖 P5.12 所示標準降壓連接，其一次側係在右邊。設電壓源為正相序，且 $V_{ab} = 13.8$ kV $\angle 0°$；而變壓器組合係由 $X_l = 1.0$ Ω，$n = N_2/N_1 = 10$ 的單

相變壓器所組成。

(a) 試以圖 5.18 的每相等效電路求出 $I_a$、$I'_a$、$V_{a'b'}$ 和 $S^{3\phi}_{load}$。注意：此圖必須反轉。

(b) 試重作 (a) 部分，但忽略圖 5.18 內的感應關係相位移。

(c) 試比較 (a) 和 (b) 小題的結果。

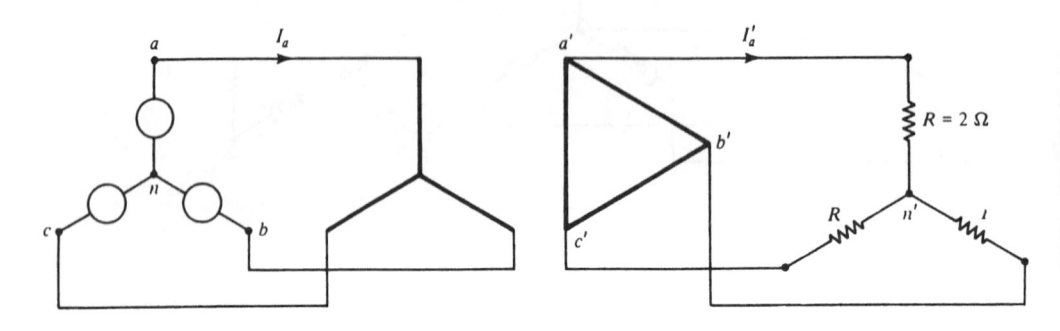

圖 P5.12。

5.13. (a) 試重作例題 5.6，但 $Z_{load}$ 須移走。試再與原來所得循環電流互作比較。

(b) 試重作 (a) 小題，但洩漏電抗皆減半。試問這對循環電流的大小有何影響？

5.14. 設一單相發電機可用戴維寧等效電路表示成 1320 V 串聯 $Z_s = 2\angle 84°\ \Omega$，再以一負載 $Z_L = 50\angle 60°\ \Omega$ 跨接其二端點，試依下列選取的基值畫出標么圖：

(a) $V_B = 1000\ V$，$S_B = 100\ kVA$。

(b) $V_B = 1320\ V$，$S_B = 50\ kVA$。

再利用此標么圖做電路分析，並試對每一情況求出標么電壓、電流和複數功率，且將各標么值轉換成真實值來證明此二情況皆係相同。

5.15. 試畫出圖 P5.15 所示系統單線圖的阻抗圖，其三相和線對線額定如下：

發電機：30 MVA, 138 kV, $X_s = 0.10$ p.u.

電動機：20 MVA, 13.8 kV, $X_s = 0.08$ p.u.

$T_1$：20 MVA, 13.2–132 kV, $X_l = 0.10$ p.u.

$T_2$：15 MVA, 13.8–13.8 kV, $X_l = 0.12$ p.u.

輸電線：$20 + j100\ \Omega$（真實值）

令發電機段的發電機額定選作基值。

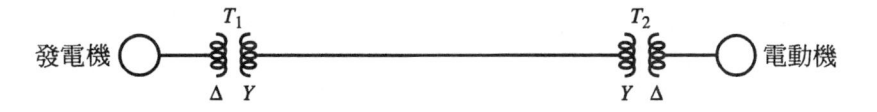

第 5 章　變壓器模型和標么系統　209

圖 P5.15。

5.16. 試利用習題 5.15 的阻抗圖，並設電動機電壓為 13.2 kV 時，且該電動機以 0.85 領先功率因數吸收 15 MW。
 (a) 試求下列標么值：電動機電流、輸電線電流、發電機電流、發電機端電壓、輸電線送電端電壓和發電機供應的複數功率。
 (b) 試將 (a) 小題所得標么值轉換成真實單位值 (亦即安培、伏特和伏安)。

5.17. 試利用習題 5.15 的阻抗圖，並將電動機以 Y 接負載阻抗取代之，且其每一腳的 $Z_L = 20 \angle 45° \: \Omega$。設發電機端電壓為 13.2 kV，試求負載電壓和電流的標么值及真實單位值。

5.18. 試畫出圖 P5.18 所示系統單線圖的阻抗圖，其三相和線對線額定如下：

　　發電機 $G$ ：15 MVA, 138 kV, $X = 0.15$ p.u.
　　電動機 $M1$：5 MVA, 14.4 kV, $X = 0.15$ p.u.
　　電動機 $M2$：5 MVA, 14.4 kV, $X = 0.15$ p.u.
　　　　$T_1$：25 MVA, 13.2 – 161 kV, $X = 0.1$ p.u.
　　　　$T_2$：15 MVA, 13.8 – 161 kV, $X_l = 0.1$ p.u.
　　輸電線：$j100 \: \Omega$ (真實值)

再者，並選取輸電線的 100 MVA 和 161 kV 作為基值。

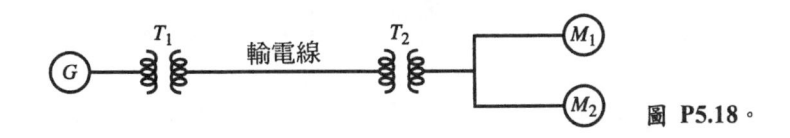

圖 P5.18。

5.19. 試畫出圖 P5.19 所示系統單線圖的阻抗圖，其三相和線對線額定如下：

　　發電機 $G_1$ ：50 MVA, 13.8 kV, $X = 0.15$ p.u.
　　發電機 $G_2$ ：20 MVA, 14.4 kV, $X = 0.15$ p.u.
　　電動機 $M$ ：20 MVA, 14.4 kV, $X = 0.15$ p.u.
　　　　$T_1$：60 MVA, 13.2 – 161 kV, $X = 0.10$ p.u.
　　　　$T_2$：25 MVA, 13.2 – 161 kV, $X_l = 0.10$ p.u.

$T_3$：25 MVA, 13.2 – 161 kV, $X_l = 0.10$ p.u.

輸電線 1：20 + j80 Ω （真實值）
輸電線 2：10 + j40 Ω （真實值）
輸電線 3：10 + j40 Ω （真實值）
負載：20 + j15 MVA、12.63 kV

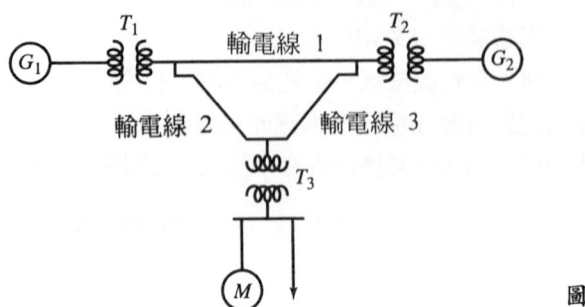

圖 P5.19。

5.20. 設圖 P5.20 所示電路內之二變壓器具有下列以 100 MVA 為基值的電抗值：$X_1 = 0.10$ p.u.，$X_2 = 0.14$ p.u.。設變壓器 $T_2$ 裝有分接頭變換器，則可調整 $T_2$ 之分接頭使得流經 $T_2$ 的虛功率減為 12 MVAr，且此值係由 $T_1$ 取決之。試求欲獲得所需潮流的 $T_2$ 分接頭位置。(注意：假設電路所給係為標稱電壓。)

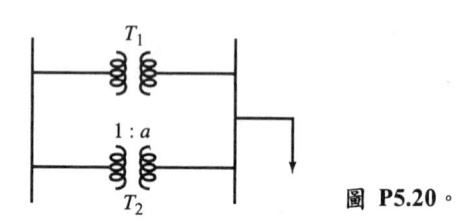

圖 P5.20。

5.21. 設二變壓器以並聯連接供電至一負載，其每相至中性點的阻抗為 $0.6 + j0.8$ 標么，且電壓 $V_2 = 1.025 \angle 0°$ 標么。若其中有一變壓器的電壓比等於變壓器兩側基值電壓的比值，且此變壓器在適當基值的阻抗為 $j0.2$ 標么。而另一變壓器在相同基值的阻抗亦為 $j0.2$ 標么，但二次繞組之分接頭須設定為第一變壓器的 1.06 倍。試求經由每一變壓器傳送到負載的複數功率。

5.22. 設一 11,500/2300 V 二繞組變壓器的額定為 100 kVA，若此變壓器連接成自耦變壓器，試問新的電壓比和輸出將會如何？

5.23. 設一 100 kVA 負載於 460 V 的供電係由 2300 V 自耦變壓器所供應，試

第 5 章　變壓器模型和標么系統　　　　　　　　　　　　　　　211

求其二繞組每一者之電流和電壓額定。又若使用二繞組變壓器，則變壓器的 kVA 額定為何？

## D5.1　設計練習

此一習題是繼續確立第 4 章所介紹的設計練習 D4.1。

在報告要求的項目 (e) 內，系統內所有輸電線的真實阻抗皆已算出。此外，變壓器的電抗資料也已提供。試對你在習題 D4.1 所設計的系統計算所有阻抗皆以 100 MVA 為基值，且適合作電壓基值者為 161 kV 或 69 kV。若變壓器在其基值的電抗（省略電阻）為 0.08 p.u.，試製作一表格用來示出所有參數的標么值。

# CHAPTER 6

# 發電機模型 I
# （電機觀點）

## 6.0 簡 介

　　我們現在希望專注於瞭解經由輸電系統供給負載複功率的發電機。我們將探討調整供給於每一發電機匯流排有效及無效功率的意義，並增進對於可變複功率極限的認識。針對此目的，考慮發電機的穩態模型是非常適合的。

　　本章節中，我們根據由場及定子電流產生於發電機內的旋轉磁場，來推導一個穩態的發電機模型。對於磁場的強調是傳統電機觀點的核心，且它對於基本的電壓發生機構、電樞反應以及**直軸** (direct-axis) 和**交軸** (quadrature-axis) 電抗的物理意義，皆能提供清楚的物理描述。

　　當考慮暫態或非正相序運轉狀況時，電機觀點並不是非常的清楚。因此，在第 7 章，當考慮這些更一般化的情況時，我們將採用電路觀點，此不同的觀點可提供一種較容易發展更一般化發電機模型的方法。

　　我們將侷限討論於由蒸汽、水力、氣渦輪機或柴油引擎所驅動的交流發電機（同步發電機、交流機）。在目前，這些都是供給電力系統電能的重要來源。

　　應該注意的是同步發電機和同步電動機的理論是一樣的，所以有時我們用**同步電機** (synchronous machine) 這個專有名詞來含括電動機和發電機兩者。

## 6.1 傳統的電機描述

　　在基本物理學教科書中描述的單相交流發電機，是由一個在均勻磁場中旋轉的線圈（導線迴路）所組成，交流電壓經由**滑環** (slip rings) 引出。在實際大型交流發電機中，磁場在旋轉而交流線圈是靜止的，在考慮交流側較高的電流、電壓及繞組的複雜性，此種配置是非常合理的。因此，我們有一個稱為**轉子** (rotor) 或**磁場** (field) 的旋轉部分，和一個稱為**定子** (stator) 的靜止部分。這種電機的截面圖如圖 6.1 所示。在圖中，每一線圈的兩側都用一個字母及其加撇符號來標注，例如，在水平平面的 $a$ 相線圈是用字母 $a$ 和 $a'$ 來標注，電流的參考方向是用一般慣用的箭頭符號來指示，在目前的截面圖中，箭頭是流出頁外，而箭尾是指向頁內。我們可以藉此方式找出電壓和磁通的相關參考方向。

轉子和定子是由高導磁係數的鐵材所製成，以得到高的磁通密度對 mmf 的比值。圖 6.1 是經過高度簡化的概要圖，圖中每一相繞組被表示成置於一對定子槽中的單匝（導線 $aa'$、$bb'$ 和 $cc'$ 在背後為相連接）。實際上，它們是分佈配置於若干定子槽中的一組多匝線圈。類似地，位於轉子上的場繞組亦是一組多匝的繞組。

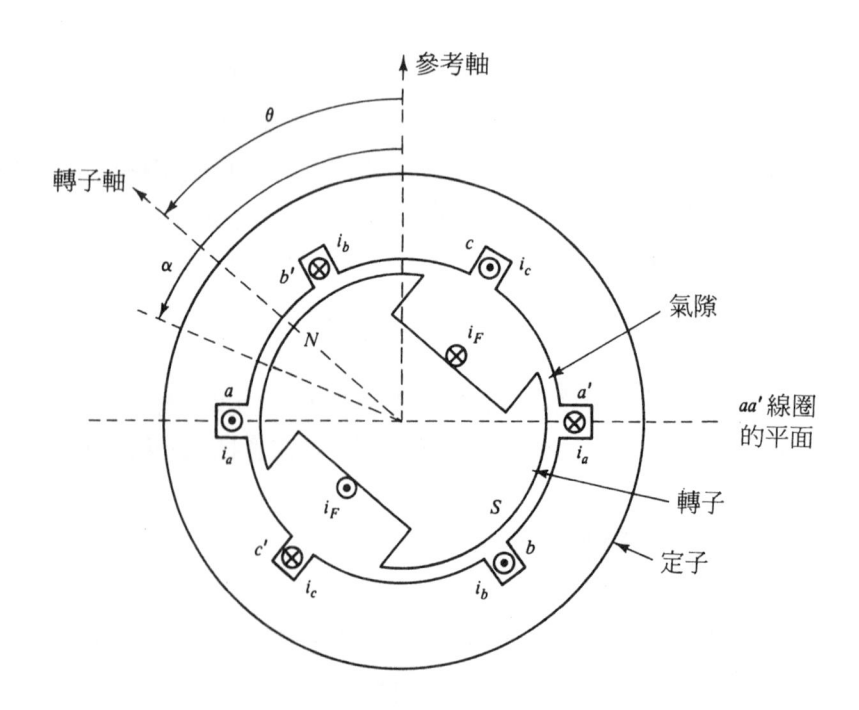

**圖 6.1** 發電機的截面圖。

第 6 章　發電模型 I (電機觀點)

圖示的兩極轉子是以每分鐘轉動 3600 轉來產生 60 Hz 的電，在此速度下，一個直徑 3.5 呎長的轉子其表面速度約為 450 哩/小時，即使是在低密度氫氣環境內，風阻都非常大，基於此原因，實際上的兩極轉子為圓截面，此種轉子被稱為**平滑** (smooth)、**整圓** (round) 或**圓柱形轉子** (cylindrical rotor)。

圖 6.1 所示的轉子並非平滑的，它是一種**凸極** (salient pole) 型式，經常使用於低速多極發電機 (例如由水輪機所驅動的發電機)。既然多極電機可用一個兩極模型來分析，甚而是平滑轉子兩極電機，也僅在轉子截面軸方向會有些許磁特性的差異 (由於場繞組的存在)，所以我們可將圖 6.1 中的轉子視為一般性轉子。

## 6.2　電壓產生

接下來我們希望來考慮發電機的端電壓。忽略電阻時，端電壓只和對應的磁通鏈對時間的變化率有關。交鏈每一線圈的磁通，幾乎都通過氣隙，從轉子到定子，再從定子回到轉子，我們稱之為氣隙磁通，此磁通產生的電壓稱為氣隙電壓。電機中還有一小部分不通過氣隙的漏磁通，環繞在匝末端 (即在導體後面的連接處) 的磁通，就是漏磁通的一部分。我們可用一個漏電抗來等效漏磁通的影響。

現在僅考慮氣隙磁通，我們注意到此磁通只與場電流 $i_F$ 和定子電流 $i_a$、$i_b$、$i_c$ 有關。我們現在要做一些假設，以大幅簡化分析。

## 假　設

1. 磁路為線性。
2. 由 $i_F$ 單獨產生在氣隙內的磁通密度 **B** 是輻射狀的，它的空間分佈是角度的函數，表示成

$$B = B_{max} \cos(\alpha - \theta) \tag{6.1}$$

其中 $B$ 是純量磁通密度，方向指向外。角度 $\alpha$ 和 $\theta$ 如圖 6.1 中所定義。

3. 每一線圈包含有 $N$ 匝，集中於單一槽內。

假設 1 是很重要的，它允許我們利用重疊原理來求出總氣隙磁通鏈，即我們可分別考慮由 $i_F$ 單獨（即 $i_a = i_b = i_c = 0$），以及由 $i_a$、$i_b$、$i_c$ 單獨（即 $i_F = 0$）所引起的磁通鏈。有兩個電壓分量分別對應於此兩磁通鏈分量：第一個電壓稱為開路電壓，第二個可能是大家較不熟悉的，稱為**電樞反應電壓** (armature reaction voltage)。此兩電壓的和就是由氣隙總磁通量所產生的氣隙電壓。

假設 2 提供磁通密度的空間分佈，在轉子軸（即 $\alpha = \theta$）處最大（指向頁外），且隨著 $\alpha - \theta$ 呈正弦式減少。此情形是發電機設計的一項目標，可由適當地分佈場繞組及/或修正極面形狀來緊密地近似。注意角度 $\theta$ 和 $\alpha$ 之間的區別，$\theta$ 是從轉子軸（北極）看的角度，$\alpha$ 是我們正在注視的一般角度。

假設 3 是邁向考慮每相繞組有 $N$ 匝線圈此一真實情況的一個步驟。為了簡化起見，我們假設所有 $N$ 匝線圈皆在同一單槽中，此一假設可推廣至更精確的情形，即可計算更實際的導體空間分佈的狀況。

在 6.3 節我們探討開路磁通鏈和電壓，6.4 節探討定子電流的影響，最後在 6.5 節討論兩者的合成影響，並求出發電機的端電壓。

## 6.3 開路電壓

假設 $i_a = i_b = i_c = 0$，並考慮由 $i_F$ 單獨產生在線圈 $aa'$ 內的磁通鏈 $\lambda_{aa'}$，根據圖 6.1，利用右手定則我們可看到，若磁通是向上經過線圈 $aa'$，則磁通鏈 $\lambda_{aa'}$ 為正。接著利用 (6.1) 式磁通密度公式，我們可對氣隙內的半圓柱形高斯面積分磁通密度 $\mathbf{B}$，求得交越此高斯面的總磁通量 $\phi$，如圖 6.2 所示。

在距參考軸 $\alpha$ 角處的陰影長條形槽內的磁通量為

$$d\phi = \ell r B_{\max} \cos(\alpha - \theta)\, d\alpha$$

因此，在整個高斯面上

$$\begin{aligned}\phi &= \int \mathbf{B} \cdot d\mathbf{s} = \ell r \int_{-\pi/2}^{\pi/2} B_{\max} \cos(\alpha - \theta)\, d\alpha \\ &= 2\ell r B_{\max} \cos\theta \\ &= \phi_{\max} \cos\theta\end{aligned} \quad (6.2)$$

# 第 6 章　發電模型 I (電機觀點)

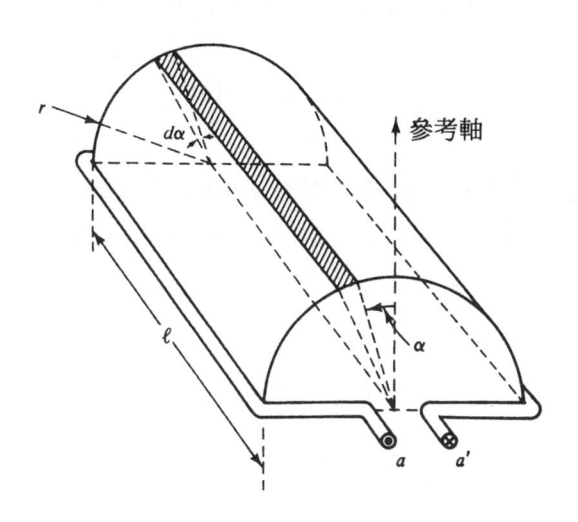

圖 6.2　高斯面。

其中 $\phi_{max} \triangleq 2\ell r B_{max}$。這確認一項物理上明顯的事實，即交越面的最大磁通量將發生在 $\theta = 0$ 處 (即圖 6.1 中轉子垂直向上的位置)。

對此角度，$\lambda_{aa'}$ 也將是最大值。針對一個 $N$ 匝集中線圈 (假設 3)，線圈 $aa'$ 的磁通鏈表示式為

$$\lambda_{aa'} = N\phi_{max} \cos\theta = \lambda_{max} \cos\theta \tag{6.3a}$$

其中 $\lambda_{max} \triangleq N\phi_{max}$。

接著，我們可發現線圈 $bb'$ 和 $cc'$ 分別在 $\theta = 120°$ 和 $\theta = 240°$ (或 $-120°$) 時，有最大磁通鏈。因此

$$\lambda_{bb'} = \lambda_{max} \cos\left(\theta - \frac{2\pi}{3}\right) \tag{6.3b}$$

$$\lambda_{cc'} = \lambda_{max} \cos\left(\theta + \frac{2\pi}{3}\right) \tag{6.3c}$$

重新考慮線圈 $aa'$，並假設轉子的旋轉速率為均勻 (即 $\theta = \omega_0 t + \theta_0$)，則可得

$$\lambda_{aa'} = \lambda_{max} \cos(\omega_0 t + \theta_0) \tag{6.4}$$

在相關的參考方向上，使用電路慣則，我們可利用 (6.4) 式求出電壓為

$$e_{a'a} = \frac{d\lambda_{aa'}}{dt} = -\omega_0 \lambda_{\max} \sin(\omega_0 t + \theta_0) \tag{6.5}$$

讀者可回想在電路理論中討論發電機或電源時，定義不同的電源參考方向是平常的。據此，使用 $e_{aa'} = -e_{a'a}$ 並代換 (6.5) 式，我們可求得

$$\begin{aligned} e_{aa'} &= -\frac{d\lambda_{aa'}}{dt} \\ &= \omega_0 \lambda_{\max} \sin(\omega_0 t + \theta_0) \\ &= E_{\max} \cos\left(\omega_0 t + \theta_0 - \frac{\pi}{2}\right) \end{aligned} \tag{6.6}$$

其中 $E_{\max} \triangleq \omega_0 \lambda_{\max}$。線性假設（假設 1）隱含著 $E_{\max}$ 是正比於 $i_F$。同時我們也注意到：當 $\theta = \omega_0 t + \theta_0 = 90°$ 時，電壓 $e_{aa'}(t)$ 到達其最大值（即圖 6.1 中轉子指向正左方的瞬間）。我們也能根據 $\lambda_{aa'}(t)$ 和 $e_{aa'}(t)$ 的（有效值）相量表示，來推得相同的結果。利用大寫字母來表示有效相量，從 (6.4) 式和 (6.6) 式可得

$$\Lambda_{aa'} = \frac{\lambda_{\max}}{\sqrt{2}} e^{j\theta_0} \tag{6.7}$$

$$\dot{E}_{aa'} = \frac{E_{\max}}{\sqrt{2}} e^{j(\theta_0 - \pi/2)} = -j\frac{\omega_0 \lambda_{\max}}{\sqrt{2}} e^{j\theta_0} = -j\omega_0 \Lambda_{aa'} \tag{6.8}$$

所以相量 $E_{aa'}$ 落後 $\Lambda_{aa'}$ 90°。由此可清楚瞭解，$e_{aa'}$ 在 $\lambda_{aa'}$ 到達最大值後的 1/4 週，才達到它的最大值（即轉子垂直向上時）。不過，在 1/4 週內轉子旋轉了 1/4 轉，所以我們可獲得與先前相同的結論。

---

**例題 6.1**

假設 $\theta_0 = \pi/4$，找出 $t = 0$ 時 $\Lambda_{aa'}$ 和 $E_{aa'}$ 的方向，以及轉子的位置。

**解** 利用 (6.7) 式、(6.8) 式和 $\theta = \omega_0 t + \theta_0$，可求得如圖 E6.1 所示之結果。

# 第 6 章　發電模型 I (電機觀點)

注意：為了求得 $e_{aa'}(t)$ 和 $\lambda_{aa'}(t)$ 瞬間值，我們將對應的相量分別乘以 $\sqrt{2}\ e^{j\omega_0 t}$ [令它們以角速度 $\omega_0$ 逆時針 (CCW) 旋轉] 後，取其實數部分。於是，對應於轉子 CCW 旋轉 (角速度為 $\omega_0$)，我們有 "受激勵" 相量的 CCW 旋轉，圖 E6.1 則可視為 $t = 0$ 時的移動瞬間。

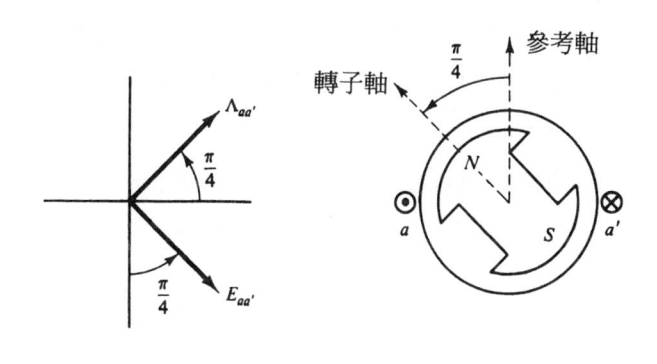

**圖 E6.1。**

## 練習 1.

為了建立場 (轉子) 旋轉、場磁通鏈和開路電壓間的關係，讓我們考慮從幾個 $\theta_0$ 值 (在 $\theta = \omega_0 t + \theta_0$ 內)，畫出 $\lambda_{aa'}(t)$ 和 $e_{aa'}(t)$ 的正弦波形。

回到主要的推導，若我們現在考慮 $E_{bb'}$ 和 $E_{cc'}$，則如同 (6.3) 式的結果一樣，可獲得一組平衡的電壓 (正相序)。我們假設 $a'$、$b'$、$c'$ 總是連接到中性點 $n$，則我們可捨棄雙下標符號，而採用單下標符號 $E_a$、$E_b$ 和 $E_c$。

## 練習 2.

假設轉子順時針旋轉，證明電壓 $E_a$、$E_b$ 和 $E_c$ 為一組負相序電壓。

## 6.4 電樞反應

在上一節我們假設 $i_a = i_b = i_c = 0$，此時（開路）端電壓為 $E_a$、$E_b$、$E_c$，其中如 (6.8) 式所給 $E_a = E_{aa'}$。若有定子電流流動時，其將修正磁通鏈，結果使得端電壓將不再是 $E_a$、$E_b$ 和 $E_c$。現在我們將考慮電樞反應（即定子氣流單獨作用時的影響），以做為找出氣隙電壓的一項步驟。於是我們假設 $i_a$、$i_b$、$i_c$ 是一組平衡（正相序）弦波電流，以及 $i_F = 0$。我們初步目標，是找出與這些電流有關的氣隙磁通量和線圈 $aa'$ 的磁通鏈。為了簡化預先的討論，假設轉子是圓柱形的。在此情況下，既然 $i_F = 0$，所以不用考慮 $\theta$（即不用在意轉子的方向指向何處）。

考慮由 $i_a$ 單獨產生的磁通，線圈 $aa'$ 和典型的磁力線如圖 6.3 所示，磁力線對稱於 $aa'$ 平面。首先讓我們找出表示成 $\alpha$ 的函數的氣隙磁通密度 $B$。利用安培環繞定理以及與磁力線一致的路徑 $\Gamma$，求得

$$F = \oint_\Gamma \mathbf{H} \cdot d\mathbf{l} = \frac{1}{\mu_r \mu_0} \int_{\Gamma_{\text{iron}}} \mathbf{B} \cdot d\mathbf{l} + \frac{1}{\mu_0} \int_{\Gamma_{\text{air}}} \mathbf{B} \cdot d\mathbf{l} = Ni_a \tag{6.9}$$

在 (6.9) 式中，封閉路徑 $\Gamma$ 已被分割為鐵心和氣隙兩部分。由於鐵的相對

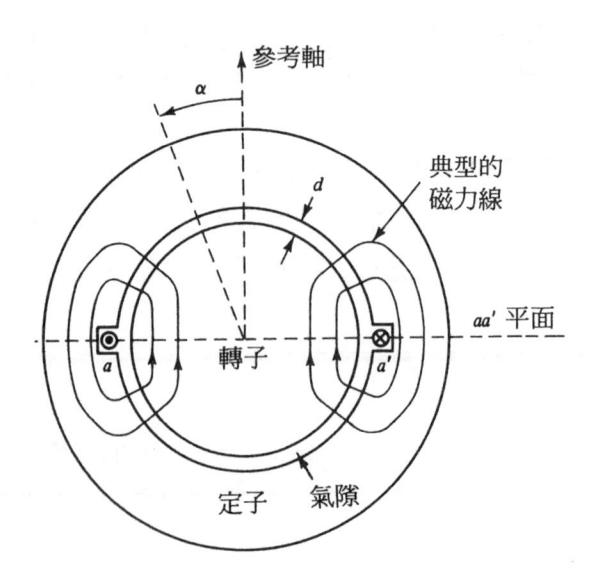

圖 6.3 由 $i_a$ 產生的氣隙磁通。

# 第6章 發電模型 I (電機觀點)

導磁係數非常高,約 1000 階左右,因此我們將忽略表示鐵心內 mmf 降的積分部分來做為近似。在計算氣隙貢獻時,我們可使用氣隙內的向量磁通密度是輻射狀的事實。於是對整個小氣隙間距,可求得

$$\frac{1}{\mu_0}\int_{\Gamma_{air}} \mathbf{B} \cdot d\mathbf{l} \approx 2\frac{Bd}{\mu_0} = Ni_a \qquad (6.10)$$

其中 $d$ 是氣隙寬度,係數 2 是因為有兩個對稱排列的氣隙交越。對 (6.10) 式解 $B$ 可求得

$$B = \frac{\mu_0 Ni_a}{2d} = Ki_a \qquad (6.11)$$

做為線圈 $aa'$ 上方氣隙內 (輻射向外) 和線圈下方氣隙內 (輻射向內) 純量磁通密度。我們注意到 $B$ 是正比於 $i_a$,其中正比常數 $K \triangleq \mu_0 N/2d$ (正數)。同時亦注意到,至少在 $0 < \alpha < \pi/2$ 範圍,$B$ 是與 $\alpha$ 無關的 (即在此範圍,磁力線與路徑 $\Gamma$ 一致)。更進一步查對,以 $\alpha$ 的函數表示,我們得到如圖 6.4 所示空間磁通分佈。正 (負) $B$ 值是對應於輻射向外 (向內) 的磁通密度,波形近似於方波。圖 6.4 也顯示出傅立葉分析求得之基本波,此基本波可表示成

$$B_a = \frac{4}{\pi}Ki_a \cos\alpha \qquad (6.12)$$

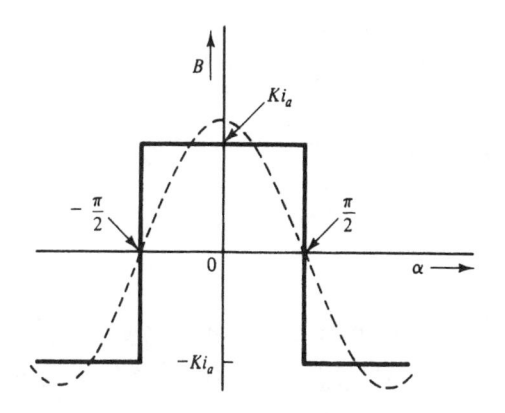

圖 6.4 由 $i_a$ 產生的空間磁通密度。

我們已假設線圈是集中式,但在實際的情況下線圈是分佈式的,所以磁通密度波形更近似於一個被截頭的三角波,且最大值發生在 $\alpha = 0$ 時。另外一種情形,為了簡化分析,將只考慮磁通密度空間波的基本分量,如圖 6.4 所示。

現在以 $t$ 的正弦函數 $i_a$ 來考慮 (6.12) 式,我們可假設成

$$i_a(t) = \sqrt{2}|I_a|\cos(\omega_0 t + \angle I_a) \tag{6.13}$$

然後利用 (6.12) 式可求得

$$\begin{aligned} B_a &= \frac{4}{\pi} K i_a(t) \cos\alpha \\ &= B'_{max} \cos\alpha \cos(\omega_0 t + \angle I_a) \end{aligned} \tag{6.14}$$

其中 $B'_{max}$ 是所有常數項的等式;我們注意到 $B'_{max}$ 正比於 $|I_a|$。(6.14) 式同時表示 $B_a$ 的空間和時間分佈。我們注意到,$B_a$ 在空間內分佈是靜止的 (中心線垂直向上),且隨時間做正弦變化。

若我們現在重複另兩相 (即 $i_b$ 和 $i_c$) 的計算,則可獲得類似 (6.14) 式的結果,但在空間和時間引數將有適當的位移。由於線圈 $bb'$ 和 $cc'$ 的位置關係,所以 $B_b$ 和 $B_c$ 在空間的分佈將分別位移 120° 和 240°;又由於假設 $i_a$、$i_b$ 和 $i_c$ 為正相序組,所以時間上的行為也分別有對應的 120° 和 240° 位移。

接著考慮三相 (正相序) 電流 $i_a$、$i_b$ 和 $i_c$ 同時存在時的磁通密度。利用重疊原理和 (6.14) 式,並考慮空間和時間位移,可導出

$$\begin{aligned} B_{abc} &= B'_{max}\left[\cos\alpha\cos(\omega_0 t + \angle I_a) + \cos\left(\alpha - \frac{2\pi}{3}\right)\cos\left(\omega_0 t + \angle I_a - \frac{2\pi}{3}\right) \right. \\ &\quad \left. + \cos\left(\alpha + \frac{2\pi}{3}\right)\cos\left(\omega_0 t + \angle I_a + \frac{2\pi}{3}\right)\right] \\ &= \frac{3}{2} B'_{max}\cos(\alpha - \omega_0 t - \angle I_a) \end{aligned} \tag{6.15}$$

在物理上,這表示氣隙內的一個正弦行進波,以角速度 $\omega_0$ 做 CCW 方向的旋轉。我們注意到,能產生旋轉磁場是使用三相 (超過單相) 電源的另一項有價值的優點。

第 6 章　發電模型 I (電機觀點)

於是，我們發現頻率為 $\omega_0$ 的正相序定子電流，將會增加氣隙內旋轉的空間電樞反應磁通波，其旋轉速度與轉子一樣。注意，在 $t = 0$ 時，磁通密度波的最大值發生在 $\alpha = \angle I_a$ 角度處。於是，在 $t = 0$ 時，波的中心線或北極，相對於圖 6.1 中的參考軸，是在 $\angle I_a$ 角度處。在 6.5 節中，我們將經常利用這個結果。

在描述氣隙內的旋轉磁通量，我們從同步旋轉參考座標來觀察磁通量是有助益的。假設參考座標角度是 $\omega_0 t$，且我們正在觀察相對於座標的氣隙磁通量。在穩態情形下，轉子角度 (相對於同步旋轉參考座標) 是常數 $\theta_0$；電樞反應磁通的中心線也位於固定角度 $\angle I_a$ 處。使用同步旋轉參考座標的優點，是它能很清楚地應用於第 14 章所要討論的轉子角度暫態。

---

**練習 3.**

藉由畫出磁通中心線在不同時間時的方向，可更瞭解旋轉電樞反應磁通。假設 $i_a$、$i_b$ 和 $i_c$ 是一組正相序電流，且 $i_a(t) = 10 \cos \omega_0 t$。利用右手定則和對稱性，表示出 $\omega_0 t = 0$，$\omega_0 t = 2\pi/3$ 和 $\omega_0 t = 4\pi/3$ 時的磁通方向。若電流是一組負相序，則又會發生什麼現象？

---

我們已經考慮過，由電流 $i_a$、$i_b$ 和 $i_c$ 所引起的旋轉電樞反應磁通波，接下來要考慮線圈 $aa'$ 對應的磁通鏈。令這些電樞反應磁通鏈標記為 $\lambda_{ar}$，利用先前計算 $\lambda_{aa'}$ 的高斯面 (參考圖 6.2) 以及 (6.15) 式，可求得

$$\begin{aligned}\lambda_{ar}(t) &= N\phi(t) = N\ell r \int_{-\pi/2}^{\pi/2} \frac{3}{2} B'_{\max} \cos(\alpha - \omega_0 t - \angle I_a) d\alpha \\ &= 3N\ell r B'_{\max} \cos(\omega_0 t + \angle I_a) \\ &= \sqrt{2} L_{s1} |I_a| \cos(\omega_0 t + \angle I_a) \\ &= L_{s1} i_a(t)\end{aligned}$$

(6.16)

上式從第二列導至第三列的過程中，已經使用了 $B'_{\max}$ 正比於 $|I_a|$ 這事實，以及合併許多的常數成為 $L_{s1}$。(6.16) 式中有趣的結果，是當 $i_b$ 和 $i_c$ 不存在時，瞬間 $\lambda_{ar}$ 是正比於 $i_a$；不過 $i_b$ 和 $i_c$ 的存在將只會改變比例常數而

已。既然 $i_a$ 是正弦波，所以可用相量來表示 $\lambda_{ar}$ 和 $i_a$，得到

$$\Lambda_{ar} = L_{s1} I_a \tag{6.17}$$

(6.16) 或 (6.17) 式給了電樞反應對 $a$ 相的影響。類似地，可利用相同的常數 $L_{s1}$ 來分別表示線圈 $bb'$ 和 $cc'$ 的磁通鏈與 $i_b$ 和 $i_c$ 間的關係。

## 6.5 端電壓

現在我們使用重疊原理來組合 6.3 和 6.4 節的結果。假設所有的電流都存在，則氣隙總磁通波是場磁通波和電樞反應磁通波的總和。在 $t = 0$ 時，場磁通波中心線是在角度 $\theta_0$ 處，當時電樞反應磁通波是在角度 $\angle I_a$ 處，此兩角度都是相對於圖 6.1 中的參考軸。既然我們假設兩個磁通密度在空間中是正弦分佈，我們能將其相加（如同相量相加），求出合成氣隙磁通波，此合成磁通波以角速度 $\omega_0$ 弳/秒在氣隙內旋轉。

磁通鏈也能相加。定義 $\lambda_{ag}$ 是線圈 $aa'$ 的氣隙總磁通鏈，則有

$$\lambda_{ag} = \lambda_{aa'} + \lambda_{ar} \tag{6.18}$$

既然這些都是時間的正弦函數，我們也能求得對應的相量關係

$$\Lambda_{ag} = \Lambda_{aa'} + \Lambda_{ar} \tag{6.19}$$

實際產生電壓（氣隙電壓）為

$$v_{ag} = -\frac{d\lambda_{ag}}{dt} \tag{6.20}$$

或用相量表示為

$$V_{ag} = -j\omega_0 \Lambda_{ag} \tag{6.21}$$

負號的原因如同 (6.5) 式後的討論。微分 (6.18) 式並利用 (6.6) 和 (6.16) 式，依次求得

$$-\frac{d\lambda_{ag}}{dt} = -\frac{d\lambda_{aa'}}{dt} - \frac{d\lambda_{ar}}{dt}$$

$$v_{ag} = e_a - L_{s1}\frac{di_a}{dt} \tag{6.22}$$

## 第 6 章　發電模型 I (電機觀點)

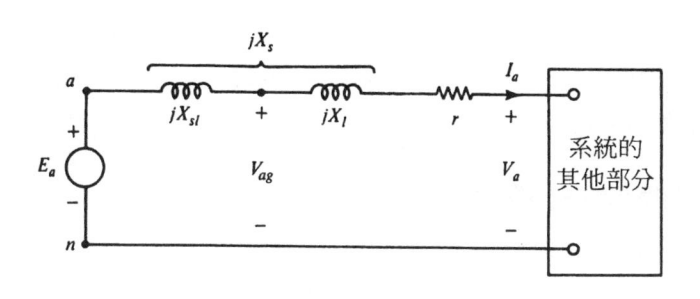

圖 6.5　單相電路圖 (圓柱形轉子電機)。

利用相量，將 (6.22) 式代換成

$$V_{ag} = E_a - j\omega_0 L_{s1} I_a \tag{6.23}$$

值得注意，我們能藉一個虛擬電感 $L_{s1}$ 上的電壓降，來計算開路電壓 $E_a$ 和實際產生電壓 $V_{ag}$ 間的差值。

$V_{ag}$ 並非真正的端電壓，但當繞組內無任何電阻或漏電抗時，它就是真正的電壓。我們藉由加入 $r$ 和 $X_l$ 電路元件來計算這些影響，並獲得圖 6.5 所示單相等效電路。被加入的元件是相對較小的，$X_l$ 約為 $X_{s1}$ 的 10%，$r$ 則小於 $X_{s1}$ 的 1%。如圖所示，定義**同步電抗** (synchronous reactance) $X_s \triangleq X_{s1} + X_l$，並得到

$$V_a = E_a - rI_a - jX_s I_a \tag{6.24}$$

不同電壓和電流間的關係，可由圖 6.6 中的相量圖來看出。我們指定一個功率角 $\delta_m = \angle E_a - \angle V_a$，後續我們將討論這個角的物理重要性。

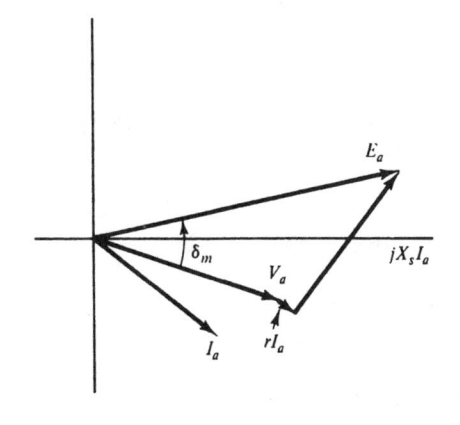

圖 6.6　對應於 (6.24) 式的相量圖。

**例題 6.2**

一部圓柱形轉子發電機，其 $V_a = 1.0$，$X_s = 1.6$，$r = 0.004$ 以及 $I_a = 1\angle -60°$，求 $E_a$，並畫出相量圖。

**解** 問題可簡化成一個簡單的電路問題。

$$E_a = V_a + rI_a + jX_s I_a$$
$$= 1 + 0.004\angle -60° + 1.6\angle 30°$$
$$= 2.517\angle 18.45°$$

若忽略 $r$，則 $E_a = 2.516 \angle 18.54°$，此結果非常接近於實際值。

相量圖如圖 E6.2 所示，$r$ 上的壓降被放大以便觀察。

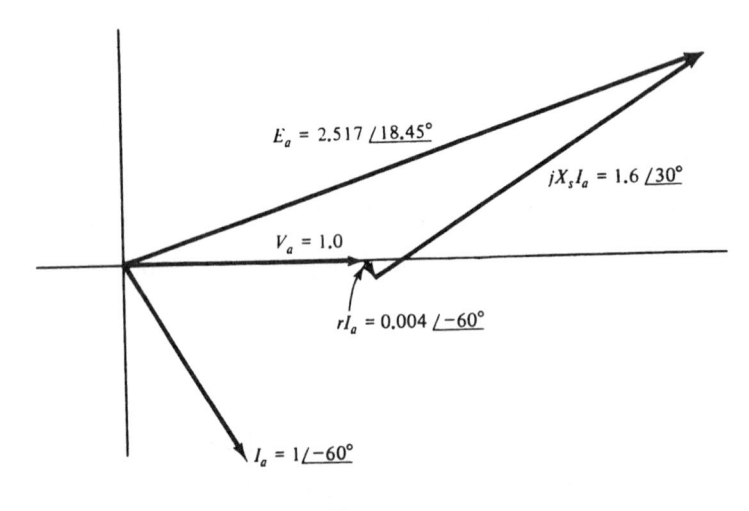

圖 E6.2。

**例題 6.3**

假設例題 6.2 中的發電機端發生三相短路，若 $i_F$ 與故障前的值相同，試求穩態短路電流。

**解** 若 $i_F$ 不改變，則正比於 $i_F$ 的 $|E_a|$ 亦不會改變。在穩態下

$$I_a = \frac{E_a}{r + jX_s} \Rightarrow |I_a| = \frac{2.517}{1.6000} = 1.573$$

$I_a$ 落後 $E_a$ 89.86°，此角度可以 90° 來近似。

## 第 6 章　發電模型 I (電機觀點)

---

**例題 6.4**

假設例題 6.3 是在穩態情況下，轉子以 $\theta = \omega_0 t + \theta_0$ 的均勻速度旋轉，且 $I_a$ 落後 $E_a$ 90°。試探討氣隙內的旋轉磁通，並證明電樞反應磁通與 $i_F$ 產生的磁通反向。

**解**　根據 (6.6) 及 (6.8) 式可看出 $\angle E_a = \theta_0 - 90°$。既然 $I_a$ 落後 $E_a$ 90°，則 $\angle I_a = \theta_0 - 90° - 90° = \theta_0 - 180°$。如同 6.4 節中討論，在 $t = 0$ 時，電樞反應磁通波的中心線在角度 $\theta_0 - 180°$ 處，因此氣隙磁通的兩個分量是彼此反向的。

在描述短路電流的影響時，我們已說明它會建立一個"去磁"磁通量，以抵消 $i_F$ 所產生的磁通量。

---

直到目前，我們僅考慮了圓柱形轉子的情形；接著將考慮凸極式轉子，此時必須探討 $\angle I_a$ 相對於 $\theta_0$ 的關係。假設 $\angle I_a = \theta_0$，則電樞反應磁通與轉子同向。若 $\angle I_a = \theta_0 - 180°$，如同例題 6.4，磁通是反方向的 (在去磁方向)。對上述任一情形，從電樞反應磁通看入的氣隙大都是較小，且根據類似 6.4 節的分析，我們能預期會有一個相對大的電感參數，來表示線圈 $aa'$ 磁通鏈與 $i_a$ 間的關係。換言之，若 $\angle I_a = \theta_0 \pm 90°$，則電樞反應磁通將與轉子軸垂直；此時由電樞反應看入的氣隙大都較大，所以我們可預期 $i_a$、$i_b$ 和 $i_c$ 對磁通量的貢獻較小；對等的，經由像 6.4 節的推導，我們將在 (6.16) 式中得到一個較小的電感參數。

在一般情形，我們將相量 $I_a$、$I_b$ 和 $I_c$ 分解成兩組分量，其中一組分量 $I_{ad}$、$I_{bd}$ 和 $I_{cd}$，建立一個中心線與轉子直軸同方向的旋轉磁場；而另一組分量 $I_{aq}$、$I_{bq}$ 和 $I_{cq}$，建立一個中心線與轉子交軸同方向的旋轉磁場。電樞反應磁通波可藉由分別考慮直軸和交軸電流的貢獻來重疊求得。一個類似的敘述也適用於線圈 $aa'$ 相對應的磁通量。因此，以相量可表示成

$$\Lambda_{ar} = \Lambda_{ad} + \Lambda_{aq} \tag{6.25}$$

其中 $d$ 表示直軸分量，$q$ 表示交軸分量。如同 6.4 節所述，$\Lambda_{ad}$ (與 $I_{ad}$、$I_{bd}$ 和 $I_{cd}$ 有關) 是正比於 $I_{ad}$；類似地，$\Lambda_{aq}$ 是正比於 $I_{aq}$。對 $I_{ad}$ 和 $I_{aq}$，其比例常數是不同的。圖 6.7 表示 $\theta_0 = 90°$ 的情形，其中 $I_a$ 被分解成兩

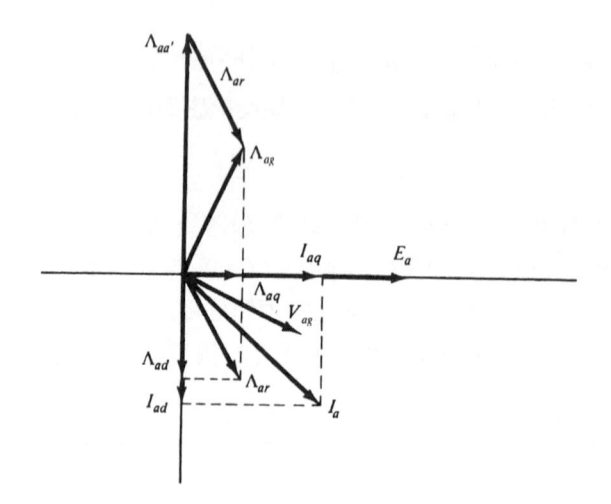

圖 6.7　磁通鏈。

個大小等值的分量 $I_{ad}$ 和 $I_{aq}$。然而，既然 $I_{aq}$ 對磁通量的貢獻小於 $I_{ad}$，所以 $\Lambda_{aq}$ 的大小比 $\Lambda_{ad}$ 來得小。

若我們定義虛擬電感參數，使得

$$\Lambda_{ad} = L_{d1}I_{ad} \tag{6.26a}$$

$$\Lambda_{aq} = L_{q1}I_{aq} \tag{6.26b}$$

則我們能消去磁通鏈，而得到僅包含電壓、電流和阻抗的表示式。我們能從 (6.25) 式代入 (6.19) 式開始，可得

$$\Lambda_{ag} = \Lambda_{aa'} + \Lambda_{ad} + \Lambda_{aq} \tag{6.27}$$

乘以 $-j\omega_0$，可得

$$-j\omega_0\Lambda_{ag} = -j\omega_0\Lambda_{aa'} - j\omega_0\Lambda_{ad} - j\omega_0\Lambda_{aq} \tag{6.28}$$

利用 (6.8)、(6.21) 和 (6.26) 式，可計算出 $V_{ag}$ 為

$$\begin{aligned} V_{ag} &= E_a - j\omega_0 L_{d1}I_{ad} - j\omega_0 L_{q1}I_{aq} \\ &= E_a - jX_{d1}I_{ad} - jX_{q1}I_{aq} \end{aligned} \tag{6.28}$$

其中 $X_{d1} = \omega_0 L_{d1}$，$X_{q1} = \omega_0 L_{q1}$。為了獲得端電壓，我們減去在 $r$ 和 $X_l$ 上的壓降，得到

## 第 6 章　發電模型 I (電機觀點)

| 表 6.1 $X_d$ 和 $X_q$ 的典型值 | | |
|---|---|---|
| | 渦輪發電機* (兩極) | 凸極式電機 (有阻尼器) |
| $X_d$ | 1.20 | 1.25 |
| $X_q$ | 1.16 | 0.70 |

\* 此值是對氣冷和傳統氫氣冷卻發電機而言。

$$\begin{aligned}V_a &= V_{ag} - rI_a - jX_l I_a \\ &= V_{ag} - rI_a - jX_l(I_{ad} + I_{aq})\end{aligned} \tag{6.29}$$

將 (6.28) 式的 $V_{ag}$ 代入，可得

$$\begin{aligned}V_a &= E_a - rI_a - j(X_l + X_{d1})I_{ad} - j(X_l + X_{q1})I_{aq} \\ &= E_a - rI_a - jX_d I_{ad} - jX_q I_{aq}\end{aligned} \tag{6.30}$$

其中 $X_d \triangleq X_{d1} + X_l$，$X_q \triangleq X_{q1} + X_l$。$X_d$ 被稱為**直軸電抗** (direct axis reactance)，$X_q$ 被稱為**交軸電抗** (quadrature axis reactance)。利用 $X_d$ 和 $X_q$ 所建立的發電機模型稱為**雙反應模型** (two-reaction model)。

表 6.1 所列是 $X_d$ 和 $X_q$ 的典型標么值。我們注意到，兩極圓柱形轉子電機的 $X_d$ 和 $X_q$ 相差很小，所以可取 $X_s = X_d \approx X_q$ 的近似。取此近似後，(6.30) 式可簡化成 (6.24) 式。

不幸地，我們無法從 (6.30) 式推導出一個簡單的電路模型，但可導出圖 6.8 的簡單相量圖。比較圖 6.8 和圖 6.6，特別是在圓柱形轉子情形，此時由於 $X_d = X_q = X_s$，圖 6.8 中的電壓 $jX_d I_{ad} + jX_q I_{aq}$ 可簡化成圖 6.6 中的電壓 $jX_s I_a$。

接著考慮圖 6.9，它是圖 6.8 的延伸。在圖 6.9 中顯示 $jX_q I_a$ 加 $V_a + rI_a$ 的結果，我們主張其結果點 $a'$ 是與 $E_a$ 有相同的方向。

**證明**：點 $a'$ 是一個複數，描述成

$$a' = V_a + rI_a + jX_q I_a = V_a + rI_a + jX_q(I_{ad} + I_{aq})$$

點 $E_a$ 亦有相同考慮。

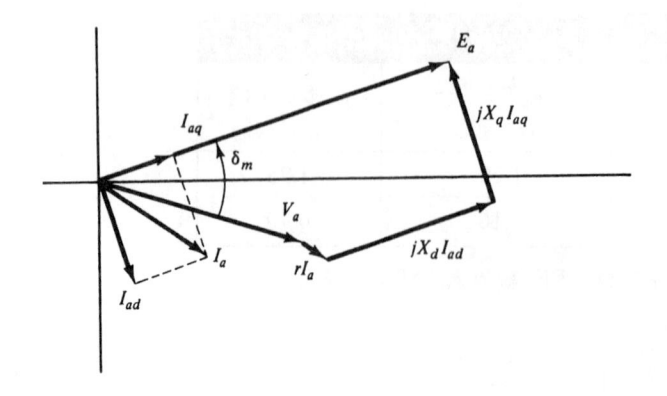

圖 6.8 對應於 (6.30) 式的相量圖。

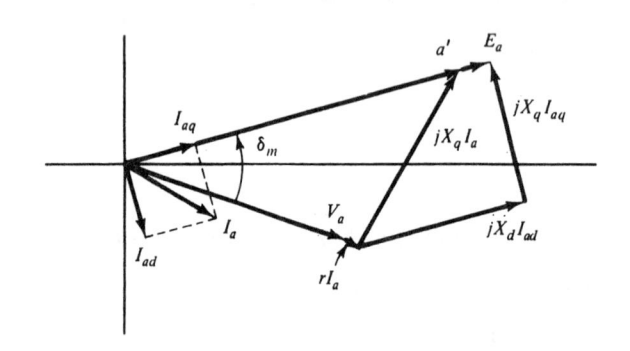

圖 6.9 擴增的相量圖。

$$E_a = V_a + rI_a + jX_d I_{ad} + jX_q I_{aq}$$

若我們求兩者之差，可得

$$E_a - a' = j(X_d - X_q)I_{ad}$$

從圖 6.9 的幾何關係，$jI_{ad}$ 會使 $E_a - a'$ 與 $E_a$ 平行，意謂 $E_a$ 和 $a'$ 是在同一線上的。

當圖 6.8 加入點 $a'$ 時，我們能夠解出下列兩個問題中的任一個：

問題 1：已知 $E_a$ 和 $I_a$，求 $V_a$。
問題 2：已知 $V_a$ 和 $I_a$，求 $E_a$。

接著，我們探討兩個例題來說明解題方法。第一個例題是說明問題 1，第二個問題是說明問題 2。

## 第 6 章　發電模型 I (電機觀點)

**例題 6.5**

已知 $E_a = 1.5\angle 30°$，$I_a = 0.5\angle -30°$，$X_d = 1.0$ 和 $X_q = 0.6$，試求 $V_a$。在此忽略 $r$。

**解** 我們必須將 $I_a$ 分解成 $I_{ad}$ 和 $I_{aq}$，藉由畫出 $I_a$ 和 $E_a$ (圖 E6.5) 可以很容易達成。根據圖形，利用簡單的三角公式求得

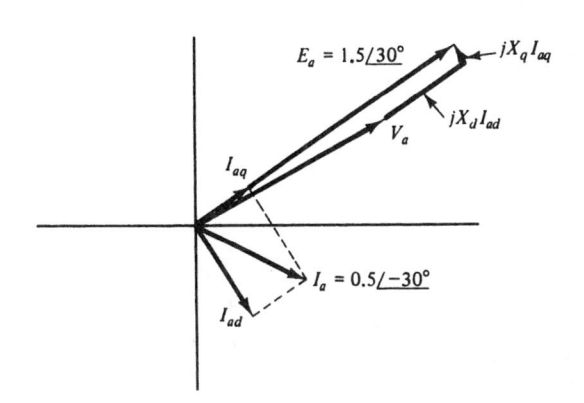

圖 E6.5。

$$I_{aq} = 0.25\angle 30° \qquad I_{ad} = 0.433\angle -60°$$

然後，利用 (6.30) 式

$$\begin{aligned}V_a &= E_a - jX_d I_{ad} - jX_q I_{aq} \\ &= 1.5\angle 30° - j1.0\times 0.433\angle -60° - j0.6\times 0.25\angle 30° \\ &= 1.077\angle 22.00°\end{aligned}$$

做為比對，在相量圖中對 $E_a$ 加上不同的電壓。

**例題 6.6**

已知 $V_a = 1.0\angle 0°$，$I_a = 1\angle -45°$，$X_d = 1.0$ 和 $X_q = 0.6$，試求 $E_a$。在此忽略 $r$。

**解** 將 $I_a$ 分解前，我們必須先知曉 $E_a$ 的方向，因此我們求出圖 6.9 中的點 $a'$。

$$a' = V_a + jX_q I_a = 1 + j0.6\times 1\angle -45° = 1.486\angle 16.59°$$

此點表示於圖 E6.6，同時分解 $I_a$ 成 $I_{aq}$ 和 $I_{ad}$。根據此圖形，利用三角公式求得

$$I_{aq} = 0.476\angle 16.59° \qquad I_{ad} = 0.880\angle -73.41°$$

然後，利用 (6.30) 式可求得

$$E_a = V_a + jX_d I_{ad} + jX_q I_{aq}$$
$$= 1 + j1.0 \times 0.880 \angle -73.41° + j0.6 \times 0.476 \angle 16.59°$$
$$= 1.838 \angle 16.59°$$

做為比對，相量圖中我們也將不同的電壓加到 $E_a$ 上。

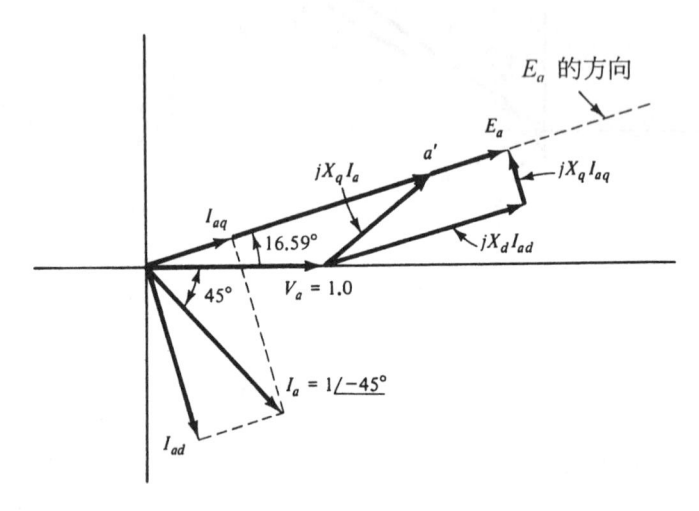

圖 E6.6。

## 例題 6.7

假設例題 6.5 中有一個對稱三相短路，若 $i_F$ (穩態下) 在故障後值沒有改變，試求穩態短路電流的大小值。

**解** 關於 $i_F$ 的假設意謂 $|E_a| = 1.5$ 未改變。當 $V_a = 0$ 時，我們得

$$E_a = jX_d I_{ad} + jX_q I_{aq}$$

從圖 6.8 可觀察到 $jX_d I_{ad}$ 平行於 $E_a$，而 $jX_q I_{aq}$ 垂直於 $E_a$。由此可得 $I_{aq} = 0$，$I_{ad} = E_a/jX_d$ 的結論，於是 $I_a = I_{ad} + I_{aq} = I_{ad}$ 以及 $I_a = E_a/jX_d$，所以得到 $|I_a| = |E_a|/X_d = 1.5$。

我們強調，短路電流與 $X_q$ 沒有任何相關。

## 第 6 章　發電模型 I (電機觀點)

**練習 4.**

在例題 6.7 中的發電機模型，假設包含一個小電阻 $r$，試證明：對於小的 $r$，$|I_a| \approx |E_a|/X_d$。**提示**：應用 (6.30) 式時，使用 $rI_a = r(I_{ad} + I_{aq})$。注意：$rI_{aq}$ 平行於 $E_a$，$rI_{ad}$ 垂直於 $E_a$。

最後，在離開這些發電機模型之前，無論是圓柱形轉子或雙反應模型，我們應該注意有關圖 6.6 和圖 6.8 的下列事項：

1. $E_a$ 是內部的或開路的或戴維寧等效電壓。$|E_a|$ 是正比於轉子 (磁場) 電流 $i_F$。
2. 在兩種模型中，內電壓和端電壓之間有一個功率角 $\delta_m$。做為一項近似，若同時忽略 $r$ 和 $X_l$ 使得 $V_a = V_{ag}$，則可獲得 $\delta_m$ 良好的物理解釋。$\delta_m$ 能被視為轉子中心線 (北極) 和旋轉氣隙磁通量中心線 (北極) 間的夾角，這可從圖 6.10 的凸極狀況看出來。為查對此主張，使用近似時我們注意到，$v_{ag} = v_a$，落後 $e_a$ 角度 $\delta_m$。以線圈 $aa'$ 的磁通鏈而言，$\lambda_{ag}$ 與開路 $\lambda_{aa'}$ 比較，也必須有一項類似的落後。做為一項結論，氣隙空間磁通波的中心線 (它廣佈於線圈 $aa'$ 內) 必須落後轉子北極 $\delta_m$ 角度，如圖 6.10 所示。
3. 我們可很容易地將此兩種模型，推廣至一部發電機經由一條 (短程) 輸電線連接到一個匯流排的情形，其中 (串聯的) 線路阻抗 $R_L + jX_L$ 被含括於發電機模型中。令 $V_a$ 是發電機端電壓，$V_t$ 是輸電線的受電端電壓，則

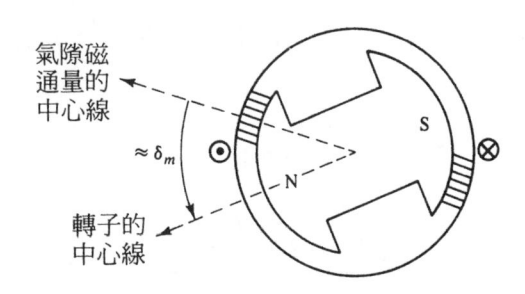

圖 6.10　$\delta_m$ 的物理意義。

$$V_t = V_a - R_L I_a - jX_L I_a \qquad (6.31)$$

利用 (6.30) 式和 $I_a = I_{ad} + I_{aq}$，可得

$$V_t = E_a - rI_a - jX_d I_{ad} - jX_q I_{aq} - R_L I_a - jX_L(I_{ad} + I_{aq}) \qquad (6.32)$$

合併各項，可得

$$V_t = E_a - \tilde{r}I_a - j\tilde{X}_d I_{ad} - j\tilde{X}_q I_{aq} \qquad (6.33)$$

其中 $\tilde{r} = r + R_L$，$\tilde{X}_d = X_d + X_L$ 和 $\tilde{X}_q = X_q + X_L$。當線路阻抗被含括於發電機模型中，且令 $V_t$ 為發電機端電壓時，(6.33) 式和 (6.30) 式有相同的形式。

## 6.6 發電機供給的功率

使用 6.5 節推導的發電機模型，我們能利用其內電壓 $E_a$ 和端電壓 $V_a$，決定發電機所供給的複功率。首先，我們考慮圓柱形轉子的情形。

**情形 1：圓柱形轉子** 利用圖 6.5 中的每相等效電路，我們可得

$$S_G = V_a I_a^* = V_a \left( \frac{E_a - V_a}{Z_G} \right)^* \qquad (6.34)$$

其中 $Z_G = r + jX_s$。這實際上也是我們在 4.6 節所討論的問題——兩個匯流排間的功率傳輸。因此我們能利用功率圓圖求得 $S_G = -S_{21}$，這使我們清楚瞭解，如同一條輸電線情形一樣，發電機亦有最終的有效功率極限。

若忽略發電機的電阻，然後利用 (4.34) 和 (4.36) 式，可求得一簡單的結果

$$P_G = \frac{|E_a||V_a|}{X_s} \sin \delta_m \qquad (6.35)$$

$$Q_G = \frac{|V_a|(|E_a|\cos \delta_m - |V_a|)}{X_s} \qquad (6.36)$$

### 第 6 章　發電模型 I（電機觀點）

**情形 2：凸極式發電機**　為了簡化起見，僅考慮 $r = 0$ 的情形；也為了簡化推導過程，我們將假設

$$E_a = |E_a| \angle 0° = |E_a| \tag{6.37}$$

$$V_a = |V_a| \angle -\delta_m = |V_a| e^{-j\delta_m} = |V_a| \cos \delta_m - j|V_a| \sin \delta_m \tag{6.38}$$

這相當於我們不再選擇 $t = 0$ 做為轉子角 $\theta = 90°$ 的時間（即 $\theta_0 = 90°$）。推導出的公式只和角度差 $\delta_m$ 有關，而與個別角無關。利用 $I_a = I_{ad} + I_{aq}$，可得

$$S_G = V_a I_a^* = V_a (I_{ad} + I_{aq})^* \tag{6.39}$$

我們首先利用 (6.30)、(6.37) 和 (6.38) 式來決定 $I_{ad}$ 和 $I_{aq}$：

$$\begin{aligned}|E_a| &= V_a + jX_d I_{ad} + jX_q I_{aq} \\ &= |V_a| \cos \delta_m - j|V_a| \sin \delta_m + jX_d I_{ad} + jX_q I_{aq}\end{aligned} \tag{6.40}$$

根據 (6.37) 式，既然 $E_a$ 是純實數，所以 $I_{aq}$ 和 $jX_d I_{ad}$ 也是純實數，而 $jX_q I_{aq}$ 是純虛數。將 (6.40) 式分解成實部和虛部，可得兩個方程式：

$$|E_a| = |V_a| \cos \delta_m + jX_d I_{ad} \tag{6.41}$$

$$0 = -|V_a| \sin \delta_m + X_q I_{aq} \tag{6.42}$$

解之可得

$$I_{ad} = \frac{|E_a| - |V_a| \cos \delta_m}{jX_d} \qquad I_{aq} = \frac{|V_a| \sin \delta_m}{X_q} \tag{6.43}$$

接著將 $I_{ad}$ 和 $I_{aq}$ 代入 (6.39) 式：

$$\begin{aligned}S_G &= |V_a| e^{-j\delta_m} \left( j\frac{|E_a| - |V_a| \cos \delta_m}{X_d} + \frac{|V_a| \sin \delta_m}{X_q} \right) \\ &= |V_a| (\cos \delta_m - j \sin \delta_m) \left( \frac{|V_a| \sin \delta_m}{X_q} + j\frac{|E_a| - |V_a| \cos \delta_m}{X_d} \right)\end{aligned} \tag{6.44}$$

接下來，將求出 $P_G$ 和 $Q_G$。取實部可求得

$$P_G = |V_a| \left( \cos\delta_m \frac{|V_a|\sin\delta_m}{X_q} + \sin\delta_m \frac{|E_a|-|V_a|\cos\delta_m}{X_d} \right)$$

$$= \frac{|E_a||V_a|}{X_d}\sin\delta_m + |V_a|^2 \left( \frac{\cos\delta_m \sin\delta_m}{X_q} - \frac{\cos\delta_m \sin\delta_m}{X_d} \right) \quad \textbf{(6.45)}$$

$$= \frac{|E_a||V_a|}{X_d}\sin\delta_m + \frac{|V_a|^2}{2}\left( \frac{1}{X_q} - \frac{1}{X_d} \right)\sin 2\delta_m$$

注意：若 $X_d = X_q = X_s$，(6.45) 式可簡化成 (6.35) 式。

接著，取 (6.44) 式等號兩邊虛部相等，並經代數運算，可得

$$Q_G = \frac{|E_a||V_a|}{X_d}\cos\delta_m - |V_a|^2 \left( \frac{\cos^2\delta_m}{X_d} - \frac{\sin^2\delta_m}{X_q} \right) \quad \textbf{(6.46)}$$

若 $X_d = X_q = X_g$，(6.46) 式可簡化成 (6.36) 式。

假設 $|E_a|$ 和 $|V_a|$ 為固定，探討凸極在 $P_G$ 對 $\delta_m$ 曲線的影響。既然 $X_d > X_q$，則 $1/X_q - 1/X_d$ 是正值，於是將 (6.45) 式畫成如圖 6.11，我們可看到凸極的影響，使得 $P_G$ 的最大值發生的角度 $\delta_m < 90°$。

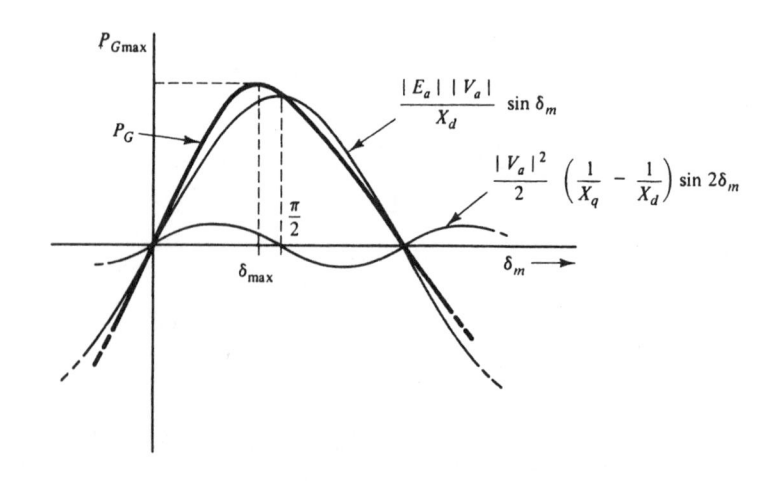

圖 6.11　凸極對 $P_G(\delta_m)$ 的影響。

## 6.7 將發電機同步到一個無限匯流排

作為發電機模型的另一種應用，我們探討發電機連接或同步到某一特定電力系統的匯流排 (發電機匯流排) 的問題，然後執行必要的調整來供給一指定的複功率。為簡化討論，將假設發電機的 MVA 額定值是相當小，所以它的調整不會嚴重地影響大系統的電壓和頻率。做為一項近似，在此情形下，我們假設 (複數) 發電機匯流排電壓與發電機的調整無關 (即它是一個理想電壓源)，我們稱這種電源為無限匯流排。在機械中，無限慣量扮演類似的角色，並建議了這個專有名詞。因此，我們有以下定義：

**定義** 一個無限匯流排是一個理想電壓源。

考慮圖 6.12 所示系統，我們將發電機運轉至同步後，供給複功率到一個由無限匯流排所模擬的大系統中。最初時，斷路器是開啟的，我們希望閉合斷路器並供給功率至 (無限) 匯流排。首先，為了達到平滑的功率轉移，電壓 $V_a$ 和 $V_\infty$ 必須滿足下列同步條件。我們注意到在同步之前，因為 $I_a = 0$，$V_a = E_a$。

**1.** 頻率相同。

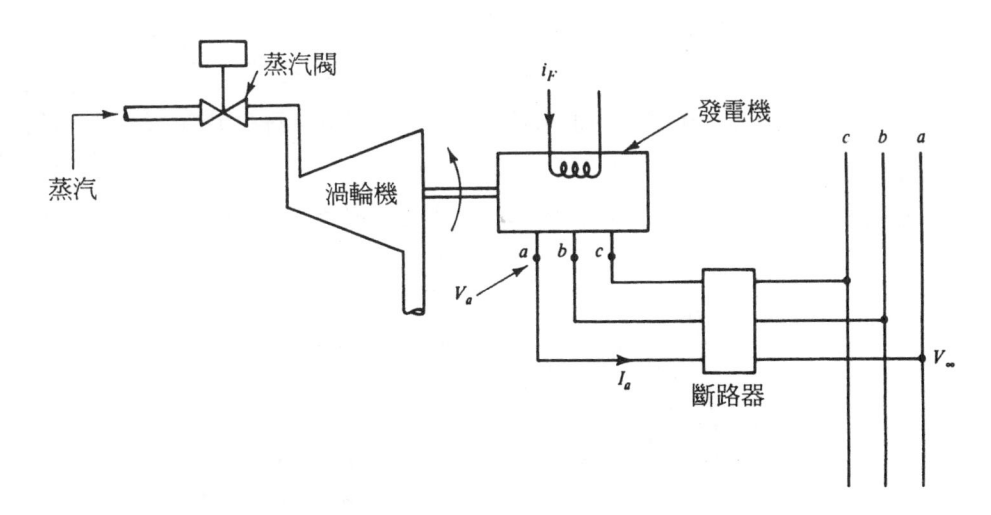

圖 6.12 被同步的發電機。

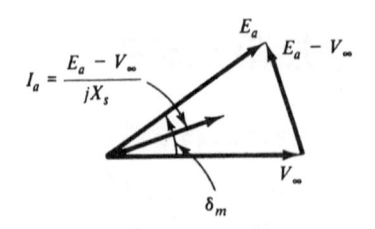

圖 6.13 機械功率變動；$i_F$ 固定。

2. 相序相同。
3. 相位相同。
4. $|V_a|=|E_a|=|V_\infty|$。

注意1：條件 3 和 4 能被組合成：$V_a = E_a = V_\infty$。
注意2：渦輪機正提供非常小的功率，僅足夠供給旋轉損失。

當這些條件都滿足時，斷路器才可以被閉合，發電機現在與電力系統同步。由於 $I_a = 0$ (因為 $E_a = V_\infty$) 以及 $S_G = 0$，此時我們稱發電機是在**浮接** (floating) 狀況。假設現在緩慢地打開蒸汽閥，驅動發電機的機械功率增加，耦合的發電機和渦輪機轉子也會加速。如同我們將在 14 章中討論，此淨效應將使功率角 $\delta_m = \angle E_a - \angle V_\infty$ 增加 ($V_\infty$ 是無限匯流排電壓且固定不變)，於是 $P_G(\delta_m)$ 增加。假設發電機到達穩態並忽略損失時，最終的機械功率輸入和電功率輸出會達到平衡。若 $i_F$ 維持其在同步時的值不變，則 $|E_a|$ 亦不會改變。因此供給機械功率的影響，在保持 $|E_a|$ 不變時是增加 $\angle E_a$。我們也能獲得一個類似圖 6.13 所示的相量圖，在此為了簡化，我們假設使用圓柱形轉子以及 $r = 0$。

繼續採用此簡化模型，假設考慮 $i_F$ 變動的影響。若我們改變 $i_F$，則

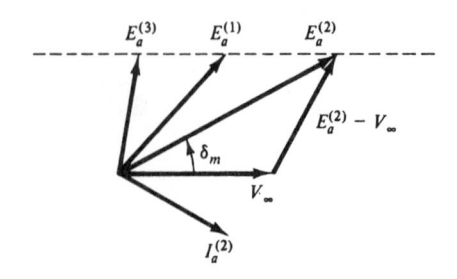

圖 6.14 $i_F$ 變動；機械功率固定。

$|E_a|$ 以相同比例變化,若在相同時間,我們保持機械功率為定值,則 $P_G(\delta_m) = (|E_a||V_\infty|/X_S)\sin\delta_m$ 也維持定值,因此 $|E_a|\sin\delta_m$ 維持固定。建議在圖 6.14 中畫一條平行於 $V_\infty$ 的 (虛) 線 (即點 $E_a$ 的軌跡滿足 $|E_a|\sin\delta_m$ = 常數)。例如 $E_a^{(1)}$ 可能是對應於 $i_F$ 在同步時的值; $E_a^{(2)}$ 是相對於 $i_F$ 增加時的值; $E_a^{(3)}$ 是相對於 $i_F$ 減少時的值。

根據圖 6.14,可導出 $i_F$ 變動對 $I_a$ 的影響。若 $|E_a|$ 值增加超過 $|E_a^{(2)}|$ 時,我們也將發現 $|I_a|$ 值增加超過 $|I_a^{(2)}|$ ,同時功率因數降低以維持 $P_G = |V_\infty||I_a|\cos\phi$ 為一個定值。在此情形,相量 $I_a$ 變化,其端點總是在經過 $I_a^{(2)}$ 的垂直線上。

### 練習 5.

機械功率為定值時,畫出 $i_F$ 變動時的 $I_a$ 軌跡,並證明有一個 $|I_a|$ 最小值。

注意 1:若發電機是凸極式及/或考慮電阻時,我們所導出的結果將只和上述稍微不同。而使用圓柱形轉子模型,是瞭解發電機定性行為最簡單的方法。

注意 2:明顯地,我們能將發電機同步至一個非無限匯流排。平滑同步的條件保持相同。但由於發電機匯流排電壓是注入匯流排功率 $S_G$ 的函數,所以同步後的考慮更複雜。

### 例題 6.8

一部發電機被同步到無限匯流排。在同步時的 $i_F$ = 1000 A (實際值), $V_\infty$ = 1∠0°, $X_s$ = 1.5。當 $i_F$ 維持不變且渦輪機蒸汽閥調整至 $P_G$ = 0.2。

(a) 求出 $I_a$。
(b) 當 $P_G$ 不變,$i_F$ 增加到 1600 A (實際值) 時,求出 $I_a$。

**解** (a) 同步時,$E_a = V_a = V_\infty = 1\angle 0°$,因此 $|E_a| = 1$ 對應於 $i_F = 1000$ A,則

$$P_G = 0.2 = \frac{|E_a||V_\infty|}{X_s}\sin\delta_m = \frac{1}{1.5}\sin\delta_m$$

因此 $\delta_m = 17.46°$, $E_a = 1\angle 17.46°$, 則

$$I_a = \frac{E_a - V_\infty}{jX_s} = \frac{1\angle 17.46° - 1}{j1.5} = 0.202\angle 8.73°$$

**(b)** 增加 $i_F$ 至 1.6 倍，也使得 $|E_a|$ 增加 1.6 倍，則

$$P_G = 0.2 = \frac{1.6}{1.5}\sin\delta_m$$

因此 $\delta_m = 10.81°$, $E_a = 1.6\angle 10.81°$, 則

$$I_a = \frac{1.6\angle 10.81° - 1}{j1.5} = 0.430\angle -62.31°$$

做為一項查對，我們注意到 $0.430\cos(-62.31°) = 0.200$。

## 6.8 同步電容器

做為我們模型的一項額外應用，我們考慮一種稱為**同步電容器** (synchronous condensor) 的同步電機。討論圓柱形轉子電機及 $r = 0$ 的情形，電機供給至電壓為 $V_a$ 的匯流排的功率如 (6.35) 式所示，為了方便起見，在此將 (6.35) 式重複

$$P_G = \text{Re}V_a I_a^* = \frac{|E_a||V_\infty|}{X_s}\sin\delta_m \tag{6.35}$$

根據 (6.35) 式，可看出

$$\delta_m > 0 \Rightarrow P_G > 0 \quad \text{(發電機)}$$
$$\delta_m < 0 \Rightarrow P_G < 0 \quad \text{(電動機)}$$
$$\delta_m = 0 \Rightarrow P_G = 0 \quad \text{(無　載)}$$

若 $r \neq 0$ 及/或同步電機為凸極式，我們仍能獲得類似的結果。考慮 $\delta_m = 0$ (即同步電機是無載) 的情形，此電機能提供什麼有用的用途？

答案是它能供給無效功率。根據 (6.36) 式，當 $\delta_m = 0$ 時，無效功率為

$$Q_G = \frac{|V_a|(|E_a|-|V_a|)}{X_s} \tag{6.47}$$

因此若 $|E_a|$ 大於 $|V_a|$，發電機供應無效功率。既然這也是連接電容器組到匯流排的功用，所以以此模式運轉的發電機被稱為同步電容器。一部大 MVA 額定的同步電容器，在實體上是非常大的，它看起來像一部沒有渦輪機的發電機！大容量的同步電容器是比電容器組便宜，且能藉由調整磁場電流 $i_F$ 來連續地控制無效功率。

若同步電機是凸極式，(6.46) 式所給的 $Q_G$ 公式，可以簡化成 (6.47) 式但以 $X_d$ 取代 $X_s$。最後我們提醒讀者，長程輸電線受電端注入的無效功率，對於維持受電端電壓是必要且有效的。

## 6.9 同步電機激磁在控制無效功率扮演的角色

同步電機激磁的改變在控制電機無效功率輸出扮演關鍵的角色，也連帶影響維持電機端電壓的能力，結果也將影響電力系統的電壓。建立激磁機輸出的上下限有其物理上的限制，結果使得發電機的無效功率輸出也有極限。在第 10 章中，當我們討論電力潮流以及呈現求解電力潮流方法時，此極限將被使用。一部同步電機無效功率輸出的極限在電壓控制匯流排的表示扮演一個重要的角色。為了描述激磁在同步電機無效功率的影響，我們重新檢視 6.6 節的結果，特別是 (6.35) 和 (6.36) 式，在圓柱形轉子及忽略電阻的假設下，可得

$$P_G = |V_a||I_a|\cos\phi = \frac{|E_a||V_a|}{X_s}\sin\delta_m \tag{6.48}$$

$$Q_G = |V_a||I_a|\sin\phi = \frac{|E_a||V_a|}{X_s}\cos\delta_m - \frac{|V_a|^2}{X_s} \tag{6.49}$$

我們要注意 $Q_G$ 可能是正、零或負。若下列的 (6.50) 式成立，$Q_G$ 的值可確定是正的。

$$|E_a|\cos\delta_m > |V_a| \tag{6.50}$$

如同本節稍前所述，無論如何，可以供給的無效功率量是有上下限的，在第 10 章中將再討論此問題。

## 6.10 總　結

對穩態正相序運轉，藉由探討產生旋轉氣隙磁通波的可變磁通分量，可推導有用的雙反應同步電機模型。利用此方法，可對電樞反應以及直軸和交軸電抗的物理意義有深一層的瞭解。使用這個模型，我們能決定改變渦輪機功率和磁場電流，對發電機端電壓以及複功率輸出的影響。

### 習　題

**6.1.** 一部發電機在功因為 0.8 落後時，供給 $P_G = 1.0$ 到一個電壓為 $|V_a| = 1.0$ 的匯流排。試畫出相量圖以及計算 $|E_a|$，針對
 (a) 圓柱形轉子：$X_s = 1.0$，$r = 0$。
 (b) 凸極式轉子：$X_d = 1.0$，$X_q = 0.6$，$r = 0$。

**6.2.** 一部電抗為 $X_d = 1.6$，$X_q = 0.9$ 的發電機，供給 $S_G = 1\angle 45°$ 到一個電壓為 $V_a = 1\angle 0°$ 的匯流排。試求出 $I_a$、$I_{ad}$、$I_{aq}$、$E_a$ 和轉子角度 $\theta_0$ (即在 $t = 0$ 時轉子角度 $\theta$)。

**6.3.** 假設在問題 6.2 中的發電機端，發生對稱三相短路故障，假設 $E_a$ 維持故障前的值沒有改變。試求出 $I_a$、$I_{ad}$ 和 $I_{aq}$ 的穩態值。

**6.4.** 某發電機的 $V_a = 1\angle 0°$，$I_a = 1\angle 60°$，$X_d = 1.0$，$X_q = 0.6$ 和 $r = 0.1$，試求出 $S_G$、$I_{ad}$、$I_{aq}$ 和 $E_a$。

**6.5.** 一部圓柱形轉子發電機 ($X_s = 1.0$，$r = 0.1$) 被同步接至一個電壓為 $1\angle 0°$ 的匯流排，同步時的 $i_F = 1000\,\text{A}$ (實際值)。接著調整發電機直到 $S_G = 0.8 + j0.6$ ($S_G$ 是供給至發電機匯流排的功率)。
 (a) 求出 $i_F$ 和發電機效率 (假設除了 $I^2R$ 的損失外，無發電機損失)。
 (b) 同上之 $i_F$ 值，發電機能供給的極限 (最大) 有效功率是多少？

**6.6.** 一部圓柱形轉子發電機 ($X_s = 1.0$，$r = 0$) 被同步接至一個電壓為 $1\angle 0°$ 的匯流排，同步時的 $i_F = 1000\,\text{A}$ (實際值)。接著增加機械功率直到 $P_G = 0.8$，

## 第 6 章　發電模型 I (電機觀點)

現在調整 $i_F$。
- **(a)** 畫出 $|I_a|$ 對 $i_F$ 的曲線。
- **(b)** 畫出 $Q_G$ 對 $i_F$ 的曲線。
- **(c)** 當 $|I_a|$ 是最小值時，$I_a$ 為多少？

**6.7.** 就一部凸極式發電機 ($X_d > X_q$)，假設 $r = 0$，試證明 $P_G$ 的最大值發生在 $\delta < \pi/2$ 處。

**6.8.** 考慮一部凸極式發電機經一條短程輸電線供給功率到一個無限匯流排。$V_\infty = 1\angle 0°$，$|E_a| = 1.4$，供給至無限匯流排的有效功率為 0.6。若我們已知發電機電抗為 $X_d = 1.6$ 和 $X_q = 1.0$，線路阻抗 $X_L = 4.0$，忽略電阻並求出 $E_a$ 和 $I_a$。

**6.9.** 參考圖 P6.9，並假設

|  | $G_1$ | $G_2$ |
|---|---|---|
|  | $X_d = 1.1$ | $X_s = 1.0$ |
|  | $X_q = 0.7$ | $r = 0.1$ |

若已知 $P_{G2} = 1.0$，試求出 $\theta_2$、$Q_{12}$、$Q_{21}$、$S_{G1}$、$S_{G2}$、$I_{G1}$、$I_{G2}$、$E_{a1}$ 和 $E_{a2}$。

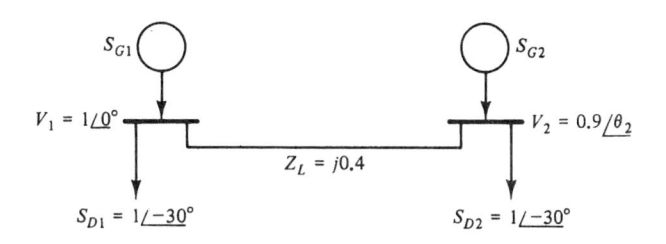

圖 P6.9。

## D6.1　設計練習

在第 4 和 5 章中介紹的 Eagle 電力系統有 3 部發電機，分別接在匯流排 1 (Owl)、匯流排 2 (Swift) 和匯流排 3 (Parrot)，假設每部發電機額定為 550 MVA。就 6.2 節推導的穩態發電機模型，規定所有必須的電機參數。本活動包括了典型同步電機參數文獻的蒐集，有一些出色的參考文獻提供大量的資料。要求學生研

究這些參考文獻，就我們正探討的電機形式做適當的假設（例如燃油蒸汽機組，水力機組），在電機 MVA 的基準值下得到所有必須的電機常數，並將所有電機參數轉換到以 100 MVA 及適當基準電壓的共同基準值上。

# CHAPTER 7

# 發電機模型 II
# （電路觀點）

## 7.0 簡 介

第 6 章所發展出的發電機模型是穩態模型，更精確的說，既然假設發電機的 emf 和定子電流都是正相序，它是一個正相序穩態模型。雖然這些模型對第 14 章的暫態分析是足夠的，但在大多數的情形，一個更精確的模型是必要的。對某些暫態 (例如，伴隨發電機端短路產生的暫態現象)，穩態模型將得到完全錯誤的結果，甚至在某些穩態運轉的情形下，穩態模型也是不適用的——例如，正相序發電機遭遇負相序電流；這是我們將在第 12 章中討論的情形。

本章中我們要發展一個更一般化的發電機模型，在某一特殊情形時，此模型可簡化成第 6 章中推導的穩態模型。在模型發展過程中，將使用電路理論觀點。

## 7.1 能量轉換

我們從一組耦合線圈的一般情形開始討論，其中一個或多個線圈是裝置在轉軸上且能隨轉軸轉動，因此，有一個機械的自由度。其他的線圈是固定不動的，此情形如圖 7.1 概要圖所示。

在圖 7.1 中可看出，一些互感是隨 $\theta$ 改變的。在 7.2 節中我們將感興趣於三相電機的特殊耦合結構，但現在我們要討論的是一般情形。

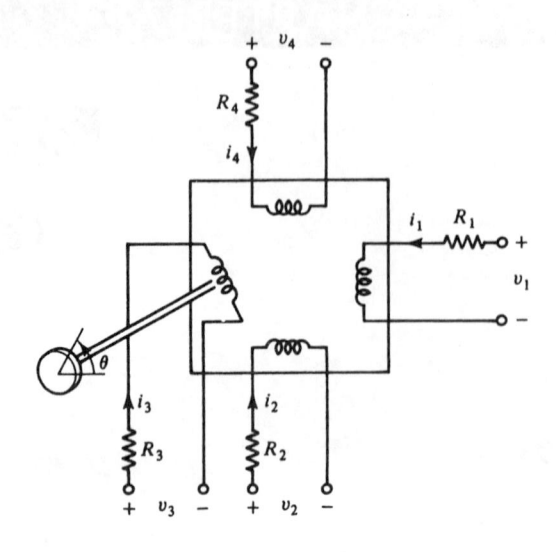

**圖 7.1** 耦合線圈。

假設 $v$、$i$、$\lambda$ 使用的是相關參考方向，例如，先選定 $i_1$ 的參考方向，再根據電路理論找出 $v_1$ 的相關參考方向，以及利用右手定則找出磁通量的相關參考方向；磁通鏈和磁通量有相同的符號。假設對任何固定的 $\theta$，$\lambda$ 和 $i$ 之間有一個線性的關係。因此可得

$$\lambda = \mathbf{L}(\theta)\mathbf{i} \tag{7.1}$$

對圖 7.1 中的情形而言，其中 $\mathbf{i}$ 和 $\lambda$ 是 4 階向量，$\mathbf{L}$ 是一個對稱的 $4 \times 4$ 矩陣。矩陣為對稱的事實可從電路理論得知。應用 KVL 於圖 7.1 中的電路，並利用 (7.1) 式可得

$$\begin{aligned} \mathbf{v} &= \mathbf{Ri} + \frac{d\lambda}{dt} \\ &= \mathbf{Ri} + \mathbf{L}(\theta)\frac{d\mathbf{i}}{dt} + \frac{d\mathbf{L}(\theta)}{dt}\mathbf{i} \end{aligned} \tag{7.2}$$

其中 $\mathbf{v} = \text{col }[v_1, v_2, v_3, v_4]$，$\mathbf{R} = \text{diag }[R_i]$。若 $\theta$ 隨時間是一個常數（即線圈是固定的），則 $\mathbf{L}(\theta)$ 是一個常數矩陣；磁通量的改變則僅由於變壓器作用產生。換言之，若 $\mathbf{i}$ 不隨時間變化（即 $\mathbf{i}$ 是 dc），磁通量的改變完全是由線圈間的相對移動（或速度）所引起。因為這個原因，**變壓器電壓** (trans-

# 第 7 章　發電模型 II (電機觀點)

former voltage) 和**速度電壓** (speed voltage) 等術語被用來分別稱呼 (7.2) 式右邊第二項和第三項。

我們感興趣於 $\theta$ 會改變的情形 (即轉軸會旋轉)。為了研究 $\theta$ 的行為，我們需要一個機械方程式。因此，假設一個具有總耦合慣量為 $J$ 及有線性摩擦的剛性轉軸，則機械方程式為

$$T = T_M + T_E = J\ddot{\theta} + D\dot{\theta} \tag{7.3}$$

其中 $T$ 是在正 $\theta$ 方向所提供的總轉矩。$T$ 是一個由外部提供機械轉矩 $T_M$ 和由磁場互作用產生的電轉矩 $T_E$ 的總和。

我們接下來利用瞬間功率守恆原理來導出 $T_E$ 的表示式。若我們從電動機觀點，把圖 7.1 視為轉換電功率為機械功率的裝置，對 $T_E$ 表示式的推導有很大助益。令 $p$ 是進入耦合線圈的瞬間電功率。利用 (7.2) 式

$$p = \mathbf{i}^T \mathbf{v} = \mathbf{i}^T \mathbf{R} \mathbf{i} + \mathbf{i}^T \mathbf{L}(\theta) \frac{d\mathbf{i}}{dt} + \mathbf{i}^T \frac{d\mathbf{L}(\theta)}{dt} \mathbf{i} \tag{7.4}$$

其中 $\mathbf{i}^T$ 是 $\mathbf{i}$ 的轉置 (即 $\mathbf{i}^T$ 是一個列向量)。在目前的情形，$\mathbf{i}^T \mathbf{v} = i_1 v_1 + i_2 v_2 + i_3 v_3 + i_4 v_4$。我們也注意到，既然 $\mathbf{R}$ 是一個對角線矩陣，$\mathbf{i}^T \mathbf{R} \mathbf{i} = R_1 i_1^2 + R_2 i_2^2 + R_3 i_3^2 + R_4 i_4^2$ 是電阻消耗的瞬間功率。

根據基本電路理論，我們也可導出耦合線圈儲存的瞬間能量為：

$$W_{\text{mag}} = \tfrac{1}{2} \mathbf{i}^T \mathbf{L}(\theta) \mathbf{i} \tag{7.5}$$

利用微分，我們求得供給磁場的功率為：

$$\begin{aligned}\frac{dW_{\text{mag}}}{dt} &= \frac{1}{2} \mathbf{i}^T \mathbf{L}(\theta) \frac{d\mathbf{i}}{dt} + \frac{1}{2} \frac{d\mathbf{i}^T}{dt} \mathbf{L}(\theta) \mathbf{i} + \frac{1}{2} \mathbf{i}^T \frac{d\mathbf{L}(\theta)}{dt} \mathbf{i} \\ &= \mathbf{i}^T \mathbf{L}(\theta) \frac{d\mathbf{i}}{dt} + \frac{1}{2} \mathbf{i}^T \frac{d\mathbf{L}(\theta)}{dt} \mathbf{i}\end{aligned} \tag{7.6}$$

在推導 (7.6) 式時，我們已經使用了一個純量的轉置是相同的純量的事實 [(7.6) 式中每一項的乘積都是一個純量]，一個矩陣乘積的轉置等於相反次序轉置矩陣的乘積，以及 $\mathbf{L}(\theta)$ 是一個對稱矩陣。因此

$$\frac{1}{2}\frac{d\mathbf{i}^T}{dt}\mathbf{L}(\theta)\mathbf{i} = \frac{1}{2}\mathbf{i}^T\mathbf{L}(\theta)\frac{d\mathbf{i}}{dt}$$

且此兩項可以組合，利用 (7.6) 式代入 (7.4) 式，可得

$$p = \mathbf{i}^T\mathbf{R}\mathbf{i} + \frac{dW_{mag}}{dt} + \frac{1}{2}\mathbf{i}^T\frac{d\mathbf{L}(\theta)}{dt}\mathbf{i} \tag{7.7}$$

考慮所有在我們模型中考慮到的結構，根據瞬間功率的守恆，我們得到

$$\begin{pmatrix}\text{電功率}\\ \text{輸入}\end{pmatrix} = \begin{pmatrix}\text{消耗在電阻}\\ \text{上的功率}\end{pmatrix} + \begin{pmatrix}\text{供給磁場}\\ \text{的功率}\end{pmatrix} + \begin{pmatrix}\text{轉換成機械}\\ \text{形式的功率}\end{pmatrix}$$

將此與 (7.7) 式相比，我們可以識別出 (7.7) 式的最右邊項是轉換成機械功率的電功率。最後，利用微分連鎖律，我們得到 $d\mathbf{L}(\theta)/dt = (d\mathbf{L}(\theta)/d\theta)(d\theta/dt)$，其中 $d\theta/dt$ 是 (純量) 角速度。因此，轉換成機械功率的電功率是

$$P_E = \frac{d\theta}{dt}\frac{1}{2}\mathbf{i}^T\frac{d\mathbf{L}(\theta)}{d\theta}\mathbf{i} = \omega T_E \tag{7.8}$$

其中 $\omega = d\theta/dt$ 是轉軸角速度，且我們能確認

$$T_E = \frac{1}{2}\mathbf{i}^T\frac{d\mathbf{L}(\theta)}{d\theta}\mathbf{i} \tag{7.9}$$

由於電流所建立的磁場互作用，轉軸上機械轉矩是在增加 $\theta$ 的方向。將 (7.9) 式代入 (7.3) 式，可得

$$J\ddot{\theta} + D\dot{\theta} - \frac{1}{2}\mathbf{i}^T\frac{d\mathbf{L}(\theta)}{d\theta}\mathbf{i} = T_M \tag{7.10}$$

我們能稱 (7.10) 式為**機械方程式** (mechanical equation)。用 (7.2) 和 (7.10) 式，可得機械和電變數間的互作用。

在推導 (7.9) 式中，我們假設僅有旋轉移動的情形，假使我們已經考慮過一種不同的情形，即一種單一轉移自由度的情況。例如，假使 $\mathbf{L}$ 與 $x$ 有關。讀者應該查對，將 $x$ 和力分別取代 $\theta$ 和轉矩，仍可獲得 (7.9) 式。

# 第 7 章  發電模型 II (電機觀點)

**例題 7.1**

　　計算磁阻電動機 (圖 E7.1) 的平均轉矩 (這是一部用來計時，非常簡單的同步電動機)。假設 $i(t)=\sqrt{2}|I|\cos\omega_0 t$。近似假設 $L(\theta)=L_s+L_m\cos 2\theta$，$L_s > L_m > 0$，亦假設轉子慣量是相當的高。

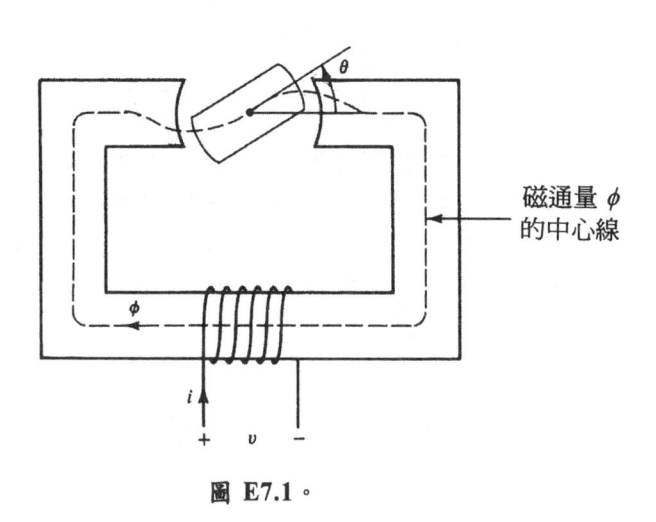

**圖 E7.1。**

**解**　我們注意到，在此情況中圖 7.1 簡化成自感為 $L(\theta)$ 的單一線圈。首先對 $L(\theta)$ 的假設形式，查對它的物理基礎。當 $\theta = n\pi$，$n$ 為整數，平均氣隙距離最小 (磁阻也是最小)，所以 $L(\theta)$ 必須為最大 (參考附錄 1)。當 $\theta = n\pi + \pi/2$，$L(\theta)$ 必須為最小 (但仍為正值)。我們看到，當 $\theta$ 從 0 增加到 $2\pi$ 時，$L(\theta)$ 經過兩個週期的變化。因此假設 $L(\theta) = L_s + L_m\cos 2\theta$，$L_s > L_m > 0$ 似乎是一個合理的簡化。然後利用 (7.9) 式

$$T_E = -\tfrac{1}{2}i^2(t)2L_m\sin 2\theta = -L_m i^2(t)\sin 2\theta$$

利用 (7.10) 式，可得

$$J\ddot{\theta}+D\dot{\theta}+L_m i^2\sin 2\theta = 0$$

注意：當 $i$ = 常數時，這是一個鐘擺的方程式，並非是電動機！換言之，當 $\theta$ 均勻增加時 (這像一部有非常大慣量的電動機)，平均轉矩為零。這與電動機的行為不相符合，為了得到電動機的作用，我們需要一個非零 (正) 平均轉矩。

　　在目前情況，$i(t) = \sqrt{2}|I|\cos\omega_0 t$，所以我們將獲得一個非零平均轉矩。機械方程式是非線性的，所以我們將不試圖求到正確解，而用近似解取代，假設在穩態下的旋轉是均勻的情況下，計算 $T_E$ 的平均值。然後假設在穩態下，$\theta(t) = \omega_0 t + \delta$，其中 $\omega_0$ 為同步速度，$\delta$ 為常數。則

$$T_E = -2L_m|I|^2 \cos^2 \omega_0 t \sin 2(\omega_0 t + \delta)$$
$$= -L_m|I|^2 (1 + \cos 2\omega_0 t) \sin 2(\omega_0 t + \delta)$$
$$= -\tfrac{1}{2} L_m|I|^2 [\sin 2\delta + 2\sin(2\omega_0 t + 2\delta) + \sin(4\omega_0 t + 2\delta)]$$

根據此式，對整個時間求得平均值為

$$T_{Eav} = -\tfrac{1}{2} L_m |I|^2 \sin 2\delta$$

而且由於 $-\pi/2 < \delta < 0$，我們推導一個符合旋轉的正平均轉矩。

從上述過程中可看到，有正弦轉矩脈動 (頻率為 $2\omega_0$ 和 $4\omega_0$) 重疊在平均轉矩上。無論如何，我們假設有一個非常大的慣量 $J$，所以可以預期這些脈動不會對均勻旋轉速率產生多大影響。因此，此分析是一致的，且我們至少找出了一個近似的平均轉矩。

接下來的例題將可幫助我們瞭解，如何計算同步電機的電感參數。

## 例題 7.2

考慮圖 E7.2(a) 所畫之電機。試將 $L_{11}(\theta)$ 和 $L_{12}(\theta)$ 畫成 $\theta$ 的函數，在此除了 dc 和週期變化 (在傅立葉級數中) 的最低頻率分量之外，忽略所有其他分量。

**解** 如圖中所見，電流、電壓和磁通量（磁通鏈）的參考方向被挑選在相關參考方向中，$L_{11}(\theta)$ 和 $L_{12}(\theta)$ 是相關於 $\lambda_1$ 對 $i_1$ 和對 $i_2$ 的電感參數，即

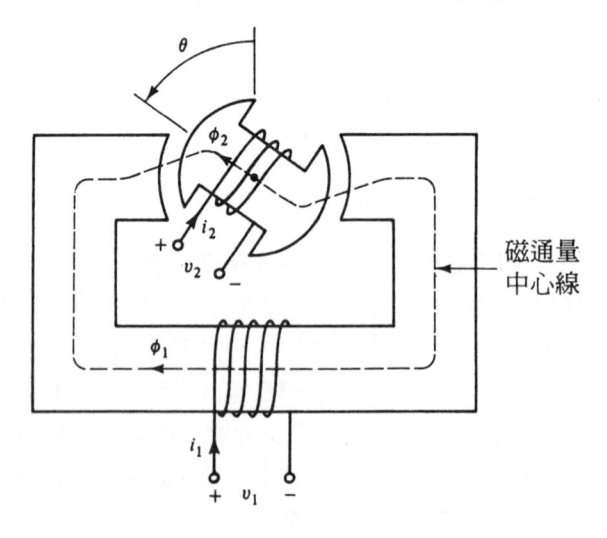

圖 E7.2(a)。

# 第 7 章　發電模型 II (電機觀點)

$$\lambda_1 = L_{11}(\theta)i_1 + L_{12}(\theta)i_2$$

$\lambda_1$ 是線圈 1 的磁通鏈，$\lambda_1$ 與 $\phi_1$ 同號。為了找出 $L_{11}$，我們設 $i_2 = 0$，則

$$L_{11}(\theta) = \frac{\lambda_1}{i_1} = \frac{N_1\phi_1}{i_1}$$

當 $\theta = n\pi$，我們獲得最大的氣隙磁阻；當 $\theta = n\pi + \pi/2$ 時，我們獲得最小的磁阻。因此，$L_{11}$ 將相依於 $\theta$，如圖 E7.2(b) 所示。因此忽略了高次諧波，$L_{11}$ 的形式為 $L_{11}(\theta) = L_s - L_m \cos 2\theta$。為了找出 $L_{12}$，令 $i_1 = 0$，則

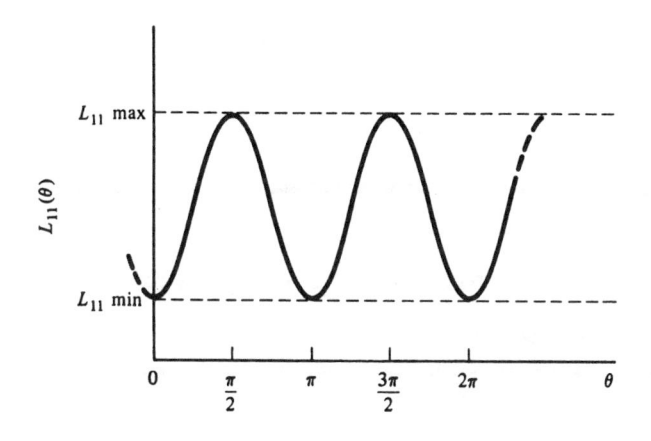

圖 E7.2(b)。

$$L_{12}(\theta) = \frac{\lambda_1}{i_2} = \frac{N_1\phi_1}{i_2}$$

$\phi_1$ 是 $i_2$ 所產生交鏈線圈 1 的磁通量，$L_{12}$ 如圖 E7.2(c) 所示。

我們可證明其一般的外形如下。為了方便起見，假設 $i_2 > 0$，所以 $\phi_2$ 是在其正的參考方向上。當 $\theta = 0$，無 $\phi_2$ 交鏈線圈 1，所以 $L_{12}(0) = 0$。當 $\theta = \pi/2$，$\phi_2$ 到達其最大值 (磁阻最小)，同時大部分的 $\phi_2$ 都從左向右穿過線圈 1，所以 $\phi_1$ 和 $L_{12}$ 都到達最小 (負) 值。當 $\theta = \pi$，再一次 $L_{12} = 0$。當 $\theta = 3\pi/2$，$\phi_2$ 再一次到達其最大值且大部分的 $\phi_2$ 都從右向左穿過線圈 1 (即 $\phi_1$ 是其正參考方向上)，因此 $L_{12}$ 到達最大值。忽略諧波，可得 $L_{12} = -M\sin\theta$ 的形式。讀者應該比較 $L_{11}$ 和 $L_{12}$，而且注意到它們隨 $\theta$ 變化展現出的行為是完全不同的。

圖 E7.2(c)。

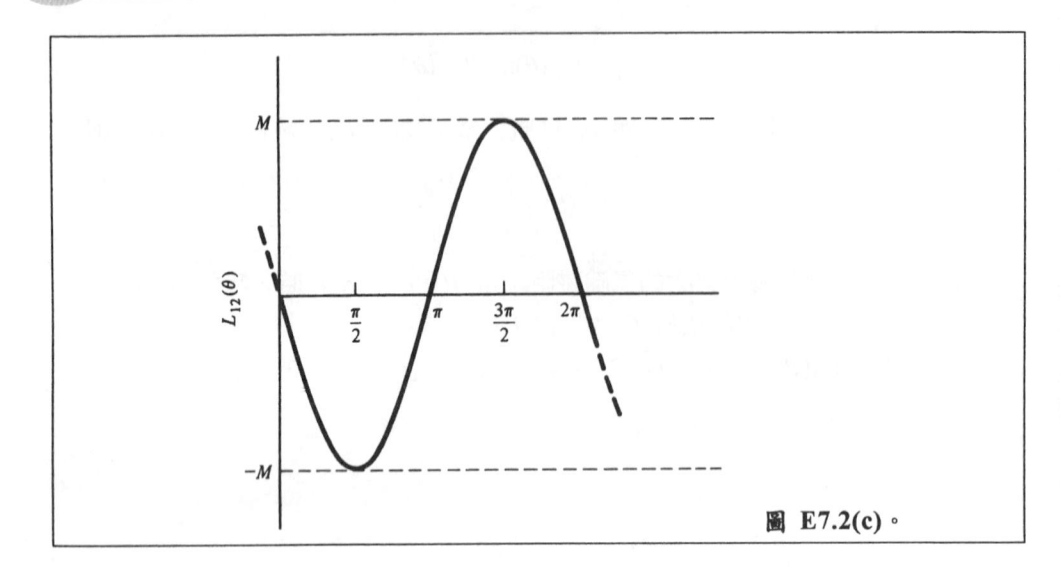

**練習 1.**

重複在例題 7.2 中的步驟，畫出 $L_{22}$ 和 $L_{21}$。做為一項查對，注意由電路理論所得的結果：$L_{21}(\theta) = L_{12}(\theta)$。

一些讀者可能想要細查在附錄 2 中附加的例題，這些是有關電磁圈或電驛的力方程式推導，稍後在第 13 章中有需要用的。

## 7.2 對同步電機的應用

我們將針對一部三相電機推導 (7.2) 和 (7.10) 式，在過程中，我們將導入派克 [Park, 或布朗德爾 (Blondel)] 轉換。

假設電機是由擺置在定子或電機靜止部分的三相繞組，擺置在旋轉部分 (轉子) 的場繞組，以及轉子上兩個附加的虛擬線圈所組成，此兩虛擬線圈是用來模擬阻尼繞組及/或實鐵轉子的短路路徑，並假設其分別位於轉子直軸和交軸上。

這六個繞組以單匝線圈表示，如圖 7.2 所示。與圖 6.1 相比，我們注意到加入兩個虛擬線圈以及導入直軸和交軸參考方向。

# 第 7 章　發電模型 II（電機觀點）

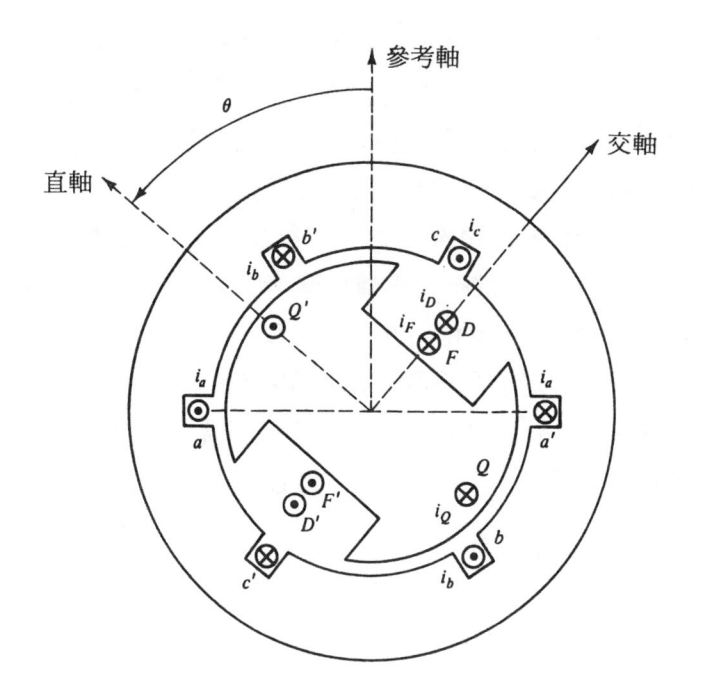

圖 7.2　電機概要圖。

六個電流為 $i_a$、$i_b$、$i_c$、$i_F$、$i_D$ 和 $i_Q$，其中小寫字母代表定子的量，大寫字母代表轉子的量，$i_F$ 是場電流，並可經由一個激磁控制系統來控制。$i_D$ 和 $i_Q$ 是在虛擬轉子線圈上的電流。

利用以相關參考方向為基礎的電路慣則，可求得電壓、電流和磁通鏈之間的關係。

$$\begin{bmatrix} v_{a'a} \\ v_{b'b} \\ v_{c'c} \\ v_{FF'} \\ v_{DD'} \\ v_{QQ'} \end{bmatrix} = \begin{bmatrix} r & & & & & \\ & r & & & 0 & \\ & & r & & & \\ & & & r_F & & \\ & 0 & & & r_D & \\ & & & & & r_Q \end{bmatrix} \begin{bmatrix} i_a \\ i_b \\ i_c \\ i_F \\ i_D \\ i_Q \end{bmatrix} + \frac{d}{dt}\begin{bmatrix} \lambda_{aa'} \\ \lambda_{bb'} \\ \lambda_{cc'} \\ \lambda_{FF'} \\ \lambda_{DD'} \\ \lambda_{QQ'} \end{bmatrix} = \mathbf{R}\mathbf{i} + \frac{d\lambda}{dt} \qquad (7.11)$$

藉由比較上述方程式中兩行，可定義出矩陣和向量。例如，$\mathbf{R} = \text{diag }\{r, r, r, r_F, r_D, r_Q\}$，其中 $r$ 是每相繞組的電阻，$r_F$ 是場繞組的電阻，$r_D$ 和 $r_Q$ 分別是兩個虛擬轉子線圈的電阻。磁通鏈是藉下標來確認；它們的符號分別與對應的磁通量相符合，換言之，藉右手定則可確定它們分別與對應的電流相符合。例如，若交鏈線圈 $aa'$ 的磁通量方向是朝上的，則 $\lambda_{aa'}$ 是正的。若交鏈線圈 $FF'$ 的磁通量是在直軸方向，則 $\lambda_{FF}$ 是正的。注意：我們雖然已經定義了 $\mathbf{R}$、$\mathbf{i}$ 和 $\lambda$，但我們並未定義電壓向量 $\mathbf{v}$。

為了定子線圈電壓，我們希望先介紹以參考方向為基礎的發電機慣則。提醒讀者，(7.11) 式的電壓是根據以參考方向為基礎的電路慣則來推導的。在先前的 6.3 節中，有相同的目標，我們介紹 (開路) 電壓 $e_{aa'}$ 來取代 $e_{a'a}$。類似地，針對定子電壓我們也將採用發電機慣則，處理 $v_{aa'}$、$v_{bb'}$ 和 $v_{cc'}$ 來分別取代 $v_{a'a}$、$v_{b'b}$ 和 $v_{c'c}$，剩下的電壓符號並不改變。如同 6.3 節中一樣，我們也使用單下標來簡化符號，即以單下標來指示無撇下標對有撇下標的電壓。例如，$v_a \triangleq v_{aa'} = -v_{a'a}$，$v_F \triangleq v_{FF'}$ 等等，以此類推。現在定義一個電壓向量 $\mathbf{v}$ 如下：

$$\mathbf{v} \triangleq \begin{bmatrix} v_a \\ v_b \\ v_c \\ -v_F \\ -v_D \\ -v_Q \end{bmatrix}$$

利用此定義在 (7.11) 式中，可得

$$\mathbf{v} = -\mathbf{Ri} - \frac{d\lambda}{dt} \tag{7.12}$$

注意：因為模型中的虛擬轉子都假設為短路，所以 $v_D$ 和 $v_Q$ 的實際值都為零。稱 (7.12) 式為**電力方程式** (electrical equation) 是很適合的。

接著我們假設 $\lambda$ 和 $\mathbf{i}$ 的關係為線性的，即 $\lambda = \mathbf{L}(\theta)\mathbf{i}$，其中 $\mathbf{L}(\theta)$ 是一個 6×6 的矩陣，表示六個磁通鏈和六個電流間的關係。正如例題 7.2 中所述，我們能藉下列的方法求出元素 $L_{ij}$：除了第 $j$ 個線圈電流之外，設所有的電流為零，然後求出第 $i$ 個線圈的磁通鏈。同樣為了簡化，也如同例題 7.2 中一樣，僅考慮 dc 和最低次的諧波項。

現在考慮某些項的計算，後續的計算最簡單的方法是使用實際量而不是標么量，因此，電感的單位是亨利。在所有的電感定義，為了簡化符號，我們將

省略 "所有其他的電流都等於零" 的條件。我們將從規定定子自感開始。

## 定子線圈的自感

$$L_{aa} = \frac{\lambda_{aa'}}{i_a} = L_s + L_m \cos 2\theta \qquad L_s > L_m \geq 0$$

$$L_{bb} = \frac{\lambda_{bb'}}{i_b} = L_s + L_m \cos 2\left(\theta - \frac{2\pi}{3}\right)$$

$$L_{cc} = \frac{\lambda_{cc'}}{i_c} = L_s + L_m \cos 2\left(\theta + \frac{2\pi}{3}\right)$$

$L_{aa}$ 的形式可以解釋如下：參考圖 7.2，由線圈 $aa'$ 內電流所產生的 mmf 是在垂直方向有效。合成磁通量的中心線是在垂直方向，且當 $\theta = 0$ 或 $\pi$ 時其值為最大，當 $\theta = \pi/2$ 或 $3\pi/2$ 時其值為最小。$L_{aa}(\theta)$ 是以 $\pi$ 週期做變化的，利用僅取 dc 和基本波項，可獲得所主張的結果。注意：當發電機為圓柱形時，$L_{aa}(\theta) = L_s = $ 常數。

$L_{bb}$ 也有類似的說明，不過在此要注意，線圈 $bb'$ 內電流所產生的 mmf 是在角度 $2\pi/3$ 的方向有效，而不是角度 0，所以最大磁通量發生在 $\theta = 2\pi/3$ 處，而不是在 $\theta = 0$ 處。這說明了與 $L_{aa}$ 相比較，$L_{bb}$ 的引數有角位移，即以 $\theta - 2\pi/3$ 來取代 $\theta$，使得最大值發生在 $\theta = 2\pi/3$ 時，而不是在 $\theta = 0$ 時。對 $L_{cc}$ 的情形，類似的考慮可推得要以 $\theta + 2\pi/3$，或 $\theta - 4\pi/3$ 來取代 $\theta$。

我們注意到這些取代或位移，在理論的發展過程中會經常發生，因此導入**位移運算元** (shift operator) $\mathcal{T}$，在簡化符號表示是非常方便。令 $\mathcal{T}L_{aa}$ 表示 $L_{aa}$ 中的 $\theta$ 位移 (延遲) 了 $2\pi/3$ (即 $\theta$ 被 $\theta - 2\pi/3$ 取代)，於是我們有 $L_{bb} = \mathcal{T}L_{aa}$ 和 $L_{cc} = \mathcal{T}L_{bb} = \mathcal{T}^2 L_{aa}$。

接下來我們考慮互感。

## 定子線圈間的互感

$$L_{ab} = \frac{\lambda_{aa'}}{i_b} = -\left[M_s + L_m \cos 2\left(\theta + \frac{\pi}{6}\right)\right] \qquad M_s > L_m \geq 0$$

$$L_{bc} = \frac{\lambda_{bb'}}{i_c} = -\left[M_s + L_m \cos 2\left(\theta - \frac{\pi}{2}\right)\right]$$

$$L_{ca} = \frac{\lambda_{cc'}}{i_a} = -\left[M_s + L_m \cos 2\left(\theta + \frac{5\pi}{6}\right)\right]$$

直覺地，我們可以證明這些結果中的第一個如下：首先考慮圓柱形轉子，在此情況 $L_m = 0$。注意 $\phi_{aa'}$ 和 $i_b$ 的參考方向，我們可以看到 $L_{ab}$ 必須是負的。現在考慮凸極的情形，$L_{ab}$ 仍將是負值，不過它現在與 $\theta$ 有關。我們希望找出一項近乎合理的理由，來說明 $|L_{ab}|$ 的最大值是在 $\theta = -\pi/6$。若 $\theta = -\pi/3$ 時，由 $i_b$ 所產生的 mmf 對產生磁通量是最有效的，但就線圈 $aa'$ 的磁通鏈來說，此磁通量的方向是錯的。另一方面，若 $\theta = 0$，此磁通量是最有效的，但它的量會減少一些。一項定量分析指出，在 $\theta = -\pi/6$ 時，即 $-\pi/3$ 和 $0$ 的平均值處，是得到最佳結果的折衷。注意 $L_{bc} = \mathfrak{I} L_{ab}$ 和 $L_{ca} = \mathfrak{I} L_{bc} = \mathfrak{I}^2 L_{ab}$，其中 $\mathfrak{I}$ 是位移運算元。觀察檢視圖 7.2 中的線圈幾何結構，可提供這結果的物理基礎。

**其他電感** 我們將列出並表明一些餘留項的推導。

$$L_{aF} = \frac{\lambda_{aa'}}{i_F} = M_F \cos\theta \qquad M_F > 0$$

$$L_{FF} = \frac{\lambda_{FF'}}{i_F} = L_F \qquad L_F > 0$$

$$L_{FQ} = \frac{\lambda_{FF'}}{i_Q} = 0$$

第一個結果暗示出場磁通量為正弦分佈，此狀況是發電機設計的一個目標，且在 6.2 節中討論過。在 (6.3a) 式的 (開路) $\lambda_{aa'}$ 表示式是 $L_{aF} i_F$ 的形式。第二個結果是根據，對所有的 $\theta$，從轉子看入的磁路都是一樣，所作出的結論。最後一項結果，是因為包含的兩個線圈彼此垂直所導出的。

我們將不繼續討論其他電感，注意到，在 $6 \times 6$ 電感矩陣中，由於對稱性，所以有 21 個元素待決定，其中已經證明了 9 個。完成此過程，最終得到對稱矩陣為

## 第 7 章　發電模型 II (電機觀點)

$$\mathbf{L}(\theta) = \begin{bmatrix} \mathbf{L}_{11}(\theta) & \mathbf{L}_{12}(\theta) \\ \mathbf{L}_{21}(\theta) & \mathbf{L}_{22}(\theta) \end{bmatrix} \tag{7.13}$$

其子矩陣如下：

$$\mathbf{L}_{11} = \begin{bmatrix} L_s + L_m \cos 2\theta & -M_s - L_m \cos 2(\theta + \frac{\pi}{6}) & -M_s - L_m \cos 2(\theta + \frac{5\pi}{6}) \\ -M_s - L_m \cos 2(\theta + \frac{\pi}{6}) & L_s + L_m \cos 2(\theta - \frac{2\pi}{3}) & -M_s - L_m \cos 2(\theta - \frac{\pi}{2}) \\ -M_s - L_m \cos 2(\theta + \frac{5\pi}{6}) & -M_s - L_m \cos 2(\theta - \frac{\pi}{2}) & L_s + L_m \cos 2(\theta + \frac{2\pi}{3}) \end{bmatrix}$$

$$\mathbf{L}_{12} = \mathbf{L}_{21}^T = \begin{bmatrix} M_F \cos \theta & M_D \cos \theta & M_Q \sin \theta \\ M_F \cos(\theta - \frac{2\pi}{3}) & M_D \cos(\theta - \frac{2\pi}{3}) & M_Q \sin(\theta - \frac{2\pi}{3}) \\ M_F \cos(\theta + \frac{2\pi}{3}) & M_D \cos(\theta + \frac{2\pi}{3}) & M_Q \sin(\theta + \frac{2\pi}{3}) \end{bmatrix}$$

$$\mathbf{L}_{22} = \begin{bmatrix} L_F & M_R & 0 \\ M_R & L_D & 0 \\ 0 & 0 & L_Q \end{bmatrix} \tag{7.14}$$

在 (7.14) 式中所有的常數都是非負值。我們能想像這些值是由實驗決定的。注意：$\mathbf{L}_{11}$ 表示定子磁通鏈與定子電流間的關係，$\mathbf{L}_{22}$ 表示轉子磁通鏈與轉子電流間的關係，而 $\mathbf{L}_{12}$ 則表示定子線圈磁通鏈與轉子線圈內電流間的關係。

可以看出，$\mathbf{L}(\theta)$ 與 $\theta$ 有相當複雜的關係，此複雜性可由發電機的電壓-電流關係反應出。根據 (7.12) 式，利用 $\boldsymbol{\lambda} = \mathbf{L}(\theta)\mathbf{i}$，可求得

$$\mathbf{v} = -\mathbf{R}\mathbf{i} - \frac{d\mathbf{L}(\theta)}{dt}\mathbf{i} - \mathbf{L}(\theta)\frac{d\mathbf{i}}{dt} \tag{7.15}$$

所以即使在轉軸均勻旋轉，即 $\theta = \omega_0 t + \theta_0$ 的最簡單情形下，(7.14) 式的形式指出，我們得到的一個週期時變係數的線性微分方程式，此時我們很難瞭解系統行為的一般性質。

## 7.3　派克轉換

為了簡化方程式，以及在某些重要情況下得到線性非時變方程式，我

們將對定子 $abc$ 量使用**派克轉換** [Park transformation,也被稱為布朗德爾轉換 (Blondel transformation),或 $0dq$ 轉換,或對轉子座標的轉換]。我們轉換 $abc$ 電壓、電流和磁通鏈。對電流的轉換產生

$$\begin{bmatrix} i_0 \\ i_d \\ i_q \end{bmatrix} = \sqrt{\frac{2}{3}} \begin{bmatrix} \frac{1}{\sqrt{2}} & \frac{1}{\sqrt{2}} & \frac{1}{\sqrt{2}} \\ \cos\theta & \cos(\theta - \frac{2\pi}{3}) & \cos(\theta + \frac{2\pi}{3}) \\ \sin\theta & \sin(\theta - \frac{2\pi}{3}) & \sin(\theta + \frac{2\pi}{3}) \end{bmatrix} \begin{bmatrix} i_a \\ i_b \\ i_c \end{bmatrix} \quad (7.16)$$

或用矩陣符號表示為

$$\mathbf{i}_{0dq} = \mathbf{P}\mathbf{i}_{abc} \quad (7.17)$$

這定義了 **P** 矩陣以及 $abc$ 和 $0dq$ 向量。類似地,對電壓和磁通鏈,我們可求得

$$\mathbf{v}_{0dq} = \mathbf{P}\mathbf{v}_{abc} \quad (7.18)$$

$$\boldsymbol{\lambda}_{0dq} = \mathbf{P}\boldsymbol{\lambda}_{abc} \quad (7.19)$$

新的 $0dq$ 變數也被稱為派克變數,或我們下一段描述的理由,我們也稱之為以轉子為基礎之變數。注意:**P** 轉換與 $\theta$ 有關。

在物理上,$i_d$ 和 $i_q$ 能被解釋為一組虛擬的旋轉繞組內的電流,而這組虛擬繞組是固定在轉子上的。$i_d$ 是在 $d$ 軸上的虛擬線圈內流動,$i_q$ 是在 $q$ 軸上的虛擬線圈內流動。這些電流所產生的磁通量分量與實際的 $abc$ 電流所產生的相同。

回想第 6 章中,平衡 (正相序) $abc$ 電流在穩態下,會產生一個同步旋轉磁通量 (即從轉子看入時為常數)。此為可瞭解的,**常數**電流流在虛擬旋轉線圈內可產生**常數**旋轉磁通量。因此,關係於這些轉換量的電感矩陣將是一個常數矩陣。

事實上,我們能用數學來證明此敘述。首先注意 **P** 是非奇異的,且 $\mathbf{P}^{-1} = \mathbf{P}^T$。

## 第7章　發電模型 II（電機觀點）

$$\mathbf{P}^{-1} = \mathbf{P}^T = \sqrt{\frac{2}{3}} \begin{bmatrix} \frac{1}{\sqrt{2}} & \cos\theta & \sin\theta \\ \frac{1}{\sqrt{2}} & \cos(\theta - \frac{2\pi}{3}) & \sin(\theta - \frac{2\pi}{3}) \\ \frac{1}{\sqrt{2}} & \cos(\theta + \frac{2\pi}{3}) & \sin(\theta + \frac{2\pi}{3}) \end{bmatrix} \quad (7.20)$$

讀者可藉 $\mathbf{P}$ 與 $\mathbf{P}^T$ 的乘積為一個單位矩陣來查對。既然 $\mathbf{P}$ 的列和 $\mathbf{P}^T$ 的行相同，所以我們能發現 $\mathbf{P}^T$ 的行是正交的 (即，若 $\mathbf{u}_i$ 為 $\mathbf{P}$ 的行時，$\mathbf{u}_i^T \mathbf{u}_j = 0, i \neq j$，以及 $\mathbf{u}_i^T \mathbf{u}_i = 1$)。

我們必須考慮每一電流、電壓或磁通鏈向量的六個分量。當我們希望將以定子為基礎的 (abc) 變數轉換至以轉子為基礎的 (0dq) 變數，我們希望留下原來不受影響的轉子量，根據此目標，我們定義了一個 6-階向量 $\mathbf{i}_B$ 和 $6 \times 6$ 矩陣 $\mathbf{B}$ 如下：

$$\mathbf{i}_B \triangleq \begin{bmatrix} i_0 \\ i_d \\ i_q \\ i_F \\ i_D \\ i_Q \end{bmatrix} = \begin{bmatrix} \mathbf{P} & \mathbf{0} \\ \hdashline \mathbf{0} & \mathbf{1} \end{bmatrix} \begin{bmatrix} i_a \\ i_b \\ i_c \\ i_F \\ i_D \\ i_Q \end{bmatrix} = \mathbf{B}\mathbf{i} \quad (7.21)$$

其中 $\mathbf{1}$ 是 $3 \times 3$ 的單位矩陣，$\mathbf{0}$ 是 $3 \times 3$ 的零矩陣。類似地，我們定義

$$\mathbf{v}_B = \mathbf{B}\mathbf{v} \quad (7.22)$$

$$\boldsymbol{\lambda}_B = \mathbf{B}\boldsymbol{\lambda} \quad (7.23)$$

讀者可很容易查對

$$\mathbf{B}^{-1} = \mathbf{B}^T = \begin{bmatrix} \mathbf{P}^T & \mathbf{0} \\ \mathbf{0} & \mathbf{1} \end{bmatrix} \quad (7.24)$$

現在我們希望求得以轉子為基礎的變數 $\boldsymbol{\lambda}_B$ 和 $\mathbf{i}_B$ 間的關係。從 (7.1) 式開始，並利用 (7.21) 和 (7.23) 式，我們可求得

$$\boldsymbol{\lambda} = \mathbf{L}\mathbf{i}$$
$$\mathbf{B}^{-1}\boldsymbol{\lambda}_B = \mathbf{L}\mathbf{B}^{-1}\mathbf{i}_B \quad (7.25)$$
$$\boldsymbol{\lambda}_B = \mathbf{B}\mathbf{L}\mathbf{B}^{-1}\mathbf{i}_B = \mathbf{L}_B\mathbf{i}_B$$

其中 $\mathbf{L}_B \triangleq \mathbf{BLB}^{-1}$。利用矩陣乘積的轉置規則 (逆次序做轉置的乘積),我們能求出 $\mathbf{L}_B^T = (\mathbf{BLB}^T)^T = \mathbf{BL}^T\mathbf{B}^T = \mathbf{BLB}^T = \mathbf{L}_B$。因為 $\mathbf{L}$ 是對稱所以 $\mathbf{L}_B$ 是對稱。藉由前乘以 $\mathbf{B}^{-1}$ 和後乘以 $\mathbf{B}$,我們也求出 $\mathbf{L} = \mathbf{B}^{-1}\mathbf{L}_B\mathbf{B}$ 的關係。其次,可以利用 (7.13) 和 (7.24) 式計算 $\mathbf{L}_B$:

$$\mathbf{L}_B = \begin{bmatrix} \mathbf{P} & 0 \\ 0 & 1 \end{bmatrix} \begin{bmatrix} \mathbf{L}_{11} & \mathbf{L}_{12} \\ \mathbf{L}_{21} & \mathbf{L}_{22} \end{bmatrix} \begin{bmatrix} \mathbf{P}^T & 0 \\ 0 & 1 \end{bmatrix}$$
$$= \begin{bmatrix} \mathbf{PL}_{11}\mathbf{P}^T & \mathbf{PL}_{12} \\ \mathbf{L}_{21}\mathbf{P}^T & \mathbf{L}_{22} \end{bmatrix} \quad (7.26)$$

現在考慮 (7.26) 式中各項,如同所期, $\mathbf{L}_{22}$ 並不改變。藉由沉悶但直接的運算,我們能證明:

$$\mathbf{PL}_{11}\mathbf{P}^T = \begin{bmatrix} L_0 & 0 & 0 \\ 0 & L_d & 0 \\ 0 & 0 & L_q \end{bmatrix} \quad (7.27)$$

其中

$$L_0 \triangleq L_s - 2M_s$$

$$L_d \triangleq L_s + M_s + \tfrac{3}{2}L_m$$

$$L_q \triangleq L_s + M_s - \tfrac{3}{2}L_m$$

利用線性代數的理論,因為 $\mathbf{P}^T$ 的行是 $\mathbf{L}_{11}$ 的 (正交) 特徵向量,我們能證明這個簡化是成立的,而且類似的轉換將產生特徵值的對角線矩陣。注意: $L_d$ 和 $L_q$ 是相對於 $X_d$ 和 $X_q$ 的電感,在此 $X_d$ 和 $X_q$ 是指第 6 章中推導的雙反應模型內的電抗。

---

**練習 2.**

證明 $\mathbf{P}^T$ 的第一行 [即 $(1/\sqrt{3})(1, 1, 1)^T$] 是 $\mathbf{L}_{11}$ 的一個特徵向量,且它所對應的特徵值為 $L_0 = L_s - 2M_s$。

第 7 章　發電模型 II（電機觀點）

接著考慮非對角線子矩陣 $\mathbf{L}_{21}\mathbf{P}^T = (\mathbf{PL}_{12})^T$。利用 (7.14) 式

$$\mathbf{L}_{21}\mathbf{P}^T = \begin{bmatrix} M_F \cos\theta & M_F \cos(\theta - \frac{2\pi}{3}) & M_F \cos(\theta + \frac{2\pi}{3}) \\ M_D \cos\theta & M_D \cos(\theta - \frac{2\pi}{3}) & M_D \cos(\theta + \frac{2\pi}{3}) \\ M_Q \sin\theta & M_Q \sin(\theta - \frac{2\pi}{3}) & M_Q \sin(\theta + \frac{2\pi}{3}) \end{bmatrix} \sqrt{\frac{2}{3}} \begin{bmatrix} \frac{1}{\sqrt{2}} & \cos\theta & \sin\theta \\ \frac{1}{\sqrt{2}} & \cos(\theta - \frac{2\pi}{3}) & \sin(\theta - \frac{2\pi}{3}) \\ \frac{1}{\sqrt{2}} & \cos(\theta + \frac{2\pi}{3}) & \sin(\theta + \frac{2\pi}{3}) \end{bmatrix}$$

**(7.28)**

在這裡我們瞭解 $\mathbf{L}_{21}$ 的前兩列是正比於 $\mathbf{P}^T$ 的第二行，如同我們先前所指出的，它們與 $\mathbf{P}^T$ 的另二行正交。$\mathbf{L}_{21}$ 的第三列是正比於 $\mathbf{P}^T$ 的第三行。因此，將列行相乘，可很容易地計算出兩個矩陣的乘積。我們得到

$$\mathbf{L}_{21}\mathbf{P}^T = \begin{bmatrix} 0 & \sqrt{\frac{3}{2}}M_F & 0 \\ 0 & \sqrt{\frac{3}{2}}M_D & 0 \\ 0 & 0 & \sqrt{\frac{3}{2}}M_Q \end{bmatrix}$$

**(7.29)**

為了簡化符號，令 $k \triangleq \sqrt{3/2}$；則根據 (7.14)、(7.26)、(7.27) 和 (7.29) 式，我們求得

$$\mathbf{L}_B = \begin{bmatrix} L_0 & 0 & 0 & \vdots & 0 & 0 & 0 \\ 0 & L_d & 0 & \vdots & kM_F & kM_D & 0 \\ 0 & 0 & L_q & \vdots & 0 & 0 & kM_Q \\ \cdots & \cdots & \cdots & & \cdots & \cdots & \cdots \\ 0 & kM_F & 0 & \vdots & L_F & M_R & 0 \\ 0 & kM_D & 0 & \vdots & M_R & L_D & 0 \\ 0 & 0 & kM_Q & \vdots & 0 & 0 & L_Q \end{bmatrix}$$

**(7.30)**

注意：$\mathbf{L}_B$ 是一個簡單稀疏的對稱常數矩陣。讀者應該將它與 (7.13) 和 (7.14) 式中較複雜的矩陣 $\mathbf{L}$ 相比較。

## 7.4　派克電壓方程式

接下來，我們利用派克變數來推導電壓-電流關係式。從 (7.12) 式開始，在此重複於下：

$$\mathbf{v} = -\mathbf{Ri} - \frac{d\lambda}{dt} \tag{7.12}$$

利用 (7.21) 式到 (7.23) 式，可求得

$$\mathbf{B}^{-1}\mathbf{v}_B = -\mathbf{R}\mathbf{B}^{-1}\mathbf{i}_B - \frac{d}{dt}(\mathbf{B}^{-1}\lambda_B)$$

將方程式兩側各前乘以 $\mathbf{B}$，得到

$$\mathbf{v}_B = -\mathbf{B}\mathbf{R}\mathbf{B}^{-1}\mathbf{i}_B - \mathbf{B}\frac{d}{dt}(\mathbf{B}^{-1}\lambda_B) \tag{7.31}$$

利用等式

$$\mathbf{B}\mathbf{R}\mathbf{B}^{-1} = \begin{bmatrix} \mathbf{P} & 0 \\ \hline 0 & 1 \end{bmatrix} \begin{bmatrix} r & & & & 0 \\ & r & & & \\ & & r & & \\ & & & r_F & \\ \hline 0 & & & r_D & \\ & & & & r_Q \end{bmatrix} \begin{bmatrix} \mathbf{P}^{-1} & 0 \\ \hline 0 & 1 \end{bmatrix} = \mathbf{R} \tag{7.32}$$

以 $\mathbf{R}$ 取代 $\mathbf{B}\mathbf{R}\mathbf{B}^{-1}$ 可簡化 (7.31) 式。繼續演算，並利用乘積的微分規則，可得

$$\mathbf{v}_B = -\mathbf{R}\mathbf{i}_B - \mathbf{B}\frac{d\mathbf{B}^{-1}}{dt}\lambda_B - \frac{d\lambda_B}{dt} \tag{7.33}$$

因此，如同 (7.2) 式一樣，我們能獲得速度電壓和變壓器電壓。

接下來，我們希望就 (7.33) 式中的 $\mathbf{B}(d\mathbf{B}^{-1}/dt)$ 矩陣，獲得一個更明顯的表示式。我們先計算 $\mathbf{B}(d\mathbf{B}^{-1}/d\theta)$。利用 (7.21) 和 (7.24) 式，我們得到

$$\mathbf{B}\frac{d\mathbf{B}^{-1}}{d\theta} = \begin{bmatrix} \mathbf{P} & 0 \\ 0 & 1 \end{bmatrix} \begin{bmatrix} \frac{d\mathbf{P}^{-1}}{d\theta} & 0 \\ 0 & 0 \end{bmatrix} = \begin{bmatrix} \mathbf{P}\frac{d\mathbf{P}^{-1}}{d\theta} & 0 \\ 0 & 1 \end{bmatrix} \tag{7.34}$$

其中

# 第 7 章　發電模型 II (電機觀點)

$$\mathbf{P}\frac{d\mathbf{P}^{-1}}{d\theta} = \sqrt{\tfrac{2}{3}}\begin{bmatrix} \tfrac{1}{\sqrt{2}} & \tfrac{1}{\sqrt{2}} & \tfrac{1}{\sqrt{2}} \\ \cos\theta & \Im\cos\theta & \Im^2\cos\theta \\ \sin\theta & \Im\sin\theta & \Im^2\sin\theta \end{bmatrix}$$
$$\times \sqrt{\tfrac{2}{3}}\begin{bmatrix} 0 & -\sin\theta & \cos\theta \\ 0 & -\Im\sin\theta & \Im\cos\theta \\ 0 & -\Im^2\sin\theta & \Im^2\cos\theta \end{bmatrix} \quad (7.35)$$

為了簡化符號，我們已經導入位移運算元。利用 (7.35) 式中列和行的正交性質，我們能獲得

$$\mathbf{P}\frac{d\mathbf{P}^{-1}}{d\theta} = \tfrac{2}{3}\begin{bmatrix} 0 & 0 & 0 \\ 0 & 0 & \tfrac{3}{2} \\ 0 & -\tfrac{3}{2} & 0 \end{bmatrix} = \begin{bmatrix} 0 & 0 & 0 \\ 0 & 0 & 1 \\ 0 & -1 & 0 \end{bmatrix} \quad (7.36)$$

然後將 (7.36) 式代入 (7.34) 式可求得

$$\mathbf{B}\frac{d\mathbf{B}^{-1}}{d\theta} = \begin{bmatrix} \begin{array}{ccc|c} 0 & 0 & 0 & \\ 0 & 0 & 1 & \mathbf{0} \\ 0 & -1 & 0 & \\ \hline & \mathbf{0} & & \mathbf{0} \end{array} \end{bmatrix} \quad (7.37)$$

是一個只有兩項非零元素的 $6 \times 6$ 矩陣！最後，注意 $\mathbf{B}(d\mathbf{B}^{-1}/dt) = \mathbf{B}(d\mathbf{B}^{-1}/d\theta)(d\theta/dt)$，以及將 (7.37) 式代入 (7.33) 式，可求得電力方程式：

$$\mathbf{v}_B = -\mathbf{R}\mathbf{i}_B - \dot{\theta}\begin{bmatrix} 0 \\ \lambda_q \\ -\lambda_d \\ 0 \\ 0 \\ 0 \end{bmatrix} - \frac{d\lambda_B}{dt} \quad (7.38)$$

注意 1：若轉軸旋轉是均勻 (即 $\dot{\theta} = d\theta/dt = $ 常數)，則 (7.38) 式是線性非時變的！通常假設 $\dot{\theta} = $ 常數是一項很好的近似。

注意 2：雖然在表面上，(7.38) 式看起來非常像 (7.12) 式，值得注意的是 (7.38) 式基本上是較簡單的。在 (7.38) 式，$\lambda_B = \mathbf{L}_B\mathbf{i}_B$，其中 $\mathbf{L}_B$

是常數矩陣，如同 (7.30) 式一樣；然而在 (7.12) 式中，$\lambda = \mathbf{Li}$，其中 $\mathbf{L} = \mathbf{L}(\theta)$ 是非常複雜矩陣，如同 (7.13) 式和 (7.14) 式一樣。

(7.38) 式是以轉換變數 $\mathbf{i}_B$、$\mathbf{v}_b$ 和 $\lambda_B$ 來表示的電力方程式。為了研究動態行為，我們需要一個伴隨機械方程式。因此，我們接下來要求出，以 $\mathbf{L}_B$、$\mathbf{i}_B$ 和 $\lambda_B$ 來表示的機械轉矩 $T_E$，並將它應用於機械方程式 (7.10) 式中。

## 7.5 派克機械方程式

我們從推導電轉矩表示式開始，而電轉矩是以派克變數來表示的。在此重複原表示式 (7.9) 於下：

$$T_E = \frac{1}{2} \mathbf{i}^T \frac{d\mathbf{L}(\theta)}{d\theta} \mathbf{i} \tag{7.9}$$

我們希望以 $\mathbf{L}_B$ 和 $\mathbf{i}_B$ 取代 $\mathbf{L}$ 和 $\mathbf{i}$。我們能利用 $\mathbf{i} = \mathbf{B}^{-1}\mathbf{i}_B = \mathbf{B}^T \mathbf{i}_B$ 以及 $\mathbf{L} = \mathbf{B}^{-1}\mathbf{L}_B \mathbf{B}$。於是

$$T_E = \frac{1}{2} \mathbf{i}_B^T \mathbf{B} \frac{d}{d\theta} (\mathbf{B}^{-1}\mathbf{L}_B \mathbf{B}) \mathbf{B}^T \mathbf{i}_B \tag{7.39}$$

我們再一次注意 $\mathbf{L}_B$ 不是 $\theta$ 的函數，但 $\mathbf{B}$ 和 $\mathbf{B}^{-1}$ 則是。對 $\theta$ 微分可求得

$$T_E = \frac{1}{2} \mathbf{i}_B^T \mathbf{L}_B \frac{d\mathbf{B}}{d\theta} \mathbf{B}^T \mathbf{i}_B + \frac{1}{2} \mathbf{i}_B^T \mathbf{B} \frac{d\mathbf{B}^{-1}}{d\theta} \mathbf{L}_B \mathbf{i}_B \tag{7.40}$$

其中我們已經自由地互換了 $\mathbf{B}^T$ 和 $\mathbf{B}^{-1}$。我們現在將證明在 (7.40) 式中的兩個乘積項是相同的。在左邊的乘積項是一個純量，以它的轉置來取代，仍是一個相同的純量。則我們可得

$$T_E = \frac{1}{2} \mathbf{i}_B^T \mathbf{B} \left( \frac{d\mathbf{B}}{d\theta} \right)^T \mathbf{L}_B \mathbf{i}_B + \frac{1}{2} \mathbf{i}_B^T \mathbf{B} \frac{d\mathbf{B}^T}{d\theta} \mathbf{L}_B \mathbf{i}_B \tag{7.41}$$

既然微分和轉置的運算具有交換性，所以 $(d\mathbf{B}/d\theta)^T = d\mathbf{B}^T/d\theta$，且兩個乘積是相等的。因此取兩倍第二項 (右手邊)，可得

### 第7章　發電模型 II (電機觀點)

$$T_E = \mathbf{i}_B^T \mathbf{B} \frac{d\mathbf{B}^{-1}}{d\theta} \mathbf{L}_B \mathbf{i}_B \tag{7.42}$$

最後，利用 (7.37) 式和 $\lambda_B = \mathbf{L}_B \mathbf{i}_B$，可得

$$T_E = \mathbf{i}_B^T \begin{bmatrix} 0 & 0 & 0 & & \\ 0 & 0 & 1 & \mathbf{0} & \\ 0 & -1 & 0 & & \\ \hdashline & \mathbf{0} & & \mathbf{0} & \end{bmatrix} \lambda_B$$

$$= [i_0, i_d, i_q, i_F, i_D, i_Q] \begin{bmatrix} 0 \\ \lambda_q \\ -\lambda_d \\ 0 \\ 0 \\ 0 \end{bmatrix} = i_d \lambda_q - i_q \lambda_d \tag{7.43}$$

它是一個非常簡潔的轉矩表示式。利用 (7.30) 式來表示磁通鏈和電流的關係，我們可完全用電流項來表示 $T_E$。注意：$\lambda_q$ 與 $i_q$ 和 $i_Q$ 有關，而 $\lambda_d$ 則與 $i_d$、$i_F$ 和 $i_D$ 有關。$i_0$ 完全不包含於轉矩方程式。

將 (7.43) 式代入 (7.3) 式，我們得到一個機械方程式

$$J\ddot{\theta} + D\dot{\theta} + i_q \lambda_d - i_d \lambda_q = T_M \tag{7.44}$$

以及電力方程式 (7.38)。注意：兩個方程式都是以派克變數來表示的。

## 7.6　電路模型

詳細地研究 (7.30) 式中的 $\mathbf{L}_B$，與 $\lambda_B$ 和 $\mathbf{i}_B$ 有關，可發現一項有用的特性。$\lambda_0$ 僅與 $i_0$ 有關；$\lambda_d$、$\lambda_F$ 和 $\lambda_D$ 僅與 $i_d$、$i_F$ 和 $i_D$ 有關；$\lambda_q$ 和 $\lambda_Q$ 僅與 $i_q$ 和 $i_Q$ 有關。藉由觀察實際及/或虛擬線圈的擺置方位，我們能瞭解直軸和交軸電路是彼此去耦合的。

我們能利用去耦合的優點，藉由組合純量方程式來產生 (7.38) 式向量方程式的各分量。這些方程式被組合成零序、直軸和交軸三部分，即

零序：

$$v_0 = -ri_0 - \frac{d\lambda_0}{dt} \tag{7.45}$$

直軸：

$$v_d = -ri_d - \dot{\theta}\lambda_q - \frac{d\lambda_d}{dt}$$

$$v_F = r_F i_F + \frac{d\lambda_F}{dt} \tag{7.46}$$

$$v_D = r_D i_D + \frac{d\lambda_D}{dt} = 0$$

交軸：

$$v_q = -ri_q + \dot{\theta}\lambda_d - \frac{d\lambda_q}{dt}$$

$$v_Q = r_Q i_Q + \frac{d\lambda_Q}{dt} = 0 \tag{7.47}$$

注意：除了 $\dot{\theta}\lambda_q$ 和 $\dot{\theta}\lambda_d$ 兩項外，這三組方程式是完全去耦合的。

對磁通鏈與電流的關係，我們也有完全去耦合的方程式：

零序：

$$\lambda_0 = L_0 i_0 \tag{7.48}$$

直軸：

$$\begin{bmatrix} \lambda_d \\ \lambda_F \\ \lambda_D \end{bmatrix} = \begin{bmatrix} L_d & kM_F & kM_D \\ kM_F & L_F & M_R \\ kM_D & M_R & L_D \end{bmatrix} \begin{bmatrix} i_d \\ i_F \\ i_D \end{bmatrix} \tag{7.49}$$

交軸：

$$\begin{bmatrix} \lambda_q \\ \lambda_Q \end{bmatrix} = \begin{bmatrix} L_q & kM_Q \\ kM_Q & L_Q \end{bmatrix} \begin{bmatrix} i_q \\ i_Q \end{bmatrix} \tag{7.50}$$

# 第 7 章　發電模型 II (電機觀點)

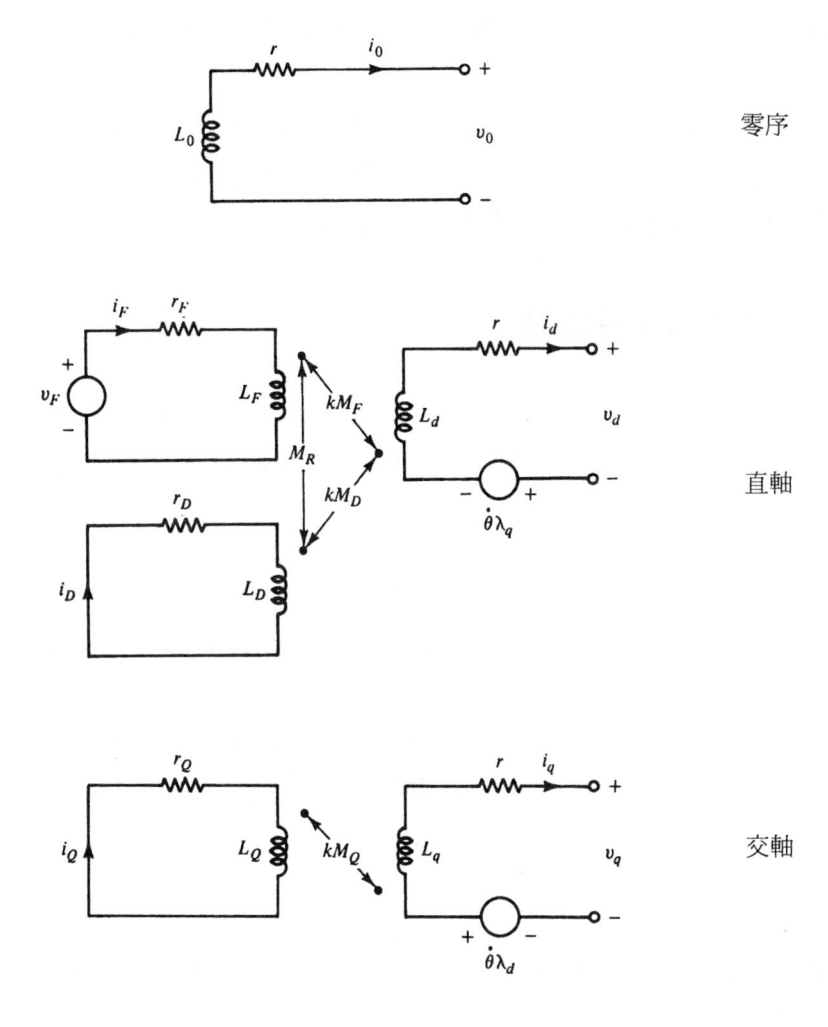

圖 7.3　等效電路模型。

既然 (7.30) 式矩陣是對稱的，我們能求出上述方程式的電路模型，如圖 7.3 所示。

藉寫出每一電路的 KVL 方程式，我們可查對上述的電路模型。電路圖的優點，是我們能使用我們的經驗來瞭解其他電路，至少可瞭解電路的定性行為。例如，阻尼電路 (內有 $i_D$ 和 $i_Q$ 流過) 的時間常數是非常低的，甚至考慮耦合時亦是如此。在此情況，對大多數暫態，$i_D$ 和 $i_Q$ 很快衰減至零。所以在忽略 $i_D$ 和 $i_Q$ 的情形下 (即令它們都等於零)，除了在暫態過程非常短的初期期間之外，我們期望只有少許誤差。這對特別應用的討論將是更清楚的。

我們應該注意，將以轉子為基礎的量正規化，是有可能（標么系統的延伸）得到更簡單的直軸和交軸等效電路。這類似於我們在第 5 章，將變壓器每相等效電路內的理想變壓器消去一樣。

## 7.7 瞬間輸出功率

在進入一些應用討論之前，先介紹另一項有用的結果。我希望以 $0dq$ 變數來計算發電機的三相瞬間輸出功率。我們將從

$$\begin{aligned} p_{3\phi} &= i_a v_a + i_b v_b + i_c v_c \\ &= \mathbf{i}_{abc}^T \mathbf{v}_{abc} \end{aligned} \quad (7.51)$$

開始討論，其中我們正使用 (7.17) 式所導入的符號。於是，利用 $\mathbf{P}^T = \mathbf{P}^{-1}$，

$$\begin{aligned} p_{3\phi}(t) &= (\mathbf{P}^{-1}\mathbf{i}_{0dq})^T \mathbf{P}^{-1} \mathbf{v}_{0dq} \\ &= \mathbf{i}_{0dq}^T \mathbf{P}\mathbf{P}^{-1} \mathbf{v}_{0dq} \\ &= \mathbf{i}_{0dq}^T \mathbf{v}_{0dq} \\ &= i_0 v_0 + i_d v_d + i_q v_q \end{aligned} \quad (7.52)$$

重要的結果是我們能利用 $0dq$ 變數，來計算三相瞬間功率，而不需要轉回 $abc$ 變數。

## 7.8 應　用

接下來，我們以三個例題來說明派克轉換和方程式的應用。一般程序如下：

**一般程序**

**1.** 問題經常是以 $abc$（定子）電壓及/或電流變數來敘述。我們利用

## 第 7 章　發電模型 II (電機觀點)

(7.17) 式及/或 (7.18) 式，來轉換這些變數成為 $0dq$ 變數。

2. 這些問題可使用機械方程式 (7.44) 及/或電力方程式 (7.38)，併同 (7.30) 式來求解。經常地，利用 (7.45) 到 (7.47) 式電力方程式，以及 (7.48) 到 (7.50) 式來分別取代是較簡單的解法。**注意**：若 $\dot{\theta}$ = 常數，方程式是線性非時變的，且可很方便地利用拉氏轉換來求解。

3. 然後我們利用 (7.20) 式反派克轉換來轉回到 $abc$ 變數。

讀者可瞭解這些步驟與任何轉換技巧內的步驟是相對應的。我們現在考慮三個例題中的第一個。

---

**例題 7.3　應用 1：電壓建立**

如圖 E7.3 所示之系統概要圖，假設

　1. 發電機以同步速度旋轉，即

$$\theta = \omega_0 t + \frac{\pi}{2} + \delta \qquad \delta = 常數$$

　2. 定子為開路 (即 $i_a = i_b = i_c \equiv 0$)。
　3. 初始場電流 $i_F(0) = 0$。
　4. 在 $t = 0$ 時，加入一個定電壓 $v_F^0$ 的步階函數。

忽略阻尼電路 (即令 $i_D = i_Q = 0$) 的情形下，推導 $t \geq 0$ 時的開路端電壓 $v_a$、$v_b$ 和 $v_c$ 的表示式。

注意下列事項：

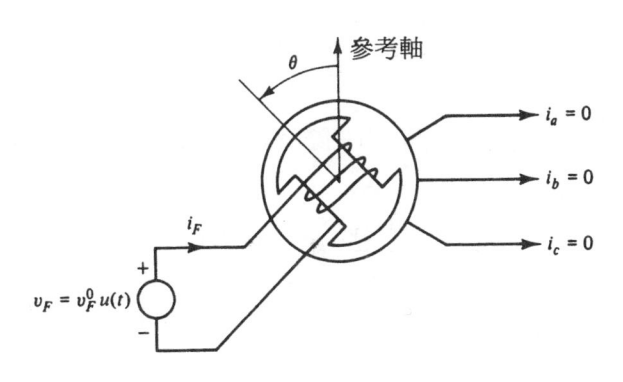

圖 E7.3。

1. 上述假設意謂著發電機最初是在**電靜止** (rest electrically) 的情況下 (即在平衡狀態)，此時所有電流、磁通量和電壓都等於零。我們希望瞭解，發電機端電壓如何根據場電壓的應用來提高。
2. 剛開始在表示式中包含 $\pi/2$，似乎對 $\theta$ 是很麻煩的，但會使得以 $\delta$ 項表示的電壓表示式是較簡單，因此，我們將固定地包含 $\pi/2$。
3. 我們希望由忽略阻尼電路所造成的誤差，只出現在非常短的初始期間。

**解** 根據 (7.17) 式，$\mathbf{i}_{abc} \equiv \mathbf{0}$ 意謂著 $\mathbf{i}_{0dq} = \mathbf{0}$。既然已忽略阻尼電路，$i_D = i_Q = 0$，因此，僅有的非零電流是 $i_F$。根據 (7.48) 式到 (7.50) 式，我們求出

$$\lambda_0 = 0$$
$$\lambda_d = kM_F i_F$$
$$\lambda_F = L_F i_F$$
$$\lambda_q = 0$$

既然已忽略了阻尼電路，所以不需要計算 $\lambda_D$ 和 $\lambda_Q$。利用 (7.45) 式到 (7.50) 式，我們求得 $t \geq 0$ 時

$$v_0 = 0$$
$$v_d = -\frac{d\lambda_d}{dt} = -kM_F \frac{di_F}{dt}$$
$$v_F^0 = r_F i_F + L_F \frac{di_F}{dt}$$
$$v_q = \omega_0 \lambda_d = \omega_0 kM_F i_F$$

以 $i_F(0) = 0$ 求解第三個方程式，得到

$$i_F(t) = \frac{v_F^0}{r_F}(1 - e^{-(r_F/L_F)t}) \quad t \geq 0$$

沒有電樞反應 ($\mathbf{i}_{abc} \equiv \mathbf{0}$)，這結果是我們實際所期待的！在第四個方程式中代入此結果，得到

$$v_q(t) = \frac{\omega_0 kM_F v_F^0}{r_F}(1 - e^{-(r_F/L_F)t})$$

再從第二個方程式，得到

# 第 7 章　發電模型 II（電機觀點）

$$v_d(t) = -\frac{kM_F v_F^0}{L_F} e^{-(r_F/L_F)t}$$

回到 $abc$ 變數，$\mathbf{v}_{abc} = \mathbf{P}^{-1} \mathbf{v}_{0dq}$；於是利用 (7.20) 式

$$v_a(t) = \frac{1}{k}\left(\frac{1}{\sqrt{2}} v_0 + v_d \cos\theta + v_q \sin\theta\right)$$

$$= -\frac{M_F v_F^0}{L_F} e^{-(r_F/L_F)t} \cos\left(\omega_0 t + \frac{\pi}{2} + \delta\right)$$

$$+ \frac{\omega_0 M_F v_F^0}{r_F}(1 - e^{-(r_F/L_F)t}) \sin\left(\omega_0 t + \frac{\pi}{2} + \delta\right)$$

根據 (7.20) 式可知，$v_b$ 和 $v_c$ 的計算，只需將正弦和餘弦的引數適當的位移 $2\pi/3$ 就能求得。事實上，$v_b(t)$ 和 $v_c(t)$ 是和 $v_a(t)$ 恆等的，除了分別有 $-120°$ 和 $-240°$ 的相位移之外。

考慮一個實際的方式，$\omega_0 L_F \gg r_F$，使得在暫態的非常初期時間，第二項具有主導的特性，則

$$v_a(t) \approx \frac{\omega_0 M_F v_F^0}{r_F}(1 - e^{-(r_F/L_F)t}) \cos(\omega_0 t + \delta)$$

因此電壓建立的包線對它建立後的穩態值，有一個時間常數 $T'_{do} \triangleq L_F/r_F$。$T'_{do}$ 被稱為（直軸）暫態開路時間常數，這裡的開路是指定子電路。典型的 $T'_{do}$ 值約在 2 到 9 秒的範圍之間。

在穩態時，我們求得開路電壓為

$$v_a(t) \approx \frac{\omega_0 M_F v_F^0}{r_F} \cos(\omega_0 t + \delta) = \sqrt{2}|E_a|\cos(\omega_0 t + \delta)$$

它符合稍早在 (6.6) 式中所求得的結果。我們注意到，開路電壓大小為 $|E_a| = \omega_0 M_F v_F^0 / \sqrt{2} r_F$，這結果將在下一個例題中使用。最後，我們注意，(穩態) 開路電壓的相位是 $\delta$；我們在 $\theta = \omega_0 t + \pi/2 + \delta$ 中包含了 $\pi/2$，所以可獲得這簡潔的結果。

---

**例題 7.4　應用 2：對稱短路**

假設在應用 1 中，電壓已經達到穩態值後，在發電機端子發生了三相短路或

接地故障，這是我們討論的最簡單的短路情形。為了選用斷路器及設定電驛以保護發電機，計算出短路電流是重要的。我們注意到這些電流的初始值，能大到短路穩態電流的 10 倍左右！在第 13 章中我們將介紹發電機保護的主題，即如何決定斷路器和電驛位置。

既然此應用能獲得更多實際的重要結果，我們將更詳細地討論，而不是像說明派克轉換應用那樣的簡化。考慮圖 E7.4(a) 所示的系統，假設

1. 發電機在 $t < 0$ 時是開路，在 $t \geq 0$ 時是短路。
2. $\theta = \omega_0 t + (\pi/2) + \delta$，$\delta =$ 常數。
3. $v_F = v_F^0 =$ 常數，$i_F$ 在 $t = 0$ 時為穩態值 [即 $i_F(0) = v_F^0 / r_F$]。
4. 忽略阻尼繞組的影響。

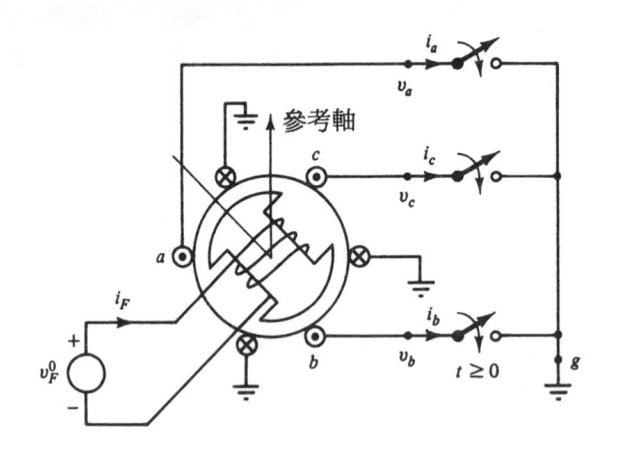

圖 E7.4(a)。

試求出 $t \geq 0$ 時的 $i_a$、$i_b$、$i_c$ 和 $i_F$，在此我們只關心暫態初期的行為。

注意：在分析之初，我們將考慮阻尼電路，但隨後我們就會忽略掉它們的影響。

**解** 我們觀察到下列現象：

1. 就 $t < 0$ 而言，$\mathbf{i}_{abc} = \mathbf{0} \Rightarrow \mathbf{i}_{0dq} = \mathbf{0}$。
2. 就 $t \geq 0$ 而言，$\mathbf{v}_{abc} = \mathbf{0} \Rightarrow \mathbf{v}_{0dq} = \mathbf{0}$。

根據我們對具有 (有限) 電壓源的電感性電路的瞭解，電流是無法瞬間改變的。因此，我們可以假設所建立的電路在 $t = 0$ 時

3. $\mathbf{i}_{0dq}(0) = \mathbf{0}$。

## 第 7 章　發電模型 II (電機觀點)

對於 $t \geq 0$ 時電路短路,所以根據上述觀察以及 (7.45) 式到 (7.47) 式,我們可得

$$0 = -ri_0 - L_0 \frac{di_0}{dt} \quad \text{零序}$$

$$\left.\begin{aligned} 0 &= -ri_d - \omega_0 \lambda_q - \frac{d\lambda_d}{dt} \\ v_F^0 &= r_F i_F + \frac{d\lambda_F}{dt} \\ 0 &= r_D i_D + \frac{d\lambda_D}{dt} \end{aligned}\right\} \text{直軸}$$

$$\left.\begin{aligned} 0 &= -ri_q + \omega_0 \lambda_d - \frac{d\lambda_q}{dt} \\ 0 &= r_Q i_Q + \frac{d\lambda_Q}{dt} \end{aligned}\right\} \text{交軸}$$

零序方程式是描述一個無源及零初始條件的 RL 電路,所以 $i_0(t) \equiv 0$,且不需更進一步地討論。

在其餘的方程式內,我們可以用電流項來表示磁通鏈,得到五個以電流變數 $i_d$、$i_F$、$i_D$、$i_q$ 和 $i_Q$ 來表示線性常係數微分方程式。在理論上,求解是很直接的,但需要數值資料。以後我們將忽略阻尼電路來簡化分析,不過先讓我們得到穩態解。

**穩態解**　僅有的電源是定電壓 $v_F^0$,以及具有電阻,在穩態時所有變數將趨於定值。因此 $d\lambda_d/dt \to 0$,…,$d\lambda_Q/dt \to 0$,然後根據方程式,我們可以看到 $i_D \to 0$,$i_Q \to 0$ 和 $i_F \to v_F^0/r_F$。我們獲得下列穩態關係:

$$ri_d + \omega_0 L_q i_q = 0$$

$$ri_q - \omega_0 \left( L_d i_d + \frac{kM_F v_F^0}{r_F} \right) = 0$$

利用故障前開路電壓幅值 (在 $t = 0$ 時) 為 $|E_a(0)| = \omega_0 M_F v_F^0 / \sqrt{2} \, r_F$,這些方程式中的第二個可以被簡化,這已在應用 1 中證明過。則我們可寫出

$$\begin{bmatrix} r & \omega_0 L_q \\ -\omega_0 L_d & r \end{bmatrix} \begin{bmatrix} i_d \\ i_q \end{bmatrix} = \begin{bmatrix} 0 \\ 1 \end{bmatrix} \sqrt{2}\, k |E_a(0)|$$

求解 $i_d$ 和 $i_q$，並利用 $\mathbf{P}^{-1}$，求出穩態 $i_a(t)$ 為

$$i_a(t) = -\frac{\sqrt{2}\,|E_a(0)|}{r^2 + \omega_0^2 L_d L_q} \left[ r \sin\left(\omega_0 t + \frac{\pi}{2} + \delta\right) - \omega_0 L_q \cos\left(\omega_0 t + \frac{\pi}{2} + \delta\right) \right]$$

與利用第 6 章的雙反應模型得到相同結果。最後，忽略 $r$，可導得更簡單的結果：

$$i_a(t) = -\frac{\sqrt{2}\,|E_a(0)|}{\omega_0 L_d} \cos\left(\omega_0 t + \frac{\pi}{2} + \delta\right) = \frac{\sqrt{2}\,|E_a(0)|}{X_d} \sin\left(\omega_0 t + \delta\right)$$

此與例題 6.7 中所得到的結果吻合。

現在我們回頭來討論暫態。

**暫態解** 為了避免必須使用數值資料，我們將藉忽略阻尼電路來簡化系統的微分方程式。在此情形，我們假設 $i_D = i_Q = 0$，以及消去兩個微分方程式。我們注意到，忽略阻尼電路相當於不計暫態的初始部分(約一或兩個週期)，則我們只剩下三個線性常微分方程式。利用 (7.49) 式和 (7.50) 式，我們可直接以電流來表示磁通鏈，可得

$$\begin{aligned} 0 &= r i_d + \omega_0 L_q i_q + L_d \frac{di_d}{dt} + kM_F \frac{di_F}{dt} \\ v_F^0 &= r_F i_F + kM_F \frac{di_d}{dt} + L_F \frac{di_F}{dt} \\ 0 &= r i_q - \omega_0 L_d i_d - \omega_0 kM_F i_F + L_q \frac{di_q}{dt} \end{aligned} \quad (7.53)$$

最方便的求解（完整型式的解）的方法是利用拉氏轉換。提醒讀者，$dx/dt$ 的拉氏轉換是 $sX(s) - x(0^-)$，其中 $X(s)$ 是 $x(t)$ 的拉氏轉換。利用 (7.53) 式的結果，及初始條件 $i_d(0^-) = i_q(0^-) = 0$ 和 $i_F(0^-) = i_F^0 = v_F^0/r_F$，導入矩陣符號，可得

$$\begin{bmatrix} r + sL_d & skM_F & \omega_0 L_q \\ skM_F & r_F + sL_F & 0 \\ -\omega_0 L_d & -\omega_0 kM_F & r + sL_q \end{bmatrix} \begin{bmatrix} \hat{i}_d \\ \hat{i}_F \\ \hat{i}_q \end{bmatrix} = \begin{bmatrix} kM_F \\ L_F + r_F/s \\ 0 \end{bmatrix} i_F^0 \quad (7.54)$$

## 第 7 章　發電模型 II (電機觀點)

在此我們利用 $\hat{x}$ 符號來表示 $x(t)$ 的拉氏轉換，以保留 $I_d$ 和 $I_q$ 符號供作它用。

現在我們利用克拉馬規則求解 $\hat{i}_d$，$\hat{i}_F$ 和 $\hat{i}_q$。例如求解 $\hat{i}_d$，可得

$$\hat{i}_d = \frac{\begin{vmatrix} kM_F & skM_F & \omega_0 L_q \\ \dfrac{r_F}{s}+L_F & r_F+sL_F & 0 \\ 0 & -\omega_0 kM_F & r+sL_q \end{vmatrix}}{\Delta(s)} i_F^0$$

其中特性多項式 $\Delta(s)$ 是 (7.54) 式中矩陣的行列式。

$\Delta(s)$ 的零點位置對規範 $i_d$，$i_F$ 和 $i_q$ 的暫態行為是非常重要的。經過固定但冗長的計算，得到特性多項式的形式為

$$\Delta(s) = as^3 + bs^2 + bs + d$$

其中

$$a = L_d' L_F L_q$$
$$b = (L_d' + L_q)L_F r + L_a L_q r_F$$
$$c = \omega_0^2 L_d' L_F L_q + L_F r^2 + (L_d + L_q)rr_F$$
$$d = (\omega_0^2 L_d L_q + r^2)r_F$$

以及 $L_d' \triangleq L_d - (kM_F)^2/L_F$。$L_d'$ 被稱為直軸暫態電感；其物理意義將在以後討論。$L_d'$ 可證明總是正值，典型值 $L_d' \approx 0.2 L_d$。因此，特性多項式 $\Delta(s)$ 的所有係數皆為正值。

事實上，我們可以證明更多。我們可證明 $\Delta(s)$ 的所有零點都位於左開半平面，瞭解路茲-赫維斯測試準則的讀者可以容易地證明此結果。實際上，由於電阻 $r$ 和 $r_F$ 是相對小的，所以 $\Delta(s)$ 的零點與設定 $r$ 和 $r_F$ 的值為零求得的零點，是沒有很大差異。在此情形，可得非常簡單結果

$$\Delta(s) = L_d' L_F L_q s(s^2 + \omega_0^2)$$

且 $\Delta(s)$ 的零點都在 $j\omega$ 軸上，即 $s_1 = 0, s_2 = j\omega_0$ 和 $s_3 = -j\omega_0$。考慮電阻的影響，是將 $\Delta(s)$ 的零點稍微向左半平面移動一些。

作為一項近似，我們將假設 $r = r_F = 0$，這將不會嚴重影響前幾個週期的行為，主要的影響是將微分方程式解內的阻尼消去；以後我們重新導入阻尼（以定性的方式），來說明對穩態情況的變遷。

現在我們回來解 $\hat{i}_d$。計算分母行列式 $(r = r_F = 0)$，求得為 $-\omega_0^2 k M_F L_F L_q$，所以

$$\hat{i}_d = -\frac{kM_F i_F^0}{L_d'} \frac{\omega_0^2}{s(s^2 + \omega_0^2)}$$

現在，經過部分分式展開，可寫出

$$\frac{\omega_0^2}{s(s^2 + \omega_0^2)} = \frac{1}{s} - \frac{s}{s^2 + \omega_0^2}$$

取反拉氏轉換可求得

$$i_d(t) = \frac{kM_F i_F^0}{L_d'} (\cos \omega_0 t - 1)$$

定義 $X_d' = \omega_0 L_d'$，被稱為**直軸暫態電抗** (direct axis transient reactance)，利用先前定義的量 [即 $\sqrt{2}|E_a(0)| = \omega_0 M_F v_F^0 / r_F = \omega_0 M_F i_F^0$ 和 $k = \sqrt{3/2}$]，我們得到以最簡單的形式來表示 $i_d(t)$ 為

$$i_d(t) = \frac{\sqrt{3}|E_a(0)|}{X_d'} (\cos \omega_0 t - 1)$$

其中 $|E_a(0)|$ 是在應用 1 中計算出的故障前開路電壓。

回到 (7.54) 式，藉由類似計算，讀者可證明以下結果：

$$i_q(t) = \frac{\sqrt{3}|E_a(0)|}{X_q} \sin \omega_0 t$$

$$i_F(t) = \left[1 + \frac{X_d - X_d'}{X_d'} (1 - \cos \omega_0 t)\right] i_F^0$$

$$= \left[\frac{X_d}{X_d'} - \left(\frac{X_d}{X_d'} - 1\right) \cos \omega_0 t\right] i_F^0$$

然而 $i_d$ 和 $i_q$ 只是中間的結果（我們仍必須計算 $\mathbf{i}_{abc}$），我們必須完成（近似）$i_F$ 的計算並討論其結果。因為 $X_d/X_d'$ 非常大，典型值約在 4 到 8 範圍之間，所以我們會得到一項大的平均 (dc) 分量和一項大的正弦分量，這被表示在圖 E7.4(b) 的左側。

## 第 7 章　發電模型 II（電機觀點）

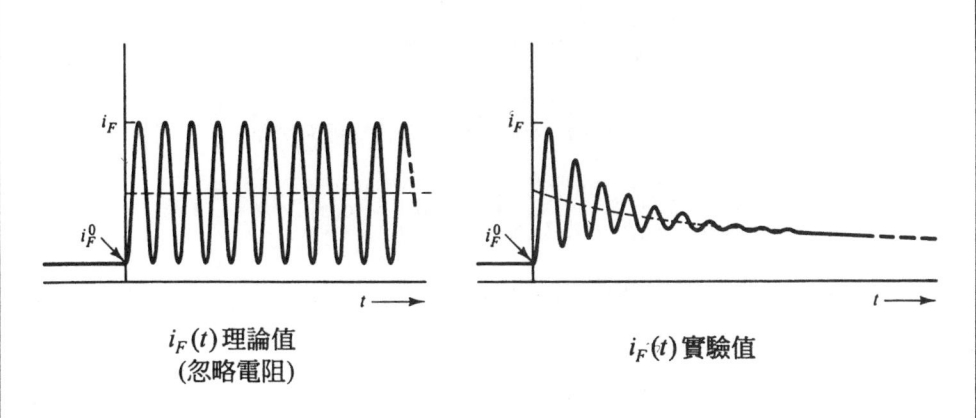

$i_F(t)$ 理論值
（忽略電阻）

$i_F(t)$ 實驗值

**圖 E7.4(b)**　暫態期間的場電流。

圖 E7.4(b) 右側指出一個由實驗決定的場暫態。據此我們能推論模型內包含電阻的影響；我們觀察到 $i_F(t)$ 的阻尼及回到穩態值 $i_F^0$。注意：不管有沒有電阻，在暫態期間 $i_F$ 絕不會是定值。同時也注意到：忽略電阻並不會對暫態的初期（第一個週期）產生太嚴重的誤差；圖 E7.4(b) 中的兩個波形就非常接近。

現在我們利用反派克轉換來求出 $i_a$、$i_b$ 和 $i_c$。

$$\mathbf{i}_{abc} = \mathbf{P}^{-1}\mathbf{i}_{0dq}$$

然後，注意 $i_0(t) \equiv 0$，得到

$$i_a(t) = \frac{\sqrt{2}}{\sqrt{3}}\left[\cos\left(\omega_0 t + \frac{\pi}{2} + \delta\right)\frac{\sqrt{3}|E_a(0)|}{X_d'}(\cos\omega_0 t - 1)\right.$$

$$\left. + \sin\left(\omega_0 t + \frac{\pi}{2} + \delta\right)\frac{\sqrt{3}|E_a(0)|}{X_q}\sin\omega_0 t\right]$$

針對不同的乘積項，利用三角等式，將它們分解成頻率為 0、$\omega_0$ 和 $2\omega_0$ 的項，即

$$i_a(t) = -\frac{\sqrt{2}\,|E_a(0)|}{X'_d} \cos\left(\omega_0 t + \frac{\pi}{2} + \delta\right)$$

$$+ \frac{\sqrt{2}\,|E_a(0)|}{X'_d}\left[\frac{1}{2}\cos\left(2\omega_0 t + \frac{\pi}{2} + \delta\right) + \frac{1}{2}\cos\left(-\frac{\pi}{2} - \delta\right)\right]$$

$$+ \frac{\sqrt{2}\,|E_a(0)|}{X_q}\left[\frac{1}{2}\cos\left(-\frac{\pi}{2} - \delta\right) - \frac{1}{2}\cos\left(2\omega_0 t + \frac{\pi}{2} + \delta\right)\right]$$

$$= \frac{\sqrt{2}\,|E_a(0)|}{X'_d} \sin(\omega_0 t + \delta) \tag{7.55a}$$

$$- \frac{|E_a(0)|}{\sqrt{2}}\left[\frac{1}{X'_d} + \frac{1}{X_q}\right]\sin\delta \tag{7.55b}$$

$$- \frac{|E_a(0)|}{\sqrt{2}}\left[\frac{1}{X'_d} - \frac{1}{X_q}\right]\sin(2\omega_0 t + \delta) \tag{7.55c}$$

第一項，(7.55a) 式，是基本波或 60 Hz 分量。第二項，(7.55b) 式，是 dc 或補償或單方向分量。第三項，(7.55c) 式，是二次諧波或 120 Hz 分量。讀者應該回想一下，在推導這些結果的過程中，已忽略了電阻。因此，這些結果僅在暫態初期有效，即在電阻產生的阻尼有重大影響之前。

讀者應該查對，在 (7.55) 式中分別以 $\delta - 2\pi/3$ 和 $\delta + 2\pi/3$ 取代 $\delta$，就能求得 $i_b$ 和 $i_c$。同時我們也注意到，$\delta$ 的改變，僅會改變在 (7.55a) 式的 $\omega_0$ 項和 (7.55c) 式的 $2\omega_0$ 項的相角，以及 (7.55b) 式單方向項的幅值。

這些就是應用 2 的解。現在我們對這些解提出一些額外的觀察：

1. 我們先計算忽略電阻的穩態短路電流，結果為：

$$i_a(t) = \frac{\sqrt{2}\,|E_a(0)|}{X_d}\sin(\omega_0 t + \delta)$$

現在根據 (7.55a) 式可注意到，60 Hz 分量的初始行為，恰好是將上式中的 $X_d$ 以 $X'_d$ 取代後的行為。當分析中包含 (小) 電阻時，我們可發現初始行為轉移到穩態行為是平順的。近似的暫態可表示成

# 第 7 章　發電模型 II（電機觀點）

$$i'_a(t) = \sqrt{2}\,|E_a(0)|\left[\frac{1}{X_d} + \left(\frac{1}{X'_d} - \frac{1}{X_d}\right)e^{-t/T'_d}\right]\sin(\omega_0 t + \delta)$$

其中 $i'_a$ 表示 60 Hz 分量。描述轉移的時間常數為 $T'_d$，它被稱為**直軸暫態短路時間常數**，對於大型電機其數值約在 0.5 到 3 秒之間。

2. 當考慮電阻時，(7.55b) 式中的單方向項不再是常數，而且快速地 (呈指數) 衰減到零 (8 至 10 個週期)。類似地，$b$ 和 $c$ 相的單方向項也會呈指數地衰減至零。快速作用型斷路器能在 1 至 2 個週期內動作，所以啟斷電路中包含這些單方向分量。

3. 我們可以利用圖 7.4，比較不同相的單方向分量之初始值。我們畫出三個幅值為 $[|E_a(0)|/\sqrt{2}](1/X'_d + 1/X_q)$ 而相角為 $\delta$，$\delta - 120°$ 和 $\delta - 240°$ 的相量，分別對應於 $a$、$b$、$c$ 三相的單方向分量。接著我們取這些相量的垂直分量的負值，如圖 7.4 所示。因此，對此特定 $\delta$ 角，最大的單方向分量發生在 $b$ 相 (它是正值)。

在推導過程中，我們已經假設短路發生在 $t = 0$ 時。在物理上，於 $t = 0$ 時發生短路，相當於轉子角度 $\theta = (\pi/2) + \delta$ 時發生短路一樣。因此根據圖 7.4，我們能估測短路會發生在轉子直軸位於角度

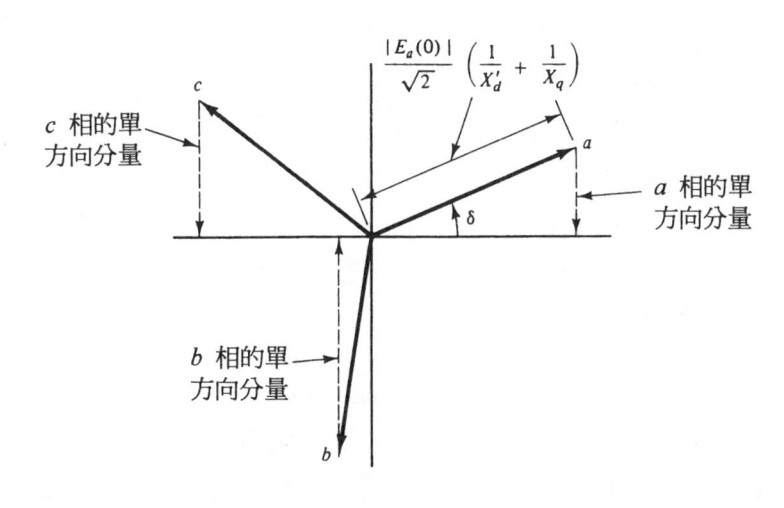

**圖 7.4　單方向分量。**

110° 附近。利用此觀點，我們能決定短路發生在不同時間的影響。例如，若 $\theta = 90°$ ($\delta = 0$) 發生短路，$i_a$ 中的單方向分量為零。若 $\theta = 0°$ 或 180° (線圈 $aa'$ 的最大磁通量) 發生短路，則 $a$ 相的單方向分量有最大幅值。

4. 當考慮電阻時，120 Hz 項 (7.55c) 式也會衰減至零。當這相對小的項被加到 60 Hz 項 (7.55a) 式時，我們得到實際的非正弦波形。不過，這影響並不是很嚴重的，且在計算短路電流時，我們經常會忽略 120 Hz 分量。

5. 假設短路發生在 $\theta = 0°$ (即 $\delta = 90°$) 時，則 $a$ 相單方向分量為零，$b$ 相分量為正值，但 $c$ 相的單方向分量 (幅值相等) 卻為負值。這三個分量都會快速地衰減到零。包含單方向補償的三相電流的概略圖如圖 7.5 所示。

6. 若分析中包含阻尼繞組，在前幾個週期內會獲一項較大的 60 Hz 分量。因此我們可求得近似的 60 Hz 分量為

$$i_a'' = \sqrt{2}\,|E_a(0)| \left[ \frac{1}{X_d} + \left( \frac{1}{X_d'} - \frac{1}{X_d} \right) e^{-t/T_d'} + \left( \frac{1}{X_d''} - \frac{1}{X_d'} \right) e^{-t/T_d''} \right] \sin(\omega_0 t + \delta)$$

其中 $X_d''$ 被稱為**直軸次暫態電抗** (direct-axis subtransient reactance)，它的典型值為 $X_d'' = 0.1 X_d$ (針對大型渦輪發電機)。$T_d''$ 被稱為直軸次暫態短路時間常數，典型值小於 0.035 秒 (兩個週期)。藉比較可得，典型的 $T_d'$ 是在 1 秒左右。在括號內由右而左的項，我們發現是分別對應於次暫態分量 (時間常數為 $T_d''$)、暫態分量 (時間常數為 $T_d'$) 和穩態分量。畫出如圖 7.6 所示波形的包絡線是很具教育性的。因為 $T_d'' \ll T_d'$，暫態和次暫態分量的表現是完全不同，是很容易地辨認。

在繼續探討其他應用之前，嚐試去瞭解：在物理上為什麼 60 Hz 初始短路電流會遠大於它的穩態值，可能是有趣的。以下提供一個大幅簡略的答案。為了簡化起見，我們將忽略阻尼繞組電路的影響，而且也假設小的電阻 $r$ 和 $r_F$ 是可省略的。

**圖 7.5** 短路電流。

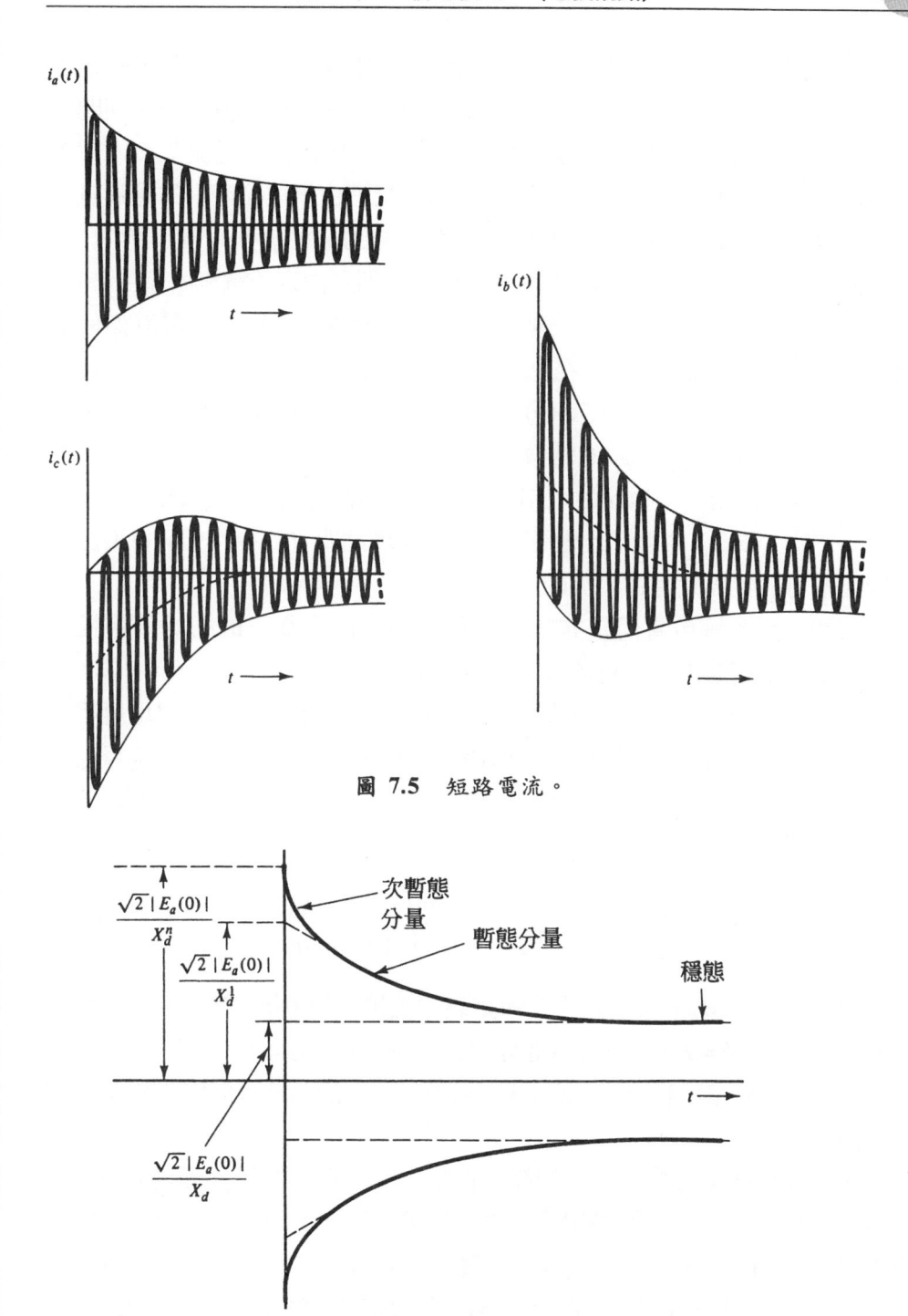

**圖 7.6** 短路電流分量。

在短路發生之前的穩態下，場繞組有一個定場電流 $i_F^0$ 和對應的定磁通鏈 $\lambda_F^0 = L_F i_F^0$。定子電流爲零時，對場磁通鏈沒有貢獻；但在短路期間，一旦定子電流開始流動，此情形就不再是真實。由於短路電流落後內部電壓 90°，會在場繞組建立一個去磁電樞反應，抵消由場電流產生的磁通量，如同第 6 章的情形一樣。同義的，在本章的符號中，$i_d$ 是負值。所以 $\lambda_F$ 會有兩項分量，一項是由 $i_F$ 所產生，另一項則是由定子電流所產生。

當 $r_F = 0$ 時，我們得到一項重要結果：無論 $i_F$ 和定子電流如何改變，$\lambda_F$ 都維持常數。例如，在應用 2 剛得到之結論，雖然 $i_d(t)$ 和 $i_F(t)$ 有相當大的變化 [參考圖 E7.4(b) 中之 $i_F$]，但 $\lambda_F(t)$ 的計算證明它是一個常數！我們注意到：$\lambda_F$ 的常數性是源自於磁通鏈守恆原理的應用。

當 $\lambda_F$ 爲常數，$i_F$ 必須增加以抵消由定子電流所引起的去磁分量。事實上，在圖 E7.4(b) 中我們已經觀察到，在暫態期間 $i_F$ (平均值) 會增加，這增加量可被視爲大短路電流的原因。

假設 $r_F$ 不等於零而是非常小的值，則 $\lambda_F$ 會從它的初始值緩慢變化，這對初始期間來說，可假設 $\lambda_F$ 幾乎是常數。

我們能進一步瞭解常數 (或幾乎常數) $\lambda_F$ 的重要性。忽略阻尼繞組，我們能利用 (7.49) 式及**混合形式** (hybrid form)，來表示 $\lambda_d$、$\lambda_F$、$i_d$ 和 $i_F$ 之間的關係。選用 $i_d$ 和 $\lambda_F$ 爲獨立變數，求解 $\lambda_d$ 和 $i_F$，並經簡單的代數運算後可得

$$\begin{bmatrix} \lambda_d \\ i_F \end{bmatrix} = \begin{bmatrix} L_d' & kM_F/L_F \\ -kM_F/L_F & 1/L_F \end{bmatrix} \begin{bmatrix} i_d \\ \lambda_F \end{bmatrix} \quad (7.56)$$

其中 $L_d' = L_d - (kM_F)^2/L_F$ 是先前所定義的直軸暫態電抗。當 $\lambda_F$ 爲常數，我們得到 $d\lambda_d/dt = L_d' di_d/dt$ [即當有 $\lambda_F$ = 常數的限制時，$L_d'$ (而非 $L_d$) 似乎是適當的電感參數]。這可幫助我們解釋 $L_d'$ 在短路推導過程中經常出現的原因。

雖然我們將不再繼續討論細節，但將這些結果延伸至含有阻尼電路的分析是有趣的。再次假設場和阻尼電阻是可忽略不計的，並利用磁通鏈守恆原理，可求出 $\lambda_F$、$\lambda_D$ 和 $\lambda_Q$ 都是常數。考慮直軸方程式的含意，以 (7.56) 式的形式寫出混合方程式，以取代 (7.49) 式，我們能求出以 $i_d$、$\lambda_F$ 和 $\lambda_D$ 來表示 $\lambda_d$、$i_F$ 和 $i_D$。經過簡單的矩陣代數，可求得

## 第7章　發電模型 II（電機觀點）

$$\lambda_d = L_d'' i_d + \gamma_1 \lambda_F + \gamma_2 \lambda_D \tag{7.57}$$

其中 $L_d'' = L_d - k^2(M_F^2 L_D + L_D M_D^2 - 2M_D M_R M_F)/(L_F L_D - M_R^2)$，以及 $\gamma_1$ 和 $\gamma_2$ 為常數。在先前應用 2 的注意 6 中提到 $X_d'' \triangleq \omega_0 L_d''$，既然方程式的右側僅有 $i_d$ 是變數，所以 $L_d''$ 是描述短路初期行為的適當電感參數。注意，若考慮 $\lambda_Q$ 的常數性，就能導入另一個新的電感參數 $L_q''$。當然，在阻尼電路內有電阻，$\lambda_D$ 和 $\lambda_Q$ 僅能在非常短的期間內被假設為常數。事實上，它們會從初值迅速衰減，且平順地轉移為由場磁通量衰減效應所主導的暫態。

---

**練習 3.**

　　對 (7.49) 式利用混合形式及矩陣代數運算，證明 $L_d''$ 的表示式。提示：將 (7.49) 式內的 $\lambda_d$ 和 $i_d$ 分解成一階向量的子部分，然後再以 $i_d$ 和 $\lambda_2 = [\lambda_F, \lambda_D]^T$ 項來求解 $\lambda_d$。

---

現在我們回頭來討論不同的應用。在目前所討論的兩個應用中，我們都假設電機是在同步運轉（即轉子角度 $\theta$ 以均勻速率 $\omega_0$ 增加）。接著我們希望探討當旋轉速率不再是 $\omega_0$ 時，會發生什麼影響。

---

**例題　7.5　應用 3：非同步運轉**

　　假設將一部發電機連接到一個無限匯流排，匯流排上加入一組正相序平衡端電壓，其值為 $v_a(t) = \sqrt{2}|V|\cos(\omega_0 t + \angle V)$。發電機轉子的旋轉可用 $\theta = \omega_1 t + (\pi/2) + \delta$ 來描述，通常 $\omega_1 \neq \omega_0$。事實上，$\omega_1$ 甚至可以為負值，即此時轉子是順時鐘而不是逆時鐘旋轉。試求出 $v_0$、$v_d$ 和 $v_q$。

**解**　利用 (7.16) 式規定的派克轉換

$$\begin{bmatrix} v_0 \\ v_d \\ v_q \end{bmatrix} = \frac{2|V|}{\sqrt{3}} \begin{bmatrix} \frac{1}{\sqrt{2}} & \frac{1}{\sqrt{2}} & \frac{1}{\sqrt{2}} \\ \cos\theta & \Im\cos\theta & \Im^2\cos\theta \\ \sin\theta & \Im\sin\theta & \Im^2\sin\theta \end{bmatrix} \begin{bmatrix} \cos\psi \\ \cos\left(\psi - \frac{2\pi}{3}\right) \\ \cos\left(\psi - \frac{4\pi}{3}\right) \end{bmatrix}$$

其中 $\psi \triangleq \omega_0 t + \angle V$。因此我們有

$$v_0 = 0$$

$$v_d = \frac{2|V|}{\sqrt{3}}\left[\cos\theta\cos\psi + \Im\cos\theta\cos\left(\frac{\psi-2\pi}{3}\right) + \Im^2\cos\theta\cos\left(\frac{\psi-4\pi}{3}\right)\right]$$

$$= \frac{2|V|}{\sqrt{3}}\left[\frac{1}{2}\cos(\theta-\psi) + \frac{1}{2}\cos(\theta+\psi)\right.$$

$$+ \frac{1}{2}\cos(\theta-\psi) + \frac{1}{2}\cos\left(\frac{\theta+\psi-4\pi}{3}\right)$$

$$\left. + \frac{1}{2}\cos(\theta-\psi) + \frac{1}{2}\cos\left(\frac{\theta+\psi-4\pi}{4}\right)\right]$$

$$= \sqrt{3}|V|\cos(\theta-\psi) = \sqrt{3}|V|\cos(\psi-\theta)$$

代入 $\psi$ 和 $\theta$，可得

$$v_d = \sqrt{3}|V|\cos\left[(\omega_0-\omega_1)t + \angle V - \frac{\pi}{2} - \delta\right] \quad (7.58)$$

$$= \sqrt{3}|V|\sin\left[(\omega_0-\omega_1)t + \angle V - \delta\right]$$

藉類似的推導，可得

$$v_q = -\sqrt{3}|V|\sin\left[(\omega_0-\omega_1)t + \angle V - \frac{\pi}{2} - \delta\right] \quad (7.59)$$

$$= \sqrt{3}|V|\cos\left[(\omega_0-\omega_1)t + \angle V - \delta\right]$$

這已完成了應用的運算。現在我們將簡要的討論這些結果。

1. 我們邀請讀者查對在不假設 $|V|$、$\angle V$ 和 $\delta$ 是常數的情形下，推導 (7.58) 式和 (7.59) 式。讀者將發現，即使 $|V|$、$\angle V$ 和 $\delta$ 是時變量，(7.58) 式和 (7.59) 式依然成立。我們仍然要求 $a$、$b$、$c$ 三相電壓間有正相序關係 (即無論 $a$ 相電壓如何變動，除了相角分別落後 120° 和 240° 之外，$b$、$c$ 相電壓幅值必須和 $a$ 相相等)。我們也將使用正相序來描述此狀況。

2. 對計算 $i_d$ 和 $i_q$ 或 $\lambda_d$ 和 $\lambda_q$，(7.58) 式和 (7.59) 式的結果都非常適用，只是代入公式的資料不同。

# 第 7 章　發電模型 II (電機觀點)

3. 回到 $V_a$ 和 $\delta$ 都是常數的情形，我們得到頻率為 $\omega_0 - \omega_1$ 正弦波的有趣事實。根據物理上的觀點，我們主張它是有意義的，我們可以藉考慮電流而不是電壓，來更清楚地瞭解。以電流源來取代電壓源，我們得到頻率為 $\omega_0 - \omega_1$ 的電流 $i_d$ 和 $i_q$，這是轉子上虛擬線圈內的電流頻率，此電流在氣隙內產生電樞反應磁通量。既然虛擬線圈內的正弦電流會在空間和時間上做適當的位移 (每種情形 90°)，所以它們會在氣隙內建立一個旋轉磁通量。此旋轉磁場相對於轉子會有一個角速度 $\omega_0 - \omega_1$，但既然轉子角速度為 $\omega_1$，氣隙內旋轉磁通量 (相對於定子參考座標) 的角速度為 $(\omega_0 - \omega_1) + \omega_1 = \omega_0$，此即得到查對 (即它就是電流源的頻率)。

4. 注意：在同步速度時 $(\omega_1 = \omega_0)$，$v_d$ 和 $v_q$ (或 $i_d$ 和 $i_q$) 都是零頻率 (dc)。在靜止時 $(\omega_1 = 0)$，$v_d$ 和 $v_q$ 的頻率是 $\omega_0$。對於這些類似於感應電動機運轉，有助於瞭解 $v_d$ 和 $v_q$ 的頻率是**轉差頻率** (slip frequency)。

5. 我們注意到，雖然我們有可能計算出一部同步電動機在起動期間 (即電動機被帶向同步速度的運轉期間) 的**準穩態轉矩** (quasi-steady-state torque)，但由於此計算相當冗長且不是我們的主題，所以我們不加以計算。不過在理論上，我們可以說明如下：假設電動機正運轉於角速度 $\omega_1$，則 $v_d$ 和 $v_q$ 是頻率為 $\omega_0 - \omega_1$ 的正弦波，且對於準穩態分析我們可用相量來表示它們。利用 (7.45) 式到 (7.50) 式的同步電機模型，則我們能用阻抗來求解電流和磁通鏈 (計算時的頻率為 $\omega_0 - \omega_1$)。接著，利用 (7.43) 式可計算平均穩態轉矩。若我們假設起動期間場電路是開路的 $(i_F = 0)$，則分析會被簡化。無論如何，分析中包含阻尼電路是有必要的。

　　現在完成應用 3 的討論。藉由下列的建議來做為本節的結論：經由剛討論過的三個應用，證明在 (7.45) 式到 (7.50) 式所呈現的同步電機模型是相當有力及具彈性的。加上物理觀點，我們能從第 6 章的較簡單但有更多限制的模型，來更加瞭解同步電機的行為。

## 7.9 同步運轉

應用 3 的結果可被用來使用在同步運轉的極重要情形下，獲得一個非常好的結果。假設發電機端電壓是一組正相序電壓，其中

$$v_a(t) = \sqrt{2}\,|V|\cos(\omega_0 t + \angle V)$$

而且發電機轉子運轉在同步速度 [即 $\theta = \omega_0 t + (\pi/2) + \delta$]。現在我們將假設 $|V|$、$\angle V$ 和 $\delta$ 是常數，既然 $\omega_1 = \omega_0$，在應用 3 中的 (7.58) 式和 (7.59) 式簡化為

$$v_q = \sqrt{3}\,|V|\cos(\angle V - \delta)$$
$$v_d = \sqrt{3}\,|V|\sin(\angle V - \delta)$$

注意 $v_d$ 和 $v_q$ 現在是常數 (dc)。接著，我們考慮相量 $V_a$、相角 $\delta$ 和 $v_d$、$v_q$ 之間的簡單關係。考慮以下的複數量：

$$\begin{aligned}
v_q + jv_d &= \sqrt{3}\,|V|[\cos(\angle V - \delta) + j\sin(\angle V - \delta)] \\
&= \sqrt{3}\,|V|\,e^{j(\angle V - \delta)} \\
&= \sqrt{3}\,V_a\,e^{-j\delta}
\end{aligned}$$

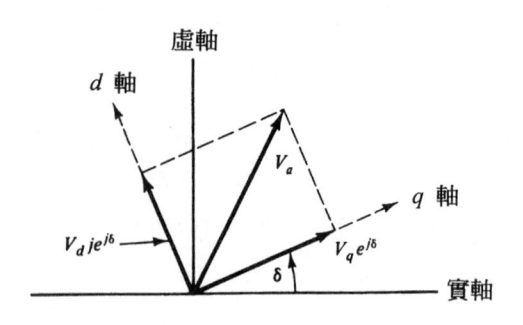

**圖 7.7** $V_a = (V_q + jV_d)e^{j\delta}$ 的幾何圖形。

## 第 7 章　發電模型 II (電機觀點)

其中 $v_a = |V|e^{j\angle V}$ 是複電壓相量。重新整理，可得

$$V_a = \left(\frac{v_q}{\sqrt{3}} + j\frac{v_d}{\sqrt{3}}\right)e^{j\delta}$$

令 $V_q \triangleq v_q/\sqrt{3}$ 和 $V_d \triangleq v_d/\sqrt{3}$，則

$$V_a = (V_q + jV_d)e^{j\delta} \tag{7.60}$$

注意：$V_q$ 和 $V_d$ 是純實數。(7.60) 式提供 $V_a$、$\delta$ 和 $V_q$、$V_d$ 之間簡單的關係。假設已知 $V_a$ 和 $\delta$，利用代數或幾何計算，則可求出 $V_q$ 和 $V_d$，最後，藉由 $v_q = \sqrt{3}V_q$ 和 $v_d = \sqrt{3}V_d$ 求出 $v_q$ 和 $v_d$。討論為何在求解這些相同的量，(7.60) 式會比 (7.16) 式派克轉換來得更容易。不過我們要提醒讀者，(7.60) 式僅能應用於同步 (正相序) 運轉。

我們可以利用圖 7.7，以幾何方式求解 (7.60) 式。圖中 $V_q$ 和 $V_d$ 都被畫成正值。想像 $e^{j\delta}$ 和 $je^{j\delta}$ 是新座標系統的單位向量是很有幫助的，此新座標與實軸和虛軸相差 $\delta$ 角度，我們以 $q$ 軸和 $d$ 軸來標示新座標軸。因此，將 $V_a$ 對新座標系統分解成兩個分量，就能很簡易地求出 $V_q$ 和 $V_d$。

---

**例題 7.6**

當 $V_a = \sqrt{2}\angle 75°$，$\delta = 30°$，求出對應於同步運轉時的 $v_q$ 和 $v_d$。

**解** 在複數平面畫出 $V_a = \sqrt{2}\angle 75°$，以及位於角度 $30°$ 處的新座標系統 ($q$ 軸和 $d$ 軸)。根據圖形，$V_a$ 對 $q$ 軸的角度是 $75°-30° = 45°$；因此分解成分量時，我們得到 $V_q = V_d = 1$，則 $v_q = v_q = \sqrt{3}$。我們亦可利用 (7.60) 式，以代數的方式求解此問題。

---

**例題 7.7**

對於同步運轉，$\delta = 90°$，$v_q = \sqrt{3}$ 和 $v_d = -\sqrt{3}$，試求出 $V_a$。

**解** 首先求出 $V_q = 1$ 和 $V_d = -1$。利用 (7.60) 式，求得

$$V_a = (1-j1)e^{j\pi/2} = \sqrt{2}\angle 45°$$

我們亦可利用圖 7.7 圖解此問題。

注意：$V_a$ 推導的過程，對於 $I_a$ 或 $\Lambda_a$ 都成立。

## 例題 7.8

同樣是同步運轉，$\delta = 0°$ 和 $I_a = -j1$，試求出 $i_d$ 和 $i_q$。

**解** $\delta = 0°$，所以新舊座標系統一致。$I_q = 0$ 和 $I_d = -1$，則 $i_q = 0$ 和 $i_d = -\sqrt{3}$。

## 例題 7.9

一部同步電機在穩態下運轉，轉子角度 $\theta(t) = \omega_0 t + \pi/3$，$v_a(t) = \sqrt{2}\,100 \cos(\omega_0 t + \pi/6)$ 伏特，$i_a(t) = -\sqrt{2}\,100 \cos\omega_0 t$ 安培。試求 $i_0$、$i_d$、$i_q$、$v_0$、$v_d$、$v_q$ 和 $p_{3\phi}(t)$。此電機是發電機或電動機？

**解** $\theta(t) = \omega_0 t + \pi/2 + \delta = \omega_0 t + \pi/3$ 意謂 $\delta = -\pi/6 = -30°$。除了特別說明之外，假設電機是同步運轉。因此電壓和電流都是正相序組，且 $V_a = 100\angle 30°$，$I_a = -100$。既然 $\delta_m = \delta - \angle V_a = -30° - 30° = -60°$ 為負值，所以電機是電動機。既然電流和電壓是平衡組，所以 $i_0 = v_0 = 0$。接著，我們沿著 $q$ 軸和 $d$ 軸將 $V_a$ 和 $I_a$ 分解成兩個分量，如圖 7.7 一樣。結果被畫在圖 E7.9 中，我們求出 $V_q = 50$，$V_d = 86.6$，$I_q = -86.6$ 和 $I_d = -50$，則 $v_q = \sqrt{3} \times 50 = 86.6$，$v_d = 150$，$i_q = -150$ 和 $i_d = -86.6$。單位是伏特和安培。

我們能利用 (7.52) 式計算 $p_{3\phi}(t)$，即

$$p_{3\phi}(t) = i_0 v_0 + i_d v_d + i_q v_q$$
$$= 0 + (-86.6)(15) + (-150)(86.6) = -25{,}981 \text{ W}$$

這可查對同步電機是一部電動機。

此外，我們也能利用 $V_a$ 和 $I_a$ 來計算 $p_{3\phi}(t)$，得到

$$p_{3\phi}(t) = 3P = 3|V_a||I_a|\cos\phi$$
$$= 3 \times 100 \times 100 \times \cos(30° - 180°)$$
$$= -25{,}981 \text{ W}$$

這也可查對出同步電機是一部電動機。

## 第 7 章　發電模型 II (電機觀點)

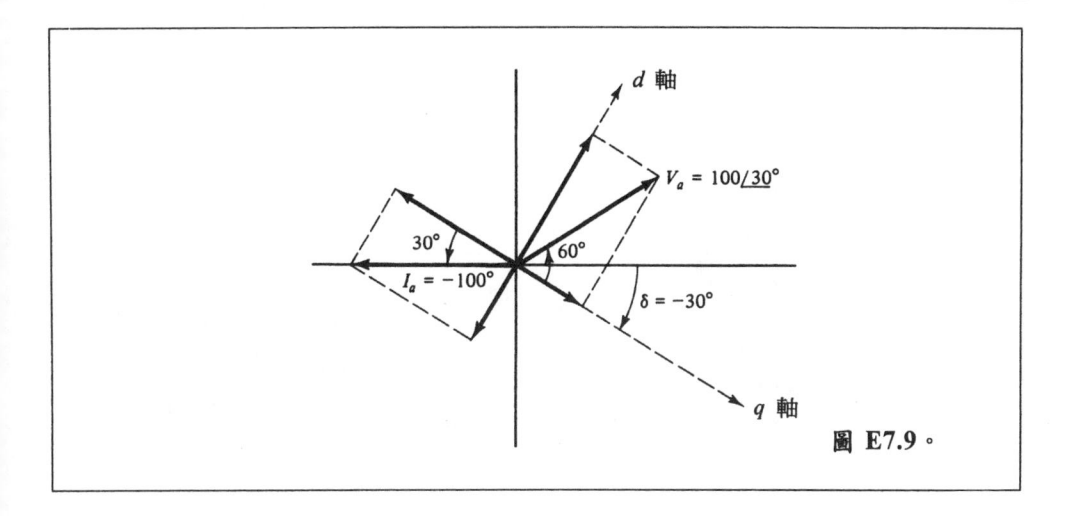

圖 E7.9。

　　雖然圖形提供我們觀察相量、$\delta$ 和直軸、虛軸分量間的關係，但利用代數來計算它們彼此間的關係，經常是更適宜的。以 $V_a$ 為例，$V_a = \text{Re} V_a + j \text{Im} V_a$，然後利用 (7.60) 式，$V_a = \text{Re} V_a + j \text{Im} V_a = (V_q + jV_d)(\cos\delta + j\sin\delta)$。因此，分別取實數部分和虛數部分相等，可得

$$\begin{bmatrix} \text{Re} & V_a \\ \text{Im} & V_a \end{bmatrix} = \begin{bmatrix} \cos\delta & -\sin\delta \\ \sin\delta & \cos\delta \end{bmatrix} \begin{bmatrix} V_q \\ V_d \end{bmatrix}$$

接著，取反矩陣

$$\begin{bmatrix} V_q \\ V_d \end{bmatrix} = \begin{bmatrix} \cos\delta & \sin\delta \\ -\sin\delta & \cos\delta \end{bmatrix} \begin{bmatrix} \text{Re} & V_a \\ \text{Im} & V_a \end{bmatrix}$$

　　我們注意到，$d$-$q$ 軸電機參考座標以及實軸和虛軸的網路、共同或系統參考座標等專有名詞，經常在文獻中使用到。此兩種參考座標及座標內各分量彼此間的關係如圖 7.8 所示。我們再一次注意到，已知相量 $V_a$ 將自己分配成 $V_q$ 和 $V_d$ 分量，與電機參考座標的角度 $\delta$ 有密切關係。

　　我們已經推導出的關係式亦可應用於 $V_a$ 和 $\delta$ 是 (緩慢變化) 時間的函數，在此情形，(7.60) 式和圖 7.8 描述一個動態情況，其中 $\delta$ 和/或 $V_a$ 會變動，通常，$V_d$ 和 $V_q$ 將也會變動。

　　最後，讓我們考慮 $m$ 部電機經由一個輸電系統互聯的情形。此時有 $m$ 個相角為 $\delta_1, \delta_2, ..., \delta_m$ 的內電壓必須考慮。直到目前，我們僅考慮一個單

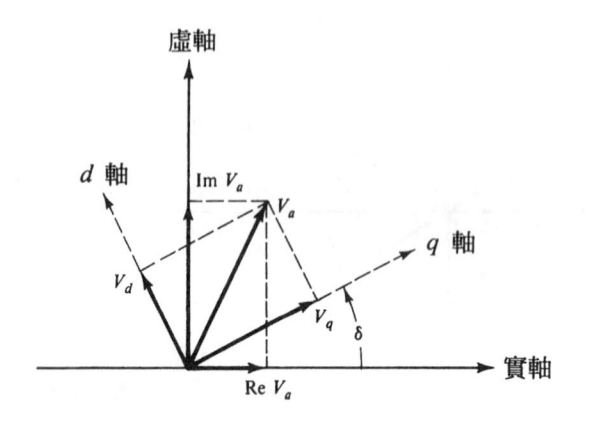

圖 7.8 在電機參考座標和共同參考座標中分解 $V_a$ 為兩個分量。

一相角 $\delta$。為了幫助瞭解，我們將非常簡要的討論 $m$ 部電機情形的派克方程式的解。如同在第 10 章一樣，我們假設輸電系統互聯有 $n$ 個匯流排。為了簡化，假設發電機匯流排沒有負載存在，因此互聯系統可用圖 7.9 所示混合電路/方塊圖表示。

我們假設正相序電壓 $V_i$ 和電流 $I_i$ 的幅值和相角變化非常緩慢，使得我們能利用準穩態分析。就目前情形，我們能使用 $\mathbf{I}_{bus} = \mathbf{Y}_{bus}\mathbf{V}_{bus}$ 的關係式，

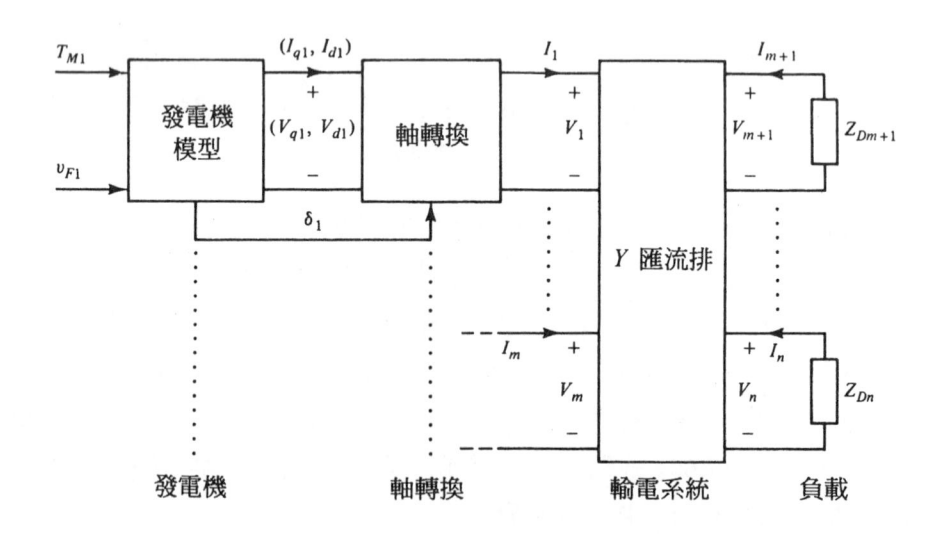

圖 7.9 $m$ 部電機互聯。

其中 $\mathbf{Y}_{bus}$ 是一個常數矩陣，它表示緩慢變化的 $\mathbf{I}_{bus}$ 和 $\mathbf{V}_{bus}$ 之間的關係。

對每一種發電機模型，我們都能使用 (7.44) 式到 (7.50) 式，其包含了派克電壓和電流。這些變數經 $\sqrt{3}$ 係數的比例化後得到 $V_{di}$、$V_{qi}$、$I_{di}$ 和 $I_{qi}$。在電機或 $d$-$q$ 軸參考座標內的這些變數，必須經過軸轉換到共同參考座標，經此軸轉換我們可得到相量 $I_i$ 和 $V_i$。這些電壓和電流相量的集合必須滿足 $\mathbf{I}_{bus} = \mathbf{Y}_{bus}\mathbf{V}_{bus}$ 的限制。超過這些 "設定" 的條件，我們將沒有能力去繼續這些有趣的方程式數值積分的問題。

我們現在回頭探討單機的情形，並考慮穩態分析的派克轉換。我們證明可得到和第 6 章相同的模型。

## 7.10 穩態模型

假設同步、正相序和穩態運轉，在此情形 $v_0 = 0$，以及如我們在 7.9 節中所見，$v_d$ 和 $v_q$ 都為常數。當 $v_F$ 也為常數，(7.45) 式到 (7.47) 式的左側也全為常數。則在穩態下所有電流和磁通鏈都為常數。在特別情況下，$i_0 = 0$ 和轉子阻尼電流 $i_D = i_Q = 0$，我們也注意到 $\dot{\theta} = \omega_0$。所以 (7.45) 式到 (7.50) 式可簡化為

$$v_d = -ri_d - \omega_0 \lambda_q \tag{7.61}$$

$$v_q = -ri_q + \omega_0 \lambda_d \tag{7.62}$$

$$v_F = r_F i_F \tag{7.63}$$

其中

$$\lambda_d = L_d i_d + kM_F i_F \tag{7.64}$$

$$\lambda_F = kM_F i_d + L_F i_F \tag{7.65}$$

$$\lambda_q = L_q i_q \tag{7.66}$$

我們要去證明，前二個方程式 (7.61) 和 (7.62) 式是和第 6 章中發電機模型等效的。利用 (7.64) 和 (7.66) 式去取代 (7.61) 和 (7.62) 式中的 $\lambda_q$ 和 $\lambda_d$，並利用 $v_d = \sqrt{3}V_d$，$v_q = \sqrt{3}V_q$，$i_d = \sqrt{3}I_d$ 和 $i_q = \sqrt{3}I_q$ 的定義，可以

形成下列單一複數方程式：

$$(V_q + jV_d)e^{j\delta} = -r(I_q + jI_d)e^{j\delta} + \omega_0 L_d I_d e^{j\delta} - j\omega_0 L_q I_q e^{j\delta} + \frac{1}{\sqrt{3}}\sqrt{\frac{3}{2}}\omega_0 M_F i_F e^{j\delta}$$

對電壓和電流應用 (7.60) 式，並導入 $jX_d = j\omega_0 L_d$ 和 $jX_q = j\omega_0 L_q$，可得

$$V_a = -rI_a - jX_d jI_d e^{j\delta} - jX_q I_q e^{j\delta} + E_a$$

其中我們已經定義 $\sqrt{2}E_a = \omega_0 M_F i_F e^{j\delta}$。既然當 $I_a = 0$ 時 $V_a = E_a$，$E_a$ 為開路電壓，重新排列方程式，可得

$$\begin{aligned}E_a &= V_a + rI_a + jX_d jI_d e^{j\delta} + jX_q I_q e^{j\delta} \\ &= V_a + rI_a + jX_d I_{ad} + jX_q I_{aq}\end{aligned} \quad (7.67)$$

其中 $I_{ad} \triangleq jI_d e^{j\delta}$ 和 $I_{aq} \triangleq I_q e^{j\delta}$。在 (7.67) 式中的關係，以及 $I_a = (I_q + jI_d)e^{j\delta} = I_{aq} + I_{ad}$ 的事實，如圖 7.10 所示。圖中所說明的情況，$I_q$ 為正而 $I_d$ 為負。與圖 6.8 或 (6.30) 式比較，我們發現所獲得的穩態模型與第 6 章的相同。這裡 $I_{aq}$ 和 $I_{ad}$ 與第 6 章中所用的複數量相同。在 d-q 參考座標上的 $I_{aq}$ 和 $I_{ad}$，可簡單的用 $I_q$ 和 $I_d$ 表示。關於 $I_{ad}$ 和 $I_{aq}$ 對 $I_d$ 和 $I_q$ 的使用，我們發現，使用複數量 $I_{ad}$ 和 $I_{aq}$ 會獲得較簡潔的表示式，但對於分析工作，使用實數量 $I_d$ 和 $I_q$ 經常是較容易的。無論使用何種形式，我們都將採 (7.67) 式來表示方程式。

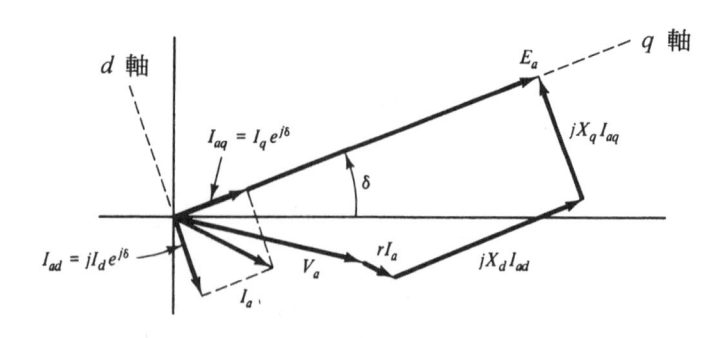

圖 7.10 相量圖。

明顯地，使用 (7.67) 式或圖 7.10 等效相量圖，比使用含有派克轉換和派克變數的三級演算更加簡易。接著，我們考慮一個動態模型，它有類似的優點。

## 7.11 簡化的動態模型

簡化 (7.44) 式到 (7.47) 式的微分方程式經常是可能的，尤其是當我們正考慮暫態，其中的端電壓和端電流是幅值和相角變化緩慢的正弦波。在第 14 章中探討的電磁暫態就是這樣的一個例子，不過可應用的程度會更加一般化。

我們對發電機做下列的假設，這些假設在實務上也經常遇到。

**1.** 正相序同步運轉。
**2.** $\theta = \omega_0 t + (\pi/2) + \delta$，其中 $|\dot{\delta}| \ll \omega_0$。
**3.** $\dot{\lambda}_d$ 和 $\dot{\lambda}_q$ 與 $\omega_0 \lambda_q$ 和 $\omega_0 \lambda_d$ 相比是很小的。
**4.** 阻尼電路的影響是可忽略的 (即可以令 $i_D = i_Q = 0$)。

假設 1 中令發電機為正相序運轉是相當普遍的認知，也就是說，我們允許 $a$ 相的波形變化，但不管波形如何變化，$b$、$c$ 相的波形除了分別有 $-120°$ 和 $-240°$ 的相位移外，與 $a$ 相完全一樣。在此情形，如前所述，我們能利用 (7.60) 式來表示時變量間的關係。在某些觀點，假設 2 和 3 近似於穩態行為；$\delta$、$\dot{\lambda}_d$ 和 $\dot{\lambda}_q$ 是非零但都是相對小的值。假設 4 是與假設 2 和 3 相符，忽略暫態初期的短暫時間是合理的。

假設 1 意謂著 $v_0 = i_0 \equiv 0$；利用假設 3，其餘的電力方程式可近似為

$$v_d = -ri_d - \dot{\theta}\lambda_q \tag{7.68}$$

$$v_q = -ri_q - \dot{\theta}\lambda_d \tag{7.69}$$

$$v_F = r_F i_F + \frac{d\lambda_F}{dt} \tag{7.70}$$

其中磁通鏈與電流的關係以 (7.64) 式到 (7.66) 式表示。注意：這些方程式與 (7.45) 式到 (7.47) 式比較，是非常簡化的！

藉由假設 2 我們注意到 $\dot{\theta} \approx \omega_0$，於是若我們將這些方程式與 (7.61) 式到 (7.63) 式的穩態方程式相比較，我們可取每一組的前二個方程式為相同。因此，利用 (7.60) 式的相同發展，當它應用於電壓和電流時，我們可導出 (7.67) 式和圖 7.10 中的相關相量圖。

在 (7.67) 式和相關的圖 7.10 中的量，並不一定是常數。例如，假設 $i_a(t) = \sqrt{2}|I_a|\cos(\omega_0 t + \angle I_a)$ 的幅值和相角正在變動，則 $I_a = |I_a|\angle I_a$ 是一個隨時間變動的相量。在圖 7.10 中，我們將看到 $I_a$ 沿著複平面移動。因此當 $\delta$ 為常數時，我們預期 $I_q$ 和 $I_d$（$I_a$ 在 $q$ 軸和 $d$ 軸的投影）會隨時間改變。當 $I_a$ 固定而 $\delta$ 變動，投影 $I_d$ 和 $I_q$ 仍隨時間改變。通常，$I_a$、$V_a$、$E_a$ 和 $\delta$ 都會隨時間變動，不過它們必須滿足 (7.67) 式或圖 7.10 的代數限制。

我們注意到，到目前為止，我們已經能夠保留穩態模型的簡易性，特別是，我們不需要計算以**轉子為基礎**的 $i_F$、$i_q$、$i_d$、$v_q$ 和 $v_d$ 等項，但能直接用以**定子為基礎**的 $E_a$、$I_a$ 和 $V_a$ 等項來演算。

回到微分方程式 (7.70)，我們看到它包含一個以轉子為基礎的量，即狀態 $\lambda_F$。我們將要以定子項來表示 $\lambda_F$。從 (7.65) 式開始，為了便利，在此重複 (7.65) 式如下：

$$\lambda_F = kM_F i_d + L_F i_F \tag{7.65}$$

接著，我們定義定子電壓 $E_a' \triangleq (\omega_0 M_F / \sqrt{2} L_F) e^{j\delta} \lambda_F$。$E_a'$ 的幅值正比於 $\lambda_F$，正如 $E_a$ 的幅值正比於 $i_F$ 一樣。利用 (7.65) 式於定義，可得

$$E_a' = \frac{\omega_0 M_F}{\sqrt{2} L_F} e^{j\delta} \lambda_F = \frac{\omega_0 k M_F^2}{\sqrt{2} L_F} e^{j\delta} i_d + \frac{\omega_0 M_F}{\sqrt{2}} e^{j\delta} i_F \tag{7.71}$$

藉由利用一些先前定義的量：$i_d = \sqrt{3} I_d$，$k = \sqrt{3/2}$，$E_a = \omega_0 M_F e^{j\delta} i_F / \sqrt{2}$ 和 $L_d' = L_d - (kM_F)^2 / L_F$，可得

$$\begin{aligned} E_a' &= \omega_0 (L_d - L_d') I_d e^{j\delta} + E_a \\ &= j(X_d' - X_d) jI_d e^{j\delta} + E_a \end{aligned} \tag{7.72}$$

第 7 章　發電模型 II（電機觀點）

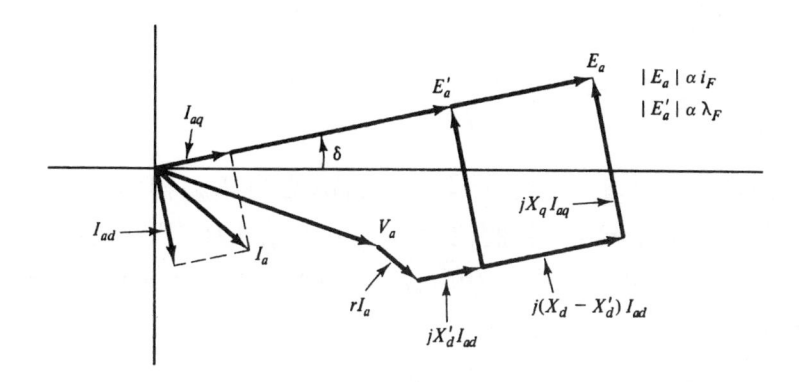

圖 7.11　表示 $E_a'$ 和 $E_a$ 的相量圖。

利用 (7.67) 式取代 (7.72) 式中的 $E_a$，可得

$$\begin{aligned} E_a' &= V_a + rI_a + jX_d' jI_d e^{j\delta} + jX_q I_q e^{j\delta} \\ &= V_a + rI_a + jX_d' I_{ad} + jX_q I_{aq} \end{aligned} \tag{7.73}$$

其中除了 $X_d'$ 取代 $X_d$ 和 $E_a'$ 取代 $E_a$ 之外，是和 (7.67) 式有相同的形式。同時，$E_a'$ 和 $E_a$ 皆有相同的相角 $\delta$。

畫出相關於 (7.73) 式的相量圖是一個較簡單的方法。此外，我們將畫出一個更有用的相量圖，圖中同時畫出 $E_a$ 和 $E_a'$，因此得到圖 7.11。在圖中我們提醒讀者，$|E_a|$ 正比於 $i_F$ 而 $|E_a'|$ 正比於 $\lambda_F$。電壓 $E_a'$ 並不像 $E_a$ 一樣那麼容易做物理上的描述，在物理上，$E_a$ 是開路電壓，$E_a'$ 僅可描述成幅值正比於 $\lambda_F$ 的內電壓。圖 7.11 顯示 $E_a$、$E_a'$、$V_a$ 和 $I_a$ 之間的關係，以及藉以表示 $i_F$、$\lambda_F$、$\delta$、$V_a$ 和 $I_a$ 之間的關係。

接著，我們考慮微分方程式 (7.70) 式，並重寫此式來介紹符號 $|E_a|$ 和 $|E_a'|$。將 (7.70) 式中的每一項乘以 $\omega_0 M_F / \sqrt{2} r_F$，得到

$$\frac{\omega_0 M_F}{\sqrt{2} r_F} v_F = \frac{\omega_0 M_F}{\sqrt{2} r_F} r_F i_F + \frac{\omega_0 M_F}{\sqrt{2} r_F} \frac{d\lambda_F}{dt} \tag{7.74}$$

接下來定義

$$E_{fd} = \frac{\omega_0 M_F}{\sqrt{2} r_F} v_F$$

因此 $E_{fd}$ 是正比於 $v_F$。則利用 $|E_a|$、$|E_a'|$ 和 $T_{do}'$ 的定義，(7.74) 式簡化為

$$E_{fd} = |E_a| + \frac{L_F}{r_F}\frac{d|E_a'|}{dt} = |E_a| + T_{do}'\frac{d|E_a'|}{dt} \tag{7.75}$$

$E_{fd}$ 可被視為 $v_F$ 的等效定子項；一個單位的 $E_{fd}$ 相當於一個單位的 $|E_a|$。在使用標么系統中，我們能對 $E_{fd}$ 和 $|E_a|$ 取相同的電壓基值，同時我們也能找出 $v_F$ 和 $E_{fd}$ 的基值關係 (如同我們求電壓高低側基值關係一樣)，使得 $v_F$ 和 $E_{fd}$ 有相同標么值。此時，$v_F$ 和 $E_{fd}$ 之間就沒有區別了。無論如何，後續我們還是比較喜歡使用 $E_{fd}$ 的符號。

最後，為了完成簡化的同步機模型，我們考慮機械方程式，為了便利，在此重複該方程式如下：

$$J\ddot{\theta} + D\dot{\theta} + i_q\lambda_d - i_d\lambda_q = T_M \tag{7.44}$$

乘以 $\dot{\theta}$，可得

$$\frac{d}{dt}\left(\frac{1}{2}J\dot{\theta}^2\right) + D\dot{\theta}^2 + \dot{\theta}(i_q\lambda_d - i_d\lambda_q) = \dot{\theta}T_M \tag{7.76}$$

(7.76) 式的第一項是 (相耦合的) 旋轉渦輪機和發電機轉子的動能對時間 $t$ 的導數。第二項是相耦合轉子的機械摩擦對應的功率，而等號右側項是 (相耦合的) 渦輪機和發電機轉子提供的機械功率。導入適合這些物理 (機械) 量，可將 (7.76) 式寫成

$$\frac{d}{dt}W_{\text{kinetic}} + P_{\text{friction}} + \dot{\theta}(i_q\lambda_d - i_q\lambda_q) = P_M \tag{7.77}$$

我們接著檢視在 (7.77) 式中的電機項。利用 (7.68) 式和 (7.69) 式，我們發現

$$\begin{aligned}\dot{\theta}(i_q\lambda_d - i_d\lambda_q) &= i_qv_q + i_dv_d + r(i_q^2 + i_d^2) \\ &= 3(I_qV_q + I_dV_d) + 3r(I_q^2 + I_d^2) \\ &= 3\operatorname{Re}V_aI_a^* + 3r\,|I_a|^2 \\ &= 3P_G + 3r\,|I_a|^2\end{aligned} \tag{7.78}$$

## 第 7 章　發電模型 II (電機觀點)

從第二行到第三行的推導過程，我們已經使用 (7.60) 式並應用於 $I_a$ 和 $V_a$。(7.78) 式的右側可以被視為在發電機內，電阻損失之前所產生的三相瞬間電功率。這些 $I^2R$ 損失是非常小，所以可忽略不計以求得一項近值。在此情形，(7.77) 式簡化為 (14.11) 式，如同在 14.2 節中討論，最終方程式可寫成

$$M\ddot{\delta} + D\dot{\delta} + P_G = P_M \tag{7.79}$$

(7.79) 式是我們想要的簡化機械方程式。(7.75) 式是依照 (7.67) 式和 (7.73) 式的代數限制下的簡化電力方程式。我們總結這些結果如下，並同時恢復使用標么系統。

**總結：簡化的動態模型 (標么)**　對於本節一開始所敘述的假設，我們得到兩個微分方程式：

$$M\ddot{\delta} + D\dot{\delta} + P_G = P_M \tag{7.79}$$

$$T'_{do}\frac{d|E'_a|}{dt} + |E_a| = E_{fd} \tag{7.75}$$

以及兩個代數方程式

$$E_a = V_a + rI_a + jX_d I_{ad} + jX_q I_{aq} \tag{7.67}$$

$$E'_a = V_a + rI_a + jX'_d I_{ad} + jX_q I_{aq} \tag{7.73}$$

在 (7.67) 式和 (7.73) 式中，代入 $I_{ad} = jI_d e^{j\delta}$ 和 $I_{aq} = I_q e^{j\delta}$ 可能是較便利的。在 (7.79) 式中，通常 $P_G = \text{Re} V_a I_a^*$。若 $r = 0$ (或為一項近似)，我們可以用下列表示式取代：

$$P_G = \frac{|E_a||V_a|}{X_d}\sin\delta_m + \frac{|V_a|^2}{2}\left(\frac{1}{X_q} - \frac{1}{X_d}\right)\sin 2\delta_m \tag{7.80}$$

或

$$P_G = \frac{|E_a'||V_a|}{X_d'} \sin \delta_m + \frac{|V_a|^2}{2} \left( \frac{1}{X_q} - \frac{1}{X_d'} \right) \sin 2\delta_m \qquad (7.81)$$

其中 $\delta_m \triangleq \angle E_a - \angle V_a = \angle E_a' - \angle V_a = \delta - \angle V_a$。

**注意**：(7.80) 式和 (6.45) 式相同。在 6.6 節的推導過程中，$I_{ad}$ 和 $I_{aq}$ 以 $E_a$ 和 $V_a$ 項來表示。若 $I_{ad}$ 和 $I_{aq}$ 利用 (7.73) 式的 $E_a'$ 和 $V_a$ 項來表示。則藉由完全相同的代數演算步驟可得到 (7.81) 式。沒有必要執行代數運算；注意 (7.67) 式和 (7.73) 式的類似性，我們只需將 $E_a$ 和 $X_d$ 分別以 $E_a'$ 和 $X_d'$ 取代，就能從 (7.80) 式獲得 (7.81) 式。注意：即使是圓柱形轉子電機的情形 ($X_q = X_d$)，我們仍能獲得 (7.81) 式中的凸極效應。我們也應指出：既然 $X_d' < X_q$，則 $1/X_q - 1/X_d'$ 是負值！因此，當對於常數 $|E_a|$, $|V_a|$ 或常數 $|E_a'|$, $|V_a|$，畫出的 $P_G$ 對 $\delta_m$ 曲線的形狀是相當不同的。無論如何，若我們導入 $|E_a|$ 和 $|E_a'|$ 之間的限制，由於它們都是描述相同條件下相同發電機的輸出功率，這兩個公式必須給予相同的結果（對相同 $\delta_m$ 而言）。

---

**練習 4.**

你能證明剛才敘述的結果？

---

我們利用簡化模型來討論一些例題，做為本節的總結。

---

**例題 7.10　電壓建立**

利用簡化同步電機模型求解應用 1 中的問題。

**解**　既然 $I_a = 0$，根據 (7.67) 式和 (7.73) 式，我們可看到 $E_a'(t) = E_a(t) = V_a(t)$。因為我們從零磁通的靜止狀態起動，所以 $|E_a'(0)| = 0$。利用 (7.75) 式，此式中 $E_a'$ 取代 $E_a$，可得

## 第 7 章　發電模型 II（電機觀點）

$$T_{do}^{'} \frac{d|E_a^{'}|}{dt} + |E_a^{'}| = E_{fd}^0 \qquad |E_a^{'}(0)| = 0$$

其中 $E_{fd}^0$ 是常數。解之可得

$$|E_a^{'}(t)| = (1 - e^{-t/T_{do}^{'}}) E_{fd}^0 \qquad t \geq 0$$

既然 $|V_a(t)| = |E_a^{'}(t)|$，而 $\angle V_a(t) = \angle E_a^{'}(t) = \delta$，可得

$$V_a(t) = (1 - e^{-t/T_{do}^{'}}) E_{fd}^0 e^{j\delta}$$

在此我們獲得一個幅值隨時間變化的相量。對應的瞬間電壓為

$$v_a(t) = \sqrt{2} E_{fd}^0 (1 - e^{-t/T_{do}^{'}}) \cos(\omega_0 t + \delta)$$

注意在 (7.74) 式後 $E_{fd}$ 的定義，上式和應用 1 最後結果是相同的。此計算是比較簡易的。

---

**例題 7.11　對稱短路**

對於應用 2 中的問題，忽略定子電阻和阻尼繞組，試求短路電流。

**解** 首先考慮故障前的穩態情形，$|E_a^{'}|$ 是常數。因此根據 (7.75) 式（具有 $d|E_a^{'}|/dt = 0$），$|E_a^{'}(0)| = E_{fd}^0$。而且，因有 $I_a = 0$，根據 (7.67) 式和 (7.73) 式，可得 $E_a^{'}(0) = V_a(0) = E_a(0)$。將此兩結果組合，就可獲得 $|E_a^{'}(0)| = |E_a(0)| = E_{fd}^0$ 的初始條件，用來求解故障期間（$t \geq 0$）的 (7.75) 式。

對於（$t \geq 0$），我們有 $V_a \equiv 0$ 的故障，因此，當 $r = 0$ 時，根據 (7.67) 式和 (7.73) 式可得

$$E_a = j X_d I_{ad} + j X_q I_{aq}$$
$$E_a^{'} = j X_d^{'} I_{ad} + j X_q I_{aq}$$

根據相關的相量圖幾何，$I_{aq} = 0$，因此 $I_a = I_{ad}$。所以我們可以簡化上式為

$$E_a = j X_d I_a$$
$$E_a^{'} = j X_d^{'} I_a$$

我們離開暫態的計算，而考慮初始正弦電流。既然當故障發生時 $\lambda_F$ 無法瞬間變化，$|E_a^{'}|$ 亦是如此。因此利用 $E_a^{'} = j X_d^{'} I_a$，我們能計算在暫態初期的電流為：

$$i_a(t) \approx \frac{\sqrt{2}\,|E_a'(0)|}{X_d'} \sin(\omega_0 t + \delta)$$

注意 $E_a'(0) = E_a(0)$，此與 (7.55a) 式中的 60 Hz 分量相同。

現在回到暫態解，我們以 $E_a'$ 項表示 $E_a$ 並得到

$$E_a = \frac{X_d}{X_d'} E_a'$$

我們接著利用 (7.75) 式中的結果，可得

$$T_{do}' \frac{d|E_a'|}{dt} + \frac{X_d}{X_d'}|E_a'| = E_{fd}^0 \qquad |E_a'(0)| = E_{fd}^0$$

我們可寫成時間常數形式。定義 $T_d' = (X_d'/X_d)T_{do}' = (L_d'/L_d)T_{do}'$，可得

$$T_d' \frac{d|E_a'|}{dt} + |E_a'| = \frac{X_d'}{X_d} E_{fd}^0 \qquad |E_a'(0)| = E_{fd}^0$$

其解為

$$|E_a'(t)| = \frac{X_d'}{X_d} E_{fd}^0 + \left(1 - \frac{X_d'}{X_d}\right) E_{fd}^0 e^{-t/T_d'}$$

我們得到 $E_a' = |E_a'| \angle \delta$ 是一個時變相量。既然 $E_a' = jX_d' I_a$，我們可解出 $i_a(t)$ 為

$$i_a(t) = \sqrt{2}\, E_{fd}^0 \left[\frac{1}{X_d} + \left(\frac{1}{X_d'} - \frac{1}{X_d}\right) e^{-t/T_d'}\right] \sin(\omega_0 t + \delta)$$

注意 $E_{fd}^0 = |E_a(0)|$，此結果與應用 2 後的注意 1 所給的相同。進一步地，對於目前的情形 ($r = 0$)，我們可獲得 $T_d'$ 的一個明確公式。

總結，我們能求得與應用 2 相同的 60 Hz 分量，而需要的演算過程較少，但無法求得單方向和 120 Hz 分量。

注意：假設在例題 7.11 中，有一個非零初始定子電流 $I_a(0)$，取代在 $t = 0$ 時為開路。此時 $E_a'(0) \neq E_a(0)$，但我們可以利用 (7.67) 式和 (7.73) 式來計算其值，然後再進行和例題 7.11 相同的計算過程。

到目前在本節中考慮的例題，假設 $\delta$ 保持固定在其初始角度是合理

第 7 章　發電模型 II（電機觀點）

的，因此都不考慮機械方程式。接下來我們舉一個需要考慮機械方程式的例題。

**例題 7.12**

考慮圖 E7.12(a) 所示電路，假設

$$X_d = 1.0$$
$$X_q = 0.6$$
$$X_d' = 0.2$$
$$T_{do}' = 4 \text{ sec}$$

忽略電阻。發電機剛已同步接於無限匯流排上，則

(a) $P_M$ 緩慢增加，直到 $P_G = 0.5$。若此時 $E_{fd}$ 沒有變動，在新的穩態下，求出 $V_a, I_a, E_a$ 和 $E_a'$。

(b) 若在 $t = 0$ 時，$E_{fd}$ 忽然倍增。假設 $\theta = \omega_0 t + (\pi/2) + \delta$，$\delta = $ 常數，則求出 $|E_a'(t)|$ 和 $|E_a(t)|$。

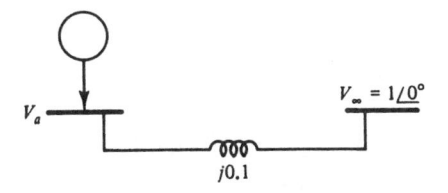

圖 E7.12(a)。

**解**　在同步時

$$I_a = 0 \Rightarrow E_a' = E_a = V_a = V_\infty = 1\angle 0°$$

而且根據 (7.75) 式，在同步穩態下可得 $E_{fd} = |E_a| = 1.0$。

(a) 在同步時 $\delta = 0$，但當發電機供應功率，$\delta$ 增加。假設功率是緩慢增加，我們可假設具有 $i_F = v_F^0/r_F = $ 常數的似穩態轉移。因此當 $P_G = 0.5$，$|E_a| = 1.0$，考慮無限匯流排為電機的端點，我們就有

$$0.5 = \frac{1.0 \times 1.0}{1.1} \sin\delta + \frac{1}{2}\left(\frac{1}{0.7} - \frac{1}{1.1}\right) \sin 2\delta$$
$$= 0.909 \sin\delta + 0.260 \sin 2\delta$$

疊代求解，求得 $\delta = 21.0°$，於是 $E_a = 1.0\angle 21.0°$。為了求出 $I_a$，我們能利用圖 7.11 或進行解析程序。讓我們利用代數求解。回想電機端點是 $V_\infty$，並利用 (7.67) 式，可得

$$E_a = 1.0e^{j\delta} = V_\infty + j\widetilde{X}_d jI_d e^{j\delta} + j\widetilde{X}_q I_q e^{j\delta}$$

其中我們正使用 $I_d$ 和 $I_q$。接著，乘以 $e^{-j\delta}$ 並導入數值。

$$1.0 = 1\angle -21.0° + 1.1 I_d + j 0.7 I_q$$

$I_d$ 和 $I_q$ 是實數，所以我們很容易分離實部和虛部。先取實部再取虛部，可得

$$1.0 = 0.934 - 1.1 I_d \Rightarrow I_d = -0.0604$$
$$0 = -0.358 + 0.7 I_q \Rightarrow I_q = 0.5120$$

於是

$$I_a = (I_q + jI_d)e^{j\delta} = 0.5155 \angle 14.27°$$
$$V_a = V_\infty + j0.1 I_a = 1.0 + 0.515 \angle 104.27°$$
$$= 0.9886 \angle 2.897°$$
$$E'_a = E_a - j(X_d - X'_d) jI_d e^{j\delta}$$
$$= 1\angle 21.0° + 0.8(-0.0604)\angle 21.0°$$
$$= 0.952 \angle 21.0°$$

注意：所有四個量 $V_a, I_a, E_a$ 和 $E'_a$ 都與它們同步時的值不同，僅有 $|E_a|$ 沒改變 (因為我們未改變 $E_{fd}$ 之故)。

(b) 在此部分我們假設 $\delta = 21.0° = $ 常數。於是我們有 $|E'_a(0)| = 0.952$，$E_{fd} = 2$，因此利用 (7.75) 式

$$4\frac{d|E'_a|}{dt} + |E_a| = 2 \qquad |E'_a(0)| = 0.952 \qquad \textbf{(7.82)}$$

接著，我們以 $|E'_a|$、$\delta$ 和 $|V_\infty|$ 表示 $|E_a|$。根據圖 E7.12(b) [或利用 (7.67) 式和 (7.73) 式]，我們發現

$$\frac{|E_a| - |V_\infty|\cos\delta}{|E'_a| - |V_\infty|\cos\delta} = \frac{\widetilde{X}_d|I_{ad}|}{\widetilde{X}'_d|I_{ad}|} = \frac{\widetilde{X}_d}{\widetilde{X}'_d}$$

根據此關係，我們可解出以 $|E'_a|$ 和 $\delta$ 表示的 $|E_a|$ 為

## 第 7 章　發電模型 II (電機觀點)

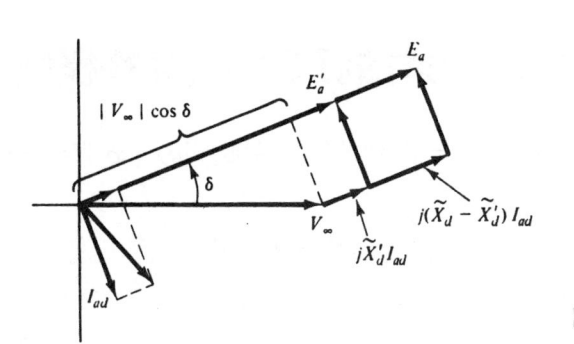

**圖 E7.12(b)**。

$$|E_a| = \frac{\widetilde{X}_d}{\widetilde{X}_d'}|E_a'| + |V_\infty|\frac{\widetilde{X}_d - \widetilde{X}_d'}{\widetilde{X}_d'}\cos\delta \quad (7.83)$$

$$= 3.6667|E_a'| - 2.4895$$

代入 (7.82) 式，可得

$$4\frac{d|E_a'|}{dt} + 3.6667|E_a'| = 4.4895$$

或

$$1.0909\frac{d|E_a'|}{dt} + |E_a'| = 1.2244$$

其解為

$$|E_a'(t)| = 0.9520 + 0.2724(1 - e^{-t/1.0909})$$
$$= 1.2244 - 0.2724e^{-t/1.0909}$$

現在我們回頭根據 (7.83) 式求出 $|E_a(t)|$ 為

$$|E_a(t)| = 2 - e^{-t/1.0909}$$

注意：$|E_a|$ 的穩態值可用 (7.75) 式推導的結果來查對。

---

**練習 5.**
假設我們要求出暫態期間的 $v_a(t)$，指出你將如何進行？

## 7.12 連接到無限匯流排的發電機（線性模型）

在例題 7.12(b) 我們假設 $\delta =$ 常數。若不做此假設，$\delta$ 將以非線性形式 $(\cos\delta)$ 出現在 (7.83) 式中。

通常，既然方程式為非線性，我們必須導入數值，並利用標準數值積分演算法求得計算機解。不過，在大多數情形，非線性方程式的線性化是相當適用的，且能藉線性系統分析的有力技術，增加對於系統在不同運轉條件下一般行為的觀察。舉一例子，我們考慮一部發電機經一條輸電線連接到無限匯流排的特殊情形（圖 7.12）。如同例題 7.12，我們將輸電線歸入發電機模型中，具有 $V_\infty$ 的端電壓。假設定子和輸電線電阻為零，則如同例題 7.12，利用 (7.83) 式可以很容易地用狀態變數 $|E_a'|$ 和 $\delta$ 來表示 $|E_a|$。做為預先之準備，定義

$$K_3 = \frac{\widetilde{X}_d'}{\widetilde{X}_d} = \frac{X_d' + X_L}{X_d + X_L}$$

注意：既然 $X_L > 0$ 且 $X_d' < X_d$，所以我們有 $0 < K_3 < 1$。

代入 (7.83) 式，可得

$$|E_a| = \frac{1}{K_3}|E_a'| + \left(1 - \frac{1}{K_3}\right)|V_\infty|\cos\delta$$

代入 (7.75) 式並乘以 $K_3$，可得

$$K_3 T_{do}' \frac{d|E_a'|}{dt} + |E_a'| = K_3 E_{fd} + (1-K_3)|V_\infty|\cos\delta \tag{7.84}$$

而且，根據 (7.79) 式，我們有

$$M\ddot{\delta} + D\dot{\delta} + P_G = P_M \tag{7.79}$$

這裡根據 (7.81) 式可得

$$P_G = P_G(\delta, |E_a'|) = \frac{|E_a'||V_\infty|}{\widetilde{X}_d'}\sin\delta + \frac{|V_\infty|^2}{2}\left(\frac{1}{\widetilde{X}_q} - \frac{1}{\widetilde{X}_d'}\right)\sin 2\delta \tag{7.85}$$

第 7 章　發電模型 II (電機觀點)

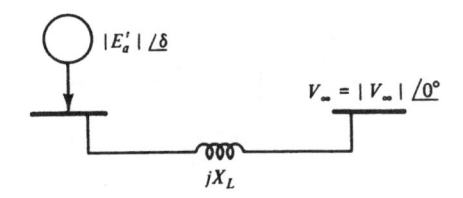

圖 7.12　被線性化的系統。

現在假設穩定運轉情況，則 $\delta = \delta^0$，

$$|E'_a| = |E'_a|^0, \ P_G = P_G^0 = P_G(\delta^0, |E'_a|^0), \ E_{fd} = E_{fd}^0, \quad 依次類推$$

我們稱這些常數值的集合為**運轉點** (operating point)。現在考慮在運轉點附近發生小擾動，我們令 $\delta = \delta^0 + \Delta\delta$，$|E'_a| = |E'_a|^0 + \Delta|E'_a|$，…，依次類推。

一般而言，增量 $\Delta\delta$、$\Delta|E'_a|$、$\Delta E_{fd}$ 和 $\Delta P_M$ 之間的關係，可用線性微分及/或代數方程式來表示。因此替換 (7.84) 式和 (7.79) 式，可得

$$K_3 T'_{do} \frac{d\Delta|E'_a|}{dt} + \Delta|E'_a| = K_3 \Delta E_{fd} - [(1-K_3)|V_\infty|\sin\delta^0]\Delta\delta \tag{7.86}$$

$$M\Delta\ddot{\delta} + D\Delta\dot{\delta} + \frac{\partial P_G(\delta^0, |E'_a|^0)}{\partial \delta}\Delta\delta + \frac{\partial P_G(\delta^0, |E'_a|^0)}{\partial |E'_a|}\Delta|E'_a| = \Delta P_M \tag{7.87}$$

其中我們定義 $K_4 = [(1/K_3)-1]|V_\infty|\sin\delta^0$，$K_2 = \partial P_G^0 / \partial |E'_a|$ 和 $T = \partial P_G^0 / \partial \delta$。若當 $|E'_a| = |E'_a|^0$ 時，我們畫出 $P_G$ 對 $\delta$ 的曲線，則 $T$ 是 $P_G$ 在 $\delta = \delta^0$ 處的斜率。藉由微分 (7.85) 式，我們也可求得 $T$ 和 $K_2$ 的解析式。

假設系統操作於某一運轉點，而在 $t = 0$ 時，在 $E_{fd}$ 及/或 $P_M$ 有一增量（即我們有 $\Delta E_{fd}$ 及/或 $\Delta P_M$）。利用拉氏轉換可研究暫態。注意：$\Delta|E'_a|(0^-)| = 0$，$\Delta\delta(0^-) = 0$，對 (7.86) 式和 (7.87) 式取拉氏轉換，可得

$$(K_3 T'_{do} s + 1)\Delta|\hat{E}'_a| = K_3 \Delta \hat{E}_{fd} - K_3 K_4 \Delta\hat{\delta} \tag{7.88}$$

$$(Ms^2 + Ds + T)\Delta\hat{\delta} = \Delta\hat{P}_M - K_2 \Delta|\hat{E}'_a| \tag{7.89}$$

其中帶有 "∧" 符號 (circumflex) 表示是增量的拉氏轉換。在圖 7.13 也表示出輸入變數 $\Delta E_{fd}$ 和 $\Delta P_M$ 與（輸出）變數 $\Delta|E'_a|$ 和 $\Delta\delta$ 之間的關係。讀

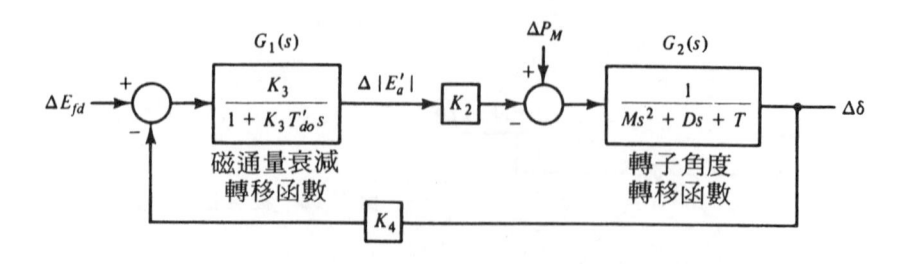

**圖 7.13** 線性化系統的方塊圖。

者應該查對此方塊圖與 (7.88) 式和 (7.89) 式相合。我們簡要說明此方塊圖：反饋迴路是由 $\Delta|E'_a|$ 和 $\Delta\delta$ 之間的"自然"耦合所產生；我們沒有從外部導入反饋迴路。稍後，當我們考慮激磁系統和調速機的操作時，我們將說明 $\Delta E_{fd}$ 和 $\Delta P_M$ 如何經由外部反饋迴路，相依於輸出變數。根據圖 7.13，利用簡易的規則，我們可容易地求出從任何輸入到任何輸出之間的轉移函數。例如，利用觀察法，我們可以寫出從 $\Delta P_M$ 到 $\Delta\delta$ 的轉移函數：

$$\frac{\Delta\hat{\delta}}{\Delta\hat{P}_M} = \frac{G_2(s)}{1 - K_2 K_4 G_1(s) G_2(s)} \tag{7.90}$$

其中 $G_1(s)$ 和 $G_2(s)$ 定義於圖 7.13 中。類似地，利用觀察法可得

$$\frac{\Delta|\hat{E}'_a|}{\Delta\hat{E}_{fd}} = \frac{G_1(s)}{1 - K_2 K_4 G_1(s) G_2(s)} \tag{7.91}$$

從 $\Delta P_M$ 到 $\Delta|E'_a|$ 和從 $\Delta E_{fd}$ 到 $\Delta\delta$ 的轉移函數，也能藉觀察法寫出。我們稱這些函數為**閉迴路轉移函數** (closed-loop transfer function)，(7.90) 式和 (7.91) 式是由**開迴路轉移函數** (open-loop transfer function) $G_1(s)$ 和 $G_2(s)$，來表示閉迴路轉移函數的範例。

根據閉迴路轉移函數，我們能求出對一特定輸入的響應。通常，我們會對系統的一般性質較感興趣，例如振盪模式的穩定度和阻尼。穩定度和阻尼與閉迴路轉移的極點位置有關，對於所有四個閉迴路轉移函數都有相同極點。就我們的目的而言，最容易求出或估測這些極點位置的方法是**根軌跡法** (root-locus method)。此方法被描述於附錄 4 中，它是根據閉迴路

第 7 章　發電模型 II（電機觀點）　　307

極點與開迴路極點和零點,以及迴路增益間的關係而導出的一種方法。當迴路增益從零變到無限大時,我們可獲得閉迴路極點的軌跡。既然在我們模型中不同的增益（例如 $K_2$ 和 $K_4$）與運轉點有關,此根軌跡法特別適用於去求得可能行為的範圍。

接著,我們將應用根軌跡法來研究圖 7.13 所示,(線性化) 發電機模型的一般穩定度和阻尼特性。注意:這是一個"正"反饋的情形。對此圖我們觀察如下:如附錄 4 所定義,迴路增益為 $K = K_2K_4/T'_{do}M$,$T'_{do}$ 和 $M$ 皆為正常數。利用 (7.95) 式來計算 $K_2$ 和 $K_4$,並注意 $K_3 \triangleq \tilde{X}'_d / \tilde{X}_d < 1$,我們得到

$$K_2 K_4 = \frac{|V_\infty|}{\tilde{X}'_d} \sin \delta^0 \left(\frac{1}{K_3} - 1\right) |V_\infty| \sin \delta^0$$

$$= \frac{(X_d - X'_d)|V_\infty|^2 \sin^2 \delta^0}{{X'_d}^2} \geq 0$$

因此 $K \geq 0$。換言之,若我注意圖 7.13 中的兩個綜合點,反饋信號共減了兩次,在效果上我們有正反饋。然後考慮圖 7.14,一個對 $K_2K_4$ 所畫出的正反饋根軌跡。根軌跡的分支是從開迴路極點 $S_1$、$S_2$ 和 $S_3$ 開始出發,其中 $S_1$ 和 $S_2$ 是相對於輕阻尼轉子角模式的開迴路極點;$S_3$ 是相對於磁通量衰減效應的極點。

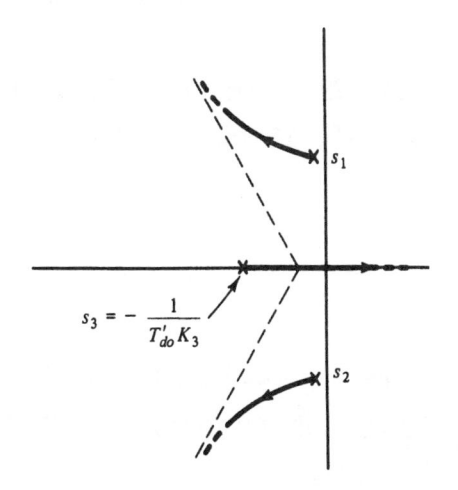

圖 7.14　根軌跡圖。

根據這一般圖形，我們可以觀察轉子角模式的阻尼在（自然）迴路的有利影響。當迴路開路時（例如 $K_4 = 0$），軌跡永遠在 $G_2(s)$ 的輕阻尼極點上，但有正反饋時，這輕阻尼極點將更進入左半平面。根據物理的觀點，伴隨著 $\delta$ 變化的場磁通鏈變化（正比於 $\Delta|E_a'|$），會對轉子角產生阻尼效應。特別注意 $T_{do}'$ 的影響，若 $T_{do}' = 0$，$G_1(s) = K_3$（即我們失去實軸極點，且根軌跡分支會與 $j\omega$ 軸平行）；我們完全失去有用的阻尼。因此，為了有良好阻尼，在場繞組中的磁通量建立和衰減，延遲是必須的。

換言之，假設 $T_{do}' \to \infty$，則

$$G_2(s) = \frac{K_3/T_{do}'}{1/T_{do}' + K_3 s} \to \frac{0}{K_3 s}$$

這意謂著零迴路增益，因此再次失去有用的阻尼。於是，我們可以提出一個電機設計問題，即如何找出最佳阻尼的 $T_{do}'$。注意：既然 $K_i$ 與系統運轉條件有關，所以設計必須是一個妥協的結果。

我們也注意到：轉子角阻尼的主要來源是由於 $T_{do}'$，藉由比較，轉軸摩擦阻尼 $D\dot{\delta}$ 幾乎可以忽略不計。最後，我們注意到轉子角極點的阻尼會隨迴路增益增加而變大，而實軸極點（相關於 $T_{do}'$）的阻尼會變得更小。對於小迴路增益，這不是一個問題，但當增益很大時就必須詳加考慮。

在第 8 章中我們將討論：當連接電壓控制系統來提供圖 7.13 中的輸入 $\Delta E_{fd}$，會有什麼情況發生。我們將看到電壓控制必須小心處理，以避免失去有用的自然阻尼。

我們將離開發電機模型的討論主題。不過，當我們在第 12 章中討論非對稱短路電流時，我們將需要用到一些附錄 5 所推導的一些其他的結果。

## 7.13 總　結

一部同步電機可用三個定子線圈和三個轉子線圈來模型化，電感參數與轉子角度 $\theta$ 有關。利用實際磁通鏈、相電壓和相電流，可以推導得 (7.10) 式的機械方程式和 (7.12) 式的電力方程式。

## 第 7 章　發電模型 II (電機觀點)

藉由導入派克轉換將 $abc$ 變數轉換成 $0dq$ 變數，可以簡化方程式。使用新的變數項，可以推導得 (7.44) 式新的機械方程式和 (7.38) 式新的電力方程式。新的方程式是較簡單的。特別地，我們注意到若轉軸的角速度為常數，電力方程式為線性且非時變。在應用上，將電力方程式分解為零序、直軸和交軸是便利的，如同 (7.45) 式到 (7.47) 式所做。相對應地，磁通鏈與電流相關的方程式，也以相同方式分解成 (7.48) 式到 (7.50) 式。

派克方程式可以用來研究一般狀況下的行為。在穩態 (正相序) 運轉的情形，利用圖 7.10 中相關的相量圖，它們可以簡化成 (7.67) 式；在第 6 章中，此模型是根據不同的基礎來推導。

派克方程式的另一個簡化版本，是在幅值和相角緩慢變化的假設下 (即與穩態運轉條件有一項相對小的偏移量) 推導出的；更精確的條件可參考 7.10 節的開端。在這些條件下，我們得到 7.11 節所總結的簡化動態模型，它是由一個純量二階機械微分方程式、一個一階電微分方程式和兩個代數方程式所組成。在這些方程式中的變數為 $abc$ 變數，而不是 $0dq$ 變數；這裡不需要派克轉換。

對於一部同步電機經一條輸電線路連接到一個無限匯流排，經線性化後，應用這簡化動態模型產生圖 7.13 中的方塊圖。系統的根軌跡分析顯示伴隨轉子角搖擺，場磁通變化對阻尼有用的影響，它提供轉子角度模式一項很強的自然阻尼。

## 習　題

**7.1.** 已知一個電磁圈具有兩個線圈，其電感參數與可動鐵心的位移 $x$ 有關。若 $i_1 = 10$，$i_2 = -5$，$L_{11} = 0.01/(200x+1)$，$L_{22} = 0.01/(3-200x)$ 和 $L_{12} = 0.002$，試求出可動鐵心上的力 (在 $x$ 增加的方向)。假設單位為米、安培和亨利，在此情況力的單位是牛頓。畫出 $0 \le x \le 0.01$ 米的力。

**7.2.** 一部發電機額定為 10,000 kVA，13.8 kV 線電壓。$X_d'' = 0.06$ p.u.，$X_d' = 0.15$ p.u.，以及 $X_d = X_q = 1.0$ p.u.。當一個三相短路發生時，發電機是在額定電壓及無載的情況下，試求下列的標么電流。
(a) 穩態短路電流。
(b) 短路電流的初始 60 Hz 分量。

(c) 若忽略阻尼繞組，短路電流的初始 60 Hz 分量。

(d) 在 (c) 子題的情形下，最大可能的單方向分量 (幅值) 是多少？

(e) 將 (b) 子題內所求出的標么值轉換成實際的安培值。

7.3. 一部發電機運轉在 $V_a = E_a = 1\angle 0°$ 的開路穩態情況下 (圖 P7.3)，利用派克方程式來考慮在 $t = 0$ 時切入一組三相 Y-接電阻器的影響。假設

1. $\theta(t) = \omega_0 t + \pi/2$。
2. $i_F = i_F^0 =$ 常數 (電流源)。
3. 忽略阻尼繞組。
4. $r = 0.1$，$R = 0.9$，$X_d = \omega_0 L_d = 1.0$ 以及 $X_q = \omega_0 L_q = 0.6$。

(a) 證明 $\mathbf{v}_{0dq} = \mathbf{R}\mathbf{i}_{0dq}$，其中 $\mathbf{R} = \text{diag}[R_i]$。

(b) 求出 $t \geq 0$ 時 $i_d$ 和 $i_q$ 的微分方程式。

(c) 寫出 $i_d$ 和 $i_q$ 的拉氏轉換。

(d) 當 $t \to \infty$ 時，求出 $i_d$ 和 $i_q$。

(e) 當 $t \to \infty$ 時，求出 $I_a$ 和 $V_a$ (即穩態行為)。

(f) 利用第 6 章的 $E_a$、$X_d$、$X_q$ 模型來重做 (e) 子題，並比較其結果。

注意：拉氏轉換的終值定理：若存在穩態值，則 $\lim_{t \to \infty} f(t) = \lim_{s \to 0} sF(s)$，其中 $F(s)$ 是 $f(t)$ 的拉氏轉換。

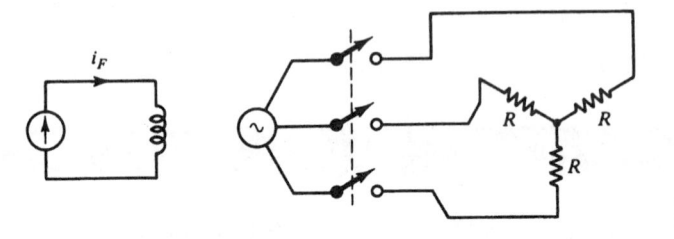

圖 P7.3。

7.4. 一部同步發電機運轉在穩態下，正提供功率給一個無限匯流排。

$$\theta(t) = \omega_0 t + \frac{\pi}{2} + \delta, \quad \delta = \frac{\pi}{4}$$

$$\lambda_q = \lambda_d = \frac{1}{\sqrt{2}\omega_0}, \, i_q = \frac{1}{\sqrt{2}}, \, i_d = -\frac{1}{\sqrt{2}}$$

$$r = 0, \quad X_d = \omega_0 L_d = 1, \quad \omega_0 k M_F = 1, \quad T'_{do} = 1 \text{秒}$$

(a) 求出轉矩 $T_E$。
(b) 求出 $v_a(t)$，$i_a(t)$ 和 $i_F$。
(c) 在 $t = 0$ 時，發電機突然與無限匯流排解聯。假設 $v_F =$ 常數，$i_D = i_Q = 0$，畫出 $i_F(t)$。提示：為了求出 $i_F(0^+)$，可考慮 $\lambda_d(0^+) = \lambda_d(0^-)$ 這事實的結論。

7.5. 忽略阻尼電路和場電阻 $r_F$，直軸等效電路（圖 7.4）可簡化為圖 P7.5 所示。試求出虛線方塊內網路的戴維寧等效電路，並證明戴維寧等效電感為

$$L'_d = L_d - \frac{(kM_F)^2}{L_F}$$

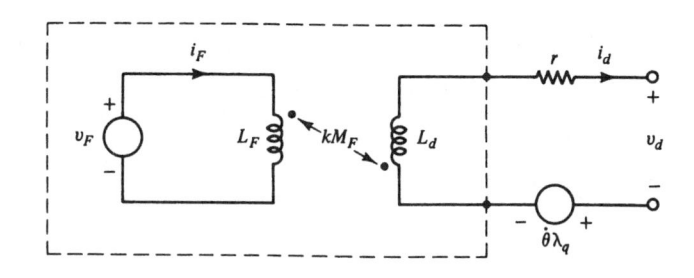

圖 P7.5。

7.6. 一部同步電機（電動機）的轉軸被鎖住，而使得它無法自由轉動。一組（正相序）電壓被加到電動機的端點。假設

1. $V_a = |V_a| \angle 0°$
2. $\theta(t) = \pi/2$。
3. $i_F = 0$（開路場繞組）。
4. 忽略阻尼繞組。

(a) 求出穩態 $i_d$ 和 $i_q$。
(b) 求出平均轉矩 $T_{Eav}$ 的表示式。
(c) 假設 $r = 0$，則 $T_{Eav}$ 為何？
(d) 你認為假設 4 是一個實際可行的假設嗎？

7.7. 假設 $\theta(t) = \omega_0 t + \pi/2$，以及

$$i_a(t) = \sqrt{2} \cos \omega_0 t$$
$$i_b(t) = \sqrt{2} \sin \omega_0 t$$
$$i_c(t) = -\sqrt{2} \cos \omega_0 t$$

注意：電流不是平衡三相。試求出 $i_0(t)$、$i_d(t)$ 和 $i_q(t)$ 內的頻率分量。考慮 dc 是零頻率。

7.8. 一部同步電機是在 (正相序) 正弦穩態下運轉，$\theta = \omega_0 t + (\pi/2) + \delta$ 且 $\delta = 30°$，其端點上 $V_a = 1\angle 0°$ 和 $I_a = 1\angle -30°$。
   
   (a) 求出 $i_0$、$i_d$、$i_q$、$v_0$、$v_d$ 和 $v_q$。
       在 (b)、(c) 和 (d) 子題內皆忽略 $r$。
   (b) 求出 $\lambda_0$、$\lambda_d$ 和 $\lambda_q$。
   (c) 求出轉矩 $T_E$。
   (d) 以 $0dq$ 分量來求出三相輸出功率 $p_{3\phi}(t)$。

7.9. 重做問題 7.8，此時 $\delta = 20°$，並比較其結果。

7.10. 一部同步發電機的端點情況為 $V_a = 1\angle 0°$ 和 $I_a = 1\angle 90°$，發電機參數為 $X_d = 1.0$，$X'_d = 0.2$，$X_q = 0.6$ 和 $r = 0$。試求出 $\delta$、$I_d$、$I_q$、$i_d$、$i_q$、$I_{ad}$、$I_{aq}$、$|E_a|$、$|E'_a|$ 和 $P_G$。

7.11. 重做問題 7.10，此時 $I_a = 1\angle -30°$。

7.12. 參考圖 P7.12，並假設

$$\theta(t) = \omega_0 t + \frac{\pi}{2} + \delta, \quad \delta = 常數$$

$$X_d = X_q = 0.9$$

$$X'_d = 0.2$$

$$X_L = 0.1$$

$$T'_{do} = 2.0 \text{ sec}$$

發電機運轉於穩態下，$P_G = 0.5$ 和 $|E_a| = 1.5$。在 $t = 0$ 時發生一個故障，而且斷路器跳脫。利用簡化動態模型，求出 $t \geq 0$ 時的 $|V_a(t)| = |E'_a(t)|$ 表示式。假設 $\delta = 常數$，維持在其故障前的值。

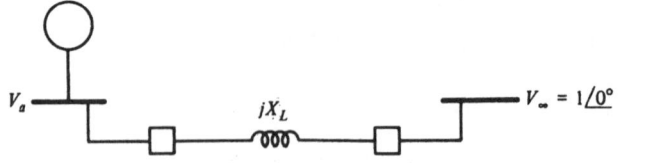

圖 P7.12。

7.13. 重做問題 7.12，但此時 $X_d = 1.6$，$X_q = 0.9$，$X'_d = 0.3$。

## 第 7 章　發電模型 II (電機觀點)

**7.14.** 參考圖 P7.14，並假設

$$X_d = 1.15$$
$$X_q = 0.6$$
$$X_d' = 0.15$$
$$X_L = 0.2$$
$$r = 0$$
$$T_{do}' = 2.0 \text{ sec}$$

發電機運轉於穩態下，$E_{fd} = 1$ 和 $E_a' = 1\angle 15°$。在 $t = 0$ 時，$E_{fd}$ 變化至另一個新值：$E_{fd} = 2$。假設轉子仍然維持均勻旋轉，試求出 $t \geq 0$ 時的 $E_a'(t)$ 和 $v_a(t)$。

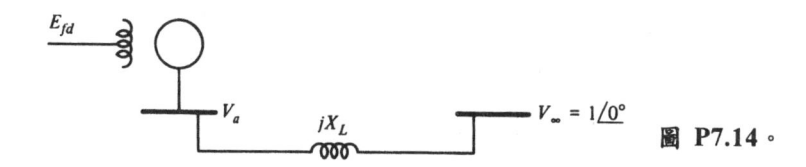

圖 P7.14。

# CHAPTER 8

# 發電機電壓控制

## 8.0 簡 介

在第 7 章所導出的發電機模型有兩項輸入：場電壓和機械功率，在本章中將考慮場電壓輸入的情形。

場電壓（和電流）可藉由一部直流發電機來供給，此發電機是以電動機或渦輪發電機的轉軸來驅動。整流器和閘流體元件以不同的方式將 ac 轉換成 dc。對任何情形，這些元件被稱為**激磁機** (exciters)，而包含一個誤差偵測器和各式反饋迴路的完整電壓控制系統，經常被稱為**激磁系統** (excitation system) 或**自動電壓調整器** (automatic voltage regulator，AVR)。

對於一部大型發電機，激磁機所需供給的場電流，在 $v_F = 500$ V 時可能會大到 $i_F \approx 6500$ A，所以激磁機可能是一個相當重要的電機。

圖 8.1 所示是一個激磁系統的範例，它成為各種適用激磁機的典型。系統運轉的簡要描述如下：交流發電機的輸出電壓 $|V_a|$ 與參考電壓做比較，再將誤差放大（電晶體和磁放大器）後送入一個稱為**旋轉放大機** (amplidyne) 的特殊高增益 dc 發電機的激磁場中。旋轉放大機以一種稱為**增減壓結構** (boost-buck scheme) 來提供激磁機的場增量變化，激磁機輸出以一種自激模式提供激磁機所需的其餘場激磁。因此，即使旋轉放大機輸出為零（即不需要修正 $|V_a|$ 的情形下，激磁機仍能提供同步發電機所需的場電壓 $v_F$。

除非穩定迴路被提供，否則反饋系統結果是趨於不穩定。限制器的目

- 315 -

的是避免產生不受歡迎的激磁準位。電流 $|I_a|$ 的反饋目的是為了導入一個正比於 $|I_a|$ 的電壓降，我們將證明，這對並聯發電機適當地分配無效功率是絕對需要的。其他的輸入將在以後的章節中討論。最後，我們注意到：若旋轉放大機調整器無法使用時，我們可以使用調整器轉換開關，將旋轉放大機切離電路，並將激磁機的場控制改為手動控制。

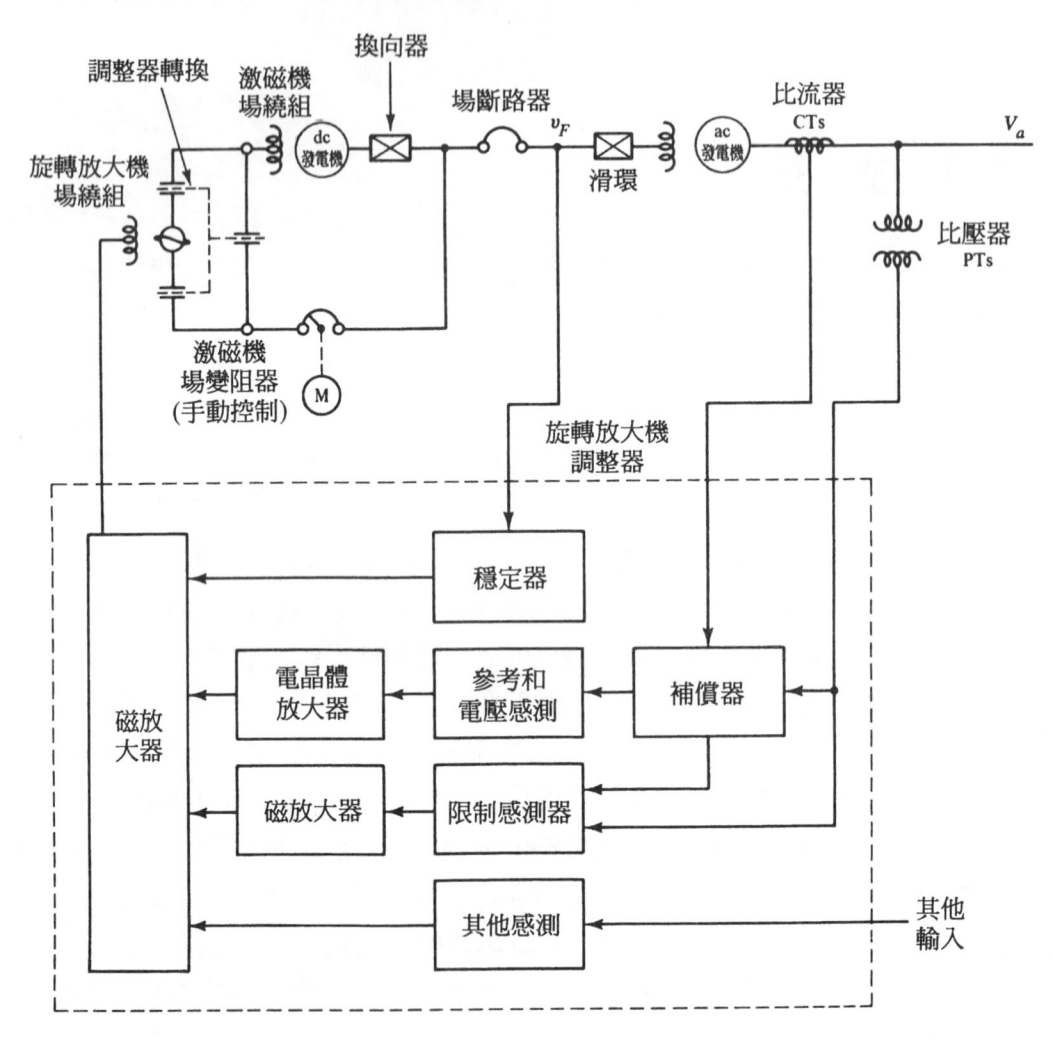

**圖 8.1** 激磁系統。具直流發電機-換向器激磁機的激磁控制系統。

摘錄自: IEEE *Transactions on Power Apparatus and Systems*, Vol. PAS-88, "Proposed Excitation System Definitions for Synchronous Machines," IEEE Committee Report, © 1969 IEEE.

# 8.1 激磁系統的方塊圖

圖 8.2 所示是一個更簡化的激磁系統,其基本操作敘述如下:控制輸入是 $V_{\text{ref}}$,若 $V_{\text{ref}}$ 被升高 (此時發電機端電壓 $|V_a|$ 仍維持在初始值),$v_e$ 上升,$v_R$ 增加,$v_F$ 增加,然後 $|V_a|$ 趨於增加,到達一個較高 $|V_a|$ 值的新平衡點。若 $|V_a|$ 因為負載變化而改變,我們也會得到一個修正動作。注意:在此沒有增減壓結構,所有激磁機的場激磁都來自放大器。

為了得到更多的定量結果,我們需要一個模型。圖 8.3 就表示一個典型的模型,所有變數都是以標么值表示。在此情形,穩態時測量方塊的增益是 1 (即 1% 的 $|V_a|$ 變化會導致綜合點處 1% 的變化)。由於 $T_R$ 非常小,所以它經常被忽略。放大器增益 $K_A$ 的典型範圍在 25 到 400 之間。$T_A$ 的典型範圍則在 0.02 到 0.4 秒之間。在模型化放大器的大信號行為時,必須加入限制,因此我們有 $V_{R\min} < v_R < V_{R\max}$。在此限制範圍中,線性區的增益為 1。如同我們很快將看到的,某些穩定的形式是需要的,圖 8.3 中也表示出一個典型的穩定器。$K_F$ 和 $T_F$ 典型的參數值範圍分別為 0.02 到 0.1 以及 0.35 到 2.2 秒。

接著我們考慮激磁機的模型,我們將討論圖 8.2 所示之直流發電機情形,其簡要的描述如下:一部直流發電機的開路電壓是正比於速度和每極

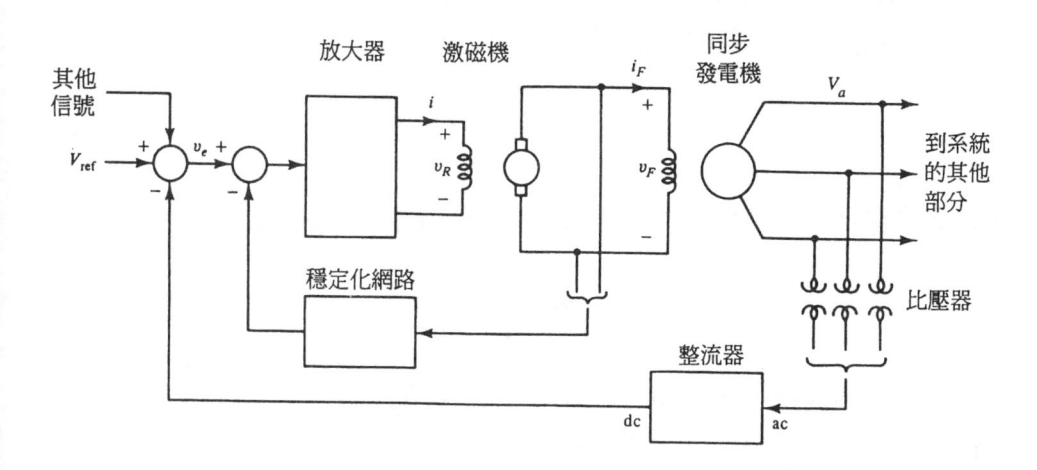

**圖 8.2** 簡化的激磁系統。

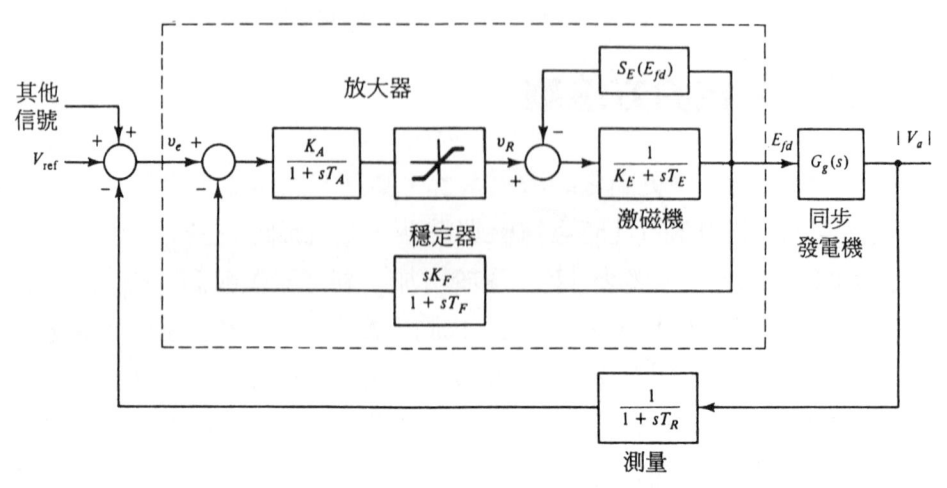

圖 8.3 激磁系統和發電機的方塊圖。

氣隙磁通量的乘積。因為磁路飽和效應的影響，磁通量是直流發電機場電流的非線性函數。因此，我們得到類似直流發電機開路電壓對場電流的飽和曲線。當交流發電機的場繞組被當做為直流發電機的負載時，我們可得到一條不同的曲線：負載-飽和曲線。我們假設此條曲線是可用的，並在圖 8.4 中顯示以激磁機場電流 $i$ 來表示激磁機的輸出電壓 $v_F$。在進行以下發展時，利用實際的電壓、電流和磁通鏈值，而不是採用標么值，將是最簡易的方式。

氣隙線與開路飽和曲線的近似線性段（較低的部分）相切。$f(v_F)$ 量測負載飽和曲線和簡單觀念間的差距，利用 $f(v_F)$ 項，我們有

$$i = i_0 + f(v_F) = \frac{1}{k} v_F + f(v_F) \tag{8.1}$$

其中 $k$ 是氣隙線的斜率。接著我們考慮直流發電機的場電路，並得到

$$v_R = Ri + \frac{d\lambda}{dt} \tag{8.2}$$

其中 $v_R$ 是放大器的輸出，$R$、$i$ 和 $\lambda$ 分別是跨接於放大器端點之直流發電機場繞組的電阻、電流和磁通鏈。

接下來我們假設直流發電機的輸出電壓 $v_F$，是正比於直流發電機的氣

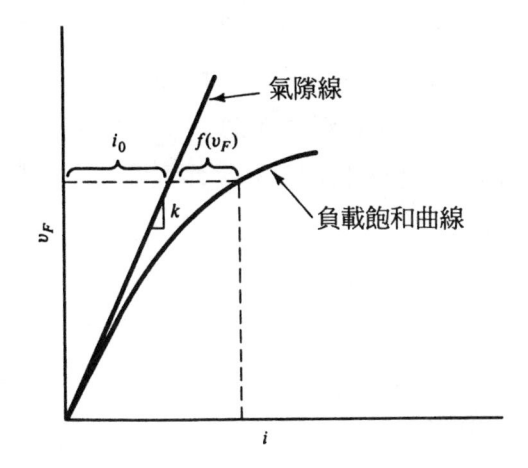

圖 8.4 激磁機負載飽和曲線。

隙磁通量，即是正比於 λ。做此合理假設後，我們有下列的關係式

$$v_F = \beta\lambda \tag{8.3}$$

將 (8.1) 式和 (8.3) 式代入 (8.2) 式，可得

$$v_R = R\left(\frac{1}{k}v_F + f(v_F)\right) + \frac{1}{\beta}\frac{dv_F}{dt} \tag{8.4}$$

乘以 $k/R$，可得

$$\frac{k}{R}v_R = v_F + v_F S(v_F) + T_E \frac{dv_F}{dt} \tag{8.5}$$

其中 $T_E \triangleq k/R\beta$，$S(v_F) \triangleq kf(v_F)/v_F$。相乘的因數 $S(v_F)$ 說明負載飽和曲線與氣隙線之間的差距。

我們現在將用純量項 $E_{fd}$ 取代 (8.5) 式中的 $v_F$，而 $E_{fd}$ 定義為 (7.74) 式等號後的方程式。同時我們可將 (8.5) 式轉換為標么系統。對於 $v_R$ 基值的選擇（相對於 $E_{fd}$ 的基值），我們希望能消去一些不需要的常數。最後（沒有明確標示 p.u. 符號），我們得到 (8.5) 式的標么版本：

$$v_R = E_{fd} + E_{fd}S_E(E_{fd}) + T_E\frac{dE_{fd}}{dt} \tag{8.6}$$

其中 $S_E(E_{fd})$ 被稱為（標么）**飽和函數** (saturation function)。(8.6) 式與圖 8.3 方塊圖中激磁機部分是相當吻合的，而其 $K_E = 1.0$。對於我們的他激式並聯磁場的激磁機模型，$K_E = 1.0$ 是適合的。模型化自激式並聯磁場，$K_E$ 近似於 $-0.1$。$T_E$ 的典型值在 0.5 到 1.0 秒範圍。在 $E_{fd}$ 的允許值範圍，$S_E$ 的典型值在 1.3 以下。接下來我們要討論輸入為 $E_{fd}$，輸出為 $|V_a|$ 的發電機模型。

## 8.2 發電機模型

我們將考慮一些簡單的情形。

**發電機模型，情形 I：開路**　在此情形 $I_a = 0$，所以我們有 $E_a' = E_a = V_a$。利用 (7.75) 式，為了方便，重寫於此：

$$T_{do}' \frac{d|E_a'|}{dt} + |E_a| = E_{fd} \tag{7.75}$$

我們可用 $|E_a'|$ 取代 $|E_a|$。藉由取拉氏轉換，我們得到轉移函數

$$G_g(s) = \frac{|\hat{V}_a|}{\hat{E}_{fd}} = \frac{|\hat{E}_a'|}{\hat{E}_{fd}} = \frac{1}{1 + sT_{do}'} \tag{8.7}$$

**發電機模型，情形 II：阻抗負載**　我們假設一部獨立發電機供給一個阻抗負載 $Z$，在此情形 $V_a = ZI_a$。同時假設旋轉是均勻的，$\theta = \omega_0 t + \pi/2 + \delta$，$\delta =$ 常數。我們再一次使用 (7.75) 式，關於 $|V_a|$ 和 $E_{fd}$ 間關係，將以下列三個步驟來解決：首先我們以 $|E_a'|$ 以及發電機和負載阻抗來表示 $|E_a|$，然後根據 (7.75) 式，求出 $E_{fd}$ 對 $|E_a'|$ 的轉移函數，最後，求出 $|E_a'|$ 項來表示 $|V_a|$。

除了現在必須考慮包含電阻之外，以 $|E_a'|$ 項來表示 $|E_a|$ 的計算過程類似於例題 7.12 內推導 (7.83) 式的過程。我們從 (7.73) 式開始，為了方便，重寫於此：

$$E_a' = V_a + rI_a + jX_d'jI_d e^{j\delta} + jX_q I_q e^{j\delta} \tag{7.73}$$

## 第 8 章　發電機電壓控制

當阻抗負載 $Z = R + jX$，以及

$$V_a + rI_a = (Z+r)I_a = (r+R+jX)(I_q+jI_d)e^{j\delta} \tag{8.8}$$

因此，將 (7.73) 式代入 (8.8) 式，並乘以 $e^{-j\delta}$，可得

$$|E_a'| = (r+R)I_q - (X_d'+X)I_d + j[(r+R)I_d + (X_q+X)I_q] \tag{8.9}$$

取實部和虛部的等式，可得

$$\begin{bmatrix} -(X_d'+X) & r+R \\ r+R & X_q+X \end{bmatrix}\begin{bmatrix} I_d \\ I_q \end{bmatrix} = \begin{bmatrix} |E_a'| \\ 0 \end{bmatrix} \tag{8.10}$$

求解 $I_d$ 和 $I_q$

$$I_d = K_d |E_a'| \quad \text{其中 } K_d \triangleq \frac{-(X+X_q)}{(r+R)^2 + (X+X_d')(X+X_q)} \tag{8.11}$$

$$I_q = K_q |E_a'| \quad \text{其中 } K_q \triangleq \frac{(r+R)}{(r+R)^2 + (X+X_d')(X+X_q)} \tag{8.12}$$

我們使用第 7 章中的另一個方程式來繼續分析，

$$E_a = E_a' + j(X_d - X_d')jI_d e^{j\delta} \tag{7.72}$$

代入 (8.11) 式中的 $I_d$，可得

$$\begin{aligned}|E_a| &= |E_a'| - (X_d - X_d')K_d |E_a'| \\ &= [1-(X_d+X_d')K_d]|E_a'| = \frac{1}{\sigma}|E_a'|\end{aligned} \tag{8.13}$$

其中

$$\sigma = \frac{1}{1-(X_d-X_d')K_d} = \frac{(r+R)^2 + (X+X_d')(X+X_q)}{(r+R)^2 + (X+X_d)(X+X_q)} \tag{8.14}$$

注意：對於電感性負載 $X \geq 0$，意謂著 $\sigma < 1$。

接著將 (8.13) 式代入 (7.75) 式 (本節中的第一個方程式)，可得

$$\sigma T'_{do} \frac{d|E'_a|}{dt} + |E'_a| = \sigma E_{fd} \tag{8.15}$$

取 (8.15) 式的拉氏轉換，$E_{fd}$ 對 $|E'_a|$ 的轉移函數為

$$\frac{|\hat{E}'_a|}{\hat{E}_{fd}} = \frac{\sigma}{1 + s\sigma T'_{do}} \tag{8.16}$$

最後，以 $|E'_a|$ 項表示 $|V_a|$。

$$\begin{aligned} V_a &= ZI_a = Z(I_q + jI_d)e^{j\delta} \\ &= Z(K_q + jK_d)|E'_a|e^{j\delta} \end{aligned} \tag{8.17}$$

令 $K \triangleq K_q + jK_d$，則

$$V_a = ZKE'_a \tag{8.18}$$

$$|V_a| = |Z\|K\|E'_a| = k_v|E'_a| \tag{8.19}$$

其中 $k_v \triangleq |Z\|K|$。最後，利用 (8.16) 式和 (7.19) 式，我們求得想要的轉移函數

$$G_g(s) = \frac{k_v \sigma}{1 + s\sigma T'_{do}} \tag{8.20}$$

注意有載和無載發電機轉移函數的差異。

---

**例題 8.1　有載發電機的轉移函數**

已知 $r = 0$，$R = 1$，$X = 0$，$X_d = 1$，$X'_d = 0.2$，$X_q = 0.6$ 和 $T'_{do} = 2$，試求出 $G_g(s)$。

**解**　利用上一節的方程式，我們依序求出

$$K_d = \frac{-X_q}{R^2 + X'_d X_q} = -0.54$$

$$K_q = 0.89$$

$$k_v = 1 \times 1.04 = 1.04$$

$$\sigma = 0.7$$

$$G_g(s) = \frac{0.73}{1 + 1.4s}$$

## 第 8 章　發電機電壓控制

> 注意：對無載發電機，我們將得到
> $$G_g(s) = \frac{1}{1+2s}$$

**練習 1.**

假設 $r$ 是足夠小，可否找出一個 $Z$ 值使得 $\sigma$ 為負值嗎？假設 $\sigma$ 是負值，且 $E_{fd}$ 是一個任意小的步階函數，證明 $|V_a|$ 是**自發** (spontaneously) 建立的（自激式）。你能解釋結果的物理原因嗎？**提示**：假設負載是一個電容器。

**注意**：我們尚未考慮一部發電機經由一條輸電線連接至一個無限匯流排的重要情形。我們延至 8.5 節中討論此模型。

## 8.3 激磁系統的穩定度

我們現在有一個 $G_g(s)$ 的模型，模型內含有一個阻抗負載，我們可以看出圖 8.3 內的反饋迴路可能會有穩定度的問題產生。為了使用線性分析技巧，我們首先必須對一個運轉點線性化激磁系統。讓我們假設放大器是在線性範圍內，且 $S_E$ 足夠小到可以忽略。假設圖 8.3 中的穩定器迴路不存在，則反饋迴路有零個**零點** (zeros) 以及四個**實極點** (real poles)。反饋控制理論提到，為了要有一個好的電壓幅值調整，就需要有一個高的 dc 迴路增益；在此情形，穩態誤差將會是很小（即系統是穩定的！）

不幸地，利用根軌跡可看出：即使是適當的迴路增益也會造成系統的不穩定。我們以一個例題來說明。

---

**例題 8.2　基本激磁系統的穩定度**

若在圖 8.3 中的 $T_A = 0.05$，$T_R = 0.06$，$K_E = 1$ 和 $T_E = 0.8$，發電機是開路且 $T'_{do} = 5$，所有的時間常數是以秒為單位。假設在無穩定器以及忽略極限和

$S_E$ 函數的情況下，試畫出其根軌跡。

**解** 開路極點在 $-20$，$-16.67$，$-1.25$ 和 $-0.2$，無零點存在。利用描繪（負反饋）根軌跡的規則，藉由一些計算點的輔助就能畫出圖 E8.2 的根軌跡圖。我們注意到根軌跡的增益 $K = K_A/(T_A T_E T'_{do} T_R) = 416.7 K_A$。

對於 $K_A$ 略大於 11 時，閉迴路極點就會移入右半平面。當有較大的增益，我們就可以維持穩定度，實際上，通用的增益約在 400 左右。

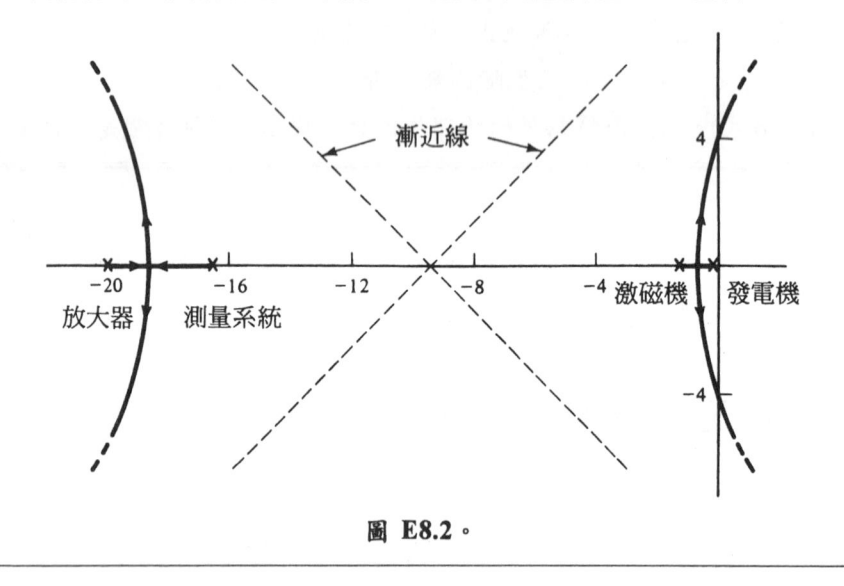

圖 E8.2。

在反饋控制理論中，提高增益並維持穩定度是一個典型的問題，而一個有效的解是利用 **"比例" 反饋穩定** ("rate" feedback stabilization)。如圖 8.3 的內迴路所示。注意正比於 $v_F$ 的 $E_{fd}$ 是一個立即可用的信號，可從圖 8.1 和 8.2 中看出。同時注意，因為 $s$ 是位於穩定器轉移函數的分母中，所以穩定器不會影響穩態 (dc) 行為。

## 8.4　電壓調整

接著，假設系統是在穩定情況下，我們希望說明在負載變動的情況下，反饋對於電壓維持的影響。假設有一部獨立運轉發電機，我們比較在具有與不具有電壓控制系統時，其端點伏特-安培（"調整"）曲線，或 $V$-$I$ 曲線。

# 第 8 章　發電機電壓控制

我們可以考慮一個例題來說明。

---

**例題 8.3　穩態 V-I 曲線**

就以下情形，求出穩態 $V$-$I$ 曲線。

(a) 一部不具電壓控制系統的發電機。

(b) 一部具電壓控制系統的發電機。

假設

1. 調整場電流，使得在 (a) 和 (b) 情形下的開路電壓 $|V_a|=1$。
2. $Z=R$，其中 $R$ 從 $\infty$ 變化到 $0$。
3. $r=0$，$X_q=X_d$。
4. 非線性極限以及 $S_E$ 所引起之影響皆可忽略。

注意：在兩情形下，當發電機開路時（即 $R=\infty$），$|V_a|=1$；當發電機短路時（即 $R=0$），$|V_a|=0$。

**解**　在兩情形下，當有阻抗時，我們利用 (8.20) 式

$$G_g(s)=\frac{k_v\sigma}{1+s\sigma T_{do}'}$$

既然只考慮穩態行為，$|V_a|$ 和 $E_{fd}$ 都是常數，其關係為

$$|V_a|=G_g(0)E_{fd}=k_v\sigma E_{fd}$$

利用 $k_v$ 和 $\sigma$ 的定義，[參考 (8.19) 式和 (8.14) 式]，以及 $X_d=X_q$ 的假設，求得

$$k_v\sigma=\frac{R}{\sqrt{R^2+X_q^2}}$$

因此

$$|V_a|=\frac{R}{\sqrt{R^2+X_q^2}}E_{fd}$$

此外，我們也可以根據第 6 章穩態（圓柱形轉子）同步電機模型，推導出相同模型。

(a) 在此情形，我們假設 $E_{fd}$ 維持在當 $R=\infty$，$|V_a|=1$ 時所給予的值不變，

此意謂 $E_{fd}=1$。則當 $R$ 從 $\infty$ 變化到 $0$ 時，

$$|V_a| = \frac{R}{\sqrt{R^2+X_q^2}}$$

且

$$|I_a| = \frac{|V_a|}{R} = \frac{1}{\sqrt{R^2+X_q^2}}$$

因此，$|V_a|$ 和 $|I_a|$ 都能以參數 $R$ 來表示。藉由 $|V_a|^2+X_q^2|I_a|^2=1$ 我們能更直接地表示 $|V_a|$ 和 $|I_a|$ 的關係。於是 V-I 曲線如圖 E8.3(a) 所示，是一個在 $|V_a|$、$|I_a|$ 平面上的一個橢圓。

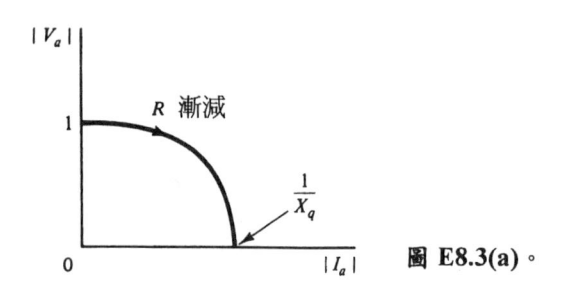

圖 E8.3(a)。

**(b)** 考慮具有反饋情形。在穩態情況下，並忽略非線性影響，圖 8.3 簡化成圖 E8.3(b) 所示之方塊圖。在物理上，根據負反饋的性質可清楚瞭解到：當 $|V_a|$ 下降時，$E_{fd}$ 將上升來抵抗 $|V_a|$ 的下降趨勢。更精確地說，利用方塊圖內隱含的關係式，

$$|V_a| = \frac{K_A k_v \sigma}{K_E + K_A k_v \sigma} V_{\text{ref}} = \frac{K_A R}{\sqrt{R^2+X_q^2}\, K_E + K_A R} V_{\text{ref}}$$

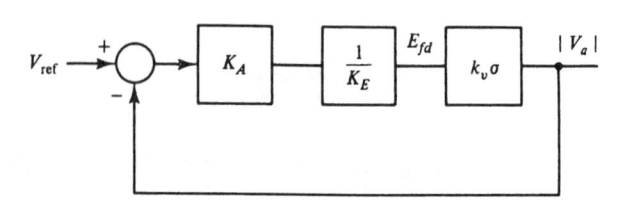

圖 E8.3(b)。

# 第 8 章　發電機電壓控制

既然假設當 $R = \infty$ 時 $|V_a| = 1$，所以我們必須選擇 $V_{\text{ref}} = (K_E + K_A)/K_A$。因此在更一般化的負載條件下，

$$|V_a| = \frac{(K_E + K_A)R}{\sqrt{R^2 + X_q^2}\, K_E + K_A R}$$

我們不嘗試像在情形 (a) 一樣，去求得 $|V_a|$ 對 $|I_a|$ 的封閉形式解。然而，利用先前 $|V_a|$ 的表示式，以及 $|I_a| = |V_a|/R$，我們注意到

$$R \to \infty \Rightarrow |V_a| \to 1, \quad \text{以及} \quad |I_a| \to 0$$

$$R \to 0 \Rightarrow |V_a| \to 0, \quad \text{以及} \quad |I_a| \to \frac{K_E + K_A}{X_q K_E}$$

與情形 (a) 比較，既然 $|I_a|$ 軸截距增加了 $(K_E + K_A)/K_E$ 倍，其改善就非常明顯。一個數值上的結果可用來闡明。假使 $K_E = 1$，$K_A = 25$ 和 $X_q = 0.6$；則我們能畫出情形 (b) 的 V-I 曲線，並與情形 (a) 比較 [圖 E8.3(c)]。在圖 E8.3(c) 中表示情形 (a) 以及部分情形 (b) 的曲線。情形 (b) 中 $|I_a|$ 的截距在 $|I_a| = 43.3$，因此，即使是一個適當的迴路增益，我們在電壓調整上得到重大的改善。

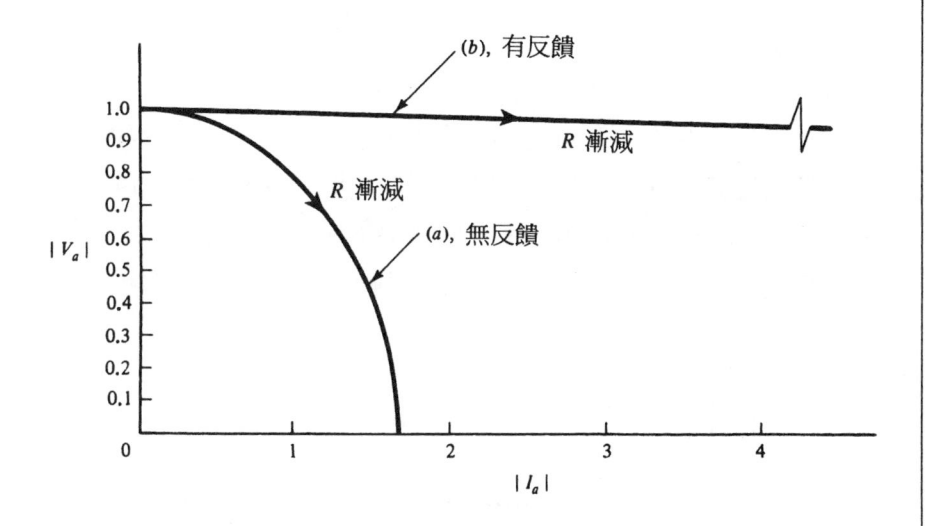

**圖 E8.3(c)。**

## 練習 2.

畫出例題 8.3 中（反饋）V-I 曲線。選擇 R 值並求出對應的 $|V_a|$ 值和 $|I_a|=|V_a|/R$ 值。

## 8.5 連接到無限匯流排的發電機

我們現在回到一部發電機經由一條輸電線連接至無限匯流排的有趣且重要的情形，並考慮加入電壓控制系統的影響。我們要考慮的系統如圖 8.5 所示。

在 7.12 節我們考慮此情形的線性化發電機模型，此模型導出圖 7.13 中的方塊圖，其輸入 $\Delta E_{fd}$ 現在能從圖 8.3 中的激磁機方塊圖求得。考慮圖 8.3 的線性化版。我們有一個輸入 $\Delta|V_a|$ 和一個激磁系統的輸出 $\Delta E_{fd}$。為了封閉經過發電機的迴路，我們需要 $\Delta|V_a|$ 做為發電機模型的輸出。但觀察圖 7.13 卻看不到變數 $\Delta|V_a|$；事實上，它能表示為：

$$\Delta|V_a| = K_5\Delta\delta + K_6\Delta|E_a'| \tag{8.21}$$

其中 $\Delta\delta$ 和 $\Delta|E_a'|$ 可被視為發電機模型的輸出，$K_5$ 和 $K_6$ 則是與系統阻抗和運轉點有關的參數。因此我們可以在圖 7.13 中加上電壓調整迴路。

我們將從如何應用 (8.21) 式於目前的狀況開始討論。即考慮一部無損失發電機經由一條輸電線連接到一個無限匯流排的情形。

根據眾所皆知技巧，我們將線路串聯阻抗含入發電機模型中（利用

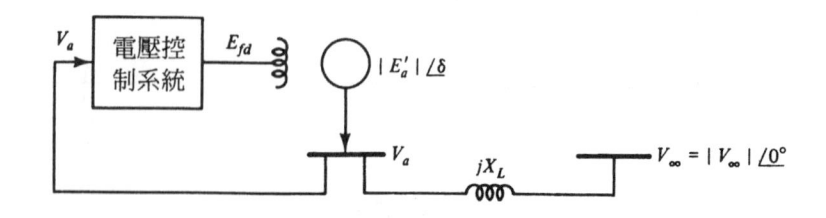

圖 8.5 討論下的系統。

### 第 8 章　發電機電壓控制

$\widetilde{X}'_d = X'_d + X_L$ 等），並視端電壓為 $V_\infty = |V_\infty| \angle 0°$。應用 (7.73) 式於目前本文中，可得

$$E'_a = V_\infty + j\widetilde{X}'_d jI_d e^{j\delta} + j\widetilde{X}_q I_q e^{j\delta} \tag{7.73}$$

乘以 $e^{-j\delta}$ 後，得到

$$|E'_a| = |V_\infty|\cos\delta - j|V_\infty|\sin\delta - \widetilde{X}'_d I_d + j\widetilde{X}_q I_q \tag{8.22}$$

取上式實數和虛數部分等式，可獲得

$$I_d = \frac{|V_\infty|\cos\delta - |E'_a|}{\widetilde{X}'_d} \tag{8.23}$$

$$I_q = \frac{|V_\infty|\sin\delta}{\widetilde{X}_q} \tag{8.24}$$

現在我們來計算 $|V_a|$。根據圖 8.5 我們注意到

$$V_a = V_\infty + jX_L I_a \tag{8.25}$$

導入 $d$ 和 $q$ 變數，我們得到 $V_a = (V_q + jV_d)e^{j\delta}$ 和 $I_a = (I_q + jI_d)e^{j\delta}$。代入 (8.25) 式，再乘以 $e^{j\delta}$，並注意到 $V_\infty = |V_\infty|\angle 0°$，我們可獲得

$$V_q + jV_d = |V_\infty|\cos\delta - j|V_\infty|\sin\delta + jX_L(I_q + jI_d) \tag{8.26}$$

現在將 (8.23) 式和 (8.24) 式代入 (8.26) 式，並將實數和虛數部分分開，求得 $V_q$ 和 $V_d$ 為

$$V_q = |V_\infty|\cos\delta - X_L I_d = \frac{X_L}{\widetilde{X}'_d}|E'_a| + \frac{X'_d}{\widetilde{X}'_d}|V_\infty|\cos\delta \tag{8.27}$$

$$V_d = -\frac{X_q}{\widetilde{X}_q}|V_\infty|\sin\delta \tag{8.28}$$

接著我們要求出 $|V_a|^2$，

$$|V_a|^2 = V_a V_a^* = (V_q + jV_d)e^{j\delta}(V_q - jV_d)e^{-j\delta}$$

因此

$$|V_a| = (V_q^2 + V_d^2)^{1/2} \tag{8.29}$$

注意：把 (8.29) 式與 (8.27) 和 (8.28) 式放在一起，將告訴我們 $|V_a|$ 相依於 $|E_a'|$ 和 $\delta$，而以系統參數 $X_d'$、$X_q$ 和 $X_L$ 表示其關係。此相關性可看出是非線性的，因此接下來我們要考慮線性化的問題。假設在穩態運轉下，且 $|E_a'| = |E_a'|^0$，$\delta = \delta^0$，$|V_a| = |V_a|^0$，然後允許這些量產生小的擾動。這些擾動間的關係可表示成線性方程式：

$$\Delta|V_a| = \frac{\partial|V_a|^0}{\partial \delta}\Delta\delta + \frac{\partial|V_a|^0}{\partial|E_a'|}\Delta|E_a'| \tag{8.30}$$

(8.30) 式內的上標 0 表示是在穩態運轉情況下計算偏微分。比較 (8.30) 式和 (8.21) 式，我們可看到

$$K_5 \triangleq \frac{\partial|V_a|^0}{\partial \delta} \qquad K_6 \triangleq \frac{\partial|V_a|^0}{\partial|E_a'|}$$

接著計算 $K_5$。利用 (8.29) 式及微分連鎖律，

$$\frac{\partial|V_a|}{\partial \delta} = \frac{1}{2}(V_q^2 + V_d^2)^{-1/2} 2\left(V_q \frac{\partial V_q}{\partial \delta} + V_d \frac{\partial V_d}{\partial \delta}\right) \tag{8.31}$$

藉由 (8.27) 式和 (8.28) 式的計算，

$$K_5 = \frac{\partial|V_a|^0}{\partial \delta} = -|V_\infty|\left(\frac{X_d' V_q^0}{\widetilde{X}_d' |V_a|^0}\sin\delta^0 + \frac{X_q V_d^0}{\widetilde{X}_q |V_a|^0}\cos\delta^0\right) \tag{8.32}$$

在計算 $K_5$ 之前，我們必須先求出穩態運轉情況 (即必須求出 $\delta^0$、$|E_a'|^0$)，接著我們可以利用 (8.27) 和 (8.28) 式求出 $V_q^0$ 和 $V_d^0$，以及利用 (8.29) 式求出 $|V_a|^0$，然後利用 (8.32) 式求得 $K_5$。值得注意的是：$K_5$ 與穩態運轉情形有關，可以是正值或負值。這可能性可以推論如下：根據 (8.27) 式，可看出在正常運轉情形下 $V_q^0$ 是正值；根據 (8.28) 式，對於發電機 $V_d^0$

第 8 章　發電機電壓控制

是負值。因於在 (8.32) 式中,對於一部發電機而言,方程式右側的兩項有相反的符號。典型的行為顯示, $K_5$ 對於輕載 (小 $P_G$) 為正值,重載 (大 $P_G$) 為負值。$K_5$ 會改變符號的事實會導致一些穩定度問題,此問題將在下一節中討論。

接著,我們計算 $K_6$。再一次利用 (8.29)、(8.27) 和 (8.28) 式,我們得到

$$\frac{\partial |V_a|}{\partial |E_a'|} = \frac{1}{2}(V_q^2 + V_d^2)^{-1/2} 2\left(V_q \frac{\partial V_q}{\partial |E_a'|} + V_d \frac{\partial V_d}{\partial |E_a'|}\right)$$

$$K_6 = \frac{\partial |V_a|^0}{\partial |E_a'|} = \frac{X_L}{\widetilde{X}_d'} \frac{V_q^0}{|V_a|^0} |E_a'|^0$$

(8.33)

在正常的運轉情況下,此常數為正值。

利用圖 8.3,我們現在完成圖 7.13 的方塊圖,以顯示加入電壓控制系統的影響,這導出了如圖 8.6 所示的方塊圖。在圖 8.6 中,$G_e(s)$ 是對應於激磁系統 (線性化) 前饋部分的轉移函數,此前饋部分如圖 8.3 中的虛線所示。

新的增量系統輸入為 $\Delta V_{ref}$ 和 $\Delta P_M$,我們可能希望研究對不同輸入的穩態及/或暫態的行為響應。舉一個例子,我們希望利用模型來說明:當一個高增益快作用的電壓控制系統被使用時,對自然阻尼會產生什麼樣的影響 (在 7.12 節中已討論)。在 7.12 節的分析中,我們視 $E_{fd}$ 為一個 (獨

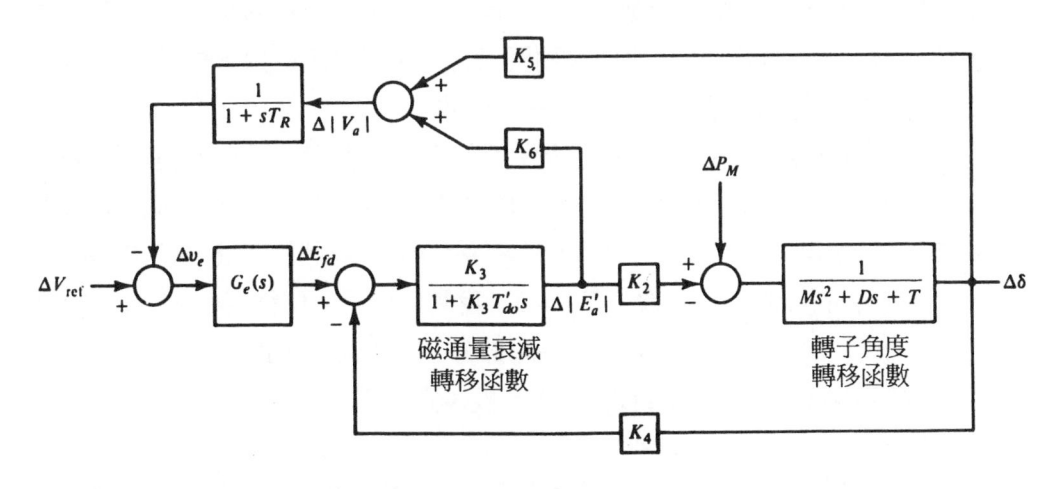

圖 8.6　加入的電壓控制系統。

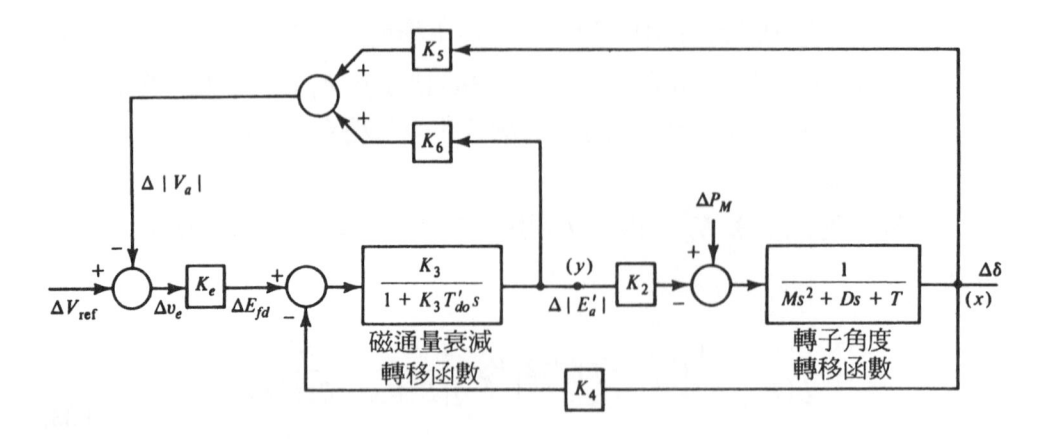

圖 8.7 具有快速作用激磁機的簡化系統。

立) 輸入變數，現在加入電壓控制迴路，$\Delta E_{fd}$ 是 $\Delta|E_a'|$ 和 $\Delta \delta$ 的函數。在此情況，阻尼會發生什麼樣的變化？

為簡化問題，假設與系統其他部分的動態比較，電壓控制系統反應非常快，因此在圖 8.6 中，我們假設 $\Delta|V_a|$ 的任何變化會引起 $\Delta|v_e|$ 極重要的瞬間變化，而 $\Delta|v_e|$ 的任何變化又會引起 $\Delta E_{fd}$ 的瞬間變化。這些假設的模型含意如下：在測量方塊中令時間常數 $T_R = 0$；等效地，我們能用其直流增益 1 來取代測量方塊。類似地，我們能用 $G_e(s)$ 的直流增益 $K_e \triangleq G_e(0)$ 來取代 $G_e(s)$。根據圖 8.3，我們注意到 $K_e$ 為正值，因此若 $\Delta v_e$ 是一個 (正的) 單位步階函數，$\Delta E_{fd}$ 是一個幅值為 $K_e$ 的正步階函數。將圖 8.6 做上述的修正後，我們得到圖 8.7。我們也注意到，對於快作用固態 (閘流體) 型的激磁機，這近似是合理的。

我們將利用根軌跡法，來研究快速作用激磁機對轉子角度極點阻尼的影響。為了進行此研究，我們必須將圖 8.7 簡化成單一迴路。適當地重畫圖 8.7，以求得 $\Delta P_M$ 對 $\Delta \delta$ 的閉迴路轉移函數，我們保留圖 8.7 中點 $(y)$ 和 $(x)$ 之間的前饋部分，當 $\Delta V_{ref} = 0$，我們可以用一個從 $(x)$ 到 $(y)$ 的單一轉移函數 $G_E(s)$ 來取代系統其餘的部分 (所有的反饋路徑)。

我們現在計算 $G_E(s) \triangleq |\hat{E}_a'|/\Delta \hat{\delta}$。根據圖 8.7，

$$\Delta|\hat{E}_a'| = \frac{K_3}{1 + K_3 T_{do}'}[-K_4 \Delta \hat{\delta} - K_e(K_5 \Delta \hat{\delta} + K_6 \Delta|\hat{E}_a'|)] \tag{8.34}$$

# 第 8 章　發電機電壓控制

整理 $\Delta|\hat{E}_a'|$ 項於左側，可得

$$\left(1+\frac{K_3 K_e K_6}{1+K_3 T_{do}' s}\right)\Delta|\hat{E}_a'| = \frac{-K_3(K_4+K_e K_5)}{1+K_3 T_{do}' s}\Delta\hat{\delta} \tag{8.35}$$

方程式兩側乘以 $1+K_3 T_{do}' s$，就可求得

$$G_E(s) = \frac{\Delta|\hat{E}_a'|}{\Delta\hat{\delta}} = \frac{-K_3(K_4+K_e K_5)}{1+K_3 K_e K_6 + K_3 T_{do}' s} \tag{8.36}$$

利用此簡化方式，我們獲得圖 8.8 中所示的單迴路反饋系統。圖左邊包含一個綜合點，使與圖 7.13 的比較變得容易，它不是 $\Delta V_{\text{ref}}$ 輸入。

若我們現在比較圖 8.8 和圖 7.13，觀察到除了有不同的常數之外，系統的型式是相同。仍然有三個開迴路極點，開迴路轉子角度極點也相同。既然 $K_3$、$K_e$ 和 $K_6$ 皆為正值，與 $T_{do}'$ 有關的實數軸極點將更進入左半平面。既然 $K_4$ 也是正值，而若 $K_5$ 亦為正值，則所有狀況與 8.12 節中討論的情形並沒有定性上的差異。因此，我們能預期自然阻尼能被保留。

但是考慮當 $K_5$ 為負值的一般情形，這是一個麻煩的情形，經常發生在發電機經由一條長程輸電線供給大的有效功率時。在此情形，$K_4+K_e K_5$ 經常是負值，並影響反饋從正向變為負向！因此我們得到圖 8.9 所示的根軌跡；我們可以視 $K_2$ 為從零變化到無限大的增益參數。

既然轉子角度極點非常靠近 $j\omega$ 軸，我們可以預期系統在典型迴路增益時會是不穩定。因此，我們不僅失去自然 (正) 阻尼，而且現在系統甚至可能是不穩定。若我們考慮一個更詳細的電壓控制系統模型時，這些狀況在細節上會有所改變，但不會改變其一般特性。

在求解此問題時，我們仍將保留快速作用激磁機。在故障期間維持電

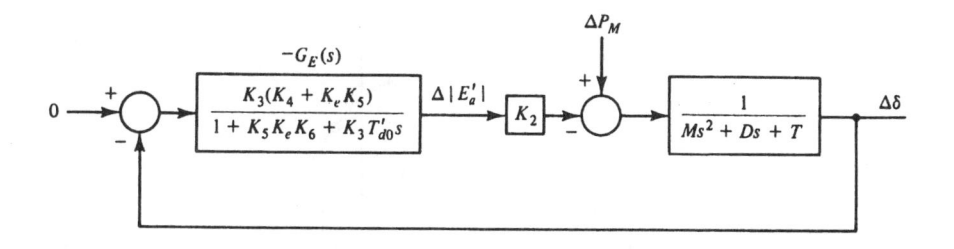

圖 8.8　單迴路系統。

壓以增進暫態穩定度的重要性，將在第 14 章中討論。逆轉反饋（可簡單用一個反相器來完成）也不能解決此問題；$K_4 + K_e K_5$ 也可能是正值。

解決此問題最一般的方法，是使用一個輔助迴路使系統對參數 $K_5$ 不靈敏，此迴路提供的信號經常是由電機的速度（即 $\Delta \dot{\delta}$）驅動，但也可以由端電壓、功率等等，或它們的組合來驅動。此信號的"塑造"是由**電力系統穩定器** (power system stabilizer，PSS) 產生。考慮圖 8.10 所示情形做為一個簡單的例子。假設穩定器增益是正值。

我們再一次計算增益 $G_E(s) \triangleq \Delta|\hat{E}_a'|/\Delta\hat{\delta}$。

$$\Delta|\hat{E}_a'| = \frac{K_3}{1+K_3 T_{do}' s}\left[-K_4\Delta\hat{\delta} - K_e\left(K_5\Delta\hat{\delta} + K_6\Delta|\hat{E}_a'| - \frac{\gamma s^2}{1+s\tau}\Delta\hat{\delta}\right)\right] \quad \text{(8.37)}$$

整理 $\Delta|E_a'|$ 項於左側，經一些代數運算後可得

$$G_E(s) = \frac{\Delta|\hat{E}_a'|}{\Delta\hat{\delta}} = K_3 \frac{\gamma K_e s^2 - \tau(K_4 + K_e K_5)s - (K_4 + K_e K_5)}{(1 + K_3 K_e K_6 + K_3 T_{do}' s)(1+s\tau)} \quad \text{(8.38)}$$

與 (8.36) 式比較，我們多了一個額外的極點（在 $s = -1/\tau$）和兩個零點，零點的位置與 $K_5$ 有關。若 $K_4 + K_e K_5$ 為正值，我們有實數軸上的零點；若 $K_4 + K_e K_5$ 為負值，我們可以有實數或複數零點。典型地，在兩種

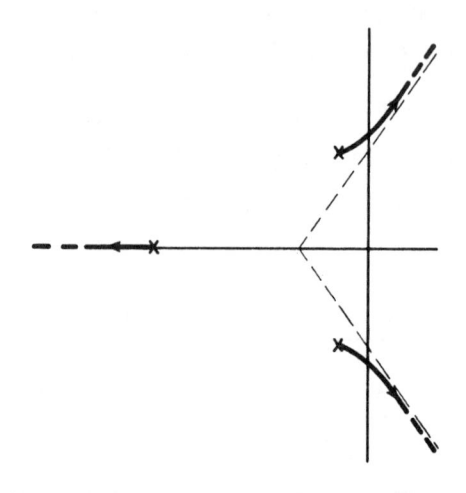

**圖 8.9** $K_4 + K_e K_5 < 0$ 時的根軌跡。

情形中零點都非常靠近原點。

於是 $K_4 + K_e K_5$ 為負值的影響 (先前將反饋的符號變號)，只是以一種不重要的方式移動零點對的位置。同時也注意：表示成極-零形式的 $G_E(s)$ 的符號現在是正號；因此我們畫出一個負反饋根軌跡。圖 8.11 所示即是此根軌跡的結果，其各項參數值為 $M = 3/377$，$D = 0$，$T = 1.01$，$K_3 = 0.36$，$K_4 = 1.47$，$K_5 = -0.097$，$K_6 = 0.417$，$K_e = 25$，$\gamma = 10/377$ 和 $\tau = 0.05$。根軌跡增益 $K = 276.5K_2$。當增益 $K$ 增大時，轉子角度極點會更進入左半平面；因此阻尼再度恢復。我們用一個方塊符號，來表示 $K_2 = 1.15$ 時的閉迴路極點位置，系統的阻尼是非常良好的。

我們以下列的觀察來總結本節：

1. 有比圖 8.10 更好的電力系統穩定器，不過基本的觀念利用這種非常簡單的型式將更容易說明。
2. 先前在圖 8.1 到 8.3 中，我們提到激磁系統還有其他的輸入，現在我們能視 PSS 的輸出為這些輸入中的一個。
3. 我們已經考慮過單一發電機的穩定度問題。假使現在我們有多部彼此互聯的發電機，且每一部發電機都有其自己的電壓控制系統。在此情形下要完成 PSS 的實現，我們可以決定只使用局部適合於個別

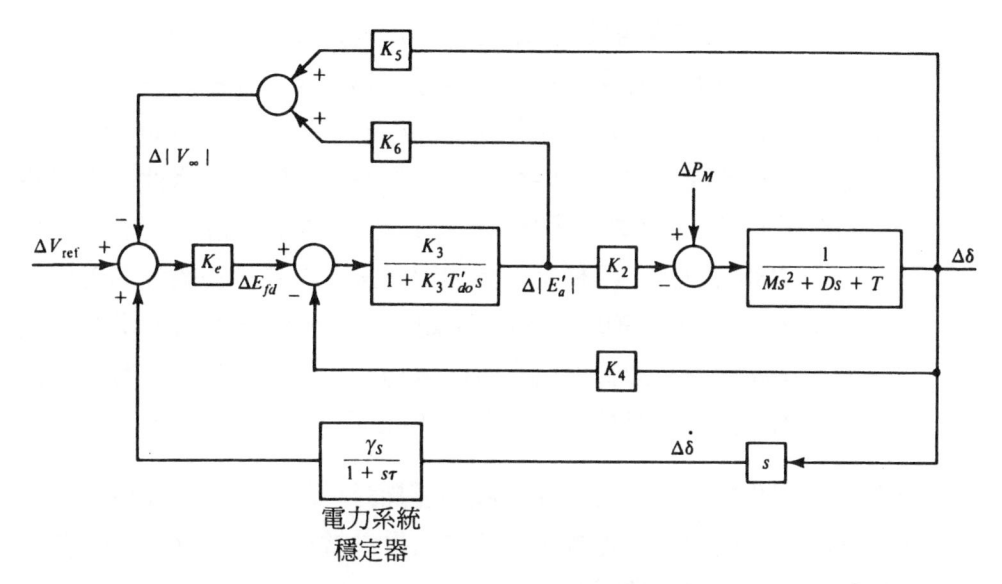

圖 8.10　加入的電力系統穩定器。

**圖 8.11** 加入的電力系統穩定器的根軌跡。

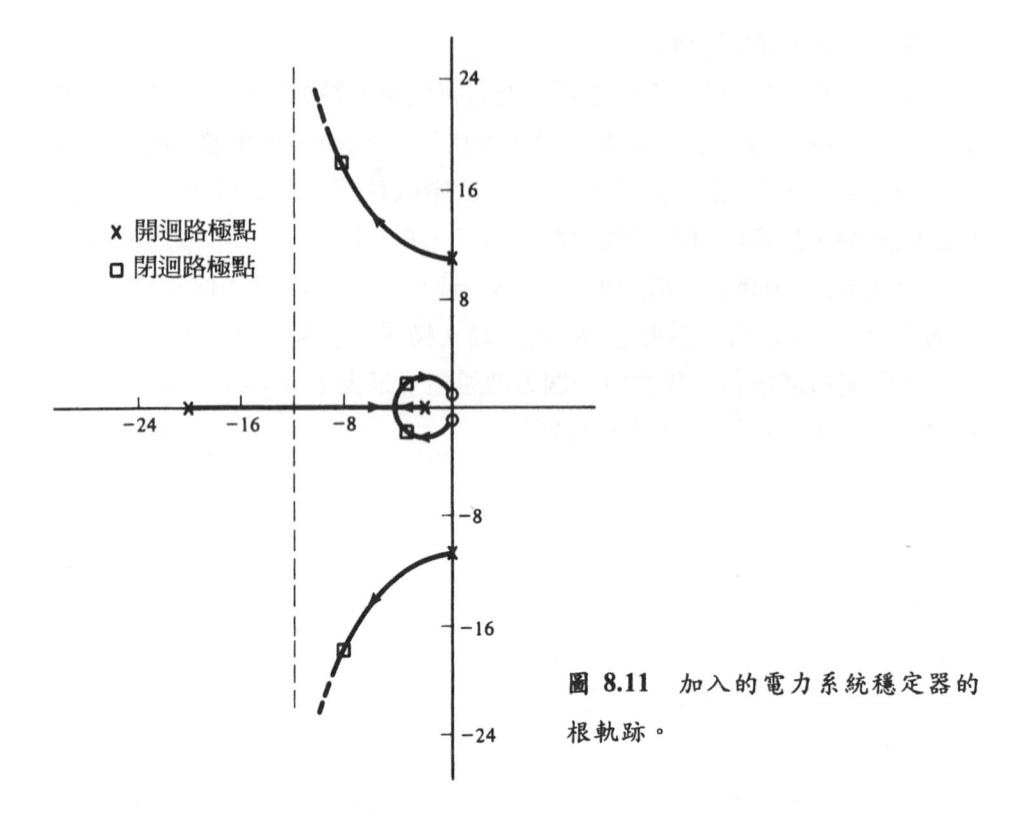

發電機的信號（分散控制），或使用分配式的系統測量（集中控制）。若在第 $i$ 部發電機僅使用 $\dot{\delta}_i$ 信號，這是分散控制的情形；若我們使用由其他發電機所驅動的 $\dot{\delta}_j s$ 信號，這是集中控制的情形。

4. 本節所探討的問題是屬於較大等級的**動態穩定度** (dynamic stability) 問題，此類不穩定的一種明顯方式，是在一定的運轉條件下自然建立的振盪。有一些可能的原因（不只是電壓控制系統）及解法（不只是使用 PSS 而已）。不穩定來源的辨識是一項深具挑戰性的工作。一旦確定，要對所有的運轉條件找出一種健壯的解也可能是困難的。很幸運地，不像暫態穩定度問題的情形一樣，我們可有效地使用線性（反饋）系統理論中強而有力的技巧。

本章中模型化過程的一個意見。我們僅探討一部發電機的簡單情形，在電壓調整和穩定度問題上可得到解析的結果；當有許多交互作用的發電機的一般情形，就變得非常困難。

## 8.6 總　結

圖 8.3 表示一個電壓控制系統的簡單方塊圖，此系統由一部發電機和一個激磁系統所組成。輸入發電機的是 $E_{fd}$，發電機的輸出 $|V_a|$ 被反饋到激磁機，激磁機再產生 $E_{fd}$。此模型適於穩態和暫態行為的研究。對於一部獨立發電機，藉由增加迴路增益來改善電壓調整。不過，當增加迴路增益時，必須注意避免發生不穩定。

當具有快速作用激磁機的發電機連接至一個大系統時，也必須考慮穩定度。大系統可用一個無限匯流排來表示，根軌跡分析可顯示出，在一定的運轉條件下系統不穩定的可能性。對於一般的運轉條件，可用電力系統穩定器來恢復穩定。

## 習　題

**8.1.** 考慮一部獨立發電機，有一個電感性負載 $Z = R + jX$。證明從 $E_{fd}$ 到 $|V_a|$ 的轉移函數的直流增益 $G_g(0)$ 總是小於 1。

**8.2.** 參考圖 P8.2，並假設

$$Z = 0.05 - j0.8$$
$$r = 0.05$$
$$X_d = 1.0,\ X_d' = 0.2,\ X_q = 0.6$$
$$T_{do}' = 4.0 \text{ sec}$$

初始時 $|V_a| = 0$。在 $t = 0$ 時，$E_{fd} = 1$ 被加入。試求出 $|V_a|$，並表示成時間的函數。

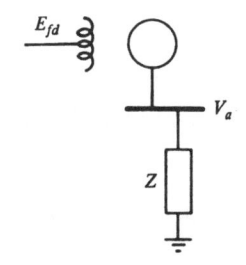

圖 P8.2。

**8.3.** 若一部獨立發電機有一個局部（阻抗）負載，$Z = 1/j\omega C = -j0.5$，其 $X_d = X_q = 1$，$X_d' = 0.2$，$T_{do}' = 1$ 和 $E_{fd} = \varepsilon$，其中 $\varepsilon$ 是任意小的正值。系統初始是在 $|V_a(0)| = 0$ 的靜止狀態。試求出 $t \geq 0$ 時 $|V_a(t)|$ 的表示式。

**8.4.** 假設簡化線性電壓控制系統如圖 P8.4 所示，且一部獨立發電機正供給一個局部負載。我們有以下之數值：

$$T_{do}' = 4 \text{ sec}$$
$$X_d = 1$$
$$X_q = 0.6$$
$$X_d' = 0.2$$
$$r = 0$$
$$Z = -j0.3$$

是否有一個正 $K$ 值能使反饋系統穩定？若有，試求出此 $K$ 值。

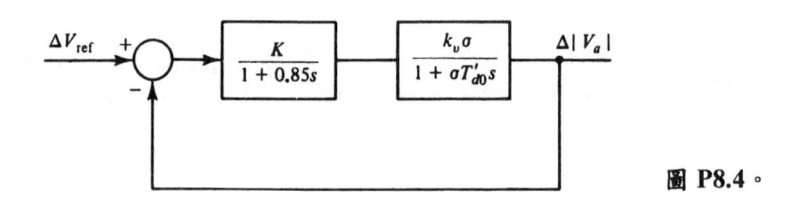

圖 P8.4。

**8.5.** 考慮問題 8.4 中的系統，其中負載改為 $Z = R$。假設 $K > 0$，且對於一個阻尼振盪響應而言是足夠大。若我們要得到更佳的阻尼，$R$ 值要比較大或比較小？提示：觀察（複數）閉迴路極點的實數部。

**8.6.** 若一部發電機有一個局部（阻抗）負載，試畫出 (a) 無反饋，(b) 有反饋時的穩態電壓調整曲線（$|V_a|$ 對 $|I_a|$）。假設

1. $Z = R$，$0 \leq R \leq \infty$。
2. $X_d = X_q = 1$。
3. $K_A/K_E = 3$。
4. 開路 $|V_a| = 1.0$。

注意：在 (a) 子題中取 $E_{fd}$ 值，使得假設 4 為真；在 (b) 子題中取 $V_{ref}$ 值，使得假設 4 為真。

**8.7.** 除了假設 $Z = jX$，$0 \leq X \leq \infty$ 外，重做問題 8.6。

# CHAPTER 9

# 網路矩陣

## 9.0 簡 介

　　本章中我們介紹互聯電力系統的兩種重要的網路描述，這些描述包含了在前幾章中，我們已經發展出的電力系統元件的各種電特性模型，以及提供統御節點電壓和電流行為的關係。我們將提供的這兩種描述是**匯流排導納矩陣** (bus admittance matrix)，稱為 $Y_{bus}$，以及**匯流排阻抗矩陣** (bus impedance matrix)，稱為 $Z_{bus}$。這些網路的表示廣泛應用於各種電力系統的分析工具中，其將在接著的章節中發展。$Y_{bus}$ 表示在決定網路解時發現廣範圍的應用，並形成最近代電力系統分析不可或缺的部分。$Z_{bus}$ 表示主要使用在故障分析。本章中我們呈現發展此兩種表示的步驟，並討論這些表示適當的使用。

## 9.1 匯流排導納矩陣

　　在匯流排導納矩陣的表示，互聯網路節點上的注入電流是經由一個導納的表示與節點上的電壓關聯。匯流排導納矩陣是從**原始表示** (primitive representation) 的觀點得到。來描寫各種網路元件電行為的特色，此原始表示沒有考慮形成網路的元件的互聯關係。各種元件組成的互聯網路的穩態行為由匯流排導納矩陣表明，此矩陣是對網路執行節點分析得到。

　　本節中，我們從網路元件的原始表示，提供一種決定匯流排導納矩陣的簡易建立方法，此方法的解析基礎有其在圖形理論和多埠網路表示的根據。對於此解析方法更詳細的表示，讀者可參考 Pai 1979 ( 第 3 章)。

一個互聯電力系統的匯流排導納矩陣是相當大且具有大量的零元素，因為每一個匯流排或節點，在實際電力系統中最多連接三到五個其他的匯流排，匯流排導納矩陣的這個特性被稱為**稀疏性** (sparsity)。矩陣稀疏特質的辨識以及處理稀疏矩陣特別數值技巧的發展，已為電腦為基礎的電力系統分析帶來革命性的變化。

　　我們現在將利用匯流排導納矩陣表示來發展互聯網路的每相表示。發展過程中，我們取中性點為參考點，並將使所有的 ($a$ 相) 節點或匯流排注入電流與 (線對中性點) 節點或匯流排電壓相關聯。注入的節點電流與節點電壓的關係則可表示為

$$\mathbf{I} = \mathbf{Y}_{bus} \mathbf{V} \tag{9.1}$$

其中

$$\mathbf{I} = \text{注入節點電流的向量}$$
$$\mathbf{Y}_{bus} = \text{匯流排導納矩陣}$$
$$\mathbf{V} = \text{節點電壓的向量}$$

互聯網路的每一個元件元素被稱為**分支** (branch)，每一分支或元件連接於網路的兩個節點或一個節點與參考節點之間。為了模型化的目的，我們將以**分支阻抗** (branch impedance) $z$ 或**分支導納** (branch admittance) $y$ 來代表一個分支。分支阻抗 $z$ 也被稱為**原始阻抗** (primitive impedance)，而分支導納 $y$ 也被稱為**原始導納** (primitive admittance)。就原始導納而言，針對一特定網路發展匯流排導納矩陣或 $\mathbf{Y}_{bus}$ 的步驟如下：

**利用觀察法建立 $\mathbf{Y}_{bus}$ 的步驟：**

1. $\mathbf{Y}_{bus}$ 是對稱的。
2. $Y_{ii}$ 是自導納 (對角線項)，它等於所有連接到第 $i$ 個節點的元件的原始導納和。
3. $Y_{ij}$ 是 $\mathbf{Y}_{bus}$ 的第 $ij$ 個元素 (非對角線元素)，它等於所有連接節點 $i$ 和節點 $j$ 之間元件的原始導納和的負值。在此注意：若超過一個以上元件並聯連接於兩個節點之間，在決定 $\mathbf{Y}_{bus}$ 的元素之前，先求出

## 第 9 章　網路矩陣

這些並聯元件的等效原始導納。

我們現在將考慮不同的例題，來說明利用觀察法建立 $Y_{bus}$ 的簡易規則的應用。

---

**例題 9.1**

已知節點 $p$ 和 $q$ 之間輸電線的等效 $\pi$ 模型，如圖 E9.1 所示。試決定此輸電線的 $Y_{bus}$ 表示。

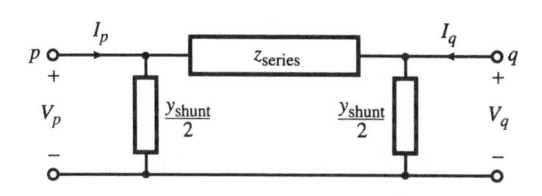

圖 E9.1 輸電線的等效 $\pi$ 模型。

**解** 我們希望以電壓 $V_p$ 和 $V_q$ 表示 $I_p$ 和 $I_q$。在輸電線的等效 $\pi$ 模型中，$Z_{series}$ 表示是由串聯電阻和電感性電抗組成的輸電線串聯阻抗，而 $y_{shunt}/2$ 是對應於並聯電容導納的一半，放置於輸電線的每個節點上。應用發展 $Y_{bus}$ 的規則，求得

$$\begin{bmatrix} I_p \\ I_q \end{bmatrix} = \begin{bmatrix} \left(\dfrac{1}{z_{series}} + \dfrac{y_{shunt}}{2}\right) & -\left(\dfrac{1}{z_{series}}\right) \\ -\left(\dfrac{1}{z_{series}}\right) & \left(\dfrac{1}{z_{series}} + \dfrac{y_{shunt}}{2}\right) \end{bmatrix} \begin{bmatrix} V_p \\ V_q \end{bmatrix}$$

注意：在發展 $Y_{bus}$ 的對角線和非對角線項時，我們已經計算適當的原始阻抗的倒數來決定原始導納。我們也注意到：$Y_{bus}$ 提供節點上的電壓和注入節點的電流之間關係。這個例題可作為後續例題的樣板。我們將利用針對各種元件發展出的 $Y_{bus}$ 來組合典型電力系統的 $Y_{bus}$。

---

**例題 9.2**

已知變壓器的模型如圖 E9.2，試求得變壓器的 $Y_{bus}$ 表示。

**解** 在發展變壓器的 $Y_{bus}$ 表示之前，仔細注意我們已經刪除變壓的並聯分支，由

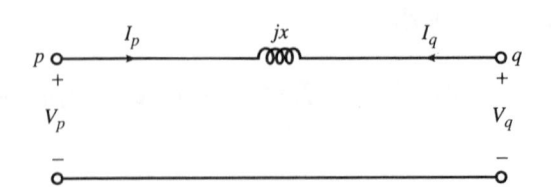

圖 E9.2 變壓器的簡化等效電路模型。

於其吸收的電流與負載電流相比幾可忽略。此外，也省略串聯電阻，而串聯電感是參考至變壓器的某一側（高壓側或低壓側）。變壓器的 $\mathbf{Y}_{bus}$ 表示則爲

$$\begin{bmatrix} I_p \\ I_q \end{bmatrix} = \begin{bmatrix} \dfrac{1}{jx} & -\dfrac{1}{jx} \\ -\dfrac{1}{jx} & \dfrac{1}{jx} \end{bmatrix} \begin{bmatrix} V_p \\ V_q \end{bmatrix}$$

接下來的例題，我們將呈現另一種情形，發展具有非標稱匝比（變壓器的匝比與變壓器兩側的基值電壓比不同）變壓器的 $\mathbf{Y}_{bus}$ 表示。如同在第 5.9 節中介紹，當我們有電壓控制用的調整變壓器時，則經常有此情形。此例題也呈出調整變壓器的網路模型。

## 例題 9.3

圖 E9.3 所示爲連接於節點 $p$ 和 $q$ 之間的非標稱匝比變壓器的單線圖。圖中變壓器的匝比已標稱化成 $a:1$，其非 1 側被稱爲分接頭側。變壓器的串聯原始導納（串聯原始阻抗的倒數）連接於匝比標示爲 1 側。

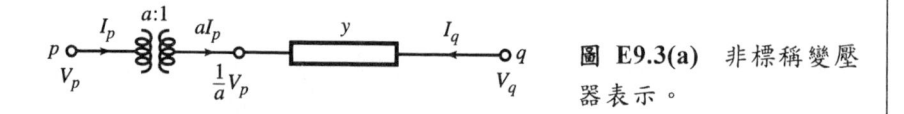

圖 E9.3(a) 非標稱變壓器表示。

(a) 求出關聯於（端）匯流排電壓及電流的 $\mathbf{Y}_{bus}$。
(b) 證明圖 E9.3(b) 是非標稱變壓器的一個等效電路模型。

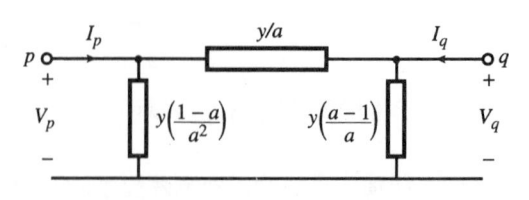

圖 E9.3(b) 非標稱變壓器的等效電路。

# 第 9 章　網路矩陣

**解 (a)** 利用例題 9.2 的結果，我們可寫出

$$\begin{bmatrix} aI_p \\ I_q \end{bmatrix} = \begin{bmatrix} y & -y \\ -y & y \end{bmatrix} \begin{bmatrix} \frac{1}{a}V_p \\ V_q \end{bmatrix} \tag{9.2a}$$

藉由基本的矩陣運算，我們可得以下的導納矩陣。

$$\begin{bmatrix} I_p \\ I_q \end{bmatrix} = \begin{bmatrix} \frac{y}{a^2} & -\frac{y}{a} \\ -\frac{y}{a} & y \end{bmatrix} \begin{bmatrix} V_p \\ V_q \end{bmatrix} \tag{9.2b}$$

**(b)** 對於圖 E9.3(b) 所給的電路，我們可以計算匯流排導納矩陣，並證明與 (9.2b) 式相同。或者，已知 (9.2b) 式，我們可以很容易地推導出電路。提示：從注意電路中串聯橋元件必須是導納 $y/a$ 開始，然後加上並聯元件後，需要得到自阻抗 $y/a^2$ 和 $y$。

## 例題 9.4

考慮圖 E9.4 所示五個匯流排系統，輸電線和變壓器參數資料如表 E9.4 所提供。表中藉由提供分支連接的匯流排編號，來提供網路拓撲的訊息。此外，也提供每條輸電線串聯阻抗及線充電電納資料，並以適當選的基值下的標么值表示。對於此系統試決定其匯流排導納矩陣 $Y_{bus}$。

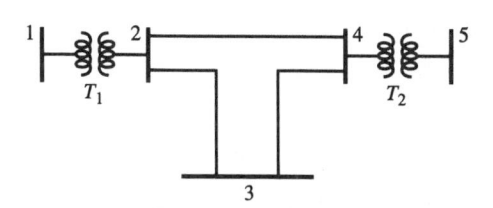

圖 E9.4　例題 9.4 的單線圖。

| 表 E9.4　變壓器和輸電線資料 ||||
|---|---|---|---|---|
| 從匯流排 # | 到匯流排 # | $R$(p.u.) | $X$(p.u.) | $B$(p.u.) |
| 1 | 2 | 0.004 | 0.0533 | 0 |
| 2 | 3 | 0.02 | 0.25 | 0.22 |
| 3 | 4 | 0.02 | 0.25 | 0.22 |
| 2 | 4 | 0.01 | 0.15 | 0.11 |
| 4 | 5 | 0.006 | 0.08 | 0 |

**解** 注意：對於串聯阻抗資料，表中提供的是原始阻抗；線充電電納提供的是總原始導納 $B$。我們利用等效 $\pi$ 模型來模擬每一條輸電線。在建立 $\mathbf{Y}_{bus}$ 之前，首先計算每一分支的原始導納，所有的導納以標么為單位。

$$y_{12} = \frac{1}{0.004 + j0.0533} = 1.400 - j18.657$$

$$y_{23} = \frac{1}{0.02 + j0.25} = 0.318 - j3.975$$

$$y_{34} = y_{23} = 0.318 - j3.975$$

$$y_{24} = \frac{1}{0.01 + j0.15} = 0.442 - j6.637$$

$$y_{45} = \frac{1}{0.006 + j0.08} = 0.932 - j12.43$$

計算原始導納後，現在開始建立 $\mathbf{Y}_{bus}$。為了簡便起見，我們將先個別計算每一個元素，然後再以矩陣形式表示。

$$Y_{11} = y_{12} = 1.400 - j18.657$$

$$Y_{12} = Y_{21} = -y_{12} = -1.400 + j18.657$$

$$Y_{13} = Y_{14} = Y_{15} = Y_{31} = Y_{41} = Y_{51} = 0$$

$$Y_{22} = y_{12} + y_{23} + y_{24} + j\frac{B_{23}}{2} + j\frac{B_{24}}{2}$$

$$= 1.400 - j18.657 + 0.318 - j3.975 + 0.442 - j6.637 + j0.11 + j0.055$$

$$= 2.16 - j29.104$$

$$Y_{23} = Y_{32} = -y_{23} = -0.318 + j3.975$$

$$Y_{24} = Y_{42} = -y_{24} = -0.442 + j6.637$$

$$Y_{25} = Y_{52} = 0$$

$$Y_{33} = y_{23} + y_{34} + j\frac{B_{23}}{2} + j\frac{B_{34}}{2}$$

$$= 0.318 - j3.975 + 0.318 - j3.975 + j0.11 + j0.11 = 0.636 - j7.73$$

$$Y_{34} = Y_{43} = -y_{34} = -0.318 + j3.975$$

$$Y_{35} = Y_{53} = 0$$

$$Y_{44} = y_{24} + y_{34} + y_{45} + j\frac{B_{24}}{2} + j\frac{B_{34}}{2}$$

$$= 0.442 - j6.637 + 0.318 - j3.975 + 0.932 - j12.43 + j0.055 + j0.11$$

$$= 1.692 - j22.877$$

## 第 9 章 網路矩陣

$$Y_{45} = Y_{54} = -y_{45} = -0.932 + j12.43$$
$$Y_{55} = y_{45} = 0.932 - j12.43$$

完成計算所有 $\mathbf{Y}_{bus}$ 的元素後，我們現在依各元素的位置寫出 $\mathbf{Y}_{bus}$ 的矩陣形式。

$$\mathbf{Y}_{bus} = \begin{bmatrix} (1.40 - j18.66) & (-1.40 + j18.66) & 0 & 0 & 0 \\ (-1.40 + j18.66) & (2.16 - j29.10) & (-0.318 + j3.98) & (-0.442 + j6.64) & 0 \\ 0 & (-0.318 + j3.98) & (0.636 - j7.73) & (-0.318 + j3.98) & 0 \\ 0 & (-0.442 + j6.64) & (-0.318 + j3.98) & (1.692 - j22.88) & (-0.932 + j12.43) \\ 0 & 0 & 0 & (-0.932 + j12.43) & (0.932 - j12.43) \end{bmatrix}$$

本節中描述的 $\mathbf{Y}_{bus}$ 發展，以及呈現的各種例題，我們已經忽略了輸電線之間互耦合的影響，這是符合實際情形的近似。對於有興趣的讀者，這方面的資料可參考 Grainger 和 Stevenson (第 7 章) 以及 Anderson (第 11 章)。

### 練習 1.

考慮例題 9.4 所得之 $\mathbf{Y}_{bus}$，修改此 $\mathbf{Y}_{bus}$，以反應移去匯流排 2 和 4 之間的輸電線的影響。

### 例題 9.5

對於圖 E9.4 所示系統，一部具有 $0.90 \angle 0°$ p.u. 反電勢及 $j1.25$ p.u. 電抗的發電機連接到匯流排 1；而一部具有 $0.80 \angle -70°$ p.u. 內電壓及 $j1.25$ p.u. 電抗的電動機連接到匯流排 5。將這些電壓源轉換成適當的注入電流。忽略例題 9.4 中的電阻，並以 (9.1) 式的形式寫出系統的節點導納方程式。

**解** 在進行寫出節點導納方程式之前，我們首先介紹將電壓源轉換成電流源的程序。如同在先前章節中所描述，在單相分析中，電力系統元件以被動阻抗或等效導納加上適當的主動電壓或電流源來表示。為了穩態分析的目的，在第 5 和 7 章中，我們已經以圖 E9.5(a) 所示電路來表示一部發電機。我們首先將證明此電路與圖 E9.5(b) 所給之電流源表示方式等效。

(a)

(b)

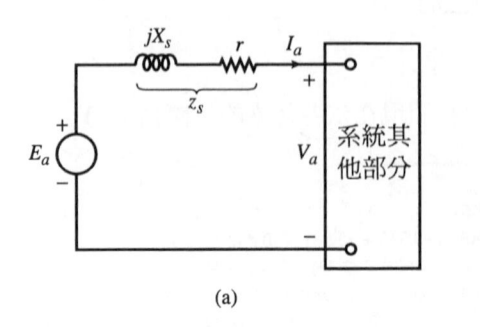

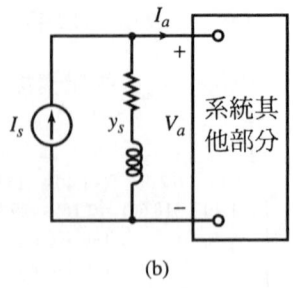

**圖 E9.5** 說明電源轉換的電路。

圖 E9.5(a) 的電路是由下列方程式統御

$$E_a = I_a z_s + V_a$$

將此方程式等號的兩側除以 $z_s$，提供圖 E9.5(b) 中電流源的表示式為

$$I_s = \frac{E_a}{z_s} = I_a + V_a y_s$$

其中 $y_s = 1/z_s$ 是對應於反電勢電源原始阻抗的原始導納。因此，反電勢 $E_a$ 與其串聯阻抗 $z_s$，轉換成一個等效電流源 $I_s$ 和一個並聯導納 $y_s$，其關係為

$$I_s = \frac{E_a}{z_s} \quad 和 \quad y_s = \frac{1}{z_s}$$

應用上式的轉換於我們的例題，我們注意在匯流排 1 的電流源為

$$I_{s1} = \frac{0.90 \angle 0°}{j1.25} = 0.72 \angle -90°$$

連接於匯流排 1 和中性點之間的導納為

$$y_{s1} = \frac{1}{z_{s1}} = \frac{1}{j1.25} = -j0.80$$

類似地，由於電動機的關係，在匯流排 5 的電流源和導納為

$$I_{s5} = 0.64 \angle -160° \quad 和 \quad y_{s5} = -j0.80$$

將這些變化表示於圖 E9.4 的系統中，我們得到圖 E9.5(c)。

## 第 9 章　網路矩陣

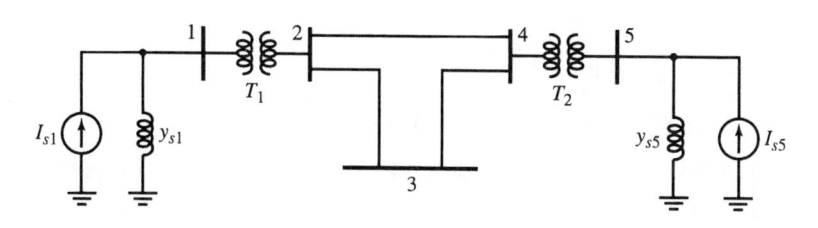

**圖 E9.5(c)**　於例題 9.4 中加入電流源。

當忽略電阻，在例題 9.4 中的原始導納為

$$y_{12} = \frac{1}{j0.0533} = -j18.76$$

$$y_{23} = \frac{1}{j0.25} = -j4.00$$

$$y_{34} = y_{23} = -j4.00$$

$$y_{24} = \frac{1}{j0.15} = -j6.67$$

$$y_{45} = \frac{1}{j0.08} = -j12.5$$

同前所述，我們可以利用原始導納來計算導納矩陣的各元素項。

$$Y_{11} = y_{12} + y_{s1} = -j18.76 - j0.8 = -j19.56$$

$$Y_{12} = Y_{21} = -y_{12} = j18.76$$

$$Y_{13} = Y_{14} = Y_{15} = Y_{31} = Y_{41} = Y_{51} = 0$$

$$Y_{22} = y_{12} + y_{23} + y_{24} + j\frac{B_{23}}{2} + j\frac{B_{24}}{2}$$

$$= -j18.76 - j4.0 - j6.67 + j0.11 + j0.055$$

$$= -j29.27$$

$$Y_{23} = Y_{32} = -y_{23} = j4.0$$

$$Y_{24} = Y_{42} = -y_{24} = -j6.67$$

$$Y_{25} = Y_{52} = 0$$

$$Y_{33} = y_{23} + y_{34} + j\frac{B_{23}}{2} + j\frac{B_{34}}{2}$$

$$= -j4.0 - j4.0 + j0.11 + j0.11 = -j7.78$$

$$Y_{34} = Y_{43} = -y_{34} = j4.0$$

$$Y_{35} = Y_{53} = 0$$

$$Y_{44} = y_{24} + y_{34} + y_{45} + j\frac{B_{24}}{2} + j\frac{B_{34}}{2}$$
$$= -j6.67 - j4.0 - j12.50 + j0.055 + j0.11$$
$$= -j23.01$$

$$Y_{45} = Y_{54} = -y_{45} = j12.50$$

$$Y_{55} = y_{45} + y_{s5} = -j12.50 - j0.80 = -j13.30$$

完成計算 $\mathbf{Y}_{bus}$ 的所有元素，我們現在依元素的位置，寫出 (9.1) 式的節點導納矩陣方程式：

$$\begin{bmatrix} 0.72\angle -90° \\ 0 \\ 0 \\ 0 \\ 0.64\angle -160° \end{bmatrix} = \begin{bmatrix} -j19.56 & j18.76 & 0 & 0 & 0 \\ j18.76 & -j29.27 & j4.0 & j6.67 & 0 \\ 0 & j4.0 & -j7.78 & j4.0 & 0 \\ 0 & j6.67 & j4.0 & -j23.01 & j12.50 \\ 0 & 0 & 0 & j12.5 & -j13.30 \end{bmatrix} \begin{bmatrix} V_1 \\ V_2 \\ V_3 \\ V_4 \\ V_5 \end{bmatrix}$$

其中 $V_1$，$V_2$，$V_3$，$V_4$ 和 $V_5$ 是相對於參考節點的節點電壓，此參考節點即為中性點。我們也注意到僅在匯流排 1 和匯流排 5 上有注入電流，其他的注入電流為零。

## 9.2 網路解

在大型電力系統的實際應用中，是針對大範圍的運轉條件來求解節點導納方程式。大部分的這些研究，網路參數和結構維持不變，而運轉條件的變化則藉由改變連接至匯流排的外部電源（電壓或電流）來表現。在此情況下，$\mathbf{Y}_{bus}$ 保持固定，相應於不同的注入電流向量可得到不同的電壓解。在求得電壓的數值解時，若能有效率的執行計算則可節省大量的計算時間和資源。常使用的一種技術是結合三**角分解** (triangular factorization) 的**高斯消去法** (Gaussian elimination)。在三角分解過程中，$\mathbf{Y}_{bus}$ 被表示成兩矩陣 **L** 和 **U** 的乘積，這些矩陣被分別稱為 $\mathbf{Y}_{bus}$ 的**下三角** (lower triangular) 和**上三角因子** (upper triangular factor)。利用三角分解可從 $\mathbf{Y}_{bus}$ 得到三角矩陣 **L** 和 **U**，對於一特定的 $\mathbf{Y}_{bus}$，矩陣 **L** 和 **U** 是唯一的。結果是一旦計算

## 第 9 章　網路矩陣

出這些因子，可以將它們儲存，而在其他計算時可再使用。此程序的解析基礎如下。

根據 (9.1) 式，我們有

$$\mathbf{I} = \mathbf{Y}_{bus}\mathbf{V} = (\mathbf{LU})\mathbf{V} \tag{9.3}$$

一旦得到分解，求解電壓向量 $\mathbf{V}$ 可先解出下式

$$\mathbf{I} = \mathbf{L}\tilde{\mathbf{V}} \tag{9.4}$$

然後解出

$$\tilde{\mathbf{V}} = \mathbf{UV} \tag{9.5}$$

注意：$\mathbf{L}$ 和 $\mathbf{U}$ 都是三角矩陣；結果，只要經由**前向代換** (forward substitution) 就可求出 (9.4) 式的解；當得到 $\tilde{\mathbf{V}}$ 的解後，再經由後向代換就可求出 (9.5) 式的解，決定 $\mathbf{V}$。

我們現在將舉一個簡單的例題，說明三角分解的基本觀念。

---

**例題 9.6**

假使我們有一個 3×3 的矩陣 $\mathbf{M}$，並想要求其下和上三角因子 $\mathbf{L}$ 和 $\mathbf{U}$。

利用標準公式，我們有

$$\mathbf{M} = \mathbf{LU} = \begin{bmatrix} 1 & 0 & 0 \\ \ell_{21} & 1 & 0 \\ \ell_{31} & \ell_{32} & 1 \end{bmatrix} \begin{bmatrix} u_{11} & u_{12} & u_{13} \\ 0 & u_{22} & u_{23} \\ 0 & 0 & u_{33} \end{bmatrix}$$

注意：$\mathbf{L}$ 的主對角線上所有元素都為 1。經矩陣運算後

$$\mathbf{M} = \begin{bmatrix} u_{11} & u_{12} & u_{13} \\ \ell_{21}u_{11} & \ell_{21}u_{12} + u_{22} & \ell_{21}u_{13} + u_{23} \\ \ell_{31}u_{11} & \ell_{31}u_{12} + \ell_{32}u_{22} & \ell_{31}u_{13} + \ell_{32}u_{23} + u_{33} \end{bmatrix}$$

我們注意到，$\mathbf{M}$ 的第一列剛好是 $\mathbf{U}$ 的第一列，而 $\mathbf{M}$ 的第一行除以 $u_{11}$ 可得 $\mathbf{L}$ 的第一行。所以現在我們已知 $u_{11}$、$u_{12}$、$u_{13}$、$\ell_{21}$ 和 $\ell_{31}$，根據這些值即可求出 $u_{22}$ 和 $u_{23}$，然後再解 $\ell_{32}$，最後是 $u_{33}$。計算的秩序是順著對角線由上而下和由左而右。

**練習 2.**

已知

$$M = \begin{bmatrix} 5 & 3 & 2 \\ 3 & 2 & 1 \\ 3 & 1 & 5 \end{bmatrix}$$ 試求 **L** 和 **U**。

## 三角分解法

例題 9.6 中描述的技術，對於電機的計算並不夠詳盡及有效率。接著我們把注意力移到計算 $Y_{bus}$ 的 **L** 和 **U** 矩陣的一種非常有效率的方法。我們從一個 $n \times n$ 的 $Y_{bus}$ 矩陣開始，利用一個演算法來計算新值並重疊寫在原來的元素 $Y_{ij}$ 上，然後重複此過程。經 $n-1$ 次的疊代，結果得到的 $n \times n$ 矩陣中，右上角就是 **U** 的元素，而 **L** 的元素 (扣除 1 的對角線) 在左下角中。此演算法可非常有效率地使用計算機的記憶體。關於細節部分可參考 Golub (第 4 章)。機靈的讀者將注意到，此演算法與例題 9.6 所做相似，但方式上較有效率及有條理。

## 三角分解演算法

對於 $k = 1, 2, ..., (n-1)$
　若 $Y_{kk} = 0$
　　則
　　　放棄
　否則

$$Y_{ik} = \frac{Y_{ik}}{Y_{kk}} \quad i = k+1, ..., n$$

$$Y_{ij} = Y_{ij} - \frac{Y_{ik} Y_{kj}}{Y_{kk}} \quad i, j = k+1, ..., n$$

其中 $k$ 為疊代次數。

我們現在將以一個四匯流排的系統的節點方程式說明此演算法。根據

## 第 9 章　網路矩陣

(9.1) 式,四匯流排系統的方程式可寫成:

$$\begin{bmatrix} Y_{11} & Y_{12} & Y_{13} & Y_{14} \\ Y_{21} & Y_{22} & Y_{23} & Y_{24} \\ Y_{31} & Y_{32} & Y_{33} & Y_{34} \\ Y_{41} & Y_{42} & Y_{43} & Y_{44} \end{bmatrix} \begin{bmatrix} V_1 \\ V_2 \\ V_3 \\ V_4 \end{bmatrix} = \begin{bmatrix} I_1 \\ I_2 \\ I_3 \\ I_4 \end{bmatrix} \qquad (9.6)$$

在演算法的第一步驟 (其中 $k=1$),(9.6) 式所給的 $4 \times 4 \, \mathbf{Y}_{bus}$ 將有下列儲存的元素。括號中的上標提供計算步驟的指標。

$$\begin{bmatrix} Y_{11} & Y_{12} & Y_{13} & Y_{14} \\ Y_{21}^{(1)} & Y_{22}^{(1)} & Y_{23}^{(1)} & Y_{24}^{(1)} \\ Y_{31}^{(1)} & Y_{32}^{(1)} & Y_{33}^{(1)} & Y_{34}^{(1)} \\ Y_{41}^{(1)} & Y_{42}^{(1)} & Y_{43}^{(1)} & Y_{44}^{(1)} \end{bmatrix} \qquad (9.7)$$

其中

$$Y_{i1}^{(1)} = \frac{Y_{i1}}{Y_{11}} \qquad 當\ i = 2, 3, 4 \qquad (9.8)$$

其中

$$Y_{ij}^{(1)} = Y_{ij} - \frac{Y_{i1} Y_{1j}}{Y_{11}} \qquad 當\ i, j = 2, 3, 4 \qquad (9.9)$$

在演算法的第二步驟 (其中 $k=2$),(9.6) 式所給的 $4 \times 4 \, \mathbf{Y}_{bus}$ 將有下列儲存的元素。

$$\begin{bmatrix} Y_{11} & Y_{12} & Y_{13} & Y_{14} \\ Y_{21}^{(1)} & Y_{22}^{(1)} & Y_{23}^{(1)} & Y_{24}^{(1)} \\ Y_{31}^{(1)} & Y_{32}^{(2)} & Y_{33}^{(2)} & Y_{34}^{(2)} \\ Y_{41}^{(1)} & Y_{42}^{(2)} & Y_{43}^{(2)} & Y_{44}^{(2)} \end{bmatrix} \qquad (9.10)$$

其中

$$Y_{i2}^{(2)} = \frac{Y_{i2}^{(1)}}{Y_{22}^{(1)}} \qquad 當\ i = 3, 4 \qquad (9.11)$$

以及

$$Y_{ij}^{(2)} = Y_{ij}^{(1)} - \frac{Y_{i2}^{(1)} Y_{2j}^{(1)}}{Y_{22}^{(1)}} \qquad 當\ i, j = 3, 4 \tag{9.12}$$

在演算法的最後一步驟（其中 $k=3$），(9.6) 式所給的 $4 \times 4\ \mathbf{Y}_{\text{bus}}$ 有下列的儲存元素。

$$\begin{bmatrix} Y_{11} & Y_{12} & Y_{13} & Y_{14} \\ Y_{21}^{(1)} & Y_{22}^{(1)} & Y_{23}^{(1)} & Y_{24}^{(1)} \\ Y_{31}^{(1)} & Y_{32}^{(2)} & Y_{33}^{(2)} & Y_{34}^{(2)} \\ Y_{41}^{(1)} & Y_{42}^{(2)} & Y_{43}^{(3)} & Y_{44}^{(3)} \end{bmatrix} \tag{9.13}$$

其中

$$Y_{i3}^{(3)} = \frac{Y_{i3}^{(2)}}{Y_{33}^{(2)}} \qquad 當\ i = 4 \tag{9.14}$$

以及

$$Y_{ij}^{(3)} = Y_{ij}^{(2)} - \frac{Y_{i3}^{(2)} Y_{3j}^{(2)}}{Y_{33}^{(2)}} \qquad 當\ i, j = 4 \tag{9.15}$$

(9.13) 式為分解結果，則 $\mathbf{L}$ 和 $\mathbf{U}$ 矩陣可求得為

$$\mathbf{L} = \begin{bmatrix} 1 & 0 & 0 & 0 \\ Y_{21}^{(1)} & 1 & 0 & 0 \\ Y_{31}^{(1)} & Y_{32}^{(2)} & 1 & 0 \\ Y_{41}^{(1)} & Y_{42}^{(2)} & Y_{43}^{(3)} & 1 \end{bmatrix} \quad \mathbf{U} = \begin{bmatrix} Y_{11} & Y_{12} & Y_{13} & Y_{14} \\ 0 & Y_{22}^{(1)} & Y_{23}^{(1)} & Y_{24}^{(1)} \\ 0 & 0 & Y_{33}^{(2)} & Y_{34}^{(2)} \\ 0 & 0 & 0 & Y_{44}^{(3)} \end{bmatrix} \tag{9.16}$$

然後，我們分別執行 (9.4) 和 (9.5) 式的前向代換和後向代換，以求出電壓向量 $\mathbf{V}$ 的最後解。

我們現在將介紹兩個例題，說明從節點方程式得到電壓解的求解過程。在第一個例題中，將簡單地利用 $\mathbf{Y}_{\text{bus}}$ 的數值反矩陣求得解；第二個例題中，將對完全相同的 $\mathbf{Y}_{\text{bus}}$ 執行三角分解，並比較求得的解。

### 例題 9.7

就例題 9.5 中得到的節點方程式，計算 $\mathbf{Y}_{\text{bus}}$ 的反矩陣，並以此反矩陣

# 第 9 章　網路矩陣

前乘電流向量,來決定電壓解的向量。

**解**　例題 9.5 得到的節點方程式為

$$\begin{bmatrix} -j19.56 & j18.76 & 0 & 0 & 0 \\ j18.76 & -j29.27 & j4.0 & j6.67 & 0 \\ 0 & j4.0 & -j7.78 & j4.0 & 0 \\ 0 & j6.67 & j4.0 & -j23.01 & j12.50 \\ 0 & 0 & 0 & j12.5 & -j13.30 \end{bmatrix} \begin{bmatrix} V_1 \\ V_2 \\ V_3 \\ V_4 \\ V_5 \end{bmatrix} = \begin{bmatrix} 0.72\angle -90° \\ 0 \\ 0 \\ 0 \\ 0.64\angle -160° \end{bmatrix}$$

其形式為

$$\mathbf{Y}_{bus}\mathbf{V} = \mathbf{I}$$

我們現在求得 $\mathbf{Y}_{bus}$ 的反矩陣為

$$(\mathbf{Y}_{bus})^{-1} = \begin{bmatrix} j1.021 & j1.021 & j1.013 & j0.959 & j0.901 \\ j1.012 & j1.055 & j1.056 & j0.999 & j0.939 \\ j1.013 & j1.056 & j1.215 & j1.057 & j0.994 \\ j0.959 & j0.999 & j1.057 & j1.057 & j0.993 \\ j0.901 & j0.939 & j0.994 & j0.993 & j1.009 \end{bmatrix}$$

則利用 $\mathbf{V} = (\mathbf{Y}_{bus})^{-1}\mathbf{I}$ 求得電壓向量 $\mathbf{V}$ 為

$$\mathbf{V} = \begin{bmatrix} 1.08\angle -30.16° \\ 1.092\angle -31.17° \\ 1.12\angle -32.27° \\ 1.087\angle -33.33° \\ 1.06\angle -34.89° \end{bmatrix}$$

---

**例題 9.8**

　　就例題 9.5 中得到的節點方程式,執行 $\mathbf{Y}_{bus}$ 的三角分解,並利用 (9.4) 式和 (9.5) 式的前向和後向代換,來決定電壓解的向量。

**解**　根據先前描述的演算法,程序中的第一步是執行三角分解。為了簡化過程,我們首先複製例題 9.5 中得到的 $\mathbf{Y}_{bus}$。

$$\mathbf{Y}_{bus} = \begin{bmatrix} -j19.56 & j18.76 & 0 & 0 & 0 \\ j18.76 & -j29.27 & j4.0 & j6.67 & 0 \\ 0 & j4.0 & -j7.78 & j4.0 & 0 \\ 0 & j6.67 & j4.0 & -j23.01 & j12.50 \\ 0 & 0 & 0 & j12.5 & -j13.30 \end{bmatrix}$$

我們現在開始分解過程。既然本系統的 $\mathbf{Y}_{bus}$ 是一個 5×5 的矩陣，在分解過程中將會有四個步驟。每一步驟完成時儲存在 $\mathbf{Y}_{bus}$ 的元素為

$$\mathbf{Y}_{bus}^{(1)} = \begin{bmatrix} -j19.56 & j18.76 & 0 & 0 & 0 \\ -0.959 & -j11.28 & j4.0 & j6.67 & 0 \\ 0 & j4.0 & -j7.78 & j4.0 & 0 \\ 0 & j6.67 & j4.0 & -j23.01 & j12.50 \\ 0 & 0 & 0 & j12.5 & -j13.30 \end{bmatrix}$$

$$\mathbf{Y}_{bus}^{(2)} = \begin{bmatrix} -j19.56 & j18.76 & 0 & 0 & 0 \\ -0.959 & -j11.28 & j4.0 & j6.67 & 0 \\ 0 & -0.355 & -j6.36 & j6.37 & 0 \\ 0 & -0.591 & j6.37 & -j19.07 & j12.50 \\ 0 & 0 & 0 & j12.5 & -j13.30 \end{bmatrix}$$

$$\mathbf{Y}_{bus}^{(3)} = \begin{bmatrix} -j19.56 & j18.76 & 0 & 0 & 0 \\ -0.959 & -j11.28 & j4.0 & j6.67 & 0 \\ 0 & -0.355 & -j6.36 & j6.37 & 0 \\ 0 & -0.591 & -1.001 & -j12.70 & j12.50 \\ 0 & 0 & 0 & j12.5 & -j13.30 \end{bmatrix}$$

$$\mathbf{Y}_{bus}^{(4)} = \begin{bmatrix} -j19.56 & j18.76 & 0 & 0 & 0 \\ -0.959 & -j11.28 & j4.0 & j6.67 & 0 \\ 0 & -0.355 & -j6.36 & j6.37 & 0 \\ 0 & -0.591 & -1.001 & -j12.70 & j12.50 \\ 0 & 0 & 0 & -0.984 & -j0.994 \end{bmatrix}$$

根據三角分解過程的最後一個步驟，我們求得 **L** 和 **U** 矩陣為

$$\mathbf{L} = \begin{bmatrix} 1 & 0 & 0 & 0 & 0 \\ -0.959 & 1 & 0 & 0 & 0 \\ 0 & -0.355 & 1 & 0 & 0 \\ 0 & -0.591 & -1.001 & 1 & 0 \\ 0 & 0 & 0 & -0.985 & 1 \end{bmatrix}$$

第 9 章　網路矩陣

$$U = \begin{bmatrix} -j19.56 & j18.76 & 0 & 0 & 0 \\ 0 & -j11.28 & j4.0 & j6.67 & 0 \\ 0 & 0 & -j6.36 & j6.37 & 0 \\ 0 & 0 & 0 & -j12.70 & j12.5 \\ 0 & 0 & 0 & 0 & -j0.994 \end{bmatrix}$$

現在我們執行 (9.4) 式的後向代換，得到

$$\tilde{V} = \begin{bmatrix} -j0.72 \\ -j0.691 \\ -j0.245 \\ -j0.653 \\ -0.601 - j0.862 \end{bmatrix}$$

利用 $\tilde{V}$ 的解，我們利用 (9.5) 式的後向代換，解得

$$V = \begin{bmatrix} 1.08\angle -30.16° \\ 1.092\angle -31.17° \\ 1.12\angle -32.27° \\ 1.087\angle -33.33° \\ 1.06\angle -34.89° \end{bmatrix}$$

## 9.3　網路簡化（KRON 簡化）

電力系統中，沒有外部負載或發電機連接的匯流排，其注入電流總是為零。此類的節點可以刪除。如下例所示，此刪除節點的動作是很容易完成。

**例題 9.9**

已知

$$\begin{bmatrix} I_1 \\ I_2 \\ 0 \end{bmatrix} = \begin{bmatrix} Y_{11} & Y_{12} & Y_{13} \\ Y_{21} & Y_{22} & Y_{23} \\ Y_{31} & Y_{32} & Y_{33} \end{bmatrix} \begin{bmatrix} V_1 \\ V_2 \\ V_3 \end{bmatrix}$$

注入節點 3 的電流為零，此節點可依下列程序刪除：

1. 利用矩陣的第三列，以 $V_1$ 和 $V_2$ 來表示 $V_3$。
2. 與 $V_1$、$V_2$ 和 $V_3$ 有關的 $I_1$、$I_2$，現在可單獨以 $V_1$ 和 $V_2$ 表示。
3. 整理方程式，將各項係數寫入一個新的 $2\times 2$ 導納矩陣中。

執行此程序，我們有

1. $0 = Y_{31}V_1 + Y_{32}V_2 + Y_{33}V_3$ 或

$$V_3 = -\frac{Y_{31}}{Y_{33}}V_1 - \frac{Y_{32}}{Y_{33}}V_2$$

2. $I_1 = Y_{11}V_1 + Y_{12}V_2 + Y_{13}\left(-\frac{Y_{31}}{Y_{33}}V_1 - \frac{Y_{32}}{Y_{33}}V_2\right)$

$I_2 = Y_{21}V_1 + Y_{22}V_2 + Y_{23}\left(-\frac{Y_{31}}{Y_{33}}V_1 - \frac{Y_{32}}{Y_{33}}V_2\right)$

3. $\begin{bmatrix} I_1 \\ I_2 \end{bmatrix} = \begin{bmatrix} \left(Y_{11} - \dfrac{Y_{13}Y_{31}}{Y_{33}}\right) & \left(Y_{12} - \dfrac{Y_{13}Y_{32}}{Y_{33}}\right) \\ \left(Y_{21} - \dfrac{Y_{23}Y_{31}}{Y_{33}}\right) & \left(Y_{22} - \dfrac{Y_{23}Y_{32}}{Y_{33}}\right) \end{bmatrix} \begin{bmatrix} V_1 \\ V_2 \end{bmatrix}$

我們注意到，當矩陣是低維度，其可能是較少稀疏。也注意到，計算出 $V_1$ 和 $V_2$ 之後，可以很容易決定 $V_3$。

對於一個 $n$ 匯流排系統，我們可將此程序一般化如下：對於一個 $n$ 匯流排系統，若節點 $k$ 的注入電流為零 (即在節點方程式中 $I_k = 0$)，則我們可以藉由消去節點 $k$ 得到簡化的導納矩陣，消去節點利用的公式為

$$Y_{ij}^{(\text{new})} = Y_{ij} - \frac{Y_{ik}Y_{kj}}{Y_{kk}} \qquad i,j = 1, 2, ..., n \quad i, j \neq k \qquad (9.17)$$

上標 (new) 用以區別新的 $(n-1)\times(n-1)\mathbf{Y}_{\text{bus}}$ 和原來 $n\times n\, \mathbf{Y}_{\text{bus}}$ 的元素。消去零注入電流匯流排的較低維度系統被稱為 **Kron 簡化** (Kron reduced)。明顯地，當希望消去許多節點 (具有零注入電流) 時，反覆此程序即可。

## 第9章　網路矩陣

**例題 9.10**

就例題 9.5 中得到的節點方程式，利用 Kron 簡化消去節點 3，並求得新的 $\mathbf{Y}_{bus}$。

**解** 利用 (9.17) 式，新 $\mathbf{Y}_{bus}$ 的第二列計算如下：

$$Y_{21}^{(new)} = Y_{21} - \frac{Y_{23}Y_{31}}{Y_{33}} = j18.76 - \frac{(j4.0)(0)}{-j7.78} = j18.76$$

$$Y_{22}^{(new)} = Y_{22} - \frac{Y_{23}Y_{32}}{Y_{33}} = j29.27 - \frac{(j4.0)(j4.0)}{-j7.78} = -j27.21$$

$$Y_{24}^{(new)} = Y_{24} - \frac{Y_{23}Y_{34}}{Y_{33}} = j6.67 - \frac{(j4.0)(j4.0)}{-j7.78} = j8.73$$

$$Y_{25}^{(new)} = Y_{25} - \frac{Y_{23}Y_{35}}{Y_{33}} = 0 - \frac{(j4.0)(0)}{-j7.78} = 0$$

新的節點方程式為

$$\begin{bmatrix} 0.72\angle-90° \\ 0 \\ 0 \\ 0.64\angle-160° \end{bmatrix} = \begin{bmatrix} -j19.56 & j18.76 & 0 & 0 \\ j18.76 & -j27.21 & j8.73 & 0 \\ 0 & j8.73 & -j20.953 & j12.5 \\ 0 & 0 & j12.5 & -j13.30 \end{bmatrix} \begin{bmatrix} V_1 \\ V_2 \\ V_4 \\ V_5 \end{bmatrix}$$

當求解電壓時，這些方程式的解為

$$\begin{bmatrix} V_1 \\ V_2 \\ V_4 \\ V_5 \end{bmatrix} = \begin{bmatrix} 1.08\angle-30.16° \\ 1.092\angle-31.17° \\ 1.087\angle-33.33° \\ 1.06\angle-34.89° \end{bmatrix}$$

求得的解與前先的完全一樣。

## 9.4　$\mathbf{Y}_{bus}$ 構造和運算

對於大型電力系統，$\mathbf{Y}_{bus}$ 是高度稀疏矩陣。結果，矩陣中有大量的零元素和相當少的非零元素。在計算機的應用裡，為了更有效率地儲存和計算矩陣，已經發展出高效率的數值技術，這些技術包括稀疏矩陣最佳排序法和求解稀疏矩陣方程式系統的有效率的方法。這些技術的敘述已超出本書的範圍，有興趣的讀者可參考 Alvarado, Tinney 和 Enns 合著之大型網路計算有關稀疏性主題的章節。

## 9.5 匯流排阻抗矩陣

在例題 9.7 中，藉由計算 $\mathbf{Y}_{bus}$ 的數值反矩陣，我們求得電壓向量 $\mathbf{V}$ 的解，此反矩陣被稱為**匯流排阻抗矩陣** (bus impedance matrix) 或 $\mathbf{Z}_{bus}$。注入節點的電流與相對於參考節點的節點電壓之間的關係，可經由 $\mathbf{Z}_{bus}$ 描述成

$$\mathbf{V} = \mathbf{Z}_{bus}\mathbf{I} \tag{9.18}$$

$\mathbf{Z}_{bus}$ 無法像 $\mathbf{Y}_{bus}$ 一樣透過觀察法寫出。可是，在執行短路計算時它是非常有用，而且將在第 12 章中使用於短路計算。$\mathbf{Z}_{bus}$ 是一個開路網路的描述，對於一個 $n$ 節點的網路，(9.18) 式可以展開的形式寫成

$$\begin{bmatrix} V_1 \\ V_2 \\ \cdots \\ V_n \end{bmatrix} = \begin{bmatrix} Z_{11} & Z_{12} & \cdots & Z_{1n} \\ Z_{21} & Z_{22} & \cdots & Z_{2n} \\ \cdots & \cdots & \cdots & \cdots \\ Z_{n1} & Z_{n2} & \cdots & Z_{nn} \end{bmatrix} \begin{bmatrix} I_1 \\ I_2 \\ \cdots \\ I_n \end{bmatrix} \tag{9.19}$$

其中電壓是相對於共同參考節點，電流是注入節點的電流。若除了注入節點 $k$ 的電流之外，所有電流都為零，根據 (9.19) 式我們有

$$\begin{bmatrix} V_1 \\ V_2 \\ \cdots \\ V_n \end{bmatrix} = \begin{bmatrix} Z_{1k} \\ Z_{2k} \\ \cdots \\ Z_{nk} \end{bmatrix} I_k, \quad I_j = 0, j \neq k \tag{9.20}$$

此式定義出匯流排導納矩陣的第 $k$ 行，因為我們可以解 (9.20) 式得到下列的計算

# 第 9 章　網路矩陣

$$Z_{ik} = \left(\frac{V_i}{I_k}\right)_{I_j=0,\, j\neq k,} \quad i=1,2,\ldots,n \tag{9.21}$$

既然所有阻抗元素可以利用除了一個節點以外所有節點都開路的方式來定義，阻抗元素被稱為開路驅動點和轉移阻抗，或

$$Z_{ik} = \text{開路驅動點阻抗，當 } i=k$$
$$\phantom{Z_{ik}} = \text{開路轉移阻抗，當 } i\neq k$$

$\mathbf{Z}_{\text{bus}}$ 矩陣的對角線元素提供該特定節點的系統戴維寧等效阻抗。在利用 $\mathbf{Z}_{\text{bus}}$ 做故障分析時，這個事實是特別有用，此情況將在第 12 章中說明。

我們現在將提供一種逐步建立或組合阻抗矩陣的計算方法。我們將考慮以下問題作為開端。假使已知某一特定 $r$ 個匯流排網路阻抗矩陣 $\mathbf{Z}_{\text{bus}}$，並希望去計算原特定網路有某種改變時的阻抗矩陣，我們稱此新的矩陣為修改阻抗矩陣 $\mathbf{Z}_{\text{bus}}^n$。

接下來，我們將考慮四種型態的電路改變，並給予以 $\mathbf{Z}_{\text{bus}}$ 表示的 $\mathbf{Z}_{\text{bus}}^n$ 計算規則。規則的證明可以在附錄 7 中得到。

**改變 1.** 於新的第 $(r+1)$ 個匯流排 (節點) 與參考節點間增加一阻抗為 $z_b$ 的分支。

**規則 1.** 以下述的 $(r+1)\times(r+1)$ 矩陣來求得 $\mathbf{Z}_{\text{bus}}^n$。

$$\mathbf{Z}_{\text{bus}}^n = \begin{bmatrix} \mathbf{Z}_{\text{bus}} & \mathbf{0} \\ \mathbf{0} & z_b \end{bmatrix} \tag{9.22}$$

**改變 2.** 於新的第 $(r+1)$ 個節點與第 $i$ 個節點間增加一阻抗為 $z_b$ 的分支。

**規則 2.** 假使 $\mathbf{Z}_{\text{bus}}$ 的第 $i$ 行是 $\mathbf{Z}_i$，$\mathbf{Z}_{\text{bus}}$ 的第 $ii$ 個元素是 $Z_{ii}$，則

$$\mathbf{Z}_{\text{bus}}^n = \begin{bmatrix} \mathbf{Z}_{\text{bus}} & \mathbf{Z}_i \\ \mathbf{Z}_i & Z_{ii}+z_b \end{bmatrix} \tag{9.23}$$

注意：我們強調 $\mathbf{Z}_i$ 是 $\mathbf{Z}_{\text{bus}}$ 的第 $i$ 行的簡單複製。

**改變 3.** 於 (現有的) 第 $i$ 個節點與參考節點間增加一個阻抗為 $z_b$ 的分支。

**規則 3.** 假使 $\mathbf{Z}_{\text{bus}}$ 的第 $i$ 行是 $\mathbf{Z}_i$，$\mathbf{Z}_{\text{bus}}$ 的第 $ii$ 個元素是 $Z_{ii}$。然後，如 (9.23) 式所示，我們首先將舊 $\mathbf{Z}_{\text{bus}}$ 增加額外的一列和一行，使矩陣的大小增大為 $(r+1) \times (r+1)$。在第 $(r+1)$ 個匯流排上的電壓是在參考節點上的電壓，而且是等於零。因此，如第 9.3 節所述，我們可對最後列和最後行進行 Kron 簡化，得到

$$Z_{kj}^n = Z_{kj} - \frac{Z_{k(r+1)}Z_{(r+1)j}}{Z_{ii} + z_b} \tag{9.24}$$

**改變 4.** 於 (現有) 第 $i$ 和第 $j$ 個節點間增加一個阻抗為 $z_b$ 的分支。

**規則 4.** 假使 $\mathbf{Z}_{\text{bus}}$ 的第 $i$ 和第 $j$ 行分別是 $\mathbf{Z}_i$ 和 $\mathbf{Z}_j$，$\mathbf{Z}_{\text{bus}}$ 的第 $ii$、第 $jj$ 和第 $ij$ 個元素分別是 $Z_{ii}$、$Z_{jj}$ 和 $Z_{ij}$。則

$$\mathbf{Z}_{\text{bus}}^n = \mathbf{Z}_{\text{bus}} - \gamma \mathbf{b}\mathbf{b}^T \tag{9.25}$$

其中 $\mathbf{b} = \mathbf{Z}_i = \mathbf{Z}_j$，以及 $\gamma = (z_b + Z_{ii} + Z_{jj} - 2Z_{ij})^{-1}$。

注意：利用矩陣運算的規則

$$\mathbf{b}\mathbf{b}^T = \begin{bmatrix} b_1 \\ b_2 \\ \vdots \\ b_r \end{bmatrix} \begin{bmatrix} b_1 & b_2 & \cdots & b_r \end{bmatrix} = \begin{bmatrix} b_1^2 & b_1 b_2 & \cdots & b_1 b_r \\ b_2 b_1 & b_2^2 & \cdots & b_2 b_r \\ \vdots & \vdots & \vdots & \vdots \\ b_r b_1 & b_r b_1 & \cdots & b_r^2 \end{bmatrix}$$

---

**例題 9.11**

假使我們已知圖 E9.11 中三個匯流排網路的阻抗矩陣 $\mathbf{Z}_{\text{bus}}$。假設

$$z_1 = j1.0$$
$$z_2 = j1.25$$

# 第 9 章　網路矩陣

$$z_3 = j0.1$$
$$z_4 = j0.2$$
$$z_5 = j0.1$$

$$\mathbf{Z}_{bus} = j \begin{bmatrix} 0.5699 & 0.5376 & 0.5591 \\ 0.5376 & 0.5780 & 0.5511 \\ 0.5591 & 0.5511 & 0.6231 \end{bmatrix}$$

假使現在網路被改變如下：移除 $z_5$。試求 $\mathbf{Z}_{bus}^n$。

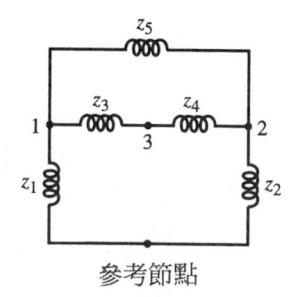

圖 E9.1。

**解**　此題之改變是屬於型態 4，若我們於節點 1 和節點 2 之間增加一個阻抗 $z_b = -j0.1$，$z_b$ 將與 $z_5$ 並聯（即 $-j0.1$ 與 $j0.1$ 並聯）。阻抗並聯的結果為無限大（即開路）。此方式與移除 $z_5$ 等效。

利用規則 4，我們首先計算

$$\gamma = (z_b + Z_{11} + Z_{22} - 2Z_{12})^{-1}$$
$$= [-j0.1 + j0.5699 + j0.5780 - 2(j0.5376)]^{-1}$$
$$= j36.63$$

接著計算

$$\mathbf{b} = \mathbf{Z}_1 - \mathbf{Z}_2 = j \begin{bmatrix} 0.0323 \\ -0.0404 \\ 0.0080 \end{bmatrix}$$

據以求得

$$\mathbf{bb}^T = j^2 \begin{bmatrix} 0.001043 & -0.001305 & 0.000258 \\ -0.001305 & 0.001632 & -0.000323 \\ 0.000258 & -0.000323 & 0.000064 \end{bmatrix}$$

將這些結果代入 (9.25) 式，得到

$$\mathbf{Z}_{bus}^{n} = \mathbf{Z}_{bus} - \gamma \mathbf{bb}^{T}$$

$$\mathbf{Z}_{bus}^{n} = j \begin{bmatrix} 0.6081 & 0.4898 & 0.5686 \\ 0.4898 & 0.6378 & 0.5393 \\ 0.5686 & 0.5393 & 0.6254 \end{bmatrix}$$

所有的這些運算皆適於利用計算機自動計算。

我們注意到，透過 $\mathbf{Y}_{bus}^{n}$ 的直接倒轉來體察矩陣修改方法的優點，我們將考慮一個高維度的矩陣。

在例題 9.11，我們移除 $z_5$。讀者可能希望查對其結果，以對此方法的瞭解，可藉由將 $z_5$ 加回來得到原來的 $\mathbf{Z}_{bus}$。

接著我們回到原來提出的問題，就是沒有 (直接) 矩陣倒轉求出一已知網路的阻抗矩陣。依據網路修改的四個規則，我們可以從一個簡單的網路開始，然後逐步增加元件直到完成整個網路。此程序稱為 **Z 建立**，程序如下：

**Z 建立程序**　假使我們希望求出一已知網路的 $\mathbf{Z}_{bus}$。

步驟 0：從連接到參考節點的分支端點上的節點開始，對網路的節點編號。

步驟 1：以所有連接到參考節點的分支所組成的網路開始，我們求出 $\mathbf{Z}_{bus}^{(0)}$，其為對角線矩陣，分支的阻抗值就在對應的對角線上。此結果與重複使用規則 1 是一致的。

步驟 2：利用規則 2，加入一個新節點到既存網路的第 $i$ 個節點。繼續此步驟，直到整個網路的所有節點都加入。

步驟 3：利用規則 4，於第 $i$ 和第 $j$ 個節點間加入一分支。繼續此步驟，直到所有剩下的分支都連接上。

在建立 $\mathbf{Z}_{bus}$ 的一些方案中，步驟 1 可能不是增加資料最有效率的程序。在此情況，先加入一個節點 (必須不是參考節點)，然後是從這個節點到參考節點的分支，此時，我們利用規則 3。

# 第 9 章 網路矩陣

我們以一個例題來做總結。

**例題 9.12**

對於一個三匯流排（節點）的網路 [如圖 E9.12(a) 所示]，利用 **Z** 建立程序求出 $\mathbf{Z}_{bus}$。假設

$$z_1 = j1.0$$
$$z_2 = j1.25$$
$$z_3 = j0.1$$
$$z_4 = j0.2$$
$$z_5 = j0.1$$

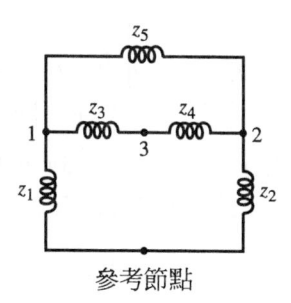

圖 E9.12(a)。

注意：網路和例題 9.11 相同。現在我們將說明如何求出在例題 9.11 中的 $\mathbf{Z}_{bus}$。

**解**

步驟 0：連接到參考節點的分支端點上的節點已正確地編成 1 和 2 號。

步驟 1：對於以所有連接到參考節點的分支所組成的網路 [圖 E9.12(b)]，我們從考慮 $\mathbf{Z}_{bus}^{(0)}$ 開始。

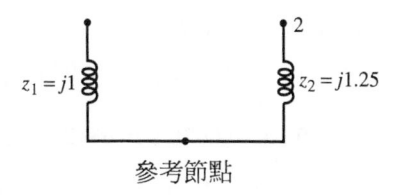

圖 E9.12(b)。

$$\mathbf{Z}_{bus}^{(0)} = j \begin{bmatrix} 1 & 0 \\ 0 & 1.25 \end{bmatrix}$$

**步驟** 2：利用規則 2，我們接著經由分支 $z_3$，加入一個新的節點 3 到節點 1。由於 $\mathbf{Z}_1^T = j[1\ \ 0]$，$z_{11} = j1$，以及 $z_b = z_3 = j0.1$，我們得到

$$\mathbf{Z}_{bus}^{(1)} = j \begin{bmatrix} 1 & 0 & \vdots & 1 \\ 0 & 1.25 & \vdots & 0 \\ \cdots & \cdots & \vdots & \cdots \\ 1 & 0 & \vdots & 1.1 \end{bmatrix}$$

**步驟** 3：現在所有的節點都在位置上，所有其他的修改是在既存的節點之間增加分支。接著我們可以加入 $z_4$，$z_4$ 連接節點 2 和 3，因此利用規則 3，我們計算

$$\mathbf{b} = \mathbf{Z}_2 - \mathbf{Z}_3 = j \begin{bmatrix} 0 \\ 1.25 \\ 0 \end{bmatrix} - j \begin{bmatrix} 1.0 \\ 0 \\ 1.1 \end{bmatrix} = j \begin{bmatrix} -1.0 \\ 1.25 \\ -1.1 \end{bmatrix}$$

$$\gamma = (z_4 + Z_{22} + Z_{33} - 2Z_{23})^{-1} = (j0.2 + j1.25 + j1.1)^{-1} = (j2.55)^{-1}$$
$$= -j0.3922$$

其中的阻抗值是根據 $\mathbf{Z}_{bus}^{(1)}$ 推導。然後，利用 (9.25) 式，我們得到

$$\mathbf{Z}_{bus}^{(2)} = \mathbf{Z}_{bus}^{(1)} + j0.3922 \begin{bmatrix} -1.0 & 1.25 & -1.1 \\ 1.25 & -1.563 & 1.375 \\ -1.1 & 1.375 & -1.21 \end{bmatrix}$$

$$= j \begin{bmatrix} 0.6078 & 0.4902 & 0.5686 \\ 0.4902 & 0.6372 & 0.5392 \\ 0.5686 & 0.5392 & 0.6255 \end{bmatrix}$$

最後，加入介於節點 1 和 2 之間的 $z_5$。

$$\mathbf{b} = \mathbf{Z}_1 - \mathbf{Z}_2 = j \begin{bmatrix} 0.6078 \\ 0.4902 \\ 0.5686 \end{bmatrix} - j \begin{bmatrix} 0.4902 \\ 0.6372 \\ 0.5392 \end{bmatrix} = j \begin{bmatrix} 0.1176 \\ -0.1471 \\ 0.0294 \end{bmatrix}$$

$$\gamma = (z_5 + Z_{11} + Z_{22} - 2Z_{12})^{-1} = [j0.1 + j0.6078 + j0.6372 - 2(j0.4902)]^{-1}$$
$$= j2.742$$

# 第 9 章　網路矩陣

其中的阻抗值是根據 $\mathbf{Z}_{bus}^{(2)}$ 推導。然後

$$\mathbf{Z}_{bus}^{(3)} = \mathbf{Z}_{bus}^{(2)} + j2.742 \begin{bmatrix} -0.0138 & 0.0173 & -0.0035 \\ 0.0173 & -0.0216 & 0.0043 \\ -0.0035 & 0.0043 & -0.0009 \end{bmatrix}$$

$$= j \begin{bmatrix} 0.5699 & 0.5376 & 0.5591 \\ 0.5376 & 0.5780 & 0.5511 \\ 0.5591 & 0.5511 & 0.6231 \end{bmatrix}$$

這就是我們要計算的阻抗矩陣 $\mathbf{Z}_{bus}$。

我們再一次注意到，先前所有的運算都非常適合於計算機的實現。

## 9.6　反向原理來決定 $\mathbf{Z}_{bus}$ 的行

我們在 9.5 節中觀察到，為了執行故障分析，在很多情況下只要決定對應於故障匯流排的 $\mathbf{Z}_{bus}$ 對角線元素 (此元素提供故障匯流排的戴維寧等效阻抗)，或者，為了計算其他節點電壓以及網路內的各種電流，至多計算對應於故障匯流排的 $\mathbf{Z}_{bus}$ 的整行元素。就計算而言，$\mathbf{Z}_{bus}$ 矩陣的單一行，可以從 $\mathbf{Y}_{bus}$ 有效率地計算出，而不需計算全部 $\mathbf{Z}_{bus}$ 矩陣。此方法提供了一個有吸引力的計算選擇，而且是最現代故障分析程式所採用的方法。已經執行了 $\mathbf{Y}_{bus}$ 的 $\mathbf{LU}$ 分解，計算反矩陣的特定元素的最快速方法，是藉由在單位向量的前向和後向運算 (參考 Alvarado、Tinney 和 Enns)。對於一個四匯流排的例題，已經執行了 $\mathbf{Y}_{bus}$ 的 $\mathbf{LU}$ 分解，$\mathbf{Z}_{bus}$ 矩陣的第二行，記為 $\mathbf{Z}_{bus}^{(2)}$，可以藉由求解下列方程式得到：

$$\begin{bmatrix} 1 & \cdot & \cdot & \cdot \\ \ell_{21} & 1 & \cdot & \cdot \\ \ell_{31} & \ell_{32} & 1 & \cdot \\ \ell_{41} & \ell_{42} & \ell_{43} & 1 \end{bmatrix} \begin{bmatrix} u_{11} & u_{12} & u_{13} & u_{14} \\ \cdot & u_{22} & u_{23} & u_{24} \\ \cdot & \cdot & u_{33} & u_{34} \\ \cdot & \cdot & \cdot & u_{44} \end{bmatrix} \underbrace{\begin{bmatrix} Z_{12} \\ Z_{22} \\ Z_{32} \\ Z_{42} \end{bmatrix}}_{\mathbf{Z}_{bus}^{(2)}} = \begin{bmatrix} 0 \\ 1 \\ 0 \\ 0 \end{bmatrix} \quad \textbf{(9.26)}$$

更一般化地，$\mathbf{Y}_{bus} \times \mathbf{Z}_{bus}^{(k)} = \mathbf{I}^{(k)}$，其中 $\mathbf{Z}_{bus}^{(k)}$ 是 $\mathbf{Z}_{bus}$ 的第 $k$ 行，$\mathbf{I}^{(k)}$ 是單位矩陣的第 $k$ 行。我們現在可以利用前向代換和後向代換的兩個步驟來求解出 $\mathbf{Z}_{bus}^{(2)}$，代換關係式如下：

$$\begin{bmatrix} 1 & \cdot & \cdot & \cdot \\ \ell_{21} & 1 & \cdot & \cdot \\ \ell_{31} & \ell_{32} & 1 & \cdot \\ \ell_{41} & \ell_{42} & \ell_{43} & 1 \end{bmatrix} \begin{bmatrix} y_1 \\ y_2 \\ y_3 \\ y_4 \end{bmatrix} = \begin{bmatrix} 0 \\ 1 \\ 0 \\ 0 \end{bmatrix} \quad (9.27)$$

$$\begin{bmatrix} u_{11} & u_{12} & u_{13} & u_{14} \\ \cdot & u_{22} & u_{23} & u_{24} \\ \cdot & \cdot & u_{33} & u_{34} \\ \cdot & \cdot & \cdot & u_{44} \end{bmatrix} \underbrace{\begin{bmatrix} Z_{12} \\ Z_{22} \\ Z_{32} \\ Z_{42} \end{bmatrix}}_{\mathbf{Z}_{bus}^{(2)}} = \begin{bmatrix} y_1 \\ y_2 \\ y_3 \\ y_4 \end{bmatrix} \quad (9.26)$$

在此所呈現的方法將是在第 12 章中所選用的方法，該章中我們探討故障分析。

---

**例題 9.13**

就例題 9.11 和例題 9.12 中使用的系統，利用先前敘述的方法決定 $\mathbf{Z}_{bus}$ 矩陣的第三行。

**解** 對於圖 E9.11 或圖 E9.12 所示系統，藉由觀察法得到 $\mathbf{Y}_{bus}$ 矩陣為

$$\mathbf{Y}_{bus} = -j \begin{bmatrix} 21 & -10 & -10 \\ -10 & 15.8 & -5 \\ -10 & -5 & 15 \end{bmatrix}$$

利用 9.2 節中敘述的程序，$\mathbf{Y}_{bus}$ 的 LU 分解求得為

$$\mathbf{L} = \begin{bmatrix} 1 & 0 & 0 \\ -0.47619 & 1 & 0 \\ -0.47619 & -0.8844 & 1 \end{bmatrix} \quad \mathbf{U} = -j \begin{bmatrix} 21 & -10 & -10 \\ 0 & 11.0381 & -9.7619 \\ 0 & 0 & 1.60485 \end{bmatrix}$$

根據 (9.27) 式，我們得到

$$\begin{bmatrix} y_1 \\ y_2 \\ y_3 \end{bmatrix} = \begin{bmatrix} 0 \\ 0 \\ 1 \end{bmatrix}$$

利用 (9.28) 式,我們獲得

$$\mathbf{Z}_{bus}^{(3)} = \begin{bmatrix} 0.5591 \\ 0.5511 \\ 0.6231 \end{bmatrix}$$

此結果與例題 9.11 和例題 9.12 中 $\mathbf{Z}_{bus}$ 的第三行完全一致。

## 9.7 總　結

　　本章中我們已經介紹兩個重要矩陣,其在電力系統網路電特性的描述扮演關鍵角色。$\mathbf{Y}_{bus}$ 矩陣藉由僅包含觀察法的簡單程序建構出,表示節點電壓和注入電流之關係,則可求解網路以得到節點電壓。經由三角分解,一種有效率的技術可用以求解矩陣方程式,網路解則由簡單的前和後向代換程序獲得。

　　若在一個或多個節點上沒有電流注入,降低網路矩陣的維度是可能的。一種簡單的技術是應用 Kron 簡化程序。注意到 $\mathbf{Y}_{bus}$ 是一個對稱矩陣也是重要的,此特質在建構 $\mathbf{Y}_{bus}$ 的過程中可提供一個重要的查對,而且有助於 $\mathbf{Y}_{bus}$ 在計算機記憶體中做有效率的儲存。

　　$\mathbf{Z}_{bus}$ 是 $\mathbf{Y}_{bus}$ 的反矩陣,一般而言,直接取反矩陣是不切實際。不過,有一種簡單建構程序可逐步修改或建立 $\mathbf{Z}_{bus}$。另一種程序可用來從 $\mathbf{Y}_{bus}$ 獲得 $\mathbf{Z}_{bus}$ 特定元素或行,此技術在計算上是有效率的,並被使用在大部分的現代故障分析軟體內。在電力系統故障分析中,$\mathbf{Z}_{bus}$ 扮演重要的角色,有關 $\mathbf{Z}_{bus}$ 的使用將在第 12 章中說明。

## 習　題

**9.1.** 就例題 9.4 中所給系統,若在匯流排 2 和匯流排 4 之間增加一條並聯輸電線，此輸電線的參數和原來連接在此兩匯流排的輸電線一樣，試求此情形下的 $Y_{bus}$。

9.2. 就圖 P9.2 所示系統，建構 $Y_{bus}$。表 P9.2 中提供各元件的參數。

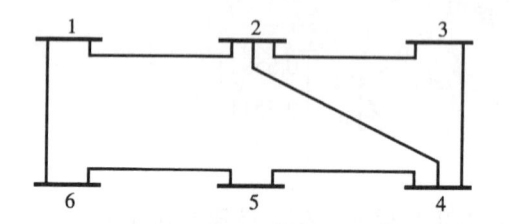

圖 P9.2。

| 表 P9.2 | |
|---|---|
| 元件 | 串聯電抗 p.u. |
| 1–2 | $j0.04$ |
| 1–6 | $j0.06$ |
| 2–4 | $j0.03$ |
| 2–3 | $j0.02$ |
| 3–4 | $j0.08$ |
| 4–5 | $j0.06$ |
| 5–6 | $j0.05$ |

9.3. 就問題 9.2 中所給系統，若在匯流排 1 和匯流排 5 之間增加一條電抗為 $j0.10$ p.u. 的輸電線，試修改 $Y_{bus}$。

9.4. 就圖 P9.4 所給系統，忽略輸電線電阻。表 P9.4 中是輸電線參數。

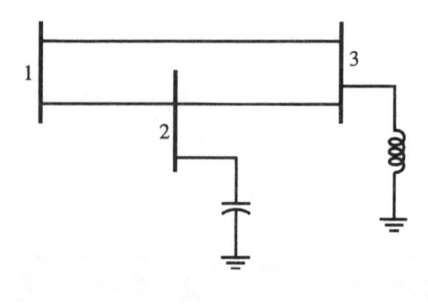

圖 P9.4。

表 P9.4

| 輸電線 | 串聯電抗 p.u. | 並聯導納 p.u. |
|---|---|---|
| 1–2 | $j0.20$ | $j0.24$ |
| 2–3 | $j0.10$ | $j0.16$ |
| 1–3 | $j0.25$ | $j0.30$ |

匯流排 2 上的匯流排電容器：$y = j0.30$ p.u.。

匯流排 3 上的匯流排電感器：$y = -j0.60$ p.u.。

**(a)** 決定此三匯流排系統的 $\mathbf{Y}_{bus}$。

**(b)** 當消去匯流排 2 時，決定 $\mathbf{Y}_{bus}$。

**9.5.** 在問題 9.4 所給的系統中，一個具有 0.9 p.u. 反電勢的電壓源連接於匯流排 1 上，此電壓源的電源電抗為 $j1.15$ p.u.。當有此新電源時，試修改在問題 9.4(a) 中所求得之 $\mathbf{Y}_{bus}$，並將電壓源轉換成電流源。寫出節點電壓方程式。

**9.6.** 就問題 9.5 中得到的 $\mathbf{Y}_{bus}$，試執行三角分解，並求得 $\mathbf{L}$ 和 $\mathbf{U}$ 矩陣。

**9.7.** 利用問題 9.6 中的三角分解，求得網路內三個匯流排的電壓。

**9.8.** 就問題 9.5 所給系統，利用 $\mathbf{Z}$ 建立演算法建構 $\mathbf{Z}_{bus}$。

**9.9.** 就問題 9.8 中得到的 $\mathbf{Z}_{bus}$，若在匯流排 2 和匯流排 4 之間增加一條並聯輸電線，此輸電線與此兩匯流排間既存的輸電線有相同的參數。在此情形下，試修改 $\mathbf{Z}_{bus}$。

**9.10.** 就問題 9.2 所給系統，若在匯流排 3 和匯流排 6 對地之間，各連接一個 $j0.10$ p.u. 的電抗。試利用 $\mathbf{Z}$ 建立演算法建構 $\mathbf{Z}_{bus}$。

**9.11.** 就問題 9.10 中得到的 $\mathbf{Z}_{bus}$，若移去匯流排 2 和匯流排 4 之間的輸電線，在此情形下，試修改 $\mathbf{Z}_{bus}$。

**9.12.** 利用 MATLAB 設計一個程式來讀入輸電線阻抗資料，並利用 9.5 節中所敘述的 Z 建立演算法，建構相應於系統資料的複數匯流排阻抗矩陣。

規　格

系統大小：　最多 20 個匯流排，不限數目的輸電線。

匯流排號碼：#0 是參考匯流排，1–98 是系統匯流排；99 表示資料結束。

輸入：　　　從匯流排到匯流排（整數）。
　　　　　　輸電線串聯阻抗 $R+jX$，並聯 $Y$。

輸出：　　　輸入的輸電線資料的表列；印出具有表示行/列的匯流排編號的 $Z_{bus}$。

對稱性：　　採用對稱矩陣的優點，利用壓縮儲存及僅計算 $Z_{ij}$（或 $Z_{ji}$）一次。

匯流排編號：利用一種內部重編號方法，以使得匯流排號碼 1-98 在矩陣內最大到 20。

資料順序：　假設輸電線的順序是正確，若不是則停止執行。允許"從"匯流排或"到"匯流排是既存的匯流排或參考匯流排。

測試系統：　計算例題 9.4 中系統的 $Z_{bus}$。

## D9.1　設計練習

對於第 4 和第 5 章中介紹的 Eagle 系統，其發電機參數已在第 6 章中決定。就這些參數，建構 $Y_{bus}$ 和 $Z_{bus}$，所有參數皆以 100 MVA 為共同系統基值的標么值表示。$Y_{bus}$ 可以由簡單的觀察法建構。利用問題 9.12 中發展的程式來建構 $Z_{bus}$。寫出一份提供 $Y_{bus}$ 和 $Z_{bus}$ 矩陣的報告。

# CHAPTER 10

# 電力潮流分析

## 10.0 簡 介

我們接著考慮電力潮流的這個重要課題。在此分析中,輸電系統是以一組由輸電線互聯的匯流排或節點來模擬。連接到系統各節點的發電機和負載,分別對輸電系統供給或吸收供率。

上述模型非常適於求解輸電系統的穩態功率和電壓,計算過程與求解電路內穩態電壓和電流的問題類似。在系統規劃和運轉的大部分研究中,電力潮流分析是不可或缺的部分,而且是電力系統計算機計算最常見的部分。

為了啟發各種不同的可能研究,讓我們考慮圖 10.1 所示的系統單線圖。電力工程所考慮的系統,通常都是上千個匯流排和上千條輸電線的大系統。

在圖中,$S_{Gi}$ 表示注入的 (複) 發電機功率,$S_{Di}$ 表示 (複) 負載功率,$V_i$ 表示複 (相量) 匯流排電壓。變壓器被假設併入發電機、負載或輸電線模型中,因此不再明顯地表示出變壓器。讀者應該明瞭:我們正集中注意力在輸電系統,其輸送發電機大量的功率到大功率變電所。因此,在圖 10.1 中所示的負載功率是表示供給大功率用戶及/或**次輸電系統** (subtransmission system) 的大負載功率,此次輸電系統是指將功率傳送到配電變電所和配電饋線網路的系統。雖然我們只考慮多層系統中的最上層 (整個系統的骨幹),但讀者應該注意,本章所發展出的技術,也能應用到系統的不同層。一個類似於圖 10.1 的單線圖也可以表示一個次輸電系統,

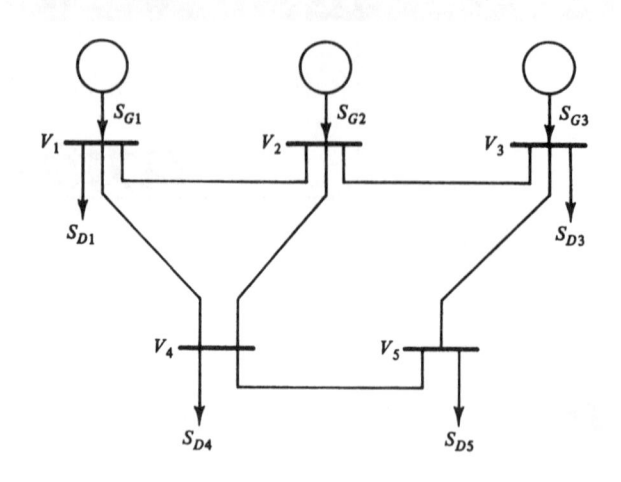

圖 10.1　系統單線圖。

注入次輸電系統的功率來自輸電變電所,以及可能是一些較老舊 (低壓) 發電機。我們只討論輸電系統的理由是其本身的重要性,以及一些有趣的重要問題,例如其獨有的穩定度問題。

電力系統的目的是在可接受的電壓和頻率範圍,以可靠且經濟的方式供給用戶所需的功率。在此我們僅關心這個目的在運轉上的含意,以及系統在輸電級的設計。

在分析過程中,我們假設負載功率 $S_{Di}$ 為已知常數;這個假設符合用戶需求的驅動特性,此時我們可以令它為輸入,而其 (經常) 緩慢變化的特性,我們可以令它為常數。$S_{Di}$ 隨時間自然變動的特性,可以藉由考慮一些不同的負載狀況來研究,不過在研究過程中我們都假設每一狀況都是穩態。屢次地,這些被討論的狀況在滿足系統要求上,可預期都可能有某些困難。這些困難是什麼?它可能是電壓幅值沒有在可接受的範圍內,或可能是一條或更多條輸電線是 (熱) 過載,或輸電線的穩定度邊限太小 (即跨於輸電線上的功率角太大),或某部特定發電機過載等。其他的研究是關於偶發事件,譬如發電機的緊急停機,或由於設備故障所造成一條或更多條輸電線跳脫。對一已知負載,系統可能是功能正常,但在單一 (或多重) 偶發事故發生時,就某種意義來說,系統是過載。在系統運轉時,我們希望無論在任何運轉情況下,以及一個很可能的偶發事件發生,系統都不會過載。在系統規劃時,有需要考慮替代的規劃,以確保發生偶發事件時,仍能符合相同的電力系統目的。

在系統運轉和規劃時,考慮經濟運轉也是非常重要。例如,在所有可能的發電機設廠位置當中,我們希望去考慮何者是生產成本(即每小時供給負載所需的發電燃料成本)最低的最佳位置。根據過去經驗我們注意到,此目標(即經濟運轉和安全運轉)經常與運轉需求相互矛盾,因此通常需要妥協。

上述所提出的問題,並不是整個電力系統的所有問題,而只是我們比較有興趣的範圍。在考慮所有這些問題時,我們需要知道 $S_{Di}$、$S_{Gi}$ 和 $V_i$ 之間的關係,這些關係由所謂的電力潮流方程式來描述。下一節我們會推導這些方程式。

## 10.1 電力潮流方程式

我們集中注意力在三相平衡系統運轉,所以可使用單相分析。在 4.6 節中我們已經討論過一個特殊情形的電力潮流方程式。正好與兩個匯流排的情形一樣,很適合於以每一匯流排注入輸電系統的功率來推導電力潮流方程式。所以,我們定義每相匯流排複功率 $S_i$ 為

$$S_i \triangleq S_{Gi} - S_{Di}$$

$S_i$ 是指 $S_{Gi}$ 減掉局部負載後的剩餘功率。我們可以視 $S_i$ 為一個分離的匯流排。例如,圖 10.1 中的匯流排 3 可分割成圖 10.2 所示,其中 $S_3$ 是注入匯流排 3 的淨匯流排功率。利用複功率守恆定理,對於第 $i$ 個匯流排,我們可獲得

$$S_i = \sum_{k=1}^{n} S_{ik} \quad i=1,2,...,n \tag{10.1}$$

其中我們把所有連接到第 $i$ 個匯流排的輸電線上的 $S_{ik}$ 相加。

我們也定義匯流排電流 $I_i$ 為

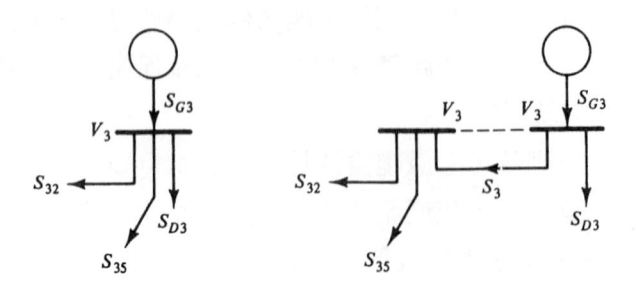

圖 10.2　$S_3$ 的物理意義。

$$I_i = I_{Gi} - I_{Di} = \sum_{k=1}^{n} I_{ik} \quad i = 1, 2, ..., n$$

$I_i$ 是指流入輸電系統的 $a$ 相總電流。對於圖 10.1 中的匯流排 3，我們可以視 $I_3$ 如圖 10.3 所示，其中所有顯示的電流是 $a$ 相電流。

在 9.1 節中，我們已發展注入節點電流和節點電壓之間的關係，如 (9.1) 式所給。利用 $\mathbf{I} = \mathbf{Y}_{bus}\mathbf{V}$，就第 $i$ 個元素而言，我們得到

$$I_i = \sum_{k=1}^{n} Y_{ik}V_k \quad i = 1, 2, ..., n \tag{10.2}$$

接下來我們計算第 $i$ 個匯流排的功率。利用 (10.2) 式可導出

$$\begin{aligned} S_i &= V_i I_i^* \\ &= V_i \left( \sum_{k=1}^{n} Y_{ik}V_k \right)^* \\ &= V_i \sum_{k=1}^{n} Y_{ik}^* V_k^* \quad i = 1, 2, ..., n \end{aligned} \tag{10.3}$$

假使我們令

$$V_i \triangleq |V_i| e^{j\angle V_i} = |V_i| e^{j\theta_i}$$

$$\theta_{ik} \triangleq \theta_i - \theta_k$$

$$Y_{ik} \triangleq G_{ik} + jB_{ik}$$

注意：我們使用極座標表示 (複) 電壓，但以直角座標表示 (複) 導納。$G_{ik}$ 被

第 10 章　電力潮流分析

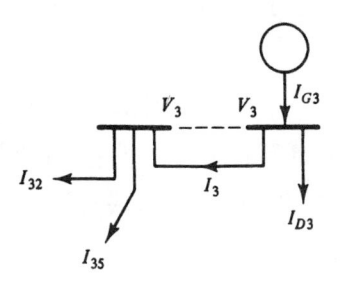

圖 10.3　$I_3$ 的物理意義。

稱為**電導** (conductance)，$B_{ik}$ 被稱為**電納** (susceptance)。則 (10.3) 式變成

$$S_i = \sum_{k=1}^{n} |V_i||V_k| e^{j\theta_{ik}} (G_{ik} - jB_{ik})$$
$$= \sum_{k=1}^{n} |V_i||V_k| (\cos\theta_{ik} + j\sin\theta_{ik})(G_{ik} - jB_{ik}) \quad i = 1, 2, ..., n \tag{10.4}$$

方程式 (10.3) 和 (10.4) 是 (複) 電力潮流方程式的兩個等效形式。重解 (10.4) 式成為實數部分和虛數部分，我們可得

$$P_i = \sum_{k=1}^{n} |V_i||V_k| (G_{ik}\cos\theta_{ik} + B_{ik}\sin\theta_{ik})$$
$$Q_i = \sum_{k=1}^{n} |V_i||V_k| (G_{ik}\sin\theta_{ik} - B_{ik}\cos\theta_{ik}) \tag{10.5}$$

**練習 1.**
　　就 4.6 節考慮的情形，證明 (10.4) 式可簡化成 (4.29) 式和 (4.30)。

## 10.2　電力潮流問題

現在我們可以更詳細地敘述電力潮流問題，確切地闡述是根據電力工業的運轉考量,以及數學考慮來進行。我們將討論某些考慮,並介紹一些通用的術語。

一些被發電機供給的匯流排,我們稱之為**發電機匯流排** (generator buses),而其他沒有發電機的匯流排,我們稱之為**負載匯流排** (load buses)。在圖 10.1 中,匯流排 1、2 和 3 是發電機匯流排,而匯流排 4 和 5 是負載匯流排。

運轉考量指出:在發電機匯流排上,可以指定有效功率 $P_{Gi}$ 和電壓幅值 $|V_i|$ (藉由調整渦輪機功率和發電機場電流)。在所有匯流排 $S_{Di}$ 都被指定。以匯流排功率表示,則我們看到在發電機匯流排上,$P_i = P_{Gi} - P_{Di}$ 可以被指定,然而在負載匯流排上,$S_i = -S_{Di}$ 被指定。所以,在某些匯流排 $P_i$ 和 $|V_i|$ 可以被指定,而其他匯流排指定 $P_i$ 和 $Q_i$。一個重要觀點必須注意:通常我們不能完全獨立地指定所有的 $P_i$,這是因為必須平衡有效功率所產生的一個限制。當輸電系統是無損失系統時,在所有匯流排的 $P_i$ 的總和是等於零,所以任何一個 $P_i$ 可以被其餘 $P_i$ 來決定。另一方面,對於一個有損失的系統,$P_i$ 的總和必須等於輸電系統內的 $|I|^2R$ 損失。於是產生一個問題:在電力潮流計算之前,無法準確得知損失。解決上述問題的方法是非常簡單且有效的。對於穩態值的計算,可以任意選擇一個匯流排,除了這個匯流排之外的所有匯流排上都指定 $P_i$,而這個任意選擇的匯流排上的注入功率是保持開放以 "吸收鬆弛" 並平衡有效功率。習慣上的匯流排編號,指定具有此功能的發電機是連接到匯流排 1。針對此發電機,我們不指定 $P_1$,或等效的 $P_{G1}$,但指定 $V_1 = |V_1| \angle V_1$。$\angle V_1$ 的選擇相當於選擇時間參考,對於穩態值的計算時,這選擇是任意的,但為了方便起見,我們通常取 $\theta_1 = \angle V_1 = 0$。

總結,在不同的匯流排上有三種型態的電源:

**1.** 電壓源,假設在匯流排 1 上。
**2.** $P$,$|V|$ 電源,在其他的發電機匯流排上。
**3.** $P$,$Q$ 電源,在負載匯流排上。

我們也注意下列術語。匯流排 1 被稱為**鬆弛匯流排** (slack bus) 或**搖擺匯流排** (swing bus),或電壓參考匯流排。為了避免與中性點作為電壓參考

節點的命名相混淆，我們較不喜歡使用電壓參考匯流排這個術語。有 $P$、$|V|$ 電源的匯流排被稱為 $P$、$|V|$ 或**電壓控制匯流排** (voltage control buses)。僅有 $P$、$Q$ 電源的匯流排被稱為 $P$、$Q$ 或負載匯流排。

最後必須注意到，通常一個匯流排能被明確地定義為發電機或負載匯流排，但對於一個具有電容器的負載匯流排的情形，若電容器提供定量的無效功率，則此匯流排將被指定為 $P$、$Q$ 匯流排；若電容器被用來維持一特定的 $P(=0)$ 和 $|V|$，則此匯流排將被指定為 $P$、$|V|$ 匯流排。有時候在發電機匯流排上指定的是 $Q$ 而不是 $|V|$，在此情形，我們將它歸納於負載匯流排。除了特別說明之外，我們都假設發電機匯流排為電壓控制匯流排。

現在我們說明兩種情形的電力潮流問題，其中我們都假設匯流排 1 為鬆弛（或搖擺）匯流排。在情形 I 中，我們假設所有的其餘匯流排都為 $P$、$Q$ 匯流排。

情形 I： 已知 $V_1, S_2, S_3, ..., S_n$，
求解 $S_1, V_2, V_3, ..., V_n$。

在情形 II 中，我們假設 $P$、$|V|$ 和 $P$、$Q$ 匯流排都存在，並對匯流排編號，使得匯流排 $2、3、...、m$ 為 $P$、$|V|$ 匯流排，$m+1、...、n$ 為 $P$、$Q$ 匯流排。

情形 II： 已知 $V_1, (P_2, |V_2|), ..., (P_m, |V_m|), S_{m+1}, ..., S_n$，
求解 $S_1, (Q_2, \angle V_2), ..., (Q_m, \angle V_m), V_{m+1}, ..., V_n$。

我們現在可藉注意下列各點來討論公式：

1. 優先的公式是關於匯流排功率（和電壓）。然後，由於 $S_i \triangleq S_{Gi} - S_{Di}$，問題中包含 $S_{Di}$ 和 $S_{Gi}$，因此在 $P$、$Q$ 匯流排上，$S_i = -S_{Di}$，而在 $P$、$|V|$ 匯流排上，$P_i = P_{Gi} - P_{Di}$。
2. 情形 I 對應於單機情形（在匯流排 1）；情形 II 是較典型的問題。
3. 在兩情形中，我們假設在每個匯流排上的四個變數中，有兩個變數為已知（複數 $V_i$ 規定 $|V_i|$ 和 $\angle V_i$，而複數 $S_i$ 規定 $P_i$ 和 $Q_i$），並

要求解出其餘的兩個變數。

4. 根據 (10.4) 式，我們可發現 $\angle V_i$ 只以相角差 $\theta_{ij}$ 表示，因此，根據這些方程式，我們僅能求出相角差。不過，由於 $\angle V_1$ 被指定 (= 0)，所有其他 $\angle V_i$ 都能被求出。

5. 方程式 (10.3) 和 (10.4) 都是 $V_i$ 的隱含表示式，結果是我們必須解隱含 (且非線性) 方程式。除了在解 $S_1$ 時，我們才是解一個明確方程式。

6. 一旦所敘述的問題已被解出，我們可知道所有 $V_i$，並可解出每一輸電線上的電力潮流和電流。特別地，我們能查對穩定度餘裕，以及輸電線或變壓器的熱額定是否能滿足。

7. 在實際情形，我們可以提出問題來考慮在相依變數上的實際限制。因此，在情形 II，可以規定 $Q_i^{\min} \le Q_i \le Q_i^{\max}$, $i = 2, 3, ..., m$。然後，為了不過度規定此問題，在 $Q_i$ 達到它的極限時，鬆弛特定 $|V_i|$ 的規定是常規。

8. 假設一個特定負載是以它的阻抗 $Z_{Di}$ 來取代複功率 $S_{Di}$ 的規定，則以下列修改來適用於一般方法：令 $S_{Di} = 0$，並將 $Y_{Di} = 1/Z_{Di}$ 與 $\mathbf{Y}_{bus}$ 對角線上的第 $i$ 項相加。

9. 對於一個正常的系統，讀者可能希望查對問題的公式，是與利用等效 $\pi$ 電路來模擬輸電線一致 (即我們不需模擬 $\Delta$-Y 變壓器組的接線感應的相位移)。

在考慮求解方法之前，去瞭解我們提出的情形 I 和 II 問題解的存在性和唯一性是有必要的。

我們可以容易地解決這個問題，即問題是無解或多解。例如，考慮以下屬於情形 I 的例題，此例題類似於先前討論過的例題 4.8。

**例題 10.1**

圖 E10.1(a) 中的 $V_1$ 和 $S_2$ 為已知，欲求出 $S_1$ 和 $V_2$。我們考慮解為一個 $P_{D2}$ 的函數，在此 $P_{D2} \ge 0$。

**解** 當電壓未受控制前，電容器注入一個定功率，因此匯流排 2 為 $P$、$Q$ 匯流

# 第 10 章 電力潮流分析

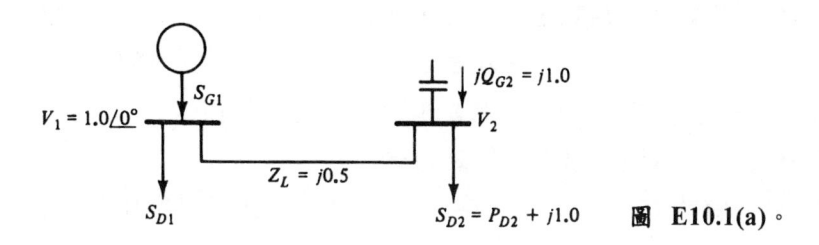

[圖 E10.1(a) 顯示：$V_1 = 1.0\underline{/0°}$，$S_{G1}$，$Z_L = j0.5$，$jQ_{G2} = j1.0$，$V_2$，$S_{D1}$，$S_{D2} = P_{D2} + j1.0$]

排。事實上，

$$S_2 = S_{G2} - S_{D2} = -P_{D2}$$

最容易的求解過程是利用與例題 4.8 中相同的方法。注意：$S_2 = S_{21}$，我們畫出一個受電端圓 [圖 E10.1(b)]。從圖中幾何關係可看出，若有一個解，$|V_2|$ 必須滿足

$$4|V_2|^4 - 4|V_2|^2 + P_{D2}^2 = 0$$

此意謂

$$|V_2|^2 = \frac{1}{2}\left(1 \pm \sqrt{1 - P_{D2}^2}\right)$$

因此，若 $P_{D2} > 1$ 時，沒有實數解，而由於 $|V_2|$ 必須是實數，所以問題無解。若 $P_{D2} = 1$，$|V_2| = 1/\sqrt{2} = 0.707$。若 $0 \leq P_{D2} < 1$，有兩個實數解。在有解情況下，我們可從圖中來決定 $\angle V_2 = -\theta_{12}$，以及根據 (10.4) 和 (4.29) 式 $S_1 = S_{12}$。

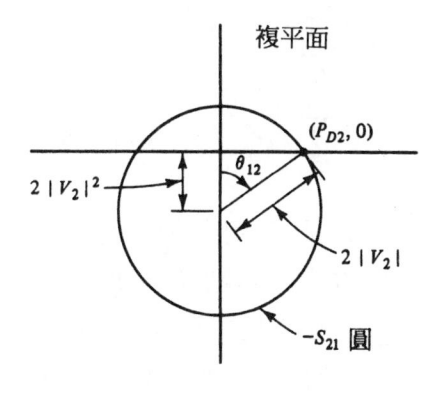

[圖 E10.1(b)：複平面，圓上標示 $(P_{D2}, 0)$，$2|V_2|^2$，$\theta_{12}$，$2|V_2|$，$-S_{21}$ 圓]

結論：對所提出的問題，可能是無解或至少無唯一解。雖然如此，我們預期大部分工程實務中的問題都是有解的，而且甚至無唯一解時，我們仍能辨認出一個實際解。通常，實際解是指其電壓值接近於 1.0 p.u. 的解，這也是實際電力系統實務中最想要的解。

例如，假設在例題 10.1 中，$P_{D2} = 0.5$，我們求出兩個 $V_2$ 解（即 $V_2 = 0.97\angle -15°$ 和 $V_2 = 0.26\angle -75°$）。從運轉觀點來看，第一個解才能符合系統要求，然而第二個不符合。事實上，第一個解才是實際電力系統所期望的。採用的理由是正常運轉的電力系統，其系統運轉點變化是緩慢而連續的。若我們考慮負載到達目前情況之前的過去歷史，我們可以預料最初吸收的功率是零（因此 $V_2 = 1\angle 0°$）；然後當吸收的功率從零緩慢增加到 0.5，$V_2$ 緩慢而連續地從 $1\angle 0°$ 變化到 $0.97\angle -15°$ 附近。

在某些情況，電力潮流方程式能用解析法求解。例題 10.1 就是這樣的一個例子。然而對大部分情形，無法以解析法求解，以數位計算機來實現疊代法的使用是成為必要的。接著我們要介紹一種簡單的疊代法，稱為高斯疊代法，以及它的變形，稱為**高斯-賽德** (Gauss-Seidel) 疊代法。

## 10.3 利用高斯疊代法求解

考慮電力潮流問題的情形 I：已知 $V_1$，$S_2$，$S_3$，...，$S_n$，求解 $S_1$，$V_2$，$V_3$，...，$V_n$。為了方便起見，我們使用 (10.3) 式的形式

$$S_1 = V_1 \sum_{k=1}^{n} Y_{1k}^* V_k^* \qquad (10.3a)$$

$$S_i = V_i \sum_{k=1}^{n} Y_{ik}^* V_k^* \qquad i = 1, 2, ..., n \qquad (10.3b)$$

注意：若我們已知 $V_1$，$V_2$，...，$V_n$，我們就能利用 (10.3a) 式求出 $S_1$。由於我們已經知道 $V_1$，待解的是其餘電壓 $V_2$，$V_3$，...，$V_n$。這 $n-1$ 個未知數可從 (10.3b) 式的 $n-1$ 個方程式求得。於是，問題的核心是如何求出隱含未知數 $V_2$，$V_3$，...，$V_n$ 的 $n-1$ 個方程式的解，其中 $V_1$ 和 $S_2$，$S_3$，...，$S_n$ 為已知。等效地，取 (10.3) 式的共軛複數可獲得

# 第 10 章 電力潮流分析

$$S_i^* = V_i^* \sum_{k=1}^{n} Y_{ik} V_k \quad i = 2, 3, ..., n \tag{10.6}$$

重新安排 (10.6) 式，使其符合疊代法求解的型式。值得注意的是，有其他建立問題的方法。

將 (10.6) 式除以 $V_i^*$，並分離出 $Y_{ii}$ 項，可重寫 (10.6) 式為

$$\frac{S_i^*}{V_i^*} = Y_{ii} V_i + \sum_{\substack{k=1 \\ k \neq i}}^{n} Y_{ik} V_k \quad i = 2, 3, ..., n \tag{10.7}$$

或重新整理

$$V_i = \frac{1}{Y_{ii}} \left[ \frac{S_i^*}{V_i^*} - \sum_{\substack{k=1 \\ k \neq i}}^{n} Y_{ik} V_k \right] \quad i = 2, 3, ..., n \tag{10.8}$$

因此，我們得到以未知複數 $V_i$ 表示的 $n-1$ 個隱含非線性代數方程式，其形式為

$$\begin{aligned} V_2 &= \tilde{h}_2(V_2, V_3, ..., V_n) \\ V_3 &= \tilde{h}_3(V_2, V_3, ..., V_n) \\ V_n &= \tilde{h}_n(V_2, V_3, ..., V_n) \end{aligned} \tag{10.9}$$

其中 $\tilde{h}_i$ 如 (10.8) 式所給 [例如，$\tilde{h}_2$ 是第一個方程式的右手邊 ($i = 2$ 時)，等等]。在 (10.9) 式中的編號使用上是不便的，所以我們重新編號。定義一個複向量 $\mathbf{x}$，分量為 $x_1 = V_2$，$x_2 = V_3$，…，$x_N = V_n$。也以類似的方式重新編號方程式，於是我們得到以 $n-1$ 個未知數表示的 $N \triangleq n-1$ 個方程式。以向量符號表示，(10.9) 式可寫成

$$\mathbf{x} = \mathbf{h}(\mathbf{x}) \tag{10.10}$$

我們以疊代求解 (10.10) 式。在最簡單情形，我們使用的公式為

$$\mathbf{x}^{v+1} = \mathbf{h}(\mathbf{x}^v) \quad v = 0, 1, ... \tag{10.11}$$

其中上標表示疊代次數。因此，從初值 $\mathbf{x}^0$ 開始 [此值取 (10.10) 式的猜

測解]，我們產生一組數列

$$x^0, x^1, x^2, \ldots$$

若數列收斂 (即 $x^v \to x^*$)，則

$$x^* = h(x^*)$$

所以 $x^*$ 是 (10.10) 式的一個解。求解程序可用圖 10.4 的二維實數空間來顯現。解 $x^*$ 也被稱為 $h(\cdot)$ 的**固定點** (fixed point)，這是一個很好的術語，因為其他的 x 值會使得 $h(\cdot)$ 與 x 不相同 (即應用 x 於 h 中會修正 x)，應用 $x^*$ 於 h 中，會使得 $x^*$ 固定。

實際上，當 $x^v$ 的變量變得非常小時，我們停止疊代。因此定義 $\Delta x^v \triangleq x^{v+1} - x^v$，我們停止的條件是

$$\|\Delta x^v\| \leq \epsilon$$

其中 $\epsilon$ 是一個小的正整數 (典型值是 0.0001 p.u. 的等級)，而其中 $\|\cdot\|$ 表示一個**模數** (norm)。模數的特別例子是

$$\|\Delta x\| = \max_i |(\Delta x)_i|$$

稱為**補角模數** (sup norm)，以及

$$\|\Delta x\| = \left[\sum_{i=1}^{N} |(\Delta x)_i|^2\right]^{1/2}$$

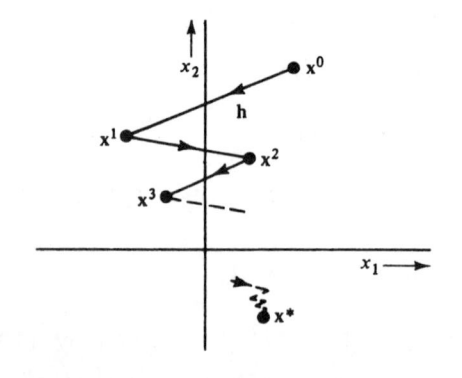

圖 10.4 疊代的步驟。

## 第 10 章　電力潮流分析

稱為**歐幾里德模數** (Euclidean norm)。

我們接下來考慮 (10.11) 式的純量型態。

**高斯疊代**，$v = 0, 1, 2, ...$：

$$\begin{aligned}
x_1^{v+1} &= h_1(x_1^v, x_2^v, ..., x_N^v) \\
x_2^{v+1} &= h_2(x_1^v, x_2^v, ..., x_N^v) \\
&\vdots \\
x_N^{v+1} &= h_N(x_1^v, x_2^v, ..., x_N^v)
\end{aligned} \quad (10.12)$$

執行計算時 (通常使用數位計算機)，我們從上而下處理方程式。我們觀察到：當求解 $x_2^{v+1}$ 時，我們已經知道 $x_1^{v+1}$。由於 $x_1^{v+1}$ (想必) 是比 $x_1^v$ 更好的預測值，使用新的更新值似乎是合理的。類似地，當求解 $x_3^{v+1}$ 時，可以利用 $x_1^{v+1}$ 和 $x_2^{v+1}$。此推論方式致使的修正稱為高斯-賽德疊代。

**高斯-賽德疊代**，$v = 0, 1, 2, ...$：

$$\begin{aligned}
x_1^{v+1} &= h_1(x_1^v, x_2^v, ..., x_N^v) \\
x_2^{v+1} &= h_2(x_1^{v+1}, x_2^v, ..., x_N^v) \\
x_3^{v+1} &= h_3(x_1^{v+1}, x_2^{v+1}, x_3^v, ..., x_N^v) \\
&\vdots \\
x_N^{v+1} &= h_N(x_1^{v+1}, x_2^{v+1}, ..., x_{N-1}^{v+1}, x_N^v)
\end{aligned} \quad (10.13)$$

注意：高斯-賽德法實際上是比高斯法更容易撰寫程式，且收斂較快。

---

**例題 10.2**

在例題 10.1 中，我們求出電力潮流方程式的一個明確解。現在為了說明此技術，我們將利用高斯疊代法求解相同的問題。假設 $P_{D2} = 0.5$，如圖 E10.2 所示。此問題可敘述如下：已知 $V_1 = 1\angle 0°$，以及 $S_2 = S_{G2} - S_{D2} = -0.5$，利用高斯疊代法求出 $S_1$ 和 $V_2$。

**解**　利用 (10.8) 式來疊代 $V_2$。由於 $n = 2$，所以僅有一個方程式。

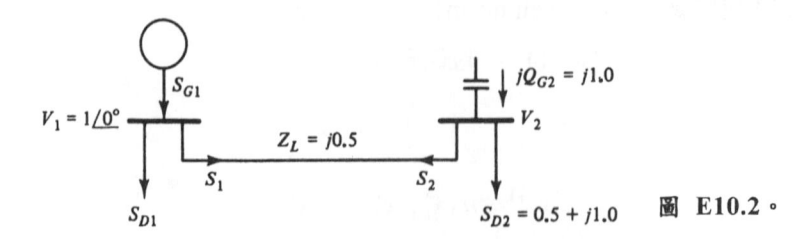

$$V_2^{v+1} = \frac{1}{Y_{22}}\left[\frac{S_2^*}{(V_2^v)^*} - Y_{21}V_1\right]$$

其次我們計算 $\mathbf{Y}_{bus}$ 的元素。$Z_L = j0.5$ 推得

$$\mathbf{Y}_{bus} = \begin{bmatrix} Y_{11} & Y_{12} \\ Y_{21} & Y_{22} \end{bmatrix} = \begin{bmatrix} -j2 & j2 \\ j2 & -j2 \end{bmatrix}$$

因此，代入 $S_2$，$V_1$，$Y_{11}$ 和 $Y_{21}$ 的值，可得

$$V_2^{v+1} = -j\frac{0.25}{(V_2^v)^*} + 1.0$$

從猜測解 $V_2^0 = 1\angle 0°$ 開始，經大約六次疊代後收斂。即使猜測解非常差，也能在約八次疊代後得到收斂。結果列於表 E10.2 中。從例題 10.1 得到的精確解為

$$V_2 = 0.965926\angle -15.000000°$$

注意：如圖 10.1 所示，方程式有兩個解，第二個解是 $V_2 = 0.258819$

**表 E10.2**

| 疊代次數 | $V_2$ | $V_2$ |
|---|---|---|
| 0 | $1\angle 0°$ | $1.0\angle 0°$ |
| 1 | $1.030776\angle -14.036243°$ | $2.692582\angle -68.198591°$ |
| 2 | $0.970143\angle -14.036249°$ | $0.914443\angle -2.161079°$ |
| 3 | $0.970261\angle -14.931409°$ | $1.026705\angle -15.431731°$ |
| 4 | $0.966235\angle -14.931416°$ | $0.964213\angle -14.089103°$ |
| 5 | $0.966236\angle -14.995078°$ | $0.970048\angle -15.025221°$ |
| 6 | $0.965948\angle -14.995072°$ | $0.965813\angle -14.934752°$ |
| 7 | | $0.966221\angle -15.001783°$ |
| 8 | | $0.965918\angle -14.995310°$ |

## 第 10 章 電力潮流分析

∠−75.000000°。若我們嘗試利用高斯疊代法來收斂到此解，我們會失敗。即使我們令初始猜測解儘可能的接近 $V_2^0 = 0.25\angle -75°$，我們仍然會得到較大的那一個解。表 E10.2 中，我們顯示對於兩個不同的起始點的疊代值。

我們以討論電力潮流問題的情形 II 來總結本節：已知 $V_1$，$(P_2, |V_2|), ..., (P_m, |V_m|), S_{m+1}, ..., S_n$，求解 $S_1$ $(Q_2, \angle V_2), ..., (Q_m, \angle V_m)$，$V_{m+1}, ..., V_n$。將處理情形 I 所發展出求解程序作簡單的修改，就能應用於求解情形 II 的問題，此部分我們現在將描述。方程式 (10.8) 是疊代的基礎，在此我們顯示適合於情形 II 高斯疊代的形式：

$$\widetilde{V}_i^{v+1} = \frac{1}{Y_{ii}} \left[ \frac{P_i - jQ_i^v}{(V_i^v)^*} - \sum_{\substack{k=1 \\ k \neq i}}^n Y_{ik} V_k^v \right] \quad i = 2, 3, ..., n \quad (10.14)$$

對負載匯流排（即 $i = m+1, ..., n$），$P_i$ 和 $Q_i$ 為已知，疊代的進行正如同情形 I [即在 (10.14) 式中，$Q_i$ 的上標和 $V_i^{v+1}$ 上方的 ~ 符號可省略]。對發電機匯流排（即 $i = 2, ..., m$），沒有指定 $Q_i$，但我們能以第 $v$ 次疊代的電壓來估測。因此，利用 (10.3b) 式可求得

$$Q_i^v = \text{Im} \left[ V_i^v \sum_{k=1}^n Y_{ik}^* (V_k^v)^* \right] \quad i = 2, 3, ..., m \quad (10.15)$$

而這也是我們在 (10.14) 式中要用的最新值。然後我們利用 (10.14) 式來計算 $\widetilde{V}_i^{v+1}$，此值是 $V_i^{v+1}$ 的初步值。由於發電機匯流排的 $|V_i|$ 被指定，於是我們以 $|V_i|_{\text{spec}}$ 取代 $|\widetilde{V}_i^{v+1}|$ 並得到 $V_i^{v+1}$。

我們已經描述過高斯疊代，在情形 II 中擴大成高斯-賽德疊代是完全和情形 I 相同，在疊代的每一步驟，都使用最新的 $V_i$ 值。

### 例題 10.3

我們考慮一個簡單例題，說明應用於情形 II 的高斯疊代（參考圖 10.3）。問題敘述如下：已知 $V_1 = 1$ 和 $P_2 = -0.75$，$|V_2| = 1$，利用高斯疊代求出 $S_1$，

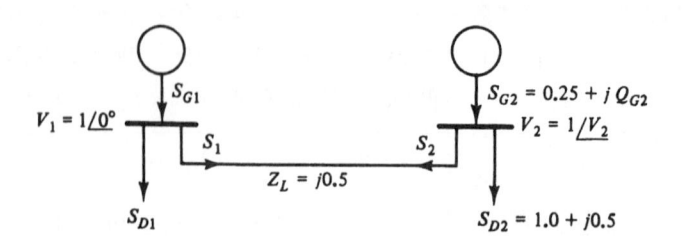

[圖 E10.3 示意圖：$V_1 = 1\angle 0°$ 匯流排接 $S_{G1}$ 與 $S_{D1}$；$V_2 = 1\angle V_2$ 匯流排接 $S_{G2} = 0.25 + jQ_{G2}$ 與 $S_{D2} = 1.0 + j0.5$；兩匯流排間線路阻抗 $Z_L = j0.5$，功率 $S_1$、$S_2$。]

**圖 E10.3。**

$Q_2$，$\angle V_2$。

**解** 疊代公式 (10.14) 中，$Y_{ii} = -j2$，$Y_{ij} = j2$，所以

$$\widetilde{V}_2^{v+1} = -\frac{1}{j2}\left[\frac{-0.75 - jQ_2^v}{(V_2^v)^*} - j2\right]$$

$$= 1 + \frac{0.75 + jQ_2^v}{j2(V_2^v)^*}$$

其中我們利用 (10.15) 式估計 $Q_2^v$，即

$$Q_2^v = \mathrm{Im}\{V_2^v[Y_{21}^*V_1^* + Y_{22}^*(V_2^v)^*]\}$$

$$= \mathrm{Im}(-j2V_2^v + j2|V_2^v|^2)$$

$$= 2(1 - \mathrm{Re}\,V_2^v)$$

從猜測解 $V_2^0 = 1\angle 0°$ 開始，我們得到表 E10.3 所顯示的疊代值，四次疊代後得到收斂。在此簡單情形，我們可以利用 (4.34) 和 (4.35) 式很容易地求出精確解，而無需經過疊代過程。結果為

**表 E10.3**

| 疊代次數 | $V_2^v$ | $Q_2^v$ | $\widetilde{V}_2^{v+1}$ |
|---|---|---|---|
| 0 | $1\angle 0°$ | 0 | $1.0680\angle -20.5560°$ |
| 1 | $1\angle -20.5560°$ | 0.1273 | $1.0003\angle -21.9229°$ |
| 2 | $1\angle -21.9229°$ | 0.1446 | $1.0000\angle -22.0169°$ |
| 3 | $1\angle -22.0169°$ | 0.1459 | $1.0000\angle -22.0238°$ |
| 4 | $1\angle -22.0238°$ | 0.1459 | |

# 第10章 電力潮流分析

$$\theta_2 = \angle V_2 = -22.0243° \qquad Q_2 = Q_{21} = 0.1460$$

為了完成此問題,我們可利用 (10.3) 式求解 $S_1$。

$$\begin{aligned}S_1 &= V_1 [Y_{11}^* V_1^* + Y_{12}^* V_2^*] \\ &= j2 - j2 \angle 22.0238° \\ &= 0.7641 \angle 11.0119° = 0.7500 + j0.1459\end{aligned}$$

此與預期結果相同。

## 10.4 更一般化的疊代方法

若我們使用高斯或高斯-賽德法,有時候可獲得收斂,有時候就不能。若映像 $\mathbf{x} \to \mathbf{h}(\mathbf{x})$ 被稱為**收斂映像** (contraction mapping),則可知收斂 (解的存在性和唯一性) 可被保證。通常,收斂所需條件很難去查對,實際上我們只是嘗試疊代方法並希望得到收斂。我們仍希望對收斂做某些控制,但這對使用基本的高斯或高斯-賽德方法是不適用的。我們需要一個更一般化的公式,並將在現在推導。同時我們也將以稍微不同的方式來描述問題。為了一般化的討論,我們將使用符號 $\mathbf{f}(\mathbf{x})$ 來表示 (10.11) 式所定義的方程式,而不用 $\mathbf{h}(\mathbf{x})$。

**問題**:解 $\mathbf{f}(\mathbf{x}) = \mathbf{0}$。

**方法**:利用疊代公式 $\mathbf{x}^{\nu+1} = \Phi(\mathbf{x}^\nu)$,這裡 $\Phi$ 仍待解決。從一個初始值 $\mathbf{x}^0$ 開始並假設收斂存在,我們可產生一組數列 $\mathbf{x}^0, \mathbf{x}^1, \mathbf{x}^2, \ldots, \mathbf{x}^*$。我們假設 $\Phi(\cdot)$ 有下列性質:

$$\mathbf{x}^* = \Phi(\mathbf{x}^*) \Leftrightarrow \mathbf{f}(\mathbf{x}^*) = \mathbf{0} \tag{10.16}$$

假設現在選取 $\Phi$,使得它對任何 $\mathbf{x}$ 都滿足

$$\mathbf{A}(\mathbf{x})[\mathbf{x} - \Phi(\mathbf{x})] = \mathbf{f}(\mathbf{x}) \tag{10.17}$$

其中 $\mathbf{A}(\mathbf{x})$ 是一個非奇異矩陣。在此情形,注意 $\mathbf{A}(\mathbf{x})$ 的非奇異性,讀者

可以查對 (10.16) 式對 $\mathbf{x}^*$ 是滿足。這給了我們一項關於 $\Phi$ 的規定。解 (10.17) 式，求得 $\Phi(\mathbf{x})$ 為

$$\Phi(\mathbf{x}) = \mathbf{x} - \mathbf{A}(\mathbf{x})^{-1} \mathbf{f}(\mathbf{x})$$

則疊代公式為

$$\mathbf{x}^{\nu+1} = \mathbf{x}^{\nu} - [\mathbf{A}(\mathbf{x}^{\nu})]^{-1} \mathbf{f}(\mathbf{x}^{\nu}) \tag{10.18}$$

這是我們導出的更一般化的疊代方法。注意：適用性決定於 $\mathbf{A}$ 的選擇。此方法的特質是最終解的準確性與 $\mathbf{A}$ 的選擇無關；我們繼續疊代，直到 $\mathbf{f}(\mathbf{x}^{\nu})$ 和 $\mathbf{0}$ 之間的差異足夠小為止。當然，我們正假設 $\mathbf{A}$ 的選擇與疊代方法的收斂性相符合。

舉一個特別的例子，考慮 $\mathbf{A}(\mathbf{x})^{-1} = \alpha \mathbf{1}$ 時 $\mathbf{f}(\mathbf{x}) = \mathbf{0}$ 的解，其中 $\alpha$ 是實數純量，$\mathbf{1}$ 是單位矩陣。此時，(10.18) 式簡化成

$$\mathbf{x}^{\nu+1} = \mathbf{x}^{\nu} - \alpha \mathbf{f}(\mathbf{x}^{\nu}) \tag{10.19}$$

注意：(10.10) 式的解等效於

$$\mathbf{f}(\mathbf{x}) \triangleq \mathbf{x} - \mathbf{h}(\mathbf{x}) = \mathbf{0}$$

代入 (10.19) 式並以疊代公式求解 (10.10) 式

$$\mathbf{x}^{\nu+1} = \mathbf{x}^{\nu} - \alpha(\mathbf{x}^{\nu} - \mathbf{h}(\mathbf{x}^{\nu})) \tag{10.20}$$

若 $\alpha = 1$，我們求得 (10.11) 式 [即 10.3 節討論的高斯 (或高斯-賽德) 方法]。選擇不同的 $\alpha$，我們得到所謂**加速高斯** (或高斯-賽德)，其中 $\alpha$ 被稱為**加速因子** (acceleration factor)，可以選擇來改善收斂特性。我們注意到 $\alpha$ 可為正值或負值。

---

**例題 10.4**

為了瞭解 $\alpha$ 對收斂的影響，讓我們考慮一個與電力潮流無關的一般純量例子。假設我們要求解 $f(x) = 0$，其中 $f(x)$ 被畫在圖 E10.4(a)。當然，一旦我們畫出圖形，就可直接讀出 $f(x)$ 的零點；不過，為了觀察 $\alpha$ 對疊代公式行為的影響，我們假設在不知解的情況下進行。我們將使用一個圖形結構

# 第 10 章  電力潮流分析

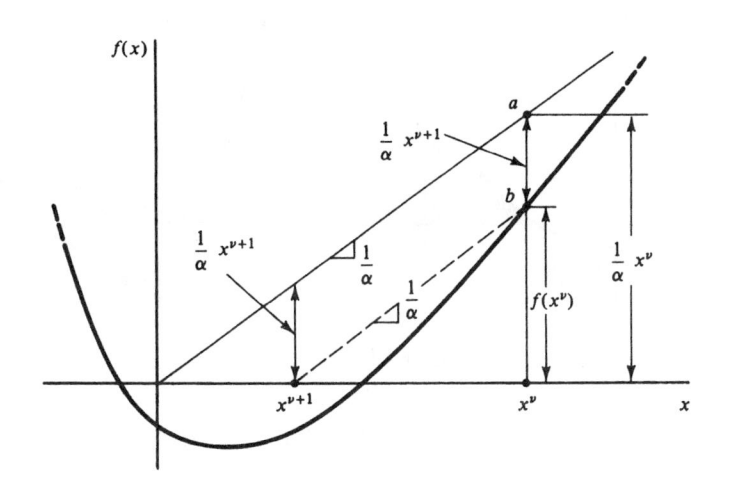

**圖 E10.4(a)。**

來說明疊代過程。讓我們利用 (10.19) 式的純量形式來解 $f(x)=0$，即

$$x^{\nu+1} = x^\nu - \alpha f(x^\nu)$$

或等效地

$$\frac{1}{\alpha} x^{\nu+1} = \frac{1}{\alpha} x^\nu - f(x^\nu)$$

在 $f(x)$ 的圖形上，我們表示出一個任意的橫座標 $x^\nu$，和它的對應縱座標 $f(x^\nu)$；這相當於點 $b$。圖上也顯示兩條斜率為 $1/\alpha$ 的直線，其中虛線通過點 $b$，實線通過原點。注意：點 $a$ 在點 $b$ 正上方。根據圖形，我們可看出線段 $ab$ 等於 $(1/\alpha)x^{\nu+1} = (1/\alpha)x^\nu - f(x^\nu)$。這線段向左邊移動，直到它與 $x$ 軸相交為止，此相交點就是 $x^{\nu+1}$。

此結構證明了下列完成疊代的圖形步驟：

1. 從已知的 $x^\nu$ 垂直移動到 $f(x^\nu)$。
2. 沿著斜率為 $1/\alpha$ 的直線回到水平軸。
3. 水平軸與直線交點就是 $x^{\nu+1}$。

典型地，我們得到如圖 E10.4(b) 所展示的行為種類。此外，我們可能得到震盪行為。對 $\alpha \ll 1$ 的緩慢行為，也能從 (10.19) 式推導出；若 $\alpha = 0$，對

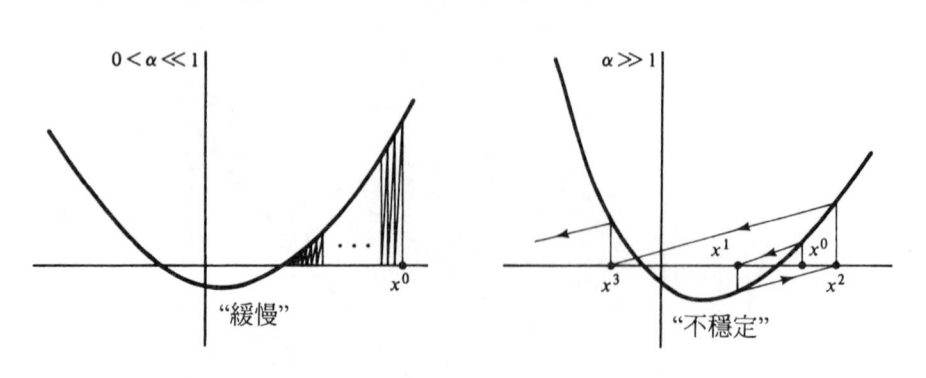

圖 E10.4(b)。

於所有 $\nu$，$\mathbf{x}^\nu = \mathbf{x}^0$，明顯地，我們將避免選擇會導致圖 E10.4(b) 所示極端行為模式的 $\alpha$ 值。

**練習 2.**

假設在例題 10.4 中的 $f(x) = x^2 - x - 2$，則

(a) 找出一個良好的 $\alpha$ 值和 $x^0$ 的範圍，使得疊代數列在 $x = 2$ 時收斂到零。

(b) 重做 (a) 子題，使得 $x = -1$ 時收斂到零。

**練習 3.**

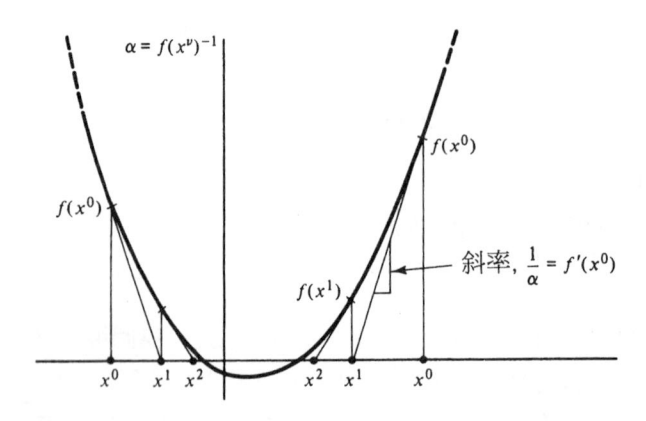

圖 10.5 關於加速因子的選擇。

第 10 章　電力潮流分析

假設在例題 10.4 中的 $f(x) = x-1$。找出一個 $\alpha$ 值使得疊代數列
(a) 是單調式收斂。
(b) 一次就收斂。
(c) 是振盪式收斂。
(d) 是振盪式發散。
(e) 是單調式發散。

　　練習 2 和 3 將使讀者相信產生 $1/\alpha$ 的優點，而此 $1/\alpha$ 與感興趣的 $f(x)$ 的零點附近的斜率有關。然而，什麼將是 $\alpha$ 的良好一般性選擇？根據已知圖形的有利位置，我們能看到取 $1/\alpha = f'(x^\nu)$ 的優點，其中 $f'$ 是 $f$ 的導數。圖 10.5 顯示在此方法下的疊代 (對兩個不同的初始條件)。此圖描述為了以下列公式求解 $f(x) = 0$ 的行為：

$$x^{\nu+1} = x^\nu - [f'(x^\nu)]^{-1} f(x^\nu) \tag{10.21}$$

## 10.5　牛頓-拉福森疊代

　　在 (10.21) 式中規定的疊代方法是眾所皆知的單維度**牛頓-拉福森** (Newton-Raphson, N-R) 疊代公式。藉由類比，我們也可以很容易得到 $n$-維牛頓-拉福森疊代公式，只要用 $n$-階向量 **x** 和 **f(x)** 取代純量 $x$ 和 $f(x)$，純量導數運算 $f'(x)$ 必須被一般化成 $n \times n$ 矩陣運算也是合理的。

　　獲得一般化的一種方法是：寫出 $f(x+\Delta x)$ 和 **f(x+Δx)** 的泰勒級數展開，並比較相對應項。在純量泰勒級數的情形，我們得到

$$f(x+\Delta x) = f(x) + f'(x)\Delta x + \text{h.o.t.} \tag{10.22}$$

其中 "h.o.t." 表示 "高階項"。在向量泰勒級數的情形，取代單一個方程式的是 $n$-個純量方程式。

$$f_1(\mathbf{x}+\Delta \mathbf{x}) = f_1(\mathbf{x}) + \frac{\partial f_1(\mathbf{x})}{\partial x_1}\Delta x_1 + ... + \frac{\partial f_1(\mathbf{x})}{\partial x_n}\Delta x_n + \text{h.o.t.}$$

$$f_2(\mathbf{x}+\Delta \mathbf{x}) = f_2(\mathbf{x}) + \frac{\partial f_2(\mathbf{x})}{\partial x_1}\Delta x_1 + ... + \frac{\partial f_2(\mathbf{x})}{\partial x_n}\Delta x_n + \text{h.o.t.}$$

$$\vdots$$

$$f_n(\mathbf{x}+\Delta \mathbf{x}) = f_n(\mathbf{x}) + \frac{\partial f_n(\mathbf{x})}{\partial x_1}\Delta x_1 + ... + \frac{\partial f_n(\mathbf{x})}{\partial x_n}\Delta x_n + \text{h.o.t.}$$

(10.23)

其中符號 $\partial f_i(\mathbf{x})/\partial x_j$ 表示在 $\mathbf{x}$ 點計算 $f_i$ 對 $x_j$ 的偏微分。使用矩陣符號可得

$$\mathbf{f}(\mathbf{x}+\Delta \mathbf{x}) = \mathbf{f}(\mathbf{x}) + \mathbf{J}(\mathbf{x})\Delta \mathbf{x} + \text{h.o.t.} \quad (10.24)$$

其中

$$\mathbf{J}(\mathbf{x}) \triangleq \begin{bmatrix} \frac{\partial f_1(\mathbf{x})}{\partial x_1} & \cdots & \frac{\partial f_1(\mathbf{x})}{\partial x_n} \\ \vdots & & \vdots \\ \frac{\partial f_n(\mathbf{x})}{\partial x_1} & \cdots & \frac{\partial f_n(\mathbf{x})}{\partial x_n} \end{bmatrix} \quad \Delta \mathbf{x} \triangleq \begin{bmatrix} \Delta x_1 \\ \Delta x_2 \\ \vdots \\ \Delta x_n \end{bmatrix} \quad (10.25)$$

$\mathbf{J}(\mathbf{x})$ 被稱為在 $\mathbf{x}$ 點上 $\mathbf{f}$ 的**賈可比矩陣** (Jacobian Matrix)。比較 (10.24) 和 (10.22) 式,很清楚地發現 $\mathbf{J}(\mathbf{x})$ 是純量導數 $f'(x)$ 的一般化。此時,藉由與 (10.21) 式純量情形類推,我們得到更一般化的 N-R 疊代公式

$$\mathbf{x}^{\nu+1} = \mathbf{x}^{\nu} - [\mathbf{J}(\mathbf{x}^{\nu})]^{-1}\mathbf{f}(\mathbf{x}^{\nu}) \quad (10.26)$$

我們可以評論此方程式如下:

1. 通常我們將使用較簡單的符號 $\mathbf{J}^{\nu}$,而不用 $\mathbf{J}(\mathbf{x}^{\nu})$。有時,為了簡省空間,我們將使用符號 $\mathbf{J}_{\nu}$ 來表示 $\mathbf{J}^{\nu}$ 的反矩陣。
2. 當 $\mathbf{A}(\mathbf{x}^{\nu}) = \mathbf{J}(\mathbf{x}^{\nu})$ 時,方程式 (10.26) 符合 (10.18) 式的一般化方法。
3. 我們不需使用類推法就能推導出 (10.26) 式。推導程序如下:假設我們要求解 $\mathbf{f}(\mathbf{x})=\mathbf{0}$,嘗試代入 $\mathbf{x}^{\nu}$。假使 $\mathbf{f}(\mathbf{x}^{\nu}) \neq \mathbf{0}$ 但值很小 (即 $\mathbf{x}^{\nu}$ 非常接近真實解),則我們如何取下一個逼近值 $\mathbf{x}^{\nu+1}$?有一個方法:令 $\mathbf{x}^{\nu+1} = \mathbf{x}^{\nu} + \Delta \mathbf{x}^{\nu}$,而 $\Delta \mathbf{x}^{\nu}$ 為待決定的差值,我們期盼 $\Delta \mathbf{x}^{\nu}$ 是很

# 第 10 章　電力潮流分析

小。然後利用泰勒級數，$f(x^{\nu+1}) = f(x^\nu + \Delta x^\nu) = f(x^\nu) + J^\nu \Delta x^\nu + \text{h.o.t.}$。忽略高階項，我們選取 $\Delta x^\nu$ 使得 $f(x^{\nu+1}) = 0$，我們得到 $\Delta x^\nu = x^{\nu+1} - x^\nu = -[J^\nu]^{-1} f(x^\nu)$，其與 (10.26) 式相同。若 h.o.t. 是可忽略的話，我們就能獲得快速的收斂。

4. 當 $\Delta x \to 0$ 時，h.o.t. 通常是可忽略。在一開始，為了改進初始猜測解 $x^0$，在 N-R 疊代開始之前，可先進行幾步的高斯-賽德疊代。

5. N-R 的一個缺點是，每次疊代都必須更新 $J$。有時我們可減少更新次數，但仍能獲得良好的結果。

6. 實際上，我們並不計算反矩陣，取反矩陣的計算非常耗時且並不真正需要。取而代之的是利用

$$\Delta x^\nu \triangleq x^{\nu+1} - x^\nu \tag{10.27}$$

我們可將 (10.26) 式寫成

$$-J^\nu \Delta x^\nu = f(x^\nu) \tag{10.28}$$

並利用在 9.2 節中討論的高斯消去法來求解 $\Delta x^\nu$。當然，一旦知道 $\Delta x^\nu$，就能求得 $x^{\nu+1} = x^\nu + \Delta x^\nu$，以及進行下一次疊代。我們要強調，(10.28) 式只是 (10.26) 式的重新排列，來建議一種求解未知數的方法。

---

**例題 10.5**

已知圖 E10.5 所示直流 (dc) 系統，利用牛頓-拉福森法求出 (dc) 匯流排電壓 $V_1$ 和 $V_2$，以及 $P_{G1}$。

**解**　讀者應該使自己相信，針對交流 (ac) 系統所發展出的條件和技術，同樣適用於直流 (dc) 系統。為了簡化起見，我們將使用相同的符號，雖然這裡的變數都是實數。利用 9.1 節中的技術，藉由觀察法形成 $Y_{bus}$，即

$$Y_{bus} = 100 \begin{bmatrix} 2 & -1 & -1 \\ -1 & 2 & -1 \\ -1 & -1 & 2 \end{bmatrix}$$

再對應 (10.3) 式，可寫出電力潮流方程式

$$P_1 = 200V_1^2 - 100V_1V_2 - 100V_1V_3$$
$$P_2 = -100V_2V_1 + 200V_2^2 - 100V_2V_3 \quad \text{(10.29)}$$
$$P_3 = -100V_3V_1 - 100V_3V_2 + 200V_3^2$$

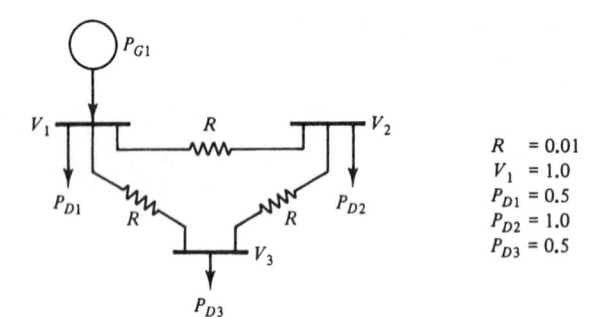

$R = 0.01$
$V_1 = 1.0$
$P_{D1} = 0.5$
$P_{D2} = 1.0$
$P_{D3} = 0.5$

圖 E10.5。

匯流排 1 是鬆弛匯流排，$V_1$ 為已知而 $P_1$ 未知。我們（暫時）跳過第一個方程式，並解剩餘的兩個方程式來求未知數 $V_2$ 和 $V_3$。

在利用牛頓-拉福森方法之前，我們必須將方程式改寫成 $\mathbf{f(x)} = \mathbf{0}$ 方程式。最簡單的方法是將右手邊移項到左手邊，或相反之；無論我們怎麼做，求解的演算過程都是一樣的。

將右手邊移項到左手邊，並代入已知值 $P_2 = -P_{D2} = -1.0$，$P_3 = -P_{D3} = -0.5$，$V_1 = 1.0$，我們得到

$$f_1(\mathbf{x}) \triangleq 1.0 - 100V_2 + 200V_2^2 - 100V_2V_3 = 0$$
$$f_2(\mathbf{x}) \triangleq 0.5 - 100V_3 - 100V_3V_2 + 200V_3^2 = 0$$

$\mathbf{x}$ 的第一個分量是 $V_2$，第二個是 $V_3$；我們並非總是採用 $x_1$ 和 $x_2$ 做為變數符號。

接下來求出賈可比矩陣

$$\mathbf{J(x)} = \begin{bmatrix} \dfrac{\partial f_1}{\partial x_1} & \dfrac{\partial f_1}{\partial x_2} \\ \dfrac{\partial f_2}{\partial x_1} & \dfrac{\partial f_2}{\partial x_2} \end{bmatrix} = 100 \begin{bmatrix} -1 + 4V_2 - V_3 & -V_2 \\ -V_3 & -1 - V_2 + 4V_3 \end{bmatrix}$$

# 第 10 章　電力潮流分析

對 2×2 的矩陣，很容易求出反矩陣，我們將使用 (10.26) 式求解；對高維度矩陣，我們必定使用 (10.28) 式來求解。

從一個 "平輪廓" (flat profile，即 $V_2 = 1$，$V_3 = 1$) 開始，我們可獲得

$$\mathbf{J}^0 = 100 \begin{bmatrix} 2 & -1 \\ -1 & 2 \end{bmatrix} \quad (\mathbf{J}^0)^{-1} = \frac{1}{300} \begin{bmatrix} 2 & 1 \\ 1 & 2 \end{bmatrix} \quad \mathbf{f}(\mathbf{x}^0) = \begin{bmatrix} 1.0 \\ 0.5 \end{bmatrix}$$

然後，利用 (10.26) 式產生

$$\mathbf{x}^1 = \begin{bmatrix} 1 \\ 1 \end{bmatrix} - \frac{1}{300} \begin{bmatrix} 2 & 1 \\ 1 & 2 \end{bmatrix} \begin{bmatrix} 1.0 \\ 0.5 \end{bmatrix} = \begin{bmatrix} 0.991667 \\ 0.993333 \end{bmatrix}$$

繼續下一次疊代，可求得

$$\mathbf{J}^1 = 100 \begin{bmatrix} 1.973333 & -0.991667 \\ -0.993333 & 1.981667 \end{bmatrix}$$

$$(\mathbf{J}^1)^{-1} = \frac{1}{292.54} \begin{bmatrix} 1.981667 & 0.991667 \\ 0.993333 & 1.973333 \end{bmatrix}$$

$$\mathbf{f}(\mathbf{x}^1) = \begin{bmatrix} 0.00843 \\ 0.00323 \end{bmatrix}$$

注意：$\mathbf{x}^1$ 真正地是一個非常好的估計值。我們希望 $\mathbf{f}(\mathbf{x}) = \mathbf{0}$，而 $\mathbf{f}(\mathbf{x}^1)$ 幾乎已經是零！注意：從 $\mathbf{f}(\mathbf{x}^0)$ 到 $\mathbf{f}(\mathbf{x}^1)$ 的大幅改善只經過一次疊代而已。繼續疊代可求得

$$\mathbf{x}^2 = \begin{bmatrix} 0.991667 \\ 0.993333 \end{bmatrix} - \frac{1}{294.54} \begin{bmatrix} 1.981667 & 0.991667 \\ -0.993333 & 1.973333 \end{bmatrix} \begin{bmatrix} 0.00843 \\ 0.00323 \end{bmatrix} = \begin{bmatrix} 0.991599 \\ 0.993283 \end{bmatrix}$$

注意：$\mathbf{x}^1$ 和 $\mathbf{x}^2$ 之間的改變小於 0.0005，所以我們停止疊代。類似地，我們能算出 $\mathbf{f}(\mathbf{x}^2)$，即

$$\mathbf{f}(\mathbf{x}^2) = \begin{bmatrix} 0.000053 \\ 0.000040 \end{bmatrix}$$

此值是足夠小的。

所以針對 $\mathbf{f}(\mathbf{x}) = \mathbf{0}$ 求出 $\mathbf{x}$ 的目的，似乎已完成。利用電力潮流方程式 (10.29) 式來解釋是有意義的，利用兩次疊代後求出的值 $V_2 = 0.991599$ 和 $V_3 = 0.993283$，第二個方程式的右手邊和左手邊已知的 $P_2$ 非常吻合，其

> 差異只有 0.000053。而在第三個方程式差異也只有 0.000040。
>
> 最後，為了完成此問題，藉由 (10.29) 式中第一個方程式求出 $P_1$。我們求得 $P_1 = 1.511800$。注意：由於 $P_{D1} + P_{D2} = 1.5$，在輸電系統中 $I^2R$ 的損失是 0.011800。

我們接下來轉向討論利用 N-R 法的 (ac) 電力潮流方程式解的一般化公式。

## 10.6 對電力潮流方程式的應用

我們將從利用 (10.28) 式求解情形 I 的電力潮流方程式開始討論。就 N-R 計算，必須使用電力潮流方程式的實數形式。這些可藉由取 (10.4) 式實部和虛部而推導得，即

$$P_i = \sum_{k=1}^{n} |V_i||V_k|[G_{ik}\cos(\theta_i - \theta_k) + B_{ik}\sin(\theta_i - \theta_k)] \quad i = 1, 2, 3, ..., n$$
$$Q_i = \sum_{k=1}^{n} |V_i||V_k|[G_{ik}\sin(\theta_i - \theta_k) - B_{ik}\cos(\theta_i - \theta_k)] \quad i = 1, 2, 3, ..., n$$

(10.30)

其中 $\theta_i \triangleq \angle V_i$。

正如同 10.3 節中討論的高斯疊代法，我們除去第一個方程式 (包含 $P_1$ 和 $Q_1$)。由於這是一個情形 I 的電力潮流方程式,剩餘方程式左手邊的 $P_i$ 和 $Q_i$ 都是指定的數值,右手邊是 $|V_i|$ 和 $\theta_i$ 的函數。我們假設 $|V_1|$ 和 $\theta_1$ (= 0) 為已知,所要解的只剩下方程式右手邊 $n-1$ 個未知 $|V_i|$ 和 $n-1$ 個未知 $\theta_i$。為了方便表示,定義 $(n-1)$ 維向量 $\theta$、$|\mathbf{V}|$ 和其合成向量 $\mathbf{x}$ 如下：

$$\theta = \begin{bmatrix} \theta_2 \\ \vdots \\ \theta_n \end{bmatrix} \quad |\mathbf{V}| = \begin{bmatrix} |V_2| \\ \vdots \\ |V_n| \end{bmatrix} \quad \mathbf{x} = \begin{bmatrix} \theta \\ |\mathbf{V}| \end{bmatrix}$$

(10.31)

## 第 10 章　電力潮流分析

有了此定義，(10.30) 式的右手邊是未知數 **x** 的函數，並且我們希望導入符號，明確說明它們的相關性。於是定義函數 $P_i(\mathbf{x})$ 和 $Q_i(\mathbf{x})$ 為

$$P_i(\mathbf{x}) \triangleq \sum_{k=1}^{n} |V_i||V_k|[G_{ik}\cos(\theta_i - \theta_k) + B_{ik}\sin(\theta_i - \theta_k)] \quad i = 1, 2, 3, ..., n$$

$$Q_i(\mathbf{x}) \triangleq \sum_{k=1}^{n} |V_i||V_k|[G_{ik}\sin(\theta_i - \theta_k) - B_{ik}\cos(\theta_i - \theta_k)] \quad i = 1, 2, 3, ..., n$$

(10.32)

由於對於任何已知的 **x**，右手邊是匯流排功率的有效和無效分量，所以使用這符號是自然的。於是我們能用一個等效，但符號較簡單的電力潮流方程式來取代 (10.30) 式；同時我們將除去第一個 (有效和無效功率) 方程式，得到

$$P_i = P_i(\mathbf{x}) \quad i = 2, 3, ..., n$$
$$Q_i = Q_i(\mathbf{x}) \quad i = 2, 3, ..., n$$

(10.33)

在這些方程式中，$P_i$ 和 $Q_i$ 被指定為常數，而 $P_i(\mathbf{x})$ 和 $Q_i(\mathbf{x})$ 被指定為未知數 **x** 的函數。在疊代的過程中，我們將取一系列的 $\mathbf{x}^v$ 值，以使得右手邊的計算值與左手邊的已知值相符合 (即驅使差異量為零)。我們現在以 $\mathbf{f}(\mathbf{x}) = \mathbf{0}$ 的形式設定方程式。將右手邊移項到左手邊得到

$$P_i(\mathbf{x}) - P_i = 0 \quad i = 2, 3, ..., n$$
$$Q_i(\mathbf{x}) - Q_i = 0 \quad i = 2, 3, ..., n$$

(10.34)

(10.34) 式確定了 $\mathbf{f}(\mathbf{x})$ 的 $2n-2$ 個分量。因此，$f_1(\mathbf{x}) = P_2(\mathbf{x}) - P_2$，$f_2(\mathbf{x}) = P_3(\mathbf{x}) - P_3$，...，$f_{2n-2}(\mathbf{x}) = Q_n(\mathbf{x}) - Q_n$。用矩陣符號表示，(10.34) 式變成

$$\mathbf{f}(\mathbf{x}) \triangleq \begin{bmatrix} P_2(\mathbf{x}) - P_2 \\ \vdots \\ P_n(\mathbf{x}) - P_n \\ \hdashline Q_2(\mathbf{x}) - Q_2 \\ \vdots \\ Q_n(\mathbf{x}) - Q_n \end{bmatrix} = \mathbf{0}$$

(10.35)

我們接下來考慮 **f** 的賈可比矩陣 **J**。它很方便被分割成

$$\mathbf{J} = \begin{bmatrix} \mathbf{J}_{11} & \mathbf{J}_{12} \\ \mathbf{J}_{21} & \mathbf{J}_{22} \end{bmatrix} \tag{10.36}$$

矩陣 **J** 的每一部分是 $(n-1) \times (n-1)$ 階。$\mathbf{J}_{11}$ 是由 $\partial P_i(\mathbf{x})/\partial \theta_k$ 項所組成，$\mathbf{J}_{12}$ 是由 $\partial P_i(\mathbf{x})/\partial |V_k|$ 項組成，$\mathbf{J}_{21}$ 是由 $\partial Q_i(\mathbf{x})/\partial \theta_k$ 項組成，$\mathbf{J}_{22}$ 是由 $\partial Q_i(\mathbf{x})/\partial |V_k|$ 項組成。這些項可利用 (10.32) 式明確地計算出。但先讓我們找出 N-R 疊代的形式。為了方便起見，重寫 (10.28) 式為

$$\mathbf{J}^\nu \Delta \mathbf{x}^\nu = -\mathbf{f}(\mathbf{x}^\nu) \tag{10.28}$$

**J** 已經被分割，**x** 以及經由展開的 $\Delta \mathbf{x}$ 也有分割形式。剩下來的工作是分割 **f(x)**，以及消去 (10.28) 式內的負號。注意 (10.35) 式，我們定義**差值向量** (mismatch vectors) 為：

$$\Delta \mathbf{P}(\mathbf{x}) = \begin{bmatrix} P_2 - P_2(\mathbf{x}) \\ \vdots \\ P_n - P_n(\mathbf{x}) \end{bmatrix} \quad \Delta \mathbf{Q}(\mathbf{x}) = \begin{bmatrix} Q_2 - Q_2(\mathbf{x}) \\ \vdots \\ Q_n - Q_n(\mathbf{x}) \end{bmatrix} \tag{10.37}$$

並可表示 **f(x)** 為

$$\mathbf{f}(\mathbf{x}) = -\begin{bmatrix} \Delta \mathbf{P}(\mathbf{x}) \\ \Delta \mathbf{Q}(\mathbf{x}) \end{bmatrix} \tag{10.38}$$

在 (10.28) 式中代入 (10.31)、(10.36) 和 (10.38) 等三式，最後可得

$$\begin{bmatrix} \mathbf{J}_{11}^\nu & \mathbf{J}_{12}^\nu \\ \mathbf{J}_{21}^\nu & \mathbf{J}_{22}^\nu \end{bmatrix} \begin{bmatrix} \Delta \boldsymbol{\theta}^\nu \\ \Delta |\mathbf{V}|^\nu \end{bmatrix} = \begin{bmatrix} \Delta \mathbf{P}(\mathbf{x}^\nu) \\ \Delta \mathbf{Q}(\mathbf{x}^\nu) \end{bmatrix} \tag{10.39}$$

此形式中可用 N-R 疊代來求解電力潮流方程式。對 (10.39) 式的兩項評論如下：

1. 右手邊以 (10.37) 式定義，表示 $P$、$Q$ 指定值和猜測解 $\mathbf{x}^\nu$ 算得的對應值之間的差異。當疊代進行時，我們期望這些差值會趨近於零。
2. $\mathbf{x}^\nu$ 的分量被規定於 (10.31) 式內。我們解 (10.39) 式得到 $\Delta \mathbf{x}^\nu$，並

## 第 10 章　電力潮流分析

利用 $\mathbf{x}^{\nu+1} = \mathbf{x}^\nu + \Delta\mathbf{x}^\nu$，求出 $\mathbf{x}^{\nu+1}$。在此點上我們可更新差值向量和賈可比矩陣，並繼續疊代。

我們接下來利用 (10.32) 式計算賈可比子矩陣的元素。讓我們使用以下符號：令 $\mathbf{J}^{11}_{pq}$ 標示賈可比子矩陣 $J_{11}$ 的第 pq 個元素，所有四個子矩陣皆以此方式標示。我們也將採取 $\theta_{pq} = \theta_p - \theta_q$ 的符號。因此，我們有下列公式：

**對於下標 $p \neq q$**

$$J^{11}_{pq} = \frac{\partial P_p(\mathbf{x})}{\partial \theta_q} = |V_p||V_q|(G_{pq}\sin\theta_{pq} - B_{pq}\cos\theta_{pq})$$

$$J^{21}_{pq} = \frac{\partial Q_p(\mathbf{x})}{\partial \theta_q} = -|V_p||V_q|(G_{pq}\cos\theta_{pq} + B_{pq}\sin\theta_{pq})$$

$$J^{12}_{pq} = \frac{\partial P_p(\mathbf{x})}{\partial |V_q|} = |V_p|(G_{pq}\cos\theta_{pq} + B_{pq}\sin\theta_{pq})$$

$$J^{22}_{pq} = \frac{\partial Q_p(\mathbf{x})}{\partial |V_q|} = |V_p|(G_{pq}\sin\theta_{pq} - B_{pq}\cos\theta_{pq})$$

(10.40)

**對於下標 $p = q$**

$$J^{11}_{pp} = \frac{\partial P_p(\mathbf{x})}{\partial \theta_p} = -Q_p - B_{pp}|V_p|^2$$

$$J^{21}_{pp} = \frac{\partial Q_p(\mathbf{x})}{\partial \theta_p} = P_p - G_{pp}|V_p|^2$$

$$J^{12}_{pp} = \frac{\partial P_p(\mathbf{x})}{\partial |V_p|} = \frac{P_p}{|V_p|} + G_{pp}|V_p|$$

$$J^{22}_{pp} = \frac{\partial Q_p(\mathbf{x})}{\partial |V_p|} = \frac{Q_p}{|V_p|} - B_{pp}|V_p|$$

(10.41)

其中 $P_p$ 和 $Q_p$ 由 (10.32) 式得到。

根據這些方程式，我們可以推論賈可比矩陣一個重要的特性：在每一個子矩陣內的非對角線元素，被看到包含輸電線等效 $\pi$ 電路的**橋接元件** (bridging elements)。若兩個匯流排之間沒有 (直接) 連接，對應的橋接導納為零，且在賈可比矩陣內獲得一個零。在圖 10.1 中的五個匯流排系統，$Y_{bus}$ 內的 $Y_{13}$、$Y_{15}$、$Y_{25}$、$Y_{31}$、$Y_{34}$、$Y_{43}$、$Y_{51}$ 和 $Y_{52}$ 都為零，這是總數為 25 的 $Y_{ik}$ 中的 8 個。對大型系統而言，非零元素的稀疏性經常是更顯著的。(典型的情形，至少有 50% 的元素為零；有時甚至高達 95%)。因此 **J** 被稱為**稀疏矩陣** (sparse matrix)。在利用計算機求解 (10.39) 式時，有很多計算技巧會用到這稀疏性的優點。對於大型系統 (擁有 8000 或更多個匯流排的等級)，利用稀疏技巧是重要的。關於求解技巧的一個簡短討論可參考 10.10 節。

其他計算時間的節省是發生在：是否一些匯流排是發電機匯流排或電壓控制匯流排 (即先前介紹的情形 II 問題)。在這些匯流排，當產生的無效功率是在匯流排規定的無效功率極限內，由於 $|V_i|$ 是被指定，我們不需要解 $|V_i|$，問題的維度被減低。為了考慮在更詳細模型會發生什麼影響，我們回到 (10.30) 式的電力潮流方程式。假使為了簡化，只有匯流排 2 是電壓控制匯流排，當時 $|V_2|$ 已知但 $Q_2$ 未知。考慮 $Q_2$ 方程式，一旦我們已知 $\theta$ 和 $|V_3|,|V_4|,...,|V_n|$ (我們已知 $|V_1|$ 和 $|V_2|$)，就能明確地解出 $Q_2$，並查對其值是否在匯流排規定極限範圍之內。這情形就像我們在處理鬆弛匯流排一樣，一旦對其餘方程式求解出未知數 $|V|$ 和 $\theta$，其中的 $P_1$ 和 $Q_1$ 就可明確地計算出。在分析中的對應改變是很直接的：$|V|$ 向量的第一列被移去，同樣地 **f(x)** 和差值向量也被移去。對應地，賈可比矩陣的第 $n$ 行和第 $n$ 列也必須被移走。更一般化地，利用完全相同的引數，對應於匯流排 $2, 3, ..., m$ 是電壓控制 (或 $P, |V|$) 匯流排，我們除去 $|V|$ 中的前 $m-1$ 列，以及在 **f(x)** 和差值向量中的 $n, n+1, ..., n+m-2$ 列。對應地，賈可比矩陣的 $n, n+1, ..., n+m-2$ 列和行也必須被移走。因此注意：$P$、$|V|$ 匯流排的存在降低問題的維度，從而簡化問題。若在 N-R 法疊代過程中，一個 $P$、$|V|$ 匯流排違反匯流排上無效功率限制，而且沒有得到解，則求解過程將被改變，即把匯流排上產生的無效功率保持在被違反的極限上，並把該匯流排視為 $P$、$Q$ 匯流排。此匯流排上的電壓幅值被再引入成為一個變數，而賈可比或差值向量被適當地增加來反應匯流排狀態

第 10 章　電力潮流分析　　401

的改變。這個改變被堅持，直到解決無效功率違反情形。若得到一個無效功率極限被違反的解，電力潮流的輸出將標示這個違反，以及無力維持該匯流排所要的電壓大小。

### 例題 10.6

求出圖 E10.6 所示系統的 $\theta_2$，$|V_3|$，$\theta_3$，$S_{G1}$ 和 $Q_{G2}$。在輸電系統中，所有並聯元件是導納為 $y_C = j0.01$ 的電容器，而所有串聯元件是阻抗為 $z_L = j0.1$ 的電感器。

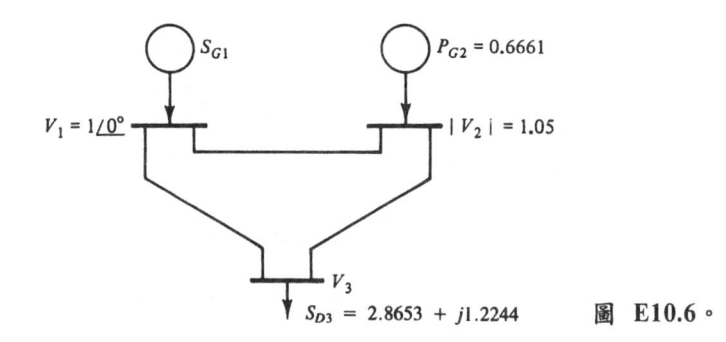

圖 E10.6。

$S_{G1}$　　$P_{G2} = 0.6661$
$V_1 = 1\angle 0°$　　$|V_2| = 1.05$
$V_3$
$S_{D3} = 2.8653 + j1.2244$

**解**　圖 E10.6 所示系統的 $\mathbf{Y}_{bus}$ 為

$$\mathbf{Y}_{bus} = \begin{bmatrix} -j19.98 & j10 & j10 \\ j10 & -j19.98 & j10 \\ j10 & j10 & -j19.98 \end{bmatrix}$$

匯流排 1 是鬆弛匯流排，匯流排 2 是 $P$，$|V|$ 匯流排，匯流排 3 是 $P$、$Q$ 匯流排。我們將利用牛頓-拉福森法求解。注意：$|V_2|$ 為已知，因此可簡化計算。未知 (隱含) 變數是 $\theta_2$，$\theta_3$ 和 $|V_3|$，所以賈可比將是一個 $3 \times 3$ 矩陣。

我們首先針對目前情形寫出 (10.32) 式，並代入已知值 $|V_1|$，$|V_2|$，$\theta_1$ 和 $B_{ij}$，於是

$$P_2(\mathbf{x}) = |V_2||V_1|B_{21}\sin(\theta_2 - \theta_1) + |V_2||V_3|B_{23}\sin(\theta_2 - \theta_3)$$
$$= 10.5\sin\theta_2 + 10.5|V_3|\sin(\theta_2 - \theta_3) \quad \text{(10.42a)}$$

$$P_3(\mathbf{x}) = |V_3||V_1|B_{31}\sin(\theta_3 - \theta_1) + |V_3||V_2|B_{32}\sin(\theta_3 - \theta_2)$$
$$= 10.0|V_3|\sin\theta_3 + 10.5|V_3|\sin(\theta_3 - \theta_2) \quad \text{(10.42b)}$$

因為 $|V_2|$ 為已知，我們可刪除包含 $Q_2(\mathbf{x})$ 的方程式。我們需要列出包含 $Q_3(\mathbf{x})$ 的方程式，以求解 $|V_3|$：

$$Q_3(\mathbf{x}) = -[|V_3||V_1|B_{31}\cos(\theta_3-\theta_1) + |V_3||V_2|B_{32}\cos(\theta_3-\theta_2) + |V_3|^2 B_{33}]$$
$$= -[10|V_3|\cos\theta_3 + 10.5|V_3|\cos(\theta_3-\theta_2) - 19.98|V_3|^2] \qquad (10.42c)$$

在目前情形中，我們描述未知向量和賈可比矩陣為：

$$\mathbf{x} = \begin{bmatrix} \theta_2 \\ \theta_3 \\ |V_3| \end{bmatrix}$$

$$\mathbf{J}(\mathbf{x}) = \begin{bmatrix} \dfrac{\partial P_2}{\partial \theta_2} & \dfrac{\partial P_2}{\partial \theta_3} & \dfrac{\partial P_2}{\partial |V_3|} \\ \dfrac{\partial P_3}{\partial \theta_2} & \dfrac{\partial P_3}{\partial \theta_3} & \dfrac{\partial P_3}{\partial |V_3|} \\ \dfrac{\partial Q_2}{\partial \theta_2} & \dfrac{\partial Q_3}{\partial \theta_3} & \dfrac{\partial Q_3}{\partial |V_3|} \end{bmatrix} \qquad (10.43)$$

根據 (10.40) 和 (10.41) 式，我們可求出各偏微分：

$$\frac{\partial P_2}{\partial \theta_2} = |V_2||V_1|B_{21}\cos(\theta_2-\theta_1) + |V_2||V_3|B_{23}\cos(\theta_2-\theta_3)$$
$$= 10.5\cos\theta_2 + 10.5|V_3|\cos(\theta_2-\theta_3)$$

$$\frac{\partial P_2}{\partial \theta_3} = -|V_2||V_3|B_{23}\cos(\theta_2-\theta_3)$$
$$= -10.5|V_3|\cos(\theta_2-\theta_3)$$

$$\frac{\partial P_2}{\partial |V_3|} = |V_2|B_{23}\cos(\theta_2-\theta_3)$$
$$= 10.5\sin(\theta_2-\theta_3)$$

$$\frac{\partial P_3}{\partial \theta_2} = -10.5|V_3|\cos(\theta_3-\theta_2)$$

$$\frac{\partial P_3}{\partial \theta_3} = 10.0|V_3|\cos\theta_3 + 10.5|V_3|\cos(\theta_3-\theta_2)$$

$$\frac{\partial P_3}{\partial |V_3|} = 10\sin\theta_3 + 10.5\sin(\theta_3-\theta_2)$$

## 第 10 章　電力潮流分析

$$\frac{\partial Q_3}{\partial \theta_2} = -10\ |V_3||V_2|\sin\ (\theta_3 - \theta_2) = -10.5|V_3|\sin\ (\theta_3 - \theta_2)$$

$$\frac{\partial Q_3}{\partial \theta_3} = 10\ |V_3|\sin\ \theta_3 + 10|V_3||V_2|\sin\ (\theta_3 - \theta_2)$$

$$= 10\ |V_3|\sin\ \theta_3 + 10.5|V_3|\sin\ (\theta_3 - \theta_2)$$

$$\frac{\partial Q_3}{\partial |V_3|} = -[10\ \cos\ \theta_3 + 10.5\ \cos\ (\theta_3 - \theta_2) - 39.96|V_3|]$$

我們準備好利用 (10.39) 式開始疊代。我們注意到：$P_2 = P_{G2} = 0.6661$，$P_3 = -P_{D3} = -2.8653$，以及 $Q_3 = -Q_{D3} = -1.2244$；當然，這些量在整個疊代過程都維持常數。以 $\theta_2^0 = \theta_3^0 = 0$，$|V_3| = 1.0$ 為初始猜測解 (此初始值的選擇經常被歸類於平開始)，利用 (10.37) 和 (10.42) 式，可得

$$\begin{bmatrix}\Delta P_2\\ \Delta P_3\\ \Delta Q_3\end{bmatrix}^0 = \begin{bmatrix}P_2\\ P_3\\ Q_3\end{bmatrix} - \begin{bmatrix}P_2(\mathbf{x}^0)\\ P_3(\mathbf{x}^0)\\ Q_3(\mathbf{x}^0)\end{bmatrix} = \begin{bmatrix}0.6661\\ -2.8653\\ -1.2244\end{bmatrix} - \begin{bmatrix}0\\ 0\\ -0.52\end{bmatrix} = \begin{bmatrix}0.6661\\ -2.8653\\ -0.7044\end{bmatrix}$$

如同所預期，對於這種粗略的猜測，差值一定很大。接著，我們計算 $\mathbf{J}^0$；利用 (10.43) 式

$$\mathbf{J}^0 = \begin{bmatrix}21 & -10.5 & 0\\ -10.5 & 20.5 & 0\\ 0 & 0 & 19.46\end{bmatrix} \qquad (10.44)$$

注意：$\mathbf{J}^0_{12}$ 和 $\mathbf{J}^0_{21}$ 皆為零。

取方塊對角線結構 (block diagonal structure) 的優點。我們接下來藉由求出 $\mathbf{J}^0$ 的反矩陣來求解 (10.39) 式。

$$\mathbf{J}^{-1}_0 = \begin{bmatrix}\mathbf{J}_{11} & 0\\ 0 & \mathbf{J}_{22}\end{bmatrix}^{-1} = \begin{bmatrix}\mathbf{J}^{-1}_{11} & 0\\ 0 & \mathbf{J}^{-1}_{22}\end{bmatrix} = \begin{bmatrix}0.0640 & 0.0328 & 0\\ 0.0328 & 0.0656 & 0\\ 0 & 0 & 0.0514\end{bmatrix} \qquad (10.45)$$

並代入 (10.39) 式，我們得到

$$\Delta \mathbf{x}^0 = \begin{bmatrix}\Delta \theta_2\\ \Delta \theta_3\\ \Delta|V_3|\end{bmatrix}^0 = \begin{bmatrix}-0.0513\ \text{rad}\\ -0.1660\ \text{rad}\\ -0.0362\end{bmatrix} = \begin{bmatrix}-2.9393°\\ -9.5111°\\ -0.0362\end{bmatrix}$$

現在利用 (10.27) 式求出 $\mathbf{x}^1$：

$$\mathbf{x}^1 = \mathbf{x}^0 + \Delta\mathbf{x}^0 = \begin{bmatrix} 0 \\ 0 \\ 1 \end{bmatrix} + \begin{bmatrix} -2.9395° \\ -9.5111° \\ -0.0362 \end{bmatrix} = \begin{bmatrix} -2.9395° \\ -9.5111° \\ 0.9638 \end{bmatrix}$$

我們注意到：真正解是 $\begin{bmatrix} -3 \\ -10 \\ 0.95 \end{bmatrix}$，所以經由一次疊代得到相當好的進步！

我們利用新值 $\theta_2^1 = -2.9395°$，$\theta_3^1 = -9.51111°$ 和 $|V_3|^1 = 0.9638$，進行下一次疊代。代入 (10.42a) 式，求得 $P_2(\mathbf{x}^1) = 0.6198$，於是 $\Delta P_2^1 = 0.6661 - 0.6198 = 0.0463$。類似地，利用 (10.42b) 和 (10.42c) 式，我們得到一個更新的差值向量：

$$\begin{bmatrix} \Delta P_2 \\ \Delta P_3 \\ \Delta Q_3 \end{bmatrix}^1 = \begin{bmatrix} 0.0463 \\ -0.1145 \\ -0.2251 \end{bmatrix} \tag{10.46}$$

**注意**：在一次疊代後，差值向量大約被減少 10 倍左右。計算 $\mathbf{J}^1$，我們求得

$$\mathbf{J}^1 = \begin{bmatrix} 20.5396 & -10.0534 & 1.2017 \\ -10.0534 & 19.5589 & -2.8541 \\ 1.1582 & -2.7508 & 18.2199 \end{bmatrix} \tag{10.47}$$

此矩陣應該和 (10.44) 式中的 $\mathbf{J}^0$ 做比較，它並沒有改變多少。非對角線矩陣不再是為零，但它們的值與矩陣對角線內的元素相比，是很小的。矩陣對角線本身也沒有改變很多。相同的觀察對於反矩陣也是真實的，更新後的反矩陣為

$$\mathbf{J}_1^{-1} = \begin{bmatrix} 0.0651 & 0.0336 & 0.0010 \\ 0.0336 & 0.0696 & 0.0087 \\ 0.0009 & 0.0084 & 0.0561 \end{bmatrix} \tag{10.48}$$

比較 (10.48) 式和 (10.45) 式，我們沒有看到太多改變。利用 (10.39) 式和 (10.27) 式，求得

$$\mathbf{x}^2 = \begin{bmatrix} \theta_2 \\ \theta_3 \\ |V_3| \end{bmatrix}^2 = \begin{bmatrix} -3.0023° \\ -9.9924° \\ 0.9502 \end{bmatrix}$$

第 10 章　電力潮流分析　　　　　　　　　　　　　405

這是非常靠近正確解，最大誤差僅約 0.08%。當然，在一般問題中，我們並不知道答案，所以會進行下一次疊代。我們將求得

$$\begin{bmatrix} \Delta P_2 \\ \Delta P_3 \\ \Delta Q_3 \end{bmatrix}^2 = \begin{bmatrix} 0.0019 \\ -0.0023 \\ -0.0031 \end{bmatrix}$$

差值已經從 (10.46) 式降低至少 200 倍，而且是足夠小。根據該準則，我們在此可以停止疊代；或者我們可計算 $\mathbf{x}^3$，藉由注意到 $\mathbf{x}^2$ 和 $\mathbf{x}^3$ 是如何非常接近，來證明疊代的收斂性。所以我們停止疊代於 $\theta_2 = -3.0023°$，$\theta_3 = -9.9924°$ 和 $|V_3| = 0.9502$。剩餘的計算是利用 $\theta_2$、$\theta_3$ 和 $|V_3|$ 的計算值，來求出 $S_{G1}$ 和 $Q_{G2}$。對目前情形，根據 (10.30) 式可求得

$$\begin{aligned} P_{G1} = P_1 &= |V_1||V_2|B_{12}\sin(\theta_1-\theta_2) + |V_1||V_3|B_{13}\sin(\theta_1-\theta_3) \\ &= 10.5\sin 3.0023° + 9.502\sin 9.9924° = 2.1987 \end{aligned}$$

$$\begin{aligned} Q_{G1} = Q_1 &= -[|V_1||V_2|B_{12}\cos(\theta_1-\theta_2) + |V_1||V_3|B_{13}\cos(\theta_1-\theta_3) + |V_1|^2 B_{11}] \\ &= -[10.5\cos 3.0023° + 9.502\cos 9.9924° - 19.98] \\ &= 0.1365 \end{aligned}$$

$$\begin{aligned} Q_{G2} = Q_2 &= -[|V_2||V_1|B_{21}\cos(\theta_2-\theta_1) + |V_2||V_3|B_{23}\cos(\theta_2-\theta_3) + |V_2|^2 B_{22}] \\ &= -[10.5\cos(-3.0023°) + 9.977\cos(6.9901°) - 22.028] \\ &= -1.6395 \end{aligned}$$

在此完成本例題。

---

最後，我們想要指出賈可比子矩陣元素之間的一些有趣且重要的關係。根據 (10.40) 式，我們觀察到 (對於 $p \neq q$ 的情形) $\mathbf{J}^{11}_{pq}$ 和 $\mathbf{J}^{22}_{pq}$ 是類似的；僅有的差異是在 $\mathbf{J}^{22}_{pq}$ 中沒有 $|V_q|$ 因子。比較 $\mathbf{J}^{12}_{pq}$ 和 $\mathbf{J}^{21}_{pq}$，主要的差異是在 $\mathbf{J}^{12}_{pq}$ 中沒有 $|V_q|$ 因子，同時有符號的不同。因為對電壓幅值變數取偏微分，矩陣 $\mathbf{J}_{12}$ 和 $\mathbf{J}_{22}$ 的所有元素都沒有 $|V_q|$ 因子。

假設我們恢復這些因子。例如，在賈可比矩陣 $\mathbf{J}^{12}_{pq}$ 中，以 $|V_3|/\partial P_2/\partial |V_3|$ 取代 $\partial P_2/\partial |V_3|$，對於所有類似的項都執行相同的動作。由於在 (10.39) 式左手邊的各項將被乘以適當的 $|V_i|$，在更新後的向量中對應的項應該除以適

當的 $|V_i|$，以維持由 (10.39) 式指定的關係。在子矩陣 $\mathbf{J}_{22}$ 中一般項的處理將出現如下：

$$\underbrace{|V_j|\frac{\partial Q_i}{\partial |V_j|}}_{\substack{\text{修改過} \\ \text{賈可比元素}}} \times \underbrace{\frac{\Delta |V_j|}{|V_j|}}_{\substack{\text{修改過} \\ \text{更新項}}} = \underbrace{\frac{\partial Q_i}{\partial |V_j|}}_{\substack{\text{原始} \\ \text{賈可比元素}}} \times \underbrace{\Delta |V_j|}_{\substack{\text{原始} \\ \text{更新項}}}$$

為了區別原始的和修改過的賈可比矩陣，我們導入新的符號。因此，我們以 $\mathbf{K}$ 表明修改過的賈可比矩陣，並適當地改變相對於電壓幅值的更新向量，即

$$\mathbf{K} = \begin{bmatrix} \mathbf{H}^v & \mathbf{N}^v \\ \mathbf{M}^v & \mathbf{L}^v \end{bmatrix} \begin{bmatrix} \Delta \theta^v \\ \frac{\Delta |V|^v}{|V|^v} \end{bmatrix} = \begin{bmatrix} \Delta \mathbf{P}(\mathbf{x}^v) \\ \Delta \mathbf{Q}(\mathbf{x}^v) \end{bmatrix} \quad (10.49)$$

在此 $\mathbf{H} = \mathbf{J}_{11}$，$\mathbf{M} = \mathbf{J}_{21}$，$\mathbf{N} = \mathbf{J}_{12}[\mathbf{V}]$，$\mathbf{L} = \mathbf{J}_{22}[\mathbf{V}]$，並定義

$$[\mathbf{V}] \triangleq \begin{bmatrix} |V_2| & 0 & \cdots & 0 \\ \vdots & |V_3| & \vdots & \vdots \\ \vdots & \vdots & \vdots & \vdots \\ 0 & \cdots & \cdots & |V_n| \end{bmatrix}, \quad \frac{\Delta |\mathbf{V}|}{|\mathbf{V}|} \triangleq \begin{bmatrix} \frac{\Delta |V_2|}{|V_2|} \\ \vdots \\ \frac{\Delta |V_n|}{|V_n|} \end{bmatrix} \quad (10.50)$$

以 $[\mathbf{V}]$ 後乘 $\mathbf{J}_{12}$ (或 $\mathbf{J}_{22}$) 的效果是以 $|V_2|$ 來乘以 $\mathbf{J}_{12}$ 的第一行，以 $|V_3|$ 來乘以 $\mathbf{J}_{12}$ 的第二行，以此類推。這也就是為什麼我們需要恢復缺掉的 $|V_q|$。

最後，我們使用 (10.49) 式疊代求得 $\Delta \theta^v$ 和 $\frac{\Delta |V|^v}{|V|^v}$。根據這些值我們決定出

$$\theta_i^{v+1} = \theta_i^v + \Delta \theta_i^v$$

$$|V_i|^{v+1} = |V_i|^v \left(1 + \frac{\Delta |V_i|^v}{|V_i|^v}\right)$$

而有了這些變數的新值,我們更新(修改過的)賈可比矩陣和差值向量,並重複疊代過程,直到容忍值被符合。

使用 (10.49) 式修改過的賈可比,而不用 (10.39) 式原始的賈可比矩陣的主要優點,是在執行 N-R 疊代時我們可利用不同的矩陣對稱性來減輕資料儲存負擔,這也是賈可比矩陣被應用於大部分的商用電力潮流套裝軟體的方法。

## 10.7 去耦合電力潮流

在例題 10.6 中,我們注意到賈可比矩陣的一項非常有用的特性:非對角線子矩陣 $\mathbf{J}_{12}$ 和 $\mathbf{J}_{21}$ 是非常地小。在一般情形,對正常運轉條件下的電力系統計算,都可發現類似的性質。這些原因可藉考慮某些典型項而看出,例如,參考 (10.40) 式,考慮在 $\mathbf{J}_{12}$ 中的一個典型項:

$$\frac{\partial P_2}{\partial |V_3|} = |V_2|[G_{23}\cos(\theta_2-\theta_3)+B_{23}\sin(\theta_2-\theta_3)]$$

由於輸電線幾乎是電抗性,電導 $G_{23}$ 是非常小。既然在正常運轉情形下,角度 $\theta_2-\theta_3$ 是很小(典型值約小於 10°),包含 $B_{23}$ 的項也很小。相同的理由也能應用於 $\mathbf{J}_{21}$ 中的典型項,例如

$$\frac{\partial Q_2}{\partial \theta_3} = -|V_2||V_3|[G_{23}\cos(\theta_2-\theta_3)+B_{23}\sin(\theta_2-\theta_3)]$$

不過,若我們觀察對角線子矩陣 $\mathbf{J}_{11}$ 和 $\mathbf{J}_{22}$ 中的典型非零項,它們的值都不小。這意謂著有效電力潮流與 $\theta_i$ 有密切的關係(而與 $|V_i|$ 無太大關連),以及無效電力潮流與 $|V_i|$ 有密切的關係(而與 $\theta_i$ 無太大關連)。換言之,有效功率和無效功率方程式之間有非常良好的去耦合關係。

為了求解電力潮流方程式,我們常用去耦合特性來簡化 N-R 演算法。在一般疊代公式 (10.39) 式,我們將用

$$\mathbf{A}(\mathbf{x}^v) = \begin{bmatrix} \mathbf{J}_{11}^v & \mathbf{0} \\ \mathbf{0} & \mathbf{J}_{22}^v \end{bmatrix} \qquad 來取代 \qquad \mathbf{A}(\mathbf{x}^v) = \begin{bmatrix} \mathbf{J}_{11}^v & \mathbf{J}_{12}^v \\ \mathbf{J}_{21}^v & \mathbf{J}_{22}^v \end{bmatrix}$$

從上述討論的觀點,它應該得到幾乎相同的結果。我們提醒讀者,改變 $\mathbf{A}(\mathbf{x})$ 必會改變收斂速率,但它仍能維持數值穩定性,相對於零差值的最終解亦不受影響。根據我們的選擇,我們可用兩組方程式來取代 (10.39) 式,即

$$\mathbf{J}_{11}^v \Delta \theta^v = \Delta \mathbf{P}(\mathbf{x}^v) \tag{10.51a}$$

$$\mathbf{J}_{22}^v \Delta |\mathbf{V}|^v = \Delta \mathbf{Q}(\mathbf{x}^v) \tag{10.51b}$$

我們亦能藉由取 $\mathbf{J}_{11}$ 和 $\mathbf{J}_{22}$ 中元素的近似,來做更進一步的簡化。例如:考慮 (10.41) 式中的 $\partial P_2 / \partial \theta_2$ 項,假設 $G_{2k}$ 和 $\theta_2 - \theta_k$ 都很小,且所有的 (標么) 匯流排電壓幅值都近似等值,可得

$$\frac{\partial P_2}{\partial \theta_2} = -Q_2 - B_{22}|V_2|^2 \approx \sum_{k=1}^{n}|V_2\|V_k|B_{2k} - |V_2|^2 B_{22} \approx -|V_2|^2 B_{22} \tag{10.52}$$

在得到此結果的過程中,我們將應用下列的觀察:

1. 當所有 $|V_k|$ 近似等值,$\sum_{k=1}^{n}|V_2\|V_k|B_{2k} \approx |V_2|^2 \sum_{k=1}^{n} B_{2k}$。
2. $B_{22} =$ 所有伴隨於匯流排 2 的等效 $\pi$ 電路元件的電納和。
3. 對於 $k \neq 2$,$B_{2k} = -$ (從匯流排 2 到匯流排 $k$ 橋接元件的電納)。
4. 根據觀察 2 和 3,在 $\sum_{k=1}^{n} B_{2k}$ 中,所有橋接元件將彼此抵消,只留下 (小) 並聯元件的電納 (電容性) 和。於是我們有 $|\sum_{k=1}^{n} B_{2k}| << |B_{22}|$。

觀察 1 和 4 證明了在 (10.52) 式中的最後近似,為了用一個數值例題來證明這敘述,讀者可查對在例題 10.6 中的 $\mathbf{Y}_{bus}$ 項。

**注意**:若所有的 (標么) $|V|$ 都是等值,則我們有一個被稱為 **"平輪廓"** (flat profile) 的情形。在正常運轉條件下,這是一個合理的近似。

使用類似的方式和相同的假設,從 (10.41) 式我們求得

$$\frac{\partial Q_2}{\partial |V_2|} \approx -\sum_{k=1}^{n}|V_k|B_{2k} - |V_2|B_{22} \approx -|V_2|B_{22} \tag{10.53}$$

方程式 (10.52) 和 (10.53) 給出對角線項的形式。對非角線項,根據 (10.40) 式,我們可得到以下近似:

# 第10章 電力潮流分析

$$\frac{\partial P_2}{\partial \theta_3} = -|V_2||V_3|B_{23}$$

$$\frac{\partial Q_2}{\partial |V_3|} = -|V_2|B_{23}$$
(10.54)

從這我們可推導出一般項。

為了完成這個分析，重新導入向量符號是便利的。令

$$\mathbf{B} \triangleq \begin{bmatrix} B_{22} & B_{23} & \cdots & B_{2n} \\ \vdots & & & \vdots \\ B_{n2} & \cdots & \cdots & B_{nn} \end{bmatrix}$$
(10.55)

我們可查對，藉由除去 $\mathbf{Y}_{bus}$ 的第一列和行，然後取虛部，就可以從 $\mathbf{Y}_{bus}$ 獲得 $\mathbf{B}$。

注意：$\mathbf{J}_{11}$ 和 $\mathbf{J}_{22}$ 的一般項以 (10.52) 到 (10.54) 式表示時，讀者可查對

$$\mathbf{J}_{11} = -[\mathbf{V}]\mathbf{B}[\mathbf{V}]$$
(10.56a)

$$\mathbf{J}_{22} = -[\mathbf{V}]\mathbf{B}$$
(10.56b)

其中 $[\mathbf{V}]$ 是定義於 (10.50) 式的對角線矩陣，當 $|\mathbf{V}|$ 是定義於 (10.31) 式的一個行向量。

我們現在可以下式

$$-[\mathbf{V}^\nu]\mathbf{B}[\mathbf{V}^\nu]\Delta\theta^\nu = \Delta\mathbf{P}(\mathbf{x}^\nu)$$
(10.57a)

$$-[\mathbf{V}^\nu]\mathbf{B}\,\Delta[\mathbf{V}]^\nu = \Delta\mathbf{Q}(\mathbf{x}^\nu)$$
(10.57b)

來取代 (10.51a) 和 (10.51b) 兩式。

最後一項近似：符合一個近似的平電壓輪廓的假設，我們以單位矩陣取代 (10.57a) 式中的第二個 $[\mathbf{V}^\nu]$，然後對每個方程式前乘 $[\mathbf{V}^\nu]^{-1}$，我們得到

$$-\mathbf{B}\,\Delta\theta^\nu = \Delta\widetilde{\mathbf{P}}(\mathbf{x}^\nu)$$
(10.58a)

$$-\mathbf{B}\,\Delta|\mathbf{V}|^\nu = \Delta\widetilde{\mathbf{Q}}(\mathbf{x}^\nu)$$
(10.58b)

其中 $\Delta \tilde{\mathbf{P}} = [\mathbf{V}]^{-1} \Delta \mathbf{P}$ 和 $\Delta \tilde{\mathbf{Q}} = [\mathbf{V}]^{-1} \Delta \mathbf{Q}$。由於 $[\mathbf{V}]$ 是對角線的，(10.58a) 和 (10.58b) 式的右手邊可分別是 $\Delta \mathbf{P}$ 和 $\Delta \mathbf{Q}$ 的簡單比例版本。

一項重要的觀察是 $\mathbf{B}$ 為常數矩陣，與疊代次數無關。若 $\mathbf{B}$ 的反矩陣被使用到，其優點是僅需要計算一次反矩陣。若 $\mathbf{B}$ 的 LU 分解被使用到，也僅需做一次。

這些方程式或它們的輕微修正版本，被稱為**快速去耦合** (fast-decoupled) 電力潮流方程式。在一次的研究中，收斂只需 4 到 7 次疊代就可完成，每次疊代所耗用的時間約為高斯-賽德疊代的 1.5 倍，牛頓-拉福森疊代的 0.2 倍。

最後，當電壓控制匯流排存在時，我們藉由消去 $\Delta \tilde{\mathbf{Q}}$、$\Delta |\mathbf{V}|$ 和 $\mathbf{B}$ 中相對應項，來修改 (10.58b) 式。特別地，根據我們的編號系統，我們刪去 $\Delta \tilde{\mathbf{Q}}$ 和 $\Delta |\mathbf{V}|$ 的前 $m-1$ 列，以及 $\mathbf{B}$ 的前 $m-1$ 列和行。我們並不改變 (10.58a) 式中的任何項。

### 例題 10.7

考慮圖 E10.7 中所示的電路，利用例題 10.6 中資料及快速去耦合電力潮流方程式，求出，$\theta_2$，$\theta_3$ 和 $|V_3|$。為了便利起見，問題的資料總列於圖 E10.7 下方。

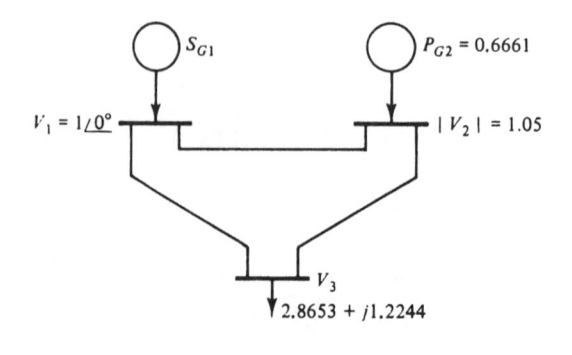

圖 E10.7。

$P_{G2} = 0.6661$
$|V_2| = 1.05$
$B_{ij} = 10, \quad i \neq j$
$B_{ii} = -19.98$

# 第 10 章 電力潮流分析

$$P_2 = 0.6661$$
$$P_3 = -2.8653$$
$$Q_3 = -1.2244$$

**解** 我們首先求出 **B**，然後利用 (10.58) 式

$$\mathbf{B} = \begin{bmatrix} B_{22} & B_{23} \\ B_{32} & B_{33} \end{bmatrix} = \begin{bmatrix} -19.98 & 10 \\ 10 & -19.98 \end{bmatrix}$$

是 (10.58a) 式變成

$$-\begin{bmatrix} -19.98 & 10 \\ 10 & -19.98 \end{bmatrix} \begin{bmatrix} \Delta\theta_2 \\ \Delta\theta_3 \end{bmatrix}^v = \begin{bmatrix} \dfrac{\Delta P_2}{1.05} \\ \dfrac{\Delta P_3}{|V_3|} \end{bmatrix}^v$$

消去 $|V_2|$ 方程式，(10.58b) 變成

$$-(-19.98)\Delta|V_3|^v = \left(\dfrac{\Delta Q_3}{|V_3|}\right)^v$$

在這個簡單的情況，我們可用反矩陣來獲得明確的疊代公式

$$\begin{bmatrix} \Delta\theta_2 \\ \Delta\theta_3 \end{bmatrix}^v = \begin{bmatrix} 0.0668 & 0.0334 \\ 0.0334 & 0.0668 \end{bmatrix} = \begin{bmatrix} \dfrac{\Delta P_2}{1.05} \\ \dfrac{\Delta P_3}{|V_3|} \end{bmatrix}^v \qquad \text{(10.59a)}$$

$$\Delta|V_3|^v = 0.0501\left(\dfrac{\Delta Q_3}{|V_3|}\right)^v \qquad \text{(10.59b)}$$

我們仍然需要利用 (10.37) 式和 (10.42) 式計算差值項。疊代結果被列於表 E10.7 中，其初始值是 $\theta_2 = \theta_3 = 0$ 和 $|V_3| = 1.0$。$\theta_2$ 和 $\theta_3$ 的列表值是以度為單位。由於三次疊代後的差值很小，我們停止繼續疊代。與例題 10.6 的結果比較，快速去耦合法需要三次疊代來降低差值到可容許的範圍，而牛頓-拉福森疊代僅需二次即可。但由於簡化程度相當大，有助於解釋快速去耦合電力潮流法的受歡迎。

表 E10.7

| 疊代次數 | $\theta_2$ | $\theta_3$ | $|V_3|$ | $\Delta \widetilde{P}_2$ | $\Delta \widetilde{P}_3$ | $\Delta \widetilde{Q}_3$ |
|---|---|---|---|---|---|---|
| 0 | 0 | 0 | 1 | 0.6344 | −2.8653 | −0.7044 |
| 1 | −3.0539° | −9.7517° | 0.9647 | 0.0420 | −0.0517 | −0.2601 |
| 2 | −2.9908° | −9.8721° | 0.9517 | 0.0159 | −0.0382 | −0.0252 |
| 3 | −3.0023° | −9.9867° | 0.9504 | 0.0025 | −0.0039 | −0.0067 |

## 10.8 控制的牽連

賈可比矩陣以其他的關連和系統控制發生關係。考慮 (10.39) 式，在疊代過程的每一步驟，我們所擁有的是 **P(x)** 和 **Q(x)** 期待增量與 **x** 上增量的關係。我們已經利用這個關係來求解電力潮流方程式，除此之外，此關係已可直接應用於控制的問題。

假設系統是在一個特別的運轉狀態或條件 $\mathbf{x}^0$，且其對應的匯流排功率是 **P(x⁰)** 和 **Q(x⁰)**。若我們現在希望藉由控制發電機匯流排（即改變某些 **x** 的分量），來產生匯流排功率小量的變化，則我們必須考慮在 **x** 上的變化，會如何影響在 **P(x)** 和 **Q(x)** 上的變化；對於小增量，這關係是線性的，且可由 (10.39) 式表示，其中賈可比矩陣是在運轉狀態 $\mathbf{x}^0$ 處的計算值。在使用 (10.39) 式，可簡單地省略符號 $\nu$。

如同 10.7 節所討論，我們可利用 **J(x)** 某些特質的優點。特別地，我們注意到在一般的運轉條件下，$\mathbf{J}_{12}$ 和 $\mathbf{J}_{21}$ 內的項都是很小的。因此對有效和無效功率的控制有很好的去耦合性；控制 **P** 時我們改變 $\theta$，控制 **Q** 時我們改變 $|\mathbf{V}|$。作為一個近似值，在 (10.39) 式內代入 (10.51) 式或 (10.58) 式，就可獲得明確的去耦合。再一次地說明，使用 (10.51) 式和 (10.58) 式時，能省略符號 $\nu$。

在以下例題中的 (d) 部分，我們有一項 (10.58) 式的控制應用。

## 第 10 章　電力潮流分析

### 例題 10.8

考慮圖 E10.8 的電力系統，假設串聯輸電線阻抗 $z_L = r_L + jx_L = 0.0099 + j0.099 = 0.0995\angle 84.2894°$，並忽略電容性（並聯）阻抗。

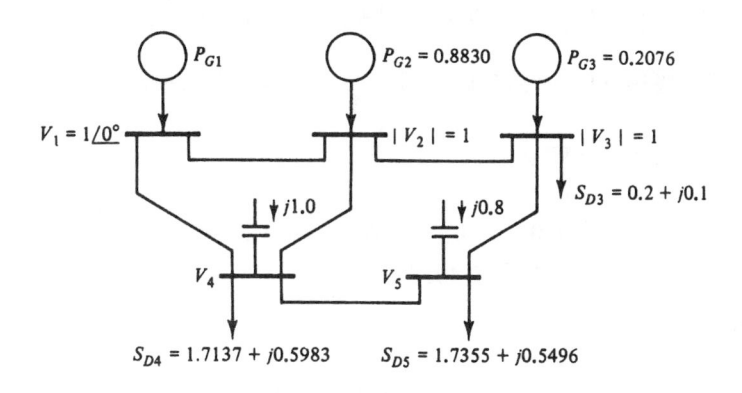

圖 E10.8。

**(a)** 證明電力潮流方程式的一個解是

$$\theta = \begin{bmatrix} \theta_2 \\ \theta_3 \\ \theta_4 \\ \theta_5 \end{bmatrix} = \begin{bmatrix} -5° \\ -10° \\ -10° \\ -15° \end{bmatrix} \quad |\mathbf{V}| = \begin{bmatrix} |V_4| \\ |V_5| \end{bmatrix} = \begin{bmatrix} 1.0 \\ 1.0 \end{bmatrix}$$

**(b)** 計算鬆弛匯流排功率 $S_1 = S_{G1}$。
**(c)** 計算總輸電線損失。
**(d)** 證明藉由提高發電機 3 的發電量，就能以較低輸電線損失滿足（複）負載需求。

**解 (a)** 我們能簡單地將解代入適當的電力潮流方程式，來證明此解是可滿足。這些適當方程式是指將用來求解未知（隱含）變數的方程式（即具有 $P_2$，$P_3$，$P_4$，$P_5$，$Q_4$ 和 $Q_5$ 在左手邊的方程式）。事實上，由於 $P_1$，$Q_1$，$Q_2$ 和 $Q_3$ 未知，我們也只能查對這些方程式。

我們可以很方便地使用 (10.30) 式或 (10.6) 式，在任何一種情形中，我們都需要知道 $\mathbf{Y}_{bus}$ 的元素（即 $Y_{ik} = G_{ik} + jB_{ik}$）。藉由第 9 章中描述的方法，以及注意 $y_L = z_L^{-1} = 10.503\angle -84.2894° = 1 - j10$，我們可求得

$$\mathbf{Y}_{bus} = \begin{bmatrix} 2-j20 & -1+j10 & 0 & -1+j10 & 0 \\ -1+j10 & 3-j30 & -1+j10 & -1+j10 & 0 \\ 0 & -1+j10 & 2-j20 & 0 & -1+j10 \\ -1+j10 & -1+j10 & 0 & 3-j30 & -1+j10 \\ 0 & 0 & -1+j10 & -1+j10 & 2-j20 \end{bmatrix} \quad (10.60)$$

例如，應用 (10.6) 式於匯流排 4，我們得到流入網路的匯流排功率為

$$S_4^* = V_4^* \sum_{k=1}^{5} Y_{4k} V_k$$
$$= 3 - j30 + 1\angle 10°(-1+j10)(1\angle 0° + 1\angle -5° + 1\angle -15°)$$
$$= -1.7137 - j0.4017$$

因此

$$S_4 = -1.7137 + j0.4017$$

此值可從功率端限制推導出的值來查對：

$$S_4 = S_{G4} - S_{D4} = j1.0 - (1.7137 + j0.5983)$$
$$= -1.7137 + j0.4017$$

類似地，我們證明出匯流排 5 的複功率平衡，和匯流排 2 和 3 的有效功率平衡。

**(b)** 當已知所有的複電壓，利用 (10.3) 式可以計算鬆弛匯流排功率，即

$$S_1 = V_1 \sum_{k=1}^{4} Y_{1k}^* V_k^*$$
$$= 2 + j20 + 1\angle 0°(-1-j10)(1\angle 5° + 1\angle 10°)$$
$$= 2.6270 - j0.0709$$

**(c)** 在一個無損失的輸電系統，$\sum_{i=1}^{n} P_i = 0$。在有損失輸電系統，由功率守恆的考慮得出下列的線路損失公式：

$$P_L = \sum_{i=1}^{5} P_i = 2.6270 + 0.8830 + 0.0076 - 1.7137 - 1.7355$$
$$= 0.0684$$

此量約為發電功率的 1.8%，且功率損失在輸電系統中以熱的方式消耗。

# 第 10 章　電力潮流分析

我們注意到，當我們把六條輸電線上個別的功率損失總和，我們應得到完全相同的結果。

**(d)** 由於匯流排 5 上的有效功率需求非常大，藉由提高匯流排 3 的發電量可降低線路損失，似乎是合理的，這裡匯流排 3 是最接近匯流排 5 的發電機匯流排。讓我們考慮小量（例如 0.1）增加 $P_{G3}$ 的影響，看看是否可降低線路損失。若小增量可達成目的，稍後我們可以嘗試較大的增量。由於增量是相對小的，我們能用線性化技巧來估測新的運轉狀態。當系統有小的 $\theta_{ik}$，小的 $G_{ik}$（與 $B_{ik}$ 比較）和一個平電壓（幅值）輪廓時，(10.58) 式的使用就能被證明。利用 (10.60) 式，我們除去第一列和行，然後取虛數部分，直接求出 **B** 並代入 (10.58a) 式，得到

$$-\begin{bmatrix} -30 & 10 & 10 & 0 \\ 10 & -20 & 0 & 10 \\ 10 & 0 & -30 & 10 \\ 0 & 10 & 10 & -20 \end{bmatrix}\begin{bmatrix} \Delta\theta_2 \\ \Delta\theta_3 \\ \Delta\theta_4 \\ \Delta\theta_5 \end{bmatrix} = \begin{bmatrix} \Delta P_2 \\ \Delta P_3 \\ \Delta P_4 \\ \Delta P_5 \end{bmatrix} = \begin{bmatrix} 0 \\ 0.1 \\ 0 \\ 0 \end{bmatrix} \quad \textbf{(10.61)}$$

就電壓變數而言，因為匯流排 2 和 3 的電壓為固定，所以 **B** 的前兩列和行可被移走。代入 (10.58b) 式求得

$$-\begin{bmatrix} -30 & 10 \\ 10 & -30 \end{bmatrix}\begin{bmatrix} \Delta|V_4| \\ \Delta|V_5| \end{bmatrix} = \begin{bmatrix} \Delta Q_4 \\ \Delta Q_5 \end{bmatrix} = \begin{bmatrix} 0 \\ 0 \end{bmatrix} \quad \textbf{(10.62)}$$

因為注入匯流排 4 和 5 的有效功率並未被改變，所以右手邊為零。方程式 (10.62) 預測 $|V_4|$ 和 $|V_5|$ 維持在原值 1，沒有改變。

求解 (10.61) 式，得到

$$\Delta\theta = \begin{bmatrix} \Delta\theta_2 \\ \Delta\theta_3 \\ \Delta\theta_4 \\ \Delta\theta_5 \end{bmatrix} = \begin{bmatrix} 0.00545 \\ 0.01182 \\ 0.00455 \\ 0.00818 \end{bmatrix} \text{弳} = \begin{bmatrix} 0.312 \\ 0.677 \\ 0.261 \\ 0.469 \end{bmatrix} \text{度}$$

因此新的匯流排角度為

$$\theta = \theta^\circ + \Delta\theta = \begin{bmatrix} -4.688 \\ -9.323 \\ -9.739 \\ -14.531 \end{bmatrix} \text{度}$$

我們注意到功率角 $\theta_3 - \theta_5$ 已經增加，這證明了有更多的功率從發電機 3 供給

匯流排 5。

　　為了求出對應這些角度的新線路損失，我們能重新計算所有匯流排功率，並取其總和。直接相加個別線路損失是較簡單的方法。根據 (4.29) 式和 (4.30) 式，我們可求得匯流排 1 和 2 間輸電線損失為

$$P_{\text{losses}} = \text{Re}(S_{12} + S_{21}) = \frac{r_L}{|z_L|^2}[|V_1|^2 + |V_2|^2 - 2|V_1||V_2|\cos\theta_{12}]$$

$$= 2(1 - \cos\theta_{12}) = 2(1 - \cos 4.6888°) = 0.0067$$

用此方法，相加所有六條輸電線的損失，我們得到總損失為

$$P_L = 2(6 - \cos 4.688° - \cos 4.635° - \cos 9.739° - \cos 5.051° - \cos 4.792° - \cos 5.208°)$$
$$= 0.0651$$

線路損失已從原值 0.0684 略降至 0.0651。若欲降低輸電損失，進一步增加 $P_{G3}$ 被簡要地指出。

　　通常，最小化輸電線損失不是它本身的目標，而是在探討滿足負載需求時，如何降低成本這問題的一項考慮。明顯地，發電的成本也必須被考慮。若發電機 3 產生額外功率的成本太高，由別的發電機發電的成本可能是較便宜的，雖然輸電損失因而增加。這些問題將在第 11 章中討論。

　　例題 10.8 說明了 (10.58) 式在控制應用上更簡化的模型。在例題中，

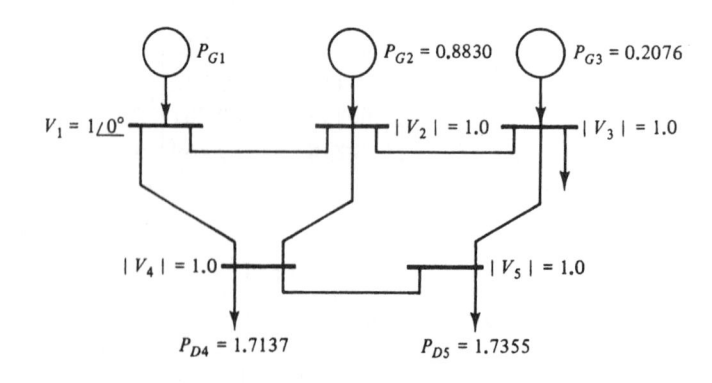

圖 10.6。

由於在負載匯流排(匯流排 4 和 5) 上的 $Q_{Di}$ 為常數，從 (10.62) 式我們求出 $|V_4|$ 和 $|V_5|$ 也維持常數。既然 $|V_1|$、$|V_2|$ 和 $|V_3|$ (在發電機匯流排上) 也是常數，所以所有的匯流排電壓幅值都是常數。於是，我們不再考慮 (10.62) 式，並限制只考慮 (10.61) 式中的有效功率方程式。

更一般化地，若在負載匯流排上的 $Q_{Di}$ 未被改變，相同的情況會發生在 (10.58) 式的控制應用。此時，我們可利用 (10.58a) 式 (其中 $|V_i|$ 維持在原值) 來探討注入的有效功率 (小量) 變化時的影響。換言之，若注入的有效功率未改變，我們可利用 (10.58b) 來探討負載匯流排上 $Q_{Di}$ (小量) 變化的影響。於是，在這些情況下，我們得到有效和無效功率方程式之間的**完全去耦合性**。

當系統有完全去耦合性，我們可大幅地簡化系統模型。考慮圖 E10.8 中的五個匯流排系統，藉由準確的 (複) 電力潮流分析，我們求出 $|V_4|$ = $|V_5|$ = 1.0。之後，在決定有效功率注入的 (小量) 變化的影響時，所有的匯流排電壓幅值維持 (近似地) 常數。在決定有效功率注入的變化的影響，我們因此可以利用圖 10.6，其中所有的有效功率注入已經被移走。

採用圖 10.6 的模型，而不用圖 E10.8 的模型來做為起始點是一項重大的簡化，今後我們將經常使用它來做電力潮流分析。最後，我們注意到，甚至在 (幾乎) 完全去耦合是無法被期待的情形下，也使用這個 (有效功率) 模型來做為一個近似模型。

## 10.9 電力潮流分析中的調整變壓器

在 5.9 節中，我們看到調整變壓器在控制有效和無效電力潮流的重要性。因為他們是如此重要，我們考慮如何將它們含括於電力潮流計算。在例題 10.9 和 10.10 中，我們將顯示對於電壓幅值控制和相角控制的兩個情形，如何推導出導納矩陣的表示，然後就可以包含這些表示於大型系統的 $Y_{bus}$ 中。

我們以 10.6 節中所示電力潮流方程式繼續進行。為了在特定輸電線內控制無效電力潮流，調整變壓器可裝置在輸電線的一端 (如 5.9 節所示)，來增加或減少無效功率潮流。負載上期望的電壓可藉由在電力潮流計算中自動改變變壓器分接頭設定來獲得。過程中，分接頭設定 $n=1/a$ 明顯地出現在 $\mathbf{Y}_{bus}$，而且變成一個在電力潮流求解中待解的一個變數。在求解電力潮流，有兩種方法常用來包含分接頭設定：

1. 分接頭設定 $n$ 被當作一個具有指定值的參數，並且控制匯流排被當作 $P$，$Q$ 匯流排，其電壓幅值和角度將被決定。
2. 在控制匯流排的電壓幅值被指定。此時，分接頭設定 $n$ 取代電壓幅值，和在電壓控制匯流排的電壓角度成為將被決定的變數。賈可比矩陣也據以修正。

分接頭設定 $n$ 也可以當作一個獨立控制變數。對於這些情形的賈可比矩陣和差值方程式的推導，就留給讀者做為練習。為了無效功率控制計算調整器相角的類似討論也存在此情形中。

---

**例題 10.9**

求解例題 5.17。假設兩並聯變壓器都使用導納矩陣模型。

**解** 變壓器 $T_a$ 的導納為 $y_1 = 1/j0.2 = -j5.0$，而變壓器 $T_b$ 為 $y_2 = 1/j0.4 = -j2.5$。

在圖 E10.9 中所示變壓器 $T_a$ 內的電流，是圖 E5.17 的一個近似的重畫版本，以顯示為了導納矩陣公式的注入電流：

$$\begin{bmatrix} I_1^{(a)} \\ I_2^{(a)} \end{bmatrix} = \begin{bmatrix} y_1 & -y_1 \\ -y_1 & y_1 \end{bmatrix} \begin{bmatrix} V_1 \\ V_2 \end{bmatrix} = \begin{bmatrix} -j5.0 & j5.0 \\ j5.0 & -j5.0 \end{bmatrix} \begin{bmatrix} V_1 \\ V_2 \end{bmatrix}$$

具有 $n=1.05$ 的變壓器 $T_b$ 內的電流，可求得如下：

$$I_1^{(b)} = y_2 \left( V_1 - \frac{V_2}{n} \right)$$

$$I_2^{(b)} = -\frac{1}{n} I_1^{(b)} = y_2 \left( -\frac{V_1}{n} + \frac{V_2}{n^2} \right)$$

因此

## 第 10 章　電力潮流分析

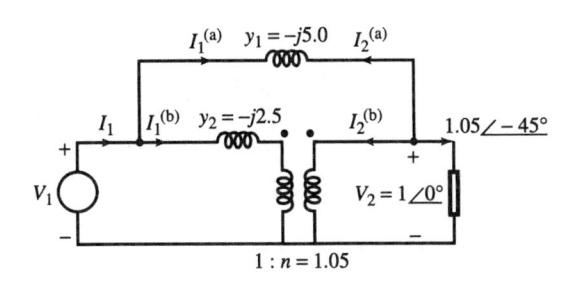

**圖 E10.9**　例題 10.9 的等效電路。

$$\begin{bmatrix} I_1^{(b)} \\ I_2^{(b)} \end{bmatrix} = \begin{bmatrix} y_2 & -\dfrac{y_2}{n} \\ -\dfrac{y_2}{n} & \dfrac{y_2}{n^2} \end{bmatrix} \begin{bmatrix} V_1 \\ V_2 \end{bmatrix} = \begin{bmatrix} -j2.5 & j2.381 \\ j2.381 & -j2.2676 \end{bmatrix} \begin{bmatrix} V_1 \\ V_2 \end{bmatrix}$$

注意：或者我們可以從 (9.2b) 式推導出以上結果，其 $n = 1/a$ 並考慮必要的阻抗轉換。

流經每個變壓器的節點電流貢獻現在可以加入，來得到總節點電流。

$$\begin{bmatrix} I_1 \\ I_2 \end{bmatrix} = \begin{bmatrix} I_1^{(a)} + I_1^{(b)} \\ I_2^{(a)} + I_2^{(b)} \end{bmatrix} = \begin{bmatrix} -j7.5 & j7.381 \\ j7.381 & -j7.2676 \end{bmatrix} \begin{bmatrix} V_1 \\ V_2 \end{bmatrix}$$

根據問題的敘述，我們得知 $I_2 = -1.05\angle -45°$ 和 $V_2 = 1\angle 0°$；因此我們可以利用

$$-1.05\angle -45° = j7.381 V_1 - j7.2676$$

求解 $V_1$，得到

$$V_1 = \frac{j7.2676 - 1.05\angle -45°}{j7.381} = \frac{7.2676 + j1.05\angle -45°}{7.381}$$

$$= 0.9846 + 0.1006 + j0.1006 = 1.0852 + j0.1006$$

最後，我們可以解出 $I_2^{(a)}$ 和 $I_2^{(b)}$：

$$I_2^{(a)} = j5.0(V_1 - V_2)$$
$$= j5.0(0.0852 + j0.1006) = -0.5030 + j0.4260$$

$$I_2^{(b)} = j2.381 V_1 - j2.2676 V_2$$
$$= -0.2395 + j0.3163$$

每個變壓器的複功率輸出為

$$S_{T_a} = -V_2 I_2^{(a)*} = 0.5030 + j0.4260$$
$$S_{T_b} = -V_2 I_2^{(b)*} = 0.2395 + j0.3163$$

此結果與例題 5.17 相同。

## 例題 10.10

利用導納矩陣法求解例題 5.18 的相移位器問題。

**解** 在例題 10.9，我們已經發展變壓器 $T_a$ 的導納矩陣方程式，而且此方程式保持不變。

接著考慮變壓器 $T_b$ 的導納矩陣，其現在是一台相移位變壓器。我們以相移位 $\theta$ 來推導，稍後並以 $\theta = 3°$ 代入計算。

$$I_1^{(b)} = y_2(V_1 - V_2 e^{-j\theta})$$
$$I_2^{(b)} = -I_1^{(b)} e^{j\theta} = -y_2(V_1 - V_2 e^{-j\theta})e^{j\theta}$$
$$= y_2(-V_1 e^{j\theta} + V_2)$$

因此

$$\begin{bmatrix} I_1^{(b)} \\ I_2^{(b)} \end{bmatrix} = \begin{bmatrix} y_2 & -y_2 e^{-j\theta} \\ -y_2 e^{j\theta} & y_2 \end{bmatrix} \begin{bmatrix} V_1 \\ V_2 \end{bmatrix}$$

代入已知值 $y_2 = -j2.5$ 和 $\theta = 3°$，

$$\begin{bmatrix} I_1^{(b)} \\ I_2^{(b)} \end{bmatrix} = \begin{bmatrix} -j2.5 & 2.5\angle 87° \\ 2.5\angle 93° & -j2.5 \end{bmatrix} \begin{bmatrix} V_1 \\ V_2 \end{bmatrix}$$

將例題 10.9 所得變壓器 $T_a$ 的導納矩陣方程式加入上式，得到

$$\begin{bmatrix} I_1 \\ I_2 \end{bmatrix} = \begin{bmatrix} I_1^{(a)} + I_1^{(b)} \\ I_2^{(a)} + I_2^{(b)} \end{bmatrix} = \begin{bmatrix} -j7.5 & (0.130839 + j7.49657) \\ (-0.130839 + j7.49657) & -j7.5 \end{bmatrix} \begin{bmatrix} V_1 \\ 1.0 \end{bmatrix}$$

從第二個方程式，我們得到

$$I_2 = 1.05\angle 135° = (-0.130839 + j7.49657)V_1 - j7.5$$

第 10 章　電力潮流分析　　421

由於已知 $I_2 = -1.05\angle -45°$，我們可解出 $V_1$ 為

$$V_1 = \frac{1.05\angle 135° + j7.5}{(-0.130839 + j7.49657)} = 1.10378\angle 4.147°$$

現在可以決定

$$\begin{aligned}I_2^{(a)} &= j5.0(V_1 - V_2) \\ &= j5.0(0.10089 + j0.079826) \\ &= -0.39913 + j0.50445\end{aligned}$$

$$\begin{aligned}I_2^{(b)} &= 2.5\angle 93° \times 1.10378\angle 4.147° - j2.5 \\ &= -0.34333 + j0.238011\end{aligned}$$

每一個變壓器的複功率輸出則為

$$S_{T_a} = -V_2 I_2^{(a)*} = 0.39913 + j0.50445$$

$$S_{T_b} = -V_2 I_2^{(b)*} = 0.34333 + j0.238011$$

此結果與例題 5.18 相同。

## 10.10　大型電力系統的電力潮流解

在 10.5 節中描述的牛頓-拉福森技巧是大部分商用電力潮流套裝軟體所選用的方法。(10.39) 式的計算，在每一次疊代過程中需要線性系統方程式的解，這些方程式的一般形式為 **Ax = b**，其中的方陣 **A** 為賈可比矩陣，向量 **b** 內包含差值。賈可比矩陣的結構類似於網路本身（即非零元素僅位在實際網路元件存在的這些位置上）。在一個典型的電力系統中，平均每一節點連接到兩個其他的節點，結果賈可比矩陣平均每列大約只有三個非零元素，此賈可比矩陣的特性被稱為稀疏性。當一個矩陣內大部分的元素都是零，這個矩陣被定義為稀疏。關於稀疏性這個主題的描述和在電力系統問題的應用是由 Alvarado、Tinney 和 Enns 提供。本節中我們將提供一些稀疏性的重要方向及其在牛頓-拉福森電力潮流解的應用。

在計算機上處理矩陣扮演重要角色的兩個主題：儲存需求與計算需

求。我們將致力於這兩個需求關鍵的構成要素。

**儲存需求**　傳統的矩陣儲存成兩維陣列,不過,當處理具有數千個匯流排的電力系統時,此方式會造成大量記憶體需求,而事實上我們正在儲存一個含有大量零元素的矩陣。一種不同於二維陣列的方法是以元素的連結表儲存稀疏矩陣,每列一個表。連結表構成資料的方式,除了想要的資料 (賈可比元素),表中還有關於元素的位置 (列數,行數) 以及關於下一個元素的訊息。下一個元素的概念特別重要,因為它提供計算的指引,使得可以辨識出要處理的下一個元素。最簡單且最重要的表是分開連結表,在此資料結構中,矩陣內每一個元素被儲存成包含有三個項目的一筆記錄:元素值、元素的索引 (元素辨識) 以及下一元素的指標,一個這樣的表是為矩陣的每一列 (或行) 而建立。零指標是一種特殊的指標,表示一個表的終結。在 Alvarado、Tinney 和 Enns (II.B 節) 提供連結表的一個說明例題,是針對 20 個節點的電力系統。一個連結表的範例呈現在下列的方程式中。此範例的目的是用來說明本方法,所以在這個特別的情形中並沒有節省儲存需求。

考慮利用連結表儲存矩陣 **A**:

$$\mathbf{A} = \begin{bmatrix} 1 & 0 & 1 & 0 \\ 0 & 2 & 0 & 0 \\ 0 & 0 & 0 & 3 \\ 0 & 0 & 0 & 5 \end{bmatrix}$$

這個矩陣的列被儲存於如下的連結表中:

| $\mathbf{A}_{ij}$ | CI | PNX | PRN |
|---|---|---|---|
| 1 | 1 | 1 | 1 |
| 1 | 3 | 0 | 3 |
| 2 | 2 | 0 | 4 |
| 3 | 4 | 0 | 5 |
| 5 | 4 | 0 | |

表中的第一筆資料解釋成：矩陣的元素是 1，在矩陣第一行。指向下一個元素的指標 PNX 顯示，下一個元素是在表中下一行。下移一行後到了表中第二行，找到元素 1，此元素是在矩陣的第三行 (由於行索引 CI = 3)。由於 PNX = 0，為零指標，所以此列中不再有其他元素。在連結表中的其他元素可用類似的方式解釋。在某些計算，知道每一列從表中那裡開始是很重要的，這個可以利用指標 PRN，來指出表中那裡是列的開始。由於第一列是從表中第一行開始，第二列從第三行，第三列從第四行，以及第四列從第五行，所以結果是 PRN 包含有 1，3，4，5。利用這個稀疏性儲存演算法來插入一個元素，連結表中要增加一新行，而連結表只要適度修改來表示這個新元素。因此，一個元素的插入並不必包括重新整理元素，藉由修改指標 PNX 就可建立連結。

針對含於電力潮流解中的稀疏矩陣，在此已完成其儲存需求關鍵構成因素的基本描述。

**計算需求** 對於大型電力系統，包含於電力潮流求解的主要計算步驟，是解出由 (10.39) 式所描述的線性系統方程式。我們已討論過稀疏賈可比矩陣的儲存，現在我們要指出關於賈可比矩陣的 **LU** 分解以及利用前向和後向代換求解 (10.39) 式的一些重要課題。**LU** 分解已經在 9.2 節中討論，在稀疏矩陣中，主要的計算課題在於處理矩陣因子中稀疏性的保留，此與適當的編碼或問題方程式和變數的排序有關。方程式對應於矩陣的列，而變數是對應於矩陣的行。對於電力潮流的解，矩陣的列和行可以重新排序在一起。列-行組合被稱為**軸** (axis)，軸的非零結構對應於從節點到其鄰近節點的實際連接。方程式和變數被歸屬於對應於節點的方塊內，排序是在節點的基礎下執行。

當進行分解，在一列中非零元素的數目由於消去而減少，以及由於從先前選擇的列搬動非零元素而增加，新產生的非零元素被稱為 **"填入"** (fills)。在一個軸內非零元素的數目被稱為**節點價** (node's valence)。價數會隨消去和填入的進行而改變。關於更多的細節，讀者可參考 Alvarado，Tinney 和 Enns 的著作。此參考文獻也提供了分解過程中，經常用來排序矩陣的三種方案的細節，這些方案已經變成眾所皆知的方案 1、2 和 3。

**方案 1**：此方案中，在分解前，軸根據它們價數來排序。此方案被稱為**靜態排序** (static ordering)。

**方案 2**：軸根據被選來分解的點上，它們的價數來排序。不過，此方案需要從先前選擇的軸，保持對消去和填入結果的追蹤。

**方案 3**：軸根據填入的數目來排序，這些填入是由於消去軸而產生。此方案不但需要保持價數變化的追蹤，而且模擬在剩餘尚未選到的軸上的影響。

方案 2 最常被使用且有效率。對於牛頓-拉福森電力潮流，排序的發生是根據方塊結構，而且分解和求解是在方塊的基礎上執行。

到此已完成關於大型電力系統求解電力潮流時，一些重要的計算主題的描述。

## 10.11 總　結

電力潮流方程式是以輸電系統的導納參數項，來表示匯流排功率和匯流排電壓間的關係。運轉和數學的考量導引我們定義下列的匯流排型態，有負載 $(P, Q)$ 匯流排，發電機 $(P, |V|)$ 匯流排，和鬆弛或搖擺匯流排。對一個由電容器組注入無效功率的匯流排而言，若 $Q$ 注入是一個定值，此匯流排是 $P, Q$ 匯流排，但若 $Q$ 注入是變動的以維持 $|V|$ 固定，則它是 $P, |V|$ 匯流排。

在 $P, Q$ 匯流排上，我們不知道 (複) 電壓 (即不知道 $|V|, \theta$)。在 $P, |V|$ 匯流排上，我們不知道 $Q, \theta$。在 (非線性) 電力潮流方程式中，$|V|$ 和 $\theta$ 變數是隱含變數，必須利用疊代法求解。

高斯疊代或其修改版高斯-賽德疊代，是解法的一種。它使用複數型態的電力潮流方程式，在整個計算過程中，疊代公式保持未改變。$P, |V|$ 匯流排的存在沒有簡化解題的過程 (即沒有減少未知隱含變數的數目)。

另一種解法是使用牛頓-拉福森疊代。它使用實數型態的電力潮流方程式。疊代公式包含一個隨疊代過程改變的賈可比矩陣。採用 $P, |V|$ 匯流排存在的優點，需要考慮的方程式數目減少了 $P, |V|$ 匯流排的數目。

比較兩種方法的計算負擔發現，牛頓-拉福森法每一次疊代比對應的高斯（或高斯-賽德）疊代耗費較長時間，但達到收斂的疊代次數較少，所以整體而言，牛頓-拉福森通常較節省計算時間。

對正常運轉條件下的電力系統計算，一些牛頓-拉福森的簡化方法經常是可行的。這些簡化中，有一種稱為去耦合電力潮流，它仍然需要對每次疊代更新賈可比矩陣，但它的計算維度已被減少。另一種簡化方法稱為快速去耦合電力潮流，此方法不再需要更新矩陣，且大幅減少計算負擔。

## 習 題

**10.1.** 求出圖 10.1 的 $Y_{bus}$。假設所有的輸電線都有相同的等效 $\pi$-電路，且串聯元件阻抗是 $0.01 + j0.1$，且（兩個當中的）每一個並聯元件導納是 $j0.8$。

**10.2.** 以 (10.3) 式的形式，寫出問題 10.1 的電力潮流方程式。

**10.3.** 在圖 P10.3 中，所有輸電線都相同，且以圖中所示的等效 $\pi$-電路來模擬，元件值都為阻抗。試求出 $Y_{bus}$。

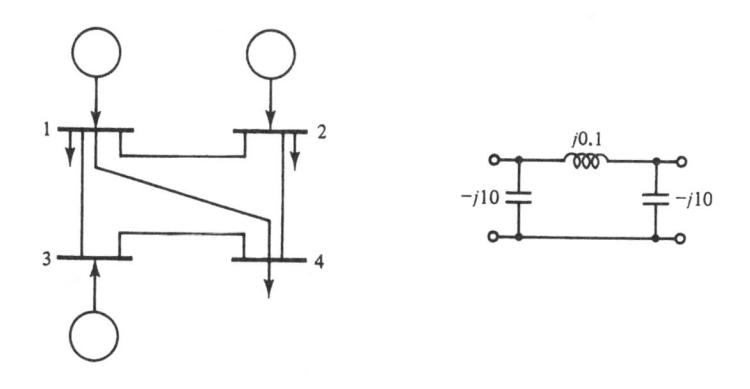

圖 P10.3。

**10.4.** 以 (10.3) 式的形式，寫出問題 10.3 的電力潮流方程式。

**10.5.** 參考圖 P10.5：
  (a) 求出準確的 $V_2$（取兩個可能值的較大者）。
  (b) 從 $V_2^0 = 1\angle 0°$ 開始，利用高斯疊代求出 $V_2$。若使用手算，則在一次疊代後停止。

426  電力系統分析

[圖 P10.5 示意：$V_1 = 1\angle 0°$ 母線接 $S_{G1}$ 發電機，經 $z_L = j0.4$ 連到 $V_2$ 母線，$V_2$ 接 $jQ_{G2} = j1.1$ 電容器，負載 $S_{D1}$ 及 $S_{D2} = 0.3 + j1.0$]

圖 P10.5。

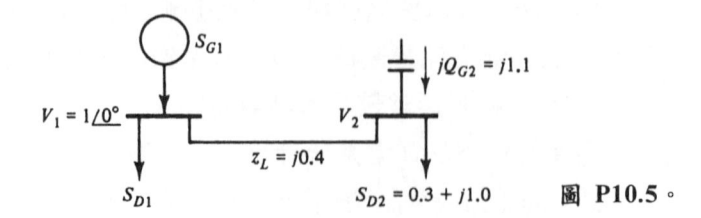

**(c)** 求出 $S_1 = S_{G1} - S_{D1}$。

**10.6.** 若已知圖 P10.6 所示系統，以及下列的匯流排功率方程式：

$$S_1 = j19.98|V_1|^2 - j10V_1V_2^* - j10V_1V_3^*$$
$$S_2 = -j10V_2V_1^* + j19.98|V_2|^2 - j10V_2V_3^*$$
$$S_3 = -j10V_3V_1^* - j10V_3V_2^* + j19.98|V_3|^2$$

從 $V_2^0 = V_3^0 = 1\angle 0°$ 開始，執行一步高斯疊代來求出 $V_2^1$ 和 $V_3^1$。

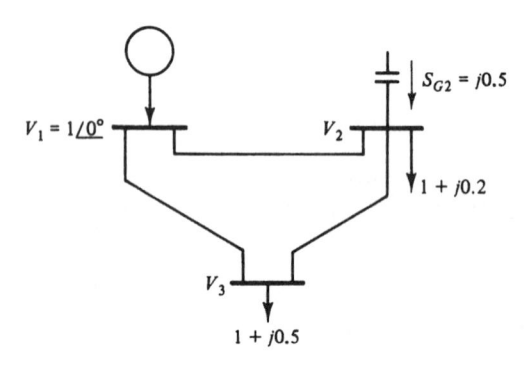

[圖 P10.6 示意：三母線系統，$V_1 = 1\angle 0°$ 母線接發電機，$V_2$ 母線接 $S_{G2} = j0.5$ 電容器及負載 $1+j0.2$，$V_3$ 母線接負載 $1+j0.5$]

圖 P10.6。

**10.7.** 利用高斯-賽德疊代重做問題 10.6。只進行一次疊代。

**10.8.** 在圖 P10.8 中，假設

$$S_{D1} = 1.0 \qquad V_1 = 1\angle 0°$$
$$S_{D2} = 1.0 - j0.8 \qquad Q_{G2} = -0.3$$
$$S_{D3} = 1.0 + j0.6 \qquad P_{G3} = 0.8$$
$$z_L = j0.4，對所有輸電線$$

## 第 10 章 電力潮流分析

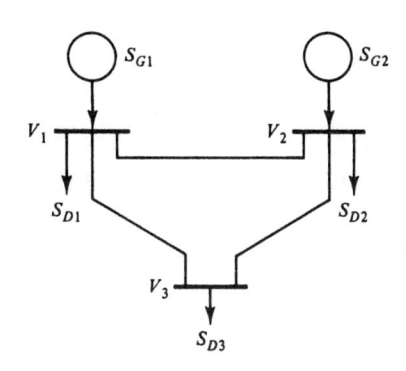

圖 P10.8。

從 $V_2^0 = V_3^0 = 1\angle 0°$ 開始,利用高斯疊代求出 $V_2^1$ 和 $V_3^1$。僅進行一次疊代(即計算 $V_2^1$ 和 $V_3^1$)。注意:因為在匯流排 2 被規定的是 $Q_{G2}$ 而不是 $|V_2|$,所以匯流排 2 是一個 $P$,$Q$ 匯流排。

10.9. 重做問題 10.8,但此時我們規定 $|V_2| = 1.0$,而不規定 $Q_{G2}$,匯流排 2 是一個 $P$,$|V|$ 匯流排。

10.10. 在圖 P10.10 中,假設

$$z_L = j0.5, \text{對所有輸電線}$$
$$P_{G2} = 0.2, \quad |V_2| = 1$$
$$V_1 = 1\angle 0°$$
$$S_{D3} = 0.3 + j0.1$$

利用小角近似求出 $\angle V_2$、$|V_3|$ 和 $\angle V_3$。更特別地,在下列方程式中

$$S_2^* = V_2^* \sum Y_{2k} V_k \tag{1}$$

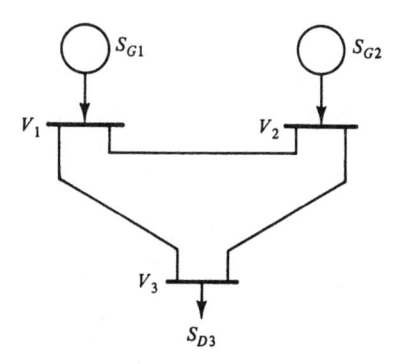

圖 P10.10。

$$S_3^* = V_3^* \sum Y_{3k} V_k \qquad (2)$$

1. 以 $1 + j\theta_{ik}$ 近似 $e^{j\theta_{ik}}$。
2. 取 (2) 式的虛數部分相等求出 $|V_3|$（使用較大的那一個解）。
3. 然後利用 (1) 式和 (2) 式的實數部分求出 $\angle V_2$ 和 $\angle V_3$。

在本問題中，你認為近似是合理的嗎？

**10.11.** 設計一個簡單的（純量）例題，來說明如何利用疊代公式

$$x^{\nu+1} = x^\nu - \alpha f(x^\nu)$$

來求出 $f(x) = 0$ 的圖形解。並指出 (a) $\alpha = 1$，(b) $\alpha > 1$，(c) $\alpha < 1$ 和 (d) $\alpha = [f'(x^\nu)]^{-1}$ 時的典型解。

**10.12.** 利用牛頓-拉福森法求解

$$f_1(\mathbf{x}) = x_1^2 - x_2 - 1 = 0$$
$$f_2(\mathbf{x}) = x_2^2 - x_1 - 1 = 0$$

其中 $x_1^0 = x_2^0 = 1$。只進行兩次疊代。注意：真正解是 $x_1 = x_2 = 1.618$（另一個解為 $x_1 = x_2 = -0.618$）。

**10.13.** 以初始條件 $x_1^0 = x_2^0 = -1$，重做問題 10.12。

**10.14.** 利用牛頓-拉福森法求解

$$f_1(\mathbf{x}) = x_1^2 + x_2^2 - 1 = 0$$
$$f_2(\mathbf{x}) = x_1 + x_2 = 0$$

其中初始猜測解為 $x_1^0 = 1$ 和 $x_2^0 = 0$。只進行兩次疊代。注意：真正解是 $x_1 = -x_2 = 1/\sqrt{2}$。

**10.15.** 對於例題 10.6 的系統，假設 $P_{G2} = 0.3$，$|V_2| = 0.95$ 和 $S_{D3} = 0.5 + j0.2$。從 $\theta_2^0 = \theta_3^0 = 0$ 和 $|V_3|^0 = 1.0$ 開始，進行一次 N-R 疊代來求出 $\theta_2^1$、$\theta_3^1$ 和 $|V_3|^1$，以及計算這次疊代後的差值向量。

**10.16.** 利用快速去耦合電力潮流法求解問題 10.15。進行兩次疊代，表列出每次疊代所獲得的 $\theta_2$、$\theta_3$、$|V_3|$、$\Delta \tilde{P}_2$、$\Delta \tilde{P}_3$ 和 $\Delta \tilde{Q}_3$ 等值。

# 第 10 章　電力潮流分析　　　　　　　　　　　　　　　429

## D10.1　設計練習

**階段 I．電力潮流研究**　本電力潮流研究將針對第 4 和 5 章中的測試系統來進行。可以使用任何適用的電力潮流程式。

**(a)** 電力潮流程式首先被用來研究基本情形設計，將分析下列兩個情形：

**情形 1**：具有基本負載和固定分接頭變壓器的基本情形系統。

**情形 2**：具有基本負載和調整變壓器的基本情形系統。

檢視電力潮流的輸出，並對基本情形設計證實下列各項：

1. 滿足系統運轉：當線路或變壓器無過載時，所有電壓都應該在 0.96 到 1.04 p.u. 的範圍內。
2. 負載：根據電力潮流的摘要報告，決定系統中總負載、損失和總發電量。此外，在鬆弛匯流排上的發電量是多少？
3. 變壓器：在情形 1 (沒有調整變壓器) 的電力潮流中，變壓器分接頭應固定在 1.00 p.u. (分接頭 1 是 69 kV，分接頭 2 是 161 kV)；而在情形 2 改變成一個調整變壓器。
4. 調整變壓器：設定每個變壓器在 69 kV 的匯流排上調整電壓。選擇一個計畫電壓，並納入匯流排資料中。規定分接頭範圍在 62.1 kV 到 75.9 kV (0.9 到 1.1 p.u.) 之間。

**(b)** 遵照第 4 章中所給 a—j 的規定，修改輸電系統來提供煉鋼廠 40 MW 的新負載。獲得電力潮流程式所需輸電線的參數，並將此資料加入於電力潮流輸入資料檔案。試對下列情形計算電力潮流。

**情形 3**：修改系統，使具有 40 MW 煉鋼廠、基本情形的負載增加 30% 以及具有調整變壓器。

再一次證實所有規定於基本情形設計的項目。

1. 滿足系統運轉：當線路或變壓器無過載時，所有電壓都應該在 0.96 到 1.04 p.u. 的範圍內。
2. 負載：根據電力潮流的摘要報告，決定系統中總負載、損失和總發電量。此外，在鬆弛匯流排上的發電量是多少？
3. 變壓器：在情形 1 (沒有調整變壓器) 的電力潮流中，變壓器分接頭應固定在 1.00 p.u. (分接頭 1 是 69 kV，分接頭 2 是 161 kV)；而在情形 2 改變成一個調整變壓器。

4. **調整變壓器**：設定每個變壓器在 69 kV 的匯流排上調整電壓。選擇一個預定電壓，並納入匯流排資料中，規定分接頭範圍在 62.1 kV 到 75.9 KV (0.9 到 1.1 p.u.) 之間。

若有任何的準則被違反，你將需要修改設計並重做分析，直到修改過的系統符合這些準則。

1. **發電量**：讓 OWL (匯流排 1) 為搖擺匯流排。對於在 SWIFT (匯流排 2) 和在 PARROT (匯流排 3) 的發電量，這兩發電機的 Qmin 為 −100.0 MVAR，Qmax 為 250 MVAR 以及 Pmax 為 410 MW。在情形 1 和 2 中，每一個控制匯流排 (2 和 3) 的發電量 Pgen 應為 190 MW。在情形 3，改變每一個控制匯流排的發電量 Pgen 至適當值。由於在發電機端電壓通常為最高以及 1.04 p.u. 是可接受電壓的上限，預定在三部發電機上的電壓為 1.04 p.u. 或接近於 1.04 p.u.。
2. **區域**：指定 urban 匯流排到一個不同於 rural 匯流排的區域。對於每個區域，使用區域交換資料 (若你的電力潮流程式提供這個選項，這是必須要做的)，包括最大和最小可接受電壓。
3. **標題**：對於你所執行的每個電力潮流情形，應該使用標題行描述之。
4. **資料查對**：由於輸入電力潮流程式的資料必須位於正確的欄位上，花點時間查對計算機的輸出，也查對所有線路，看看是否連至正確的匯流排上。

**階段 I. 電力潮流報告**　報告應該打字。由於在設計專案的其他階段中，將需要更新部分的報告，文書處理器的使用會是有幫助的。報告內容必須包括下列各項：

a. 一份執行摘要。執行者尚未完整地讀完報告，想要知道關於計畫的重要訊息，至少包括：每一電壓準位線路的總數、每一電壓準位線路總長度 (哩數) 和成本、變壓器的總數和成本、新變電所的總數和成本，以及總計畫成本。另增加一份變更基本系統設計的簡要變更摘要。把執行摘要製作成一份與主報告分開的文件 (包括計畫標題和研究團隊中所有成員的名字)。
b. 標題頁及目錄表。
c. 顯示線路路徑及電壓的系統圖。
d. 顯示匯流排、輸電線、變壓器和負載連接的單線圖。
e. 對於每一電壓準位，詳述代表輸電系統的規格，以便用來針對修改輸電系統時做導體間隔調整和阻抗計算，包括繪出每一結構圖。引用結構來源的參考文獻。

## 第 10 章　電力潮流分析

**f.** 系統中每條線路的規格：位置（匯流排連接）、電壓、長度、導體尺寸、成本估測、以標么為單位的阻抗和並聯電容性電納，以及 MVA 和電流額定。對於修改過的輸電系統，處理新增煉鋼廠的負載，以附錄方式表示出簡單的阻抗和電納計算。

**g.** 系統中每一變壓器的規格：位置、尺寸和成本。

**h.** 每一擴增變電所的規格：位置、成本。

**i.** 所有圖的編號和標題。

**j.** 所有表的編號和標題。

**k.** 三個情形中每一個情形的電力潮流，顯示出電壓和負載狀況。針對情形 3，電力潮流輸出應該顯示出滿足所給規格中的電壓和負載狀況。(包括每一情形的所有電力潮流輸出。)

**l.** 將所有在基本情形設計中的變更做成文件。

**m.** 包括所有系統變更的目前成本估計。

**n.** 參考文獻清單。

**o.** 在每一情形中，系統總功率損失佔總負載百分比是多少？並比較負載的 MVA、使用於線路及變壓器內的 MVA，線路充電的 MVA 以及發電機的 MVA。

**階段 II. 偶發事件分析**　本設計練習將測試系統在發生偶發事件後的穩態性能。這個練習說明了使用電力潮流程式來分析系統性能，以及測試其執行以下擾動的能力。這將是一個詳盡的偶發事件分析，你將需要考慮每條輸電線、每台變壓器和每部發電機的故障。你也需要執行三種情形的分析，其中每部發電機被計畫在其 410 MW 的最大發電量。

1. 負載：增加負載 (30%) 和新的煉鋼廠負載將使用在所有的跳脫事故情形。
2. 變壓器：對於所有的情形，設定每台變壓器在 69 kV 匯流排上調整。決定購置電容器之前，讓變壓器分接頭是在滿檔使用。
3. 發電機：對於移去輸電線或變壓器的情形，設在匯流排 2 和 3 的發電功率為 270 MW。對於發電機跳脫情形，你該選擇功率的計畫（建議剩下的兩部發電機近似的平均分擔負載）。也是對於發電機跳脫情形，把跳脫掉發電機的匯流排，變更為負載為零的 $P, Q$ 匯流排（設定發電功率 $P$ 為零是不夠的；將要繼續調整電壓和輸出的無效功率）。對於計畫每部發電機發電量為最大值的情形，減低在其他兩個匯流排發電機的發電量（建議此兩部發電機近似地平均分配剩下的發電量）。
4. 對於每一種情形，確認已變更標題，使其可描述這些情況。

5. 你將查對過載和滿足電壓限制 (0.96 到 1.04) 的情形。若你的系統無法滿足，改變系統使得以滿足。謹記在心，改變系統來解決一個問題，很可能會引發其他情況的問題。

建議你在考慮改變你的系統之前，嘗試所有的跳脫情形。

**階段 II. 偶發事件報告**　報告應該打字。由於在設計專案的其他階段中，將需要更新部分的報告，文書處理器的使用會是有幫助的。報告內容必須包括下列各項：

a. 一份執行摘要。執行者在尚未完整讀完報告，想要知道關於計畫的重要訊息，至少包括：每一電壓準位線路的總數、每一電壓準位線路總長度 (哩數) 和成本、變壓器的總數和成本、新變電所的總數和成本、電容器組的尺寸、總數和成本，以及總計畫成本。另增加一份變更基本系統設計的簡要變更摘要。把執行摘要製作成一份與主報告分開的文件 (包括計畫標題和研究團隊中所有成員的名字)。
b. 標題頁及目錄表。
c. 顯示線路路徑及電壓的系統圖。
d. 阻抗和成本資料表。
e. 顯示匯流排、輸電線、變壓器和負載連接的單線圖，圖中也應顯示電容器的位置。
f. 所有偶發事件情形以及沒有跳脫事故的電力潮流輸出。雖然從一個情形到另一個情形，你可能選擇投入或切離電容器，所有情形應該包含所有系統的變化。
g. 將你在第一階段設計中所做的全部變更做成文件。
h. 所有圖的編號和標題。
i. 所有表的編號和標題。
j. 包括所有系統變更的目前成本估計。
k. 參考文獻清單。

# CHAPTER 11

# 自動發電控制與新市場環境

## 11.0 簡 介

　　本章中我們討論**自動發電控制** (automatic generation control, AGC) 與新市場環境中電力系統運轉等課題。AGC 乃一般語詞，用於指明預定控制區域內輸入同步發電機機械功率的自動調整。AGC 的功能包括：(1) 負載頻率控制，與 (2) 經濟調度。

　　發電機傳送的功率受控於調整如**汽渦輪機** (steam turbine)、**水渦輪機** (water turbine)、**氣渦輪機** (gas turbine) 或**狄塞爾引擎** (diesel engine) 等原動機的機械功率輸出。在蒸汽或水渦輪機例子中，機械功率藉由啓閉調整蒸汽或水流量的閥門所控制。

　　由於電力系統負載隨時變化，電力系統機組需對負載改變有所反應，以維持電力平衡，這已經暗示我們必須要在機組的調整上下功夫。如果負載增加則發電量亦需增加，因此蒸汽或水量閥門必須增加開啓量。假若負載減少則發電量亦需降低，蒸汽或水量閥門亦需開小一些。此意謂著電力不平衡的效應可於發電機的運轉速度或頻率顯示出來。由此可知發電量過剩會使發電機組加速且頻率上升，發電量不足則發電機轉速與頻率均會下降。此經由轉速與頻率而產生的偏移標稱變量可作為最佳閥門位置的自動控制信號。此例中的控制功能由**調速器機構** (governor mechanism) 所提供。

　　除了維持電力系統功率平衡之外，還必須注意維持系統頻率，使其接近標稱頻率值，風扇、泵的轉速與輸出皆與頻率息息相關，**同步** (synchronous) 電鐘速度與準確度和頻率也有相關性。此外,汽渦輪機葉片也可能與非同步頻率發生諧振,導致設備實體上的損壞或故障產生。1960 年代**北美電氣可靠度會議** (North American Electric Reliability Council, NERC) 設立了由標準至擾動狀態下的控制區域效能指標。首先這些指標稱為**最小效能準則** (minimum performance criteria),定義了由操作性能委員會所設立的可接受控制效能值,這個定義並非由分析觀點來闡述什麼是可接受或"好"的控制效能,而是藉由**區域控制誤差** (area control error, ACE) 的觀點來定義。ACE 可用以評量發電平衡、電力需量及介於控制區域間的**附屬契約** (contract adherence),基於最小效能準則的控制策略是已於北美互聯系統建立的連絡線偏移控制方法,其參照二次控制並要求每控制區域自行滿足其需量的結果,可使系統頻率維持在標稱值。

電力系統經濟運轉也是我們必須思考的問題,亦即如何使電力系統在滿足負載 (複數功率) 狀況下以最少的成本運轉。假設我們可以很彈性的調整每一台發電機輸出功率,毫無疑問的,如果發生尖峰負載需求時,所有可用的發電機也要能夠全部投入。不過,通常情況下總負載小於所有可用發電機容量。這也就是說,有很多發電機可以用來調配。

這個例子中,以發電成本與滿足負載及傳輸損失為前提下,求取最小的 $P_{Gi}$ 生產成本為一個重要的課題。不考慮水力發電機時,能在瞬間基礎下合理的求得 $P_{Gi}$ 值 (換言之,要使生產成本為最小)。但考慮水力發電機時,在枯水期如何供應充沛水源也是個問題。另一個水力發電的問題就是,將水源保留到未來使用可能會比現在使用更具效益。即使不包含預測的部分,對時間討論生產成本也會變得很複雜。因此,目前我們還不考慮這個問題,而只著重於最小瞬時生產成本。這也就是所謂的**經濟調度問題** (economic dispatch problem)。

值得一提的是,經濟運轉並不是唯一可行的思考方式。假如在最佳經濟調度狀態下,所有的功率皆必須由鄰近的電力公司透過傳輸線供應,因為考慮系統安全性,此種調度方法必須加以排除。當水力發電與農田灌溉皆需用水時,可以理解的,最佳調度方法將難以尋求。同樣的為了避免危害大氣層,限制石化燃料發電機排放廢氣也可能是必須考量的因素。

通常成本、安全性、排放廢氣這三項是我們在評估電廠時所關心的重點。實際上，系統是無時無刻處在相互矛盾與妥協之中。不過無論如何，我們皆需以經濟的觀點來思考問題的解答。

以發電機組皆可適用為前提下，我們必須思考並且要強調如何實際地減低生產成本 (換言之，我們知道發電機正在線上或在已知的時刻**有責任負擔**)。我們先以理想化來看，之後再考量發電機的細部情形。

我們將不細微地考慮發電機啟動與停機的排程問題。以滿足 24 小時負載不同的需求。我們注意到一點，當一個小電力需求變量發生時，可藉著調整線上發電機來滿足需求。較大的負載增量可藉由啟動發電機來滿足，降低的負載量則可由停止發電機供應功率來達成。需長時間熱機 (6~8 小時) 以供電的發電機則有較複雜的問題，諸如啟動與停機成本，以及在發電機產生隨機的故障下要求足夠**備轉容量** (spinning reserve) 的條件。

我們也將討論競爭市場結構趨勢的問題，以及說明在新市場架構下，將電能當成商品般交易的一些主要概念。並介紹一些關於 AGC 與新市場環境下的問題。電力系統傳輸能力之計算也會在以下章節中介紹。

## 11.1 電力控制系統模式化

我們考慮**調速機**的裝置，其可以測出速度偏差或電力變化的信號，並將這些信號轉換成合適的閥動作。我們將模擬它的動態行為，並在以後與渦輪機和發電機的動態模型互相結合，用以描述系統如何控制輸出功率與頻率。

以下我們將描述傳統瓦特離心調速器的操作情形。因為調速器無法自行產生足夠的力量來操作蒸汽閥或水閥，所以我們同時也要討論單一級液壓伺服電動機的裝置，此裝置設置於調速器與閥門之間。圖 11.1 為系統概要圖。

由垂直面看入，在左下方的水平轉軸可以看成是渦輪-發電機軸的延伸部分，且它也是一個固定的軸。在**飛輪** (fly weight) 機構上方的垂直軸是在固定的軸承間旋轉。雖然軸是固定的，但是它能夠上下移動以對 $B$ 點作垂直的移動。同理，電動機所驅動的螺釘也是在垂直軸的方向旋轉，且對 $A$ 點作垂直方向的移動。支點 $A$、$B$ 和 $C$ 用一根硬棒或連桿來連接，支點 $C$、

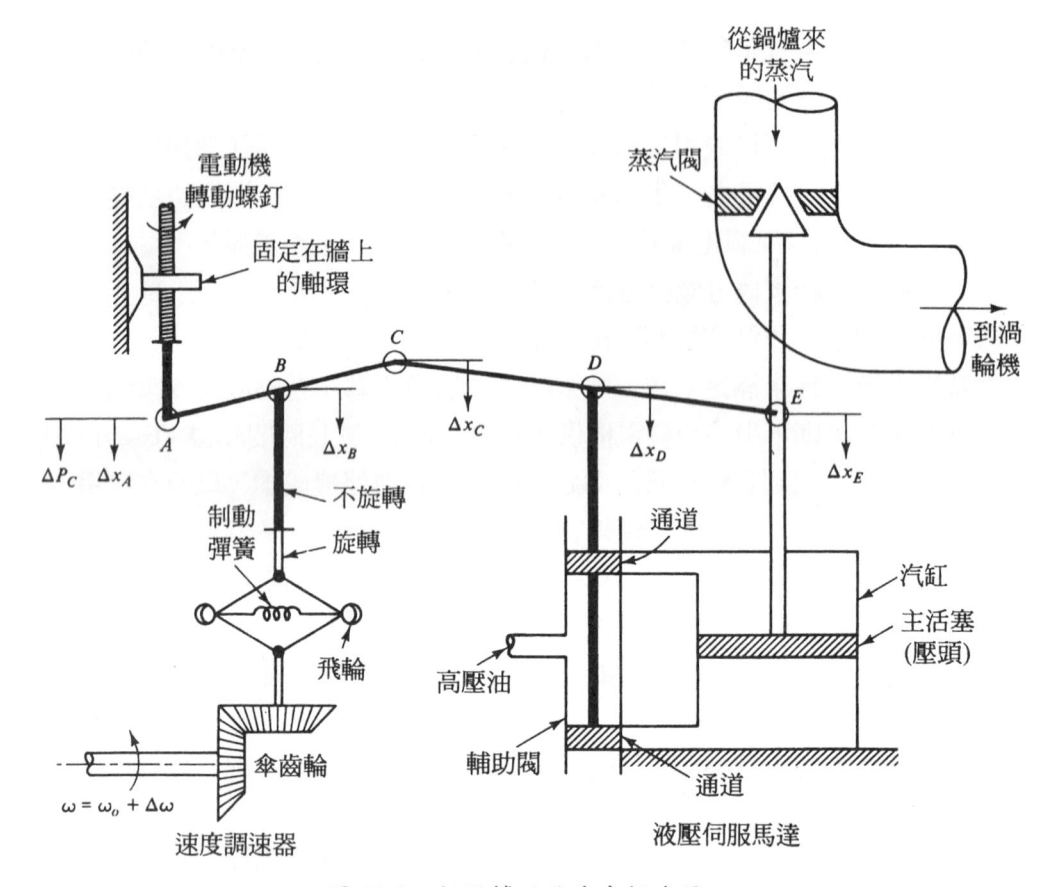

**圖 11.1** 伺服輔助的速度調速器。

$D$、$E$ 與之相同。假設連桿間的各個連結點與垂直附帶部分都有溝槽，或是其他的排列方式可使支點任意地垂直移動。

　　操作情形如下：若發電機速度超過同步速度，則飛輪將會被向外拋得更遠 (離心力的緣故)，$B$ 點因而降低。假設 $A$ 點固定，則 $C$ 點也會降低。最初由於 $E$ 點固定不動，因此 $D$ 點會降低。這個上升、下降的動作會使得**輔助閥** (pilot valve) 開啟，高壓油因而進入主活塞下方，同時也釋放了主活塞上方的油，由此，活塞便會向上移動而關閉蒸汽閥。這個減低功率的動作可使發電機轉速下降。然而，因為渦輪-發電機組具有高度慣性旋轉力的性質，此過程將會耗時很久，並且會有過反應的現象發生 (關閉太多蒸汽閥)。這個現象會使轉速降至同步速度以下，修正過的連續過程也會導

## 第 11 章　自動發電控制與新市場環境

致速度上較大的搖擺 (不穩定)。為了預防此種效應，當 $E$ 上升時會提升 $D$ 點以關閉輔助閥。這個反抗修正的動作是經過延遲而進行的。

同樣的，我們討論輸入命令 $P_C$ 的動作，操作者可藉由這個輸入命令以伺服馬達來操作蒸汽閥。舉例來說，為了移轉發電量，操作者要將一部機組的 $A$ 點降低 (旋轉速度電動機於某一方向)，而另一部機組的 $A$ 點要上升，當 $A$ 點下降則 $C$ 點將會上升，開始時因 $\omega$ 值不變所以 $B$ 點固定。然後 $D$ 點會上升，油則進入汽缸上方且由下方排出。結果蒸汽閥會打開得更大，發電機輸出功率將會增加。在另一機組時，旋轉速度電動機於相反方向，$A$ 點則會上升，如此發電機輸出功率將會下降。

我們需注意到在穩態下，$\omega$ 是常數且所有支點是靜止的，輔助閥也必須關上 (如圖 11.1)。若不是處在這個狀態下，則主活塞將會移動位置。我們注意到當輔助閥關閉時，蒸汽閥會固定在一個位置上，而且它也具備有足夠的力量來抵抗龐大的高壓蒸汽壓力。

接下來我們要在指定的操作點附近尋求線性化的調速器模型。假設在指定操作點上所有的連桿位置都如圖 11.1 所示。接下來我們考慮 $\Delta P_C$、$\Delta \omega$、$\Delta x_A$，...，$\Delta x_E$ 等增量間的關係，其增量如圖所示。當 $A$、$B$、$C$ 點在相同直線上時，$C$ 點位置需由 $A$ 和 $B$ 點決定，於是對小偏量則有正的常數值 (依操作點而定)，其線性關係式如下：

$$\Delta x_C = k_B \Delta x_B - k_A \Delta x_A$$
$$= k_1 \Delta \omega - k_2 \Delta P_C \tag{11.1}$$

幾何因數 $k_B$ 已併入 $k_1$ 與飛輪靈敏度 ($\partial x_B / \partial \omega$)。幾何因數 $k_A$ 併入常數 $k_2$ 與刻度因數 $\partial x_A / \partial P_C$。

點 $C$、$D$、$E$ 在同一直線上，因此 $D$ 點位置由 $C$ 與 $E$ 點而定。我們可以線性幾何形式表示其關係如下：

$$\Delta x_D = k_3 \Delta x_C + k_4 \Delta x_E \tag{11.2}$$

其中 $k_3$、$k_4$ 為正值。

接下來，我們將轉換話題討論伺服器動態 (輸入 $\Delta x_D$ 和輸出 $\Delta x_E$ 之間的關係)，最簡單的方法是假設 $D$ 和 $E$ 間的連桿已經分開了。若我們將 $D$

點往下移動一點點，則通道將部分開啓，油會以固定速率流入，且主活塞也會以固定速率上升。簡單起見，假設由流經輔助閥的速率正比於 $\Delta x_D$，則 $\Delta x_D$ 與 $\Delta x_E$ 關係如下：

$$\frac{d\Delta x_E}{dt} = -k_5 \Delta x_D \tag{11.3}$$

其中正的常數 $k_5$ 與油壓及伺服馬達幾何體有關。

假設系統於操作點上在 $t = 0$ 時暫態開始，在這個例子中 $\Delta x_E(0^-) = 0$。取拉氏轉換得

$$\Delta \hat{x}_E = -\frac{k_5}{s}\Delta \hat{x}_D \tag{11.4}$$

其中我們使用曲折符號來表示增量的拉氏轉換。式 (11.1)、(11.2) 與 (11.4) 現在可以合併在一起，讀者可以參考它的方塊圖，如圖 11.2。

我們可以簡化的描述：利用方塊圖所顯示的關係可得

$$\begin{aligned}\Delta \hat{x}_E &= k_3 \frac{-k_5}{s+k_4 k_5}\left(-k_2\Delta \hat{P}_C + k_1 \Delta \hat{\omega}\right)\\ &= \frac{k_2 k_3 k_5}{s+k_4 k_5}\left(\Delta \hat{P}_C - \frac{k_1}{k_2}\Delta \hat{\omega}\right)\\ &= \frac{K_G}{1+T_G s}\left(\Delta \hat{P}_C - \frac{1}{R}\Delta \hat{\omega}\right)\end{aligned} \tag{11.5}$$

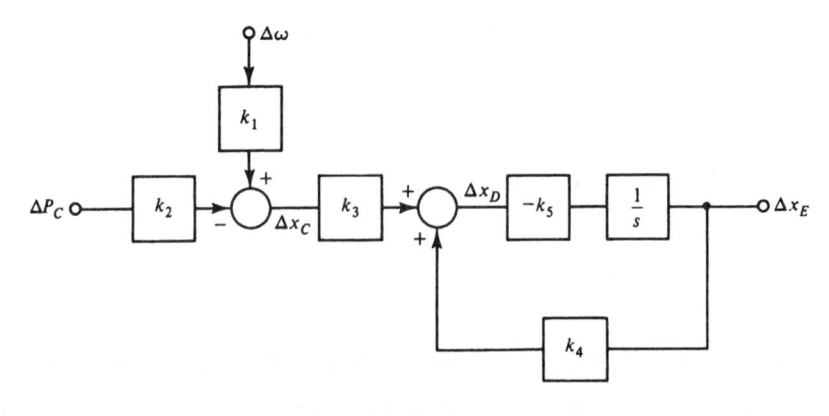

**圖 11.2** 速度調速器方塊圖。

### 第 11 章　自動發電控制與新市場環境

其中 $K_G = k_2 k_3 / k_4$，$T_G = 1 / k_4 k_5$，且 $R = k_2 / k_1$，(11.5) 式的轉換函數是以時間常數形式來表示，其中 $T_G$ 為時間常數，典型值在 0.1 秒左右。$R$ 則為 **調整常數** (regulation constant) 或設定值，稱 $R$ 為調整常數的理由將在以後的應用中加以說明。

---

**例題 11.1**

(11.5) 式中若在 $t = 0$ 時加入 $\Delta P_C = 1.0$ 的增量。假設調速器因在檢修而脫離控制迴路，以至於 $\Delta P_C$ 變成一個獨立的輸入，且 $\Delta\omega = 0$，試求出蒸汽閥開啟的增量 $\Delta x_E(t)$ 並畫出其響應。

**解** 使用拉氏轉換，可求得

$$\Delta \hat{x}_E = \frac{K_G}{s(1+T_G s)} = \frac{K_G / T_G}{s(s+1/T_G)}$$

使用部分分式法並藉由計算剩值，我們可以求得

$$\Delta \hat{x}_E = \frac{K_G}{s} - \frac{K_G}{(s+1/T_G)}$$

取反拉氏轉換

$$\Delta x_E(t) = K_G(1 - e^{-t/T_G}), \quad t \geq 0$$

響應圖如圖 E11.1。此曲線與單一時間常數 $T_G$ 的響應相似。

我們已經找到 $P_C$ 的單位步級變化響應，其他的步級變化響應刻度告訴我們，變化維持在很小的狀況下我們可以使用線性模型。

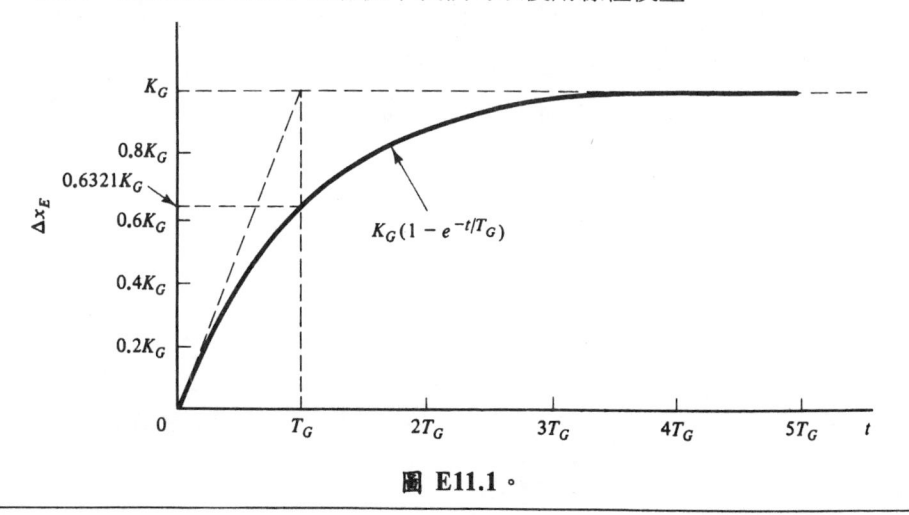

**圖 E11.1。**

---

**圖 11.3** 渦輪機-發電機的方塊圖。

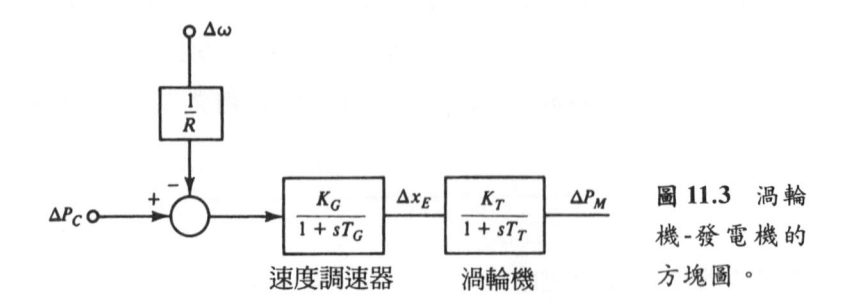

接下來我們提出一個大幅簡化的渦輪機模型，它只表示機械功率輸出變化與蒸汽閥位置變化的關係。我們將不嘗試詳細的物理描述，而只簡單的根據直覺來證明這個模型。想像我們正在進行一項實驗，假設 $x_E$ 有一個小步級函數增量存在 (即 $\Delta x_E$ 是一個小的正步級函數)。穩態下 $\Delta P_M$ 是一正常數，且變化無法瞬間產生。於是需要相當的時間，才能使所增加的蒸汽穿過所有渦輪機的葉片。詳細的動作情形非常複雜，但若渦輪機是一種非再熱式 (或**非萃取式** (nonextracting))，則 $\Delta P_M$ 的增量會近似於單一時間常數電路的步級響應。於是我們可以使用實驗資料來近似轉換函數，特別是我們可以畫出這個步級響應並可讀出渦輪機的增益與時間常數。圖 11.3 中我們畫出渦輪機模型與調速器模型 (11.5) 式的串接圖形。時間常數 $T_T$ 的範圍是在 0.2 到 2.0 秒之間。

假設 $\Delta P_C$ 為命令增量，在穩態下我們可以得到 $\Delta P_M = K_G K_T \Delta P_C$。取刻度係數 $\partial x_A / \partial P_C$ 使得 $\Delta P_M = \Delta P_C$ 為有意義，這相當於令 $K_G K_T = 1$。於是我們可以得到如圖 11.4 較簡化的描述形式。

這完成了渦輪機與 (伺服輔助) 調速器增量或小信號模型的推導。通

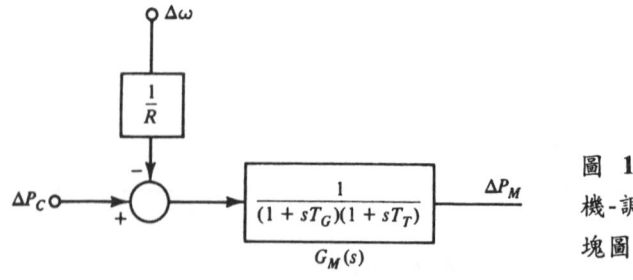

**圖 11.4** 渦輪機-調速器的方塊圖。

# 第 11 章  自動發電控制與新市場環境

常,這個模型再加上一個飽和形式的非線性元件就可以適用於大信號分析。於此模型中我們可以看出蒸汽閥必須操作於固定的邊限中,**閥無法開啓得比全開時更開,也無法比全關閉時更閉合**。此外,本節的線性化推導技巧可以用來找出大信號 $P_M$ 與 $P_C$ 間的近似關係。在此我們仍舊合理的假設 $\Delta\omega$ 很小。

我們也可以藉修正圖 11.4 的模型,來考慮渦輪機內的再熱循環,以及蒸汽進氣管或水輪機內水管**流體動力** (fluid dynamics) 的更精確表示。不過,就我們所要求的來說,圖 11.4 就已經足夠了。

我們將畫出一些渦輪機-調速器靜態下的速度-功率曲線以作爲本節的結束。這些曲線除了表示 $P_M$ 和 $\omega$ 間的關係外,也表示它們緩慢變化時的相關量,這裡 $P_C$ 爲一個參數。根據圖 11.4 我們可以獲得靜態代數方程式:

$$\Delta P_M = \Delta P_C - \frac{1}{R}\Delta\omega \tag{11.6}$$

由此可得知速度-功率曲線的局部外觀。假設局部行爲可向外推廣到一個較大的範圍,則我們可以畫出如圖 11.5 的兩條靜態功率曲線。假使我們使用如圖 11.1 的調速機調整 $P_M$ 直到 $P_M = P_C^{(1)}$,即調整到同步速度 $\omega_0$ 時的**理想功率** (desired command power)。於是在 $P_C^{(1)}$ 固定時 (即 $\Delta P_C = 0$),(11.6) 式將預期關係式爲一斜率 $-R$ 的直線。現在假設我們希望在同步速度時獲得更多的功率 $P_C^{(2)}$,則我們必須調整速度電動機後將輸出移至速度-功率曲線的右側。

注意:在本節所談的調整是指 $\omega$ 隨 $P_M$ 的變化,**低垂** (droop) 較少則有較佳的調整。因此讀者可以瞭解我們選擇符號 $R$ 來表示調整的意義。

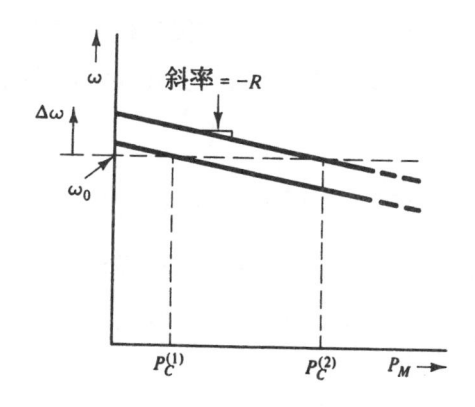

**圖 11.5** 靜態速度-功率曲線。

我們也注意到，$R$ 的單位與 $P_M$ 及 $\omega$ 的單位有關，通常我們分別選擇 p.u. 與弧度/秒來作為 $P_M$ 及 $\omega$ 的單位，所以 $R$ 的單位就成為每秒弧度 / p.u. 功率。$R$ 的單位經常是以 Hz/MW 或如下一例題所使用的標么量來描述。

---

**例題 11.2**

標準的 $R$ 度量值為 0.05 p.u. (或 5%)，它表示 $\omega$ 的分數變量對 $P_M$ 的分數變量 (即 p.u.) 間的關係，因此我們有 $\Delta\omega/\omega_0 = -0.05\Delta P_M$，其中 $\Delta P_M$ 單位為 p.u.。

(a) 若頻率由 60 Hz 變化到 59 Hz 時，求出 $P_M$ 的增量。
(b) 什麼樣的頻率變化可使 $P_M$ 由 0 變化到 1 (即無載到滿載)？

**解** (a) 我們有 $\Delta\omega/\omega_0 = \Delta f/f_0 = -1/60 = -0.05 \Delta P_M$，於是 $\Delta P_M = 0.333$ p.u.。例如，渦輪機-發電機組的功率為 100 MW，則輸出功率將會增加 33.3 MW。
(b) 頻率有 5% 下降，即由 60 Hz 變化至 57 Hz 時，輸出才會由 0 變到 1。

---

注意：若在系統中所有的渦輪機都具有相同的 $R$ 標么值，此標么值是以額定容量為基準值得到的，則頻率下降時，這些並聯運轉的發電機組將以它們的額定比來負擔總功率的增加量。

## 11.2 單機-無限匯流排系統的應用

作為模型的第一項應用，我們能加上電力或頻率控制系統來"封閉迴路"，如圖 8.6 所示。在圖中我們表示 $\Delta P_M$ 是一個獨立輸入變數，但事實上因調速器的緣故所以 $\Delta P_M$ 與 $\Delta\omega$ 及 $\Delta P_C$ 有關。由於 $\omega$ 是渦輪機-發電機轉軸的角速度，因此我們有：

$$\omega = \dot{\theta} = \omega_0 + \dot{\delta} \Rightarrow \Delta\omega = \Delta\dot{\delta} \tag{11.7}$$

$\Delta\delta$ 是圖 8.6 的輸出，同時我們現在可以加入渦輪機-發電機的迴路，同時也一起加入圖 8.10 的 PSS 迴路，結果如圖 11.6 所示。

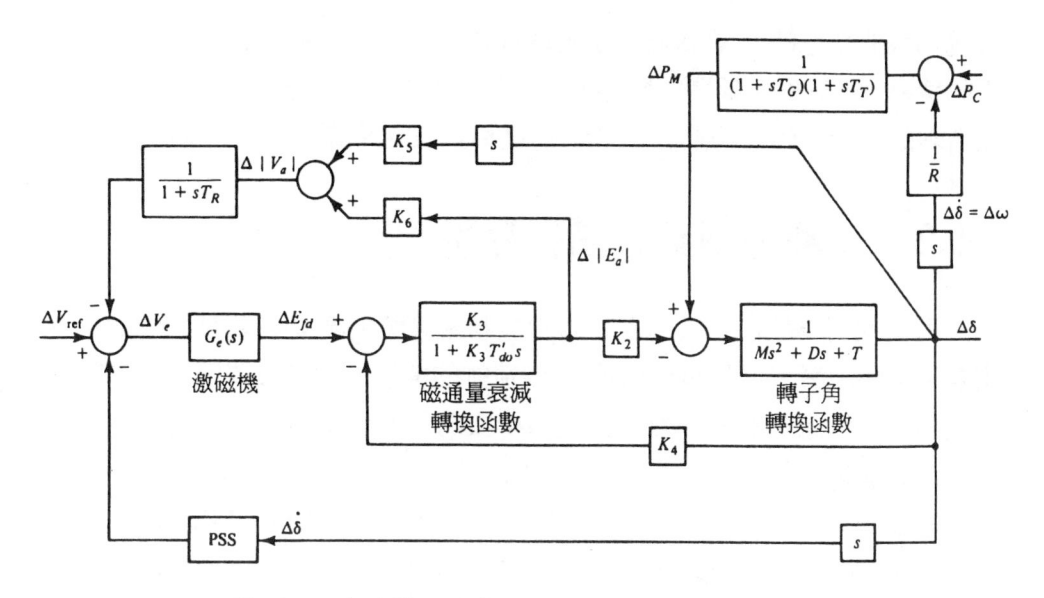

第 11 章　自動發電控制與新市場環境

圖 11.6　含電壓和功率控制迴路的發電機方塊圖。

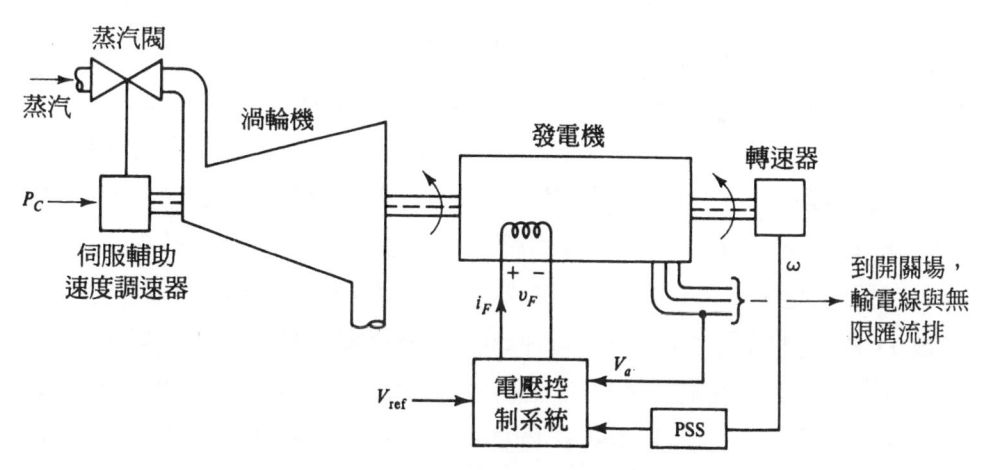

圖 11.7　控制元件的實體配置（概要）。

圖 11.6 清楚的告訴我們系統增量變數和輸入間的數學關係。同時，維持控制系統的實體配置也是相當重要的。圖 11.7 為系統的概要圖。

$P_C$ 和 $V_{\text{ref}}$ 可視為發電機的主要輸入，但我們仍需瞭解 $P_C$ 和 $V_{\text{ref}}$ 是由一個更高層的控制系統來提供的。例如，$P_C$ 可用來計算最小燃料成本。

最後要提醒的是，除了功率與電壓控制系統外，還有一個所謂的鍋爐系統為我們所忽略。顯然地，當發電機負載增加時，我們必須增加蒸汽產生的速率。不過對短期間的暫態來說，蒸汽壓力（以及溫度）為定值仍是一項合理的假設，因此我們才能忽略鍋爐和其控制系統模擬與動態的特性。

## 11.3 功率控制系統簡化分析

即使使用渦輪機、調速器和電壓控制系統簡化模型，圖 11.6 仍然相當複雜。提醒讀者，這只是單機-無限匯流排的情形。對多機情況，我們就必須更詳細地考慮。雖然複雜性對電腦模擬的情形不是很重要的因素，但是要用一般項來解釋系統行為時，複雜就有很多缺點。

幸運的，系統本身即可做適當簡化。系統有兩項輸入 $\Delta V_{ref}$ 和 $\Delta P_C$，以及輸出 $\Delta |V_a|$ 及 / 或 $\Delta \delta$。假設我們有興趣的是 $\Delta V_{ref}$ 單獨作用時的步級響應 (即 $\Delta P_C = 0$ 時的步級響應)，則在非常短的暫態期間內，$P_M$ 不會做任何變化。電路控制迴路太慢無法明顯地影響暫態行為。在這種情況下，我們能令 $\Delta P_M = 0$，以及忽略電力控制迴路來作為一項近似模型。於是我們會回復到 8.5 節所討論的情形，並能導出圖 8.10 的模型，其中 $\Delta P_M = 0$。

換句話說，假如我們有興趣的是於 $V_{ref} = 0$ 時 $\Delta P_C$ 單獨作用的步級響應，則簡化模型仍是可能的。我們能去掉與電壓控制系統有關的各種迴路，於是圖 11.6 可簡化成一個只經由轉子角轉換函數和功率控制系統的單迴路。在簡化模型之中，電壓控制系統可藉由修正轉子角轉換函數內的阻尼常數 $D$ 和**剛度常數** (stiffness constant) $T$ 來考慮。簡化模型的證明相當複雜。我們這裡將不討論它。利用這個簡化，我們就能重畫圖 11.6 成為圖 11.8。

現在我們已經從圖 11.6 導出兩種不同的功率控制迴路。若我們有興趣的是系統對 $\Delta V_{ref}$ 的響應，則我們就可忽略電力控制迴路。若我們對 $\Delta P_C$ 有興趣，那麼我們就不詳細討論電壓控制迴路的動態行為。

發展單機-無限匯流排的技巧也能推廣到更一般性的互聯系統中。今後我們在模擬每部發電機的功率控制系統時，都將假設電壓控制系統不需要詳細討論。參考 7.11 節的簡化動態模型，我們假設可忽略電氣方程式 (7.75) 只使用機械方程式 (7.79)。我們不嘗試證明這些修正，但**簡化模型階數** (reduce order modeling) 的嚴格證明過程可用**單擾動** (singular pertur-

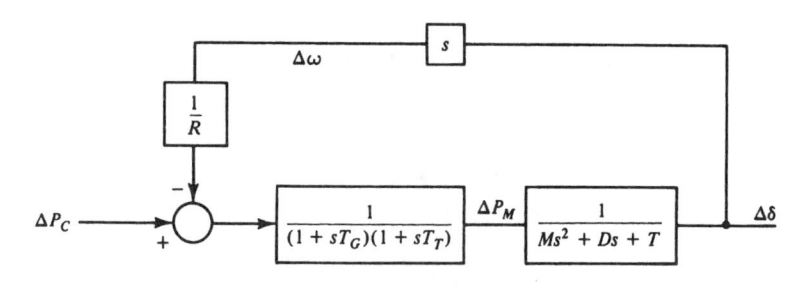

## 第 11 章　自動發電控制與新市場環境　　445

圖 11.8　簡化的功率控制系統。

bation) 法來加以研究 (亦即消去某些系統的微分方程式)。

現回到圖 11.8 可知易於探究功率控制迴路的穩定度，我們以下列說明。

---

**例題 11.3**

我們希望預估調整設定的 $R$ 值對動態行為的影響，在此假設圖 11.8 中的參數如下：$T_G = 0.1$，$T_T = 0.5$，$M = H/\pi f° = 5/60\pi = 0.0265$，$T = 2.0$ 及 $D = 0.1$。

**解**　我們將使用根軌跡法。將方程式由時間常數形式改為極零點形式，可得

$$KG(s)H(s) = \frac{1}{R}\frac{s}{(1+0.1s)(1+s)(0.0265s^2+0.1s+2.0)}$$

$$= \frac{377}{R}\frac{s}{(s+10)(s+1)(s^2+3.77s+75.5)}$$

$$= \frac{377}{R}\frac{s}{(s+10)(s+1)(s+1.88+j8.48)(s+1.88-j8.48)}$$

圖 E11.3 為上式的根軌跡圖。就增益 $K = 377/R = 1001$ 而言，兩根軌跡分支與 $j\omega$ 軸交越，且我們用一個方塊來表示另兩個對應的根軌跡位置。對 $K < 1001$ 而言，系統是穩定的，所以穩定條件為 $R > 0.377$。

$R$ 的單位是弳度每秒/p.u. 功率。若我們考慮渦輪機-發電機的開迴路，如圖 11.4 所示，發電機頻率從無載到滿載的變化只有 0.377 rad/sec 或 0.06 Hz。這麼大的靈敏度具有相當高的**去穩定度** (destability)。一般的 $R$ 度量值為 0.05 p.u.，轉換成實際值為 $0.05\omega_0 = 18.85$ rad/sec/p.u. 功率，即在穩定度邊界內有足夠大的度量值是相當好的情形。於是對一個具有合理 $R$ 值的系統，穩定度將不會是問題。

圖 E11.3。

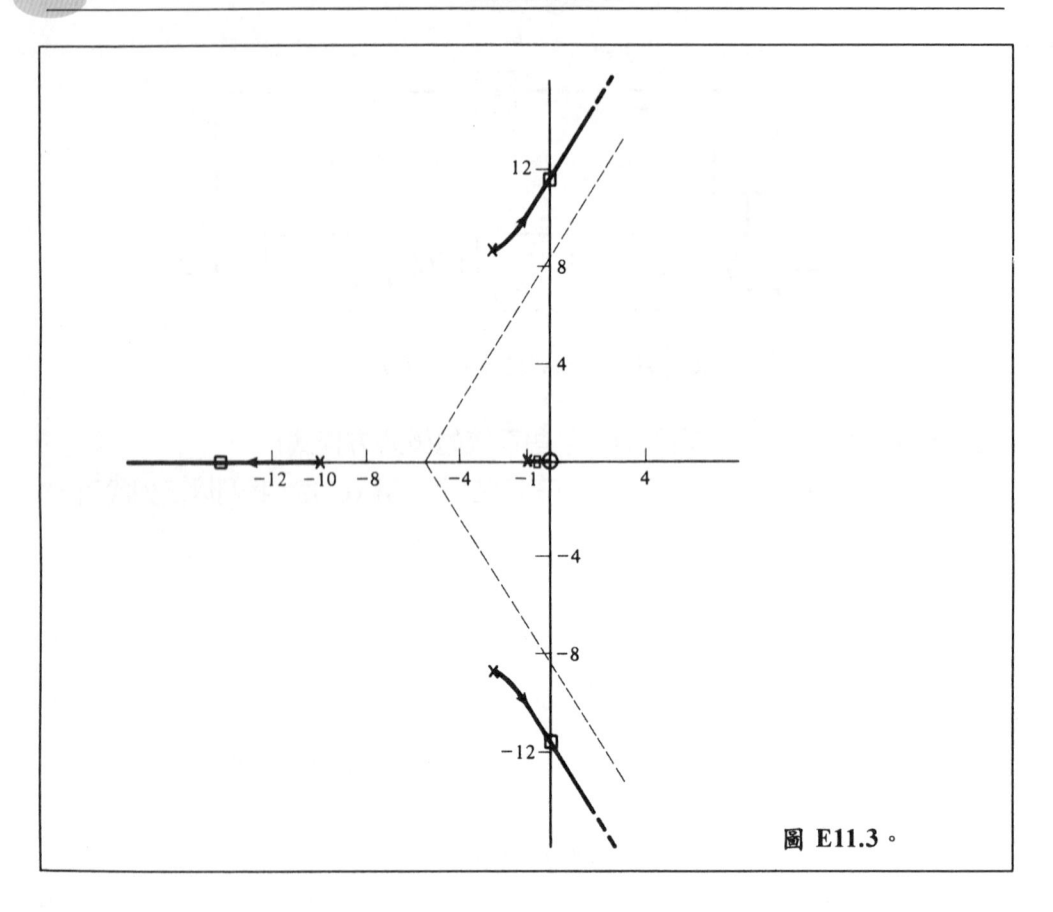

### 練習 1.

　　假設圖 11.8 的系統（即發電機接到無限匯流排）是穩定的。證明在穩態下，即使改變 $P_C$ 也不會改變頻率。

## 11.4 功率控制，多發電機例子

　　我們希望將 11.1 節的功率控制模型應用到多機組模式，這裡多機組是經由輸電系統互聯在一起的，且每一發電機匯流排都有區域負載存在。例如，我們考慮圖 11.9 的三匯流排系統。我們有興趣的是有效功率潮流，且再使用 10.8 節的有效功率模型時，我們假設所有的電壓都設定在他們的標

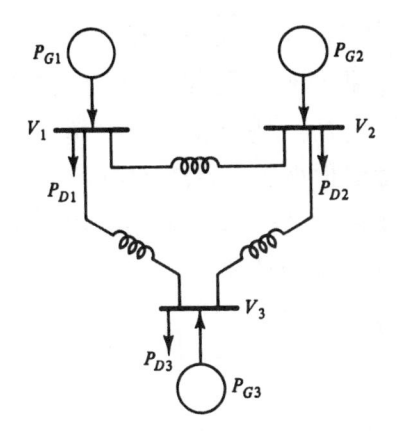

## 第 11 章　自動發電控制與新市場環境

圖 11.9　三部發電機的電力潮流。

稱值。尚未表示出來,然稍後再考慮,但往後我們要討論一個類似於圖 11.4 的渦輪機-調速器系統,能被用來控制每部發電機組的輸出功率。分析的目的是希望對不同的發電機,能導出一個關於命令功率、電和機械功率輸出,以及功率角之間的增量關係模型。值得注意的,分析能很容易地推廣到模型內有純負載匯流排的情形,但是我們仍設每一個匯流排都是一個發電機匯流排。

在每一個匯流排上

$$P_{Gi} = P_{Di} + P_i \tag{11.8}$$

其中 $P_i$ 是匯流排功率(總有效功率由第 $i$ 匯流排注入輸電系統)。假設在操作點處有

$$P_{Gi}^0 = P_{Di}^0 + P_i^0 \tag{11.9}$$

則在 $P_{Gi} = P_{Gi}^0 + \Delta P_{Gi}$, $P_{Di} = P_{Di}^0 + \Delta P_{Di}$ 以及 $P_i = P_i^0 + \Delta P_i$ 的狀況下,我們可以獲得他們的增量關係如下:

$$\Delta P_{Gi} = \Delta P_{Di} + \Delta P_i \tag{11.10}$$

對每部發電機應用 (7.79) 式的線性版,我們可獲得

$$M_i \Delta \ddot{\delta}_i + D_i \Delta \dot{\delta}_i + \Delta P_{Gi} = \Delta P_{Mi} \tag{11.11}$$

其中 $\delta_i$ 是第 $i$ 部發電機的內部電壓角。我們將發電機予以編號,使第 $i$ 部發電機為連接到第 $i$ 個匯流排的發電機。

接下來我們考慮 $P_{Di}$ 的行為，其中 $P_{Di}$ 通常與電壓和頻率有關。在我們的有效功率模型中，假設電壓固定在標稱值，因此我們不需要考慮電壓的相關性。考慮頻率相關性時，我們假設 $P_{Di}$ 是隨頻率增加，這是相當吻合實際現象的假設。我們也希望導入負載變化來作為外部 (擾動) 的輸入，即我們能想像由電氣裝置切換所突然增加的負載，是相當於吸收一個特定的功率。為了符合這些描述，我們對小頻率變化假設

$$P_{Di} = P_{Di}^0 + \frac{\partial P_{Di}(\omega^0)}{\partial \omega_i}\Delta\omega_i + \Delta P_{Li} \tag{11.12}$$

其中前兩項表示負載與頻率間的線性關係式，而 $\Delta P_{Li}$ 是負載輸入變化，例如上述的切換情形就是負載變化。值得注意的是，操作點頻率為 $\omega^0$，我們能預期它非常接近系統標稱頻率 $\omega^0 = 2\pi 60$，但它不需要等於系統標稱頻率。在定義每一匯流排頻率時，我們注意到瞬時 (a 相) 電壓為

$$v_i(t) = \sqrt{2}\,|V_i|\cos\left[\omega^0 t + \theta_i^0 + \Delta\theta_i(t)\right] \tag{11.13}$$

於是對時間微分餘弦函數內的引數可得

$$\Delta\omega_i = \omega^0 + \Delta\dot\theta_i \tag{11.14}$$

以及

$$\Delta\omega_i = \omega_i - \omega^0 = \Delta\dot\theta_i \tag{11.15}$$

定義 $D_{Li} = \partial P_{Di}(\omega^0)/\partial\omega_i$，以及使用 (11.15) 式，我們就能用

$$\Delta P_{Di} = D_{Li}\Delta\dot\theta_i + \Delta P_{Li} \tag{11.16}$$

來取代 (11.12) 式，接下來將 (11.16) 式和 (11.10) 式代入 (11.11) 式，可求得

$$M_i\Delta\ddot\delta_i + D_i\Delta\dot\delta_i + D_{Li}\Delta\dot\theta_i + \Delta P_{Li} + \Delta P_i = \Delta P_{Mi} \tag{11.17}$$

接下來我們計算 (11.17) 式內的 $\Delta P_i$。假設線路導納參數為純虛數，且利用 (10.5) 式我們可以求得 (在一般的 n-匯流排系統下)

$$P_i = \sum_{k=1}^{n}|V_i\|V_k|B_{ik}\sin(\theta_i - \theta_k) \tag{11.18}$$

# 第 11 章　自動發電控制與新市場環境

其中 $\theta_i = \angle V_i$。在我們的模型中 $|V_i|$ 為常數,所以 $|V_i||V_k|B_{ik}$ 也是常數。

接下來,我們沿著操作點線性化 (11.18) 式,即我們能用 $P_i^0 + \Delta P_i$ 和 $\theta_i^0 + \Delta \theta_i$ 來分別取代 $P_i$ 與 $\theta_i$。推導過程能用三角等式來取代泰勒級數展開,即

$$\begin{aligned} P_i = P_i^0 + \Delta P_i &= \sum_{k=1}^{n} |V_i||V_k|B_{ik} \sin(\theta_i^0 + \Delta\theta_i - \theta_k^0 - \Delta\theta_k) \\ &= \sum_{k=1}^{n} |V_i||V_k|B_{ik} \left[ \sin(\theta_i^0 - \theta_k^0) \cos(\Delta\theta_i - \Delta\theta_k) \right. \\ &\qquad \left. + \cos(\theta_i^0 - \theta_k^0) \sin(\Delta\theta_i - \Delta\theta_k) \right] \end{aligned} \quad (11.19)$$

這個結果是準確的。當我們令增量趨近於零時,可獲得

$$\Delta P_i = \sum_{k=1}^{n} \left[ |V_i||V_k|B_{ik} \cos(\theta_i^0 - \theta_k^0) \right] (\Delta\theta_i - \Delta\theta_k) \quad (11.20)$$

它與我們利用泰勒級數所找出的線性化結果相同。定義 $T_{ik} = |V_i||V_k|B_{ik} \cos(\theta_i^0 - \theta_k^0)$,我們可獲得

$$\Delta P_i = \sum_{k=1}^{n} T_{ik} (\Delta\theta_i - \Delta\theta_k) \quad (11.21)$$

常數 $T_{ik}$ 被稱為剛度或同步功率係數。就一個已知匯流排相角變化而言,較大的 $T_{ik}$ 將引起較大的功率變化。現在我們將 (11.21) 式代入 (11.17) 式。

首先我們要做進一步的近似,假設每部發電機的內部電壓相角與端電壓相角間有一項定位移,以至於這些角度將 "一起擺動"。我們從微分觀點說明增量 $\Delta\delta_i$ 與 $\Delta\theta_i$ 相等,$\Delta\delta_i = \Delta\theta_i$ 這假設,它能幫我們大幅簡化分析,以獲得正確的定性結果。

做這假設,並將 (11.21) 式代入 (11.17) 式,就可以求出

$$M_i \Delta \ddot{\delta}_i + \widetilde{D}_i \Delta \dot{\delta}_i + \Delta P_i = \Delta P_{Mi} - \Delta P_{Li} \quad (11.22)$$

其中 $i=1, 2, \ldots, n$,且 $\widetilde{D}_i = D_i + D_{Li}$,$\Delta P_i = \sum_{k=1}^{n} T_{ik}(\Delta\delta_i - \Delta\delta_k)$。根據 $D_{Li}$ 加到 $D_i$ 的方法,我們能預期與頻率有關的負載會對系統產生阻尼效應。

上述關係式的方塊圖如圖 11.10 所示,讀者可以查對 $K_{Pi} \triangleq 1/\widetilde{D}_i$ 以及 $T_{Pi} \triangleq M_i / \widetilde{D}_i$,就能證明圖 11.10 是 (11.22) 式的方塊圖。在圖 11.10 內,我

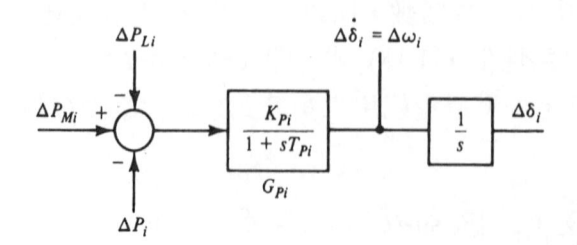

圖 11.10　發電機方塊圖。

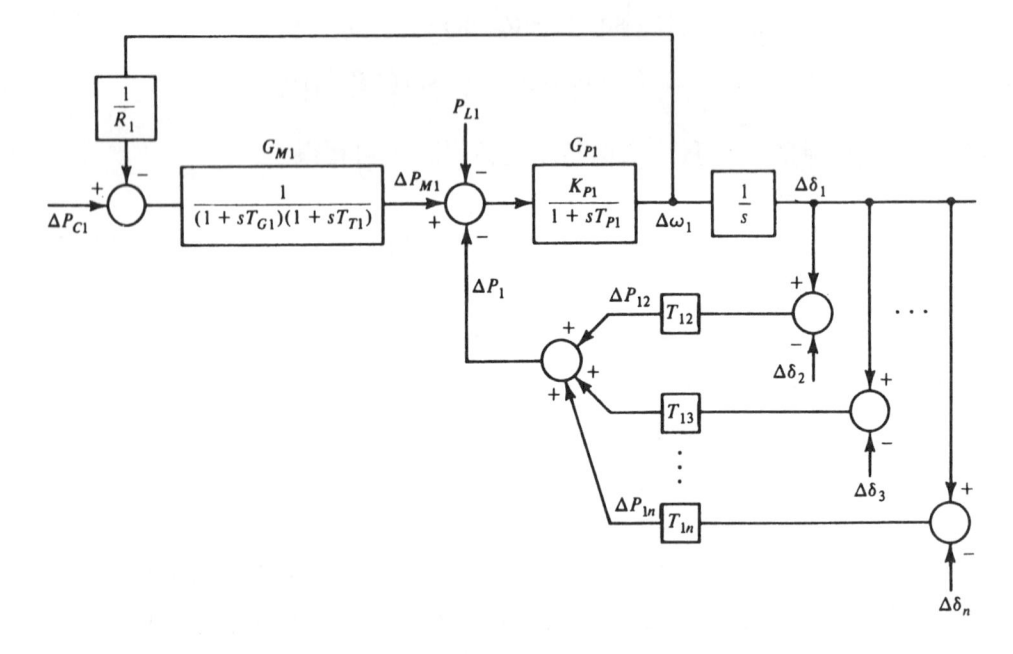

圖 11.11　發電機組 1 的功率控制。

們令 $\Delta\omega_i$ 為輸出、$\Delta P_{Mi}$ 為輸入，以及藉導入圖 11.4 的渦輪機-調速器方塊圖來完成電力控制迴路。於是對發電機 1，我們能獲得圖 11.11。其他的發電機也有類似的方塊圖，其中 $i = 2, 3, \ldots, n$。在圖中為了滿足結合的假設，我們將 $\Delta P_i$ 對 $\Delta\theta_{ik}$ 的相關性改為對 $\Delta\delta_{ik}$ 的相關性。

## 11.5　特殊情形：兩部發電機組

在這個情形之下，我們要同時考慮兩個同步係數 $T_{12}$ 和 $T_{21}$，

## 第 11 章　自動發電控制與新市場環境

$$T_{12} = |V_1||V_2|B_{12}\cos(\theta_1^0 - \theta_2^0)$$
$$T_{21} = |V_2||V_1|B_{21}\cos(\theta_2^0 - \theta_1^0)$$

由於 $T_{12} = T_{21}$，所以兩部機組的方塊圖可以合併並簡化為圖 11.12。

我們能用定性來描述系統的運轉，從穩態開始 ($\Delta\omega_1 = \Delta\omega_2 = 0$)，並設額外的負載切到匯流排 2 (即 $\Delta P_{L2}$ 是正值)。由於最初進入發電機 2 的機械功率輸入無法改變，此電力不平衡由旋轉動能來提供。於是 $\omega_2$ 開始下降 (即 $\Delta\omega_2$ 為負值)。結果 $\Delta\delta_2$ 減小，而且跨於連接傳輸線上的相角 $\delta_1 - \delta_2$ 值增加。於是轉換功率 $P_{12}$ 增加。送電端功率 $P_{12}$ 和受電端功率 $-P_{21}$ 同時增加，機組 1 接收到一個增加功率的要求，於是 $\omega_1$ 開始下降。每部調速器都能感測到頻率 (速度) 下降，且開始由渦輪機增加機械功率輸出。在穩態時有一個新的 (較低) 系統頻率，以及一項增加的 $P_{12}$。運轉人員可以藉調整 $P_{C1}$ 和 $P_{C2}$ 來回復頻率與調整 $P_{12}$。

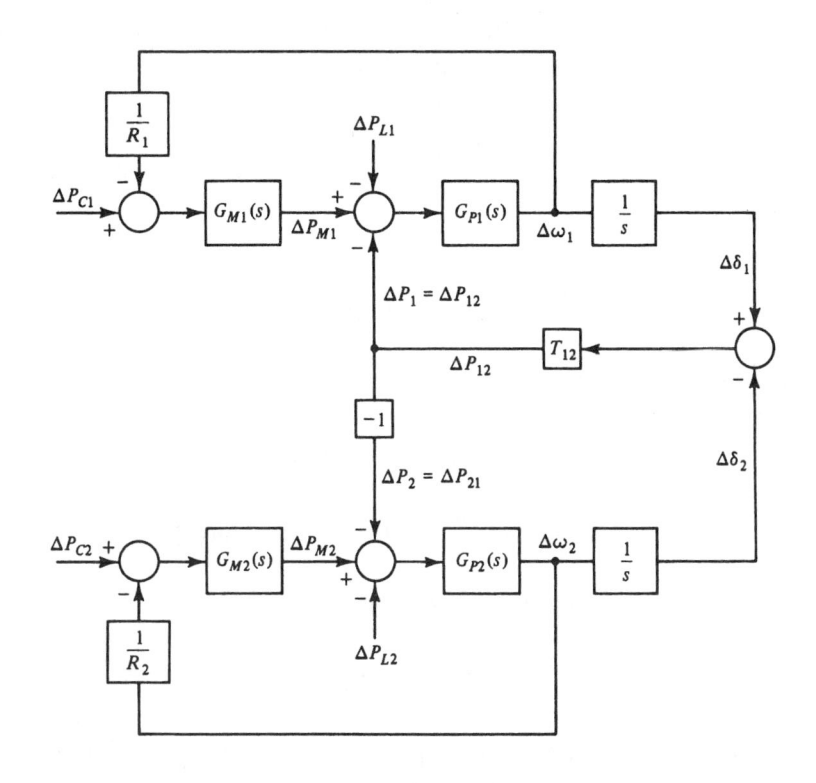

**圖 11.12**　兩部發電機組的功率控制。

接下來的例題是要描述，如何使用自動控制（調速器）來計算頻率的穩態變化，以及用定量項來瞭解互聯的優點。我們也將考慮 $P_{L1}$ 和 $P_{L2}$ 同時改變的一般情形。

**例題 11.4**

考慮兩部在穩態（$\omega_0 = 2\pi 60$）下運轉的渦輪機-發電機組，他們是由一條連絡線（tie line，亦即輸電線）來互聯的。若 $\Delta P_{L1} = a_1 u(t)$ 且 $\Delta P_{L2} = a_2 u(t)$，其中 $u(t)$ 為單位步階函數，計算並比較下列兩種情況下的穩態頻率變化：

(a) $T_{12} = 0$（連絡線打開）
(b) $T_{12} > 0$（連絡線供電中）

**解** 由圖 11.12，利用方塊圖的關係我們可求得下列的等式：

$$\Delta \hat{\omega}_1 = \frac{G_{P1}(s)}{1 + G_{P1}(s)G_{M1}(s)/R_1}\left[-\frac{a_1}{s} - \frac{T_{12}}{s}(\Delta \hat{\omega}_1 - \Delta \hat{\omega}_2)\right]$$

$$\Delta \hat{\omega}_2 = \frac{G_{P2}(s)}{1 + G_{P2}(s)G_{M2}(s)/R_2}\left[-\frac{a_2}{s} + \frac{T_{12}}{s}(\Delta \hat{\omega}_1 - \Delta \hat{\omega}_2)\right]$$

定義閉迴路轉移函數為

$$H_i(s) \triangleq \frac{G_{Pi}(s)}{1 + G_{Pi}(s)G_{Mi}(s)/R_i} \qquad i = 1, 2$$

將上式代入等式中可得

$$\Delta \hat{\omega}_1 = \frac{H_1(s)}{s}\left[-a_1 - T_{12}(\Delta \hat{\omega}_1 - \Delta \hat{\omega}_2)\right]$$

$$\Delta \hat{\omega}_2 = \frac{H_2(s)}{s}\left[-a_2 + T_{12}(\Delta \hat{\omega}_1 - \Delta \hat{\omega}_2)\right]$$

(a) $T_{12} = 0$，應用拉氏轉換的終值定理［即

$$\lim_{t \to \infty} f(t) = \lim_{s \to 0} sF(s)$$

其中 $F(s)$ 為 $f(t)$ 的拉氏轉換］，我們可求得 $\Delta \omega_{1ss} = -H_1(0)a_1$ 與 $\Delta \omega_{2ss} = -H_2(0)a_2$。計算 $H_1(0)$ 與 $H_2(0)$，我們可得

# 第 11 章　自動發電控制與新市場環境

圖 E11.4。

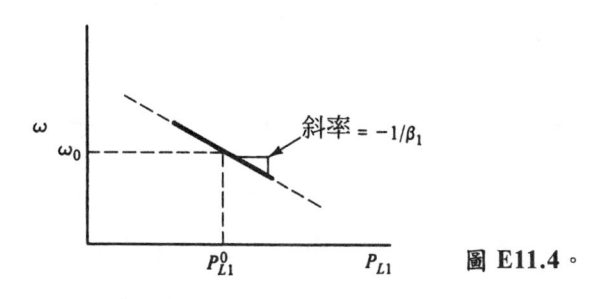

$$\Delta\omega_{1ss} = \frac{-K_{P1}a_1}{1+K_{P1}/R_1} = \frac{-a_1}{D_1+D_{L1}+1/R_1} = -\frac{a_1}{\beta_1} \quad (11.23)$$

其中 $\beta_1 \triangleq D_1 + D_{L1} + 1/R_1$，相似地，

$$\Delta\omega_{2ss} = -\frac{a_2}{\beta_2} \quad (11.24)$$

其中 $\beta_2 \triangleq D_2 + D_{L2} + 1/R_2$。方程式 (11.23) 與 (11.24) 表示（靜態）頻率 "下降" 特性，圖 E11.4 為 (11.23) 式的頻率下降特性曲線。

**(b)** $T_{12} > 0$。使用終值定理時我們必須先求出 $\Delta\hat{\omega}_1$ 與 $\Delta\hat{\omega}_2$。以矩陣形式表示

$$\begin{bmatrix} 1+\frac{H_1}{s}T_{12} & -\frac{H_1}{s}T_{12} \\ -\frac{H_2}{s}T_{12} & 1+\frac{H_2}{s}T_{12} \end{bmatrix} \begin{bmatrix} \Delta\hat{\omega}_1 \\ \Delta\hat{\omega}_2 \end{bmatrix} = \begin{bmatrix} -\frac{H_1}{s}a_1 \\ -\frac{H_2}{s}a_2 \end{bmatrix}$$

使用**克拉瑪法則** (Cramer's rule)，我們可求得

$$\Delta\hat{\omega}_1 = -\frac{1}{s}\frac{H_1 a_1 (s+H_2 T_{12}) + H_2 a_2 H_1 T_{12}}{s+(H_1+H_2)T_{12}}$$

接著，使用終值定理可求得

$$\Delta\omega_{1ss} = -\frac{(a_1+a_2)H_1(0)H_2(0)}{H_1(0)+H_2(0)} = -\frac{a_1+a_2}{1/H_1(0)+1/H_2(0)} = -\frac{a_1+a_2}{\beta_1+\beta_2} \quad (11.25)$$

其中 $\beta_i$ 為各個機組的頻率下降特性。根據物理上的原因或直接計算可知

$$\Delta\omega_{2ss} = \Delta\omega_{1ss}$$

**練習 2.**

你認為 (11.25) 式可一般化到 $n$ 部機組嗎?

---

互聯系統的優點可由比較 (11.25) 與 (11.23)、(11.24) 式得知。若我們以大的 $\beta$ 值來連接系統,則對我們更有利。若負載為分散時,利益是共享的。舉例說,如果 $a_1 > 0$ 且 $a_2 < 0$,則頻率的變化將比隔離系統來的小。當然,互聯系統還有其他的優點,它可使互聯系統操作更有彈性,以及有足夠的發電容量來調整發電預定表和/或在緊急跳機時有更小的負載損失。

---

**練習 3.**

假設在圖 11.12 中,2 號發電機組有一個非常非常大的瞬間貫量。用一個無限匯流排 (即 $\Delta\delta_2 = 0$) 來近似它,證明 1 號發電機組的方塊圖可簡化成圖 11.8 的形式。

---

## 11.6 電力系統分割成控制區域

對一個有很多發電機組 (例如 1000 部) 的互聯系統來說,如圖 11.11 般地模擬每一部發電機的功率控制系統是相當複雜而不實用的。較低階數的簡化模型可以讓我們更瞭解它的現象。幸運的,對大多數情形我們都能將系統區分成幾個發電機群,且群內的發電機組有強烈的耦合關係,但群間的發電機組則是較弱的耦合關係。我們可以使用**集合的技巧** (aggregation technique) 來求出一個簡化的近似模型。當發電機互聯群組的邊界與運轉公司或電力公司相結合時,模型的精確性與實用性將被強調。在這個只擁有單一操作權限的情況下,發電機常被當成是單一機組來控制,而且在這些情況下,群組被稱作控制區域。控制區域模型非常適合用於描述相鄰電力公司功率互換的情況。

集合處理的結果成為一個系統模型,模型的方塊圖如圖 11.11 或圖

# 第 11 章　自動發電控制與新市場環境　　　　　455

11.12 所示。在兩個區域系統的狀況下，方塊圖以描述控制區域的方式來取代描述獨立機組。舉例來說，在圖 11.12 中 $\Delta P_{C1}$ 可解釋成由區域能量控制 (調度) 中心而來的命令功率增量。$\Delta P_{12}$ 是從區域 1 到區域 2 (經由連絡線) 的功率移轉增量，且在角度差 $\Delta\delta_1 - \Delta\delta_2$ 中心增量的響應下。我們可想像 $T_{12}$ 可經由分析或實驗而決定。

　　我們也可以經由實驗而決定模型中的其他元件。舉例來說，在兩個區域的系統中，假設區域 1 經由連絡線供應一個小的正功率 $P_{12}$ 到區域 2。若這些連絡線被去除時，隨之而產生的暫態將隨一個新的穩態產生，前提是假設每一個隔離區都是穩定的。因為 $\Delta P_{12} = -P_{12}$，根據例題 11.4 的結果可知 $\Delta\omega_{1ss} = P_{12}/\beta_1$ 且 $\Delta\omega_{2ss} = -P_{12}/\beta_2$。於是經由量測頻率的變化，我們可找出區域頻率特性 $\beta_1$ 與 $\beta_2$。依據前述與其他的量測及計算，我們就可以詳細指明圖 11.12 中所有元件。

　　假設我們已經發展出控制區域的模型，接下來我們現在思考一些稱作**池運轉** (pool operation) 的應用。電力池是獨立電力公司電力系統加以互聯而成，每一家公司在他本身權限下獨立運作，但是他們之間訂有契約，同意公司間的電力經由連絡線而互相交換，而且同意處理操作程序以維持系統頻率。他們也同意在主要故障或未知警急事件後的操作程序。

　　在正常穩態狀況下電力池運轉的基本原理：

1. 維持預定連絡線功率互換。
2. 每一個區域自行吸收負載變化量。

我們注意到這些目的在暫態下將無法滿足，而且也無法在電力池運轉上取得好處。舉例來說，考慮一個突然間發生的步級增量 $P_{L2}$，如圖 11.12 所示。若改變連絡線功率不被允許，然以增量變化的觀點來看，這兩個系統等效地被隔離開來。由例題 11.4 的結果來看，$\Delta\omega_2 = -\Delta P_{L2}/\beta_2$ 且 $\Delta\omega_1 = 0$。若我們允許連絡線功率可以自然的改變，我們可取得較佳的結果 $\Delta\omega_1 = \Delta\omega_2 = \Delta\omega = -\Delta P_{L2}/(\beta_1 + \beta_2)$，連絡線功率也將會增加，這個變化將只是幾秒鐘的時間。然後，我們可以藉由調整 $P_{C1}$ 和 $P_{C2}$ 恢復系統頻率以及預定連絡線功率，如此做之後，我們可以經由電力池運轉的基本原理而獲得指引。

　　實際上，$P_{C1}$ 和 $P_{C2}$ 會藉由連絡線偏移控制或二次控制自動的完成調

整,控制迴路會使區域控制誤差 (ACEs) 趨於零。應用於兩區域的系統中,這兩個 ACEs 如下:

$$\text{ACE}_1 = \Delta P_{12} + B_1 \Delta \omega \tag{11.26}$$

$$\text{ACE}_2 = \Delta P_{21} + B_2 \Delta \omega \tag{11.27}$$

其中 $\Delta P_{12}$ 和 $\Delta P_{21}$ 是由預定交換功率而產生的偏離部分。注意其中 $\Delta P_{12} = -\Delta P_{21}$。常數 $B_1$ 與 $B_2$ 稱為**頻率偏移設定** (frequency bias setting),為正值。為了取得 $P_{C1}$ 與 $P_{C2}$ 的正確調整值,我們需注意頻率偏移設定應為

$$B_1 = \beta_1 = \left(D_{L1} + \frac{1}{R_1}\right) \quad \text{且} \quad B_2 = \beta_2 = \left(D_{L2} + \frac{1}{R_2}\right) \tag{11.28}$$

此為負載阻尼包含在內。否則頻率偏移設定可得如下:

$$B_1 = \beta_1 = \frac{1}{R_1} \quad \text{且} \quad B_2 = \beta_2 = \frac{1}{R_2} \tag{11.29}$$

在我們所舉的例子中,因 $\Delta P_{L2}$ 為正值,所以 $P_{12}$ 會傾向增加而超過它的預定值。於是,當 $\Delta P_{21}$ 為負值時 $\Delta P_{12}$ 為正值。因為頻率降低,故 $\Delta \omega$ 為負值且 $\text{ACE}_2$ 為兩個負數量的和。換句話說,$\text{ACE}_1$ 為一個正數量和負數量的和,因此有相互消去傾向。因為根據電力池運轉基本原理,我們想要使 $P_{C2}$ 增加而 $P_{C1}$ 值不變,在這個例子中,將區域控制誤差當成驅動信號來影響 $P_{C1}$ 和 $P_{C2}$ 似乎更有效。

圖 11.13 說明了兩區域連絡線偏移控制的方法。它是由圖 11.12 加入額外的迴路而組成,這個額外部分說明了 $\text{ACE}_i$ 發電與它在改變區域命令功率上的用途。其中 $K_i$ 是正的常數,外加負號是必要的,因為想要有負的 $\text{ACE}_i$ 來增加 $P_{Ci}$。轉移函數為一積分器。從硬體的觀點來看,積分器意謂著適當的調整 ACE 電壓分配於一個給定區域內參與的個別發電機直流速度器電動機。這些電動機以 $\dot{\theta}$ 正比於 ACE 電壓的比率旋轉,而且持續旋轉直到它們被設成零。在方塊圖中這個硬體隱含了一個積分器。

從控制理論的觀點來看積分器,在穩態時它具有使 $\text{ACE}_i$ 趨向於零的優點。當然,我們已經暗示了系統是假設處於穩定下,因此穩態是可達到的。於是在穩態中 $\text{ACE}_1 = \text{ACE}_2 = 0$ 且 $\Delta \omega = 0$。

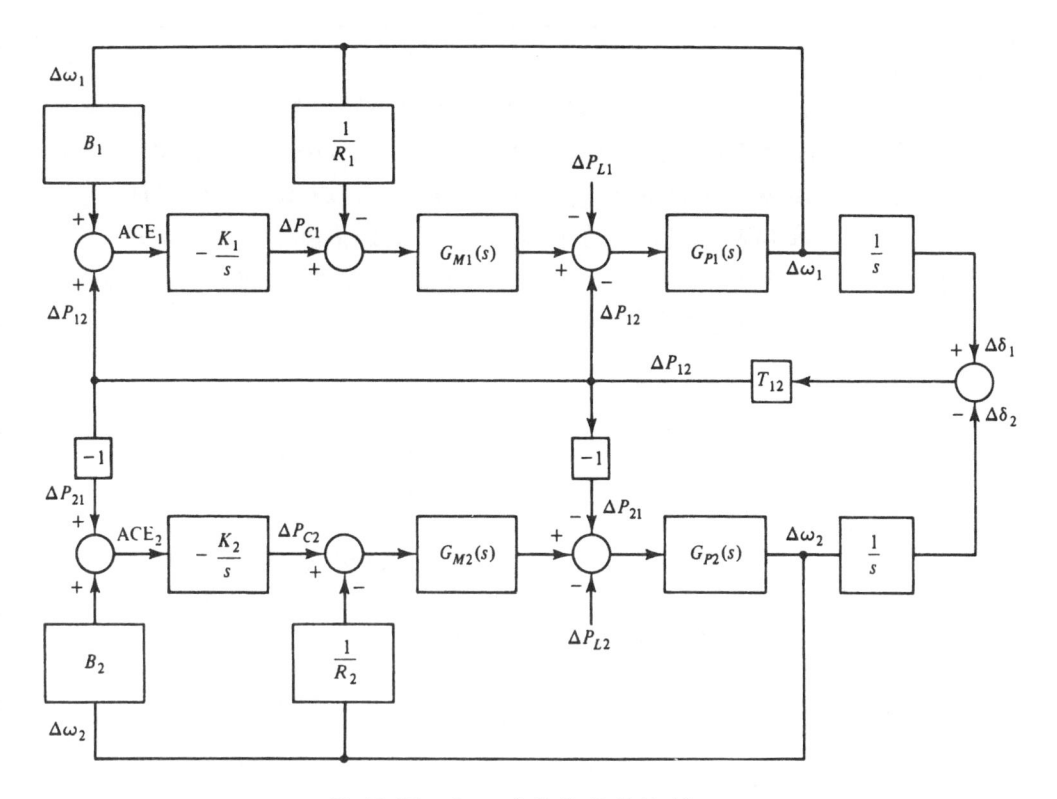

# 第 11 章　自動發電控制與新市場環境

**圖 11.13**　加入連絡線偏移控制。

應用 (11.26) 與 (11.27) 式於此例子中，我們可求出 $\Delta P_{12} = \Delta P_{21} = 0$，於是系統將會重新恢復標稱頻率與預定交換功率。更進一步說，因為兩區域能量平衡（在預定交換功率下），任何負載變動也都能被個別的區域所吸收。因此，適切的電力池運轉要求也能達成。

對控制效能 NERC 建議原則要求如下：

1. 區域控制誤差必須為零，至少每次 10 分鐘週期。
2. 由 10 分鐘週期零值的區域控制誤差的平均偏差，必須指明它的限制範圍，而且必須是在系統發電量百分比的基礎之下。

執行效能標準也應用到擾動的條件下，且要求如下：

1. 區域控制誤差必須在 10 分鐘內回復成零。
2. 在擾動發生的 1 分鐘內，修正的動作必須立刻進行。

## 例題 11.5

考慮如圖 E11.5(a) 所示的兩區域系統。區域 A 剛開始總負載為 1000 MW，正好等於其總發電量。區域 A 有效調整特性為 $R_A = 0.015$ rad·sec/MW。區域 B 初始總負載為 10,000 MW，等於其總發電量。區域 B 的有效調整特性為 0.0015 rad·sec/MW。之後，介於兩區域間的預定連絡線功率為 0 MW。有一個 10 MW 的突發變量在區域 A 發生。決定每一區域的 ACE、頻率變化值以及提供補充控制的最適宜控制信號。

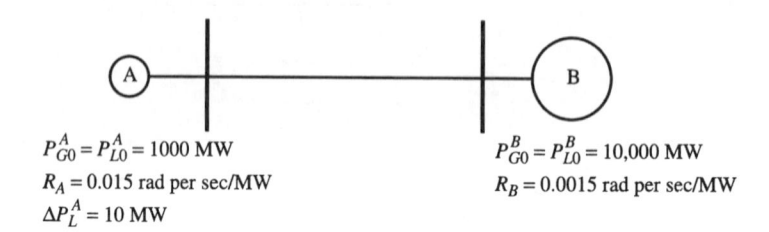

$P_{G0}^A = P_{L0}^A = 1000$ MW
$R_A = 0.015$ rad per sec/MW
$\Delta P_L^A = 10$ MW

$P_{G0}^B = P_{L0}^B = 10,000$ MW
$R_B = 0.0015$ rad per sec/MW

**圖 E11.5(a)** 兩個區域的系統。

**解** 首先我們計算因區域 A 負載變化所產生的頻率變量，由 (11.25) 與 (11.29) 式可得

$$\Delta\omega = \frac{-\Delta P_L^A}{\beta_A + \beta_B} = \frac{-\Delta P_L^A}{\frac{1}{R_A}+\frac{1}{R_B}} = \frac{-10}{\frac{1}{0.015}+\frac{1}{0.0015}} = -0.0136 \text{ rad/sec}$$

我們注意到因區域 A 負載增加的緣故，系統的頻率將會自然的下降。這個頻率下降的變化將伴隨著發生在每一區域中，而且是依據由 (11.6) 式所給定的區域自然調整特性。

$$\Delta P_G^A = -\frac{1}{R_A}\Delta\omega = -\frac{1}{0.015}\times(-0.0136) = 0.9091 \text{ MW}$$

$$\Delta P_G^B = -\frac{1}{R_B}\Delta\omega = -\frac{1}{0.0015}\times(-0.0136) = 9.091 \text{ MW}$$

可得連絡線功率變化

$$\Delta P_{AB} = -\Delta P_{BA} = \Delta P_G^A - \Delta P_L^A = 0.9091 - 10 = -9.091 \text{ MW}$$

由分析顯示，9.091 MW 的功率由區域 B 傳送到區域 A 以滿足區域 A 的 10 MW 負載增加量。換句話說，區域 A 只產生 0.9091 MW 的功率來供應

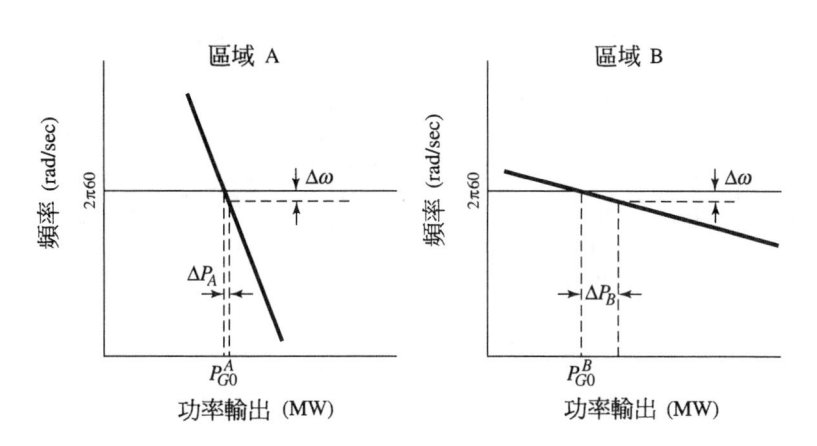

# 第 11 章　自動發電控制與新市場環境

圖 E11.5(b)　每個區域的自然調整特性。

它自己的負載變化。

圖 E11.5(b) 說明因每一區域系統自然響應下的變化情形。

我們觀察圖 E11.5(b) 中的頻率下降情形，以及每一區域中為了滿足區域 A 負載而增加的發電量。電力池運轉的原理要求每一區域要自行負擔負載的變化，我們現在將計算每一區域的 ACE 信號，並且檢驗電力池運轉的規則如下：

$$\text{ACE}_A = \Delta P_{AB} + \frac{1}{R_A}\Delta\omega = -9.091 + \left(\frac{1}{0.015}\right)\times(-0.0136)$$

$$= -9.091 - 0.909 = -10 \text{ MW}$$

$$\text{ACE}_B = \Delta P_{BA} + \frac{1}{R_B}\Delta\omega = 9.091 + \left(\frac{1}{0.0015}\right)\times(-0.0136)$$

$$= 9.091 - 9.091 = 0 \text{ MW}$$

ACE 信號的值清楚的告訴我們，每一區域會以最合適的方式修正本身的發電量，區域 A 將滿足自身的 10 MW 負載增量。我們也注意到，當區域 A 的發電量增加 10 MW 時，頻率也會以相同的數量提升，而原先區域 A 的頻率已經因 10 MW 負載而降低了。最後，連絡線傳送的功率將會回復成零。區域 B 的發電量將不作任何變化，且區域 A 將自行滿足負載增量。圖 11.5(c) 描述以調整特性為觀點的情況。

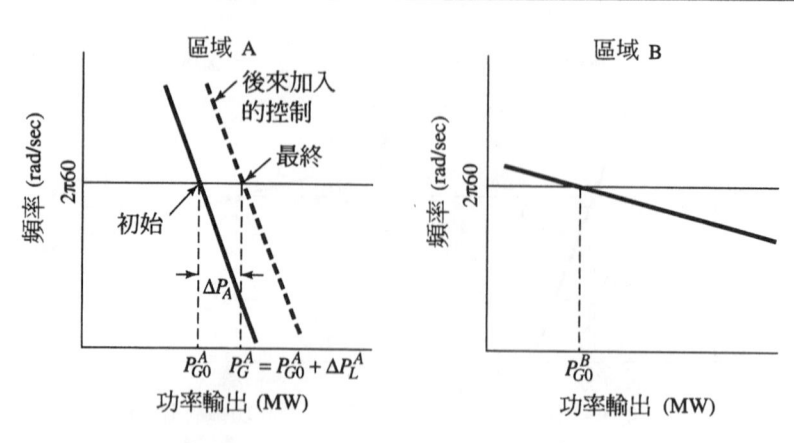

圖 E11.5(c) 加入控制後的調整特性。

我們可以很容易將連絡線偏移控制擴展成 $n$-個區域的情形，區域控制誤差的定義變成

$$\mathrm{ACE}_i = \sum_{j=1}^{n} \Delta P_{ij} + B_i \Delta \omega \quad (11.30)$$

其中，我們將所有區域與區域 $i$ 的預定交換功率產生的偏差相加，以取得淨交換量誤差，然後，$\mathrm{ACE}_i$ 可用來調整區域命令功率，就如同在兩個區域的情況。我們需注意，這個模型指出在穩態下系統頻率會回復到標稱值，而且交換功率也會回復到預定值，同時控制程序無法感測到可能的循環功率交換。讀者可以考慮一個三區域系統來深入瞭解問題，同時也可以發現 (11.30) 式無法感測到一個功率的任意循環分量，其中 $i = 1, 2, 3$。我們將不考慮解決這個問題所必須的輔助控制作用。

現在我們將介紹經濟調度的問題。通常，這是各家獨立電力生產公司的責任，而不是電力池運轉系統的責任。當區域發電量必須改變時，必須以經濟運轉的方式來指派獨立發電業者。在設定未來區域間連絡線轉移功率時，經濟問題也將一併納入。

## 11.7 經濟調度問題的模式建立

運轉成本包含燃料、勞工與維護成本。為了簡單起見，我們假設只需

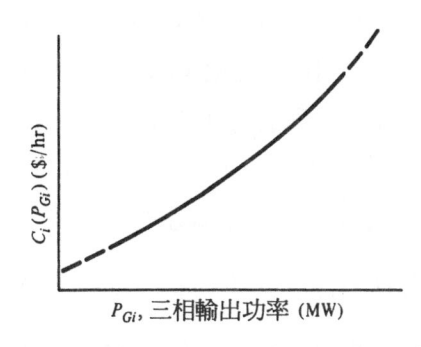

# 第 11 章　自動發電控制與新市場環境

圖 11.14　燃料-成本曲線。

考慮的成本變數為燃料成本。對於燃料成本我們假定已經擁有每一發電機組的燃料-成本曲線。且使用每小時的燃料成本來做為發電機輸出功率的函數。簡化來說，我們假設每一台發電機組包含了一台發電機、蒸汽渦輪機(鍋爐加熱裝置)與附帶的輔助設施。典型燃料-成本曲線的近似型態如圖 11.14。注意，我們使用符號 $P_{Gi}$ 來代替 $P_{Gi}^{3\phi}$ 表示三相功率輸出，大部分情況下，皆是考慮三相功率，在此提出這個較簡潔的符號來表示。

燃料-成本曲線的外形 (向上凹) 可藉由加熱-速率曲線來瞭解，這個曲線是經由發電機現場測試而決定的，曲線近似形狀如圖 11.15。這個曲線告訴了我們 $H_i(P_{Gi})$ 函數，即每產生 1 MWh 的電能需要多少 MBtu (英制熱的單位) 的熱能。在最小值的點上發電機組有最高的效率。曲線也反映了大部分能量轉換機組典型的下降效率特性，即在最低與最高終端具有較低效率。現代石化燃料電廠加熱效率尖峰值約在 8.6 至 10 MBtu/MWh 之間。若化學能量轉換到電能的效率為 100%，其加熱率接近於 3.41 MBtu/MWh。則我們可得知典型最大效率概略值約為 34 至 39% 之間。

從加熱-速率曲線我們可知輸入能量為輸出功率的函數。舉例來說，假設圖 11.15 中 $P_{Gi} = 100$ MW，由圖中我們看出 $H_i(P_{Gi})$ 相對應的加熱率為

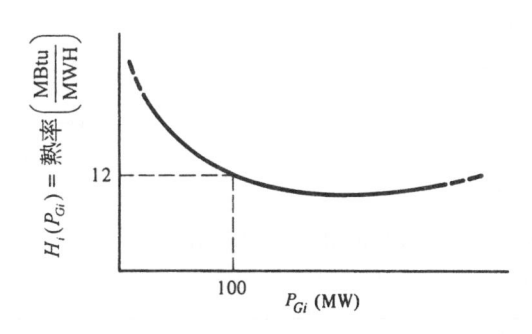

圖 11.15　熱率曲線。

12。這指出每 1 MWh 的電能輸出需要有 12 MBtu 的熱能輸入。在一小時的情況下，電能輸出為 100 MWh，則需有 $100 \times 12$ MBtu = 1200 Mbtu 的熱能。於是熱輸入能量率為 1200 MBtu/hr，成為維持 100 MW 功率輸出的必需要素。我們可獲得 $P_{Gi}$ 三相功率與它的對應熱比率 $H_i(P_{Gi})$ 的乘積圖形，且這乘積一般稱為熱能輸入率 $F_i(P_{Gi})$，可由下式求得

$$F_i(P_{Gi}) = P_{Gi} H_i(P_{Gi}) \tag{11.31}$$

其中 $P_{Gi}$ 為三相功率且以 MW 表示，$H_i$ 為熱比率，單位是 MBtu/MWh，$F_i$ 單位為 MBtu/hr。$F_i(P_{Gi})$ 的圖形稱為**輸入-輸出曲線** (input-output curve)。

現在假設燃料成本為 $K$ \$/MBtu。於是

$$C_i(P_{Gi}) = K F_i(P_{Gi}) \tag{11.32}$$

為每小時供應 $P_{Gi}$ MW 電能的燃料成本。

燃料-成本曲線的外形大致上隱含著加熱-速率曲線的形狀。我們發現加熱-速率曲線可用一個正係數之函數 $H(P_G) = (\alpha'/P_G) + \beta' + \gamma' P_G$ 來近似，在此所有的係數皆為正值。然後應用 (11.31) 式與 (11.32) 式，我們可得對應 $C(P_G)$ 為一個二次式，其係數也為正值，如下

$$C(P_G) = \alpha + \beta P_G + \gamma P_G^2 \quad \text{\$/hr} \tag{11.33}$$

其中 $P_G$ 的單位為 MW。

---

**例題 11.6**

假設一部 50 MW 燃氣發電機組的熱率量測如下：

25% 額定：14.26 MBtu/MWh
40% 額定：12.94 MBtu/MWh
100% 額定：11.70 MBtu/MWh

假設燃料成本為 \$5 /MBtu。

(a) 以 (11.33) 式的形式求 $C(P_G)$。
(b) 在負載為 100% 時，求燃料成本並以 cents/kWh 表示。
(c) 求負載為 50% 時的燃料成本。

# 第 11 章　自動發電控制與新市場環境

**(d)** 求負載為 25% 時的燃料成本。

**解** **(a)** 假設 $C(P_G)$ 的多項式形式等於熱率曲線。

$$H(P_G) = \frac{\alpha'}{P_G} + \beta' + \gamma' P_G$$

三個測量值告訴我們曲線上的三個點，因此我們可以解出三個未知係數 $\alpha'$、$\beta'$ 和 $\gamma'$。

$$\frac{\alpha'}{12.5} + \beta' + \gamma' 12.5 = 14.26$$

$$\frac{\alpha'}{20} + \beta' + \gamma' 20 = 12.94$$

$$\frac{\alpha'}{50} + \beta' + \gamma' 50 = 11.70$$

解出 $\alpha' = 44.89$，$\beta' = 10.62$ 以及 $\gamma' = 0.0036$，於是

$$H(P_G) = \frac{44.89}{P_G} + 10.62 + 0.0036 P_G \quad \text{MBtu/MWh}$$

若我們將上式乘上 $P_G$，可求得燃料輸入率，其單位為 MBtu/hr。乘上每 MBtu 的燃料成本 $5，可求得

$$C(P_G) = 224.5 + 53.1 P_G + 0.0180 P_G^2 \quad \text{\$/hr}$$

**(b)** 在滿載下

$$C(P_G) = \$2924.5/\text{hr} \quad (對 50\,\text{MW})$$
$$= 5.85\,\text{cents/hr} \quad (對 1\,\text{kW})$$

通常表示成 5.85 cents/kWh。

**(c)** 在 40% 負載下

$$C(P_G) = \$1293.7/\text{hr} \quad (對 20\,\text{MW})$$
$$= 6.47\,\text{cents/kWH}$$

**(d)** 在 25% 負載下

$$C(P_G) = \$891.1/\text{hr} \quad (對 12.5\,\text{MW})$$
$$= 7.13\,\text{cents/kWH}$$

**練習 4.**
什麼形狀的熱率曲線可產生一條線性的燃料-成本曲線呢？

從現在起假設 $C_i(P_{Gi})$ 曲線為已知，因此我們可以描述一般的最佳經濟調度或最佳電力潮流問題。

**一般問題的公式化** 若一系統有 $m$ 部發電機在線上，且所有的 $S_{Di}$ 皆為已知，則取 $P_{Gi}$ 與 $|V_i|$，其中 $i = 1, 2, 3, ..., m$。將總成本最小化

$$C_T \triangleq \sum_{i=1}^{m} C_i(P_{Gi})$$

並且需滿足電力潮流方程式及發電機功率、輸電線電力潮流、電壓大小的不等式限制條件。

1. $P_{Gi}^{\min} \leq P_{Gi} \leq P_{Gi}^{\max}$, $i = 1, 2, \cdots, m$
2. $|P_{ij}| \leq P_{ij}^{\max}$，所有輸電線
3. $|V_i|^{\min} \leq |V_i| \leq |V_i|^{\max}$, $i = 1, 2, \cdots, m, \cdots, n$

接下來我們扼要地討論這個公式。

1. 必須滿足電力潮流方程式 (即最佳化有一項等式限制)。
2. $P_{Gi}$ 的上限是由渦輪機組的熱極限所設定，而下限是由鍋爐及/或其他熱力學上的考慮所設定。在鍋爐內為了避免**熱點** (hot spots) 的產生，必須有最小的水量及/或蒸汽通過。燃油速率也必須足夠，以避免**火焰熄滅** (flame out)。
3. 電壓限制維持系統電壓，避免電壓變化太大而遠離額定值或標稱值。其目的就在協助維持用戶電壓，即電壓不能太高也不能太低。。
4. 傳輸線路的功率限制的緣由，是因熱極限和穩定度極限。而這部分已在 4.9 節討論過了。
5. 問題的描述公式是由注入有效功率與匯流排電壓大小，此兩者當成

每一部發電機的控制變數所組成的。這也能推廣到處理其他的控制變數，例如跨於移相變壓器上的相角、分接頭變壓器的匝數比，以及並聯和串聯可變電感器和電容器的導納。

6. 在滿足等式和不等式限制條件下的成本函數最小化，是利用應用數學中稱為**非線性規劃的方式** (nonlinear programming) 來求解最佳化的問題。

為了幫助我們牢記這些觀念，接下來思考這問題形式應用到圖 11.16 簡單系統情形。假設系統已經指定，特別是所有匯流排導納參數、參考電壓角與所有 $S_{Di}$ 皆為已知。我們挑選一組特別的集合 $|V_1|$、$P_{G2}$、$|V_2|$、$P_{G3}$ 與 $|V_3|$ (在限制條件之內)，並且藉由電力潮流分析可求出 $P_{G1}$ 和輸電線功率角。若 $P_{G1}$ 與輸電線功率滿足不等式限制條件，則這組選擇將是可行的，我們也可由此計算出總成本 $C_T$。問題是如何在這些合理的獨立控制變數組 $|V_1|$、$P_{G2}$、$|V_2|$、$P_{G3}$ 與 $|V_3|$ 中，找出最低的成本 $C_T$。

一般求解這個問題的非線性規劃方法必須付出相當的計算時間，而且也不容易由此求得最佳解的本性。因此我們使用了一些近似方法來簡化計算過程，並可據此瞭解經濟調度問題的物理觀點。

## 11.8 傳統經濟調度（忽略線路損失）

如 10.7 節所說的，在正常運轉情況下，有效功率潮流和功率角與無效功率潮流和電壓量之間，並沒有太深的耦合關係存在。於是我們預期如 11.7

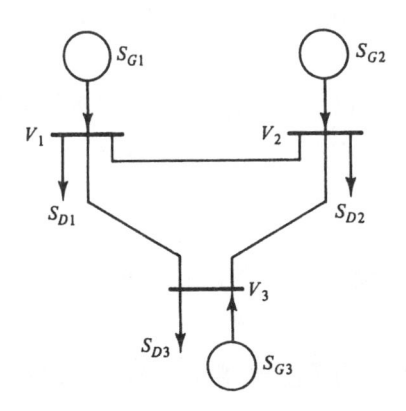

**圖 11.16** 被最佳化的系統。

節中一般問題公式，其 $C_T$ 與 $P_{Gi}$ 和 $P_{Di}$ 有決定性的關係，但只與 $|V_i|$ 和 $Q_{Di}$ 有些微關係。因為這個理由，再加上以有效功率潮流的觀點，我們可以完整的描述這個問題，其中將 $|V_i|$ 設定在它們的標稱值。

此外，假設我們忽略輸電線電力潮流限制，並且暫時的忽略線路損失。然後，我們便可以一個更簡化的版本來代替一般問題形式。

**簡化問題的公式化** 取 $P_{Gi}$ 來最小化

$$C_T = \sum_{i=1}^{m} C_i(P_{Gi}) \tag{11.34}$$

使得

$$\sum_{i=1}^{m} P_{Gi} = P_D \triangleq \sum_{i=1}^{n} P_{Di} \tag{11.35}$$

且

$$P_{Gi}^{\min} \leq P_{Gi} \leq P_{Gi}^{\max} \quad i = 1, 2, \ldots, m \tag{11.36}$$

注意在 (11.35) 式中，等式限制條件可簡單的描述成一個無損失輸電系統有效功率守恆的情形。在上一個公式中它取代了電力潮流等式，而成為一個等式限制條件。注意，若輸電線電力潮流限制條件必須受到檢測時，則(有效) 電力潮流等式仍然是必要的。但是在簡化的問題形式中這將不是必要，即對任何形式的電力潮流方程式都不需考慮。

這種公式將是所考慮的第一個近似公式，我們將會考慮修正的公式，在修正公式中將會考慮輸電線損失，並且在這種情況下也將必須考慮電力潮流方程式。

回到簡化問題的形式，我們注意到有一個簡單而絕妙的解答，是以稱作**增量成本** (incremental costs, ICs) 的方式來解題。首先，我們必須先定義：

$$\text{IC}_i = \frac{dC_i(P_{Gi})}{dP_{Gi}} = \text{燃料成本曲線的斜率} \tag{11.37}$$

若 $C_i(P_{Gi})$ 的單位是 \$/hr，那麼 $\text{IC}_i$ 的單位為 \$/hr/MW 或 \$/MWh。$\text{IC}_i$ 的

圖形表示每增加 1 MW 輸出時的成本增加率,也就是說每增加 1 MWh 輸出所需增加的成本。

若 (11.33) 式中,我們假設燃料成本曲線為二次曲線 (係數為正值),則增量成本曲線會是線性的 (係數為正值):

$$IC_i = \beta_i + 2\gamma_i P_{Gi} \tag{11.38}$$

我們注意到曲線是嚴格單調遞增的,這個性質即使在我們不使用 (11.38) 式的線性形式時,也仍需做此假設。

---

**例題 11.7**

根據例題 11.6 所給的資料,

(a) 找出 $IC = dC/dP_G$ 的表示式。
(b) 求負載為 100% 時的增量成本。
(c) 求負載為 25% 時的增量成本。

**解** 我們應用 (11.38) 式於例題 11.6。

(a) $IC = 53.1 + 0.0360 P_G$。
(b) 在 100% 負載下,$IC = \$54.90/MWh$
(c) 在 25% 負載下,$IC = \$53.55/MWh$

注意:在這個例子中,有一個非常小的增量成本變化,可視為一個負載的函數。

---

我們現在回到 (11.34) 式和 (11.36) 式所提出的簡化最佳問題的求解。首先,我們考慮沒有不等式限制條件〔沒有如 (11.36) 式中所給定的發電機限制〕時的情況。在這個特殊的情況下我們得到下列簡單規則。

**最佳調度規則** (optimal dispatch rule,無損失——無發電機限制) 在相同增量成本下操作每一台發電機。

要點 1:這個規則只給予解的性質。但因為這個性質,我們可以簡化 m-維度的探索 (求最佳 $P_{G1}, P_{G2}, ..., P_{Gm}$) 成為在共同增量成本下單一

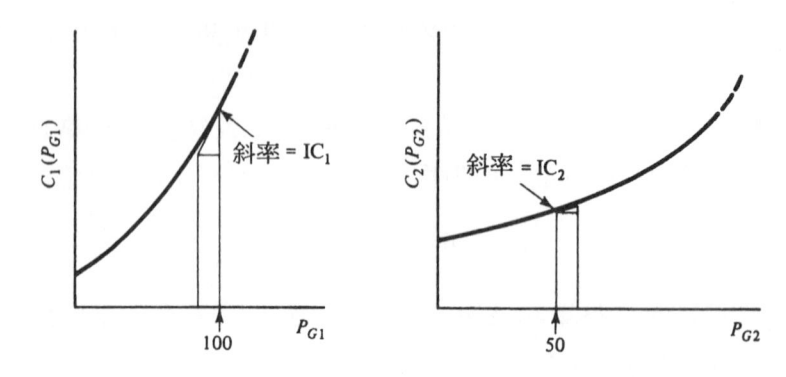

圖 11.17　在不同增量成本下運轉的兩部發電機。

維度的探索。

**要點 2：** 在規則的描述中有一個隱含的假設，就是假設每一台發電機可以運轉在相同的增量成本下。

根據直覺，我們能瞭解為什麼在不同增量成本 (ICs) 下，發電機無法作最佳的運轉。假設我們有兩部發電機，其中 $P_{G1}$ = 100 MW 且 $P_{G2}$ = 50 MW，以及它們對應的 $IC_i$ (即成本曲線的斜率) 不相等。如圖 11.17 所示，在圖中 $IC_1$ 大於 $IC_2$。因為這個緣故，我們注意到若進行下列的發電機出力調整是相當理想的。若我們減少 $P_{G1}$ 的出力 10 MW，我們節省很多的每小時成本 (因其成本曲線斜率較大)。若我們增加 10 MW 到 $P_{G2}$，則成本增加較少 (因為斜率較小)。於是，我們能在較小的成本下傳輸相同的功率 (150 MW)。通常來說，減少較高增量成本的機組出力是較為有利的。在這過程中的曲線斜率 (嚴格單調遞增斜率) 是連續的，否則無法找出相同的增量成本。

這一系列的理由很明顯的可以推廣到任意數量的發電機。在最小成本的觀點上，成對的考慮它們所推導出的結論也將會相同。一個較為正式的證明將會在本節末提出。

**練習 5.**
為了更瞭解為什麼前述的程序可以找出最小成本，思考一些假想的成本

## 第11章　自動發電控制與新市場環境　　469

曲線。舉例來說，如上凹但有負斜率或下凹有正斜率（或負斜率）。我們能獲得收斂嗎？如果可以，當曲線中兩個 ICs 相等時，我們所得到的是最小或最大的成本？

---

**例題 11.8**

兩部發電機的燃料-成本曲線如下：

$$C_1(P_{G1}) = 900 + 45P_{G1} + 0.01P_{G1}^2$$
$$C_2(P_{G2}) = 2500 + 43P_{G2} + 0.003P_{G2}^2$$

總負載為 $P_D = P_{D1} + P_{D2} = 700$ MW。使用最佳調度法則（特殊例子）求 $P_{G1}$ 與 $P_{G2}$。

**解**　增量成本為

$$IC_1 = \frac{dC_1}{dP_{G1}} = 45 + 0.02P_{G1}$$

$$IC_2 = \frac{dC_2}{dP_{G2}} = 43 + 0.006P_{G2}$$

畫出 IC 曲線（圖 E11.8）是對我們很有幫助的，我們可看出 $IC_2$ 的斜率比 $IC_1$ 小，這意味著發電機 2 將會比發電機 1 承擔更多的負載。令 $IC_1 = IC_2$，我們可由圖中看出 $G_2$ 將會承擔大部分的負載。我們能藉一種疊代的方式來求出實際解，即對 $IC_1 = IC_2$ 猜一個值後求解 $P_{G1}$ 與 $P_{G2}$，接著再檢查是否 $P_{G1} + P_{G2} = P_D = 700$ MW，若 $P_{G1} + P_{G2}$ 太低（高）則提高（降低）增量成本。這個

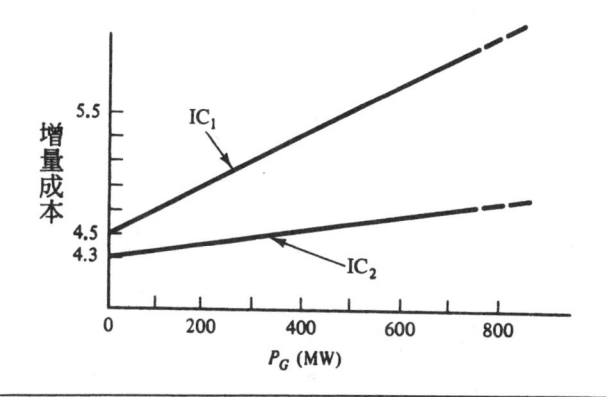

圖 E11.8。

方法即使在 $IC_i$ 曲線非線性時也可以使用。另外，在前面的情況中，我們可以很容易地使用解析法求出正確的數值。

$$IC_1 = 45 + 0.02P_{G1} = IC_2 = 43 + 0.006(700 - P_{G1})$$

求解後，我們可獲得

$$P_{G1} = 84.6 \text{ MW} \qquad P_{G2} = 615.4 \text{ MW} \qquad IC_1 = IC_2 = \$46.69/\text{hr}/\text{MW}$$

注意，若 $P_D$ 由 700 MW 上升至 701 MW 時（即增加 1 MW），燃料成本率將會上升至（接近）$46.69/hr（即 $46.69/MWh 或 4.669 cents/kWh）。這個增量成本可對照產生 700 MW 時的平均成本。將最佳 $P_{G1}$ 與 $P_{G2}$ 值代入 $C_1(P_{G1})$ 與 $C_2(P_{G2})$ 中，我們可獲得總成本 $C_T = \$34,877/\text{hr}$。轉換成平均成本時為 $(34877 \times 100)/(700 \times 1000) = 4.98$ cents/kWh。

**練習 6.**

在例題 11.8 中考慮一些其他的發電機指派或調度，並且讓自己相信其他替代方案會使產生 700 MW 的成本因而增加。

接下來我們回到增量成本相等的正式證明。

**最佳調度規則的證明（特殊情況）** 參考簡化的問題形式（沒有不等式限制），問題是取 $m$ 個 $P_{Gi}$ 值來最小化 $C_T = C_1(P_{G1}) + C_2(P_{G2}) + \cdots + C_m(P_{Gm})$，並且滿足限制 $P_{G1} + P_{G2} + \cdots + P_{Gm} = P_D$。這個限制條件允許我們用其中一個變數來代表其他的變數，其中 $P_{Gm} = P_D - P_{G1} - \cdots - P_{G,m-1}$。於是，問題簡化成如下：選取 $m-1$ 個獨立變數 $P_{G1}, P_{G2}, \ldots, P_{G,m-1}$ 來最小化

$$\begin{aligned} C_T &= C_1(P_{G1}) + C_2(P_{G2}) + \cdots + C_{m-1}(P_{G,m-1}) \\ &\quad + C_m(P_D - P_{G1} - \cdots - P_{G,m-1}) \end{aligned} \tag{11.39}$$

在這個方法中，我們已經將限制問題轉化成一個較低維度的無限制問題。

這個無限制問題的解可藉由一般微分運算的方法來求解。其中有一個**駐點** (stationary point) 的必要條件是，$m-1$ 個偏微分 $\partial C_T/\partial P_{Gi}$ 必須等於

## 第11章　自動發電控制與新市場環境　471

零。因此，將 (11.39) 式應用微分連鎖律，我們可求得

$$\frac{\partial C_T}{\partial P_{Gi}} = \frac{dC_i}{dP_{Gi}} + \frac{dC_m}{dP_{Gm}}\frac{\partial P_{Gm}}{\partial P_{Gi}}$$
$$= \frac{dC_i}{dP_{Gi}} - \frac{dC_m}{dP_{Gm}} = 0 \qquad i = 1, 2, \ldots, m-1 \tag{11.40}$$

這個結果是所有的增量成本必須等於第 $m$ 部發電機組增量成本 (即它們都是相等的)。我們注意 (無須證明) 到 $C_i$ 曲線的外形 (上凹) 使得 (11.40) 式所定義的駐點為最小。而且我們也假設 IC 曲線是嚴格單調遞增的，這意味著對應的 $P_{Gi}$ 只能有唯一的解。於是，我們能作出總結，也就是只有一組可能的 $P_{Gi}$ 能滿足 IC 相等的條件，並且對應的成本函數必須在它的全區最小值。另一種說法是，相等 IC 的條件是最佳化的一個充分且必要的條件。

前面的證明中有一個常用且更便利的替代近似方法，是一種典型的方法，它是使用**拉格蘭吉乘數** (Lagrange multipliers)，拉格蘭吉乘數經常用來解一個具有等式限制條件作附帶的函數最小化 (或最大化) 的問題。這個方法簡要的說明讀者可參閱附錄 3。

使用這個方法，我們可取代成本函數成為一個**增加成本** (augmented cost) 函數 $\widetilde{C}_T$。

$$\widetilde{C}_T \triangleq C_T - \lambda \left( \sum_{i=1}^{m} P_{Gi} - P_D \right) \tag{11.41}$$

其中 $\lambda$ 為拉格蘭吉乘數。接下來我們求取 $\widetilde{C}_T$ 的駐點，在這裡 $\lambda$ 與 $P_{Gi}$ 視為變數。如果我們滿足

$$\frac{\partial \widetilde{C}_T}{\partial P_{Gi}} = 0 \qquad i = 1, 2, 3, \ldots, m$$

$$\frac{\partial \widetilde{C}_T}{\partial \lambda} = 0$$

則我們可以滿足等式限制 $\sum_{i=1}^{m} P_{Gi} - P_D = 0$，同時我們也已經在考慮限制的情況下找出 $\widetilde{C}_T$ 的駐點。

應用到我們的問題上,並以上凹的成本曲線為例,我們可獲得單一駐點(最小值),並且

$$\frac{dC_i(P_{Gi})}{dP_{Gi}} = \lambda \qquad i = 1, 2, \ldots, m \qquad (11.42a)$$

$$\sum_{i=1}^{m} P_{Gi} - P_D = 0 \qquad (11.42b)$$

注意,(11.42) 式所得結果與 (11.40) 式所隱含的意思相同,皆是有一個共同的增量成本 $\lambda$。因為這個理由,我們將 $\lambda$ 視為系統增量成本或系統 $\lambda$。

正如同例題 11.8 所示,$\lambda$ 為增量成本的共同值,它也建立起燃料成本增加率 ($/hr) 與需量增加率 (MW) 之間的關係。正式地推導出這個結果相當富有意義。假設有一個需量 $P_D^0$ 發生,我們可得一最佳集合 $P_{Gi}^0$,其對應的成本為 $C_T^0$。則負載將增加成為 $P_D = P_D^0 + \Delta P_D$,並且我們希望找出新的成本 $C_T$。應用一個二項的泰勒級數:

$$C_T = C_T^0 + \Delta C_T = \sum_{i=1}^{m} \left[ C_i(P_{Gi}^0) + \frac{dC_i(P_{Gi}^0)}{dP_{Gi}} \Delta P_{Gi} \right] \qquad (11.43)$$

有關增量的部分為

$$\Delta C_T = \sum_{i=1}^{m} \frac{dC_i(P_{Gi}^0)}{dP_{Gi}} \Delta P_{Gi} \qquad (11.44)$$

利用 (11.42a) 式,可求得

$$\Delta C_T = \lambda \sum_{i=1}^{m} \Delta P_{Gi} = \lambda \Delta P_D \qquad (11.45)$$

於是 $\lambda$ 成為一個比例常數,它代表成本率增量 ($/hr) 與系統功率需求增量 (MW) 之間的關係。同樣的,$\lambda$ 告訴我們增加 (增量的) 能量的追加成本,單位是 $/MWh。

最後,我們思考在前面的情況下如何求得 $\lambda$ 值。若成本曲線為二次式,則 $IC_i$ 為直線,因此問題可簡化成線性的問題。求解的程序留給讀者做為家庭作業。在一般的情況下,求取 $\lambda$ 的問題可以由疊代的程序完成。這個過程

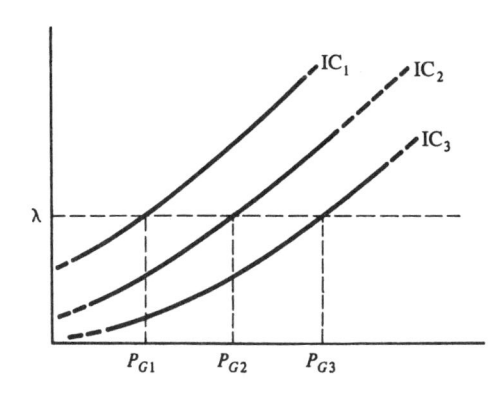

# 第 11 章　自動發電控制與新市場環境

圖 11.18　增量成本曲線的使用。

可藉圖 11.18 來說明，其中增量成本如圖所示。基本疊代程序如下：

1. 選取一個初始 $\lambda$ 值。
2. 找到對應的 $P_{G1}(\lambda)$、$P_{G2}(\lambda)$ 與 $P_{G3}(\lambda)$。
3. 若 $\sum_{i=1}^{3} P_{Gi}(\lambda) - P_D < 0$，則增加 $\lambda$ 值並回到步驟 2。
   若 $\sum_{i=1}^{3} P_{Gi}(\lambda) - P_D > 0$，則減少 $\lambda$ 值並回到步驟 2。
   當 $\sum_{i=1}^{3} P_{Gi}(\lambda) - P_D = 0$ 時，則停止疊代。

## 11.9　包含發電機限制

就發電機限制的實際情況來說，上節所討論的情況只能算是一個簡介。回到簡化問題公式化，現在我們增加 (11.36) 式的不等式限制條件。然後，考慮有發電機限制的情況。如圖 11.19 所示的 IC 曲線限制條件。

考慮在這種情況下的最佳調度。假設對已知的 $P_D$，系統 $\lambda$ 為 $\lambda_1$。所有發電機的運轉都必須符合最佳調度規則，並且由於每一發電機的運轉點皆遠離它們的限制，所以沒有發電機限制的問題產生。現在假設 $P_D$ 增加且我們增加 $\lambda$ 以提供更多發電量。繼續這個程序直到到達 $\lambda_2$。若 $P_D$ 繼續增加那麼會有什麼情形發生呢？$P_{G3}$ 將會到達它的限制，並且無法再繼續增加。這個增加的負載必須由 $P_{G1}$ 與 $P_{G2}$ 來負擔。很明顯的，他們將會運轉在相同的 IC 或 $\lambda_3$ 之下。更多的負載增量會由 $P_{G1}$ 與 $P_{G2}$ 來承擔，它們會運轉在相同的 IC，直到 $P_{G2}$ 到達它的上限，此時 $\lambda = \lambda_4$。超過這個點後，

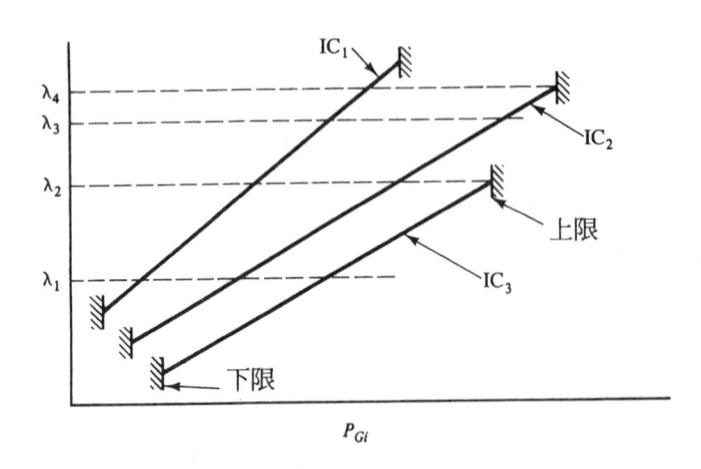

圖 11.19 包含限制的增量成本曲線。

將只有 $P_{G1}$ 有能力承擔負載增量。這種情況的考慮可以推導出如下列更為一般性的規則。

**最佳調度規則（無損失）** 操作所有的發電機，前提是不在它們的限制，以及必須有相同增量成本1。

**找出 $\lambda$ 的步驟** 取一個初始 $\lambda$ 值使得所有發電機運轉在相同增量成本與限制條件下。若 $\lambda$ 的選擇無法滿足負載需求，則以類似沒有限制條件的情況來調整 $\lambda$。若在過程中有一部發電機組到達它的極大或極小值，則固定這部機組出力於其期限值。繼續調整剩餘機組 $\lambda$ 的程序。

要點 1：在應用規則時，使用圖形方法是相當有助益的。至少可以決定那一部發電機組到達它的極限值。

要點 2：提醒讀者的是，我們所考慮的是一組已經在線上運轉的發電機。這一組發電機一但被規定要保持線上運轉，那麼即使運轉在它的下限值，我們仍不可以將它停機。

要點 3：我們能解釋規則的要求，是要我們儘可能的在接近增量成本等式下運轉。

**證明的綱要** 很清楚的，我們能瞭解在無限制條件的問題中，發電機應該運轉在相同的 $\lambda$ 值下。假設我們有一個情況如圖 11.19 所示，圖中機組 3 在它的上限（增量成本 $\lambda_2$）且機組 1 和機組 2 運轉在相同的增量

第 11 章　自動發電控制與新市場環境　　475

成本 $\lambda_3$。我們將證明，藉著提高機組 1 和機組 2 的出力來使機組 3 離開它的上限是無法降低成本的。假設 $\Delta P_{G3} = -\varepsilon$，其中 $\varepsilon > 0$ (即我們減少 $P_{G3}$)。然後，應用泰勒級數於 (11.43) 式，我們可求得

$$\Delta C_T = \sum_{i=1}^{3} \lambda_i \Delta P_{Gi} = -\lambda_2 \varepsilon + \lambda_3 \frac{\varepsilon}{2} + \lambda_3 \frac{\varepsilon}{2} = \varepsilon(\lambda_3 - \lambda_2) > 0$$

這裡我們假設 $P_{G1}$ 與 $P_{G2}$ 各增加 $\varepsilon/2$，但我們不需管小增量 $\varepsilon$ 是如何分配的。由於 $\lambda_3 > \lambda_2$，結果將會使成本增加。相同的情形會發生在我們考慮離開下限的情況下，成本一樣會增加。雖然我們已經考慮三部機組的情況，但是應用在一般狀況下的結果也是相同的。由於作出任何修正都無法改善結果，因此我們可以說這個調度是最佳的。我們可以很容易地查對 (11.45) 式，它仍然代表成本增加率對電力需求增加的靈敏度。總結來說，只要機組不在它們的極限，則 $\lambda$ 就是這些機組的共同值。我們仍然稱 $\lambda$ 為系統 $\lambda$ 或系統增量成本。

---

**例題 11.9**

假設例題 11.8 中發電機限制如下

$$50\ \text{MW} \le P_{G1} \le 200\ \text{MW}$$
$$50\ \text{MW} \le P_{G2} \le 600\ \text{MW}$$

求在 $P_D = 700\ \text{MW}$ 時的最佳調度與系統增量成本，並與例題 11.8 做比較。

**解**　依據找尋 $\lambda$ 的建議程序，我們可使用例題 11.8 中 ICs 的圖形。在 $\lambda = 45.1$ 時，兩部發電機均運轉在它們限制條件內，但是總負載少於必須的 700 MW。增加 $\lambda$，在總負載到達 700 MW 之前，我們發現發電機 2 已經到達它的上限值 (600 MW)。將 $P_{G2}$ 固定在 600 MW，接著我們立刻獲得 $P_{G1} = 700 - P_{G2} = 100\ \text{MW}$。

在這個例子中有一個更簡單的解法。首先，在不考慮限制的情況下求解問題，如例題 11.8 的解法，可得到 $P_{G1} = 84.6\ \text{MW}$ 和 $P_{G2} = 615.4\ \text{MW}$。接下來，注意到 $P_{G2}$ 已經超過它的上限 (600 MW)，我們設定 $P_{G2} = 600\ \text{MW}$。然後立刻可得到 $P_{G1} = 100\ \text{MW}$。

注意，我們可以擴充這個解題方法到更普遍的問題上，但是在那些上限、

下限同時違背的狀況下，有時候可能會發生錯誤。若只有上限或下限違背的時候，這個方法仍然是可以使用的。

最後，我們計算系統的增量成本。對沒有在它們極限下運轉的機組而言，這個 $\lambda$ 是共同的。就目前情形，只有發電機 1 不在它的極限值，且根據例題 11.8 我們有 $IC_1 = 45 + 0.02 P_{G1}$。計算在 $P_{G1} = 100$ MW 時可得 $\lambda = 47$。這個值高於例題 11.8 所求得的值 (46.69)。

## 例題 11.10

如例題 11.8 的發電機組，以及例題 11.9 的限制條件。考慮一個可能的 $P_D$ 值範圍，而不是一個單一定值 700 MW。

(a) 畫出 $P_{G1}$ 和 $P_{G2}$ 對 $P_D$ 的最佳調度。
(b) 找出系統增量成本 $\lambda$，並表示成總發電機輸出的函數，$P_D = P_{G1} + P_{G2}$。

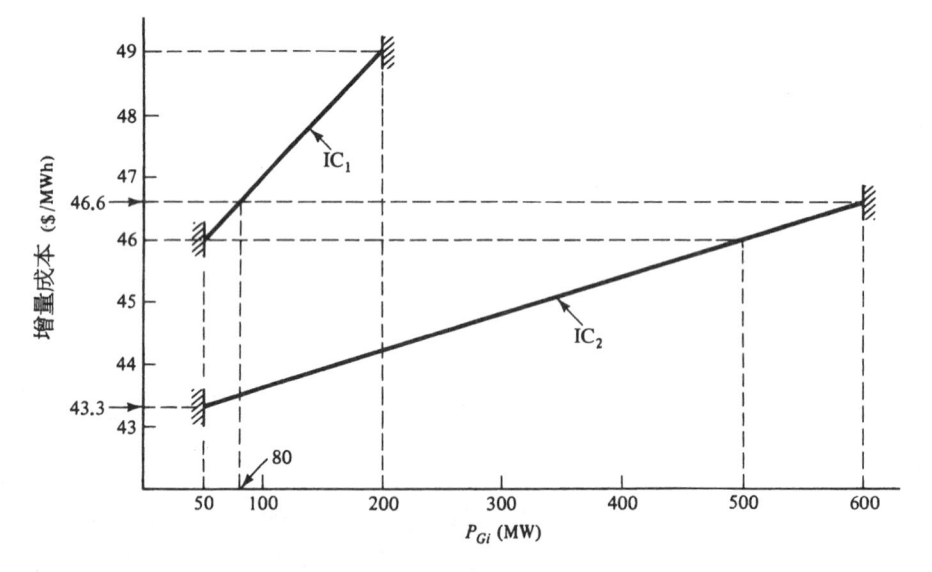

**圖 E11.10(a)** 發電機增量成本。

**解** (a) 如例題 11.8 我們畫出 IC 曲線，但是這次畫出它的限制 [圖 E11.10(a)]。對 $\lambda$ 的值增加至 46，$P_{G1} = 50$ MW (在它的下限)，而 $P_{G2} = P_D - 50$ MW 供給其餘的負載。對 $46 < \lambda < 46.6$ 的 $\lambda$ 值而言，沒有任何機組在它的極限，所以我們可用例題 11.8 的 IC 公式來求解 $P_{Gi}$。對所有大於 46.6 的 $\lambda$ 值，$P_{G2} = 600$ MW (在它的上限) 且 $P_{G1} = P_D - 600$。結果如圖 11.10(b)

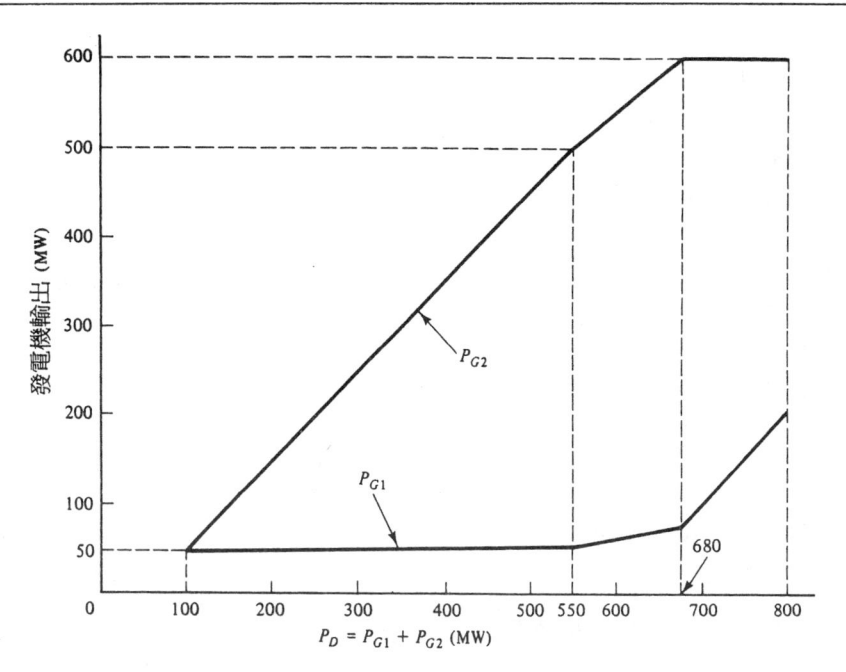

## 第 11 章　自動發電控制與新市場環境

**圖 E11.10(b)**　發電機間的負載分配。

的曲線所示。如同我們預期的，因為機組 1 的增量成本太高，所以它一直在下限值上運轉直到機組 2 負擔重載 (500 MW)。

**(b)** 當機組 1 在它的下限 (即 $\lambda < 46$)，可得 $\lambda = 43 + 0.006 P_{G2} = 43 + 0.006(P_D - 50) = 42.7 + 0.006 P_D$。當機組 2 在它的上限時 (即 $\lambda > 46.6$)，可得 $\lambda = 45 + 0.02 P_{G1} = 45 + 0.02(P_D - 600) = 33 + 0.02 P_D$。當兩部機組皆不在極限值時，$\lambda = 43.46 + 0.0046 P_D$。系統 $\lambda$ 如圖 E11.10(c) 所示。

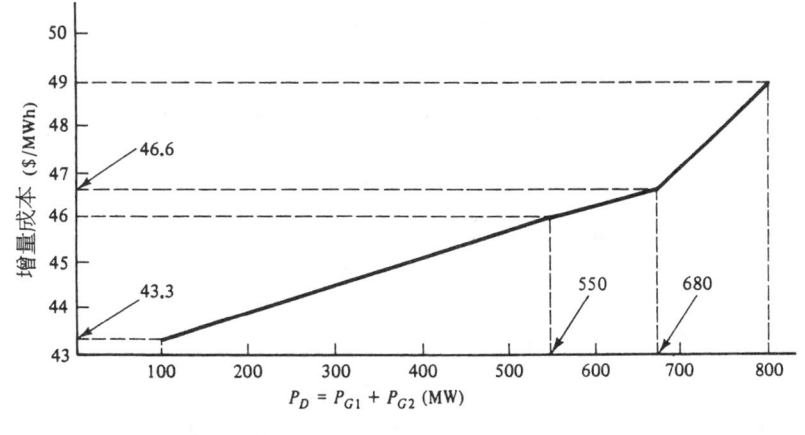

**圖 E11.10(c)**　增加的燃料成本。

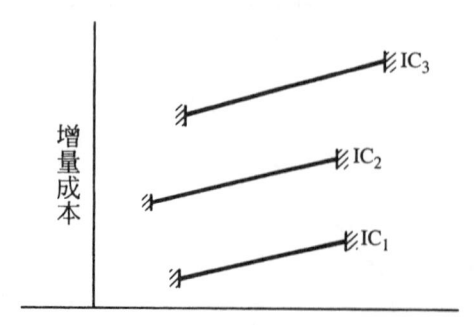

圖 11.20　優先次序調速。

我們可將 λ 對 $P_D$ 的曲線解釋成一個等效發電機供應功率 $P_{G1} + P_{G2}$。將所有發電機（線上）考慮成在一個已知地點（在發電廠）的這種觀點有其優點。圖 E11.10(c) 的曲線能適當的將發電廠的特性描述出來，可幫助我們找出它與系統其他機組的經濟調度。當然，電廠操作人員必須知道廠內不同發電機組間最佳發電量分配。而這可從圖 E11.10(b) 的曲線獲得。

最後，我們考慮一種情形，它有一個特別簡單的解。假設 IC 曲線如圖 11.20 所示，我們就能很容易地證明，以下列步驟來提高機組出力是最佳的，亦即我們依序分別提高機組 1、2、3 的出力直到他們到達上限為止。由於在同一時間內只有一部機組不在極限值，所以我們無法在相同 IC 下運轉發電機。我們只需決定提高機組出力的順序即可。機組 1 是 "最佳的"，所以它位於第一順位，其次為機組 2，最後是機組 3。這是調度的**優先次序法** (order of merit method)。

**練習 7.**
　　就一個類似於圖 11.20 的情況，將系統 λ 表示成 $P_D = P_{G1} + P_{G2} + P_{G3}$ 的函數。

## 11.10　考慮線路損失

　　若所有的機組都位於發電廠內，或是說它們的地理位置相當接近。則在計算最佳調度時，有足夠的理由來忽略線路損失。換句話說，若電廠的地理位置相距太遠，則通常我們必須一併考慮線路損失。如此一來將會改

第 11 章　自動發電控制與新市場環境　479

變前述章節所提出的最佳發電量調配。

　　以一個簡單的例子，假設系統內所有發電機皆完全相同。然後，考慮線路損失，我們預期距負載近的機組出力較多可使成本降低，這個預測將會在線路損失分析中加以驗證。

　　標準的考慮線路損失問題方法，是假設我們以發電機輸出的觀點，使用總線路損失 $P_L$ 來描述，接下來我們考慮這個表示式。藉由功率守恆定律可知

$$P_L = \sum_{i=1}^{n} P_i = \sum_{i=1}^{m} P_{Gi} - \sum_{i=1}^{n} P_{Di} \tag{11.46}$$

其中 $P_L$ 為總線路損失，且 $P_i$ 為匯流排功率。我們假設 $n$ 個 $P_{Di}$ 皆為已知且為定值，但 $P_{Gi}$ 則為變數。因 $P_{Di}$ 為定值，因此 (11.46) 式中 $P_L$ 由 $P_{Gi}$ 決定。然而，事實上只有 $m-1$ 個 $P_{Gi}$ 是獨立變數。如第 10 章所討論的，匯流排 1 為一個鬆弛或稱搖擺匯流排，其匯流排功率 $P_1$ ($P_{G1} = P_1 + P_{D1}$) 是一相依變數，需藉由求解電力潮流方程式而得。於是對一已知的系統與匯流排狀況（即指定所有匯流排功率為 $S_{Di} = P_{Di} + jQ_{Di}$，以及匯流排 1, 2, 3, …, $m$ 的電壓 $|V_i|$），$P_L$ 與發電機輸出間的函數關係可寫成

$$P_L = P_L(\mathbf{P}_G) \triangleq P_L(P_{G2}, P_{G3}, \ldots, P_{Gm}) \tag{11.47}$$

有兩點應注意。第一點是 (11.47) 式的函數與基本狀況的選擇有關。第二點是 (11.47) 式不是一個明確的公式，且與隱含的方程式（即電力潮流方程式）的解有關。

　　我們現在可說明包含線路損失的最佳化方法。

　　**問題描述**　選取 $P_{Gi}$ 來最小化

$$C_T = \sum_{i=1}^{m} C_i(P_{Gi})$$

其中必須滿足

$$\sum_{i=1}^{m} P_{Gi} - P_L(P_{G2}, \ldots, P_{Gm}) - P_D = 0$$

和

$$P_{Gi}^{\min} \leq P_{Gi} \leq P_{Gi}^{\max} \qquad i=1,2,\ldots,m$$

注意：這個等式限制條件為 (11.46) 式的重新排列，並且再一次描述了 (有效) 功率守恆的原理。

就如同在無損失的情況，首先我們考慮沒有發電機極限限制的情形。為了至少獲得一個正式的解，我們將使用拉格蘭吉乘數的方法。定義增加成本函數為

$$\widetilde{C}_T = \sum_{i=1}^{m} C_i(P_{Gi}) - \lambda \left( \sum_{i=1}^{m} P_{Gi} - P_L(P_{G2},\ldots,P_{Gm}) - P_D \right)$$

接下來我們找出對 $\lambda$ 及 $P_{Gi}$ 的一個 $\widetilde{C}_T$ 駐點：

$$\frac{d\widetilde{C}_T}{d\lambda} = \sum_{i=1}^{m} P_{Gi} - P_L - P_D = 0 \tag{11.48}$$

$$\frac{d\widetilde{C}_T}{dP_{G1}} = \frac{dC_1}{dP_{G1}} - \lambda = 0 \tag{11.49}$$

$$\frac{d\widetilde{C}_T}{dP_{Gi}} = \frac{dC_i(P_{Gi})}{dP_{Gi}} - \lambda \left(1 - \frac{\partial P_L}{\partial P_{Gi}}\right) = 0 \qquad i=2,\ldots,m \tag{11.50}$$

(11.50) 式的另一種表示法為

$$\frac{1}{1-\dfrac{\partial P_L}{\partial P_{Gi}}} \cdot \frac{dC_i(P_{Gi})}{dP_{Gi}} = \lambda \qquad i=2,\ldots,m \tag{11.51}$$

接下來定義第 $i$ 部發電機的**罰點因數** (penalty factor) $L_i$ 為

$$L_1 = 1 \tag{11.52a}$$

$$L_i = \frac{1}{1-\dfrac{\partial P_L}{\partial P_{Gi}}} \qquad i=2,3,\ldots,m \tag{11.52b}$$

# 第 11 章　自動發電控制與新市場環境

將 (11.52b) 式和 (11.52a) 式分別代入 (11.51) 式與 (11.49) 式，發現最佳化的必要條件 (11.49) 式和 (11.50) 式可重寫成

$$L_1 \frac{dC_1}{dP_{G1}} = L_2 \frac{dC_2}{dP_{G2}} = \cdots = L_m \frac{dC_m}{dP_{Gm}} = \lambda \tag{11.53}$$

回想 $dC_i/dP_{Gi}$ 為增量成本，因此現在我們可以獲得下列的規則。

**最佳調度規則（考慮線路損失──無發電機極限）**　運轉所有的發電機，並使每部發電機的乘積 $L_i \times \text{IC}_i = \lambda$。

我們看到在相等增量成本下，發電機的運轉不再是最佳。現在 ICs 必須以罰點因數 $L_i$ 作為權重。較大的罰點因數使得相對應的電廠較不具吸引力，而且此型電廠需有較小的 IC。

若重新引入發電機極限，則我們將獲得一個類似於有損失情況下的規則。

**最佳調度規則 (考慮線路損失)**　運轉所有的發電機，並使得不在極限的發電機都滿足

$$L_i \times \text{IC}_i = \lambda \tag{11.54}$$

接下來就如同在我們 11.9 節中討論限制的方法。

我們利用一個簡單的雙匯流排系統來描述最佳調度規則的應用，其中已知 $P_L(P_{G2})$ 的明確表示式。我們稍後再討論如何取得損失表示式的方法。

---

**例題 11.11**

考慮一個沒有發電機限制的系統 (圖 E11.11)。假設

$$\text{IC}_1 = 0.007 P_{G1} + 4.1 \quad \text{\$/MWh}$$
$$\text{IC}_2 = 0.007 P_{G2} + 4.1 \quad \text{\$/MWh}$$
$$P_L = 0.001 (P_{G2} - 50)^2 \quad \text{MW}$$

求每一電廠的最佳發電量，以及在傳輸線上的功率損失。

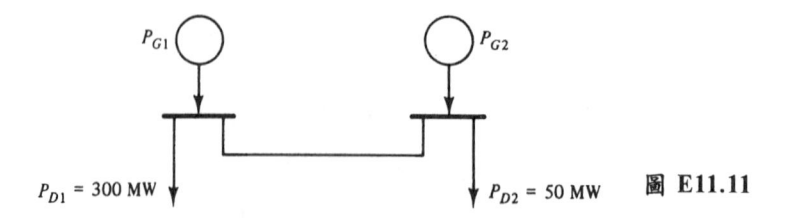

圖 E11.11: $P_{G1}$, $P_{G2}$, $P_{D1} = 300$ MW, $P_{D2} = 50$ MW

**解** 首先我們計算

$$\frac{\partial P_L}{\partial P_{G2}} = 0.002(P_{G2} - 50) = 0.002 P_{G2} - 0.1$$

利用 (11.52) 式，我們可求得罰點因數為

$$L_1 = 1.0 \qquad L_2 = \frac{1}{1.1 - 0.002 P_{G2}}$$

應用適合的最佳調度規則，我們可得到兩個方程式：

$$L_1 \frac{dC_1}{dP_{G1}} = 0.007 P_{G1} + 4.1 = \lambda$$

$$L_2 \frac{dC_2}{dP_{G2}} = \frac{1}{1.1 - 0.002 P_{G2}}(0.007 P_{G2} + 4.1) = \lambda$$

接下來我們必須挑選一個初始 $\lambda$ 值，並解出 $P_{G1}$ 與 $P_{G2}$。因此有一種較為方便的方程式表示如下

$$P_{G1} = \frac{\lambda - 4.1}{0.007}$$

$$P_{G2} = \frac{1.1\lambda - 4.1}{0.007 + 0.002\lambda}$$

以 $\lambda = 5.0$，我們可計算求得

$$P_{G1} = 128.6 \text{ MW} \qquad P_{G2} = 82.4 \text{ MW} \qquad P_L = 1.0 \text{ MW}$$

因為 $P_{G1} + P_{G2} - P_L = 210$ MW 小於 $P_D = 350$ MW。因此我們必須增加 $\lambda$ 值。若 $\lambda = 6$ 代入後又太大。經過幾次疊代後我們求得 $\lambda = 5.694$，代入後可得 $P_{G1} = 227.72$，$P_{G2} = 117.65$，$P_L = 4.58$，且 $P_{G1} + P_{G2} - P_L = 349.9$。這個最後的值是非常接近 $P_D = 350$。

第 11 章　自動發電控制與新市場環境

## 例題 11.12

考慮如例題 11.11 的相同系統，假設我們希望供應相同的負載 (即 $P_D = 350$ MW)，忽略線路損失並完成最佳調度。求在非最佳狀況下供給負載的 $P_{G1}$、$P_{G2}$、$P_L$ 與每小時的增加成本。

**解**　由於發電機 IC 曲線是一樣的，若忽略線路損失，我們應選取 $P_{G1} = P_{G2}$。之後可求得 $P_{G1} + P_{G2} - P_L = 2P_{G2} - 0.001(P_{G2} - 50)^2 = 350$。解出二次式可得到兩個解。滿足條件的值為 $P_{G1} = P_{G2} = 183.97$ MW。由此可知 $P_L = 17.95$ MW。注意這個損失與例題 11.11 的損失相比是相當高的。

為了計算增量成本，我們可注意到已知 IC 特性包含了下列的燃料-成本曲線：

$$C_i(P_{Gi}) = \alpha + 4.1P_{Gi} + 0.0035P_{Gi}^2 \qquad \text{\$/hr}$$

常數項 $\alpha$ 並不需指定，而且它在計算增加成本時也不需要。當 $P_{G1} = P_{G2} = 183.97$ MW 時。

$$C_T = C_1(P_{G1}) = C_2(P_{G2}) = 2\alpha + 1745.47 \qquad \text{\$/hr}$$

在最佳調度 (由例題 11.11) 時，$P_{G1} = 227.71$ MW 且 $P_{G2} = 117.65$ MW，我們可得

$$C_T = C_1(P_{G1}) + C_2(P_{G2}) = 2\alpha + 1645.90 \qquad \text{\$/hr}$$

因此，增加成本為 \$99.57/hr。

---

## 練習 8.

在例題 11.11 中，$\partial P_L/\partial P_{G2} = 0.002(P_{G2} - 50)$ 可為正或負數，全由 $P_{G2}$ 大於或小於 50 MW 而定。在這情況下，罰點因數 $L_2$ 可小於或大於 1.0。考慮 $L_2$ 在最佳調度時的影響，並判斷結果是否符合物理意義。提示：注意 $P_{D2} = 50$ MW，所以 $P_{G2} - 50$ 代表沿著輸電線傳送的有效功率。

---

最後，我們考慮前述例子中 $\lambda$ 的物理意義。在無損失情況下，我們發現 $\lambda$ 代表成本增加率 (\$/hr) 與功率需求增量 (MW) 間的關係。在有損失

的狀況下是否仍然成立呢？

　　假設對一已知的 $P_{Di}^0$，我們可找出一組最佳的 $P_{Gi}^0$ 與對應的 $C_T^0$。現在將總負載由 $P_D^0$ 增加至 $P_D = P_D^0 + \Delta P_D$，且不管需求增加量是如何分配。我們希望找出新的 $C_T$。應用兩項的泰勒級數於 (11.43) 式，我們得到相同的結果：

$$\Delta C_T = \sum_{i=1}^{m} \frac{dC_i(P_{Gi}^0)}{dP_{Gi}} \Delta P_{Gi} \tag{11.55}$$

發電機功率增量必須滿足功率平衡方程式，

$$\sum_{i=1}^{m} \Delta P_{Gi} - \Delta P_L = \Delta P_D \tag{11.56}$$

現在我們也有新的線路損失，利用一個兩項的泰勒級數，

$$\begin{aligned}P_L &= P_L(P_{G2}^0 + \Delta P_{G2}, P_{G3}^0 + \Delta P_{G3}, \ldots, P_{Gm}^0 + \Delta P_{Gm}) \\ &= P_L^0 + \sum_{i=2}^{m} \frac{\partial P_L(\mathbf{P}_G^0)}{\partial P_{Gi}} \Delta P_{Gi}\end{aligned} \tag{11.57}$$

然後

$$\Delta P_L = \sum_{i=2}^{m} \frac{\partial P_L(\mathbf{P}_G^0)}{\partial P_{Gi}} \Delta P_{Gi} \tag{11.58}$$

應用 (11.58) 式於 (11.56) 式，可求得

$$\Delta P_{G1} + \sum_{i=2}^{m} \left(1 - \frac{\partial P_L(\mathbf{P}_G^0)}{\partial P_{Gi}}\right) \Delta P_{Gi} = \Delta P_D \tag{11.59}$$

　　我們注意到括弧內的量為罰點因數 $L_i$ 的倒數。利用 $L_1 = 1$ 的定義，我們可改寫 (11.59) 式成為

$$\sum_{i=1}^{m} L_i^{-1} \Delta P_{Gi} = \Delta P_D \tag{11.60}$$

因為我們假設為最佳調度，$L_i \times \text{IC}_i = \lambda$，其中 $i = 1, 2, \ldots, m$。然後，由 (11.55) 式與 (11.60) 式，我們可得

第 11 章　自動發電控制與新市場環境

$$\Delta C_T = \lambda \sum_{i=1}^{m} L_i^{-1} \Delta P_{Gi} = \lambda \Delta P_D \qquad (11.61)$$

這個最後的結果與 (11.45) 式完全相同。就如同前述，若一些發電機運轉在它們的極限，我們便需排除它們，並且再將其餘的發電機運轉在共同的 $\lambda$ 值下。

## 11.11　罰點因數的計算

在例題 11.11 中，我們有一個以 $P_{G2}$ 為觀點的 $P_L$ 明確表示式。假設這個表示式未知，我們要如何找出罰點因數呢？接下來我們回到這個問題。

我們必須更詳細地討論輸電線網路，使用標么系統將很容易地達成這個目標，我們重寫 (11.33) 式，並使用 $P_{Gi} = P_{Gi\,p.u.} \times S_B^{3\phi}$，其中 $S_B^{3\phi}$ 的單位是 MW。

$$C_i = \alpha_i + \beta_i S_B^{3\phi} P_{Gi\,p.u.} + \gamma_i (S_B^{3\phi})^2 P_{Gi\,p.u.}^2 \qquad \text{\$/hr} \qquad (11.62)$$

我們可藉由下式取代 (11.38) 式

$$\text{IC}_i = \frac{dC_i}{dP_{Gi}} = \beta_i + 2\gamma_i (S_B^{3\phi}) P_{Gi\,p.u.} \qquad \text{\$/MWh} \qquad (11.63)$$

於是，轉換成標么系統是相當簡單的。在 (11.63) 式中我們以 $\gamma_i S_B^{3\phi}$ 來代替 $\gamma_i$。在 (11.62) 式中以 $\beta_i S_B^{3\phi}$ 代替 $\beta_i$，以及 $\gamma_i (S_B^{3\phi})^2$ 代替 $\gamma_i$。最後我們可完成相同的表示式，但是其中的常數是不相同的。對本章的剩餘部分，除了特別說明之外，我們將使用標么系統，並且為了簡化而省略 p.u. 的符號。我們也注意到所使用的單位，當我們討論一個實際系統時，若是說 $P_{Gi} = 1$，就是意謂著 $P_{Gi} = 1$ p.u.。

現在回到罰點因數計算的問題，並思考一個如何於一般情況下求出罰點因數的例題。

## 例題 11.13

考慮一個類似於例題 11.11 的系統，但是在此沒有明確的 $P_L$ 表示式 (圖 E11.13)。假設發電機 ICs 與例題 11.11 相同，且 $S_B^{3\phi} = 100$ MW。然後使用 (11.63) 式。

$$IC_1 = 4.1 + 0.7 P_{G1\,p.u.} \qquad \text{\$/MWh} \tag{11.64}$$

$$IC_2 = 4.1 + 0.7 P_{G2\,p.u.} \qquad \text{\$/MWh} \tag{11.65}$$

為了驗證，注意若 $P_{G1} = 100$ MW，則 $P_{G1\,p.u.} = 1$ 且 $IC_1 = 4.8$ \$/MWh。就如同前面的公式，在 (11.64) 式與 (11.65) 式中，標么的符號仍被保留，但是在例題中其餘的部分我們將簡化並略去 p.u. 的下標。

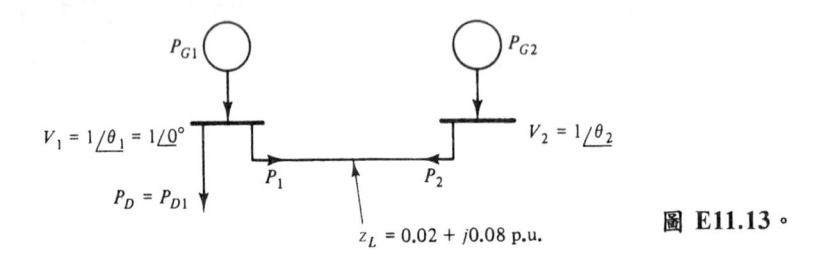

圖 E11.13。

接下來我們計算 $y_L = z_L^{-1} = 2.94 - j11.76$。由此可得導納參數如下

$$G_{11} = G_{22} = 2.94 \qquad G_{12} = G_{21} = -2.94$$

$$B_{11} = B_{22} = -11.76 \qquad B_{12} = B_{21} = 11.76$$

根據 (10.30) 式，我們可獲得

$$P_{G1} - P_{D1} = P_1 = 2.94(1 - \cos\theta_{12}) + 11.76\sin\theta_{12} \tag{11.66}$$

$$P_{G2} = P_2 = 2.94(1 - \cos\theta_{12}) - 11.76\sin\theta_{12} \tag{11.67}$$

由功率守恆定律可得

$$P_L = P_1 + P_2 = 5.88(1 - \cos\theta_{12}) \tag{11.68}$$

注意這個功率損失是以 $\theta_{12}$ 來明確表示的，同時 $P_{G2}$ 也是一個 $\theta_{12}$ 的明確函數。這建議我們將 $\theta_{12}$ 當成媒介來使用，則可以避免 $P_L$ 和 $P_{G2}$ 之間有不明確的相依關係。根據這些方法，我們應用微分連鎖律可求得

$$\frac{dP_L}{d\theta_{12}} = \frac{dP_L}{dP_{G2}} \frac{dP_{G2}}{d\theta_{12}} \tag{11.69}$$

# 第 11 章　自動發電控制與新市場環境

提醒讀者,此式與我們的問題描述相符,即 $P_L$ 只與 $P_{G2}$ 有關。$P_{G1}$ 是由鬆弛變數 $P_1$ 來決定的,而且它並不是獨立變數。使用 (11.68) 式我們可獲得

$$\frac{dP_L}{d\theta_{12}} = 5.88 \sin \theta_{12} \tag{11.70}$$

應用 (11.67) 式可產生

$$\frac{dP_{G2}}{d\theta_{12}} = \frac{dP_2}{d\theta_{12}} = 2.94 \sin \theta_{12} - 11.76 \cos \theta_{12} \tag{11.71}$$

將 (11.70) 式以及 (11.71) 式代入 (11.69) 式,可得

$$\frac{dP_L}{dP_{G2}} = \frac{5.88 \sin \theta_{12}}{2.94 \sin \theta_{12} - 11.76 \cos \theta_{12}} \tag{11.72}$$

於是我們可計算所需的罰點因數:

$$L_2 = \frac{1}{1 - dP_L/dP_{G2}} = \frac{11.76 \cos \theta_{12} - 2.94 \sin \theta_{12}}{11.76 \cos \theta_{12} + 2.94 \sin \theta_{12}} = \frac{1 - 0.25 \tan \theta_{12}}{1 + 0.25 \tan \theta_{12}} \tag{11.73}$$

注意到 $L_2$ 是 $\theta_{12}$ 的一個明確函數。透過 (11.67) 式可知,它也是 $P_{G2}$ 的一個隱函數。接下來我們必須選擇 $P_{D1}$,如此才能使我們可進行數值運算。假設我們選取 $P_{D1} = 3.0$ p.u. (對應於 300 MW)。接下來我們希望說明找出最佳調度的技巧。

解題的基本技巧是選取一個 $P_{G2}$ 後,依序求出 $\theta_{12}$、$P_{G1}$、$L_2$ 並再檢驗 (11.54) 式。若不滿足 (11.54) 式,則我們需再選一個更好的 $P_{G2}$,並且繼續疊代直到收斂為止。事實上,以 $\theta_{12}$ 來做疊代是比較簡單的,說明如下。初始猜測值 $\theta_{12} = -5°$,然後我們計算得

  由 (11.66) 式　　　　　$P_1 = -1.0138 \Rightarrow P_{G1} = 1.9862$
  由 (11.67) 式　　　　　$P_2 = 1.0361 \Rightarrow P_{G2} = 1.0361$
  由 (11.64) 式和 (11.65) 式　$IC_1 = 5.4903$　　$IC_2 = 4.8253$
  由 (11.73) 式　　　　　$L_1 = 1.0$　　　$L_2 = 1.0447$
     $L_1 \times IC_1 = 5.4903$　　　$L_2 \times IC_2 = 5.0410$

我們可看出上述數值代入 (11.54) 式後無法滿足,所以 $P_{G2}$ 必須再增加。若 $P_{G2}$ 增加,則 $IC_2$ 和 $L_2$ 將會增加,且 $P_{G1}$ 會減少,如此會使得 $IC_1$ 下降。經數次疊代後我們得到 $\theta_{12} = -6.325°$,並且

$$P_1 = -1.2777 \Rightarrow P_{G1} = 1.7223$$
$$P_2 = 1.3135 \Rightarrow P_{G2} = 1.3135$$
$$\text{IC}_1 = 5.3056 \quad \text{IC}_2 = 5.0194$$
$$L_1 = 1.0 \quad L_2 = 1.0570$$
$$L_1 \times \text{IC}_1 = 5.3056 \quad L_2 \times \text{IC}_2 = 5.3055$$

上列數值可滿足 (11.54) 式，因此我們在此停止疊代。轉換成 MW 值後，可得

$$P_{G1} = 172.23 \text{ MW} \quad P_{G2} = 131.35 \text{ MW}$$
$$P_{D1} = 300.00 \text{ MW} \quad P_L = 3.58 \text{ MW}$$

注意：忽略線路損失時，我們將取 $P_{G1} = P_{G2}$。

**練習 9.**

根據 (11.62) 式，我們可推論例題 11.13 中的 $C_i$ 的形式如下

$$C_i = \alpha_i + 410 P_{Gi \text{ p.u.}} + 35 P_{Gi \text{ p.u.}}^2$$

於是我們可以算出 $C_T$ 為一常數。說服自己 $P_{G1}$、$P_{G2}$ 以及對應的 $\theta_{12} = -6.325°$ 是最佳的。(試試其他的 $\theta_{12}$，找出其對應的 $P_{G1}$ 和 $P_{G2}$，並計算 $C_T$。)

這個例子提供我們找出罰點因數的一般方法，這個方法就是以 $\theta_i$ 為媒介。因為我們能從電力潮流方程式中算出 $\partial P_{Gi}/\partial \theta_k$，因此這個方法是相當有助益的。首先，我們有

$$P_L = \sum_{i=1}^{n} P_i = \sum_{i=1}^{m} P_{Gi} - \sum_{i=1}^{n} P_{Di} \tag{11.46}$$

其中 $P_i$ 為匯流排功率。由 (11.46) 式，我們可算出 (利用 $P_L = \sum_{i=1}^{n} P_i$)

$$\frac{\partial P_L}{\partial \theta_k} = \frac{\partial P_1}{\partial \theta_k} + \cdots + \frac{\partial P_m}{\partial \theta_k} + \frac{\partial P_{m+1}}{\partial \theta_k} + \cdots + \frac{\partial P_n}{\partial \theta_k} \quad k = 2, 3, \ldots, n \tag{11.74}$$

# 第 11 章　自動發電控制與新市場環境

因為 $\theta_1 =$ 常數 ($= 0°$)，因此我們不需計算 $k = 1$。

注意，我們是總和所有 $n$ 個匯流排的貢獻，而不是只有 $m$ 個發電機匯流排。因為包含了負載匯流排 (沒有電壓支持)，所以負載電壓大小會因 $\theta$ 而改變。嚴格來說，這個相依關係應該包含在 $\partial P_i / \partial \theta_k$ 的計算中。然而，為了簡單起見我們將假設所有的匯流排 $|V_i|$ 皆為常數。這個假設並不是沒有依據的。讀者可回顧在 10.8 節討論的有效功率模型應用。

現在，若給定任何的 $\theta$，其分量為 $\theta_2, ..., \theta_n$，我們能由電力潮流方程式 (10.30) 式計算 $\partial P_i / \partial \theta_k$。考量關係式 $P_{Gi} = P_i - P_{Di}$，我們亦注意到就定值的負載功率而言 $\partial P_i / \partial \theta_k = \partial P_{Gi} / \partial \theta_k$，其中 $i = 1, 2, ..., m$。

方程式 (11.74) 表示 $\partial P_L / \partial \theta_k$；接下來我們使用 (11.47) 式推導一個替代的描述式，此式中包含了我們必須用來算出罰點因數的量。於是，應用微分連鎖律可得

$$\frac{\partial P_L}{\partial \theta_k} = \frac{\partial P_L(\mathbf{P}_G)}{\partial P_{G2}} \frac{\partial P_2}{\partial \theta_k} + \cdots + \frac{\partial P_L(\mathbf{P}_G)}{\partial P_{Gm}} \frac{\partial P_m}{\partial \theta_k} \qquad k = 2, 3, ..., n \qquad \text{(11.75)}$$

在 (11.75) 式中，我們利用發電機匯流排 $\partial P_{Gi} / \partial \theta_k = \partial P_i / \partial \theta_k$ 的事實。我們也使用符號 $P_L(\mathbf{P}_G)$ 來強調它是 (11.47) 式 $P_L$ 函數的偏導數。因為 $P_L$ 函數不包含 $P_{G1}$ 在它的引數之中，因此 $\partial P_L / \partial P_{G1} = 0$ 且不包含在 (11.75) 式中。

我們能進行如下的演算。從 (11.74) 式中減去 (11.75) 式，可得

$$\frac{\partial P_1}{\partial \theta_k} + \frac{\partial P_2}{\partial \theta_k}\left(1 - \frac{\partial P_L}{\partial P_{G2}}\right) + \cdots + \frac{\partial P_m}{\partial \theta_k}\left(1 - \frac{\partial P_L}{\partial P_{Gm}}\right) + \frac{\partial P_{m+1}}{\partial \theta_k} + \cdots + \frac{\partial P_n}{\partial \theta_k} = 0 \qquad \text{(11.76)}$$
$$k = 2, 3, ..., n$$

以矩陣表示，我們可改寫 (11.76) 式成為

$$\begin{bmatrix} \frac{\partial P_2}{\partial \theta_2} & \cdots & \frac{\partial P_m}{\partial \theta_2} & \cdots & \frac{\partial P_n}{\partial \theta_2} \\ \vdots & & \vdots & & \vdots \\ \frac{\partial P_2}{\partial \theta_n} & \cdots & \frac{\partial P_m}{\partial \theta_n} & \cdots & \frac{\partial P_n}{\partial \theta_n} \end{bmatrix} \begin{bmatrix} 1 - \frac{\partial P_L}{\partial P_{G2}} \\ \vdots \\ 1 - \frac{\partial P_L}{\partial P_{Gm}} \\ 1 \\ \vdots \\ 1 \end{bmatrix} = -\begin{bmatrix} \frac{\partial P_1}{\partial \theta_2} \\ \vdots \\ \frac{\partial P_1}{\partial \theta_n} \end{bmatrix} \qquad \text{(11.77)}$$

因為 (11.77) 式中的項代表匯流排功率 $P_i$ 與相角 $\theta_k$ 之間的關係，因此不需驚訝這個矩陣恰好正是 10.6 節中 $\mathbf{J}_{11}$ 的轉置。

因為 $\mathbf{J}_{11}$ 的應用是類似於用牛頓-拉福森法求解電力潮流方程式的形式，所以求解 (11.77) 式的電腦程式能立即應用。我們能求得 $1 - \partial P_L / \partial P_{Gi}$ 的 $m-1$ 個未知數值。

對 $\partial P_1 / \partial \theta_i$ 的表示式位於 (11.77) 式的右邊，這個部分是必須且容易由 (10.30) 式求得的，它是

$$\frac{\partial P_1}{\partial \theta_i} = |V_1||V_i|[G_{1i}\sin(\theta_1 - \theta_i) - B_{1i}\cos(\theta_1 - \theta_i)] \qquad i = 2, 3, \ldots, n \qquad \textbf{(11.78)}$$

接下來我們考慮最佳調度的求解綱要。為了簡單起見，假設沒有發電機運轉在極限值 (即線上的發電機都可以任意調配)。圖 11.21 為求解策略流程圖，其中

1. 單一線條代表純量。雙線則代表它是一個向量，它的分量指標為 $i = 2, 3, \ldots, n$。可預期的，在這個狀況下向量包括了 $P_{Gi}$ 和 $L_i$，而它們的分量指標為 $i = 2, 3, \ldots, m$。
2. 當 (11.54) 式不滿足時，$F$ 將對 $P_{Gi}$ 產生修正量。若 $L_i \times \text{IC}_i$ 比 $L_1 \times \text{IC}_1$ 來的低 (高)，則對應的 $P_{Gi}$ 應該增加 (減少)。
3. 在方塊圖內的方程式編號描述了對應的運算。

求解的步驟如下。

1. 從一組 $P_{Di}$ 其中 $i = 1, 2, \ldots, n$，以及初值 $P_{Gi}^{(0)}$ 其中 $i = 2, 3, \ldots, m$ 開始，我們計算 $P_i = P_{Gi} - P_{Di}$ 其中 $i = 2, 3, \ldots, n$。進入電力潮流方程式可算出 $\theta_i$，其中 $i = 2, 3, \ldots, n$。因為我們使用有效功率模型 (所有 $|V_i|$ 假設皆為已知)，所以相當適合使用 (11.53a) 式。
2. 現在我們可應用 (10.30) 式計算**鬆弛匯流排** (slack bus) 功率 $P_1$。再求 $P_{G1} = P_1 + P_{D1}$。
3. 使用 (11.78) 式，我們也可算出 $\partial P_1 / \partial \theta_i$，其中 $i = 2, 3, \ldots, m$，且由 (11.77) 式的 $\mathbf{J}_{11}(\theta)$ 可求解出 $1 - \partial P_L / \partial P_{Gi}$，其中 $i = 2, 3, \ldots, m$，取倒數可得 $L_i$, $i = 2, 3, \ldots, m$。

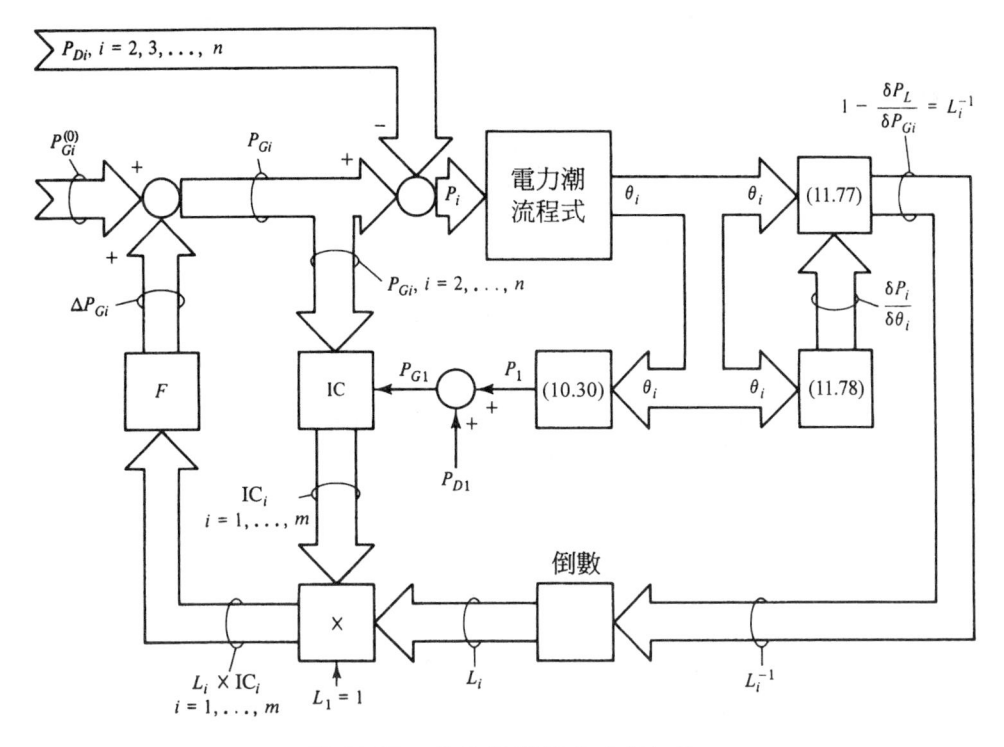

第 11 章　自動發電控制與新市場環境　491

圖 11.21　最佳經濟調度求解概要。

4. $L_1 = 1$，所以現在得到所有的 $L_i$ 值，再加上求得的 $P_{Gi}$，於是我們可算出 $IC_i$。藉由乘法，我們可得到 $L_i \times IC_i$ 的乘積。若它們皆相等，則我們找到最佳的調度。若不相等，那麼我們必須改變 $P_{Gi}$ 並加以疊代，其中 $i = 2, 3, ..., m$。若乘積比 $L_1 \times IC_1$ 來的小 (大)，則相對應的 $P_{Gi}$ 就必須增加 (減少)。

這個概要總結了各種不同的求解步驟。雖然它沒有包含演算法在內，但是它或許是相當容易執行的，因為它已將詳細的計算考量加以分解了。

很重要的一點，我們需注意在圖 11.21 中，基本輸入是一整組的 $P_{Di}$，其中 $i = 1, 2, ..., n$，而且輸出是一組最佳的 $P_{Gi}$ 其中 $i = 1, 2, ..., m$。實際上，因為負載會變化，所以必須要重新計算 $P_{Gi}$。這個過程在線上每隔 3 到 5 分鐘要完成一次，或是至少在負載變動的時間間隔內要完成一次。

接下來我們考慮一個非常簡單的例子，它將告訴我們圖 11.21 中計算的概略方式。

## 例題 11.14

考慮如圖 E11.14 中的系統。假設

$$IC_i = 4.1 + 0.7 P_{Gi} \qquad i = 1, 2$$
$$z_{L1} = 0.0099 + j0.099$$
$$z_{L2} = 0.0198 + j0.198$$

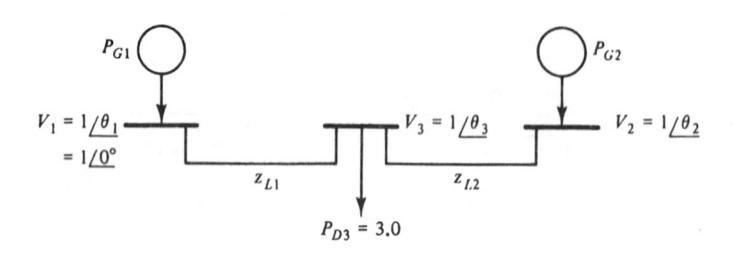

圖 E11.14。

為了簡單起見，我們取 $z_{L2} = 2z_{L1}$。雖然發電機完全相同，但是線路 2 比線路 1 有較大的電阻值，因此我們預期機組 1 將承擔較多的負載。

$$y_{L1} = z_{L1}^{-1} = 1 - j10$$
$$y_{L2} = z_{L2}^{-1} = 0.5 - j5.0$$

組合成 $\mathbf{Y}_{bus}$

$$\mathbf{Y}_{bus} = \begin{bmatrix} 1-j10 & 0 & -1+j10 \\ 0 & 0.5-j5.0 & -0.5+j5.0 \\ -1+j10 & -0.5+j5.0 & 1.5-j15 \end{bmatrix}$$

根據 $\mathbf{Y}_{bus}$ 我們可獲得 $Y_{ik} = G_{ik} + jB_{ik}$ 的值。由 (10.31) 式可得

$$P_1(\theta) = 1 - \cos\theta_{13} + 10\sin\theta_{13} \tag{11.79}$$
$$P_2(\theta) = 0.5 - 0.5\cos\theta_{23} + 5\sin\theta_{23} \tag{11.80}$$
$$P_3(\theta) = 1.5 - \cos\theta_{31} + 10\sin\theta_{31} - 0.5\cos\theta_{32} + 5\sin\theta_{32} \tag{11.81}$$

我們也可找出

$$P_L = \sum_{i=1}^{3} P_i(\theta) = 3 - 2\cos\theta_{13} - \cos\theta_{23} \tag{11.82}$$

# 第 11 章　自動發電控制與新市場環境

注意，如我們所預期的，當 $\theta = 0$ 時，$P_L = 0$。

為了求出 $\mathbf{J}_{11}$，我們必須做偏微分運算 $\partial P_i / \partial \theta_j$，其中 $i, j = 2, 3$。

$$\frac{\partial P_2}{\partial \theta_2} = 0.5 \sin \theta_{23} + 5 \cos \theta_{23}$$

$$\frac{\partial P_2}{\partial \theta_3} = -0.5 \sin \theta_{23} - 5 \cos \theta_{23}$$

$$\frac{\partial P_3}{\partial \theta_2} = -0.5 \sin \theta_{32} - 5 \cos \theta_{32} \tag{11.83}$$

$$\frac{\partial P_3}{\partial \theta_3} = \sin \theta_{31} + 10 \cos \theta_{31} + 0.5 \sin \theta_{32} + 5 \cos \theta_{32}$$

利用 (11.78) 式，我們可算出

$$\frac{\partial P_1}{\partial \theta_2} = 0$$

$$\frac{\partial P_1}{\partial \theta_3} = -\sin \theta_{13} - 10 \cos \theta_{13} \tag{11.84}$$

在這個情況下，(11.77) 式可化簡成

$$\begin{bmatrix} \dfrac{\partial P_2}{\partial \theta_2} & \dfrac{\partial P_3}{\partial \theta_2} \\ \dfrac{\partial P_2}{\partial \theta_3} & \dfrac{\partial P_3}{\partial \theta_3} \end{bmatrix} \begin{bmatrix} 1 - \dfrac{\partial P_L}{\partial P_{G2}} \\ 1 \end{bmatrix} = - \begin{bmatrix} 0 \\ \dfrac{\partial P_1}{\partial \theta_3} \end{bmatrix}$$

且上式可很容易地由**克拉瑪法則** (Cramer's rule) 解出 $1 - \partial P_L / \partial P_{G2}$。如下

$$L_2^{-1} = 1 - \frac{\partial P_L}{\partial P_{G2}} = \frac{\begin{bmatrix} 0 & \dfrac{\partial P_3}{\partial \theta_2} \\ -\dfrac{\partial P_1}{\partial \theta_3} & \dfrac{\partial P_3}{\partial \theta_3} \end{bmatrix}}{\begin{bmatrix} \dfrac{\partial P_2}{\partial \theta_2} & \dfrac{\partial P_3}{\partial \theta_2} \\ \dfrac{\partial P_2}{\partial \theta_3} & \dfrac{\partial P_3}{\partial \theta_3} \end{bmatrix}}$$

將 (11.83) 式和 (11.84) 式代入，我們可獲得

$$L_2^{-1} = \frac{10 \cos \theta_{13} + \sin \theta_{13}}{10 \cos \theta_{13} - \sin \theta_{13}} \frac{10 \cos \theta_{23} - \sin \theta_{23}}{10 \cos \theta_{23} + \sin \theta_{23}}$$

於是

$$L_2 = \frac{1 - 0.1\tan\theta_{13}}{1 + 0.1\tan\theta_{13}} \frac{1 + 0.1\tan\theta_{23}}{1 - 0.1\tan\theta_{23}} \qquad (11.85)$$

對本特例而言，這是一個具有非常完整形式的解。

接下來我們必須計算對應於 $P_{G2}$ 的 $\theta_{ij}$。我們選取初始值 $P_{G2} = 1.5$，則 $P_2 = 1.5$。現在我們進行一個簡單的電力潮流計算。根據 (11.80) 式，我們解出（進行疊代）$\theta_{23} = 17.19°$。再由 (11.81) 式，可得 $P_3 = -P_{D3} = -3.0$。我們可解出 $\theta_{13} = -\theta_{31} = 8.956°$。根據 (11.79) 式，找出 $P_1 = P_{G1} = 1.569$。現在我們可找出

$$IC_1 = 5.198$$
$$IC_2 = 5.150$$

將角度 $\theta_{13} = 8.956°$ 以及 $\theta_{23} = 17.19°$ 代入 (11.85) 式

$$L_2 = 1.0309$$

因為 $L_1$ 等於 1，所以

$$L_1 \times IC_1 = 5.198$$
$$L_2 \times IC_2 = 5.309$$

因為第二個乘積比第一個乘積大，所以我們必須減少 $P_{G2}$。

選取 $P_{G2} = 1.4$ 並再次進行疊代。我們成功地找出 $\theta_{23} = 16.028°$、$\theta_{13} = 9.513°$、$P_{G1} = 1.667$、$IC_1 = 5.267$、$IC_2 = 5.080$ 和 $L_2 = 1.0242$。然後

$$L_1 \times IC_1 = 5.269$$
$$L_2 \times IC_2 = 5.203$$

我們必須更進一步提高第二個乘積值。利用相同的方法繼續進行疊代，不久可達到 $P_{G2} = 1.4365$；$\theta_{23} = 16.451°$；$\theta_{13} = 9.309°$；$P_{G1} = 1.6308$；$IC_1 = 5.2415$；$IC_2 = 5.1056$ 以及 $L_2 = 1.0266$。而後

$$L_1 \times IC_1 = 5.2415$$
$$L_2 \times IC_2 = 5.2416$$

這個值就已經相當接近了，所以我們可在此停止。事實上，在到達這個值之前我們就該停止計算了，原因是我們所擁有的來源資料不一定夠精確，並且我們也無法保證計算的精確度。我們能計算出總成本 $C_T$ 的變數值以做為計算的一項驗證，並且也可以檢驗出最後的疊代結果會找出最小的 $C_T$ 值。

## 11.12 經濟問題與新市場環境下的機制

大部分現代的電力系統都已經具有和鄰近電力系統互聯的結構，這種情形會帶來更大的彈性，並且數個鄰近系統間也可以同時買入或售出相互交換的電能。交換功率價格訂定需要考慮所有其他的交換功率。舉例來說，假設一家電力公司販售電能到兩個鄰近區域，並且若其中一個交易比另一個發生的早，那麼這家電力公司可能會在第二筆交易提出更高的價格，因為第一筆交易已經使得發電的增量成本提高了。換句話說，若販售電力的公司是**電力池** (power pool) 的一員，則價格將包含實際電力與電力池契約中能源價格的部分，並且售電者將收取從交易而來的發電費用與一些由購買者所提供的少量補助。在這個狀況下，交易價格是由電力池控制中心來計算並指定，且與數個交換功率契約中的價格有所不同。當中央電力池調度中心不存在時，瞭解交換功率成本大小的次序是相當重要的議題。

由於競爭環境的出現以及近似於開放的方法，不在鄰近區域的電力供應者可透過中間單一系統或數個系統**輪** (wheel) 輸功率到用戶端。在這個情況下，中間系統中的輸電系統部分將由供應端傳送功率到用戶端。中間系統的 AGC 將維持淨交換功率在一定值。傳送功率將會在中間系統中產生輸電損失。因此，透過中間系統傳送負載容量將會被中間系統課徵一部分稅額。工程上的限制和經濟將決定輪輸費用。

這裡介紹交換功率的其他形式，這種形式需藉由在電力公司間設置而成。涵蓋了**容量交換** (capacity interchange)、**參差交換** (diversity interchange)、**能量銀行** (energy banking)，以及**遺漏功率交換** (inadvertent power exchange)。關於這些主題的討論，讀者可參考 Wood 與 Wollenberg 的著作。

系統間的功率交換可以產生經濟上的利益。為了使這些利潤最大，在美國有數家電力公司已經組成電力池，即合併成一個共同的調度中心。這個調度中心實際地管理電力池，並在成員間設置交換功率。除了在運轉上提供更大的經濟利益外，電力池也藉由成員間互相協助而提高供電可靠度，其中包括了允許成員在故障期間汲取其他的電能，以及在維修期間或發電機老舊壓力下涵蓋了每一個成員的備轉容量。電力池更進一步的細節可參閱 Wood 與 Wollenberg（第 10 章）。

在新的競爭環境之下，可預見的，運轉將由成本基礎的市場轉移為價格基礎的市場。**競價市場機制** (auction market mechanism，在 Kumar 與 Sheblé 有說明) 是各種執行價格基礎運轉之一。以下將加以說明，**經紀系統** (brokerage system) 的運作假設以每小時為基礎。這個競價市場結構可想成一個電腦化的市場。每一個市場**競爭者** (player) 都擁有一部終端機 (PC、工作站等等) 連接到**拍賣者** (auctioneer，競價機制) 與**契約估價者** (contract evaluator)。競爭者提出投標 (購買或販售) 訊息，並且順應拍賣者所提供的行情。投標是由一個指定數量的電力與價格所組成。拍賣者在契約估價者建議下將買與賣的投標相互配對。契約估價者檢驗網路是否可在新的投標下維持運轉。若網路無法可靠地運轉，則這項配對將會被拒絕。契約估價者的角色是由**獨立系統操作者** (independent system operator, ISO) 來扮演。

剛才所描述的競價機制它的架構是允許現金 (付現或預約)、期貨和**計畫市場** (planning markets) 的。在**現貨市場** (spot market) 架構中，現貨契約反應了主要的交易價格。販售者與購買者同意 (不是雙方面就是透過交易所) 在新的未來可以依照一個價格傳輸一定數量的 MWs (例如：50 MW 由明天的 2:00 P.M. 到 5:00 P.M.)。購買者對電力有需求，而販售者擁有電力可以銷售。如此一來能量透過輸電系統傳送，雙方的安排就發生了。**預約契約** (forward contract) 是一種固定的契約，其中販售者同意輸傳一定數量的特殊產品，並且在特定時間提供特定的品質給予購買者。在未來，預約契約將比現貨契約更有發展。在預約契約和現貨契約兩者中，購買者與販售者欲交換物質上的商品 (例如：能量)。**未來性契約** (futures contract) 是一個首要的財政工具，它允許交易商在未來幾個月中將商品固定在一個價格上。這可以幫助交易商藉由限制潛在的損失或利潤來管理它們的風險。未來的**選擇性契約** (option contract) 是一種保險的形式，它給予選擇購買者權力 (而沒有義務) 在一給定價格上來購買 (販售) 未來性契約。對之以津貼做為回饋，每一個選擇性契約將有義務在契約價格上來販售 (購買)。選擇性與未來性契約兩者都是財政上的一種手段，設計將風險最小化。雖然傳輸的條款仍然存在，但它們是不方便的。交易商藉由不是獲利就是損失的事實,最終可以取消他或她在未來市場中的地位。藉由已經在未來性契約中固定的獲利與損失,這個物質上的商品將可在現貨市場中取得來滿足需量。輸電網路的成長要求輸電公司在基於財務專案的預期用量訂定契約。**計畫性市場** (planning market) 在長期委任下將承擔設備用電量,配電與發電公司將由它在網路擴展上的規則而被限制,以維護公平的市場價格。

競價是透過投標與供應將買者與售者相互湊合的一種方法。一個雙向的競價中,售者與買者同時投標和供應,而在單邊競價中,只有一方被允許來開價。在英國的電力系統使用單邊競價的方式,其中電力生產者提供發電機組排程並給予供應者。購買者不需進行任何投標。販售者處於彼此的競爭環境下。除了雙邊和單邊競價方法外,兩家公司也可以在組織交換之外相互訂定契約。雙邊的協約可考慮成特殊的雙邊競價情況,其中將只有一個購買者和一個販售者存在。

這種競價是前述的市場價格機制。在每一市場中,投標與供應個別地分類成降冪和升冪次序,相似於**佛羅里達協調小組** (Florida Coordination Group),其方法在 Wood 與 Wollenberg 中有明述。每一組有效配對中投標與供應的平均價格(以數個 MW 為權重)可用來決定概略的均衡價格。類似於在北美許多地區所使用的電力池分割補償方法,除了每一個合法的契約將有相同的價格外。若沒有足夠數量的有效配對,則**價格探詢** (price discovery) 將不產生。然後拍賣者將報告價格探詢沒有發生,並且將會再次要求投標與供應。購買者和販售者需調整他們的投標與供應,以展開另一個競價循環。這個循環會持續直到產生價格探詢,或是直到拍賣者決定配對而不管是否有效配對存在,接下來會繼續進行下一個回合或小時投標。在價格探詢之後,拍賣者將詢問是否有其他的投標要進行,若市場參與者有更多的能量要銷售或購買,則他們將會要求進行下一回合。對每一時間週期內允許數次的投標回合,將使參與者使用最新的價格訊息完成他們的投標。這個程序會持續下去直到沒有收到更多的要求,或是直到拍賣者決定進行的回合數已經足夠。

在競爭環境下,當垂直組合的電力公司組織化的分離成獨立**發電公司** (GENCOs)、**輸電公司** (TRANSCOs) 以及**配電公司** (DISTCOs) 時,將會引發數個新延伸的問題,其中包含了傳統經濟調度的概念以及本章稍早所敘述的負載頻率控制概念。因為獨立發電公司的出現，環境將會存在著發電實體只有唯一的一部發電機，或是有發電量需要售出的情況（在這個情況下，在同一區域內將會有兩個分離的發電公司，而在原先狀況下是只有單一垂直組合的電力公司提供服務）。在第一個發電公司的情況中只有一部發電機，因此在競爭市場環境下執行經濟調度是不需要的。在第二個情況下，因為每一發電公司供應一定的負載型式，因此經濟調度將必須重新加以闡述以配合每一家公司的負載供應，於是經濟調度會涵蓋更多範圍。

　　以負載頻率控制的觀點來看，若用戶位於不同控制區域負載契約內，會有數個新問題發生。這個需求的一項解答可藉執行動態排程來求得。動態排程 (NERC 互聯運轉服務工作小組期末報告，1997 年 3 月) 服務提供了計量、遙測、電腦軟體、硬體、通訊、工程上和管理上的需求來轉移控制區域外用戶電量或需求到不同的控制區域。這將會大大的提高用戶增加數量的量測值。動態排程概念的摘要在此將加以說明。為了要說明這個原理，首先我們介紹**主機** (host) 的概念和計量控制區域。對一個**負載服務實體** (load serving entity, LSE) 或一部發電機來說，**主控制區域** (host control area) 是一個輸電系統控制區域，且 LSE 的負載或發電機是在實體上直接連到這個輸電系統的。若 LSE 實體連接的輸電系統位於數個控制區域內，則這些控制區域對 LSE 負載部分來說將是主控制區域。只要 LSE 持續地連接到控制區域的輸電系統上，那麼 LSE 的主控制區域將不會改變。使用動態排程後，LSE 或發電機可以改變它量測的控制區域，即可由原先的主控制區域轉移到新的控制區域，如圖 11.22 所示。然後，這個新的控制區域將會變成 LSE 或發電機的計量控制區域。為了澄清這個事實，考慮一個大型煉鋼廠，這個煉鋼廠在控制區域 A (新控制區域) 內連接到輸電系統。在新市場環境下，煉鋼廠訂定契約由控制區域 B (主控制區域) 的電力公司取得它所需電能與其餘的負載容量。結果，控制區域 B 內的電力公司將調整發電量以滿足煉鋼廠的負載需求。若不如此，煉鋼廠將依靠控制區域 A 並且不經意地汲取電能。動態排程可允許控制區域 A 和 B 之間存在交換電力計畫表，它可以藉由監視煉鋼爐負載來動態地調整，並且也可以調整兩個區域間的 ACE。

第 11 章　自動發電控制與新市場環境　　499

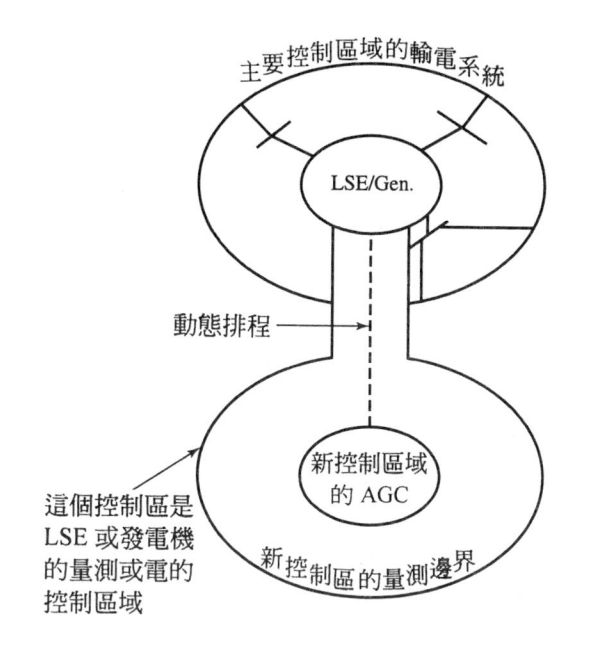

圖 11.22　主要及量測控制區域的概念。

## 11.13　傳輸問題與新市場環境的影響

　　由於競爭市場結構的出現，以及可彈性地在輸電網間傳送功率，有數個技術上的問題牽涉到網路容量對轉移功率的能力。這些問題涵蓋了實體上網路的容量，並掌控了電力潮流的可靠度與安全性。**聯邦能源調節委員會** (Federal Engery Regulatory Commission, FERC) 所提出的第 888 和 889 號中，規定在使用輸電系統時，**可用傳輸容量** (available transmission capacity, ATC) 的角色開啟了有效競爭的通路，並建立了**開放通道同時訊息系統** (Open Accss Same Time Information System, OASIS)。OASIS 於 1997 年 1 月 3 日開始運作，並公告了 ATC 訊息要求。FERC 的目的是提供傳輸供應者進行有效商業訊息使用及應用。一開始它是相當明確的，在競爭市場工作中，輸電服務是最具決定性的部分。輸電系統目前主要用於尚未計畫或設計的方法中。傳輸交易的數量已經成長，在更高頻率下將到達傳輸限制，而且將因固定的交易而增加備轉容量。依據 FERC 的規定，北美可靠度會議 (NERC) 也帶來了工業並建立 ATC 定義和評估的架構。NERC 描述了 ATC 評估的關鍵原則，這些原則是依附在所有系統、電力池、次區域和區域。這些概念於數個 NERC 的報告中有說明，要瞭解這些報告可以參閱網址 http://www.nerc.com/。接下來討論這些概念重要的特徵。

轉移容量是一個網路數值。它量測了互連電力系統的能力，亦即在指定環境下可靠地利用所有輸電線或路徑，將電能由一區移動或轉換到另一區的能力。這個數值定義在一規定時間下用在一已知**發送區** (source) 和一已知**接收區** (sink)。這數值與系統狀態參數有關。為了要計算 ATC，接下來的步驟需要加以定義與評估：

**總轉移容量** (total transfer capability, TTC) 決定在可靠情況下於互連輸電網路間轉移電力，這個容量是基於下列條件而成立：

1. 對已存在或已規劃的系統型態，以及在實際上正常（事故前）運轉程序下的情況而言，所有的設備負載皆在正常額定值範圍內，而且所有電壓都在正常限制值範圍之內。
2. 電力系統要有能力吸收動態電力搖擺，且仍然要維持在穩定狀態。隨著擾動會使得任何單一電力系統元件產生損失。其中輸電線、變壓器或是發電機組都是屬於電力系統的元件。
3. 在動態功率搖擺減弱後，隨著擾動的結果會在任何單一電力系統元件產生損失，就如同第 2 點所討論的情形一樣，且在任一自動操作系統運轉之後，但是需在任一個事故後**初始操作員** (operator-initiated) 系統執行調整之前，所有輸電設備負載皆要在緊急額定範圍內，而且電壓也需在緊急極限範圍內。
4. 參考第 1 點的情況，在達到任一首先事故轉移極限值**轉移層級** (transfer level) 下，當事故前設備負載到達正常熱額定時，其中轉移容量定義為轉移層級。在這個情況下，將會達到正常額定值。
5. 在一些依地理區域而定的情況中，指定多個**偶發事件** (contingency) 用來決定轉移容量極限值。若這些限制值比單一偶發事件極限值的規定更為拘束的話，則這些極限值應該可以接受。

在此通用的定義下，我們注意到 TTC 是系統的熱、電壓和暫態穩定極限之函數。規定如下：

## 第11章　自動發電控制與新市場環境

TTC = min { 熱極限，電壓極限，暫態穩定度極限 }

**傳輸可靠度邊限** (transmission reliability margin, TRM) 是一個轉移容量的數量，用來確保在一合理環境範圍下互聯輸電系統網路的安全性。這個量測值反應了各種系統和系統操作環境下的不可預測性來源。它也擷取了運轉的彈性度需求，並用在確保系統運轉的可靠或安全。

**容量利益邊限** (capacity benefit margin, CBM) 是一個轉移容量的數量，它藉由**負載服務實體** (load-serving entities) 來儲備，可用來確保發電量從互聯鄰近系統到吻合發電可靠度要求之間的通道。

然後，ATC 定義成轉移容量的量測值，其保留在實體的傳輸網路上以作為超協訂量商業活動之需。它是由下面的關係式所指定

ATC = TTC – TRM – CBM – 存在的傳輸委任

FERC 規範要求計算與公佈下一小時、月與接連 12 個月的連續 ATC 資訊 (在 OASIS 上)。

數個區域已經開始計算與公佈 ATCs。然而，他們的計算仍然不一致，其中包括：

1. 對 ATC 計算使用即時的條件。
2. 使用精確的電力潮流方法來計算 ATC，而不是計算直流電力潮流或線性插入技巧。
3. 電力系統潮流並非獨立的。
4. 個別使用者不必協調他們傳輸系統的使用。
5. 限制對輸電系統的影響是一電力潮流的非線性函數。

我們現在將對這些問題加以定位，並由 Wollenberg ("私有化與能源管理系統"，電力系統調度員短期課程論文集。Privatization and Energy Management Systems," Proceedings of the Power System Operators Short Course) 提出一個說明的例子。這個 ATC 量測了輸電系統在區域間傳送功率的能力。從生產點到購買點的潮流使用每一個可用的傳輸路徑。在每一中間傳輸設備的

潮流是由它的阻抗來決定。結果，傳輸路徑不能固定次序。若任一路徑上的功率超過熱極限、電壓極限和暫態穩定度極限，則全部的交易交被刪除。總輸電系統轉移容量增加到最大值的這一個點，在這一點上系統中某一條輸電線會到達極限值，且可藉由另外的交易減少這條輸電線負載。

### 例題 11.15

在這個例子中，我們考慮一個有 11 **分區** (zone) 和 4 **地區** (regions) 的電力系統環境。從分區 1 到分區 11 的 ATC 首先被算出。這是藉由執行電力潮流與增加分區 1 注入功率所得，且分區 11 的功率達到極限值。在這個情況下，當分區 1 注入功率為 2070.8 MW 時，從分區 10 到分區 11 的雙線路將達到一個最大的極限值 (500 MW)。電力潮流形式如圖 E11.15(a) 所示。

從剛剛的敘述，我們注意到 ATC 應在考慮熱、電壓與暫態穩定度極限下來計算。在這個例子中系統有一穩態偶發事故限制，此限制產生於分區 10 與分區 11 任一線路發生事故。若失去介於分區 10 和分區 11 間的任一條線路，則在線上的潮流將會變成 275 MW。這個潮流將使其餘的線產生 10% 過載 (成為短期間的緊急額定，這也是可被允許的)。當分區 1 與分區 11 的最大轉供量為 1608.5 MW 時，事故後狀況即將發生。如圖 E11.15(b) 所示。

ATC 也應該考慮其他同期間的交易。對考慮中的系統而言，ATC 是介於分區 1 和分區 11 間的計算，並且也需考慮介於分區 4 和分區 6 間的第二筆 3000 MW 交易。在這情況下，極限偶發事故存在於分區 4 到分區 6 的一條線路。因為同時交易，所以我們注意到有一些輸電系統容量已經用盡，而且從分區 1 到分區 11 的 ATC 已經減少成 1020.7 MW。系統中的電力潮流如圖 E11.15(c) 所示。

表 E11.15 表示所有分區對分區交易的 ATC，並表示成四個區域的 OASIS 位置。

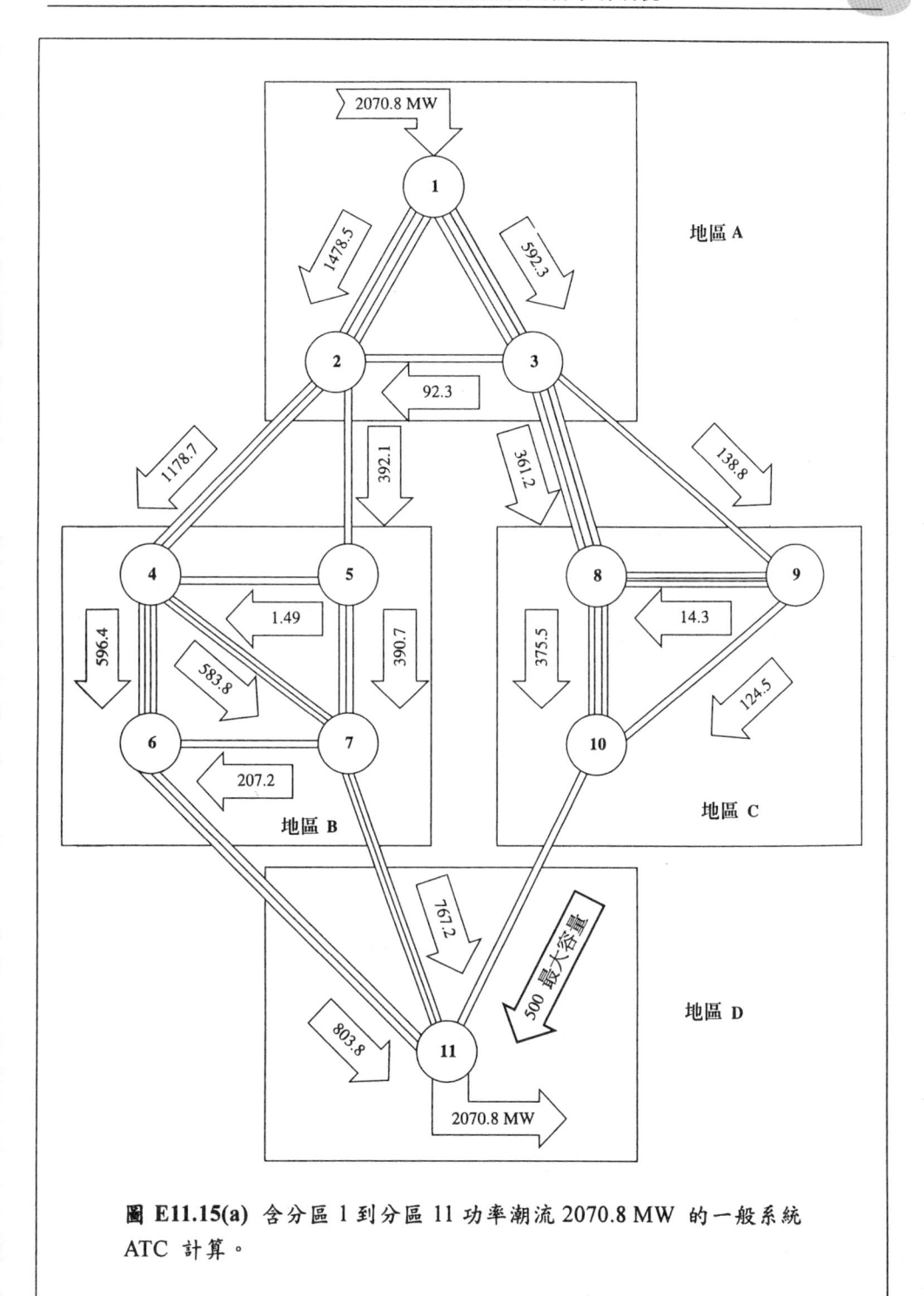

圖 E11.15(a)　含分區 1 到分區 11 功率潮流 2070.8 MW 的一般系統 ATC 計算。

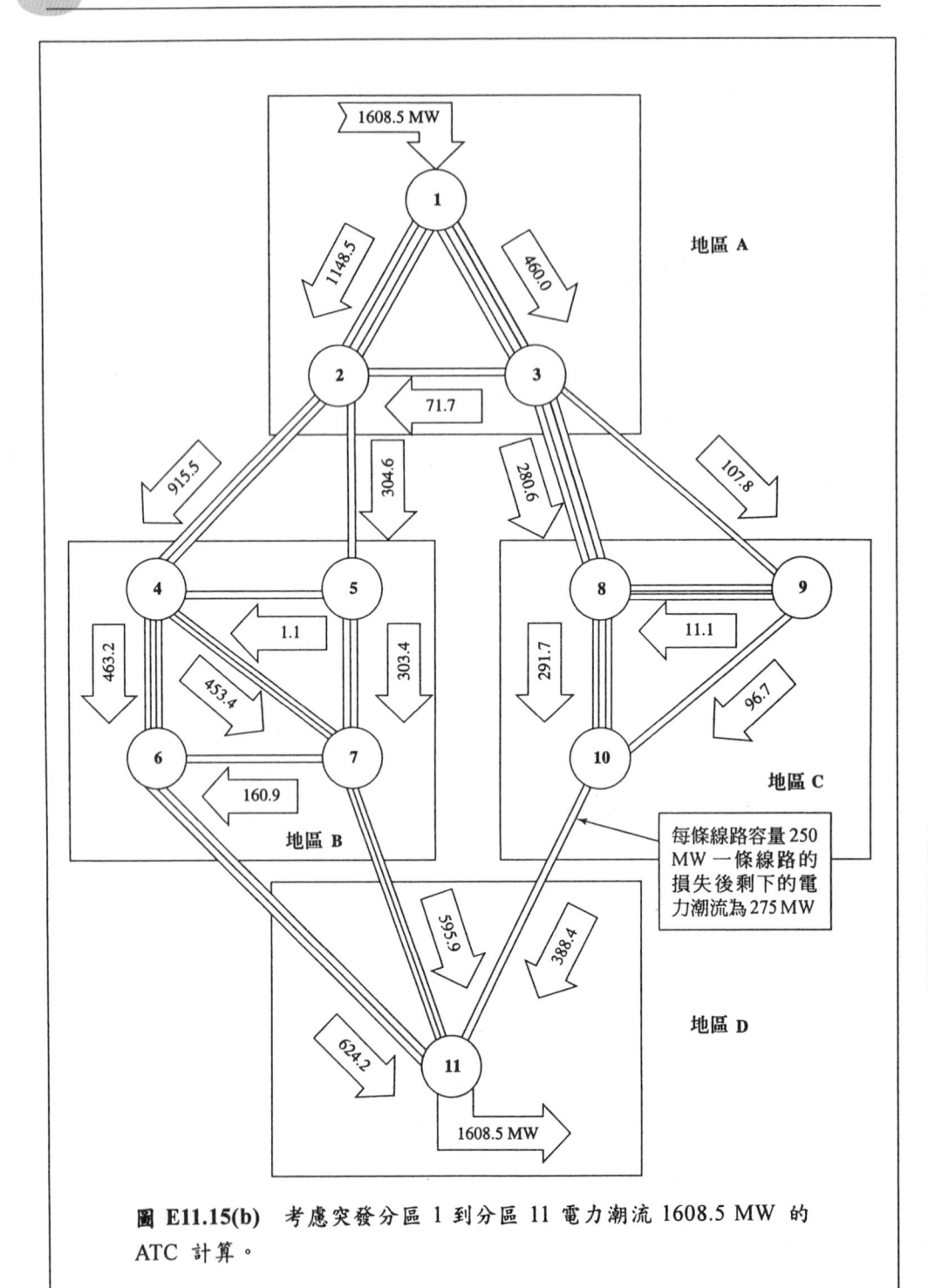

圖 E11.15(b)　考慮突發分區 1 到分區 11 電力潮流 1608.5 MW 的 ATC 計算。

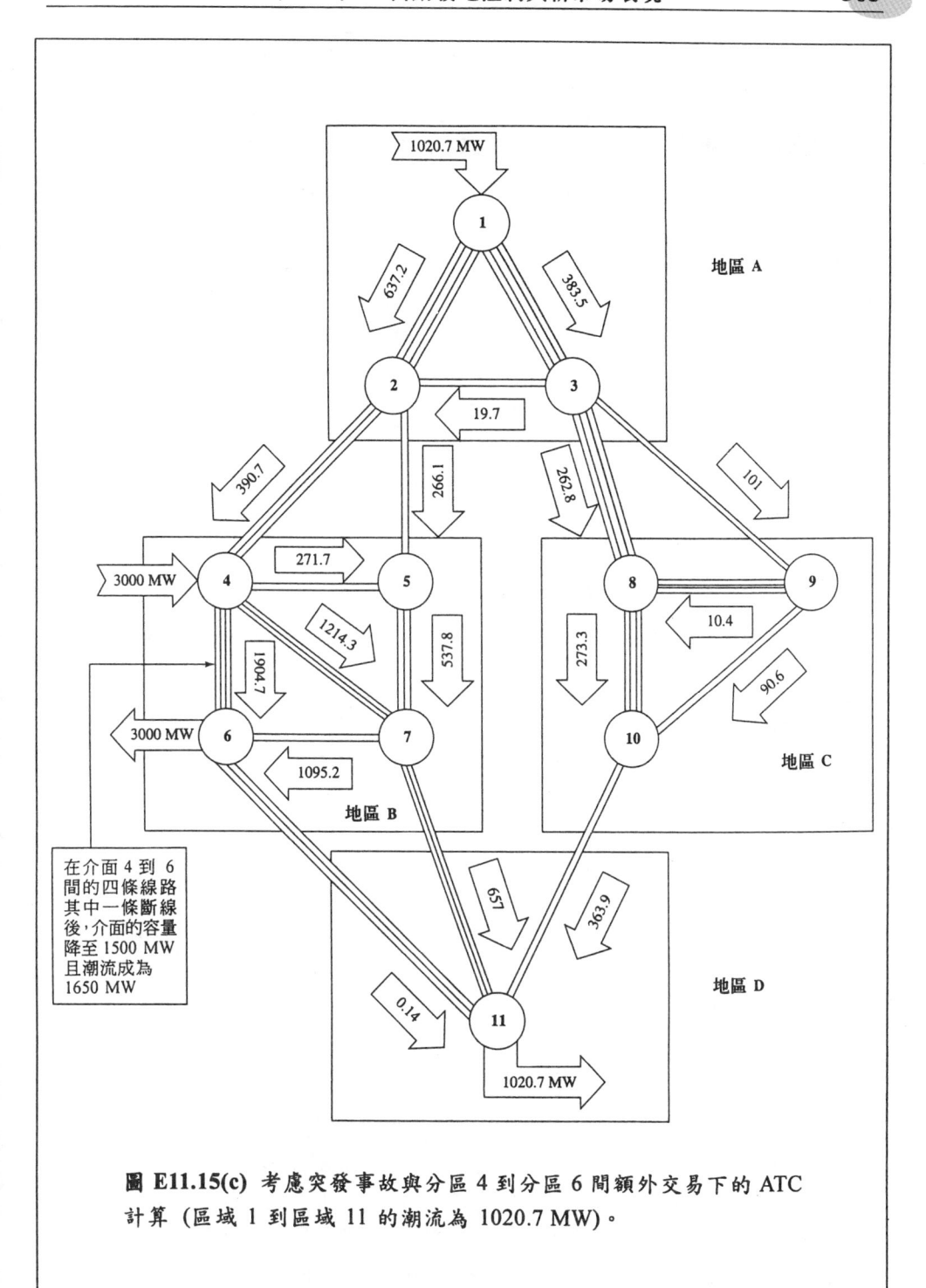

第 11 章　自動發電控制與新市場環境　　505

圖 E11.15(c) 考慮突發事故與分區 4 到分區 6 間額外交易下的 ATC 計算（區域 1 到區域 11 的潮流為 1020.7 MW）。

由表 E11.15 的結果，我們將解釋一個重要的 ATC 計算觀點。

### 表 E11.15　對所有分區對分區交易之 ATC

| 地區 A ATC 從-到 | Max MW | 地區 B ATC 從-到 | Max MW | 地區 C ATC 從-到 | Max MW | 地區 D ATC 從-到 | Max MW |
|---|---|---|---|---|---|---|---|
| 1–2 | 2070.8 | 4–5 | 3408.7 | 8–9 | 1467.2 | 11–6 | 2230.8 |
| 2–1 | 2070.8 | 5–4 | 3408.7 | 9–8 | 1467.2 | 11–7 | 2223.1 |
| 1–3 | 1761.2 | 4–6 | 3547.5 | 8–10 | 1926.7 | 11–10 | 660.8 |
| 3–1 | 1761.2 | 6–4 | 3547.5 | 10–8 | 1926.7 | | |
| 2–3 | 1390.6 | 4–7 | 4830.3 | 9–10 | 1147.3 | | |
| 3–2 | 1390.6 | 7–4 | 4830.3 | 10–9 | 1147.3 | | |
| 2–4 | 3259.0 | 5–7 | 3332.1 | 8–3 | 1402.7 | | |
| 2–5 | 2388.1 | 7–5 | 3332.1 | 9–3 | 974.2 | | |
| 3–8 | 1402.7 | 6–7 | 3334.8 | 10–11 | 660.8 | | |
| 3–9 | 974.2 | 7–6 | 3334.8 | | | | |
| | | 4–2 | 3259.0 | | | | |
| | | 5–2 | 2388.1 | | | | |
| | | 6–11 | 2230.8 | | | | |
| | | 7–11 | 2223.1 | | | | |

根據 OASIS 對 ATC 所公佈的結論，為了要決定分區 1 到分區 11 間的 ATC，其中我們無法簡單的由連接上表中的點來取得 ATC。我們注意，從表 E11.5 可得到下列訊息：

| 從 | 到 | ATC 路徑（由表 E11.15） |
|---|---|---|
| 1 | 2 | 2070.8 MW |
| 2 | 4 | 3259.0 MW |
| 4 | 6 | 3547.5 MW |
| 6 | 11 | 2230.8 MW |

因此，從分區 1 到分區 11 的 ATC 是沿著區域路徑 1–2–4–6–11 的最小值，或分區 1 到分區 11 的 ATC 等於 2070.8 MW。然而，在潮流 2070.8 MW 的等級下，若從分區 10 到分區 11 間介面線路損壞，則其餘電路將過載至額定 250 MW 的 141%，這也是我們所無法接受的。在沒有任何其他交易發生下，由分區 1 到分區 11 的 ATC 會實際地變成 1608.5 MW。若簡單藉由連接所有點來加總所有潮流，則運轉環境將會變的不安全。

第 11 章　自動發電控制與新市場環境　　507

ATC 計算的概要描述在此提出，它說明了電力潮流在競爭市場環境下所扮演的重要角色。另在此陳述的觀點也指出，分析上的加強其目的就是要維持系統的可靠與安全。

## 11.14　總　結

在本章中，我們討論了兩種自動發電控制，包含負載頻率控制以及經濟調度。在負載頻率控制中，我們討論了輔助伺服調速器和渦輪機的模型。最後推論出如圖 11.4 的方塊圖。這個方塊圖也用於完成前面所討論的單一機械-無限匯流排系統的說明，如圖 11.6 所示。這個模型包含了電壓與功率控制迴路兩部分。在分析功率控制函數上，我們常使用較為簡單的圖 11.8 方塊圖，其中我們忽略連接迴路和電壓控制系統的部分。

相似的簡化也應用在處理多機組的功率控制系統中。圖 11.11 說明發電機組 1 在最後情況下的方塊圖。電力公司模型則藉由計算隨著負載增加時頻率的變化加以闡述，而且也成為獨立發電機組頻率下降特性的一個函數。

以獨立控制區域的行為來看，我們也使用這個模型來說明**電力池運轉** (pool operation)。應用這個方法，在兩區域情況下，它將告訴我們連絡線偏移控制是如何成功地滿足電力池運轉的基本目的。

在經濟調度中我們討論了一個在已知負載下，將燃料成本最小化的重要問題。它構成了 AGC 的第二個部分。我們假設燃料成本曲線對所有（線上）發電機組都是有效的。在傳統經濟調度問題上，輸電線路損失常加以忽略。因此，我們也找到一個最佳調度法則：將所有不在極限下的發電機組運轉在相同的增量成本 $\lambda$ 值。

在考慮輸電線路損失前提下，上述結果便要修改成：運轉所有不在極限下的發電機組，並使得每一部發電機組罰點因數和增量成本的乘積等於 $\lambda$。在計算罰點因數（與最佳調度）時，我們使用了疊代的技巧，如 11.11 節所述。在那裡也同樣討論了如何控制發電機輸出以減少燃料成本的重要問題。

我們介紹了一些有關競爭電力市場經濟問題與架構所衍生的概念。我們也說明了一些電力池運轉的觀念，以及競價市場的架構。並且我們也描述了這些改變在經濟調度和負載頻率控制所產生潛在影響。

最後，我們也討論了在電力系統網路上，這個新市場環境的衝擊。轉移容量的觀念，在此也加以說明。涵蓋在 ATC 中各種不同的成分也有敘述，並且也說明了在競爭環境下，電力潮流分析應用在滿足 NERC 要求的重要性。

## 習題

**11.1.** 有一部運轉在開迴路（即發電機轉速 $\omega$ 並未回授到調速器上）狀態下的渦輪發電機組。渦輪機在 3600 rpm 時的輸出為 500 MW。系統參數 $R = 0.01$ rad/MW-sec、$T_G = 0.001$ sec 以及 $T_T = 0.1$ sec。假設現在輸出增加至 600 MW。求出新的渦輪機轉速。

**11.2.** 隔離發電站與區域負載如圖 P11.2 所示，很容易可知在穩態下 $\Delta P_L = 0.1$ 將產生 $\Delta\omega = -0.2$。
  (a) 找出 $1/R$。
  (b) 找出一個 $\Delta P_C$ 使得 $\Delta\omega$ 回到零（即回到 $\omega = \omega_0$）。

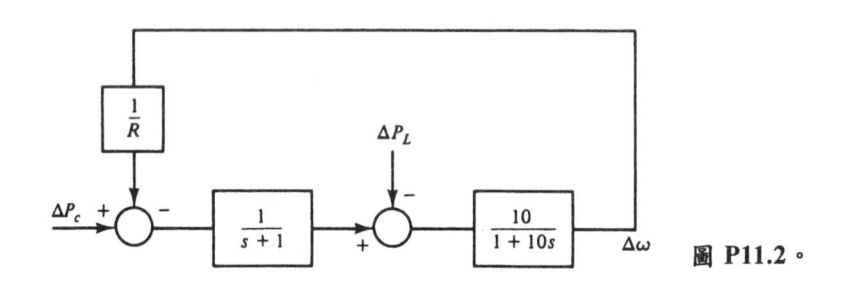

圖 P11.2。

**11.3.** 假設一個隔離發電站供給一區域負載，且 $T_G = 0$、$T_T = 1$、$T_P = 20$、$\widetilde{D} = 10^{-2}$、$R = 2.5$、$\Delta P_L = u(t)$ 和 $\Delta P_C = 0$。這些常數用來算出 $\Delta\omega$，單位是 rad/sec。求出 $\Delta\omega(t)$。

**11.4.** 若問題 11.3 中的發電機經由一條連絡線 $T_{12} = 10$ 連接到一個大系統，假設這個大系統可看成是無限匯流排。做出合理的近似，解出 $\Delta\omega(t)$，並和問題 11.3 的結果比較。

**11.5.** 有兩部在調速器控制下的機組，相互連接並供給同樣的負載。當負載突然間

# 第 11 章　自動發電控制與新市場環境

增加使得穩態頻率偏移了 0.015 Hz，若兩部機組都有 5% ($R = 0.05$) 的下降特性，且機組 A 額定為 250 MW，機組 B 額定為 400 MW。試計算每一部機組的穩態功率偏差。

11.6. 已知兩個系統區域經由一條連絡線互聯，它們的特性如下：

| 區域 1 | 區域 2 |
|---|---|
| $R = 0.01$ p.u. | $R = 0.02$ p.u. |
| $D = 0.8$ p.u. | $D = 1.0$ p.u. |
| 基準 MVA = 500 | 基準 MVA = 500 |

有一個 100 MW 負載變量在區域 1 發生。假設兩區域皆由標稱頻率 (60 Hz) 開始運轉。
(a) 新穩態頻率是多少？（以 Hz 表示）
(b) 連絡線功率潮流變化多少？（以 MW 表示）

11.7. 有一部燃氣發電機組，它的燃料輸入率近似於下式：

$$\text{燃料輸入率} = 175 + 8.7 P_G + 0.0022 P_G^2 \quad \text{MBtu/hr}$$

其中 $P_G$ 為三相輸入功率，單位是 MW。若天然氣成本為 \$5 /MBtu。試求出下列問題：
(a) 當機組傳送 100 MW 時的燃料輸入率。
(b) 對應的燃料成本，並以 \$/hr 為單位。
(c) 增量成本，並以 \$/MWh 為單位。
(d) 傳送 101 MW 的近似成本，以 \$/hr 為單位。

11.8. 假設我們已知三部機組的燃料成本曲線如下：

$$C_1(P_{G1}) = 300 + 8.0 P_{G1} + 0.0015 P_{G1}^2$$
$$C_2(P_{G2}) = 450 + 8.0 P_{G2} + 0.0005 P_{G2}^2$$
$$C_3(P_{G3}) = 700 + 7.5 P_{G3} + 0.0010 P_{G3}^2$$

忽略線路損失和發電機極限，在下列情況下求出最佳調度與總成本 (\$/hr)。
(a) 500 MW；(b) 1000 MW；(c) 2000 MW。

11.9. 在不考慮最佳運轉時，如問題 11.8 中的三部發電機平均分擔負載。求出如前題 (a)、(b)、(c) 狀況下額外增加的每小時成本。

**11.10.** 重複問題 11.8，但是這次引入發電機極限條件 (以 MW 表示)：

$$50 \leq P_{G1} \leq 400$$
$$50 \leq P_{G2} \leq 800$$
$$50 \leq P_{G3} \leq 1000$$

**11.11.** 如問題 11.8 的三部發電機組 (並加入問題 11.10 的限制條件) 連接到相同的發電廠匯流排上。當三部發電機分別以最佳方式分擔負載時，畫出發電廠增量成本對總負載 $P_D$ 的圖形。圖形範圍 $150 \leq P_D \leq 2200$。

**11.12.** 對如問題 11.10 的系統，假設 $P_D = 1800$ MW，在供應一額外負載 (即 1801 MW) 時，算出近似的額外每小時增加成本。

**11.13.** 兩部發電機組供應一系統

$$G_1:\ \text{IC}_1 = 0.012 P_{G1} + 8.0\ \$/\text{MWh}$$
$$G_2:\ \text{IC}_2 = 0.018 P_{G2} + 7.0\ \$/\text{MWh}$$

$$G_1:\ 100\,\text{MW} \leq P_{G1} \leq 650\,\text{MW}$$
$$G_2:\ 50\,\text{MW} \leq P_{G2} \leq 500\,\text{MW}$$

**(a)** 當 $P_{G1} + P_{G2} = P_D = 600$ MW 時，對最佳化運轉找出系統 $\lambda$，並求出 $P_{G1}$ 和 $P_{G2}$。

**(b)** 假設 $P_D$ 增加 1 MW (成為 601 MW)，求出額外成本，以 \$/hr 表示。

**11.14.** 假設有 $n$ 個發電機組在經濟調度狀況下供給總負載 $P_D$。每部發電機組增量成本是 $\text{IC}_i = \beta_i + 2\gamma_i P_{Gi}$。忽略線路損失與發電機極限，證明系統 $\lambda$ 和 $P_D$ 間的關係是線性的。實際上，

$$\lambda = \left( P_D + \sum_{i=1}^{n} \frac{\beta_i}{2\gamma_i} \right) \bigg/ \sum_{i=1}^{n} \frac{1}{2\gamma_i}$$

提示：在經濟調度下運轉，$\beta_i + 2\gamma_i P_{Gi} = \lambda$，其中 $i = 1, 2, \ldots, n$。解出 $P_{Gi}$，其中 $i = 1, 2, \cdots, n$。以 $\lambda$ 與參數 $\beta_i$ 和 $\gamma_i$ 為變數代入上式求得 $P_D$。

**11.15.** Jack 與 Jill 是理想電力公司的調度員，這家公司擁有無損耗線與三部發電機組。Jack 宣稱他們的系統是處於經濟調度下。幾分鐘後 Jill 觀察到發電機輸出 (MW) 增量變化和總發電成本率變化情形如下：

## 第 11 章　自動發電控制與新市場環境

| $\Delta C_T$ ($/hr) | $\Delta P_{G1}$ | $\Delta P_{G2}$ | $\Delta P_{G3}$ |
|---|---|---|---|
| 0 | 1 | 1 | −2 |
| 30 | 1 | 1 | 1 |
| −20 | −3 | 1 | 1 |

在她第三次讀取這些數據時，她說：「Jack 你錯了。」她是如何知道的呢？

**11.16.** 考慮一短程輸電線，其每相串聯阻抗為 $z = r + jx$。證明若 $|V_1|=|V_2|$、$R \ll X$ 且 $\theta_{12}$ 值很小（使得 $1 - \cos\theta_{12} \approx \theta_{12}^2/2$，且 $\sin\theta_{12} \approx \theta_{12}$）的情況下，線路損失傳輸（有效）功率時以二次式方式變化。事實上

$$P_L = \frac{R}{|V_1|^2} P_{12}^2$$

**11.17.** 重複例題 11.11，但假設 $IC_i = 0.002 P_{Gi} + 7.0$、$P_L = 0.0008(P_{G2} - 100)^2$、$P_{D1} = 300$ MW 以及 $P_{D2} = 100$ MW。若 $P_D$ 由 400 MW 增加至 401 MW，找出供應額外 1 MW 的每小時增量成本。

**11.18.** 假設問題 11.17 中線路損失在計算最佳調度時可加以忽略。在這個情況下，我們選取 $P_{G1} = P_{G2}$。在以上所述的前提下計算出 $P_L$ 與供應總負載 $P_D = 400$ MW 之增量成本。

**11.19.** 在例題 11.13 中假設 $IC_i = 7.0 + 0.02 P_{Gi}$。進行幾次疊代運算求出最佳 $P_{G1}$、$P_{G2}$ 與其結果 $P_L$。

## D11.1　設計練習

在第 10 章的設計問題中，電力潮流分析在輸電系統上的推導過程，可用來決定需提供多少電力來滿足煉鋼爐新負載，並且可用來計算系統的正常負載成長情形。對於第 10 章所設計完成的例子，決定它由 Parrot（匯流排 3）發電機供應煉鋼爐負載時的 ATC，可利用 11.13 節所提供的方法及步驟。在決定 ATC 時，應用第 10 章第二階段設計的偶發事故分析中所決定之極限值來執行運算，並在電壓穩定度極限與暫態穩定度極限不必包含在 ATC 的計算中。

# CHAPTER 12

# 不平衡系統運轉

## 12.0 簡　介

　　在一般情況下,電力系統是運轉於平衡的環境。而且必須盡力維持這個理想的狀態。不幸的,當發生異常情況 (即故障) 時,系統會變成不平衡。

　　圖 12.1 列舉了一些典型的非對稱輸電線故障。在圖中我們以故障阻抗為零來代表,但是在實際情況下必須考慮非零值的阻抗。此外,故障也會發生在發電機與其他設備。

　　因為輸電線直接暴露於自然環境下,所以線路故障較常發生。通常故障的產生是因為雷擊,雷擊會導致絕緣物發生**閃落** (flash over)。有時候強風也有吹倒電塔的可能。風和冰的重力也有可能使絕緣輸電線機械結構產生故障。或者,樹也可能傾倒而壓斷輸電線。霧與鹽氣覆蓋在絕緣層上也會提供一條通路,因而產生絕緣故障。

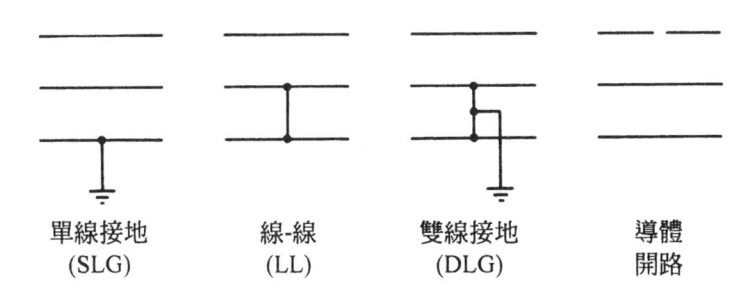

單線接地　　　線-線　　　雙線接地　　　導體
(SLG)　　　 (LL)　　　 (DLG)　　　 開路

圖 12.1　一些非對稱輸電線故障。

最常發生的故障類型是**單線接地** (single line-to-ground, SLG) 故障，其餘依發生頻率高低分別是**線間** (line-to-line, LL) 故障、**雙線接地** (double line-to-ground, DLG) 故障以及**平衡三相** (balanced three-phase, 3$\phi$) 故障。

較不常發生故障的是電纜、斷路器、發電機、電動機以及變壓器。發電機、電動機或變壓器有可能因長時間過熱而發生故障。機械的震動和因熱循環的膨脹、收縮也都會使絕緣部分產生全面崩潰的危機。

為了提供系統足夠的保護，研讀本章是相當重要的一環。我們需要瞭解斷路器額定值與電驛設定值，才能使它們能正常的跳脫。應用本章所闡述的技巧來決定故障情況下網路各個部分的電流與電壓，如此一來我們就可以算出短路下的 MVA 值。這個技巧可用來選擇合適的斷路器額定。此外，在設計初期，變壓器的連接與接地的配置也都需要考慮異常情況時的處置。

首先，我們只考慮穩態時的情況，這有幫助於我們熟記基本觀念。最後我們會修正分析結果來滿足應用在暫態週期下更為實際的情況。

對於不平衡系統穩態分析，我們將使用**佛特斯奎** (Fortesque) 所提出的**對稱成分** (symmetrical component) 分析。我們將會看到，它不只在數字上簡化了問題，而且更重要的，利用它我們可以很清楚的瞭解故障期間系統的行為。

接下來，我們將描述對稱成分，並舉例說明它們的效用。

## 12.1 對稱成分

假設已知三個任意的向量，如 $I_a$、$I_b$ 和 $I_c$。再次強調，這些向量都是任意的。我們斷言，$I_a$、$I_b$ 和 $I_c$ 可以分成九個對稱成分——$I_a^0$、$I_a^+$、$I_a^-$、$I_b^0$、$I_b^+$、$I_b^-$、$I_c^0$、$I_c^+$、$I_c^-$——且可表成下式

$$I_a = I_a^0 + I_a^+ + I_a^-$$
$$I_b = I_b^0 + I_b^+ + I_b^-  \quad\quad (12.1)$$
$$I_c = I_c^0 + I_c^+ + I_c^-$$

其中 $I_a^0$、$I_b^0$、$I_c^0$ 為零序集合，$I_a^+$、$I_b^+$、$I_c^+$ 為正序集合，以及 $I_a^-$、$I_b^-$、

# 第 12 章　不平衡系統運轉

$I_c^-$ 為負序集合。

我們已經熟悉了 (平衡) 正序 ($abc$) 與 (平衡) 負序 ($acb$) 成分。零序集合 $I_a^0$、$I_b^0$、$I_c^0$ 具有如下式的特性：

$$I_a^0 = I_b^0 = I_c^0$$

於是，就如同正序和負序集合一般，所有向量的大小值皆相同。但是在此 $a$、$b$ 和 $c$ 分量的相位也完全相同。雖然 $I_a^0$、$I_b^0$、$I_c^0$ 並不是平衡的集合，但是這個集合仍然相當有用。

我們將 (12.1) 式表示成矩陣方程式：

$$\begin{bmatrix} I_a \\ I_b \\ I_c \end{bmatrix} = \begin{bmatrix} I_a^0 \\ I_b^0 \\ I_c^0 \end{bmatrix} + \begin{bmatrix} I_a^+ \\ I_b^+ \\ I_c^+ \end{bmatrix} + \begin{bmatrix} I_a^- \\ I_b^- \\ I_c^- \end{bmatrix} \qquad (12.2)$$

定義 **I** 為 (電流) 向量，其中的元素有 $I_a$、$I_b$ 和 $I_c$，且 $\mathbf{I}^0$、$\mathbf{I}^+$ 和 $\mathbf{I}^-$ 分別為零、正與負序 (電流) 向量。它們的元素分別是零序集合、正序集合以及負序集合。我們利用向量符號改寫 (12.2) 式成為：

$$\mathbf{I} = \mathbf{I}^0 + \mathbf{I}^+ + \mathbf{I}^- \qquad (12.3)$$

現在，我們將說明如何找出九個對稱成分。為了符號上的方便，首先我們引入複數 $\alpha = e^{j2\pi/3} = 1\angle 120°$。就如同複數 $j = e^{j\pi/2}$，$\alpha$ 這個複數可看成是一個運算子。將 $I$ 乘上 $\alpha$ 後會保持大小不變而角度增加 120° (即 $I$ 正向旋轉 120°)。

在九個對稱成分中清楚的只有三個可以獨立選出。一般的慣例是以 $I_a^+$、$I_a^-$ 和 $I_a^0$ 做為獨立 (超前) 的變數，而其餘變數可以超前變數表示獲得。應用到 (12.2) 式中，我們可獲得

$$\begin{bmatrix} I_a \\ I_b \\ I_c \end{bmatrix} = I_a^0 \begin{bmatrix} 1 \\ 1 \\ 1 \end{bmatrix} + I_a^+ \begin{bmatrix} 1 \\ \alpha^2 \\ \alpha \end{bmatrix} + I_a^- \begin{bmatrix} 1 \\ \alpha \\ \alpha^2 \end{bmatrix} \qquad (12.4)$$

上式可等於

$$\begin{bmatrix} I_a \\ I_b \\ I_c \end{bmatrix} = \begin{bmatrix} 1 & 1 & 1 \\ 1 & \alpha^2 & \alpha \\ 1 & \alpha & \alpha^2 \end{bmatrix} \begin{bmatrix} I_a^0 \\ I_a^+ \\ I_a^- \end{bmatrix}$$
(12.5)

定義 $\mathbf{I}_s$ 為對稱成分 (電流) 向量，其中它的元素為 $I_a^0$、$I_a^+$ 和 $I_a^-$。再定義

$$\mathbf{A} = \begin{bmatrix} 1 & 1 & 1 \\ 1 & \alpha^2 & \alpha \\ 1 & \alpha & \alpha^2 \end{bmatrix}$$
(12.6)

$\mathbf{A}$ 向量稱為**對稱成分轉換矩陣** (symmetrical components transformation matrix)。我們應用矩陣符號到 (12.5) 式中。

$$\mathbf{I} = \mathbf{A}\mathbf{I}_s$$
(12.7)

其中 $\mathbf{I}$ 為相位 (電流) 向量，且 $\mathbf{I}_s$ 為對稱成分 (電流) 向量。

讀者可以確定行列式 $\mathbf{A} = 3(\alpha - \alpha^2)$。因為行列式 $\mathbf{A} \neq \mathbf{0}$，因此反矩陣存在。事實上，

$$\mathbf{A}^{-1} = \frac{1}{3}\begin{bmatrix} 1 & 1 & 1 \\ 1 & \alpha & \alpha^2 \\ 1 & \alpha^2 & \alpha \end{bmatrix}$$
(12.8)

於是，我們可得由 $\mathbf{I}$ 計算 $\mathbf{I}_s$ 的公式：

$$\mathbf{I}_s = \mathbf{A}^{-1}\mathbf{I}$$
(12.9)

或更明確的以元素表示成分如下

$$\begin{bmatrix} I_a^0 \\ I_a^+ \\ I_a^- \end{bmatrix} = \frac{1}{3}\begin{bmatrix} 1 & 1 & 1 \\ 1 & \alpha & \alpha^2 \\ 1 & \alpha^2 & \alpha \end{bmatrix} \begin{bmatrix} I_a \\ I_b \\ I_c \end{bmatrix}$$

一旦我們知道 $\mathbf{I}_s$ (即超前對稱成分 $I_a^0$、$I_a^+$、$I_a^-$)，我們就可藉由正、負和零序集合算出剩下的六個分量。

注意下列幾點。

# 第 12 章　不平衡系統運轉

1. 通常，我們在寫 $\mathbf{I}_s$ 的元素時會省略下標 $a$。這個下標 $a$ 是已知的，就如同在每相分析中我們所做的一般。在這裡我們將下標保留用來表示匯流排編號，例如 $V_1$、$V_2$。

2. 在代數中，我們使用恆等式 $\alpha^2 = \alpha^*$、$\alpha^3 = 1$、$1 + \alpha + \alpha^2 = 0$，其中 $\alpha^* = e^{-j2\pi/3}$，它是 $\alpha$ 的共軛複數。

3. 在許多書中常以 $0$、$+$、$-$ 來取代 $0$、$1$、$2$ 的符號。

4. 任何三個相量組 (不只是 $I_a$、$I_b$、$I_c$) 皆可由對稱成分來表示，而且 (12.1) 式到 (12.9) 式也可應用在一般的情況下。

5. 在 (7.16) 式中，由 $i_d$ 和 $i_q$ 我們定義出零序變數 $i_0$。在例子中，零序變數會變為零，因為我們是假設成平衡狀態。在不平衡條件下 $i_0$ 不等於零。

接下來我們考慮一個例子。

---

**例題 12.1　找出對稱成分**

已知 $I_a = 1\angle 0°$、$I_b = 1\angle -90°$ 且 $I_b = 2\angle 135°$，求出 $I_a^0$、$I_a^+$ 與 $I_a^-$。

**解**　應用 (12.9) 式，我們可得

$$\begin{bmatrix} I_a^0 \\ I_a^+ \\ I_a^- \end{bmatrix} = \frac{1}{3} \begin{bmatrix} 1 & 1 & 1 \\ 1 & \alpha & \alpha^2 \\ 1 & \alpha^2 & \alpha \end{bmatrix} \begin{bmatrix} 1\angle 0° \\ 1\angle -90° \\ 2\angle 135° \end{bmatrix}$$

完成複數計算後，可得

$$I_a^0 = \frac{1}{3}(1\angle 0° + 1\angle -90° + 2\angle 135°) = 0.195\angle 135°$$

$$I_a^+ = \frac{1}{3}(1\angle 0° + 1\angle 30° + 2\angle 375°) = 1.311\angle 15°$$

$$I_a^- = \frac{1}{3}(1\angle 0° + 1\angle 150° + 2\angle 255°) = 0.494\angle -105°$$

為了檢查，我們使用計算的結果並求出 $I_a = I_a^0 + I_a^+ + I_a^- = 1\angle 0°$。

## 練習 1.

使用例題 12.1 的結果,將它描繪在複數平面上並標示出 $\mathbf{I}^0$ 的三個對稱成分。對 $\mathbf{I}^+$ 和 $\mathbf{I}^-$ 同樣進行描繪。使用 (12.1) 式的九個對稱成分,在圖上說明構成 $I_a$、$I_b$ 和 $I_c$ 的(合適)對稱成分。

## 練習 2.

假設我們有一組不平衡的線對線電壓 $V_{ab}$、$V_{bc}$ 與 $V_{ca}$。證明對應的零序電壓恆為零。

下一個例題的結果將告訴我們,對稱成分如何應用於故障分析。

### 例題 12.2  找出單線接地 (SLG) 時故障電流的對稱成分

假設我們已知 SLG 故障電流 $I^f$ 位於 $a$ 相。由此我們知道 $a$ 相故障電流 $I_{af} = I^f$,且 $b$ 相和 $c$ 相電流 $I_{bf}$、$I_{cf}$ 分別等於零。如圖 E12.2(a) 所示。即使電流 $I_{bf} = I_{cf} = 0$,但是其有助於以 $I_{af}$、$I_{bf}$、$I_{cf}$ 定義三相殘餘向量。我們定義一個向量故障電流

$$\mathbf{I}^f \triangleq \begin{bmatrix} I_{af} \\ I_{bf} \\ I_{cf} \end{bmatrix} = \begin{bmatrix} I^f \\ 0 \\ 0 \end{bmatrix}$$

根據這個一般的介紹,接下來我們希望找出 $\mathbf{I}^f$ 的對稱成分,並對結果加以說明。

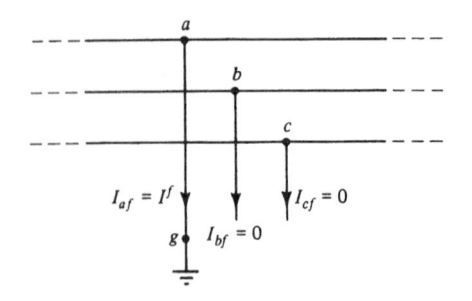

圖 E12.2(a)。

## 第 12 章　不平衡系統運轉

**解**　由 (12.9) 式,

$$\begin{bmatrix} I_{af}^0 \\ I_{af}^+ \\ I_{af}^- \end{bmatrix} = \frac{1}{3} \begin{bmatrix} 1 & 1 & 1 \\ 1 & \alpha & \alpha^2 \\ 1 & \alpha^2 & \alpha \end{bmatrix} \begin{bmatrix} I^f \\ 0 \\ 0 \end{bmatrix} = \frac{I^f}{3} \begin{bmatrix} 1 \\ 1 \\ 1 \end{bmatrix}$$

於是,$I_{af}^+ = I_{af}^- = I_{af}^0 = I^f/3$,由這三個超前對稱成分我們可很容易地找出剩下的六個分量。

藉由這個說明,我們考慮 (12.4) 式,並將它應用在本例子中,可得

$$\begin{bmatrix} I^f \\ 0 \\ 0 \end{bmatrix} = \frac{I^f}{3} \begin{bmatrix} 1 \\ 1 \\ 1 \end{bmatrix} + \frac{I^f}{3} \begin{bmatrix} 1 \\ \alpha^2 \\ \alpha \end{bmatrix} + \frac{I^f}{3} \begin{bmatrix} 1 \\ \alpha \\ \alpha^2 \end{bmatrix}$$

因此,(實際) 故障電流向量 $\mathbf{I}^f$ 可看成是零序故障向量 $\mathbf{I}_f^0$、正序故障向量 $\mathbf{I}_f^+$ 以及負序故障向量 $\mathbf{I}_f^-$ 的和。

我們以圖形來檢查結果。為了簡單起見,我們畫出了所有的九個對稱成分 [圖 E12.2(b)]。我們注意到

$$I_{af} = I_{af}^+ + I_{af}^- + I_{af}^0 = I^f$$

$$I_{bf} = I_{bf}^+ + I_{bf}^- + I_{bf}^0 = 0$$

$$I_{cf} = I_{cf}^+ + I_{cf}^- + I_{cf}^0 = 0$$

並檢查如下。

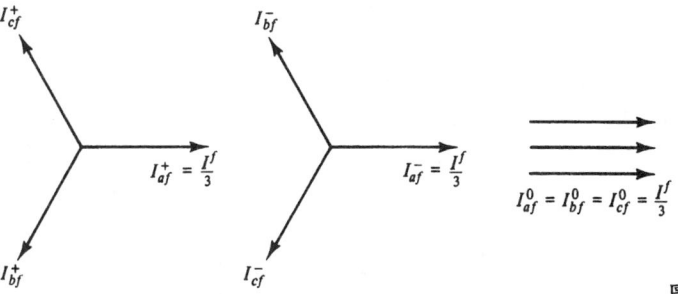

**圖 E12.2(b)**。

## 練習 3.

相信你自己，若 $\{I_a, I_b, I_c\}$ 為正序集合，則 $I_a^+ = I_a$、$I_a^- = I_a^0 = 0$。考慮在負序集合和零序集合中會有什麼情況。

## 12.2 對稱成分應用於故障分析

為了介紹在故障系統中找出電壓和電流的對稱成分分析法，首先我們考慮圖 12.2，它是由阻抗與理想電壓源所組成。這個簡單的電路只用於介紹本方法。稍後，我們將討論一個更為實際的電力系統。

在圖 12.2 中，假設我們希望找出故障電流 $I^f$。很清楚的，我們無法藉由每相的分析來求解這個問題，因為故障電路沒有具備必要的三相對稱形式。不過我們可以用一般的電路分析來求解這個網路，但是這個方法太過複雜，並且對我們瞭解實際問題沒有太大的助益。

現在，我們做一個重要的觀察。除了故障點以外這個網路是對稱的。這一點也告訴了我們求解的方法。假設我們移去故障電流 $I^f$ 所經過的分支，並以一個等值的電流源來代替。應用這個方法後，網路即刻變成對稱的形式。

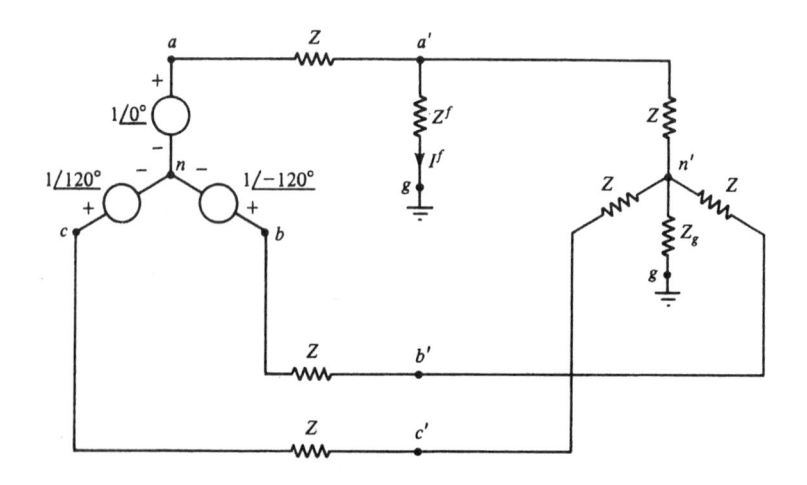

**圖 12.2　含單線接地故障的系統。**

# 第 12 章　不平衡系統運轉

可以看出，我們已經將困難 (非對稱網路) 變成另一個 (不平衡電源)。再經由應用 12.1 節所介紹的對稱成分方法，我們可將不平衡 (三相) 故障電流換成零序電源、正序電源和負序電源的總和。使用重疊定理之後，這個問題將變成很容易求解的形式。

在我們著手進行之前，先讓我們證明阻抗元件 $Z^f$ ($I^f$ 流經的阻抗) 用電源 (電流 $I^f$) 來替代是合理的。

對其餘的網路來說，$I^f$ 如何產生是沒有什麼影響的。所有的網路知道 $I^f$ 是由標示為 $a'$ 的節點所流出的。於是，若我們將電流 $I^f$ 所流經的分支以電流值為 $I^f$ 的電流源來取代，對其餘網路的求解將不會產生任何影響。在電路理論的書籍中有提供一個更普遍的方法，亦即**替代定理** (substitution theorem)。注意，代替部分 $I^f$ 仍是在概念的階段，我們還不知道它的數值是多少。另外，值得注意的是這個程序在反方向也可以成立，我們也可以分支來取代電源，但是其中所提供的阻抗必須要使電流值保持和原先相同。

依據較簡單的討論方式，讓我們將 SLG 故障中 $a$ 相故障電流換成對稱成分。重複例題 12.2 的結果，我們有

$$I_{af} = I_{af}^+ + I_{af}^- + I_{af}^0 = I^f$$

$$I_{bf} = I_{bf}^+ + I_{bf}^- + I_{bf}^0 = 0$$

$$I_{cf} = I_{cf}^+ + I_{cf}^- + I_{cf}^0 = 0$$

其中的元素在圖 E12.2(b) 中有說明。特別的是，我們注意到其中 $I_{af}^+ = I_{af}^- = I_{af}^0 = I^f/3$。

於是現在我們使用圖 12.3 的情況。

雖然圖 12.3 比圖 12.2 看起來更為複雜，但是我們可把這個問題變得很容易求解。現在我們應用重疊定理。首先找出正序電源的響應 (將其他的電源設成零)，然後接著求出負序電源的響應，最後再求出零序電源的響應。

考慮只有正序電源的網路 (圖 12.3 涵蓋了所有電源，不只含正序)。我們注意到電壓源是正序的。而且網路也是對稱的，我們使用每相分析求解 $a$ 相變數。我們注意到，在平衡條件下 $Z_g$ 電流等於零，因此 $n$、$n'$ 和

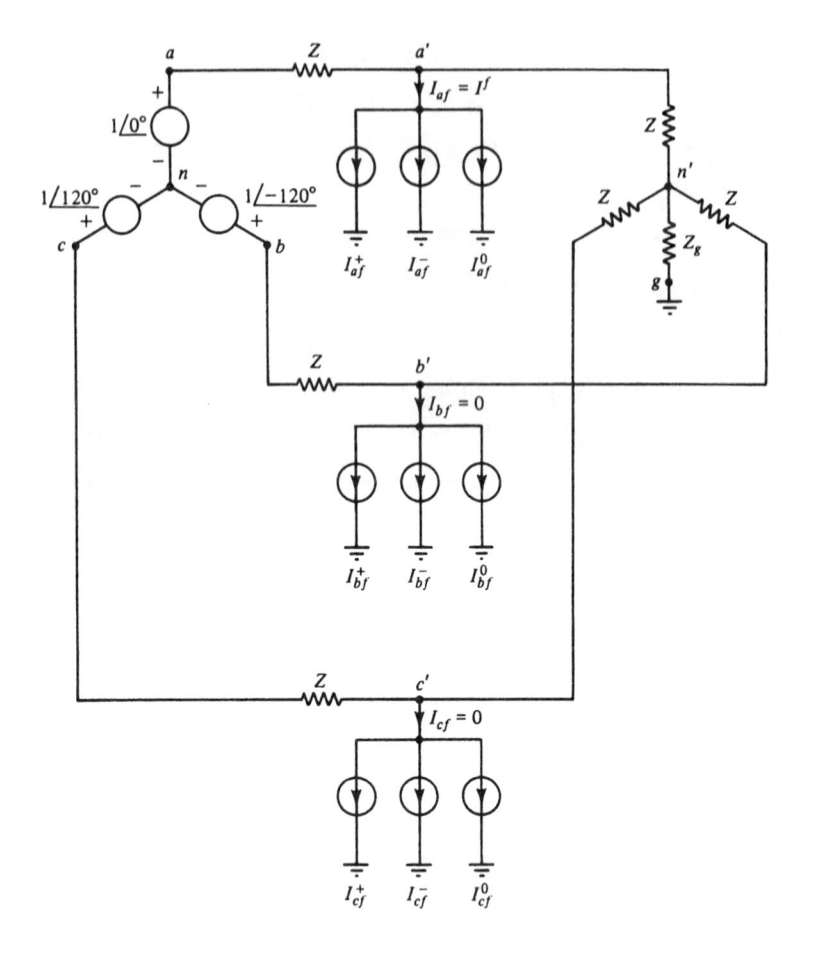

**圖 12.3** 以對稱成分取代故障電流。

$g$ 都是等電位。在本書中稱這個每相網路為正序網路分析。如圖 12.5 左側圖形所示。

考慮圖 12.3 中的下一個網路，其中只包含負序電源。再一次，我們可說這個網路是平衡的，而且 $a$ 相變數可藉由每相分析求出。這個每相網路稱為負序網路，如圖 12.5 中間圖形所示。

最後，我們考慮零序電源單獨存在時的網路。它很容易證明與瞭解，零序電源加到零序網路上只會產生零序響應。特別的，圖 12.4 的網路中 $I_a^0 = I_b^0 = I_c^0$。換句話說，應用 KCL 於節點 $n$，可得 $I_a^0 + I_b^0 + I_c^0 = 0$。於是，$I_a^0 = I_b^0 = I_c^0 = 0$（即從故障點向左看，我們可看成是開路）。(事實上，不論我

第 12 章　不平衡系統運轉

們看入的是一個沒接地的 Y 接或是 Δ 接，我們看到的都是一個開路的情況，因為沒有接地的路徑可提供零序電流流入。)

從故障點往右邊看，注意到 $I_{a'}^0 = I_{b'}^0 = I_{c'}^0$，我們可得

$$V_{a'g}^0 = ZI_{a'}^0 + 3Z_g I_{a'}^0 \tag{12.10}$$

其中 $V_{a'g}^0 = V_{b'g}^0 = V_{c'g}^0$。方程式 (12.10) 告訴了我們可由圖 12.4 下方的單相零序網路求出 $V_{a'g}^0$。因為我們將 $n'$ 到 $g$ 的電流以 $I_{a'}^0$ 取代 $3I_{a'}^0$，因此必須將 $Z_g$ 以 $3Z_g$ 來取代以維持電路的相等。注意，圖 12.4 中的 $n$、$n'$ 與 $g$ 以及圖 12.5 所示的零序網路不必在等電位上。

利用如圖 12.5 的序網路可以很容易地求出 $I^f$。概略來看，我們以 $I^f$ 來找出 $V_{a'g} = V_{a'g}^+ + V_{a'g}^- + V_{a'g}^0$。這也告訴了我們 $V_{a'g}$ 和 $I^f$ 之間的關係。另一個關係可由圖 12.2 得知，它是 $V_{a'g} = Z^f I^f$。利用這兩個方程式，我們可求解出 $I^f$。我們將約略的完成這個計算，因為還有一個更好的方法可以使用。

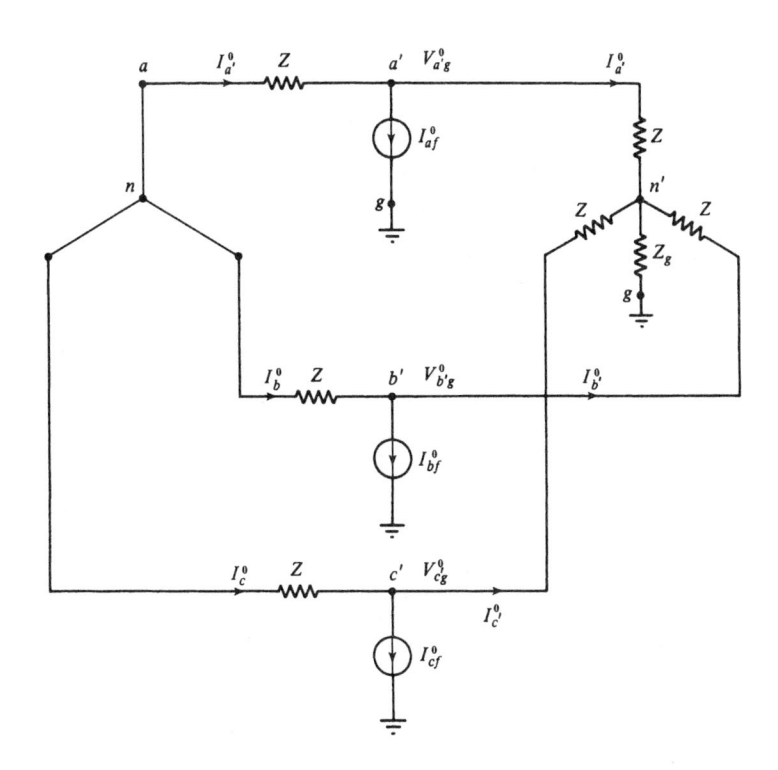

圖 12.4　零序網路 (三相)。

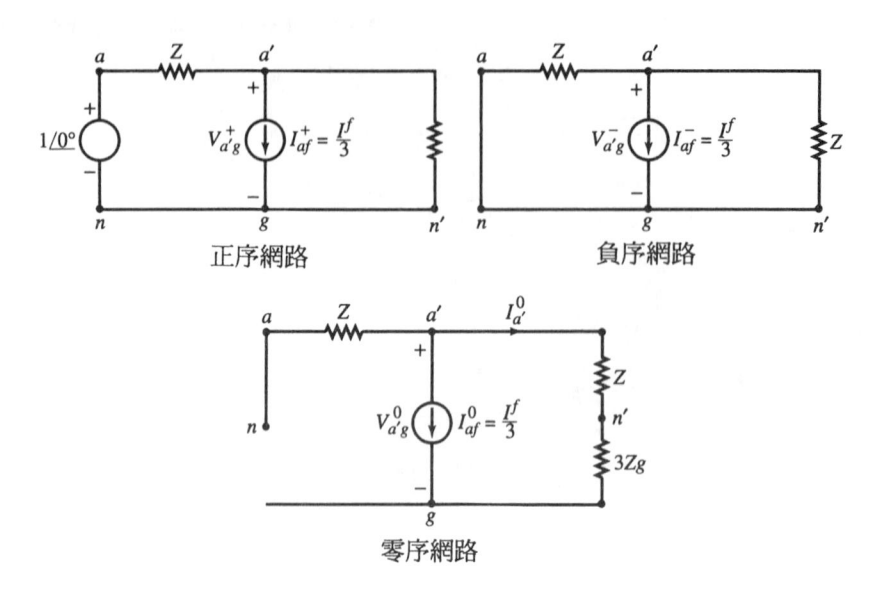

圖 12.5 　序網路（含電流源）。

這個方法將會在下一節介紹。

根據這個例子，我們可以看到對稱成分方法的優點。我們以三個對稱三相網路來取代已知的故障（非對稱）網路，其中每一個對稱三相網路可藉由考慮單相電路來加以分析，這個單相電路被稱做**序網路** (sequence network)。這個應用在平衡三相電路分析的每相簡化網路將被我們保留及應用。我們所指出的這種連接方式，一旦認定它是合理的方法後，我們將略去先前的推導，而直接使用序網路（即省略圖 12.3 而直接使用圖 12.5）。

這裡有一個額外的理由將提高我們使用對稱成分的興趣。我們的電路例題可用傳統電路分析方法求解，這將在稍後才說明。應用傳統方法將會在模型中產生很多電力系統阻抗元件，而且它們都是與序成分有關的。舉例來說，**戴維寧** (Thévenin) 等效發電機序阻抗在正序、負序與零序網路上都是不相等的。於是，在這個問題上，傳統電路分析將無法使用。

接下來，我們考慮一個方式，這個方式將使序網路的應用變得更具吸引力。

## 12.3 不同故障型式的序網路連接

**A. 單線接地故障序網路。**

在 12.2 節中的 SLG 故障的情況下，我們考慮這種關係可得

$$V_{a'g} = V_{a'g}^+ + V_{a'g}^- + V_{a'g}^0 \tag{12.11}$$

且

$$I_{af}^+ = I_{af}^- = I_{af}^0 = \frac{I^f}{3} \tag{12.12}$$

很清楚的，$V_{a'g}$ 是跨於正、負和零序網路串聯連接的電壓。且 $I^f/3$ 流經這個串聯路徑。此外，端點的限制為

$$V_{a'g} = Z^f I^f = 3Z^f \frac{I^f}{3} \tag{12.13}$$

上式可藉由一個 $3Z^f$ 的阻抗跨於串聯上而得到。於是，我們可獲得圖 12.6。

現在，我們可以簡單的求解 $I^f$。最簡單的方法是將圖 12.6 的正序網路部分化成戴維寧等效電路。我們將得到一個 1/2 的開路電壓串接一個 $Z/2$ 的阻抗。因此，我們獲得 1/2 的電壓跨於一個 $Z/2 + Z/2 + Z + 3Z_g + 3Z^f$ 的阻抗。於是

$$I^f = \frac{\frac{1}{2}}{\frac{2}{3}Z + Z_g + Z^f}$$

**注意**：由圖 12.2 所開始的這種一連串解題步驟將在這裡停止使用。我們希望讀者可以對這個基本理論原理有所瞭解。將來，在一個已知由 $a'$ 到 $g$ 的 SLG 故障時，我們將直接應用序網路，並如圖 12.6 一般的連接它們。

---

**練習 4.**

假設在圖 12.2 中的 SLG 故障發生在 $a$ 點和 $g$ 點間 (不再是 $a'$ 點和 $g$ 點間)，且同樣有一個阻抗 $Z^f$。說明在這種狀況下，圖 12.6 要如何修改。已

知 $I^f$ 如下

$$I^f = \frac{1}{\frac{2}{3}Z + Z_g + Z^f}$$

**練習 5.**

在圖 12.2 中，假設 (a) 負載沒有接地，或 (b) 電源有接地。這將會對圖 12.6 產生什麼影響？且故障電流大小值會有何變化？在物理上它是有意義的嗎？

現在我們考慮一些其他的故障類型。為了說明這些方法，我們最好還是延續使用圖 12.2 的電路，但在此會有一個不同型式的故障發生在 $a'$、

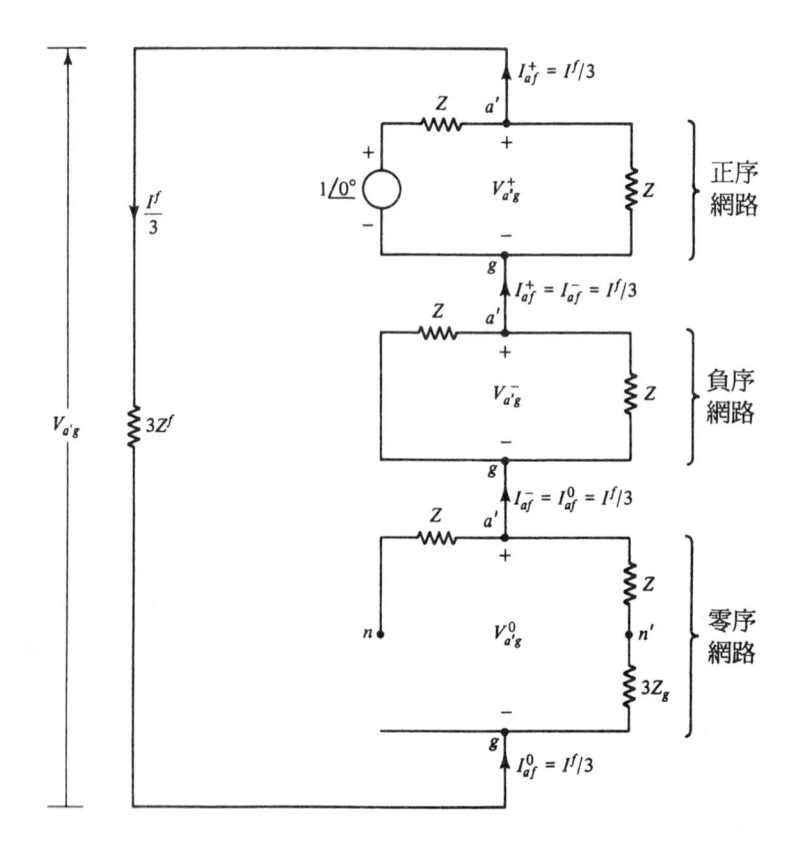

圖 12.6 單線接地故障的序網路連接。

第 12 章　不平衡系統運轉　527

$b'$、$c'$ 上。

我們考慮一個非常類似的網路,如圖 12.5。但是在此有不同連接方式。

## B. 雙線接地故障的序網路連接。

考慮如圖 12.7 所示的雙線接地 (DLG) 故障狀況。

我們必須注意圖 12.7 的 DLG 故障在 $V_{a'g}^+$、$V_{a'g}^-$、$V_{a'g}^0$ 與 $I_{af}^+$、$I_{af}^-$、$I_{af}^0$ 上的限制條件。注意,$V_{b'g} = V_{c'g} = 0$ 且 $I_{af} = 0$。根據 (12.9) 式,並應用於故障電壓,我們可得

$$\begin{bmatrix} V_{a'g}^0 \\ V_{a'g}^+ \\ V_{a'g}^- \end{bmatrix} = \frac{1}{3}\begin{bmatrix} 1 & 1 & 1 \\ 1 & \alpha & \alpha^2 \\ 1 & \alpha^2 & \alpha \end{bmatrix}\begin{bmatrix} V_{a'g} \\ 0 \\ 0 \end{bmatrix}$$

且由此可知

$$V_{a'g}^0 = V_{a'g}^+ = V_{a'g}^- \tag{12.14}$$

根據 (12.1) 式與圖 12.7,可獲得

$$I_{af} = I_{af}^0 + I_{af}^+ + I_{af}^- = 0 \tag{12.15}$$

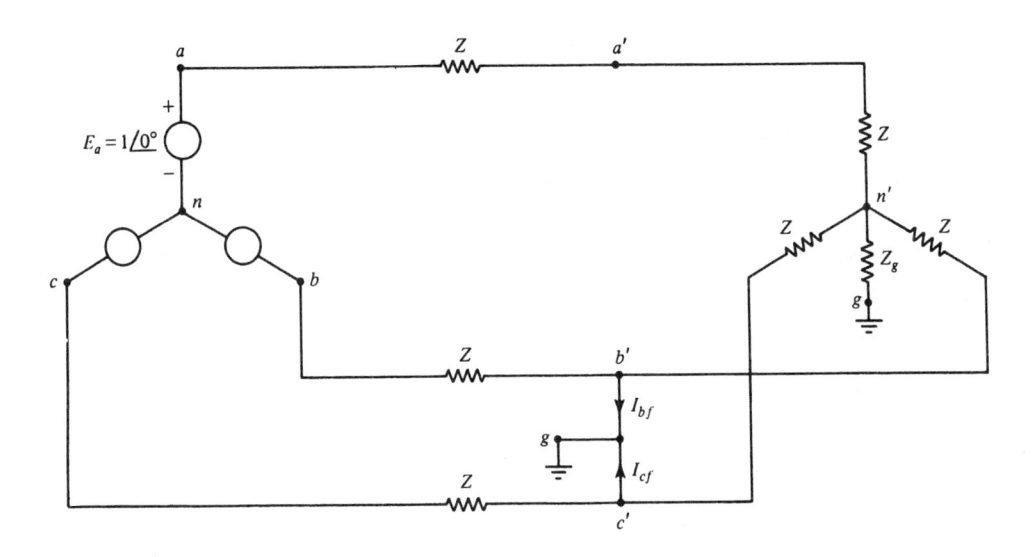

圖 12.7　雙線接地故障。

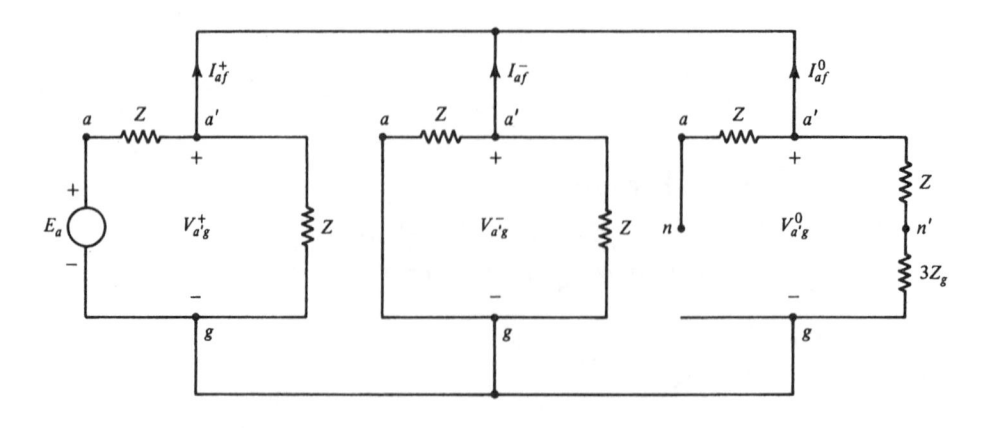

圖 12.8　雙線接地故障的序網路連接。

由方程式 (12.14) 式與 (12.15) 式可知正、負與零序網路可以連接成並聯形式。於是我們得到圖 12.8。

根據圖 12.8 的網路，我們可算出圖 12.7 中的任何一個電流或電壓。假設我們要計算的是 $V_{a'g}$、$I_{bf}$ 以及 $I_{cf}$。

因為

$$V_{a'g} = V_{a'g}^+ + V_{a'g}^- + V_{a'g}^0 = 3V_{a'g}^+$$

首先，我們由阻抗結合計算和電壓分配律可很容易地找出 $V_{a'g}^+$。

為了求出 $I_{bf}$ 與 $I_{cf}$。我們先算出 $I_{af}^0$、$I_{af}^+$、$I_{af}^-$。因為三個序電流總和為零，先算出任兩個而後可求出第三個。然後，我們藉由 (12.5) 式求解出 $a$、$b$ 和 $c$ 相的電流。

**練習 6.**

在圖 12.8 中，我們考慮故障的變化形式，如圖 Ex6(a)。證明圖 12.8 可以化成圖 Ex6(b)。

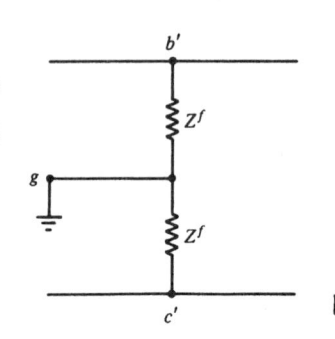

圖 Ex6(a)。

圖 Ex6(b)。

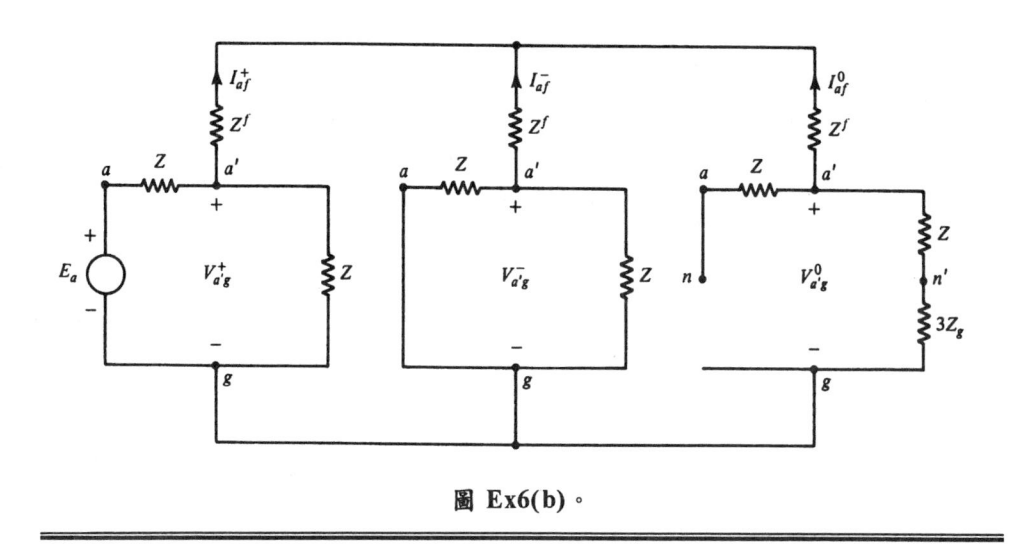

## C. 線間故障的序網路連接。

假設線間故障網路如圖 12.9 所示。除了故障類型不同外，其餘皆和圖 12.8 相同。很確定的，我們將可得到與圖 12.5 完全相同的序網路。剩下的問題就是決定要如何連接它們。我們研究序故障電壓和故障電流間的

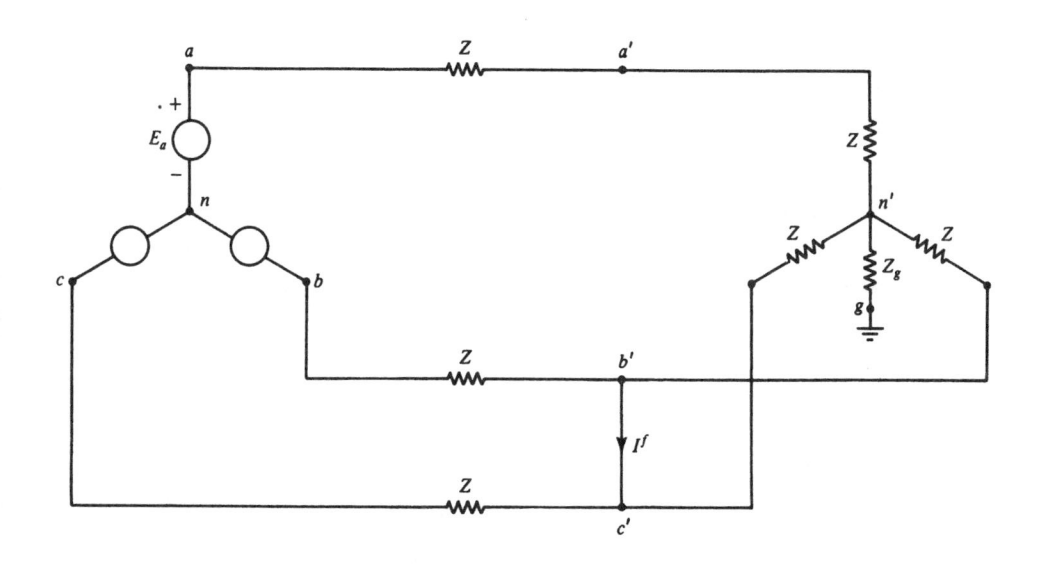

圖 12.9 線間故障。

關係，這將會告訴我們問題的線索。於是，根據事實可知 $V_{b'g} = V_{c'g}$，且應用 (12.9) 式後，我們可得

$$\begin{bmatrix} V_{a'g}^0 \\ V_{a'g}^+ \\ V_{a'g}^- \end{bmatrix} = \frac{1}{3} \begin{bmatrix} 1 & 1 & 1 \\ 1 & \alpha & \alpha^2 \\ 1 & \alpha^2 & \alpha \end{bmatrix} \begin{bmatrix} V_{a'g} \\ V_{b'g} \\ V_{b'g} \end{bmatrix}$$

由此可知

$$V_{a'g}^+ = V_{a'g}^- \tag{12.16}$$

再次應用 (12.9) 式

$$\begin{bmatrix} I_{af}^0 \\ I_{af}^+ \\ I_{af}^- \end{bmatrix} = \frac{1}{3} \begin{bmatrix} 1 & 1 & 1 \\ 1 & \alpha & \alpha^2 \\ 1 & \alpha^2 & \alpha \end{bmatrix} \begin{bmatrix} 0 \\ I^f \\ -I^f \end{bmatrix}$$

由上式可知

$$I_{af}^0 = 0 \qquad I_{af}^+ = -I_{af}^- \tag{12.17}$$

由於 $I_{af}^+ = \frac{1}{3}(\alpha - \alpha^2)I^f = jI^f/\sqrt{3}$。因此

$$I^f = -j\sqrt{3}\, I_{af}^+ \tag{12.18}$$

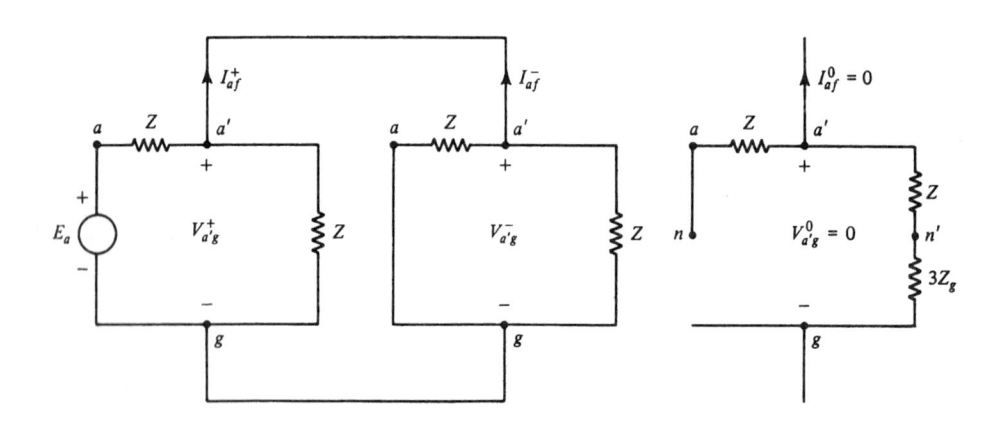

圖 12.10　線間故障的序網路連接。

第 12 章　不平衡系統運轉

由方程式 (12.16) 式與 (12.17) 式可知，正、負和零序網路是並聯連接的。由 (12.21) 式 (譯者認應為 (12.17) 式) 我們也知道 $I_{af}^0 = 0$，在這情況下 $V_{a'g}^0 = 0$。於是，零序網路對故障變數沒有任何影響。因為故障點沒有接地，所以在物理上也可確定的知道為什麼 $I_{af}^0 = 0$。

根據上述，我們可得到如圖 12.10 的情形。我們也可求解任何一個我們所喜歡的變數，但是必須注意的就是在此零序網路沒有任何效用。我們可利用 (12.18) 式來求解 $I^f$。

**練習 7.**

在圖 12.9 中，假設我們在 $b'$ 和 $c'$ 間以阻抗 $Z^f$ 來代替直接短路連接。證明在圖 12.10 中將會有一個阻抗 $Z^f$ 介於正序網路和負序網路之間 ($a'$ 到 $a'$)。

## 12.4　較普遍的故障分析

到目前為止我們所考慮的例子中，單相接地故障發生於 $a$ 相，而線間故障發生在 $b$ 和 $c$ 相間。這個選擇並非任意的，它是一個較簡單的**典型的範例情況** (canonical cases)。假設在 $b$ 相發生一個相對地的故障，處理這個問題最簡單的方法就是將 $b$ 相重新標示為 $a$，且 $c$ 相標示成 $b$，$a$ 相標示為 $c$。這個重新標示的方法將其他可能的故障類型化成原來的標準故障情況。當然，我們必須注意，在重新標示後 (原來的) 正序電源也必須只有正序成分。若我們維持原來的標示次序，例如 $abc$ 可標示為 $bca$ 或 $cab$ (即相同的循環次序)。由於這種變化，我們可將所有形式化成標準型。此後，我們將假設這種重新標示的程序皆已完成。

假設現在我們已知一個比先前例子更為一般性的網路。普遍來說，這個網路將包含數個 (正序) 三相電源。依據基本理論，我們可得到如下的解題步驟：

## 一般程序

1. 找出正、負與零序網路。
2. 連接故障點和 $g$ 點。
3. 根據故障類型（如圖 12.6、12.8、Ex6(b) 以及 12.10）連接網路。
4. 使用電路分析，求出 $a$ 相對稱成分。再利用 (12.5) 式，我們可找出對應三個相 $a$、$b$、$c$ 的變數。

一般程序的註解

a. 注意第 1 項，我們仍然必須介紹其他實際的模型，如發電機、變壓器和輸電線。這將在 12.7 節中加以說明。
b. 注意第 2 項，我們對故障的分類包含了其他更普遍的情況，但是仍然是不夠的。更完整的表列必須包含開路故障的情況，這些可在標準參考資料中找到。
c. 注意第 4 項，對所有的例子來說，電路分析涵蓋了序網路 $Z$ 矩陣的應用。這個技巧將在 12.12 節加以討論。
d. 實際上，明確的簡化假設通常是必須的。這會在 12.11 節討論。

## 12.5 從序變數求功率

考慮圖 12.11 中複數功率傳輸到網路的情形。我們不限定是在平衡條件下。根據第 2 章所討論的方法，特別是例題 2.4，我們可挑選一個節點來做為參考節點。在此很方便的可挑選 $g$ 來當參考節點。然後，根據例題 2.4，

$$S_{3\phi} = V_{ag}I_a^* + V_{bg}I_b^* + V_{cg}I_c^* \tag{12.19}$$

在平衡條件下 $V_{ag} = V_{an}$，因此我們獲得

$$S_{3\phi} = 3V_{an}I_a^* \tag{12.20}$$

在不平衡條件下，(12.19) 式可以加以利用，或是以序變數的觀點來取代上式。利用矩陣符號來表示這個轉換關係是比較方便的，因此可得

## 第 12 章 不平衡系統運轉

$$\mathbf{I} = \begin{bmatrix} I_a \\ I_b \\ I_c \end{bmatrix} \qquad \mathbf{V} = \begin{bmatrix} V_{ag} \\ V_{bg} \\ V_{cg} \end{bmatrix}$$

然後,我們可以下式取代 (12.19) 式

$$S_{3\phi} = \mathbf{I}^* \mathbf{V} \tag{12.21}$$

我們利用 $\mathbf{I}^*$ 來代表 $\mathbf{I}$ 的共軛複數。以對稱成分的觀點應用 (12.7) 式來表示 $\mathbf{I}$ 和 $\mathbf{V}$ 的關係,

$$\begin{aligned} S_{3\phi} &= (\mathbf{AI}_s)^* \mathbf{AV}_s \\ &= \mathbf{I}_s^* \mathbf{A}^* \mathbf{AV}_s \\ &= 3\mathbf{I}_s^* \mathbf{V}_s \\ &= 3V_{ag}^0 I_a^{0*} + 3V_{ag}^+ I_a^{+*} + 3V_{ag}^- I_a^{-*} \end{aligned} \tag{12.22}$$

由第一行變換至第二行,我們使用了 $(\mathbf{AB})^* = \mathbf{B}^* \mathbf{A}^*$ 的恆等式。第三行是因第二行中的 $\mathbf{A}^* \mathbf{A} = 3\mathbf{1}$,其中 $\mathbf{1}$ 代表單位矩陣。方程式 (12.22) 告訴了我們,$S_{3\phi}$ 是可以直接由序成分算出的,並不需要將序變數轉回相變數。

透過圖 12.11 的阻抗網路,我們在此將做一結論,亦即圖 12.11 是可以由其他更為一般性包含正弦電源的網路所替代。方程式 (12.22) 在其他情況下也都是成立的。

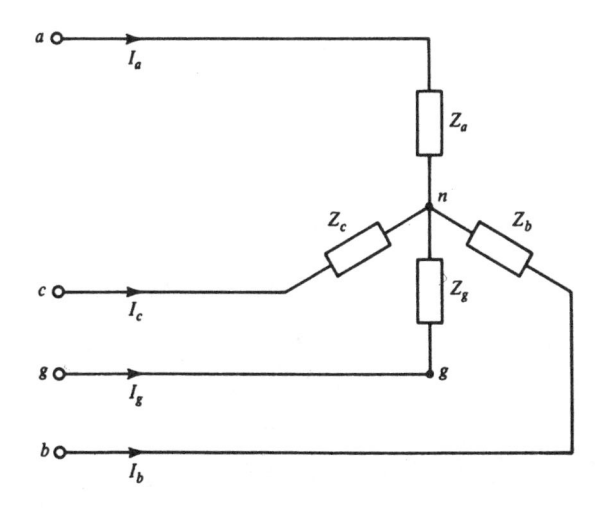

圖 12.11 四線式網路。

## 12.6 Y 連接與 Δ 連接的序網路

考慮如圖 12.12 所示的 Δ 與 Y 連接電路。在圖中所有的電路元件都是相等阻抗值,但是在 Y 和 Δ 連接之電壓與電流對稱成分變數關係,是可以應用在任意的電路元件上的,稍後我們將推導,我們選取分支 $a-b$ 的量當作 Δ 電路的參考變數。這個參考點的選擇是任意的,而且它並不會影響推導的結果。

以 Δ 電路電流的觀點來看,線電流可表示如下

$$\begin{aligned} I_a &= I_{ab} - I_{ca} \\ I_b &= I_{bc} - I_{ab} \\ I_c &= I_{ca} - I_{bc} \end{aligned} \quad (12.23)$$

總和這三個方程式,並利用 (12.9) 式零序成分的定義,我們可得 $I_a^0 = \frac{1}{3}(I_a + I_b + I_c) = 0$。這告訴了我們,線電流流入對稱 Δ 連接電路中,將不包含零序電流成分。事實上,這個結果也可以延伸到任意的 Δ 連接電路。使用 (12.5) 式,以及將等式中的序成分換成 $I_a$,可得

$$\begin{aligned} I_a = I_a^0 + I_a^+ + I_a^- = I_a^+ + I_a^- &= (I_{ab}^0 + I_{ab}^+ + I_{ab}^-) - (I_{ca}^0 + I_{ca}^+ + I_{ca}^-) \\ &= \underbrace{(I_{ab}^0 - I_{ca}^0)}_{0} + (I_{ab}^+ - I_{ca}^+) + (I_{ab}^- - I_{ca}^-) \end{aligned} \quad (12.24)$$

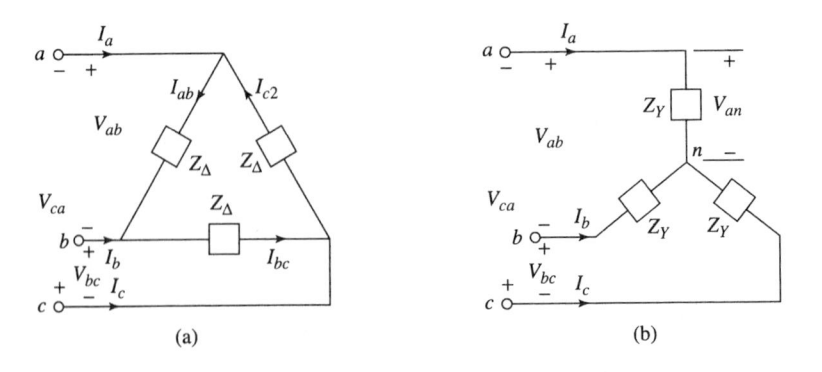

圖 12.12  三相對稱電路:(a) Δ 連接;(b) Y 連接。

## 第12章 不平衡系統運轉

這告訴我們,在 Δ 連接電路中無法單獨使用線電流來決定零序成分電流 $I_{ab}^0$。因為序成分是由一組平衡向量所構成,所以我們有 $I_{ca}^+ = \alpha I_{ab}^+$ 和 $I_{ca}^- = \alpha^2 I_{ab}^-$。做為一項結果,我們重寫 (12.24) 式成為

$$I_a^+ + I_a^- = (1-\alpha)I_{ab}^+ + (1-\alpha^2)I_{ab}^- \tag{12.25}$$

同理,我們同樣可獲得

$$I_b^+ + I_b^- = (1-\alpha)I_{bc}^+ + (1-\alpha^2)I_{bc}^- \tag{12.26}$$

注意,$I_b^+ = \alpha^2 I_a^+$,$I_b^- = \alpha I_a^-$、$I_{bc}^+ = \alpha^2 I_{ab}^+$ 且 $I_{bc}^- = \alpha I_{ab}^-$。我們可利用 (12.25) 式與 (12.26) 式解出下列的關係:

$$\begin{aligned} I_a^+ &= (1-\alpha)\,I_{ab}^+ = \sqrt{3}\angle -30° \times I_{ab}^+ \\ I_a^- &= (1-\alpha^2)\,I_{ab}^- = \sqrt{3}\angle 30° \times I_{ab}^- \end{aligned} \tag{12.27}$$

相似的,對於 Y 連接系統,線對線電壓也可以線對中性點電壓來表示。依據類似於先前的描述步驟,我們可得

$$\begin{aligned} V_{ab}^+ &= (1-\alpha^2)V_{an}^+ = \sqrt{3}\angle 30° \, V_{an}^+ \\ V_{ab}^- &= (1-\alpha)V_{an}^- = \sqrt{3}\angle -30° \, V_{an}^- \end{aligned} \tag{12.28}$$

---

**練習 8.**

推導 (12.28) 式所給定的關係,以線對中性線電壓的觀點來表示線對線的電壓,同時再找出 Y 連接系統線對線電壓 $V_{ab}$ 零序成分的表示式。另外,證明 Y 連接系統中的線對線電壓不含零序成分。

---

考慮如圖 12.12(b) 所示的 Y 連接電路。現在有一個阻抗 $Z_n$ 連接 Y 連接電路中性點到地之間,如圖 12.13。在這個情況下,線電流總和成 $I_n$,並經由中性點流入返回路徑。線電流可以對稱成分的觀點表示與取得如下:

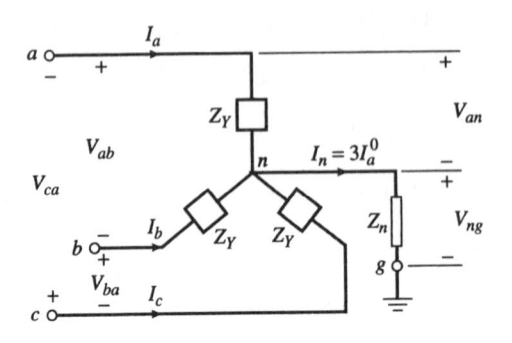

圖 12.13 含中性點的 Y 連接電路。

$$I_n = I_a + I_b + I_c = (I_a^0 + I_a^+ + I_a^-) + (I_b^0 + I_b^+ + I_b^-) + (I_c^0 + I_c^+ + I_c^-)$$
$$= (I_a^0 + I_b^0 + I_c^0) + \underbrace{(I_a^+ + I_b^+ + I_c^+)}_{0} + \underbrace{(I_a^- + I_b^- + I_c^-)}_{0} \quad (12.29)$$
$$= 3I_a^0$$

這個分析證明了在中性點與地之間的電流只包含零序電流，並且不論阻抗 $Z_n$ 的值是多少都不影響我們的結論。此外，在 $n$ 點加總而得的零序電流將產生一個 $3I_a^0 Z_n$ 電壓降，這個電壓降是介於中性點 $n$ 到地之間。我們可將 $a$ 相電壓表示成它和地的關係 $V_a = V_{an} + V_{ng}$，其中 $V_{ng} = 3I_a^0 Z_n$。根據圖 12.13，我們可應用 KVL 決定每相 ($a$、$b$、$c$ 相) 對地的電壓。

$$\begin{bmatrix} V_a \\ V_b \\ V_c \end{bmatrix} = \begin{bmatrix} V_{an} \\ V_{bn} \\ V_{cn} \end{bmatrix} + \begin{bmatrix} V_{ng} \\ V_{ng} \\ V_{ng} \end{bmatrix} = \begin{bmatrix} Z_Y I_a \\ Z_Y I_b \\ Z_Y I_c \end{bmatrix} + \begin{bmatrix} 3I_a^0 Z_n \\ 3I_a^0 Z_n \\ 3I_a^0 Z_n \end{bmatrix} = Z_Y \begin{bmatrix} I_a \\ I_b \\ I_c \end{bmatrix} + 3I_a^0 Z_n \begin{bmatrix} 1 \\ 1 \\ 1 \end{bmatrix} \quad (12.30)$$

在上述的方程式中，相電壓和電流可以對稱成分的觀點來表示，使用 (12.5) 式：

$$\mathbf{A} \begin{bmatrix} V_a^0 \\ V_a^+ \\ V_a^- \end{bmatrix} = Z_Y \mathbf{A} \begin{bmatrix} I_a^0 \\ I_a^+ \\ I_a^- \end{bmatrix} + 3I_a^0 Z_n \begin{bmatrix} 1 \\ 1 \\ 1 \end{bmatrix} \quad (12.31)$$

等號兩邊各預乘 $\mathbf{A}^{-1}$，可得

$$\begin{bmatrix} V_a^0 \\ V_a^+ \\ V_a^- \end{bmatrix} = \begin{bmatrix} Z_Y I_a^0 \\ Z_Y I_a^+ \\ Z_Y I_a^- \end{bmatrix} + \begin{bmatrix} 3Z_n I_a^0 \\ 0 \\ 0 \end{bmatrix} \quad (12.32)$$

第 12 章　不平衡系統運轉　　537

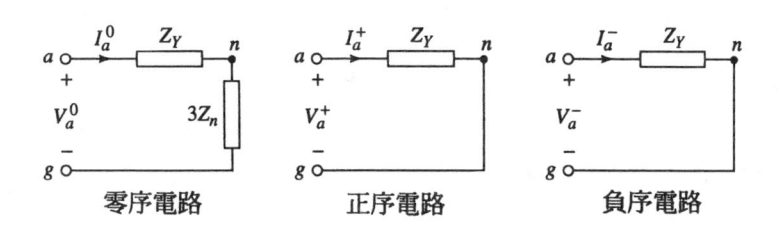

圖 12.14　中性點接地 Y 連接序網路。

展開上述矩陣，我們可獲得

$$V_a^0 = (Z_Y + 3Z_n)I_a^0 = Z^0 I_a^0$$
$$V_a^+ = \quad\quad Z_Y I_a^+ = Z^+ I_a^+ \quad\quad (12.33)$$
$$V_a^- = \quad\quad Z_Y I_a^- = Z^- I_a^-$$

觀察這些方程式可知道他們相互間沒有耦合關係。每一個序成分的電壓降是由與它相同的序成分電流所構成。我們可據此發展出如圖 12.14 的三個單相序電路。注意，當阻抗連接中性點與地時，零序電路必須要重新改變，加入 $3Z_n$ 以維持**返回路徑** (return path) 的電壓降。這點是我們以後遇到 Y 連接且有中性點接地阻抗時，所必須要進行的修正。

在圖 12.2 中，我們也考慮一組 Y 連接的阻抗（到 $a'$、$b'$、$c'$ 點的右側），並且找出相同的序網路，如圖 12.14。

## 12.7　發電機模型的序網路

為了方便說明，在我們先前的例子中的對稱成分方法都是使用理想電壓源，現在，我們將考慮同步機（電動機和發電機）的序網路模型。為了簡單起見，我們將假設這些電機為發電機。首先假設發電機轉子角速度為常數。然後，電方程式 (7.45) 式到 (7.47) 式將變成線性方程式，如此一來就可以應用重疊定理。於是，根據重疊定理的對稱成分方法便可適用。

**正序發電機模型**　根據 12.2 節所討論的基本對稱成分程序，我們設定所

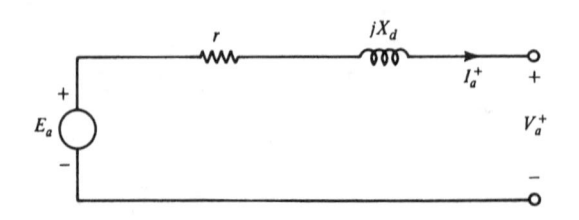

圖 12.15 正序電路模型（穩態）。

有負序和零序電源為零。然後，我們將得到一個只含正序電源的模型。我們已經在第 7 章討論過這種情形。這個穩態模型可由 (7.67) 式加以描述。若電機是圓型轉子，則 $X_q = X_d$，且我們可得到如圖 12.15 的電路模型。通常，做為近似時我們會忽略 $r$。即使是在 $X_q \neq X_d$ 的情況下，圖 12.15 的模型仍然可以使用（做為近似模型）。這個證明是依據下列的基礎。我們經常是對故障點附近的電壓和電流才有興趣。這些量與靠近故障點的發電機有密切的關聯。對於接近故障點的發電機，我們發現它的正序成分 $I_a^+$ 落後 $E_a$ 接近 90°（即 $I_a^+ \approx I_{ad}^+$ 且我們能忽略交軸成分 $jX_q I_{aq}^+$）；這將可導出圖 12.15 的模型。換句話說，若發電機遠離故障點，則它對故障電流和電壓的貢獻很小，所以我們將不必精確的模擬它。

　　圖 12.15 的模型適合用來計算穩態行為，但是我們最有興趣的是計算故障初期的短路電流和/或電壓。在例題 7.4（應用 2）中，我們算出對稱短路電流；這個電流值比穩態值大很多（約有 10 倍以上）。我們希望至少有一個正序發電機模型能近似這種行為。

　　有一個我們常常用來達成這個目的的模型，它是在 7.11 節所提出的簡化動態模型。假設我們想計算故障前的 $E_a'$，微分方程式 (7.75) 式告訴我們 $E_a'$ 在故障時無法瞬間改變。然後故障初期的 $E_a'$ 在 (7.73) 式中可視為一常數。這個情況下，我們可得如圖 12.16 所示的電路模型（利用前面所討論的忽略交軸成分證明）。這個模型有時候我們稱作是 $E_a'$、$X_d'$ 模型，它用

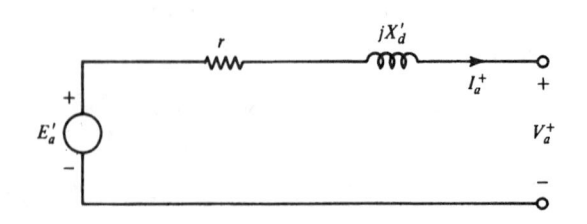

圖 12.16 正序電路模型（暫態）。

在預測初始暫態交流故障電流與電壓。相似地，我們可使用一個叫做 $E_a''$、$X_d''$ 的模型來找出次暫態交流故障電流和電壓。

**負序發電機模型**　在這個情況下，我們設定零序與正序電源為零。因為發電機磁場電壓 $v_F$ 包含了正序變數，它也設成零。為了找出負序端點電壓和電流的關係，我們進行一項實驗，實驗中我們加負序電流到發電機端點，並且測量其電壓。另外，我們可由**派克方程式** (Park equation) 來計算預期的結果。有興趣的讀者可參考附錄 5 所提供的穩態關係式計算。在物理上負序定子電流會在氣隙間產生磁通，這個磁通的旋轉方向與轉子方向相反。在這個情況下，阻尼電路或模型**實心轉子** (solid-iron rotor) 的電路會成為支配性元件，它們的計算將導出發電機阻抗 $jX^- = jX_d''$ 的結果。

**零序發電機模型**　使用與先前相同的方法，我們進行一項實驗或以派克方程式來計算。計算方法如附錄 5 所提供。若我們考慮物理上的測試，並以相等的零序電流加到發電機端點，則氣隙磁通將為零且每相空間的磁動勢 (mmf) 分佈呈正弦形式。在這種情況下發電機阻抗會變成 $jX^0 = jX_l$，其中 $X_l$ 為漏磁電抗；這個結果在實際上是相當正確的，而且它也說明了 $X^0$ 是一個非常小的值。最後，我們注意到若發電機中性點經由阻抗 $Z_g$ 接地，則在零序網路中將會有一個 $3Z_g$ 的阻抗，就如同先前所討論的情形一樣。

我們以表 12.1 所示的一些平均數值 (以標么為單位) 來做為本節討論

表 12.1　典型同步電機之電抗

|  | 汽渦輪-發電機（雙極） | | 含阻尼器之顯極式發電機 |
| --- | --- | --- | --- |
|  | 傳統冷卻* | 導體冷卻 |  |
| $X_d$ | 1.20 | 1.80 | 1.25 |
| $X_q$ | 1.16 | 1.75 | 0.70 |
| $X_d'$ | 0.15 | 0.30 | 0.30 |
| $X_d''$ | 0.09 | 0.22 | 0.20 |
| $X^-$ | 0.09 | 0.22 | 0.20 |
| $X^0$ | 0.03 | 0.12 | 0.18 |

*較小氣冷式和水冷式電機之代表性電抗

的總結。$X^+$ 可由 $X_d$、$X_d'$ 或 $X_d''$ 表示，且全視所研究的故障期間來決定它們的值。

---

**練習 9.**

假設有一個 SLG 故障在接近發電機的地方發生。若發電機中性點直接接地 ($Z_g = 0$)，且故障點也是直接接地。你能夠證明先前所討論的結論——發電機電流正序成分 $I_a^+$ 落後 $E_a$ 接近 90°？提示：以一個類似圖 12.2 (以理想電壓源代替實際發電機模型) 的簡單的例子來討論。假設 $|Z|$ 遠比發電機序阻抗來的大。

---

## 12.8　變壓器模型的序網路

在第 5 章我們討論了三相變壓器在平衡正或負序條件下的每相等效電路。忽略激磁電感，我們可獲得如圖 12.7 所示的 Δ-Δ 與 Y-Y 連接的每相標么模型。在 Δ-Y 與 Y-Δ 連接情況下，可簡化成圖 12.17，這個圖只要系統正常皆可以應用。

在短路研究中。有一個更完整的模型，就是將連接-感應相位移考慮進來，如圖 12.18 所示。

圖 12.17　三相變壓器正或負序簡化電路。

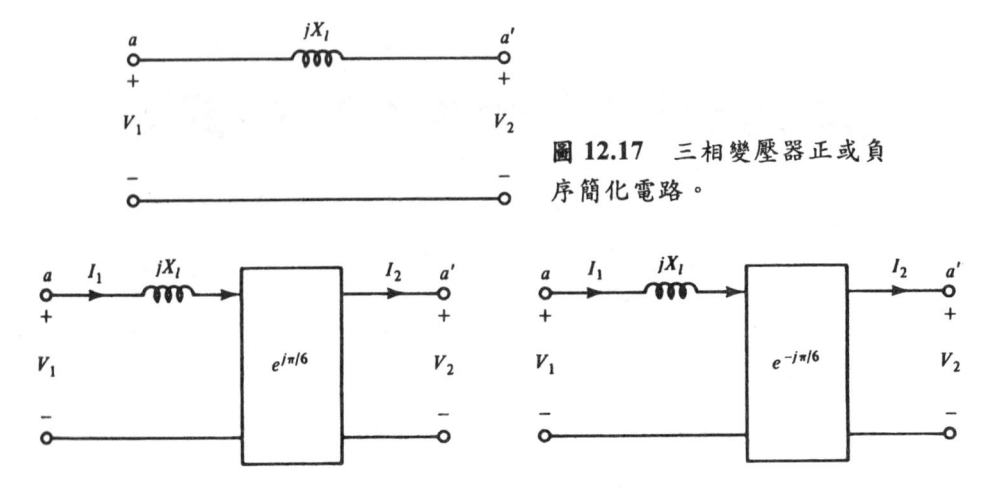

圖 12.18　更完整的電路模型。

## 第 12 章　不平衡系統運轉

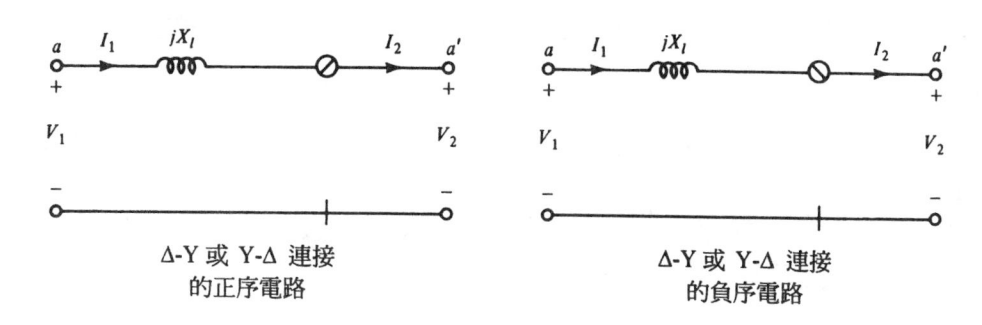

Δ-Y 或 Y-Δ 連接
的正序電路

Δ-Y 或 Y-Δ 連接
的負序電路

**圖 12.19**　更完整的電路模型。

在這裡所示的標準相位移是高壓側正序電壓超前低壓側 30°；相似地，高壓側負序電壓要落後 30°。

對所有的系統，即使是最簡單的，使用圖 12.18 的電路模型還是太過繁雜。因此我們將用一個較簡單的模型如圖 12.19 來代替它。符號 ⊘ 代表電壓和電流由左到右是增加的，或是說由右到左是減少的。線的斜向表示它的增量方向或減量方向。所以符號 ⊘ 表示從左到右有一相位減量值。當相位移大小沒有明確指定時，我們將假設標準值是 30°，如圖 12.18 所示。

接下來我們考慮不同變壓器連接的零序等效電路。在這種條件下將是更為複雜多變的。假設激磁電抗可忽略 (即由開路取代)，我們可得到更通用的變壓器連接方式，如圖 12.20 所示。

我們可很容易地核對表內的各項，加入一組零序電流到一次側 (或二次側)，並計算二次側 (或一次側) 所產生的電流，以及一次側和二次側的電壓。回想一組零電流都是相同正弦波的情形，這將幫助我們瞭解電路，注意到若一次側 (或二次側) 電流沒有接地迴路，或是沒有二次側 (一次側) 零序電流，則我們將得到一個在一次側 (二次側) 的開路電路。於是，對最上面的電路來說，將會有一個提供一次側零序電流的接地迴路，但這還不夠，為它沒有提供產生二次側電流的路徑。在第三個電路中，因二次側有一個接地迴路或路徑，所以一次側電流便能流過。另外，從二次側看入的電路將會是一個開路電路 (沒有接地迴路)。

我們可以藉由計算來驗證這些直覺的結果。例如，我們更詳細的考慮第三個電路，如下：

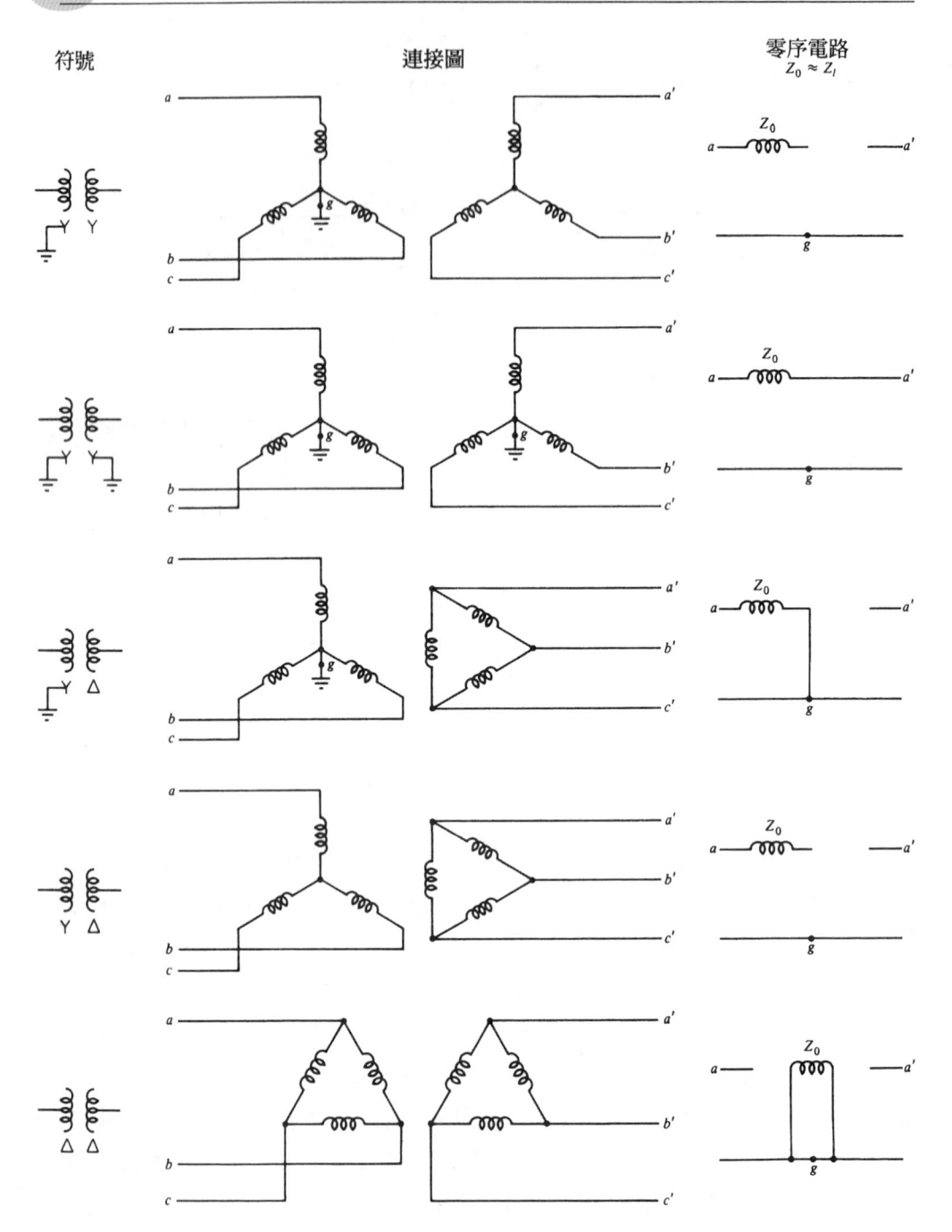

圖 12.20　零序等效電路。(採自 W. D. Stevenson, Jr., *Elements of Power Systems Analysis*, 4th ed., McGraw-Hill Book Company, New York, 1982.)

## 例題 12.3　零序等效電路

使用如圖 5.4 所示的單相變壓器模型，並驗證圖 12.20 的第三項。

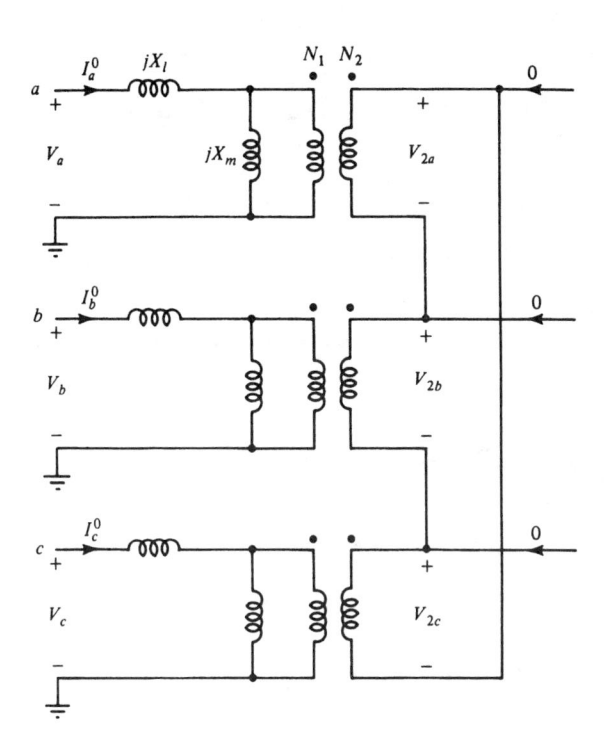

**圖 E12.3。**

**解**　使用圖 5.4 (並忽略激磁電感)，我們可得圖 E12.3 的接地 Y-Δ 連接。首先，我們注意到應用對稱成分方法後發現，二次側電壓是完全相同的，而且滿足 KVL，所以它們事實上必須等於零。於是我們也獲得此理想變壓器的一次側是零伏特 (短路)。根據這項推論可導出 $V_a = jX_l I_a^0$。另外，我們可進行更慎重的程序如下，根據圖可知

$$V_a = jX_l I_a^0 + \frac{n_1}{n_2} V_{2a}$$

$$V_b = jX_l I_b^0 + \frac{n_1}{n_2} V_{2b}$$

$$V_c = jX_l I_c^0 + \frac{n_1}{n_2} V_{2c}$$

$$V_a^0 \triangleq \tfrac{1}{3}(V_a + V_b + V_c) = jX_l I_a^0$$

我們已經使用了下列事實：$I_a^0 = I_b^0 = I_c^0$ 與 $V_{2a} + V_{2b} + V_{2c} = 0$，於是由左端看入，零序阻抗為 $Z^0 = jX_1$。另外，由右邊看入時我們將會看到一個開路，這因為零序電流沒有迴路的緣故。以上說明驗證了圖 12.20 的第三項。

**練習 10.**

在例題 12.3 中，模擬單相變壓器時 $X_m$ 可以忽略；其並無所謂，因 $X_m$ 可以有效地被短路。使用更完整的單相模型（其中 $X_m$ 忽略）推導第一個零序電路並與表中的結果作比較。

## 12.9 輸電線的序網路表示

在 3.6 節我們發展出三相輸電線包含接地效應的串聯阻抗表示法。現在我們討論序成分的表示方法。根據 (3.40) 式，在此重新寫出

$$\begin{bmatrix} V_a \\ V_b \\ V_c \end{bmatrix} = \begin{bmatrix} Z'_{aa} & Z'_{ab} & Z'_{ac} \\ Z'_{ba} & Z'_{bb} & Z'_{bc} \\ Z'_{ca} & Z'_{cb} & Z'_{cc} \end{bmatrix} \begin{bmatrix} I_a \\ I_b \\ I_c \end{bmatrix} \quad (3.40)$$

$$\mathbf{V}_{abc} = \mathbf{Z}_{abc} \mathbf{I}_{abc}$$

利用 (12.7) 式將相變數轉換成對稱成分，我們得到

$$\mathbf{A}\mathbf{V}_s = \mathbf{Z}_{abc}\mathbf{A}\mathbf{I}_s \quad (12.34)$$

兩邊各前乘 $\mathbf{A}^{-1}$，我們得到

$$\mathbf{V}_s = \mathbf{A}^{-1}\mathbf{Z}_{abc}\mathbf{A}\mathbf{I}_s \quad (12.35)$$

上式可寫成以下的形式

$$\mathbf{V}_s = \mathbf{Z}_s \mathbf{I}_s \quad (12.36)$$

其中我們定義

# 第 12 章　不平衡系統運轉

$$\mathbf{Z}_s = \mathbf{A}^{-1}\mathbf{Z}_{abc}\mathbf{A} \tag{12.37}$$

這個新的矩陣 (12.37) 式可藉由矩陣乘法直接算出。它的形式如下

$$\mathbf{Z}_s = \begin{bmatrix} (Z_S^0 + 2Z_M^0) & (Z_S^- - Z_M^-) & (Z_S^+ - Z_M^+) \\ (Z_S^+ - Z_M^+) & (Z_S^0 - Z_M^0) & (Z_S^- + 2Z_M^-) \\ (Z_S^- - Z_M^-) & (Z_S^+ + 2Z_M^+) & (Z_S^0 - Z_M^0) \end{bmatrix} \tag{12.38}$$

其中我們定義

$$\begin{aligned} Z_S^0 &= \tfrac{1}{3}(Z'_{aa} + Z'_{bb} + Z'_{cc}) \\ Z_S^+ &= \tfrac{1}{3}(Z'_{aa} + \alpha Z'_{bb} + \alpha^2 Z'_{cc}) \\ Z_S^- &= \tfrac{1}{3}(Z'_{aa} + \alpha^2 Z'_{bb} + \alpha Z'_{cc}) \end{aligned} \tag{12.39}$$

以及

$$\begin{aligned} Z_M^0 &= \tfrac{1}{3}(Z'_{bc} + Z'_{ca} + Z'_{ab}) \\ Z_M^+ &= \tfrac{1}{3}(Z'_{bc} + \alpha Z'_{ca} + \alpha^2 Z'_{ab}) \\ Z_M^- &= \tfrac{1}{3}(Z'_{bc} + \alpha^2 Z'_{ca} + \alpha Z'_{ab}) \end{aligned} \tag{12.40}$$

在這個定義之下，我們假設被動網路**互阻抗** (mutual impedance) 是相對稱的 (即 $Z_{ab} = Z_{ba}$、$Z_{ac} = Z_{ca}$、$Z_{bc} = Z_{cb}$)。

前面的敘述說明了一般性的情況。有一個特殊的情況是它的**自阻抗** (self impedance) 或互阻抗是依據 $a$ 相互相對稱的。在這種情況下我們有

$$\begin{aligned} Z'_{bb} &= Z'_{cc} \\ Z'_{ab} &= Z'_{ca} \end{aligned} \tag{12.41}$$

序成分的自阻抗與互阻抗如下

$$\begin{aligned} Z_S^0 &= \tfrac{1}{3}(Z'_{aa} + 2Z'_{bb}) \\ Z_S^+ &= Z_S^- = \tfrac{1}{3}(Z'_{aa} - Z'_{bb}) \end{aligned} \tag{12.42}$$

$$\begin{aligned} Z_M^0 &= \tfrac{1}{3}(Z'_{bc} + 2Z'_{ab}) \\ Z_M^+ &= Z_M^- = \tfrac{1}{3}(Z'_{bc} - Z'_{ab}) \end{aligned} \tag{12.43}$$

**例題 12.4**

對例題 3.6 所給定的輸電線，計算其阻抗的序成分。

**解** 根據例題 3.6 的解答，我們有

$$\mathbf{Z}_{abc} = \begin{bmatrix} (17.304+j83.562) & (5.717+j37.81) & (5.717+j32.76) \\ (5.717+j37.81) & (17.304+j83.562) & (5.717+j37.81) \\ (5.717+j32.76) & (5.717+j37.81) & (17.304+j83.562) \end{bmatrix} \Omega$$

根據 (12.37) 式，我們有 $\mathbf{Z}_s = \mathbf{A}^{-1}\mathbf{Z}_{abc}\mathbf{A}$：

$$\mathbf{Z}_s = \begin{bmatrix} (28.74+j155.82) & (1.46-j0.84) & (-1.46-j0.84) \\ (-1.46-j0.84) & (11.59+j47.44) & (-2.92+j1.68) \\ (1.46-j0.84) & (2.92+j1.68) & (11.59+j47.44) \end{bmatrix} \Omega$$

例題 12.4 說明如下：

1. 當 $\mathbf{Z}_{abc}$ 為對稱時，$\mathbf{Z}_s$ 不一定是對稱！
2. 有一個耦合發生在序電壓與其他序的電流之間。於是 $V^0$、$V^+$ 和 $V^-$ 各相依於 $I^0$、$I^+$ 和 $I^-$。
3. 在例子中，我們注意 $\mathbf{Z}_s$，發現它的對角線元素比起非對角線元素大很多。這告訴我們序變數間的耦合關係相當微弱，而且這將成為我們忽略非對角線元素的理由。當我們忽略非對角線元素後，會產生一個近似模型，其中不同組序變數間就沒有任何的耦合關係（即 $V^0 = Z^0 I^0$、$V^+ = Z^+ I^+$、$V^- = Z^- I^-$）。這是一個相當好的結果，因為它讓我們能夠使用簡單的序網路。
4. 在例子中，我們注意到 $Z^0$ 接近三倍的 $Z^+ = Z^-$。這個比率是一般的估側值，且它也已經藉由磁場量測加以證實了。

## 12.10 序網路的組合

有了 12.7 節到 12.9 節所提出的發電機、變壓器與輸電線模型，我們現在開始思考一個比起 12.2 節和 12.3 節例子更為實際的序網路。

第 12 章　不平衡系統運轉

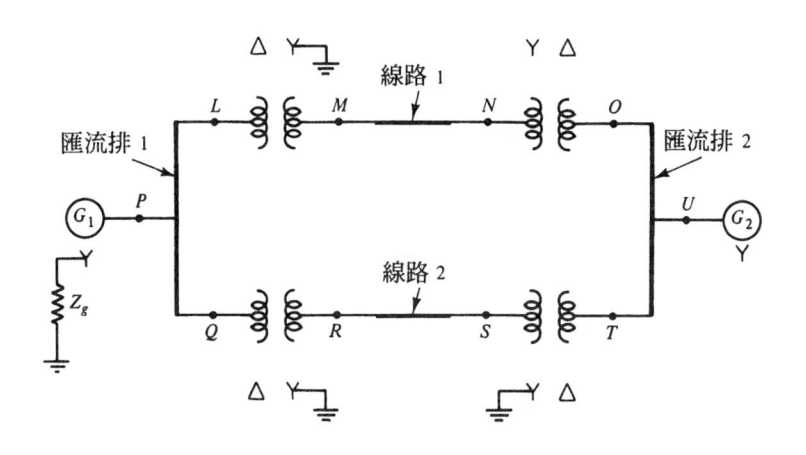

圖 12.21　系統單線圖。

舉個例子，讓我們考慮圖 12.21 所示的系統單線圖。其中有兩部同步機、兩條輸電線以及四部變壓器。變壓器和同步機的連接與接地方式如圖所示。其中 LMNOPQRSTU 是作為標示之用。

我們畫出如圖 12.22 的正序網路，並假設電源是平衡而且正序的；因此它們才能包含在這個網路中。在缺乏相反訊息下，我們假設所有變壓器組的連接方式會使高壓側正序成分超前低壓側 30°。這也就告訴我們其中包含了相位移，如圖 12.22 所示。我們用一般項來表示發電機電抗。當進行穩態計算時必須要使用 $X_d$，若是計算開始數週期時間內的結果，則必須使

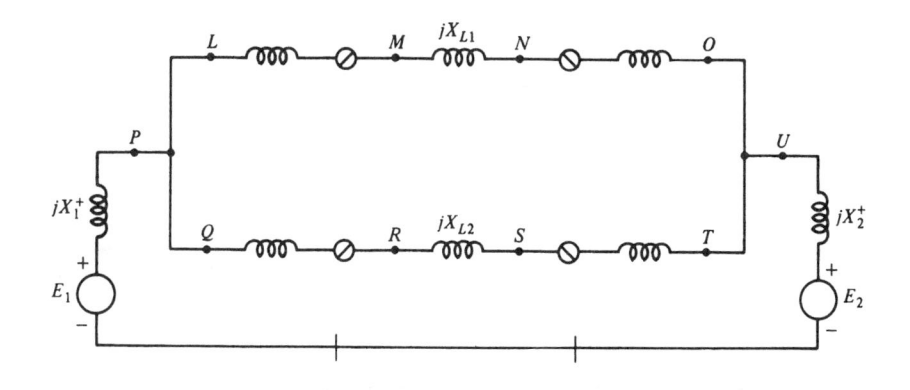

圖 12.22　正序網路。

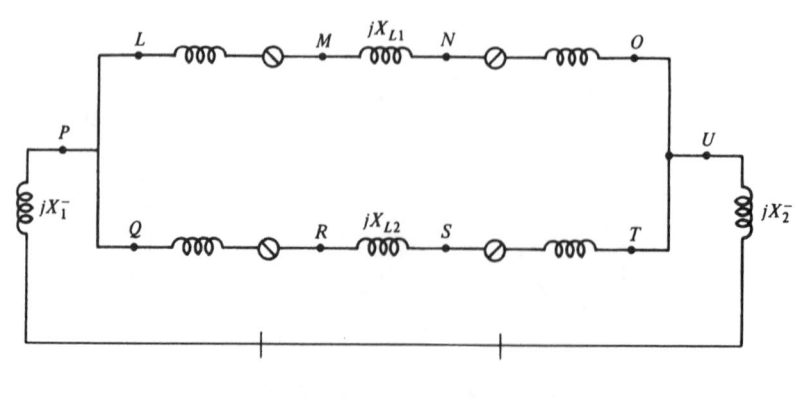

圖 12.23　負序網路。

用 $X'_d$ 或 $X''_d$。未標示的四個電抗分別代表四部變壓器的漏電抗。

　　根據例題 12.4 所討論的結果，我們擁有簡化的輸電線模型，這個模型也就是不同序之間沒有耦合關係的模型。因此，正序和負序電抗分別是 $X_{L1}$ 和 $X_{L2}$，而零序電抗為 $X^0_{L1}$ 和 $X^0_{L2}$。

　　接下來我們考慮如圖 12.23 所示的負序網路。這個網路與正序網路有三個不同的地方：其一為沒有電壓源，其二是發電機電抗為負序值，其三是每部變壓器低壓側到高壓側（連接-感應）相位移是正序網路相位移的負值。

　　最後，我們藉由查看圖 12.20 的兩種變壓器連接找出零序網路。

　　我們從圖 12.21 與圖 12.24 內的標示點向左和向右看入，來驗證圖

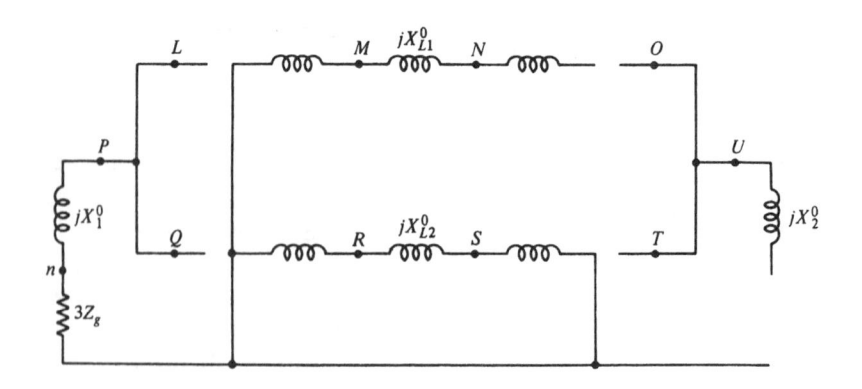

圖 12.24　零序網路。

第 12 章　不平衡系統運轉　　549

12.24 網路的正確性。例如，參考圖 12.21，在 $P$ 點向左看入，則我們可發現中性點經由 $Z_g$ 接地；在這種情況下我們得到發電機的零序阻抗 $jX_1^0$ 串接 $3Z_g$，這也驗證了圖 12.24。再從 $P$ 點向右看入，對零序電流來說在圖 12.21 中我們看到一個開路情況；這個開路如圖 12.24 所示。在圖 12.21 中的 $M$ 點向左看入，我們看到一個和圖 12.20 第三項變壓器接線相同的連接方式，這表示在圖 12.24 中 $M$ 點的左端。相似地，我們也能檢驗圖 12.24 中所有的連接方式。

## 12.11　實際電力系統模型故障分析

　　現在，我們可以重新檢驗對稱成分是如何應用到實際電力系統問題。同時我們也將介紹一些簡化的假設。

　　如同第 10 章所討論的，在正常 (故障前) 運轉條件下的電力系統是由 $P \cdot Q$ 匯流排上的複數功率，**鬆弛匯流排** (slack bus) 上的電壓，與其他發電機匯流排上的有效注入功率與電壓大小來指定的。然後所有未知 (複數) 匯流排的電壓便可透過電力潮流研究求出，因此所有我們想要知道的線、負載與發電機電流都可算出。理論上我們也可以算出內部發電機電壓 $E_a$、$E_a'$ 和 $E_a''$，它們分別對應於適當的發電機阻抗。對已知或已算出的 $V_i$s 來說，我們也可以計算等效的阻抗負載，並用來代替指定的 $S_{Di}$；這可由使用 $Z_{Di} = V_i / I_{Di} = V_i^* V_i / V_i^* I_{Di} = |V_i|^2 / S_{Di}^*$ 來達成。於是我們得到一種負載模型。理論上，因此我們可獲得兩件事情：(1) 一個含電壓源的電路模型，以及 (2) 故障前的電壓和電流值。所以我們現在便能使用 12.4 節所提出的**一般程序** (general procedure)。

　　實際上，我們並不如上述般地進行解題；某些簡化假設不僅能大幅度減少計算負擔，而且不會嚴重減低計算精確度。一些規定如下：

1. 在故障點發生故障前的電壓通常很接近它的標稱值 (即它可以 $1\angle 0°$ 來表示)。
2. 在序網路中，負載阻抗可視為並聯元件。發電機同樣也可視為一個並聯元件，而且它的阻抗值更小。負載阻抗 (通常) 是電阻性這也是一個事實，而發電機阻抗幾乎是純電抗性：在計算故障電流 $I^f$ 以及 $I_{af}^+$、$I_{af}^-$ 和 $I_{af}^0$ 時，我們需要每一序網路的等效 (並聯) 阻抗，而且對上述所提的兩個理由，我們發現負載並不會嚴重地影響結果。於是至少就計算故障電流而言，我們已經可以將它們略去 (即移走負載)。

3. 在解故障系統內其他的電流值時，我們發現故障前電流遠小於故障期間我們算出的電流，它們也有相當大的相位移。於是忽略故障前的電流將是一個不錯的假設 (即假設故障前電流全部都等於零)。對這種情形來說，我們只需考慮 Δ 網路對故障電流 $I_{af}^+$、$I_{af}^-$ 和 $I_{af}^0$ 的響應。在這網路中，根據 2 所提出的理由，我們也可以 (經常地) 省略負載阻抗。此刻，我們已討論過電流；若應用在電壓上也將有一個相類似的結論成立。根據故障前電流忽略的假設，我們能省略所有故障前的串聯壓降 (由線電流所引起)，以及設定所有故障前的電壓值為 1.0。這通常稱做是**平滑外形** (flat profile)。注意：在此連接-感應相位移不可忽略。

這個討論提供我們採用以下 1 到 4 假設的理由，另外兩個假設也是根據相同的精神來選定，亦即它們能簡化計算但卻不影響精確度。

**假設 1**：負載阻抗可以忽略。

**假設 2**：在線路和變壓器模型內的所有其他並聯元件都可以忽略。

**假設 3**：在線路、發電機與變壓器上的所有串聯電阻都可忽略。

**假設 4**：故障前系統是無載的，即電流為零。且在故障點處的 $a$ 相電壓等於 1∠0°，同時系統還有一個平滑電壓外形。

一些額外的說明如下。

1. 在定義故障前平滑電壓時，我們必須考慮 Δ-Y 變壓器組的連接-感應相位移。

2. 我們回想，在模擬變壓器時並聯激磁電抗已忽略，這是因為它們的值相對地都比並聯阻抗高。忽略的這些阻抗的詳細說明可參考前面的討論。

3. 假設 1 與假設 4 都有非常好的物理緣由。它不只簡化了計算，而且

# 第 12 章　不平衡系統運轉

大幅度地減少了需要考慮的狀況。我們不必計算一個多變的負載狀況。而且它也能滿足在各種不同的系統組態與故障位置和類型下的故障分析。

4. 根據例題 12.4 的討論，我們已經簡化了輸電線的模型。
5. 我們最後完成了一個只包含電源、相位移和純電抗的電路模型；有時候這個電路也稱為電抗圖。

接下來我們繼續討論一個例子，並使用這些簡化推論以及在 12.7 節到 12.9 節所討論的電力系統模型。

---

**例題 12.5　故障計算**

如圖 E12.5(a) 所示的單線圖，並且在輸電線左端 $a'$ 點發生一個單線接地故障 (SLG)。假設故障前電壓 $V_{a'n} = 1\angle 0°$。利用發電機暫態電抗計算 $I^f$、$I_a$、$I_b$、$I_c$、$I_{a'}$、$I_{b'}$、$I_{c'}$、$V_{b'g}$ 和 $V_{c'g}$。這些資訊對於設計保護電驛策略相當有幫助，這裡的保護策略是用來保護 $a'$ 點發生 SLG 故障時的系統設備。

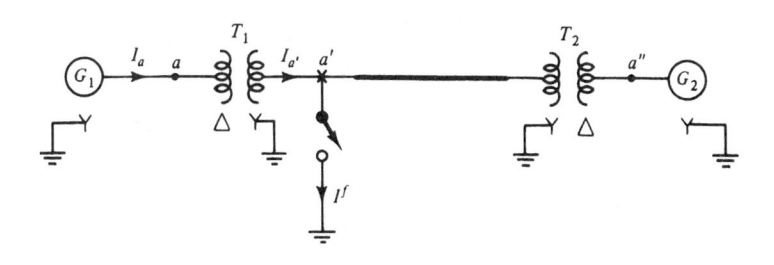

圖 E12.5(a)。

**解**　依據 12.4 節提出的**一般程序** (general procedure)、12.7 節到 12.9 節所描述的模型以及剛才所敘述的簡化假設。個別序網路可以加以組合，如 12.10 節所述。事實上圖 E12.5(a) 所示的單線圖正好與圖 12.21 下半部分相同。在此因為發生了 SLG 故障，所以我們將序網路加以串聯，如圖 E12.5(b) 所示，圖中除了電抗值的假設外，還包含了故障前電壓 $V_{a'n} = V_{a'g} = 1\angle 0°$ 所換算出的發電機電壓。

接下來我們用戴維寧等效來取代正序網路，以找出 $I^f/3$，其中 $V_{a'g}^{oc} = V_{a'g}^{pf} = 1\angle 0°$。戴維寧等效阻抗可由設定電壓源為零，並測量 $a'g$ 端點的驅動點阻抗而得。如同 5.4 節所描述，在這種連接下連接-感應的變壓器相位移可以忽略。於是對阻抗計算而言，我們可以在圖 E12.5(b) 中忽略相位移符號 $\oslash$ 或 $\obslash$。

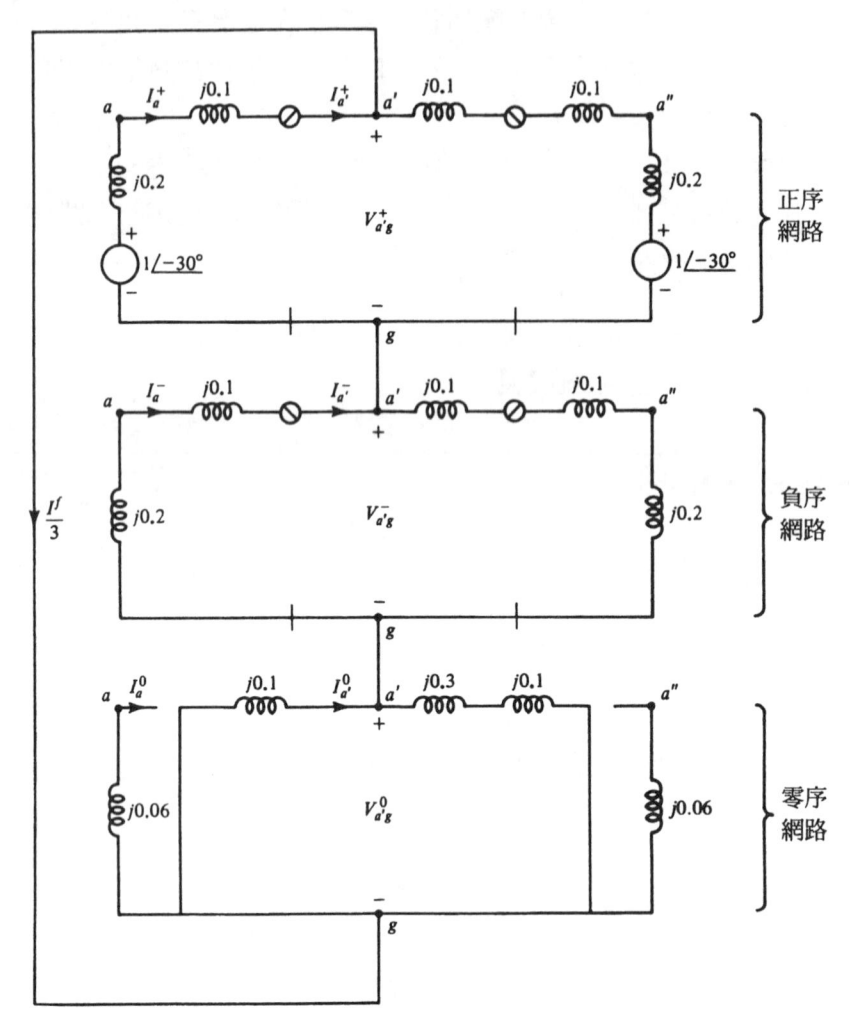

圖 E12.5(b)。

使用阻抗並聯的方法，我們找到如下的驅動點阻抗：

$$Z_{a'g}^+ = Z_{a'g}^- = j0.1714 \qquad Z_{a'g}^0 = j0.0800$$

然後

$$\frac{I^f}{3} = \frac{1\angle 0°}{j0.1714 + j0.1714 + j0.0800} = -j2.365$$

於是 $I^f = -j7.095$。接下來我們計算 $V_{a'g}^+$、$V_{a'g}^-$ 和 $V_{a'g}^0$。

## 第 12 章　不平衡系統運轉

$$V_{a'g}^0 = j2.365 \cdot j0.0800 = -0.1892$$

$$V_{a'g}^- = j2.365 \cdot j0.1714 = -0.4054$$

$$V_{a'g}^+ = 1 + j2.365 \cdot j0.1714 = 0.5946$$

於計算 $V_{a'g}^+$ 時我們加入了電壓源與已知電流 $I_{af}^+ = I^f/3$ 的影響。

現在我們利用 (12.5) 式計算 $V_{b'g}$ 與 $V_{c'g}$。

$$\begin{bmatrix} V_{a'g} \\ V_{b'g} \\ V_{c'g} \end{bmatrix} = \begin{bmatrix} 1 & 1 & 1 \\ 1 & \alpha^2 & \alpha \\ 1 & \alpha & \alpha^2 \end{bmatrix} \begin{bmatrix} V_{a'g}^0 \\ V_{a'g}^+ \\ V_{a'g}^- \end{bmatrix} = \begin{bmatrix} 1 & 1 & 1 \\ 1 & \alpha^2 & \alpha \\ 1 & \alpha & \alpha^2 \end{bmatrix} \begin{bmatrix} -0.1892 \\ 0.5946 \\ -0.4054 \end{bmatrix} = \begin{bmatrix} 0 \\ 0.9113\angle -108.1° \\ 0.9113\angle 108.1° \end{bmatrix}$$

為了驗證，我們注意到有個客觀事實，就是 $V_{a'g} = 0$。

接下來我們找出 $I_{a'}$、$I_{b'}$ 和 $I_{c'}$。首先我們計算

$$I_{a'}^0 = \frac{-V_{a'g}^0}{j0.1} = 1.892\angle -90°$$

$$I_{a'}^- = \frac{-V_{a'g}^-}{j0.3} = 1.351\angle -90°$$

為了計算 $I_{a'}^+$，需利用正序網路：

$$I_a^+ = \frac{1\angle -30° - V_{a'g}^+ \angle -30°}{j0.3} = 1.351\angle -120°$$

然後

$$I_{a'}^+ = 1.351\angle -90°$$

且

$$\begin{bmatrix} I_{a'} \\ I_{b'} \\ I_{c'} \end{bmatrix} = \begin{bmatrix} 1 & 1 & 1 \\ 1 & \alpha^2 & \alpha \\ 1 & \alpha & \alpha^2 \end{bmatrix} \begin{bmatrix} I_{a'}^0 \\ I_{a'}^+ \\ I_{a'}^- \end{bmatrix} = \begin{bmatrix} 4.595\angle -90° \\ 0.542\angle -90° \\ 0.542\angle -90° \end{bmatrix}$$

我們注意到 $I_{a'} + I_{b'} + I_{c'} = 3I_{a'}^0 = 5.679\angle -90°$，這個電流是變壓器 $T_1$ 接地中性點的電流。(的確，這是一個故障狀況指示器，它能用來當作啟動保護動作的信號。)

接下來我們考慮 $I_a$、$I_b$ 和 $I_c$ 的計算。在這裡我們將必須考慮連接-感應相位移的作用。有一點相當重要的，就是相位移在正序和負序成分中是不相同的。所以參考適當的序網路可得

$$I_a^+ = I_{a'}^+ e^{-j\pi/6} = 1.351\angle-120°$$
$$I_a^- = I_{a'}^- e^{j\pi/6} = 1.351\angle-60°$$
$$I_a^0 = 0$$

於是

$$I_a = I_a^0 + I_a^+ + I_a^- = 2.340\angle-90°$$
$$I_b = I_a^0 + \alpha^2 I_a^+ + \alpha I_a^- = 2.340\angle 90°$$
$$I_c = I_a^0 + \alpha I_a^+ + \alpha^2 I_a^- = 0$$

這些量與變壓器組二次側 $I_{a'}$、$I_{b'}$ 和 $I_{c'}$ 電流有顯著不同。特別是對應電流間的關係不是一個簡單的相位移，而且它的量也有相當不同。

做為一項驗證，我們注意到 $I_a + I_b + I_c = 0$。這與變壓器組的一次測電流缺少接地迴路的事實相當吻合。讀者可能希望進一步去檢查有關一次和二次測電流的結果與實際 Δ-Y 變壓器接線內的電流是否相符；接線圖如圖 5.10 所示。

我們將以一些額外的觀察和解釋來對本節做出結論。

**1.** 對稱三相故障的重要狀況可以利用第 2 章和第 5 章的每相方法來分析。另外，我們也可以使用本章所介紹的正序網路。為了加以說明，假設例題 12.5 中圖 E12.5(a) 所示,發生一直接對稱三相故障。然後，利用圖 E12.5(b) 的正序網路我們可得

$$I^f = \frac{1\angle 0°}{j0.1714} = -j5.834$$

**2.** 我們已經忽略了發電機電流單方向的成分；這個成分在例題 7.4 (應用 2) 發電機短路中曾討論過。這個分量的影響是增加短路後從匯流排結構、斷路器和其他儀器立即看入的最大瞬間電流。在設計斷路器時，為了要抵抗相關的大機械力，所以必須要適當的考慮一個因子，並用以乘入算出的次暫態電流。這些單方向的成分雖然衰減速度很快，但是在高速電路斷路器接點開啓的瞬間仍然是存在的。相同的，設計因子也用在指定斷路器**遮斷容量** (interrupting capacity)。

**3.** 有另一個傾向於增加初始短路電流因子，它出現在同步和感應電動

機中。由於慣量的原因，這些電機會持續地旋轉。在短路狀況下它們的動作就如同發電機一般，至少在短期間慣量會持續存在。因此在做短路研究時，我們必須將較大的電機放入模型中。

## 12.12 矩陣方法

如同 12.4 節所注意的，對所有但最簡單的網路而言，計算機在求解故障網路電流和電壓上具備相當的必要性。在計算機求解的情況下，我們必須使用矩陣方法。所根據的原理是基於第 9 章所發展的技巧。

方法的中心部分是選出適當的匯流排阻抗矩陣內含項來計算，而這個阻抗矩陣是對應於三個序網路。因此，如何取得適當匯流排阻抗矩陣的行元素便是故障分析中最重要的選擇技巧，其中的阻抗矩陣是由導納矩陣轉換而來的。而每一個序網路導納矩陣是在已知網路元件互聯結構下而產生。互聯結構是透過介於連接分支間的節點編號或名稱來指明。在這裡所說的分支是一種網路元件，如輸電線、變壓器、發電機等。剛開始的分量阻抗是已知的。而且在找出零序網路導納矩陣時，$\Delta$-Y 三相變壓器的連接方式與發電機中性點都必須為已知條件。在模擬狀態下故障發生位置通常是根據我們的指定。這個訊息用在選取序網路故障匯流排阻抗矩陣的行元素。有一點相當重要而且值得注意，就是導納矩陣產生方式通常是不考慮 $\Delta$-Y 變壓器的相位移。這個相位移效應當我們在計算不同序網路分支時必須要加以引入使用。

為了找出流入故障點的序電流，我們需要由故障點看入系統的（矩陣）戴維寧等效序阻抗。如同我們在第 9 章所敘述的，這個阻抗值是由對角元素所指定，而這些對角元素則是對應於每個序網路故障點。由此，電力系統便能在故障點上表示成它的序網路，如圖 12.25 所示。在圖中的 $Z^+$、$Z^-$ 與 $Z^0$ 成分是適當的阻抗矩陣對角線元素，而這個矩陣是對應於故障匯流排的。

給定故障類型（單線對地、線對線、雙線對地）之後，就可以決定三個等效序網路的連接方式，其中序網路表示如圖 12.25 所示，連接方式則是 12.3 節所提供的對應連接方法。舉例來說，在單線對地故障的情況下，三

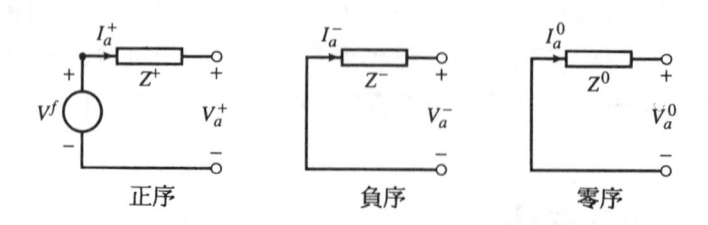

**圖 12.25** 序網路對故障分析的表示。

個網路是以串聯的方式連接，如圖 12.26 所示。

描述圖 12.25 電壓和電流關係的基本方程式可由下面的矩陣方程式來指定：

$$\begin{bmatrix} V_a^0 \\ V_a^+ \\ V_a^- \end{bmatrix} = \begin{bmatrix} 0 \\ V^f \\ 0 \end{bmatrix} - \begin{bmatrix} Z^0 & & \\ & Z^+ & \\ & & Z^- \end{bmatrix} \begin{bmatrix} I_a^0 \\ I_a^+ \\ I_a^- \end{bmatrix} \quad (12.44)$$

$$\mathbf{V}_s = \mathbf{V}_s^f - \mathbf{Z}_s \mathbf{I}_s$$

方程式 (12.44) 可用來計算出故障點電壓的序成分，但是要在故障電流序成分為已知的前提下才能適用。故障電流序成分可透過序網路適當連接

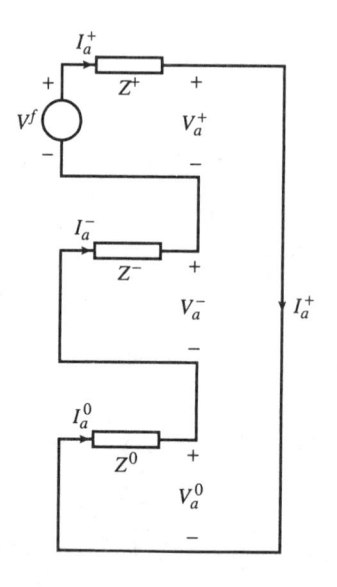

**圖 12.26** 單線接地故障序網路連接圖。

# 第 12 章　不平衡系統運轉

而算出。舉例來說，在節點 $k$ 發生單線接地故障的狀況，則故障電流序成分如下式

$$I_{ak}^+ = I_{ak}^- = I_{ak}^0 = \frac{V^f}{Z_{kk}^+ + Z_{kk}^- + Z_{kk}^0 + 3Z^f} \tag{12.45}$$

在所有其他節點 $i$ 上的電壓便可以算出，前提是必須要先知道故障電流序成分與適當的序網路阻抗矩陣元素。故障點阻抗矩陣行的其他元素也需加以使用，以期達到計算其他節點電壓的目的。對負序和零序成分而言，我們可寫成

$$V_i^0 = -Z_{ik}^0 I_{ak}^0 \ , \ V_i^- = -Z_{ik}^- I_{ak}^- \tag{12.46}$$

在正序網路中，電壓 $V^f$ 必須經由下式的加法：

$$V_i^+ = V^f - Z_{ik}^+ I_{ak}^+ \tag{12.47}$$

知道所有其他節點的電壓後，介於任意成對節點 $i$ 和 $j$ 間的分支電流序成分便可求出。不過這也必須先知道 $i$ 和 $j$ 間的最初分支阻抗 $z_{ij}$ 的值，算法如下：

$$I_{ijs} = \frac{V_{is} - V_{js}}{z_{ijs}} \tag{12.48}$$

其中 $s$ 代表適當的序。在計算電壓和電流相位成分之前，相位移是必須加以考慮的因素。

前面所討論的注意程序，現在將在例題 12.5 的系統與故障情況考慮下加以驗證。

---

**例題 12.6　使用矩陣方法的故障計算**

就例題 12.5 所考慮的系統而言，在此我們以相同的故障類型，使用前面所敘述的矩陣方法計算 $I^f$、$I_a$、$I_b$、$I_c$、$I_{a'}$、$I_{b'}$、$I_{c'}$、$V_{b'g}$ 和 $V_{c'g}$。

**解**　首先我們對每一個序成分網路的匯流排阻抗矩陣寫出適當的項，序成分網路如圖 E12.5(b) 所示。現在先以不考慮相位移的方式寫出阻抗矩陣項。為了以完

整的方式表示起見，我們寫出了全部的匯流排阻抗矩陣，而不是只寫出需要用的元素。對含有 $a$、$a'$ 和 $a''$ 點三個節點網路匯流排阻抗矩陣表示如下

$$\mathbf{Z}^+ = \mathbf{Z}^- = \begin{bmatrix} j0.1429 & j0.1143 & j0.0571 \\ j0.1143 & j0.1714 & j0.0857 \\ j0.0571 & j0.0857 & j0.1429 \end{bmatrix} \quad \mathbf{Z}^0 = \begin{bmatrix} j0.06 & & \\ & j0.08 & \\ & & j0.60 \end{bmatrix}$$

單線接地故障發生在 $a'$ 節點。對序網路由節點 $a'$ 看入系統的戴維寧等效阻抗為 $Z_{a'a'}^+ = Z_{a'a'}^- = j0.1714$ 以及 $Z_{a'a'}^0 = j0.08$。注意，這些值與例題 12.5 所算出的等效阻抗值完全相同。同時這些阻抗也是用在圖 12.25 成分網路中的阻抗。我們開始著手進行單線接地故障序成分計算，如下：

$$\frac{I^f}{3} = \frac{1\angle 0°}{j0.1714 + j0.1714 + j0.08} = -j2.365$$

於是 $I^f = -j7.095$。接下來利用 (12.44) 式開始計算：$V_{a'g}^+$、$V_{a'g}^-$ 和 $V_{a'g}^0$。

$$\begin{bmatrix} V_{a'g}^0 \\ V_{a'g}^+ \\ V_{a'g}^- \end{bmatrix} = \begin{bmatrix} 0 \\ 1 \\ 0 \end{bmatrix} - \begin{bmatrix} j0.08 & & \\ & j0.1714 & \\ & & j0.1714 \end{bmatrix} \begin{bmatrix} -j2.365 \\ -j2.365 \\ -j2.365 \end{bmatrix} = \begin{bmatrix} -0.1892 \\ 0.5946 \\ -0.4054 \end{bmatrix}$$

我們再次注意到這些值與例題 12.5 所算出的值是完全相同的。我們現在利用 (12.5) 式將序成分轉換成相位成分：

$$\begin{bmatrix} V_{a'g} \\ V_{b'g} \\ V_{c'g} \end{bmatrix} = \begin{bmatrix} 1 & 1 & 1 \\ 1 & \alpha^2 & \alpha \\ 1 & \alpha & \alpha^2 \end{bmatrix} \begin{bmatrix} -0.1892 \\ 0.5946 \\ -0.4054 \end{bmatrix} = \begin{bmatrix} 0 \\ 0.9113\angle -108.1° \\ 0.9113\angle 108.1° \end{bmatrix}$$

這個值也與例題 12.5 算出的值相同。

接下來節點 $a$ 的電壓計算可利用 (12.46) 式與 (12.47) 式。值得注意的一點，這些算出的值是在不考慮 Δ-Y 變壓器相位移的前提下算出來的。因此，算出來的電壓並不包含變壓器相位移的影響。故利用電壓而算出的電流也是不含相位移的因素。相位移在電流算出來後就要加以考慮。

$$V_{ag}^0 = -Z_{aa'}^0 I_{a'}^0 = -(0)\times -j2.365 = 0$$

$$V_{ag}^+ = V^f - Z_{aa'}^+ I_{a'}^+ = 1.0 - j0.1143 \times -j2.365 = 0.7297$$

$$V_{ag}^- = -Z_{aa'}^- I_{a'}^- = -j0.1143 \times -j2.365 = -0.2702$$

# 第 12 章　不平衡系統運轉

使用這些電壓值，我們立刻能根據 (12.48) 式求出電流 $I_{a'}^0$、$I_{a'}^+$ 和 $I_{a'}^-$，如下：

$$I_{a'}^0 = \frac{V_{ag}^0 - V_{a'g}^0}{z_{aa'}^0} = \frac{0 - (-0.1892)}{j0.1} = -j1.892$$

$$I_{a'}^+ = \frac{V_{ag}^+ - V_{a'g}^+}{z_{aa'}^+} = \frac{0.7297 - 0.5946}{j0.1} = -j1.351$$

$$I_{a'}^- = \frac{V_{ag}^- - V_{a'g}^-}{z_{aa'}^-} = \frac{-0.2702 + 0.4054}{j0.1} = -j1.351$$

注意到這些值也與例題 12.5 算出的值相同。現在我們將相位移因素加入 $I_a^+$ 與 $I_a^-$ 的計算，分別如下：

$$I_a^+ = I_{a'}^+ \cdot e^{-j\pi/6} = 1.351\angle -120°$$

$$I_a^- = I_{a'}^+ \cdot e^{j\pi/6} = 1.351\angle -60°$$

$$I_a^0 = 0$$

將這些值轉換成相位變數後，我們取得了與例題 12.5 所算出的變壓器 Δ-側電流 $I_a$、$I_b$ 及 $I_c$ 完全相同的數值。

我們也可以取得節點 $a$ 實際的電壓，亦即透過與前面相同的相位移程序便可達成。我們可求得

$$V_{ag}^+ = 0.7297 e^{-j\pi/6} = 0.7297\angle -30°$$

$$V_{ag}^- = -0.2702 e^{j\pi/6} = 0.2702\angle -150°$$

$$V_{ag}^0 = 0$$

現在我們從例題 12.5 來計算節點 $a$ 的電壓，以便驗證這兩種方法會得到相同的值。

$$V_{ag}^+ = 1\angle -30° - j0.2 \times I_a^+ = 1\angle -30° - j0.2 \times 1.351\angle -120° = 0.7297\angle -30°$$

$$V_{ag}^- = 0 - j0.2 \times I_a^- = 0 - j0.2 \times 1.351\angle -60° = 0.2702\angle -150°$$

例題 12.6 的矩陣方法只用在求解一個非常小的系統，其目的主要是說

明求解的步驟，以及這種方法在任意大系統分析上所具備的技術潛力。

## 12.13 總　結

　　故障是電力系統不平衡運轉的原因之一。正常的電力潮流可能因此被中斷，而且也產生**破壞性電流** (destructive current)。為了設計與監視一個系統的保護計畫，所以必須要進行不平衡狀況下的電力系統分析。

　　對稱成分的方法提供了我們解決的途徑。每一個相電壓向量 $V_a$、$V_b$ 和 $V_c$，或線電流向量 $I_a$、$I_b$ 和 $I_c$ 可分解成三個向量的和，即零序向量、正序向量與負序向量。只有在故障點的三個序系統相互間才有耦合關係，而且這一個事實能夠簡化分析的問題。我們考慮一個三相問題中單相的情況，這個單相網路可以分成三個不同的序網路，再根據故障類型就能夠將這三個序網路連接成對應的故障模型。同時，這個方法也可以推廣應用到平衡三相的每相分析方法。

　　事實上，三個序網路中的正序網路的應用方式就如同前述的每相分析。負序網路與正序網路具有相同的拓樸，但是它有一些不同點如下：(1) 沒有發電機內電壓模型的正序電壓源；(2) 發電機電抗為負序；(3) 變壓器相位移不同。另外零序網路方面，這個網路看起來與前面兩個網路的差異性相當大，起因來自不同的變壓器連接方式。

　　序網路可以幫助我們瞭解故障網路內的電流和電壓，是如何與系統參數、故障位置、接地類型以及變壓器的連接方式產生關聯。瞭解這些對設計而言是遠比純計算來的重要。對於實際系統的計算來說，計算機方法是必備的方式。這些方法也再次以對稱成分作為基礎。

## 習　題

**12.1.** (a) 找出 $I_a = 1$、$I_b = 10$ 與 $I_c = -10$ 的（超前）對稱成分 $I_a^0$、$I_a^+$ 和 $I_a^-$。
　　　(b) 透過適當的組合對稱成分來驗證 $I_a$、$I_b$ 與 $I_c$。

**12.2.** 找出 $E_a = 1\angle 0°$、$E_b = 1\angle -90°$ 和 $E_c = 2\angle 135°$ 的對稱成分。

## 第 12 章　不平衡系統運轉

**12.3.** 參考圖 P12.3 並假設

$$E_a = 1$$
$$E_b = -1$$
$$E_c = j1$$

**(a)** 說明你將如何利用對稱成分來找出 $I_a$、$I_b$、$I_c$ 與 $V_{ng}$。
**(b)** 完成這個程序。

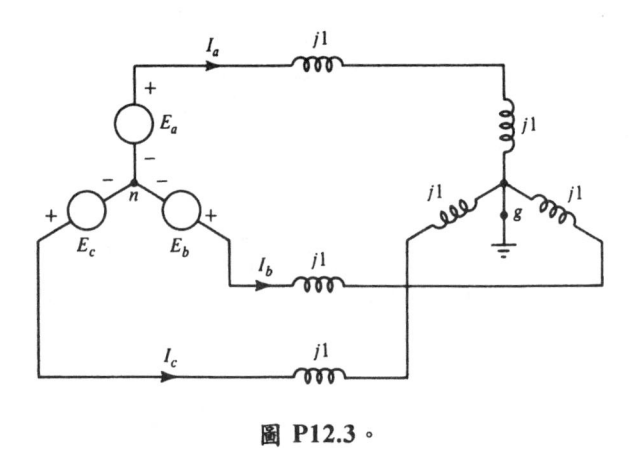

**圖 P12.3。**

**12.4.** 在圖 P12.4 中，電壓源為正序集合且所有阻抗都等於 $Z$。使用合適的序網路連接找出 $I^f$ (以 $Z$ 表示) 與 $V_{a''g}$。

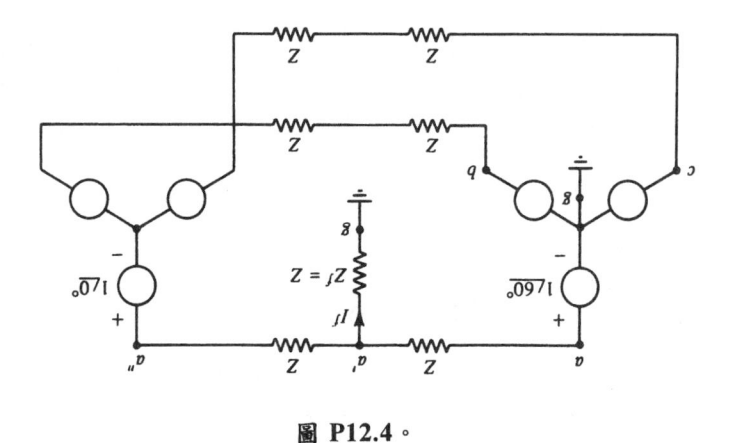

**圖 P12.4。**

**12.5.** 在圖 P12.5 中，電壓源為正序集合。所有阻抗都是 $Z = j0.1$。求出 $I^f$、$I_{b1}$ 與 $I_{b2}$。

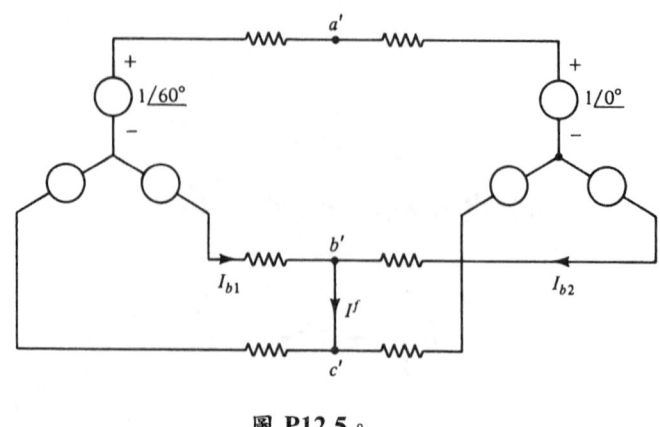

圖 P12.5。

12.6. 假設故障如圖 P12.6(a) 所示。證明圖 P12.6(b) 是一個正確的序網路連接。提示：從計算 $V_{a'g}^+ - V_{a'g}^0$ 開始。

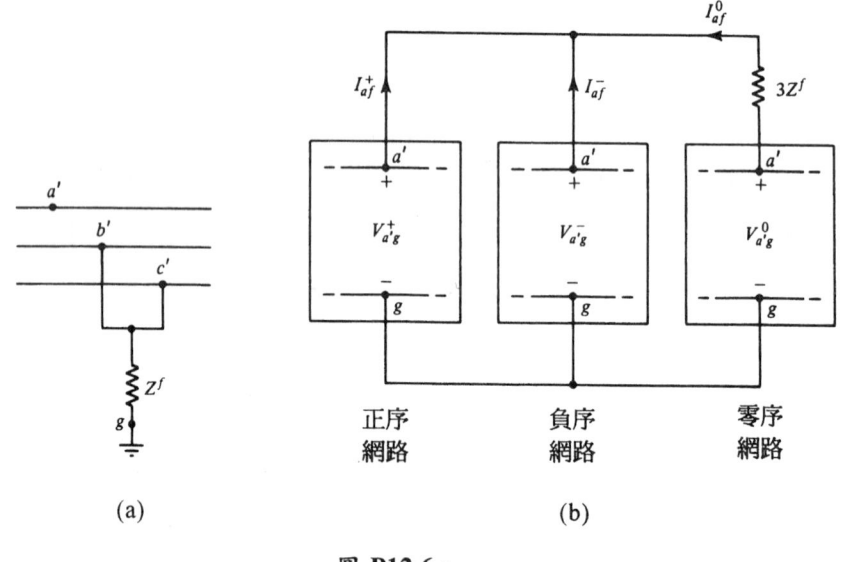

(a)　　　　　　　　　　(b)

圖 P12.6。

12.7. 圖 P12.7 中電壓為正序，且所有 $Z$ 皆相等，$Z^f = 0$。則下列何種故障電流值最大？

第 12 章　不平衡系統運轉　　563

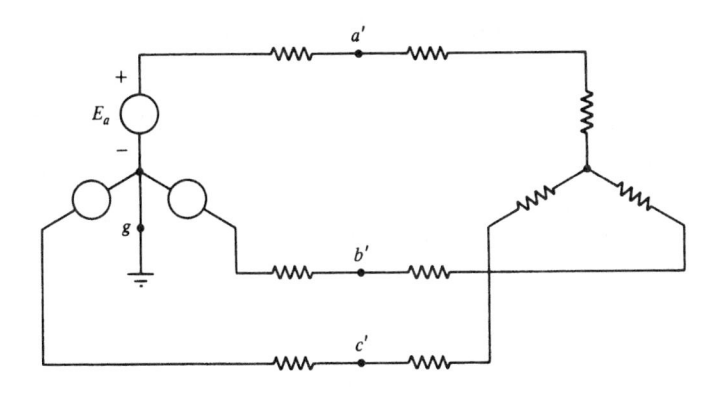

圖 P12.7。

(a) $a'$ 接地。
(b) $b'$ 至 $c'$。
(c) $b'$ 至 $c'$ 並接地（求 $I_{bf}$）。
(d) 三相接地。

12.8. 參考圖 P12.8 並假設

$$Z = j0.1 \quad \text{負載阻抗}$$

$$\left.\begin{array}{l} Z^+ = j1.0 \\ Z^- = j0.1 \\ Z^0 = j0.005 \end{array}\right\} \text{發電機阻抗}$$

發電機中性點未接地。在故障發生之前，發電機供應正序電壓和電流。$V_{a'g} = 1\angle 0°$。找出故障電流 $I^f$。

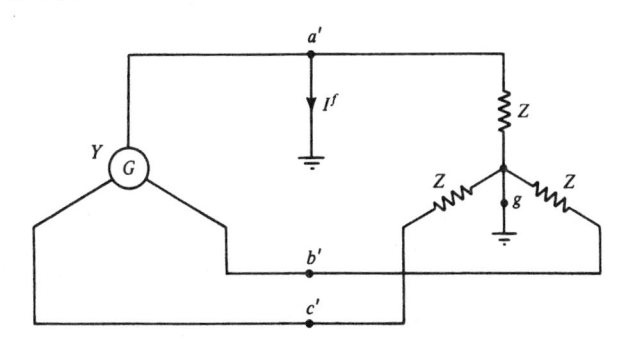

圖 P12.8。

12.9. 在圖 P12.9 中，一個實體的 $a$ 相接地故障發生在匯流排 1 (即 $a$ 相開關閉合)。

**(a)** 表示這個故障的完整序網路連接。忽略所有電阻，但要表示 (與標示) 所有的阻抗。

**(b)** 假設所有發電機阻抗皆為 $Z^+ = j1.0$、$Z^- = j0.1$ 及 $Z^0 = j0.005$，而且所有其他的阻抗都有相同的 $j0.1$。若故障前匯流排 1 電壓 $V_{a'n} = V_{a'g} = 1\angle 0°$，求出 $I^f$。

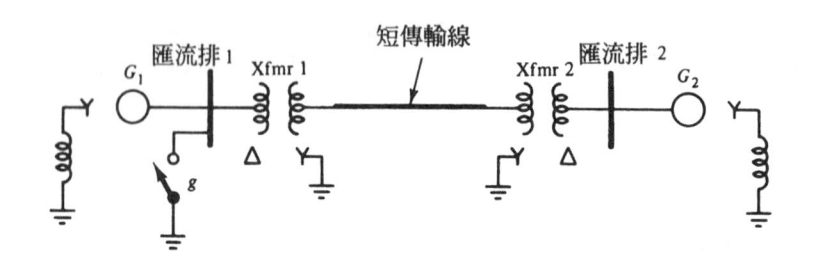

**圖 P12.9。**

12.10. 畫出圖 P12.10 單線圖的零序網路。忽略輸電線電抗，但必須表示出變壓器漏電抗與發電機序阻抗。在圖上標示出 $P$、$Q$ 和 $R$ 點。

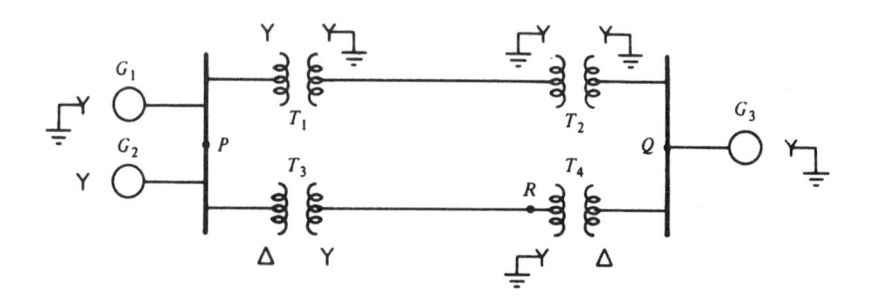

**圖 P12.10。**

12.11. 使用圖 P12.11 重做問題 12.10。並在圖上標示出 $P$、$Q$、$R$、$S$、$T$、$U$、$V$ 與 $W$。

12.12. 有一個線間故障發生在如圖 P12.12 所示的點上。找出穩態故障電流 $I^f$。在此所有的阻抗都是 $Z = j0.05$，以及所有的電源都是正序。注意：故障發生在 $a$ 相和 $b$ 相之間。

第 12 章　不平衡系統運轉　　565

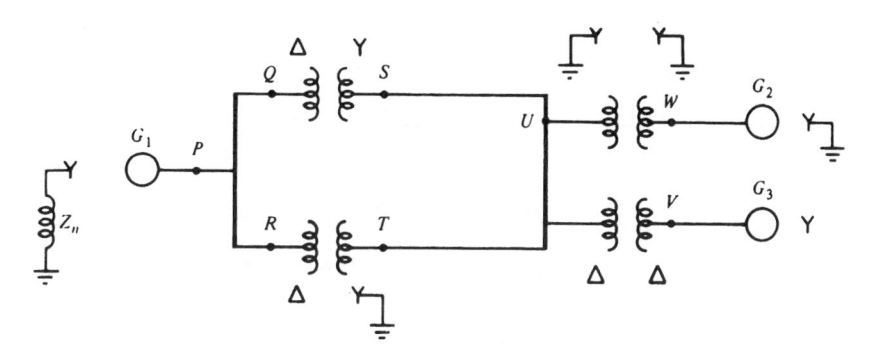

**圖 P12.11**。

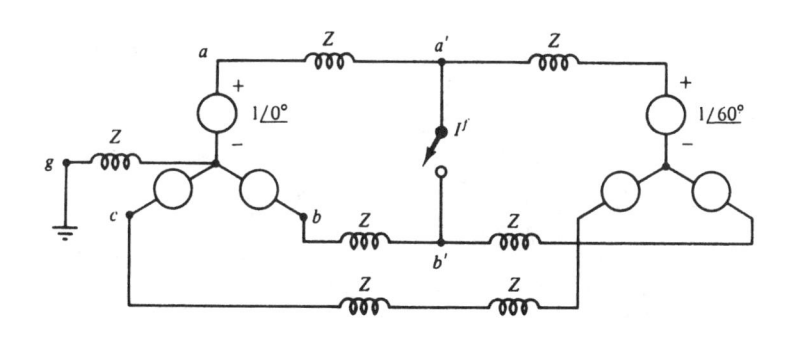

**圖 P12.12**。

12.13. 參考圖 P12.13(a) 並假設

$$Z^+ = j1.0$$
$$Z^- = j0.5$$
$$Z^0 = j0.1$$
$$Z = j1.0$$
$$Z_l = j0.1$$

另外，發電機中性點未接地。在故障發生前 $V_a = V_{an} = 1\angle 0°$。

(a) 計算斷路器開路時的 $I^f$。

(b) 計算斷路器閉合時的 $I^f$。

利用圖 P12.13(b) 來模擬變壓器的每一相。

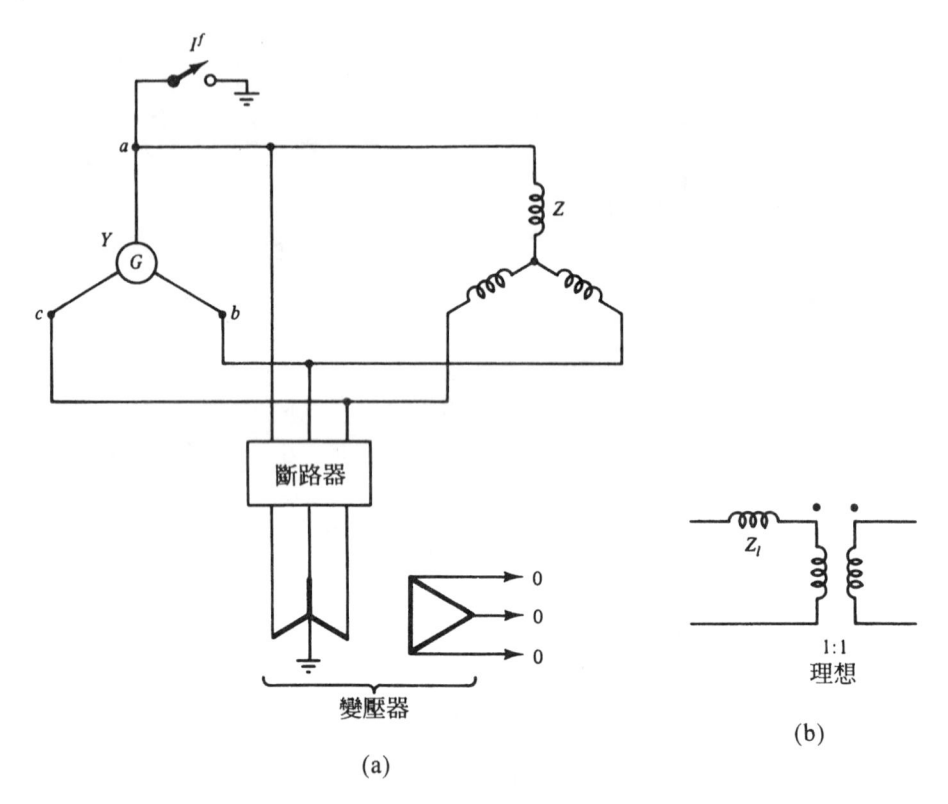

**圖 P12.13**。

12.14. 參考圖 P12.14 並假設如下：

發電機：$X^+ = X^- = 0.2$, $X^0 = 0.05$
變壓器：$X_l = 0.05$
線　路：$X^+ = X^- = 0.1$, $X^0 = 0.3$

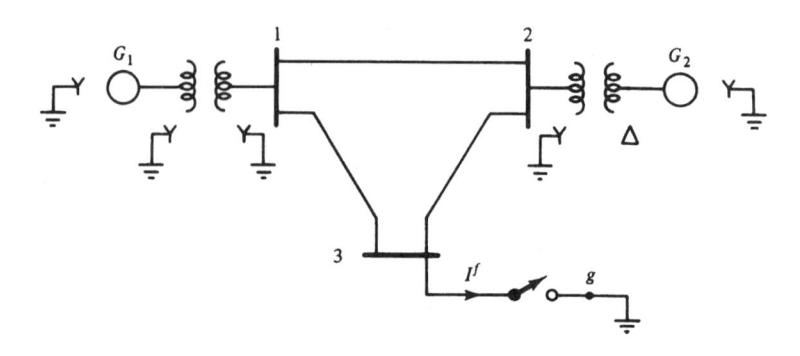

**圖 P12.14**。

故障前匯流排 3 (線對中性點) 電壓 $V_{an}^{pf} = V_{ag}^{pf} = 1\angle 0°$。找出匯流排 3 發生 $a$ 相接地故障時的 $I_{af}$、$I_{bf}$、$I_{cf}$、$V_{ag}$、$V_{bg}$ 及 $V_{cg}$ (所有值都是在匯流排 3)。

12.15. 參考圖 P12.15 並假設如下：

$$\text{發電機：} X^+ = X^- = 0.2,\ X^0 = 0.05$$
$$\text{變壓器：} X_t = 0.05$$
$$\text{線　路：} X^+ = X^- = 0.2,\ X^0 = 3X^+ = 0.6$$

在靠近 (放射狀) 輸電線末端的 $a$ 點，我們測量到線路的每相阻抗 (即 $Z_a = V_{ag} / I_a$、$Z_b = V_{bg} / I_b$、$Z_c = V_{cg} / I_c$)，則對

(a) 三相故障
(b) 單線接地故障
(c) 線間故障
(d) 雙線接地故障。

畫出 $|Z_a|$、$|Z_b|$ 和 $|Z_c|$ 隨 $\lambda$ 變化的圖形。注意：若 $|Z| = \infty$，則簡單地註明這個事實。

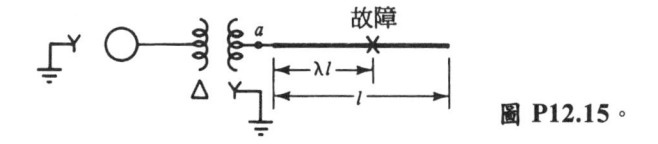

圖 P12.15。

12.16. 重做例題 12.5，在此則假設有一個 SLG 故障 ($a$ 相) 發生於輸電線路的中點。假設故障前故障點的 ($a$ 相) 電壓為 $1\angle 0°$。

12.17. 重做例題 12.5，在此則假設有一個 DLG 故障 (介於 $b$、$c$ 相之間) 發生於 $G_1$ 的端點上。假設故障前故障點的 ($a$ 相) 電壓為 $1\angle 0°$。找出故障電流 $I_{bf}$ 與 $I_{cf}$。

## D12.1　設計練習：故障分析

　　這個階段的動作將會分析第 10 章所設計與測試的系統中每一個匯流排的故障電流。在此將指導我們決定選擇任何可用的短路電流分析軟體來執行這項研究。然而，這裡假設學生們都已經會使用第 9 章所發展的程序，來建立每一個序網路的 $\mathbf{Y}_{bus}$，而且只取出我們所需要且適當的 $\mathbf{Z}_{bus}$ 矩陣行元素。如此我們就能使用 MATLAB 來寫出一個非常簡單的故障計算程式。在研究中有一些簡化是必備

的，如下：

1. **負載**：在故障研究中不考慮負載。
2. **變壓器**：基於研究的目的，假設變壓器為 161 kV Δ 及 69 kV Y 接地。並假設零序阻抗與正序阻抗相同。
3. **線路**：使用串聯標么阻抗 $R + jX$。且不考慮電容。必須對如同 12.9 節所描述的線路計算出標么零序阻抗。
4. **發電機**：忽略電阻，假設每一部發電機次暫態電抗為 0.02664 p.u.，而且零序電抗為 0.01025 p.u.，其中的基準值為 100 MVA。發電機以 Y 方式接地。
5. 程式應計算出下列這些量：

    a. 在發生三相故障與每個匯流排單線接地故障時的 $a$ 相電流大小（以標么值表示）。
    
    b. 選出兩個匯流排，其中一個的三相故障電流大於發生 SLG 故障時的電流。另一個則是 SLG 故障電流較大。對於每一個匯流排
    
    (1) 比較三相故障、LL、DLG 與 SLG 故障時的故障相電流大小。
    
    (2) 對 SLG 故障而言，找出它的故障匯流排序電壓，以**極座標** (polar form) 標么值表示。
    
    (3) 找出戴維寧等效正及零序阻抗，以**直角座標** (rectangular form) 標么值表示。
    
    (4) 對於 SLG 故障，找出連接到故障匯流排的 $a$ 相線電流（極座標形式）。它們加總後是否成為總故障電流？
    
    (5) 對於三相故障，分析連接於故障匯流排線路發生故障時對故障電流的影響（一次一條線路故障）。
    
    c. 選擇一條鄉間 161 kV 線路。
    
    (1) 對於在線路終端的一個故障點，由一個位於線路另一終端的電驛向故障點方向看，找出視在阻抗。對 $a$ 相發生三相故障與 SLG 故障時，以及 $b$ 和 $c$ 相發生 LL 與 DLG 故障時，進行如同上述的分析。

**分析報告**　分析報告應包含下列項目：

a. 所分析系統的圖形與單線圖。

b. 根據第 10 章的線路，表列出所分析線路的正序阻抗。

c. 一個新的零序線路阻抗表。

**d.** 在系統基準值下，列出變壓器與發電機阻抗。
**e.** 含匯流排資料的印表機輸出檔。
**f.** 含線路資料的印表機輸出檔。
**g.** 以表列顯示所欲知道的故障電流和阻抗。
**h.** 列出包含最高與最低故障電流值的匯流排。

# CHAPTER 13

# 系統保護

## 13.0 簡　介

　　本章我們考慮到電力系統保護的問題。良好的設計、維護和適當的使用程序都能減少發生故障的可能性，卻不能完全避免。既然故障是無可避免的，而保護系統設計的目的就是要降低這些情況。

　　故障可能會帶來嚴重的後果。在故障發生的情形，會有由高溫所導致的電弧現象，更嚴重的話有火災和爆炸等。由於故障性的大電流，會產生破壞性的機械力，而過電壓可能使得絕緣崩潰。甚至是輕微的故障，故障系統的過電流會使得儀器過熱，持續性的過熱會縮短設備本身正常使用的壽命。顯然地，故障的排除必須儘可能提早。系統保護主要目的就是要排除故障，其次就是儘可能地縮小故障的範圍，供給更多的負載需求。就此而論，一般短暫的照明、抽水馬達、空調負載停電不是很嚴重，但對某些工廠而言，這些情況可是會導致嚴重的損失。想一想，例如，在電弧因為停止供電而使得熔鐵固化的維修問題。

　　藉由開路或是"跳脫"斷路器來排除故障，在系統正常運作下，相同的斷路器也被用來使用連接或隔離發電機、線路和負載。對於緊急情況，當偵測到有故障產生，這些斷路器會自動跳脫。理想情形是，斷路器的操作是具有高度的選擇性，只有離故障最近的斷路器會動作來"清除"故障，而其餘的則保持原狀。

　　藉由監視系統各主要點的電壓和電流來偵測故障的發生；個別的不正

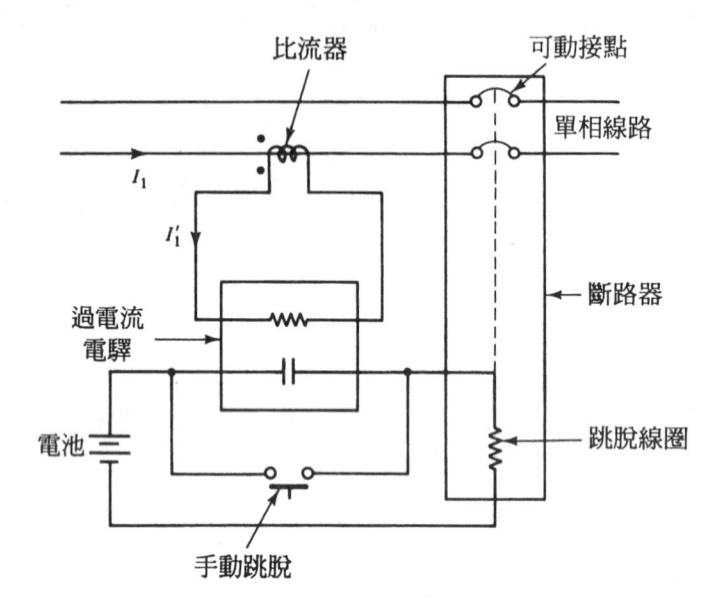

**圖 13.1** 過電流保護示意圖。

常值或它們的組合，會引起斷路器的電驛跳脫的動作。圖 13.1 表示一個簡單的過電流系統。

關於系統保護動作的描述如下：比流器的一次側電流為線電流 $I_1$，而通過過電流電驛跳脫線圈的則是二次電流 $I_1'$。當 $|I_1'|$ 超過設定值時，開路的電驛觸點會閉合。若電驛是像附錄 2 中所描述的**杵式型** (plunger type)，則觸點會瞬間閉合。其他型式的電驛則有良好調整的延遲時間。當電驛接觸點閉合，跳脫電路會被致能而促使斷路器打開。我們可以視跳脫線圈為一個電磁圈，它的可動鐵心會致能**閂鎖** (latch)，使得儲存在彈簧或空器壓縮機內的能量轉換為機械力去打開斷路器內的可動觸點。注意：當斷路器開路時，在觸點間會產生電弧現象，而藉由氣衝風或**橫向磁場** (transverse magnetic field)，來吹走觸點間的游離介質；因為 ac 電弧電流在每週期內有兩次為零，所以只要介質的絕緣性質一恢復就能達到消弧的目的。

在大多數的保護系統內都會使用**比壓器** (PTs 或 VTs) 和**比流器** (CTs)；而此類的變壓器統稱為**儀表變壓器** (instrument transformer)。注意到這些類的變壓器是用在測量上和保護系統內；無論在何種應用下，儀表變壓器都會隔離二次側危險的線電壓、線電流 (在幾仟伏和仟安培的範圍)。雖然商用儀表變壓器的一次電壓和電流有相當大的額定範圍，但它的二次

# 第 13 章　系統保護

電壓和電流則經常被標準化，像是 115 V 或 120 V 其線電壓為 115/$\sqrt{3}$ V 或 120/$\sqrt{3}$ V，而正常二次的額定電流為 5 A。

我們將假設儀表變壓器是理想的，使得二次電壓和電流皆與它們一次量測的簡單刻度值或比例。除了特別說明外，我們也將假設電壓和電流的量測點是在斷路器的安裝位置。在這種情況下，我們將經常用斷路器名項來描述電驛的動作。

注意：在超高壓系統中使用比壓器是很不實際地，取而代之的，我們通常會使用一種由串聯電容器所組成的分壓器電路；然後再將分壓器的輸出經由一個串聯電感送到比壓器，這裡的輸入電壓已被大幅度地降壓。串聯電感的選定是要使得它與比壓器能夠抵消電容器的存在，即要使得整個電容耦合變壓器 (CCVT) 的戴維寧等效阻抗在正弦穩態時為零。為了簡化起見，我們將假設低壓 PT (或 VT) 和這高壓電路的運作都是理想的，這使得我們在描述保護系統動作時不需再區別兩者。

繼續之前，先選擇較佳的電驛方案。

**練習 1.**

若圖 Ex1 表示兩種不同的斷路器佈置，則從減少負載切離的觀點來看，何種斷路器的佈置是較佳的？在這裡故障發生於匯流排及/或線路上。注意：三種佈置中所用的斷路器都是相同的。

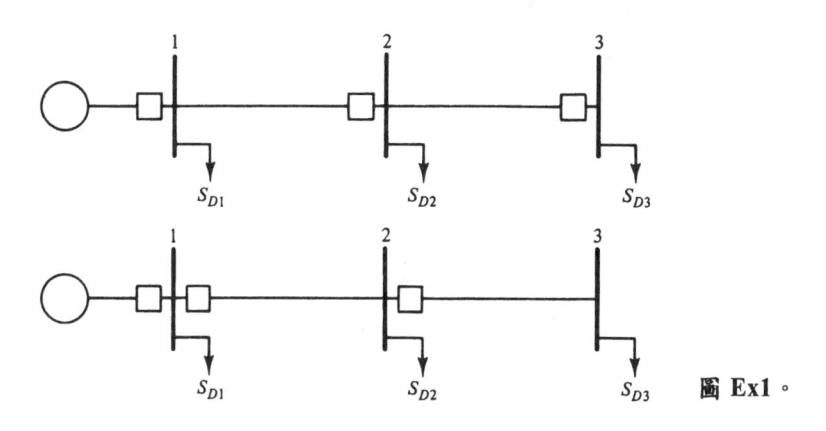

圖 Ex1。

## 13.1 輻射系統的保護

我們從最簡單的情形，即圖 13.2 所示的輻射系統保護開始考慮。我們的目的是設定電驛以滿足下列的準則：

1. 在正常負載狀況下，斷路器 $B_0$、$B_1$ 和 $B_2$ 不動作。
2. 在故障情形下，只有最接近故障左側的斷路器應該動作。這保護動作是藉清除（和去能）故障來儘可能地維持大部分的系統能繼續正常地供電。
3. 當最近的斷路器動作失敗時，下一個最接近故障點的斷路器應該動作，而這種保護被稱為**後衛保護** (backup protection)。

假使在 $B_2$ 右側有一個三相故障發生，則在 $B_2$ 處的電流 $I_2$ 會迅速地從故障前的值增加到一個可預期的較大故障值。這大電流將會被一個過電流電驛偵測到，而觸發 $B_2$ 的跳脫電路。我們可以用斷路器名詞來更簡單、直接地說明這動作，當故障電流量超過一個設定值 [**動作電流值** (pickup current value)] 時，斷路器會跳脫。若我們對匯流排 3 的故障取一個足夠低的設定值來跳脫 $B_2$ 的話，則在 $B_2$ 的右側輸電線路上發生故障所伴隨的較大電流都能觸發 $B_2$ 跳脫。於是 $B_2$ 能保護它右側的線路和匯流排，或者說輸電線路和匯流排 3 都在 $B_2$ 的**保護區** (protection zone) 內。

若 $B_2$ 在其負責的保護帶內故障跳脫失敗，則會發生什麼樣的事情呢？注意：$B_1$ 處的故障電流基本上與 $B_2$ 處的故障電流一樣大，這是因為

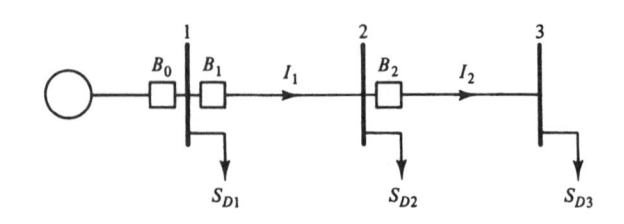

圖 13.2　輻射狀系統。

供給 $S_{D_2}$ 的負載電流遠比故障小的緣故。於是我們能設定 $B_1$ 的動作電流值與 $B_2$ 相同，但此時我們要對 $B_1$ 另外導入一項時延，使得正常 $B_2$ 能先動作；像這種有計畫地導入時延被稱為**協調時間延遲** (coordinatation time delay)。由於 $B_1$ 的主要功用是對它自身保護區 (在 $B_1$ 和 $B_2$ 間的匯流排和線路) 內的故障產生跳脫動作，所以我們會懷疑上述設定 $B_1$ 動作電流值的方法是否是正確的？幸運地，由於 $B_1$ 保護帶內的故障較接近電源，所以故障電流較大，於是 $B_1$ 能正確地動作，即 $B_1$ 的設定值能對遠方的故障 (在 $B_2$ 的保護區內) 產生跳脫動作時，我們能預期它必然會對自身保護區內的故障產生跳脫動作。雖然上述的討論是針對 $B_1$ 和 $B_2$，但我們能很容易地將它推廣到輻射統內任何個數的斷路器組；不過在推廣過程中會有一項困難發生，即最接近電源的斷路器會因協調時延的總和超過它額定的動作時間範圍而無法設定。稍後我們將介紹一種沒有這項缺點的電驛設定法。

先前為了簡化描述，我們只討論三相對稱故障的情形，不過我們當然希望電驛更能對一般化的故障產生動作以保護我們的系統。推廣是相當簡單的，譬如對 $B_2$ 而言，每相的動作電流值都應該低到能使 $B_2$ 對它保護區內的任何故障產生動作。這動作的完成需要有三個過電流電驛，且它們的接點要與三相斷路器內的跳脫電路並聯。於是任何的故障都能跳脫斷路器。在美國實務上斷路器是三相同時跳脫的，至於其他國家則有**單極切換**方式，使用於一些故障型態。

在完成圖 13.2 之保護系統時，所用的過電流電驛必須具有動作電流值和時延可調整的性質。過去長久使用電子機械性的復歸器，但自西元 1990 年代初期，這些都被使用微處理器的器材所取代，特別是在最新的設備上。我們會在 13.10 節這部分再討論其相關內容。

回到輻射狀系統保護的問題，注意：附錄 2 所描述的杵式電驛能用來做為一個動作電流值可調整的過電流電驛，同時它也能被安置在一個**油阻尼延遲器** (oil dash pot) 或箱內，來提供時延的可調整性。但實際上，這種時延調整是不夠準確的。為了獲得一個更正確的時延，我們將使用一種**感應盤式的電驛** (induction-disk relay)。基本轉矩的產生原理與家用瓦時計同，在瓦時計內旋轉盤的角速度是正比於所供給的平均功率；因此藉計算轉數就能量測到消耗的能量 (即功率的積分)。設計理想的瓦時計特性是：

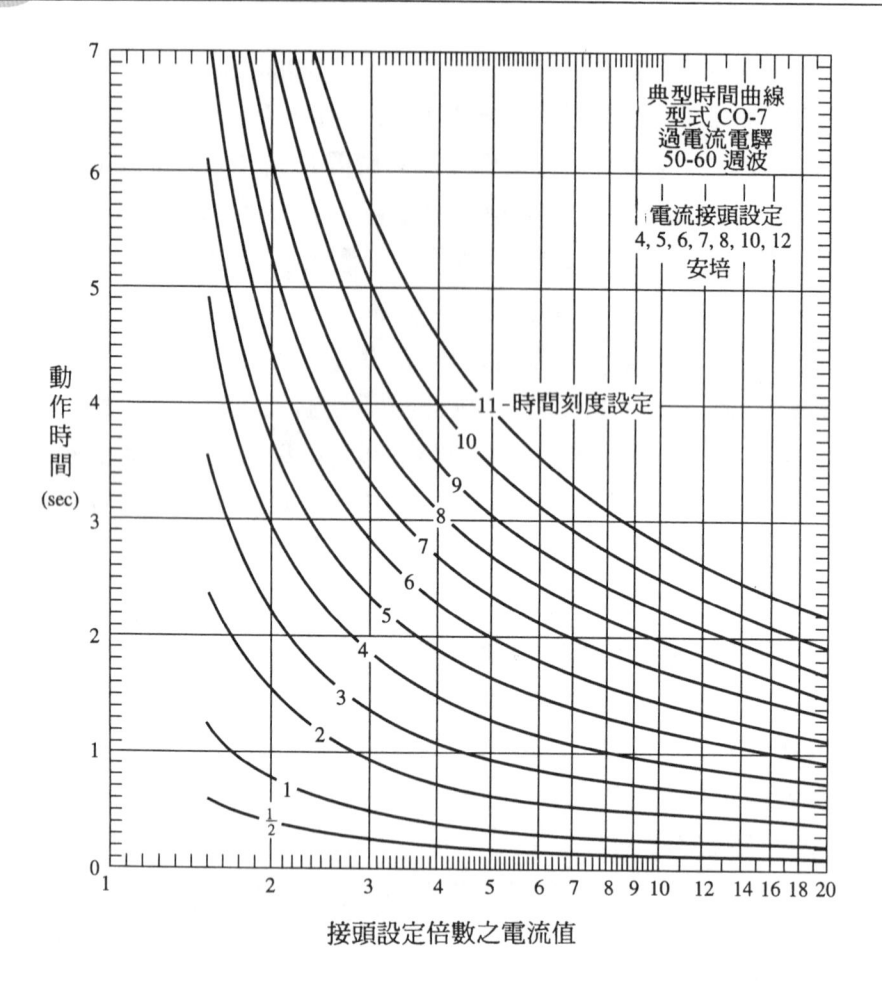

圖 13.3　CO-7 時延過電流電驛特性曲線。(借自西屋電氣公司)

驅動轉盤的轉矩會正比於所供給的平均功率，即：

$$T = k|V||I|\cos\phi \tag{13.1}$$

其中 $\phi$ 是 $V$ 和 $I$ 間的相角。瓦時計內還有跨於轉盤上的阻尼或制動磁體，它會產生一個正比於轉速的逆轉矩。於是在平時，角速度和平均功率間會有一個理想的比例係數。

雖然實際感應盤式電驛和所討論的有些差異，我們能使用修改過的瓦時計，內有電壓和電流線圈，使得轉矩與 $|I|^2$ 成正比。若轉盤受到彈簧的限制，則它將無法旋轉，直到電流值超過某個設定值為止。當電流愈大時，

## 第 13 章　系統保護

轉盤轉得愈快,且旋轉一個固定角度所需的時間也愈少。若在轉盤上"裝置"一個靜止觸點,則我們能獲得一個可動觸點,以及**反時間電流特性** (inverse time-curret characteristics) 曲線。藉調整靜止觸點的位置就能改變時延,於是我們可獲得一組時間-電流特性曲線。

藉調整螺旋彈簧的張力就能調整動作電流值,事實上調整可藉改變電驛內電流線的匝數 (即"接頭") 來完成。

圖 13.3 是一組典型的過電流電驛特性曲線,兩個可調整的設定分別被標示為**電流接頭設定** (current tap setting) 和**時間刻度設定** (time dial setting)。電流接頭設定是用來設定電驛的動作電流值,譬如接頭設定為 7 時,電驛在電流為 7 A 時應該動作。

注意:就一已知的時間刻度設定而言,電驛動作時間會隨著電驛電流做反向變化。由於曲線的漸近線是縱軸,所以當電驛電流等於動作電流時,電驛要經過一段無特定的時間才會動作。在下面的例題中,將對上述的獨特現象提出補償的方法。

### 例題 13.1

考慮圖 E13.1(a) 的輻射系統,它表示一個較大系統的部分電路。在左側的電源表示變電所的大輸出功率。我們將做下列的假設:

1. 電源是一個無限匯流排;在變壓器的低壓側電壓為 34.5 kV (線間電壓)。
2. 與故障電流相比,故障前的電流可被忽略。故障前的電壓外形是平滑的。

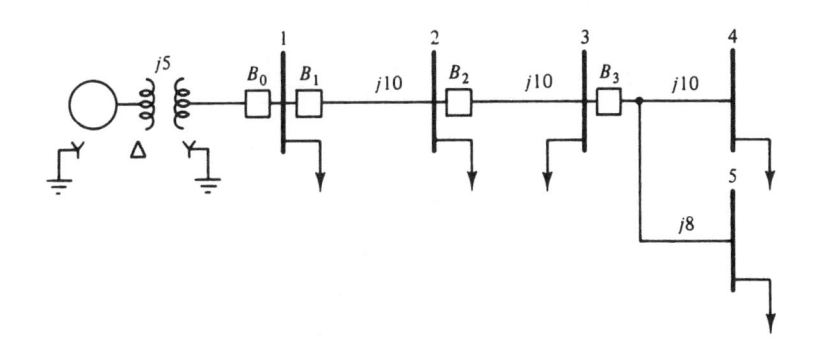

圖 E13.1 (a)。

3. 模型內的阻抗單位為歐姆，並假設正、負、零序阻抗都一樣。電阻被忽略掉。
4. 參考 34.5 kV 側的變壓器阻抗為 $j5$。
5. 故障可能發生在 $B_1$ 右側的任何地方，故障可能是三相、SLG、LL 和 DLG。我們假設直接接地 (即 $Z^f = 0$)。
6. 每一斷路器有三個過電流電驛 (每相一個)。若任何相偵測到故障時，我們希望能跳脫三相斷路器。圖 E13.1(b) 表示一個結構的概要圖。注意：若任何過電流電驛動作時，斷路器的跳脫電路將被觸發。

我們的目的是取 CTs 和電驛設定來保護線路和匯流排 2、3、4、5。我們也希望 $B_2$ 和 $B_1$ 能分別做為 $B_3$ 和 $B_2$ 的後衛保護。假設協調時延被規定為 0.3 秒。

**解** 當故障的電壓外形為平滑曲線時，在任何故障點的故障前戴維寧等效電壓為 $34.5/\sqrt{3}$ kV。先考慮 $R_3$ 的設定，它是用來跳脫 $B_3$ 斷路器。

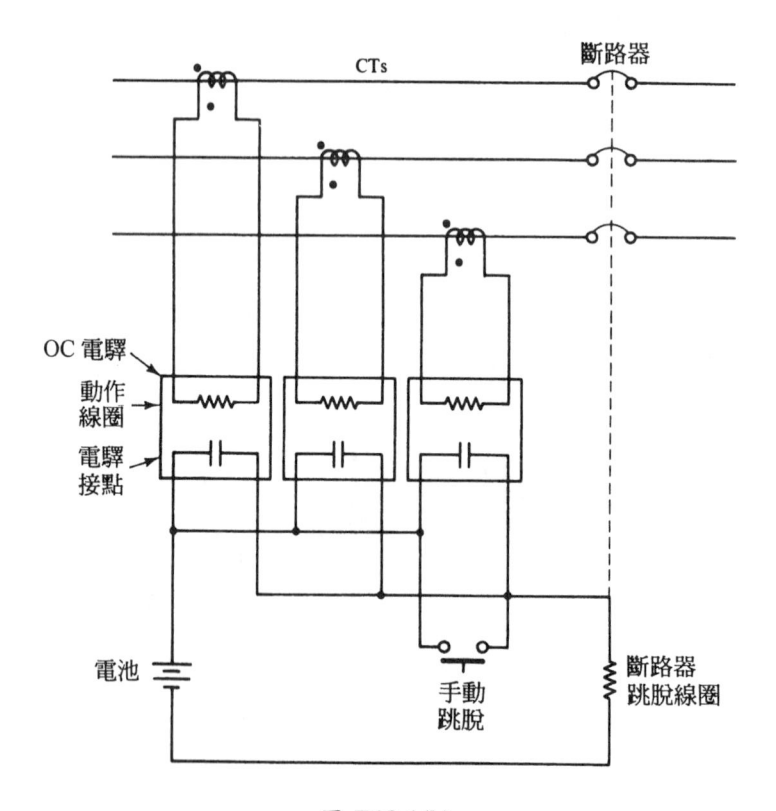

圖 E13.1(b)。

## 第 13 章　系統保護

$R_3$ 的設定：我們希望電驛能對 $B_3$ 右側的任何故障都產生動作，所以我們必須知道在 $B_3$ 處的最小故障線電流。利用序網路以及考慮它們所有可能的連接，我們將發現在匯流排 4 的線間故障會有最小的故障電流 (即故障點在最遠端)。若故障是在 $b$、$c$ 相間，則我們可利用 (12.18) 式和適當的網路連接 (圖 12.10) 來獲得

$$I_{34}^a = 0$$

$$I_{34}^b = -j\sqrt{3}I_{af}^+ = -j\sqrt{3}\,\frac{34{,}500/\sqrt{3}}{2 \times j35} = -492.86 \text{ A}$$

$$I_{34}^c = 492.86 \text{ A}$$

因此在任何兩相間的故障都會有兩個線電流的量為 492.86，同時我們希望能對這些故障電流做可靠性地排除。事實上，我們將設定更低的電流始動值就觸發跳脫動作，而這方法對合理的模擬誤差，有著安全係數，且能對先前所提到的 CO-7 特性曲線的缺失 (即在我們取 492.86 為跳脫電流時，電驛需經過一段無特定的時間才能跳脫) 提供補償。

我們取安全係數為 3，因此我們希望在

$$|I_{34}| \geq 165 \text{ A} \approx \frac{492.86}{3}$$

的時候跳脫。當然，我們應該實際查對預期的正常線電流是否遠小於此值；我們假設現在是遠小於的情形，若取 CTs 比為 150：5*，則我們可獲得對應的電驛動作值為 5.5 A。觀察 CO-7 特性曲線，發現我們沒有 5.5 A 的接頭設定；於是只能選擇一個 5.0 A 的接頭設定，不過它能幫助我們改善安全餘裕；5.0 A 對應的線電流為 150 A。它仍然可以選擇時間刻度設定。對最快動作的電驛我們取時間刻度設定為 1/2。當 $|I_{34}| = 492.86$ A 時，電驛電流為 $492.86 \times 5/150$ = 16.43，它是接頭設定的 3.29 倍；於是對 CO-7 特性曲線，我們將發現 CO-7 會在 0.2 秒左右跳脫。注意：安全係數 3 已經能使我們偏向特性曲線的中心區。接下來我們要考慮 $R_2$ 的設定。

$R_2$ 的設定：由於 $R_2$ 必須要做為 $R_3$ 的後衛保護，所以動作值的選定必須根據設定 $R_2$ 時所用的故障電流，因此我們可以很容易地取相同的 CTs 比和接頭設定。為了與 $R_3$ 協調，$R_2$ 的時間刻度設定必須能提供 0.3 秒的時延；除非 $R_3$

---

\* 一次側標準額定為 50、100、150、200、250、300、400、450、500、600、800、900、1000 和 1200 A。二次側額定皆為 5 A。

已經過了它應該跳脫的時間外，我們不希望 $R_2$ 的接點會閉合。由於故障電流為 492.86 A 時 $R_3$ 動作時間為 0.2 秒，所以我們希望 $R_2$ 在 $0.2+0.3=0.5$ 秒時才會動作。特性曲線表示要滿足 $R_2$ 在 0.5 秒時跳脫的時間刻度設定約為 1，但曲線上亦可看出：較高的電流會使時延縮短，且協調時延將小於 0.3 秒。由於在右側的曲線非常靠近，所以我們必須藉考慮最大故障電流值來決定時間刻度設定，才能維持協調時延 0.3 秒的要求。

在後衛保護模式中，最大的故障電流是發生 (恰好) 在 $R_3$ 右側的三相短路，它的值為

$$I_{23}^a = I_{34}^a = \frac{34,500/\sqrt{3}}{j25} = -j796.74$$

因此 $R_2$ 和 $R_3$ 所看到的電驛電流為 $796.74 \times 5/150 = 26.56$，同時它也是接頭設定的 5.31 倍。由曲線可知此時的 $R_3$ 會在 0.15 秒後才動作，因此我希望 $R_2$ 會在 $0.15+0.3=0.45$ 秒後才動作。對曲線利用內插法，我們可發覺時間刻度設定約為 1.5；由於設定可做連續式地調整，所以任何時間刻度設定都是可實現的。

根據後衛保護的觀念，可用此法來規定 $R_2$，不過 $R_2$ 的規定仍然要對它一次保護區內的所有故障都能正確地動作，最小的故障電流是發生在匯流排 3 的線間故障，且電流量為 $492.86 \times 35/25 = 690$ A。這是 4.6 倍的設定值，所以 $R_2$ 會在 0.5 秒後跳脫。

$R_1$ 的設定：同樣地，$R_1$ 的設定必能做為 $R_2$ 的後衛保護。在這種模式中，$R_1$ 所看到的最小故障電流也是 690 A (與 $R_2$ 相同)。再一次地導入安全係數 3 的觀念，我們希望在斷路器電流大於 $690/3=230$ A 時才動作。譬如取 CT 比為 200：5 時，我們可獲得對應的電驛動作值為 5.75 A。觀察 CO-7 的特性曲線，我們能取接頭設定為 5.0 或 6.0 A，則它的對應線電流為 $6.0 \times 200/5 = 240$ A，它非常接近於 230 A。為了找出時間刻度設定，讓我們考慮 $R_1$ 和 $R_2$ 所看到的最大短路電流 (在它的後衛模式中)。這恰好是發生在 $R_2$ 右側的三相短路，且它的故障電流量為

$$I_{12}^a = I_{23}^a = \frac{34500/\sqrt{3}}{j15} = -j1327.91$$

於是我們可獲得 $R_1$ 和 $R_2$ 的電驛電流為 $1327.91 \times 5/200 = 33.20$，同時它也是 $R_2$ 接頭設定的 $33.20/5 = 6.64$ 倍，以及 $R_1$ 接頭設定的 $33.20/6 = 5.53$ 倍。觀察特性曲線可知此時的 $R_2$ 時間刻度設定為 1.5，且它會在 0.45 秒後才動作。

第 13 章　系統保護

> 於是我們希望 $R_1$ 會在 $0.45 + 0.3 = 0.75$ 秒後才動作（考慮協調時延的緣故）。根據曲線我們發現此時的時間刻度設定約為 2.2 秒。
>
> 我們已經完成了 CT 比的選擇，以及分別對應於 $B_1$、$B_2$、$B_3$ 的電驛設定（即 $R_1$、$R_2$、$R_3$ 的設定）。

## 13.2　有兩個電源的系統

若圖 13.2 系統內的匯流排 3 加上一個電源時，系統會發生什麼樣的改變？由於這修正後的系統能從任何一端供給電力，所以它能改善輻射系統的供電持續性。圖 13.4 除了這修正系統外，還表示了所需的額外斷路器。

注意：在匯流排 1 或匯流排 1、2 間線路上的故障，並不會影響到匯流排 2 和 3 的供電。當然，這必須有正確的斷路器跳脫才能夠做得到。

正確的電驛動作是無法利用上節所討論的方式來完成；為了瞭解這敘述，讓我們假設有一個三相故障發生在圖 13.4 內的點 (x) 處。我們希望能跳脫 $B_{23}$ 和 $B_{32}$ 以排除故障，同時我們也希望 $B_{12}$ 及/或 $B_{21}$ 不會跳脫而影響了匯流排 2 的正常供電。若我們使用上一節的電驛設定法，則我們會令 $B_{23}$ 跳脫的比 $B_{21}$ 快（且 $B_{21}$ 跳脫的比 $B_{12}$ 快）；雖然這設定會對點 (x) 處的故障提供正確的斷路器動作，至於對點 (y) 處的故障則會隔離正常的匯流排 2。因此無論故障是發生在左側或右側，我們都無法正確地協調出電驛的時延。

為了正確地排除故障線路，我們必使電驛只對**順向** (forward) 線路上的故障產生響應，於是電驛必須是具有**方向性的** (directional)。若使用方向性電驛，則 $B_{21}$ 將不會對點 (x) 處的故障產生響應，同時可協調 $B_{23}$ 和 $B_{12}$ 使

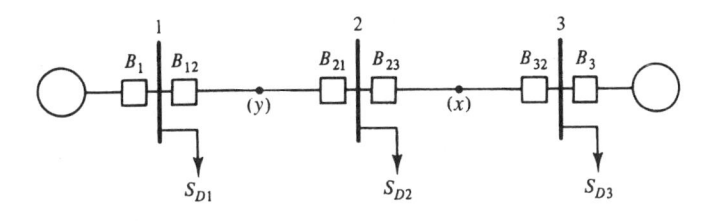

圖 13.4　有兩個電源的系統。

得 $B_{23}$ 先動作。換句話說,當故障發生於點 ($y$) 時,$B_{23}$ 將不動作,且 $B_{21}$ 和 $B_{32}$ 能夠協調使得 $B_{21}$ 先動作。事實上有了方向性電驛之後,就能像輻射系統一樣地協調圖 13.4 的系統(即從兩端都有一連串的線路和匯流排饋入),且能設定最接近於故障點的兩個斷路器先動作。注意:由於故障點左、右側的斷路器有不同的協調時延和短路電流量,所以它們通常不會同時動作。

最後注意用了方向性電驛後,匯流排本身仍能被保護。譬如在匯流排 2 處的故障是位於 $B_{12}$ 和 $B_{32}$ 間的線路上,所以故障會被這兩個斷路器看到。

接下來我們考慮如何獲得方向性電驛,我們能很容易地藉三相短路故障分析來說明方向性電驛的基本觀念。假設我們能在圖 13.4 內的 $B_{23}$ 處,利用儀表變壓器來量出下列的 $a$ 相各量:$V_2$ 相電壓及由匯流排 2 向匯流排 3 的線電流 $I_{23}$。

若在 $B_{23}$ 右側的線路上有一個三相故障 [即在類似點 ($x$) 的順向路上],則 $I_{23}$ 為

$$I_{23} = \frac{V_2}{\lambda Z} \tag{13.2}$$

其中 $Z$ 是匯流排 2、3 間的總串聯線路阻抗,$\lambda$ 是斷路器和故障點間的距離與總線路長度的比值(即在 0 和 1 之間的數值)。$Z = |Z| \angle Z$ 大都為電抗性,且它的相角 $\angle Z = \theta_Z$ 約在 80° 到 88° 之間,所以 $I_{23}$ 實際上是落後 $V_2$ 90° 左右。

另一方面,若在 $B_{23}$ 左側的線路上有一個三相故障 [即在反方向上,譬如在點 ($y$) 處],則

$$I_{23} = -I_{21} = -\frac{V_2}{\lambda Z'} \tag{13.3}$$

其中我們已經忽略了相對較小的負載電流(供給 $S_{D2}$),且 $Z'$ 是匯流排 1、2 間的總串聯線路阻抗,而 $\lambda$ 的定義則與 (13.2) 式相同。$\angle Z'$ 的範圍將與 $\angle Z$ 一樣(即在 80° 到 88° 之間),所以從 (13.3) 式可看到此時的 $I_{23}$ 約領先 $V_2$ 92° 到 100°。於是利用 $I_{23}$ 與 $V_2$ 的明顯相角差,我們可決定故障點的方向。

# 第 13 章　系統保護

　　我們可用一個感應式的元件來做為方向性電驛。雖然我們要詳細地討論它的結構是不太可能，但我們仍然能想像它是一個瓦時計元件來瞭解它的基本觀念。做下列的假設並不會失去理論的一般性：$V_2$ 是實數（即 $V_2 = |V_2|$），$I_{23} = |I_{23}| e^{j\phi_{23}}$，其中 $\phi_{23} = \angle I_{23}$。若我們讓 $V_2$ 經過一個移相網路來延遲 $V_2$ 的相角，即讓此時 $\theta_Z = \angle Z$，則我們可獲得移相後的 $V_2 = |V_2| e^{-j\theta_Z}$。若我們現在將 $I_{23}$ 和移相後的 $V_2$ 加到一個瓦時計元件上，則根據 (13.1) 式可獲得

$$T = k|V_2||I_{23}|\cos(\phi_{23} + \theta_Z) \tag{13.4}$$

若 $-\pi/2 < \phi_{23} + \theta_Z < \pi/2$，則我們可獲得正轉矩；若 $\phi_{23} + \theta_Z = \pm\pi/2$，則我們可獲得零轉矩；若 $\pi/2 < \phi_{23} + \theta_Z < 3\pi/2$，則我們可獲得負轉矩。若 $I_{23}$ 是順向的故障電流，則根據 (13.2) 式可發現 $\phi_{23} = -\theta_Z$。接著根據 (13.4) 式，我們可獲得最大的可能正轉矩。當然，這結果是刻意安排的。我們能利用移相網路來調整電驛，以獲得最大正轉矩；另一方面，若 $I_2$ 是故障點另一側的電流，則我們可獲得一強的負轉矩。這些結果被表示在圖 13.5。

　　零轉矩線分割複平面為兩個部分。在下半平面我們會獲得正轉矩，此時轉盤將轉到接點閉合而觸發相關的斷路器。在上半平面我們會獲得負轉矩（瓦時計將逆向旋轉），此時接點仍維持開路來防止斷路器的跳脫。

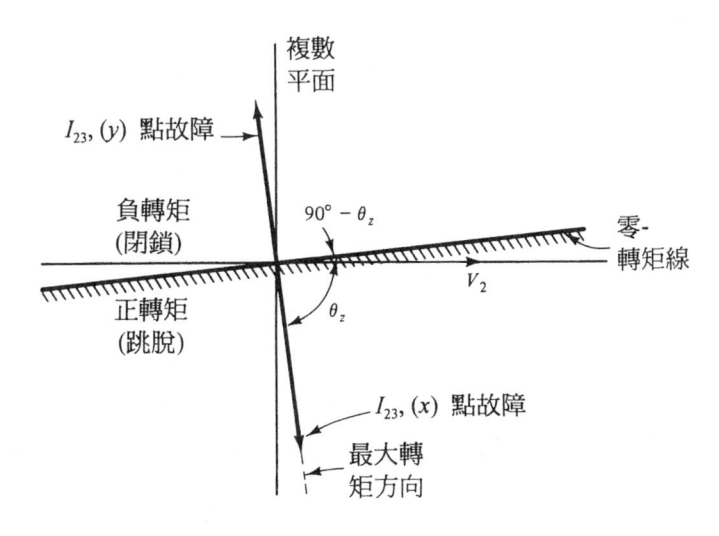

圖 13.5　方向性電驛操作特性曲線。

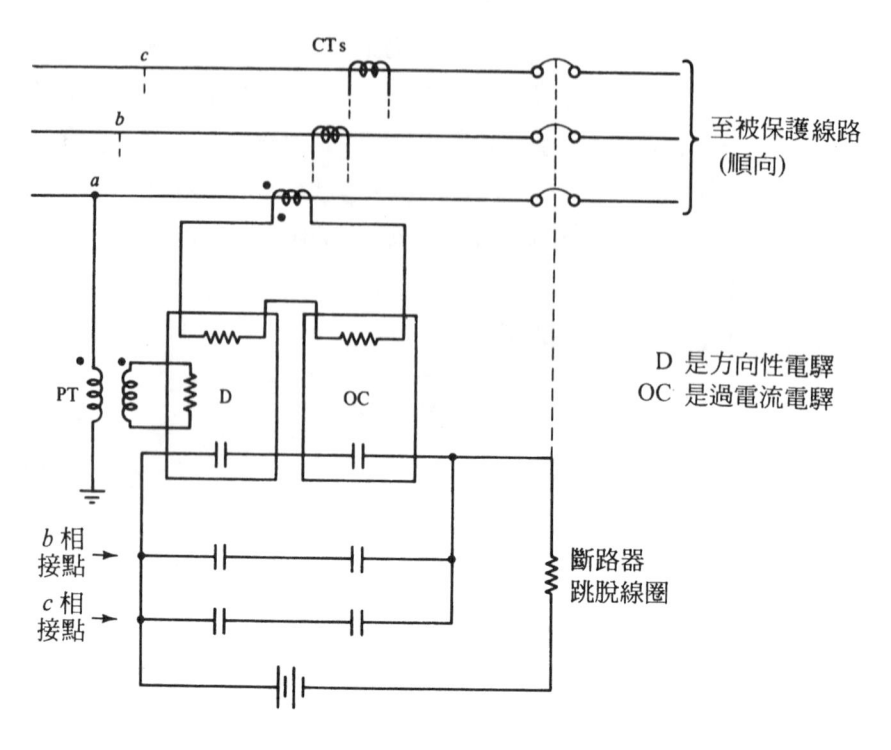

圖 13.6　方向性電驛的應用。

　　圖 13.5 也表示出對應於順向和逆向短路的相量 $V_2$ 和 $I_{23}$，從圖上可看出這兩種極端情形的區別是很明顯的。我們也必須考慮故障阻抗非零，或匯流排負載電流無法完全省略，或故障發生在更遠線路段上（不是觀察點的鄰近段上）的情形；同時我們還要考慮一般的非對稱故障。諸如此類的研究結果即是一般的結果。上述結果說明了方向性電驛於順向故障時動作，而於反向故障時閉鎖。

　　利用這方法我們能根據故障的方向來決定該跳脫那一個斷路器，即當電驛偵測到故障是發生在它的順向線路上，且故障電流也大於動作設定值時，斷路器就會跳脫。

　　圖 13.6 表示一個實體的簡化概要圖。雖然圖中只詳細地表示 $a$ 相，但斷路器的跳脫電路仍然畫有 $b$、$c$ 相的電驛接點。

　　值得注意得是：在實際的電驛系統有很多適當的修正，我們並沒有討論到。欲獲取更多相關訊息，讀者可參考 Blackburn 與 Elmore 的書。

## 練習 2.

用圖 13.4 的結構重畫圖 EX2 的迴路系統 (兩端都有理想電源)，再根據先前的討論來說明迴路系能用方向性的時延過電流電驛來保護。

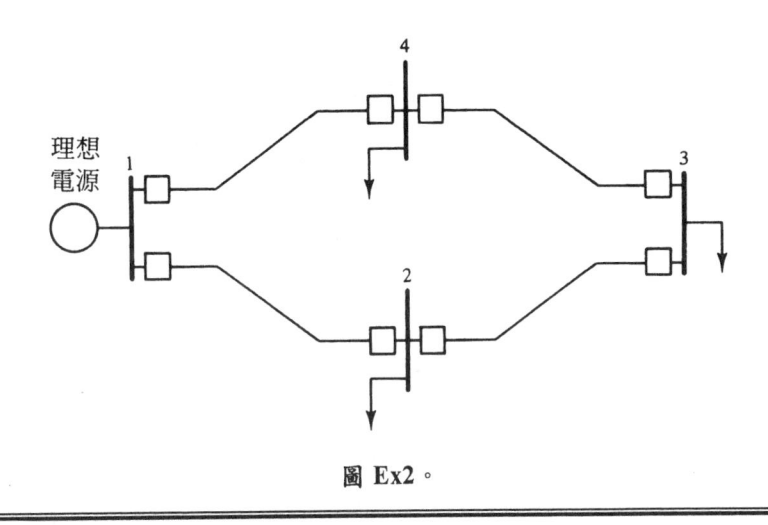

圖 Ex2。

## 13.3 阻抗 (距離) 電驛

即使在輻射系統中，過電流電驛的時延協調仍有某些問題存在。若線路和匯流排串太長的話，接近電源的斷路器操作時間就會變得非常大。為了克服這問題，我們將發展另一種不同的電驛原理。雖然過電流是指出故障狀況的一項特性，但還有一項更明顯的特性是電壓對電流量的比。當有一個三相對稱故障發生時，電流將增到它標稱值的 200%，電壓會降到它標稱值的 50%；於是電壓對電流比就有 4:1 的變化，但電流比卻只有 2:1 的變化。

根據電壓-電流比來動作的電驛我們稱為**比例** (ratio) 或**阻抗** (impedance) 電驛，它也被稱為**距離電驛** (distance relay)；我們將在描述阻抗電驛動作的過程中，瞭解它的動作原理。

再一次考慮圖 13.4 並假設在點 ($x$) 處有一個直接接地三相故障。我

們再一次假設在 $B_{23}$ 處所量測到量分別是相電壓 $V_2$ 和線電流 $I_{23}$，則 $V_2/I_{23}$ 比是 $B_{23}$ 和故障點 ($x$) 間的線路驅動點阻抗，即

$$\frac{V_2}{I_{23}} = \lambda Z \qquad (13.5)$$

其中 $Z$ 是總線路阻抗，$\lambda$ 是 $B_{23}$ 和故障點間線路距離與總線路長度的比值。通常，$V_2/I_{23}$ 並不是一個驅動點阻抗，且它多少可能會影響我們在觀察點所量測到的各項量。

若 $|V_2/I_{23}|$ 足夠小的話，我們就能適當地設定電驛的動作值。譬如，若我們希望 80% 的線路能在保護區內，則電驛必須被設定在 $|V_2/I_{23}| \leq R_c \triangleq 0.8|Z|$ 時就要動作。於是電驛對在 80% 線路內 (即距離在 80% 線路長度內) 的任何故障都會動作，同時這也說明了我們為何稱它為距離電驛的原因。我們也稱這距離為電驛保護的有效範圍，即此時的電驛有效保護範圍長度的 80%。

電驛的動作範圍相當於在複數平面，以 $R_c$ 為半徑的範圍的複數值都為 $V_2/I_{23}$。圖 13.7 將顯示幾種可能的演變 (即在不同狀況下的 $V_2/I_{23}$ 值)；狀況是參考 13.8 圖所示的故障點。這些點描述如下：

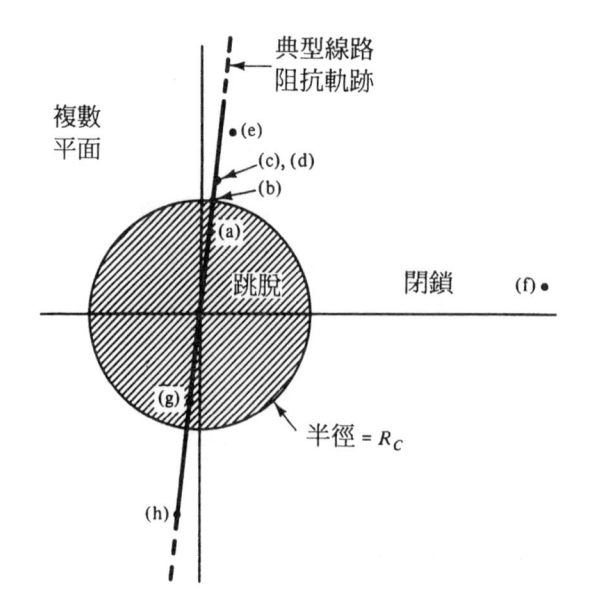

圖 13.7 阻抗電驛的動作區。

# 第 13 章　系統保護

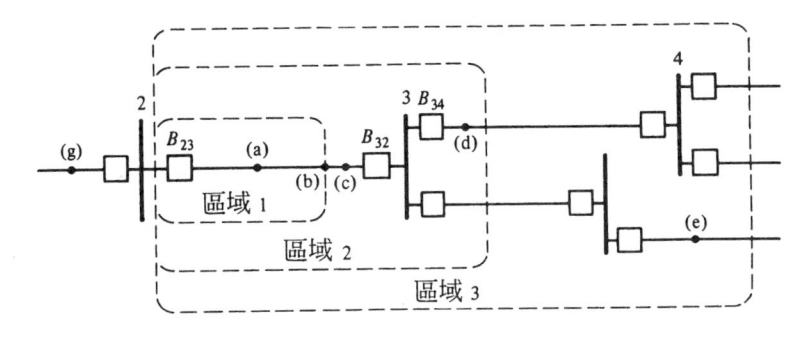

**圖 13.8**　故障點與保護區。

(a) 故障在線路的 60% 處（跳脫）。
(b) 故障在線路的 80% 處（跳脫邊緣）。
(c) 故障在線路的 100% 處（不動作）。
(d) 故障剛好在保護線路外的系統上（不動作）。
(e) 故障在遠離被保護線路外的系統上（不動作）。
(f) 典型的正常運轉情形（不動作）。
(g) 故障在被保障線路的左側線路上（跳脫）。
(h) 在同一線路上 [如 g] 更遠距離的故障（不動作）。

為了避免不想要的跳脫狀況 (g)，我們能像先前使用過的電流電驛的情形一樣包含方向性電驛。若我們同時使用方向性電驛和過電流電驛的話，我們就能提供後衛保護。考慮圖 13.8 的一段輸電系統。就跳脫 $B_{23}$ 而言，我們只考慮在 $B_{23}$ 處的電驛行為。注意：其他的斷路器（譬如 $B_{34}$）都是類似的設備。

假設現在是使用方向性電驛，則我們只需考慮 $B_{23}$ 右側的系統。在 $B_{23}$ 處我們安裝了三個阻抗電驛，第一個已被討論過，它的有效範圍為 80% 的線路長度，且在 $|V_2/I_{23}| \le R_1$ 時會立即跳脫。而這保護範圍被定義為區域 1，亦被稱為一次或瞬間跳脫帶。第二個阻抗電驛有較大的有效範圍，它包含了整個區域 2，即區域 1 也被包含在內。譬如，若有一個故障發生在點 (d)，則斷路器 $B_{23}$ 經過一段時延 $T_2$ 後會動作。當然，點 (d) 是在斷路器 $B_{34}$ 的一次保護帶內，所以 $B_{34}$ 應該在 $B_{23}$ 動作之前先跳脫；但若 $B_{34}$ 無法正常動作時，$B_{23}$ 應該提供後衛保護。類似地，第三個阻抗電驛有相同的動作。

譬如故障恰好在下一個斷路器外的點 (e) 時，$B_{23}$ 應該經過一段更長的時延 $T_3$ 後，才對區域 3 內的故障提供後衛保護。

直到目前我們只討論過 $B_{23}$ 所提供的後衛保護，類似地，其他的斷路器也能對 $B_{23}$ 提供後衛保護。注意：方向性阻抗電驛有相當的彈性來有效地保護一般的輸電系統，而不只是輻射系統。雖然整個輸電系統是非常複雜的（它包含很多迴路），但阻抗電驛原理允許我們對較小的範圍提供保護，而局部系統的保護就如圖 13.8 所示的一樣簡單。

讀者可能會懷疑為什麼圖 13.8 內的區域 1 不能包含整個輸電線路（即 100% 的線路長），這原因可說明如下：就恰好在匯流排 3 左、右側的故障點 (c) 和 (d) 而言，阻抗電驛所看到的兩個阻抗值基本上是一樣的，這裡忽略了接通斷路器和匯流排結構的阻抗。於是當點 (c) 被包含在區域 1（瞬間跳脫）時，在點 (d) 處的故障也將引起 $B_{23}$ 瞬間跳脫；這是不正確的跳脫，因為 $B_{34}$ 應該先動作才對。當故障發生在點 (d) 時，$B_{23}$ 不跳脫的優點能夠補償故障發生在點 (c) 時不瞬間跳脫 $B_{23}$ 的缺點。注意：在點 (c) 的故障仍會引起 $B_{23}$ 跳脫（有時延）。

**練習 3.**

說明圖 Ex3 的方向性阻抗電驛；匯流排 1 和 6 間的線路是在 $B_{12}$ 處方向性電驛順向方向嗎？

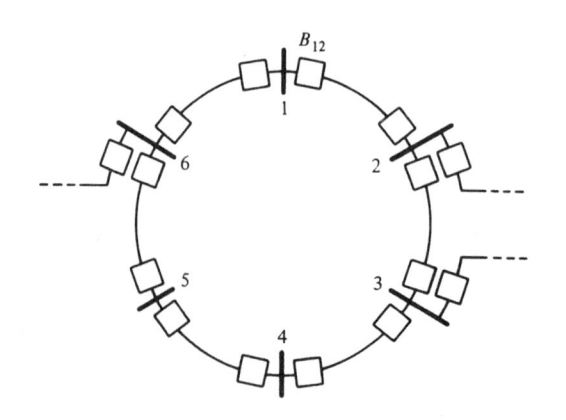

圖 Ex3。

圖 13.9 平衡棒移動。

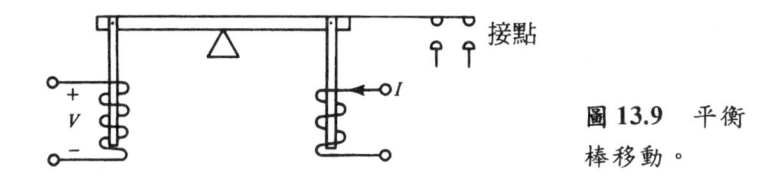

接下來考慮一種可能的瞬間跳脫阻抗電驛的實體結構，我們也將以圖 13.9 來扼要說明它的工作原理。圖 13.9 的電驛結構被稱為**平衡棒移動** (balanced-beam movement) 式的電驛。當電壓和電流輸入都為零時，棒是平衡的。當電壓被加到左側的電磁圈時，將會引起一個比例電流流過電磁圈，且在棒的左側產生一個向下拉力。類似地，當電流被加到右側的電磁線圈時，會在棒的右側產生一個向下拉力。若**電壓拉力** (voltage pull) 大於電流拉力的話，電驛接點就會維持開路狀態。若電流拉力大於電壓拉力的話，電驛接點就會閉合。電磁線圈的動作描述於附錄 2 中，從附錄 2 我們可推得電磁線圈所產生的平均力是正比於電流相量的平方，即電驛跳脫的條件為

$$k_1|V|^2 \le k_2|I|^2 \tag{13.6}$$

其中 $k_1$ 和 $k_2$ 是與附錄 2 內所討論的設計參數有關，且 $k_1$ 還與電壓電磁線圈的阻抗有關。根據 (13.6) 式，我們能很容易假設電驛在電壓和電流拉力相等時仍然會跳脫。

等效於 (13.6) 式，電驛脫跳假如

$$\left|\frac{V}{I}\right| \le \left(\frac{k_2}{k_1}\right)^{1/2} \triangleq R_c \tag{13.7}$$

藉調整匝數（分接頭）和氣隙（鐵心螺旋）。我們能容易地改變臨界值 $R_c$。

最後我們再提醒讀者：為了簡化描述，我們只考慮三相對稱故障的情形。當我們考慮其他的非對稱故障時，有額外的複雜性必須要考慮。注意：即使對一個單一保護帶的應用，每一斷路器都需要有三個（單相）阻抗電驛（每相一個）。斷路器應該在任何相的阻抗值低於臨界值時就跳脫。其次，我們設定電驛對三相對稱故障的有效保護範圍是與故障型態有關的。譬如，若我們設定電驛對三相對稱故障的有效保護範圍為 80% 的線路長度，則它

們可能只能保護 50% 線路 (對 SLG 故障) 或 10% 的線路 (對 LL 故障)。換句話說，若我們是對 LL 故障設定它有的有效保護範圍，則電驛能對任何故障都達到它的保護功能。

剛才所討論過的阻抗電驛被稱為**接地電驛**，其以相電壓與線電流為輸入量，其對三相、SLG 和 DLG 故障的響應是非常有效的。但對 LL 故障則是相對不靈敏的；於是我們將發展另一種**修正阻抗電驛** (modified impedance relay)，它被稱為**相位電驛** (phase relay)。相位電驛是以線間電壓，譬如 $V_{ab}$ 來代替 $V_a$ 及線電流差 $I_a - I_b$、$I_b - I_c$、$I_c - I_a$ 來做為輸入的。使用線電壓和線電流差做為輸入時，阻抗電驛對 LL 故障是相當靈敏的，但對 SLG 故障則是相對不靈敏的，所以我們通常都必需同時使用接地和相位阻抗電驛。

## 13.4 修正阻抗電驛

在前一節我們討論了阻抗電驛和方向性電驛的並用，接下來我們將簡單地修正基本的電驛設計，以獲得方向特性及允許它們獨自操作。

如圖 13.10 一樣地耦合電壓和電流迴路，就能修正圖 13.9 的平衡棒移動。為了簡化起見，我們將忽略電壓電磁線圈 (高阻抗) 內的小電流，此時跨於 $Z_\phi$ 上的電壓為 $V_\phi = Z_\phi I$，而跨於電壓線圈上的電壓為

$$V_r = V - Z_\phi I \tag{13.8}$$

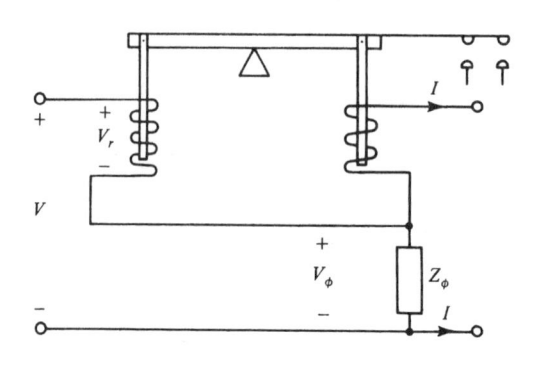

圖 13.10　修正阻抗電驛示意圖。

# 第 13 章　系統保護

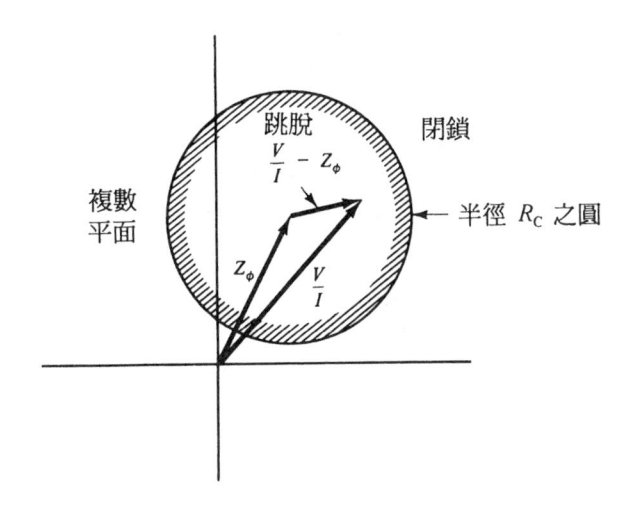

**圖 13.11**　修正電驛的操作區。

利用 (13.7) 式可知電驛將在

$$\left|\frac{V_r}{I}\right| = \left|\frac{V - Z_\phi I}{I}\right| = \left|\frac{V}{I} - Z_\phi\right| \leq R_c \qquad (13.9)$$

時跳脫，且操作範圍能很容易地表示在複平面上。在圖 13.11 我們畫出了 $Z_\phi$、$V/I$ 和它們的差值。

若 $V/I$ 是在圓心為 $Z_\phi$、半徑是 $R_c$ 的圓內時，電驛將因滿足 (13.9) 式而跳脫。與阻抗電驛的操作帶相比較時（參考圖 13.7），我們發現修正阻抗電驛的圓心有位移的彈性。我們能取 $Z_\phi$ 和 $R_c$ 使得圓心落在線路阻抗軌跡上，且圓會通過原點；同時我們稱這最終的修正操作特性為**補償歐姆特性** (offset mho characteristic)，它有高度的方向性。如同阻抗電驛的情形一樣，我們能藉導入三個不同的有效範圍和適當的操作時延來提供三層保護帶。在圖 13.12 中，我們將方向性電驛和修正阻抗電驛的三層保護帶的操作範圍做了一番比較。三個帶已被畫出並使得它的對應有效範圍是相同的，於是它們的差異是在“邊緣”上，而這也是修正阻抗電驛比方向性電驛好的地方。通常正常負載比故障時有較高的功率因數，而從圖 13.12 中可看出，修正阻抗電驛可大幅度地改善方向性電驛對高功率因數負載的靈敏度，即我們可比較這兩種電驛對圖 13.12 內負載阻抗 (f) 的行為來驗證以上敘述。

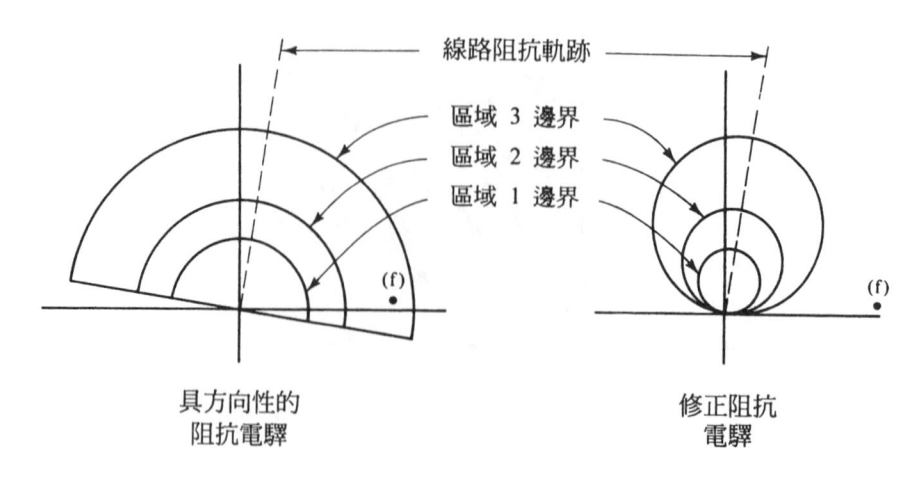

圖 13.12　操作區的比較。

## 13.5　發電機的差動保護

　　接下來我們考慮一種非常可靠的方法，它對發生在發電機、變壓器組、匯流排和輸電線路內的故障能提供良好的保護。基本的觀念可藉圖 13.13 的發電機保護結構來加以說明，這裡只表示出 $a$ 相的保護，而其他相的保護結構與 $a$ 相相同。利用注點慣則，讀者可查對 CTs 內一次和二次電流的參考方向是相符合的。

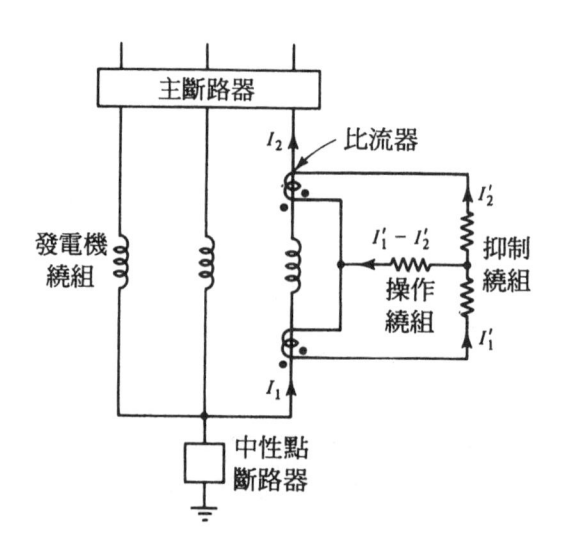

圖 13.13　以差動電驛保護發電機。

# 第 13 章　系統保護

若沒有內部故障，則 $I_2 = I_1$，因此使用相同的比流器可獲得 $I'_2 = I'_1$；由於 CTs 是串接的，所以電流是從一個 CT 的二次側流向另一個 CT 的二次側，因此電驛的操作繞組內沒有電流流過。若現在假設繞組內發生接地或相間故障側 $I_2 \neq I_1$、且 $I'_2 \neq I'_1$，因此有一個**差動電流** (differential current)，$I'_1 - I'_2$ 流經操作繞組。我們很自然地稱這種電驛為**差動電驛** (differential relay)。

用一個過電流電驛測差動電流似乎是很合理的，但實際上我們並不如此做，因為要使兩個比流器的特性曲線相互配合是很困難的；它們顯然不同，即使兩者之間只有非常小的偏差，匝數比也會在全載或其他故障所引起的大電流情況下，產生相當大的差動電流而引起誤動作。換句話說，藉提高過電流電驛的動作設定值雖然能防止大發電機電流可能引起的誤動作，但也將破壞輕載狀況下的發電機保護。

解決這問題的一種方法是利用比例或百分比型式的方向性電驛，這裡跳脫所需的差動電流是正比於發電機電流。一個有**中心分接頭限制繞組** (center-tapped restraining winding) 的平衡棒運動能被用來獲得這項行為。圖 13.14 表示這種電驛的一般觀念。

如同先前的情形一樣，若右側的平均下拉力比左側大時，電驛會閉合。在右側的平均下拉力是正比於差動電流的平方 (即 $|I'_1 - I'_2|^2$)。在左側的平均下拉力 (限制力) 是正比於 $|I'_1 + I'_2|^2$；這結果可從附錄 2 中的推導過程得知。於是電驛的動作條件為

$$\left| I'_1 - I'_2 \right| \geq k \frac{\left| I'_1 + I'_2 \right|}{2} = k \left| I'_{\text{average}} \right| \tag{13.10}$$

它有一個理想的比例性質。$k$ 是一個常數，它可藉調整分接頭和氣隙來修正。注意：當 $k$ 增加時，電驛將變得較不靈敏。

假設 $I'_1$ 和 $I'_2$ 是同相的，則我們能很容易地利用 (13.10) 式來找出動

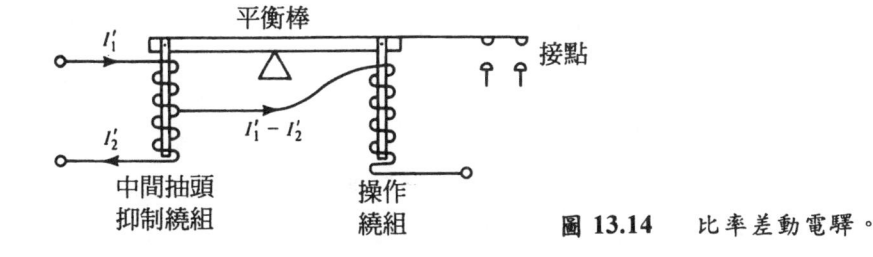

圖 13.14　比率差動電驛。

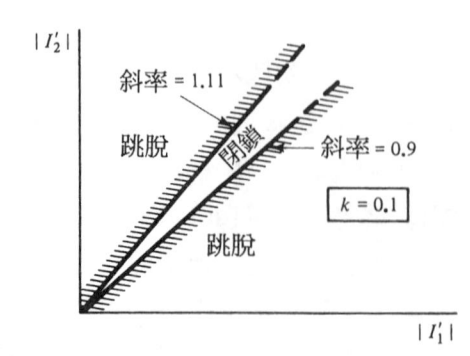

圖 13.15 差動電驛的操作範圍。

作範圍；圖 13.15 表示 $k = 0.1$ 時的動作範圍。注意：特性曲線能很容易地修正以獲得一個在原點附近的明顯閉鎖帶。同時我們也注意到：平衡棒電驛的另一種型態是感應盤電驛，它也能利用差動電流來操作，前有限制繞組。它們有類似於圖 13.15 的特性曲線。

我們已經討論過發電機繞組的 $a$ 相保護；類似地，$b$、$c$ 相也有同樣的保護。當三個電驛中的任何一個動作時，三相線路的（主）斷路器和**中性線** (netural) 斷路器應該開路以隔離發電機。圖 13.13 表示的是斷路器，而不是跳脫電路。此外，發電機的場斷路器（未畫出來）也能跳脫以使定子繞組去能；場斷路器能在發電機發生內部相間故障時提供保護，且不會受主和中性線斷路器的開路而隔離。由於我們需要開路三個不同的斷路器（主、中性線和場），所以每一差動電驛上必須有三組適用的接點。

補充的知識有關發電機定子繞組保護和不同方法對定子的保護可參考 IEEE 中同步發電機保護的訓練手冊 (Protection of Synchronous Generators)。

## 13.6 變壓器的差動保護

保護三相變壓器是比較麻煩的，這是因為我們必須考慮從低壓側轉換到高壓側的電流相位和量的變化。在應用差動電驛之前，我們必須先將這些變化抵消掉。首先考慮 Y-Y 或 Δ-Δ 的情形。在這種情形下，穩態的一次和二次電流是同相位（若激磁電感是無限大的話），因此我們只需抵消電流比的變化就可以。圖 13.16 顯示一種實際可能的 Y-Y 接線，雖然圖中只表示三相電驛保護中的一相，但對 $b$、$c$ 相的保護是完全一樣的。

# 第 13 章　系統保護

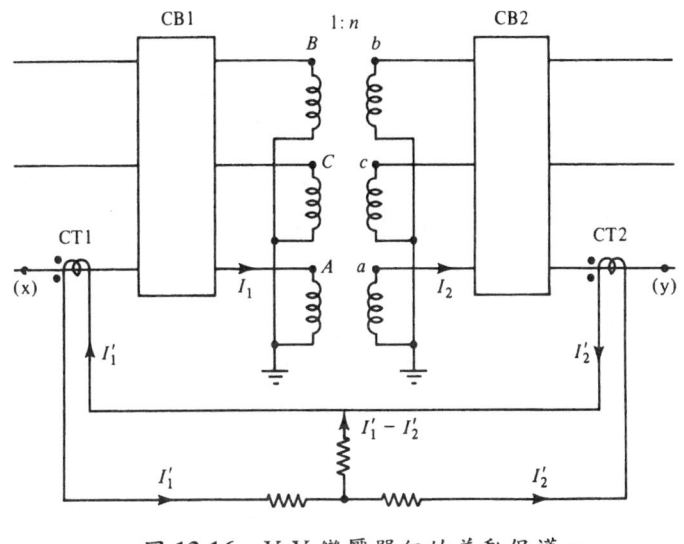

**圖 13.16**　Y-Y 變壓器組的差動保護。

　　圖中也表示出變壓器組的 a 相電流 $I_1$ 和 $I_2$，它們之間的關係為 $a = 1/n$，其中 a 為電流增益，n 為電壓增益。在正常不跳脫情形下，我們希望 CTs 的二次電流是等值的（即 $I_1' = I_2'$），但由於 CTs 的一次電流關係為 $I_2 = aI_1$，所以必須滿足下列的條件：

$$\frac{I_2'}{I_2} = \frac{I_1'}{aI_1} \tag{13.11}$$

由於 $a_2 \triangleq I_2'/I_2$ 和 $a_1 \triangleq I_1'/I_1$ 分別是 CT2 和 CT1 的電流增益，所以我們導出簡單的電流增益關係式：

$$a = \frac{a_1}{a_2} \tag{13.12}$$

　　根據 (13.12) 式，我們可以選擇理想的額定 CT。譬如，假設電壓增益或升壓比 $n = 10$，則 $a = a_1/a_2 = 0.1$。若我們令 CT1 的一次額定為 500，則 $a_1 = 5/500 = 0.01$；若我們令 CT2 的一次額定為 50，則 $a_2 = 5/50 = 0.1$。於是我們可獲得 $a_1/a_2 = 0.1$。CT 額定的選擇是很自然的；在三相變壓器的高電流側必須比低電流側有較高（大於 10 倍）的額定。

　　對某些情形，我們可能很難找到標準的 CT 來符合所需的額定。解決這問題的方法是同時使用自耦變壓器和多分接頭的 CTs，這些接頭能提供額外的調整彈性。分接頭也可以由差動電驛來提供。

(13.12) 式是差動電流為零的條件說明，它能幫助我們瞭解另一種情形 Δ-Y 變壓器組的差動保護。考慮圖 13.16 內從點 (x) 到點 (y) 的電流增益，它有兩種可能的值：(1) 為通過三相變壓器組的電流增益 $I_2/I_1 = a$，以及 (2) 為通過 CTs 的電流增益 $(I_1'/I_1)(I_2/I_2') = a_1/a_2$。於是根據 (13.12) 式可知：要獲得零差動電流的條件是這兩個電流增益值必須一樣。我們能很容易地證明這條件是正確的，即使電流增益為複數時還很容易證明。讀者可能注意過它與正常系統間的關係，(13.12) 式告訴我們 CT 比和相位移應該與正常系統的相符合。

圖 13.17 是表示 Δ-Y 變壓器組的差動保護，基本的保護觀念能從單線圖中獲得最佳的瞭解。

要注意的是 CT2 的二次側為 Δ 接線，因此當我們考慮 a 相 (每相) 的電流增益 $a_2$ 時，我們會獲得一個與先前 Δ-Y 電力變壓器組一樣的相位移；於是 (13.12) 式告訴我們：從 Δ 側到 Y 側的相位移必須是一樣的。藉組合相同的 Δ-Y 變壓器，我們可獲得相同的連接感應相位移 (表示從 Δ 側到 Y 側)。當然，電流增益量必須是一樣的，否則無法符合 (13.12) 式。

我們將扼要地討論做變壓器差動保護時經常會碰到的兩個問題。第一個問題是變壓器的**突入電流** (in-rush current)，這是一個暫態問題，即當變壓器剛被致能時，變壓器的磁化電流可能會是滿載電流的幾倍大，由於如第五章所示磁化電流是流經旁路，對差動電驛來說像是個接地故障。

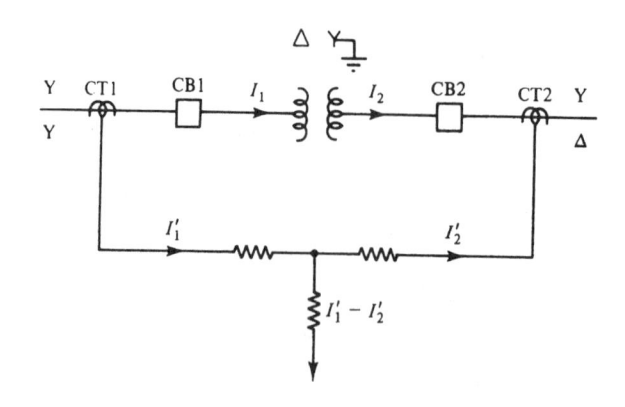

圖 13.17　Δ-Y 變壓器組的差動保護。

第 13 章　系統保護

有很多方法可用來防止正常切換暫態間的不正確動作。譬如，將電驛去靈敏性［增加 (13.11) 式內的常數 $k$］，或者是使用由單方向元件所組成的電驛，它具有抗高諧波含量的性質，因此能防止突入電流所引起的異常跳脫。

第二個問題是有關調整變壓器的參數，在電力系統中我們經常藉改變調整變壓器的電壓比和相角來控制複功率潮流；這些我們已經在 5.9 節討論過。顯然地，差動電驛需要對整個與正常操作有關的電壓比和相角範圍做動作。達成上述目的的一種方法是將差動電驛去靈敏，但使用這方法時必須在內部故障和正常狀況之間取得協調，否則會有不正確的跳脫產生。

## 13.7　匯流排和線路的差動保護

利用圖 13.18 的單線圖，我們能描述匯流排的差動保護。假設所有的比流器都是理想的，且有相同的比值。由於 CT1 和 CT2 的二次側是並聯的，所以它們的電流關係如圖 13.18 所示。若沒有匯流排故障時，$I_1 + I_2 = I_3$ 且由於所有的 CTs 都有相同的比值，所以 $I_1' + I_2' = I_3'$；因此差動電驛不會動作。如同先前的應用一樣，我們不需要使用相同的 CTs，這是因為限制繞組的關係。實際的保護系統需要有三個差動電驛，即每相需要一個。當三個電驛中的任何一個動作時，都將觸發所有 CBs 的跳脫線圈以隔離匯流排。

這技巧能很容易地推廣到大部分的線路保護，其中特別要注意的是：在組合與限制線圈有關的線路時，要避免破壞限制作用。有一種極端的情

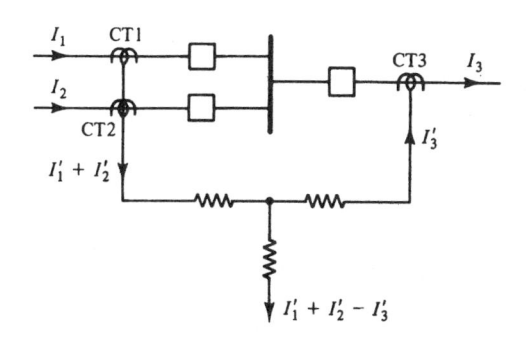

圖 13.18　匯流排差動保護。

形，即個別的電流值非常大，但在每一限制線圈內的電流總和卻為零；這將是圖 13.18 內 $I_3 = 0$ 的情形 (線路會失去保護嗎？)。因此，即是個別的 $I_1$ 和 $I_2$ 非常大，限制繞組仍有可能會失去作用。這問題和其他與 CTs 的磁飽和有關的問題，都已經能用一種改良型的差動電驛結構來克服。

如同我們在前幾節所看到的，發電機、變壓器和匯流排的差動電驛都有它們獨自的特質，但它們的基本結構卻是相同的。它們的共通特性為電流測量點 (CTs 的位置) 的類似性，但對輸電線路或地下電纜應用差動電驛保護時，這類似性將被破壞。線路的差動保護有很多理想的特性，譬如斷路器的同時和立即操作 (約一週左右)，以及不需與其他電驛做協調等優點。

線路的差動保護是經由交鏈每一線路兩端的輔助通訊通道來提供的，這些通道可以採用電話線或其他引線 (副線)、微波鏈結或電力線載波系統。在載波系統其調變信號頻率介於 30 到 200 kHz (即約是無線電的 AM 頻道信號)。注意：通訊通道也能用來為系統通信、遙測、遙控以及其他非差動保護的電驛結構。

## 13.8 保護的重疊區

在 13.3 節討論輸電線路保護時，我們介紹了一個電驛的有效範圍和它的一次保護區域。同時我們也討論了一個電驛如何做為其他電驛的後衛保護 (對一次保護區域而言)。我們知道要達成後衛保護，就必須使後衛保護區和一次保護區間有重疊的區域。

一次保護區間有重疊現象也是非常理想的，使用這種方法可以使得系統內的每一個都在某些電驛的一次保護區內。接下來我們考慮一個這種結構的例題如圖 13.19 所示。

保護區的範圍是由 CTs 的位置來決定。關於斷路器的 CTs 位置將與圖 13.6 對線路、圖 13.16 對變壓器以及圖 13.18 對匯流排的 CTs 位置相同。保護系統的佈置次序對任何情形都是一樣的；先是被保護的元件，再來是斷路器，最後是 CT。由於斷路器交鏈不同的元件，所以它能保證保護區會重疊。此外我們也注意到每個斷路器落在兩個保護帶內，且能有效運作。注意圖 13.19 內點 ($x$) 處的故障，由於它位於兩個重疊帶內，所以故

第 13 章　系統保護

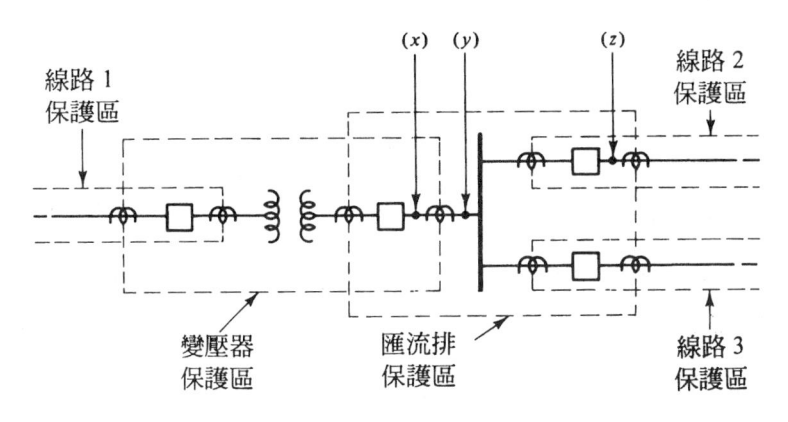

図 13.19　重疊的保護區。

障發生時會使所有的匯流排的和變壓器斷路器跳脫；但在點 (y) 處的故障則只會使匯流排斷路器跳脫。故障發生在點 (z) 時，會使匯流排斷路器跳脫 (兩個斷路器的其中一個線路斷路器)，但若此時的線路是受差動電驛保護，則在線路 2 另一端的線路斷路器也會跳脫 (未表示出來)。

## 13.9　向序濾波器

　　我們將藉著考慮某些特殊的電驛型態來結束有關電驛結構的討論，而這些特殊的電驛是以不正常的負序及/或零序電流和電壓來做為輸入。個別的負序和零序量，以及它們的組合都與非對稱故障有明顯的密切關係。除了非對稱故障外，也必須瞭解負、零序電流的存在還有其他的原因；譬如由不平衡負載引起發電機負序電流就是一個例子。這些負序電流在氣隙中建立起一個以角速度 $\omega_0$ (就一個兩極電機而言) 做逆向旋轉的磁通量，於是轉子會遭受到立即的磁通量變化，而引起大電流流經轉子表面。即使是相對小的負序電流 (若允許它連續流通的話) 也會引起發電機轉子的過熱現象；同樣地，零序定子電流也有類似的問題。

　　利用向序濾波器可偵測到負序或零序的電流和電壓。後將考慮兩個簡單的例題。能很容易地利用三個 CTs 來組成一個零序電流濾波器。假設一次側電流為 $I_a$、$I_b$ 與 $I_c$，若以一 (低) 電阻並聯於二次側，則跨在電阻上

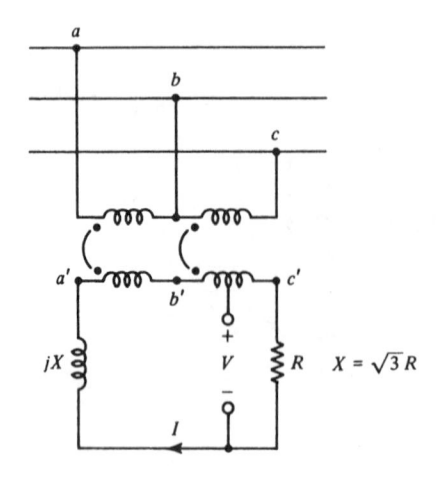

圖 13.20 負序電壓濾波器。

的電壓正比於 $I^0 = \frac{1}{3}(I_a + I_b + I_c)$。注意：濾波器並不對正、負序電流產生響應。在某些情況下，我們也能測出接地發電機或 Y 接變壓器組的中性線電流，且它是正比於 $I^0$。

我們可用圖 13.20 來測量負序電壓，這裡假設變壓器是理想的，且變壓器的二次側是具有中心分接頭。我們發現

$$I = \frac{V_{c'a'}}{R + jX} \tag{13.13}$$

$$V = \frac{1}{2}V_{b'c'} + \frac{R}{R + jX}V_{c'a'} \tag{13.14}$$

利用 $X = \sqrt{3}R$，我們可獲得

$$V = \frac{1}{2}(V_{b'c'} + V_{c'a'}e^{-j\pi/3}) \tag{13.15}$$

現在假設線電壓為負序組，則 $V_{c'a'}^- = V_{b'c'}^- e^{j2\pi/3}$ 且

$$V = \frac{1}{2}V_{b'c'}^-(1 + e^{j\pi/3})$$

從這我們可求得

第 13 章　系統保護

$$|V| = \frac{\sqrt{3}}{2}|V^-_{b'c'}| = \frac{3}{2}|V^-_{b'n'}| \qquad (13.16)$$

於是 $|V|$ 是正比於負序二次側電壓。為了找出對應的一次量，我們將乘以 PT 的比值。

若電壓是正序組，則 $V^+_{c'a'} = V^+_{b'c'}e^{-j2\pi/3}$ 且

$$V = \frac{1}{2}V^+_{b'c'}(1 + e^{-j\pi}) = 0 \qquad (13.17)$$

由於零序線電壓必須為零，因此我們並不考慮它們，對零序電壓而言，$V^0_{an} = V^0_{bn} = V^0_{cn}$，因此 $V^0_{ab} = V^0_{bn} - V^0_{cn} = 0$。類似地，$V^0_{bc} = V^0_{ca} = 0$。於是濾波器只對負序電壓或非對稱三相線路中的負序成分產生響應。

---

**練習 4.**

畫出一個 PTs 的電路，並使得它的輸出電壓是正比於一個三相線路中的零序電壓。

---

## 13.10　計算機電驛

已經討論過的電子機械的電驛，幾乎被快速地由微處理器的電驛所取代。尤其對於新的安裝方面。大部分新的電驛和舊的比較其功能和操作曲線都差不多。因此我們討論保護技術，有關於區域的保護、崩潰區、後衛保護和電驛（時間）協調等並未改變。在實際的應用上，是經常變化的。

下列是有關於微處理器電驛的優點：

- 低成本。
- 變化少，少數標準的產品能容易地與多種類被建構。
- 不需要常維護。
- 有良好的跳脫曲線，可經由軟體來控制調整和遠距離的控制。

- 具有自我監控的能力，而且能自動列出錯誤。
- 單一電驛有單一輸出，能經由程式化而執行數個功能（對多個區域做距離保護），相反地三阻抗電驛，能都顧及到每個區域有阻抗保護，我們能將三種功能結成單一個。
- 減少嵌板空間和工作站的電力。
- 附加的功能，除了提供保護的主要功能微處理器的電驛也能提供通訊和記錄儲存。電壓、電流的讀數和電驛能被傳送到系統操作者。故障的細節記錄（包括電壓、電流的振盪圖），能被儲存和顯示。線電驛能計算和顯示故障位置及功率量測能力。

欲知更詳細的敘述，讀者可參考 Phadke 和 Thorpe 或是 IEEE 的指導手冊：以微處理器為基礎的保護與通信的先進技術 (Advancements in Microprocessor Based Protection and Communication)。

微處理器需要數位的輸入，在我們應用中，首先使用類比電壓和電流(從線路的數量來做適當地改變和隔離)，藉由類比-數位轉換器，轉換成數位形式。由於 A/D 的輸出是數位（即數值）形式且以離散形式變換，而會有些無可避免的類比信號誤差。A/D 轉換最好的輸出為"階梯"情況，此時是最近似於類比信號。階梯情況是以 $T$ 秒來做間隔，與以 $m\Delta$ 為高度量的表示式，$T$ 在這裡是取樣間隔（每秒取樣頻率的倒數），$m$ 是個整數值，$\Delta$ 是量化位階。

量化位階 $\Delta$ 是根據 A/D 轉換器數位輸出適合的位元和輸入類比訊號展示的動態範圍表示。

假設我們有一個 12 位元的 A/D 轉換器（即輸出有12 個二進位的數字）去表示 20 V 的電壓信號，接著這有 $2^{12}$ = 4096 來做類比電壓 20 V 的表示式。最小位元能表示 $20/4096 = 4.883 \times 10^{-3}$ V = 4.883 mV，用一個 16 位元的 A/D 轉換器，我們會得到 4 個多額的位元，而會由另外的因子 $2^4$ = 16 減小 $\Delta$ 的值。

現在我們考慮取樣頻率的精確的影響，為了簡化討論，我們忽略量化的誤差。

# 第 13 章　系統保護

**奈奎士取樣頻率** (Nyquist Sampling Frequency)　給定一個頻寬限制的信號 $x(t)$ (在頻寬 $\pm\omega_m$ 以外其任何頻率 $\omega$ 帶入此傅立葉形式 $X(j\omega)$ 為零)，然後頻率 $\omega_n = 2\omega_m$ (頻寬限制信號中的兩倍高頻) 稱作奈奎士取樣頻率，若我們的取樣頻率等於或高於 $\omega_n$，那麼原來的類比信號能完全無誤的顯示出來 (從取樣頻率中)。換句話說，取樣包含了原始信號中的內容。我們必須要有完整取樣資料的記錄 (過去、現在和未來)，才能獲得這結果 (完美信號重現)，其先前的即時應用中有討論過。

在實際情形，$x(t)$ 的頻譜並沒有頻寬 $\pm\omega_m$ 的嚴格限制，而比其限制的頻寬來得大，我們會挑選 $\omega_m$ 的倍數來做取樣速率。

討論新的主題，假設我們有一連串的取樣 (數) 顯示在類比信號的有限區間，我們要如何將這些數目轉為有用的資料呢？下部分將描述其重要的技術，再一次地，為了簡化，我們忽略量化的誤差。

**離散傅立葉轉換** (Discrete Fourier Transform)　許多電驛的技術都依賴測量弦波的穩態值，像是電壓和電流的相位。注意：有一些情況，我們也必須量測較高的諧波，譬如：在所謂的**磁衝** (magnetic in-rush) 時，去防止變壓器保護電驛不當地跳脫，我們能使用湧入電流的諧波成分。離散傅立葉形式提供了這樣工具來描述這些需求。

我們通常使用相位來描述弦波穩態，然而，在保護的電驛中，我們則處理著暫態。更進一步地，根據一個窄小的觀察窗，使得電驛能即時做決定。

讓我們以實際的假設開始，只在特定的期間內得到波形 $x(t)$，假設 $x(t)$ 只在 $[0, P]$ 區間內被定義，我們會想在區間外的 $x(t)$ 等於 0，然而我們要如何得到穩態值？這答案要考慮 $x(t)$ 週期的延伸，藉由觀念上的 "附加" $x(t)$ 的時間位移，一直到週期性的波形 $x_P(t)$ 在任意 $t$ 和整數 $n$ 有著 $x_P(t + nP) = x_P(t)$ 的性質。我們分辨著有限期間的 $x(t)$ 和它週期性的 $x_P(t)$ 有何不同。

想一下，下一個 $x(t)$ 取樣的描述，假設在 $[0, P]$ 的區間，我們有 $N$ 個取樣，使得 $x(0), x(T), x(2T), ..., x((N-1)T)$。我們用數字的序列來定義傅立葉轉換。

**傅立葉轉換**

$$X(j\omega) = \sum_{n=0}^{N-1} x(nT)e^{-j\omega nT}$$

若現在我們考慮 $x_P(t)$ 取樣描述的傅立葉轉換，因為 $x_P(t)$ 的週期為 $P$，我們知道傅立葉的基頻 $\Omega = 2\pi/P = 2\pi/NT$ 和諧頻 $k\Omega$, $k = 0, 1, 2, ..., (N-1)$。

我們得到的離散傅立葉轉換對，展示如下：

**離散傅立葉轉換**

$$X(jk\Omega) = \sum_{n=0}^{N-1} x(nT)e^{-jkn\Omega T} \qquad k = 0, 1, 2, ..., N-1$$

**反離散傅立葉轉換**

$$x(nT) = \frac{1}{N}\sum_{k=0}^{N-1} X(jk\Omega)e^{jnk\Omega T} \qquad n = 0, 1, 2, ..., N-1$$

注意：每個領域都有 $N$ 個取樣，在時域取樣以 $T$ 秒為區間間隔，在頻域取樣以 $\Omega = 2\pi/P = 2\pi/NT$ 區間間隔。

接下來的例子要用傅立葉轉換來表示。

---

**例題 13.2**

假設我們每秒在電壓 $v(t) = \sqrt{2}|V|(\cos\omega t + \varphi)$ 的一個期間（或週期）取出 $N$ 個取樣，在此 $P = 2\pi/\omega = NT$，且 $\Omega = 2\pi/P = \omega$，從這些 $N$ 個取樣的 $v(nT)$, $n = 0, 1, 2, ..., N-1$，我們去決定 $v(t)$ 的相位表示式，提醒讀者 $v(t)$ 的相位為 $V = |V|e^{j\varphi}$。

我們有

$$v(nT) = \sqrt{2}|V|\cos(\omega nT + \varphi)$$
$$= \sqrt{2}|V|\cos(2\pi n/N + \varphi) \qquad n = 0, 1, 2, ..., N-1$$

用 $k = 1$（分解出基頻成分）代入到離散傅立葉轉換中，我們能得到：

## 第 13 章　系統保護

$$V(j\Omega) = \sum_{n=0}^{N-1} v(nT)e^{-jn\Omega T}$$

$$= \sqrt{2}|V|\sum_{n=0}^{N-1} \cos(2\pi n/N + \varphi) e^{-j2\pi n/N}$$

$$= \frac{\sqrt{2}}{2}|V|\sum_{n=0}^{N-1} (e^{j2\pi n/N}e^{j\varphi} + e^{-j2\pi n/N}e^{-j\varphi}) e^{-j2\pi n/N}$$

這裡我們以指數形式表示 cosine 方程式，經過彙合後，得到 $Ne^{j\varphi}$，這是因為集合的左邊，常數 $e^{j\varphi}$ 累加 $N$ 次。右邊部分 ($N>2$) 總合為零。注意：$N>2$ 為實際情況。最後結果為

$$V(j\Omega) = \frac{N}{\sqrt{2}}|V|e^{j\varphi} = \frac{N}{\sqrt{2}}V$$

在這計算中的 $N$ 為取樣的數目，因此我們能由取樣 $N$, $v(nT) = 0, 1, 2, ..., N-1$ 來計算 $V$ 的相量，此為例題之結論。

例題顯示如何從電壓取樣來重現（原始的）電壓相量。電流也同樣地能這樣取得，有這些相量值，我們使用不同保護方案在前面討論裡，除了這優點外，我們能結合數位信號處理晶片（DSP）和邏輯性的微處理器架構，DSP 能提供快速演算法如離散傅立葉轉換等，因此使用信號連結的封包，我們能轉換取樣值到電驛的決策裡。這樣一來大大地降低使用者的成本。

在例題 13.2 中我們描述了幾個基本方案的有用模型，藉由右邊滑動的觀察窗，我們隨時獲得更新的相量，我們能用較窄的（或較寬的）觀察窗，我們能計算高階的諧波。

若再引入量化誤差的考慮，則整個序列的取樣，將不會是純弦波，而會有雜訊，在這情形，從取樣所計算會是 "真實的" 相量的一個估測值。我們仍然能使用這帶有雜訊的相量在更早前討論的方案中。

此外尚有需要或不需要估測相位的數種方法。如欲詳究可參閱 Phadke 與 Thorp 的著作或 IEEE 訓練課程：以微處理器為基礎的保護與通信進階課程。

## 13.11 總　結

電力系統保護的功能是要儘可能地偵測到並排除系統內的故障,以減小停電的範圍。為了達成這目的,保護系統的設計就必須結合某些理想的特性,譬如保護區、重疊保護區、後衛保護和電驛 (時間) 協調等。在保護區內用來偵測故障的電驛型態包含有杵式、感應盤式和平衡棒式的電機裝置;而這些裝置可用來獲得下列的電驛功能:瞬間過電流、時延過電流、方向性電驛、阻抗、修正阻抗和差動電驛。重要的電驛特性是它的操作特性 (跳脫或閉鎖範圍) 和時間延遲。

這些電子機械的電驛將進一步被以微處理器的電驛所代換,這些微處理器的電驛將會被使用在同樣傳統方式有效的保護策略,執行以往電驛的功能。然而微理器的電驛比傳統的電驛有更多的優點,它們更便宜、傳輸性更好,能利用軟體控制電驛的特性曲線,且更多功能的使用。

## 習　題

**13.1.** 在例題 13.1 內,述及在斷路器 $B_3$ 處所看到的最小故障電流,是發生在匯流排的 LL 故障電流。試查對其他的故障電流來證明這敘述。

**13.2.** 假設在例題 13.1 內,有一個 SLG 故障發生在匯流排 3、4 間的線路中點,試說明那個斷路器應該跳脫,以及斷路器要花多少的時間才能清除故障?若斷路器無法操作,則它的後衛斷路器應在多久後動作?

**13.3.** 在例題 13.1 內,零序線路阻抗是正 (和負) 序線路阻抗的三倍,則重新計算電驛 $R_3$ 和 $R_2$ 的設定。注意:此時的最小故障電流可能是另一種的故障型態電流。

**13.4.** 重做問題 13.3,不過這裡假設正 (和負) 序線路阻抗是 $j2$ 歐姆,而不是 $j10$ 歐姆。

**13.5.** 就問題 13.4 的系統及所決定的設定,發現有一個三相短路發生在匯流排 2、3 間的線路中點,試找出清除故障所需的時間。

**13.6.** 就 $k = 0.1$,證明圖 13.15 表示正確的跳脫和閉鎖範圍 [即符合 (13.10) 式],

# 第 13 章　系統保護　607

畫出 $k = 0.2$ 的範圍。

## D13.1　設計練習

在 D12.1，故障分析在 Eagle System 執行過，這個設計現在以下列的情形來做：選擇 161 kV 的輸電線。

**(1)** 故障發生在線的末端，藉由在另一端看入電驛阻抗來找出故障，用三相和 SLG 中的 $a$ 相，還有 $b$ 相對應 LL，$c$ 相對應 DLG 的故障。

**(2)** 比較阻抗性電驛正相序時在區域 1、區域 2 和區域 3 的線阻抗，也比較相對應在線上的額定負載的負載阻抗。

**(3)** 畫出圖形來顯示阻抗性電驛的區域和上題 (2) 中的負載阻抗。

# CHAPTER 14

# 電力系統穩定度

## 14.0 簡 介

在第 6 章我們導出簡單的圓形轉子和凸極發電機模型。雖嚴格地講，這些模型被限制在 (正相序) 穩態上的應用，但它們也能用來研究 (正相序) 發電機和匯流排相量電壓做緩慢變化的情形。當量及/或相位上的變量足夠小時，我們可在穩態表示式內代入變動的量及/或相位，來求得幾乎是實際的結果；這直覺的合理演算法，我們稱為**假想穩態分析** (pseudo-steady-state analysis)。譬如 (6.35) 式中，我們能以時間函數 (變動得很緩慢) $P_G$，$|E_a|$，$|V_a|$ 和 $\delta_m$ 來取代 $P_G(t)$，$|E_a(t)|$，$|V_a(t)|$ 和 $\delta_m(t)$。

我們正準備討論假想穩態分析對電機暫態問題的應用。由於渦輪機-發電機組的高慣量，能保證相位變動緩慢此主要要求。**暫態穩定度** (transient stability) 是我們要考慮的最重要問題，這問題是討論系統經過一個嚴重擾動之後，發電機間維持同步的問題。

下面是一個典型的情況。當雷擊中一條輸電線時，將使兩導體間或線到大地間的空氣"絕緣崩潰"而產生一條游離路徑。60 Hz 的線電流也流經這游離路徑，使得雷擊能量消耗後的游離現象仍然維持著；這就構成了一個短路或"故障"，如同導體做實體接觸的情形一樣。為了移走故障，我們使用電驛來偵測故障，並啟動線路兩端的斷路器開路。線路**被去能** (deenergized)，空氣被去游離以恢復它的絕緣性質；此時我們說：故障被"清除"。斷路器在經過一段預定時間後，會自動關閉以重建原電路。這一系列

- 609 -

的事件（或稱故障順序）對電力系統產生**電震** (shock)，並伴隨著暫態現象的產生。

暫態穩定的主要問題是：在經過暫態週期後，系統是否會回到穩態運轉，並維持同步呢？若可以，則系統是**暫態穩定**的。若否，則系統是不穩定的，且系統會被瓦解成幾個不連接的子系統或"絕緣區"，而這會進一步地造成不穩定的現象。

1965 年的大停電事故原因是：在一系列事件中所預定的**保護電驛** (protective relay) 做不正確的動作，這使得串接斷路器開路（或跳脫）而瓦解互聯的東北電力系統成幾個獨立區。基本上，有三千萬人受到影響，供電中斷有 $17\frac{1}{2}$ 小時，且紐約市的一部發電機受到嚴重的損壞。大部分的電力中斷都不是如此嚴重的，不過在美國，每年仍然有 35 個（平均）這種事件可被考慮為嚴重的供電中斷。我們於是瞭解到暫態與穩定度問題是重要的。

通常吾人必須借助計算機和模擬以定量地描述這些暫態。不過在本章我們將只討論一種簡單的情形，它只有一個精緻且簡單的解。解題的方法被稱為**等面積法** (equal-area method)，而利用這方法所獲得的觀念，能以定性的方式推廣到更一般化的情形。

# 14.1 模 型

我們先考慮一個系統正在穩態或**平衡狀態** (equilibrium state) $\mathbf{x}^0$ 下運轉，此時我們能假設：

1. 所有的發電機都以對應於 60 Hz 的同步速度旋轉。
2. 所有的交流電壓和電流都是正弦波。
3. 所有的場電流 $i_F$ 都為常數。
4. 所有的負載都是常數。
5. 所有輸入發電機的機械功率都是常數。

特別要注意系統是在正弦穩態下。通常我們可藉由在輸入或負載，或結構上做突然的變化，或一系列這種變化來干擾系統的平衡狀態，以及考慮暫態的產生。

# 第 14 章　電力系統穩定度

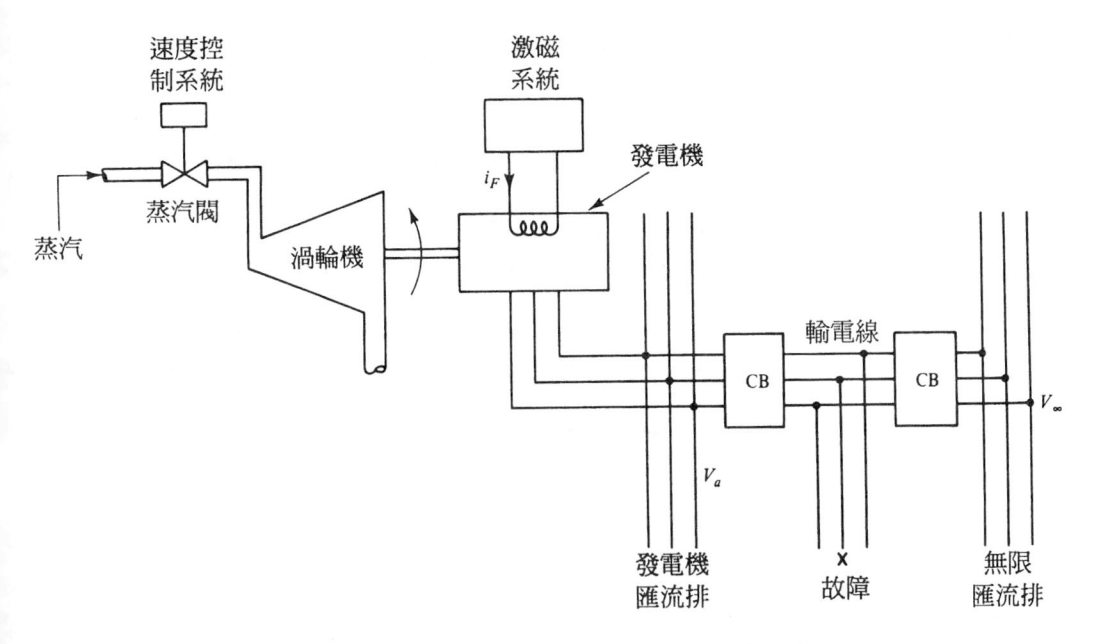

**圖 14.1**　經由輸電線連接到無限匯流排的發電機。

我們將先考慮結構變化的情形。在圖 14.1 內，我們看到一部單一發電機經由一條單一輸電線，連接到一近似無限匯流排的大系統。在線路的兩端都有斷路器 (CBs)。故障位置以符號 "×" 來表示，但詳細地討論故障對我們現在的目的而言是不重要的。我們將簡單地假設故障相當嚴重，使得電驛能偵測 (未表示) 到並找出故障點來開路 (跳脫) 適當的斷路器。為了簡化起見，我們忽略所有的變壓器，假設它們已被併入發電機或線路模型。

考慮下列的一個故障順序。

### 故障順序

**階段 1**：系統在故障前的穩態狀況，或平衡狀態 $\mathbf{x}^0$ 下。

**階段 2**：故障在 $t = 0$ 時發生，接著 CBs 瞬間開路。在斷路器嘗試復閉之前，故障必須先被清除掉。

**階段 3**：斷路器在 $t = T$ 時復閉且維持閉合。典型的 $T$ 值小於 1 秒鐘。

**問題**：系統回到平衡狀態 $\mathbf{x}^0$ 了嗎？

**定義**：若系統回到平衡狀態 $\mathbf{x}^0$，則它被稱為暫態穩定 (對一給定的故障順序)。

**注意 1**：我們將發現有一個 $T_{\text{cirtical}}$。對 $T < T_{\text{cirtical}}$，系統是暫態穩定的。對 $T \geq T_{\text{cirtical}}$，系統是不穩定的。

**注意 2**：對這基本的故障順序，有很多可能的修正。在本章我們將只考慮一些簡單的修正。

在進行討論之前，我們必須先對故障順序的三階段發展出適當的系統模型，注意：穩態模型可適用於階段 1，但階段 2 和階段 3 則需要使用動態模型。

動態模型必須描述實際觀察的是什麼──暫態是基本的機電特性，且它包含有**轉子角擺動**。這述語可說明如下：如同第 6 章所討論的，穩態下的轉子角度 $\theta$ 是隨時間而均勻地增加 (即 $\theta = \omega_0 t + \theta_0$)；若以轉子角同步旋轉參考結構測量時 (在角 $\omega_0 t$ 處)，可發現轉子角 $\theta_0$ 是為常數。在電機暫態期間，轉子角不再做均勻地增加，同時我們能描述此運動如下：

$$\theta(t) = \omega_0 t + \theta_0 + \Delta\theta(t) \tag{14.1}$$

在這描述中，有一項增量 $\Delta\theta(t)$ 被強加在均勻旋轉上。若以同步旋轉參考結構 (在角 $\omega_0 t$ 處) 測量時，這轉子角就是 $\theta_0 + \Delta\theta(t)$。$\Delta\theta(t)$ 的行為模式是沿著平均角 $\theta_0$ 做振盪，同時這被描述為**轉子角擺動** (rotor angle swing)。當然，$\theta_0$ 是以同步旋轉參考結構所測量出的轉子角。

渦輪機-發電機組的耦合轉子有項非常大的慣量，所以我們能保證 $\Delta\theta(t)$ 的變化是非常緩慢的 (即至少在考慮期間，$\Delta\dot{\theta}(t)$ 是相對小的)。於是我們可取一個近似：

$$\dot{\theta}(t) = \omega_0 + \Delta\dot{\theta}(t) \approx \omega_0 \tag{14.2}$$

接下來，我們要考慮內部 (開路) 發電機電壓。在第 6 章我已經求出與均勻旋轉有關的開路電壓，即根據 (6.8) 式我知道電壓量是一個常數 (正比於 $i_F$)，且相角為 $\theta_0 - \pi/2$。對目前的討論，我們也將使用一些類似的項目。

在電機暫態期間，我們假設 $i_F$ 仍維持定值；當 $i_F$ 為常數時，我們將再得到 (6.2) 式的基本關係，即交鏈線圈 $aa'$ 的磁通量為：

# 第 14 章　電力系統穩定度

$$\phi = \phi_{\max} \cos\theta \tag{6.2}$$

若現在的 $\theta(t) = \omega_0 t + \theta_0 + \Delta\theta(t)$，且 $\phi$ 交鏈 $a$ 相繞組的所有 $N$ 匝，則

$$\lambda_{aa'}(t) = N\phi_{\max} \cos[\omega_0 t + \theta_0 + \Delta\theta(t)] \tag{14.3}$$

$$\begin{aligned} e_{aa'}(t) &= -\frac{d\lambda_{aa'}}{dt} \\ &= (\omega_0 + \Delta\dot\theta) = N\phi_{\max} \sin[\omega_0 t + \theta_0 + \Delta\theta(t)] \end{aligned} \tag{14.4}$$

利用近似 (14.2) 式，我們可求得內部 (開路) 電壓為：

$$e_{aa'}(t) = E_{\max} \cos\left[\omega_0 t + \theta_0 + \Delta\theta(t) - \frac{\pi}{2}\right] \tag{14.5}$$

其中 $E_{\max} = \omega_0 N\phi_{\max}$ 與第 6 章所算出的值相同。定義 $\delta$ 為 $a$ 相內部電壓的相角，則從 (14.5) 式我們可導出

$$\delta = \theta_0 + \Delta\theta - \frac{\pi}{2} \tag{14.6}$$

若 $\Delta\theta \equiv 0$，(14.5) 式可簡化成 (6.6) 式，且 $\delta$ 為一個常數。換句話說，若 $\Delta\theta$ 變動，則 $\delta$ 也以相同的速率變動。(14.6) 式說明了 (電機) 內部電壓相角 $\delta$ 和 (機械) 轉子角 $\theta_0 + \Delta\theta$ (對同步旋轉參考結構而言) 間的重要關係。

在圖 14.1 所示的結構模型中，我們將假設無損耗發電機 ($r = 0$) 和無損耗短程輸電線 ($R_L = 0$)，且將輸電線併入發電機模型，如同 6.5 節所描述的一樣。於是發電機有增大的電抗 $\widetilde{X}_d = X_d + X_L$ 和 $\widetilde{X}_q = X_q + X_L$ 以及一個端電壓 $V_\infty$；為了簡化符號，我們將假設 $\angle V_\infty = 0$。

若 $\delta$ 是一個常數，則我們能利用 (6.45) 式來找出發電機所釋放的每相有效 (平均) 功率。在 (6.45) 式中，我們將分別以 $|V_\infty|$、$\widetilde{X}_d$、$\widetilde{X}_q$ 和 $\delta$ (由於 $\angle V_\infty = 0$) 來取代 $|V_a|$、$X_d$、$X_q$ 和 $\delta_m$。有了這些改變以後，我們重寫 (6.45) 式，且對平衡系統，我們能指出以標么量來表示的瞬間三相和每相有效功率是等值的。讀者應該對上述做標么統一化，並查對 (2.38) 式來證實這結論。於是我們能對圖 14.1 的系統，導出 (p.u.) 瞬間發電機功率的表示式：

$$p_{3\phi}(t) = P_G(\delta) = \frac{|E_a||V_\infty|}{\tilde{X}_d} \sin\delta + \frac{|V_\infty|^2}{2}\left(\frac{1}{\tilde{X}_q} - \frac{1}{\tilde{X}_d}\right)\sin 2\delta \qquad (14.7)$$

現在假設我們有一個暫態，其中 $\Delta\theta(t)$ 變化非常緩慢。根據 (14.6) 式可知：這反映出一個變化非常緩慢的 $\delta(t)$。但是為了使用假想穩態分析，只要 $\delta(t)$ 緩慢變化，我們就假設仍能使用 (14.7) 式。

有時候為了簡化 (14.7) 式，我們將它表示成

$$p_{3\phi}(t) = a\sin\delta(t) + b\sin 2\delta(t) \qquad (14.8)$$

其中 $a$ 和 $b$ 都是常數。我們再次提醒讀者：對一個圓形轉子模型，由於 $X_q = X_d$，所以 $b = 0$。

在第 8 章我們已推導出一個更完整且正確的發電機模型，於此我們能解除場電流 $i_F$ 為常數的限制。我們能獲得一個更正確的表示式，它如同 (14.8) 的形式，但有不同的常數 $a$ 和 $b$。

不過對本章的剩餘部分，我們仍將繼續使用 (14.7) 式。它能簡單地大幅度分析，且在定量誤差存在的情況下，仍能確保它的定性結果是可用的。

(14.7) 式是一個"電機"方程式，接下來我們討論"機械"方程式。

## 14.2 能量平衡

我們繼續討論渦輪機-發電機的模型。剛開始討論渦輪機-發電機時，我們假設機械能轉換成電能的過程中是無損失的。使用實際單位來描述轉換過程是很方便的。若非特別註明，我們將不使用標么量。在故障前的穩態狀況下，忽略損失可導出：

$$P_M^0 = 3P_G(\delta^0) \qquad (14.9)$$

其中 $P_G(\delta^0)$ 是實際的每相功率，$P_M^0$ 是渦輪機所供給的機械功率。上標 0 表示故障前的穩態值。$P_G(\delta^0)$ 可從 (14.7) 式求出，其中代入實際的電壓和電抗值。

在暫態期間，耦合渦輪機-發電機的軸會加速，且儲存在旋轉慣量內的

## 第 14 章　電力系統穩定度

動能會改變。忽略所有的損失並注意 $p_{3\phi}(t) = 3P_G(\delta(t))$，我們有：

$$P_M^0 = 3P_G(\delta) + \frac{d}{dt}W_{\text{kinetic}} \tag{14.10}$$

我們正假設在這非常短的考慮期間內，$P_M$ 仍維持在故障前的值。注意：(14.10) 式內的功率角 $\delta$ 是一個變數 (即它不再固定在它的平衡值 $\delta^0$ 處)。

接下來，為了改善模型的真實性，我們在 (14.10) 式內加入一項小的機械功率損失；尤其要考慮軸承的機械摩擦損失。因此我們可獲得：

$$P_M^0 = 3P_G(\delta) + \frac{d}{dt}W_{\text{kinetic}} + P_{\text{friction}} \tag{14.11}$$

(14.11) 式是一個瞬時功率守恆的表示式；由渦輪機所釋放的機械功率減掉機械摩擦損失後，再減掉三相電功率輸出就等於 (儲存的) 動能的變化速率。

接下來我們更詳細地討論 $dW_{\text{kinetic}}/dt$ 項。我們希望能以 $\delta$ 來表示它。根據基本的機械概念可知：

$$W_{\text{kinetic}} = \frac{1}{2}J\dot{\theta}^2 \tag{14.12}$$

其中 $\theta$ 是實際的轉子角，$J$ 是耦合渦輪機-發電機的轉子慣量。於是利用 (14.1)、(14.2) 和 (14.6) 式可導出：

$$\frac{d}{dt}W_{\text{kinetic}} = J\dot{\theta}\ddot{\theta} \approx J\omega_0\Delta\ddot{\theta} = J\omega_0\ddot{\delta} \tag{14.13}$$

注意常數 $J\omega_0$ 是在同步速度時，耦合渦輪機-發電機的實際轉子**角動量** (angular momentum)，以後我們將很容易地用發電機的 MVA 額定 $S_B^{3\phi}$ 來正規化 (14.13) 式。此時用：

$$\frac{J\omega_0}{S_B^{3\phi}} = \frac{\frac{1}{2}J\omega_0^2 2}{S_B^{3\phi}\omega_0} = \frac{1}{\pi f_0}\frac{W_{\text{kinetic}}^0}{S_B^{3\phi}} \tag{14.14}$$

來取代 $J\omega_0$，其中 $f_0 = 60\,\text{Hz}$。(14.14) 式的正規化動能有它的物理意義。

令：

$$H \triangleq \frac{W_{\text{kinetic}}^0}{S_B^{3\phi}} \quad \text{megajoules/MVA} \tag{14.15}$$

是**標么慣性常數** (per unit inertia constant)。$H$ 的單位也是秒。典型的 $H$ 範圍在 1 到 10 秒之間，這端視電機的形式和尺寸而定。就不同電機而言，$J$ 範圍的變化相當大，但 $H$ 則很小。

接著考慮 $P_{\text{friction}}$。假設線性摩擦（即摩擦轉矩正比於角速度），則利用 (14.1) 式、(14.2) 式和 (14.6) 式即可求得：

$$\begin{aligned} P_{\text{friction}} &= k\dot{\theta}^2 = k(\omega_0 + \Delta\dot{\theta})^2 \\ &= k\omega_0^2 + 2k\omega_0\Delta\dot{\theta} + k(\dot{\theta})^2 \\ &\approx k\omega_0^2 + 2k\omega_0\Delta\dot{\theta} \\ &= k\omega_0^2 + 2k\omega_0\dot{\delta} \end{aligned} \tag{14.16}$$

為了符合 (14.2) 式，我們已經省略 $(\Delta\dot{\theta})^2$，它比 $2\omega_0\Delta\dot{\theta}$ 小很多。我們注意到：當發電機軸承以同步速度旋轉時，常數項 $k\omega_0^2$ 是摩擦的功率損失。根據功率平衡的簿記工作，我們能很容易地與渦輪機合併，即從 $P_M^0$ 減掉 $k\omega_0^2$ 我們可導出：

$$\widetilde{P}_M^0 \triangleq P_M^{0.} - k\omega_0^2 \tag{14.17}$$

它被稱為同步速度損失後的渦輪機功率。$k\omega_0^2$ 與 $P_M^0$ 相較是可被忽略的，且對數值運算我們也不需要嚴格地區分 $P_m^0$ 和 $\widetilde{P}_M^0$。

現在回到 (14.11) 式，並對發電機額定做正規化。利用 (14.13) 式到 (14.17) 式，我們可求得：

$$\frac{P_M^0}{S_B^{3\phi}} = \frac{H}{\pi f_0}\ddot{\delta} + \frac{2k\omega_0}{S_B^{3\phi}}\dot{\delta} + \frac{3P_G(\delta)}{S_B^{3\phi}} \tag{14.18}$$

有關 (14.18) 式，我們可觀察出下列事項：

1. 我們已經用 $P_M^0$ 來取代 $\widetilde{P}_M^0$。

## 第 14 章　電力系統穩定度

2. $P_M^0 / S_B^{3\phi} = P_M^0$ (p.u.)。
3. 定義 $M \triangleq H/\pi f_0$ 很方便。
4. 我們將定義一個非常小的常數 $D \triangleq 2k\omega_0 / S_B^{3\phi}$。
5. $3P_G(\delta)/S_B^{3\phi} = P_G(\delta)/S_B = P_G(\delta)$ (p.u.)。
6. $P_G(\delta)$ (p.u.) 可從 (14.7) 式求出，其中電壓和阻抗都以 p.u. 來表示。

最後，根據 (14.18) 式，我們可導出下列的標么量方程式：

$$M\ddot{\delta} + D\dot{\delta} + P_G(\delta) = P_M^0 \tag{14.19}$$

由於這方程式是描述暫態期間功率角 $\delta$ 的擺動，所以它是一個被稱為**搖擺方程式** (swing equation) 的非線性微分方程式。有這微分方程式後，我們能以定量方式討論穩定度。我們注意到 (14.19) 式已回到了標么系統，但為了簡化符號，我們將省略 p.u. 標示。

首先，我們注意到 (14.19) 式類似於一個**彈簧-質量** (spring-mass) 系統。若我們令 $\delta$ 是一個位移，$P_G(\delta)$ 是一個非線性彈簧力，以及 $P_M^0$ 是所供給的力，則我們可獲得圖 14.2 的類比。

質量的平衡位置 $\delta^0$ 會滿足 $P_G(\delta^0) = P_M^0$。當 $P_M^0 = 0$ 時，$\delta^0 = 0$ (即彈簧是在它的鬆弛位置)。根據機械類比和小 $D$，我們能預測：當平衡狀態被干擾時，系統會有輕微地阻尼振盪響應。由於彈簧是非線性的，所以響應主要是與擾動的本性有關。

我們也能回顧轉子位置和 $\delta$ 間的關係，它能幫助我們更直接地以轉子項來解釋 (14.19) 式。根據 (14.6) 式，我們知道 $\delta = \theta_0 + \Delta\theta(t) - \pi/2$，其中 $\theta_0 + \Delta\theta(t)$ 是對同步旋轉參考結構時，我們能簡單地將這轉子角減掉 90° 來求得 $\delta$。於是當我們在同步參考結構旋轉時，我們能很容易地觀察到 $\delta$ 是一個機械角。換句話說，我們能從外部 (即從一個靜止參考結構) 來

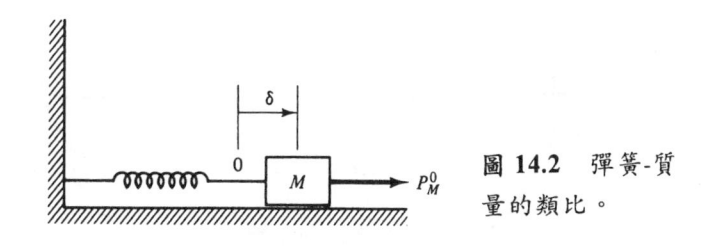

圖 14.2　彈簧-質量的類比。

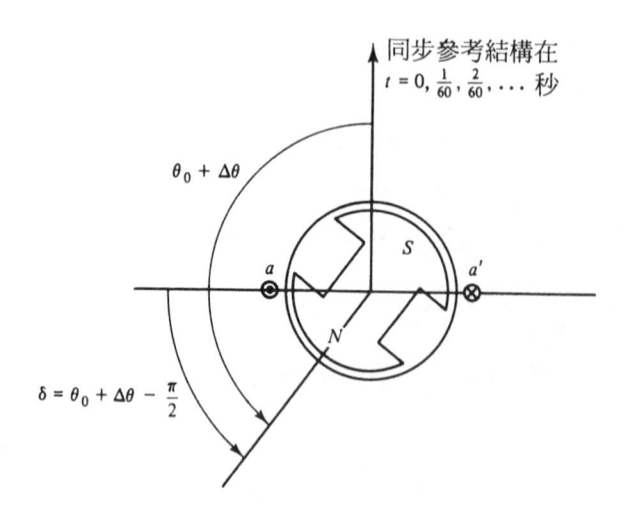

圖 14.3 以 $\delta$ 項表示的急閃轉子位置。

觀察 $\delta$ 的行為。注意：每隔 1/60 sec，$\omega_0 t = 0$ (模數 360°)，所以在我們只考慮 $t = 0$，1/60，2/60，…… 的瞬間時，同步參考結構是靜止的。於是在這些瞬間，對一個靜止參考結構能測量出 $\delta$，如圖 14.3 所示。

我們可以想像轉子是被一個**閃光示波器** (stroboscope) 所照明，使得我們只能在 $t = 0$，1/60，2/60，…… 的瞬間看到轉子。在故障順序的階段 1 期間，$\delta = \delta^0 =$ 常數 (我們的急閃轉子仍維持靜止)。在階段 2 期間，斷路器開路使得 $P_G = 0$，然而 $P_M = P_M^0$ 仍維持常數。此時轉子加速，於是 $\delta$ 增加。最後在階段 3 間，斷路器復閉且維持閉合。圖 14.4 它表示這三階段期間的 $\delta$ 圖，它表示在 $t \geq T$ 時，系統有一穩定的輕微阻尼振盪。

我們注意到，不穩定的行為也有可能發生，圖 14.11 的曲線 (b) 就描述這種可能性。

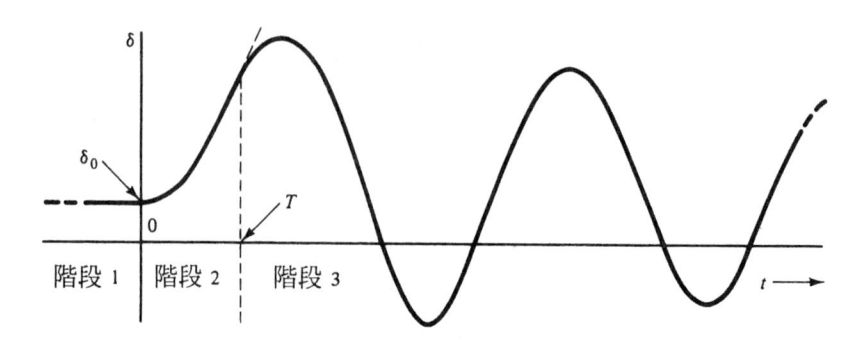

圖 14.4 轉子擺動暫態。

第14章　電力系統穩定度　　619

**練習 1.**
　　考慮圖 14.2 的機械類比，在機械模型中，階段 1、2、3 的物理意義為何？

## 14-3　搖擺方程式的線性化

　　在階段 1 內，$P_M^0 = P_G(\delta^0)$，且系統是在 $\delta = \delta^0 =$ 常數（於是 $\dot{\delta} = 0$）的平衡狀態下。在階段 2 內有加速功率驅動狀態 $(\delta, \dot{\delta})$ 遠離平衡點。若離平衡狀態不遠的話，我們能用線性化方法來研究階段 3 的行為。

　　為了線性化 (14.19) 式，我們令 $\delta = \delta^0 + \Delta\delta$，在此 $\Delta\delta$ 很小，以及取 $P_G(\delta^0 + \Delta\delta)$ 的泰勒級數展開的前兩項。在對消常數項 $P_G(\delta^0) = P_M^0$ 後，我們可求得：

$$M\Delta\ddot{\delta} + D\Delta\dot{\delta} + \mathcal{T}\Delta\delta = 0 \qquad (14.20)$$

其中 $\mathcal{T} \triangleq dP_G(\delta^0)/d\delta$ 被稱為**同步功率係數** (synchronizing power coefficient) 或**剛度係數** (stiffness coefficient)。$\mathcal{T}$ 是功率輸出曲線在操作點 $\delta^0$ 處的斜率，它的值可藉微分 (14.7) 式來決定。$\mathcal{T}$ 在無載 ($\delta^0 = 0$) 時達到它的最大值。當負載 ($\delta^0$) 增加時，$\mathcal{T}$ 將單調地衰減，且對某些小於或等於 $\pi/2$ 的 $\delta^0$ 值，它會趨近於零，甚至為負值。

　　這對系統行為的影響可藉下列兩種方法來瞭解：(1) 對任意小的初始條件解 (14.20) 式或 (2) 藉找出對應於 (14.20) 式的特性多項式的根來推導（較省力）。

　　特性方程式為

$$Ms^2 + Ds + \mathcal{T} = 0 \qquad (14.21)$$

其根（自然頻率）為

$$s_{1,2} = \frac{-D \pm \sqrt{D^2 - 4M\mathcal{T}}}{2M} \qquad (14.22)$$

對正常運轉條件，$M\mathcal{T} \gg D^2$，所以我們可獲得 $s_{1,2} = \alpha \pm j\omega$，其中 $\alpha < 0$ 且

$\omega \approx (\mathcal{T}/M)^{1/2}$。當 $D$ 非常小的時候，我們會看到有輕微阻尼振盪行為，且振盪振幅將從 $\Delta\delta$ 指數式地衰減到零。於是 $\delta = \delta^0 + \Delta\delta$ 會回到 $\delta^0$。但有一個負 $\mathcal{T}$ 時，會有一個自然頻率是正的，且對所有（幾乎）初始條件，線性模型都將預測它有指數式增加的"發散"行為。

**例題 14.1　小功率角振盪**

假設圖 14.1 的圓形轉子發電機是在穩態下，經由一條電抗為 $X_L = 0.4$ 的輸電線傳輸功率到一個無限匯流排。假設 $|E_a| = 1.8$，$|V_\infty| = 1.0$，$H = 5$ sec，以及 $X_d = X_q = 1.0$。若現在有一項小擾動引起暫態（譬如，斷路器開路後立即復閉），則在忽略阻尼的情況下，找出 $P_G^0 = 0.05$，$0.5$ 和 $1.2$ 的功率角振盪頻率。

**解**　利用 (14.7) 式可找出穩態功率角 $\delta$：

$$P_G(\delta^0) = \frac{1.8 \times 1.0}{1.0 + 0.4} \sin \delta^0 = 1.286 \sin \delta^0$$

然後可求得同步功率係數 $\mathcal{T}$：

$$\mathcal{T} = \frac{dP_G(\delta^0)}{d\delta} = 1.286 \cos \delta^0$$

利用 $M \triangleq H/\pi f_0$，我們可求得振盪頻率為

$$\omega = \left(\frac{\mathcal{T}}{M}\right)^{1/2} = \left(\frac{\mathcal{T} \pi f_0}{H}\right)^{1/2}$$

表 14.1 列出三種情形的結果。我們注意到：當 $P_G$ 增加時，同步功率係數就下降，這使得振盪頻率也減小。結果是很合理的，讀者可從圖 14.2 的彈簧-質量比來做查對；我們能預測："較軟"的彈簧的有較低的振盪頻率。

**表 E14.1**

| $P_G^0$ | $\delta^\circ$ (deg) | $\mathcal{T}$ | $\omega$ (rad/sec) | $f$ (Hz) |
|---|---|---|---|---|
| 0.05 | 2.23° | 1.285 | 6.96 | 1.11 |
| 0.5 | 22.89° | 1.184 | 6.68 | 1.06 |
| 1.2 | 68.96° | 0.462 | 4.17 | 0.66 |

第 14 章　電力系統穩定度

我們觀察到振盪頻率是非常低的，約在 1 Hz 左右。於是我們能預期 $\Delta\theta = \delta$ 與 $\omega_0$ 比較是很小的，如同 (14.2) 式的假設。假設 $P_G^0 = 0.5$ 時的振盪波幅為 $\Delta\delta = 0.25$ rad (14.32°)，即 $\delta(t) = \delta^0 + 0.25 \sin(5.89t + \phi)$，且 $\Delta\dot\theta = \dot\delta(t) = 1.47\cos(5.89t + \phi)$。於是 $|\Delta\theta| \leq 1.47$，它與 $\omega_0 = 377$ 相比較當然是很小的。

## 14.4　非線性搖擺方程式的解

我們主要討論的是離平衡狀態相當遠的情形。所以我們無法使用線性化方法，而必須另外發展一種適用的方法。當然，利用數位計算機來做數值積分總是可能的，但我們希望發展出一種較簡易輕便的方法來幫助我們瞭解。

我們將從忽略非常小的機械阻尼開始討論，即我們現在假設 $D = 0$。以後我們將再定性地考慮它的影響。現在我們考慮故障順序三階段內的行為。

**階段 1**：$\delta = \delta^0$, $\dot\delta = 0$, $P_G(\delta^0) = P_M^0$

**階段 2**：當輸電線開路且 $D = 0$，(14.19) 式可簡化成：

$$M\ddot\delta = P_M^0 \qquad 0 \leq t < T \tag{14.23}$$

藉直接積分可求出解為：

$$\begin{aligned}\dot\delta(t) &= \frac{P_M^0}{M}t + \dot\delta(0) = \frac{\pi f_0 P_M^0}{H}t \text{ rad/sec} \\ \delta(t) &= \frac{P_M^0}{2M}t^2 + \delta^0 = \frac{\pi f_0 P_M^0}{2H}t^2 + \delta^0 \text{ rad}\end{aligned} \tag{14.24}$$

這行為在圖 14.4 內可觀察出：它是一個 $t$ 的函數。我們將發現：$(\delta, \dot\delta)$ 平面上做狀態空間的描述是更利於瞭解的；於是利用 (14.24) 式，我們可求得：

$$\delta - \delta^0 = \frac{P_M^0}{2M}t^2 = \frac{M}{2P_M^0}\left(\frac{P_M^0}{M}t\right)^2 = \frac{M}{2P_M^0}\dot\delta^2 \tag{14.25}$$

於是在狀態空間 [或**相位面** (phase plane)] 內，我們將獲得一條拋物線，且只需第一象限的部分即能應用到我們的問題，即如圖 14.5 所示。在圖中，箭頭表示在相位平面內，"運動"沿著**軌跡** (trajectory) 從初始狀態 $\delta^0$ 到 $T$ 秒後的狀態 $\delta_T$ 之方向。我們利用 (14.24) 式來計算 $\delta_T$，並將所算出的結果做為階段 3 的初始狀態。注意：若我們已考慮 $D$ 時，數值結果將與上述的典型 (小) $T$ 值情況不同。

**階段 3**：輸電線在 $t = T$ 時被重新接上。而根據 (14.19) 式和 $D = 0$，我們可求得 $t \geq T$ 時，

$$M\ddot{\delta} + P_G(\delta) = P_M^0 \tag{14.26}$$

其中初始條件是由 (14.24) 式所決定的 $\delta(T) = \delta_T$ 和 $\dot{\delta}(T) = \dot{\delta}_T$。定義 $P(\delta) = P_G(\delta) - P_M^0$，我們可獲得一個等式，但這等式只是符號簡化的 (14.26) 式版，即：

$$M\ddot{\delta} + P_G(\delta) = 0 \tag{14.27}$$

我們有興趣的是 (14.27) 式的解與暫態穩定度之間的相關性質。在這方面，已被證明的"能量"技巧是相當有用的。考慮 (14.27) 式應用到圖 14.2 彈簧-質量類比的情形。由於我們已將 $P_M^0$ 有效地模擬於彈簧力特性曲線 $P(\delta)$ 內，所以我們現在有一個無磨擦損失 ($D = 0$) 的獨立系統，且它是具有質量和非線性彈簧的性質。此種機械守恆系統的位能 (P.E.) 和動能 (K.E.) 之和為一常數。於是，利用已知的 K.E. 和 P.E. 公式，我們能用狀態 $\delta = (\delta, \dot{\delta})$ 來表示系統內的總能量：

$$V(\delta) = \frac{1}{2}M\dot{\delta}^2 + \int_{\delta^0}^{\delta} P(u)\,du \tag{14.28}$$

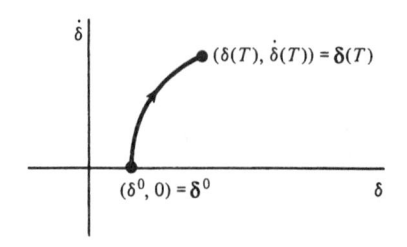

**圖 4.15** 相位平面中的軌跡 $0 \leq t \leq T$。

## 第 14 章　電力系統穩定度

我們注意到：在平衡狀態 (即 $\delta = \delta^0$, $\dot{\delta} = 0$ 時)，動能和位能都為零。在討論電力系統模型時，我們也將使用術語 K.E. 和 P.E.。雖然使用術語是很方便的，但它可能會誤導你的思考；即在平衡狀態 $\dot{\delta} = 0$ 時，實際渦輪機-發電機的動能並不等於零，它等於 $J\omega_0^2/2$。

在階段 3 剛開始時，$\delta = \delta_T$, $\dot{\delta} = \dot{\delta}_T$。於是利用 (14.28) 式，我們可求得初始總能量 $V(\delta_T)$。接著，$\delta$ 和 $\dot{\delta}$ 的運動將受到守恆系統總能量等於常數這要求的限制。於是對 $t \geq T$，我們有：

$$V(\delta(t)) = \frac{1}{2}M\dot{\delta}(t)^2 + \int_{\delta^0}^{\delta(t)} P(u)\,du = \frac{1}{2}M\dot{\delta}_T^2 + \int_{\delta^0}^{\delta_T} P(u)\,du = V(\delta_T) \qquad (14.29)$$

現在我們證明：(14.29) 式如何提供有關 $\delta$ 和 $\dot{\delta}$ 的動態行為資訊。

決定行為的主要因數是位能曲線，我們將使用符號：

$$W(\delta) = \int_{\delta^0}^{\delta} P(u)\,du \qquad (14.30)$$

來表示位能。讀者應該查對一下：當彈簧力為線性 [即 $P(\delta) = k(\delta - \delta^0)$ ] 時，$W(\delta) = k(\delta - \delta^0)^2/2$。於是我們可求得二次函數在 $\delta^0$ 處有最小值 (零)。當彈簧力為非線性時，我們可獲得一個更有趣的**位井** (potential well)。在圖 14.6 內，我們將 $P(\delta)$ 表示在上層，對應的 $W(\delta)$ 曲線在中層，以及最下層為已知初始條件的相位平面軌跡。藉查對 $W(\delta)$ 相對於 $P(\delta)$ 曲線的斜率，讀者可以確認 $W(\delta)$ 曲線有正確的外形。特別是要注意：$W$ 在 $\delta = \delta^0$ 處有一個局部最小值，即 $W(\delta^0) = 0$；以及在 $\delta^u$ 和 $\delta^l$ 處有兩個鄰近的局部最大值。令：

$$W_{\max} = \min[(W(\delta^u), W(\delta^l)] \qquad (14.31)$$

對圖 14.6 所示的情形，由於 $P_M^0 > 0$，所以 $W_{\max} = W(\delta^u)$。

現在讓我們討論，如何從位能曲線來決定相位平面軌跡。若已知 $\delta^0$，或等效的 $P_M^0$ 和 $P_G(\delta)$，以及復閉時間 $T$，我們可利用 (14.24) 式計算 $\delta_T = (\delta_T, \dot{\delta}_T)$。我們標示出 $\delta_T$ 以做為階段 3 的相位平面軌跡初始條件。我們也能利用 (14.28) 式來計算初始總儲能 $V(\delta_T)$。在圖 14.6 內，我們是以 $W(\delta)$ 曲線上方的一條水平線來表示它，且此時為 $V(\delta_T) < W_{\max}$ 的情形。同時由於我們已知 $\delta_T$，所以我們能直接從 $W(\delta)$ 曲線上讀出 $V(\delta_T)$ 的初始位

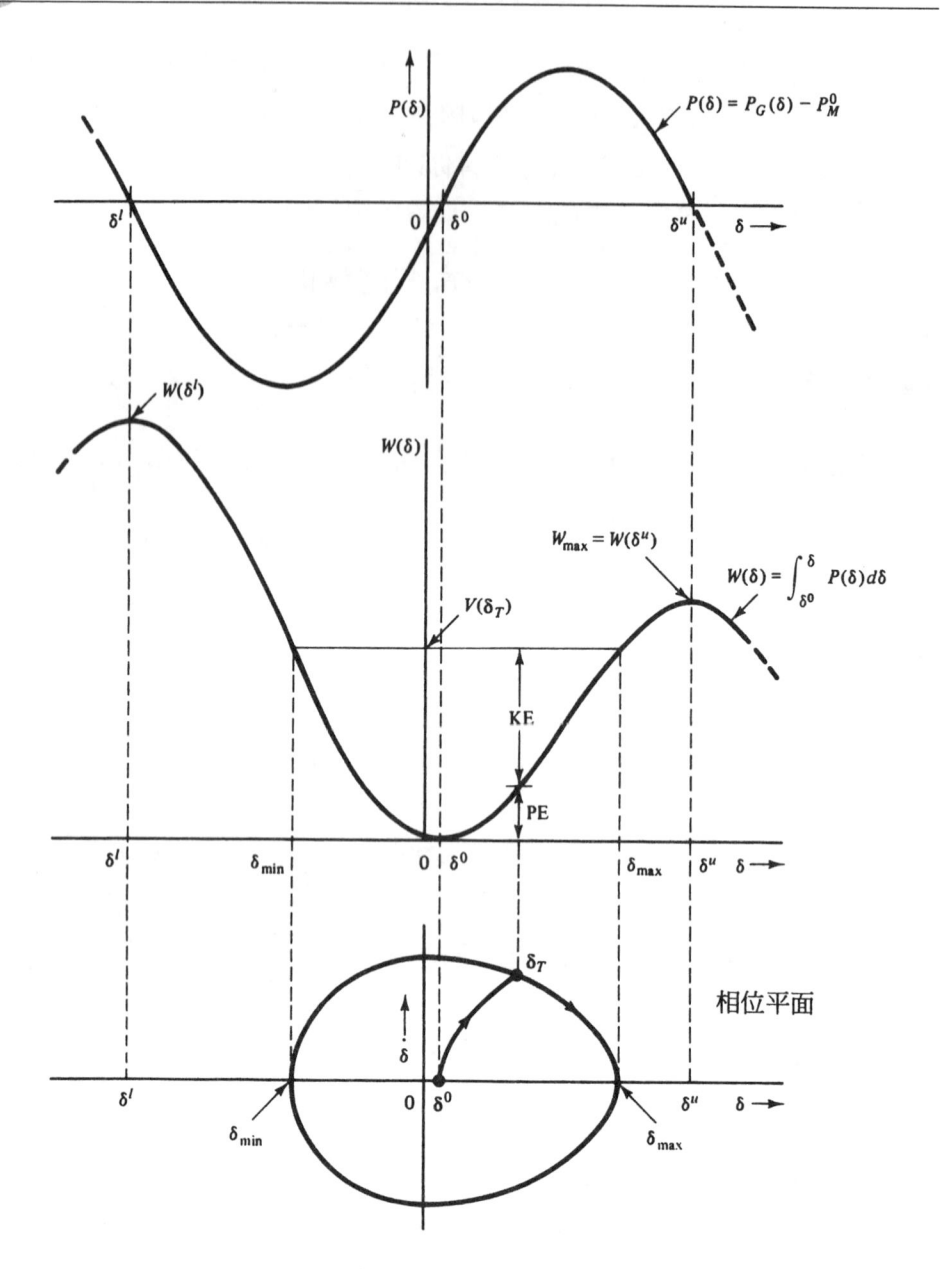

圖 14.6 根據位能曲線的相位平面軌跡。

能部分；於是初始動能部分為 $V(\delta_T) - W(\delta_T)$。這兩個分量如圖 14.6 所示。

接下來將發生什麼事呢？由於 $\dot{\delta}_T$ 為正，所以 $\delta$ 增加。譬如說 $\delta$ 增加到 $\delta' < \delta_{max}$ 時，我們能根據 $W(\delta)$ 曲線來測量出新的 K.E. 值，以及新

## 第 14 章　電力系統穩定度

的 $\delta'$ 值；即我們能求出 $\dot{\delta}$ 為一個 $\delta$ 的函數，並畫出它的軌道。注意 $\delta$ 達到 $\delta_{max}$ 的情形；在這點 K.E. = 0 即相當於 $\dot{\delta} = 0$。而根據彈簧-質量類比，我們能推論這相當於彈簧的最大張力，且此時的**相位速度** (phase velocity) 會逆轉。因為 $\delta$ 會減小直到 $\delta = \delta^0$ 為止，且此時的 K.E. 為最大值，$\dot{\delta}$ 為負值。所以 $\delta$ 將更進一步地減小到 $\delta_{max}$，接著 $\delta$ 再回升到它的最大值 $\delta_{max}$，即上述過程 $\delta_{min}$ 和 $\delta_{max}$ 搖擺不確定地重複。

注意：由於 K.E. 不可能為負，所以 $\delta < \delta_{min}$ 或 $\delta > \delta_{max}$ 的情形是顯然不可能的。於是我們能想像 $W(\delta)$ 為一個 "位能障壁"。

假設我們不忽略摩擦 (即 $D \neq 0$)。則此時的 $V(\delta(t)) \equiv V(\delta_T)$ 將不再為真。實際上，關於彈簧-質量類比，能量會被慢慢的消耗掉，而且轉換成熱能，而這很容易用數學來證明。利用 (14.28) 式，我們可算出 $V(\delta)$ 的變化速率。利用微分的連鎖法則，我們有：

$$\dot{V}(\delta(t)) = \frac{\partial V}{\partial \dot{\delta}}\frac{d\dot{\delta}}{dt} + \frac{\partial V}{\partial \delta}\frac{d\delta}{dt} \qquad (14.32)$$
$$= M\dot{\delta}\ddot{\delta} + P(\delta)\dot{\delta} = [M\ddot{\delta} + P(\delta)]\dot{\delta}$$

當 $D = 0$ 時，(14.27) 式能證明 $\dot{V}(\delta(t)) \equiv 0$，$V(\delta(t))$ 必須是一個常數。但在 (14.27) 式的左手邊加入 $D\dot{\delta}$ 項時，我們可獲得 $M\ddot{\delta} + P(\delta) = -D\dot{\delta}$。於是 (14.32) 式將簡化為：

$$\dot{V}(\delta(t)) = -D\dot{\delta}^2 \leq 0 \qquad (14.33)$$

因此只要物體正在移動，則能量被消耗且 $V(\delta(t))$ 的搖擺也在減緩。在圖 14.6 內，我們將以一個緩慢下降的準位來取代常數準位 $V(\delta_T)$，因此 $\delta$ 的擺動振幅將減小。於是我們將有一個指向 $\delta^0 = (\delta_0, 0)$ 螺旋的軌道，來取代圖 14.6 內的封閉曲線。相同的結論也能從線性化分析導出。於是對剛才描述的情形 (包含阻尼效應)，我們結論系統是暫態穩定的；且基本上會回到平衡點 $\delta^0$。

剛才所討論的情形是對應於一個特定的復閉時間 $T$ 而言。當復閉時間更長時，$\delta_T$ 將是圖 14.5 拋物線上的更遠的點，即相當於 $V(\delta_T)$ 的值較大。當考慮增加 $V(\delta_T)$ 值時，系統將趨向於不穩定。

在圖 14.7 內，我們表示四個復閉時間 $T_1$、$T_2$、$T_3$ 和 $T_4$ 的情形。利用

(14.24) 式，我們能求出對應的 $\delta_{T1}$、$\delta_{T2}$、$\delta_{T3}$ 和 $\delta_{T4}$。利用 (14.28) 式，我們能求出對應的 $V_1$、$V_2$、$V_3$ 和 $V_4$。

根據描述圖 14.5 所用的理由，我們能獲得圖 14.7 的相位平面軌跡。注意：$T_3$ 是**臨界復閉時間** (critical reclosure time) $T_{\text{critical}}$。對任何 $T > T_{\text{critical}}$，$\dot{\delta}(t)$ 總是為正的；事實上 $\dot{\delta}(t)$ 的傾向是隨著時間 $t$ 增加（平均而言）；所以 $\delta(t)$ 將單調地隨著 $t$ 增加。於是我們不會再回到 $\delta^0$，即系統不是暫態穩定的。這種現象被稱為**拉出** (pull-out) 或**失去同步** (loss of synchronism)，同時在發電機再釋放功率之前，它必須與系統再同步才可以。對這些熟悉的術語，我們可看出：$\delta^0$ 是一個穩定平衡點，而 $\delta^u = (\delta^u, 0)$ 和 $\delta^l = (\delta^l, 0)$，

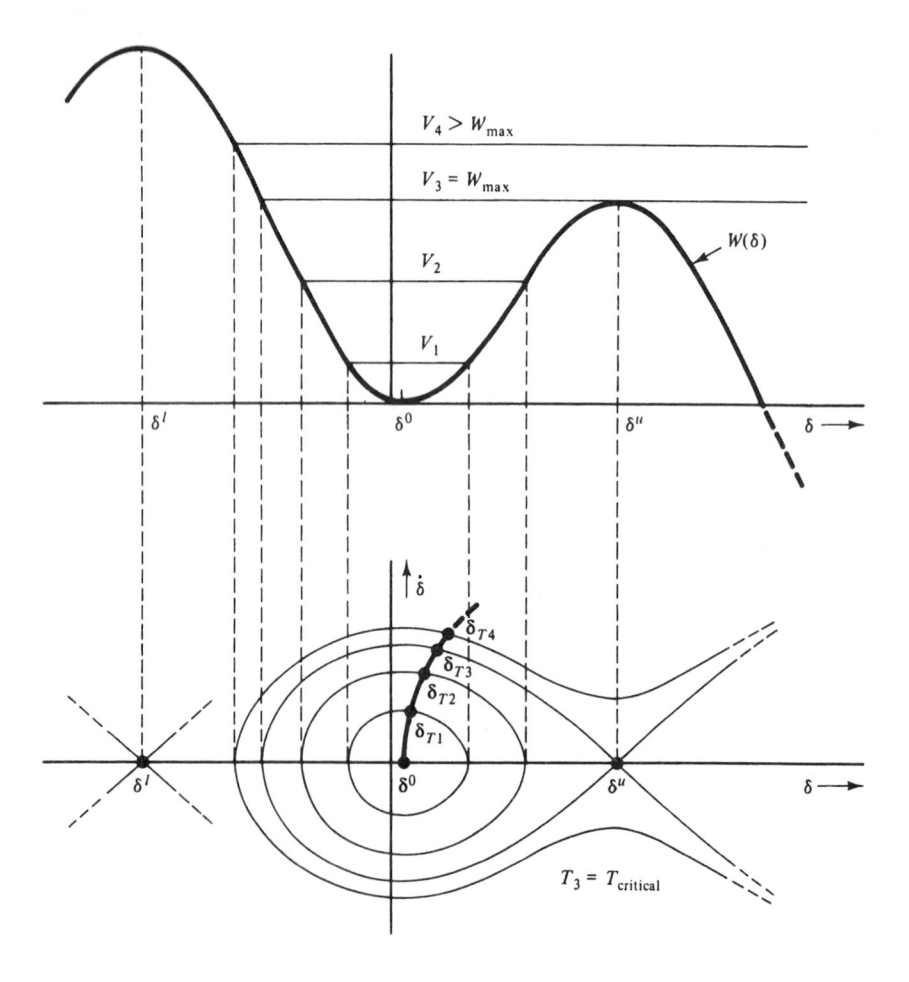

圖 14.7 描述不穩定度。

# 第 14 章　電力系統穩定度

則都是不穩定 (鞍部) 點。

我們注意到：單機無限匯流排模型的穩定度問題是建築在**第一搖擺** (first swing) 的基礎上；同時我們也考慮過這種情形，即 $\delta$ 在達到它的最大值後開始下降的話，就能保證系統是穩定的。由於小阻尼項 $D\dot{\delta}$ 對短期間的影響很小，所以考慮它與否並不是很重要。在決定穩定度時，小機械阻尼項 $D\dot{\delta}$ 是經常被忽略的；因此結果會稍微地保守一點 (即在安全側)。

接下來我們注意簡化的穩定度問題：$V(\delta_T) < W_{\max}$ 嗎？這問題並不需要在相位平面上畫出軌道就能回答；事實上，它甚至不需要畫出 $W(\delta)$ 圖就能回答 (如同我們即將說明的)。假設一般的情況都為發電機傳送功率 [即假設 $P_M^0 > 0$ 時，$W_{\max} = W(\delta^u)$]。根據 (14.28) 式和 $W_{\max}$ 的定義可知，$V(\delta_T) < W_{\max}$ 意謂著：

$$\frac{1}{2}M\dot{\delta}_T^2 + \int_{\delta^0}^{\delta_T} P(u)\,du < \int_{\delta^0}^{\delta_u} P(u)\,du \tag{14.34}$$

或

$$\frac{1}{2}M\dot{\delta}_T^2 < \int_{\delta_T}^{\delta_u} P(\delta)\,d\delta \tag{14.35}$$

接著根據 (14.25) 式可求得：

$$\frac{1}{2}M\dot{\delta}_T^2 = P_M^0(\delta_T - \delta^0) \tag{14.36}$$

將 (14.36) 式代入 (14.35) 式，就可求得穩定度的條件為：

$$P_M^0(\delta_T - \delta^0) < \int_{\delta_T}^{\delta_u} P(\delta)\,d\delta \tag{14.37}$$

若利用 (14.24) 式，我們能求出 $\delta_T = (P_M^0/2M)T^2 + \delta^0$。若知道 $\delta_T$，我們就能藉比較圖 14.8 所示的面積來查對 (14.37) 式。(14.37) 式的左手邊為面積 $A_a$，右手邊為面積 $A_{d\max}$。

如同所畫的，由於 $A_a < A_{d\max}$，所以此時的系統是暫態穩定的。

**注意**：我們通常稱 $A_a$ 為加速面積，因為在這階段中 $\ddot{\delta} > 0$。類似地，我們稱 $A_{d\max}$ 為減速面積，因為 $P_G(\delta) > P_M^0$，意謂著 $\ddot{\delta} < 0$；用彈性體類比

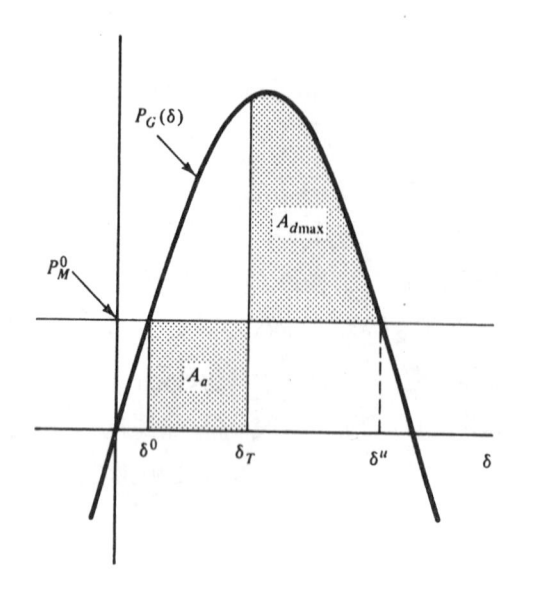

$$A_a \triangleq P_M^0(\delta_T - \delta^0)$$
$$A_{dmax} \triangleq \int_{\delta_T}^{\delta^u} P(\delta)d\delta$$
$$= \int_{\delta_T}^{\delta^u} (P_G(\delta) - P_M^0)d\delta$$

**圖 14.8** 穩定度測試。

對一個已知的 $\delta_T$，這表示在圖 14.9 內，其中減速面積 $A_d$ 也被定義了。來說明時，表示彈簧的**阻尼力** (restraining force) 大於**外加力** (applied force) $P_M^0$。

應用於此類問題的**等面積穩定度準則** (equal-area stability criterion) 將說明如下。

**等面積穩定度準則**：若 $A_a < A_{dmax}$ 時，系統就是暫態穩定的。換句話說，若加速面積小於最大減速面積時，系統是暫態穩定的。

假設等面積穩定度準則被滿足時，我們也能利用基本的結論來獲得有關 $\delta_{max}$ 和 $\delta_{min}$ 的資訊。於是根據圖 14.6，我們能看到 $\delta_{max}$ 滿足：

$$V(\delta_T) = W(\delta_{max}) = \int_{\delta^0}^{\delta_{max}} P(\delta)\, d\delta \tag{14.38}$$

重複計算 (14.34) 式到 (14.37) 式，我們能獲得：

$$P_M^0(\delta_T - \delta^0) = \int_{\delta_T}^{\delta_{max}} P(\delta)\, d\delta \tag{14.39}$$

# 第 14 章　電力系統穩定度

$$A_d = \int_{\delta_T}^{\delta_{max}} P(\delta)d\delta$$

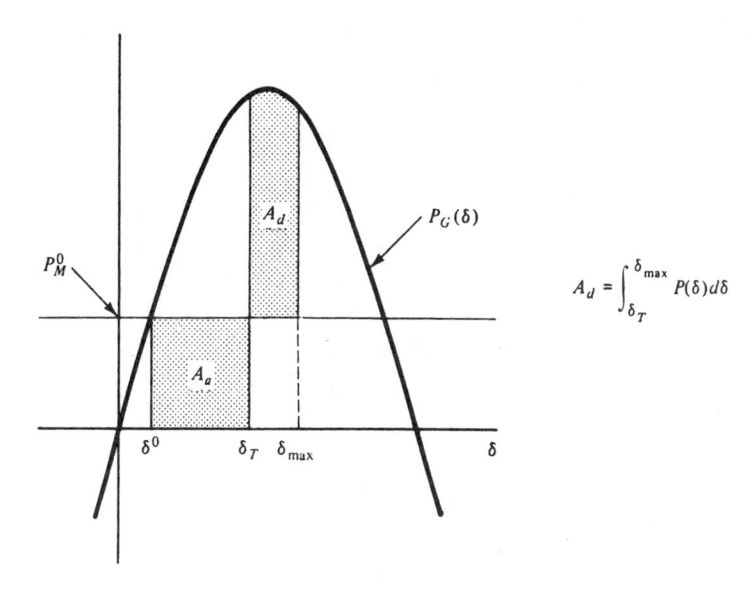

圖 14.9　$\delta_{max}$ 的計算。

我們能畫出一個類似圖 14.8 的圖形，來證明條件 (14.39) 式的成立。圖 14.9 也用圖形來說明 $A_a = A_d$ 時的 $\delta$ 為 $\delta_{max}$。

利用圖 14.9，我們能看到復閉時間增加時，將有什麼現象發生。當 $T$ 增加時，$\delta_T$ 和 $A_a$ 也增加。對小量的增加，我們仍能找到一個 $A_d$ 來平衡 $A_a$；但我們終究會達到 $T = T_{critical}$，此時 $A_a$ 恰好被 $A_d = A_{d\,max}$ 所平衡，且越過此點時系統會進入不穩定狀態。

現在考慮 $\delta_{min}$ 的計算。根據圖 14.6 可知：$W(\delta_{min}) = W(\delta_{max})$；因此：

$$\int_{\delta^0}^{\delta_{min}} P(\delta)\,d\delta = \int_{\delta^0}^{\delta_{max}} P(\delta)\,d\delta \qquad (14.40)$$

等效地，將右手邊移項到左手邊可求出：

$$\int_{\delta_{min}}^{\delta_{max}} P(\delta)\,d\delta = 0 \qquad (14.41)$$

我們能再一次使用圖形來解釋面積（圖 14.10）。

加速面積（在 $-\delta$ 方向）再一次等於減速面積。注意：當 $D = 0$ 時，$\delta$ 在 $\delta_{min}$ 和 $\delta_{max}$ 之間擺動。當 $D > 0$ 時，擺動會衰減，且 $\delta$ 趨向於 $\delta^0$。

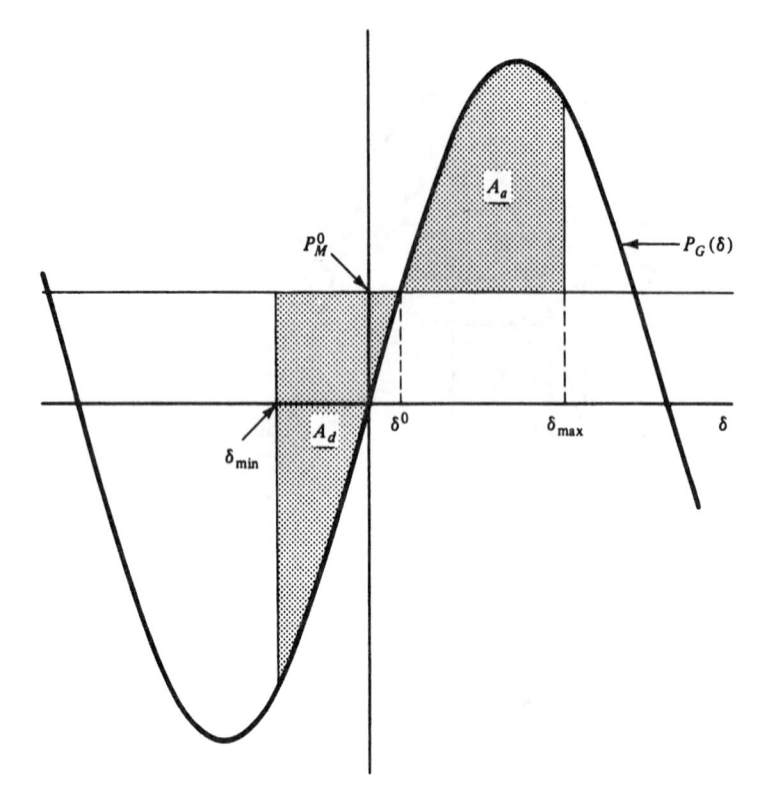

圖 14.10　計算 $\delta_{\min}$。

---

**練習 2.**

考慮 $P_M^0 < 0$ 的情形 (即同步電動機驅動一台幫浦或一台風扇的情形)。畫出類似於 14.6、14.7、14.9 和 14.10 的圖形。提示：當斷路器開路時，旋轉電機會減速。於是 $\dot{\delta}_T$ 將為負值。

---

### 例題 14.2

考慮例題 14.1 內的相同發電機和輸電線，即 $H = 5$ sec，$P_G(\delta) = 1.286 \sin \delta$。假設 $P_G^0 = 0.5$。

(a) 找出臨界清除時間 $T_{\text{critical}}$。
(b) 就一個清除時間 $T = 0.9 T_{\text{critical}}$，找出 $\delta_{\max}$ 和 $\delta_{\min}$。

# 第 14 章 電力系統穩定度

**解** **(a)** 當 $P_G(\delta^0) = 1.286 \sin \delta^0 = 0.5$ 時，我們可求出 $\delta^0 = 22.89° = 0.400$ rad。接下來我們要找出對於 $T_{\text{critical}}$ 的**臨界清除角** (critical clearing angle) $\delta_{Tc}$，使得 $A_a = A_{d\max}$，如圖 E14.2 所建議的。

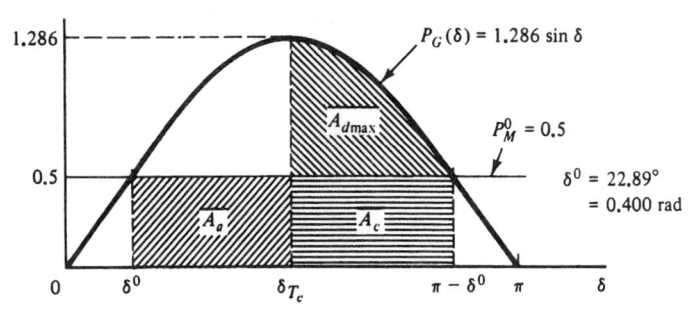

**圖 E14.2。**

$\delta_{Tc}$ 是指加速面積 $A_a$ 能被減速面積所平衡時的最大 $\delta_T$，此時減速面積為 $A_{d\max}$。若我們在方程式的兩邊同時加上圖 E14.2 所示的 $A_c$ 面積，我們就能簡化計算。依次完成我們所指示的運算，就可求得：

$$A_a + A_c = A_{d\max} + A_c$$

$$0.5(\pi - 2\delta^0) = \int_{\delta_{Tc}}^{\pi - \delta^0} (1.286 \sin \delta) \, d\delta$$

$$1.1708 = 1.286(\cos \delta_{Tc} + 0.9211)$$

$$\delta_{Tc} = 90.61° = 1.581 \text{ rad}$$

注意：在計算 $\delta_{Tc}$ 時，我們並不需要考慮階段 2 的動態行為。接下來我們要利用 (14.24) 式來計算 $T_{\text{critical}}$ (即階級段 2 的動態行為)。

$$\delta_{Tc} = 1.581 = \frac{\pi \times 60 \times 0.5}{2 \times 5} T_{\text{critical}}^2 + 0.400 \tag{14.24}$$

於是 $T_{\text{critical}} = 0.354$ sec。

**(b)** 當 $T = 0.9 T_{\text{critical}} = 0.319$ sec 時，我們能利用 (14.24) 式求出：

$$\delta_T = \frac{\pi \times 60 \times 0.5}{2 \times 5}(0.319)^2 + 0.400 = 1.357 \text{ rad} = 77.75°$$

因此 $A_a = P_M^0(\delta_T - \delta^0) = 0.5(1.357 - 0.400) = 0.478$。於是：

$$A_d = 0.478 = \int_{\delta_T}^{\delta_{max}} (1.286\sin\delta - 0.5)\,d\delta$$
$$= 1.286(\cos\delta_T - \cos\delta_{max}) - 0.5(\delta_{max} - \delta_T)$$

將 $\delta_T = 77.75° = 1.357$ rad 代入，可求得：

$$1.286\cos\delta_{max} + 0.5\delta_{max} = 0.4734$$

利用疊代法解 $\delta_{max}$ 可求得 $\delta_{max} = 113.86° = 1.987$ rad。為了找出 $\delta_{min}$，我們將利用 (14.41) 式，即：

$$\int_{\delta_{min}}^{\delta_{max}} (1.286\sin\delta - 0.5)\,d\delta = 1.286(\cos\delta_{min} - \cos\delta_{max}) - 0.5(\delta_{max} - \delta_{min}) = 0$$

因此可求得：

$$1.286\cos\delta_{min} + 0.5\delta_{min} = 1.286\cos\delta_{max} + 0.5\delta_{max} = 0.4734$$

注意 $\delta_{min} < \delta^0$，我們可用疊代法來求得：

$$\delta_{min} = -46.74° = -0.816 \text{ rad}$$

實際畫出上例兩種不同情形的擺動曲線是非常具有教育性的。圖 14.11 就表示這兩個擺動曲線，其中假設 $D = 0.1M = 0.1H/\pi f_0 = 0.00265$。我們考慮兩個 $T$ 值：$T = 0.9T_{critical} = 0.319$ sec 和 $T = 0.365$ sec。在 (b) 部分使用的是較小值，且對應的是穩定行為；較大的 $T$ 值 $= 0.356$，它比 $T_{critical}$ 稍微大一點，且對應的是不穩定行為。

圖 14.11 可扼要地由下面幾點來說明：

1. 在數值的積分公式中，利用四階的 Runge-Kutta 公式的數值積分 (14.19) 式來獲得曲線，其中**步進大小** (step size) $h = 0.5$ sec。初始值 $\delta_T$ 和 $\dot{\delta}_T$ 則由 (14.24) 式求出。

2. 阻尼常數 $D$ 的影響是相當小的。在曲線 (a) 內擺動振幅會隨著週期做輕微地減小。$\delta$ 的最大值為 1.977，它與利用等面積法所算出的 $\delta_{max} = 1.987$ rad (這裡忽略 $D$ 的影響) 可做比較。類似地。$\delta$ 的最小

## 第 14 章　電力系統穩定度

值為 $-0.777$，它可與 $\delta_{min} = -0.816$ rad 做比較。於是在第一搖擺上的 $D$ 效應，可視為相對小的。但對長期而言，$D$ 的影響是很重要的，它是引起振盪消失，以及 $\delta$ 回到平衡點的主要原因。

3. 圖中也表示階段 2 內的 $\delta(t)$ 二次行為。在 $t = T$ 時，階段 3 曲線將脫離二次式而趨向平滑。若將階段 2 的二次行為做外插，則可明確地說明：$T$ 增加時，$\delta_T$ 和 $\dot{\delta}_T$ 的組成速度也增加。

4. 將圖 14.11 的曲線 (時間行為) 與圖 14.7 的曲線相比較是很具有教育性的。當 $T < T_{critical}$ 時，$\delta_T$ 和 $\dot{\delta}_T$ 是相當小的，以致於初始總能量 $V_2 < W_{max}$，且所看到的是曲線 (a) 的限制行為。當 $T > T_{critical}$ 時，$\delta_T$ 和 $\dot{\delta}_T$ 已增加到足夠使初始總能量 $V_4 > W_{max}$，且所看到的是曲線 (b) 的無限制行為。注意：在這種情況下，圖 14.7 預測剛開始時，$\dot{\delta}$ 將從它的初始值 (正的) 開始減小，但不會降到零，然後再迅速地增加，而這種行為如同曲線 (b)。

5. 圖 14.7 確認了圖 14.11 所提供的訊息，即在**上擺** (upswing) 時，$\dot{\delta}$

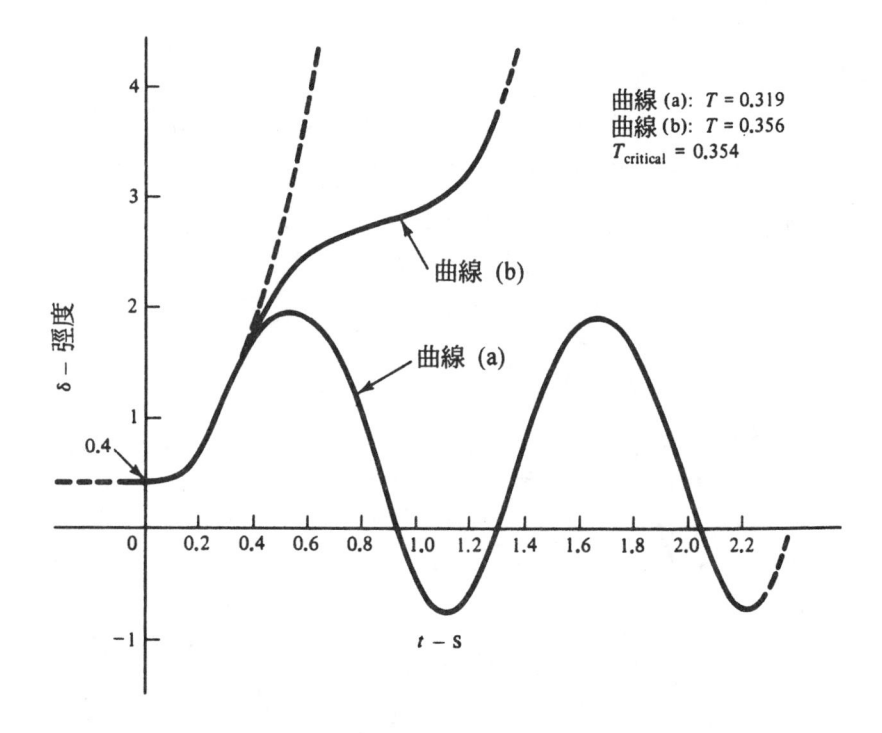

曲線 (a): $T = 0.319$
曲線 (b): $T = 0.356$
$T_{critical} = 0.354$

**圖 14.11。**

若仍維持正值，則會失去同步；但在初始上擺後，$\dot{\delta}$ 全轉為負值的話，則同步將維持住。因此，至少在目前的考慮下，穩定度問題是決定在第一搖擺上。

## 14.5 其他的應用

等面積作圖和穩定度準則也能應用到其他問題，且對這些問題的應用都將從一個平衡狀態 $P_G(\delta^0) = P_M^0$ 開始，變化到一個新的平衡點 $P_G^n(\delta)$ 或 $P_M^n$。在決定初期的暫態行為時，彈簧-質量的機械類比是非常有幫助的；譬如，若 $P_M^n > P_G(\delta^0)$，則彈性體類比將建議我們正方向加速，即 $\delta$ 將從 $\delta^0$ 值開始增加。若 $P_M^n < P_G(\delta^0)$，則我們會在負方向加速，且 $\delta$ 將從 $\delta^0$ 值開始減小。假若加速面積 $A_a$ 與減速面積 $A_d$ 平衡，則後續行為即可限制（$\delta_{\max}$，$\delta_{\min}$ 即可決定）。此時考慮阻尼的話，轉子角擺動會衰減，且 $\delta$ 也會趨向於一個新的平衡值 $\delta^n$。換句話說，若 $A_{d\max} < A_a$，則會失去同步。

**應用 1**

若圖 14.1 的系統無故障發生，且我們將 $P_M$ 從初始穩態值 $P_M^0$ 立即變化到 $P_M^n$ 的話，我們就能很容易地利用先前所討論的技巧，來畫出決定 $\delta_{\min}$ 和 $\delta_{\max}$ 的作圖，如圖 14.12 所示。

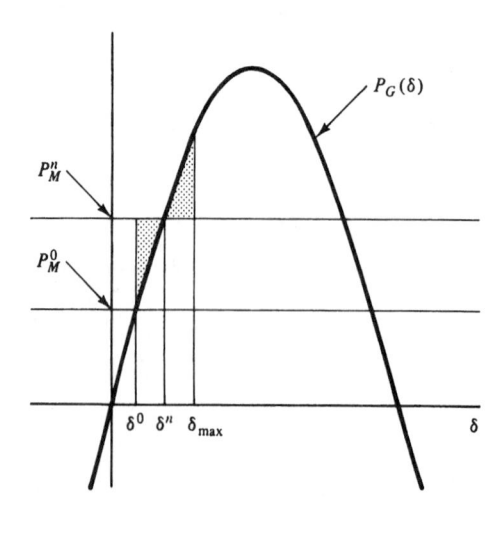

圖 14.12　$P_M$ 變化的效應。

# 第 14 章　電力系統穩定度

若新 $P_M^n$ 的平衡值 $\delta$ 為 $\delta^n$，則求得 $\delta^n$ 的方法如下：剛開始時，$\delta = \delta^0$ 且 $P_M^n > P_G(\delta^0)$，所以在正方向有一個加速度。加速繼續 $[P_M^n > P_G(\delta)]$ 直到我們通過 $\delta^n$ 為止，此時速度仍為正值（越過頭了）。接著我們減速 $[P_G(\delta) > P_M^n]$ 直到 $\delta$ 到達它的最大值 $\delta_{\max}$ 為止。加速與減速面積相等。若阻尼不存在，則擺動將在 $\delta_{\max}$ 和 $\delta_{\min} = \delta^0$ 之間限制地進行。有阻尼時，擺動將衰減且 $\delta$ 會趨向於一個新的平衡值 $\delta^n$。

**練習 3.**

舉一個例子（$P_M^0$ 和 $P_M^n$ 值）來使你自己相信：利用等面積法有可能在 $P_M^0$ 非常緩慢地向 $P_M^n$ 變化時，$\delta^0$ 會以穩定的方式走向 $\delta^n$；但在變化非常迅速時，會引起系統的不穩定。

**應用 2**

考慮圖 14.1 的系統有兩條平行的輸電線，且其中有一條線路發生故障，如圖 14.13 所示。假設故障能藉故障線路上的瞬間開路斷路器來清除，且故障期間不是短暫的，即斷路器會"鎖"在開路的位置。現在我們要討論此兩種情況（即有兩條平行輸電線路和一條輸電線路的情況）下的 $P_G(\delta)$。圖 14.14 中我們可看出伴隨線路跳脫的擺動並沒有失去同步，且考慮阻尼時，$\delta$ 會趨向於新的平衡值 $\delta^n$。

現在假設故障線路已被修復，且斷路也被復閉以恢復原先的供電方式。同時為了比較兩種情形，我們亦假設 $P_M = P_M^0$（即如同先前的值）。圖 14.15 表示伴隨線路修復的擺動情形。考慮阻尼時，$\delta$ 基本上會回它的原來值 $\delta^0$。

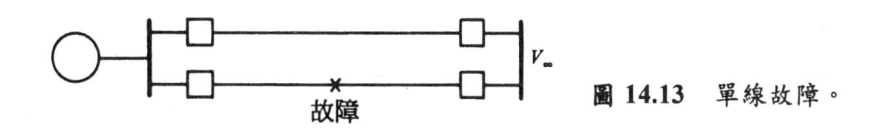

圖 14.13　單線故障。

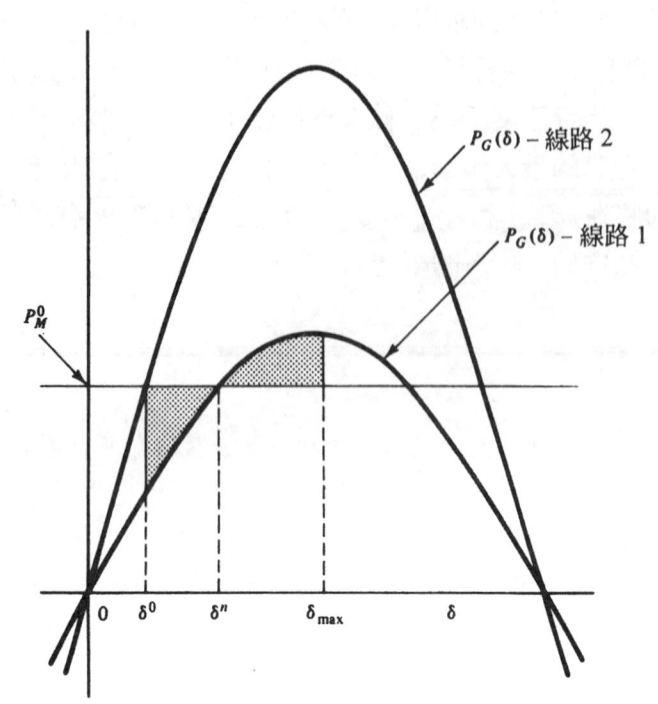

圖 14.14 伴隨線路跳脫的擺動。

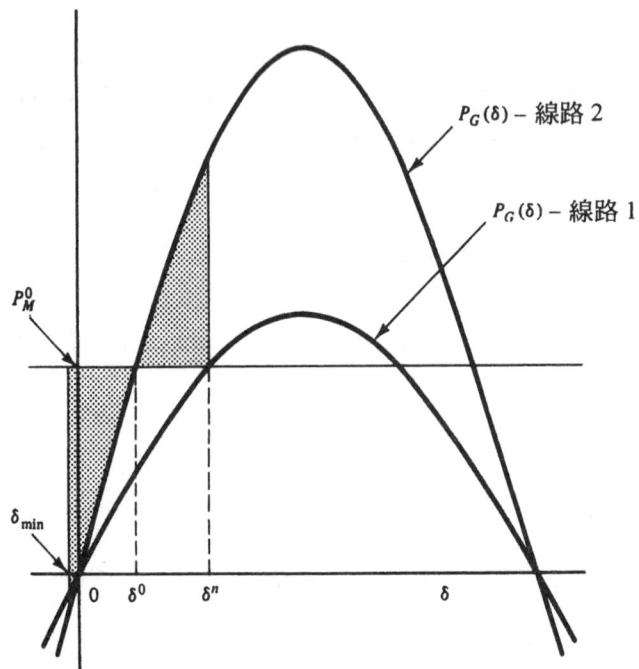

圖 14.15 伴隨線路恢復的擺動。

## 第 14 章　電力系統穩定度

**練習 4.**

提供一個類似圖 14.14 的圖形，來說明線路跳脫時的不穩定現象，即使其餘線路有能力承載穩態時的功率 $P_M^0$。

## 應用 3

考慮圖 14.1 的系統有兩條平行的輸電線，且假設故障發生時無法利用斷路器來做瞬間的清除。

在這種情形下，我們會有三條 $P_G(\delta)$ 曲線。在故障前的穩態下，有兩條平行的輸電線且功率角為 $\delta^0$。當故障發生時，它並沒有被瞬間清除，所以此時的 $P_G(\delta)$ 曲線為圖 14.16 內的下層曲線。當故障線路上的斷路器開路時，$\delta$ 已經增加到 $\delta_c$ 且加速面積 $A_a$ 已累積確定。當這些斷路器開路時，有一條良好的線路存在，所以此時的 $P_G(\delta)$ 曲線為圖 14.16 內的中間曲線。

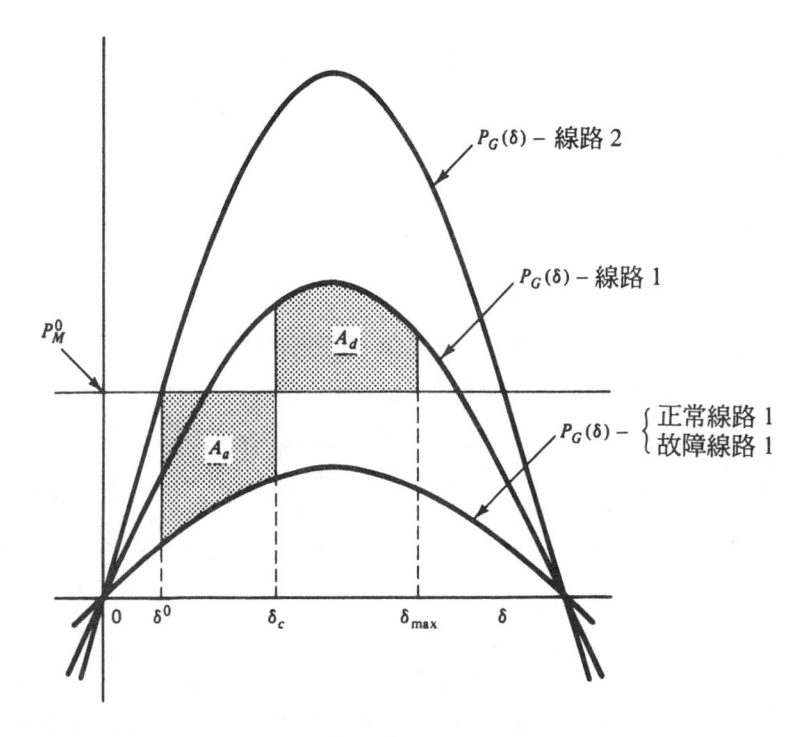

圖 14.16　故障時的向上擺動。

$\delta$ 增加到對應於 $A_d = A_a$ 的 $\delta_{max}$ 值,這裡我們假設故障尚未清除且故障線路上的斷路器仍維持著開路。為了找出 $\delta_{min}$,我們將考慮下層的擺動曲線,如同圖 14.10 的情形一樣。考慮阻尼時,$\delta$ 會趨向於一個對應於單線運轉的新平衡值。

---

**練習 5.**

假設在上擺中,故障被清除且斷路器復閉時的 $\delta_T < \delta_{max}$,即對剩餘的上擺,我有兩條好的線路存在。試重畫圖 14.16 來表示這種情形。

---

圖 14.16 意謂著:當一條故障線路與一條正常線路並聯時,會降低良好線路的功率轉送能力。我們將在下一例題中,提出一些有力的支持證據。

---

**例題 14.3**

我們希望找出三相故障 (零阻抗接地,如圖 14.13 所示) 時的 $P_G(\delta)$ 表示式。為了簡化起見,我們假設發電機是圓形轉子型。我們能利用圖 E14.3 所示的每相電路圖來取代單線圖,其中 $X_{L2}$ 是故障線路總電抗;$\lambda$ 為故障左側線路因數,若 $\lambda = 0$,則故障發生在發電機匯流排上。若 $\lambda = 0.5$,則故障發生在線路中間,餘此類推。試以一個 $\lambda$ 的函數來表示 $P_G(\delta)$。

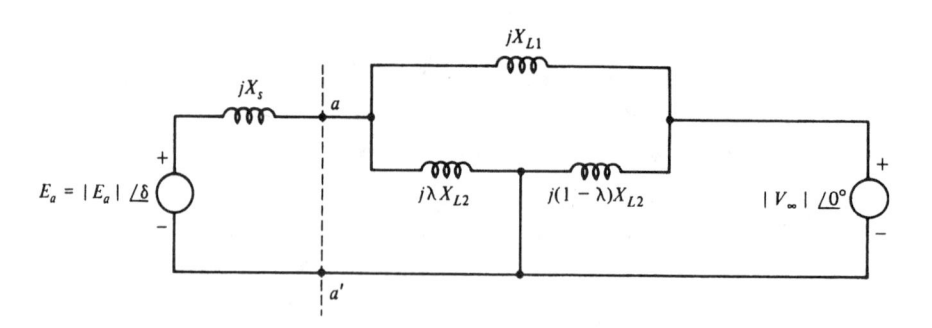

圖 E14.3。

**解** 利用戴維寧等效電路來取代 "端點" $a-a'$ 右邊的電路,是最簡單的求法。於是使用分壓定律和並聯阻抗的求法,我們可導出:

第 14 章　電力系統穩定度

$$V_{\text{Thev}} = \frac{\lambda X_{L2}}{X_{L1} + \lambda X_{L2}} |V_\infty| \angle 0°$$

$$X_{\text{Thev}} = \frac{\lambda X_{L1} X_{L2}}{X_{L1} + \lambda X_{L2}}$$

因此

$$P_G(\delta) = \frac{|E_a||V_{\text{Thév}}|}{X_s + X_{\text{Thév}}} \sin \delta = \kappa \sin \delta$$

最後代入 $V_{\text{Thév}}$ 和 $X_{\text{Thév}}$，就可求得：

$$\kappa \triangleq \frac{|E_a||V_\infty|}{X_s + X_{L1} + (X_s X_{L1} / \lambda X_{L2})}$$

我們注意到：當故障發生在發電機匯流排時，$\lambda = 0$，$\kappa = 0$。於是發電機釋放零功率，且**脫離加速度** (runaway acceleration) 也是最大的。在其他的狀況下，如故障點向右遠離發電機時，$\kappa$ 將單調地增加，但絕不會與 $|E_a||V_\infty|/(X_s + X_{L1})$ 一樣大，這裡 $|E_a||V_\infty|/(X_s + X_{L1})$ 是單線情形 (故障線路清除) 下定義電力潮流的增益常數。於是我們可以看出：儘快清除故障線路是多麼的重要。

## 14.6　推廣到兩電機的情形

假設我們用一個驅動機械負載的同步電動機，來取代圖 14.1 的無限匯流排，則我們會有兩部同步電機，同時每一部電機有它自己本身的動態，而彼此經由輸電線做電耦合。我們能很容易地推廣先前的討論到這種情形。用方程式組

$$M_1 \ddot{\delta}_1 + D_1 \dot{\delta}_1 + P_{G1}(\delta_1 - \delta_2) = P_{M1}^0 \tag{14.42a}$$

$$M_2 \ddot{\delta}_2 + D_2 \dot{\delta}_2 + P_{G2}(\delta_2 - \delta_1) = P_{M2}^0 \tag{14.42b}$$

來取代 (14.19) 式，其中 $\delta_1$ 和 $\delta_2$ 是指兩同步電機的內部電源相角。假設電氣系統無損失 (即系統為純電抗性線路和發電機內部阻抗)，則我們能藉功率守恆來導出：

$$P_{G1}(\delta_1 - \delta_2) + P_{G2}(\delta_2 - \delta_1) = 0 \tag{14.43}$$

此時在故障前的穩態情況下，我們需要 $\delta_1 = \delta_1^0$ 和 $\delta_2 = \delta_2^0$，以及假設：

$$P_{M1}^0 + P_{M2}^0 = 0 \tag{14.44}$$

在物理上，我們假設負載端的機械功率需求，可由渦輪機所提供的機械功率來滿足。將 (14.43) 式和 (14.44) 式代入 (14.42b) 式，我們可求得：

$$M_2\ddot{\delta}_2 + D_2\dot{\delta}_2 - P_{G1}(\delta_1 - \delta_2) = -P_{M1}^0 \tag{14.45}$$

現在能很方便地假設阻尼是均勻的，即：

$$\frac{D_1}{M_1} = \frac{D_2}{M_2} \tag{14.46}$$

此時就穩定度計算而言，兩個方程式 (14.42a) 和 (14.45) 可以用一個**內節點角** (internodal angle) $\delta_{12} = \delta_1 - \delta_2$ 的單一方程式來取代。我們將 (14.42a) 式和 (14.45) 式分別除以 $M_1$ 和 $M_2$，然後再將前者減掉後者就可導出：

$$\ddot{\delta}_{12} + \frac{D_1}{M_1}\dot{\delta}_{12} + \left(\frac{1}{M_1} + \frac{1}{M_2}\right)P_{G1}(\delta_{12}) = \left(\frac{1}{M_1} + \frac{1}{M_2}\right)P_{M1}^0 \tag{14.47}$$

等效地

$$M_0\ddot{\delta}_{12} + D_0\dot{\delta}_{12} + P_{G1}(\delta_{12}) = P_{M1}^0 \tag{14.48}$$

其中 $M_0 \triangleq M_1M_2/(M_1 + M_2)$，$D_0 \triangleq D_1M_2/(M_1 + M_2)$。用變數 $\delta_{12}$ 表示的方程式 (14.48)，與用變數 $\delta$ 表示的 (14.19) 式有相同的形式。事實上，若我們能藉設定 $M_2$ 為無限大來轉換第二部同步電機為一個無限匯流排，則當 $\delta_2 = \delta_2^0 = 0$ 時，(14.48) 式會簡化成 (14.19) 式。

對各種不同的系統干擾，我們都能應用等面積準則來研究 (14.48) 式的穩定度，如同先前 14.4 和 14.5 節的討論一樣。滿足穩定度準則意謂著 $\delta_{12}$ 會回到故障後的一個常數值，因此同步將被維持住。值得注意的是：即使故障後的 $\delta_{12}$ 會回到故障前的 $\delta_{12}^0$，$\delta_1$ 和 $\delta_2$ 通常也不會再回到它們故障前的值 $\delta_1^0$ 和 $\delta_2^0$。要更完整地瞭解這行為，可就 (14.42a) 和 (14.42b) 兩式來討論彈簧-質量類比，其類比於一根彈簧來耦合兩個質量體且無牆壁的

## 第14章　電力系統穩定度　641

組成。

最後，扼要地說明**均勻阻尼** (uniform damping) 的假設。由於 (第一搖擺) 穩定度與非常小的阻尼常數 $D_1$ 和 $D_2$ 間的相關性不大，所以能確證這方面的選擇。事實上，在使用等面積穩定度準則時，我們完全忽略 $D_1$ 和 $D_2$。我們注意到 $D_1 = D_2 = 0$ 時，能滿足均勻阻尼的定義。同時我們也注意到：若欲維持穩定度，即使這並不是 $\delta_1$ 與 $\delta_2$ 個別例子，$\delta_{12}$ 的終值 (即穩態值) 亦將與 $D_1$ 與 $D_2$ 無關。將阻尼列入討論中的主要理由是：為了保持振盪，基本上會衰減並回到平衡點的定性描述；均勻阻尼是保持這描述的最簡單假設。

---

**例題 14.4**

考慮一個類似於例題 14.2 的例子。若我們若有下列假設，發電機：圓形轉子，$|E_1| = 1.8$，$H = 5$ sec，$X_d = X_q = 1.0$。電動機：$|E_2| = 1.215$，$H = 2$ sec，$X_d = X_q = 1.2$。假設線路電抗為 0.4。$P_G^0$ 為 0.5，試找出 $T_{\text{critical}}$。

**解**　先找出 $P_{G1}(\delta_{12})$ 的表示式：

$$P_{G1}(\delta_{12}) = \frac{1.8 \times 1.215}{1.0 + 1.2 + 0.4} \sin \delta_{12} = 1.287 \sin \delta_{12}$$

在故障前的穩態下，$P_{G1}(\delta_{12}^0) = 0.5$，所以 $\delta_{12}^0 = 22.87° = 0.339$ rad。由於我們所取的資料會使得這些數值實際上與例題 14.2 相同，所以我們能使用例題 14.2 的結果：即臨界清除角為 $90.61° = 1.581$ rad。接著我們利用 (14.24) 式，找出斷路器開路期間的動態行為：

$$\delta_1(t) = \frac{\pi \times 60 \times 0.5}{2 \times 5} t^2 + \delta_1^0$$

$$\delta_2(t) = -\frac{\pi \times 60 \times 0.5}{2 \times 2} t^2 + \delta_2^0$$

因此，

$$\delta_{12}(t) = \delta_1(t) - \delta_2(t) = 32.99 t^2 + \delta_{12}^0$$

代入臨界清除角和初始角，我們可求得：

$$1.581 = 32.99T_{critical}^2 + 0.399$$

於是 $T_{critical} = 0.189$ sec。

與例題 14.2 的結果做比較，其中臨界切換時間為 0.354 sec；若要維持穩定度，則復閉斷路器的時間要更短。在物理上，當電動機減速時就是發電機加速時，所以為什麼達到臨界清除角的時間要更短，是很明顯的。

## 14.7 多電機應用

將先前的結果推廣到一般的 $m$-電機情形，有多種可能的方式，接下來我們將討論一個類似於兩-電機的情形。即假設我們有一個特殊結構的電力系統，其中發電機能被分割成兩群，每一群的發電機都經由一個強健的輸電線網路來彼此連接。另一方面，兩發電機群之間只經由一些相對弱的線路彼此互接。這情形有時候發生在兩個距離遙遠的大都會區，它們之間的互連是較弱的。

圖 14.17 是上述情形中的一種，其中兩發電機群是以兩條線路來連接。就網路 $A$ 內的所有發電機、線路、匯流排和負載，定義**指標集合** (index set) $I_A$ 為它們的指示值（下標）是很方便的。類似地，對網路 $B$ 定義 $I_B$ 為指

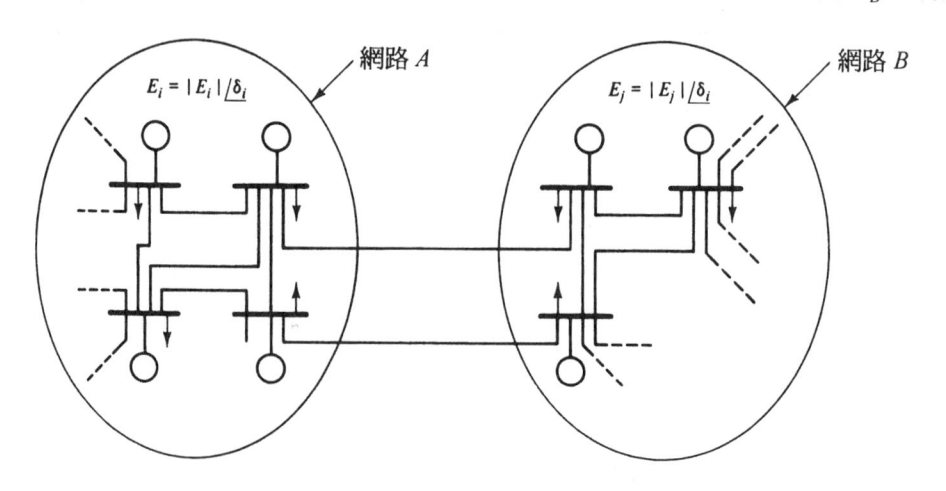

**圖 14.17** $m$-電機網路。

## 第 14 章　電力系統穩定度

標集合也是方便的。同時我們也將定義 $I_C$ 為連接兩網路的線路指標集合。

在電氣機械暫態期間，可看出每一子網路內的轉子角趨向於或多或少並不連貫地"一致擺動"。這現象能藉推廣彈簧-質量類比到 $m$ 個物體的情形，做更佳的瞭解，這裡我們想像每一物體群內的耦合是非常密切的（強勁的彈簧），但群間的耦合則是很弱的。另一種敘述情形的方法是：在暫態期間中，每一網路內的電源相角差與跨在連接兩網路上的電壓角變化相比，是相對較小的。

在定量描述這情形時，定義每一網路內的角中心是很方便的。於此定義為各角的權衡和如下：

$$\delta_A = \frac{1}{M_A} \sum_{i \in I_A} M_i \delta_i \tag{14.49}$$

其中 $M_A \triangleq \sum_{i \in I_A} M_i$ (即總和網路 $A$ 內的所有 $M_i$)。類似地，我們定義：

$$\delta_B = \frac{1}{M_B} \sum_{i \in I_B} M_i \delta_i \tag{14.50}$$

其中 $M_B \triangleq \sum_{i \in I_B} M_i$，在彈簧-質量類比中，$\delta_A$ 與 $\delta_B$ 是各屬於網路 $A$、$B$ 內的質量中心。

現在假設我們能對網路 $A$ 內的每一部發電機，寫出對應於 (14.19) 式的機械方程式。我們可獲得：

$$M_i \ddot{\delta}_i + D_i \dot{\delta}_i + P_{Gi} = P_{Mi}^0 \qquad i \in I_A \tag{14.51}$$

如同 14.6 節的討論，為了簡化分析，我們假設均勻阻尼。接著我們若對網路 $A$ 內的所有發電機總和 (14.51) 式，我們就能利用 (14.49) 式來求得：

$$M_A \ddot{\delta}_A + D_A \dot{\delta}_A + \sum_{i \in I_A} P_{Gi} = \sum_{i \in I_A} P_{Mi}^0 \tag{14.52}$$

其中 $D_A = \sum_{i \in I_A} D_i$。假設輸電網路無損失，我們就利用功率守恆定律，找出從網路 $A$ 傳送到網路 $B$ 的功率表示式，即 $P_{AB}$ 為：

$$P_{AB} = \sum_{i \in I_A} P_{Gi} - \sum_{i \in I_A} P_{Di}^0 \tag{14.53}$$

換句話說，在無損失網路 $A$ 內的發電機，若產生超過負載需求所需的電力時，將經由網路間的連結線轉送到網路 $B$ 去。於是：

$$P_{AB} = \sum_{k \in I_C} P_k - \sum_{k \in I_C} \frac{|V_i||V_j|}{X_k} \sin \theta_{ij} \tag{14.54}$$

這裡 $P_k$ 是指從網路 $A$ 內的匯流排 $i$，經由線路 $k$（連接兩匯流排）轉送到網路 $B$ 內的匯流排 $j$ 之功率。(14.54) 式為無損失短程輸電線的有效功率轉送表示式，其中線路電抗為 $X_k$。

對網路 $A$，我們也簡便地介紹超過負載功率所需的機械功率表示式為：

$$P_A^0 \triangleq \sum_{i \in I_A} P_{Mi}^0 - \sum_{i \in I_A} P_{Di}^0 \tag{14.55}$$

將 (14.53) 式和 (14.55) 式代入 (14.52)，可求得：

$$M_A \ddot{\delta}_A + D_A \dot{\delta}_A + P_{AB} = P_A^0 \tag{14.56}$$

注意：在我們的假設下，過量功率 $P_A^0$ 是一個常數，且如同 (14.19) 式內的機械功率 $P_M^0$。

我們的目標是將 (14.56) 式，以類比於 (14.42a) 式的形式寫出。在這過程中，我們剩下的步驟是必須以 $\delta_A$ 和 $\delta_B$ 項來表示 $P_{AB}$。但在 (14.54) 式中 $P_{AB}$ 是以跨接兩網路的連接線路上的相角、$\theta_i - \theta_j$ 項來表示。因此我們要說明這轉換如何獲得。在過程中我們做了一項近似，它符合我們先前所描述的一致性假設。我們從等式開始：

$$\theta_i - \theta_j = (\theta_i - \delta_A) + (\delta_A - \delta_B) - (\theta_j - \delta_B) \tag{14.57}$$

其中 $i \in I_A$，$j \in I_B$。

考慮故障前穩態下的 (14.57) 式，我們可獲得：

$$\theta_i^0 - \theta_j^0 = (\theta_i^0 - \delta_A^0) + (\delta_A^0 - \delta_B^0) - (\theta_j^0 - \delta_B^0) \tag{14.58}$$

現在想像 (14.57) 式，是描述暫態期間某些時間的角。若我們現在將 (14.57)

## 第 14 章　電力系統穩定度

式減掉 (14.58) 式，我們能找出這些角度差的變化關係，

$$\Delta\theta_{ij} = \Delta(\theta_i - \delta_A) + \Delta\delta_{AB} - \Delta(\theta_j - \delta_B) \tag{14.59}$$

其中 $\Delta\theta_{ij} = (\theta_i - \theta_j) - (\theta_i^0 - \theta_j^0)$，$\Delta\delta_{AB} = (\delta_A - \delta_B) - (\delta_A^0 - \delta_B^0)$。我們注意到：每一網路內的角度差 $\Delta(\theta_i - \delta_A)$ 和 $\Delta(\theta_j - \delta_B)$ 都一直在隨時間改變。**連貫性** (coherence) 的含意是指：這些變化與網路間的角度變化相較是相對小的。因此這些變化與 $\Delta\delta_{AB}$ 相比是可被忽略的，且根據 (14.59) 式我們可求得：

$$\theta_{ij} = \theta_{ij}^0 + \Delta\delta_{AB} \tag{14.60}$$

我們現在能將 (14.60) 式代入 (14.54) 式，並同時導入符號：

$$b_k = \frac{|V_i||V_j|}{X_k} \tag{14.61}$$

如同我們先前的描述，$|V_i|$ 和 $|V_j|$ 是線路上兩端的匯流排電壓。若我們假設在故障的每一階段中，這些電壓量都是常數，則 $b_k$ 也是常數，而 (14.54) 式也將是應用等面積穩定度準則所需的形式。我們也可假設 $|V_i|$、$|V_j|$ 和 $X_k$ 的變化是從故障中的一階段跳到另一階的情形，但在每階段範圍內，$b_k$ 仍是常數。接著我們將 (14.60) 式和 (14.61) 式代入 (14.54) 式，可求得：

$$P_{AB} = \sum_{k \in I_C} b_k \sin(\theta_{ij}^0 + \Delta\delta_{AB}) \tag{14.62}$$

我們利用一個單一正弦波來取代總和正弦波，以進一步地簡化 (14.62) 式。利用一般的複數演算法，我們可求得：

$$\begin{aligned} P_{AB} &= \sum_{k \in I_C} b_k \operatorname{Im} e^{j(\theta_{ij}^0 + \Delta\delta_{AB})} \\ &= \operatorname{Im}\left(\sum_{k \in I_C} b_k e^{j\theta_{ij}^0} e^{j\Delta\delta_{AB}}\right) \\ &= \operatorname{Im} b_s e^{j\theta_s^0} e^{j\Delta\delta_{AB}} \\ &= b_s \sin(\theta_s^0 + \Delta\delta_{AB}) \end{aligned} \tag{14.63}$$

其中

$$b_s e^{j\theta_s^0} = \sum_{k \in I_C} b_k e^{j\theta_{ij}^0} \tag{14.64}$$

即 $b_s$ 和 $\theta_s^0$ 分別是個別的複數量 $b_k$，相角 $\theta_{ij}^0$ 之複數總和的量與相角。

將 (14.63) 式代入 (14.56) 式，並定義 $\Delta\delta_A = \delta_A - \delta_A^0$，我們可獲得：

$$M_A \Delta\ddot{\delta}_A + D_A \Delta\dot{\delta}_A + b_s \sin(\theta_s^0 + \Delta\delta_{AB}) = P_A^0 \tag{14.65}$$

它類似於 (14.42) 式。類似地，對網路 $B$ 完成推導 (14.56) 式的步驟，我們可求得：

$$M_B \Delta\ddot{\delta}_B + D_B \Delta\dot{\delta}_B + P_{BA} = P_B^0 \tag{14.66}$$

其中 $\Delta\delta_B = \delta_B - \delta_B^0$。由於線路假設是無損失的，所以 $P_{BA} = -P_{AB}$。假設故障前的穩態功率是平衡的，且輸電系統和發電機都是無損失的，則可得 $P_B^0 = -P_A^0$。於是我們代入前式：

$$M_B \Delta\ddot{\delta}_B + D_B \Delta\dot{\delta}_B - b_s \sin(\theta_s^0 + \Delta\delta_{AB}) = -P_A^0 \tag{14.67}$$

類似於 (14.45) 式。假設所有發電機都為均勻阻尼的意義是：$D_A/M_A = D_B/M_B$。若同時推導兩電機的情形，我們可導出：

$$M_s \Delta\ddot{\delta}_{AB} + D_s \Delta\dot{\delta}_{AB} + b_s \sin(\theta_s^0 + \Delta\delta_{AB}) = P_A^0 \tag{14.68}$$

其中 $M_s \triangleq M_A M_B /(M_A + M_B)$，$D_s \triangleq D_A M_B /(M_A + M_B)$。(14.68) 式類似於 (14.48) 式，並能應用於兩連貫發電機群的穩定度研究。

---

**例題 14.5**

考慮 14.5 節應用 2 所描情形。在故障前穩態時，我們有三條線路連接網路 $A$ 和 $B$。假設在一線路上有一個故障發生，且故障已藉瞬間開路斷路器清除，即故障線已被排除，而只留下兩條良好線路在供電。表 E14.5 列出故障前穩態時的三條線路資料，同時我們也能利用 $P_k = b_k \sin\theta_{ij}^0$ 來計算故障前的傳送功率。注意：$P_A^0 = \sum_{k=1}^{3} P_k = 3.738$。假設網路 $A$ 和 $B$ 內的發電機群是連貫的，則我們能利用 14.7 節的分析方法來回答下列的問題。若

第 14 章　電力系統穩定度

表 E14.5

| | 線路 1 | 線路 2 | 線路 3 |
|---|---|---|---|
| $\theta_{ij}^0$ | 45° | 30° | 17° |
| $b_k$ | 2.5 | 1.6 | 4.0 |
| $P_k$ | 1.768 | 0.800 | 1.170 |

**(a)** 線路 3 跳脫？

**(b)** 線路 1 跳脫？

則利用等面積穩定度準則來預測穩定度。這裡假設線路跳脫時，$b_k$ 不會改變。

**解** 假設線路剛跳脫時的 $\theta_{ij}$ 與它故障前的 $\theta_{ij}^0$ 相比，沒有多大的變化。這是因為角中心 $\delta_A$ 和 $\delta_B$ 並不會瞬間改變，且假設角度差 $\Delta(\theta_i - \delta_A)$ 和 $\Delta(\theta_j - \delta_B)$ 很小。接下來我們要找出 $P_{AB}$ 的表示式。

**(a)** 當線路 3 跳脫時，我們可根據 (14.64) 式來找出：

$$b_s \angle \theta_s^0 = 2.5 \angle 45° + 1.6 \angle 30° = 4.067 \angle 39.16°$$

接著利用 (14.63) 式可得：

$$P_{AB} = 4.067 \sin(39.16° + \Delta\delta_{AB})$$

其次我們畫出 $P_A^0$ 和 $P_{AB}$。我們想像網路 $A$ 為一部單一發電機，其中機械功率為 $P_A^0$，輸出為 $P_{AB}$。剛開始時，沿著其餘線路所供給的功率為 1.768 + 0.800 = 2.586。這小於 $P_A^0 = 3.603$，所以剛開時 $\delta_A$ 會增加。又網路 $B$ 是一個淨功率消費者，所以 $\delta_B$ 會減小。因此 $\delta_{AB}$ 在剛開始時會增加，且相角 $\theta_s \triangleq \theta_s^0 + \Delta\delta_{AB}$ 也增加。當 $\theta_s = \theta_s^n = 66.8° = 1.166$ rad 時，功率會達到平衡。圖 E14.5 (a) 表示加速和最大減速面積。我們能計算面積為：

$$A_a = \int_{\theta_s^0}^{\theta_s^n} (3.738 - 4.067 \sin u) \, du = 1.804 - 1.551 = 0.2526$$

$$A_{d\max} = 2 \int_{\theta_s^n}^{\pi/2} (4.067 \sin u - 3.738) \, du = 0.1781$$

由於 $A_a > A_{d\max}$，所以準則預測系統不穩定。此時網路 $A$ 和 $B$ 將發生問題 (即失去同步並分離成"獨立區"，且每一區內的發電量和負載會不平衡)。在網路 $A$ 內會有過量的發電，但在網路 $B$ 內卻發電不足。因此我們必須做修正動作，以避免進一步惡化。

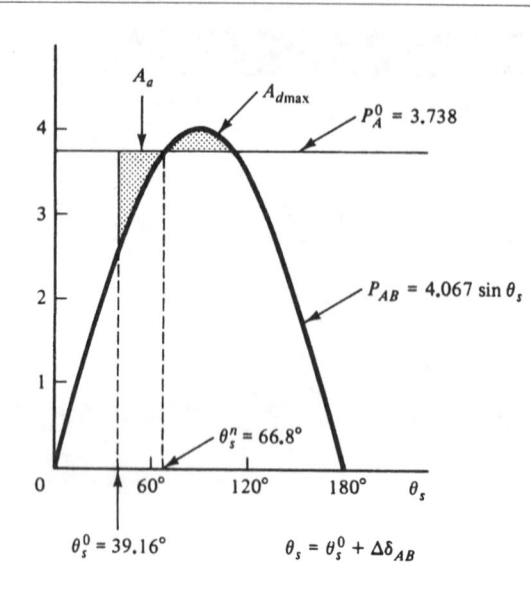

圖 E14.5 (a)。

**(b)** 當線路 1 跳脫時，我們可根據 (14.64) 式來找出：

$$b_s \angle \theta_s^0 = 1.6 \angle 30° + 4.0 \angle 17° = 5.571 \angle 20.7°$$

於是利用 (14.63) 式可求出：

$$P_{AB} = 5.571 \sin(20.7° + \Delta\delta_{AB})$$

圖 E14.5 (b) 是 $P_A^0$ 和 $P_{AB}$ 的圖形。顯然地，$A_a < A_{d\max}$，所以等面積準

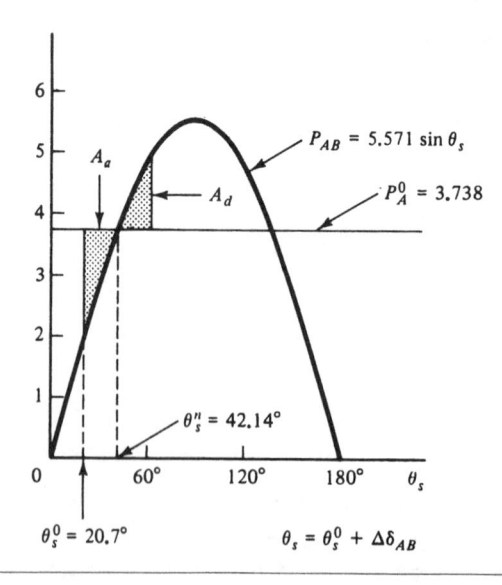

圖 E14.5 (b)。

# 第 14 章  電力系統穩定度

> 則預期系統會穩定。在圖中，我們亦表示出平衡減速面積 $A_d = A_a$。
> 
> 使 (b) 部分和 (a) 部分不同的原因是：在 (a) 部分有一條線路 (即 $b_3 = 4$) 與其他兩條線路相比是相對強健的，因此線路有能力對減速面積提供一個強而有力的貢獻。

**練習 6.**

對本節所討論的情形 (即兩個結合的發電機群)，假設連接網路 $A$ 和 $B$ 的所有線路都在 $t = 0$ 時跳脫，且在 $T$ 秒後所有的斷路都復閉。若所有其他的係數都一樣 (或忽略)，則在 $T$ 秒後最小化 $\Delta\delta_{AB}$ 的最佳 $M_i$ 群為何？更詳細地說，若 $M_T$ 是所有 $M_i$ 的總和，且 $M_A = \lambda M_T$，$M_B = (1-\lambda)M_T$。則該如何選擇 $\lambda$？$\lambda$ 值介於 0 和 1 間。

我們將提出一些說明來結束本節。

雖然在實際上，連貫性這假設是無法完全瞭解的，但我們能由此獲得有用的定性結果。它能幫助我們想像系統的穩定度問題，且這些結果能藉更精確的模型及/或模擬來查對。於是我們能考慮增加 (或減小) 慣量的影響。考慮發電機重調輸出對負載分配的影響 (這將使連接網路 $A$ 和 $B$ 線路上的 $P_A^0$ 和 $\theta_{ij}^0$ 改變)，網路 $A$ 和 $B$ 間特定連接線路跳脫的影響 (即改變 $b_s$ 與 $\theta_s^0$)，與故障期間低壓的影響。

即使利用非常簡單的系統模型和穩定度分析技巧，我們也能認識某些實用的加強型暫態穩定度技巧。無論我們是有兩部發電機，還是有兩個發電機連貫群，我們的基本目標為減小加速面積，以及增加最大的減速面積。從圖 14.16 我們能看出：立即清除故障線路的重要性，以允許其餘並聯線路能載流更多的功率。同時這圖形也描述了維持故障線路的重要性。在故障期間，整個系統的電壓都有下降的趨勢；這也是故障期間 $P_G(\delta)$ 較低的原因之一。在發電機匯流排上的**快速動作電壓控制系統** (fast-acting voltage control system)，會藉增加發電機激磁來補償這壓降；而影響之一是增加故障期間的傳送功率，進而有降低加速面積的趨向。換句話說，當故障是短暫臨時性時，迅速復閉斷路器的重要性，可以從圖 14.8 的簡單情形推論而得知。

在故障期間能主動快速地關閉渦輪機蒸汽閥的話，就能幫助我們降低機械輸入 $P_M$，進而降低加速面積和增加減速面積。當故障被偵測到時，也有可能使用**暫時的致動電阻負載** (momentarily activating resistance loads 或制動電阻)，來消耗掉多餘的加速功率。另一種增加轉送功率的可能，是使用切換式的串聯電容器來抵消部分的串聯線路電感。

在設計方面，利用並聯線路來加強弱傳輸鏈的重要性，是很明顯的。同時選用慣性常數 $H$ 大以及內部阻抗小的發電機組，也是很理想的。很不幸地，大部分的製造廠商都與這需求相違背。

我們注意到：前述技巧有很多自然性的延伸；即我們已經使用過更一般化的假設，來描述更一般化的系統。一種稱為**李亞卜諾夫第二法** (second method of Liapunov) 的技巧，是 14.4 節所用的能量技巧的推廣。事實上，(14.28) 式就是一個李亞卜諾夫函數的例題，同時它的應用可經由 (14.33) 式來說明。使用一個更一般化的李亞卜諾夫函數，我們就能研究多電機系統的穩定度問題，這裡並不假設系統有連貫性。

關於李亞卜諾夫函數應用的描述，在機械電力系統的穩定度上則使用許多先進的模型，有興趣的讀者可參考 Pai (1981 年)、Fouad 和 Vittal。藉直接解決電力系統微分和代數方程式，來檢視穩定度的研究。如此一來我們將解除要檢測先前討論方法的種種限制。

## 14.8 多機穩定度研究

在北美地區，電力網路的運轉與設計是以北美電力可靠度會議 (NERC) 所設置的可靠度準則為基礎。欲了解更多 NERC 的訊息請參考 http://www.nerc.com/。當前的 NERC 設計與運轉標準要求我們嚴格地遵守這個普遍的指南，以確保互聯系統的可靠度。標準中的一個重要部分乃是討論互聯系統與聯合模擬需求的暫態穩定度評估。這個分析確保在發生暫態大擾動且保護系統隔離擾動之後，同步電機可以維持在同步下運轉，同時系統也能夠達到一個滿意的穩態運轉狀況。

為了與前述章節比較，我們回到更實際與完整的發電機模型，以及電力系統內所涵蓋的其他模型問題上，這些模型包含了激磁機、調速機、穩定器、高壓直流線路等。而且在此也將更實際地模擬負載狀況。

　同部發電機出現在各種不同的階層中，這些階層詳細的情況與我們所研究的情形有關。而其中的這些模型複雜的可以是各種不同的電路模型，諸如轉子電路、阻尼電路、使用 Park 變壓器的定子電路，以及描述漏磁通、感應電動勢或電流的微分方程式。而最簡單的可以是同步發電機電機特性表示模型。此外，對於各種控制部分來說也具有相當多種類的模型，例如激磁機、調速機、高壓直流鏈結等。

　同步發電機透過輸電網路而相互連接。對於涉及電力系統電機特性的暫態穩定度研究而言，電氣的暫態在含有電感與電容的網路中是可以忽略的，而且網路假設成穩態的狀況。由此可知，網路是可以透過代數方程式系統來表示的。這個代數方程式控制了發電機匯流排的注入複數功率，以及所有其他匯流排複數電壓間的關係。前面所提及的其他匯流排是以第 10 章所討論的電力潮流分析為基本原理。穩定度研究有一個重要的特點，就是每一個暫態瞬間由同部發電機注入網路的複數功率並不相同。因此，所有其他匯流排的新電壓值必須要先求出。

　負載模擬是暫態穩定度研究的另一個重要環節。在這裡我們將使用一個不同的負載模型。這些負載模型可透過靜態非線性負載來加以區分，在此所提及的非線性負載是將所有負載的特性比擬做常數阻抗、常數電流與常數功率，以便詳細地描述感應電動機的動態模型。

　因此，我們可考慮一組微分方程式與代數方程式。我們可透過求解這些方程式以獲得系統在每一瞬間的變化情形。求解出各種重要的變數量，諸如相對轉子角、關鍵匯流排電壓和重要輸電線路的電力潮流都可以取得，並可加以繪出與觀察。然後，這些變數的特性將可用來判斷穩定與否。任何一個暫態穩定度的模擬首先要求解擾動前的電力潮流，求解的方法如同第 10 章所述。當初始擾動發生時，系統皆假設是在穩態狀況下。所以，當完成分析擾動前電力潮流之後，所有影響微分方程式的初始狀態變數值便可求出。在這些值求得後，我們便可以模擬擾動狀態。系統內允許存在各種不同的擾動。例如：短路、突發外力干擾、大負載損失，或是重要元件的傳輸耗損,如輸電線、發電機。擾動模擬開始後發電機機械功率輸入與電功率輸出間將產生一個錯誤匹配關係。因此,平衡將不復存在,而且受不同微分方程式與代數方程式所影響的狀態變數將因而改變。這個行為的變化可透過耦合微分與線性方程式的數值積分來加以追蹤。有兩個常用的數值積分技巧可用來求解這組耦合方程式,其一為**隱含積分技巧** (implicit integration techniques),其二是**明確積分技巧** (explicit integration techniques)。我們可觀察這個狀態變數與其他系統變數的時間變化情形,並用以決定系統的行為。對於這些方程式和它們解形式的細部描述,有興趣的讀者可參考 Anderson 和 Fouad,Kundur,與 Sauer 和 Pai。

現在我們將討論一個電力系統更簡單的表示方式,這種簡單表示方式一般被稱為**古典模型** (classical model)。古典模型是用來研究電力系統週期時間內的暫態穩定度,在這個期間內系統動態行為與儲存在轉子轉動慣性的能量有很大的關聯。古典模型是應用在穩定度研究的一個最簡單模型,而且它所需要的資料也是最少的。發展古典模型需做如下的一些假設 (Anderson 和 Fouad,第 2 章):

1. 輸入至每一部同步機的機械功率為常數。
2. 阻尼或非同步功率可忽略。
3. 同步機以電氣的方式表示,即透過常數電壓串聯暫態電抗的模型來表示。
4. 每一同步機的轉子 (相對於同步轉子參考座標) 轉動是在一個固定角度上,而且這個角度與暫態電抗下的電壓角度有關。
5. 負載以常數阻抗來表示。

儘管假設 1 到 4 與 14.7 節所使用的假設相當類似,但是它們也有許多的不同點,例如在此的發電機數量為任意的 (沒有連貫使用的限制),而且發電機是連接到一個任意的輸電網路。

雖然這個模型對於穩定度分析相當具有助益,但是也限制了暫態期間的研究,例如 1 秒鐘。這種分析的形式通常稱做是**第一搖擺分析** (first swing analysis)。假設 2 可以透過假設一個線性阻尼特性而了解。有一個阻尼轉矩 $D\dot{\delta}$ 包含在搖擺方程式中。注意到在 (14.19) 式的**單機無限匯流排** (one-

第 14 章　電力系統穩定度　　653

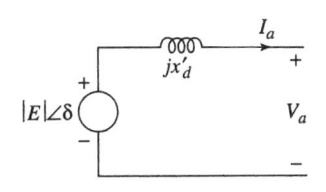

圖 14.18　同步電機以定電壓與暫態電抗的表示法。

machine-infinite bus) 狀況下，這也是一個考慮的問題。在假設 3 中，穩態同步機模型因為暫態穩定度分析的緣故，而由圖 6.5 修改成為圖 14.18 的情況。電抗 $x'_d$ 為直軸暫態電抗。常數電壓源 $|E|\angle\delta$ 需由初始條件 (即擾動前電力潮流條件) 來決定。暫態期間 $|E|$ 的大小將維持在常數。同時，角變量 $\delta$ 也將受到 (14.19) 式的影響。

假設 5 討論了有關負載當做常數阻抗的表示法，這種表示法也是一種常用的簡化假設。經由這個假設，我們可以消去代數網路方程式，並可將多機系統方程式化簡成只含微分方程式的系統。然而，值得注意的是負載擁有它們自己的動態行為。在許多研究中提及，負載可模擬成常數阻抗、常數電流、常數 MVA 以及數個重要關鍵負載的組合，其中所說的重要關鍵負載乃是使用感應電動機模型來詳細模擬。負載表示的方法在穩定度的結果上會產生顯著影響。

考慮這些假設之後，現在我們將推導控制多機電力系統動作的方程式。這些假設提供了一個 $n$ 部發電機的電力系統表示法，如圖 14.19。節點 1, 2, ..., $n$ 可參考成內部電機節點。這些是連接於電壓與暫態電抗的節點或匯流排，輸電網路與模擬成阻抗的變壓器連接到不同的節點上。而模擬成阻抗的負載也連接了負載匯流排到參考節點之間。

為了準備穩定度研究所需的系統資料，必須預先計算下列資料：

1. 系統資料需轉換成共通的系統基準值；一般常選用 100 MVA 做為系統基準值。轉換的程序如第 5 章所述。
2. 從故障前電力潮流分析而來的負載資料必須轉換成等效阻抗或導納。轉換程序如例題 2.3 所述。這個步驟所必需的資訊取自電力潮流分析的結果。若一負載匯流排求解得到的電壓為 $V_{Li}$，且複數功率需量為 $S_{Li} = P_{Li} + jQ_{Li}$，則利用 $S_{Li} = V_{Li}I^*_{Li}$ (亦即 $I_{Li} = S^*_{Li}/V^*_{Li}$)，可得

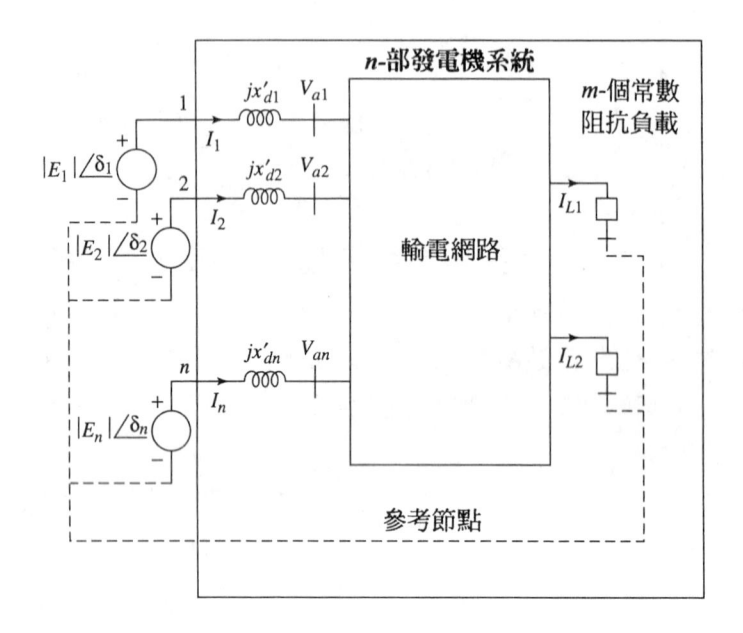

圖 14.19 多機系統的表示（古典模型）。

$$y_{Li} = \frac{I_{Li}}{V_{Li}} = \frac{S_{Li}^*}{|V_{Li}|^2} = \frac{P_{Li} - jQ_{Li}}{|V_{Li}|^2} \tag{14.69}$$

其中 $y_{Li} = g_{Li} + jb_{Li}$ 為等效並聯負載導納。

3. 發電機內電壓 $|E_i|\angle\delta_i^0$ 可由電力潮流資料而得，這些資料乃是利用故障前端電壓 $|V_{ai}|\angle\beta_i$ 並做如下的計算來求出。我們將暫時使用這個端電壓做為參考電壓，如圖 14.20 所示。

$$|E_i|\angle\delta_i' = |V_{ai}| + jx_{di}'I_i \tag{14.70}$$

以 $S_{Gi}$ 和 $V_{ai}$ 表示 $I_i$，我們可得

$$\begin{aligned}|E_i|\angle\delta_i' &= |V_{ai}| + j\frac{x_{di}'S_{Gi}^*}{|V_{ai}|} = |V_{ai}| + j\frac{x_{di}'(P_{Gi} - jQ_{Gi})}{|V_{ai}|} \\ &= (|V_{ai}| + Q_{Gi}x_{di}'/|V_{ai}|) + j(P_{Gi}x_{di}'/|V_{ai}|)\end{aligned} \tag{14.71}$$

於是，內電壓和端電壓間的角度差為 $\delta_i'$，如圖 14.20 所示。因為實際端電壓角度為 $\beta_i$，所以我們可得經由加總擾動前的電壓角 $\beta_i$ 與 $\delta_i'$ 而求得初始發電機角度 $\delta_i^0$。或

# 第 14 章　電力系統穩定度

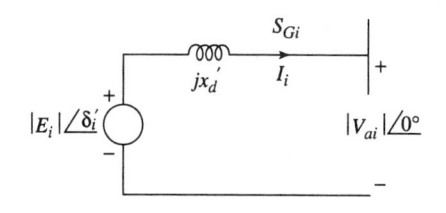

圖 14.20　計算初始角度的發電機表示法。

$$\delta_i^0 = \delta_i' + \beta_i \qquad (14.72)$$

4. 故障前、故障中和故障後網路的 $Y_{bus}$ 矩陣是可以求出的。在取得這些矩陣後接下來的步驟必須包含：

   a. 由步驟 2 所算出的等效負載導納連接於負載匯流排和參考節點之間。對於內部發電機節點（圖 14.19 所示的節點 1, 2, ..., n）與對應於 $x_d'$ 的合適導納值，額外提供的節點則連接這些發電機節點與發電機端點之間。在 $Y_{bus}$ 中增加新節點的方法如第 9 章所述。

   b. 為了找出對應於故障系統的 $Y_{bus}$，我們通常只考慮三相接地故障。如此，則 $Y_{bus}$ 可透過設定對應故障節點的行和列為零來取得。

   c. 故障後的 $Y_{bus}$ 可透過移去保護電驛動作後所切換的線路來取得。

5. 在最後的步驟中，除了內部發電機節點外，我們使用 Kron reduction 方法消去所有的節點。執行這個消去程序的方法如第 9 章所述。使用了 Kron reduction 方法後，我們可得到簡化的 $Y_{bus}$ 矩陣，這裡我們將以 $\hat{Y}$ 來代表它。簡化矩陣也可以如下的方式推導出來。每一個網路狀況下的系統 $Y_{bus}$ 提供了如下的電壓和電流關係：

$$\mathbf{I} = \mathbf{Y}_{bus}\mathbf{V} \qquad (14.73)$$

其中電流向量 $\mathbf{I}$ 由注入每一匯流排的電流來決定。在考慮古典模型時，注入電流只存在 $n$ 個內部發電機匯流排中，且所有其他的電流都是零。因此，注入電流向量的形式如下：

$$\mathbf{I} = \begin{bmatrix} \mathbf{I}_n \\ \cdots \\ 0 \end{bmatrix}$$

現在我們適當地將矩陣 $\mathbf{Y}_{bus}$ 與 $\mathbf{V}$ 分割以取得

$$\begin{bmatrix} \mathbf{I}_n \\ \cdots \\ \mathbf{0} \end{bmatrix} = \begin{bmatrix} \mathbf{Y}_{nn} & \vdots & \mathbf{Y}_{ns} \\ \cdots & \cdots & \cdots \\ \mathbf{Y}_{sn} & \vdots & \mathbf{Y}_{ss} \end{bmatrix} \begin{bmatrix} \mathbf{E}_n \\ \cdots \\ \mathbf{V}_s \end{bmatrix} \quad (14.74)$$

下標 $n$ 代表內部發電機節點,而下標 $s$ 則代表所有剩餘的節點。注意在內部發電機節點的電壓是由內部磁動勢所產生。展開 (14.74) 式我們可得

$$\mathbf{I}_n = \mathbf{Y}_{nn}\mathbf{E}_n + \mathbf{Y}_{ns}\mathbf{V}_s \quad \mathbf{0} = \mathbf{Y}_{sn}\mathbf{E}_n + \mathbf{Y}_{ss}\mathbf{V}_s$$

根據上式,我們消去 $\mathbf{V}_s$ 以求得

$$\mathbf{I}_n = (\mathbf{Y}_{nn} - \mathbf{Y}_{ns}\mathbf{Y}_{ss}^{-1}\mathbf{Y}_{sn})\mathbf{E}_n = \hat{\mathbf{Y}}\mathbf{E}_n \quad (14.75)$$

矩陣 $\hat{\mathbf{Y}}$ 是我們要求出的簡化導納矩陣。它的維度是 $(n \times n)$,其中 $n$ 為發電機數目。根據 (14.75) 式我們也可觀察到這個簡化導納矩陣提供我們一個所有注入電流的完整表示法,在此的注入電流則是以內部發電機匯流排電壓來表示。現在我們將利用這個關係來推導每一部發電機 (有效) 電功率輸出的表示式,同時再求出控制系統動態的微分方程式。

注入到網路節點 $i$ 的功率,或是說第 $i$ 部機組輸出的電功率為 $P_{Gi} = \text{Re}\, E_i I_i^*$。這個對於每部發電機匯流排注入電流 $I_i$ 的表示式則可由 (14.75) 式來指定,其中的 $I_i$ 是以簡化導納矩陣參數來表示。根據 (14.75) 式、(10.3) 式以及 (10.5) 式,我們可得

$$P_{Gi} = |E_i|^2 \hat{G}_{ii} + \sum_{\substack{j=1 \\ j \neq i}}^{n} |E_i||E_j|[\hat{B}_{ij}\sin(\delta_i - \delta_j) + \hat{G}_{ij}\cos(\delta_i - \delta_j)] \quad (14.76)$$

$$i = 1, 2, \cdots, n$$

取代上式的 $P_{Gi}$ 成為 (14.19) 式控制同步機動態行為的微分方程式,並忽略阻尼係數,我們可得到多機系統如下

$$M_i \ddot{\delta}_i = P_{Mi}^0 - P_{Gi} \quad i = 1, 2, \cdots, n \quad (14.77)$$

將 (14.77) 式的 $P_{Gi}$ 代入 (14.76) 式,可得

## 第 14 章　電力系統穩定度

$$M_i \ddot{\delta}_i = P_{Mi}^0 - |E_i|^2 \hat{G}_{ii} - \sum_{\substack{j=1 \\ j \neq i}}^{n} |E_i||E_j| \left[ \hat{B}_{ij} \sin(\delta_i - \delta_j) + \hat{G}_{ij} \cos(\delta_i - \delta_j) \right]$$
(14.78)
$$i = 1, 2, \cdots, n$$

上式中每一部電機的機械功率是經由故障前狀況來決定。這個機械功率與故障前每部發電機 (有效) 電功率輸出值設為相等。這將提供一個平衡的條件，而且每部發電機初始角 $\delta_i^0$ 也可經由前述計算方法中的步驟 3 來算出。(14.78) 式所給定的方程式為二階微分方程式，為了要進行數學上的積分，我們必須先將這個方程式轉換成一階微分方程式，如下

$$M_i \dot{\omega}_i = P_{Mi}^0 - |E_i|^2 \hat{G}_{ii} - \sum_{\substack{j=1 \\ j \neq i}}^{n} |E_i||E_j| \left[ \hat{B}_{ij} \sin(\delta_i - \delta_j) + \hat{G}_{ij} \cos(\delta_i - \delta_j) \right]$$
(14.79)
$$\dot{\delta}_i = \omega_i \qquad\qquad i = 1, 2, \cdots, n$$

有一些數學上的技巧可以用來求解這個微分方程式。關於這些數學技巧的詳細說明，學生們可參考 Kundur，與 Sauer 和 Pai。典型求解這些方程式的方法可利用像 MATLAB 套裝軟體。接下來的例子將敘述如何應用這種套裝軟體。

---

**例題 14.6**

欲分析的系統單線圖如圖 E14.6 (a) 所示。對於系統中的輸電線路來說，所有並聯的元件都是電容，而且它的導納為 $y_c = j\,0.01$ p.u.。同時所有串聯元件都是電感，其阻抗為 $z_L = j\,0.1$ p.u.。所欲求出的電壓、發電機階層與負載階層如圖所示。

發電機動態資料是以 100 MVA 為基準值，資料如表 E14.6 (a) 所示。

| 表 E14.6 (a)　發電機資料 |||
| --- | --- | --- |
| 發電機編號 | $x_d'$ | $H$ |
| 1 | $j\,0.08$ | 10　s |
| 2 | $j\,0.18$ | 3.01 s |
| 3 | $j\,0.12$ | 6.4　s |

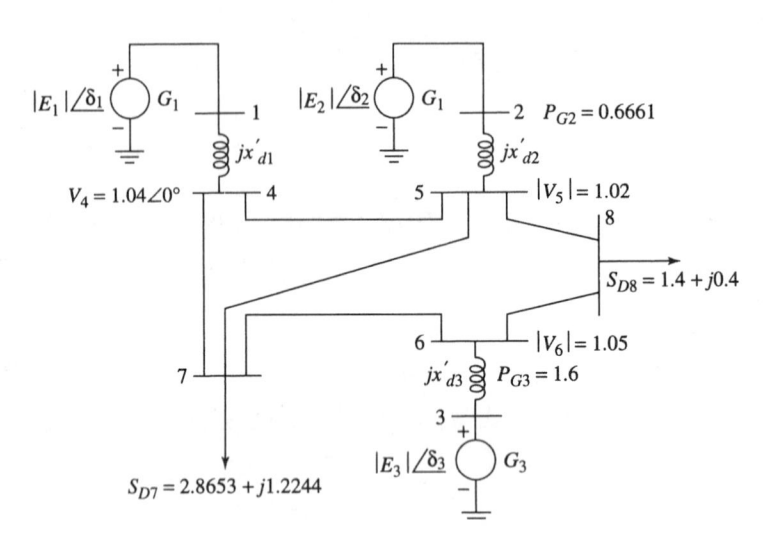

## 圖 E14.6 (a)　系統單線圖。

範例系統的電力潮流分析數據如下：

$$\begin{bmatrix} V_4 \\ V_5 \\ V_6 \\ V_7 \\ V_8 \end{bmatrix} = \begin{bmatrix} 1.04\angle 0° \\ 1.02\angle -3.55° \\ 1.05\angle -2.90° \\ 0.9911\angle -7.48° \\ 1.0135\angle -7.05° \end{bmatrix}, \quad \begin{bmatrix} P_{G1} \\ P_{G2} \\ P_{G3} \end{bmatrix} = \begin{bmatrix} 1.9991 \\ 0.6661 \\ 1.6000 \end{bmatrix}, \quad \begin{bmatrix} Q_{G1} \\ Q_{G2} \\ Q_{G3} \end{bmatrix} = \begin{bmatrix} 0.8134 \\ 0.2049 \\ 1.051 \end{bmatrix}$$

當匯流排 7 發生三相接地故障，線路 7 至 6 將在 0.10 sec 時移去，對系統的古典模型模擬出它的微分方程式。對時間畫出所有轉子角的曲線，同時也找出以發電機 1 為基準的相對轉子角度值。

**解**　步驟 1：在這個例子中，所有已知的負載資料都是以 100 MVA 為基準值，因此不需再進行基準值轉換。

步驟 2：因為負載匯流排電壓與複數功率需求量為已知，所以對應於負載的導納為

$$y_{77} = \frac{P_{L7}}{|V_7|^2} - j\frac{Q_{L7}}{|V_7|^2} = \frac{2.8653}{(0.9911)^2} - j\frac{1.2244}{(0.9911)^2} = 2.9170 - j1.2465$$

相似地，$y_{88} = 1.3630 - j0.3894$。

第 14 章　電力系統穩定度

**步驟 3**：內部發電機電壓可算出，發電機 2 詳細的計算如下。

$$P_2 + jQ_2 = 0.6661 + j0.2049$$

$$V_5 = 1.02\angle -3.55°, \qquad x'_{d2} = j0.18$$

根據 (14.71) 式，我們可得

$$|E_2|\angle \delta'_2 = (1.02 + 0.2049 \times 0.18/1.02) + j(0.6661 \times 0.18/1.02)$$
$$= 1.0562 + j0.1175 = 1.0627\angle 6.3507°$$

由 (14.72) 式，

$$\delta_2^0 = 6.3507 - 3.55 = 2.8006°$$

同樣地，我們可算出其他兩個內電壓為

$$|E_1|\angle \delta_1^0 = 1.1132\angle 7.9399°, \quad |E_3|\angle \delta_3^0 = 1.1844\angle 5.9813°$$

**步驟 4**：現在我們由故障前、故障中與故障後導納矩陣，再增加內部發電機匯流排 1、2 和 3。

$$\mathbf{Y}_{bus}^{prefault} = \begin{bmatrix} -j12.5 & 0 & 0 & j12.5 & 0 & 0 & 0 & 0 \\ 0 & -j5.556 & 0 & 0 & j5.556 & 0 & 0 & 0 \\ 0 & 0 & -j8.333 & 0 & 0 & j8.333 & 0 & 0 \\ j12.5 & 0 & 0 & -j32.48 & j10.0 & 0 & j10.0 & 0 \\ 0 & j5.556 & 0 & j10.0 & -j35.526 & 0 & j10.0 & j10.0 \\ 0 & 0 & j8.333 & 0 & 0 & -j28 & j10.0 & j10.0 \\ 0 & 0 & 0 & j10.0 & j10.0 & j10.0 & 2.917-j31.217 & 0 \\ 0 & 0 & 0 & 0 & j10.0 & j10.0 & 0 & 1.363-j20.369 \end{bmatrix}$$

$$\mathbf{Y}_{bus}^{faulted} = \begin{bmatrix} -j12.5 & 0 & 0 & j12.5 & 0 & 0 & 0 & 0 \\ 0 & -j5.556 & 0 & 0 & j5.556 & 0 & 0 & 0 \\ 0 & 0 & -j8.333 & 0 & 0 & j8.333 & 0 & 0 \\ j12.5 & 0 & 0 & -j32.48 & j10.0 & 0 & 0 & 0 \\ 0 & j5.556 & 0 & j10.0 & -j35.526 & 0 & 0 & j10.0 \\ 0 & 0 & j8.333 & 0 & 0 & -j28.313 & 0 & j10.0 \\ 0 & 0 & 0 & 0 & 0 & 0 & 0 & 0 \\ 0 & 0 & 0 & 0 & j10.0 & j10.0 & 0 & 1.363-j20.369 \end{bmatrix}$$

觀察故障時的導納矩陣，對應故障匯流排 7 的行和列只為零。

$$\mathbf{Y}_{bus}^{postfault} = \begin{bmatrix} -j12.5 & 0 & 0 & j12.5 & 0 & 0 & 0 & 0 \\ 0 & -j5.556 & 0 & 0 & j5.556 & 0 & 0 & 0 \\ 0 & 0 & -j8.333 & 0 & 0 & j8.333 & 0 & 0 \\ j12.5 & 0 & 0 & -j32.48 & j10.0 & 0 & j10.0 & 0 \\ 0 & j5.556 & 0 & j10.0 & -j35.526 & 0 & j10.0 & j10.0 \\ 0 & 0 & j8.333 & 0 & 0 & -j18.313 & 0 & j10.0 \\ 0 & 0 & 0 & j10.0 & j10.0 & 0 & 2.917-j21.217 & 0 \\ 0 & 0 & 0 & 0 & j10.0 & j10.0 & 0 & 1.363-j20.369 \end{bmatrix}$$

在故障後導納矩陣中，介於匯流排 7 到 6 間的線路已經除去。因此我們可適當地取代元素 $Y_{6,6}$、$Y_{7,7}$、$Y_{6,7}$ 和 $Y_{7,6}$。

**步驟 5**：現在我們在前述的三個導納矩陣上進行 Kron reduction 計算，並找出內部發電機匯流排的簡化導納矩陣。以本題為例，求出這些矩陣如下：

$$\mathbf{Y}_{reduced}^{prefault} = \begin{bmatrix} 0.5595-j4.8499 & 0.3250+j1.9970 & 0.4799+j1.9573 \\ 0.3250+j1.9970 & 0.1954-j3.7709 & 0.2913+j1.2535 \\ 0.4799+j1.9573 & 0.2913+j1.2535 & 0.4352-j3.9822 \end{bmatrix}$$

$$\mathbf{Y}_{reduced}^{faulted} = \begin{bmatrix} 0.0100-j7.1316 & 0.0145+j0.8052 & 0.0249+j0.2513 \\ 0.0145+j0.8052 & 0.0209-j4.3933 & 0.0359+j0.3628 \\ 0.0249+j0.2513 & 0.0359+j0.3628 & 0.0618-j5.2570 \end{bmatrix}$$

$$\mathbf{Y}_{reduced}^{postfault} = \begin{bmatrix} 0.7849-j4.4002 & 0.4147+j2.1410 & 0.3326+j1.1458 \\ 0.4147+j2.1410 & 0.2300-j3.7254 & 0.2165+j0.9857 \\ 0.3326+j1.1458 & 0.2165+j0.9857 & 0.2930-j2.6377 \end{bmatrix}$$

現在我們可以明確表示 (14.79) 式的微分方程式，並且也可以進行積分運算。因為故障發生在 $t = 0$ sec，所以在 0 sec 到 0.10 sec 的期間，我們可以使用故障時的簡化導納矩陣元素，同時也可使用初始角度 $\delta_i^0$ 與初始速度 $\omega_i^0$，其中 $i = 1, 2, 3$。由於故障前系統處於平衡狀態，因此角度與速度無法瞬間改變。如此一來，我們便可解出這個初值問題。直到 $t = 0.1$ sec 故障清除，在這個時間點我們就必須使用簡化故障後導納矩陣來進行積分運算。

使用 MATLAB 數值積分技巧求解方程式後，可得到如圖 E14.6(b) 所示的絕對轉子角度曲線圖。

我們注意到，根據這個對轉子角度圖是無法做出任何關於穩定度的判斷。我們觀察到在圖中所有的機械角度都保持在一起，而且是單調遞增的。因為這個緣故，我們以發電機 1 為參考畫出相對轉子角度曲線圖。一般來說，我們選擇具有最大慣量的發電機來當做參考，以取得相對轉子角度圖。這個圖形如

第 14 章　電力系統穩定度

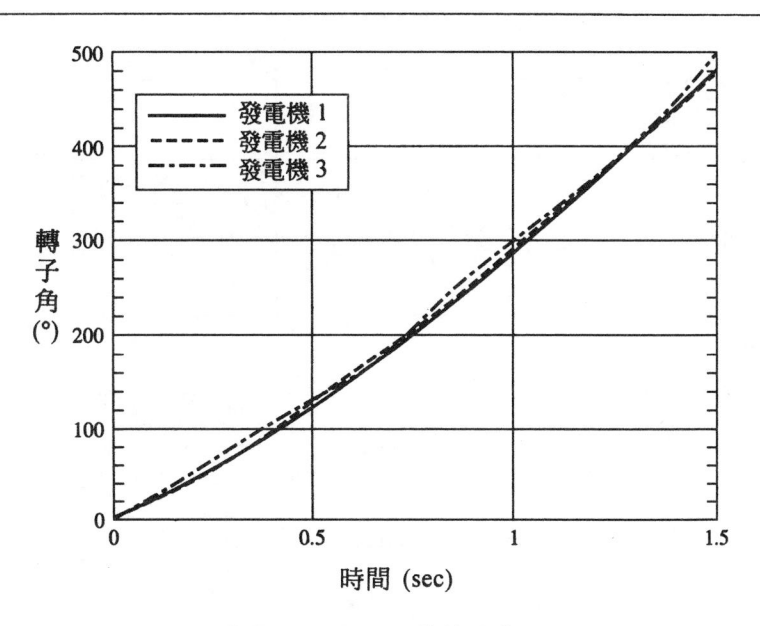

圖 E14.6 (b)　絕對轉子角圖。

圖 E14.6 (c) 所示。透過這個圖形的觀察，我們可知發電機維持在同步狀態，且相對轉子角度持續擺動。在此我們假設原先的系統阻尼最終將會使電機回到它的平衡點上。

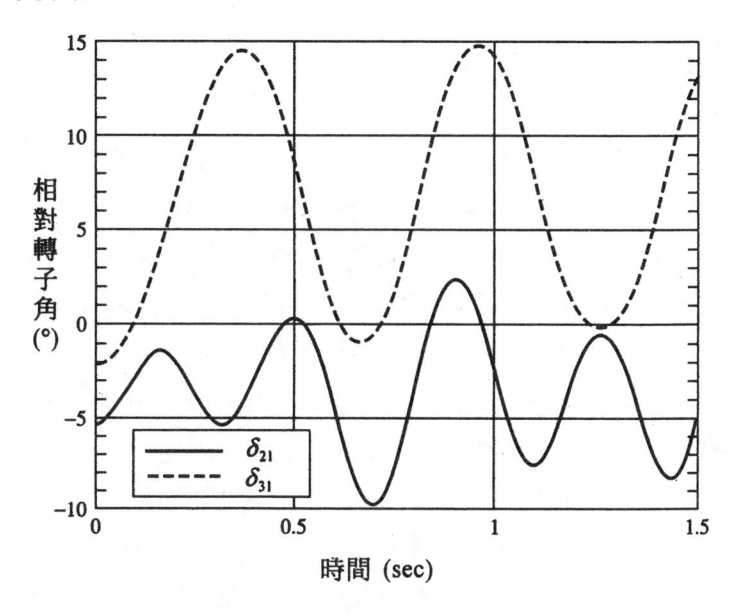

圖 E14.6 (c)　相對轉子角圖。

圖 E14.6 (d)　轉子速度圖。

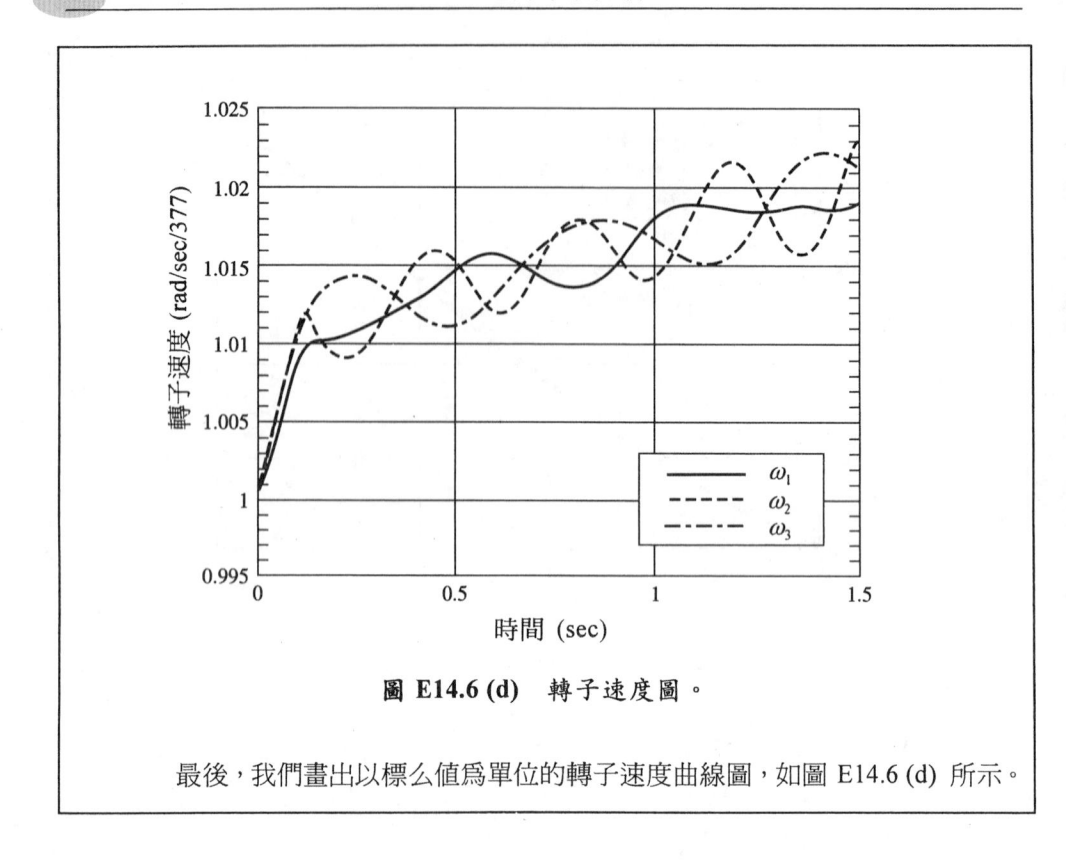

最後，我們畫出以標么值為單位的轉子速度曲線圖，如圖 E14.6 (d) 所示。

## 14.9　總　結

  在本章我們考慮了電力系統穩定度的問題，尤其是暫態穩定度問題。也因為這個目的，提出了一個渦輪機-發電機組動態模型。由於我們實際上所觀察到的是轉子角（以同步旋轉參考座標做為量測依據）在暫態期間的變化是相對緩慢的，所以我們可推導出一個非常簡單的發電機模型。模型中，內部電壓大小值假設為常數，同時相位角 $\delta$ 則為變數。利用**假想穩態分析** (pseudo-steady-state analysis) 就可以求出發電機的穩態功率輸出，所利用的穩態公式在第 6 章曾推導過；在這個公式中我們允許 $\delta$ 緩慢的變化。對於渦輪機-發電機組以無損耗輸電線連接到無限匯流排的狀況而言，最後所推論出的結果為 (14.19) 式，這是一個以功率角 $\delta$ 為變數的二階非線性微分方程式。我們可注意到相同的方程式也能用來描述一個具有非線性彈簧特性的彈簧-質量系統。

對於暫態穩定度問題來說，線性化通常是不適用的；然而，我們可利用一種能量的方法，類似於先前所建議的彈簧-質量系統。找出隨時間減少的動能與位能總和，並且利用這個特性來推論系統的行為。

一旦我們了解其中的原理，我們便能以等面積準則來簡化穩定度問題的判斷。若系統是穩定的，我們也可以使用等面積的方法來決定功率角擺動的範圍。我們注意到穩定度的問題是受限於**第一搖擺** (first swing) 上；若功率角最初增加，但在達到最大值後開始減小的話，就保證系統一定是穩定的。

這個分析也可以推廣到兩部電機以無損耗輸電線互聯的情形，此外對兩發電機群的應用也是可能的，只要群內的電機是緊密耦合，而群間的電機是鬆散耦合，就可以適用。

雖然等面積準則是以簡單的模型為基礎，但是它仍然提供了一個相當精確的結果。它的簡單性使我們更容易瞭解，同時也描述了工業上應如何測量以改善穩定度。

多機暫態穩定度研究也是我們所完成的工作，它可以幫助我們設計系統，同時也可取得運轉極限來滿足可靠度準則。在這些研究中，包含聯合控制的同步發電機可以一個合適的微分方程式系統來加以模擬。而互聯同步發電機的輸電網路則是以一個代數方程式來模擬。由此，系統便可以一組耦合的微分與代數方程式來表示。對於系統的**古典模型**表示法來說，負載可以常數阻抗來代表。如此一來便允許我們將代數方程式消去，同時我們也得到一組代表系統動態的耦合微分方程式。知道了初始運轉條件後，就可以評估系統的狀態，且在一給定的故障狀況下，微分方程式也可以數值積分方法取得狀態變數的時間評估值。然後，相對轉子角的圖形就能用來決定系統的暫態穩定度了。

## 習 題

**14.1.** 已知一渦輪機-發電機組額定值 100 MVA，標么慣性常數 $H = 5$ sec。

    **(a)** 計算儲存在同步速度 (3600 rpm) 中的動能。

- **(b)** 將這個估算值與一輛時速 60 mph 的 10 ton 卡車動能相比較。
- **(c)** 假設發電機傳送 100 MW，且在 $t=0$ 時線路斷路器開啟。計算軸的加速度，以 rad/sec² 表示。
- **(d)** 在這個速率下，需要多久時間 $\delta$ 才能由 $\delta^0$ 增加到 $\delta^0+2\pi$ 強度？

**14.2.** 在單一發電機連接到無限匯流排的穩定度研究中，所使用的模型假設其 $P_M = P_M^0$ 為常數。考慮蒸汽調速機動作其輸入發電機之機械功率如下所示（圖 P14.2）。

$$P_M = P_M^0 - k(\omega - \omega_0)$$

其中 $k$ 為正值，且 $\omega$ 為（兩極）渦輪發電機軸的角速度。說明在反饋效果上，機械摩擦常數 $D$ 如何變化。這是一個穩定因子嗎？若常數 $k$ 為負值會發生什麼狀況？

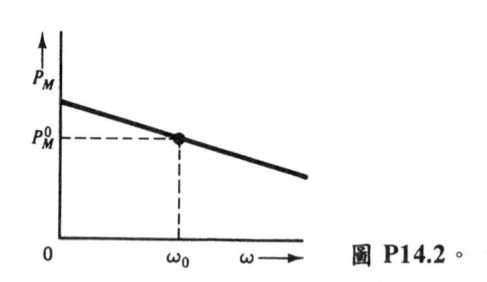

圖 P14.2。

**14.3.** 考慮如圖 P14.3 的彈性系統，它能以微分方程式描述如下

$$m\frac{d^2x}{dt^2} + a\frac{dx}{dt} + \sin x = f(t)$$

- **(a)** 對 $t < 0$，$f(t) = 0.5$。找出穩態 $x^0$。
- **(b)** 對 $t \geq 0$，$f(t) = 0.5 + \Delta f(t)$，其中的 $\Delta f(t)$ 很小。試求出一個以 $\Delta f(t)$ 項來表示 $\Delta x = x - x^0$ 的線性微分方程式。

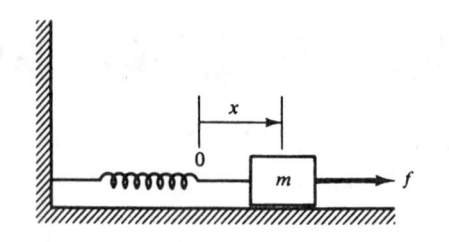

圖 P14.3。

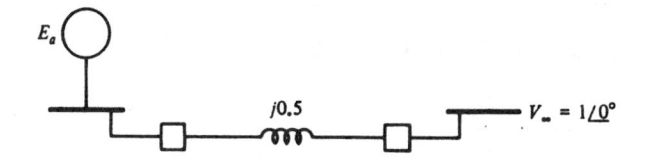

(c) 找出 (b) 部分所求出的線性系統自然頻率,其中 $m = 1.0$ 且 $a = 0.01$。假設 $\Delta f(t) = 0.1\, u(t)$,其中 $u(t)$ 為步階函數。你能夠大略地畫出 $t \geq 0$ 時的 $x(t)$,並標示出初始值、最終值、頻率和輕微阻尼振盪分量的衰減嗎?

14.4. 考慮一部圓形轉子發電機,其經由一條電抗值為 $X_L = 0.4$ 的輸電線路傳輸穩態功率 $P_G = 0.5$ 到一無限匯流排。假設 $|E_a| = 1.8$、$V_\infty = 1\angle 0°$、$H = 5\,\sec$,且 $X_d = X_q = 1.0$。忽略電阻。

(a) 找出兩個可能的穩態(平衡)功率角 $\delta = \angle E_a - \angle V_\infty$,它們都位於 $[0, 2\pi]$ 之間。

(b) 這兩個平衡值中的那一個是我們實際想觀察的呢?**提示**:在平衡值附近的小範圍做線性化工作,並考慮從 $\Delta\delta$ 的線性微分方程式所求出的自然頻率。

14.5. 假設問題 14.4 中,當 $t = 0$ 時斷路器開啟。$P_M^0 = 0.5$ 一直維持在常數。在下列兩種假設下計算 1 秒後的 $\delta$ 與 $\dot{\delta}$,並比較其結果。

(a) $D = 0$ 和 (b) $D = 0.001$。

14.6. 一部圓形轉子發電機經由一電抗值為 $X_L = 0.3$ 的輸電線路傳輸穩態功率 $P_G = 0.4$ 到一無限匯流排。假設 $|E_a| = 2.0$、$V_\infty = 1\angle 0°$、$H = 0.4$ 秒,且 $X_d = X_q = 1.2$。在 $t = 0$ 時斷路器開啟,並且在 $t = T$ 時斷路器復閉。

(a) 求出臨界清除角 $\delta_{Tc}$。

(b) 找出對應的臨界清除時間 $T_{\text{critical}}$。

(c) 使用 $T = 0.9 T_{\text{critical}}$,找出 $\delta_{\max}$ 與 $\delta_{\min}$。

14.7. 參考圖 P14.7,並假設如下

$$M = 1.0$$
$$P_M = 0.5$$
$$|E_a| = 1.5$$
$$X_d = X_q = 1.0$$

圖 P14.7。

(a) 在 $t = 0$ 時斷路器開啟，並在 $T$ 秒後復閉。試求出 $T_{\text{critical}}$。
(b) 假設 $T = 0.7T_{\text{critical}}$，找出 $\delta$ 的擺動範圍（即求出 $\delta_{\max}$ 與 $\delta_{\min}$）。

14.8. 參考圖 P14.8，並假設

$$P_M = 1.0$$
$$|E_a| = 1.5$$
$$X_d = X_q = 0.9$$

(a) 在 $t = 0$ 時斷路器開啟，並維持在開路狀態。決定暫態是否穩定？
(b) 若 $X_d = 1.0$、$X_q = 0.6$，重做 (a) 小題。

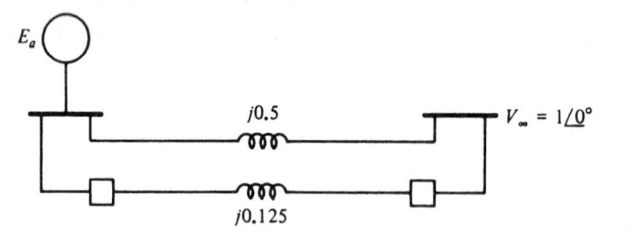

圖 P14.8。

14.9. 參考圖 P14.9，並假設

$$P_M = 1.0$$
$$|E_a| = 1.8$$
$$X_d = X_q = 0.9$$
$$M = 1.0$$

系統運轉於穩態下。在 $t = 0$ 時發生一個三相對稱故障，如圖所示。同時故障一直到 $t_1$ 為止仍未清除，此時的 $\delta(t_1) = \pi/2$。在 $t_1$ 時斷路器開啟並維

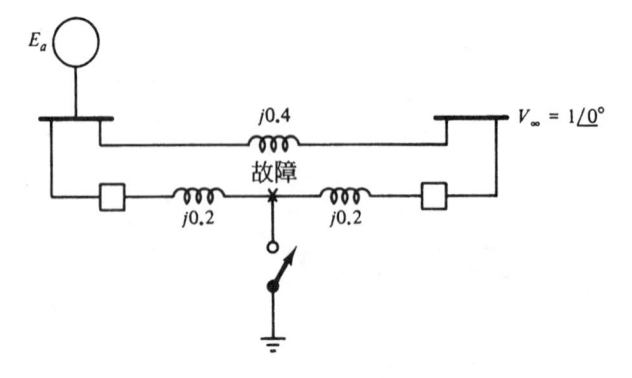

圖 P14.9。

第 14 章　電力系統穩定度

持開路直到時間 $t_2$，此時的 $\delta(t_2) = 2\pi/3$。在 $t_2$ 時故障已經去能，且斷路器復閉後就一直維持通路狀態。對上述的故障順序，系統是否是暫時穩定的呢？

**14.10.** Jack 和 Jill 被要求查驗一部遠端的凸極發電機可能的暫態穩定度問題，這部發電機經由一條輸電線傳送功率到系統的主要部分,這樣的系統在此可以一無限匯流排來模擬。他們蒐集到下列的資料 (已轉換為標么值)：$P_G = 0.8$、$V_\infty = 1\angle 0°$、$X_d + X_L = 1.0$、$X_q + X_L = 0.6$ 以及功率因數為 0.8。當他們回到辦公室時，才發覺忘記檢查功率因數是正或負值。Jack 說：「我們先來檢查超前功率因數的可能性。若系統有足夠的穩定度餘裕的話，落後狀況就應該是沒問題的。」你同意嗎？

## D14.1　設計練習

對我們在設計練習中所用的 Eagle 電力系統來說，發電機的參數早已經在 D6.1 中決定了。利用這些資料，並且使用任何可用的暫態穩定度程式。在 Eagle 的系統上以古典模型進行一項暫態穩定度研究。所模擬的故障為三相接地故障，且這個故障是發生於發電機與輸電系統間所有變壓器的低壓與高壓終端。假設斷路器在 0.1 sec 時清除這個故障。試繪出相對轉子角，同時就所有分析的情況而言，決定系統是否穩定。若系統並非穩定，假設你能利用快速斷路器在 0.067 sec 內清除這個故障，在這狀況下決定系統是否穩定。對任何故障來說，若系統仍然不穩定，你能小幅度的降低不穩定發電機的發電量來使系統達到穩定嗎？

# 附　錄

## 附錄 1　磁　阻

在例題 3.1 內已得出鐵心內的磁通 $\phi$ 係正比於磁動勢 $Ni$，此關係式可寫成

$$\phi = \frac{Ni}{l/\mu A} = \frac{F}{\Re} \qquad \text{(A1.1)}$$

其中 $F$ 爲磁動勢，且 $\Re = l/\mu A$ 定義爲磁路的磁阻。此結果類似於簡單電阻電路的歐姆定律 $i = v/R$。事實上，由於導體具有均勻截面積 $A$、長度 $l$ 和電導係數 $\sigma$ 者，其電阻 $R = l/\sigma A$，故此一類似性亦可延伸至同樣幾何形狀之材料。

考慮如同例題 3.1 的環狀線圈，但其鐵心被切成具有一小氣隙。如例題 3.1 將安培磁路定律應用至此情況，則

$$F = Ni = \int_\Gamma \mathbf{H} \cdot d\mathbf{l} = H_1 l_1 + H_2 l_2 \qquad \text{(A1.2)}$$

其中 $H_1$ 和 $H_2$ 皆爲純量磁場強度，且 $l_1$ 和 $l_2$ 分別爲鐵心和氣隙的路徑長度。因氣隙和鐵心內的磁通係相同，故可得出近似的 $\phi = B_1 A = B_2 A$，其中假設氣隙磁通沒有邊緣效應。此外，亦可得出 $B_1 = \mu_1 H_1$，且 $B_2 = \mu_2 H_2$。此時可重寫以 $\phi$ 表示的 (A1.2) 式如下：

$$F = Ni = \frac{\phi l_1}{\mu_1 A} + \frac{\phi l_2}{\mu_2 A} \qquad \text{(A1.3)}$$

茲定義鐵心磁阻 $\mathcal{R}_1 = l_1/\mu_1 A$，且氣隙磁阻 $\mathcal{R}_2 = l_2/\mu_2 A$，則

$$\phi = \frac{F}{\mathcal{R}} \tag{A1.4}$$

其中 $\mathcal{R} = \mathcal{R}_1 + \mathcal{R}_2$ 係為串聯磁路的總磁阻。更一般地說，對任何串聯磁路(每一段具有相同的 $\phi$)皆可將 (A1.4) 式以 $\mathcal{R} = \sum \mathcal{R}_i$ 作為總磁阻，且以 $F = \sum F_i$ 作為串聯磁路的總磁動勢。此結果顯然類似於含有電阻和電壓源的串聯電路。再者，此一類似性已經證明係得以自然方式推廣至更複雜的磁路結構，其中包含串聯和並聯磁路路徑，且磁動勢在不同的「腳」內。

我們也可用定性方式類比磁阻及其電阻來大為加強對磁路的瞭解。舉一此處所用的磁阻來說，考慮圖 A1.1 所示磁路，其中的一些磁通線業已畫出。若忽略洩漏磁通，則可得一串聯磁路係由對應於二鐵心路徑分段及二氣隙的四個磁阻所組成。因鐵心導磁係數的數量為空氣的 1000 倍，故鐵心磁阻與氣隙磁阻相比係為可忽略。又氣隙磁阻與 $\theta$ 有關，其最小磁阻是發生在平均氣隙距離為最小時 (亦即 $\theta = 0$，$\pi$)，此時對應的 $\phi$ 係為最大。

若考慮洩漏磁通，則注意圖中由 $a$ 到 $b$ 磁阻 (主要為氣隙磁阻之和) 係並聯許多更大的磁阻 (由空氣中相當長的各洩漏路徑而來)。在近似上，這些洩漏磁阻因此得以忽略。

最後，注意各鐵心分段係為相異的可變磁阻 (因 $\mu$ 不為常數)，而磁

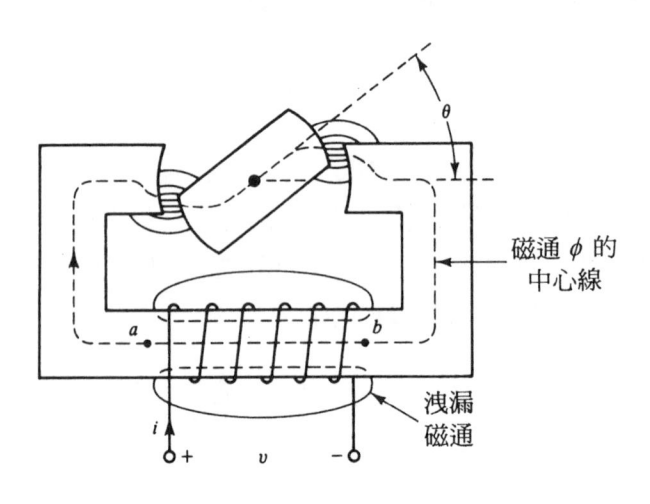

圖 A1.1。

路內的空氣磁阻則為常數。在一串聯磁路內,因磁阻係由氣隙項所主宰,故可預期將一有相當線性的 $\phi-F$ 關係至少會持續到鐵心飽和,且其磁阻亦大為增加。

## 附錄 2　螺管線圈產生的力

電磁鐵之一的型式,或稱螺管線圈,如圖 A2.1 所示,其線圈內的電流會產生力作用於活塞,或稱可動鐵心。此可應用於步進電動機、刹車器、離合器和機械的解除裝置等方面。由於有附加的電接點作用於活塞上,故當電流足夠大時,可用一電驛或接觸器使接點閉合 (或打開)。在第 13 章內將考慮某些電驛應用至電力系統保護的問題上。

作用於活塞上的力可用如下修正之 (7.9) 式來計算:

$$f_E = \frac{1}{2}\mathbf{i}^T \frac{d\mathbf{L}(y)}{dy}\mathbf{i} \tag{A2.1}$$

事實上,在圖 A2.1 情況,(A2.1) 式內的所有量皆係純量。

在計算電感 $\mathbf{L}(y)$ 時,較為便利的是利用磁阻的觀念。故若應用附錄 1 的結果,則可求得氣隙的磁阻為

$$\mathfrak{R} = \frac{y}{\mu_0 A} \tag{A2.2}$$

在此將不計算 (串聯) 鐵心路徑的磁阻,故與 (A2.2) 式的值相比,則得以

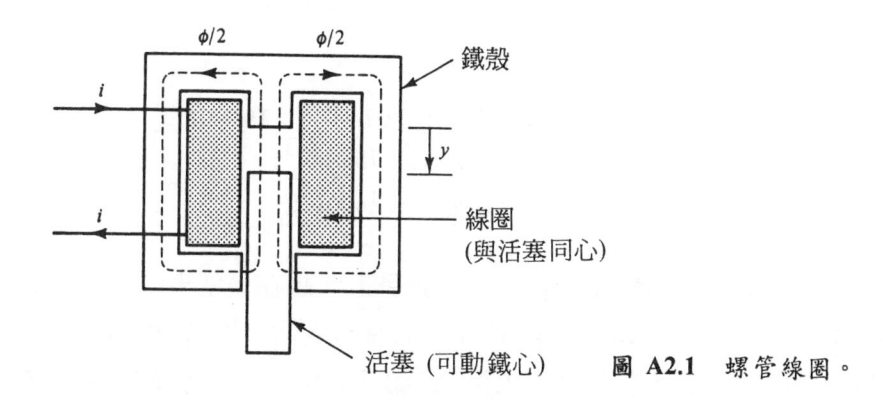

圖 A2.1　螺管線圈。

將之設為可忽略。於是利用 (A2.2) 式會有

$$\phi = \frac{Ni}{\mathfrak{R}} = \frac{\mu_0 ANi}{y} \tag{A2.3}$$

假設磁通會交鏈所有匝數,則有

$$L = \frac{\lambda}{i} = \frac{N\phi}{i} = \frac{\mu_0 AN^2}{y} \tag{A2.4}$$

因此

$$\frac{dL}{dy} = -\frac{\mu_0 AN^2}{y^2} \tag{A2.5}$$

再利用 (A2.1) 式可得

$$f_E = -\frac{\mu_0 AN^2 i^2}{2y^2} \tag{A2.6}$$

其中負號表示作用於活塞上的力係與 $y$ 增加方向 (亦即向上) 相反。實際上,此亦表示異性磁極的吸引力。

(A2.6) 式給出 $f_E$ 的瞬時值,其平均值對一弦波電流係為

$$f_{Eav} = -\frac{\mu_0 AN^2 |I|^2}{2y^2} \tag{A2.7}$$

其中 $|I|$ 為 $i$ 的有效值,或稱均方根 (rms) 值。

為對磁力的合理數值能有一些概念,假設活塞直徑為 1 in.,且 $y = 1/8$ in.,$N = 1000$,$|I| = 1$ A,則

$$f_{Eav} = -\frac{4\pi \times 10^{-7} \times 5.07 \times 10^{-4} \times 10^6 \times 1^2}{2 \times (3.175 \times 10^{-3})^2}$$

$$= -31.58 \text{ 牛頓} = -7.10 \text{ 磅}$$

現設圖 A2.1 內的線圈有一「分接頭」,故在模型表示上,可得一電路如圖 A2.2 所示。此時依 (A2.1) 式,$\mathbf{i}$ 會有兩個分量 $i_1$ 和 $i_2$,且 $\mathbf{L}(y)$ 為 $2 \times 2$ 階矩陣。利用重疊性可求得 $\mathbf{L}$ 如下:若 $\phi_{11}$ 為線圈 1 在只有 $i_1$ 流

圖 A2.2 分接頭線圈。

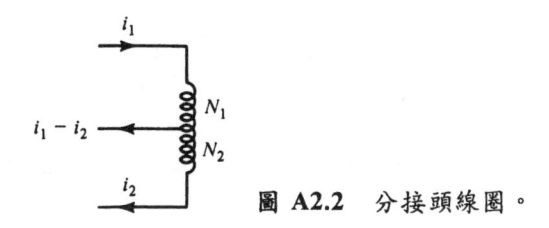

過時的磁通，則

$$\phi_{11} = \frac{N_1 i_1}{\Re} \Rightarrow L_{11} = \frac{N_1 \phi_{11}}{i_1} = \frac{N_1^2}{\Re} \tag{A2.8}$$

同樣地 $L_{12} = L_{21} = N_1 N_2 / \Re$，$L_{22} = N_2^2 / \Re$。於是

$$\mathbf{L}(y) = \frac{1}{\Re(y)} \begin{bmatrix} N_1^2 & N_1 N_2 \\ N_1 N_2 & N_2^2 \end{bmatrix} \tag{A2.9}$$

然後從 (A2.2) 式，並利用 $\Re(y) = y/\mu_0 A$，則得

$$f_E = -\frac{\mu_0 A}{2y^2}(N_1 i_1 + N_2 i_2)^2 \tag{A2.10}$$

假設 $N_1 = N_2$ (亦即圖 A2.2 的線圈爲中心接頭)，則 (A2.10) 式可簡化成

$$f_E = -\frac{\mu_0 A N_1^2}{2y^2}(i_1 + i_2)^2 \tag{A2.11}$$

且對弦波電流而言，

$$f_{Eav} = -\frac{\mu_0 A N_1^2}{2y^2}\left|I_1 + I_2\right|^2 \tag{A2.12}$$

其中 $I_1$ 和 $I_2$ 分別爲 $i_1$ 和 $i_2$ 的 (有效值) 相量表示。

# 附錄 3　LAGRANGE 乘數法

考慮下列的幾何問題：給予一橢圓的方程式爲

$$\frac{x^2}{a^2} + \frac{y^2}{b^2} = 1 \tag{A3.1}$$

試求其最大面積的內接長方形。由於長方形的面積為 $4xy$，此問題可重述如下：

$$\text{最大化} \quad f(x, y) = 4xy \tag{A3.2}$$

且 $(x, y)$ 滿足 (A3.1) 式。

在討論限制條件，或稱「邊界條件」(A3.1) 式時，可便利的引入符號來將之取代成

$$g(x, y) = \frac{x^2}{a^2} + \frac{y^2}{b^2} - 1 = 0 \tag{A3.3}$$

以幾何方法求解可顯示最佳解答的有用性質，其作法是假設限制條件 $g(x, y) = 0$ 係畫於 $(x, y)$ 平面內，並畫出 $f(x, y) = \alpha$ 對不同（常數）$\alpha$ 的圖形。在圖 A3.1 內，我們可看出 $f(x, y) = \alpha_1$ 時，會有二解答滿足限制條件。但 $f(x, y) = \alpha_3$ 則無相容解，因為此式和限制條件不相交。在幾何上顯然 $f(x, y) = \alpha_2$ 係為 $f(x, y)$ 符合限制條件的最佳值或最大值，且 $(x^0, y^0)$ 為對應 $(x, y)$ 的最佳值。

我們稍早提及的有用性質是最佳點 $(x^0, y^0)$（係為曲線 $f(x, y) = \alpha_2$ 和

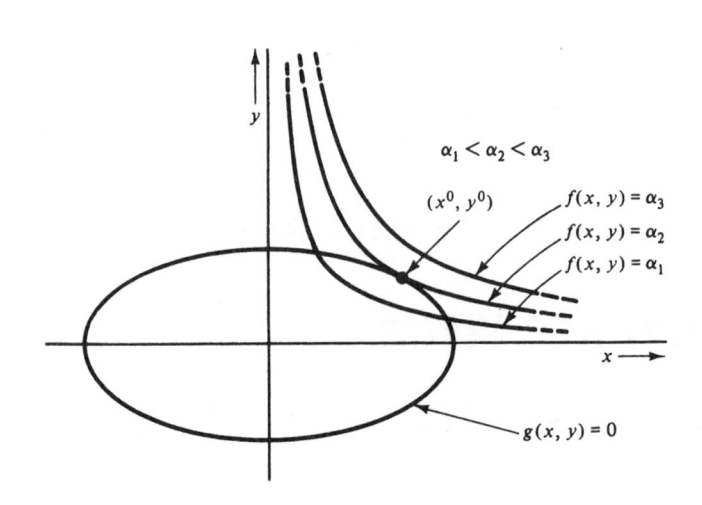

圖 A3.1 最佳解的幾何性質。

橢圓 $g(x, y) = 0$ 的切點。也就是說，更方便的算法是 $f(x, y)$ 和 $g(x, y)$ 在 $(x^0, y^0)$ 的梯度向量皆係指向相同方向。

利用 $\nabla$ 表示梯度運算子，此一相切條件可重述如下：

$$\nabla f = \lambda \nabla g \tag{A3.4}$$

其中 $\lambda$ 為未知的實數純量。若以分量表示現在的問題，則可得出下列兩個純量方程式：

$$\begin{aligned} \frac{\partial f}{\partial x} &= \lambda \frac{\partial g}{\partial x} \\ \frac{\partial f}{\partial y} &= \lambda \frac{\partial g}{\partial y} \end{aligned} \tag{A3.5}$$

利用 (A3.2) 和 (A3.3) 式，可再計算出下列各項：

$$\frac{\partial f}{\partial x} = 4 \quad \frac{\partial f}{\partial y} = 4x \quad \frac{\partial g}{\partial x} = \frac{2x}{a^2} \quad \frac{\partial g}{\partial y} = \frac{2y}{b^2}$$

代入 (A3.5) 式內，得

$$4y = \frac{\lambda 2x}{a^2} \quad 4x = \frac{\lambda 4y}{b^2} \tag{A3.6}$$

(A3.6) 和 (A3.3) 式給出求解三未知數 $x$、$y$ 和 $\lambda$ 的三個方程式。由 (A3.6) 式得出的 $\lambda = 2ab$ 係為對應 $x$ 和 $y$ 各非零解的唯一可能解。其次，將 $y = bx/a$ 代入 (A3.3) 式內，即得 $x = a/\sqrt{2}$。最後，$y = b/\sqrt{2}$。依此可定義出最佳長方形。注意 $x$ 和 $y$ 在這些值時，$f(x, y) = 4xy = 2ab$，於是最大面積為 $2ab$。

這些有用觀念亦可延伸至更一般化的問題，此一目標的適當說法如下：設欲求出純量成本函數 $f(x_1, x_2, \ldots, x_n)$ 關於單一純量等式限制條件或邊界條件 $g(x_1, x_2, \ldots, x_n) = 0$ 的臨界點或固定點，則可作出增廣成本函數或 Lagrangian 函數如下：

$$\tilde{f}(x_1, x_2, \ldots, x_n, \lambda) \triangleq f(x_1, x_2, \ldots, x_n) - \lambda g(x_1, x_2, \ldots, x_n) \tag{A3.7}$$

其中實數純量 $\lambda$ 係為聞名的 *Lagrange* 乘數。然後令 Lagrangian 函數的所有偏導數皆等於零，此正如同未限制條件問題的作法。於是得

$$\frac{\partial \tilde{f}}{\partial x_i} = \frac{\partial f}{\partial x_i} - \lambda \frac{\partial g}{\partial x_i} = 0 \quad i=1,2,...,n \tag{A3.8}$$

因 (A3.8) 式係和 (A3.4) 式相同，故由此導出同樣可用切線為觀點的幾何解釋。除了 (A3.8) 式外，我們仍需滿足邊界條件，於是有 $n+1$ 個方程式用來解 $n+1$ 個未知數 $x_1, x_2, ..., x_n, \lambda$。滿足邊界條件之一好的說法可述之如下：亦即滿足

$$\frac{\partial \tilde{f}}{\partial \lambda} = -g(x_1, x_2, ..., x_n) = 0 \tag{A3.9}$$

因此，最佳化的必要條件係為 $\tilde{f}$ 對於 $x_i$ 和 $\lambda$ 的所有偏導數皆需為零。

## 附錄 4　根軌跡法

根軌跡法常用於描述以開迴路子系統之轉移函數表示的閉迴路線性非時變系統暫態行為之特性。若所關心者係在迴路增益為參數的效應時，則此一方法將特別有用。此處假設讀者已熟悉基本的 Laplace 轉換、轉移函數、極點與零點、方塊圖以及回授的觀念。

為促進根軌跡法的討論動機，考慮圖 A4.1 所示的負回授系統。假設想要知道的是以迴路增益 $K$ 為函數之閉迴路轉移函數的極點，則依標準方式計算出的閉迴路轉移函數為

$$G_c(s) \triangleq \frac{\hat{y}(s)}{\hat{y}_d(s)} = \frac{K/(s(s+2))}{1 + K/(s(s+2))} = \frac{K}{s^2 + 2s + K} \tag{A4.1}$$

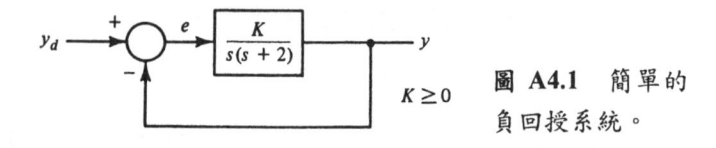

圖 A4.1　簡單的負回授系統。

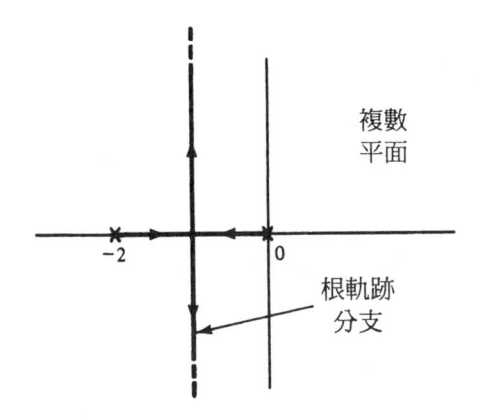

圖 A4.2　根軌跡。

再對分母多項式分解因式即可輕易求得 $G_c(s)$ 的極點，且極點位置將與 $K$ 有關。一有益的作法是畫出極點位置隨 $K$ 由零變化至無限大的軌跡，此正如圖 A4.2 所示。

此一閉迴路極點隨 $K$ 從零前進至無限大的圖形稱為（負回授）**根軌跡圖**。此圖組成之分支所沿著極點位移皆係 $K$ 的連續函數，其箭頭指出 $K$ 增加時的移動方向。圖中二軌跡皆係以開迴路極點（在 0 和 –2）為起點，而後當 $K$ 增加時，這些極點將沿著負實軸移動，直到二者會合。若 $K$ 再進一步的增加，則將導致極點變成複數（以共軛複數對出現），且虛部分量會持續增加。故由此圖可推論出暫態行為（例如：步級響應）將隨 $K$ 值增加而變成更嚴重振盪，但絕不會到達非穩定地點。

接下來轉向圖 A4.3 所示更為一般的回授實例。若以開迴路轉移函數來表示，則可求得閉迴路轉移函數為

$$G_c(s) = \frac{\hat{y}(s)}{\hat{y}_d(s)} = \frac{KG(s)}{1 + KG(s)H(s)} \quad \text{(A4.2)}$$

我們仍感興趣的是 $K$ 由零變化到無限大之根軌跡圖形，但也想避免對每一 $K$ 值分解分母多項式的工作。此時根軌跡法需提供另一替代方案，其基本觀念可由作出下列觀察而發展出來：

**1.** $G_c(s)$ 的極點係皆為 $1 + KG(s)H(s)$ 的零點。[為簡化起見，假設 $H(s)$ 沒有零點可抵消 $G(s)$ 的極點。]

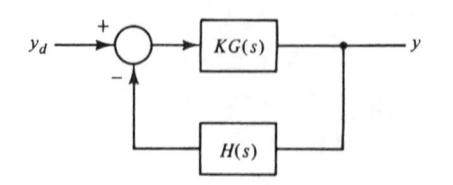

圖 A4.3  負回授組態。

**2.** 在此例內，$G_c(s)$ 的極點皆係為 $s$ 值可使得

$$G(s)H(s) = -\frac{1}{K}$$

**3.** 此一情況依序隱含下列兩個條件：

$$|G(s)H(s)| = \frac{1}{K} \tag{A4.3}$$

$$\angle G(s)H(s) = 180° \,(\text{mod}\, 360°) \tag{A4.4}$$

**4.** 現設 $G(s)H(s)$ 可表示成如下的極零形成，並考慮任何特定的 $s$ 值皆係正如圖 A4.4 所示，則

$$G(s)H(s) = \frac{(s-z_1)(s-z_2)\cdots(s-z_m)}{(s-p_1)(s-p_2)\cdots(s-p_n)} \tag{A4.5}$$

$$= \frac{l_1 e^{j\theta_1} l_2 e^{j\theta_2} \cdots l_m e^{j\theta_m}}{d_1 e^{j\phi_1} d_2 e^{j\phi_2} \cdots d_m e^{j\phi_m}} \tag{A4.6}$$

其中 $l_i e^{j\theta_i}$ 為 $s-z_i$ 的極座標表示，而 $d_i e^{j\theta_i}$ 則為 $s-p_i$ 的極座標表示。(A4.5) 和 (A4.6) 式所給二表示法之間的關係已示於圖 A4.4 內。

若從極座標表示的觀點來看，(A4.3) 式的幅度條件可取代成

$$\frac{l_1 l_2 \cdots l_m}{d_1 d_2 \cdots d_n} = \frac{1}{K} \tag{A4.7}$$

而 (A4.4) 式的角度條件則可變成

$$\theta_1 + \theta_2 + \cdots + \theta_m - (\phi_1 + \phi_2 + \cdots + \phi_n) = 180° \,(\text{mod}\, 360°) \tag{A4.8}$$

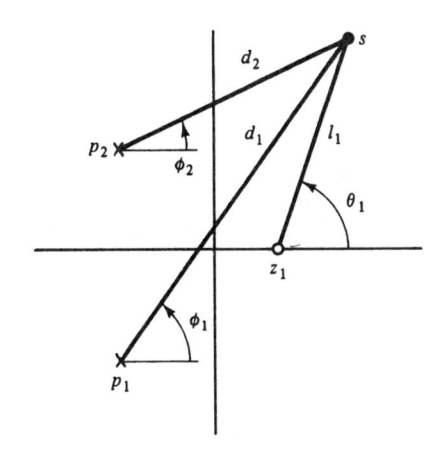

**圖 A4.4** 極座標形式。

依用途而言,角度條件係較為重要。若欲檢查一特定測試點是否位於根軌跡上,則可驗算 (A4.8) 式是否滿足 [ 亦即各開迴路零點至測試點 $s$ 的角度和減去各開迴路極點至點 $s$ 的角度和係為 $180°$ (mod $360°$) ]。讀者可驗證此一計算法應用至圖 A4.1 的系統可得出圖 A4.2 的根軌跡。若點 $s$ 位於根軌跡上,則該處的 $K$ 值可從 (A4.7) 式的幅度條件求得之。

至此即不需依靠試誤法來尋找 $s$ 值滿足 (A4.8) 式,且根據 (A4.7) 和 (A4.8) 式可推導出一些法則來幫助找出曲線起碼的近似位置。其次給出一些最重要的法則適用於圖 A4.3 之負回授組態,其 $G(s)H(s)$ 具有 (A4.5) 式的形式,且 $K \geq 0$。此外也假設極點係多於零點 (亦即 $n > m$)。

### 畫出負回授根軌跡的法則

1. 令 $K \to 0$,則每一開迴路極點係為根軌跡分支的起點。
2. 令 $K \to \infty$,則每一開迴路零點係為一特定根軌跡分支的終點,而其餘分支則趨向於無限大。
3. 若且唯若實軸上的點位於 (負回授) 根軌跡的一分支上,則必位於實軸極點和零點個數為奇數的左方。
4. 假設 $G(s)H(s)$ 有 $n$ 個極點為 $p_1, p_2, \ldots, p_n$,且有 $m$ 個零點為 $z_1, z_2, \ldots, z_m$,則必有 $n$ 個根軌跡分支,其中有 $m$ 個分支會趨向於 $m$ 個零點,其餘 $n-m$ 個則會沿著某些漸近線而趨於無限大。關於這些漸近線的性質如下：

**a.** 其原點位在

$$s_0 = \frac{\sum_{i=1}^{n} p_i - \sum_{i=1}^{n} p_i}{n-m} \quad \text{(重心法則)}$$

**b.** 其中有一漸近線係在角度 $180°/(n-m)$。

**c.** 任二相鄰漸近線之間的夾角爲 $360°/(n-m)$。

**5.** 根軌跡分支由一極點的分離角（或一零點的到達角）之求法可應用角度條件 $\theta_1 + \theta_2 + \cdots + \theta_m - (\phi_1 + \phi_2 + \cdots + \phi_n) = 180° \pmod{360°}$ 對一點 $s$ 任意趨近至適當的極點（或零點），其中所有角度皆爲已知，但只有一者例外（欲尋找的角度），故此角度可輕易求得之。

在用途上，此五法則係已足夠。

---

**例題 A4.1**

試求圖 EA4.1(a) 所示系統的根軌跡。

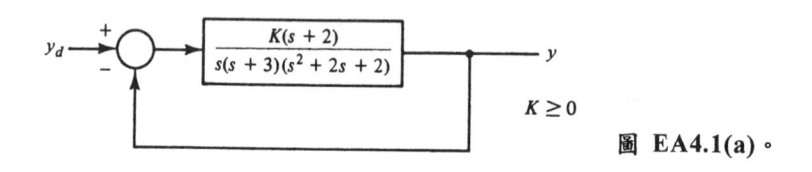

$$y_d \xrightarrow{+} \bigcirc \longrightarrow \boxed{\frac{K(s+2)}{s(s+3)(s^2+2s+2)}} \longrightarrow y$$

$K \geq 0$

圖 EA4.1(a)。

**解** 注意所給負回授組態係具 $K \geq 0$，且 $G(s)H(s)$ 亦有 (A4.5) 式的形式，同時極點比零點多三個，故可應用前述提供的五項法則。

第一步是找出極點和零點在複數平面內的位置 [請見圖 EA4.1(b)]。在此將有四個根軌跡分支，其一（在實軸上）會趨向於零點，而其餘三軌跡則會趨於無限大，且其所沿漸近線的起點係在

$$s_0 = \frac{(-1-1-3)-(-2)}{3} = -1$$

附　錄

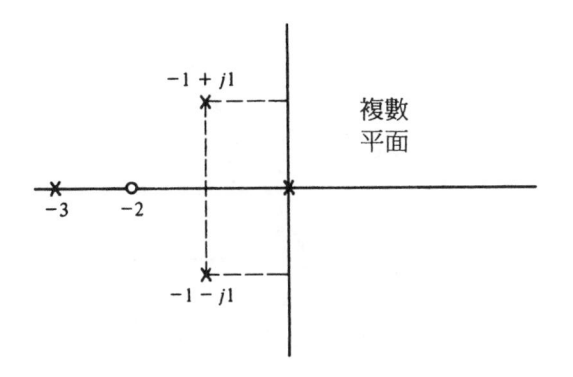

[複數平面圖，顯示極點 $-1+j1$, $-1-j1$, $-3$, 零點 $-2$]

圖 EA4.1(b)。

並位在角度 $\pm 60°$ 和 $180°$。在求極點 $-1+j1$ 的分離角時，畫一草圖 [請見圖 EA4.1(c)] 來示出測試點 $s$ 接近各極點的角度是有幫助的。點 $s$ 事實上應非常接近極點 $-1+j1$，但所示者有較大距離係為使圖示更為清楚。不過，這些角度的數值都是對 $s$ 任意接近 $-1+j1$ 來計算的，故應用法則 5 將有

$$45° - (135° + 26.6° + 90° + \phi_4) = 180° \mod (360°)$$

解 $\phi_4$，得

$$\phi_4 = -386.6° \mod (360°)$$
$$= -26.6°$$

現可畫出四個根軌跡分支如圖 EA4.1(d) 所示。在此圖中可看出 $K$ 增加至某一值時，系統會變成不穩定。

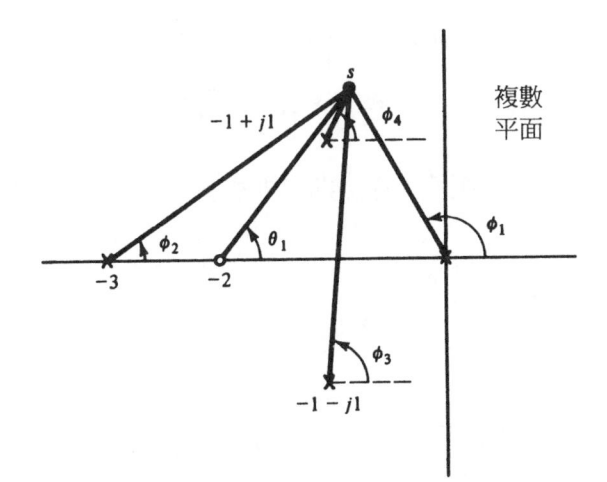

[複數平面圖，顯示測試點 $s$ 與各極零點的角度 $\phi_1, \phi_2, \phi_3, \phi_4, \theta_1$]

圖 EA4.1(c)。

圖 EA4.1(d)。

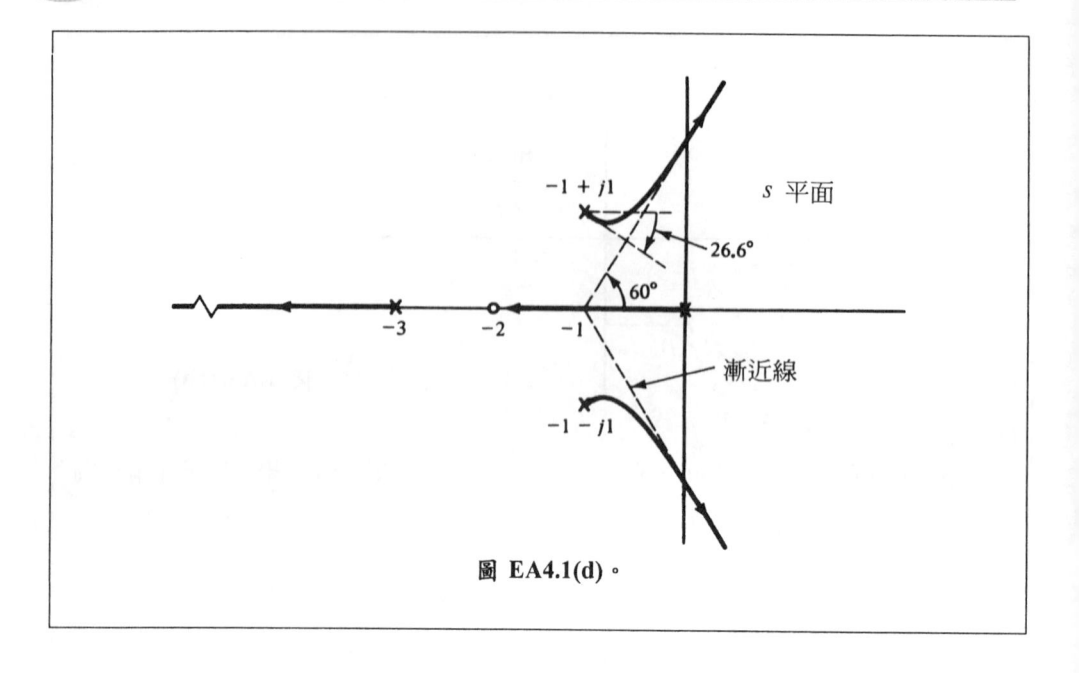

至此已討論完負回授案例，接下來有必要考慮圖 A4.5 的正迴授。在此情況計算出的 $G_c(s)$ 為

$$G_c(s) = \frac{\hat{y}(s)}{\hat{y}_d(s)} = \frac{KG(s)}{1 - KG(s)H(s)} \tag{A4.9}$$

除了外形有改變外，我們須作出如同負回授組態的同樣假設 [亦即 $G(s)H(s)$ 具有 (A4.5) 式的形式，且 $n > m$，同時 $K \geq 0$]。此時 (A4.8) 式需變成

$$\theta_1 + \theta_2 + \cdots + \theta_m - (\phi_1 + \phi_2 + \cdots + \phi_n) = 0° \pmod{360°} \tag{A4.10}$$

但 (A4.7) 式則不需改變。比較負回授各法則，即可得知會有下列變更：

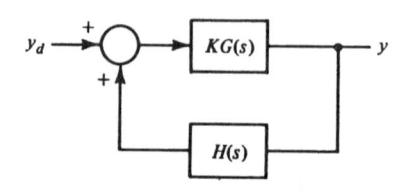

圖 A4.5 正回授組態。

## 畫出正回授根軌跡的法則

**1.** 和負回授相同。

**2.** 和負回授相同。

**3.** 若且唯若實軸上的點位於（正回授）根軌跡的一分支上，則必位於實軸極點和零點為奇數的右方。

**4.** (a) 和 (c) 皆相同，但 (b) 則取代如下：其中有一漸近線係在角度 $180°/(n-m)+180°$。

**5.** 此法則亦相同，但角度條件需改成 $(\theta_1 + \theta_2 + \cdots + \theta_m) - (\phi_1 + \phi_2 + \cdots + \phi_n) = 0° \pmod{360°}$。

---

### 例題 A4.2

試重作例題 A4.1，但改為具有如圖 A4.5 的正回授組態。

**解** 應用正回授法則，我們可得出圖 EA4.2 所示的根軌跡。

注意 1：當 $K$ 由零增加時，系統立刻變成不穩定。

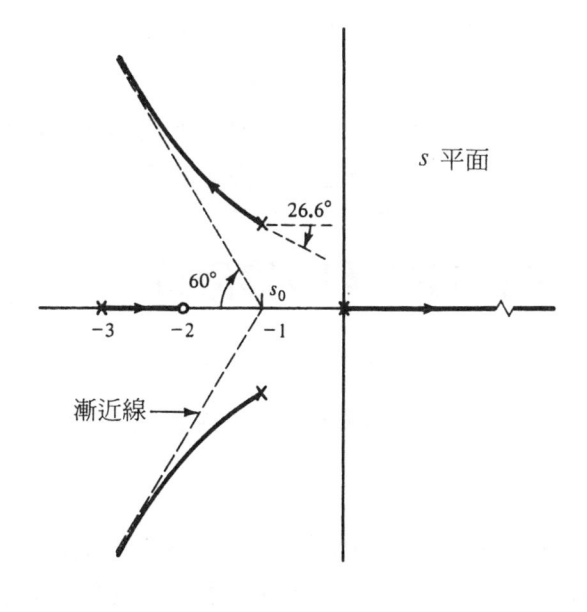

圖 EA4.2。

> **注意 2**：考慮例題 A4.1，但以負 $K$ 取代 $K$，則 $G_c(s)$ 的極點即為 $1+KG(s)H(s)=1-|K|G(s)H(s)$ 的零點，故與例 A4.2 相同。換言之，具有負 $K$ 之負回授組態所給的根軌跡係相同於具有正 $K$ 的標準正回授組態。同樣地，具有負 $K$ 之正回授組態所給的根軌跡係相同於具有正 $K$ 的標準負回授組態。
>
> **注意 3**：參照這些線，我們可將圖 EA4.2 視為圖 EA4.1(d) 在 $-\infty < K < \infty$ 的平滑連續圖形，而只有分支上的箭頭必須反向。

茲以考慮下列問題來作為結束：試問如何知道是否為正或負回授？若系統為負回授組態 (如圖 A4.3)，則 $G(s)H(s)$ 必具有 (A4.5) 式的極零形式，且 $K \geq 0$，於是得一負回授系統。若只將負回授組態改成正回授組態 (如圖 (A4.5))，則會得出正回授。

所有情況皆可化簡成前述之一者或另一者。在某些情況下，執行下列步驟將有助於作出此一決定：

**1.** 若回授系統已非單一迴路，則將之化簡成單一迴路系統。

**2.** 以忽略總和點寫出開迴路增益 $KG(s)H(s)$，其中 $G(s)H(s)$ 具有 (A4.5) 式的形式，並決定 $K$ 是否為正或負。

**3.** 令 $\mu$ 為迴路總和點內的反向符號個數，若 $(-1)^\mu K$ 為負，則具負回授。反之，若 $(-1)^\mu K$ 為正，則係正回授。

# 附錄 5　同步電機的負和零序阻抗

如同第 12.7 節中討論的一樣，在推導負和零相序阻抗時，供給負和零相序電源到發電機端，並決定穩態響應，對於試驗的思考是有幫助的。在此決定過程，我們將使用派克方程式。

**負序試驗**　在圖 A5.1 中顯示要做試驗的發電機，場電壓 $v_F = 0$。我們使用發電機慣則來標示定子電流的參考方向。讀者可能希望複習在 7.2 節的描述和符號，以及在 7.8 節中概述的轉換技巧。關於轉子角度 $\theta$ 和電流，

附　錄

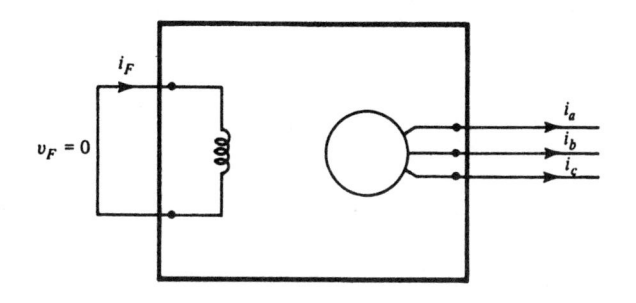

**圖 A5.1** 試驗中的同步機。

我們做下列的假設：

1. $\theta = \omega_0 t + (\pi/2) + \delta$，$\delta =$ 常數。
2. $i_a$，$i_b$ 和 $i_c$ 是一組負序正弦波，即

$$i_a = \sqrt{2}\,|I|\cos(\omega_0 t + \phi)$$

$$i_b = \sqrt{2}\,|I|\cos\left(\omega_0 t + \phi + \frac{2\pi}{3}\right)$$

$$i_c = \sqrt{2}\,|I|\cos\left(\omega_0 t + \phi - \frac{2\pi}{3}\right)$$

3. 忽略阻尼電流 $i_D$ 和 $i_Q$。

做過 6.4 節練習 3 的讀者應該知道，一組負序正弦電流會產生一個以角速度 $\omega_0$ 做順時針旋轉的電樞反應磁通量。但由於轉子是以角速度 $\omega_0$ 做逆時針旋轉，所以磁通鏈 $\lambda_D$ 和 $\lambda_Q$ 正快速變化（以 $2\omega_0$ 的速率），其意謂會產生大的阻尼電流 $i_D$ 和 $i_Q$。因此假設 3 不是理想，但可幫助分析。以後我們將考慮包含阻尼效應的影響。

應用 (7.16) 式派克轉換，我們得到

$$\begin{aligned} i_0 &= 0 \\ i_d &= \sqrt{3}\,|I|\cos\left(2\omega_0 t + \frac{\pi}{2} + \delta + \phi\right) \\ i_q &= \sqrt{3}\,|I|\sin\left(2\omega_0 t + \frac{\pi}{2} + \delta + \phi\right) \end{aligned} \qquad \text{(A5.1)}$$

為了簡化符號，令 $\gamma \triangleq \pi/2 + \delta + \phi$ 中。利用 (7.31)、(7.32) 和 (A5.1) 式，我們得到

$$v_d = -ri_d - \omega_0 L_q i_q - L_d \frac{di_d}{dt} - kM_F \frac{di_F}{dt}$$

$$= -ri_d - \omega_0 L_q \sqrt{3}|I|\sin(2\omega_0 t + \gamma) \tag{A5.2}$$

$$+ L_d \sqrt{3}|I|2\omega_0 \sin(2\omega_0 t + \gamma) - kM_F \frac{di_F}{dt}$$

$$v_F = 0 = r_F i_F + L_F \frac{di_F}{dt} - kM_F \sqrt{3}|I|2\omega_0 \sin(2\omega_0 t + \gamma) \tag{A5.3}$$

$$v_q = -ri_q + \omega_0(L_d\sqrt{3}|I|\cos(2\omega_0 t + \gamma) + kM_F i_F) \tag{A5.4}$$
$$- L_q \sqrt{3}|I|2\omega_0 \cos(2\omega_0 t + \gamma)$$

我們現在能利用相量求解 (A5.3) 式得出穩態 $i_F$。注意：(A5.3) 式描述一個具有電壓源 $v(t) = \sqrt{2} K \sin(2\omega_0 t + \gamma)$ 的串聯 $RL$ 電流，其中 $K \triangleq kM_F\sqrt{3}|I|\sqrt{2}\,\omega_0$，電路顯示在圖 A5.2 中。$v(t)$ 的（有效）相量表示為 $V = -jKe^{j\gamma}$。因此（注意頻率為 $2\omega_0$）我們得到 $i_F$ 的相量表示為

$$I_F = \frac{-jKe^{j\gamma}}{r_F + j2\omega_0 L_F} = \frac{-jkM_F\sqrt{3}|I|\sqrt{2}\,\omega_0 e^{j\gamma}}{r_F + j2\omega_0 L_F} \tag{A5.5}$$

由於 $r_F \ll 2\omega_0 L_F$，我們可以忽略它。因此

$$I_F \approx -\sqrt{\frac{3}{2}}\frac{kM_F}{L_F}|I|e^{j\gamma}$$

再轉換回瞬間量，

$$i_F = -\sqrt{3}\frac{kM_F}{L_F}|I|\cos(2\omega_0 t + \gamma) \tag{A5.6}$$

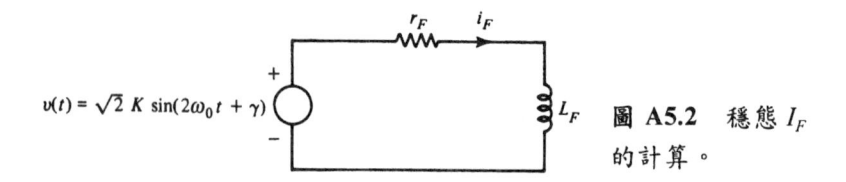

圖 A5.2 穩態 $I_F$ 的計算。

## 附　錄

將 (A5.6) 式代入 (A5.2) 式，並忽略 $r$，我們得到

$$\begin{aligned} v_d &= -\omega_0 L_q \sqrt{3} |I| \sin(2\omega_0 t + \gamma) + 2\omega_0 L_d \sqrt{3} |I| \sin(2\omega_0 t + \gamma) \\ &\quad - \sqrt{3} \frac{k^2 M_F^2}{L_F} 2\omega_0 L_d |I| \sin(2\omega_0 t + \gamma) \\ &= -\left[ \omega_0 L_q - 2\omega_0 \left( L_d - \frac{(kM_F)^2}{L_F} \right) \right] \sqrt{3} |I| \sin(2\omega_0 t + \gamma) \\ &= -[X_q - 2X_d'] \sqrt{3} |I| \sin(2\omega_0 t + \gamma) \end{aligned} \quad (A5.7)$$

在 (A5.7) 式中，我們已經使用了 $X_d'$ 的定義，此定義最早出現在例題 7.4 中。

接下來，我們將 (A5.6) 式代入 (A5.4) 並忽略 $r$，求得 $v_q$ 為

$$\begin{aligned} v_q &= \omega_0 L_d \sqrt{3} |I| \cos(2\omega_0 t + \gamma) - \omega_0 \frac{(kM_F)^2}{L_F} \sqrt{3} |I| \cos(2\omega_0 t + \gamma) \\ &\quad - 2\omega_0 L_q \sqrt{3} |I| \cos(2\omega_0 t + \gamma) \\ &= \left[ \omega_0 \left( L_d - \frac{(kM_F)^2}{L_F} \right) - 2\omega_0 L_q \right] \sqrt{3} |I| \cos(2\omega_0 t + \gamma) \\ &= [X_d' - 2X_q] \sqrt{3} |I| \cos(2\omega_0 t + \gamma) \end{aligned} \quad (A5.8)$$

利用轉換到以轉子為基礎的座標來表示派克變數時，頻率是 $2\omega_0$ 的事實是可理解的。

接下來我們利用 (7.20) 式逆派克轉換轉回到 $abc$ 變數。為了簡化符號，令 $A_d \triangleq -(X_q - 2X_d')\sqrt{3}|I|$，$A_q \triangleq -(X_d' - 2X_q)\sqrt{3}|I|$；則 $v_d = A_d \sin(2\omega_0 t + \gamma)$ 以及 $v_q = A_q \cos(2\omega_0 t + \gamma)$。因此

$$\begin{aligned} v_a &= \sqrt{\frac{2}{3}} [\cos\theta \cdot A_d \sin(2\omega_0 t + \gamma) + \sin\theta \cdot A_q \cos(2\omega_0 t + \gamma)] \\ &= \sqrt{\frac{2}{3}} \left[ \frac{A_d + A_q}{2} \sin(2\omega_0 t + \gamma + \theta) + \frac{A_d - A_q}{2} \sin(2\omega_0 t + \gamma - \theta) \right] \end{aligned} \quad (A5.9)$$

代入 $A_d$、$A_q$ 和 $\gamma$，我們得到

$$v_a = 3\sqrt{2}\ |I| \frac{X_q - X_d'}{2} \sin(3\omega_0 t + 2\delta + \phi)$$
$$+ \sqrt{2}\ |I| \frac{X_q + X_d'}{2} \sin(\omega_0 t + \phi) \quad \text{(A5.10)}$$

注意：我們得到了一個 $3\omega_0$ 項。忽略此項，我們求出相量電壓和相量電流間的關係。因此，對阻抗應用相關參考方向，並注意流入阻抗的電流為 $-I_a$，我們有

$$Z^- \triangleq \frac{V_a}{-I_a} = \frac{[(X_q + X_d')/2]|I|(-je^{j\phi})}{-|I|e^{j\phi}} = j\frac{X_q + X_d'}{2} \quad \text{(A5.11)}$$

負序阻抗 $Z^-$ 有一個有趣的物理解釋。雖然轉子是逆時針旋轉，但由負序電流產生的 mmf 卻是做順時針旋轉，所以磁路正快速變化，從 mmf 與轉子直軸在同一線上改變到兩者正交。我們考慮它們在同一線上的情形，則在穩態下，我們可預期相量電壓和電流間的關係可用阻抗 $jX_d$ 來表示。若我們有 $\lambda_F$ = 常數的限制，通常我們獲得的是 $X_d'$ 而不是 $X_d$。我們注意到：$\lambda_F$ = 常數與我們的假設 $v_F = 0$ 和 $r_F = 0$ 是相符合的。

換言之，當 mmf 與 $q$ 軸在同一線上，我們能用阻抗 $jX_q$ 來表示相量電壓和電流間的關係。因此，藉由分析而預測的實際值 (阻抗為兩個極值的平均值) 是一個合理的結果。

我們已經進入一些細節討論，因為現在我們想要做以下的延伸。當我們在分析時一併考慮 $D$、$Q$ 阻尼電路，我們得到一個類似 (A5.11) 式的結果，只是具有不同的電抗：以 $X_d''$ 取代 $X_d'$，以 $X_q''$ 取代 $X_q$。$X_d''$ 和 $X_q''$ 為次暫態電抗，其與轉子阻尼電路有密切關係，但由於 $d$ 軸和 $q$ 軸相當對稱 (即 $X_d'' \approx X_q''$)，所以此時 (A5.10) 式內的 $3\omega_0$ 項可忽略。且 (A5.11) 式被修正為

$$Z^- = j\frac{X_q'' + X_d''}{2} \approx jX_d'' \quad \text{(A5.12)}$$

接下來考慮 $v_b$。適當地修正 (A5.9) 並使用與推導 (A5.10) 式相同的步驟，我們可求得

$$\begin{aligned}v_b &= \sqrt{\frac{2}{3}}\left[\cos\left(\theta - \frac{2\pi}{3}\right) \cdot A_d \sin(2\omega_0 t + \gamma)\right.\\&\left. \quad + \sin\left(\theta - \frac{2\pi}{3}\right) \cdot A_q \cos(2\omega_0 t + \gamma)\right]\\&= 3\sqrt{2}\ |I|\left(\frac{X_q - X_d'}{2}\right)\sin\left(3\omega_0 t + 2\delta + \phi - \frac{2\pi}{3}\right)\\&\quad + \sqrt{2}\ |I|\left(\frac{X_q + X_d'}{2}\right)\sin\left(\omega_0 t + \phi + \frac{2\pi}{3}\right)\end{aligned} \quad \text{(A5.13)}$$

如同先前一樣忽略 $3\omega_0$ 項，我們可從 $\omega_0$ 項求得

$$V_b = V_a e^{j\,2\pi/3}$$

類似地，經代數運算

$$V_c = V_a e^{-j\,2\pi/3}$$

因此電壓形成一個負序組。注意：$3\omega_0$ 電壓並不會形成一個負序組，這可能是在發電機內，直軸和交軸磁路間缺少對稱性的緣故。幸運地，在次暫態階段，對稱性被重建起來。

**零序試驗** 若發電機中性點未接地，發電機的零序等效電路為開路，則不需進一步討論。(我們排除短路發生在定子繞組內某些中間點的情形。)

接著考慮發電機中性點經由一個阻抗 $Z_g$ 接地的情形。除了零序電源外，令所有的獨立電源都為零，我們考慮以下的實驗。如圖 A5.3 所示，我們提供零序正弦電源給發電機，並測量零序穩態電壓。更詳細的說，我們假設

1. $\theta = \omega_0 t + (\pi/2) + \delta$，$\delta = $ 常數。
2. $i_a$，$i_b$ 和 $i_c$ 是零序正弦電流：

圖 A5.3 零序試驗。

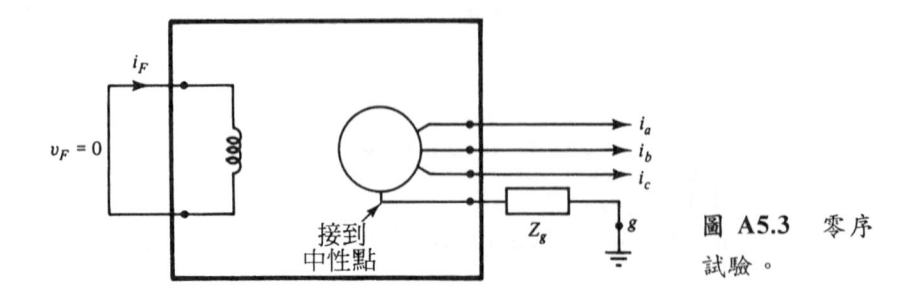

$$i_a = i_b = i_c = \sqrt{2}\,|I|\cos(\omega_0 t + \phi)$$

應用派克轉換，我們得到

$$i_d = i_q \equiv 0 \quad \text{(A5.14)}$$

$$i_0 = \sqrt{\frac{2}{3}}\,\frac{1}{\sqrt{2}}\,3\sqrt{2}\,|I|\cos(\omega_0 t + \phi) = \sqrt{6}\,|I|\cos(\omega_0 t + \phi) \quad \text{(A5.15)}$$

觀察 (7.31) 式和 (7.32) 式，我們可發現零序和直軸或交軸電路間沒有耦合關係。因為 $v_F = 0$ 並利用 (A5.14) 式，因此我們可求出穩態下

$$v_d = v_q \equiv 0 \quad \text{(A5.16)}$$

接下來利用 (7.31) 和 (A5.15) 式可求得：

$$v_0 = -ri_0 - L_0\frac{di_0}{dt} = -\sqrt{6}\,r\,|I|\cos(\omega_0 t + \phi) + \sqrt{6}\,\omega_0 L_0\,|I|\sin(\omega_0 t + \phi) \quad \text{(A5.17)}$$

現在我們轉回 $abc$ 變數。利用 (7.20) 式逆派克轉換以及 (A5.16) 式，我們得到

$$v_a = v_b = v_c = -\sqrt{2}\,r\,|I|\cos(\omega_0 t + \phi) + \sqrt{2}\,\omega_0 L_0\,|I|\sin(\omega_0 t + \phi) \quad \text{(A5.18)}$$

換成相量，我們求出零序阻抗 $Z^0$：

$$Z^0 \triangleq \frac{V_a}{-I_a} = r + j\omega_0 L_0 \approx j\omega_0 L_0 = jX^0 \quad \text{(A5.19)}$$

附　錄　　　　　　　　　　　　　　　　　　　　　　691

圖 A5.4　發電機的零序模型。

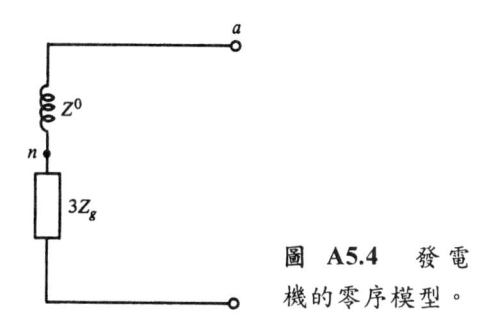

我們求出的是相到中性點的零序阻抗。符號 $v_a$ 是 $v'_{aa} = v'_{an}$ 的簡化符號。在零序網路中我們需要另一種不同的阻抗，即從相到地的阻抗。如第 12.6 節所示，這將導出圖 A5.4 中的電路模型。

零序電抗通常是很小，這能很容易地藉考慮由三個相同的零序電流所產生的氣隙磁通量來做物理說明；除了電流是正序外，我們考慮一個類似第 6.4 節中的問題。對於最簡單的情形，假設圓柱形轉子，以及由空間正弦分佈的每相繞組產生的氣隙磁通量，其最大幅值在每個繞組的中心。由於電流同相且繞組空間分佈相差 120°，所以氣隙 mmf 的總和為零。此時，僅有的電壓是產生在漏電抗上，其值非常小。

因此，$\omega_0 L_0$ 必須是非常小。在實際上，並沒有完全理想的總對消，$\omega_0 L_0$ 是較大的。

# 附錄 6　反矩陣公式

假設我們有一個 $n \times n$ 的對稱矩陣 $\mathbf{M}$，其反矩陣 $\mathbf{M}^{-1}$ 為已知，則我們希望求出 $\mathbf{M} + \mu \mathbf{a}\mathbf{a}^T$ 的反矩陣，其中 $\mu$ 是一個純量，$\mathbf{a}$ 是一個 $n$ 階向量。藉由矩陣乘積規則，我們注意到

$$\mathbf{a}\mathbf{a}^T = \begin{bmatrix} a_1 \\ a_2 \\ \vdots \\ a_n \end{bmatrix} [a_1\ a_2\ \cdots\ a_n] = \begin{bmatrix} a_1^2 & a_1 a_2 & \cdots & a_1 a_n \\ a_2 a_1 & a_2^2 & \cdots & a_2 a_n \\ \vdots & \vdots & & \\ a_n a_1 & a_n a_2 & \cdots & a_n^2 \end{bmatrix} \quad \textbf{(A6.1)}$$

我們利用下列的反矩陣公式：

$$[M + \mu aa^T]^{-1} = M^{-1} - \gamma bb^T \tag{A6.2}$$

其中

$$b = M^{-1}a \tag{A6.3a}$$

$$\gamma = (\mu^{-1} + a^T b)^{-1} \tag{A6.3b}$$

由於 $M^{-1}$ 假設為已知，向量 $b$ 和純量 $\gamma$ 可很容易求得。藉由注意 (A6.1) 式的形式，可很輕易地算出矩陣 $bb^T$。注意：(A6.2) 式中的結果是一般結果的特殊情形，通常我們稱之為**戶長公式** (Householder formula)。

**反矩陣公式的證明** 我們可簡單地將修正矩陣和它的反矩陣相乘，來證明所獲得的乘積為單位矩陣 $1$。

$$[M + \mu aa^T][M^{-1} - \gamma bb^T] = MM^{-1} - \gamma Mbb^T + \mu aa^T M^{-1} - \mu\gamma aa^T bb^T$$
$$= 1 + 其餘項$$

我們現在證明其餘項 $= 0$。從其餘項除以 $\gamma$ 來開始推論，我們得到

$$\frac{其餘項}{\gamma} = -Mbb^T + \mu a \frac{1}{\gamma} a^T M^{-1} - \mu aa^T bb^T$$
$$= -ab^T + \mu a(\mu^{-1} + a^T b)b^T - \mu aa^T bb^T$$
$$= 0$$

在上式的第二行中，我們已經使用了 $Mb = a$ [根據 (A6.3a)]，$\gamma^{-1} = \mu^{-1} + a^T b$ [根據 (A6.3b)]，以及 (A6.3a) 式。

---

**例題 A6.1**

假設已知

$$M = \begin{bmatrix} 2 & 1 & 0 \\ 1 & 2 & 1 \\ 0 & 1 & 1 \end{bmatrix} \quad M^{-1} = \begin{bmatrix} 1 & -1 & 1 \\ -1 & 2 & -2 \\ 1 & -2 & 3 \end{bmatrix}$$

且希望計算 $m_{22}$ 從 2 增加到 4 時的 **M** 反矩陣。則我們有

$$\tilde{\mathbf{M}} = \begin{bmatrix} 2 & 1 & 0 \\ 1 & 4 & 1 \\ 0 & 1 & 1 \end{bmatrix} = \mathbf{M} + 2 \begin{bmatrix} 0 \\ 1 \\ 0 \end{bmatrix} \begin{bmatrix} 0 & 1 & 0 \end{bmatrix}$$

在這裡我們規定 $\mu = 2$ 和 $\mathbf{a}^T = \begin{bmatrix} 0 & 1 & 0 \end{bmatrix}$。

**解** 先求出 **b**，再求出 $\gamma$。

$$\mathbf{b} = \mathbf{M}^{-1}\mathbf{a} = \begin{bmatrix} 1 & -1 & 1 \\ -1 & 2 & -2 \\ 1 & -2 & 3 \end{bmatrix} \begin{bmatrix} 0 \\ 1 \\ 0 \end{bmatrix} = \begin{bmatrix} -1 \\ 2 \\ -2 \end{bmatrix}$$

$$\gamma = (\mu^{-1} + \mathbf{a}^T \mathbf{b})^{-1} = \left(\frac{1}{2} + 2\right)^{-1} = 0.4$$

代入 (A6.2) 式反矩陣公式，我們得到

$$\tilde{\mathbf{M}}^{-1} = \begin{bmatrix} 1 & -1 & 1 \\ -1 & 2 & -2 \\ 1 & -2 & 3 \end{bmatrix} - 0.4 \begin{bmatrix} -1 \\ 2 \\ -2 \end{bmatrix} \begin{bmatrix} -1 & 2 & -2 \end{bmatrix}$$

$$= \begin{bmatrix} 0.6 & -0.2 & 0.2 \\ -0.2 & 0.4 & -0.4 \\ 0.2 & -0.4 & 1.4 \end{bmatrix}$$

結果的正確性可藉直接計算來查對。

## 附錄 7 阻抗矩陣的修正

假使對一特定網路我們已知 $\mathbf{Y}_{bus}$，若現在網路內某一元件值改變，我們希望求出新的導納矩陣 $\mathbf{Y}_{bus}^n$。考慮一個例題，假設在圖 A7.1 中，$y_3$ 改變成 $y_3 + \Delta y_3$，欲求出新的導納矩陣是很容易。利用在第 6.1 節中的規則，我們求出 (利用觀察法)

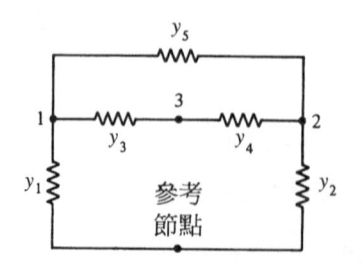

**圖 A7.1** 例題網路。

$$\mathbf{Y}_{\text{bus}}^{n} = \begin{pmatrix} y_1 + (y_3 + \Delta y_3) + y_5 & -y_5 & -(y_4 + \Delta y_3) \\ -y_5 & y_2 + y_4 + y_5 & -y_4 \\ -(y_3 + \Delta y_3) & -y_4 & (y_3 + \Delta y_3) + y_4 \end{pmatrix}$$

$$= \mathbf{Y}_{\text{bus}} + \Delta y_3 \begin{pmatrix} 1 & 0 & -1 \\ 0 & 0 & 0 \\ -1 & 0 & 1 \end{pmatrix} \quad \text{(A7.1)}$$

其中 $\mathbf{Y}_{\text{bus}}$ 為原導納矩陣（具有 $\Delta y_3 = 0$）。利用矩陣乘法規則，讀者可查對 (A7.1) 式也可重寫為

$$\mathbf{Y}_{\text{bus}}^{n} = \mathbf{Y}_{\text{bus}} + \Delta y_3 \begin{bmatrix} 1 \\ 0 \\ -1 \end{bmatrix} \begin{bmatrix} 1 & 0 & -1 \end{bmatrix} \quad \text{(A7.2)}$$

在其他分支內的變化也能用類似的項來描述。注意：一分支連接至參考節點的情形，在 (A7.2) 式的向量中，只有一個單一非零元素。

對於更一般化的網路，假設連接節點 $i$ 和 $j$ 的第 $k$ 分支導納，從 $y_k$ 變為 $y_k + \Delta y_k$ 時，則新的導納矩陣為

$$\mathbf{Y}_{\text{bus}}^{n} = \mathbf{Y}_{\text{bus}} + \Delta y_k \mathbf{a}_k \mathbf{a}_k^T \quad \text{(A7.3)}$$

其中 $\mathbf{a}_k$ 是一個行向量。有兩種情形要考慮：

情形 1：節點 $i$ 和 $j$ 都不是參考節點，則在 $\mathbf{a}_k$ 內分別位於第 $i$ 列和第 $j$ 列放入 1 和 $-1$ 外，其他的元素都為零。

情形 2：第 $k$ 條分支連接第 $i$ 個節點到參考節點，則在 $\mathbf{a}_k$ 內的第 $i$ 列放入 1 外，其他的元素都為零。注意：在網路公式中，對

附　錄

於分支和簡化關聯矩陣使用一致的參考方向，我們能取節點一分支簡化關聯矩陣的第 $k$ 行做為 $\mathbf{a}_k$。

現在若我們考慮 $\mathbf{Z}_{\text{bus}}$ 內對應的變化，一些簡易性會遺失。一般而言，一個分支阻抗的變化會改變 $\mathbf{Z}_{\text{bus}}$ 內的所有元素。注意 (A7.3) 式是必須的形式，儘管如此，利用附錄 6 推導出的反矩陣公式，仍可以很簡單的求出新阻抗矩陣，即

$$\mathbf{Z}_{\text{bus}}^n = [\mathbf{Y}_{\text{bus}}^n]^{-1} = [\mathbf{Y}_{\text{bus}} + \Delta y_k \mathbf{a}_k \mathbf{a}_k^T]^{-1} \\ = \mathbf{Z}_{\text{bus}} - \gamma_k \mathbf{b}_k \mathbf{b}_k^T \quad \text{(A7.4)}$$

其中

$$\mathbf{b}_k = \mathbf{Z}_{\text{bus}} \mathbf{a}_k \quad \text{(A7.5)}$$

和

$$\gamma_k = \left[ \frac{1}{\Delta y_k} + \mathbf{a}_k^T \mathbf{b}_k \right]^{-1} \quad \text{(A7.6)}$$

我們能更明確地計算出 $\mathbf{b}_k$ 和 $\gamma_k$。假設 $\mathbf{Z}_{\text{bus}}$ 的第 $i$ 和 $j$ 行分別是 $Z_i$ 和 $Z_j$，以及第 $ii$、$jj$ 和 $ij$ 個元素分別是 $Z_{ii}$、$Z_{jj}$ 和 $Z_{ij}$。注意 $\mathbf{a}_k$ 的規格，取代 (A7.5) 和 (A7.6) 式，我們得到

情形 1：

$$\mathbf{b}_k = \mathbf{Z}_i - \mathbf{Z}_j \quad \text{(A7.7)}$$

$$\gamma_k = \left( \frac{1}{\Delta y_k} + Z_{ii} + Z_{jj} - 2Z_{ij} \right)^{-1} \quad \text{(A7.8)}$$

情形 2：

$$\mathbf{b}_k = \mathbf{Z}_i \quad \text{(A7.9)}$$

$$\gamma_k = \left( \frac{1}{\Delta y_k} + Z_{ii} \right)^{-1} \quad \text{(A7.10)}$$

當一分支值被改變，將 (A7.4) 式、(A7.7) 式、(A7.8) 式或 (A7.9) 式、以及 (A7.10) 式組合，就可獲得一個以 $\mathbf{Z}_{bus}$ 項來計算 $\mathbf{Z}_{bus}^n$ 的公式。

**例題 A7.1**

假設一已知網路的 $\mathbf{Z}_{bus}$ 為

$$\mathbf{Z}_{bus} = \frac{j}{3}\begin{bmatrix} 0.200 & 0.100 & 0.100 \\ 0.100 & 0.500 & 0.200 \\ 0.100 & 0.200 & 0.200 \end{bmatrix}$$

現在位於節點 1 和 2 之間的分支 2，導納從 $-j5$ 變到 $-j15$，試求出 $\mathbf{Z}_{bus}^n$。

**解** 我們有 $\Delta y_2 = -j15 - (-j5) = -j10$。由於分支是連接於節點 1 和 2 之間，我們利用 (A7.7) 式求出 $\mathbf{b}_2$，即

$$\mathbf{b}_2 = \mathbf{Z}_1 - \mathbf{Z}_2 = \frac{j}{3}\begin{bmatrix} 0.100 \\ -0.400 \\ -0.100 \end{bmatrix}$$

根據 (A7.8) 我們得到

$$\gamma_2 = \left[\frac{1}{-j10} + \frac{j}{3}(0.2 + 0.5 - 0.2)\right]^{-1} = -j3.750$$

利用 (A7.4) 式可求得

$$\mathbf{Z}_{bus}^n = \mathbf{Z}_{bus} + j3.75\frac{j}{3}\begin{bmatrix} 0.1 \\ -0.4 \\ -0.1 \end{bmatrix}\frac{j}{3}\begin{bmatrix} 0.1 & -0.4 & -0.1 \end{bmatrix}$$

$$= \mathbf{Z}_{bus} - j\frac{1.25}{3}\begin{bmatrix} 0.01 & -0.04 & -0.01 \\ -0.04 & 0.16 & 0.04 \\ -0.01 & 0.04 & 0.01 \end{bmatrix}$$

$$= \frac{j}{3}\begin{bmatrix} 0.1875 & 0.150 & 0.1125 \\ 0.150 & 0.300 & 0.150 \\ 0.1125 & 0.150 & 0.1875 \end{bmatrix}$$

附　錄　　　　　　　　　　　　　　　**697**

我們現在將考慮一個改變元件值的重要特殊情形。假設在節點 $i$ 和 $j$ 之間增加一條分支 $k$，該處原先沒有任何元件。設此分支的導納為 $y_b$，阻抗 $z_b = 1/y_b$，則 $\Delta y_k = y_b$，$1/\Delta y_k = z_b$。因此，在 (A7.6) 式、(A7.8) 式和 (A7.10) 式中，我們能用 $z_b$ 取代 $1/\Delta y_k$。例如，在 (A7.8) 式，我們可得

$$\gamma_k = (z_b + Z_{ii} + Z_{jj} - 2Z_{ij})^{-1} \tag{A7.11}$$

現在考慮的修正是在第 9.5 節中所討論 Z-建立技巧的重要部分。在 Z-建立技巧中所用到的其他重要修正，包含將一條新分支接到網路內的某一節點，且這新分支的另一端將形成一個新節點的情形。現在我們要考慮如何對這種情形修正 $\mathbf{Z}_{\text{bus}}$。假設 $\mathbf{Z}_{\text{bus}}$ 是一個 $r \times r$ 的矩陣，令新的節點編號為 $r+1$，新分支導納 $y_b$、阻抗為 $z_b = 1/y_b$。

若新分支被連接到參考節點，根據 $\mathbf{Y}_{\text{bus}}$ 建立規則可求得

$$\mathbf{Y}_{\text{bus}}^n = \begin{bmatrix} \mathbf{Y}_{\text{bus}} & \mathbf{0} \\ \mathbf{0}^T & y_b \end{bmatrix}$$

並立即導出

$$\mathbf{Z}_{\text{bus}}^n = \begin{bmatrix} \mathbf{Z}_{\text{bus}} & \mathbf{0} \\ \mathbf{0}^T & z_b \end{bmatrix} \tag{A7.12}$$

結果的正確性可藉由矩陣乘積來證明。

若新分支被接到節點 $i$ [即在第 $i$ 個節點和第 $(r+1)$ 個節點之間有連接]，則

$$\mathbf{Y}_{\text{bus}}^n = \begin{bmatrix} \mathbf{Y}_{\text{bus}} & \mathbf{0} \\ \mathbf{0}^T & 0 \end{bmatrix} + y_b \mathbf{a}_k \mathbf{a}_k^T \tag{A7.13}$$

其中 $\mathbf{a}_k$ 有下列的非零元素：1 在第 $i$ 列，$-1$ 在第 $r+1$ 列。這看起來非常類似先前的討論情形，除了上述包含 $\mathbf{Y}_{\text{bus}}$ 的矩陣沒有反矩陣外；所以我們無法直接使用反矩陣公式。問題可以用典型的工程方式來迴避，即以一個 $\epsilon$ 的導納取代 $(r+1, r+1)$ 位置的零 (以後會令 $\epsilon \to 0$)。因此，(A7.13) 式被修正為

$$\mathbf{Y}_{\text{bus}}^{n} = \begin{bmatrix} \mathbf{Y}_{\text{bus}} & \mathbf{0} \\ \mathbf{0}^{T} & \epsilon \end{bmatrix} + y_{b}\mathbf{a}_{k}\mathbf{a}_{k}^{T} \tag{A7.14}$$

現在具有反矩陣，利用反矩陣公式求得

$$\mathbf{Z}_{\text{bus}}^{n} = \begin{bmatrix} \mathbf{Z}_{\text{bus}} & \mathbf{0} \\ \mathbf{0}^{T} & \dfrac{1}{\epsilon} \end{bmatrix} - \gamma_{k}\mathbf{b}_{k}\mathbf{b}_{k}^{T} \tag{A7.15}$$

其中

$$\mathbf{b}_{k} = \begin{bmatrix} \mathbf{Z}_{\text{bus}} & \mathbf{0} \\ \mathbf{0}^{T} & \dfrac{1}{\epsilon} \end{bmatrix} \begin{bmatrix} 0 \\ \cdot \\ 1 \\ \cdot \\ 0 \\ \cdot \\ \cdot \\ 0 \\ -1 \end{bmatrix} = \begin{bmatrix} \mathbf{Z}_{i} \\ \dfrac{-1}{\epsilon} \end{bmatrix}$$

和

$$\begin{aligned} \gamma_{k} &= (z_{b} + \mathbf{a}_{k}^{T}\mathbf{b}_{k})^{-1} \\ &= \left(z_{b} + Z_{ii} + \dfrac{1}{\epsilon}\right)^{-1} \end{aligned}$$

$\mathbf{Z}_{i}$ 是 $\mathbf{Z}_{\text{bus}}$ 的第 $i$ 行，$Z_{ii}$ 是它的第 $ii$ 個元素。將這些結果代入 (A7.15) 式，我們求得

$$\begin{aligned} \mathbf{Z}_{\text{bus}}^{n} &= \begin{bmatrix} \mathbf{Z}_{\text{bus}} & \mathbf{0} \\ \mathbf{0}^{T} & \dfrac{1}{\epsilon} \end{bmatrix} - \dfrac{1}{z_{b}+Z_{ii}+1/\epsilon} \begin{bmatrix} \mathbf{Z}_{i}\mathbf{Z}_{i}^{T} & \dfrac{-\mathbf{Z}_{i}}{\epsilon} \\ \dfrac{-\mathbf{Z}_{i}^{T}}{\epsilon} & \dfrac{1}{\epsilon^{2}} \end{bmatrix} \\ &= \begin{bmatrix} \mathbf{Z}_{\text{bus}} & \mathbf{0} \\ \mathbf{0}^{T} & \dfrac{1}{\epsilon} \end{bmatrix} - \dfrac{1}{\epsilon(z_{b}+Z_{ii})+1} \begin{bmatrix} \epsilon\mathbf{Z}_{i}\mathbf{Z}_{i}^{T} & -\mathbf{Z}_{i} \\ -\mathbf{Z}_{i}^{T} & \dfrac{1}{\epsilon} \end{bmatrix} \end{aligned} \tag{A7.16}$$

現在令 $\epsilon \to 0$ 可求得

附　錄

$$\mathbf{Z}_{bus}^{n} = \begin{bmatrix} \mathbf{Z}_{bus} & \mathbf{Z}_{i} \\ \mathbf{Z}_{i}^{T} & z_{b} + Z_{ii} \end{bmatrix} \quad (A7.17)$$

如 (A7.17) 式所示，這是一個形成 $\mathbf{Z}_{bus}$ 的簡單方法。

已知一網路，要找出其阻抗矩陣。我們從可以簡易決定阻抗矩陣（藉由觀察法）的局部網路開始，然後利用 (A7.12) 式、(A7.17) 式和 (A7.4) 式來決定新加入節點和分支時的新阻抗矩陣，直到整個網路被"建立"，這技巧稱為 Z-建立，已在第 9.5 節中討論過。

## 附錄 8　輸電線參數資料

表 A8.1　裸鋼心鋁線（ACSR）多層型導體的電氣特性

| 名稱 | 尺寸 (kcmil) | 股數鋁/鋼 | 鋁層數 | 電阻 直流 20°C (歐姆/哩) | 交流-60 Hz 25°C (歐姆/哩) | 50°C (歐姆/哩) | 75°C (歐姆/哩) | GMR (呎) | 相對中性點 60 Hz 電抗 在 1 呎間隔 感抗 歐姆/哩 $X_a$ | 容抗 百萬歐姆-哩 $X_a'$ |
|---|---|---|---|---|---|---|---|---|---|---|
| Waxwing | 266.8 | 18/1 | 2 | 0.3398 | 0.347 | 0.382 | 0.416 | 0.0197 | 0.477 | 0.109 |
| Partridge | 266.8 | 26/7 | 2 | 0.3364 | 0.344 | 0.377 | 0.411 | 0.0217 | 0.465 | 0.107 |
| Ostrich | 300. | 26/7 | 2 | 0.2993 | 0.306 | 0.336 | 0.366 | 0.0230 | 0.458 | 0.106 |
| Merlin | 336.4 | 18/1 | 2 | 0.2693 | 0.276 | 0.303 | 0.330 | 0.0221 | 0.463 | 0.106 |
| Linnet | 336.4 | 26/7 | 2 | 0.2671 | 0.273 | 0.300 | 0.327 | 0.0244 | 0.451 | 0.104 |
| Oriole | 336.4 | 30/7 | 2 | 0.2650 | 0.271 | 0.297 | 0.324 | 0.0255 | 0.445 | 0.103 |
| Chickadee | 397.5 | 18/1 | 2 | 0.2279 | 0.234 | 0.257 | 0.279 | 0.0240 | 0.452 | 0.103 |
| Ibis | 397.5 | 26/7 | 2 | 0.2260 | 0.231 | 0.254 | 0.277 | 0.0265 | 0.441 | 0.102 |
| Lark | 397.5 | 30/7 | 2 | 0.2243 | 0.229 | 0.252 | 0.274 | 0.0277 | 0.435 | 0.101 |
| Pelican | 477 | 18/1 | 2 | 0.1899 | 0.195 | 0.214 | 0.233 | 0.0263 | 0.441 | 0.100 |

## 表 A8.1 裸鋼心鋁線（ACSR）多層型導體的電氣特性（續）

| 名稱 | 尺寸 (kcmil) | 股數鋁/鋼 | 鋁層數 | 直流 20°C 電阻 (歐姆/哩) | 交流-60 Hz 25°C (歐姆/哩) | 交流-60 Hz 50°C (歐姆/哩) | 交流-60 Hz 75°C (歐姆/哩) | GMR (呎) | 感抗 歐姆/哩 $X_a$ | 容抗 百萬歐姆-哩 $X'_a$ |
|---|---|---|---|---|---|---|---|---|---|---|
| Flicker | 477 | 24/7 | 2 | 0.1889 | 0.194 | 0.213 | 0.232 | 0.0283 | 0.432 | 0.0992 |
| Hawk | 477 | 26/7 | 2 | 0.1883 | 0.193 | 0.212 | 0.231 | 0.0290 | 0.430 | 0.0988 |
| Hen | 477 | 30/7 | 2 | 0.1869 | 0.191 | 0.210 | 0.229 | 0.0304 | 0.424 | 0.0980 |
| Osprey | 556.5 | 18/1 | 2 | 0.1629 | 0.168 | 0.184 | 0.200 | 0.0284 | 0.432 | 0.0981 |
| Parakeet | 556.5 | 24/7 | 2 | 0.1620 | 0.166 | 0.183 | 0.199 | 0.0306 | 0.423 | 0.0969 |
| Dove | 556.5 | 26/7 | 2 | 0.1613 | 0.166 | 0.182 | 0.198 | 0.0313 | 0.420 | 0.0965 |
| Eagle | 556.5 | 30/7 | 2 | 0.1602 | 0.164 | 0.180 | 0.196 | 0.0328 | 0.415 | 0.0957 |
| Peacock | 605 | 24/7 | 2 | 0.1490 | 0.153 | 0.168 | 0.183 | 0.0319 | 0.418 | 0.0957 |
| Squab | 605 | 26/7 | 2 | 0.1485 | 0.153 | 0.167 | 0.182 | 0.0327 | 0.415 | 0.0953 |
| Teal | 605 | 30/19 | 2 | 0.1475 | 0.151 | 0.166 | 0.181 | 0.0342 | 0.410 | 0.0944 |
| Kingbird | 636 | 18/1 | 2 | 0.1420 | 0.147 | 0.162 | 0.175 | 0.0301 | 0.425 | 0.0951 |
| Rook | 636 | 24/7 | 2 | 0.1417 | 0.146 | 0.160 | 0.174 | 0.0327 | 0.415 | 0.0950 |
| Grosbeak | 636 | 26/7 | 2 | 0.1411 | 0.145 | 0.159 | 0.173 | 0.0335 | 0.412 | 0.0946 |
| Swift | 636 | 36/1 | 3 | 0.1410 | 0.148 | 0.162 | 0.176 | 0.0300 | 0.426 | 0.0964 |
| Egret | 636 | 30/19 | 2 | 0.1403 | 0.144 | 0.158 | 0.172 | 0.0351 | 0.406 | 0.0937 |
| Flamingo | 666.6 | 24/7 | 2 | 0.1352 | 0.139 | 0.153 | 0.166 | 0.0335 | 0.412 | 0.0943 |
| Crow | 715.5 | 54/7 | 3 | 0.1248 | 0.128 | 0.141 | 0.153 | 0.0372 | 0.399 | 0.0920 |
| Starling | 715.5 | 26/7 | 2 | 0.1254 | 0.129 | 0.142 | 0.154 | 0.0355 | 0.405 | 0.0928 |
| Redwing | 715.5 | 30/19 | 2 | 0.1248 | 0.128 | 0.141 | 0.153 | 0.0372 | 0.399 | 0.0920 |
| Coot | 795 | 36/1 | 3 | 0.1146 | 0.119 | 0.130 | 0.142 | 0.0335 | 0.412 | 0.0932 |
| Cuckoo | 795 | 24/7 | 2 | 0.1135 | 0.118 | 0.128 | 0.140 | 0.0361 | 0.403 | 0.0917 |
| Drake | 795 | 26/7 | 2 | 0.1129 | 0.117 | 0.128 | 0.139 | 0.0375 | 0.399 | 0.0912 |
| Mallard | 795 | 30/19 | 2 | 0.1122 | 0.116 | 0.127 | 0.138 | 0.0392 | 0.393 | 0.0904 |
| Tern | 795 | 45/7 | 3 | 0.1143 | 0.119 | 0.130 | 0.141 | 0.0352 | 0.406 | 0.0925 |
| Condor | 795 | 54/7 | 3 | 0.1135 | 0.117 | 0.129 | 0.140 | 0.0368 | 0.401 | 0.0917 |
| Crane | 874.5 | 54/7 | 3 | 0.1030 | 0.107 | 0.117 | 0.127 | 0.0387 | 0.395 | 0.0902 |
| Ruddy | 900 | 45/7 | 3 | 0.1008 | 0.106 | 0.115 | 0.125 | 0.0374 | 0.399 | 0.0907 |
| Canary | 900 | 54/7 | 3 | 0.1002 | 0.104 | 0.114 | 0.124 | 0.0392 | 0.393 | 0.0898 |
| Corncrake | 954 | 20/7 | 2 | 0.0950 | 0.099 | 0.109 | 0.118 | 0.0378 | 0.396 | 0.0898 |
| Rail | 954 | 45/7 | 3 | 0.09526 | 0.0994 | 0.109 | 0.118 | 0.0385 | 0.395 | 0.0897 |
| Towhee | 954 | 48/7 | 3 | 0.0950 | 0.099 | 0.108 | 0.118 | 0.0391 | 0.393 | 0.0896 |
| Redbird | 954 | 24/7 | 2 | 0.0945 | 0.098 | 0.108 | 0.117 | 0.0396 | 0.392 | 0.0890 |
| Cardinal | 954 | 54/7 | 3 | 0.09452 | 0.0983 | 0.108 | 0.117 | 0.0404 | 0.389 | 0.0890 |
| Ortolan | 1033.5 | 45/7 | 3 | 0.08798 | 0.0922 | 0.101 | 0.110 | 0.0401 | 0.390 | 0.0886 |
| Curlew | 1033.5 | 54/7 | 3 | 0.08728 | 0.0910 | 0.0996 | 0.108 | 0.0420 | 0.385 | 0.0878 |
| Bluejay | 1113 | 45/7 | 3 | 0.08161 | 0.0859 | 0.0939 | 0.102 | 0.0416 | 0.386 | 0.0874 |
| Finch | 1113 | 54/19 | 3 | 0.08138 | 0.0851 | 0.0931 | 0.101 | 0.0436 | 0.380 | 0.0867 |
| Bunting | 1192.5 | 45/7 | 3 | 0.07619 | 0.0805 | 0.0880 | 0.0954 | 0.0431 | 0.382 | 0.0864 |
| Grackle | 1192.5 | 54/19 | 3 | 0.07600 | 0.0798 | 0.0872 | 0.0947 | 0.0451 | 0.376 | 0.0856 |

## 表 A8.1 裸鋼心鋁線（ACSR）多層型導體的電氣特性（續）

| 名稱 | 尺寸 (kcmil) | 股數鋁/鋼 | 鋁層數 | 直流 20°C (歐姆/哩) | 交流-60 Hz 25°C (歐姆/哩) | 交流-60 Hz 50°C (歐姆/哩) | 交流-60 Hz 75°C (歐姆/哩) | GMR (呎) | 感抗 歐姆/哩 $X_a$ | 容抗 百萬歐姆-哩 $X'_a$ |
|---|---|---|---|---|---|---|---|---|---|---|
| Bittern | 1272 | 45/7 | 3 | 0.07146 | 0.0759 | 0.0828 | 0.0898 | 0.0445 | 0.378 | 0.0855 |
| Pheasant | 1272 | 54/19 | 3 | 0.07122 | 0.0751 | 0.0820 | 0.0890 | 0.0466 | 0.372 | 0.0847 |
| Dipper | 1351.5 | 45/7 | 3 | 0.06724 | 0.0717 | 0.0783 | 0.0848 | 0.0459 | 0.374 | 0.0846 |
| Martin | 1351.5 | 54/19 | 3 | 0.06706 | 0.0710 | 0.0775 | 0.0840 | 0.0480 | 0.368 | 0.0838 |
| Bobolink | 1431 | 45/7 | 3 | 0.06352 | 0.0681 | 0.0742 | 0.0804 | 0.0472 | 0.371 | 0.0837 |
| Plover | 1431 | 54/19 | 3 | 0.06332 | 0.0673 | 0.0734 | 0.0796 | 0.0495 | 0.365 | 0.0829 |
| Nuthatch | 1510.5 | 45/7 | 3 | 0.06017 | 0.0649 | 0.0706 | 0.0765 | 0.0485 | 0.367 | 0.0829 |
| Parrot | 1510.5 | 54/19 | 3 | 0.06003 | 0.0641 | 0.0699 | 0.0757 | 0.0508 | 0.362 | 0.0821 |
| Lapwing | 1590 | 45/7 | 3 | 0.05714 | 0.0620 | 0.0674 | 0.0729 | 0.0498 | 0.364 | 0.0822 |
| Falcon | 1590 | 54/19 | 3 | 0.05699 | 0.0611 | 0.0666 | 0.0721 | 0.0521 | 0.358 | 0.0814 |
| Chukar | 1790 | 84/19 | 4 | 0.05119 | 0.0561 | 0.0609 | 0.0658 | 0.0534 | 0.355 | 0.0803 |
| Mocking-bird | 2034.5 | 72/7 | 4 | 0.04488 | 0.0507 | 0.0549 | 0.0591 | 0.0553 | 0.348 | 0.0788 |
| Bluebird | 2156 | 84/19 | 4 | 0.04229 | 0.0477 | 0.0516 | 0.0555 | 0.0588 | 0.344 | 0.0775 |
| Kiwi | 2167 | 72/7 | 4 | 0.04228 | 0.0484 | 0.0522 | 0.0562 | 0.0570 | 0.348 | 0.0779 |
| Thrasher | 2312 | 76/19 | 4 | 0.03960 | 0.0454 | 0.0486 | 0.0528 | 0.0600 | 0.343 | 0.0767 |
| Joree | 2515 | 76/19 | 4 | 0.03643 | 0.0428 | 0.0459 | 0.0491 | 0.0621 | 0.338 | 0.0756 |

1. 導體一般鋁面積的直流電阻是以在 20°C 下，16.946 Ω-cmil/ft (61.2% IACS) 為基準；一般鋼面積是以在 20°C 下，129.64 Ω-cmil/ft (8% IACS) 為基準，股數為標準遞增。ASTM B 232。

2. 交流電阻對於溫度的電阻修正，鋁是以每度 C 的電阻溫度係數 0.00404 做為基準，鋼是每 °C 的電阻溫度係數 0.0029，並含括集膚效應。

3. 由於鐵心磁化，三層 ACSR 的有效交流電阻隨電流密度增加。

4. 關於裸導體的安培額定，參考 "*Aluminum Electrical Conductor Handbook*" 中的圖 3.13 和 3.14。

5. 資料摘錄自 "*Aluminum Electrical Conductor Handbook*"，第三版，華盛頓特區，1989 年，並經 Aluminum Association 同意刊登。

## 表 A8.2 在 60 赫時感抗間隔因數 $X_d$ (每導體 Ω/mi 值)

間　隔

| 呎 | 吋 0 | 1 | 2 | 3 | 4 | 5 | 6 | 7 | 8 | 9 | 10 | 11 |
|---|---|---|---|---|---|---|---|---|---|---|---|---|
| 0 | ....... | −0.3015 | −0.2174 | −0.1682 | −0.1333 | −0.1062 | −0.0841 | −0.0654 | −0.0492 | −0.0349 | −0.0221 | −0.0106 |
| 1 | 0 | 0.0097 | 0.0187 | 0.0271 | 0.0349 | 0.0423 | 0.0492 | 0.0558 | 0.0620 | 0.0679 | 0.0735 | 0.0789 |
| 2 | 0.0841 | 0.0891 | 0.0938 | 0.0984 | 0.1028 | 0.1071 | 0.1112 | 0.1152 | 0.1190 | 0.1227 | 0.1264 | 0.1299 |
| 3 | 0.1333 | 0.1366 | 0.1399 | 0.1430 | 0.1461 | 0.1491 | 0.1520 | 0.1549 | 0.1577 | 0.1604 | 0.1631 | 0.1657 |
| 4 | 0.1682 | 0.1707 | 0.1732 | 0.1756 | 0.1779 | 0.1802 | 0.1825 | 0.1847 | 0.1869 | 0.1891 | 0.1912 | 0.1933 |
| 5 | 0.1953 | 0.1973 | 0.1993 | 0.2012 | 0.2031 | 0.2050 | 0.2069 | 0.2087 | 0.2105 | 0.2123 | 0.2140 | 0.2157 |
| 6 | 0.2174 | 0.2191 | 0.2207 | 0.2224 | 0.2240 | 0.2256 | 0.2271 | 0.2287 | 0.2302 | 0.2317 | 0.2332 | 0.2347 |
| 7 | 0.2361 | 0.2376 | 0.2390 | 0.2404 | 0.2418 | 0.2431 | 0.2445 | 0.2458 | 0.2472 | 0.2485 | 0.2498 | 0.2511 |
| 8 | 0.2523 | | | | | | | | | | | |
| 9 | 0.2666 | | | | | | | | | | | |
| 10 | 0.2794 | | | | | | | | | | | |
| 11 | 0.2910 | | | | | | | | | | | |
| 12 | 0.3015 | | | | | | | | | | | |
| 13 | 0.3112 | | | | | | | | | | | |
| 14 | 0.3202 | | | | | | | | | | | |
| 15 | 0.3286 | | | | | | | | | | | |
| 16 | 0.3364 | | | | | | | | | | | |
| 17 | 0.3438 | | | | | | | | | | | |
| 18 | 0.3507 | | | | | | | | | | | |
| 19 | 0.3573 | | | | | | | | | | | |
| 20 | 0.3635 | | | | | | | | | | | |
| 21 | 0.3694 | | | | | | | | | | | |
| 22 | 0.3751 | | | | | | | | | | | |
| 23 | 0.3805 | | | | | | | | | | | |
| 24 | 0.3856 | | | | | | | | | | | |
| 25 | 0.3906 | | | | | | | | | | | |
| 26 | 0.3953 | | | | | | | | | | | |
| 27 | 0.3999 | | | | | | | | | | | |
| 28 | 0.4043 | | | | | | | | | | | |
| 29 | 0.4086 | | | | | | | | | | | |
| 30 | 0.4127 | | | | | | | | | | | |
| 31 | 0.4167 | | | | | | | | | | | |
| 32 | 0.4205 | | | | | | | | | | | |
| 33 | 0.4243 | | | | | | | | | | | |
| 34 | 0.4279 | | | | | | | | | | | |
| 35 | 0.4314 | | | | | | | | | | | |
| 36 | 0.4348 | | | | | | | | | | | |
| 37 | 0.4382 | | | | | | | | | | | |
| 38 | 0.4414 | | | | | | | | | | | |
| 39 | 0.4445 | | | | | | | | | | | |
| 40 | 0.4476 | | | | | | | | | | | |
| 41 | 0.4506 | | | | | | | | | | | |
| 42 | 0.4535 | | | | | | | | | | | |
| 43 | 0.4564 | | | | | | | | | | | |
| 44 | 0.4592 | | | | | | | | | | | |
| 45 | 0.4619 | | | | | | | | | | | |
| 46 | 0.4646 | | | | | | | | | | | |
| 47 | 0.4672 | | | | | | | | | | | |
| 48 | 0.4697 | | | | | | | | | | | |
| 49 | 0.4722 | | | | | | | | | | | |

在 60 Hz，每導體之 Ω/mi

$$X_d = 0.2794 \log d$$

$d =$ 間隔，呎

對三相線路

$$d = D_{eq}$$

注意：8 到 49 呎利用內插值

本表摘錄自"輸電及配電參考書"，並經 ABB 輸配電公司同意刊登。

## 表 A8.3 在 60 赫時並聯容抗間隔因數 $X'_d$（每導體 MΩ-mi 值）

間隔

| 呎 | 吋 0 | 1 | 2 | 3 | 4 | 5 | 6 | 7 | 8 | 9 | 10 | 11 |
|---|---|---|---|---|---|---|---|---|---|---|---|---|
| 0 | ...... | −0.0737 | −0.0532 | −0.0411 | −0.0326 | −0.0260 | −0.0206 | −0.0160 | −0.0120 | −0.0085 | −0.0054 | −0.0026 |
| 1 | 0 | 0.0024 | 0.0046 | 0.0066 | 0.0085 | 0.0103 | 0.0120 | 0.0136 | 0.0152 | 0.0166 | 0.0180 | 0.0193 |
| 2 | 0.0206 | 0.0218 | 0.0229 | 0.0241 | 0.0251 | 0.0262 | 0.0272 | 0.0282 | 0.0291 | 0.0300 | 0.0309 | 0.0318 |
| 3 | 0.0326 | 0.0334 | 0.0342 | 0.0350 | 0.0357 | 0.0365 | 0.0372 | 0.0379 | 0.0385 | 0.0392 | 0.0399 | 0.0405 |
| 4 | 0.0411 | 0.0417 | 0.0423 | 0.0429 | 0.0435 | 0.0441 | 0.0446 | 0.0452 | 0.0457 | 0.0462 | 0.0467 | 0.0473 |
| 5 | 0.0478 | 0.0482 | 0.0487 | 0.0492 | 0.0497 | 0.0501 | 0.0506 | 0.0510 | 0.0515 | 0.0519 | 0.0523 | 0.0527 |
| 6 | 0.0532 | 0.0536 | 0.0540 | 0.0544 | 0.0548 | 0.0552 | 0.0555 | 0.0559 | 0.0563 | 0.0567 | 0.0570 | 0.0574 |
| 7 | 0.0577 | 0.0581 | 0.0584 | 0.0588 | 0.0591 | 0.0594 | 0.0598 | 0.0601 | 0.0604 | 0.0608 | 0.0611 | 0.0614 |
| 8 | 0.0617 | | | | | | | | | | | |
| 9 | 0.0652 | | | | | | | | | | | |
| 10 | 0.0683 | | | | | | | | | | | |
| 11 | 0.0711 | | | | | | | | | | | |
| 12 | 0.0737 | | | | | | | | | | | |
| 13 | 0.0761 | | | | | | | | | | | |
| 14 | 0.0783 | | | | | | | | | | | |
| 15 | 0.0803 | | | | | | | | | | | |
| 16 | 0.0823 | | | | | | | | | | | |
| 17 | 0.0841 | | | | | | | | | | | |
| 18 | 0.0858 | | | | | | | | | | | |
| 19 | 0.0874 | | | | | | | | | | | |
| 20 | 0.0889 | | | | | | | | | | | |
| 21 | 0.0903 | | | | | | | | | | | |
| 22 | 0.0917 | | | | | | | | | | | |
| 23 | 0.0930 | | | | | | | | | | | |
| 24 | 0.0943 | | | | | | | | | | | |
| 25 | 0.0955 | | | | | | | | | | | |
| 26 | 0.0967 | | | | | | | | | | | |
| 27 | 0.0978 | | | | | | | | | | | |
| 28 | 0.0989 | | | | | | | | | | | |
| 29 | 0.0999 | | | | | | | | | | | |
| 30 | 0.1009 | | | | | | | | | | | |
| 31 | 0.1019 | | | | | | | | | | | |
| 32 | 0.1028 | | | | | | | | | | | |
| 33 | 0.1037 | | | | | | | | | | | |
| 34 | 0.1046 | | | | | | | | | | | |
| 35 | 0.1055 | | | | | | | | | | | |
| 36 | 0.1063 | | | | | | | | | | | |
| 37 | 0.1071 | | | | | | | | | | | |
| 38 | 0.1079 | | | | | | | | | | | |
| 39 | 0.1087 | | | | | | | | | | | |
| 40 | 0.1094 | | | | | | | | | | | |
| 41 | 0.1102 | | | | | | | | | | | |
| 42 | 0.1109 | | | | | | | | | | | |
| 43 | 0.1116 | | | | | | | | | | | |
| 44 | 0.1123 | | | | | | | | | | | |
| 45 | 0.1129 | | | | | | | | | | | |
| 46 | 0.1136 | | | | | | | | | | | |
| 47 | 0.1142 | | | | | | | | | | | |
| 48 | 0.1149 | | | | | | | | | | | |
| 49 | 0.1155 | | | | | | | | | | | |

在 60 Hz，每導體之 MΩ-mi

$$X'_d = 0.06831 \log d$$

$d$ = 間隔（呎）

對三相線路

$$d = D_{eq}$$

注意：8 到 49 呎利用內插值

本表摘錄自"輸電及配電參考書"，並經 ABB 輸配電公司同意刊登。

# 精選書目

ALUMINUM ELECTRIC CONDUCTOR HANDBOOK, 3$^{rd}$ ed., Washington, DC, 1989.

ALVARADO, F. L., TINNEY, W. F., and ENNS, M. K., *Sparsity in Large-Scale Network Computation,* Control and Dynamic Systems, Advances in Theory and Applications, Volume 41: Analysis and Control System Techniques for Electric Power Systems Part 1 of 3, pp. 207–272, Academic Press, San Diego, CA, 1991, C. T. Leondes, editor.

ANDERSON, P. M., *Analysis of Faulted Power Systems,* IEEE Press, Piscataway, NJ, 1995.

ANDERSON, P. M., and FOUAD, A. A., *Power System Control and Stability,* IEEE Press, Piscataway, NJ, 1994.

BLACKBURN, J. L., *Protective Relaying Principles and Applications,* 2nd ed. Marcel Dekker, New York, 1998.

CARSON, J. R., *Wave Propagation in Overhead Wires with Ground Return, Bell System Tech. J.* 5: 539–554, 1926.

ELGERD, O. I., *Electric Energy Systems Theory: An Introduction,* 2nd ed., McGraw-Hill, New York, 1982.

ELMORE, W. A., *Protective Relaying Theory and Applications,* Marcel Dekker, New York, 1994.

FOUAD, A. A., and VITTAL, V., *Power System Transient Stability Analysis using the Transient Energy Function Method,* Prentice Hall, New Jersey, 1992.

GOLUB, G. H., and VAN LOAN, C. F., *Matrix Computations,* The Johns Hopkins University Press, Baltimore, MD, 1983.

GRAINGER, J. J., and STEVENSON, W. D., JR., *Power System Analysis,* McGraw-Hill, New York, 1994.

GROSS, C. A., *Power System Analysis,* John Wiley & Sons, New York, 1979.

HOROWITZ, S. H., and PHADKE, A. G., *Power System Relaying,* 2nd ed., Research Studies Press, Ltd., London, and John Wiley & Sons, New York, 1995.

IEEE *Tutorial on the Protection of Synchronous Generators,* IEEE 95 TP 102.

IEEE *Tutorial Course on Advancements in Microprocessor Based Protection and Communication,* New York, IEEE 97 TP 120-0.

KIMBARK, E. W., *Power System Stability: Synchronous Machines,* Dover reprint edition of the original John Wiley & Sons book, Dover Publications, New York, 1968.

KUMAR, J. and SHEBLÉ, G. B., *Auction Market Simulator for Price Based Operation, IEEE Transactions on Power Systems,* 13 (1): 250–255, 1998.

KUNDUR, P., *Power System Stability and Control,* McGraw-Hill, New York, 1994.

*McGraw-Hill Encyclopedia of Energy,* 2nd ed., McGraw-Hill, New York, 1981.

NEUENSWANDER, J. R., *Modern Power Systems,* Intext Educational Publishers, New York, 1971.

NORTH AMERICAN ELECTRIC RELIABILITY COUNCIL (NERC) *Defining Interconnected Operations Under Open* Access, Interconnected Operations Services Working Group Final Report, March 1997. (See http://www.nerc.com/)

PAI, M. A., *Computer Techniques in Power System Analysis,* Tata McGraw-Hill Publishing Company Limited, New Delhi, India, 1979.

PAI, M. A., *Power System Stability—Analysis by the Direct Method of Lyapunov,* North Holland, Amsterdam, 1981.

PHADKE, A. G., and THORP, J. S., *Computer Relaying for Power Systems,* Research Studies Press, Ltd., London, and John Wiley & Sons, New York, NY, 1988.

SAUER, P. W., and PAI, M. A., *Power System Dynamics and Stability,* Prentice Hall, Upper Saddle River, NJ, 1998.

STEVENSON, W. D., JR., *Elements of Power System Analysis,* 4th ed., McGraw-Hill, New York, 1982.

WEEDY, B. M., *Electric Power Systems,* 3rd ed., John Wiley & Sons, London, 1979.

WESTINGHOUSE ELECTRIC CORPORATION, *Electric Transmission and Distribution Reference Book,* 4th ed., East Pittsburgh, PA, 1964.

WOLLENBERG, B. F., *Privatization and Energy Management Systems,* Proceedings of the Power System Operators Short Course, Iowa State University, April 27–May 1, 1998.

WOOD, A. J., and WOLLENBERG, B. F., *Power Generation Operation and Control,* 2nd ed., John Wiley and Sons, New York, 1996.

# 索 引

## A

acceleration factor　加速因子　388
acid rain　酸雨　10
aggregation technique　集合的技巧　454
Ampere's circuital law　安培磁路定律　60
amplidyne　旋轉放大機　315
ancillary services company, ANCILCO　輔助服務公司　21
angular momentum　角動量　615
applied force　外加力　628
area control error, ACE　區域控制誤差　434
armature reaction voltage　電樞反應電壓　216
attenuation constant　衰減常數　109
auction market mechanism　競價市場機制　496
auctioneer　拍賣者　496
augmented cost　增加成本　471

automatic generation control, AGC　自動發電控制　433
automatic voltage regulator, AVR　自動電壓調整器　315
available transmission capacity, ATC　可用傳輸容量　499
axis　軸　423

## B

backup protection　後衛保護　574
balanced three-phase, $3\phi$　平衡三相　514
balanced-beam movement　平衡棒移動　589
biomass　生質能　13
Blondel transformation　布朗德爾轉換　258
Bluejay　松鴉　78
boiling-water reacter, BWR　沸水式反應器　10

- 707 -

boost-buck scheme　增減壓結構　315
bottoming　底端　10
branch　分支　340
branch admittance　分支導納　340
branch impedance　分支阻抗　340
breeder　滋生　13
bridging elements　橋接元件　400
brokerage system　經紀系統　496
bus admittance matrix　匯流排導納矩陣　339
bus impedance matrix　匯流排阻抗矩陣　258, 339

## C

canonical cases　典型的範例情況　531
capacity benefit margin, CBM　容量利益邊限　501
capacity interchange　容量交換　495
Carnot　卡諾　8
center-tapped restraining winding　中心分接頭限制繞組　593
chain matrix　鏈鎖矩陣　111
characteristic impedance　特性阻抗　103
classical model　古典模型　652
closed-loop transfer function　閉迴路轉移函數　306
Cogeneration　汽電共生　10
coherence　連貫性　645
complex ideal transformer　複數理想變壓器　160

conductance　電導　375
contingency　偶發事件　500
contract adherence　附屬契約　434
contract evaluator　契約估價者　496
contraction mapping　收斂映像　387
coordinatation time delay　協調時間延遲　575
corona　電暈　74
Cramer's rule　克拉瑪法則　453, 493
critical clearing angle　臨界清除角　631
critical reclosure time　臨界復閉時間　626
CTs　比流器　572
current tap setting　電流接頭設定　577
cylindrical rotor　圓柱形轉子　215

## D

deenergized　被去能　609
demand-side management, DSM　需求側管理　19
desired command power　理想功率　441
destability　去穩定度　445
destructive current　破壞性電流　560
diesel engine　狄塞爾引擎　433
differential current　差動電流　593
differential path length　微分路徑長度　60
differential relay　差動電驛　593
direct axis reactance　直軸電抗　229
direct axis transient reactance　直軸暫

索　引

態電抗　276
direct-axis　直軸　213
direct-axis subtransient reactance　直軸次暫態電抗　280
directional　方向性的　581
Discrete Fourier Transform　離散傅立葉轉換　603
distance relay　距離電驛　585
distribution company, DISTCO　配電公司　20, 497
diversity interchange　參差交換　495
double line-to-ground, DLG　雙線接地　514
Dove　鴿子　92
droop　低垂　441
dynamic stability　動態穩定度　336

## E

economic dispatch problem　經濟調度問題　434
electrical equation　電力方程式　254
energy banking　能量銀行　495
energy services companies, ESCO　能源服務公司　21
equal-area method　等面積法　610
equal-area stability criterion　等面積穩定度準則　628
equilibrium state　平衡狀態　610
Euclidean norm　歐幾里德模數　383
excitation system　激磁系統　315
exciters　激磁機　315
exempt wholesale generators, EWG　免稅批售發電機　19
explicit integration techniques　明確積分技巧　652

## F

fast-acting voltage control system　快速動作電壓控制系統　649
fast-decoupled　快速去耦合　410
Federal Energy Regulatory Commission, FERC　聯邦能源管制委員會　19
Federal Engery Regulatory Commission, FERC　聯邦能源調節委員會　499
field　磁場　214
fills　填入　423
first swing　第一搖擺　627, 663
first swing analysis　第一搖擺分析　652
fixed point　固定點　382
flame out　火焰熄滅　464
flash over　閃落　513
flat profile　平輪廓　408
flat profile　平滑外形　550
floating　浮接　238
Florida Coordination Group　佛羅里達協調小組　497
fluid dynamics　流體動力　441
fly weight　飛輪　435
Fortesque　佛特斯奎　514
forward　順向　581
forward contract　預約契約　496
forward substitution　前向代換　349
frequency bias setting　頻率偏移設定　456

futures contract　未來性契約　496

## G

gas turbine　氣渦輪機　433
Gaussian elimination　高斯消去法　348
Gaussian surface　高斯面　60
GENCOs　發電公司　497
general procedure　一般程序　549, 551
generation company, GENCO　發電公司　20
generator buses　發電機匯流排　376
governor mechanism　調速器機構　433
greenhouse effect　溫室效應　10
Grosbeak　鳴鳥　98

## H

high head　高落差　11
host　主機　498
host control area　主控制區域　498
hot spots　熱點　464
hybrid form　混合形式　282

## I

ideal transformer　理想變壓器　146
impedance　阻抗　585
impedance diagram　阻抗圖　182
im-plicit integration techniques　隱含積分技巧　652
inadvertent power exchange　遺漏功率交換　495
incremental costs, ICs　增量成本　466
independent contract administrator, ICA　獨立合約管理者　20
independent system operator, ISO　獨立系統操作者　20, 496
index set　指標集合　642
inductance　電感　62
induction-disk relay　感應盤式的電驛　575
input-output curve　輸入-輸出曲線　462
in-rush current　突入電流　596
instrument transformer　儀表變壓器　572
integrated resource planning, IRP　整合資源計畫　19
internodal angle　內節點角　640
interrupting capacity　遮斷容量　554
inverse time-curret characteristics　反時間電流特性　577

## J

Jacobian Matrix　賈可比矩陣　392

## K

KCL　克希荷夫電流定律　102
Kron reduced　Kron 簡化　356
KVL　克希荷夫電壓定律　102

索 引

## L

Lagrange multipliers 拉格蘭吉乘數 471
latch 閂鎖 572
leakage flux 漏磁通 61
light water reactors 輕水式反應器 10
line-to-line, LL 線間 514
load buses 負載匯流排 376
load serving entity, LSE 負載服務實體 498, 501
loss of synchronism 失去同步 626
low head 低落差 11
lower triangular 下三角 348

## M

magnetic field intensity 磁場強度 60
magnetic in-rush 磁衝 603
magnetohydrodynamic 磁流體 13
magnetomotive force, mmf 磁動勢 60, 147
mechanical equation 機械方程式 248
minimum performance criteria 最小效能準則 434
modified impedance relay 修正阻抗電驛 590
molten salts 熔鹽 10
momentarily activating resistance loads 暫時的致動電阻負載 650
mutual impedance 互阻抗 545

## N

National Energy Policy Act, NEPA 國家能源政策條例 19
netural 中性線 594
Newton-Raphson, N-R 牛頓-拉福森 391
node's valence 節點價 423
nonextracting 非萃取式 440
nonlinear programming 非線性規劃的方式 465
norm 模數 382
normal 正常 176
North American Electric Reliability Council, NERC 北美電力可靠度審議會 22, 434
notice of proposed rulemaking, NOPR 提議法則制訂的注意事項 20
Nyquist Sampling Frequency 奈奎士取樣頻率 603

## O

offset mho characteristic 補償歐姆特性 591
oil dash pot 油阻尼延遲器 575
one-machine-infinite bus 單機無限匯流排 652
Open Accss Same Time Information System, OASIS 開放通道同時訊息系統 499
open-delta connection 開-Δ 連接 155
open-loop transfer function 開迴路轉

# 索引

移函數　306
operating point　運轉點　305
operator-initiated　初始操作員　500
optimal dispatch rule　最佳調度規則　467
option contract　選擇性契約　496
order of merit method　優先次序法　478
organic compounds　有機化合物　10
Ostrich　鴕鳥　98
OTEC　海洋熱能轉換　13
overall utilization factor　整體利用率　3

## P

Park equation　派克方程式　539
Park transformation　派克轉換　258
Pelton　貝爾頓　11
penalty factor　罰點因數　480
per unit inertia constant　標么慣性常數　616
per unit normalization　標么正規化　179
per unit, p.u.　標么　145
phase constant　相位常數　109
phase plane　相位面　622
phase relay　相位電驛　590
phase velocity　相位速度　625
pickup current value　動作電流值　574
pilot valve　輔助閥　436
planning market(s)　計畫市場，計畫性市場　496, 497
player　競爭者　496

plunger type　杵式型　572
polar form　極座標　568
pool operation　池運轉　455
pool operation　電力池運轉　507
potential well　位井　623
power angle　功率角　118
power pool　電力池　495
power system stabilizer，PSS　電力系統穩定器　334
pressurized-water, reacteor, PWR　壓水式反應器　10
price discovery　價格探詢　497
primary magnetization current　一次磁化電流　150
primitive admittance　原始導納　340
primitive impedance　原始阻抗　340
primitive representation　原始表示　339
propagation constant　傳播常數　103
Protection of Synchronous Generators　同步發電機保護的訓練手冊　594
protection zone　保護區　574
protective relay　保護電驛　610
pseudo-steady-state analysis　假想穩態分析　609, 662
PTs 或 VTs　比壓器　572
pull-out　拉出　626
pumped storage　抽蓄電廠　13

## Q

quadrature axis reactance　交軸電抗　229

索　引　　713

quadrature-axis　交軸　213
quasi-steady-state torque　準穩態轉矩　285

## R

radial system　輻射系統　172
"rate" feedback stabilization　"比例"反饋穩定　324
ratio　比例　585
real poles　實極點　323
receiving-end circles　受電端圓　119
rectangular form　直角座標　568
reduce order modeling　簡化模型階數　444
reflected wave　反射波　110
regional transmission group, RTG　地區輸電集團　20
regions　地區　502
regulating transformer　調節變壓器　145
regulation constant　調整常數　439
reluctamce　磁阻　63
rest electrically　電靜止　270
restraining force　阻尼力　628
return path　返回路徑　537
root-locus method　根軌跡法　306
rotor　轉子　214
rotor angle swing　轉子角擺動　612
round　整圓　215
round-trip　來回旅行　96
runaway acceleration　脫離加速度　639

## S

salient pole　凸極　215
saturation function　飽和函數　320
second method of Liapunov　李亞卜諾夫第二法　650
self impedance　自阻抗　545
sending-end circles　送電端圓　119
sequence network　序網路　524
series compensation　串聯補償　121
shift operator　位移運算元　255
shock　電震　610
SIL　突波阻抗負載　108
simplified per phase diagram　簡化每相圖　178
single line-to-ground, SLG　單線接地　514
singular perturbation　單擾動　444
sink　接收區　500
slack bus　鬆弛匯流排　376, 490, 549
slip frequency　轉差頻率　285
slip rings　滑環　214
smooth　平滑　215
solid-iron rotor　實心轉子　539
source　發送區　500
sparse matrix　稀疏矩陣　400
sparsity　稀疏性　340
speed voltage　速度電壓　247
spinning reserve　備轉容量　435
spontaneously　自發　323
spot market　現貨市場　496
spring-mass　彈簧-質量　617
static ordering　靜態排序　424
stationary point　駐點　470

stator 定子 214
steam turbine 汽渦輪機 433
step size 步進大小 632
stiffness coefficient 剛度係數 619
stiffness constant 剛度常數 444
stranded conductors 計算絞線 78
stroboscope 閃光示波器 618
substitution theorem 替代定理 521
subtransmission system 次輸電系統 371
sup norm 補角模數 382
surge impedance 突波阻抗 108
susceptance 電納 375
swing bus 搖擺匯流排 376
swing equation 搖擺方程式 617
symmetrical component 對稱成分 514
symmetrical components transformation matrix 對稱成分轉換矩陣 516
synchronizing power coefficient 同步功率係數 619
synchronous 同步 433
synchronous condensor 同步電容器 240
synchronous machine 同步電機 213
synchronous reactance 同步電抗 225

## *T*

Thévenin 戴維寧 524
time dial setting 時間刻度設定 577
topping 頂端 10
total transfer capability, TTC 總轉移容量 500
trajectory 軌跡 622
TRANSCOs 輸電公司 497
transfer level 轉移層級 500
transformer turns ratio 變壓器匝數比 147
transformer voltage 變壓器電壓 246
transient stability 暫態穩定度 609
transmission company, TRANSCO 輸電公司 20
transmission matrix 傳輸矩陣 111
transmission parameters 傳輸參數 110
transmission reliability margin, TRM 傳輸可靠度邊限 501
transverse magnetic field 橫向磁場 572
triangular factorization 三角分解 348
two-reaction model 雙反應模型 229

## *U*

uniform damping 均勻阻尼 641
upper triangular factor 上三角因子 348
upswing 上擺 633

## *V*

voltage control buses 電壓控制匯流排 377
voltage flashover 電壓閃絡 70

voltage pull 電壓拉力 589

## W

water turbine 水渦輪機 433
wheel 輪 495

WSCC 西部系統統合會議 18

## Z

zeros 零點 323
zone 分區 502